UTB 8341

Eine Arbeitsgemeinschaft der Verlage

Beltz Verlag Weinheim · Basel
Böhlau Verlag Köln · Weimar · Wien
Wilhelm Fink Verlag München
A. Francke Verlag Tübingen und Basel
Haupt Verlag Bern · Stuttgart · Wien
Lucius & Lucius Verlagsgesellschaft Stuttgart
Mohr Siebeck Tübingen
C. F. Müller Verlag Heidelberg
Ernst Reinhardt Verlag München und Basel
Ferdinand Schöningh Verlag Paderborn · München · Wien · Zürich
Eugen Ulmer Verlag Stuttgart
UVK Verlagsgesellschaft Konstanz
Vandenhoeck & Ruprecht Göttingen
vdf Hochschulverlag AG an der ETH Zürich
Verlag Barbara Budrich Opladen · Farmington Hills
Verlag Recht und Wirtschaft Frankfurt am Main
WUV Facultas Wien

VK

Carl Beierkuhnlein

Biogeographie

Die räumliche Organisation des Lebens in einer sich verändernden Welt

423 Abbildungen
23 Tabellen

Verlag Eugen Ulmer Stuttgart

Prof. Dr. Carl Beierkuhnlein ist Inhaber des Lehrstuhls für Biogeographie an der Universität Bayreuth.
Tätigkeits- und Forschungsschwerpunkte: Biogeographie, Landschaftsökologie, Biodiversitätsforschung in Mitteleuropa, Skandinavien, Kanada, Marokko und Namibia.

Bibliografische Information der deutschen Nationalbibliothek
Die Deutsche Nationalbibliothek verzeichnet diese Publikation in der Deutschen Nationalbibliografie; detaillierte bibliografische Daten sind im Internet über http://dnb.d-nb.de abrufbar.

ISBN 978-3-8001-2836-5 (Ulmer)
ISBN 978-3-8252-8341-4 (UTB)

Wollgrasweg 41, 70599 Stuttgart (Hohenheim)
E-Mail: info@ulmer.de
Internet: www.ulmer.de
Lektorat: Antje Springorum, Grit Wainar
Grafiken: Ralf Schüpferling
Herstellung: Otmar Schwerdt, Rebecca Barth
Umschlagentwurf: Atelier Reichert, Stuttgart
Satz: Typomedia GmbH, Ostfildern
Druck und Bindung: Friedr. Pustet, Regensburg
Printed in Germany

ISBN 978-3-8252-8341-4 (UTB-Bestellnummer)

Inhaltsverzeichnis

Vorwort

Dieses Buch hat die Einführung in die Allgemeine Biogeographie zum Ziel. Es liefert einen Überblick über die Grundlagen, Arbeitsweisen und Fragestellungen der Biogeographie. Ein Rohbau ihres Gedankengebäudes und die Grundausstattung des Methodeninventars werden vermittelt. Theoretische, methodische und anwendungsorientierte Ausführungen werden durch Beispiele belegt. Der begrenzte Umfang einer Einführung erlaubt jedoch nicht, die Spezielle Biogeographie wie beispielsweise die Biome und die Vegetation der Erde oder die Floren- und Faunenreiche umfassend darzulegen.

Im ersten Kapitel wird sowohl eine Einbindung der Biogeographie in die wissenschaftsgeschichtliche Entwicklung behandelt als auch aktuelle Probleme und Fragestellungen vorgestellt, mit welchen sich die Biogeographie heute beschäftigt. Anschließend befassen sich zwei Kapitel mit funktionellen Aspekten der Biologie und der Geowissenschaften. Für biogeographische Fragen besonders relevante geoökologische und biologische Prozesse und Mechanismen werden erläutert (Kap. 2 und 3). Biogeographische Muster ergeben sich aus bestimmten Regeln folgenden abiotischen Prozessen (wie z. B. der Einstrahlung) oder biotischen Mechanismen (wie z. B. der Ausbreitung eine Art).

Charakteristische Verteilungseigenschaften unterliegen zusätzlich räumlichen und zeitlichen Gesetzmäßigkeiten. Das Erkennen und die sich anschließende Analyse nichtzufällig verteilter Verbreitungsgebiete von Arten oder charakteristischer synphänologischer Rhythmen von Ökosystemen hängen von räumlichen und zeitlichen Skalen ab. Deshalb legen die folgenden beiden Kapitel 4 und 5 räumliche und zeitliche Sachverhalte dar. Konzeptionelles Denken soll geschult und zur Suche nach allgemeinen Zusammenhängen angeregt werden. Die Frage nach geeigneten Skalen ist hierbei ein zentrales biogeographisches Problem. Der betrachtete Maßstab – im Raum, aber auch in der Zeit – beeinflusst, inwiefern Muster in einem Datensatz emergent werden und somit, ob ihre Ursachen bemerkt und ergründet werden können.

In Kapitel 6 werden Methoden und Arbeitsweisen der Biogeographie vorgestellt und in ihren Einschränkungen und Möglichkeiten kritisch abgewogen. Es wird vermittelt, dass es nicht einen einzigen richtigen Ansatz gibt, sondern dass in Abhängigkeit von der jeweiligen Fragestellung enschieden werden muss, mit welchen Methoden adäquat zu arbeiten ist. Diese Kapitel deuten die Bandbreite biogeographischen Arbeitens an, die von der Rekonstruktion früherer Zustände über die Erfassung und Analyse heutiger Verhältnisse und die experimentelle Manipulation von Lebensgemeinschaften bis zur prognostischen oder heuristischen Modellierung bzw. Simulation reicht.

Die Kapitel 7 bis 9 orientieren sich an den für die Biogeographie maßgeblichen ökologischen Organisationsebenen, welche natürlich auch an bestimmte räumliche und zeitliche Skalen gebunden sind, sich aber durch ihre spezifischen Objekteigenschaften differenzieren. Organismen, die im Mittelpunkt des Interesses stehen, und ihre Verbreitung (Kap. 7) stellen die Grundlage für Biozönosen (Lebensgemeinschaften) und Ökosysteme (Kap. 8) dar. In der Biogeographie können sie nicht in ihrer intrinsischen Komplexität analysiert werden. Es stellt sich vielmehr die Frage nach ihrer räumlichen Organisation. Sie trägt zur Entwicklung der großräumigen bis globalen Muster von Biomen und Ökozonen bei (Kap. 9). Am Ende eines jeden Kapitels wird auf den Einfluss des Menschen hingewiesen, welcher sich je nach der Komplexität der betrachteten Objekte unterschiedlich bemerkbar macht.

Die Historische Biogeographie ist das Thema in Kapitel 10. Dieses traditionell sehr bedeutsame Forschungsfeld rekonstruiert vergangene Verhältnisse und liefert die Voraussetzung für das Verständnis künftiger Abläufe. Aus bruchstückhaften Einblicken in die historischen Zustände werden die Evolution der Arten und die Entwicklung ihrer Verbreitung auf der Erde abgeleitet. Über Kenntnisse zu den Umweltanforderungen von Organismen kann auf die jeweiligen Klimabedingungen der Vergangenheit geschlossen werden.

In Kapitel 11 werden die angewandten Aspekte der Biogeographie behandelt. Menschliche Wertvorstellungen werden diskutiert. Analyse (naturwissenschaftliche Auswertung und Diskussion von Daten) und Bewertung (Inwertstellung eines Ergebnisses) dürfen nicht vermengt werden, aber es wäre naiv, normative Rahmenbedingungen zu ignorieren. Gesellschaftliche Anforderungen beeinflussen schließlich die Entwicklung von Wissenschaftsdisziplinen über die Förderung bestimmter Arbeitsrichtungen und Forschungsfelder.

Abschließend wird in Kapitel 12 die Rolle der Disziplin, ihre Stellung und ihr Anspruch als Wissenschaftsdisziplin in der Vergangenheit, heute und in Szenarien der Zukunft diskutiert. Die ersten biogeographischen Konsequenzen von Klimaveränderungen und Landnutzungsänderungen zeichnen sich bereits ab. Und zusätzlich machen sich veränderte stoffliche Eigenschaften der Atmosphäre, Hydrosphäre und Pedosphäre in den Ökosystemen bemerkbar. Die Schaffung eines dichten und schnellen Netzes regionaler Infrastuktur und von Fernverbindungen bewirkt nicht nur eine Globalisierung des Handels und der Kulturen. Auch bislang weit entfernte und lange Zeit getrennte Floren und Faunen durchmischen sich, Krankheiten breiten sich aus und Pandemien werden befürchtet.

Andererseits können Biodiversitätsverluste die Funktionsfähigkeit von Ökosystemen und Landschaften gefährden. Sozioökonomische sowie politische Implikationen sind nicht auszuschließen. Es besteht die berechtigte Sorge, dass mit dem Verlust von Biodiversität ökologische Serviceleistungen für die menschlichen Gesellschaften qualitativ und quantitativ beeinträchtigt werden können, also größtenteils kostenlose Nutz- und Schutzfunktionen der Natur nicht mehr gewährleistet sind. Sollte dies geschehen und zu Engpässen in der Nahrungs- oder Wasserversorgung oder gar zum direkten Verlust von vielen Menschenleben führen, dann sind Entwicklungen nicht auszuschließen, die zu gesellschaftlichen Verwerfungen und zwischenstaatlichen Konflikten führen.

Ich bin davon überzeugt, dass die Biogeographie einen Beitrag zur Identifikation und Lösung dieser anstehenden Probleme zu leisten vermag. Der Biogeographie kommt im Rahmen der sich zur Zeit ereignenden und vor allem der künftigen globalen Umweltveränderungen eine maßgebliche Bedeutung zu.

Eine private Anmerkung sei noch gestattet. Dieses Buch ist ein kleiner Ausdruck meiner Dankbarkeit für die Begeisterung und das Engagement junger Menschen. Sie auch künftig dafür motivieren zu dürfen, sich um das Verständnis der Natur zu bemühen, ist eine wunderbare Aufgabe. Dankbar bin ich auch für die Unterstützung durch meine Mitarbeiter, für ihre Geduld und Freundlichkeit. Insbesondere ohne die vielfältige Hilfe von Ralf Schüpferling wäre es mir nicht möglich gewesen, dieses Buch zu schreiben. Schließlich möchte ich mich bei allen bedanken, die mir in den vergangenen Jahren ermutigende und wohlwollende Kritiker waren, allen voran bei meinem Lehrer Klaus Müller-Hohenstein, dem ich dieses Buch widme.

Bayreuth und Leipzig, im Herbst 2006
Carl Beierkuhnlein

1 Probleme und Fragestellungen der Biogeographie

Von der Naturerkundung zur Global Change Forschung

Inspector Gregory:
Is there any point to which you would wish to draw my attention?
Sherlock Holmes:
To the curious incident of the dog in the night-time.
Inspector Gregory:
The dog did nothing in the night-time!
Sherlock Holmes:
That was the curious incident!
ARTHUR CONAN DOYLE (1859–1930), „Silver Blaze", 1892

1.1 Einführung

Die Biogeographie nimmt als Wissenschaftsdisziplin eine Mittlerstellung zwischen Biologie und Geographie bzw. zwischen Bioökologie und Geoökologie ein. Sie wird sowohl von Bio- als auch von Geowissenschaftlern betrieben, auch wenn sich deren Fachtraditionen und Ansätze unterscheiden.

„Biogeographie" klingt nach Naturforschung und -beschreibung, nach Taxonomie und Chorologie und erweckt sowohl abenteuerliche Assoziationen zu Entdeckungen und Expeditionen als auch ein etwas verstaubtes Bild von Sammlungen und Bestimmungsarbeit. All dies entspricht nur noch bedingt der modernen Biogeographie, welche mit Fernerkundungsdaten und Geostatistik, mit Datenbanken und molekularbiologischen Methoden arbeitet, ohne ihre botanischen, zoologischen und geographischen Wurzeln zu verleugnen. Artenkenntnis und Geländearbeit sind vielleicht sogar unter dem Vorzeichen von Biodiversitätsverlusten und Klimaveränderungen wichtiger denn je. Doch zeigt sich an der methodischen Verlagerung, dass sich über den langen Zeitraum biogeographischer Forschung enorme Paradigmenwechsel ereigneten. Schulen etablierten sich und verschwanden, neue Methoden wurden entwickelt oder zugänglich (SCHMITHÜSEN 1970).

In der klassischen Antike beschreibt THEOPHRASTOS VON ERESOS (371(390?)–287 v. Chr.), der Alexander auf seinen Feldzügen begleitet, zahlreiche Vegetationseinheiten und ihre geographische Verbreitung im mediterranen Gebiet und im Nahen Osten. Er steht stellvertretend für die griechischen Philosophen und Naturwissenschaftler, welche mit ihrem Forscher- und Erkenntnisdrang die Basis der europäischen Wissenschaftskultur legten (Abb. 1.1). In der römischen Wissenschaft tritt das Interesse an Grundlagenwissen in den Hintergrund. PLINIUS DER ÄLTERE (23–79 n. Chr.) konzentriert sich in seiner „Historia Naturalis" auf die Nutzbarkeit der Lebewesen. Man befasst sich utilitaristisch nur noch mit jenen Arten, die dem Menschen dienen. Leider sind uns die Quellen der chinesischen oder arabischen Wissenschaft kaum zugänglich, ganz zu schweigen von anderen Hochkulturen. Auch dort finden sich biogeographische Bezüge, von welchen wir nur bruchstückhaft wissen. Die erste umfassende floristische Beschreibung der Vegetation stammt von JI HAN, der um 300 n. Chr. als Staatsmann in Süd-China lebte. Er ordnete die einzelnen Pflanzenarten folgenden Kategorien zu: Gräser, Holzige, Fruchtpflanzen und Bambus. Der arabische Geograph

Abb. 1.1

Der griechische Philosoph, Naturforscher und Botaniker THEOPHRASTOS VON ERESOS (371(390?)–287 v. Chr.), ein Vertreter der Peripathetiker, welche im Gehen lehrten. Er lieferte die ersten detaillierten Vegetationsbeschreibungen.

Merksatz

Die Renaissance markiert zu Beginn der Neuzeit das Wiedererwachen des Interesses an der Naturforschung!

Abb. 1.2

Der Arzt und Zoologe CONRAD GESNER (1516–1565) verkörperte nach dem Ende des Mittelalters den Beginn einer naturwissenschaftlich orientierten europäischen Naturforschung.

Abb. 1.3

ALEXANDER VON HUMBOLDT (1769–1859), der Vater der explorativen Naturforschung. Seine geographisch ausgerichteten Schriften prägten die Forschung über Jahrzehnte.

IBN KHURDADHBIH (820–912) behandelt in seinem Buch über Königreiche und Verkehrswege die Verbreitung von Elefanten, Nashörnern und Orang Utan, den er für eine Menschenart hält.

In Europa erwacht das Interesse am Eigenwert der Natur und an grundlegenden Zusammenhängen des Auftretens von Arten erst wieder mit der Renaissance.

Häufig waren es Künstler, die sich als *„Uomo Universale"* verstehen, also als Universalgelehrte, welche sich für die Natur begeistern und diese exakt dokumentierten, wie ALBRECHT DÜRER (1471–1528) mit Zeichnungen oder LEONARDO DA VINCI (1452–1519) textlich. Der erste bedeutende eigentliche Naturforscher der Neuzeit war der Schweizer Arzt CONRAD GESNER (1516–1565) (Abb. 1.2). Ebenfalls an der Gesamtheit der Natur interessiert, war er sowohl Botaniker (er gründete den Botanischen Garten in Zürich) wie – und das vor allem – Zoologe. Er betätigte sich zusätzlich als Professor für griechische Sprache und für Physik. Mit der „Historia Animalium" skizzierte er die Basis der modernen Zoologie. An geographischen Zusammenhängen beschreibt er beispielsweise die Höhenstufung der Alpen.

CARL VON LINNÉ (1707–1778) ist als der Vater der Systematik und der binären Nomenklatur der Arten bekannt, doch betätigte er sich ebenfalls biogeographisch. Er beschrieb die skandinavischen Vegetationseinheiten und entwickelte ein phänologisches System zur Klimacharakterisierung. Sein Zeitgenosse GEORGES LOUIS LECLERC, COMTE DE BUFFON (1707–1788), der nicht nur als Naturforscher, sondern auch als Literat erfolgreich war, hinterfragte in seiner Naturgeschichte das Entstehen und die Verbreitung von Arten, besonders der Tiere. Da er die plattentektonischen Mechanismen noch nicht kennen konnte, konstruierte er vergangene Landbrücken zur Verbindung heute getrennter Kontinente.

Ganz wesentliche Impulse gingen schließlich von ALEXANDER VON HUMBOLDT (1769–1859) aus (Abb. 1.3). In den Abhandlungen „Ideen zu einer Geographie der Pflanzen" (1807) sowie „Ansichten der Natur" (1808) versteht es HUMBOLDT, aus der Physiognomie der Gewächse auf Zusammenhänge mit Klima und Boden zu schließen. Seine Konzentration auf die Vegetation ist keineswegs zufällig. Allgemein ist zu bemerken, dass die Pflanzen- und Vegetationsgeographie, wohl aufgrund der Ortstreue der Pflanzen und der überschaubaren Artenzahlen, lange im Vergleich zur Tiergeographie bevorzugt wurde, wenn es um die Darstellung großräumiger Zusammenhänge ging. Im 19. Jahrhundert richtete sich das forscherische Streben mehr und mehr auf das Erlangen eines globalen Überblicks.

Eine neue Weltsicht eröffnete sich Mitte des 19. Jahrhunderts mit der von CHARLES DARWIN (1809–1882) und ALFRED RUSSEL WALLACE (1823–1913) unabhängig voneinander und nahezu zeitgleich entworfenen Evolutionslehre (Abb. 1.4). Räumliche Aspekte spielen bei beiden eine Schlüsselrolle. WALLACE, der seinen Lebensunterhalt mit der Sammlung exotischer Tiere bestritt, wurde im indo-malayischen Archipel auf die Bedeutung von Ausbreitungsgrenzen für die Artdifferenzierung aufmerksam. DARWIN wiederum nahm als wissenschaftlicher Begleiter an der Weltumsegelung der Beagle teil (1831–1836) und sammelte dabei umfangreiches Material an Tieren und Pflanzen. Während der anschließenden Aufarbeitung wurde ihm zu Hause in England, insbesondere anhand der Belege der Galapagos-Inseln, die Rolle von Inseln für die Evolution bewusst.

In der Zeit dieser Evolutionsbiologen stand immer noch die Erforschung entlegener Weltgegenden und die Vervollständigung der Kenntnisse im Zentrum des gesellschaftlichen Interesses, das Erkennen biogeographischer Muster ist hierbei mehr oder minder ein Abfallprodukt. HEINRICH AUGUST RUDOLF GRISEBACH (1814–1879) fasste die Sicht des 19. Jahrhunderts mit seinem Werk „Die Vegetation der Erde nach ihrer klimatischen Anordnung" eindrucksvoll zusammen.

Die Perspektive änderte sich vollständig mit der Wende zum 20. Jahrhundert. Nun wird nicht länger das Spezielle, sondern das Grundsätzliche herausgestellt und nach steuernden Prozessen und Mechanismen gefragt. Es waren JOHANNES EUGENIUS WARMING (1841–1924) und ANDREAS FRANZ WILHELM SCHIMPER (1856–1901), die als Väter einer ökologischen Pflanzengeographie anzusehen sind und damit die Grundzüge der modernen Biogeographie entwarfen (Abb. 1.5).

Für die jüngere Vergangenheit soll eine Arbeit besonders hervorgehoben werden und zwar die 1967 von ROBERT MACARTHUR (1930–1972) und EDWARD O. WILSON (*1929) entwickelte „Theorie der Inselbiogeographie“ (Abb. 1.6). Die Zusammenarbeit eines Entomologen (WILSON) mit einem mathematisch ausgerichteten Ökologen (MACARTHUR) bot die Kombination von konkretem Wissen und abstraktem Denken. Die von den beiden formulierte Theorie, welche im Wesentlichen auf die geographischen Parameter Flächengröße und Entfernung aufbaut, erklärt nicht nur rezente Verhältnisse, sondern erlaubt darüber hinaus die Prognose potenzieller Artenzahlen in ungesättigten Systemen. Damit wird ein neuartiger Zugang geschaffen. Es kann bei Abweichungen von Erwartungswerten nach den Ursachen dafür gefragt und somit die Theorie weiter entwickelt und verbessert werden. Das Buch stimuliert die theoretische Ökologie, den Naturschutz und die physische Geographie. MACARTHUR und WILSON selbst sehen keinen Unterschied zwischen Biogeographie und Ökologie. Später sollte WILSON mit dem Hinweis auf die „Krise der Biodiversität“ (1986) nochmals Einfluss auf die Wissenschaftsentwicklung nehmen.

Naturerforschendes Streben wirkt sicherlich heute noch immer im Hintergrund und ist ein Teil der Identität der Disziplin. Allerdings hebt sich die moderne Biogeographie in ihrer Philosophie fundamental vom explorativen und deskriptiven Ansatz der Vergangenheit ab. Wir unterscheiden die folgenden Teildisziplinen: Allgemeine, Spezielle und Angewandte Biogeographie.

Die **„Allgemeine Biogeographie“** befasst sich mit den wissenschaftstheoretischen Grundlagen sowie mit der biogeographischen Methodologie. Sie lässt sich weiter untergliedern in: Arealkunde (räumliche Verbreitung der Organismen), Historische Biogeographie (zeitliche Entwicklung und Verteilung), Zönologische Biogeographie (Biogeographie der Lebensgemeinschaften) und Ökologische Biogeographie (Ökosystemare und standörtliche Biogeographie).

Ferner können wir nach der methodischen Ausrichtung biogeographisches Monitoring, biogeographische Modellierung und experimentelle Biogeographie unterscheiden. Entscheidend ist nun, dass die moderne Biogeographie in erster Linie epistemologischen Gesetzen folgt. Es stehen nicht länger möglichst umfassende Kenntnisse oder vollständige Beschreibungen von Vorkommen von Arten oder Lebensgemeinschaften im Zentrum der Bemühungen, sondern ein wissenschaftliches Problem von grundsätzlicher Relevanz und das Streben nach neuer Erkenntnis.

Einerseits liegt umfassendes Wissen zur Verteilung von Arten oder zur Zusammensetzung von Ökosystemen vor: Fast jeder Winkel dieser Erde wurde von Naturwissenschaftlern aufgesucht, fast jede Artengruppe wurde ausführlich bearbeitet.

Andererseits muss man realisieren, dass Vollständigkeit bezüglich der Vielfalt der Natur niemals zu erzielen sein kann, kennen wir doch bis heute nur einen Bruchteil der tatsächlich auf der Erde vorkommenden Arten. Auch finden in der Natur ständig – und durch menschliche Einflüsse bedingt sogar zunehmend – vielfältige und rapide Veränderungen statt, die nicht in ihrem gesamten Ausmaß erfasst und dargestellt werden können. Im Zusammenhang mit dem Erkennen der auf der Erde vorhandenen Biodiversität und dem technologischen bzw. methodologischen Fortschritt können sowohl Ernüchterung als auch Neufokussierung die Konsequenz sein. Eine Konsequenz der stattfindenden Veränderungen kann sein, sich nicht mehr länger auf den Nachweis und die Analyse des Auftretens von Lebewesen und ihren Populationen oder Lebensgemeinschaften zu konzentrieren, sondern auch ihr Fehlen beziehungsweise in zeitlicher Sequenz ihren Verlust als ein wichtiges Datum zu begreifen. Das Nachvollziehen eines Ablaufes ist allerdings auf das Vorliegen historischer Vergleichsdaten angewiesen. Leider war diese Option, nämlich der Verlust, das lokale oder regionale Aussterben, das Verschwinden von Lebensgemeinschaften oder auch nur der Rückgang einer Population im Gedankengut früherer Naturforscher, Botaniker und Zoologen kaum verankert. Eine exakte Dokumentation von Häufigkeit und Verteilung fand daher nur selten statt. Selbst in Mitteleuropa sind nur wenige Datensätze mit

Abb. 1.4

ALFRED RUSSEL WALLACE (1823–1913) lebte vom Sammeln seltener Tiere und Pflanzen. In der indonesischen Inselwelt bemerkte er die Bedeutung der räumlichen Isolation für die Artbildung.

Abb. 1.5

FRANZ WILHELM SCHIMPER (1856–1901) stellte die Bedeutung naturwissenschaftlicher Experimente und Untersuchungen zur Ergründung pflanzengeographischer Verteilungen heraus.

Abb. 1.6

Der amerikanische Entomologe EDWARD O. WILSON (*1929) erarbeitete zusammen mit ROBERT MACARTHUR die Inseltheorie und machte in den 1980er-Jahren auf die weltweite Krise der Biodiversität aufmerksam.

Merksatz

Die Biogeographie befasst sich mit der Analyse der Prozesse und Mechanismen, die zur Entstehung biotischer Muster beitragen bzw. beigetragen haben. Sie wird untergliedert in die theorie- und methodenorientierte **„Allgemeine Biogeographie"** (zur der beispielsweise die Inseltheorie gehört) und die praxisorientierte **„Angewandte Biogeographie"** (zur der beispielsweise die Bioindikation zählt). Zusätzlich wird für die Betrachtung konkreter Aspekte die **„Spezielle Biogeographie"** ausgeschieden, die sich mit der Verbreitung einzelner Arten oder Artengruppen, von Lebensgemeinschaften, Ökosystemen und Großlebensräumen auf verschiedenen Skalen befasst. Will man die Spezifika verschiedener Artengruppen herausstellen, können **„Pflanzengeographie"** und **„Tiergeographie"** unterschieden werden. Man müsste dann aber auch eine Biogeographie der Archäen, der Bakterien, der Protisten und der Pilze ausgliedern.

räumlich und zeitlich exakten Nachweisen für einen bestimmten Raum- und Zeitausschnitt so vollständig, dass Tendenzen explizit analysiert werden könnten. Hinweise zu Gefährdungen (Rote Listen) beziehen sich zumeist auf implizites Expertenwissen und die Einschätzung großflächiger Tendenzen auf der Basis individueller Erfahrung. Dies soll nicht heißen, dass diese Listen nicht stimmten. Nur sind solche Angaben nicht wirklich exakt oder quantifizierbar und damit sehr bedingt dazu geeignet, Trends zu analysieren.

Doch selbst wenn es eine bessere Datengrundlage gäbe, wäre wenig gewonnen, solange wir die dokumentierten Entwicklungen lediglich beschreiben. Die wahre Emanzipation einer Naturwissenschaft erfährt diese, wenn sie sich auf die Frage nach kausalen Zusammenhängen konzentriert. Hierzu bedarf es der Entwicklung eines theoretischen Grundgerüstes, dessen Abwandlung und Erweiterung zum eigentlichen Ziel der Wissenschaftsdisziplin wird. Nicht mehr das Detail wird dann betrachtet und erläutert, sondern seine Funktion und Bedeutung in einem größeren Rahmen, die Bestätigung von Regelhaftigkeiten oder die Falsifikation von Hypothesen (Abb. 1.7). Und werden neuartige Zusammenhänge identifiziert, dann ruft dies umgehend die Frage nach ihrer Übertragbarkeit und Allgemeingültigkeit hervor.

Seit einigen Jahren etabliert sich im anglo-amerikanischen Bereich aus der Biologie heraus neben der Biogeographie die sogenannte „Makroökologie". Bei genauer Betrachtung stellt man aber fest, dass sich Methoden und Fragestellungen weitgehend mit der organismischen Biogeographie decken. Allerdings zeichnet sich die Makroökologie durch einen expliziten Einsatz statistischer Methoden aus. Zunächst müsste man terminologisch von einer Makroökologie fordern, dass sie sich, wenn die Bezeichnung gerechtfertigt sein soll, primär mit ökologischen Fragen befasste und diese sekundär auf einer Makroebene bearbeitete (also z. B. global). Eine klare Differenzie-

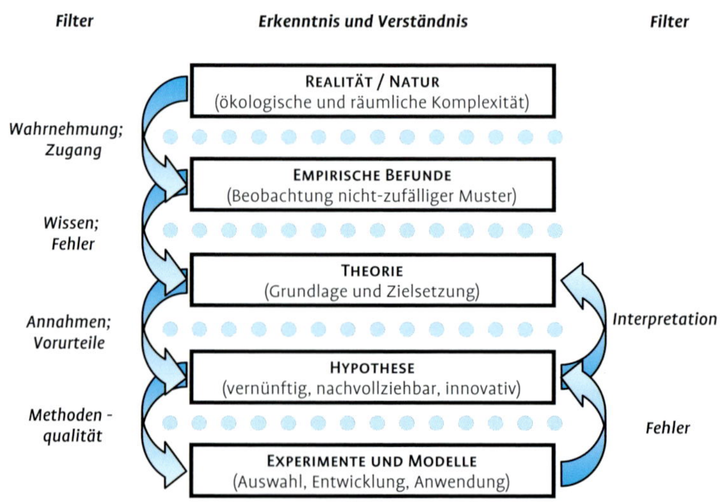

Abb. 1.7 Der Ablauf hypothesenorientierter naturwissenschaftlicher Forschung wie er auch für die Biogeographie zu fordern ist. Ziel ist die Verbesserung der Theorie auf der Grundlage der Realität. Die hierbei wirkenden Filter begrenzen den Zugang und die Interpretation, doch sind einige dieser Filter modifizierbar, z. B. indem Methoden verbessert werden.

Tab. 1.1

Die drei Domänen der Lebewesen. Die Biogeographie konzentriert sich auf die hervorgehobenen Taxa Pflanzen (Plantae) und Tiere (Animalia), da sich andere Organismengruppen einem geographischen Zugang weitgehend verschließen. Es liegen noch nicht hinreichend umfassende räumliche Angaben vor. Viele Taxa sind noch nicht wissenschaftlich bearbeitet.

Archaea	Bacteria	Eucaryota
Eucarchaeota	Cyanobacteria	***Plantae***
Crenarchaeota	Chlamydiae	***Animalia***
Korarchaeota	Chlorobia	Fungi
Nanoarchaeota	Und weitere	Protista

rung gegenüber der Biogeographie ist jedoch nicht zu erkennen.

Man bearbeitet Verbreitungsmuster von Objekten und leitet Diversitätsverteilungen ab. In der Ökologie sind dies eher randliche Aspekte. Auch werden fast ausschließlich Organismen – und diese zumeist als Arten bzw. Populationen und nicht als ökologisch funktionelle Gruppen – betrachtet und nicht Lebensgemeinschaften oder gar Ökosysteme. Die Organismen werden zudem vorrangig in ihren räumlichen Verteilungseigenschaften untersucht und weniger in ihren ökologischen Ansprüchen bzw. im komplexen ökosystemaren Gefüge. Dieser Ansatz ist weitgehend mit der traditionellen Pflanzen- und Tiergeographie identisch. Die Biogeographie hingegen integriert zusätzlich die Vegetationsgeographie oder die räumliche Organisation der Biome, also Objekte höherer ökologischer Komplexität. Auch werden in ihr schon seit langem Bezüge zur Umwelt herausgearbeitet. Diese terminologische Diskussion wird weitergehen, doch sollte dabei nicht verkannt werden, dass ähnliche Arbeitsweisen einfach mit unterschiedlichen Etiketten versehen werden.

Die Eigenschaft der Objekte der „**Speziellen Biogeographie**" ist schlicht, dass sie lebendig sind (bzw. es einmal waren). Räumliche Verteilungseigenschaften biotischer Objekte oder deren zeitliche Entwicklung (also im weiteren Sinne Bioinformation) werden erfasst, interpoliert, analysiert oder prognostiziert. Es ist nahe liegend, dass vorwiegend Organismen betrachtet werden, doch sind weitere Organisationebenen unterschiedlicher Komplexität ebenfalls angesprochen. Die Biogeographie arbeitet auf verschiedenen räumlichen und zeitlichen Maßstabsebenen und betrachtet lokale bis globale Zusammenhänge in intraannuellen bis langfristigen Zeiträumen.

Gliedert man die Biogeographie nach den untersuchten Organismen, dann schälen sich die Unterdisziplinen der „Pflanzengeographie" und der „Tiergeographie" heraus. Eine „Biogeographie der Mikroorganismen" konnte sich nicht etablieren. Folgt man der aktuellen Systematik der Lebewesen, müsste man, den übergeordneten Domänen folgend, eine Biogeographie der Archäen (auch Archäbakterien), der Bakterien sowie der Eukaryoten (Organismen mit echtem Zellkern) unterscheiden. Letztere werden wiederum untergliedert in: Tiere (Animalia), Pflanzen (Plantae), Pilze (Fungi) und zumeist einzellige Protisten (Protista). Aus praktischen Erwägungen sowie aufgrund traditioneller Entwicklungen stehen allerdings nach wie vor Pflanzen- und Tierarten im Zentrum des Interesses (Tab. 1.1). Mitunter werden, insbesondere bei epidemiologischen Arbeiten, Viren mit biogeographischen Methoden betrachtet. Zwar sind diese ohne andere Organismen nicht lebensfähig, doch sind sie im Kontext mit anderen Lebewesen natürlich ebenfalls ein biotisches bzw. biogeographisches Objekt.

Bleibt man bei der Betrachtung von Arten, so werden diese nicht nur als einzelne Taxa von Interesse sein (z. B. in der Arealkunde). Ihre Populationen, Lebensgemeinschaften oder Ökosysteme sind genau so sehr Objekte der Biogeographie wie gesamte Biome (Großlebensräume). Die „Vegetationsgeographie" verfolgt daher einen umfassenderen Ansatz als die Pflanzengeographie, denn sie befasst sich mit den gesamten Eigenschaften der Pflanzendecke. Auch einzelne Eigenschaften von Organismen (z. B. Blattgröße, Länge von Extremitäten) können Antworten auf biogeographische Fragestellungen geben. Sie zeigen, dass sich Bio-

Merksatz

Die „Grundfrage“ der Biogeographie ist: „Warum fehlt Bioinformation am Ort X?“ (Paul Müller)

geographie auch mit Organisationsebenen auseinandersetzt, die sich unterhalb der Organismen befinden.

Mit zunehmender Größe und Komplexität der Objekte wächst das Problem der **Abgrenzung von Einheiten**. Grenzen werden unscharf und damit Objekteigenschaften nur schwer fassbar. Man kann dies ignorieren und per definitionem mehr oder weniger artifiziell diskrete Einheiten schaffen, doch verbirgt sich hier eine der spannendsten Fragestellungen der Ökologie und der Geographie! Wir werden darauf noch zurückkommen. Wir erkennen, dass Objekteigenschaften per se keineswegs eindeutig sein müssen. Selbst die Frage: „Was ist ein Lebewesen?“ ist nicht einfach zu beantworten. Ist die symbiotische Magenflora eines Säugetieres, die erst seine Existenz ermöglicht, Teil des Organismus? Wo sind die Grenzen einer klonalen Pflanze, deren Rhizome bereits vielfach und vor langer Zeit durchtrennt wurden? Ist der einzelne Polyp (der niemals isoliert auftritt) oder seine Kolonie als Koralle zu verstehen? Es ließen sich viele weitere Beispiele finden. Verständlicherweise sind die Fragen: „Was ist eine Lebensgemeinschaft?“, „Was ist ein Ökosystem?“ oder „Was ist eine Landschaft?“ mit noch mehr Fallstricken versehen. Solche Unklarheiten werden in der Regel über Konventionen umgangen, doch sollte dies nicht darüber hinweg täuschen, dass Zuordnungen kritisch hinterfragt werden müssen. Besteht Klarheit über die Objekteigenschaften, dann stellt sich die Frage der Emergenz einer solchen Eigenschaft: Unter welchen Bedingungen tritt sie auf (oder fehlt sie) und welche Faktoren sind dafür verantwortlich? Können vergangene Verteilungen rekonstruiert oder künftige prognostiziert werden?

Zwar ist die Biogeographie eine Wissenschaft, die nicht primär einem bestimmten Zweck verpflichtet ist, doch ist offensichtlich, dass sie einen Beitrag zur Beantwortung praktischer Fragestellungen der Land- und Forstwirtschaft sowie des Natur- und Umweltschutzes leisten kann. Die „**Angewandte Biogeographie**“ konzentriert sich auf die Umsetzung biogeographischer Forschung in der Agrar-, Forst-, Fischerei-, Umwelt- und Naturschutzforschung. Sie will Entscheidungsgrundlagen für Politik und Planung liefern und zur Lösung aktueller Umweltprobleme sowie zu einer nachhaltigen angepassten Nutzung beitragen. Traditionelle Anwendungsbereiche sind die Optimierung der Landnutzung (z. B. in den Tropen), die Gewässerzonierung, aber auch Bioindikation oder Schutzgebietsplanung.

Neuartige Herausforderungen stellen sich bezüglich der Prognose der Auswirkungen von Klimaveränderungen und des lokalen, regionalen und globalen Verlusts von Arten durch rapide Umweltveränderungen (Bevölkerungswachstum, technische Entwicklung, Landnutzungsveränderungen etc.). Wissenschaftliche Fragestellungen entstehen immer aus Wissensdefiziten und diese sind bei der Geschwindigkeit und Größe der relevanten Phänomene umfangreich. Bevorzugt werden sie angegangen, wenn Lösungsansätze für gesellschaftliche Probleme gesucht werden.

Ein in der jüngeren Vergangenheit relevant gewordenes Problem ist die schnelle Ausbreitung von Arten, die als Neophyten oder Neozooen in neue Lebensräume hinein vordringen und dort aggressiv und invasiv in Erscheinung treten können (Abb. 1.8). Im Grunde kommen solche Ereignisse immer wieder vor und waren auch in der Vergan-

Abb. 1.8

Monodominante Bestände des Riesen-Bärenklaus (*Heracleum mantegazzianum*) im Kaiserwald (Tschechien). Diese invasive Art stammt aus Zentralasien. Prädation und Kontrolle durch Herbivorie findet bei uns kaum statt.

genheit keineswegs außergewöhnlich. Bedingt durch die Entwicklung neuartiger Vektoren (Flugzeuge etc.) und den Ausbau der Infrastruktur haben Ausbreitungsereignisse über bislang effiziente Barrieren hinweg deutlich zugenommen. Diese im entsprechenden Gebiet „neuen“ Arten treffen auf teils menschlich stark beeinflusste, oft verarmte Lebensgemeinschaften oder auf Standorte mit einem veränderten Störungsregime (z. B. erhöhter Mahdhäufigkeit). Sie können sich dort besonders gut etablieren, weil ökologische Nischen nicht besetzt oder andere Arten in ihrer Konkurrenzkraft eingeschränkt sind. Die Geschwindigkeit der Veränderung der Umweltbedingungen durch den Menschen erlaubte keine Anpassung der lokal vorhandenen Arten. Da die Wahrscheinlichkeit gering ist, dass sich ihre natürlichen Prädatoren mit denselben Vektoren und derselben Geschwindigkeit ausbreiten, unterliegen Neobiota oft einer reduzierten Kontrolle. Nach einer gewissen Etablierungsphase treten sie daher zum Teil in großen Beständen oder Populationen in Erscheinung. Sie können dann die bislang vor Ort etablierten Arten bedrängen und zu deren lokalem Erlöschen beitragen.

Auf diese neuartigen Problemfelder und Fragestellungen können nur bedingt mit den traditionellen biogeographischen Methoden, die sich auf die Erfassung und Analyse eines bestimmten Zustandes konzentrierten, Antworten gegeben werden. Die Annahme, die zeitlichen Entwicklungen unserer Lebensgemeinschaften und Ökosysteme erfolgten so langsam, dass über das kontinuierliche Zusammentragen von Information und Daten aus verschiedenen Regionen sich allmählich ein immer besseres Verständnis biogeographischer Muster ergeben würde, ist unter diesen Bedingungen nicht mehr tragfähig.

Die Umwelt und die Lebensgemeinschaften unterliegen derzeit so gravierenden und im Vergleich zur Vergangenheit so schnell ablaufenden Veränderungen, dass die Entwicklung neuartiger Ansätze zwingend geboten ist. Insbesondere sind hier bezüglich der Analyse phylogenetischer Zusammenhänge die Molekularbiologie, bezüglich der raschen Erfassung großflächiger Zustände die Fernerkundung, bezüglich des Verständnisses ablaufender Prozesse die Durchführung von Experimenten und bezüglich der Prognose künftiger Entwicklungen die Anwendung von Modellierungen zu nennen. Gelingt der Biogeographie diese notwendige methodische Erneuerung, dann wird sie in der Zukunft eine gewichtige Rolle für die Analyse der aktuellen und teils globalen Entwicklungen spielen. Gelingt ihr das nicht, dann wird diese Aufgabe von anderen Disziplinen übernommen werden.

Fragen

1. Welches sind die Hauptrichtungen der Biogeographie?
2. Welche Lebensräume stimulierten zur Entwicklung der Evolutionstheorie?
3. Diskutieren Sie die Gründe für die unterschiedliche Entwicklung von Pflanzen- und Tiergeographie sowie die Rolle anderer Organismen in der Biogeographie!
4. Was sind die wesentlichen Ursachen für die derzeitige Krise der Biodiversität?
5. Welches ist das Hauptkriterium zur Definition von Taxa?
6. Welche biogeographischen Methoden sind für die Beurteilung der ablaufenden globalen Veränderungen geeignet?
7. In welchen Praxisbereichen ist die Angewandte Biogeographie angesiedelt?
8. Schildern sie die einzelnen Schritte des heuristisch ausgerichteten naturwissenschaftlichen Vorgehens!
9. Weshalb hat sich die Problematik der Neobiota im 20. Jahrhundert so dramatisch verschärft?
10. Schildern Sie die Grundzüge der Entwicklung der Biogeographie!

2 Abiotische Mechanismen und Prozesse

Energetische und stoffliche Grundlagen des Lebens

„... the whole system [...] including not only the organism-complex but also the complex of physical factors forming what we call the environment ...“
SIR ARTHUR GEORGE TANSLEY (1871–1955), 1935

2.1 Geoökologie und Bioökologie

Biotische Systeme besitzen immer sowohl eine **objektbezogene** Qualität (Inventar) als auch eine **funktionelle** Qualität (Mechanismen). Das Inventar kann ohne seine funktionellen Zusammenhänge nicht analysiert, sondern höchstens beschrieben werden. Hat man eine problem- oder erkenntnisorientierte Fragestellung, so ist die Verknüpfung von Objekt und Mechanismus unabdingbar. Dieses Buch stellt bewusst Prozesse und Mechanismen nach vorne und beginnt mit den äußeren, das Leben steuernden funktionellen Zusammenhängen. Anschließend werden die organismischen Prozessabläufe und Interaktionen beleuchtet. Mit diesen Wirkgrößen wird verdeutlicht, welche Faktoren für die Entwicklung raum-zeitlicher Muster verantwortlich sind. Physikalische, chemische und biologische Gesetzmäßigkeiten sind gleichermaßen für die Analyse rezent-ökologischer Abläufe zu beachten wie für die Interpretation historischer Rekonstruktionen von Verbreitungsbildern.

Aus der Abhängigkeit der Organismen von ihrer Umwelt ergibt sich das Spezifikum der Biogeographie: auf Wissen anderer bio- und geowissenschaftlicher Disziplinen angewiesen zu sein. Ein Biogeographie-Lehrbuch hat nun den Konflikt zu lösen, dass beispielsweise ökologische Aspekte von grundlegender Bedeutung für das Verständnis biogeographischer Zusammenhänge sind, aber doch nicht erschöpfend behandelt werden können. Dies ist auch hier der Fall. Das Studium der Biogeographie muss unbedingt durch biologische und geowissenschaftliche Felder ergänzt werden. Die Tatsache, dass dennoch physikalische, chemische und biologische Schlüsselprozesse dargelegt werden, soll das Konzept der modernen, naturwissenschaftlich basierten Biogeographie verdeutlichen.

Die Kapitel 2 und 3 sind folglich nicht als Ersatz, sondern als Motivation für das Studium geoökologischer und biologisch-evolutiver Grundlagen anzusehen. Bezüglich der unbelebten Umwelt sind dies vor allem Klimatologie, Hydrologie, Bodenkunde, Geologie und Geomorphologie. Die Paläontologie nimmt eine Zwischenstellung ein. Sie befasst sich zwar mit Lebewesen, aber in einem nicht mehr aktiven Zustand. In der Biologie sind u. a. Systematik, Pflanzen- und Tierökologie sowie Mikrobiologie und Physiologie relevant.

Steuernde Prozesse müssen immer auf die betroffenen Objekte spezifiziert und in Bezug zu Raum und zeitlichen Rahmenbedingungen gebracht werden. Abläufe und Objekte sind an bestimmte Skalen gebunden. Wird die Betrachtung zu grob, dann sind zu viele Eigenschaften integriert. Das eigentlich Fokussierte verschwimmt. Ablaufende Prozesse können in ihrer Wirkung auf das einzelne Objekt nicht herausgearbeitet werden. Ist der Ansatz zu eng, zu detailliert, dann sind die größeren Zusammenhänge nicht mehr zu erkennen. Die Identifikation der räumlichen Auflösung von Objekten (z. B. Artverteilungsmuster), aber auch des für diese Objekte relevanten Prozessgesche-

Merksatz

Ökologische Systeme sind durch Transport-, Umwandlungs- und Speicherprozesse von Stoffen, Energie und Information gekennzeichnet.

Abb. 2.1

Die mechanische Belastung durch Schutt und Steinschlag ist in Hochgebirgsräumen als vorherrschender Geofaktor verantwortlich für die Herausbildung von Vegetationsmustern. Taschachtal, Ötztaler Alpen.

hens (z. B. Niederschlagsregime) ist keineswegs eine triviale Aufgabe.

Die aufgrund ihrer stofflichen Qualität abgrenzbaren Teile von Ökosystemen bezeichnen wir als **Kompartimente**. Wir unterscheiden die Kompartimente Gestein, Luft, Wasser, Boden und Lebewesen. **Faktoren** sind in diesem Zusammenhang jene Größen, welche einzelne Bestandteile (Kompartimente) oder die Gesamtheit eines Ökosystems beeinflussen. Geofaktoren sind folglich abiotische oder räumliche Einflussgrößen (Abb. 2.1).

Selten sind es einzelne klar erkennbare Einzelprozesse, die für die Emergenz eines biogeographischen Musters verantwortlich sind. Realistisch ist eher ein komplexes Prozessgeschehen, welches sich aus der Kombination verschiedener Mechanismen ergibt. Es kann einen Schwerpunkt auf physikalischen (z. B. Klima), chemischen (z. B. Versalzung) oder biotischen Prozessen (z. B. Aufbau von Biomasse) haben, oder Kombinationen hiervon aufweisen (z. B. Reliefformung, Bodenbildung).

Unter „**Umwelt**" verstehen wir die Gesamtheit der auf ein Individuum oder eine Art einwirkenden Bedingungen. Der Begriff wurde durch Jakob Johann von Uexküll (1864–1944) in der Biologie etabliert („*Umwelt und Innenwelt der Tiere*", 1909). Er unterscheidet Umwelt von Umgebung, indem er die Umwelt als ein funktionales Wirkungsgefüge versteht. In diesem autökologischen Sinn hat Ernst Haeckel (1834–1919) Ökologie als die „*Wissenschaft von den Beziehungen des Organismus zur umgebenden Außenwelt*" verstanden (1866). Wirksam werden in der Umwelt stoffliche, energetische und informationelle Eigenschaften.

Zusätzlich sind Raumansprüche (beispielsweise bei der Balz von Raufußhühnern) und zeitliche Aspekte (z. B. das Störungsregime von Talauen) zu beachten. Allerdings sind nicht alle Faktoren und ablaufenden Prozesse im Sinne dieses Umweltbegriffes wirklich relevant. Messbare Prozesse wirken nicht auf alle Arten eines Ökosystems gleichermaßen ein. Manche messbare Phänomene sind ökologisch unerheblich. Beispielsweise sind die Geoidstruktur der Erde sowie die mit den Dichteanomalien der Erdkruste verbundenen Abweichungen der Meeresoberfläche um mehrere Meter ökologisch völlig unbedeutend. Das Magnetfeld der Erde, welches wir Menschen ebenfalls nicht direkt wahrnehmen können, hat hingegen eine Bedeutung für die räumliche Orientierung von Tieren.

Nicht-relevante bzw. nicht wirksam werdende Eigenschaften sind nicht Teil der Umwelt eines entsprechenden Organismus. Die Umwelt des Menschen ist ein spezifischer Fall – bezogen auf unsere Art. Mit ihr befasst sich der **Umweltschutz**, welcher Einschränkungen der menschlichen Lebensbedingungen reduzieren will. Anders liegt der Fall, wenn von den Umweltbedingungen eines Ökosystems oder einer Lebensgemeinschaft die Rede ist, denn dann sind alle dort ablaufenden ökologischen Prozesse zu beachten. Ökosysteme umfassen neben den biotischen Komponenten die abiotischen Faktoren als originäre Bestandteile.

Biotische Interaktionen und Beeinflussungen der Umwelt von Organismen werden in Kapitel 3 besprochen. Die zunächst behandelten abiotischen Faktoren können wir zwei Qualitäten zuordnen. Energetische und stoffliche Aspekte sind zu unterscheiden. Über das Klima und den Wasserkreislauf sind energetische und stoffliche Eigenschaften, welche beispielsweise als

Ressourcen relevant werden können, miteinander verbunden. Essentielle Ressourcen sind Kohlenstoff, Sauerstoff, Wasser, Nährstoffe, Temperatur und für viele Organismen Licht. Sie bestimmen individuelle Entwicklung, Reproduktionserfolg, Überlebenswahrscheinlichkeit, Abwanderung und Zuwanderung, intra- und interspezifische Interaktion. Ressourcen werden durch organismische Tätigkeit quantitativ beeinflusst. Sie stehen nur limitiert zur Verfügung. Unterschreitet das Angebot die artspezifischen Mindestanforderungen, entsteht zunächst Stress und schließlich erfolgt Abwanderung oder Absterben. Auch ein Überangebot einer Ressource (z. B. Licht, Wasser, Temperatur, Nährstoffe) kann dies bewirken.

Jene Organismen, die Strategien zur Schonung und Regeneration von Ressourcen entwickelt haben, besitzen Selektionsvorteile. Alle Ressourcen zeigen räumliche und zeitliche Variabilität. Sie sind nicht überall und nicht konstant verfügbar. Ihre quantitativen und qualitativen Eigenschaften unterliegen räumlichen und zeitlichen Schwankungen bzw. Einschränkungen. Jene Organismen, die effiziente Anpassungen an die zeitliche und räumliche Verteilung von Ressourcen aufweisen, genießen im Vergleich mit anderen besonders starke Selektionsvorteile.

Die Anpassung an spezifische Ressourcenverfügbarkeit geht einher mit der Besetzung ökologischer Nischen. Organismen mit funktioneller Anpassung an bestimmte ökosystemare Planstellen können aus sehr unterschiedlichen Verwandtschaftskreisen stammen. Dies belegt die evolutive Kraft ökologischer Mechanismen. In Regionen mit hoher Luftfeuchte findet man häufig Vertreter der Bartflechten (*Usnea* spec.), die als Epiphyten bartartig von den Ästen von Bäumen hängen, heute allerdings nur noch in Reinluftgebieten anzutreffen sind. Diese Flechten können Wasser über ihre Oberfläche aufnehmen. Sie quellen bei ausreichender Luftfeuchte und sind dann aktiv. Bei Trockenheit werden die biologischen Abläufe reduziert. Diese Kryptogamen sind nicht auf ein wasserspeicherndes Substrat angewiesen. Ähnlichen Habitus besitzt eine als „Lousiana Moos“ oder „Spanisch Moos“ bezeichnete Pflanzenart (*Tillandsia usneoides*). Auf den ersten Blick ähneln die dichten epiphytischen Girlanden Bartflechten (daher der wissenschaftliche Name). Diese Pflanze kommt in Süd- und Mittelamerika sowie in den nordamerikanischen Südstaaten vor. In küstennahen Gebieten füllt sie als Epiphyt die gleiche ökologische Nische aus, kommt aber aus einer völlig anderen Entwicklungslinie. Sie gehört zu den Ananasgewächsen (*Bromeliaceae*) (Abb. 2.2). Als höhere Pflanze müsste sie eigentlich Wasser über die Wurzeln aufnehmen, doch zeigt sie die spezielle Anpassung, Feuchtigkeit über Saugschuppen aufzunehmen.

Die Lebewesen der Erde besitzen eine enorme Breite bezüglich des Spektrums der

Box 1: „Bedarf und Toleranz“

Justus von Liebig's (1803–1873) schon 1840 veröffentlichtes **Gesetz der Minimumfaktoren** besagt, dass derjenige Wachstumsfaktor das Wachstum limitiert, der sich gerade im Minimum befindet. Victor Shelford (1913) erweiterte dieses Konzept in seinem **Toleranzgesetz.** Nicht nur „ein Zuwenig, sondern auch ein Zuviel eines Faktors“ kann eine limitierende Wirkung haben – oberhalb einer bestimmten Schwelle kann sich auch ein Nährstoff als toxisch erweisen.

Ökologische Limitationen wirken sich auf Existenz, Wachstum und Reproduktion aus. Oft ist zuerst die Fortpflanzung betroffen. Bei noch stärkerem Stress wird das Wachstum eingestellt, gespeicherte Ressourcen werden aufgebraucht, bis schließlich lebenserhaltende Prozesse betroffen sind.

Für die Entwicklung der Larve des seltenen Wald-Sandlaufkäfers (*Cicindela sylvatica*) muss das Substrat gut durchlüftet sein, feucht, aber weder zu nass noch zu trocken, warm, aber nicht heiß und nicht zu kalt. Bei dieser Art entscheidet **primär** die Bodenqualität (Körnung und Gefüge) über das Vorkommen, Temperatur und Feuchtigkeit **sekundär** über die Häufigkeit der Art in einem Lebensraum also über die Anzahl der Individuen (Abundanz). Insgesamt sollte aber erkannt werden, dass in ökologischen Systemen (im Gegensatz zur Landwirtschaft) nicht einzelne Faktoren Strukturen und Organisation bestimmen, sondern deren komplexes Gefüge.

von ihnen tolerierten Umweltbedingungen. Sie besiedeln nahezu alle zugänglichen Grenzflächen und Medien der Erdoberfläche. Organismen existieren an heißen Quellen bei Temperaturen über 100 °C und auf Gletschereis. Nichtsdestotrotz ist ihre Aktivität an das Vorliegen flüssigen Wassers gebunden. Mithin ist letztlich doch nur ein enges Spektrum der auf, in und über der Erde auftretenden Bedingungen als Umwelt der Organismen wirksam.

Am Beispiel des Wassers wird verständlich, dass das Interagieren physikalischer und chemischer Prozesse einen starken Einfluss auf die Rahmenbedingungen des Lebens ausübt, die Lebensabläufe steuert und das Vorkommen und Fehlen von Organismen bestimmt. Ökologische Einnischung, Evolution und Verbreitung reflektieren dieses Wechselspiel zwischen belebter und unbelebter Natur. Sowohl für das Leben insgesamt als auch für einzelne Arten bestehen unüberwindbare Grenzen der äußeren Bedingungen. Die variierenden Umweltbedingungen spielen folglich eine maßgebliche Rolle für die Entwicklung der Biodiversität.

Die abiotische Umwelt der Organismen und der Lebensgemeinschaften wird durch energetische und stoffliche Rahmenbedingungen sowie durch ihre Verfügbarkeit im Raum und in der Zeit bestimmt. Die Betrachtung eines Lebensraumes muss daher neben dem rezent herrschenden Standortregime und seiner mittleren Ausprägung (Klima, Nährstoffverfügbarkeit, Wasserangebot etc.) auch zeitliche Aspekte wie die Saisonalität und das Störungsregime (z. B. Landnutzung, Bodenfließen, Feuer) mit einbeziehen. Daraus ergibt sich, dass ökologische Systeme nicht nur eine bestimmte räumliche Auflösung erfordern, sondern auch die Beachtung zeitlicher Variabilität (s. a. Kap. 5).

Da Organismen auf verschiedenste Umweltfaktoren angewiesen sind und an diese jeweils spezifische Anforderungen stellen bzw. Einflüsse tolerieren, liegt es nahe, dass sich das Leben auf Grenzflächen verschiedener Aggregatzustände konzentriert. An der Erdoberfläche wird dies durch die Vegetationsdecke an der Grenze zwischen Boden und Atmosphäre offensichtlich. Die Korallenriffe können als marines Beispiel dienen.

Abb. 2.2

Die epiphytische *Tillandsia usneoides* kann Wasser über Saugschuppen aufnehmen. Die Art ist in der Neuen Welt in tropischen und subtropischen Gebieten mit hoher Luftfeuchte zu finden.

Doch verlieren Grenzflächen außerhalb des geeigneten Temperaturbereiches oder Lichtangebotes, beispielsweise in der Antarktis, dem Hochgebirge oder der Tiefsee, an Bedeutung. Eine Sonderstellung nimmt die Pedosphäre ein, in welcher das kleinräumige Nebeneinander von festen Bodenpartikeln, Bodenwasser und Bodenluft vielfältige ökologische Prozesse ermöglicht. Sie leistet somit einen maßgeblichen Beitrag zu einem ökosystemaren Wechselspiel zwischen Mikroorganismen, Pilzen, Pflanzen und Tieren.

Wachstum und Bewegung bzw. aktive oder passive Verlagerung im Raum sind Charakteristika vieler Organismen, welche ihnen effiziente Ressourcennutzung oder Reproduktion ermöglichen. Solche Ortsverlagerungen sind verständlicherweise nur in den Medien Wasser und Luft relevant. Die meisten unverwitterten Gesteine setzen dem Eindringen und der Bewegung durch physikalischen Widerstand Grenzen. Einige mobile Lebewesen existieren aber selbst in dieser Matrix, beispielsweise in Hohlräumen und im Grundwasser.

2.2 Energieflüsse

Der Energiehaushalt, d. h. Aufnahme, Speicherung und Transfer von Energie, beeinflusst alle Lebensabläufe. Im raum-zeitlichen Kontext sprechen wir vom Energieflussgeschehen. Wir kennen unterschiedliche Formen der Energie: chemische, thermische, mechanische, elektrische, elektromagnetische, kinetische, radioaktive oder potenzielle Energie. Nicht alle Energieformen sind in der Biosphäre gleichermaßen relevant. Wir wollen uns hier besonders auf thermische Aspekte und die Einstrahlung konzentrieren und können chemische, mechanische oder kinetische Aspekte nur kurz anreißen.

Limitierende Wirkung des Energieangebotes besteht sowohl in Richtung einer Unterversorgung (z. B. in der Tiefsee) als auch bei Überangebot. Anpassungen an extreme Verhältnisse sind nur bis zu gewissen Grenzen physiologisch möglich. Da Wasser in den Zellen aller Organismen von existenzieller Bedeutung ist, ist das Verhalten der Aggregatzustände des Wassers bezüglich der auftretenden Temperaturen entscheidend für die Lebensäußerungen. Nur wenige spezialisierte Arten können diese Grenzen geringfügig und längerfristig überschreiten, wobei zumeist spezifische zelluläre und molekulare Mechanismen letalen Stress vermeiden helfen. Die Ausbildung von Dauerstadien erlaubt es einigen Lebewesen zumindest in passivem Zustand extreme Temperaturen zu überstehen.

Der Energiehaushalt der Erde wird im Wesentlichen durch drei Faktoren gesteuert: Sonneneinstrahlung, Temperatur des Erdinnern und Erdrotation. Diese Faktoren beeinflussen alle weiteren differenzierteren Prozesse wie die Entwicklung und Lage der Kontinente sowie deren klimatische Gegebenheiten. Die energetischen Rahmenbedingungen der Erdoberfläche ermöglichen das Leben über einen begrenzten Zeitraum von einigen Milliarden Jahren. Zwischen dem Abkühlen des Planeten und dem Nachlassen der Sonnenstrahlung vergehen kosmische Zeiträume, welche die Skalen menschlicher Fragestellungen und unseres Vorstellungsvermögens um Größenordnungen überschreiten.

Nach dem physikalischen Gesetz des Energieerhaltes kann Energie nicht verloren gehen, sondern nur umgewandelt werden. Energie wird aufgenommen bzw. abgegeben, in andere Formen transferiert (z. B. Strahlungsenergie in chemische Energie) und zeitweilig gespeichert oder als Wärmestrahlung wieder abgegeben. Energiereiche Moleküle, wie sie die organische Substanz aufbauen, werden letztlich wieder zersetzt und die hierbei freiwerdende Energie dient erneut dem Ablauf biochemischer Prozesse. Offensichtlich ist die qualitative Veränderung der Energie im Verlauf ökosystemarer Prozesse. Auch im Strahlungshaushalt der Erde erfolgen, durch Absorption, Reflektion, Transmission und Rückstrahlung charakteristische qualitative und quantitative Verschiebungen energetischer Eigenschaften.

Die „**Solarkonstante**“ beschreibt die auf die Atmosphäre der Erde auftreffende Strahlung. Wir sollten sie besser als Strahlungsflussdichte bezeichnen. Ihr Wert liegt bei etwa 1366,5 Watt pro Quadratmeter (bzw. $J\ m^{-2}\ s^{-1}$). Allerdings variieren die konkreten Werte zwischen 1325 und 1420 $W\ m^{-2}$ aufgrund der exzentrischen Erdumlaufbahn mit einem Abstand zur Sonne zwischen $1{,}47 \cdot 10^8$ (Aphel) und $1{,}52 \cdot 10^8$ km (Perihel). Je größer die Distanz zur Sonne, umso schwächer ist die Einstrahlung.

Ferner unterliegt die Aktivität der Sonne selbst mehr oder minder regelhaften Schwankungen, welche mit der **Sonnenfleckenaktivität** einhergehen. Eine hohe Sonnenfleckenaktivität bedeutet eine hohe solare Aktivität und damit eine erhöhte Einstrahlung auf der Erde. Aus Langzeitbeobachtungen (seit 1610) und der Ermittlung der Sonneflecken-Relativzahlen sowie über datierbare Isotopenverhältnisse können Zyklen der Sonnenaktivität rekonstruiert werden (Schönwiese 2003). Fluktuationen zwischen erhöhter und abgeschwächter Aktivität verlaufen etwa im 11-jährigen Rhythmus. Solche Schwankungen beeinflussen natürlich das Klimageschehen der Erde. Bleibt ihr regelmäßiger Turnus erhalten, ergeben sich keine merklichen Konsequenzen, da sich binnen weniger Jahre, also innerhalb der zeitlichen Skalen der meisten Organismen, Lebensgemeinschaften und Ökosysteme, die Schwankungen immer wieder ausgleichen.

Ein wesentlicher Teil der einfließenden solaren Strahlung wird durch Partikel und Moleküle der Atmosphäre und an Wolken reflektiert oder absorbiert (Abb. 2.3). Da dies nicht gleichmäßig über alle Wellenlängen bzw. Spektralbereiche geschieht, verändert sich im Höhenverlauf der Atmosphäre die Qualität der Sonnenstrahlung. Insbesondere die Wassermoleküle der Atmosphäre absorbieren selektiv im roten sichtbaren und im nahen Infrarotbereich, was unserem Planeten aus dem All die typische blaue Farbe verleiht. Ein großer Teil der in der Atmosphäre ankommenden Energie wird in Wärme umgewandelt und als solche wieder rückgestrahlt.

Die direkte Reflektion (Albedo) der eintreffenden Sonnenstrahlung durch die Erde variiert jahreszeitlich z. B. durch Schnee- und Eisflächen sowie frei liegende Gesteine und Böden. Prinzipiell reflektieren alle Gegenstände einen Teil der auftreffenden Strahlung. Wird der Anteil der von der Atmosphäre reflektierten und absorbierten Strahlung durch terrestrische Prozesse beeinflusst, dann sind Klimaveränderungen die Folge. Verlagern sich beispielsweise die Kontinente, was kontinuierlich geschieht, dann hat dies Konsequenzen auf den globalen Strahlungshaushalt, da sich Kontinente und Ozeane in ihren Eigenschaften bezüglich der Absorption und Reflektion von Strahlung unterscheiden.

Im Mittel erreichen nur etwa 50 % der auf die Erde treffenden Sonnenstrahlung tatsächlich die Erdoberfläche. Und auch hiervon fließt nur ein sehr kleiner Teil in die Fotosynthese. Quantitativ ist die Erwärmung der Atmosphäre, der Erdoberfläche und der Ozeane der stärkste ökologische Effekt der Sonneneinstrahlung (Abb. 2.4). Qualitativ ist jedoch der für die Primärproduktion der Organismen genutzte Anteil der ökologisch entscheidende.

Auch ohne Lebewesen stellt sich auf einem Planeten ein Stoff- und Energiehaushalt ein, welchen wir unter ökologischen Gesichtspunkten analysieren können. Unbelebte Planeten wie Mars oder Venus zeigen Reliefbildung und Klimageschehen. Der Begriff Ökologie kommt dort freilich an seine Grenzen, da wir keinen Bezug zum Haushalt von Lebewesen oder Ökosystemen mehr herstellen können. Ohne Lebewesen gibt es

Abb. 2.3

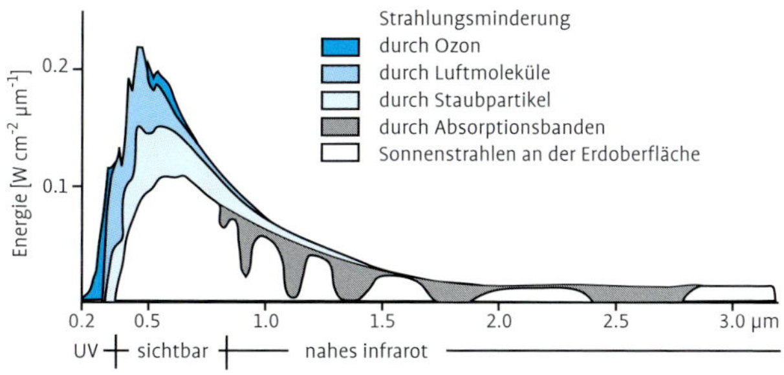

Strahlungsminderung in der Atmosphäre. Die Sonnenstrahlung wird in einzelnen Banden besonders stark gemindert.

Abb. 2.4

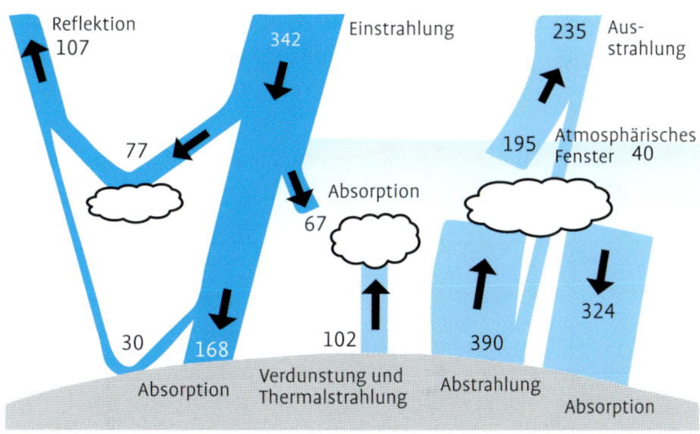

Der Strahlungshaushalt des Systems Erde-Atmosphäre. Nur etwa die Hälfte der eintreffenden Sonnenstrahlung erreicht die Erdoberfläche (nach KIEHL & TRENBERTH 1997).

Abb. 2.5

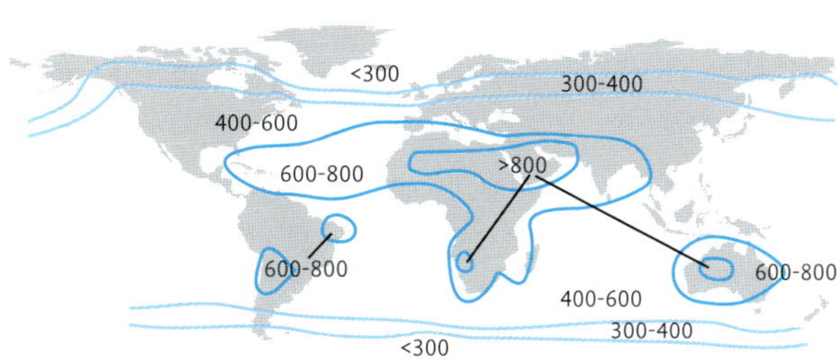

Die mittleren Jahressummen der Einstrahlung an der Erdoberfläche in kJ cm^{-2} (nach FREY & LÖSCH 1998).

keinen Informationshaushalt und damit fehlt eine zentrale, die Regulation ökologischer Systeme bewirkende, Qualität.

Blicken wir auf die globalen Muster des Energiehaushaltes (Abb. 2.5), dann ist zunächst die zonale Gliederung der Erde augenfällig. Der sich im Jahresverlauf verändernde Winkel des Auftreffens der Sonnenstrahlung bestimmt deren Intensität auf der Fläche. Als Folge zeigt die Variabilität der Sonnenstrahlung unterschiedlichen diurnalen und saisonalen Verlauf in verschiedenen Breiten. Mit abnehmender Breite nimmt die Gesamteinstrahlung tendenziell ab, was deutliche ökologische Effekte zeitigt. Biomasse und Artenvielfalt zeichnen diesen abiotischen Parameter teilweise nach. Diese globalen Muster der Einstrahlung bzw. der den Organismen zur Verfügung stehenden Strahlungsenergie, werden durch vielfältige klimatische Faktoren modifiziert (Kap. 2.3). So wird durch die Kontinentalität des Klimas die Bewölkung beeinflusst und damit die auf die Erdoberfläche auftreffende Strahlung. Auch ist zu bedenken, dass Strahlung nur bei ausreichender Wasserverfügbarkeit ökologisch genutzt werden kann.

Abb. 2.6

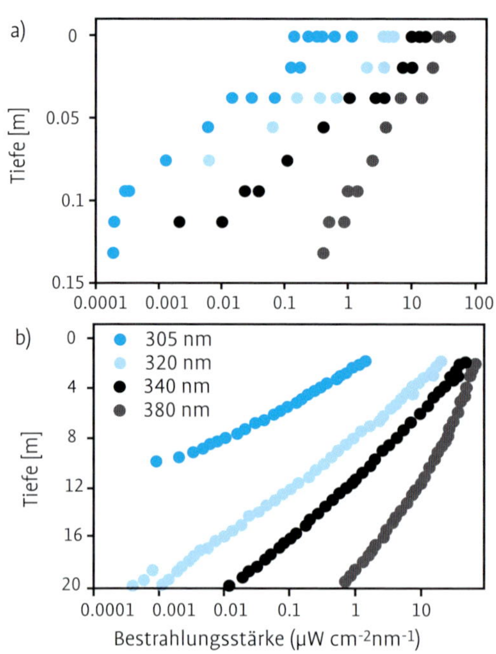

Verlauf der Strahlungsmenge in Gewässern mit unterschiedlicher Trübung und Wassereigenschaften. a) Im huminstoffreichen Neusiedler See. b) In der Nord-Adria. (nach SCHULZE et al. 2002).

Wenn man nun annimmt, dass in marinen, nicht vereisten Systemen ein relativ direkter Zusammenhang zwischen der Einstrahlung und der ökologischen Antwort gegeben sei, dann muss man auch für diese Ökosysteme feststellen, dass der latitudinale Trend durch Meeresströmungen stark überprägt wird. Sie transportieren enorme Energiemengen und natürlich auch Nährstoffe.

Die zur Verfügung stehende Strahlungsenergie wird neben der räumlichen Konstellation durch die Exposition der Fläche im Bezug zur Sonne gesteuert. Am Äquator ist die Einstrahlung deshalb stärker als in der Arktis, die aufgrund der Form der Erde in flachem Winkel zur Sonne steht. Entlang der geographischen Breitengrade erfolgt eine zusätzliche Modifikation der Strahlungsmenge und der Strahlungsqualität durch Kontinentalitätseffekte (Bewölkung).

Die spektralen Eigenschaften der Strahlung werden in der Atmosphäre selbst durch molekulare Reaktionen beeinflusst. Mit der Mächtigkeit der Atmosphäre verändert sich die Qualität der Strahlung (atmosphärischer Filter) also von hohen zu tieferen Lagen. Wenn starke Reliefunterschiede vorliegen, wie im Hochgebirge, reduziert sich zusätzlich der Lichtgenuss der Tallagen durch Horizontüberhöhung (Beschattung). An Hängen entwickeln sich merkliche Unterschiede je nach ihrer Exposition gegenüber der Sonne. Auf der Nordhalbkugel besitzen, in Bezug auf die zonalen Gegebenheiten, die Südhänge ein günstigeres Klima, auf der Südhalbkugel die Nordhänge. Historische Weinberge außerhalb der heutigen Anbaugebiete in Deutschland liegen aus diesem Grund gehäuft an Südhängen. Des Weiteren wird die Einwirkung der Strahlung durch den Auftreffwinkel, also die Hangneigung, modifiziert. Und schließlich werden die spektralen Eigenschaften der Strahlung in der geschlossenen Vegetation nochmals beeinflusst. In einem Jahreszeitenklima erfolgt dies in einer saisonalen Rhythmik. Die fotosynthetisch wirksamen Spektralbereiche werden durch die Vegetation herausgefiltert. Es ergibt sich ein sogenannter „Blauschatten“ mit entsprechenden Konsequenzen für die am Waldboden wachsenden Pflanzen.

Auch in Gewässern wird die Strahlung mit der Tiefe abgeschwächt sowie die spektralen Eigenschaften verändert (Abb. 2.6). Wir unterscheiden bei nachlassender Strahlung mit der Wassertiefe eine **euphotische Zone** mit ausreichender Einstrahlung und eine lichtarme **dysphotische Zone**. Je nach den stofflichen Eigenschaften des Gewässers, seiner Trübung durch Schwebstoffe und Plankton, ist der fotosynthetisch aktive Bereich relativ geringmächtig oder reicht in größere Tiefe.

Unscheinbar, aber nicht unbedeutend – wenn keine geschlossene Vegetation vorliegt – ist die Albedo der Gesteins- oder Bodenoberfläche, also deren Rückstrahlung. Sie ist tendenziell hoch bei hellen Substraten und gering bei dunklen, weshalb letztere sich besonders stark erwärmen. Dunkle Gesteine wie Tonschiefer oder Basalte heizen sich sehr viel stärker auf als helle Kalk- oder Sandsteine, schwarze Torfsubstrate stärker als helle, sandige oder schluffige Böden. Die Wärmeleitfähigkeit von Böden wird zudem durch ihren Wassergehalt beeinflusst.

Von besonderer thermischer Bedeutung sind **Feuer**, die mit zwar zeitlich limitierter, aber doch erheblicher Hitzeeinwirkung verbunden sein können. Voraussetzung für die Entwicklung von Feuer ist natürlich brennbares Material, also pflanzliche Biomasse („fuel“). Diese muss kombiniert mit Trockenheit sowie einem auslösenden Faktor (z. B. Blitzschlag) auftreten. Feuer gehören in den meisten terrestrischen Ökosystemen zum natürlichen Prozessgeschehen (Abb. 2.7). Mitteleuropa zählt zu den wenigen Gebieten, wo dies nicht der Fall ist. Wenn in Deutschland Waldbrände ausbrechen, dann in künstlichen Nadelholzforsten, die nicht der zonalen Vegetation entsprechen. In Buchenwäldern sind Feuer nicht als eine regelmäßig erfolgende natürliche Erscheinung bekannt, was über die fehlenden Relikte von Holzkohle in Böden für die gesamte nacheiszeitliche Phase des Holozäns belegt werden kann. Weltweit werden die meisten Feuer heute direkt oder indirekt von Menschen initiiert, auch in Gebieten mit natürlichem Feuerregime. Mit Hilfe von MODIS und anderen Satellitendaten ist ein zeitnahes Erkennen von Feuern auch in abgelegenen Gebieten möglich. Im Boden bewirken die meisten Feuer nur bis in wenige Zentimeter Tiefe eine Erhöhung der Temperatur. Unterirdische Kompartimente und Biozönosen (Pilze, Kleintiere, Diasporen, Mikroorganismen) bleiben daher von Feuer oft wenig beeinflusst.

Abb. 2.7

Die endemische Kanaren-Kiefer (*Pinus canariensis*) vermag als einzige Kiefer nach Feuer wieder aus dem Stamm auszutreiben. Auf den Kanaren sind durch Vulkanausbrüche ausgelöste und durch Winde angefachte Feuer eine natürliche Erscheinung. La Palma.

An geothermalen Quellen treten sehr hohe Wassertemperaturen auf, welche den Siedepunkt des Wassers überschreiten können. Thermalquellen sind jedoch keineswegs ungünstige Lebensräume, da sie oft nährstoffreich sind. Selbst unter solch extremen Verhältnissen ist Leben möglich. Verschiedenen Gruppen von Bakterien und Archäen ist es gelungen, Strategien zur Existenz in sehr heißen Medien zu entwickeln. Vermutlich handelt es sich dabei um stammesgeschichtlich sehr alte Entwicklungszweige, da derartige „Sonderstandorte“ auf der Erde schon sehr lange bestehen. Aufgrund der Konstanz der Umweltbedingungen an solchen Orten wirken sie konservierend auf alte Formen und Arten. Wir finden dort keine Vertreter der rezenten zonalen Lebensgemeinschaften, sondern oft

Abb. 2.8

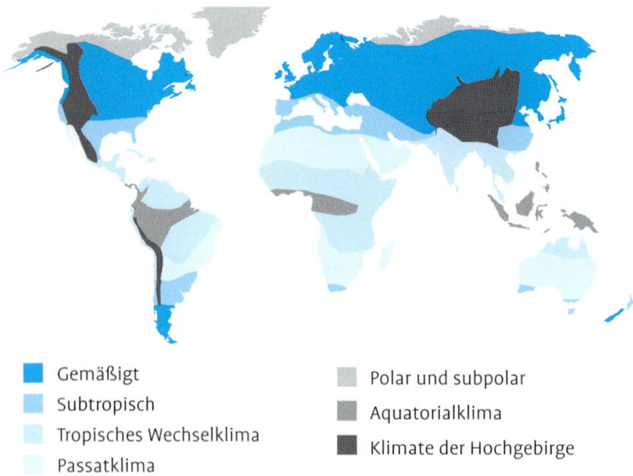

Klimageographische Gliederung der Erde (nach NEEF 1989).

reliktische Arten, die schon in frühen erdgeschichtlichen Zeiträumen auftraten.

Besonders energiearme Standorte befinden sich verständlicherweise unter der Erde. Doch sind auch Höhlen und selbst das Grundwasser nicht frei von Leben. Die Lebensbedingungen in diesen vom Licht abgeschotteten Zonen werden durch die Energiezufuhr aus dem Erdinneren geprägt, die stoffliche Versorgung erfolgt über das Grundwasser oder über mobile Tiere. Die Lebensräume des Grundwassers und tiefer Karsthöhlen sind äußerst konstant und wirken sozusagen als ein Archiv der Entwicklungsgeschichte. Hier trifft man ebenfalls auf stammesgeschichtlich sehr alte Arten, welche in diesem ausgeglichenen Milieu klimatische Schwankungen über Jahrtausende überdauerten, ohne in ihren Merkmalsausprägungen deutlich erkennbare Veränderungen zu zeigen. Troglobionte Organismen verbringen ihre Lebensabläufe in Höhlen. Sie profitieren insofern von der Konstanz der Umweltbedingungen, als diese zwar nur geringes Wachstum und Aktivität zulassen, aber keine Entwicklungsrisiken bergen.

Merksatz

Das Klima ist ein komplexes Prozessgeschehen, nicht ein einzeln zu fassender Mechanismus.

2.3 Das Klimasystem und seine zonale Differenzierung

Bedingt durch die Entfernung der Sonne, die elliptische Bahn der Erde, die Neigung der Erdachse, die Erdrotation sowie weitere planetare und terrestrische Eigenschaften wie die Verteilung der Kontinente auf der Erdoberfläche, kommt es zur Ausbildung charakteristischer atmosphärischer Abläufe. Wir unterscheiden in einer zeitlichen Skala die Begriffe **Klima** für die langfristig wirksamen Rahmenbedingungen (über Monate und Jahre), **Witterung** für das jeweilige Prozessgeschehen (über Tage bis wenige Wochen) und **Wetter** für die aktuell messbare Situation (Stunden bis Tage). Standardisiert werden Klimaeigenschaften über 30 Jahre gemittelt. Als Folge des regelhaften Klimageschehens bildeten sich auf den Kontinenten charakteristische Klimazonen heraus (Abb. 2.8).

Neben der oberflächennahen Einstrahlung bzw. der Temperatur ist das zur Verfügung stehende Wasser die wichtigste Steuergröße für die Ausbildung biogeographischer Muster. Klimaeigenschaften wie Aridität bzw. Humidität werden neben dem Breitengrad und damit dem Energiehaushalt sehr stark durch die relative Lage eines terrestrischen Gebietes in Bezug zum Ozean geprägt. Sie bestimmt im Zusammenhang mit den Zirkulationsmustern und Meeresströmungen die Niederschlagsmenge und damit die Wasserverfügbarkeit. Die Lage der Wüstengebiete Namib, Atacama, Mohave oder Sahara verdeutlicht, dass die Nähe zum Ozean allein keine ergiebigen Niederschläge garantiert.

Die historischen Entwicklungen und insbesondere die **Veränderlichkeit der Klimate in der Vergangenheit** kommen als weitere Faktoren hinzu. Die heutige Ausgestaltung und Sättigung der Floren und Faunen ist auch durch die Andauer des Auftretens und die regionale Konstanz der Klimagürtel geprägt (Kap. 5).

Entscheidend für die Entwicklung und Differenzierung zonaler Eigenschaften ist die Ausbildung charakteristischer atmosphärischer Zirkulationsmuster, unter anderem durch die Coriolis-Kraft (s. a. SCHÖNWIESE

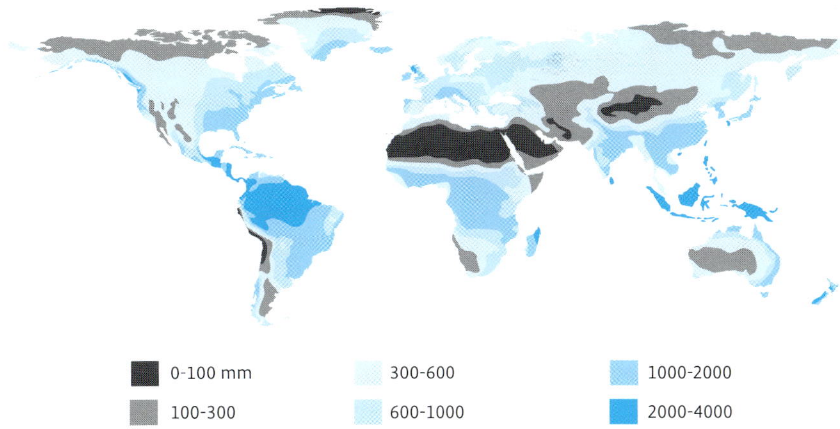

Abb. 2.9

Die Niederschläge der Erde (mittlerer Niederschlag 1961–1990, verändert nach IPCC International Panel on Climate Change).

2003, Latif 2004). Sie transportieren Wärme und Feuchtigkeit. Darüber hinaus machen sie sich biogeographisch als Vektoren für den Transport von biologischer Information (Sporen, Samen etc.) bemerkbar. Und folglich fördern oder unterbinden sie die Konnektivität zwischen Lebensräumen und Biomen. Der begrenzte Austausch von Luftmassen zwischen der Nord- und der Südhalbkugel ist von Bedeutung für die Erklärung globaler Muster der Verteilung von Organismen. Passiv mit dem Wind verfrachtete Diasporen werden eher longitudinal als latitudinal transportiert.

In Mitteleuropa befinden wir uns in einem Bereich mit vorwiegend zyklonal geprägter Westwindwitterung. In Verbindung mit der Nähe des Atlantiks und dem warmen Golfstrom wirkt sich diese Konstellation direkt auf das Niederschlags- und Temperaturregime aus (Abb. 2.9). Das Resultat ist ein gemäßigtes Klima als Rahmenbedingung der Ökosystementwicklung.

Biogeographische Implikationen der Klimazonen ergeben sich durch den klimatischen Energie- und Wasserhaushalt sowie über die **flächige Erstreckung** und den **Zusammenhang** der Regionen (Woodward 1987). Sie bestimmen die für die Entwicklung von Populationen und Lebensgemeinschaften zur Verfügung stehende Fläche und beeinflussen Floren- und Faunendifferenzierung durch Isolationseffekte. Dies ist in Südafrika sehr deutlich zu bemerken, wo die Trockengebiete der Namib und der Kalahari eine sehr effiziente Ausbreitungsbarriere darstellen und für die Besonderheit und Isoliertheit der Kapflora verantwortlich zeichnen.

Die **klimatische Großgliederung** der Erde geht im Wesentlichen auf Wladimir Peter Koeppen (1846–1940) zurück. Sein *„Geographisches System der Klimate"* (1936) ist ein Meilenstein der globalen Klimacharakterisierung. Unter **A-Klimaten** verstehen wir warmfeuchte tropische Klimate. Der kälteste Monat liegt im Mittel über 18 °C. **B-Klimate** sind Trockenklimate unterschiedlichen saisonalen Niederschlagsregimes. Steppenklimate werden als **BS-** und Wüstenklimate als **BW-Klimate** bezeichnet. **C-Klimate** zeigen warm-gemäßigte Verhältnisse. Die Niederschläge sind ganzjährig ausreichend oder saisonal verteilt, führen aber zu keinen maßgeblichen Versorgungsdefiziten für die Vegetation. **D-Klimate** schließlich sind im borealen Bereich der Nordhalbkugel zu finden. Die Mitteltemperaturen des kältesten Monats liegen bei unter −3 °C. Einschränkend wirkt der saisonale Temperaturverlauf. Die Feuchtigkeit ist ganzjährig ausreichend. Sowohl die polnahen, vor allem arktischen, Gebiete als auch die Hochgebirge werden als **E-Klimate** geführt. Lauer & Rafiqpoor (2002) entwickelten eine globale Klimaklassifikation, die direkt aus ökophysiologischen Eigenschaften der aktuellen Vegetation abgeleitet wird.

Abb. 2.10

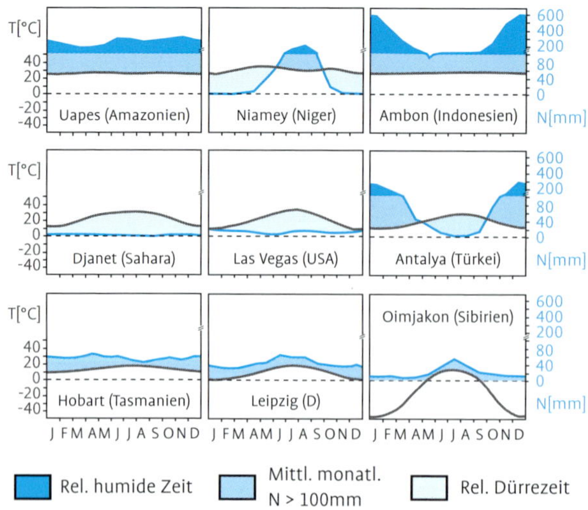

Ausgewählte Klimadiagramme der verschiedenen Klimazonen.

Abb. 2.11

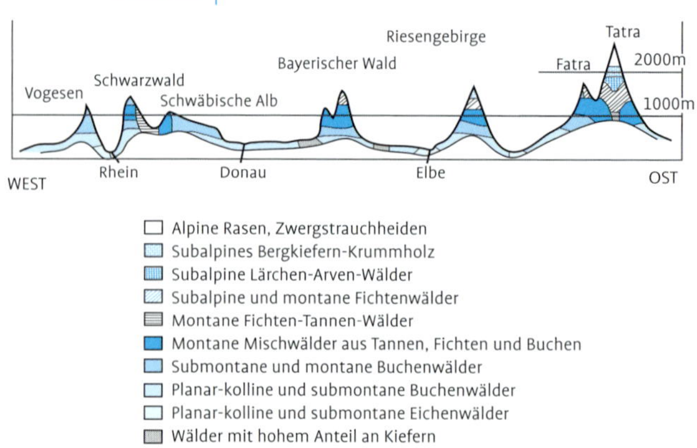

Schematische Höhenstufung entlang von Nord-Süd-Gradienten in Mitteleuropa (nach Richter 1997).

In Klimadiagrammen, die auf Walter & Lieth (1967) zurückgehen, werden üblicherweise Temperaturen und Niederschläge in einem Jahresverlauf aus monatlichen Mittelwerten (möglichst 30-jährige Mittel) dargestellt (Abb. 2.10). Aus dem Verlauf der gemeinsam aufgetragenen Kurven kann auf die saisonale Verteilung arider und humider Verhältnisse geschlossen werden. Die Diagramme enthalten ferner Angaben zu Minima und Maxima sowie zur zeitlichen Verteilung von Frost.

Klimatische Eigenschaften sind auf verschiedene **räumliche Maßstabsebenen** herunter zu brechen. Die langfristigen großräumigen Verhältnisse sind nur bedingt zur Erklärung ökologischer und biogeographischer Prozesse geeignet. Wir sprechen beim zonal wirksamen Klima vom **Makroklima**, wenn wir die regionalen bis lokalen Bedingungen ansprechen (z. B. beim Vergleich Gebirgsrücken und Talraum) vom **Mesoklima** und wenn die differenzierten Verhältnisse innerhalb eines Ökosystems (z. B. an einem Waldrand oder unter einem Baum in der Savanne) gemeint sind, vom **Mikroklima**. Auf letzteres wird in diesem Buch nicht näher eingegangen.

Vorwiegend sind es Reliefeigenschaften, welche die zonalen Klimaeigenschaften lokal sowie regional überprägen und zur Ausbildung eines spezifischen Mesoklimas führen. Die Höhenlage in Kombination mit der Exposition (Orientierung eines Hanges zur Himmelsrichtung) macht sich differenzierend bemerkbar. Wir unterscheiden die folgenden Höhenstufen (Abb. 2.11): Zuunterst liegt die **planare** Stufe, welche allerdings nicht in allen Gebirgen erreicht wird. Sie wird gefolgt von der **kollinen** Stufe des Hügellandes. Es schließt sich die **montane** Stufe an. Diese besitzt bereits deutliche Reliefenergie und entsprechende Expositionsunterschiede. Zumeist ist sie von Wäldern beherrscht. In kontinentalen Räumen, ohne Waldwuchs, sind hier Steppen vorherrschend. Wird die Baumgrenze überschritten (bzw. das Gebiet der Steppen verlassen), schließt sich in Hochgebirgen die **alpine** Stufe an. Sie ist durch alpine Matten und eine kurze Vegetationszeit geprägt. Mit der Auflösung einer geschlossenen Vegetationsdecke geht die **nivale** Stufe einher. Sie ist mit der Schneegrenze verbunden und ermöglicht nur an wenigen Gunststandorten und auch nur über kurze Zeitphasen Organismen eine Lebensgrundlage. Es sei festgehalten, dass diese Stufen lediglich der Orientierung dienen und nicht scharf abgegrenzt werden können. In den meisten Gebirgen gilt dies auch für die **Waldgrenze**, also für das höchstgelegene Auftreten eines geschlossenen Baumbestandes.

Wie bereits angesprochen, wird die klimatisch gesteuerte Höhenabfolge von Ökosystemen durch orographische Strukturen überprägt. Besonders die Exposition, also die Ausrichtung in Bezug auf die maßgeblich wirkende Sonneneinstrahlung, und die Lage von Gebirgen in Bezug auf feuchte Luftströmungen führen zu Unterschieden (z. B. Luv-Lee-Effekte). Durch klimatische Sondersituationen kann es in kontinentalen Tälern und in abflusslosen Senken der Gebirge zu einer Umkehr der normalen Abfolge von Höhenstufen kommen (Abb. 2.12). Die Ansammlung kalter Luftmassen in Strahlungsnächten kann an solchen Orten über extreme Frosteinwirkung sogar zu waldfreien Bereichen führen.

Nicht nur in der Atmosphäre, auch im Boden ist das Auftreten von Frösten von besonderer Bedeutung für die Entwicklung von Ökosystemen. In Klimaten mit länger anhaltenden tiefen Temperaturen kann sich im Boden und den oberen Gesteinsschichten Permafrost ausbilden (Abb. 2.13). Da dessen oberflächennahe Bereiche während der Sommermonate nur kurze Zeit auftauen, regelt Permafrost die Wasserverfügbarkeit und damit die ökosystemare Aktivität. Durch stauende Wirkung auf den vertikalen Sickerwassertransport kommt es unter Umständen zu Sauerstoffmangel im Boden. Permafrost ist keineswegs auf die arktischen Gebiete begrenzt. Auch unter der schneearmen kontinentalen Tundra und in kontinentalen Hochgebirgen (Tibet) stellt sich Dauerfrost ein. Eine Klimaerwärmung kann mittelfristig durch das Abtauen des Permafrostes überproportionale ökosystemare Reaktionen auslösen. Das Abschmelzen von Permafrost führt zu karstähnlichen Erscheinungen (Thermokarst), verbunden mit der Ausbildung von Seen und Mooren. In Sibirien wird in den kommenden 100 Jahren mit einer nordwärts gerichteten Verschiebung des Permafrosts um 10 Breitengrade gerechnet. Durch die Freisetzung von Methan und Kohlendioxid aus dem Permafrost ist ein verstärkender Effekt auf die Klimaänderungen zu erwarten.

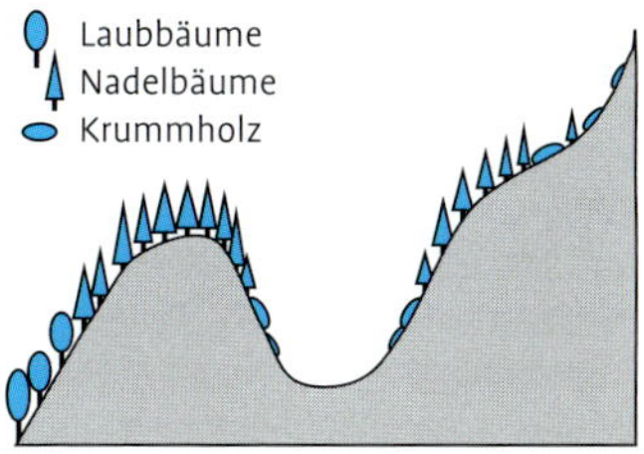

Abb. 2.12

Lokalklimatische Inversion der Höhenstufen im Hochgebirge als Folge winterlicher Kaltluftansammlung in einer Doline. In Strahlungsnächten können in der Senke durch Kaltluftabfluss extrem niedrige Temperaturen erreicht werden. An solchen Orten finden sich subalpine Enklaven extrazonal unterhalb der eigentlichen Höhenstufe.

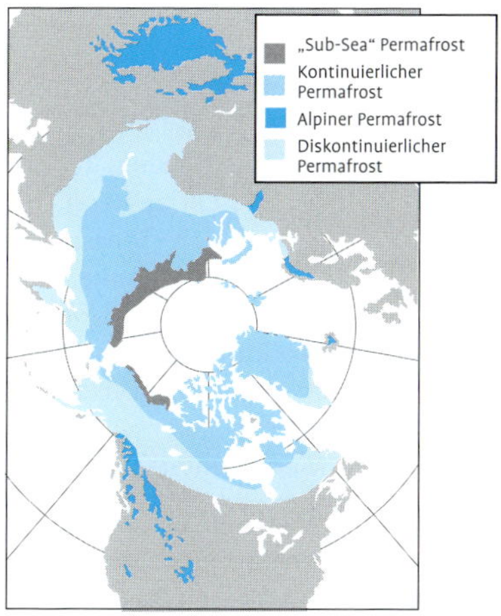

Abb. 2.13

Verteilung und Mächtigkeit des rezenten Permafrost auf der Nordhalbkugel (nach Strahler & Strahler 2005).

2.4 Druck und Strömungen

Bezüglich der weiteren wirksam werdenden physikalischen Faktoren sollen verschiedenartige Strömungen und Druckeinwirkungen angesprochen werden. Sie gehen oft mit mechanischem Stress oder auch direkten Zerstörungen einher. Je nach Medium (Luft, Wasser, Boden) ist die Einwirkung von derartigen Belastungen sehr unterschiedlich.

Die **atmosphärischen Druckverhältnisse** auf der Erde und der **Wasserdruck** in den Gewässern sind als allgegenwärtige ökologische Rahmenbedingungen mit der Ausbildung großräumiger Muster verbunden. Sie zeigen nur graduelle Veränderungen im Raum.

Abb. 2.14

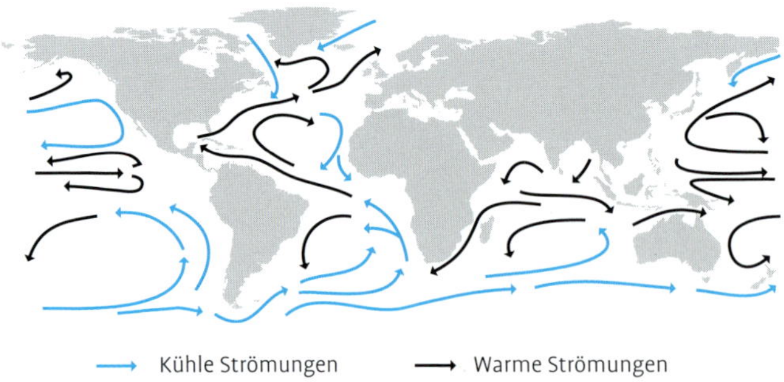

Die oberflächennahen Meeresströmungen werden durch die Erdumdrehung, die Erwärmung der Meeresoberfläche durch die Sonneneinstrahlung sowie durch die atmosphärischen Zirkulationsmuster angetrieben und sind für den globalen Transport von Wärme und Nährstoffen bestimmend.

Regionale Unterschiede in der Erwärmung von Luftmassen und Wasserkörpern beeinflussen die Dichte dieser Medien und damit die Druckverhältnisse. Entlang von Druckgradienten ergeben sich Massenbewegungen der Luft und des Wassers, welche über Windsysteme und Meeresströmungen als Ausbreitungsvektoren enorme Bedeutung für die Biogeographie besitzen (Abb. 2.14).

Druck- und Massenunterschiede bewirken Ausgleichsbewegungen (Strömungen).

Abb. 2.15

Rot-Buchen (*Fagus sylvatica*) als Windflüchter an der Ostseeküste auf dem Darß. Die stetige Windeinwirkung bewirkt die Ausbildung spezifischer Wuchsformen bei ausdauernden Pflanzen.

Windsysteme sind über physikalische Beziehungen zwischen Druck und Temperatur zu erklären. Die insolationsbedingte Erwärmung von Luftmassen, Wasserkörpern oder Oberflächen führt zu Druckunterschieden, welche Luftbewegungen auslösen. Eine andere Form des Ausgleichs von Druckunterschieden sind thermische Prozesse, wie der Fönwind des Voralpenlandes aufzeigt.

Besonders auffällig sind die Effekte von Strömungen in Fließgewässern. Tiere verschiedener Verwandtschaftskreise haben diesbezügliche konvergente Anpassungen entwickelt. Stromlinienartige Körperformen minimieren den Energieaufwand für Bewegung und verhindern Verdriften. Insektenlarven können aufgrund ihrer Körperform den verschiedenen Strömungseigenschaften von Fließgewässern zugeordnet werden.

Windsysteme und Strömungen in Gewässern wirken allerdings keinesfalls nur einschränkend auf die Organismen. Auch wenn Stürme und Hurricanes, Hochwässer und Sturmfluten erhebliche Schäden hervorrufen können und zum Tod zahlreicher Individuen beitragen, so handelt es sich doch sowohl um potente Vektoren wie auch um starke gestalterische Kräfte, welche neuen Lebensraum verfügbar machen. Pflanzen haben sich in ihren Ausbreitungsmechanismen daran angepasst. Die globalen Windsysteme bewirken die Verbreitung des Aeroplankton über weite Strecken (Pollen, Mikroorganismen, Sporen).

Die physikalische Energie des Windes bewirkt vielfache ökologische Reaktionen. Vögel haben den Lebensraum der Luft mit Hilfe des Windes erobert. An den besonders windexponierten Küsten sowie im Hochgebirge bildeten sich spezifische Vegetationsformen als Anpassung an die stete Windenergie heraus (Abb. 2.15).

Winde wirken auch als Agens für den Stofftransport. In vegetationsarmen Gebieten werden erhebliche Mengen an Feinmaterial verfrachtet. Saharastaub auf alpinen Gletschern und die Lössböden des Periglazials bezeugen die Bedeutung dieses Prozesses. Die Deposition großer Mengen von Stäuben in den Ozeanen bewirkt dort so zusagen eine Düngung, die mit Algenblüten verbunden ist.

Ein beeindruckendes Beispiel für die Wechselwirkung zwischen Vegetation und

Bodenbildung sind die nordafrikanischen Nebkets (Abb. 2.16). Kann sich in der kargen Ebene einer Halbwüste ein Strauch etablieren (z. B. *Ziziphus lotus*), dann bewirkt seine Struktur die Erhöhung der Oberflächenrauigkeit und damit eine Verlangsamung der oberflächennahen Windgeschwindigkeit. Die anschließende Deposition von Feinsand lässt einen effizienten Wasserspeicher entstehen und erhöht die Wasserverfügbarkeit für die Pflanze nach Niederschlägen. Die Pflanze schafft sich mithin durch die Sandanhäufung einen vergünstigten Standort. Allerdings muss sie in ihrem Höhenwachstum mit der Akkumulation Schritt halten, um nicht durch Übersanden abzusterben. Haben die Nebkets eine bestimmte Größe erreicht, bieten sie als inselartige Gunsthabitate zahlreichen weiteren Arten (Insekten, Reptilien) einen geeigneten Lebensraum.

In Wäldern ist mechanische Windeinwirkung für das Umstürzen einzelner Bäume und von Baumgruppen verantwortlich (Abb. 2.17). Es entstehen natürliche Lichtungen mit jungen Sukzessionsstadien. Auch wenn solche Ereignisse selten sein mögen, so wirken sie doch selektiv. Entweder sind Arten besonders betroffen, die den jeweiligen Standortgegebenheiten nicht optimal gerecht werden oder Individuen werden negativ selektiert, die als Genotyp nicht optimal an solche Einwirkungen angepasst sind. Sie besitzen also weniger flexible oder belastbare Strukturelemente oder erwiesen sich in solchen Situationen bezüglich der Morphologie ihres Sprosses oder Wurzelwerkes als sensibel.

Der an der Erdoberfläche sowie in Wasserkörpern herrschende Druck beeinflusst den Stoffwechsel und die Körperform von Organismen. Ökophysiologische Anpassungen an die Druckverhältnisse sind die Regulation des Blutdrucks bei Tieren oder des Wasserdrucks im Xylem von Pflanzen. In der Tiefsee wirken die starken Druckverhältnisse selektiv differenzierend auf die Entwicklung morphologischer Strukturen und physiologischer Abläufe.

Bei gegebener Reliefenergie können Agenzien wie Schnee oder Schlamm zur Druckbelastung über Gravitationseinwirkungen beitragen. Schneedruck ist regional vor allem in Hochgebirgen relevant. Die Effekte dieser Druckeinwirkungen auf das Pflanzenwachstum werden in der schneefreien Jahreszeit offensichtlich und äußern sich durch in Falllinie gerichteten Sichelwuchs (Abb. 2.18). Er dokumentiert sich in der asymmetrischen Ausbildung von Jahresringen, so dass anhand dieses Archivs festzustellen ist, ob die Einwirkungen über die gesamte Lebensspanne eines Baumes hin-

Abb. 2.16

Akkumulation von Sand in einer durch *Ziziphus lotus* (*Rhamnaceae*) initiierten Nebka in Nordostmarokko.

Abb. 2.17

Windwurf einer Rot-Fichte (*Picea abies*) mit flach streichendem Wurzelwerk im Frankenwald. Bei Stürmen und durch Schneelast kommt es zu natürlichen abrupten mechanischen Störungen der Lebensgemeinschaften.

Abb. 2.18

Sichelwuchs bei Laubbäumen in den Berchtesgadener Alpen als Folge des Schneedruckes im juvenilen Wachstumsstadium.

weg erfolgten oder erst nach einer gewissen Lebenszeit einsetzten. Dann kann deren Beginn datiert werden.

2.5 Gesteinsbildung, Kontinentaldrift und Reliefentwicklung

Die Gesteine der Erdoberfläche unterscheiden sich substanziell in ihren physikalischen und chemischen Eigenschaften. Diese Unterschiede beeinflussen die Verwitterung der Gesteine und damit Bodenbildung, potenzielle Nährstoffgehalte sowie Reliefentwicklung. Darüber hinaus können sie als Grundwasserspeicher dienen. Wir unterscheiden Magmatite, Sedimentite und Metamorphite.

Magmatite entstehen aus einer primären oder sekundären Gesteinsschmelze. **Sedimentite** stellen Zersetzungs- und Ablagerungsprodukte verwitterter Gesteine sowie biogener Komponenten dar (Tab. 2.1). **Metamorphite** können sowohl aus Magmatiten (Orthogesteine) als auch aus Sedimentiten (Paragesteine) durch hohe Drücke und Temperatureinwirkung entstehen.

Biogeographisch sind sowohl die regionalen Prozesse der Tektonik (Verwerfungen, Faltungen, Brüche) als auch die globalen Mechanismen der Plattentektonik (Bewegung der Kontinente) relevant. Auch wenn derartige Prozesse nur sehr langsam ablaufen, so sind sie doch für die Entwicklung von Gebirgen und für die Verteilung der Kontinente verantwortlich (Tab. 2.2). Diese beeinflussen die Biosphäre über das Klima und als Ausbreitungsbarrieren (z. B. Strahler & Strahler 2005).

Tektonik ist die Voraussetzung für die dreidimensionale Organisation der Erdoberfläche. Sie bewirkt durch die mechanische Umlagerung die Metamorphose von Gesteinen (z. B. Schieferung) sowie deren Kluftsystem, welches u. a. für die Zirkulation von Grundwässern wichtig ist. Auf den Kontinenten steuern tektonische Prozesse durch das Herausheben oder Absenken von Gesteinspaketen und die damit einhergehenden Höhenunterschiede die Reliefentwicklung. Oft sind solche Abläufe schon lange abgeschlossen, aber durch Reliefunterschiede noch ökologisch wirksam.

Ein weiterer mit Schwächestrukturen der Erdkruste zusammenhängender Prozess ist der Vulkanismus, welcher biogeographisch besonders über die Entwicklung ozeanischer Vulkaninseln wirksam wird. Die atlantischen Azoren, Kanaren, Kapverden sind ebenso wie die pazifischen Hawaii-Inseln und das Galapagos-Archipel eindrucksvolle Beispiele der Bedeutung solcher Inseln für die Evolution. In größerer Entfernung zu den Kontinenten können innerhalb der ozeanischen Platten nur durch vulkanische Aktivität Inseln entstehen.

Auch auf Kontinenten können Vulkane ökologisch interessante Vorgänge auslösen. Die Eruption des Mount Saint Helens im Kaskadengebirge der nordwestlichen USA am 18. Mai 1980 ging mit einem explosionsartigen Absprengen großer Gesteinsmengen einher. Die Gelegenheit, die sich anschließende Sukzession auf den sterilen Substraten direkt zu beobachten, war einzigartig. Der Wissenstand zu Ablauf und Geschwindigkeit solcher Prozesse konnte wesentlich erweitert werden (Dale et al. 2005).

Unabhängig von tektonischen Prozessen ist der glaziale Formenschatz zu sehen. Die Eiszeiten bewirkten in den nördlichen Brei-

Tab. 2.1

Mittlerer Chemismus (Gew.-%) und Mineralbestand (Vol.-%) von Sedimentiten und Sedimenten.

	Sandsteine	Grauwacken	Tonschiefer	Carbonatgesteine	Flugsand	Löss	Geschiebemergel
SiO_2	70,0	66,7	58,9	8,2	96,8	72,8	64,2
TiO_2	0,5	0,6	0,8	n.b.	–	0,8	0,5
Al_2O_3	8,2	13,5	16,7	2,2	1,3	8,6	6,3
Fe_2O_3	2,5	1,6	2,8	1,0	0,2	2,4	3,2
FeO	1,5	3,5	3,7	0,68	–	–	–
MgO	1,9	2,1	2,6	7,7	0,1	0,85	1,0
CaO	4,3	2,5	2,2	40,5	0,1	5,1	9,7
Na_2O	0,5	2,9	1,6	n.b.	n.b.	n.b.	0,7
K_2O	2,1	2,0	3,6	n.b.	1,1	2,6	2,1
CO_2	3,9	1,2	1,3	35,5	–	3,4	7,7

Tab. 2.2

Beispiele geotektonischer und geomorphologischer Prozesse, dafür benötigte Zeiträume und betroffene Flächengrößen.

Reliefeinheit	Prozess	Zeitspanne	Betroffene Fläche
Kontinentale Platten	Plattentektonik	10^9 a	10^7 km²
Erdkruste	Bewegungen	10^8 a	10^6 km²
Hochgebirge	Auffaltung	10^7 a	10^4–10^2 km²
Täler	Talbildung	10^6 a	10^0 km²
Moränen	Gletschervorstoß	10^4 a	10^{-2} km²
Runsen	Erosion	10^2 a	10^{-6} km²

ten eine massive und bis heute fortwirkende Beeinflussung der Geländeoberfläche und der Substrateigenschaften. Einerseits führte die Bewegung der Gletscher zu charakteristischen Reliefformungen (Drumlins, Nunatakker, Trogtäler), anderseits hinterließen sie spezifische Substrate und Oberflächenformen in ihrem Vorfeld (Löss, Moränen, Schotterflächen, Sander, Gletscherzungenseen). All dies beeinflusst die Landschaftsentwicklung bis heute. Die Sölle Mecklenburgs sind Relikte von in der Grundmoräne verbliebenen Toteisblöcken. Sie können weder durch fluviatile Erosion, noch durch Tektonik oder Windeinwirkung erklärt werden. Ihre Isolation in einer intensiv genutzten Agrarlandschaft als individuelle Feuchtgebiete ohne Verbindung durch ein Fließgewässer macht sie zu besonderen Habitaten und Studienobjekten.

Für die ökologischen Systeme der Erde ist der oberflächennahe Untergrund, d. h. die sich aus dem anstehenden Gestein ergebenden Substrate, sowie die Reliefposition (z. B. Höhenlage, Exposition) entscheidend. In Abhängigkeit von dem anstehenden Gestein und seinen physikalischen und chemischen Eigenschaften sowie von den klimatischen Gegebenheiten bilden sich Böden unterschiedlicher Gründigkeit sowie Wasser- und Nährstoffverfügbarkeit aus (Zech & Hintermaier-Erhard 2002).

Bezüglich der globalen Muster der Verteilung der Kontinente und der erdgeschichtlichen Abläufe dient die Plattentektonik als maßgebliche Erklärung (Frisch & Meschede 2005). Diese Theorie ist zwar erst seit wenigen Jahrzehnten durch Messungen belegt und allgemein akzeptiert, doch erkannte Alfred Wegener (1880–1930) bereits 1916 die Passgenauigkeit der amerikanischen und euro-afrikanischen Küstenlinien. Er schloss ganz richtig auf eine ehemalige Verbindung derselben, auch wenn sich der von ihm postulierte Mechanismus nicht als tragfähig erwies. Heute wissen wir, dass die unterschiedliche Dichte kontinentaler und ozeanischer Kruste in Verbindung mit Konvektionsströmen im Erdmantel die allmählichen Verschiebungen der Kontinente bewirken. Entlang der Plattengrenzen zeigt die erhöhte Erdbebenakti-

Abb. 2.19

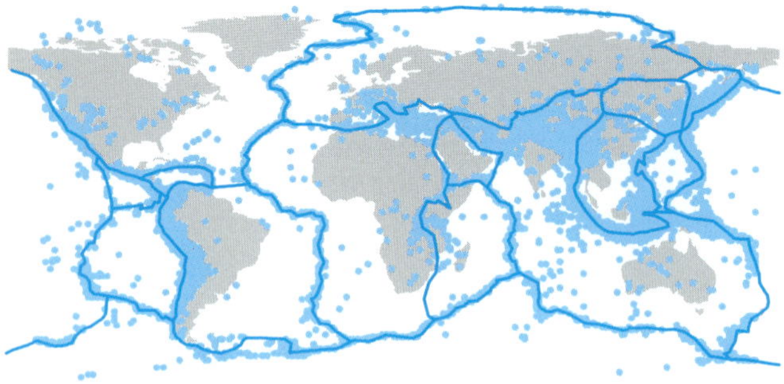

Globale Verteilung der Plattengrenzen und der Zusammenhang mit der Erdbebenaktivität.

Abb. 2.20

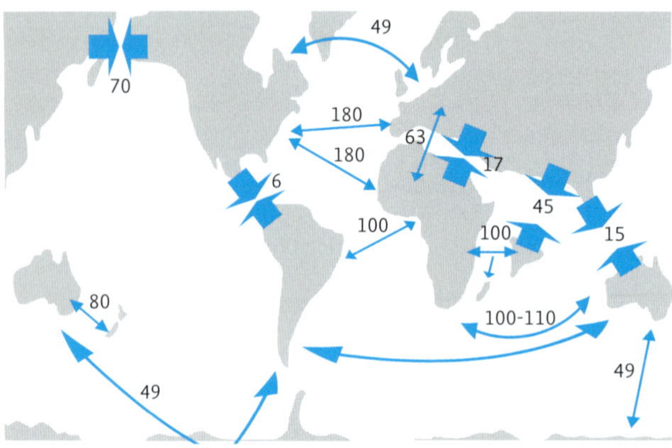

Zeit der Trennung und Verbindung kontinentaler Platten (Angaben in Mio. Jahren) (nach Pielou 1979).

Tab. 2.3 **Zusammensetzung trockener Luft in bodennahen Schichten.**

Stickstoff	78,08 %
Sauerstoff	20,95 %
Argon	0,93 %
Kohlendioxid	0,034 %
Wasserstoff	0,00005 %
Andere Edelgase	0,00245 %

vität, dass die sich aufbauenden Spannungen schlagartig gelöst werden können (Abb. 2.19). Der Tsunami Ende 2004 im Indischen Ozean war Folge einer solchen Entlastung. Die Kollision zweier kontinentaler Platten lässt Hochgebirge mit hoher Reliefenergie entstehen. Lawinen, Muren, Bodenfließen, Steinschlag, Erdrutsche sind Beispiele für die Kraft der auf die Organismen dort einwirkenden Einflüsse.

Der biogeographisch bedeutsamste Effekt der Kontinentalverschiebung ist wohl deren Effekt auf die relative Lage der Kontinente zueinander und zu den Klimazonen der Erde. Im Verlauf der Erdgeschichte ergaben sich substanzielle Veränderungen der Form der Kontinente und ihrer Position auf der Erdoberfläche (Abb. 2.20), welche die Befunde fossiler Artverteilungen erklären können. Ehemalige Verbindungen zwischen heute getrennten Kontinenten sind für Ähnlichkeiten in deren Fauna und Flora verantwortlich. Die seit der Trennung verflossene Zeit bestimmt die abgestufte Ähnlichkeit der biologischen Ausstattung im Vergleich der Kontinente.

2.6 Stoffliche Eigenschaften der Sphären

Die Zusammensetzung der **Atmosphäre**, die ihre Dichte, ihren Aufbau und damit ihr klimatisches Verhalten beeinflusst, ist sowohl durch vulkanische Aktivität als auch durch organismische Tätigkeit beeinflusst. Ihre Zusammensetzung hat sich im Verlauf der vergangenen Jahrmillionen allmählich entwickelt und unterlag erheblichen Schwankungen. Heute ist das vorherrschende Molekül atmosphärischer Stickstoff N_2, der in dieser Form biologisch inert ist und nicht direkt aufgenommen werden kann. Die chemisch, biologisch oder physikalisch wirksamen Stoffe (Sauerstoff, Kohlenstoff, Ozon, Ammoniak, Salpetersäure) nennen wir Atmosphärilien (Tab. 2.3).

Von besonderer ökologischer Bedeutung ist die **Ozonschicht** in der Stratosphäre. In der Höhe von 20 bis 30 km werden durch energiereiche ultraviolette Strahlung Sauerstoffmoleküle (O_2) dissoziiert. Die gebildeten Radikale gehen mit verbleibenden

Sauerstoffmolekülen Verbindungen zu O_3 ein, die sehr effizient die UV-Strahlung abschirmen. Bedingt durch die Freisetzung von flüchtigen Fluorkohlenwasserstoffen sowie durch die Abgase von Überschallflugzeugen wird diese Schicht in den letzten Jahren stark abgebaut, was auf der Südhalbkugel bereits zu erheblichen ökologischen Konsequenzen geführt hat. Zunehmende Schädigungen durch erhöhte UV-Strahlung wurden beispielsweise bei Amphibien und bei Feldfrüchten beobachtet. Auswirkungen auf das marine Phytoplankton sind über DNS-Deffekte zu erwarten (Gieskes & Buma 1997). Allerdings hat sich der Abbau der Ozonschicht in den letzten Jahren nicht mehr in der Intensität wie am Ende des 20. Jahrhunderts fortgesetzt. Eine Regeneration der ehemals sehr viel stärkeren Ozonschicht in den kommenden Jahrzehnten ist aber kaum zu erwarten. Betrachtet man die chemische Zusammensetzung im Verlauf eines Höhengradienten durch die verschiedenen Schichten der Atmosphäre, dann stellt man fest, dass bis etwa 85 km Höhe trockene Luft eine sehr ähnliche stoffliche Zusammensetzung aufweist (**Homosphäre**). Allerdings nimmt sowohl der CO_2-, der O_2-, der N_2-Anteil bzw. Partialdruck kontinuierlich ab, was man bereits in wenigen tausend Metern Höhe deutlich erfahren kann. Erst darüber nimmt der Anteil leichterer Partikel deutlich zu (**Heterosphäre**). Die **Exosphäre** besteht schließlich nahezu ausschließlich aus Wasserstoff.

Die **Lithosphäre** besitzt eine charakteristische Zusammensetzung, welche sich während der Entstehung der Erde vor ca. 4,6 Mrd. Jahren ergeben hat. Besonders stark sind Silizium und Aluminium an ihrem Aufbau beteiligt. Sie bilden das Gitter der meisten Minerale. Ebenfalls stark vertreten ist der Sauerstoff (s. a. Press & Siever 2003). Nicht alle Elemente sind allerdings von ökologischer Bedeutung, da innerhalb des Planeten eine Differenzierung erfolgte. Daher ist für die Ökosysteme eigentlich nur relevant, welche Stoffe sich oberflächennah in der Erdkruste angereichert haben (Abb. 2.21).

Als **anorganische Stoffe** bezeichnen wir all jene stofflichen Verbindungen, welche keine durch organismische Aktivität entstandenen Kohlenstoffverbindungen besitzen. **Organische Stoffe** sind durch Organismen synthetisierte energiereiche Verbindungen, Moleküle und komplexere Gebilde auf der Grundlage von Kohlenstoffatomen. Organogene Gesteine (z. B. Dolomit) und Mineralien (z. B. Aragonit), die keine langkettigen Kohlenstoffverbindungen enthalten, sind deshalb chemisch nicht als organische Substanzen zu verstehen.

Abb. 2.21

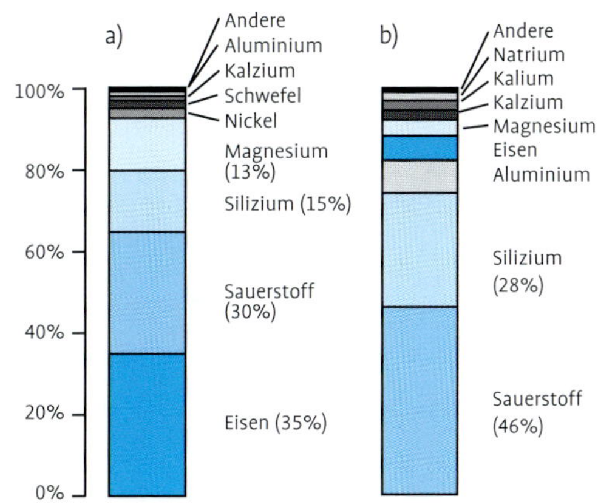

Relative Gewichtsanteile der Elemente in der gesamten Erde (a) und in der Erdkruste (b).

Nicht die Zusammensetzung der Lithosphäre, sondern vielmehr ihr oberflächennaher Aufbau ist in Teilen eng mit organismischen Prozessen verknüpft. Da sind zunächst organogene Sedimente wie die meisten Kalksteine zu nennen, deren Genese eng an die Aktivität von Organismen gebunden ist (z. B. bei den Riffkalken). Alle fossilen Kohle, Gas und Öllagerstätten sind ebenfalls Relikte früherer organismischer Aktivität. Lebewesen nehmen andererseits durch ihre Aktivität Einfluss auf Verwitterung und Bodenbildung. Diese Prozesse sind als eine Kombination biotischer und abiotischer Abläufe zu verstehen. Wird die Vegetationsdecke durch menschliche Einwirkung entfernt, kommt es in Klimaten mit Starkregenereignissen zur Bodenerosion und zu Standortveränderungen (Abb. 2.22).

Entscheidende Prozesse zur Regulation der Nährstoffverfügbarkeit in Böden sind die Tonmineralbildung und die Humusbildung. Tonminerale und Humus lagern essentielle Nährstoffe an und speichern sie so

Abb. 2.22

Bodenerosion an Standorten mit degradierter Vegetation auf Kauai, Hawaii.

im Boden. Sie besitzen durch negativ geladene Liganten eine hohe Kationenaustauschkapizität (KAK). Die bedeutsamsten essentiellen Nährstoffe liegen im Boden als Kationen vor. Nur in geringem Umfang sind Aluminium- und Eisenhydroxide als Nährstoffträger wirksam (Blume et al. 2002).

Die Körnung des Bodens, die Zusammensetzung aus verschiedenen Korngrößen, steuert physikalische Bodeneigenschaften wie die Durchwurzelbarkeit oder die Wasserspeicherkapazität. Zusammen mit dem Humusgehalt wird die Bildung von Bodenaggregaten beeinflusst. Die Korngrößenverteilung eines Bodens ist stark vom Ausgangsgestein abhängig.

Merksatz

Tonmineralausstattung und Humusgehalt steuern in Verbindung mit der Bodenreaktion die Nährstoffverfügbarkeit eines Bodens.

Der global wichtigste abiotische Stoffkreislauf ist der **Wasserkreislauf**. Nicht nur, dass die Erdoberfläche zu etwa 72 % von Wasser bedeckt ist, auch die Wasserflüsse in den terrestrischen Systemen sind von entscheidender geochemischer Bedeutung. Die Verfügbarkeit, ein Überangebot oder Mangel an Wasser legen fest ob und welches Leben sich etablieren kann. In terrestrischen Systemen sind die bestimmenden Kenngrößen der **Hydrosphäre** der Niederschlag und die Verdunstung (s. a. Dyck & Peschke 1995).

Das Wasser der Erde liegt zu 97 % als Salzwasser und nur zu 3 % als Süßwasser vor. Von Letzterem sind rund 69 % als Eis an den Polen und – zum geringen Anteil – in Gebirgsgletschern gespeichert. 30 % sind im Grundwasser ebenfalls der Biosphäre mittelfristig entzogen. Weniger als 1 % befindet sich in der Atmosphäre, in Flüssen, Seen und in den Pflanzen und Tieren (Tab. 2.4).

Wasser hat eine vergleichsweise hohe spezifische Wärmekapazität, was zur Folge hat, dass es viel Energie aufnehmen kann ohne dass sich seine Temperatur dabei stark erhöht. Entsprechend können beim Abkühlen von Wasser größere Energiemengen abgegeben werden. Ökologisch aber noch bedeutsamer ist die physikalische Anomalie des Wassers. Nicht wie die meisten Stoffe im festen, sondern noch im flüssigen Zustand, besitzt Wasser seine größte Dichte nämlich bei 4 °C. Deshalb schwimmt Eis auf flüssigem Wasser und sammelt sich nicht am Grund von Gewässern an.

Wasser verbindet über Interaktionen die Elementzyklen der Atmosphäre mit denen der Pedosphäre und über die Gesteinsverwitterung auch mit der Lithosphäre. Die stoffliche Qualität von Wasserkörpern wird hierdurch beeinflusst, wie beispielsweise an den natürlicherweise stark unterschiedlich gefärbten Flüssen Südamerikas, den nährstoffarmen Schwarzwasserflüssen und den nährstoffreichen Weißwasserflüssen offenbar wird.

Bezüglich des Kalkgehaltes und der Reaktion werden **Weichwassergewässer** und **Hartwasserbedingungen** unterschieden. Solche hydrochemischen Verhältnisse sind schon seit langem mehr oder minder konstant. Arten konnten sich daran anpassen. An Quellen, wo die ausgeglichenen thermischen und hydraulischen Bedingungen stenöke Organismen fördern, wirken sich wasserchemische Eigenschaften besonders differenzierend aus (Beierkuhnlein 1994).

Heute modifizieren anthropogene Einträge die Nährstofffracht und damit die stofflichen Eigenschaften von Oberflächengewässern (auch der Grundwässer). Es kommt zur Eutrophierung. Organismen reagieren auf dieses Nährstoffangebot sehr unterschiedlich. Konkurrenzstarke Arten tendieren dazu sich durchzusetzen. Sensible Arten werden verdrängt. Solche Verschiebungen können für die reaktive Bioindikation genutzt werden (s. a. Kap. 11).

Die fünf **Grundprozesse des Wasserkreislaufes** sind Kondensation, Infiltration bzw. Perkolation, Oberflächenabfluss (inklusive oberflächennahem Interflow), Evaporation und Niederschlag. Die Gesamtverdunstung von Ökosystemen wird zusätzlich durch die überwiegend pflanzliche Transpiration bestimmt und oft als Evapotranspiration begrifflich zusammengefasst. Als **arid** bezeichnen wir ein überwiegend trockenes Klima, in dem die potenzielle Verdunstung die Niederschläge übertrifft. **Humid** sind die Verhältnisse, wenn gegenteiliges der Fall ist. Dann sind Limitationen der biologischen Aktivität durch Wassermangel unbedeutend oder auf kurze Zeiten begrenzt. Es findet Gewässerbildung und Oberflächenabfluss statt, was sich wiederum auf die Reliefentwicklung und damit auf das Habitatangebot auswirkt.

Ökologisch ist nicht nur die Menge der Niederschläge und ihre Verteilung im Jahres- und Temperaturverlauf entscheidend, sondern auch die Form, in welcher sie erfolgen. Die **Niederschlagsformen** Regen, Schnee, Hagel, Graupel und Nebel treten zeitlich und räumlich differenziert in Erscheinung und hängen neben der Temperatur von atmosphärischen Turbulenzen und Druckverhältnissen ab. Nebelniederschlag ist messtechnisch nicht einfach zu erfassen, kann aber in küstennahen Trockengebieten und in bestimmten Höhenstufen der Gebirge die quantitativ bedeutsamste Niederschlagsform sein. Schnee ist zunächst für Organismen nicht direkt nutzbar. Erst über sein Abschmelzen trägt er zur Wasserversorgung bei. Eine rasche Schneeschmelze kann starken Oberflächenabfluss und Hochwässer auslösen. Ökologisch relevant ist die Schneemächtigkeit und die Dauer der Schneebedeckung (der Begriff „Aperzeit" beschreibt die schneefreie Zeit), da die Schneedecke bei tiefen Lufttemperaturen eine isolierende Wirkung hat.

Natürliche **Salzwasserstandorte** sind entweder an der Küste zu finden, an das Anstehen salzhaltiger Gesteine im Binnenland gebunden (z. B. bei Bad Salzungen, Bad Reichenhall, Halle) oder sie bilden sich in kontinentalen Räumen, in welchen die Verdunstung den Niederschlag überwiegt – durch die mit der Evaporation einhergehende oberflächige Aufkonzentration. Pflanzen und Tiere haben Strategien entwickelt, um solche Extrembedingungen zu tolerieren (z. B. osmotische Filter zur Kontrolle der

Tab. 2.4

Mittlere Verweilzeiten von Wasser in verschiedenen Kompartimenten.

Wasserkompartiment	Mittlere Verweilzeit
Verdunstendes Regenwasser	s – min
Organismisches Wasser	h
Atmosphäre	10 d
Flusswasser	10–20 d
Bodenfeuchte	1 m – 1a
Seewasser	10–820 a
Oberflächennahes Grundwasser	1.400 a
Hochgebirgsgletscher	1.600 a
Ozeane	2.500 a
Terrestrische polare Eiskappe	9.700 a
Tiefengrundwasser	10.000 a
Permafrost	10.000 a

Abb. 2.23

Sukkulenz bei Halophyten am Beispiel der neophytischen Mittagsblume (*Carpobrotus acinaciformis*) an der marokkanischen Atlantikküste.

Merksatz

Die Grundprozesse des Wasserkreislaufes sind Kondensation, Infiltration, Oberflächenabfluss, Evaporation und Niederschlag.

Salzaufnahme, Salzausscheidungsdrüsen, Verdünnung durch Sukkulenz) (Abb. 2.23). Der Begriff halophil ist dabei eher irreführend, denn wenige Pflanzen und Tiere sind auf solche Bedingungen wirklich angewiesen. Sie zu tolerieren bietet jedoch den Vorteil, einen Raum zu nutzen, der für andere Organismen lebensfeindlich ist.

Wir haben in diesem Kapitel einige ausgewählte Aspekte der unbelebten Natur angesprochen, die sich auf biogeographische Muster auswirken. In einem Lehrbuch der Biogeographie können die abiotischen Rahmenbedingungen, welche die heutige Verbreitung von Arten und Lebensgemeinschaften erklären, in ihren eigenen Gesetzmäßigkeiten und Mechanismen jedoch nur angerissen werden, doch sollte nochmals betont werden, dass es ganz wesentlich ist, diese Umweltbedingungen zu verstehen, wenn man biogeographisch arbeiten will. Sich ausschließlich auf die Lebewesen als solche zu konzentrieren und damit historische und ökologische Zusammenhänge zu ignorieren, muss zum Scheitern verurteilt sein.

Natürlich ist es durchaus möglich, aus den Indikations- bzw. Zeigereigenschaften von Arten auf Umwelteigenschaften zu schließen. Dies geht aber nur in jenen Fällen bzw. Gebieten, wo diesbezüglich hinreichende Informationen vorliegen. Aber auch dort bedeutete dies eine unkritische technische Wiederholung und Wiedergabe des Bekannten. Ohne eine immer wieder erfolgende ökologische Überprüfung solcherart gewonnener Aussagen verbleiben diese im Spekulativen, insbesondere in einer sich im Wandel befindlichen Umwelt. Die Biogeographie ist deshalb gehalten sich in einen ständigen Diskurs mit der Geoökologie und mit der organismischen Biologie, die im folgenden Kapitel angesprochen wird, zu begeben.

Fragen

1 Erläutern Sie den ökologischen „Umwelt“-Begriff!
2 Durch welche Faktoren wird der Energiehaushalt der Erde gesteuert?
3 Welche Gegebenheiten modifizieren den regionalen Energiehaushalt?
4 Auf welche Weise wirken sich Druckverhältnisse und Strömungen ökologisch aus?
5 Legen Sie die klimatische Gliederung der Erde dar!
6 Schildern Sie die Abfolge der Höhenstufen im Hochgebirge!
7 Welche Rolle spielt die Plattentektonik für das Entstehen globaler biogeographischer Muster?
8 Wie wirken sich Meeresströmungen und atmosphärische Zirkulationsmuster auf biogeographische Muster aus?
9 Wie ist ein Klimadiagramm aufgebaut? Skizzieren sie jeweils eine Grafik für die Feuchttropen und für das mediterrane Klima!
10 Welches sind die vorherrschenden chemischen Elemente in der Atmosphäre und der Lithosphäre?

3 Biotische Mechanismen und Prozesse

Die Rolle biologischer Funktionen

„Physicists may view it as noise, but it is music to the ecologist!“
DANIEL SIMBERLOFF, 1980

3.1 Biotische Interaktionen und Abhängigkeiten

Die ökologische Biogeographie fragt, welche physikalischen, chemischen und biologischen Faktoren die Etablierung und die Verbreitung sowie den Zustand („*Performance*“) von Organismen beeinflussen. Oft sind die natürlichen Faktoren allerdings von der mehr oder minder gezielten menschlichen Förderung oder Unterdrückung von Organismen überlagert. Weiter stellen sich die Fragen: Wie beeinflussen Lebewesen ihre eigenen Lebensbedingungen? Sind sie in der Lage, physikalische (z. B. über die Veränderung der Albedo) oder chemische Faktoren (z. B. die Wasserverfügbarkeit) zu modifizieren? Können sie ihren eigenen Stoffhaushalt regulieren (und damit unterschiedliche Bedingungen tolerieren) oder benötigen sie bestimmte, eng vorgegebene Verhältnisse? Wechselfeuchte (poikilohydre) Organismen (Algen, Pilze, Flechten, Moose) gleichen ihre Hydratur der jeweiligen Luftfeuchtigkeit an, während eigenfeuchte (homoiohydre) Pflanzen (Blütenpflanzen und Farne) ihren Wasserhaushalt in gewissen Grenzen selbst zu regulieren und aufrechtzuerhalten vermögen. Ferner

Box 2: Einfluss der Organismen auf die Bodenentwicklung

In Böden findet eine komplexe Kette biotischer Interaktionen statt, welche über mechanische Durchmischung und Lockerung durch Bioturbation, über den Abbau abgestorbener organischer Substanz, den Aufbau stabiler Humusverbindungen bis hin zur Entwicklung der Krümelstruktur reicht. Unterschiedlichste Gruppen von Lebewesen sind beteiligt. Ihre durch äußere Bedingungen wie Feuchte, Temperatur oder Nährstoffverfügbarkeit gesteuerte Aktivität regelt ihren jeweiligen Beitrag zur Entwicklung pedologischer Charakteristika. Bodentiere wie Insektenlarven, Diplopoden, Asseln oder Schnecken zerkleinern zunächst die abgestorbenen Pflanzen- und Tierreste. Dies fördert die Aktivität von Mikroorganismen und Pilzen. Auch die **räumliche Verlagerung von organischem Material** ist ein wichtiger Beitrag. Regenwürmer (*Lumbriciden*) ziehen beispielsweise Blattmaterial in ihre Gänge und bringen es auf diese Weise in Kontakt mit zersetzend wirkenden Mikroorganismen. Die Kotaggregate der Regenwürmer, in welchen feine mineralische Bodenpartikel mit organischen Stoffen durchmischt und verklebt werden, zeigen eine hohe strukturelle Stabilität. In tonigen Böden können sie über Jahre erhalten bleiben. Das durch Regenwurmtätigkeit entstehende Krümelgefüge beeinflusst in starkem Maße die Aggregatstabilität und das Porengefüge, welches über die Bereitstellung von Bodenluft und Wasser wiederum die Lebensmöglichkeiten anderer Organismen bestimmt. Die Intensität pflanzlicher Durchwurzelung, die unter Grasland besonders hoch ist, hat ebenfalls Einfluss auf die Stabilität des ausgebildeten Krümelgefüges. Rohhumusauflagen aus wenig zersetzter Pflanzenstreu zeigen an, dass die biotische Aktivität des Bodens gering ist. Eine gewichtige Rolle für die Bodenökologie haben wühlende Säugetiere, die in manchen Böden einen großen Beitrag zur Substratdurchmischung leisten können.

Abb. 3.1

Die euryöke hawaiianische Eisenholz-Baumart ‚Ohi'a lehua (*Metrosideros polymorpha*) besetzt ein sehr breites Spektrum von Habitaten. Aufgrund der geringen natürlichen Konkurrenz durch andere Arten ist sie vom Meeresniveau bis in über 2.500 m Höhe häufig zu finden. Sie zeigt sich dabei in der phänotypischen Plastizität sehr variabel.

interessiert, inwiefern Lebewesen ihre Umwelt und damit die Lebensbedingungen anderer Organismen beeinflussen können. Das kann sowohl physikalische Faktoren (z. B. über Beschattung) als auch chemische Faktoren betreffen (z. B. Bereitstellung hochwertiger organischer Moleküle als Nahrungsgrundlage anderer Organismen).

Es sind ganz offensichtlich keineswegs die abiotischen Umweltverhältnisse allein, die biologische Muster bestimmen. Das Vorkommen und Fehlen von Organismen sowie die Herausbildung spezifischer Biozönosen und Ökosysteme wird neben deren Anpassungen an die herrschenden Standortbedingungen und Umweltverhältnisse ganz wesentlich von biotischen Prozessen gesteuert (s. a. Nentwig et al. 2004). Als **Biofaktoren** sind molekulare, zelluläre und im engeren Sinn physiologische Abläufe **in Organismen** von jenen zu unterscheiden, die sich **zwischen Organismen** abspielen. Zu Ersteren zählen der Aufbau organischer Moleküle unter Energieeinsatz (z. B. in der Fotosynthese) sowie der Abbau dieser Moleküle unter Energiegewinn (z. B. im Rahmen der (Re-)Mineralisierung). Neben stofflich-energetischen Mechanismen sind die genetische Speicherung und der Transport von Information entscheidend für die **Regulation** der Lebensabläufe. Innerhalb der gegebenen Fähigkeit von Arten zu individueller phänotypischer Plastizität kann eine gewisse Anpassung an die jeweiligen Lebensumstände erfolgen. Stoffliche Speicherungen, Transporte oder Umwandlung werden entweder gefördert oder unterdrückt.

Manche Lebewesen stellen enge Ansprüche an den Standort. Wir bezeichnen sie dann als **stenök**. Solche Arten sind nur unter spezifischen Bedingungen anzutreffen. **Euryöke** Organismen nutzen hingegen ein breites Umweltspektrum. Sie sind oft weiter verbreitet und besitzen ein großes Areal. Verschieben sich die Umweltbedingungen, dann werden stenöke Arten verdrängt. Euryöke Arten tolerieren die Änderung zumeist (Abb. 3.1).

Insbesondere bei Tieren spielt, über genetisch kodierte Information hinaus, die **Kommunikation**, also die Übertragung und Verwertung von Information, eine wichtige Rolle für das Erlernen von Strategien zum individuellen oder kollektiven Überleben und zur Reproduktion. Zu solchen Strategien gehört, als Reaktion auf Ressourcenknappheit, die räumliche Verlagerung durch Migration oder Ausbreitung.

Über die gezielte **Lenkung von Stoff- und Energieflüssen** bestimmen artspezifische Fähigkeiten die Qualität lebender Systeme. Physikalische und chemische Methoden reichen daher nicht aus, Organismen und ihre Lebensgemeinschaften zu analysieren. Ein Organismus einer bestimmten Biomasse oder Größe, einer bestimmten stofflichen Zusammensetzung oder mit bestimmtem Kaloriengehalt kann sich völlig anders verhalten als ein anderer Organismus mit denselben stofflichen bzw. energetischen Eigenschaften.

Die **Komplexität ökologischer Systeme** ergibt sich aus charakteristischen intra- und interspezifischen **Interaktionen**. Beginnend mit intraspezifischen Beeinflussungen sollen zunächst die innerhalb von Populationen zu beobachtenden Rangordnungen angesprochen werden. Bei Wölfen pflanzen sich nur das jeweilige Alpha-Männchen und das Alpha-Weibchen eines Rudels fort. Bei sozialen Insekten wie Termiten oder Bienen sind innerartliche Differenzierungen des Verhaltens noch offensichtlicher und mit deutlich erkennbaren morphologischen Konsequenzen verbunden. Und auch bei höheren Pflanzen wirkt intraspezifische **Konkurrenz** hin zur Auslese besonders leistungsstarker Individuen. Die genetische Variabilität der Arten wird somit reguliert. Weniger gut an die Lebensumstände angepasste Individuen werden sich mit geringerer Wahrscheinlichkeit fortpflanzen. Den jeweiligen Umweltbedingungen besonders schlecht angepasste Individuen werden, insbesondere bei limitierten Ressourcen, ihren Lebenszyklus nicht erfolgreich abschließen. Sie werden im Sinne DARWINS „survival of the fittest" durch die Konkurrenzstarken verdrängt.

Neben negativen Interaktionen, welche auch auf der Seite des letztlich erfolgreichen Lebewesens Kosten verursachen, sind **positive Wechselwirkungen** keineswegs weniger relevant, im Gegenteil. Eine genauere Betrachtung der Lebensgemeinschaften zeigt, dass letztlich nur wenige Organismen (wenn überhaupt) ohne Symbionten existieren, mit welchen sie mutualistische „Win-Win"-Gemeinschaften bilden. Darüber hinaus sind noch weitere Varianten gegenseitiger Beeinflussung möglich (Tab. 3.1).

Natürliche Lebensgemeinschaften sind aus mehr als zwei Arten aufgebaut. Sie bilden **komplexe Gefüge** unterschiedlichster Interaktionen. Förderung und Kontrolle, Ernährung und Prädation erfolgen in einem ständigen Wechselspiel. Bedingt durch die spezifischen Funktionen einzelner Arten wächst daher oft mit der Biodiversität auch die Biokomplexität, und auch umgekehrt wird mit wachsender Komplexität, beispielsweise von Nahrungsketten, ein Bezug zur Artenvielfalt hergestellt (PAINE 1966), doch ist die Verknüpfung von Objektvielfalt mit funktioneller Vielfalt keine zwingende.

Ein zentraler Aspekt der ökologischen Beurteilung von Organismen ist ihre stofflich-energetische Versorgung mit Nahrung und Nährstoffen. Die Idee, Lebewesen **trophischen Ebenen** zuzuordnen, geht auf RAYMOND LINDEMAN (1915–1942) zurück, welcher das Konzept 1942 anhand von Seen entwickelt hatte: von den Primärproduzenten über die Konsumenten (Sekundärproduzenten) bis schließlich hin zu den Top-Prädatoren. In mehr oder weniger geschlossenen limnischen Systemen ist die trophische Abhängigkeit verschiedener Gilden von Lebewesen besonders gut zu erkennen. Bemerkenswerterweise war die Veröffentlichung zunächst abgewiesen worden und erst nach seinem frühen Tod kam es zum Erscheinen des Artikels. Die Länge der **Nahrungsketten** hängt von der Verfügbarkeit von Ressourcen ab. Die Länge der Ketten und die Zahl der damit verbundenen hintereinander geschalteten Lebewesen beeinflusst wiederum, ob die Kontrolle zwischen einzelnen Ebenen durch das übergeordnete Level erfolgt (top-down) oder über die Ressourcenverfügbarkeit der unteren Ebene bestimmt wird (bottom-up) (MARTIN 2002). Das Angebot an Ressourcen tieferer Ebenen steuert die Vielfalt der Prädatoren (Abb. 3.2).

Neben den Produzenten-basierten Nahrungsketten bestehen auch Destruenten-basierte Nahrungsketten, die im Grunde gleichwertig sind, da in Ökosystemen Stoffkreisläufe wirken (Abb. 3.3). Ihre Grundlage ist die abgestorbene oder absterbende organische Substanz. Da hier Mikroorganismen eine entscheidende Rolle spielen, und damit die Abläufe weniger offensichtlich sind, wird diesem Bereich ökologischer Systeme oft zu unrecht ein geringeres Gewicht beigemessen.

In den beeindruckenden pazifischen Tang- bzw. Kelp-Wäldern (*Macrocystis pyrifera*) vor der kalifornischen Küste sind oft

Tab. 3.1

Mögliche Konstellationen gegenseitiger Beeinflussung in Zwei-Arten-Systemen.

Art der Interaktion	Art 1	Art 2
Neutralismus	0	0
Mutualismus	+	+
Kommensalismus	+	0
Konkurrenz	–	–
Amensalismus	–	0
Prädation	+	–
Parasitismus	+	–

Merksatz

In ökologischen Systemen befinden sich Organismen in einem vielfältigen Netz von Abhängigkeiten!

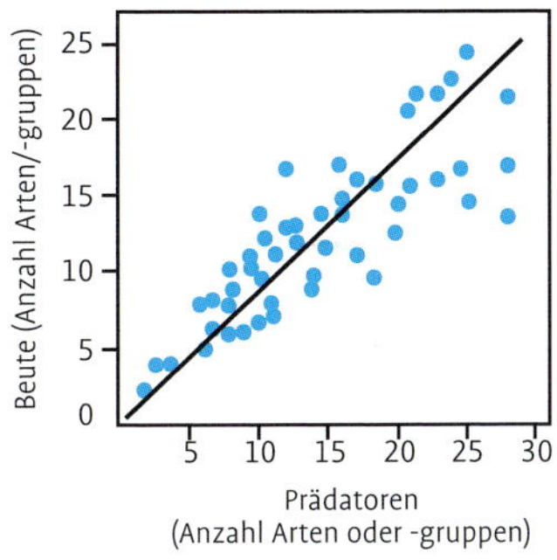

Abb. 3.2

Zusammenhang zwischen Beute-Artenzahl und Prädatoren-Artenzahl in 62 Nahrungsnetzen (nach BRIAND & COHEN aus MARTIN 2002).

Abb. 3.3

Aufbauende (Produzenten-basierte) und abbauende (Destruenten-basierte) Nahrungsketten.

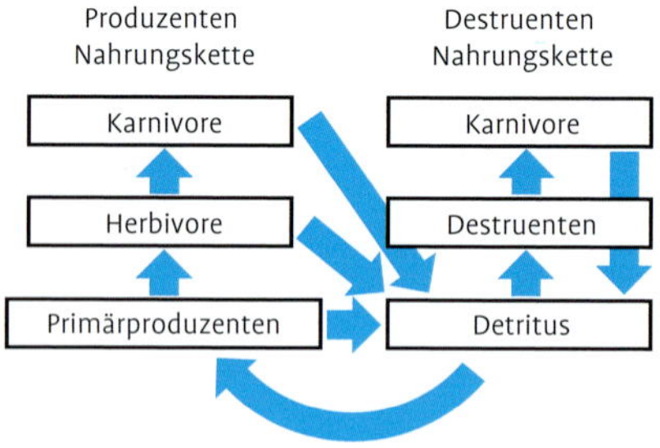

Seeotter-Populationen (*Enhydra lutris*) anzutreffen. Der kausale Zusammenhang ist die Kontrolle herbivorer Seeigel (*Strongylocentrotus* sp.) durch die Meeressäuger. Erfolgt diese nicht, kann der Fraß der Seeigel zur Zerstörung des Kelp-Waldes führen (Martin 2002). Dieses Beispiel veranschaulicht die Fragilität ökologischer Beziehungssysteme und die indirekten Effekte von Artenverlusten.

Die Kombination der in einem Ökosystem gleichzeitig auftretenden Nahrungsketten, welche sich durchaus gegenseitig beeinflussen und kreuzen können, bewirkt die Entwicklung mehr oder minder komplizierter **Nahrungsnetze**. Diese sind in reifen Ökosystemen, in welchen ökologische Nischen optimal ausgelastet sind, sehr eng geknüpft. Die Kontrolle solcher Systeme erfolgt vorwiegend über interne Mechanismen. In jungen Lebensgemeinschaften hingegen können verschiedene Nahrungsketten parallel existieren. Es ist wahrscheinlich, dass solche unreifen Lebensgemeinschaften vorwiegend durch externe Einflüsse, wie die abiotische Ressourcenverfügbarkeit, gesteuert werden.

3.2 Biotischer Energiehaushalt

Energieaufnahme und -umwandlung sind essentielle evolutionssteuernde Prozesse. Natürlich gilt auch in biologischen Systemen das physikalische Gesetz der Energieerhaltung. Mikroorganismen, Pflanzen und Tiere nutzen verschiedene Energiequellen, zum Beispiel im Rahmen der Fotosynthese oder der Fettsynthese, zum Aufbau energiereicher Moleküle. Bei der Zersetzung bzw. beim Fraß dieser Organismen wird diese Energie wieder freigesetzt. Die Regulation des Energiehaushaltes führt in jenen Lebensräumen zu charakteristischen morphologischen Anpassungen der Organismen, die ein Überangebot (z. B. an Einstrahlung) oder einen Mangel (z. B. von Wärme) aufweisen. Bezüglich der Anpassungen an hohe fotosynthetisch aktive Einstrahlung unterscheidet Larcher (2001) fotoenergetische, fotokybernetische, fotomorphogenetische und fotodestruktive (bzw. fototoxische) Wirkungen. Neben der fotosynthetisch aktiven Strahlung und der Wärmestrahlung können andere Strahlungsformen (z. B. radioaktive Strahlung) ebenfalls ökologisch relevant sein.

In der Regel schaffen pflanzliche Primärproduzenten die Voraussetzungen für das Leben auf der Erde. Sie verwandeln **Sonnenenergie in chemische Energie**. Mit ihrer Biomasse schaffen sie die Nahrungsgrundlage für Sekundärproduzenten und Destruenten. Zusätzlich stellen sie den für viele Organismen lebensnotwendigen Sauerstoff bereit. Energiehaushalt und Stoffhaushalt sind in allen Organismen direkt miteinander verbunden. Dieser Mechanismus der Umwandlung von Energie und die damit verbundene Speicherung bestimmter Stoffe bzw. deren Transport über die Nahrungskette werden reguliert bzw. gesteuert durch biotische Information (Abb. 3.4).

Die Primärproduzenten benötigen großteils extraterrestrische Strahlung zum Aufbau komplexer und energiereicher Moleküle wie Zucker. In einigen Fällen werden jedoch

Abb. 3.4

Flussschema biotischer Energieflüsse: Aufnahme, Abgabe, Umwandlung und Speicherung (I = aufgenommene Energie, N = unverbrauchte Energie, A = assimilierte Energie, R = Atmung, P = Produktion, S = gespeicherte Energie, E = ausgeschiedene Energie, G = Wachstum, B = Biomasse).

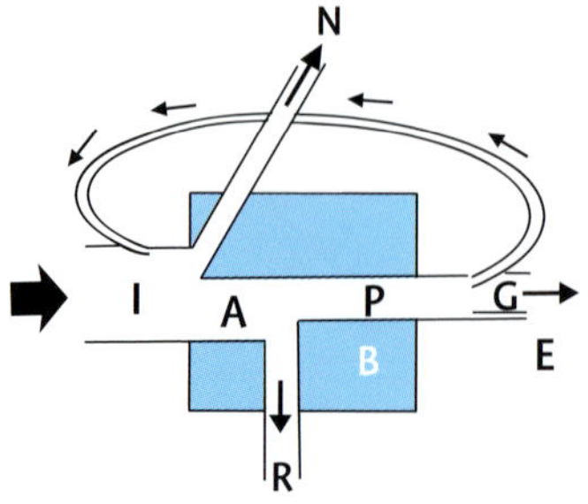

energiereiche mineralische Substanzen als Elektronendonatoren genutzt.

Ultraviolette Strahlung (UV-A = 315–400 nm, UV-B = 280–315 nm, UV-C = 280–100 nm) kann Organismen schädigen. Sie ist aufgrund ihrer Abschwächung mit der Mächtigkeit der Atmosphäre besonders in den Hochgebirgen kritisch. Pflanzen entwickeln an Standorten mit hoher UV-B Einstrahlung Strategien, die Albedo über Reflexion zu erhöhen. Hierfür bilden sie helle Farben aus oder weisen Behaarung auf wie das hawaiianische Silberschwert (*Argyroxiphium sandwichense*). Eine weitere Strategie ist die Absorption der UV-Strahlen über Flavonoide. Seit einigen Jahren ist die vor allem auf der Südhalbkugel erhöhte UV-Strahlung eine Konsequenz der Reduktion der stratosphärischen Ozonschicht, doch ist diese moderne Entwicklung (noch) nicht in ökophysiologischen und morphologischen Anpassungen der Organismen wirksam geworden. Manche Pflanzen können durch aktive Blattstellung das Sonnenlicht optimal nutzen und so auch zu starker Einstrahlung entgehen (Tropismus). Erfolgt die Ausrichtung der Blätter mehr oder minder senkrecht in Richtung der im Tagesgang stärksten Einstrahlung (z. B. Süden) sprechen wir von „Kompasspflanzen".

Tiere vermögen durch ihre Mobilität bei intensiver Einstrahlung bzw. hohen Temperaturen in eher schattige Situationen auszuweichen. Eine Möglichkeit zur Regulation der Exposition und der optimalen Erfüllung energetischer Anforderungen ist die diurnale Aktivität. Vor allem poikilotherme Reptilien zeigen dieses Verhalten. Je stärker die Bindung an die äußeren energetischen Bedingungen allerdings ist, umso berechenbarer ist ihr in Erscheinung treten und somit der Prädationsdruck.

Physikalische Limitierungen der Lebensabläufe erfolgen zunächst über die herrschenden Temperaturen. Organismen benötigen gewisse Mindesttemperaturen für ihren Stoffwechsel und tolerieren lediglich bestimmte Höchsttemperaturen, da es schon bei Temperaturen um 70 °C zur irreversiblen Denaturierung von Biomolekülen (z. B. Proteinen) und damit zu letalen Schädigungen kommen kann. Bezüglich der thermisch wirksamen Energie ist das Leben eng an bestimmte Wärmebereiche gebunden, innerhalb derer die physiologischen Prozesse und Lebensäußerungen störungsfrei ablaufen. Nahezu alle ökochemischen Vorgänge unterliegen einer **thermischen Regulation**, so z. B. Atmung oder Zellteilung. Eine Erhöhung der Temperatur beschleunigt die Intensität der Stoffwechselvorgänge. Niedrige Temperaturen verlangsamen die Lebensabläufe. Es existieren Ober- und Untergrenzen.

Tiefe Temperaturen verlangsamen zunächst die Lebensabläufe. Ökologisch wirksam werden tiefe Temperaturen vor allem dann, wenn Werte unterhalb von 0 °C erreicht werden. Da Wasser in allen Organismen vorkommt, kann **Frost** irreversible und für den Organismus tödliche Folgen haben. Es kommt aber auf die Dauer und die Intensität der Frosteinwirkung an. Kurze Frostphasen können selbst von relativ frostsensiblen Sukkulenten durchaus überdauert werden (Abb. 3.5). Da Fröste eine regelhaft auftretende Erscheinung in vielen terrestrischen Ökosystemen darstellen, haben Pflanzen und Tiere sowohl Strategien zur zeitlichen Einnischung als auch zur ökophysiologischen Anpassung entwickelt. Ereignen sich Fröste in Phasen, in welchen ihr Auftreten wenig wahrscheinlich ist, dann sind die Anpassungen eventuell noch nicht (oder nicht mehr) voll wirksam. In Europa

Abb. 3.5

Frost auf Opuntie (*Opuntia polyacantha*) in den Rocky Mountains bei Boulder (Colorado, USA). Sukkulente Pflanzen sind durch ihren hohen Wassergehalt besonders frostempfindlich.

Abb. 3.6

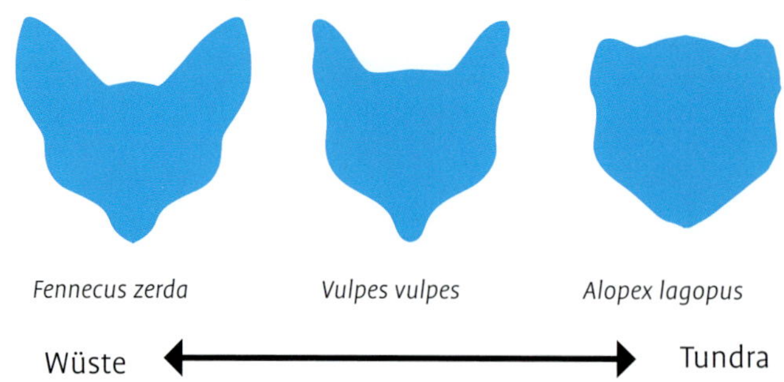

Kopfform und Körperanhängsel bei verschiedenen Fuchsarten entlang eines Gradienten von heißen Wüstengebieten bis zur arktischen Tundra. Kalte Gebiete selektieren tendenziell kurze Körperanhänge.

Abb. 3.7

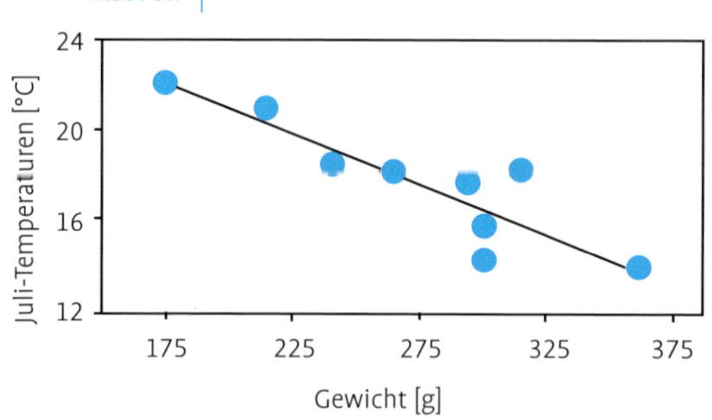

Beziehung zwischen Sommertemperaturen und Körpergewicht bei der amerikanischen Buschschwanzratte (*Neotoma cinerea*) (nach SMITH et al. 1995 aus BROWN & LOMOLINO 1998).

ist beispielsweise die Rot-Buche (*Fagus sylvatica*) eine dominante Art in den natürlichen Waldgesellschaften, obschon dieser Baum sehr spätfrostempfindlich ist. Solange Spätfröste selten bleiben, wirken sie nicht limitierend auf die Buche. Bei dieser für Mitteleuropa so bedeutsamen Baumart ist also eine Art Sicherung für zu frühes Austreiben entwickelt. Es wird weniger von der momentaren Witterung als von der Fotoperiode gesteuert, um das Risiko von Spätfrösten zu minimieren. Verlängert sich nun jedoch die Vegetationszeit, wie es derzeit geschieht (MENZEL & FABIAN 1999), dann kann die Buche hiervon kaum profitieren. Andere Baumarten erlangen Konkurrenzvorteile.

Kälteschädigungen können bei sensitiven tropischen Arten schon bei deutlich höheren Temperaturen als bei Frost auftreten. In diesem Fall werden durch niedrige Temperaturen Enzymaktivitäten beeinflusst. Hohe und niedere Temperaturen, die keine direkten Schädigungen auslösen, aber ökologische Mechanismen blockieren, **limitieren die Zeit,** in welcher biologische Prozesse ablaufen können (s. a. SCHULZE et al. 2002).

Anpassungen an **niedrige Temperaturen** wie das schützende Fell des Moschusochsen (*Ovibos moschatus*) sind nur eines von vielen Beispielen, wie Tiere durch ihre Behaarung ihre Körperwärme gegen zu große Temperaturverluste schützen. Manche Pflanzen vermögen durch Polsterwuchs eine Reduktion ihrer Oberfläche zu bewirken. Dies ist bei Gebirgspflanzen häufig zu beobachten; es hat aber auch andere Vorteile, wie Windschutz und Verringerung der Transpiration (KÖRNER 2003).

Bezüglich des Zusammenhangs zwischen dem Klima und der Physiognomie oder Färbung der Organismen wurden zahlreiche ökogeographische Regeln formuliert. Die vom amerikanischen Zoologen JOEL ASAPH ALLEN 1877 formulierte **ALLEN'sche Regel** besagt, dass in kühleren Gebieten die exponierten Extremitäten von Säugetieren und Vögeln kürzer sind als in wärmeren Gebieten (Abb. 3.6). Diese Regel wird vor allem beim Vergleich nahe verwandter Taxa angewandt, da anzunehmen ist, dass sich diese über geographische Präferenzen entsprechend selektierter Populationen herausgebildet haben. Nordamerikanische Hasenarten zeichnen sehr deutlich einen Nord-Süd-Gradienten in ihrer Morphologie nach. Von *Lepus arcticus* über *L. americanus* und *L. californicus* bis zu *L. allenii* im Süden werden die Tiere immer schlanker und die Ohren und Beine länger. Selbst innerhalb einer Spezies zeigen sich derartige Tendenzen. Bei der Erdmaus (*Microtus agrestis*), die in Europa in verschiedenen Subspezies vorkommt, ist das Verhältnis von Schwanz-Länge zu Kopf-Rumpf-Länge in Mittelschweden 0,294, in Norddeutschland 0,334 und in Portugal 0,390 (SEDLAG & WEINERT 1987).

Auch die **BERGMANN'sche Regel** bezieht sich auf die klimatische Beeinflussung von Körperformen. Diese vom deutschen Arzt CARL GEORG LUCAS CHRISTIAN BERGMANN 1847 aufgestellte Regel besagt, dass Vögel und Säugetiere der kühleren Klimate tendenziell größer und damit auch schwerer sind als ihre Artgenossen oder nahe verwandten Arten in wärmeren Gebieten (Abb. 3.7). Mit einem günstigeren Verhältnis von Volumen zu Oberfläche reduzieren sich die Wärmeverluste der Tiere. Von einigen Ausnahmen abgesehen scheint diese Tendenz bei den meisten größeren Säugetieren sowie bei vielen Vögeln zuzutreffen. Beispielsweise sind die in Amerika weit verbreiteten Weißwedel-Hirsche (*Odocoileus virginianus*) in Kanada deutlich größer als in Florida. Eine evolutive Erklärung scheint die Beeinflussung des Energiehaushaltes mit einem günstigeren Verhältnis von Volumen zu Oberfläche zu bieten. Temperaturverluste könnten hierdurch reduziert werden. Allerdings ist diese Energieeinsparung im Vergleich zu anderen Anpassungen wie z. B. der Ausbildung einer Fettschicht oder eines dichten Gefieders relativ gering.

Bei Arten, bei welchen die Bergmann'sche Regel einen engen Zusammenhang zwischen Körpergröße und Außentemperaturen erklärt, kann aus dem Verlauf der Körpergröße in der Zeit (Beispielsweise über datierbare Knochenfunde) auf den historischen Temperaturverlauf geschlossen werden (Abb. 3.8).

Die **Hesse'sche** Regel (nach Richard Hesse, 1868–1944) spricht die innerartliche Zunahme des relativen Herzgewichts – bezogen auf das Körpergewicht – mit kälter werdenden Klimaten an. Die nach Constantin Wilhelm Lambert Gloger (1803–1863) benannte Gloger'sche Regel (bzw. Färbungsregel) sagt aus, dass tendenziell mit zunehmender Sonneneinstrahlung die Pigmentierung von Organoberflächen ebenfalls zunimmt, was als Schutzmechanismus verstanden wird. Sie wurde ursprünglich auf Vogelarten bezogen und dann auf andere Organismen übertragen. Auch hier sollten wir besser von einem Trend als von einer „Regel" sprechen.

Schließlich soll noch angesprochen werden, dass auch Ökosysteme existieren, die nicht durch Sonnenenergie, sondern allein durch chemische Energie angetrieben werden. Die erst vor wenigen Jahren entdeckten Lebensgemeinschaften der hydrothermalen Quellen (z. B. „Schwarze Raucher") am mittelozeanischen Rücken in der Tiefsee, wo die Platten der Erdkruste auseinanderdriften, sind ein solcher Fall. Diese Ökosysteme (s. a. Kap. 8) existieren bis in Meerestiefen von mehreren tausend Metern. Licht dringt bis hierhin nicht mehr vor. Die Wassertemperaturen wären ohne geothermischen Einfluss ebenfalls sehr niedrig. Bedingt durch die Wärme der austretenden Quellen und ihrem hohen Gehalt an energetisch hochwertigen Molekülen konnten sich hier komplexe Lebensgemeinschaften auf der Nahrungsgrundlage chemotropher Bakterien und Archäen entwickeln. Sie sind bei völliger Dunkelheit dazu befähigt, organische Moleküle aufzubauen. Als Elektronendonatoren für autotrophe Synthesereaktionen dienen **energiereiche Moleküle** (z. B. Schwefelverbindungen).

Merksatz

Mit ungünstiger werdendem Klima tendieren Organismen dazu, ihr Oberflächen-/Volumenverhältnis zu optimieren!

3.3 Biotischer Stoffhaushalt

Der Stoffwechsel der Organismen, ihr Metabolismus, bezieht verschiedenartige chemische Prozesse ein. Die Aufnahme von Energie geht im Stoffhaushalt von Organismen mit der Produktion energetisch hochwertiger organischer Moleküle einher. Die Zersetzung dieser Moleküle setzt Energie

Abb. 3.8

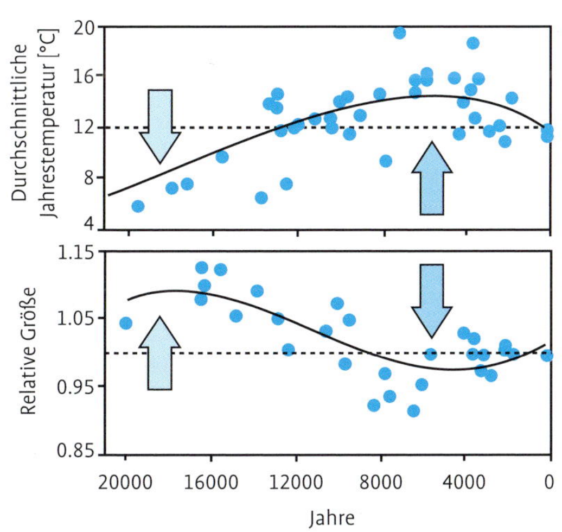

Entwicklung der Körpergröße der amerikanischen Buschschwanzratte (*Neotoma cinerea*) in Bezug zum historischen Temperaturverlauf (nach Smith et al. 1995 aus Brown & Lomolino 1998).

frei. In den Organismen erfolgen gleichermaßen aufbauende Prozesse (Anabolismus) wie die Fotosynthese und abbauende Prozesse (Katabolismus) wie die Atmung. Wir können von einer Angleichung (Assimilation) an den Organismus bzw. von einer Trennung der organismischen Strukturen (Dissimilation) sprechen. Assimiliation und Dissimilation werden hauptsächlich auf Kohlenstoffverbindungen angewandt, doch werden auch andere Stoffe (z. B. Stickstoff) assimiliert. In den letzten Jahren wurde der durch Hutchinson (1944) eingeführte Begriff **biogeochemischer Kreislauf** („biogeochemical cycle") erneut belebt, um die besondere Qualität ökologischer Stoffflüsse zu kennzeichnen.

Im Kohlenstoffhaushalt unterscheiden wir **heterotrophe Organismen** (Tiere, Pilze, viele Bakterien, Archäen), welchen energiereiche organische Stoffe als Kohlenstoffquelle dienen, und **autotrophe Organismen**, welche die körpereigenen organischen Moleküle aus oxidierten anorganischen Kohlenstoffverbindungen (CO_2) synthetisieren. Fotoautotrophe Lebewesen (Pflanzen, Cyanobakterien) setzen das Licht als Energiequelle ein. Bei höheren Pflanzen und manchen Bakterien wird Wasser für den Reduktionsprozess genutzt. Einige Bakteriengattungen bewerkstelligen dies mit reduzierten Eisenverbindungen, Wasserstoff, Schwefelwasserstoff oder Schwefel. Allein die Landpflanzen der Erde fixieren jährlich 10^9 t Kohlenstoff aus CO_2. Im Gegensatz hierzu nutzen chemoautotrophe Bakterien chemische Energie für die Assimilation von Kohlenstoff (Chemosynthese). Für die Reduktion setzen sie ähnliche Verbindungen sowie Ammoniak und Nitrit ein (Nentwig et al. 2004).

Neben dem energetischen Stoffaufbau findet immer ein Stoffabbau statt. Lebendes Gewebe stirbt ab, wird zersetzt und schließlich mineralisiert. Das C/N-Verhältnis abgestorbenen organischen Materials gibt einen sehr guten Hinweis auf die Zersetzbarkeit bzw. auf die Geschwindigkeit der Mineralisierung und erneute Bereitstellung der integrierten Nährstoffe. Liegt die Relation über einem Richtwert von 25, ist der Abbau zumeist gehemmt, weil dann der Stickstoff für die zersetzenden Mikroorganismen limitiert ist.

In der Chemie und in der Biologie haben sich unterschiedliche Auffassungen bezüglich der Begrifflichkeit organischer Stoffe etabliert. Die organische Chemie befasst sich mit Kohlenstoffverbindungen, unabhängig von ihrem natürlichen oder synthetischen Charakter. In der Biologie bedeutet organisch gleichsam „durch Organismen produziert". Da die meisten von Organismen produzierten Stoffe auch Kohlenstoffverbindungen sind, ist eine Unterscheidung in der Regel nicht relevant. Der Kohlenstoffhaushalt ist ein essentielles Kennzeichen organischer Aktivität. Er ist ökosystemar eng mit den Kreisläufen des Wassers und des Sauerstoffs verknüpft. Neben organischen Verbindungen sind anorganische Stoffe, die als Nährstoffe in Metabolismen einbezogen sind, Bausteine im Stoffkreislauf des Lebens.

Bezüglich der biologischen Bedeutung von Stoffen bestehen artübergreifend vergleichbare Muster, die auf vergleichbare Mechanismen zurückzuführen sind. Stickstoff wird beispielsweise für den Aufbau von Aminosäuren benötigt. Phosphor spielt für die Regulation des Energiehaushaltes eine entscheidende Rolle. Jedoch haben die verschiedenen Arten spezifische Anpassungen ausgebildet und sich in ökologische Nischen evoluiert, also differenziert. Der Bedarf oder die Toleranz bezüglich auftretender Stoffkonzentrationen oder vielmehr bezüglich der chemischen Aktivität der Stoffe (z. B. Nährstoffverfügbarkeit) ist daher artspezifisch teils sehr unterschiedlich. Die traditionelle Unterscheidung in Makro- und Mikronährstoffe bzw. Spurenelemente ist eine tendenzielle Orientierung, welche die quantitative Bedeutung der Stoffe anzeigt. Dies bedeutet jedoch nicht, dass Mikronährstoffe unbedeutend seien. Sie können vielmehr durchaus essentiell sein.

Bezüglich der Toxizität von Stoffen bestehen artspezifische Sensibilitäten. Toxische Wirkungen treten bei einem nicht mehr tolerierbaren Überangebot eines Stoffes (auch eines Nährstoffes) auf. Bedingt durch menschliche Aktivitäten gelangen manche Substanzen in überhöhten Konzentrationen oder Mengen in die natürlichen Stoffkreisläufe. Die Anreicherung in Lebewesen kann sich bei jenen Stoffen als problematisch erweisen, die in der Natur nicht vorkommen und durch den Menschen synthetisiert wurden (xenobiotische Stoffe). Von persistenten Substanzen sprechen wir, wenn die Xenobiotika nicht oder sehr langsam abgebaut werden. Bei bestimmten seltenen Elementen sowie bei synthetischen xenobiotischen Molekülen, die in Organismen natürlicherweise keine Rolle spielen, können die Konzentrationen, bei welchen bereits toxische Wirkungen auftreten, sehr gering sein.

Anhand der Fotosynthese, die bei den höheren Pflanzen, Moosen, Farnen, verschiedenen Algengruppen und Cyanobakterien zu finden ist, können wir erkennen, wie der Energiehaushalt und der Stoffhaushalt miteinander verwoben sind. Das Angebot von Energie, Nährstoffen und Wasser kann in der Ökologie kaum getrennt betrachtet werden (SCHULZE et al. 2002, NENTWIG et al. 2004).

Bei **C3-Pflanzen** sind aus drei Kohlenstoffatomen aufgebaute Säuren erste Produkte der Fotosynthese. Eingeleitet wird die Kohlenstoff-Fixierung durch die Rubisco (Ribulose-1,5-bisphosphat-carboxylase). In den Chloroplasten werden die ersten Syntheseprodukte im Calvin-Zyklus in mehreren Schritten zu Glukose und Stärke umgewandelt. C3-Pflanzen besitzen einen hohen Licht- und Wasserbedarf. Ihre Optimaltemperaturen liegen zwischen 20 und 30 °C.

Die **C4-Pflanzen** haben sich erdgeschichtlich deutlich später entwickelt. Diese Pflanzen erzeugen C4-Säuren als erste Aufbauprodukte. Sie besitzen eine räumliche Trennung von CO_2-Fixierung im Mesophyll und CO_2-Einbau in den Leitbündelscheiden und nutzen Phosphoenolpyruvat (PEP) für die Kohlenstoff-Fixierung. Ihre hohen Wachstumsraten sind an hohen Lichtgenuss und hohe Temperaturen (30–45 °C) gebunden. Der Wasserbedarf ist vergleichsweise gering.

Einen dritten Weg haben die **CAM-Pflanzen** beschritten (Crassulacean Acid Metabolism) (Abb. 3.9). Sie zeigen eine zeitliche Trennung der nächtlichen CO_2-Aufnahme und chemischen Fixierung als Grundlage für die Dunkelreaktion des Calvin-Zyklus und dem Aufbau energiereicher ATP-Moleküle in der Lichtreaktion am Tag. Der Vorteil dieser Aufteilung ist ein optimierter Wasserhaushalt, weshalb man CAM-Pflanzen hauptsächlich in Trockengebieten findet. Neben den namensgebenden *Crassulaceae* findet man CAM-Pflanzen bei den *Cactaceae*, *Euphorbiaceae*, *Orchidaceae*, *Bromeliaceae* und *Liliaceae*. Der Mechanismus hat sich offensichtlich in Trockengebieten unabhängig von der phylogenetischen Verwandtschaft der Arten entwickelt.

Aufgrund der allgegenwärtigen Bedeutung des Wassers für die Organismen nimmt der Wasserhaushalt eine zentrale Stellung im biotischen Stoffhaushalt ein. Die Wasseraufnahme erfolgt bei höheren Pflanzen über die Wurzeln und bei niederen Pflanzen über die gesamte Oberfläche. Tiere nehmen Wasser entweder getrennt oder über die Nahrung auf. Mit dem Wasser werden die darin gelösten Nährstoffe aufgenommen. Wasserabgabe erfolgt bei Pflanzen über Cuticula und Epidermis sowie reguliert durch die stomatäre Transpiration der Spaltöffnungen. Zusätzlich können einige Pflanzen flüssiges Wasser durch Guttation aktiv ausscheiden. Tiere sind in sehr unterschiedlichem Maße dazu befähigt, ihre Wasserabgabe zu kontrollieren.

Abb. 3.9

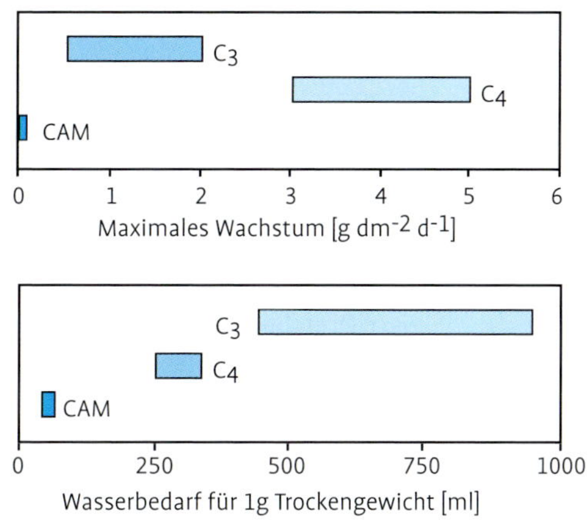

Vergleich verschiedener Wege der Kohlenstofffixierung der C3-, C4- und CAM-Pflanzen bezüglich ihres maximalen Wachstums und Wasserbedarfes.

3.4 Biotischer Informationshaushalt

Bezüglich der Energie und der Stoffe in Lebewesen können wir die Grundmechanismen Transfer (bzw. wenn aktiv geschehend: Transport), Aufnahme und Speicherung identifizieren, die in ihrer Gesamtheit die jeweiligen ökologischen Kreisläufe steuern. Auch bezüglich der Information lassen sich diese Grundmechanismen erkennen: Information wird übertragen, erhalten und umgewandelt, doch sind hier die Abläufe weitaus komplexer.

Die Fähigkeit zur gerichteten Regulation, also zur Verstärkung oder Unterdrückung von Abläufen unter Energieeinsatz auch entgegen thermodynamische Gradienten, zeichnet Organismen besonders aus. Wir müssen uns vor Augen halten, dass der Informationshaushalt Organismen, Lebensgemeinschaften und Ökosysteme charakterisiert. Allein mit ihren stofflichen und energetischen Eigenschaften, die gewissermaßen einfach zu erfassen sind, können lebende Systeme wie Mikroorganismen, Pflanzen und Tiere sowie Wälder, Seen oder Böden nicht verstanden werden.

Informations-**Speicherung** erfolgt beispielsweise über Erinnerung, Anpassung, Morphologie oder genetische Selektion. **Transport** von Information kann über Geruch, Laute, Sprache, Verhalten, Diasporen und letztlich über die genetische Ausstattung von den zur Fortpflanzung bzw. Vermehrung gelangenden Zellen erfolgen. **Informationsübertragung** zwischen Organismen erfolgt über sehr unterschiedliche Signale, beispielsweise auffällige Farben, spezifische Formen, Verhaltensweisen oder olfaktorische Reize. Wir können artspezifisch wirkende Signale von geschlechtsspezifischen Signalen unterscheiden. Doch nicht nur die Übertragung von Informationen ist wichtig für ein optimales Überleben und für den Erhalt des artlichen Genpools. Die Unterdrückung von Informationsübertragung durch Tarnung, Mimese oder Mimikry kann sich als eine lebenswichtige Strategie erweisen, deren genetische Selektion zum Erhalt und der weiteren Entwicklung einer Art maßgeblich beiträgt. Und **Transformation** schließlich sehen wir in den verschiedenen Formen der Kommunikation und in Reiz-Reaktionsmustern. Die biogeographische Verbreitung spezifischer Reiz-Reaktionsmuster sagt folglich etwas über die räumlichen Charakteristika organismischer Interaktionen aus (Abb. 3.10).

Am Beispiel der Gene können wir noch relativ leicht verstehen, wie genetische Information transportiert, gespeichert und transferiert wird. Lebende Systeme sind jedoch durch weitere informationelle Aspekte gekennzeichnet, die weitaus schwieriger naturwissenschaftlich quantifiziert werden können, aber nichtsdestotrotz von zentraler ökologischer Bedeutung sind, wie Verhalten oder Erinnerung.

3.5 Reproduktion, Selektion und Artbildung

Die genetische, morphologische und funktionelle Variabilität innerhalb von Populationen ermöglicht die evolutive Selektion jener Individuen, die besonders gut mit den jeweiligen Umweltbedingungen und Konkurrenzverhältnissen zurecht kommen. Die Entstehung spezialisierter Arten, die als Anpassung an bestimmte Lebensumstände aufgefasst werden können, wird dadurch gefördert. Diese von einer Stammform ausgehende Entwicklung mit dem Effekt einer zunehmend verbesserten Anpassung an ökologische Nischen nennen wir **ökologische oder adaptive Radiation** (s.a.

Abb. 3.10

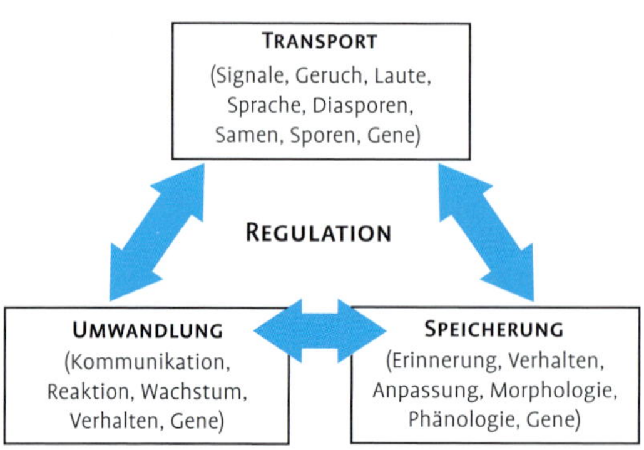

Mechanismen des biotischen Informationshaushaltes.

Nentwig et al. 2004). Die allmähliche Abwandlung eines bestehenden Bauplans durch adaptive Radiation (Allogenese) steht im Kontrast zur Arogenese, der (relativ) schnellen, revolutionären Entwicklung von etwas Neuartigem (Abb. 3.11). Der Schritt von den Nacktsamern (Gymnospermen) zu den Bedecktsamern wird als eine solche sprunghafte Höherentwicklung angesehen. Allerdings muss man hinterfragen, ob hier wirklich unterschiedliche Mechanismen wirken. Im Grunde bezeichnen Allogenese und Arogenese keine wesentlich unterschiedlichen Prozesse, nur werden die Effekte von Mutationen unterschiedlich wirksam.

Unbestritten ist, dass sich der Bauplan mancher Organismen über sehr lange Zeit kaum zu verändern scheint, wohingegen sich die Evolution in anderen Bereichen relativ schnell abspielt. Doch auch das sich relativ abrupt Entwickelnde benötigt seine Zeit. Nur wenn eine neue Entwicklung mit positiven Konsequenzen für eine Art verbunden ist, kann es zur weiteren Abwandlung dieses neuen Konzepts kommen. Die Eigenschaft der geschützten Samen bot den Angiospermen so vielfältige Vorteile und Entwicklungsmöglichkeiten, dass eine explosionsartige Erhöhung der Artenvielfalt die Folge war. Ist ein Bauplan aber schon erfolgreich und wird die von der Art eingenommene ökologische Nische nicht von anderen Arten beansprucht, besteht keine Notwendigkeit zur weiteren Entwicklung.

Besonders augenfällig ist die adaptive Radiation auf Inseln (Abb. 3.12). Diese wurden häufig nur von einzelnen Gründerpopulationen erreicht. Die taxonomische Vielfalt der immigrierenden Arten ist dann zwangsläufig gering. Andererseits stehen vielfältige Ressourcen und Habitate zur Verfügung. Vorausgesetzt, dass es die genetische Variabilität der Population erlaubt, ist es in einer solchen Situation möglich und vielfach geschehen, dass evolutive Prozesse zur Artdifferenzierung auf engem Raum und teilweise in relativ kurzer Zeit ablaufen.

Die Grundannahme des z.B. durch den Evolutionsbiologen Mayr vertretenen Konzepts der Biospezies, dass die Individuen einer Art eine potenzielle Fortpflanzungsgemeinschaft bilden, ist keineswegs allgemein gegeben. Zahlreiche Arten der höheren Pflanzen und selbst der Tiere haben Strategien zur Fortpflanzung oder besser Vermehrung und damit Übertragung ihres Erbgutes entwickelt, die auf sexuelle Reproduktion verzichten (Abb. 3.13).

Abb. 3.11

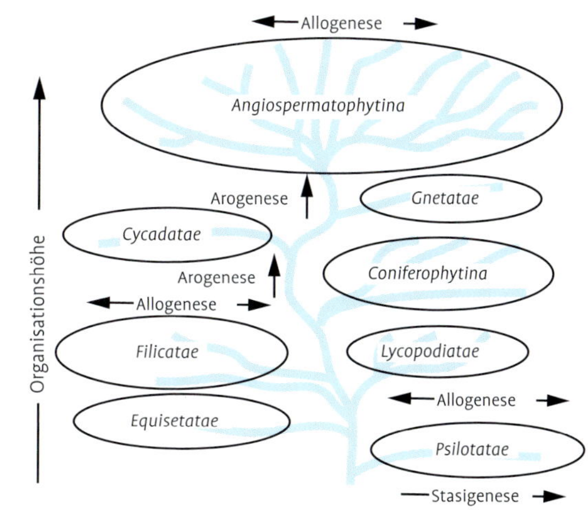

Herausbildung höherer systematischer Kategorien am Beispiel der Gefäßpflanzen (nach Martensen & Probst 1990).

Abb. 3.12

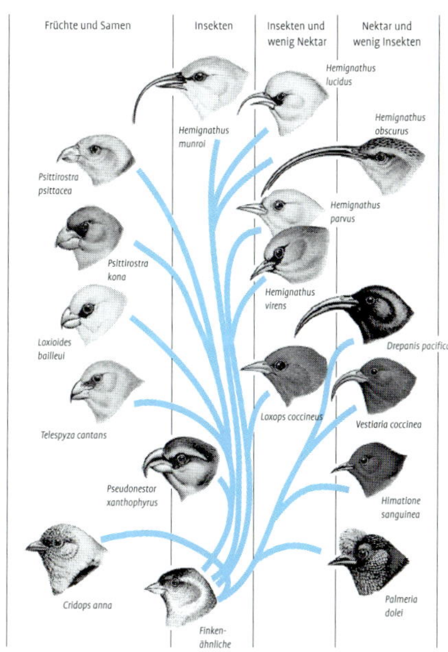

Adaptive Radiation am Beispiel der hawaiianischen Kleidervögel ausgehend von einem Ursprungstaxon (aus Nentwig et al. 2003).

Abb. 3.13

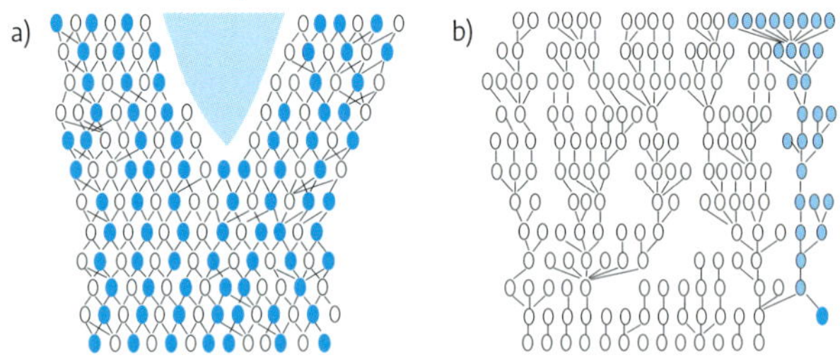

a) Sexuelle Kreuzung und Speziation sowie b) apomiktische Artentwicklung (nach MARTENSEN & PROBST 1990).

Abb. 3.14

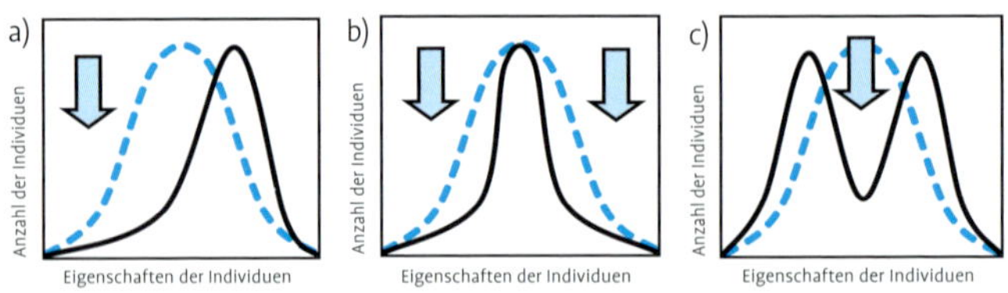

Selektion spezifischer Eigenschaften von Organismen. a) Gerichtete Selektion durch Konkurrenz einer anderen Art. b) Stabilisation der Eigenschaften durch negative Selektion der Extrema. c) Disruptive Selektion verbunden mit der Tendenz zur Entwicklung zweier getrennter Linien im Rahmen der sympatrischen Artbildung.

Wir unterscheiden unter räumlichen Kriterien zwei Varianten: **allopatrische** (an getrennten Orten erfolgende) und **sympatrische** (am selben Ort erfolgende) **Artbildung**.

Disruptive Selektion kann theoretisch zur sympatrischen Artbildung in ein und dem selben Gebiet führen. Allerdings gibt es hierfür nur wenige anerkannte Belege (BARLUENGA et al. 2006). Andere Ursachen der sympatrischen Artbildung können in der Einschränkung der sexuellen Reproduktion liegen (Apomixis). Die Fortpflanzung ohne sexuelle Befruchtung erfolgt bei Pflanzen über vegetatives Wachstum oder über asexuelle Samenbildung (Agamospermie, die Reduktionsteilung unterbleibt oder bleibt folgenlos). Bei einigen Tieren (z. B. bei Blattläusen) ist Jungfernzeugung (Parthenogenese) als Form der asexuellen Vermehrung entwickelt. Agamospezies sind Gruppen apomiktischer Pflanzen oder Tiere, welche sich gegenüber anderen Organismen abgrenzen lassen. In der Regel besetzen solche Arten eine enge ökologische Nische und oft besitzen sie ein kleines Verbreitungsgebiet, da ihre Ausbreitung ebenfalls nur über vegetative Einheiten möglich ist. Die Selektion der besonders gut an die entsprechenden Lebensumstände angepassten Individuen führt in Mehrartensystemen zu morphologischer Drift und ständiger Fortentwicklung. Diese kann zu einer kompletten Verlagerung, zu einer Einengung und zu einer Aufspaltung der Arteigenschaften führen (Abb. 3.14).

Besonders reich an endemischen Fischarten sind die Seen im Bereich des ostafrikanischen Grabenbruches. Dies liegt an der Größe der Seen, ihrer Isoliertheit und langen klimatischen Kontinuität. Vor allem die Gruppe der Buntbarsche (*Cichlidae*) erfuhr hier eine explosionsartige Artbildung. Im Malawi-See wurden bislang etwa 300 endemische Arten beschrieben, die Schätzungen gehen auf 600 bis 800 Arten. Ähnlich liegen die Zahlen in anderen großen Seen, wie dem Viktoria-See. Dort sind 200 endemische Arten und 4 endemische Gattungen beschrieben, bei einer Gesamtartenzahl von etwa 500 Buntbarsch-Arten.

Sowohl äußere Einwirkungen als auch innere Verhaltensstrukturen können zur Aufspaltung von Populationen führen. Das genetische Spektrum der entstehenden Teilpopulationen wird immer eine gewisse Differenzierung aufweisen. Solche Unterschiede werden durch selektiv wirksame Umwelteinflüsse verstärkt, wenn die Aufspaltung über mehrere Generationszyklen andauert, doch besitzen die Populationen einer Art grundsätzlich das Potenzial, wieder miteinander zu verschmelzen. Haben sich die Populationen bereits zu eigenen Arten entwickelt, ist dies nicht mehr möglich. Wenn sich diese beiden neuen Arten dann erneut räumlich überlappen, werden sie koexistieren, es sei denn, die Differenzierung bezüglich der Ressourcennutzung ist nicht weit gediehen. In einem solchen Fall, also wenn sich die beiden neuen Arten zwar genetisch hinreichend unähnlich, ökologisch aber noch sehr vergleichbar sind, wird sich im Überlappungsbereich die konkurrenzstärkere Art durchsetzen. Nach dem Konkurrenzausschlussprinzip („Competitive Exclusion") ist es nicht möglich, dass zwei Arten in derselben ökologischen Nische existieren.

Bei genetisch noch recht ähnlichen Arten kann es jedoch vereinzelt zur Hybridisierung kommen. Aus diesem Prozess hervorgehende Nachkommen sind in der Regel nicht fruchtbar, so dass solche Einzelereignisse sozusagen eine Sackgasse der Entwicklung darstellen. Allerdings zeigen hybride Organismen oft eine außergewöhnliche Wüchsigkeit oder Leistungsfähigkeit. Hybride Tiere sind uns aus der Nutztierzüchtung vertraut. Maulesel (Vater Pferd, Mutter Esel) und Maultier/Muli (Mutter Pferd, Vater Esel) sind Beispiele hybrider Organismen. Im Gegensatz zum Maulesel sind Maultiere bemerkenswerterweise teilweise zur Fortpflanzung befähigt.

Kursorisch treten in der Natur fruchtbare Hybride auf, doch wurde dem Beitrag der Hybridisierung zur Artbildung lange wenig Beachtung geschenkt. Bei den seltenen Flachbärlapp-Arten der Gattung *Diphasiastrum* ist hybridogene Artbildung sehr wahrscheinlich erfolgt (Horn 1997). Die schwierige Bestimmung der Arten wird hierdurch verständlich. Zwischen den noch recht gut zu unterscheidenden Ausgangsarten gibt es entsprechende Zwischenarten mit Merkmalen der beiden jeweils für ihre Bildung verantwortlichen Arten (Abb. 3.15).

Beispiele von Taxa, die sich durch das Vordringen zweier nahe verwandter Arten in einen neuen Lebensraum und der dortigen Hybridisierung der Populationen ergeben, sind biogeographisch besonders interessant. In Mitteleuropa hat sich der Hybride *Reynoutria* × *bohemica* als Bastard aus *Reynoutria japonica* und *R. sachalinensis* gebildet. Allerdings ist die Artbildung noch nicht abgeschlossen. Die beiden nahe verwandten Arten kamen als invasive Arten in einem neuen räumlichen Kontext zusammen.

Weiter fortgeschritten ist die Entwicklung beim Salz-Schlickgras (*Spartina anglica*) des Wattenmeeres. Durch Kreuzen der in der Nordsee heimischen Art *Spartina maritima* mit der aus Amerika eingeschleppten *Spartina alterniflora* entstand zunächst die sterile Hybride *Spartina* × *townsendii*. Durch Polyploidisierung entwickelte sich hieraus *Spartina anglica*, die inzwischen als eine eigene Pflanzenart anerkannt ist. Bei Minzen führte Hybridisierung ebenfalls zur Entstehung neuer Arten (*Mentha smithiana* = *M. aquatica* × *spicata* × *arvensis*; *Mentha villosa* = *M. spicata* × *suavolens*).

Abb. 3.15

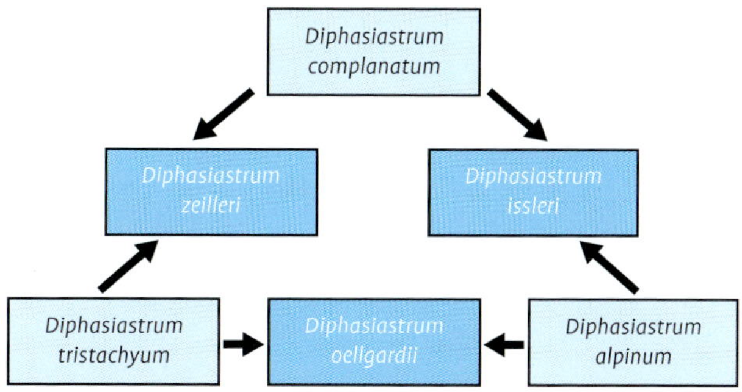

Verwandtschaftskomplex der Gattung ***Diphasiastrum*** in Europa (nach Horn 1997).

Die Folgen der Hybridisierung sind kaum vorherzusehen. Die „Afrikanisierung" amerikanischer Bienen, die Einschleppung afrikanischer Bienen und deren Einkreuzung in amerikanische Honigbienen führte zur Entwicklung von Populationen mit stark erhöhtem Schwarmverhalten und hoher Aggressivität („Killerbienen"). Zahlreiche Todesopfer sind seither zu beklagen. Die Honigproduktion kam in manchen Regionen völlig zum Erliegen.

3.6 Geographische Isolation, allopatrische Artbildung und Neo-Endemismus

Ein sehr effizienter Weg der Artbildung verläuft über geographische und ökologische Isolationen. Der Evolutionsbiologe Ernst Mayr schreibt 1942: „ A new species develops if a population has become geographically isolated from is parental species and acquires during this period of isolation characters which promote or guarantee reproductive isolation when the external barriers break down". Dies ist keineswegs der einzige Weg der Artbildung, doch der bei weitem erfolgreichste. Mayr (1942) belegt diese Entwicklung u. a. anhand der Farbvarietäten ozeanischer Vogelarten. Dort sei es wahrscheinlich, dass die geringe Anzahl der eine Insel kolonisierenden Individuen als zufällige Auswahl aus dem genetischen Spektrum der Ursprungspopulationen die Etablierung geographisch distinkter Farbvarietäten bewirkte. Farbverteilungsmuster

Abb. 3.16

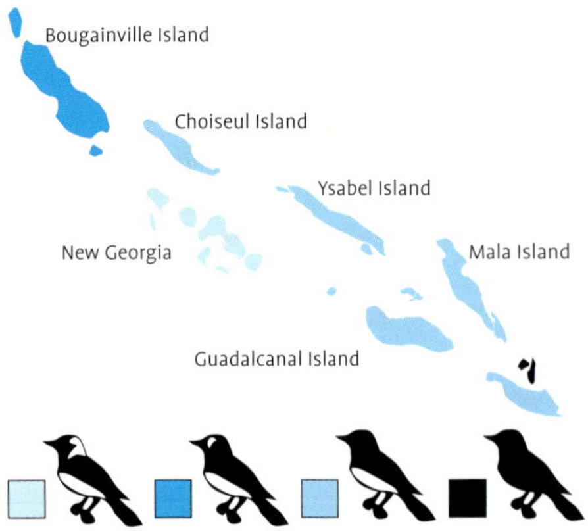

Farbliche Divergenz der Populationen der paläotropischen Vogelgattung *Monarcha* auf den Solomonen. Diese Farbverteilungsmuster wurden von MAYR (1942) als Gründer-Effekt (Founder-Effect) interpretiert.

Abb. 3.17

Schematisierter Ablauf der allopatrischen Artbildung. Die Buchstaben symbolisieren differenzierte Arten.

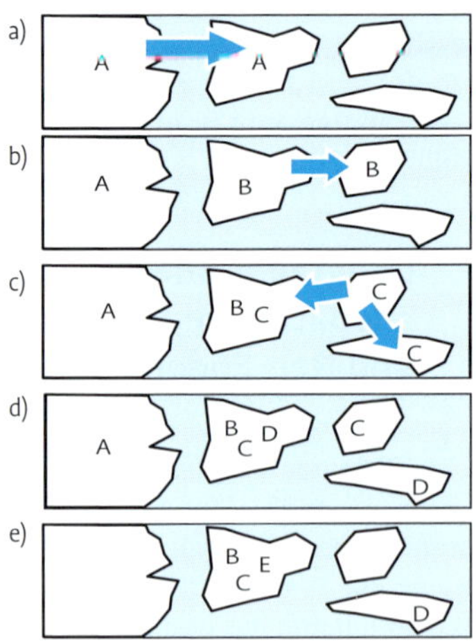

bei den zu den Sperlingsvögeln gehörenden paläotropischen Monarchen, insbesondere bei *Monarcha casteneiventris,* interpretiert er als Gründer-Effekt (Founder-Effect) (Abb. 3.16).

Ähnliche Gründer-Effekte sind auf dem pazifischen Juan-Fernandez-Archipel zu beobachten (HAHN 2006). Die Inseln Robinson Crusoe, Santa Clara and Alejandro Selkirk befinden sich in unterschiedlicher Entfernung vom Kontinent und weisen unterschiedliche Flächengrößen auf. Obwohl die Inseln ein vergleichbares Klima aufweisen und derselben biogeographischen Region zuzuordnen sind, sind sie in ihrer Vogelwelt deutlich zu unterscheiden.

Bei der allopatrischen Artbildung wird der Genpool der Population einer Art aufgeteilt und räumlich isoliert (Abb. 3.17). Dies kann durch externe Störungen geschehen, welche unüberwindbare Barrieren schaffen, oder durch das Verdriften von Teilpopulationen ausgelöst werden. Ein Genaustausch (Genfluss) zwischen den Individuen der Art über das gesamte Spektrum ihres Auftretens ist dann nicht mehr möglich. Mutierte Allele aus einer Teilpopulation können nicht mehr in den Genpool einer anderen Teilpopulation einfließen. Es entstehen morphologisch differenzierte Unterarten (Subspezies) und schließlich neue Arten. Auch hier sind Inseln gute Modellsysteme zur Illustration der Abläufe. Tatsächlich ist der hohe Endemitenanteil von Inseln oder Inselgruppen wie den Kanaren auf derartige Mechanismen zurückzuführen.

Im Vergleich zur allopatrischen erfolgt die sympatrische Artbildung ohne zwingende räumliche Trennung (Abb. 3.18). Die Mechanismen sind jedoch nicht grundsätzlich verschieden, nur ist hier die ökologische Differenzierung innerhalb des Areals der wirksam werdende Faktor. Eine klare Trennung der beiden Konzepte ist schwierig. Ist die Entwicklung der beiden *Rhododendron*-Arten *Rhododendron hirsutum* (auf Kalk) und *Rhododendron ferrugineum* (auf Silikat) in den Alpen sympatrisch oder allopatrisch zu verstehen? Die Arten existieren nebeneinander auf unterschiedlichen Substraten, doch räumlich aufgrund der Vorkommen der Gesteine klar getrennt. Entscheidend ist die Frage, ob die Distanzen zwischen den Populationen als Filter wirken oder leicht überwunden werden können.

Für den Nachweis tatsächlich erfolgter sympatrischer Artbildung, kann die Analyse der genetischen Populationsstrukturen bzw. -ähnlichkeiten und die Identifikation stattgefundener Mutationen hilfreich sein (Abb. 3.19), da damit die Differenzierung von anderen Populationen beteiligter Arten zu belegen ist.

Eine wichtige Steuergröße der Entwicklung ist die Erreichbarkeit bzw. Zugänglichkeit eines Raumes für ein bestimmtes Taxon (Akzessibilität). Diese kann durch Ausbreitungsgrenzen eingeschränkt sein. Natürliche Ausbreitungsgrenzen sind Ozeane, Gebirgszüge, Wüsten, aber durchaus auch Seen oder Flüsse. In der jüngeren Vergangenheit kamen menschliche Ausbreitungsgrenzen hinzu, wie Autobahnen oder Siedlungsräume.

Entscheidender ist, dass der Mensch dazu beiträgt, natürliche Barrieren zu überwinden und damit die Erreichbarkeit von isolierten oder abgeschirmten Räumen merklich erhöht. Limitierend wirken aber nicht nur orographische Barrieren und Wasserflächen. Auch die graduelle Veränderung ökologischer Rahmenbedingungen (z. B. verbunden mit Trockenheit) kann die Entwicklung von Ausbreitungsgrenzen bewirken.

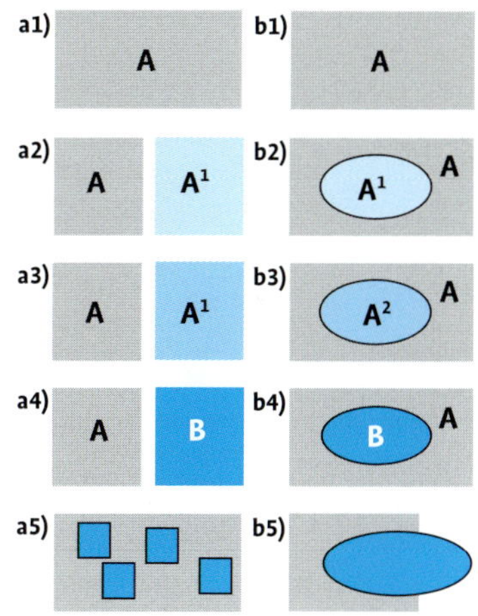

Abb. 3.18

Vergleich allopatrischer und sympatrischer Artbildung (in Anlehnung an SMITH & SMITH 1999).

3.7 Ökologische Nischen, Konkurrenz und Verdrängung

Wir unterscheiden **innerartliche Konkurrenz** einzelner Individuen um begrenzte Ressourcen, die zur Selektion durch Überleben und Reproduktion der effizientesten Individuen führt, und **zwischenartliche Konkurrenz**, die zur Entwicklung von Biozönosen beiträgt. Das Prinzip des Konkurrenzausschlusses besagt, dass es keine Koexistenz bei völliger Nischenüberlappung geben kann. Die konkurrenzstärkere Art würde sich durchsetzen. Aufgrund der teilweisen Überlappung ökologischer Nischen kommt es natürlich durchaus zum gemeinsamen Auftreten verschiedener Arten am selben Standort. Allerdings wird das theoretische Potenzial einer Art unter Konkurrenzausschluss, also ihr **physiologisches Optimum**, in der Realität nur selten erreicht bzw. eingenommen. Nur bei einzelnen besonders konkurrenzstarken Arten fallen physiologisches und **ökologisches Optimum** zusammen.

Abb. 3.19

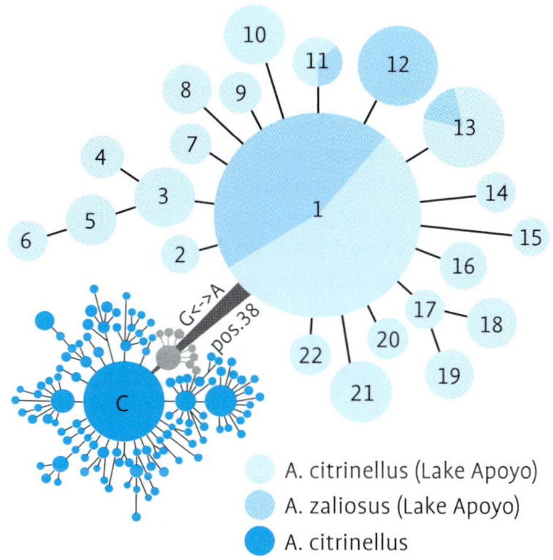

Haplotypen-Netzwerk von *Amphilobus*-Individuen, basierend auf 637 mtDNA Sequenzen. Unterschieden sind *Amphilobus citrinellus* und *A. zaliosus* aus dem isolierten Apoyo-See, einem Kratersee, sowie *Amphilobus citrinellus* aus benachbarten Seen. Die Haplotypen sind durchnummeriert und in ihrer quantitativen Bedeutung durch die Größe der Kreise dargestellt. Dieses Muster wird als Nachweis der synpatrischen Artbildung im Apoyo-See als Folge von Mutationen interpretiert (nach BARLUENGA et al. 2006).

Die schattentolerante Rot-Buche (*Fagus sylvatica*) setzt sich langfristig in ihrem Optimalbereich durch. Die Wald-Kiefer (*Pinus sylvestris*) hingegen wird, wenn die Konkurrenz anderer Arten langfristig wirksam wird, in Randbereiche ihres standörtlichen Spektrums abgedrängt (ELLENBERG 1996a). Sie kann in ihrem physiologischen Optimalbereich nicht zur Vorherrschaft gelangen. Natürlicherweise tritt die Wald-Kiefer nur unter besonders feucht-sauren, trocken-sauren und trocken-basischen Verhältnissen dominant in Erscheinung. Die Tatsache, dass nun in Mitteleuropa die Buche in vielen Landschaften hinter Nadelbäumen zurück bleibt und der Fichte (*Picea abies*) im Bergland

Abb. 3.20

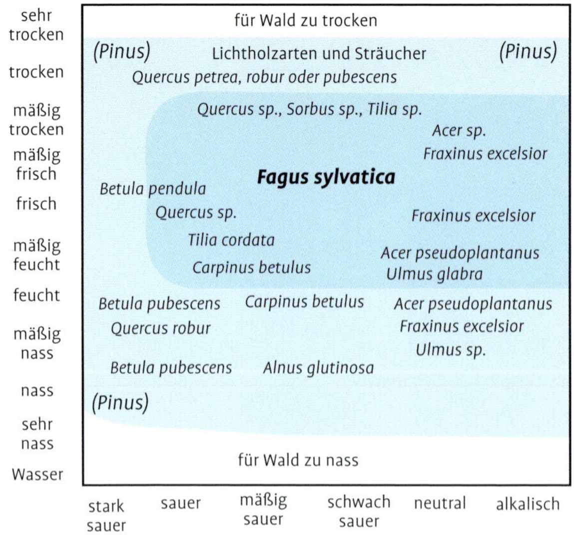

Ökogramm mitteleuropäischer Baumarten (nach ELLENBERG 1996a).

sowie der Wald-Kiefer im Tiefland unterlegen zu sein scheint, liegt an der forstlichen Einflussnahme und an den Wilddichten, die oftmals nicht an die geringe Ressourcenverfügbarkeit dieser Wälder angepasst sind. Vor allem ist es das ständige Unterbrechen der Sukzession und die damit verbundene Förderung von Lichtbaumarten sowie das gezielte Anpflanzen von Koniferen, welches ursächlich wirkt. Diese Nadelbäume zeigen dabei außerhalb ihrer natürlichen Verbreitung durchaus ein stärkeres Wachstum als am natürlichen Standort. Auch das ökologische Optimum ist folglich ein eher theoretischer Zustand, da es die menschlichen Einflüsse nicht berücksichtigt (Abb. 3.20).

Konkurrenz um Ressourcen oder um den verfügbaren Raum kann sich letztlich morphologisch bemerkbar machen. Unter Konkurrenzeinwirkung entwickeln Individuen abweichende Formen und Größen. Sind hiervon Bestimmungsmerkmale betroffen, muss die botanische oder faunistische Erfassung entsprechend kritisch durchgeführt werden. Vor allem wird durch Konkurrenzdruck die Populationsgröße geregelt. Bei innerartlicher Konkurrenz führt dies zur Selbstausdünnung der Population, beispielsweise im Verlauf der Sukzession nach einem Störungsereignis.

Neben der Konkurrenz um Licht, Wasser, Nährstoffe und Nahrung unterscheiden wir noch die Habitatkonkurrenz, also den Wettbewerb um den Raum, der bei vielen Tieren relevant ist. Die Einnahme bestimmter Raumelemente (Nistplätze, Bruthöhlen, Territorien) ist oft entscheidend für den Erfolg von Individuen bzw. Fortpflanzungsgemeinschaften.

Mit dem Begriff der **„Ökologischen Nische"** (engl. ecological niche) führt ELTON (1927) eine an der funktionellen Bedeutung der einzelnen Organismen orientierte Betrachtung in die Ökologie ein. Zu beachten ist aber, dass Nische in der Ökologie kein räumlicher, sondern ein funktioneller Begriff ist. Wir können uns diese Nische als „Beruf" oder besser als „Planstelle" eines Organismus in der Lebensgemeinschaft vorstellen.

Die ökologische Nische ist also auf die Rolle einzelner Arten bezogen zu sehen, wobei diese Rolle nicht unbedingt ausgeführt werden muss, sondern auch als potenzielles Angebot verstanden werden kann. Es wurden zumindest zwei unterschiedliche Konzepte zur ökologischen Nische entwickelt. Wenn sich die **ELTON'sche Nische** auf die Wirkung eines Organismus in der Lebensgemeinschaft bezieht, so wird die **HUTCHINSON'sche Nische** als Antwort auf die biotischen und abiotischen Umweltbedingungen verstanden bzw. als Fähigkeit, unter den entsprechenden Bedingungen zu existieren. Weil die Ökologische Nische ein auf die Lebensgemeinschaft bezogenes Konzept darstellt, werden wir in Kapitel 7 nochmals darauf zurückkommen.

Ein weniger offensichtlicher Faktor in der räumlichen Organisation von Organismen sind unbesetzte ökologische Nischen. Derartiges ist vor allem auf Inseln zu beobachten. Auf Hawaii ist aufgrund der großen Entfernung zu benachbarten Kontinenten die Inselflora besonders ungesättigt. Die Eisenholzbaumart *Metrosideros polymorpha* herrscht in verschiedenen Waldformationen bis zum Baumgrenze vor. Letztere befindet sich aber keineswegs in einer Höhe, die dem potenziellen Baumwachstum entspräche. Es mangelt lediglich an Baumarten, die dazu in der Lage wären, diese Höhenstufe auch tatsächlich zu besiedeln (KÖRNER & PAULSEN 2004).

3.8 Prädation und Parasitismus

Bei der Prädation handelt es sich um eine Form der Interaktionen zwischen Organismen, bei welcher sich einer der Organismen vom anderen ernährt und damit dessen Population kontrolliert. Räuber-Beute-Systeme sind durch Prädation geprägt. Von Prädation wird zumeist bei Tieren gesprochen, doch kann das Konzept auf Pflanzen übertragen werden. Parasitismus oder Herbivorie sind Formen der Prädation (Abb. 3.21, 3.22).

Zwar sind Raubkatzen, Haie, Greifvögel oder große Reptilien typische Prädatoren, sogar sogenannte Top-Prädatoren, die am Ende der Nahrungskette stehen, doch spielen Spinnen, Raubmilben, Frösche oder Eidechsen ökosystemar betrachtet eine ähnliche und oft quantitativ bedeutsamere Rolle. Die menschliche Wahrnehmung, wohl aus der Position eines potenziellen Opfers heraus, verleitet dazu, Prädatoren negativ zu sehen. Doch sollte nicht vergessen werden, dass sie ganz essentiell zu einem natürlichen System gehören. Das Angebot an Ressourcen steuert Anzahl und Vielfalt von Prädatoren.

LOTKA-VOLTERA-Gleichungen erlauben es, einfache Räuber-Beute-Systeme zu charakterisieren. Sie lassen sich in die folgende Form bringen:

$$\frac{dx}{dt} = x\,(\alpha - \beta y) \qquad \text{(F 3.1)}$$

$$\frac{dy}{dt} = -y\,(\gamma - \delta x) \qquad \text{(F 3.2)}$$

dabei sind

- y die Individuenzahl der Prädatorart
- x die Individuenzahl der Beuteart
- t steht für die Zeit
- alpha, beta, delta und gamma sind Koeffizienten für die Interaktion zwischen den beiden Arten

Die vielfältigen Formen pflanzlicher Bewehrung, also Stacheln, Dornen oder Brennhaare, sind durch Herbivorie selektiert worden. Sind solche Formen in der Vegetation häufig, kann es als Hinweis auf die lange Zeit wirksame Bedeutung herbivorer Arten gesehen werden. Um Herbivore abzuschrecken entwickeln Pflanzen aber auch Gifte, stark riechende oder unangenehm schmeckende Inhaltsstoffe (z. B. *Gentianaceae*).

Funktionell eng mit der Prädation verwandt und oft mit einer Symbiose verknüpft sind die verschiedenen Formen des **Parasi-**

Abb. 3.21

Prädation durch Herbivorie in Küstenwald der Mata-Atlantica (Süd-Brasilien).

Abb. 3.22

Episodischer Kahlfraß am Mopane Baum (*Colophospermum mopane*) durch Mopane Raupen („Mopane Worm", *Imbrassia belina*) (Nord-Namibia).

tismus (Parasiten, Halbparasiten, Parasitoide). In einer derartigen Lebensgemeinschaft gibt es einen Wirtsorganismus und einen diesen nutzenden Parasiten. Da ein völliger Zusammenbruch der Wirtspopulation zum Schaden der Parasiten wäre, müssen koevolutive Mechanismen zur Stabilisierung dieser Form der Interaktion entwickelt werden. Bei Parasitoiden kommt es zum Absterben des Wirtsindividuums. Der Anteil befallener Wirtstiere muss daher begrenzt sein. Halbparasiten nutzen neben dem Wirtsorganismus noch weitere Nahrungsquellen. Unter den Rachenblütlern (*Scrophulariaceae*) finden sich einige Beispiele von Pflanzen, die sowohl Fotosynthese betreiben, als auch mit ihren Wurzeln an anderen Pflanzen schmarotzen (*Melampyrum* spec., *Rhinanthus* spec., *Odontites* spec., *Euphrasia* spec.).

3.9 Komplementarität und gegenseitige Förderung

Treibende Kräfte für die Evolution sind nicht nur im Überlebenskampf, des „survival of the fittest", zu finden (negative Interaktion und Selektion). Positive Interaktion zwischen Organismen verschiedener Arten (**Mutualismus**) wirkt ebenfalls evolutionssteuernd. Wenn Strategien zur Entwicklung beiderseitiger Vorteile entwickelt werden können, ist dies weitaus wirtschaftlicher als auf Konkurrenzstärke zu setzen, da letzteres immer mit Risiken und Einschränkungen verbunden ist.

Merksatz

Mutualismus bedeutet eine Win-Win-Situation für beide Beteiligte!

Bei mutualistischen Beziehungen bedingen für den jeweiligen Partner günstige Eigenschaften und Verhaltensmuster eigene Vorteile und werden deshalb gefördert und genetisch selektiert. Die große Zahl höherer Pflanzen aus teilweise sehr unterschiedlichen Verwandtschaftskreisen, welche beidseitig genetisch verankert an ihren Wurzeln Mykorrhizen mit Pilzen ausbildet, ist nur über evolutive Vorteile zu erklären. Mutualismus ist jedoch nicht zwangsläufig auf ein ständiges und teils existenzielles Zusammenleben (**Symbiose**) beschränkt.

Arbuskuläre Mykorrhiza ist in Fossilien dokumentiert schon vor 400 Mio. Jahren im Devon nachgewiesen (Taylor et al. 1995), aber wahrscheinlich noch deutlich davor entwickelt gewesen. Bereits die ersten Landpflanzen lebten also symbiotisch mit Mykorrhizapilzen zusammen. Heute besitzen etwa 80 % der Landpflanzen arbuskuläre Mykorrhiza. Unsere diesbezüglichen Kenntnisse sind allerdings noch begrenzt. Pflanzen sind in der Regel durch mehrere Pilze infiziert, welche zudem eine sehr große räumliche Heterogenität in ihrer Verteilung im Boden aufweisen. Zusätzlich erschwerend ist, dass viele Pilzarten noch gar nicht wissenschaftlich charakterisiert sind.

Der makaronesische Gagelbaum (*Myrica faya*), der auf den Azoren und auf den Kanarischen Inseln endemisch ist, erweist sich aufgrund seiner Symbiose mit stickstofffixierenden Bakterien der Gattung *Frankia* als besonders erfolgreiche invasive Art. Der Mensch verschaffte dieser Pflanze den Zugang zu isolierten Inselgruppen wie Hawaii, wo ihr die Fähigkeit mit Hilfe des (ebenfalls eingeführten) Symbionten sehr nährstoffarme Standorte zu besiedeln einen unglaublichen Erfolg beschied – mit der Konsequenz erheblicher ökosystemarer Veränderungen der sensiblen Inselvegetation (Kowarik 2003).

Besonders deutlich wird **Koevolution** bei Blütenpflanzen. Aufwändige Schauapparate, welche auch den Menschen ästhetisch berühren, sind nur als Lockorgane für spezifische Bestäuber sinnvoll – und diese werden neben den optischen oder olfaktorischen Reizen durch energiereiche Nahrungsangebote (Nektar, Pollen) für ihren Aufwand entschädigt. Eine lohnende Investition für beide Seiten.

Neben der Bestäubung ist der Transport von Diasporen (Samen und Früchten) ebenfalls mutualistisch und koevolutiv geprägt. Die Entwicklung und der Erfolg der Angiospermen (Bedecktsamer, *Magnoliophytina*) bezeugen, dass die Investition in eine Samenschale nicht nur deren Schutz vor klimatischen Unbilden verbessert, sondern darüber hinaus und offensichtlich noch von größerer Bedeutung über die Attraktivität als Nahrungsgrundlage für Tiere zur effizienten Ausbreitung von Arten beiträgt. Der hiermit verbundene Vorteil überwiegt für die Art als Gesamtheit, und somit als Fortpflanzungsgemeinschaft, den Nachteil der stofflich-energetischen Investition. Die Arve

(*Pinus cembra*) und der Tannenhäher (*Nucifraga caryocatactes*) haben sich in enger Abhängigkeit voneinander entwickelt. Selbst die Arealdisjunktion wird durch die Auftrennung der nahe verwandten *Pinus sibirica* und der Unterart *Nucifraga caryocatactes macrorhynchus* nachvollzogen. Allerdings hat sich der Tannenhäher in den letzten Jahrzehnten mehr und mehr von der Arve gelöst und kommt selbst im Sauerland als Brutvogel vor, weit von den nächsten Arvenbeständen entfernt. In Nordamerika übernimmt die nahe verwandte Schwesterart Kiefernhäher (*Nucifraga columbiana*) eine ähnliche Funktion für die Ausbreitung einiger Kiefernarten mit großen Samen (*Pinus albicaulis*, *P. flexilis*, *P. balfouriana*, *P. longaeva*, *P. monticola*). Die hoch endemische Potosi-Kiefer (*Pinus culminicola*) ist eng an eine lokale Population des Kiefernhähers gebunden.

Bei Flechten (*Lichenes*) ist die Koevolution soweit fortgeschritten, dass wir sogar von „Arten" sprechen und eine spezifische Nomenklatur entwickelt wurde. Es handelt sich bei jeder Flechte um eine symbiotische Gemeinschaft eines strukturgebenden Pilzes (vor allem *Ascomycota*) als Mykobiont und entweder Grünalgen oder Cyanobakterien („Blaualgen") als energetisch wirksamen Fotobionten. Früher wurden diese als „Phytobiont" bezeichnet, doch haben sie nun mal nichts mit Pflanzen zu tun. Die gegenseitigen Anpassungen sind teilweise so eng, dass die beiden Partner nahezu ausschließlich in dieser Lebensgemeinschaft auftreten und isoliert kaum mehr lebensfähig sind. Unter den Blaualgen ist die Gattung *Nostoc* der Cyanobakterien am häufigsten als Symbiosepartner in Flechten anzutreffen. Der Vorteil des Pilzes liegt in der Verfügbarkeit von energetisch hochwertigen Kohlenhydraten, welche vom fotosynthetisch aktiven Partner bereitgestellt werden. Der Vorteil des Fotobionten liegt ausschließlich in dem geschützten Habitat des Hyphengeflechtes mit ausgeglichener Wasserverfügbarkeit und Schutz vor starker Einstrahlung. Direkte Stoffflüsse von Pilz zu Fotobionten erfolgen nicht.

Die „Darmflora" von Tieren und des Menschen ist ein weiteres beredtes, aber naturgegeben der Wahrnehmung kaum zugängliches Beispiel für gegenseitiges Profitieren verschiedenartlicher Organismen. Der medizinisch etablierte Begriff Darmflora ist allerdings irreführend, da es sich bei den Mikroorganismen überwiegend um Bakterien handelt.

Im menschlichen Darm leben hunderte verschiedener Bakterienarten unter anaeroben Verhältnissen, also unter Sauerstoffausschluss. Die Zahl der an und in einem Menschen existierenden Bakterienzellen übertrifft jene der körpereigenen Zellen um eine Potenz. Ihr Beitrag zum Stoffwechsel des Wirtsorganismus ist immens und erreicht oder übertrifft die Leistung eigener Organe. Beispiele symbiotisch relevanter Bakteriengattungen sind *Escherichia*, *Lactokokkus* und *Lactobacillus*. In diese Lebensgemeinschaft mischen sich jedoch Bakterien, die Krankheiten auslösen können, wie *Helicobacter pylori*, eine Ursache vieler Magengeschwüre. Diese Art ist insofern interessant, als mit ihr sozusagen auch eine Biogeographie menschlicher Kulturen möglich ist. *Helicobacter*-Stämme verschiedener Kulturkreise unterscheiden sich sehr deutlich (Covacci et al. 1999).

Blattläuse leben wahrscheinlich seit mehr als 250 Mio. Jahren mit Bakterien der Gattung *Buchnera* als obligatorischen Symbionten im Verdauungstrakt zusammen. Diese Symbiose erlaubte es ihnen, eine energiereiche ökologische Nische zu erschließen, indem sie den Zucker aus dem Phloem von Pflanzen nutzen können.

Mutualistische Beziehungen zwischen Lebewesen können schließlich auch zum Schutz vor Prädation beitragen, indem die potenzielle Beute geschützt, getarnt oder gewarnt wird. Zwischen Großsäugern und Vögeln bestehen Beziehungen zum beiderseitigen Vorteil, indem Vögel Parasiten auf Großsäugern entfernen und vom Schutz durch ihre Partner profitieren. Mutualismen mögen weniger offensichtlich sein als Konkurrenz und die damit verbundenen Einschränkungen. Sie entsprechen eventuell auch weniger der modernen menschlichen Gesellschaft, doch ist Kooperation ein offensichtlich sehr erfolgreicher Weg der Evolution.

3.10 Vektoren, Ausbreitung und Neubesiedlung

Die Dynamik und Veränderlichkeit der Umwelt macht es erforderlich, dass Organismen Strategien zur Ortsverlagerung entwickeln. Allerdings ist „Ausbreitung" keineswegs ein einheitlich verstandener Begriff. Wir sollten daher spezifizieren, ob Individuen oder Diasporen gemeint sind und ob auch die Ausbreitung über kurze Distanzen hierunter gefasst ist, z. B. durch individuelle vegetative Ausbreitung oder aktive Ortsverlagerung, oder ob grundsätzlich größere Distanzen überwunden werden. Damit stellt sich auch hier die Frage des relativen Maßstabs. In jedem Fall ist die Ausbreitung eines Taxons nicht durch einzelne Parameter zu erklären. Sie ergibt sich aus dem Ausbreitungspotenzial in Verbindung mit genetischer Struktur der Populationen, Metapopulationsdynamik, Biodiversität und Nischensättigung sowie weiteren Faktoren (s. a. Levin et al. 2003).

Arten setzen mit unterschiedlicher Gewichtung auf generative oder klonale Vermehrung. Insbesondere unter Lebensbedingungen, die mit Ressourcenlimitation (z. B. kurze Vegetationszeit) oder mechanischen Störungen verbunden sind (z. B. am Flussufer) ist die klonale Strategie häufig anzutreffen. Sie trägt einerseits dazu bei, Ressourcen einzusparen, indem auf die Entwicklung von Ausbreitungseinheiten (z. B. Früchten) verzichtet wird, andererseits stellt sie sicher, dass ein erfolgreich besiedeltes Habitat nicht verlassen wird. An die jeweiligen Verhältnisse angepasste Genotypen bleiben so erhalten. Ausbreitung erfolgt nur über kurze Distanzen innerhalb des Habitats.

Ferner können wir die Ausbreitung innerhalb des Bereichs der Population und über Populationsgrenzen hinweg, jedoch noch innerhalb des Verbreitungsgebietes, unterscheiden (Metapopulationsdynamik). Die Neubesiedlung bislang nicht von der Art eingenommener Bereiche, also über bisherige Arealgrenzen hinweg, ist die chorologisch relevante Form der Ausbreitung. Oft tragen Ausbreitungsvektoren dazu bei, Barrieren zu überwinden, doch können auch genetische Veränderungen der Ausbreitungskapazität und der Toleranz von Umweltbedingungen sowie Veränderungen dieser selbst zur Arealdynamik beitragen.

Die Ausbreitungsgeschwindigkeit hängt ab von dem Reproduktionsalter der Art, ihrem Reproduktionserfolg, der Diasporenmenge und -größe, ihrer Standortamplitude, dem Auftreten von Ausbreitungsschranken, ihrer Mobilität, der Transportart bzw. -strategie sowie der Verfügbarkeit und der Leistung von Vektoren (Tab. 3.2). Allerdings erlaubt erst die Kombination adäquater räumlicher und zeitlicher Skalen für die jeweils individuell betrachtete Art hierzu belastbare Aussagen (Hubbell 2001).

Tab. 3.2 **Errechnete Ausbreitungsgeschwindigkeiten von Baumarten bei der postglazialen Wiederbewaldung Europas (nach Lang 1994).**

Gattung/Art	Geschwindigkeit [km/Jahr]	Blühreife [Jahre]	Verbreitungssprung [km] berechnet	beobachtet
Abies alba	0,04–0,3	30	1,2–9	8
Fagus sylvatica	0,175–0,35	40	7–14	–
Quercus robur/Q. petraea	0,005–0,5	30	2,2–15	10–30
Tilia cordata/T. platyphyllos	0,05–0,5	10	0,5–5	–
Picea abies	0,06–0,5	30	1,8–15	–
Fraxinus exelsior	0,2–0,5	25	5–12,5	–
Carpinus betulus	0,05–1	20	1–20	–
Ulmus spp.	0,1–1	30	3–30	10
Acer spp.	0,5–1	20	10–20	4
Corylus avellana	0,5–1,5	10	5–15	10
Pinus sylvestris	1,5	10	15	2
Alnus glutinosa/A. incana	0,5–2	15	7,5–30	–
Betula pendula/B. pubescens	0,25–2	10	2,5–20	3

Nun steht man vor dem Problem, dass die heute beobachteten Ausbreitungsgeschwindigkeiten der meisten höheren Pflanzen in den nördlichen Breiten zu gering sind, um ihre Ausbreitung nach der letzten Eiszeit zu erklären. Die Auswertung paläoökologischer Daten belegt in vielen Fällen, dass Baumarten bei historischen Klimaveränderungen sehr rasche Ausbreitung zeigen. Als Erster hat Reid (1899) anhand der Analyse der Flora von England auf dieses Problem hingewiesen (Reid's Paradoxon). Reid fiel auf, dass die Ausbreitung der Eichen (*Quercus*) deutlich schneller erfolgte, als dies nach ihrem normalen Verhalten zu erwarten war. Ein Nebeneinander von kontinuierlicher Ausbreitung über kurze Distanzen (als Diffusion zu verstehen) und episodischer Ausbreitung über lange Distanzen kann daher auch für Arten angenommen werden, die keine direkt erkennbaren Strategien für den Ferntransport aufweisen (Abb. 3.23). Selbst primär autochore Arten können durch Tiere verschleppt oder ihre Diasporen in einem Sturm mitgerissen werden. Solche Ausbreitungskerne, die nur bedingt in paläoökologischen Datensätzen (z. B. Pollenprofilen) dokumentiert sind, können für die Analyse von Ausbreitungsvorgängen immens wichtig sein (Clark et al. 1998).

Allerdings häufen sich Hinweise aus der molekularen Struktur von Populationen, dass, auch wenn einzelne Arten in Pollenprofilen fehlen, durchaus kleinere Restvorkommen an Gunststandorten auch in großräumig waldfreien Gebieten überdauert haben können. Die rasche nacheiszeitliche Ausbreitung solcher Arten kann dann von diesen Reliktpopulationen ausgegangen sein (McLachlan et al. 2005). Sollte dies der Fall gewesen sein, kann aus der nacheiszeitlichen Ausbreitungsgeschwindigkeit von Arten nicht auf eine potenzielle weitere Ausbreitung von Bäumen im Rahmen der ablaufenden Klimaerwärmung geschlossen werden.

Auch bei Vertebraten konnte inzwischen molekular belegt werden, dass Arten, die heute in Laubmischwäldern auftreten, wie das nordamerikanische Streifenbackenhörnchen („Eastern Chipmunk", *Tamias striatus*) während des Pleistozän in zahlreichen Populationen in den Tundrengebieten überdauert haben (Rowe et al. 2004). Die Annahme, dass Tiere mit ihren rezenten Ökosystemen direkt auf klimatische Fluktuationen reagierten, ist deshalb kritisch zu hinterfragen.

Unsicherheiten bei der Ausbreitungsprognose von Pflanzenarten werden durch Higgins et al. (2003) zusammengetragen. Neben methodischen Problemen (Algorithmen, Modelle) und Problemen bezüglich der Datenqualität (biologische bzw. populationsökologische Daten) können stochastische Einflüsse (zufällige Ereignisse) derart bedeutsam sein, dass nur sehr allgemeine Vorhersagen möglich sind.

Abb. 3.23

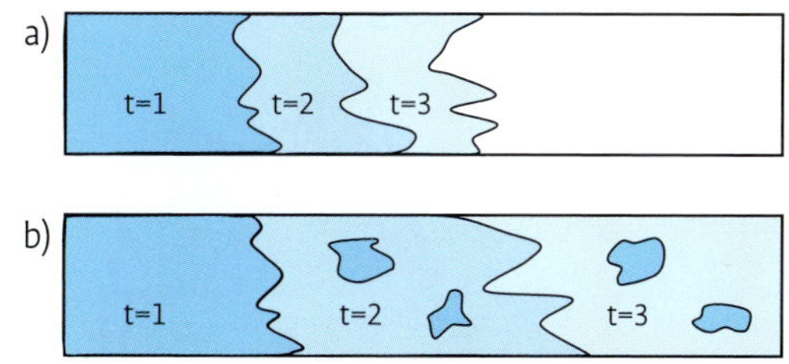

Diffusion als kontinuierlicher Mechanismus der Ausbreitung (a) und diskontinuierliche episodische Ausbreitung (b).

Abb. 3.24

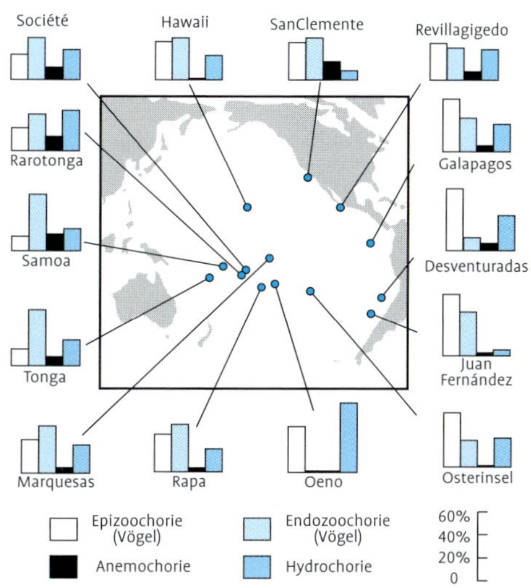

Beitrag verschiedener Formen des Ferntransports an der Flora pazifischer Inseln. Epizoochorie ist auf den küstennahen ostpazifischen Inseln vorherrschend, Endozoochorie ist im westlichen Teil und im Zentrum des Pazifiks besonders bedeutsam (nach Carlquist 1974 aus Fenner 1985).

Abb. 3.25

Die Auswertung funktioneller Attribute der heimischen Flora zeigt eine Häufung anemochorer Arten in Deutschland sowohl im Alpenraum als auch in Küstennähe (a). Die Regionen mit starker Windeinwirkung (b) zeichnen sich somit in der floristischen Gesamtausstattung ab (KÜHN et al. 2006).

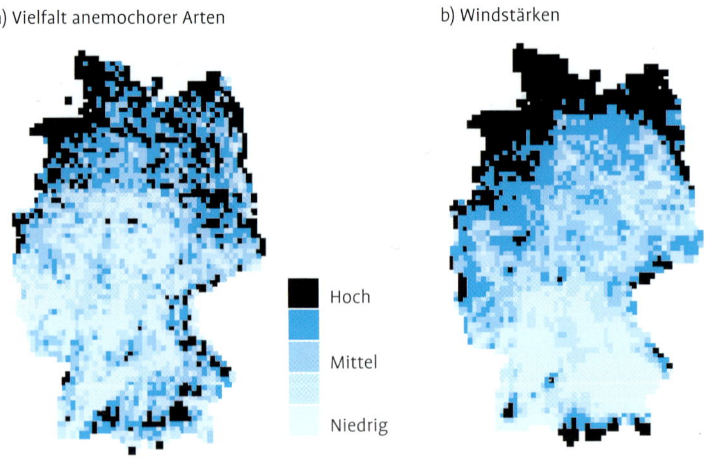

Abb. 3.26

Geflügelte Früchte beim submediterranen Montpellier-Ahorn bzw. Felsen-Ahorn (*Acer monspessulanum*) als Hilfsmittel zur Anemochorie.

Vektoren beeinflussen neben dem Diasporentransport den Reproduktionserfolg und die Diasporenprädation bzw. ihren Verlust. Bei anemogamen Pflanzen wird der Wind für den Pollentransport genutzt und ermöglich so die Bestäubung. Vor allem limnische und marine Tierarten haben Strategien zur Nutzung des Vektors Wasser für die Befruchtung von Eiern entwickelt. Vielfach spielt die Verdriftung von Nachkommen mit Meeresströmungen oder in Fließgewässern eine Rolle für die Erklärung von Verbreitungsmustern (Abb. 3.24).

Neben den natürlichen Vektoren sind in der Moderne Menschen bzw. ihre Fahrzeuge, Flugzeuge und Schiffe sehr effizient. WULFF sieht 1913 die Rolle des Menschen für die Ausbreitung von Arten noch als vernachlässigbar an. Heute ist sein Einfluss vielleicht sogar dominant. Die Infrastruktur der Verkehrswege beeinflusst die Ausbreitung von Arten an Land, die Schifffahrtsrouten und die Flugstrecken bewirken einen ständigen Transport von Organismen über kontinentale Grenzen hinweg. In deutschen Häfen werden jährlich mehr als 2 Millionen Tonnen Ballastwasser aus außereuropäischen Regionen abgelassen. Es enthält zahlreiche fremde Organismen (s. a. Kap. 12). Die Auswirkungen sind unberechenbar.

An Land eröffnet die menschliche Infrastruktur und damit verbundene Verkehrsströme effiziente Ausbreitungsvektoren. Die Ausbreitung des Schmalblättrigen Weidenröschens (*Epilobium angustifolium*) in Nordskandinavien erfolgte entlang der Eisenbahnen. Auf den Bahndämmen findet es ein nahezu konkurrenzfreies Habitat, die Züge verschleppen die Samen über größere Strecken. Die auffallend blühende Art heißt dort daher „Rallereros“ (Eisenbahnerrose).

Ausbreitungsmechanismen steuern die räumliche Verbreitung von Organismen. Ihnen kommt in der Biogeographie besonderes Gewicht zu. Sie bestimmen den Austausch zwischen benachbarten Populationen und somit die genetische Variabilität ebenso wie die Ausweitung (oder Schrumpfung) von Arealen. Mögliche Vektoren, die zur Ausbreitung von Arten beitragen können, sind Wind, Wasser und andere Organismen. Bei Pflanzen sprechen wir von **Anemochorie**, **Hydrochorie** und **Zoochorie** (Abb. 3.25, Abb. 3.26). Auch bei Tieren und Mikroorganismen können diese Begriffe für die passive Verdriftung und Verfrachtung von Individuen oder Dauerstadien benutzt werden, doch ist dies dort weniger gebräuchlich.

Neben der **allochoren** Ausbreitung mittels solcher Medien, ist der **autochoren** Strategie ebenfalls Bedeutung zuzusprechen. Hier sorgen aus dem jeweiligen Organismus heraus selbst gesteuerte Prozesse für die Ortsverlagerung der Diasporen oder Nachkommen. Bei Pflanzen ist dies bei Schleuderfrüchten, wie sie beim Rühr-mich-nicht-an (*Impatiens noli-tangere*) zu finden sind, der Fall. Diese bewirken über die Entwicklung einer mechanischen Spannung während der Fruchtreifung ein schlagartiges Aufspringen und Ausschleudern der Samen. Mobile Tierarten sind ohnehin nicht auf äußere Vektoren angewiesen, werden durch diese jedoch kursorisch verfrachtet, wie es immer wieder an der englischen Küste auftretende nordamerikanische Vögel zeigen.

Ein Problem ist, dass die Form der jeweiligen allochoren Ausbreitungsmechanismen oft lediglich aus Analogieschlüssen, also aus der Morphologie von Ausbreitungseinheiten (Diasporen) abgeleitet wird. Eine experimentelle Überprüfung und Messung erfolgt nur selten. Es kann deshalb durchaus zu Trugschlüssen kommen, wenn man beispielsweise aus morphologischen Eigenschaften von Samen auf ihre effektiven Ausbreitungsmechanismen schließt. In jüngster Zeit wurden experimentelle Daten zu den Ausbreitungseigenschaften von Arten in Datenbanken gesammelt (z. B. LEDA-Datenbank, Knevel et al. 2003), um solche Informationen in die Naturschutzarbeit einfließen zu lassen.

Entscheidend ist die Kombination derartiger Ausbreitungseigenschaften mit dem Störungsregime. Bei Schafen konnte gezeigt werden, dass sie durch ihr Wälzen am Boden, die Struktur ihres Fells und dessen Wollfettgehalt sehr große Mengen von Diasporen aufnehmen und wieder abgeben wobei die Morphologie der Samen nur eine geringe Rolle spielt. Selbst Orchideensamen haften dem Fell an, und werden nach gewisser Zeit mit gewisser Wahrscheinlichkeit wieder freigesetzt (Fischer et al. 1996). Mit ihren Hufen verursachen die Tiere zusätzlich ständige Bodenverletzungen, die als temporär konkurrenzfreie Bereiche die Keimung von Samen und die juvenile Entwicklung ermöglichen. Die traditionelle Wanderschäferei, die in den vergangenen Jahrhunderten Offenlandbiotope miteinander funktionell verband, stellte folglich einen Garant des ständigen Austausches genetischer Information über teils erhebliche Distanzen hinweg dar. Ihr Niedergang brachte die mit den Schafherden verbundene Ausbreitungsdynamik zum Erliegen. Standbeweidung oder gar Mahd können folglich keinen adäquaten Ersatz für den Erhalt der Biodiversität von Magerrasen darstellen.

Abb. 3.27

Rollende Büsche (*Salsola tragus*, „Tumbleweed“) in der Nähe des Arches Nationalparks (Colorado, USA). Der Wind treibt die Pflanzen über die weiten Ebenen der Prairie, bis sie an Hindernissen hängen bleiben und dort oft wieder anwurzeln.

Die Ortsverlagerung gesamter Individuen ist bei Pflanzen eine sehr seltene Erscheinung, da – zumindest bei höheren Pflanzen – das essentielle Wurzelsystem gekappt werden und an anderem Ort erneut anwurzeln muss. Dennoch haben einige Arten vor allem in Trockengebieten Anpassungen entwickelt, die ihnen genau dies ermöglichen (Abb. 3.27).

Bezüglich der Besiedlung von Inseln werden treibende „Flöße“ von Pflanzen diskutiert, welche – ans Land gespült – dort erneut anzuwurzeln vermögen. Ereignisse, die

Abb. 3.28

Viviparie bei der Roten Mangrove (*Rhizophora mangle*) in Florida.

Abb. 3.29

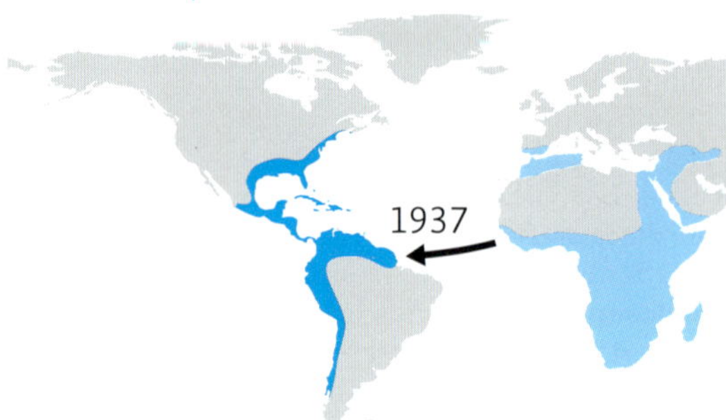

Besiedlung Amerikas durch den Kuhreiher (*Bubulcus ibis*) – eine Verknüpfung eines episodischen Ereignisses mit anschließendem regionalen Populationswachstum.

derartige treibende Inseln bewirken, sind aber sehr selten (z. B. Tsunamis). Auch ist kaum zu erwarten, dass damit größere Entfernungen überbrückt werden können, so dass die Bedeutung dieses Mechanismus nur marginal sein kann.

In Flüssen erfolgt die Ausbreitung von lebensfähigen Pflanzen und Pflanzenteilen mit der Fließrichtung. Die heimische Pestwurz (*Petasites hybridus*) setzt sehr stark auf diese Strategie. Sie breitet sich vorwiegend über Rhizombruchstücke aus.

Werden Flussläufe durch Wehre und Dämme fragmentiert, dann werden diese Stillwasserbereiche zu Senken der Diasporen. Sie können nicht mehr wie vorher weiterverfrachtet werden. Am Lech finden wir deshalb kaum noch die aus früherer Zeit bekannten „Alpenschwemmlinge", Arten, die immer wieder aus dem Gebirge nachgeliefert wurden.

Pflanzen an Standorten mit stark wirkenden Vektoren können Strategien entwickelt haben, möglichst vor Ort zu bleiben bzw. den Abtransport von Samen oder Früchten zu minimieren, da die Mutterpflanze ganz offensichtlich bereits ein geeignetes Habitat besiedelt. Dies ist bei Mangroven der Fall, wo die Samen am Baum keimen (Viviparie) und die Keimwurzel eine projektilartige Form entwickelt, so dass die abfallenden Diasporen in den Schlick einschlagen und sofort anwurzeln können (Abb. 3.28).

Die Arealausweitung durch episodische Ereignisse wie das Verdriften einzelner Individuen durch Stürme in Verbindung mit einer sich anschließenden aktiven Ausbreitung durch das Einnehmen einer unbesetzten ökologischen Nische und entsprechendem Populationswachstum kann beim Kuhreiher (*Bubulcus ibis*) in Amerika beobachtet werden (Abb. 3.29). Im 20. Jahrhundert wurden einzelne Tiere von Westafrika nach Südamerika verdriftet. Inzwischen ist der Kuhreiher die häufigste Reiherart in Amerika.

Das Verdriften pflanzlicher Ausbreitungseinheiten durch Meeresströmungen kann bei schwimmfähigen und lange lebensfähigen Diasporen zum Langstreckentransport über kontinentale Dimensionen führen. Die Abbildung 3.30 stellt eine Auflistung bemerkenswerter Funde von Ausbreitungseinheiten an der irischen Küste dar. Die mit dem Golfstrom verfrachteten Diasporen kommen teils aus tropischen und subtropischen Gefilden, so dass ihre Etablierung im kühl-feuchten Klima Irlands allerdings wenig wahrscheinlich ist. Manche der dargestellten Arten kommen ursprünglich sogar aus dem Indischen Ozean oder Pazifik mit neophytischen Populationen in Florida oder der Karibik, die als Quelle der gefundenen Samen zu verstehen sind.

Aerosole können über sehr weite Distanzen in der Atmosphäre transportiert werden. Prospero (2004) zeigt, dass durch Passatwinde Mikroorganismen und Pilze mit Aerosolen über Ozeane hinweg transportiert werden. Auf Barbados werden nicht nur bemerkenswerte Mengen von Saharastaub deponiert, sondern diese Luftmassen führen auch kultivierbare Bakterien und Pilze mit sich, obwohl sie über Tage oder gar Wochen in der Atmosphäre erhöhter UV-Strahlung ausgesetzt waren. Der vorherrschende Pilz war hier der Schimmelpilz *Mycelia sterilia*. Er bildet weder sexuelle noch vegetative Fruktifikationsorgane aus. *Arthirium*- und *Periconium*-Arten waren ebenfalls häufig. Unter den Bakterien war die Gattung *Bacillus* vorherrschend. Andere Studien fanden zwar wiederum andere Taxa als dominant. Sicher ist jedoch, dass Sporen über sehr weite Entfernungen hinweg verfrachtet werden.

Allgemein gültige Eigenschaften, aus welchen der Ausbreitungserfolg von Arten oder deren invasives Potenzial abgeleitet werden könnte, sind kaum zu finden (Bonn & Poschlod 1998, Kowarik 2003). Natürlich sind bei Pflanzen typische Eigenschaften von Pionierpflanzen bzw. r-Strategen diskutiert worden (hohe Samenproduktion, kleine Samen, kurzlebige Individuen, geringe Bindung an Bestäuber, hohe Wuchsleistung), doch ist allein daraus nicht abzuleiten, ob eine Art ihr angestammtes Areal verlässt. Und ebenso nahe liegend ist, dass Standorte mit einem intensiven Störungsregime, also bei welchen konkurrenzstarke heimische Arten immer wieder limitiert werden, eher empfänglich für Neobiota sind. Doch ist festzuhalten, dass sowohl zufällige Ausbreitungsereignisse als auch die zufällige Selektion von am neuen Standort lebens- und reproduktionsfähigen Diasporen ebenso bedeutend sind, wie die zufälligen Mutationen in den ersten Folgegenerationen. Der **Zufall** spielt hier eine entscheidende Rolle. Bislang ergaben sich deshalb immer wieder frappierende Überraschungen. Konkret sind Prognosen kaum möglich.

Eine gewichtige Rolle als Vektor für die Ausbreitung von Tieren und Pflanzen spielt aber auch zunehmend der **Mensch**. Er ist durch seine wachsende Mobilität und die von ihm genutzten Vehikel dazu in der Lage, große Strecken zu überwinden und erhebliche Mengen von Ausbreitungseinheiten oder Individuen gewollt oder ungewollt zu verschleppen. Der Mensch ist nicht erst in der Industriegesellschaft ein äußerst effizienter Vektor. Die Ausbreitung mancher Baumarten in der Nacheiszeit, wie der zur Tierernährung genutzten Buche, kann durch menschliche Einwirkung beschleunigt worden sein.

Abb. 3.30

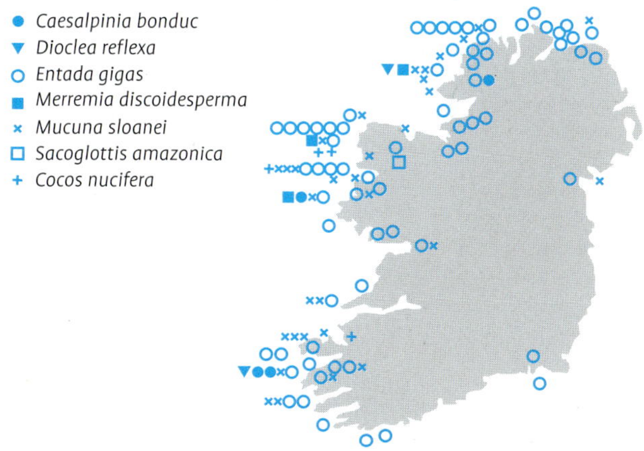

Fundorte von verdrifteten exotischen Samen und Früchten an der irischen Küste. *Caesalpinia bonduc, Fabaceae* (Molukkenbohne, Gray Nickernut), *Dioclea reflexa, Fabaceae* (Sea Purse), *Entada gigas, Fabaceae* (Riesenhülse, Sea Heart), *Merremia discoidesperma, Convolvulaceae* (Mary's Bean), *Mucuna sloanei, Fabaceae* (Grand Isle's Hamburger Bean), *Sacoglottis amazonica, Humiriaceae* (Bubblenut), *Cocos nucifera, Palmae* (Kokosnuss) (nach Nelson 1978 aus Stott 1981).

Heute trägt das Anpflanzen gebietsfremder Arten im erheblichen Umfang zur Florenveränderung bei. Zunächst wurden Arten nahe gelegener Regionen genutzt. Fichte (*Picea abies*) und Wald-Kiefer (*Pinus sylvestris*) prägen inzwischen das Waldbild Deutschlands und haben die natürlich vorherrschenden Laubmischwälder verdrängt. Forste verschiedener *Eucalyptus*- und Kiefern-Arten verdrängen die natürlichen Lebensgemeinschaften in weiten Bereichen der Subtropen und teilweise in den Tropen.

Manche landwirtschaftliche Nutzpflanzen verwildern. Entscheidender ist jedoch der Beitrag, der unbeabsichtigt vom Menschen verschleppten Arten. **Verschleppung** ist die passive Verfrachtung über die bisherigen Arealgrenzen einer Art hinaus. Der Begriff wird vor allem im Zusammenhang mit menschlichen Aktivitäten benutzt. Die anthropogene Ausbreitung kann erfolgen, selbst wenn keine Anpassungen von Arten an den Ferntransport bestehen oder wenn natürliche Ausbreitungsbarrieren durch oder mit Hilfe des Menschen überwunden werden.

Mit dem Saatgut werden Diasporen von Wildarten ausgebracht. Sie treffen auf offene Standorte mit geringer Konkurrenz und werden somit gefördert. Ihre Samen werden mit geerntet und erneut mit dem Saatgut weiter transportiert. Auch im Grasland werden gebietsfremde Arten gefördert. Die Vegetation der Wiesen Südamerikas oder Neuseelands wird inzwischen von europäischen Gras- und Krautarten beherrscht.

Bei Tieren ist das beabsichtigte und unbeabsichtigte Freilassen von Individuen außerhalb ihres Areals bedeutsam. Menschliche Einflüsse haben zu erheblichen Faunenveränderungen geführt. Insbesondere die als Kulturfolger mit dem Schiffsverkehr ausgebreiteten Hausratten (*Rattus rattus*) bewirkten als Prädatoren die Ausrottung vieler an diese Art nicht angepasster Kleintiere und Vögel. Vor allem Inseln erwiesen sich als sensibel. Die Geschichte der Ausbreitung der Hausratten hängt mit dem Handel und den Entdeckungsfahrten zusammen. Schon in der Bronzezeit gelangten sie mit dem aufkommenden Fernhandel nach Persien. Seit dem 13. Jahrhundert mit Gewürzschiffen im Mittelmeer und seit Vasco da Gama über die Ozeane wurde *Rattus rattus* unbeabsichtigt aus Südasien nach Europa gebracht.

Diese Tiere stellten nicht nur eine Plage dar, weil sie sich von menschlichen Vorräten und Speichern ernährten. Ihre Funktion als Vektor für die Ausbreitung der Pest machte ihre Einschleppung fatal. Es sind allerdings nicht die Ratten selbst, sondern die Rattenflöhe (*Xenopsylla cheopis*), die das Pestbakterium (*Yersinia pestis*) auf den Menschen übertragen. Der komplexe Zusammenhang und der eigentliche Erreger wurden erst an der Wende von 19. zum 20. Jahrhundert vom französischen Mikrobiologen Alexandre Yersin erkannt.

Ähnlich wie die Hausratte, doch schon deutlich früher, machte sich die kleinere Pazifische oder Polynesische Ratte (*Rattus exulans*) in der Fauna ozeanischer Inseln verheerend bemerkbar. Diese Ratte wurde wahrscheinlich bewusst vom Menschen ausgebreitet, da sie als Nahrungslieferant diente und noch dient. Die Ausbreitung geschah von Indonesien aus, mit der melanesischen Lapita-Kultur schon seit etwa 1000 v. Chr., auf die meisten Inseln des Pazifiks und schließlich bis nach Neuseeland. Aus heutiger Sicht ist schwer zu trennen, welche Ausrottungen insularer Kleintiere direkt auf menschlichen Einfluss oder indirekt auf die Polynesische Ratte zurückzuführen sind.

Durch Menschen eingeführte Ziegen und Schafe bewirkten auf manchen Inseln den Kahlfraß der nicht an solche Herbivore angepassten Vegetation. Hierdurch wurde der Lebensraum endemischer Tiere, wie der Catham-Ralle (*Caballus modestus*), zerstört (Kowarik 2003).

Verwildernde und wildernde Haustiere wie Katzen und Hunde sind für viele Artenverluste von auf Inseln endemischen Kleintieren direkt verantwortlich. Die Geschichte der Katze des Leuchtturmwärters Lyall von Stephen's Island illustriert diese Problematik sehr drastisch. Um seine Langeweile zu bekämpfen, hatte der um 1900 auf der zwischen der Nord- und der Südinsel Neuseelands gelegenen winzigen Insel lebende Mann sich eine Katze mitgebracht. Diese schleppte stolz immer wieder kleine Vögel an, die sie gejagt hatte. Als sich herausstellte, dass es sich dabei um eine noch nicht bekannte Vogelart handelte, den Stephen-Schlüpfer („Stephen Island Wren“, *Xenicus lyalli* syn. *Traversia lyalli*), der offensichtlich nur auf dieser Insel existierte, war es zu spät. Diese einzelne Katze hatte bereits alle Individuen der nicht an Prädatoren angepassten Art getötet (Kegel 1999).

Verwildernde Schweine sind heute ein großes Problem auf Hawaii. Sie haben wahrscheinlich auch das Aussterben der Dronte (*Raphus cucullatus*) auf den Maskarenen beschleunigt. Schweine, Ratten und Kaninchen verursachen zusätzlich intensive und in manchen Inselökosystemen bis dahin unbekannte permanente Bodenstörungen, welche wiederum die Etablierung und Ausbreitung von Neophyten fördern.

Es wird angenommen, dass das aus Südamerika stammende Wandelröschen (*Lantana camara*), eine sich aggressiv ausbreitende Pflanzenart, die als Gartenpflanze und -flüchtling vom Menschen gefördert wird, auf solche Störstellen für seine Etablierung in natürlichen Lebensgemeinschaften angewiesen ist (Kowarik 2003).

Eine sehr moderne Erscheinung, die zu Faunenveränderungen führt und Einflüsse auf Tierlebensgemeinschaften ausübt, ist die Farmhaltung von Wildtieren zur Pelzproduktion. Durch auf diese Weise eingeschleppte Arten sind vorwiegend Tierarten mit ähnlicher ökologischer Nische bedroht. Es kann zu ihrem regionalen Aussterben kommen. Habitatverlust und Nahrungsmangel hatten die Bestände des Europäischen Nerzes (*Mustela lutreola*) bereits über Jahrhunderte hinweg stark dezimiert, doch gilt es als wahrscheinlich, dass erst das Entweichen von Farmtieren des Amerikanischen Nerzes (*Mustela vison*) – auch Mink genannt – in den 1920er-Jahren den europäischen Vetter an den Rand des Aussterbens gebracht hat. Schutzgebiete oder die Dezimierung des amerikanischen Konkurrenten erscheinen aussichtslos. Der Amerikanische Nerz ist keineswegs der nächste Verwandte der europäischen Art, doch ist diese Art konvergent in ihrer Physiognomie und in ihren ökologischen Ansprüchen.

Die Überwindung von Ausbreitungsschranken kann erhebliche wirtschaftliche Konsequenzen mit sich bringen. Der Kautschukbaum (*Hevea brasiliensis*), ein Wolfsmilchgewächs (*Euphorbiaceae*), ist im amazonischen Regenwald endemisch, aber durchaus nicht selten. Sein Milchsaft wurde dort durch indigene Stämme seit Generationen genutzt, doch erst die Zufallserfindung von Charles Goodyear, der 1839 Kautschuk und Schwefel zusammen erhitzte, und damit das später verfeinerte Vulkanisieren entdeckte, bewirkte die wirtschaftliche Nutzbarkeit dieser Pflanze. Entlang des Amazonas wurde mitten im Urwald ein unglaublicher wirtschaftlicher Boom ausgelöst. Die Unternehmer gingen dabei sehr brutal vor. Da sie die natürlich im Regenwald verteilten Bäume nutzten, mussten sie sich den Zugriff über riesige Landflächen sichern. Die indigene Bevölkerung wurde zur Sklavenarbeit gezwungen und in vielen Regionen erheblich dezimiert. Die „Kautschuk-Barone" etablierten in Manaus das erste Telefonnetz Brasiliens, Elektrizität und eine moderne Verkehrsinfrastruktur – und nicht zuletzt, ein in Holzbauweise errichtetes, prächtiges Opernhaus (Abb. 3.31). Märchenhafte Berichte von 100-Dollar-Scheinen, die zum Anzünden der Zigarren verwendet wurden, aus Europa importierte Lebensmittel oder silberne Drinkschalen für die Pferde, beleuchten den immensen Reichtum, der auf dieser einzelnen Pflanze gründete. Manaus hatte in dieser kurzen Zeit weltweit den höchsten Diamantenkonsum.

Abb. 3.31

Das Opernhaus in Manaus reflektiert noch heute den Glanz der Kautschuk-Barone.
Das ehemalige Monopol auf die Nutzung des Kautschukbaumes (***Hevea brasiliensis***) bescherte der Stadt im brasilianischen Regenwald für einige Jahrzehnte einen immensen Reichtum (Foto Pia Parolin).

Die Ausfuhr der *Hevea*-Samen war untersagt. Aufgrund der geringen Haltbarkeit der ölreichen Samen war es schwierig, diese über die langen Seewege zu transportieren. Erst als 1876 Henry Wickham 70.000 *Hevea*-Samen nach England in die Kew Gardens bei London bringen konnte, wo etwas über 2.000 zur Keimung gebracht wurden, gelang es, diese Keimlinge nach Südost-Asien zu verschiffen. Allerdings dauerte es bis zur Jahrhundertwende, bis dort aus dem bis dahin noch geschrumpften Genpool Kautschukplantagen errichtet werden konnten. Sehr rasch erwiesen sich diese dann als viel wirtschaftlicher als die Nutzung der brasilianischen Einzelbäume im Regenwald, so dass die Kautschukproduktion Brasiliens binnen weniger Jahre nahezu völlig zusammenbrach. Hatte das Land für die Nutzung dieser Art im 19. Jahrhundert ein Monopol, so wurde sein Marktanteil bis in die 1950er-Jahre auf 1 % reduziert, heute liegt er unter 0,5 %.

Ohne menschliches Zutun wäre es *Hevea brasiliensis* allerdings nicht möglich gewesen, sein Habitat zu verlassen und einen anderen Kontinent zu besiedeln. Die besondere Sensibilität der brasilianischen Verwaltung bezüglich der Biopiraterie, wie die unter wirtschaftlichen Gesichtspunkten erfolgende kriminelle Entwendung von Pflanzen(-teilen) und Tieren genannt wird, ist im Zusammenhang mit diesem Kautschuk-Trauma zu sehen. Es wird vermutet, dass im artenreichen Regenwald noch zahlreiche, potenziell wirtschaftlich bedeutsame Arten existieren.

3.11 Mobilität und Migration

Unter **Mobilität** verstehen wir die Fähigkeit von Individuen zur aktiven Ortsverlagerung. Diese ist bei Tieren, aber auch bei einigen Mikroorganismen ausgebildet. Mobilität dient der optimalen Ressourcennutzung durch das Erreichen von Gebieten mit einem oft temporär begrenzt verfügbaren, günstigen Ressourcenangebot. Die Neigung zum Ortswechsel bezeichnen wir als **Vagilität**, denn ein potenziell mobiles Lebewesen muss von seinen Möglichkeiten nicht unbedingt Gebrauch machen. Oft sind es bestimmte Lebensphasen, in welchen die Bereitschaft zur Mobilität wächst, beispielsweise nach Abschluss der juvenilen Entwicklung oder saisonal in der Phase vor dem Abflug von Zugvögeln. Nicht-mobile Organismen, die fest mit dem Untergrund verbunden sind, nennen wir **sessile** Arten. Selbst wenn es bei Pflanzen zur Verlagerung von Individuen durch Abreißen und Wiederanwurzeln kommen kann, so ist dies nur in wenigen Fällen eine adaptive Strategie, sondern dient vielmehr dem individuellen Überleben bei existenzbedrohenden Störungen.

Bei marinen und limnischen Arten, die keine physische Bindung an das Substrat aufweisen, erfolgen räumliche Verlagerungen der Individuen häufig und nahezu zwingend. Wenn dies passiv, beispielsweise mit Meeresströmungen erfolgt, ist der Begriff **Verdriftung** angebracht. Allerdings fallen auch aktive Vertikalbewegungen von Planktonarten, welche der optimalen Nutzung von Licht und Nährstoffen sowie teilweise der Meidung von Prädation dienen, unter den Begriff der Mobilität.

Von **Migration** (Wanderung) sprechen wir nur dann, wenn gerichtete und bestimmten Regeln oder Verhaltensmustern folgende Wanderungsbewegungen von Individuen gemeint sind, die über den normalen Aktivitätsbereich hinausgehen. Es geht hier in der Regel um eine Ortsverlagerung von Populationen. Voraussetzung dafür sind natürlich mobile Organismen. Wanderungen ermöglichen es, Räume zu nutzen, die für einen bestimmten Teil der Lebensabläufe (z. B. Paarung) optimal sind, aber nicht die sonstigen Anforderungen (z. B. Nahrungsverfügbarkeit) gewährleisten. Teilweise werden bei gerichteten Wanderungsbewegungen Hin- und Rückweg von unterschiedlichen Generationen angetreten. **Anastropische** Migration bezeichnet die Wanderung auf traditionellen, schon vorher eingeschlagenen Routen. Im Gegensatz dazu führen **diasporische** Wanderungen, die auf bislang nicht genutzten Wegen erfolgen, unter Umständen zur Arealerweiterung (vgl. Kuhreiher, *Bubulcus ibis,* Abb. 3.29).

Ressourcenbedingte episodische Migration veranschaulicht sich besonders eindringlich am Beispiel der Wanderheuschrecken. Etwa 15 Arten vor allem der Feldheuschrecken (*Acrididae*), treten als Wanderheuschrecken mit aperiodischen Wanderungen in Erscheinung. Der Flug der Imagines, an welchem Milliarden von Tieren beteiligt sein können, ist ein eindrucksvolles bis beängstigendes Phänomen. In der Bibel wird die wirtschaftliche und gesellschaftliche Bedrohung durch den sich mit den durchziehenden Schwärmen einstellenden Kahlfraß herausgestellt. Auslöser der Massenwanderung ist eine Überpopulation in bestimmten (Kern-)bereichen des Areals, welche durch außergewöhnlich günstige Umweltbedingungen (Klima, Ressourcenverfügbarkeit) verursacht ist. Die lokale Nahrungsverknappung, und damit zusammenhängend Stress durch häufige innerartliche Kontakte, stimuliert die Wanderungsbereitschaft der Tiere. Morphologisch und farblich treten Veränderungen ein und nach einer gewissen Vorbereitung beginnt die Wanderung synchronisiert.

Besonders eingeprägt haben sich die episodischen Wanderungen der Wanderheuschrecke (*Locusta migratoria*). Aus dem mittelalterlichen Klimaoptimum sind auch Heuschreckenplagen für Europa dokumentiert. 1242 gab es einen von einer Hungersnot gefolgten Heuschreckeneinfall in Ungarn und im Jahr 1338 zog eine Invasion von Wanderheuschrecken von Osten kommend durch Mitteleuropa: Am 20.7. werden Ernteausfälle für Prag dokumentiert, einige Tage später für andere böhmische Orte. Am 10.8. sind Erfurt und Nürnberg betroffen, am 14.8. Frankfurt und am 18.8. Landshut (Jäger 1994). Da wahrscheinlich einige Restpopulationen in Gunsträumen überdauern konnten, wiederholten sich derartige Invasionen noch in den kommenden beiden Jahren. Spätere Heuschreckenplagen, wie beispielsweise im Jahr 1362, erreichten dieses Ausmaß nicht mehr.

Ressourcenbedingte episodische Wanderungen treten auch bei Säugetieren auf. Bekannt ist die mehr oder minder zyklische Massenvermehrung von Lemmingen (verschiedene Gattungen und Arten, z. B. skandinavischer Berglemming, *Lemmus lemmus*), welche zu Stress und Nahrungsverknappung führt und massenhaftes Abwandern auslöst. Diese überlagert sich mit den saisonalen Wanderungen zwischen Winter- und Sommeraufenthaltsgebieten, deren zeitlicher Ablauf ebenfalls durch die Populationsdichte reguliert wird. In Jahren geringer Dichte liegen die nächtlich zurückgelegten Distanzen zwischen Sommer- und Wintergebiet bei nur wenigen zehner bis hunderten Metern. In Jahren großer Dichte werden hingegen erhebliche Distanzen zurückgelegt.

Bei Insekten sind alljährliche Wanderungen vor allem bei Schmetterlingen zu beobachten. Besonders beeindruckend ist die **synchronisierte saisonale Migration** des nordamerikanischen Monarch-Falters (*Danaus plexippus*) (Abb. 3.32). Alljährlich wandern diese Falter über tausende Kilometer in ihre Winterquartiere in den mexikanischen Bergen. Eine regelmäßige Massenwanderung von Insekten über derartige Entfernung hinweg ist ein eher seltener Fall. Während der Wanderung und im Winterhabitat bilden Massen von Faltern immer wieder einen pittoresken, dichten Vorhang über der Vegetation. Auch wenn dies den Eindruck erweckt, dass eine solche Art nicht bedroht sein könne, ergibt sich durch die Konzentration der Wanderung auf ein ganz spezifisches Teilhabitat dennoch eine Gefährdung. Die fortschreitende Rodung der mexikanischen Relikt-Tannenwälder (*Abies religiosa*), welche eine Schlüsselstellung für die Überwinterung der Art darstellen (Anderson & Brower 1996), kann durchaus Populationen eines derart häufigen Falters existenziell bedrohen. Nur noch etwa 2% der ehemaligen Tannenwälder sind erhalten. Der Monarch-Falter konnte jedoch, durch episodische Massenwanderungen über die saisonalen Strecken hinaus, im 19. Jahrhundert sein Areal erheblich erweitern und hat unter anderem etwa 1840 Neuseeland, 1850 Hawaii, 1870 Australien und 1880 die Kanarischen Inseln erreicht. Selbst in England treten immer wieder einzelne verdriftete Monarch-Falter in Erscheinung, ohne dass sich dort bisher eine dauerhafte Population etablieren konnte.

Abb. 3.32

Der amerikanische Monarch-Falter (*Danaus plexippus*) vollzieht in großen Schwärmen alljährliche Wanderungen über mehrere tausend Kilometer (Kalifornien, USA).

Einige Falter Europas wandern alljährlich im Frühjahr aus dem Mittelmeergebiet nach Mitteleuropa zu. Manche Arten können den strengen mitteleuropäischen Winter nicht überleben. Einige sind allerdings durchaus bodenständig und durchmischen sich immer wieder mit zuwandernden Individuen. Andere Arten, wie der Distelfalter (*Vanessa cardui*) oder der Admiral (*Vanessa atalanta*), vermögen es sogar, wieder in die Mittelmeerregion zurückzuwandern.

In Gebirgslandschaften zeigen zahlreiche Schmetterlinge zur Paarungszeit gerichtete vertikale Mobilität. Das „**Hill-Topping**" erhöht die Wahrscheinlichkeit, in der kurzen zur Verfügung stehenden Zeit auf einen Partner zu treffen und sich fortzupflanzen. Gipfel von Bergen und Hügeln sind diskrete Punkte in der Landschaft, welche die Individuen eines größeren Einzugsbereiches zusammenführen. Dieses Phänomen ist beispielsweise beim heimischen Schwalbenschwanz (*Papilio machaon*) zu beobachten. Die Tiere finden sich oft gehäuft auf offenen Hügeln oder Bergkuppen.

Jahresperiodische Wanderungen sind von unterschiedlichsten Tierarten bekannt. Sie treten bei Großsäugern genau so auf, wie bei Vögeln oder Fischen. Das ist leicht verständlich, denn Arten, die über ihre körperlichen Eigenschaften zur Mobilität befähigt sind, sollten evolutiv zu einer optimalen Ressourcennutzung und Gefährdungsmeidung selektiert werden. Bedingung ist natürlich, dass sich den in genetisch fixierten Verhaltensweisen festgelegten Wanderungsbewegungen keine Hindernisse in den Weg stellen. In der jüngeren Vergangenheit erzeugten die menschliche Siedlungstätigkeit und die Errichtung eines dichten Netzes von Verkehrsinfrastruktur neuartige Barrieren, nicht nur in den Industrienationen. Die saisonalen Wanderungsbewegungen des Europäischen Rothirsches (*Cervus elaphus*) zwischen Gebirgen und Talräumen sind hiervon ebenso betroffen, wie die traditionellen Wanderstrecken der Afrikanischen Elefanten (*Loxodonta africana*). Bei ersterem legt man zum Ausgleich Futterplätze an, bei letzterem versucht man durch ein Netz von Nationalparks sozusagen Trittsteine für die Bewegungen zu schaffen. Dies gelingt jedoch nur zum Teil, so dass immer wieder Konflikte mit menschlichen Interessen entstehen.

Der **Vogelzug** ist ein Beispiel für den evolutiven Erfolg saisonaler Wanderungen, da er von sehr vielen Arten unterschiedlicher Verwandtschaftskreise innerhalb der Klasse der Vögel (*Aves*) vollzogen wird (Berthold 2000). Zugvögel vollziehen erblich fixierte, gerichtete saisonale Wanderungen. Sie umgehen damit Einschränkungen der Ressourcenverfügbarkeit während der ungünstigen Jahreszeit sowie bedrohliche Wetterverhältnisse. Die Bewegungen verlaufen zumeist etwa in Nord-Süd-Richtung. Im Gegensatz zu **Invasionsvögeln**, bei welchen sich Populationen nur episodisch verlagern, zeigen Zugvögel über den gesamten Lebenszyklus ein mehr oder minder regelmäßiges Zugverhalten, welches aber von besonders jungen oder alten sowie kranken Tiere durchbrochen werden kann. In einigen Fällen unterscheiden sich die Geschlechter bezüglich ihres Zugverhaltens.

Die saisonalen Wanderungen müssen keineswegs in einem Zug verlaufen. Kraniche (*Grus grus*), deren keilförmige Formation ein auffälliges Element des Vogelzuges verkörpert, pausieren auf ihrem Weg von den Brutgebieten in Skandinavien und Nordost-Europa in die spanischen Überwinterungsgebiete an der Ostseeküste im Bereich der Halbinsel Zingst. Ab Mitte September sind es teils mehr als 40.000 Kraniche, welche sich für einige Wochen in den nährstoffreichen Küsten- (und ersatzweise Agrar-)ökosystemen der Boddenlandschaft einfinden, um sich dort Reserven für den langen Flug zuzulegen. Solche **Rastbiotope** sind ein existenzielles Element für Zugvögel. Die Tatsache, dass die Tiere dort nicht brüten, ist keineswegs ein Hinweis auf geringe Bedeutung.

Mit dem Ende der Brutzeit steigt die Bereitschaft zur Mobilität, die Vagilität, von Zugvögeln langsam an. Zusammen mit äußeren Taktgebern wie der Tageslänge oder der Strahlungsqualität sorgt dies schließlich für den mehr oder minder geschlossenen Aufbruch ganzer Populationen. Dieser geschieht bereits so frühzeitig, dass nicht durch die Verknappung des Nahrungsangebots Einschränkungen bemerkbar werden. Der Aufbruch in die Überwinterungsgebiete erfolgt zu ganz unterschiedlichen Terminen. Die Mauersegler (*Apus apus*) brechen beispielsweise schon sehr zeitig (Ende Juli) nach Afrika auf.

Bezüglich der Analyse des Vogelzugs gibt es noch viele Fragezeichen. Beispielsweise ziehen viele sonst tagaktive Vögel des nachts mit dem Vorteil des besseren Schutzes vor Prädation. In manchen Fällen ist nicht nur die Zugroute, sondern auch das Überwinterungsgebiet unbekannt. Die **Orientierung während des Fluges** ist ebenfalls nicht völlig geklärt, doch scheinen Landmarken, Sonnenstand, Sternenhimmel und Magnetfeld der Erde eine Rolle zu spielen.

Brieftauben lagern Biomagnetit in ihre Schnäbel ein (Winklhofer 2005). Durch Experimente konnte nachgewiesen werden, dass für die Orientierung von Brieftauben zusätzlich olfaktorische Reize bedeutsam sind. Dies kann auch bei Zugvögeln eine Rolle spielen.

Aus menschlicher Sicht scheinen die zurückgelegten Distanzen und die eingeschlagenen Routen nicht immer „vernünftig" zu sein. Der Eleonorenfalke (*Falco eleonorae*) brütet auf verschiedenen Inseln des Mittelmeergebietes sowie auf den Kanaren. Alle Populationen überwintern auf Madagaskar, so dass die Individuen der westlichsten Kolonien zunächst eine weite Strecke nach Osten fliegen, bevor sie dann den Weg nach Süden einschlagen (Abb. 3.33). Es reflektieren sich hierin eventuell alte Verhaltensmuster oder die räumliche Beziehung zu ehemaligen Arealkernen. Auffallend ist, und durch die Lage der kontinentalen Bereiche verständlich, dass in der Alten Welt der Äquator von deutlich mehr Vogelarten überschritten wird als dies in Amerika der Fall ist. Jährlich überfliegen mehr als eine Milliarde Vögel das Mittelmeer. Ein nicht geringer Teil fliegt noch sehr viel weiter, bedingt durch die klimatische Ungunst und Ressourcenlimitierung der nordafrikanischen und arabischen Trockengebiete.

Teilzieher sind Zugvögel, deren Populationen sich unterschiedlich verhalten. Beispielsweise vollziehen in der Nähe der Pole angesiedelte Brutpopulationen Wanderungen über lange Strecken, während Populationen niederer Breiten kaum ziehen kaum oder dort gar Standvögel sind und vor Ort bleiben. Ein Beispiel für solches Verhalten ist das vom Polarkreis bis in die Subtropen verbreitete Rotkehlchen (*Erithacus rubecula*). Bei dieser Art verhalten sich in Mitteleuropa einzelne Populationen inhomogen. Dabei besteht die Tendenz, dass eher Weibchen als Männchen ziehen und eher junge als alte Vögel. Verbleibende Tiere haben zwar den Nachteil, klimatischer Unbill und Ressourcenlimitation ausgesetzt zu sein, können dies jedoch unter Umständen

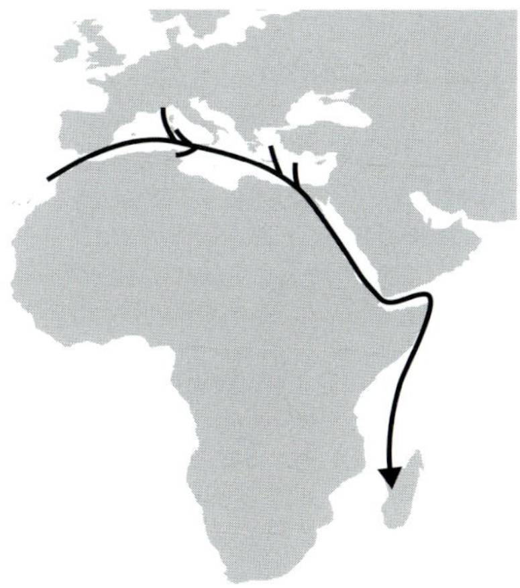

Abb. 3.33

Zugstrecke des Eleonoren-Falken (*Falco eleonorae*) von seinen Brutgebieten auf den Kanaren und im Mittelmeergebiet nach Madagaskar (aus Berthold 2000).

wettmachen, indem sie Vorteile bezüglich der Revierbesetzung und anschließender Paarung haben.

Strichvögel sind Arten, die innerhalb ihres mehr oder minder geschlossenen Areals eine deutliche Mobilität aufweisen und im Gegensatz zu **Standvögeln** nicht ortstreu sind, aber keine Wanderungen zwischen getrennten Brut- und Überwinterungsgebieten vollziehen.

Verschiedene Populationen einer Art können durchaus verschiedene Überwinterungsgebiete einnehmen. Weißstörche (*Ciconia ciconia*) umgehen das Mittelmeer auf beiden Seiten. Die westeuropäischen Brutvögel überwintern in Nordwestafrika, die osteuropäischen in Ostafrika bis Südafrika. Den Bereich, in welchem sich die Populationen differenzieren, nennen wir **Zugscheide.** Da eventuell geeignete Überwinterungsgebiete bei vielen Vogelarten durch lokale Populationen besetzt sind, kommt es mitunter zum **Überwandern** der Populationen niederer Breiten. Beim Sandregenpfeifer (*Charadrius hiaticula*) ziehen die in Nordskandinavien und Nordsibirien brütenden Vögel in das östliche bis südliche Afrika, während die norddeutschen Individuen lediglich nach Südosteuropa ziehen. In England tritt die Art als Standvogel auf.

Einige europäische **Fledermäuse** zeigen ein ganz ähnliches Wanderverhalten zwischen Sommer- und Winterhabitaten wie Zugvögel. Bei der Rauhautfledermaus (*Pi-*

Abb. 3.34

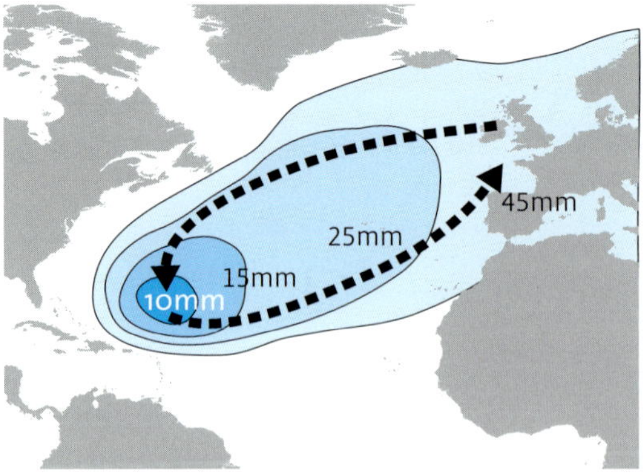

Katadrome Wanderung des Europäischen Aals (*Anguilla anguilla*) zwischen europäischen Flüssen und den Laichgebieten in der Sargassosee im Atlantik.

pistrellus nathusii) wurde eine saisonale Wanderung zwischen Lettland und Kroatien (mehr als 1.900 km) nachgewiesen (BfN 2006). Auch die Zweifarbfledermaus (*Vespertilio murinus*) und der Abendsegler (*Nyctalus noctula*) legen teilweise Strecken über 1.500 km zurück. Ein Teil der heimischen Fledermäuse vollzieht alljährlich regionale Wanderungen zwischen 100 und 800 km (z. B. Großes Mausohr (*Myotis myotis*), Mopsfledermaus (*Barbastella barbastellus*), Wasserfledermaus (*Myotis daubentoni*), Zwergfledermaus (*Pipistrellus pipistrellus*)). Zu den weiteren Arten ist entweder zu wenig bekannt oder sie sind ortstreu.

Fische besitzen sehr unterschiedliche genetisch festgelegte Migrationsstrategien. Diese dienen, wie bei den Zugvögeln, in erster Linie dem Aufsuchen geeigneter Fortpflanzungs- und Nahrungsgebiete. Die Lebenszyklen von Fischarten verlaufen teilweise dabei über große Unterschiede bei den Umweltbedingungen hinweg. **Anadrome Migration** bedeutet, dass die der Fortpflanzung dienende Migration von sonst marin lebenden Fischen in limnische Bereiche hinein erfolgt, also vom Salz- zum Süßwasser und dort stromaufwärts. Dies kann damit einhergehen, dass in diesem neuen und für das Individuum ungewohnten Medium keine Nahrungsaufnahme mehr stattfinden kann. Es müssen also im vorherigen Lebensraum erhebliche Reserven angelegt werden, die dann während der Wanderung und der Fortpflanzung aufgebraucht werden. Anadrome Wanderungen werden von Vertretern der Rundmäuler (*Cyclostomata*), der Lachse (*Salmonidae*) und der Störe (*Acipenseridae*) vollzogen. Die meisten Lachse (verschiedene Arten der Nordhalbkugel, z. B. *Salmo salar*) sterben nach der Eiablage und Befruchtung, nur wenige Individuen erreichen erneut das Meer. Ihre Nachkommen werden über chemische Prägung, auch ohne erfahrenen Alttieren folgen zu können, wieder ihr Laichgewässer auffinden. Die forellenähnlichen Jungfische verbleiben ein bis drei Jahre im Süßwasser, ändern dann ihre Färbung und wandern meerwärts. Dort verbleiben sie einige Jahre, um schließlich zum Laichen erneut flussaufwärts zu wandern. Der Rheinfall bei Schaffhausen stellt eine natürliche Barriere der Lachswanderung dar. Durch die Wasserverschmutzung ist der Rheinlachs jedoch in der zweiten Hälfte des 20. Jahrhunderts ausgestorben. Inzwischen häufen sich wieder die Nachweise von Lachsen in Rhein und Elbe, doch sind dies (Nachkommen von) Zufallsgäste(n) und ausgesetzte(n) Tiere(n). Es kann sich dabei nicht mehr um den Genpool der ehemaligen Populationen handeln. Durch den Bau der Edertalsperre wurde für die Lachse an der Weser das wichtigste Laichgebiet abgeschnitten.

Auch bei der **katadromen Migration** handelt es sich um eine genetisch festgelegte Verhaltensweise. Süßwasserfische bewegen sich dabei zur Fortpflanzung in das Meer, um dort ihre Laichplätze aufzusuchen. Bekannt ist dies bei Vertretern der weit verbreiteten Aale (*Anguilla* spec.). Der Europäische Fluss-Aal (*Anguilla anguilla*) legt dabei mehrere tausend Kilometer bis zur sogenannten Sargassosee im Westatlantik zurück (Abb. 3.34). Dort erfolgt in größerer Tiefe das Ablaichen. Die winzigen Jungtiere werden passiv mit dem Golfstrom vor die europäischen Küsten gespült und wandern etwa dreijährig dann wieder flussaufwärts. Nach 9 bis 15 Jahren werden sie sich als adulte Tiere erneut auf die mehrmonatige Reise bis vor die amerikanische Küste machen. In den letzten Jahren ist die Zahl der Europa erreichenden juvenilen Aale drastisch zusammengebrochen: im Vergleich mit den 1970er-Jahren auf weniger als 5 %. Die Ursachen hiervon sind unklar.

Möglich ist ein Einfluss von Flussverbauungen, Gewässerverschmutzung und der Erwärmung von Gewässern.

Bei Krebstieren (*Crustacea*) werden katadrome Wanderungen ebenfalls beobachtet. Die Chinesische Wollhandkrabbe (*Eriocheir sinensis*) wandert von ihrem marinen Laichgebiet flussaufwärts. Dabei kann es bei dieser in Norddeutschland eingeschleppten Art an Barrieren (Wehren, Schleusen) zur Anhäufung großer Individuenzahlen kommen.

Tendenziell sind katadrome Wanderungen in tropischen Gebieten häufiger zu beobachten. Anadrome Migration ist hingegen in kühlen bis gemäßigten Klimaten gehäuft. Dies kann als ein Hinweis auf die lange anhaltende Stabilität der Bedingungen in den Tropen und die immer wieder durch Eiszeiten unterbrochene Entwicklung der höheren Breiten verstanden werden. In den Tropen konnten sich immer wieder marine Arten an die Verhältnisse des Süßwassers adaptieren.

Rein **marine Wanderungen** von Fischen sind ebenfalls keine seltene Erscheinung. Tiefseefische vollziehen teilweise tägliche Wanderungen über 1.500 m Höhenunterschied. Steuernd wirkt die Produktivität des Plankton und der Prädationsdruck. Im mikroskaligen Bereich ist Ähnliches bei limnischen *Daphnien* in Seen zu beobachten. Bezüglich großräumiger Zusammenhänge sind die durch Meeresströmungen gesteuerte saisonale Verfügbarkeit von Nahrung sowie das Aufsuchen traditioneller Laichplätze die wichtigsten Faktoren.

Bekannt sind die saisonalen Wanderungen des Herings (*Clupea harengus*) zu seinen Laichgründen. Wanderungen über weite Strecken sind auch bei Walen zu beobachten. Pottwale (*Physeter macrocephalus*) ziehen aus dem nördlichen Polarmeer entlang der norwegischen Küste zu den Azoren. Dabei verirren sich immer wieder Tiere in der flachen Nordsee oder gar in die brackige Ostsee und verenden an den Stränden. Sehr weite Wanderungen unternehmen die in allen Ozeanen beheimateten Buckelwale (*Megaptera nodosa*). Sie wechseln dabei saisonal zwischen nahrungsreichen, aber kühlen, rauen Meeren, die sie im Sommer aufsuchen, und den warmen und flachen, tropischen bis subtropischen Meeren, in welchen sie im Winter ihren Nachwuchs bekommen. Bemerkenswert ist bei den zurückgelegten Strecken, die mehrere tausend Kilometer betragen können, dass es nicht zur Durchmischung der Populationen verschiedener Ozeane kommt. Die jeweiligen Gruppen folgen eigenen, charakteristischen Wanderungsmustern. So kommt es nicht zur Überlappung der nord- und südhemisphärischen Populationen, obwohl manche Meeresteile von beiden gleichermaßen, aber nicht gleichzeitig aufgesucht werden.

3.12 Aussterben und Überleben

Wenn wir von Aussterben sprechen, dann müssen wir unterscheiden, ob von einem lokalen Erlöschen von Populationen die Rede ist, oder ob der globale und totale Verlust der Art und damit ihrer genetischen Information gemeint ist. Nur im zweiten Fall sollten wir den Begriff Aussterben benutzen. Das Erlöschen von Populationen, beispielsweise im Rahmen der Metapopulationsdynamik, ist ein natürlicher Prozess. Dieser muss keineswegs beunruhigend sein, auch wenn man den lokalen Verlust bedauern mag.

Auch das vollständige Aussterben von Arten geschieht natürlicherweise immer wieder. Zwar sind einzelne Aussterbeereignisse gigantischen Ausmaßes dokumentiert, doch dürfte der graduelle Verlust eines bestimmten Bauplans und dessen Ersatz durch modernere und besser an die jeweiligen Lebensumstände angepasste Arten quantitativ von größerer Bedeutung gewesen sein.

Einzelne Ereignisse sind jedoch deshalb so präsent, weil die sich sprunghaft darstellende Verschiebung der Artenzusammensetzung im Rahmen geologischer Schichtwechsel allgemeines Aussterben und den erneuten Start der Evolution aus dem verbleibenden Genmaterial assoziiert. Hierbei ist unter anderem zu bedenken, dass ein hoher Turnover im Vergleich angrenzender Schichten auch durch Schichtlücken ausgelöst worden sein kann. Auch sollte man die zeitliche Dimension von Jahrmillionen Jahren, welche teilweise in wenigen Dezimetern Gestein widergespiegelt werden, nicht unterschätzen.

Abb. 3.35

Silphium auf einer Münze aus Cyrene. Die Bedeutung der Pflanze wird durch die Tatsache ersichtlich, dass sie auf allen Münzen des Königreiches dargestellt ist.

Im Verlauf der Erdgeschichte werden 5 große natürliche Aussterbeereignisse herausgestellt (Raup 1991, Leakey & Levin 1995), welche gleichfalls geologische Zeitenwechsel kennzeichnen: Ende des Ordovizium (440 Mio. J.), im ausgehenden Devon (370 Mio. J.), Ende des Perm (250 Mio), Ende der Trias (210 Mio. J.) sowie Ende der Kreidezeit (65 Mio. J.) (s. a. Kap. 10). Zurzeit wird, bedingt durch menschliche Aktivitäten, erneut ein globales Artensterben beobachtet. Allerdings ist festzuhalten, dass nahezu jeder geologische Schichtwechsel das Resultat von Aussterbevorgängen darstellt.

Das Bewirken des völligen Aussterbens von Lebewesen durch direkten menschlichen Einfluss ist auf Einzelfälle oder bestimmte Situationen (Inseln) begrenzt. Bedeutsamer ist sicherlich die regionale Ausrottung oder der Einbruch von Populationen und damit verbunden die Ausdünnung der genetischen Variabilität innerhalb von Arten. Bedingt durch die derzeit ablaufenden Prozesse der Landnutzungs- und Klimaveränderungen sowie der ökochemischen Veränderungen der Umwelt ist allerdings nicht auszuschließen, dass wir einem bislang unbekannten Artenverlust entgegensehen.

Historische Dokumente zu menschlich induziertem Aussterben von Arten sind selten. Ein interessantes Beispiel der Ausrottung einer Pflanzenart durch menschliche Nutzung ist das antike „*Silphium*". Diese Pflanze, die aufgrund ihres frühen Aussterbens nur in historischen Texten und Beschreibungen (sowie auf Münzen) dokumentiert ist, existierte in der nordafrikanischen Cyrenaika, an der Ostküste der Großen Syrte im heutigen Libyen in einem Areal von etwa 5.000 km^2. Die Stadt Cyrene bezog ihren Reichtum zu einem maßgeblichen Teil aus dem Handel mit der *Silphium*-Pflanze, deren wirtschaftliche Bedeutung sich daran zeigt, dass die Pflanze auf fast allen Münzen abgebildet ist (Abb. 3.35). Sie genoss bei den Griechen als Gewürz einen enormen Stellenwert. In vielen anspruchsvollen antiken Rezepten für Fleisch- und Fischgerichte wird *Silphium* erwähnt. Auch als Heilpflanze hatte sie hohes Ansehen und wurde bei Verdauungsproblemen eingesetzt, wenn auch vor zu hoher Dosierung gewarnt wurde. Es erscheint keineswegs abwegig, dass diese Pflanze in der antiken mediterranen Küche einen ähnlich hohen Stellenwert genoss wie in heute der Knoblauch innehat.

Bei *Silphium* muss es sich, nach den antiken Beschreibungen zu urteilen, um einen Vertreter der Apiaceen-Gattung *Ferula* gehandelt haben, wobei das wertvolle Produkt, ähnlich wie bei der im Nahen Osten beheimateten *Ferula asafoetida*, das Harz der Pflanze war. Theophrast beschreibt die Nutzung sehr ausführlich. Diese war streng reglementiert. Räumlich und zeitlich begrenzte Konzessionen wurden vergeben. Für den Export nach Athen wurde das Harz in Fässern mit Mehl vermischt und so konserviert. Theophrast stellt heraus, dass die Art nicht kultiviert werden konnte und vor dem vordringenden Feldbau zurückwich.

Später war *Silphium* auch bei den Römern sehr beliebt. Merkmale hoher Qualität werden beschrieben (rötlich-durchscheinend, myrrhenähnlicher starker Geruch, weder grünlich noch weißlich). Doch schien der Preis für das Gewürz und Heilmittel rasch angestiegen zu sein, so dass es weniger und weniger eingesetzt werden konnte. Der Grieche Strabo (63 v. Chr.–24 n. Chr.) hatte bereits die Übernutzung und Gefährdung der Bestände kritisiert. Keine hundert Jahre später schreibt Plinius der Ältere (23–79 n. Chr.), dass das letzte gefundene Exemplar an Kaiser Nero geschickt wurde.

Gezielte direkte Verfolgung ist eine eher seltene, aber nicht unbedeutsame Ursache für das Aussterben einer Art. Auch der Chilenische Sandelholzbaum (*Santalum fernandezianum*), ein Endemit, der die Wälder der Juan-Fernandez-Inseln charakterisierte,

Abb. 3.36

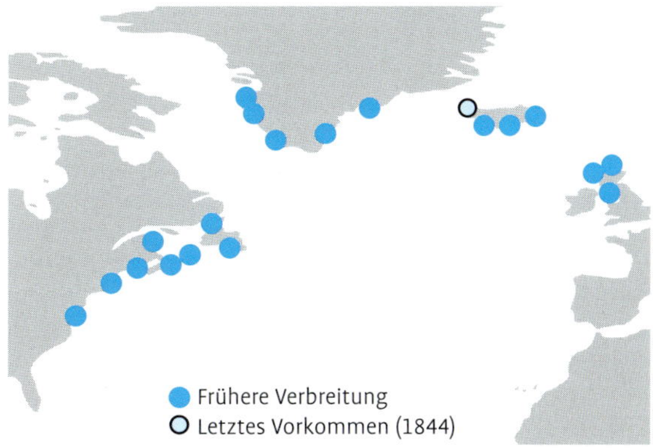

Ehemalige Verbreitung des Riesenalk (*Pinguinus impennis*) im Nordatlantik (nach Huggett 2002). Während des Pleistozäns kam die Art, wie Höhlenmalereien belegen, auch am Mittelmeer vor.

wurde wegen seines wertvollen Holzes ausgerottet. Seit 100 Jahren gilt er als ausgestorben.

Für einige Arten, die durch gezielte Verfolgung aus wirtschaftlichen Gründen nahezu ausgestorben sind, besteht noch ein Funken Hoffnung. Die Sizilianische Tanne (*Abies nebrodensis*) kommt noch mit wenigen Exemplaren in den Hochlagen der Insel vor. Man unternimmt Vermehrungs- und Anpflanzungsbemühungen. Ein weiteres Beispiel ist der attraktive Spix-Ara (*Cyanopsitta spixii*), von welchem nur noch in Gefangenschaft lebende Individuen bekannt sind. Auch hier versucht man, die Art wieder zu vermehren. Der Erfolg ist in beiden Fällen ungewiss. Auch die hawaiianische Lo'ulu Palme (*Pritchardia affinis*) existiert seit kurzem nur noch in Gärten. Weitere Beispiele ließen sich anfügen. Solche Arten sind zwar als Organismus noch erhalten, doch erlauben es die heutigen Lebensbedingungen in ihren ehemaligen Habitaten nicht mehr, dass sie sich in der Natur alleine erhalten.

Für den Riesenalk (*Pinguinus impennis*), einen flugunfähigen, ehemals im Nordatlantik beheimateten Vogel (Abb. 3.36), ist sogar genau bekannt, an welchem Tag und durch wen das letzte Exemplar sterben musste. Im Jahr 1830 war eine letzte große Population der bereits auf ein Restvorkommen geschrumpften Art auf der isländischen Insel Geyrfuglasker (Geyrfugl ist isländisch für Riesenalk) durch einen Vulkanausbruch zugrunde gegangen. Die Vögel waren dadurch so rar geworden, dass Sammler bereit waren, für Bälge (ausgestopfte Tiere) einen hohen Preis zu zahlen. Am 3.6.1834 erschlugen John Brandsson und Sigurd Islefsson die letzten beiden Tiere auf Eldey. Der Riesenalk war konvergent, also in Wuchs und ökologischer Nische ähnlich, zu den südhemisphärischen Pinguinen, mit diesen aber nicht verwandt. Der Name Pinguin (von Pinguinus) wurde nur auf die antarktischen Pendants übertragen, welche aber völlig anderen Gattungen angehören.

Das wohl beeindruckendste Beispiel des Aussterbens einer Art durch direkte menschliche Verfolgung ist die Nordamerikanische Wandertaube (Passenger Pigeon, *Ectopistes migratorius*). Die Art bevölkerte einst in riesigen Schwärmen Nordamerika. Es gibt Überlieferungen, die beschreiben, dass sich der Himmel verdunkelte, wenn die Schwärme über das Land zogen. Die Ausrottung einer solchen Art war sicherlich unvorstellbar. Die Kombination zweier technischer Entwicklungen machte sie dennoch möglich. Die Ende des 19. Jahrhunderts zur Verfügung stehenden, breit streuenden Schrotflinten erlaubten mit einem Schuss viele „Treffer". Entscheidend war jedoch die Einführung des Telegrafen, denn nun war eine koordinierte Jagd möglich. Waren die Schwärme auf den Durchzug, konnten die nördlichen oder südlichen Nachbarn verständigt und in Jagdbereitschaft versetzt werden. Innerhalb weniger Jahre war die ehemals individuenreichste Vogelart Nordamerikas in der Natur ausgerottet. Ihr Schwarm- und Wanderverhalten wurde ihr zum Schicksal. Eine Zucht in Gefangenschaft schlug fehl. Die letzte Wandertaube starb 1914 im Zoo von Cincinatti.

Fragt man sich, welche Arten aussterben, dann ist die Antwort einfach: jene, die am stärksten mit den menschlichen Aktivitäten kollidieren. Dies sind eher große als kleine Tiere, eher sensibel auf Störungen reagierende Lebewesen, eher die Pflanzen der nährstoffarmen Standorte.

Wie in der Biogeographie so oft, sind es Inseln und isolierte Kontinente, bei denen wir die Abläufe am besten nachvollziehen können, allerdings sind Inseln auch besonders stark betroffen. 81 % der für die ver-

Abb. 3.37

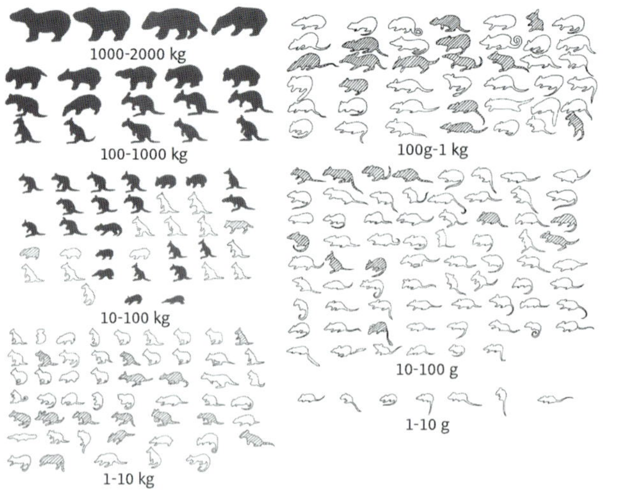

Ausgestorbene australische Arten während menschlicher Besiedlung durch Aboriginees (schwarz) und seit der europäischen Besiedlung (grau). Ausrottung vorwiegend großer Arten in prähistorischer Zeit (nach BROWN & LOMOLINO 1998)

Abb. 3.38

Präpariertes Exemplar der Dronte (*Raphus cucullatus*) aus den Natural History Museum in London.

gangenen 500 Jahre nachgewiesenen Ausrottungen von Säugetieren beziehen sich auf Inseltiere. Den meisten fehlten Flucht- und Abwehrmechanismen gegenüber dem Menschen (GITTLEMAN & GOMPPER 2001). Das Vordringen der Menschen nach **Australien** erfolgte vor etwas mehr als 40.000 Jahren. *Homo sapiens* traf dort auf eine Lebewelt, die nicht auf seine Ankunft eingestellt war. Große Prädatoren spielten keine Rolle. Die Regulation der Ökosysteme erfolgte über klimatische Extreme und Feuer. Wir können es natürlich nicht mehr beweisen, aber es ist sehr wahrscheinlich, dass die großen Herbivoren kein Fluchtverhalten kannten. Sie waren also eine leichte Beute. Aus Knochenfunden bei menschlichen Siedlungen können die ausgestorbenen Arten rekonstruiert werden. Es handelt sich vorwiegend um relativ große Tiere (Abb. 3.37).

Eine charakteristische Artengruppe sowohl für die adaptive Radiation als auch für die Sensibilität von Inselarten sind die Moas im benachbarten **Neuseeland**. Diese Insel ist noch stärker isoliert als Australien. Bis zur Ankunft der Polynesier vor etwa 1.000 Jahren waren keine Menschen dort ansässig. Moas waren flugunfähige Vögel, die teils beachtliche Körpermaße erreichten. Es existierten etwa 20 Arten. Konkrete Zeugnisse beschränken sich jedoch ebenfalls nur auf gefundene Knochen und Eier. Die letzten Moas wurden um 1600 zum Zwecke des Nahrungserwerbs ausgerottet. Die große Bedeutung dieser Vögel für das Leben der Maori zeigt sich darin, dass noch immer tradiertes Wissen zur Moajagd weitererzählt wird.

Die letzten besiedelbaren Gebiete der Erde, abgelegene pazifische Inseln, wurden von Polynesiern vor etwa 1.000 Jahren erreicht. Aus Knochenfunden in Abfallgruben kann geschlossen werden, dass mit steinzeitlicher Technologie mehr als 2.000 Vogelarten ausgerottet wurden. Dies entspricht 15 % der globalen Avifauna (STEADMAN 1995).

Der Grund für die Bekanntheit des Aussterbens der Dronte (engl. Dodo) (*Raphus cucullatus*) liegt vielleicht in der Etablierung des geflügelten Wortes „dead as the dodo" in der englischen Sprache. Allerdings hat der Vogel in der frühen Neuzeit durchaus Furore gemacht (QUAMMEN 1997). Das skurrile Tier mit dümmlich anmutendem Gesichtsausdruck, übergroßem, nasenähnlichen Schnabel, und plumpem, dicklichem Körper mit einem Federbusch als Schwanz (Abb. 3.38) sorgte für Aufsehen, als die ersten Individuen Ende des 16. Jahrhunderts nach Europa gebracht wurden. 14 zeitgenössische Porträts sind erhalten. Dronten kamen auf den drei Maskarenen-Inseln des Indischen Ozeans vor (Mauritius, Réunion und Rodriguez). Es ist durchaus wahrscheinlich, wenn auch nicht völlig gesichert, dass es sich auf den einzelnen Inseln um getrennte Arten, oder zumindest um Unterarten handelte, da die Flugfähigkeit offensichtlich bereits lange verloren war. Dies und die geringe Scheu – Merkmale, die vielen insularen Vogelarten zum Schicksal wurden und auch den Moas unterstellt werden können – machten den truthahngroßen Vogel ebenfalls zur leichten Beute. Er diente europäischen Seefahrern schlicht als Proviant. Die eigentliche Ursache des Aussterbens (1681 Mauritius, 1750 Réunion, kurz vor 1800 Rodriguez) dürfte aber die Einführung von Hunden, Katzen oder Ratten gewesen sein, welche wehrlose Jungtiere und Eier leicht zu erbeuten vermochten.

Stärker als die direkte Verfolgung sind jedoch **Landnutzungswandel** und **klimatische Trends** für das rezente Aussterben von Arten verantwortlich. Klimatische Effekte wirken auf verbleibende Restpopulationen von im Rückgang befindlichen Arten. Ohnehin seltene Arten sind besonders dann vom Aussterben gefährdet, wenn sie nur in kleinen inselartigen Populationen an extremen Standorten auftreten. In den 1990er-Jahren sind beispielsweise in Mexiko zwei Arten der Kakteengattung *Mammillaria* (*M. glochidiata* und *M. guillauminiana*) ausgestorben. Die beiden Arten waren mit wenigen Individuen (<50) in wenigen Populationen exakt beschrieben. Als Ursache werden außergewöhnliche Frostereignisse diskutiert, die im Jahr 1997 im mexikanischen Hochland auftraten. An diesem Beispiel wird deutlich, dass über eine Zunahme klimatischer Extremereignisse, die im Zusammenhang mit globalen Klimaänderungen prognostiziert werden (IPCC 2001), das Aussterben instabiler Populationen beschleunigt werden kann.

Der **Habitatverlust** ist mit weitem Abstand die wichtigste Ursache für das Aussterben von Arten. Besonders betroffen sind Arten mit sehr begrenzter Verbreitung und ungenügenden Anpassungen an invasive Arten oder eingeführte Prädatoren. Auf den Hawaii-Inseln sind seit 1980 die folgenden Vogelarten ausgestorben: *Myadestes lanaiensis* (1980), *Anas oustaleti* (1981), *Myiagra freycineti* (1983), *Myadestes myadestinus* (1985), *Paroreomyza maculata* (1985), *Moho braccatus* (1987), *Ammodramus nigrescens* (1987), *Psittirostra psittacea* (1989), *Melamprosops phaeosoma* (2004). *Corvus hawaiiensis* steht kurz vor dem Aussterben. Auch verschiedene Pflanzenarten sind auf Hawaii in den letzten Jahren ausgestorben (z. B. *Clermontia peleana*, *Cyanea pinnatifida*).

Abb. 3.39

Cynops wolterstorfii (syn.: *Hypselotriton wolterstorfii*). Exemplar aus der Herpetologischen Sammlung der Chinesischen Akademie der Wissenschaften in Chengdu. Diese Art ist vor ca. 50 Jahren in Südchina ausgestorben.

Doch können auch terrestrische Habitate stark isoliert sein und endemischen Arten einen extrem kleinräumigen Lebensraum zur Verfügung stellen. Wird dieser nun durch veränderte Landnutzung oder andere menschliche Einflüsse verändert oder gar zerstört, stirbt die endemische Art aus. Ein Beispiel hierfür ist die in kleinen Seen Südchinas verbreitet gewesene Molchart *Cynops wolterstorfii* (Abb. 3.39). Diese Art konnte in den letzten 50 Jahren nicht mehr gefunden werden, so dass ihr Aussterben wahrscheinlich ist.

Dennoch erlebt man immer wieder positive Überraschungen, wie die Wiederentdeckung des Schwarzkopf-Ameisenfängers (*Formicivora erythronotos*) 1987 in Südbrasilien nach mehr als 100 Jahren ohne Nachweis, oder den Nachweis der Neuseeländischen Sturmschwalbe (*Oceanites maorianus*) im Jahr 2003, nachdem die Art zuletzt in der Mitte des 19. Jahrhunderts gesichtet worden war. Vor allem bei größeren und attraktiven Arten ist solches rar, kann aber nicht ausgeschlossen werden, wie der Fall des seit 1944 ausgestorben geglaubten amerikanischen Elfenbeinspechts (*Campelophilus principalis*) zeigt. Der Elfenbeinspecht, immerhin eine der größten Spechtarten der Welt, wurde im Jahre 2005 nach mehr als 60 Jahren ohne Nachweis im Süden der USA

Abb. 3.40

Ausgestopftes Exemplar des Tasmanischen Beutelwolfs (*Thylacinus cynocephalus*) im Natural History Museum, London.

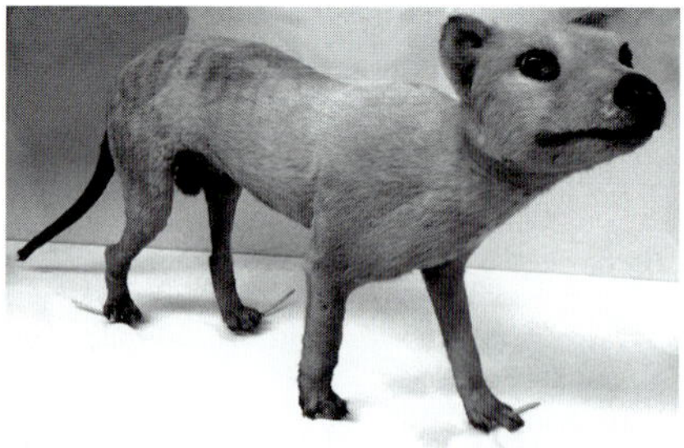

Abb. 3.41

Abnahme der genetischen Variabilität im Verlauf eines Populationszusammenbruches. Zwar ist eine Regeneration der Individuenzahl möglich, doch kann die vorherige genetische Vielfalt nicht wieder hergestellt werden.

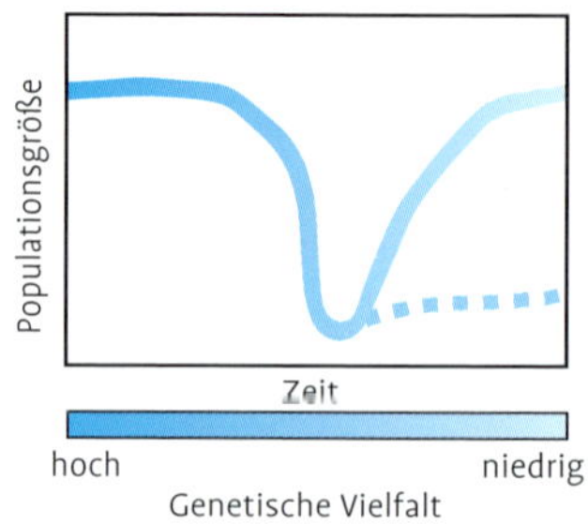

wiederentdeckt (Wilcove 2005). Verständlicherweise wird nach ausgestorbenen Arten über mehrere Jahre hinweg konzentriert gesucht. Solche Arten nehmen eine besondere Rolle in der Wahrnehmung von Wissenschaftlern und Naturschützern ein. Werden dann über mehrere Jahre keine Individuen mehr aufgespürt und handelt es sich nicht um Arten, die in der Lage sind, Dauerstadien mit lange anhaltender Keimfähigkeit auszubilden, kann das Aussterben angenommen werden. Selten gelingt es aber doch mit einem gewissen zeitlichen Abstand nachzuweisen, dass ein Aussterben nicht stattgefunden hat.

Die Bayerische Kurzohrmaus (*Microtus bavaricus*) war seit 1962, kurz nach ihrer Erstbeschreibung, als die lokal-endemische Population bei Garmisch-Partenkirchen durch den Bau eines Krankenhauses vernichtet wurde, nicht mehr gefunden worden. Im Jahr 2000 gelang dann der Wiederfund im Rofan-Gebirge in Nord-Tirol, knapp hinter der deutsch-österreichischen Grenze. Der bayerische Name bleibt der Art natürlich dennoch erhalten.

Bei anderen im 20. Jahrhundert ausgestorbenen Arten verlief die langjährige gezielte Suche nach eventuell noch existierenden Individuen erfolglos. Lange hielten sich Gerüchte, dass der Tasmanische Beutelwolf (*Thylacinus cynocephalus*) noch existierte, verlässliche Nachweise sind aber seit 1936 nicht mehr erfolgt (Abb. 3.40). Zwar spielte man bis vor kurzem ernsthaft mit dem Gedanken, die Art über das Klonen eines 1886 in Alkohol konservierten Embryos zu rekonstruieren, doch musste dies aufgrund der zu starken Zerstörung der DNA aufgegeben werden. Aussterben ist also auch im Fall des Tasmanischen Beutelwolfes „für immer".

Die Zahl der in Roten Listen aufgeführten bedrohten Pflanzenarten stellt eine erhebliche Unterschätzung der Gefährdung dar, da Daten aus tropischen Gebieten fehlen. Werden diese berücksichtigt, dann erhöht sich die Zahl der bedrohten Pflanzenarten von 13 % auf 22 % bis 47 %.

Auch das **lokale Erlöschen von Populationen** und selbst die **Reduktion von Individuenzahlen** können irreversible Effekte bewirken. Fragmentierung und Isolation kann zu Inzuchtdepression führen. Die genetische Verarmung kann so stark sein, dass selbst nachdem die niedrigste Populationsgröße durchlaufen ist („Bottle Neck"), und bei einer anschließend wieder wachsenden Individuenzahl, die vormals bestehende genetische Vielfalt verloren ist (Abb. 3.41).

Menschliche Einwirkungen müssen nicht direkt die Extinktion einer Art zur Folge haben, um negativ zu sein. Selektiv wirkende menschliche Vorlieben, beispielsweise durch die Jagd auf die größten Individuen oder auf jene mit den mächtigsten Gehörnen, können bisherige Entwicklungstrends modifizieren. Solche Einflüsse können sehr schnell wirksam werden und zum Verlust spezifischer Eigenschaften führen. Seit den 1970er-Jahren haben die Kanadischen Dickhornschafe (*Ovis canadensis*) ihre Hörner fast völlig zurückgebildet. Die Ursache hierfür ist der negative Selektionsdruck attraktiver Jagdtrophäen. Die Art ist keineswegs gefährdet, doch hat der Verlust der Gehörne nachhaltigen Einfluss auf die Verhaltensweisen der Tiere.

Bei südchinesischen Elefanten (*Elephas maximus*) hat sich der Anteil der männlichen Individuen mit fehlenden Stoßzähnen von 5 % auf über 10 % erhöht. Die nahe liegende Ursache ist die bevorzugte Tötung jener Bullen, welche einen hohen Ertrag durch Elfenbein versprechen. Den stärksten selektiven Effekt hat der Mensch jedoch bezüglich der Körpergröße von Populationen, welche sich langfristig durch den geringeren Anteil relativ großer Tiere am Reproduktionsgeschehen auswirkt (Abb. 3.42).

In den Ozeanen führt Überfischung zu selektiven Effekten. Bei einigen Arten wurde eine Abnahme der durchschnittlichen Größe beobachtet. Andere wie der Dorsch bzw. Kabeljau (*Gadus morhua*), bei dem die globalen Bestände bereits um 90 % reduziert sind, zeigen eine frühere Geschlechtsreife, da Individuen mit längerer Entwicklung einem höheren Befischungsrisiko ausgesetzt sind. Solche Modifikationen können sich durchaus anhaltend manifestieren. Seitdem 1992 vor Neufundland der Kabeljaufang eingestellt wurde, konnten sich die Populationen nicht wieder regenerieren. Aufgrund der geringen Körpergröße und des geringen Reproduktionsalters erzeugen die heutigen Weibchen bedeutend weniger Eier als die historischen Populationen. Das vollständige Aussterben von Fischarten als Folge menschlicher Übernutzung war und ist aber vorwiegend in Binnengewässern relevant, da sich in der Weite der Ozeane immer wieder Regenerationsnischen für überdauernde Populationen finden.

Abb. 3.42

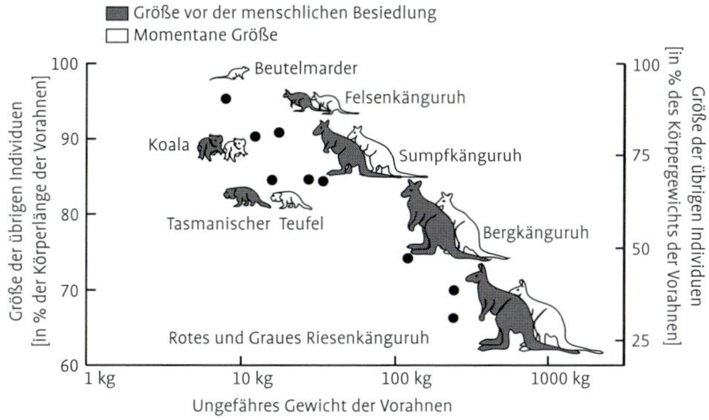

Veränderung der Körpergröße von Känguru-Arten in Australien seit dem Beginn der gezielten Jagd.

Fragen

1. Schildern Sie das Konzept der Nahrungsketten und der Nahrungsnetze!
2. Wie können Pflanzen hohe UV-B-Strahlung kompensieren?
3. Erläutern Sie die Eigenschaften von C3-, C4- und CAM-Pflanzen!
4. Was ist der Unterschied zwischen sympatrischer und allopatrischer Artbildung?
5. Was versteht man unter der Allen'schen und was unter der Bergmann'schen Regel?
6. Welche Vektoren dienen der Ausbreitung von Pflanzen?
7. Durch welche Einflüsse wird der Vogelzug ausgelöst und welche Orientierungshilfen werden genutzt?
8. Was unterscheidet anadrome von katadromer Migration?
9. Welchen Einfluss hatte der Mensch auf die australische Großtierwelt?
10. Welche Rolle spielte der Mensch für den Verlust endemischer Inselarten?

4 Eigenschaften des Raumes

Was ist warum wo?

„Everything is related to everything else, but nearby things are more related than distant things"
WALDO R. TOBLER (*1930), 1970

4.1 Der belebte Raum

Die verschiedenen Kompartimente ökologischer Systeme, Luft, Wasser, Boden, Gestein und Lebewesen konzentrieren sich auf spezifische Raumausschnitte, welche für ihr Prozessgeschehen relevant sind. Diese räumlichen Bereiche werden als **Sphären** bezeichnet. FERDINAND FREIHERR VON RICHTHOFEN (1833–1905) unterscheidet in der Mitte des 19. Jhdt. zunächst drei anorganische Sphären (Atmosphäre, das Flüssige, das Feste) und drei biotische Sphären (Pflanzen, Tiere, Menschen). Schon 1897 führt RATZEL den Ausdruck „Biosphäre", als Ergänzung zu den RICHTHOFEN'schen Sphären der Natur, ein.

Die **Biosphäre** ist der dreidimensionale belebte Raum an der Erdoberfläche, in welchem Leben stattfindet. Sie umfasst in ihren Grenzbereichen belebte Grundwässer oder organische Sedimente mit *Archaeen*, Teile der Atmosphäre sowie die Eisoberfläche der Kryosphäre, die belebte Tiefsee oder von Flechten besiedelten Berggipfel. Die Biosphäre nimmt als Grenz- und Überlappungsbereich zwischen Pedo-, Hydro- und Atmosphäre eine Sonderstellung ein. Eine exakte, scharfe Trennung der ökologischen Sphären ist aber generell nicht möglich, auch wenn sie gewisse stoffliche Schwerpunkte aufweisen (Tab. 4.1), denn gerade ihre Überlagerung ermöglicht die Vielfalt an abiotischen Prozessen und Lebensabläufen.

Das Leben hat an der Erdoberfläche nahezu alle Oberflächen und Medien erobert. Nicht immer ist dies offensichtlich, doch finden wir **Lebewesen** in unterschiedlicher Menge und Ausprägung von den Polen bis zum Äquator, von den ozeanischen Tiefseegräben bis unter die antarktischen Eisschilde, von den kontinentalen Wüstengebieten bis zu den Gipfeln der Hochgebirge. In manchen Kompartimenten, wie im Aerosol der Atmosphäre, treten Lebewesen nur kursorisch auf. Andere Lebensräume sind von Lebewesen gestaltet. Die meisten Böden erhalten ihre charakteristischen Eigenschaften durch großteils mikroskopisch kleine Organismen. Selbst im Grundwasser und in manchen festen Gesteinen ist Leben möglich bzw. in Dauerstadien konserviert.

Die **Biogeographie** hat sich nun der Beantwortung von Fragen verschrieben, die mit der räumlichen Verteilung von Lebewe-

Tab. 4.1 **Die ökologisch relevanten Sphären und die in ihnen vorherrschenden Aggregatzustände. Nur die Pedosphäre und die Biosphäre zeichnen sich durch die gleichzeitige, essentielle und ähnlich gewichtige Verteilung gasförmiger, flüssiger und fester Komponenten aus.**

	fest	flüssig	gasförmig
Lithosphäre	× × ×	× ×	×
Hydrosphäre	×	× × ×	×
Atmosphäre	×	× ×	× × ×
Pedosphäre	× × ×	× × ×	× × ×
Biosphäre	× × ×	× × ×	× × ×

sen zu tun haben. Selbst wenn hierzu sowohl ökologische wie auch zeitliche Aspekte berücksichtigt werden müssen und teilweise kausal für die auftretenden Muster verantwortlich sind, so ist für die Biogeographie doch der Raum die wichtigste Variable.

Die dreidimensionale Verteilung biotischer Eigenschaften, Arten und Lebensgemeinschaften macht oft eine Kombination von Karten- und Profildarstellungen erforderlich. Auf Organismen wirken Raumeigenschaften allerdings zumeist indirekt über Ressourcenverfügbarkeit ein. Jene Art, welche dazu in der Lage ist Raum zu okkupieren (und zu verteidigen), verfügt auch über die in diesem Raum zur Verfügung stehenden und limitierten Ressourcen an Licht, Wasser und Nährstoffen (Abb. 4.1).

Angaben zu Lokalität, Breitengrad, Höhenlage, Exposition sind per se nicht ökologisch bedeutsam, sondern die damit zusammenhängende Einstrahlung, Temperatur oder Tageslänge. Allerdings können spezifische Raumbedürfnisse über genetisch fixierte Verhaltensmuster gegeben sein. Beispielsweise erfordert die Habitatstruktur mancher Vogelarten bestimmte Raumelemente, die als Singwarten oder Balzplatz genutzt werden können. Neben der beanspruchten Fläche sind Raumeigenschaften wie Distanzen zwischen Objekten oder Gebieten zu beachten, beispielsweise für die Beurteilung des Genaustauschs isolierter Populationen oder der Immigrationsraten auf Inseln.

4.2 Die Maßstabsproblematik

Die räumlichen Skalen, welche in biogeographischen Fragestellungen betrachtet werden, variieren von der globalen Perspektive bis hin zu der Bestandesstruktur einer Lebensgemeinschaft. Individuen und ihre Verteilung erfordern zwangsläufig eine andere räumliche Auflösung als Ökosysteme oder Landschaften.

Die Wiedergabe der räumlichen Verteilung einer Art unterliegt verschiedenen kartographischen Restriktionen der Darstellung. Bei Punktkarten mit Einzelnachweisen, beispielsweise auf europäischer Ebene,

Abb. 4.1

Konkurrenz um die besiedelbare Fläche zwischen den flachwüchsigen Zwergsträuchern der Krähenbeere (*Empetrum hermaphroditum*) und der Bärentraube (*Arctostaphylos alpinus*) in der subarktischen Tundra nördlich des Polarkreises. Das raue Klima lässt nur eine geringe Biomasse und ein langsames Pflanzenwachstum zu (Abisko, Schweden).

wird der einzelne Punkt immer deutlich größer sein, als die tatsächlich von einem Individuum eingenommene Fläche. Noch deutlicher wird die Maßstabsabhängigkeit bei Rasterkarten (Abb. 4.2). Repräsentiert eine einzelne Gitterfläche beispielsweise ein gesamtes Messtischblatt, dann bewirkt ein einziger Nachweis, dass für das gesamte Gebiet dieser Karte das Vorkommen der Art dargestellt wird. Ist der Kartiermaßstab hingegen $\frac{1}{16}$ Messtischblatt, wird nur eine von 16 Gitterflächen ein Vorkommen aufweisen, 15 Gitterflächen sind dann leer.

Es besteht ein ursächlicher Zusammenhang zwischen dem Auftreten räumlicher Eigenschaften und der räumlichen Datenstruktur. Maßstabsfragen sind aber nicht primär technischer Natur, sondern ein grundlegendes Problem bezüglich der Identifikation raumzeitlicher biogeographischer Muster (Abb. 4.3). Nicht nur das Erkennen charakteristischer Verteilungen, sondern auch die Objekteigenschaften selbst sind maßstabsspezifisch. LEVIN (1992) stellt heraus: „*The problem of pattern and scale is the central problem in ecology*".

Muster eines räumlichen Datensatzes ergeben sich auf verschiedenen Maßstabsebenen. Organismen, die auf einer bestimm-

Abb. 4.2

Beeinflussung der Darstellung von Artverteilungsmuster durch den Maßstab und die Genauigkeit der Kartierung (schematisiert). Die in der Talaue auftretende Population (links oben) wird flächig zunehmend überrepräsentiert.

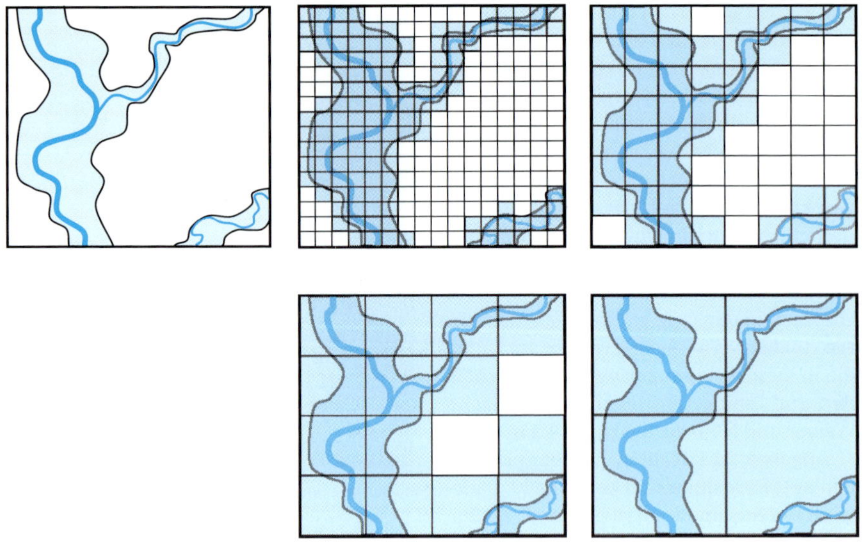

Abb. 4.3

Beeinflussung der ökologischen Interpretation durch den Maßstab einer Kartierung am Beispiel des Gegenblättrigen Milzkrautes (*Chrysosplenium oppositifolium*). Die verschiedenen räumlichen Skalen bewirken jeweils charakteristische Verbreitungsmuster, welche durch unterschiedliche Umwelteigenschaften erklärt werden können. a) Ausgeglichenes atlantisches Klima; b) niederschlagsreiche Gebiete Norddeutschlands und der Mittelgebirge; c) kühle Hochlagen.

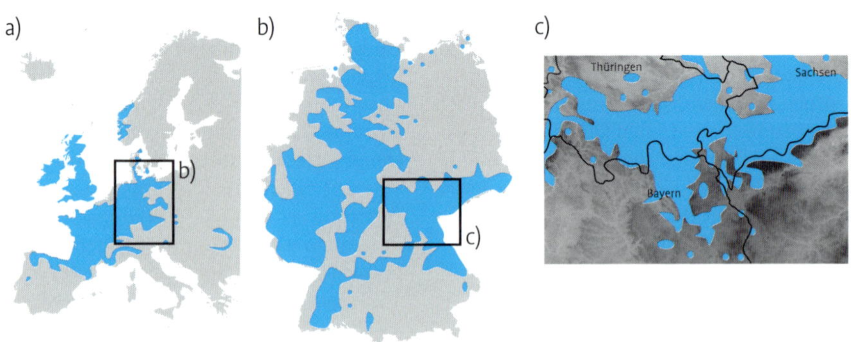

ten Betrachtungsebene zufällig verteilt zu sein scheinen, zeigen unter Umständen bei der Veränderung des Maßstabes der Untersuchung eine charakteristische Verteilung (Abb. 4.4).

Ist die betrachtete Fläche zu groß, wird das einzelne Objekt so stark reduziert, dass es im allgemeinen Rauschen nicht mehr zu erkennen ist. Wird die Fläche zu klein, ist vielleicht nur noch ein einzelnes Objekt enthalten, und Regelhaftigkeiten seines Auftretens sind nicht mehr zu erkennen. Die räumliche Auflösung und die Abhängigkeit der fokussierten Objekteigenschaften vom Betrachtungsmaßstab müssen daher geklärt werden, um unsinnige Datenerfassungsgenauigkeit zu vermeiden oder Probleme auszuschließen, die sich durch statistisch nicht absicherbare, zu grob erfasste Daten ergeben können.

Der Begriff „Maßstab“ hat in der ökologischen Literatur allerdings verschiedene Bedeutung: Ist kartografischer Maßstab gemeint, dann bedeutet „groß“ eine detail-

Merksatz

Die räumliche Auflösung von Daten beeinflusst die Emergenz eines geographischen Musters.

Box 3: „Räumliche Muster"

Die erste Annäherung an wissenschaftliche Fragestellungen erfolgt über die Suche nach **Analogien oder charakteristischen Mustern**. Die Existenz nicht-zufälliger Muster ist zunächst Hypothese. Hat man solche Muster erkannt und statistisch bearbeitet, so stellt man oft fest, dass sie ein gewisses Maß an Variation beinhalten. Nicht alle Daten entsprechen exakt den Erwartungen – und es sind nicht selten jene Beobachtungen interessant, die von den Erwartungen abweichen.
Räumliche Muster entstehen als Resultat ökologischer Prozesse. In der Biogeographie interessieren vor allem **nicht-zufällige räumliche Verteilungen von Lebewesen**. Ihre räumliche Verteilung beeinflusst die Funktionalität von Ökosystemen. Treten beispielsweise Individuen geklumpt auf, hat dies Konsequenzen für ihre Reproduktion oder Prädation.
Räumliche Muster können die Folge abiotischer Einflüsse sein und Boden- oder Klimaeigenschaften, Nährstoff- oder Wasserverfügbarkeit reflektieren. Aber auch durch biotische Einflüsse wie Prädation, Ausbreitung, Konkurrenz oder Mutualismen können räumliche Muster herausgebildet werden. Liegt also ein Muster vor, dann muss es dafür eine **funktionale Ursache** geben. Die Detektion solcher Muster ist die Grundlage für die Frage nach ihren kausalen Zusammenhängen. Viele Muster (z. B. Wald-Offenland-Verteilung) sind trivial und einfach zu erklären. Andere (z. B. Auftreten vitaler Orchideenpopulationen, neuartige Waldschäden, Stoffaustrag ins Grundwasser) sind weniger offensichtlich und nicht immer können die Ursachen mit den zur Verfügung stehenden Methoden identifiziert werden. Das Auftreten von Mustern ist **an einen bestimmten Maßstab gebunden**. Wird die Skala zu klein oder zu groß, verschwimmen die regelhaften Strukturen wieder. Da eine Voraussetzung für die Herausbildung von Mustern heterogene Datensätze sind, führt eine Veränderung der Körnung oder des Betrachtungsmaßstabs unter Umständen zum Verlust von differenzierender Flächeninformation. Heterogenität ist als ein Maß für die interne Textur eines Objektes auffassen. Heterogenität ergibt sich also aus der Unähnlichkeit benachbarter Objekte, durch die Variabilität oder den Kontrast zwischen den Objekten.

lierte Karte bzw. ein kleines Gebiet. Versteht man unter Maßstab Ausdehnung, wie es in der angloamerikanischen Literatur oft der Fall ist, wenn von „scale" gesprochen wird, dann bedeutet „groß" eine große Fläche. Versteht man unter Maßstab die Körnung eines räumlichen Datensatzes, heißt „groß" (oder grob) eine geringe Auflösung. In tierökologischen Arbeiten ist mit Maßstab nicht selten der Beeinflussungsbereich gemeint, in einem solchen Fall meint „groß" eine große Reichweite. Und schließlich versteht man mitunter die Organisationsebenen als Betrachtungsmaßstab, also ob beispielsweise von Organismen, Lebensgemeinschaften, Ökosysteme oder Landschaften die Rede ist, dann bedeutet „groß", dass komplexe Einheiten angesprochen sind.

In jedem Fall muss der Untersuchungsmaßstab Objekt und Fragestellung gerecht werden. Das bedeutet, dass die charakteristischen Eigenschaften einer räumlichen Verteilung enthalten sein sollten. Wenn Vorkenntnisse vorliegen, kann der Untersuchungs- oder Erfassungsmaßstab a priori festgelegt werden. Wo es möglich ist, sollte aber immer die Analyse der angemessenen untersuchten Fläche sowie der erforderlichen Auflösung der Daten im Rahmen einer Voruntersuchung durchgeführt werden.

Abb. 4.4

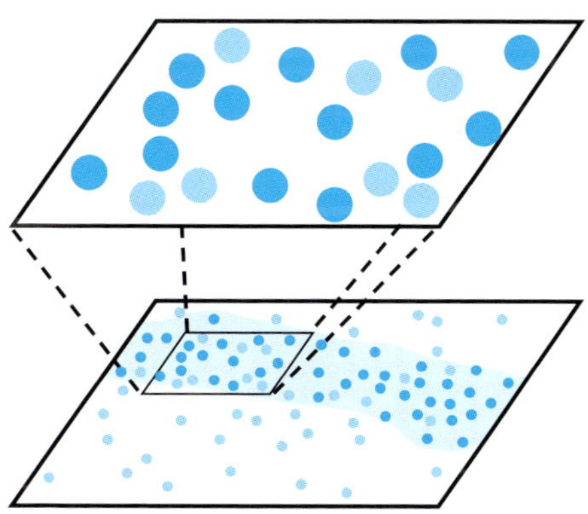

Emergenz eines Musters bezüglich der Verteilung zweier Populationen auf einer bestimmten Maßstabsebene. Wird die Betrachtungsebene zu fein, kann der räumliche Zusammenhang nicht mehr erkannt werden.

Wenn Biodiversitätsfragen behandelt werden, ist der Zusammenhang der getroffenen Aussagen zum Betrachtungsmaßstab besonders eng. Eine hierarchische Analyse der Biodiversität auf verschiedenen ineinander geschachtelten Skalen muss bedenken, dass auf der jeweiligen Skala spezifische Mechanismen wirksam werden (Willis & Whittaker 2002).

4.3 Habitate, Territorien und Home Ranges

Die Raumansprüche einzelner Arten sind unter verschiedenen Gesichtspunkten zu beleuchten. Wir können die charakteristischen Ansprüche an die Umwelt betrachten, das Raumbedürfnis gegenüber innerartlichen Konkurrenten oder räumliche Aktivitätsmuster.

Jeder Art ist eine gewisse ökologische Nische zu eigen (Kap. 3). Entsprechend dieser funktionellen Sicht kann eine räumliche entwickelt werden. Man kommt dann zur räumlichen Organisation bestimmter, funktionell für die Lebensabläufe einer Art bedeutsamer Merkmale. Wir bezeichnen diese räumlichen Ansprüche als das **Habitat** einer Art (s. a. Southwood 1977). Unter einem Habitat verstehen wir also nicht einen einzelnen Ort, sondern eine Kombination räumlicher Eigenschaften, welche die physische Grundlage für das Auftreten einer Population bilden. Ein Habitat kann sich sogar aus mehreren Lokalitäten zusammensetzen. Habitate mit ähnlichen Eigenschaften sind typisierbar (Habitattypen). Allerdings sind Habitate im Grundsatz immer artspezifisch. Eine Habitatkarte ist daher immer nur auf eine einzelne Art bezogen, was auch verständlich ist, da die Arten unterschiedliche und teils überlappende Habitatansprüche besitzen. Eine umfassende Habitatkarte würde daher ein Gewirr unzähliger Linien enthalten.

Bei Pflanzen, Pilzen und den meisten Mikroorganismen ist das Habitatkonzept relativ einfach umzusetzen insofern die Taxa eindeutig identifiziert werden können, da sie keine oder nur geringe Mobilität besitzen. Man kann folglich aus ihrem jeweiligen Vorkommen auf die Umweltbedingungen und die räumlichen Anforderungen schließen. Bei Tieren ist der Fall etwas komplizierter, da sehr viele Arten im Verlauf ihrer Lebenszyklen durchaus unterschiedliche Raumansprüche entwickeln und selbst bei Tieren gleichen Alters unterschiedliche Raumeinheiten für unterschiedliche Tätigkeiten genutzt werden.

Besonders komplex sind die Lebensraumansprüche der Raufußhühner, wie des Auerhuhns (*Tetrao urogallus*) (Abb. 4.5). Sie benötigen ein strukturelles Gefüge, welches Nahrung, Schutz, Balzgelegenheit und weitere Habitateigenschaften bietet.

Zugvögel besitzen ebenfalls ein komplexes Habitat. Es setzt sich aus mindestens zwei räumlich getrennten Bereichen zusammen. Nur die Gesamtheit dieser beiden Raumeinheiten liefert der Art die für ihre Existenz erforderlichen Ressourcen und Raumeigenschaften.

Spezifische Raumansprüche einzelner Individuen (bzw. Reproduktionsgruppen) spielen bei mobilen Tieren eine wichtige Rolle. Sie müssen einerseits die Nutzung begrenzter Ressourcen durch andere Individuen ausschließen und andererseits ihren eigenen Fortpflanzungserfolg gewährleisten. Einen von einem Individuum oder von einer Fortpflanzungsgemeinschaft (Paar, soziale Gruppe) gegen Vertreter derselben Art verteidigten Raum, nennen wir **Territorium oder Revier**. Zur Kennzeichnung des Raumanspruches erfolgen Verhaltensweisen wie die Markierung mittels Duftstoffen oder

Abb. 4.5

Strukturelemente eines Optimalhabitats des Auerhuhns (*Tetrao urogallix*) im Fichtelgebirge:
1) Buchenknospen (*Fagus sylvatica*) als Frühjahrsnahrung für die Hennen; 2) Heidelbeere (*Vaccinium myrtillus*) als Nahrungspflanze; 3) einzeln stehendes Totholz oder tiefe laubfreie Äste für die Baumbalz; 4) versteckte Nistplätze unter tiefastigen Fichten (*Picea abies*); 5) hohe Beerkrautschicht als Schutz bei schlechter Witterung; 6) stehendes und liegendes Totholz als Nahrungsquelle (xylobionte Insekten); 7) Ameisenhaufen als Eiweißquelle für die Küken; 8) Baumstumpen oder andere Aussichtsstandorte für den Hahn bei der Bodenbalz; 9) Vogelbeere (*Sorbus aucuparia*) als Herbst- und Winternahrung; 10) Rohbodenstellen als Huderpfannen und zur Grittaufnahme; 11) dichte Laub- oder Nadelbaumkronen als Schlafplatz oder im Winter bei ungünstiger Witterung (nach Scherzinger 1996 aus Hessberg & Beierkuhnlein 2000).

Lautäußerungen. Die klassische Studie zur Territorialität von Vögeln führte ERICKSON (1938) in Kalifornien an der Chaparral-Timalie (*Chamaea fasciata*) durch (Abb. 4.6). In geeigneten Habitaten des Buschlandes (Chaparral bzw. Macchia) grenzen die ganzjährig besetzten Territorien der Paare bei hoher Individuendichte direkt aneinander. Jungvögel können sich nur etablieren, wenn in direkter Nähe Habitate verfügbar sind. Die Art stellt deshalb aufgrund ihrer starken Territorialität hohe Ansprüche an die Konnektivität des Lebensraumes. Habitate müssen in einer Mindestgröße von ca. 5 ha vorhanden sein, um angenommen zu werden, so dass die zunehmende Fragmentierung durch Infrastruktur und Bautätigkeit sowie die Überführung von Chaparrall in Grasland die Populationen bedroht. Andererseits profitiert diese Vogelart durch die Rodung und Degradierung von Wäldern.

Bei den Rufus-Kolibris (*Selasphorus rufus*) kann sehr schön demonstriert werden, dass die Größe des verteidigten Territoriums in Bezug zur Blütendichte und damit zu den Nahrungsressourcen steht (GASS et al. 1976) (Abb. 4.7). Die Ressourcenverfügbarkeit modifiziert die für Territorien beanspruchte Flächengröße.

Der tierökologische Terminus **Home Range** kennzeichnet den räumlichen Aktivitätsbereich eines Individuums. Diese Aktivität im Raum muss nicht zwangsläufig mit territorialem Verhalten (Verteidigung von Ressourcen und Raum) einhergehen. Eine andere Bezeichnung ist Streifgebiet. Aufgrund der Größe des Gebietes halten sich die Tiere in den einzelnen Teilen nur zeitweise auf. Home Ranges einzelner Individuen können sich daher überlappen. Werkzeuge zur Ermittlung von Home Ranges sind die Fang-/Wiederfang-Methode und die Telemetrie (Kap. 11). Besonders bei stark bedrohten Großsäugern, wie dem Sibirischen oder Amur-Tiger (*Panthera tigris ssp. altaica*), von dem nur noch wenige hundert Tiere existieren, werden die Aktivitätsbereiche einzelner Tiere exakt festgestellt (Abb. 4.8). Die Home Ranges dieser Unterart des Tigers sind aufgrund limitierter Ressourcen 20- bis 40-mal größer als jene des Bengalischen Tigers (*Panthera tigris* ssp. *tigris*). Die Weibchen zeigen allerdings sehr deutliches Revierverhalten mit geringer Überlappung. Die

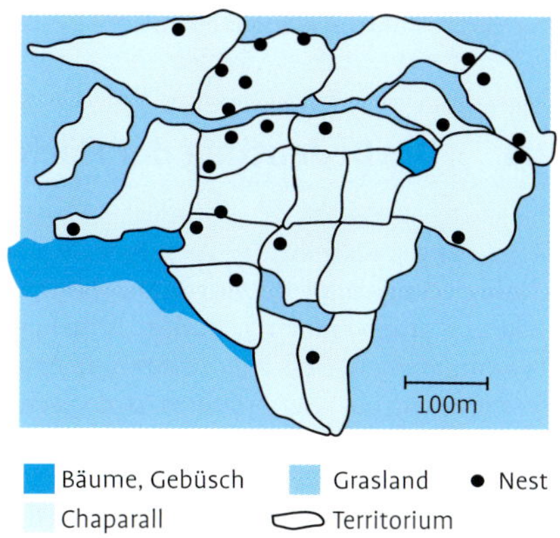

Abb. 4.6

Benachbarte Territorien der kalifornischen Chaparral-Timalie (*Chamaea fasciata*) in einem Talraum (nach ERICKSON 1938).

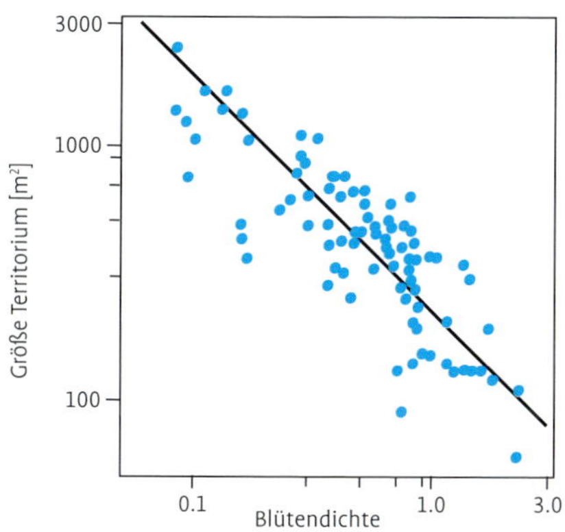

Abb. 4.7

Beziehung zwischen Blütenangebot und der Größe der Territorien bei den nordamerikanischen Rufus-Kolibris (*Selasphorus rufus*) (nach GASS et al. 1976).

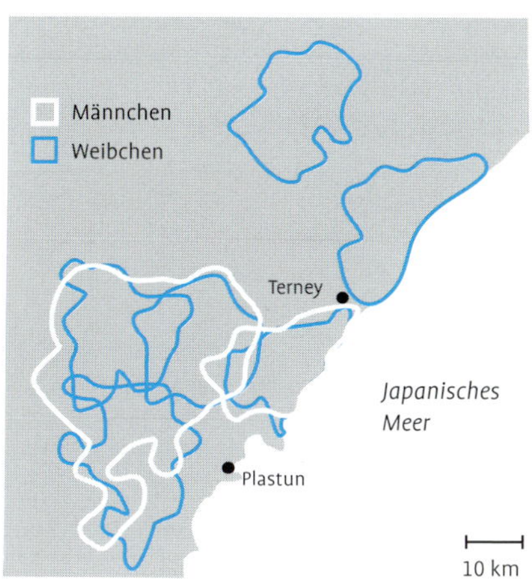

Abb. 4.8

Telemetrisch ermittelte Aktivitätsbereiche (Home Ranges) weiblicher und männlicher Sibirischer Tiger (*Panthera tigris* ssp. *altaica*) im Naturschutzgebiet Zentral-Sikhote-Alin nördlich von Vladivostok (Russland).

Überlagerung der Home Ranges weiblicher und männlicher Tiere ist schon aus Gründen der Reproduktion erforderlich.

4.4 Die Bedeutung der Fläche

Der Bezug zwischen der **Arealgröße** und ökologischen oder phylogenetischen Aspekten wurde vielfach diskutiert. Man kann zwar annehmen, dass weit verbreitete Arten zwangsläufig ein eher breiteres ökologisches Spektrum besitzen als eng verbreitete Arten. Die von Willis 1922 geäußerte These, dass man aus der Arealgröße einer Art oder eines höheren Taxons auf deren phylogenetisches Alter schließen könne, dass also eher ursprüngliche Taxa ein großes Verbreitungsgebiet besitzen und abgeleitete bzw. junge Taxa ein kleines („age and area theory", Willis'sche Regel), ist allerdings nicht aufrechtzuerhalten. Demnach dürfte es keine invasiven Arten geben oder sie müssten nur stammesgeschichtlich alten Gruppen zuzuordnen sein, was keineswegs der Fall ist. Auch Reliktendemiten (s. a. Kap. 6) sprechen gegen diese These. Die Vorfahren des heute einzigen Vertreters der Ginkgo-Bäume lebten seit dem Jura von Alaska über die gesamte Nordhemisphäre bis nach Sibirien und natürlich auch in Europa, wie Fossilienfunde belegen. *Ginkgo huttonii* ist im mittleren Jura Englands (vor ca. 175 Millionen Jahren) nachzuweisen. *Ginkgo adiantoides* ist in Ablagerungen des Jung-Tertiär (ca. 10 Mio. Jahre alt) bei Freising gefunden worden. Heute ist *Ginkgo biloba* natürlicherweise nur in einem kleinen Restareal in Südost-Asien beheimatet. Auf verschiedene Arealformen wird in Kap. 6 näher eingegangen.

Der Zusammenhang zwischen **Flächengröße und Artenzahl** wurde schon frühzeitig postuliert. In den 20er-Jahren stellten Arrhenius (1921) und Gleason (1922) heraus, dass mit der Größe eines Gebietes die Anzahl der Arten wächst. MacArthur & Wilson greifen diesen Zusammenhang 1967 als eines der grundlegenden Motive ihrer Inseltheorie auf (s. u.).

$$S = cA^z \qquad \text{(F 4.1)}$$

S = Artenzahl
c = Konstante (in Abhängigkeit vom regionalen Artenpool oder der betrachteten Artengruppe)
A = Flächengröße
z = Koeffizient (Rate)

Ein linearer Anstieg der Artenzahl mit der Fläche kann nicht erwartet werden. Die Wahrscheinlichkeit des Hinzutretens neuer Arten ist bei einer Vergrößerung kleiner Flächen höher, als wenn ohnehin große Flächen erweitert werden. Im Idealfall kann aber bei logarithmischer Auftragung eine stete Steigung (z) gefunden werden. Der Verlauf von Artenkurven wird durch den verfügbaren Artenpool, wenn man so will durch die Gamma-Diversität und durch den Turnover, also die Rate des Zuwachses mit der Fläche, bestimmt (Abb. 4.9).

Diese Beziehung stimmt zwar tendenziell

Abb. 4.9

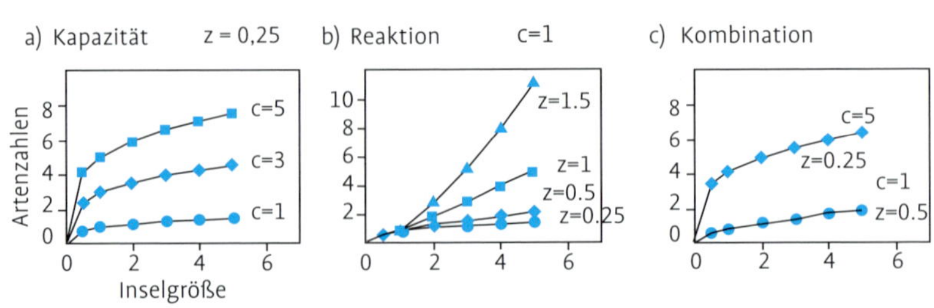

Auswirkung der Veränderung von Parametern auf den Verlauf von Kurven zur Flächenbeziehung der Artenvielfalt. Eine Veränderung des Artenpools c erzeugt eine Verschiebung des erzielbaren Niveaus der Artenvielfalt. Wird der Artenpool konstant gehalten, aber die Rate verändert, mit welcher der Pool auf eine bestimmte Fläche reagiert (z), wird ein unterschiedlich steiler Anstieg bewirkt. Werte von z > 0,3 sind jedoch unrealistisch. In der Natur stellt sich sowohl c als auch z als eine Variable dar. a) Variation der Kapazität bei konstanter Anstiegsrate der Artenvielfalt. b) Variation der Anstiegsrate bei konstanter Kapazität. c) Auswirkungen von Kombinationen der beiden Partner. (Brown und Lomolino 1998).

und ist letztlich bei einem regional-globalen Vergleich trivial, doch wird schon allein bei einem einfachen Versuch in der Agrarlandschaft offensichtlich, dass zahlreiche weitere Faktoren wirksam werden. Modifikationen des Zusammenhangs zwischen Flächengröße und Artenzahl ergeben sich über die Unterschiedlichkeit der Lebensraumdiversität bzw. der Habitatvielfalt innerhalb der Fläche.

Der Ansatz der Ermittlung einer Mindestaufnahmegröße in der Pflanzensoziologie geht ebenfalls von der Annahme des Anstiegs der Artenzahl mit der Fläche aus, doch wird zusätzlich postuliert, dass innerhalb von Pflanzengesellschaften eine Sättigung der Artenzahl mit sukzessiver Flächenerweiterung erreicht wird. Bei homogenen, einheitlich genutzten Lebensgemeinschaften ist dies gut zu sehen (Abb. 4.10). In artenreichen tropischen Regenwäldern ist hingegen keine Sättigung der Pflanzenartenzahl mit der Fläche zu finden.

Die Frage nach der Flächengröße stellt sich bei der Ausweisung von **Schutzgebieten**. Das Akronym SLOSS steht für die Frage: „*Single Large or Several Small*?" Bei der Konzeption von Reservaten muss die Frage beantwortet werden, was vorzuziehen sei, ein zusammenhängendes großes Schutzgebiet oder viele kleine von derselben Gesamtfläche. Eine eindeutige und für alle Fälle richtige Antwort gibt es allerdings nicht. Von den Ansprüchen der Zielarten oder Ziellebensgemeinschaften hängt ab, welches Schutzgebietsdesign zu bevorzugen ist. Sind die Anforderungen der zu fördernden Arten komplex, wird man eher große Gebiete schützen. Werden die positiven Effekte von Metapopulationen mit entsprechend hoher genetischer Vielfalt gewünscht, und erscheint diese Dynamik zwischen den Habitaten realistisch, sind viele kleine Gebiete vorteilhaft.

Nicht nur die Flächengröße selbst hat ökologische Implikationen. Mit der Größe einer Einheit hängt auch zusammen wie groß der relative Anteil ihres Randbereiches ist. Er nimmt mit zunehmender Flächengröße immer weniger stark zu. Randeffekte nehmen mit der Flächengröße ab. Nun werden Randeffekte, versteht man sie als Störung der Ziellebensgemeinschaft, zunächst vielleicht negativ gesehen. Ränder und Grenzbereiche (**Ökotone**) zwischen Ökosystemen zeichnen sich aber durch eine besondere Artenvielfalt aus, weil sich dort nicht nur die Lebensräume unterschiedlicher Arten überlappen, sondern auch, weil die spezifische Heterogenität auf kleinem Raum die Ansprüche charakteristischer Arten der Ökotone befriedigt. Allerdings werden typische Kernzonenarten (z. B. Waldarten) durch zunehmende Störungen negativ beeinflusst.

Abb. 4.10

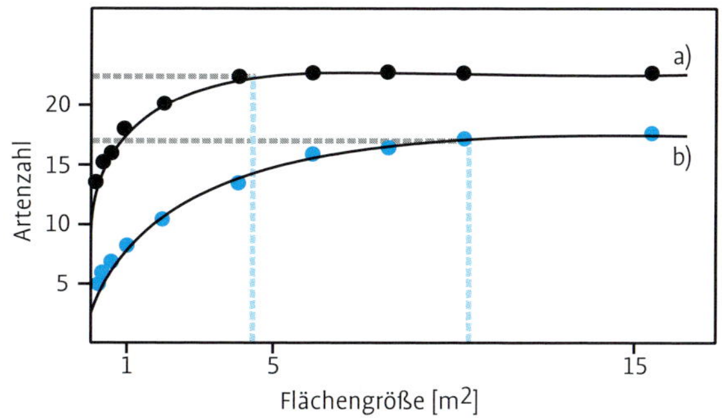

Zunahme der Pflanzenartenzahl mit der Flächengröße a) in einer nährstoffreichen Weidefläche (*Lolio-Cynosuretum*) und b) in einem sauren Eichenwald (*Quercion robori-petraeae*) Mitteleuropas. Die Zunahme erfolgt auf der Weide schneller und die Artenzahl ist höher, aber die für eine Erfassung erforderliche Fläche ist geringer als beim Eichenwald, da eine Sättigung früher erzielt wird (nach Knapp 1984).

Abb. 4.11

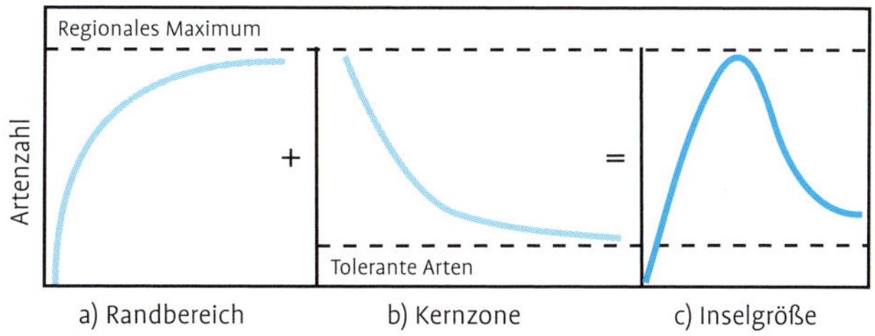

Randeffekte (a), Kerneffekte (b) und kombinierte flächenstrukturelle Einflüsse (c) auf die Artenzahl. Je größer der Randbereich, umso höher ist die Artenzahl, und je größer die Kernzone, umso kleiner ist die Artenzahl (nach Levenson 1981).

Der relative Anteil eines Randbereiches nimmt mit zunehmender Flächengröße immer weniger zu. Mit wachsender Flächengröße machen sich Randeffekte daher weniger bemerkbar. Abbildung 4.11 zeigt, dass die Artenzahl zwar tendenziell von Randeffekten profitiert, aber typische Kernzonenarten (z. B. Waldarten) erst ab einer bestimmten Fläche ins Spiel kommen. Kernzo-

Box 4: „Räumliche Grenzen“

Die räumlichen und zeitlichen Grenzen von Lebensräumen sind keineswegs in allen Fällen sehr klar erkenntlich oder exakt nachvollziehbar. Mit zunehmender Komplexität der Organisationseinheit (z. B. vom Klon über die Biozönose zum Ökosystem) wirken unterschiedlichste Faktoren auf konkrete Rand- bzw. Übergangsbereiche ein. Die abstrakte Definition der Einheiten oder Typen selbst wird mehr und mehr unscharf und hängt von den angewandten Kriterien und ihrer Interpretation ab. Die exakten **Grenzen eines Ökosystems** zu identifizieren ist daher sowohl konkret als auch abstrakt kaum möglich. Da Grenzlinien aber die Grundlage für Handlungen darstellen, ist es erforderlich, räumliche Abgrenzungen vorzunehmen und Entscheidungen bezüglich der Zuordnung von Flächen zu abstrakten Einheiten zu treffen.
In stark menschlich beeinflussten Landschaften (z. B. Ackerland) und bei ortstreuen und stark wirksamen Einflüssen (z. B. manche Flüsse) sind scharfe Grenzen zu finden. Doch muss klar sein, dass viele Lebensgemeinschaften und Ökosysteme durch unscharfe Übergangsbereiche abgegrenzt sind. Die Übergangsbereiche nehmen selbst wiederum eine bestimmte Fläche ein, die sich oft durch besonders hohe Artenvielfalt auszeichnet, weil sich Einflüsse beider Nachbargebiete überlappen. Van Leeuwen (1970) beschreibt scharfe Grenzen als **„limes convergens“** und weiche Übergänge als **„limes divergens“**. Diese ursprünglich nur auf Pflanzengemeinschaften bezogenen Begriffe sind inzwischen in der Biogeographie und Landschaftsforschung etabliert. Wir können aus ökologischer Sicht die Begriffe **„Ökokline“** (für limes divergens) und **„Ökoton“** (für limes convergens) an die Seite stellen. Da die Schärfe einer Grenze aber vom Betrachtungsmaßstab abhängt, wird oftmals allgemein von Ökotonen gesprochen.

nen sind in der Regel weniger artenreich als Randbereiche. Dies bedeutet aber auch, dass der Effekt einer zunehmenden Flächengröße auf die Artenvielfalt nicht konstant ist. Vielmehr ist zu erwarten, dass sich für eine bestimmte Artengruppe ein bezüglich ihrer Artenvielfalt optimales Verhältnis finden lässt.

Wenn Randstrukturen eindeutig identifiziert werden können, also vor allem dann, wenn scharfe Grenzen auftreten, ist die Grenzliniendichte, also die Länge von Grenzbereichen auf einer Bezugsfläche, ein guter Parameter Räume zu charakterisieren. Die alleinige Länge sagt jedoch relativ wenig aus. In den Flurbereinigungsverfahren der 70er-Jahre hat man, wenn überhaupt, die zerstörten netzartig verteilten Heckenbereiche durch geradlinige neu angelegte Hecken ersetzt. Selbst wenn diese dieselbe Länge aufwiesen, so wären ihr Verbindungsgrad und ihre Struktur keineswegs gleichwertig. Eine eindeutige Grenzlinie, auf deren fraktale Natur bereits Benoît Mandelbrot hinwies, ist die Strandlinie zwischen Meer und Land (Abb. 4.12).

Zur Quantifizierung linearer Grenzstrukturen ist die **fraktale Dimension** ein sehr geeigneter Parameter. Der durch Mandelbrot (1987) einführte Begriff des Fraktals ist aus dem lateinischen *„fractus“* (in Stücke zerbrochen, irregulär) abgeleitet. Fraktale kennzeichnen selbstähnliche Strukturen wie die Einbuchtungen eines Waldrandes. Sie entstehen regelhaft auf einer bestimmten Betrachtungsebene immer wieder. Am Beispiel des Waldrandes ist nahe liegend, dass dessen Randeigenschaften durch die Größe und Wuchsform von Gehölzen vorgegeben sind. Sie sind über verschiedene Skalen immer wieder in sich geschachtelt (z. B. durch die Astmorphologie oder die Anordnung und Größe von Blättern).

Abb. 4.12

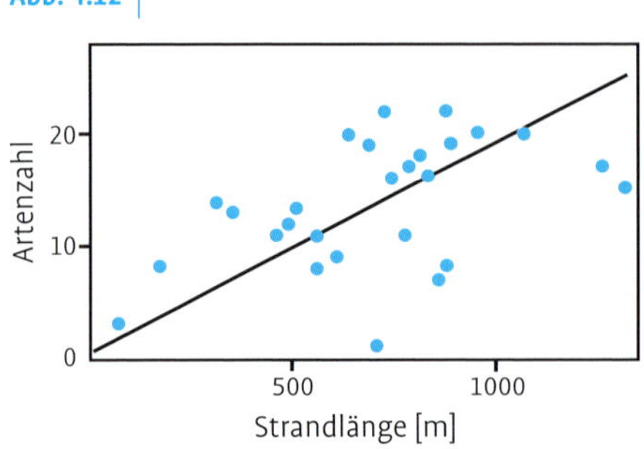

Zahl der Arten mit hydrochoren vegetativen Vermehrungseinheiten, welche sich an einer australischen Küste etablieren konnten. Mit zunehmender Strandlänge wächst die Artenzahl (nach Buckley & Knedlhans 1986).

Ähnliche Größe und Form bedingen den Vorteil immer wieder auftretender vergleichbarer Bedingungen. Hiervon profitieren vor allem Arten, die dazu in der Lage sind, Metapopulationen aufzubauen. Unterschiedliche Größe und Form legt nahe, dass heterogene Bedingungen vorliegen. Es ist wahrscheinlich, dass hiervon unterschiedliche Arten profitieren und sich damit die Gesamtartenzahl des Gebietes (Gamma-Diversität) erhöht.

4.5 Die ökologische Bedeutung der Entfernung

Räumliche Distanz hat einen engen Bezug zu ökologischen Ressourcen und zum Ablauf von Prozessen. Sie bestimmt die Erreichbarkeit und die Intensität von Interaktionen. Zwischen Individuen derselben Art beeinflusst deren Entfernung voneinander unter Umständen den Reproduktionserfolg. Durch zu große Dichte kann andererseits in einer Population Stress induziert werden, der wiederum zu einer geringeren Fitness führt. Die Entfernung zwischen Individuen verschiedener Arten kennzeichnet den Grad der Konkurrenz um Ressourcen. Sie beeinflusst Jagderfolg und Überleben. Betrachtet man Habitate, spielt die Distanz bezüglich der Funktionalität von Metapopulationen eine innerartliche Rolle. Zunehmende Entfernung geht mit einer abnehmenden Wahrscheinlichkeit des Genaustausches zwischen Populationen einher.

Bezogen auf phylogenetische Zusammenhänge wirkt sich die Entfernung von einem Entstehungsgebiet (Genzentrum) in vielen Fällen auf die Zahl der Taxa innerhalb einer übergeordneten systematischen Kategorie aus. Am Beispiel von im Pazifik lebenden Rüsselkäfern der *Curculionidae,* kann gezeigt werden, dass sich die Filter mariner Ausbreitungsbarrieren in einem abnehmenden Erfolg des „Inselhüpfens" und, damit einhergehend, in einer Abnahme der Gattungen manifestiert (Abb. 4.13).

Da solche Filter, wenn auch unterschiedlich stark, bei allen Artengruppen wirken, nimmt die Artenzahl mit wachsendem Grad der Isolation eines Gebietes tendenziell ab. Im terrestrischen Bereich ist dies weniger

Abb. 4.13

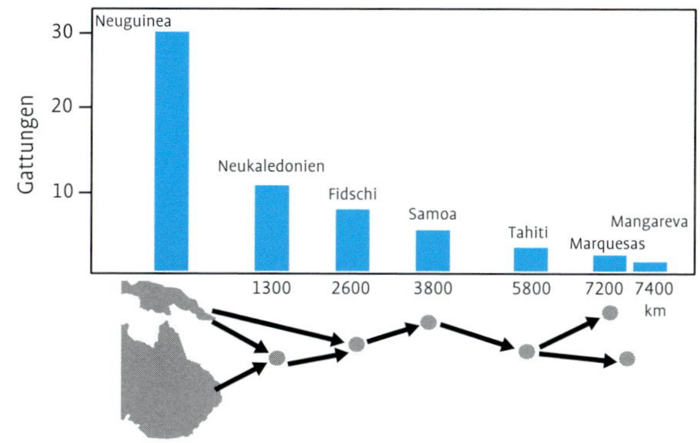

Abnehmende Zahl der Gattungen bei Rüsselkäfern mit zunehmender Entfernung von Australien und Neuguinea (auf der Grundlage von Daten aus Sedlag & Weinert 1987).

Abb. 4.14

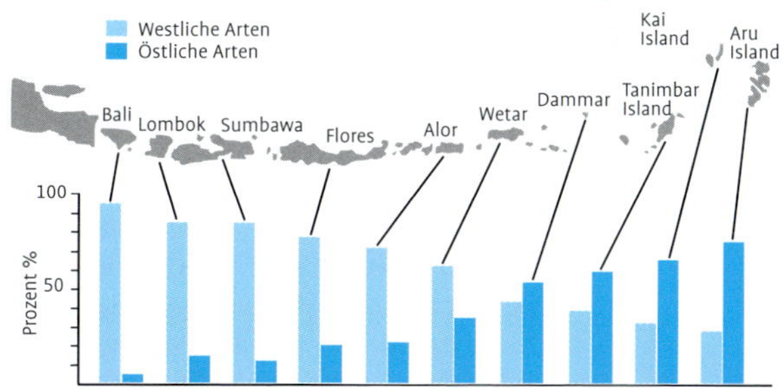

Überlappung palaeotropischer und australischer Reptilienarten im indo-malayischen Archipel (nach Carlquist 1965).

offensichtlich als bei ozeanischen Inseln. Bei Inselketten, welche verschiedene Quellgebiete (z. B. Kontinente) miteinander verbinden, können sich die Einflüsse der entsprechenden Quellgebiete überlappen (Abb. 4.14).

Die Geographie verwendet den aus der Landwirtschaft entlehnten Begriff der Thünen'schen Kreise als Ausdruck für den Einfluss der Entfernung auf die räumliche Organisation. Johann Heinrich von Thünen (1783–1850) hatte für Güter in Mecklenburg ein Bewirtschaftungskonzept erarbeitet, welches die intensiveren Landbewirtschaftungen in der Nähe des Hofes und die weniger aufwändigen fern von diesem ansiedelte. Damit ergab sich vom Bezugspunkt aus ein Gradient der Intensität der Landnutzung. Vergleichbare Gesetzmäßigkeiten

Merksatz

Die Tendenz zur Unähnlichkeit zwischen Datensätzen wächst mit ihrer räumlichen Entfernung.

Merksatz

Heterogenität beschreibt die Bandbreite bzw. den Bereich von Unähnlichkeit zwischen allen Objekten eines Datensatzes.

finden wir in der Ökologie und der Biogeographie. Tierarten nutzen die Ressourcen ihres Habitates selektiv in Abhängigkeit von der notwendigen Investition an Energie in verschiedenen Raumeinheiten.

Mit der Distanz wächst schließlich aufgrund der abnehmenden Wahrscheinlichkeit der funktionellen Interaktion, tendenziell die Unähnlichkeit zwischen Objekten. Dies gilt sowohl für die genetische Ausstattung von Lebewesen als auch für die Artenzusammensetzung von Lebensgemeinschaften. Das eingangs zu diesem Kapitel vermerkte Zitat von Waldo Tobler (1970) bezeichnet eine grundsätzliche geographische Gesetzmäßigkeit („the first law in geography"). Im anglo-amerikanischen Sprachraum wird diese als „**Distance-Decay**" bezeichnet, also als die Abnahme bzw. den Verfall der Ähnlichkeit mit der Distanz.

Nekola & White (1999) zeigen, dass die Abnahme der Ähnlichkeit pflanzlicher Lebensgemeinschaften in nordamerikanischen Nadelwäldern für verschiedene Artengruppen unterschiedlich verläuft. Bei Moosen, welche sehr effiziente Ausbreitungsmechanismen besitzen aber relativ konkurrenzschwach sind, ist der Entfernungseffekt weniger deutlich ausgebildet als bei höheren Pflanzen. Innerhalb der letzteren zeigen zoochore Arten einen deutlich steileren Gradienten als anemochore Arten. Klimatische Gradienten werden also durch die jeweiligen Ausbreitungsstrategien überlagert.

Abb. 4.15

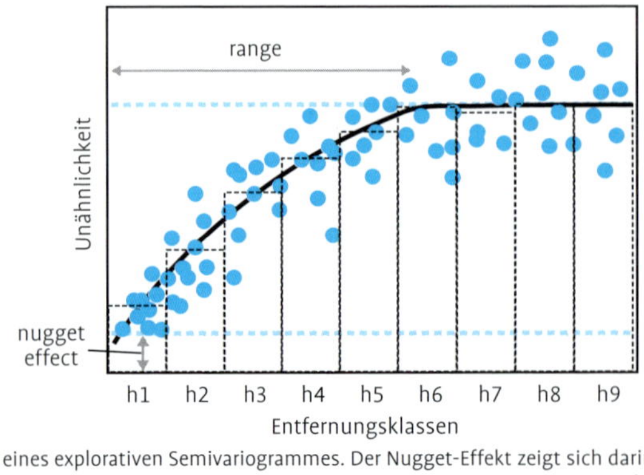

Beispiel eines explorativen Semivariogrammes. Der Nugget-Effekt zeigt sich darin, dass die Unähnlichkeit Null nicht erreicht wird. Autokorrelation ist in den ersten Entfernungsklassen erkennbar (nach Wackernagel 1995, verändert).

Die **Semivarianz** ergibt sich aus den quadrierten Differenzen zwischen den verglichenen Datenpaaren in einer Entfernungsklasse (F 4.2). Die grafische Darstellung der Semivarianzen für verschiedene Entfernungsklassen führt zu Semivariogrammen (Abb. 4.15). In ihnen wird die Unähnlichkeit zwischen Objekten gegen ihre Distanz aufgetragen. Sie sind eine Möglichkeit der Darstellung und Analyse räumlicher Heterogenität bzw. Homogenität einer Fläche oder einer Landschaft. Aus dem Verlauf der Steigung kann sowohl auf Korrelation bzw. Autokorrelation (zu große Nähe zwischen den Punkten und damit gegenseitige direkte Beeinflussung) und auf fraktale Dimensionen (Ebenen der Heterogenität) geschlossen werden.

$$\gamma_h = \sum_i^{n-h} (X_i - X_{i+h})^2/2n \qquad \text{(F 4.2)}$$

gamma	=	Semivarianz für eine Entfernungsklasse
Xi	=	Wert der Variable am Ort i
Xi+h	=	Wert der Variable am Ort i+h
n	=	Anzahl der Orte (Datensätze)
n–h	=	Anzahl der Vergleiche in einer Entfernungsklasse

Nach einem Anstieg der Semivarianz bei kurzen Distanzen erreicht diese einen Schwellenwert, welcher der Varianz entspricht. Um diesen Wert bewegen sich dann die weiteren Werte. Ein Problem der Datenstruktur ist, dass mit zunehmender Entfernung immer weniger Punktpaare zur Verfügung stehen und somit die einzelnen Entfernungsklassen ungleich repräsentiert sind. Die Analyse von Semivariogrammen kann für geostatistische Interpolationen (z. B. Kriging) genutzt werden.

Eigentlich müssten bei einer gegen Null gehenden Distanz benachbarte und sich schließlich deckende Datensätze identisch werden. Sehr oft ist aber zu beobachten, dass eine gewisse Variabilität bzw. ein statistisches Rauschen der Vergleichsdaten nicht unterschritten werden kann. Wir sprechen dann vom **Nugget-Effekt**. Diese Bezeichnung ist darauf zurückzuführen, dass in Lagerstätten gediegenes Gold in „Körnchen" (Nuggets) auftritt, welche immer in gewisser Weise mit Verunreinigungen durchmischt sind. Bei Lebensgemeinschaften bewirken, ganz abgesehen von Ermittlungsfehlern, bereits geringe Zeitunterschiede Schwankungen der Artenzusammensetzung.

Allerdings treten in Datensätzen zwischen eng benachbarten Daten oft starke **Autokorrelationen** auf, welche einen deutlich steileren Anstieg der Kurve bei kurzen Distanzen bewirken (Abb. 4.16). Zeigt ein Datensatz keinen Anstieg im Bereich der kürzesten Distanzen, dann ist er nicht durch derartige Autokorrelation beeinflusst und die Mindestdistanz zwischen Erhebungsflächen wurde nicht unterschritten. Fällt die Ähnlichkeit zwischen Objekten bei den extremsten Distanzen stark ab, ist dies hingegen ein Hinweis auf ein nicht einheitliches Untersuchungsgebiet. Es sollte dann überprüft werden, ob die betrachtete Fläche verkleinert werden kann.

Wenn Gradienten in alle Richtungen gleich verlaufen, spricht man von **Isotropie**. Dies ist aber nur selten der Fall. Richtungsabhängige Gradienten müssen daher identifiziert werden, um wirklich die Variabilität in Bezug zur räumlichen Entfernung zu erfassen (Whittaker 1967). Mit Hilfe eines Toleranzwinkels der räumlichen Richtung der zu erfassenden Daten kann der Einfluss der **Anisotropie**, die sich aus der Kombination von Distanzen verschiedener Richtungen ergeben kann, eingegrenzt werden. Auch ist es möglich Richtungsabhängigkeit über Koordinatentransformation zu korrigieren. In diesem Fall wird eine Zielrichtung festgelegt, und je stärker die Datenpunkte hiervon räumlich abweichen umso geringer werden sie bei der Auswertung gewichtet.

4.6 Inselbiogeographie

Eine zentrale Theorie der Biogeographie und der Ökologie wurde 1967 durch MacArthur & Wilson entwickelt. Ihr Buch „*The theory of island biogeography*" begründete die mathematisch basierte Hypothesenentwicklung in der Ökologie von Lebensgemeinschaften und der Biodiversitätsforschung. Das Buch ist eines der stimulierendsten und meistzitierten Werke der Biologie und der Geographie des 20. Jahrhunderts.

Die Theorie der Inselbiogeographie wird oft als **Gleichgewichtstheorie** bezeichnet,

Abb. 4.16

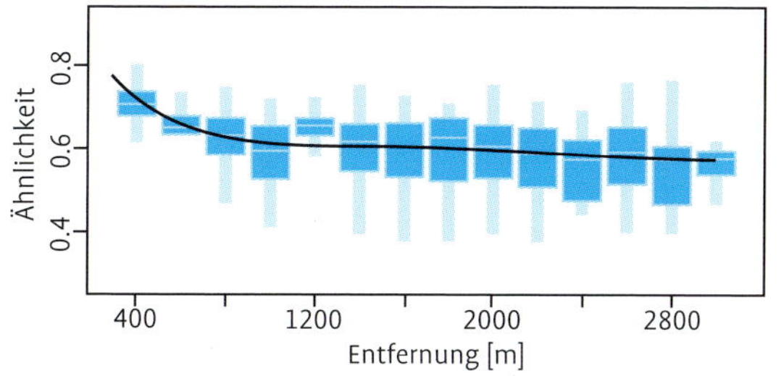

Autokorrelation über geringe Distanzen in mediterraner Gebüschvegetation in Nordmarokko. Bei Einhaltung einer Distanz von etwa 500 m sind die Datensätze gut vergleichbar (nach unveröff. Daten von Jurasinski).

denn sie formuliert Annahmen bezüglich ablaufender Prozesse (**Immigration und Extinktion**) in Bezug zu räumlichen Variablen (**Größe und Entfernung**) mit der Zielgröße, der sich letztendlich bei langfristigem Gleichgewicht der Prozesse einstellenden **Gleichgewichtsartenzahl**. Unberücksichtigt bleibt die Individuenzahl, welche aber ebenfalls in Beziehung zur Flächengröße aber auch zur Artenzahl steht.

Ein Zusammenhang zwischen der Artenzahl und der betrachteten Fläche war bereits früher, z. B. durch von Humboldt, Arrhenius oder Gleason, beschrieben worden. Darlington (1957) hatte schon eine Quantifizierung des Zusammenhangs versucht, indem er auf der Grundlage empirischer Daten abgeleitet hatte, dass sich die Artenzahl vieler Artengruppen mit der Verzehnfachung der Fläche in etwa verdoppelt. MacArthur & Wilson entwickelten nun aber eine generelle Theorie mit prognostischem Anspruch. Sie wählten Inseln aus dem Grund, weil diese klar abgegrenzte Einheiten in einer lebensfeindlichen Matrix darstellen, und ihre Flächengröße exakt gemessen werden kann (Abb. 4.17). Ihr Anspruch war die Übertragung der Theorie auf terrestrische Lebensräume. Am Beginn ihres Buches verweisen MacArthur & Wilson als Motivation auf die zunehmende Fragmentierung natürlicher Ökosysteme durch menschliche Landnutzung.

MacArthur & Wilson erweitern das formelle Konzept der potenziellen Artenvielfalt einer Fläche durch die Einbeziehung der Entfernung zwischen Lebensräumen als Variable. Bei Inseln kann deren Distanz zu

Abb. 4.17

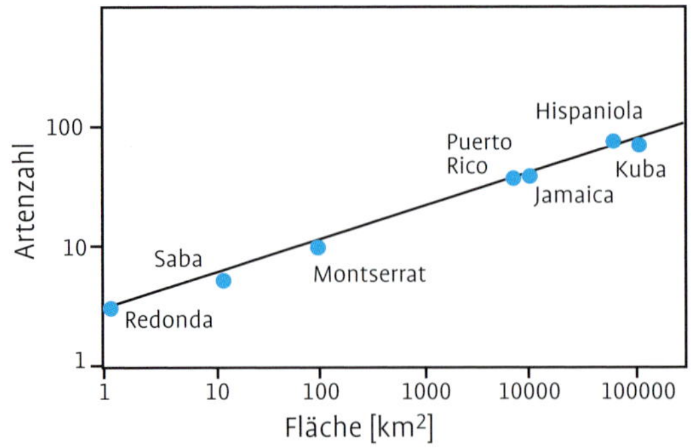

Enge Korrelation der Artenzahl von Amphibien und Reptilien mit der Flächengröße karibischer Inseln (nach MACARTHUR & WILSON 1967).

einem Quellgebiet der Besiedlung (Kontinent) ebenfalls genau ermittelt werden. Aus untersuchten Floren und Faunen ist zu erkennen, dass stark isolierte Inseln eine gewisse Untersättigung von Arten aufweisen. Die Autoren nehmen nun an, dass sich die Flächengröße einer Insel in erster Linie bei den **Aussterberaten** bemerkbar machen würde, da bei kleinen Inseln das Unterschreiten einer Mindestgröße von Populationen wahrscheinlicher sei. Die Distanz wiederum wirke sich vor allem auf die **Immigrationsraten** aus, da sie wie ein Filter die Effizienz von Vektoren minimiere. Werden lange Zeiträume berücksichtigt, dann kann für eine Insel definierter Größe und Entfernung vom Kontinent angenommen werden, dass sich ein Gleichgewicht der beiden Mechanismen einstellen wird. Hieraus kann die Gleichgewichtsartenzahl abgeleitet werden (Abb. 4.18). Die Geschwindigkeit, mit welcher dieser stabile Zustand erreicht wird, wird durch den Artenumsatz (Turnover) beeinflusst, welcher beispielsweise durch die genutzten Vektoren oder die Lebensdauer von Individuen modifiziert wird. Somit ergeben sich für unterschiedliche Artengruppen (z. B. Insekten und Reptilien) unterschiedliche Zeiträume bis zur Einstellung von Gleichgewichten.

Abb. 4.18

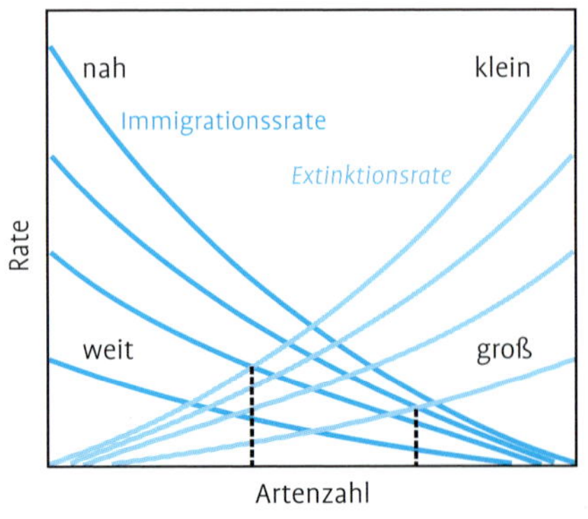

Grundkonzept der Inseltheorie. Die Gleichgewichtsartenzahl ergibt sich aus den jeweiligen Einwanderungsraten und Aussterberaten. Sie stellt die Projektion des Gleichgewichtes von Einwanderung und Aussterben dar. Deren Raten werden modifiziert durch die Entfernung von einem Quellgebiet bzw. Kontinent (Immigrationsrate) und durch die Flächengröße des Lebensraumes bzw. der Insel (Aussterberate) (nach MACARTHUR & WILSON 1967).

Dieses Konzept führt zu folgenden vernünftigen Implikationen: Wenn die Artenzahl noch gering ist, dann wird die Immigrationsrate hoch sein. Viele ökologische Nischen sind noch unbesetzt. Die Aussterberate ist hingegen klein, weil den Populationen der wenigen Arten relativ viele Ressourcen zur Verfügung stehen, die Artenzahl wird also in der Konsequenz zunehmen. Ist die Artenzahl sehr hoch, werden sich nur noch wenige zusätzliche Arten etablieren können und die Aussterberate wird relativ groß sein. Als Folge muss es zu einer Abnahme der Artenzahl kommen. Mit der Zeit stellt sich über diese Prozesse ein spezifisches Gleichgewicht der Artenzahl ein.

Da der Zusammenhang zwischen Immigrationsrate und Artenvielfalt durch die Distanz der Insel vom Festland sowie der Abhängigkeit der Extinktionsrate von der Inselgröße modifiziert wird, ergibt sich für die spezifischen Eigenschaften jeder Insel eine individuelle Gleichgewichtsartenzahl.

Der Verlauf der Kurven ist nicht linear, sondern steigt logarithmisch an. Verschieben sich daher die Parameter, kommt es zu entsprechend starken Reaktionen. Vergleicht man drei Inseln unterschiedlicher Größe in zwei Distanzen zu einem Kontinent, nimmt die Artenzahl auf den entfernten Inseln mit der Fläche stärker zu als bei nahe gelegenen. Auf entfernten Inseln ist die Immigrationsrate geringer und somit überwiegt der flächenabhängige Einfluss der Aussterberaten (Abb. 4.19).

Entsprechend ist bei einem Vergleich unterschiedlich entfernter Inseln gleicher Größe die Immigrationsrate die wesentliche

Variable. Der Logarithmus der Artenzahl nimmt auf kleinen Inseln stärker mit der Distanz vom Kontinent ab, als auf großen Inseln (Abb. 4.20).

Bei sehr kleinen Flächen erreicht die Inseltheorie eine offensichtliche Grenze. Ihre Gesetzmäßigkeiten scheinen außer Kraft gesetzt, was ganz einfach in den biotischen Skalen begründet ist. Ab einer gewissen Mindestgröße nimmt beispielsweise die Artenzahl von Kleintieren nicht weiter ab, solange besiedelbarer Raum zur Verfügung steht (Abb. 4.21). Die verbleibenden Tiere sind nicht von einem spezifischen Flächenangebot abhängig.

Wenn der Turnover auf kleinen Inseln sehr groß ist, dann werden Aussterberaten mehr und mehr flächenunabhängig. Stochastische Prozesse herrschen vor. Einzelne Störungen, die auf größeren Inseln zum Erhalt von Metapopulationen und zu einem Habitatmosaik beitragen, können substanzielle Änderungen herbeiführen. Als Folge hiervon wird sich bei sehr kleinen Inseln keine enge Beziehung der Artenzahl zur Flächengröße mehr feststellen lassen (Abb. 4.22).

Weitere Abwandlungen der Grundtheorie ergeben sich durch die Tatsache, dass die Größe einer Insel nicht nur bezüglich der Aussterberaten wirksam wird, sondern durch die Größe auch die Immigrationsraten beeinflusst werden. Eine große Insel modifiziert das Klima und wirkt sich auf die Bewölkung aus. Sie stellt hierdurch ein weithin sichtbares Ziel dar („target"). Visuell orientierte Tierarten, wie Vögel, können sie leichter erkennen als kleinere Inseln und entsprechend gezielt ansteuern. Aber auch bei gerichteten Vektoren fangen größere Flächen einen breiteren Querschnitt transportierter Organismen ab, als kleine Flächen. Die Beeinflussung der Immigrationsrate durch die Größe einer Insel wird daher als „**Target Area Effect**" bezeichnet (Abb. 4.23).

Entsprechend ist die Entfernung einer Insel vom Kontinent, also von der Quelle zuwandernder Arten, nicht nur bedeutsam für die Immigrationsrate. Der „**Rescue Effect**" kennzeichnet die Tatsache, dass nahe an einem Kontinent gelegene Inseln eher die Wahrscheinlichkeit zeigen, dass bei Arten, deren Populationen zurückgehen, immer

Abb. 4.19

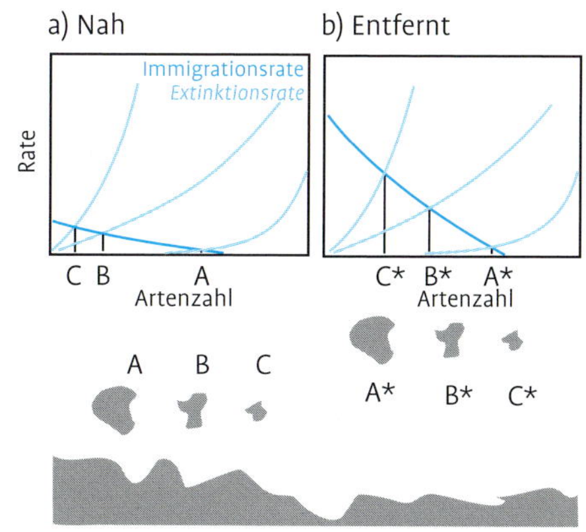

Annahme zur Beeinflussung der Immigrationsrate ozeanischer Inseln durch die Entfernung von einem Quellgebiet (Kontinent). Die Artenzahl auf den entfernten Inseln reagiert sensibler auf veränderte Flächengrößen (nach MACARTHUR & WILSON 1967).

Abb. 4.20

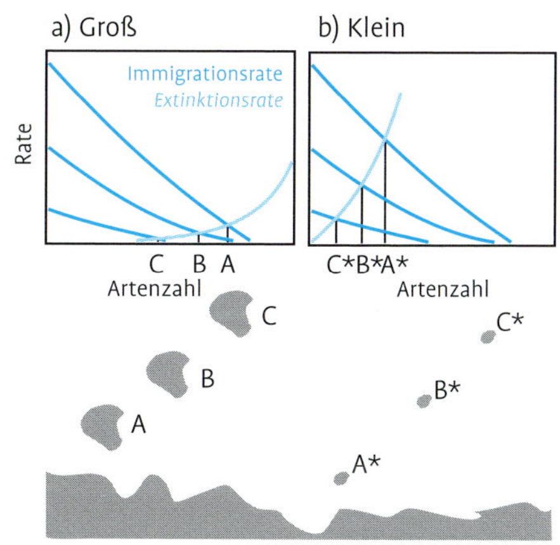

Annahme zur Beeinflussung der Aussterberate ozeanischer Inseln durch ihre Flächengröße. In diesem Beispiel ist die Flächengröße konstant (nach MACARTHUR & WILSON 1967).

wieder Individuen nachgeliefert werden. Diese Individuen erhöhen die Wahrscheinlichkeit des Überlebens der Art auf der Insel (Abb. 4.24).

Bislang haben wir uns auf die Analyse der Artenvielfalt einzelner Lebensräume konzentriert. Inseln und isolierte Lebensräume sind aber nur sehr selten wirklich für sich alleine stehend. Oft haben die für ihre Herausbildung verantwortlichen Prozesse in der Nähe ähnliche Strukturen entstehen lassen. Diese sind mitunter nicht als dauer-

Abb. 4.21

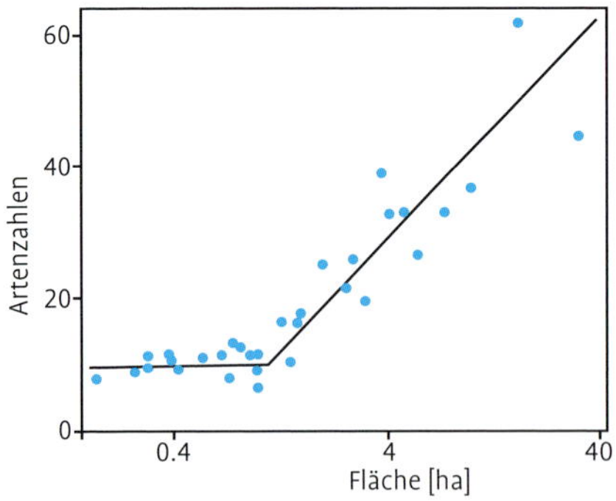

Grenzen der Flächenbeziehung der Aussterberaten am Beispiel des mikronesischen Kapingamarangi-Atolls. Auf sehr kleinen Inseln nimmt die Artenzahl nicht weiter ab (auf der Grundlage von Daten nach NIERING 1963 und nach MACARTHUR & WILSON 1967).

Abb. 4.22

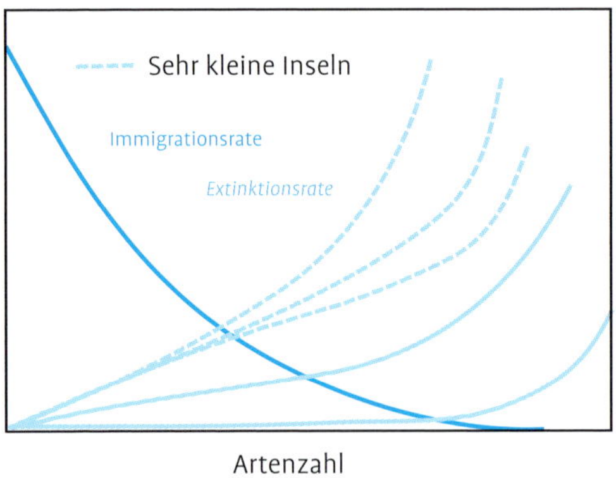

Bei sehr kleinen Inseln wirkt sich unterschiedlicher Turnover der Artenzusammensetzung stark aus. Die Extinktionsraten verlieren dann ihre enge Flächenabhängigkeit (nach MACARTHUR & WILSON 1967).

Abb. 4.23

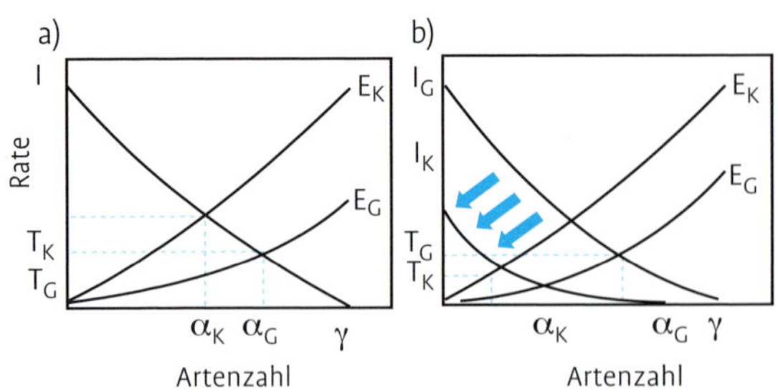

Der „Target Area Effect" kennzeichnet die Tatsache, dass sich die Größe einer Insel nicht nur auf die Extinktionsrate, sondern auch auf die Einwanderung auswirken kann. Große Inseln stellen sozusagen ein besseres Ziel für das Erreichen durch mobile Arten dar. a) Ausgangsmodell der Inseltheorie. b) Target Area Effect. (I = Immigrationsrate, E = Extinktionsrate, T = Turnoverrate, α = Gleichgewichtsartenzahl, γ = Speziespool der Quelle (Kontinent), G = große Inseln, K = kleine Inseln).

haft besiedelbare Lebensräume geeignet, aber ermöglichen mobilen Arten, wie beispielsweise Vögeln, Rast und Nahrungsaufnahme. Wir sprechen dann von **Trittsteinen** bzw. **Trittsteinbiotopen** (Abb. 4.25). Die Zahl der Trittsteine zwischen isolierten Lebensräumen verkürzt die zu überbrückende Distanz und erhöht die Immigrationsrate.

Noch wirksamer ist es, wenn mehrere geeignete Lebensräume in enger Nachbarschaft angeordnet sind. Treten vergleichbare Inseln in einem Archipel zusammen, bewirkt dies eine Erhöhung der Besiedlungswahrscheinlichkeit der einzelnen beteiligten Lebensräume (Abb. 4.26).

Doch neben der Entfernung und der Größe sind weitere Variable zu bedenken. Mit der Größe von Inseln – aber auch von terrestrischen Isolaten – wächst die Wahrscheinlichkeit des Auftretens standörtlicher Unterschiede innerhalb einer gegebenen Fläche. Die Flächengröße wird nun in ihrer Wirkung durch die Qualität und Heterogenität des Habitatangebotes modifiziert. Ist die Insel reliefiert bzw. ist der Lebensraum strukturiert ergeben sich Lebensmöglichkeiten für mehr Tier- und Pflanzenarten als bei einer einförmigen Fläche. Die Zunahme der Artenzahl mit der Inselgröße kann daher mit wachsender **Lebensraumvielfalt** einhergehen, welche unter Umständen einen sehr viel stärkeren Einfluss auszuüben vermag (Abb. 4.27). Im Konzept von MACARTHUR & WILSON sind aber weder die dreidimensionale Oberfläche einer Insel noch die damit einhergehende Standortvielfalt berücksichtigt. Die Flächenform einer Insel wirkt sich schließlich noch über die Grenzlinienlänge auf Flächeneigenschaften aus. Bei gleicher Größe können unterschiedlich starke Randeffekte wirksam werden.

BECKAGE & CLARK (2003) stellen über den Einfluss für das Überleben und die Entwicklung von Baumarten die Bedeutung der räumlichen Heterogenität für die Biodiversität in Wäldern heraus. Kleinräumige Unterschiede der Standortbedingungen ermöglichen über spezifische „safe sites" für die Regeneration einer größeren Zahl von Arten den Erhalt von Populationen und damit die Entwicklung artenreicher gemischter Bestände unabhängig von der Flächengröße.

Zahlreiche weitere Einflussgrößen wirken auf die Artenzahl von Inseln ein, ohne dass sie in der Gleichgewichtstheorie berücksichtigt wären. Die kalkulatorische Ermittlung der Artenzahl aus den Parametern Größe und Entfernung ignoriert beispielsweise die Tatsache, dass viele Vektoren gerichtet sind. Nicht allein die Entfernung von einem Kontinent ist entscheidend, sondern auch die Richtung der potenziellen Transportvektoren. Sind beispielsweise starke küstenparallele Meeresströmungen wirksam, wie dies bei den Kanaren der Fall ist, dann werden hydrochore Arten kaum auf eine vorgelagerte Insel gelangen. Leicht verständlich ist, dass die vorherrschende Windrichtung Einfluss auf den Transport anemochorer Pflanzenarten, auf die Verdriftung flugfähiger Tiere und auf den Langstreckentransport mikrobiellen Luftplanktons hat.

Grundsätzlich ist die Übertragung der Inseltheorie auf terrestrische Isolate, wenn auch von MacArthur & Wilson bereits von Beginn an angestrebt, nicht trivial. Zunächst muss berücksichtigt werden, dass in terrestrischen Ökosystemen eine Unterscheidung in 0/1 Habitateignung, also Meer/Land, nicht möglich ist. Es bestehen zahlreiche Lebensgemeinschaften nebeneinander, mit teilweise graduellen Übergängen zwischen diesen. Und die Matrix, welche ein fragmentiertes (Rest-) Habitat umgibt, kann in unterschiedlichem Grad von diesem Lebensraum abweichen. Eine Waldfläche in einem landwirtschaftlich genutzten Wiesengebiet, ist eventuell weniger stark isoliert als eine gleich große und gleichartig beschaffene Fläche in einer Stadt.

Es ist auch zu beachten, dass sich die Gleichgewichtstheorie der Inselbiogeographie ausschließlich auf die Artenzahl konzentriert. Andere Größen, wie die Abundanz (Individuenzahl) von Arten werden nur implizit berücksichtigt (über die Aussterberate), evolutionsgeschichtliche Aspekte werden ignoriert. Gerade Letzteres zeichnet Inseln aber im Vergleich mit kontinentalen Lebensräumen besonders aus und erklärt ihre spezifische Fauna und Flora (Whittaker & Fernandez-Palacios 2006).

Bedingt durch die bei der Besiedlung wirkenden Filter (Zeit, Vektoren, Entfernung vom Kontinent etc.) kann nicht das gesamte, auf Kontinenten evoluierte Artenspektrum Inseln erreichen. Die sich etablierenden Arten können daher über adaptive Radiation unbesetzte ökologische Nischen einnehmen und neue Arten differenzieren.

Aufgrund der Isolation der etablierten Populationen ist auf Inseln die Durchmischung mit Quellpopulationen gering bis fehlend. Zwar sinkt mit wachsender Entfernung von einem Kontinent die Artenzahl von Inseln, aber ihr Endemitenanteil wächst (Abb. 4.28). Vielen endemischen Tierarten fehlen typische Reaktionsmuster auf Prädatoren wie Scheu oder Fluchtverhalten. Zusätzlich ist oft bei ehemals flugfähigen Taxa diese Form der Mobilität herausselektiert

Abb. 4.24

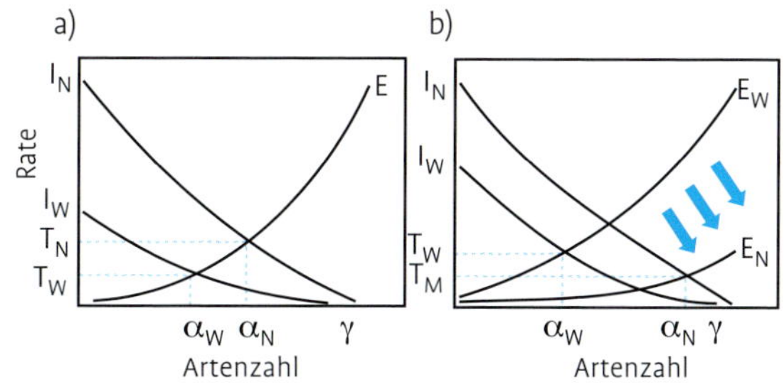

Der „Rescue Effect" vermittelt, dass sich die Entfernung einer Insel vom Festland nicht nur auf die Immigrationsrate, sondern auch auf die Wahrscheinlichkeit des lokalen Aussterbens auswirkt. Je näher eine Insel zu einer Besiedlungsquelle gelegen ist, umso größer ist die Wahrscheinlichkeit, dass einzelne, hinzukommende Individuen eine zurückgehende Population erhalten. a) Ausgangsmodell der Inseltheorie. b) Rescue Effect. (I = Immigrationsrate, E = Extinktionsrate, T = Turnoverrate, α = Gleichgewichtsartenzahl, γ = Speziespool der Quelle (Kontinent), N = nahe gelegene Inseln, W = weit entfernte Inseln).

Abb. 4.25

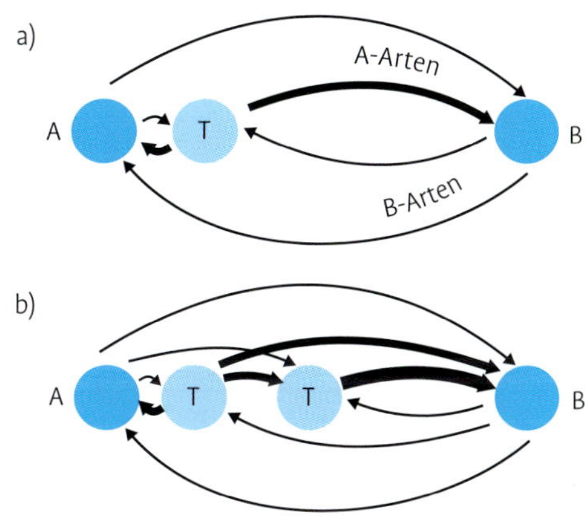

Zahl und Anordnung von Trittsteinen, welche nicht als dauerhafter Lebensraum geeignet sind, modifizieren die Interaktion zwischen Habitaten (nach MacArthur & Wilson 1967).

Abb. 4.26

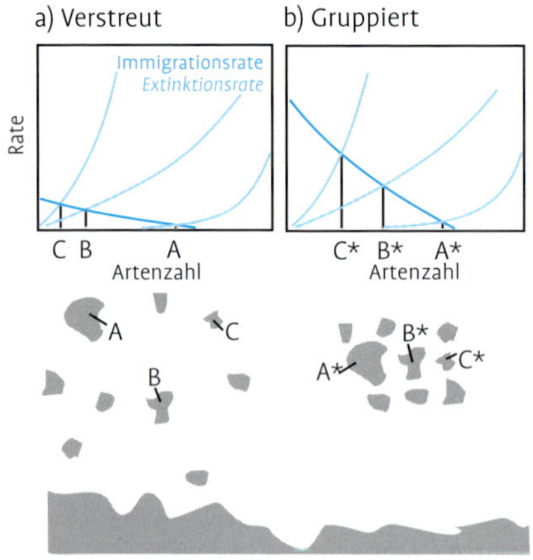

Annahmen zum Einfluss der Aggregierung von Inseln auf die Immigrationsrate. Die Klumpung der Habitate (A, B, C) modifiziert (erhöht) die Einwanderungsrate einzelner Inseln (nach MACARTHUR & WILSON 1967).

Abb. 4.27

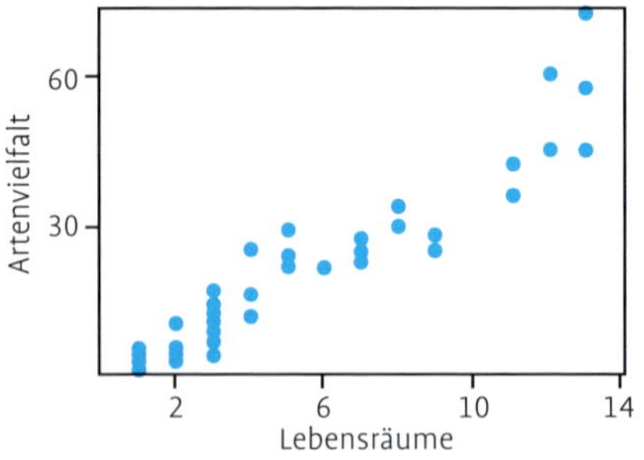

Zunahme der Artenzahl zweikeimblättriger Pflanzen (*Magnoliophytina*) mit der Anzahl der verfügbaren Habitattypen auf kleinen unbewohnten Inseln der Shetlands. Die Daten wurden durch Transektbegehungen ermittelt (nach KOHN & WALSH 1994).

Abb. 4.28

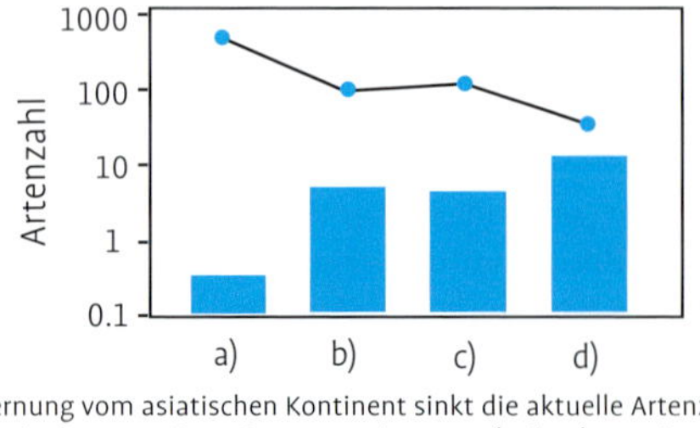

Mit der Entfernung vom asiatischen Kontinent sinkt die aktuelle Artenzahl pazifischer Inseln (Linie), doch nimmt ihr Endemitenreichtum zu (Balken). Mit der menschlichen Besiedlung kam es allerdings zum Aussterben vieler Endemiten. a) Inseln nahe am asiatischen Kontinent; b) Inseln im westlichen Pazifik; c) Inseln im zentralen Pazifik; d) Inseln im östlichen Pazifik (nach GREENWAY 1967).

worden, weil sie mit dem Risiko der Verdriftung von einem geeigneten, extrem isolierten Habitat verbunden ist. Wo herbivore Tierarten fehlten, haben sich bei Pflanzen deutlich ausgeprägte Schutzmechanismen wie Bewehrung zurückentwickelt, und es ließen sich noch mannigfaltige weitere Spezifika erwähnen. Die Folgen der menschlichen Okkupation solcher Lebensräume sind nahe liegend, doch kann der enorme direkte und indirekte Einfluss des Menschen auf die besonders sensible Inselfauna nicht durch die Inseltheorie erklärt werden. Die hohe Zahl ausgestorbener endemischer insulärer Arten hat nichts mit Flächengröße und Zuwanderung, sondern vor allem und nahezu ausschließlich mit dem Eindringen des Menschen in Ökosysteme zu tun, in welchen über sehr lange Zeiträume auf den Kontinenten ausgefüllte ökologische Nischen unbesetzt waren, also die Arten keine Strategien zum Umgang mit derart aggressiven und effektiven Organismen entwickelt hatten.

Eine weitere ökologische Besonderheit von Inseln, bzw. ihrer Bewohner, hat indirekt etwas mit den räumlichen Eingeschaften zu tun: Die Anpassung der Körpergröße an die ungünstigen Rahmenbedingungen bezüglich verfügbarer Ressourcen und an die günstige Kondition fehlender Prädation. Innerartlich sieht man diesen Zusammenhang beim indonesischen Prevost-Schönhörnchen (*Callosciurus prevosti*) (Abb. 4.29). Seine Nahrung besteht aus Samen, Knospen, jungen Trieben, Vogeleiern und Insekten. Mit zunehmender Inselgröße ist zunächst eine positive Reaktion der Körpergröße zu bemerken. Allerdings zeigen die größten Inseln erneut eine Abnahme der mittleren Individuengröße, was eventuell durch die dort vorhandenen und wirksam werdenden Prädatoren erklärt werden kann.

Bei kleinen Arten wird Ressourcenlimitation weniger stark wirksam. Da Prädatoren oft bzw. lange Zeit fehlten – bis zur Einführung menschlicher Haustiere und bis zur Einschleppung von Ratten – ergibt sich die Tendenz zur Entwicklung eher größerer Tiere im Vergleich zu nahe verwandten Taxa auf dem Festland (Abb. 4.30).

Große Arten hingegen tendieren, um möglichst hohe Populationsgrößen und damit genetische Variabilität bzw. ökologische Fitness zu erhalten, eher zur Entwicklung geringerer Wuchsgrößen. Auf den Mittelmeerinseln Kreta, Malta, Sardinien, Zypern und Sizilien finden sich beispielsweise fossile Nachweise ausgestorbener Zwergelefanten, die allesamt vom ausgestorbenen, aber im frühen Pleistozän häufigen Steppenelefanten (*Palaeoloxodon* (syn. *Elephas*) *antiquus*) abstammten. Zahlreichen fossilen Arten wurde inzwischen ein eigener Status zugestanden, die meisten waren nur auf einer oder wenigen Inseln endemisch. Auf Sizilien: *Palaeoloxodon falconeri, P. melitensis, P. mnaidriensis*, auf Kreta: *P. creticus, P. creutzburgi, P. chaniensis* auf Malta: *P. namadicus* und auf Zypern: *P. cypriotes*. *Palaeoloxodon falconeri* erreichte kaum Hüfthöhe. Aber auch auf verschiedenen kleinen Inseln der Ägäis wurden Funde von Zwergelefanten gemacht. Datierungen belegen ihr Überleben bis etwa 2400 v. Chr.!

Die Zwergelefanten sollen als Beispiel für grundsätzliche Prozesse der Verinselung von Lebensräumen dienen. Ähnliches ist z. B. bei Elefanten im indomalayischen Archipel geschehen. Auf sibirischen Inseln finden sich fossile Nachweise von Zwergformen des Mammuts. Meeresspiegelschwankungen erlaubten den Großsäugern immer wieder Zugang zu den Gebieten. Bei erneutem Anstieg des Wassers entwickelten sich aus Gebirgen Inseln, und die Pflanzenfresser waren auf kleinen Lebensräumen gefangen. Als Anpassung an die begrenzten Ressourcen wurden die kleineren Tiere mit geringeren Ansprüchen selektiert. Diese Regeln sind jedoch nicht allgemein gültig. Die Moas Neuseelands oder die Riesenvögel Madagaskars sprechen scheinbar dagegen. Die Entwicklung ist aber abhängig von den genutzten Ressourcen und deren Verfügbarkeit.

Abb. 4.29

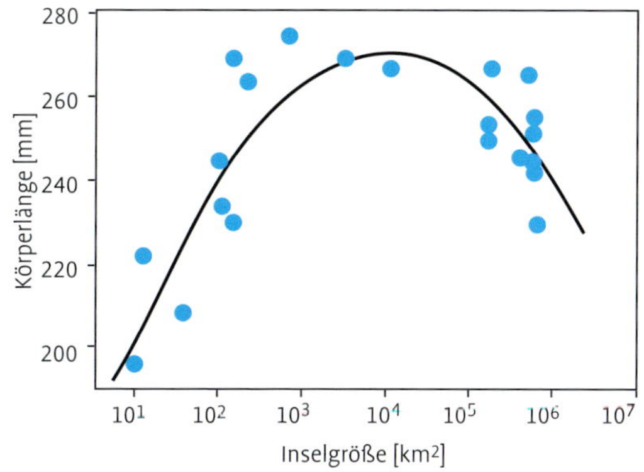

Mittlere Körpergröße des indonesischen Prevost-Schönhörnchen (*Callosciurus prevosti*) in Bezug zur Inselgröße (nach HEANEY 1978 aus BROWN & LOMOLINO 1998).

Abb. 4.30

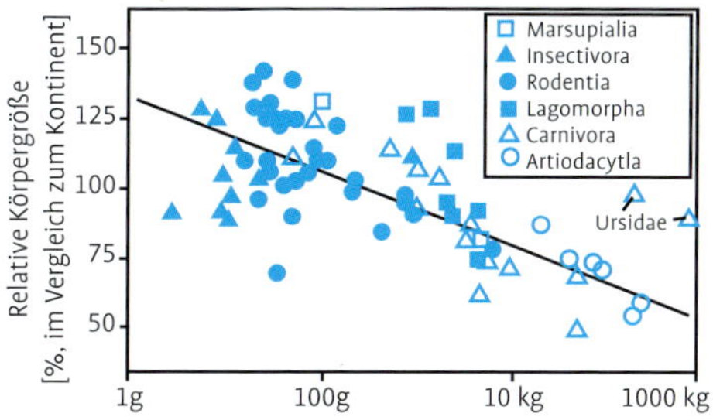

Vergleich der Körpergröße von Tieren auf Inseln und auf dem Kontinent. Kleine Arten tendieren auf Inseln eher zum Gigantismus, größere Arten eher zum Zwergenwuchs (nach LOMOLINO 1985).

4.7 Patch und Matrix

Die vereinfachende Annahme der Inseltheorie die Welt in Inseln und Kontinente aufzuteilen, lässt sich abstrakt übersetzen und in zwei Typen trennen: Räume, welche als Lebensraum geeignet sind, und in ungeeignete Gebiete, die nicht besiedelt werden können. Je nach den Anforderungen einer Lebensgemeinschaft ergeben sich unter Umständen unterschiedliche Zuordnungen. Eine solche Simplifizierung empfiehlt sich vor allem dann, wenn einzelne Zielarten interessieren. Manche Raumeinheiten stellen für diese ein geeignetes, andere ein ungeeignetes Habitat dar. Die Größe, Entfernung, Anordnung oder Verbindung solcher Habitate bestimmt dann die Eignung eines Gebietes für diese Art.

RICHARD FORMAN schlug 1982 vor, Landschaften als eine **Matrix** aufzufassen, in welcher „patches“ (Flecken) und „corridors“ (Verbindungen) auftreten. Wollen wir Bezüge zur Inseltheorie herstellen, welche ja durchaus den Anspruch hatte, auch auf terrestrische Lebensräume übertragen zu werden, können wir Patch mit Insel und Matrix mit Ozean übersetzen. Die Übertragung

Abb. 4.31

Als räumliche Verbindung bzw. als Vektor wirkende Landschaftselemente kommen sowohl natürliche Strukturen als auch menschliche Infrastrukturelemente in Frage (Idaho, USA).

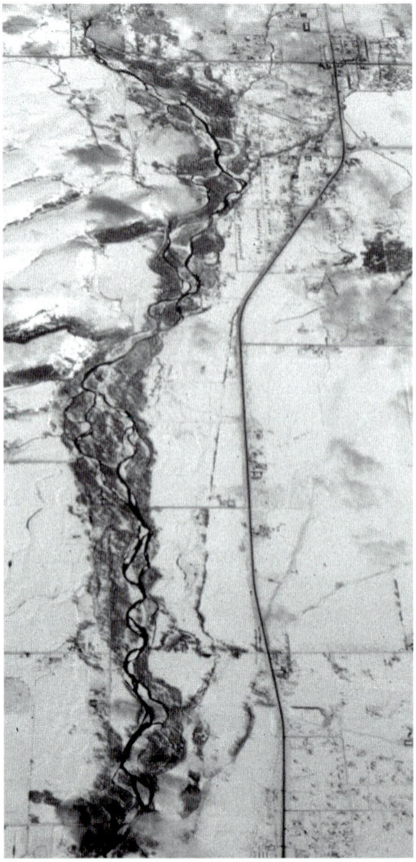

eines so einfachen Schemas auf terrestrische Lebensräume birgt aber einige Schwierigkeiten. Eine einheitliche Matrix existiert praktisch nicht. Auch die Patches sind kaum klar einem Typus zuzuordnen. Vor allem aber sind in der Natur scharfe räumliche Grenzen zwischen Einheiten selten.

Patches können beispielsweise Waldökosysteme sein und Hecken die Korridore zwischen ihnen darstellen. Ebenso wäre es nahe liegend, Stillgewässer und Fließgewässer einzusetzen. Ein substanzieller Unterschied ergibt sich bei diesen beiden Beispielen aus der Tatsache, dass eine Hecke in beide Richtungen gleichermaßen verbindend wirken kann, ein Fließgewässer aber einen gerichteten Vektor darstellt.

Forman unterscheidet die beiden Raumeinheiten Patch und Korridor mit Fokus auf einzelne Zielarten, für die sie jeweils unterschiedliche Funktion erfüllen. Interaktionen zwischen den Teilen einer Landschaft werden als deren wesentliche Qualität aufgefasst: „*specific linkages ... exist with surrounding landscape elements*" (Forman, 1982). Räumliche Verbindungen für eine Art können gleichzeitig als Barriere für andere Arten wirken.

Akzeptiert man die vereinfachende und pragmatische Annahme, dass gesamte Lebensgemeinschaften und Ökosysteme auf der Grundlage ihrer Unähnlichkeit abgegrenzt und typisiert werden können, dann können die Parameter Größe, Entfernung, Anordnung oder Verbindung auf die Beurteilung gesamter Lebensgemeinschaften angewandt werden. Diese Parameter bestimmen deren Artenvielfalt und Turnover.

Lineare Landschaftselemente, aber auch Landbrücken oder Meeresarme, stellen gleichermaßen verbindende wie trennende Elemente dar, je nachdem welche Lebensgemeinschaft interessiert (Abb. 4.31). Im Arten- und Biotopverbund führt dies, wenn Handlungskonzepte entworfen werden sollen, zu einem Bewertungsdilemma. Eine Verbindung zwischen isolierten Waldinseln beispielsweise mit Hilfe einer Hecke herzustellen, bedeutet gleichzeitig die Fragmentierung von Offenlandbereichen. Für die Organismen ist aber weniger die konkrete räumliche Verbindung zwischen Teilhabitaten wichtig, als der funktionelle Verbund, der auch durch Überschreiten bestimmter Höchstabstände unterbrochen werden kann (Abb. 4.32).

Dress (2003) nutzt das Mosaik der Waldinseln im Münsterland, um die Ausbreitungsprozesse und das Ausbreitungspotenzial des Laufkäfers *Carabus auronitens* mit Hilfe von Polymorphismen bei Mikrosatelliten zu analysieren. Die Ausrichtung und der Verbindungsgrad der Waldreste sowie das Wallheckensystem, erweisen sich als entscheidend für die Entschlüsselung der Besiedlungsgeschichte in dieser fragmentierten Landschaft. Die Käferart war am Ende des 19. Jahrhunderts nur selten nachzuweisen. Günstige Klimabedingungen in Verbindung mit einer Ausweitung von Waldflächen können als steuernde Faktoren für die zu Beginn des 20. Jhdts. einsetzende Wiederbesiedlung von

Waldgebieten nachgewiesen werden. Die Käfer breiten sich vorwiegend entlang von Hecken aus und überbrücken auf diese Weise größere Distanzen zwischen einzelnen Waldflächen. Dennoch erfolgt die Ausbreitung nicht in eine konstante Richtung, sondern vorzugsweise über möglichst nahe gelegene Waldinseln.

Konzepte zur Quantifizierung der Konnektivität und des Verbindungsgrades kommen vor allem aus der Landschaftsplanung. Nicht immer werden die am Reißbrett entworfenen Umsetzungen allerdings naturwissenschaftlichen Anforderungen gerecht (Abb. 4.33). Keinesfalls kann aus einer räumlichen Verbindung oder Trennung direkt eine funktionelle Implikation abgeleitet werden.

In Deutschland erleichtert die Verfügbarkeit von digitalen ATKIS-Daten (Amtliches Topographisch-Kartographisches Informationssystem) und Digitalen Landschaftsmodellen die Quantifizierung der Landschaftszerschneidung.

Jaeger (2001) propagiert als Maß zur standardisierten Messung der Fragmentierung die „Effektive Maschenweite" einer Landschaft. Die Effektive Maschenweite (m_{eff}) kennzeichnet die Größe von Einheiten, die sich ergeben würde, wenn ein Gebiet durch trennende Strukturelemente in gleich große Flächen unterteilt würde (F 4.3). Damit kann für einen Raumausschnitt dessen Zerteilung und der Zusammenhang geschlossener Lebensräume ermittelt werden. Es handelt sich also um eine Kennzahl für die landschaftliche Fragmentierung. Sie ist groß bei geringer Unterteilung und klein bei starker Fragmentierung. Zusätzlich wird mit dem Faktor C die Wahrscheinlichkeit der Zuordnung zweier Punkte zu einer Fläche beschrieben (F 4.4). Sie sinkt mit zunehmender Fragmentierung. Inzwischen wurde diese Methode in verschiedenen Bundesländern umgesetzt.

Je größer die Fragmentierung eines Gebietes, umso geringer ist die Wahrscheinlichkeit des Genaustausches zwischen benachbarten Populationen. Voraussetzung ist aber, dass man die funktionellen Anforderungen von Arten kennt. Stromtrassen wirken in einer Waldmatrix verinselnd, in einer Offenlandmatrix sind von ihnen nur wenige Vogelarten direkt betroffen.

Abb. 4.32

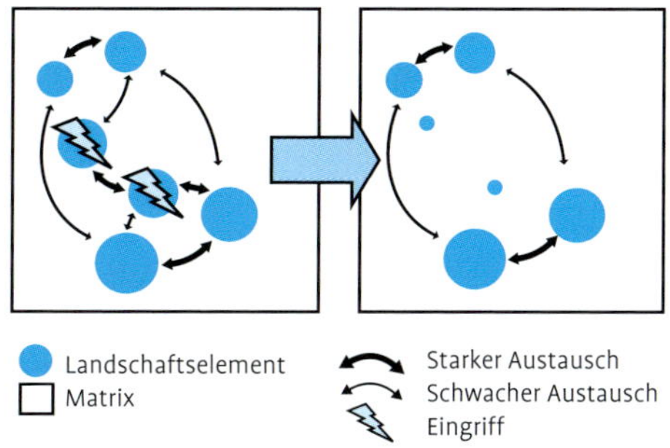

Konnektivität und Metapopulationen. Gehen verbindende Strukturen bzw. Habitate verloren, dann erhöht sich die Distanz zwischen Habitaten und der Verbund verliert an Qualität.

Abb. 4.33

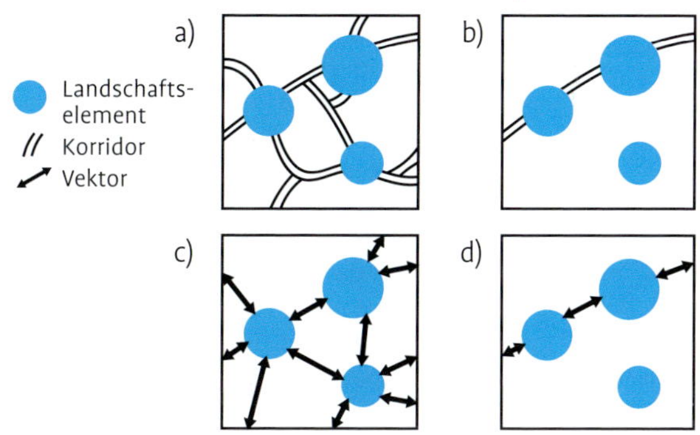

Räumliche und funktionelle Verbindung zwischen Landschaftselementen:
a) starke räumliche Verbindung; b) geringe räumliche Verbindung; c) intensive funktionelle Konnektivität; d) schwache funktionelle Konnektivität.

$$m_{eff} = \frac{1}{F_g} \sum_{i=1}^{n} F_i^2 \qquad \text{(F 4.3)}$$

$$C = \sum_{i=1}^{n} \left(\frac{F_i}{F_g}\right)^2 \qquad \text{(F 4.4)}$$

n = Anzahl der Teilflächen,
Fi = Flächeninhalt von Teilfläche i,
Fg = Gesamtfläche, die in n Teilflächen zerschnitten wurde.

Verbindende Elemente nennen wir **Korridore**. Sie sind auf unterschiedlichen Raum- und Zeitskalen wirksam. Erdgeschichtlich entstanden Korridore aufgrund der eiszeitlichen Meeresspiegelabsenkung durch das Trockenfallen von Schelfgebieten. Auf diese

Weise konnten Tiere (und der Mensch) von Asien kommend, Nordamerika erreichen. Terrestrische Korridore ergeben sich aus der Anordnung von Landschaftsstrukturen.

Bestehen **Barrieren zwischen Lebensräumen** bereits über lange Zeiträume hinweg und sind damit evolutiv wirksam, kann sich die Aufhebung solcher Ausbreitungsschranken besonders stark auswirken. Einige große Kanalbauwerke ermöglichten die Überwindung terrestrischer Barrieren und die Verbindung aquatischer Lebensräume mit unterschiedlicher Entwicklungsgeschichte.

Intensiv diskutiert wurden die Effekte des Suez-Kanals, welcher seit 1869 das Rote Meer mit dem Mittelmeer verbindet. Nach dem Initiator des Bauwerkes, Ferdinand de Lesseps, wird die vorwiegend nordwärts gerichtete Migration von Organismen zwischen den beiden Meeren die Lesseps'sche Migration genannt.

Eine Vielzahl von Faktoren begrenzt jedoch den Austausch von Faunenelementen. Zunächst wirken die niedrigen Wintertemperaturen des Mittelmeeres limitierend. Den an tropische Korallenriffe gebundenen Arten fehlt dort der Lebensraum. Die meisten Arten der Riffe des Roten Meeres leben direkt am Grund und nicht pelagisch. Die Wahrscheinlichkeit ihrer Verdriftung ist daher gering. Neben seinen Temperaturen unterscheidet sich das Rote Meer im hohen Salzgehalt vom östlichen Mittelmeer (43 Promille im Vergleich zu 35), was für einige Arten ein Einwanderungshemmnis sein kann. Vor dem Bau des Assuan-Staudamms lag der Salzgehalt des östlichen Mittelmeeres noch bei 26 Promille, da mit den Nilhochwässern eine regelmäßige Verdünnung einherging. Dieses Wasser wird heute für die Bewässerungslandwirtschaft verbraucht. Die natürlichen Unterschiede waren also früher durchaus noch größer als heute. In umgekehrter Richtung ist wahrscheinlich, dass der hohe Salzgehalt des Roten Meeres mediterranen Arten die Etablierung im Süden verwehrt.

Sowohl die Artenzahl als auch die Individuendichte der meisten marinen Organismengruppen ist im Roten Meer deutlich höher. An Fischarten findet man im östlichen Mittelmeer etwa 550, im Vergleich dazu im Roten Meer etwa 800. Die Arten des Indischen Ozeans unterlagen zudem weniger starken Klimaschwankungen im Pleistozän und konnten sich über sehr viel längere Zeiträume in ökologische Nischen evoluieren. Das Mittelmeer ist zwar in seinem östlichen Teil relativ warm und hat einen vergleichsweise hohen Salzgehalt, doch müssen alle natürlichen Zuwanderungen über den eher kühlen Nordatlantik erfolgen, was nicht erwarten lässt, dass alle ökologischen Nischen abgesättigt sein können. Hinzu kommt, dass die Meeresströmungen bei den Kanaren vorwiegend von Norden nach Süden gerichtet sind und dem passiven Transport thermophiler Arten entgegenstehen.

Dies alles erklärt, warum die Wanderung von Arten vorwiegend aus dem Roten Meer in das Mittelmeer erfolgt. Tatsächlich sind nur wenige Fälle einer gegenläufigen Migration („Anti-Lesseps'sche Migration") dokumentiert. Der mediterrane Seestern *Sphaerodiscus placenta* wurde z. B. etwa 180 km südlich des Suez-Kanals bei El Bilaiyim gefunden. Hingegen sind inzwischen zahlreiche Vertreter der indo-pazifischen Fauna im östlichen Mittelmeer etabliert. Über alle Artengruppen hinweg wird ihre Zahl auf etwa 500 Arten geschätzt (Kegel 1999).

Dass die Herstellung einer Verbindung nicht zwingend negative Effekte haben muss, zeigt sich am 1920 eröffneten Panama-Kanal. Die Verbindung des Rio Chagres und des Rio Grande durch den Kanal führte in keinem der Flüsse zu einem Artenverlust. Im Gegenteil zeigt der Vergleich historischer Daten mit den heutigen Lebensgemeinschaften, dass in beiden Flüssen die Artenvielfalt erhöht wurde. auch im marinen Bereich hat der Panama-Kanal, obwohl er zwei Ozeane mit sehr unterschiedlicher Evolutionsgeschichte verbindet, nicht zu einem belegbaren Verlust von Arten geführt.

Verbindungselemente zwischen unterschiedlichen Lebensräumen weisen oft „**Filter**" auf, die den Austausch von Organismen begrenzen. Im Panama-Kanal sorgt der aufgestaute Gatun-See mit Süßwasser dafür, dass die Wahrscheinlichkeit einer Wanderung vom Pazifik zum Atlantik gering ist. Im Suez-Kanal wirken der Timsah-See sowie der Große und der Kleine Bittersee als „Filter", doch ist deren Wirkung aufgrund ihres Salzgehaltes nicht so effizient, wie jene der

Süßwasserbereiche des Panama-Kanals. Unabhängig hiervon ist natürlich der Beitrag der im Ballastwasser der Schiffe transportierten Arten, doch bewirken Kanäle diesbezüglich nur eine Verkürzung der Reisezeit.

Auch die Eisbedeckung der Ozeane ist auf der Nordhalbkugel biogeographisch als temporäres Raumelement relevant, da sie bislang flächig die terrestrischen Bereiche verschiedener Kontinente miteinander verbindet. Die Packeisflächen dienen dem Eisbären (*Ursus maritimus*), als mariner Lebensraum und zur Überbrückung der ozeanischen Barrieren zwischen Inseln und Halbinseln.

Verbindungen und Barrieren können temporär begrenzt bestehen, aber langfristig danach noch wirksam sein. Die WALLACE-Linie im Indo-Malayischen Archipel, der Bereich eines mehr oder weniger abrupten Faunenwechsels bei bestimmten Tierartengruppen, wird durch Tiefseebereiche zwischen Inseln widergespiegelt, die im Pleistozän niemals trocken gefallen sind. Der Ozean hatte hier über lange Zeiträume hinweg als Barriere Bestand. Heute ist dies weniger offensichtlich, da zwischen anderen, auf dem Schelf gelegenen Inseln, durchaus ähnliche Meeresdistanzen liegen. Die besondere trennende Wirkung bestimmter mariner Bereiche in der Vergangenheit ist aus dem heutigen Bild an der Oberfläche daher nicht abzuleiten.

Abb. 4.34

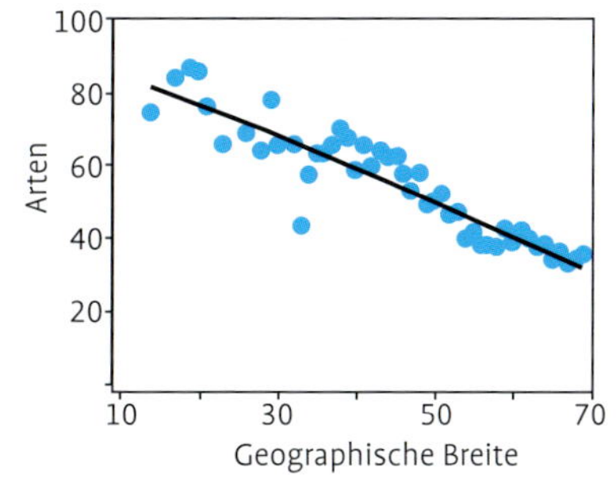

Die Artenvielfalt nordamerikanischer Säugetiere nimmt von Norden nach Süden zu. Jeder Punkt gibt die mittlere Artenzahl für die jeweilige Breite an (nach ROSENZWEIG & SANDLIN 1997).

Abb. 4.35

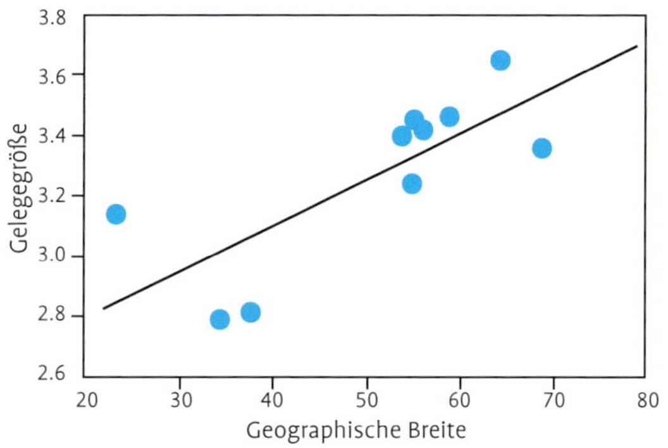

Breitengradabhängiger Gradient der Gelegegröße des Wanderfalken (*Falco peregrinus*) (nach JENKINS & HOCKEY 2001).

4.8 Latitudinale Muster

Aufgrund des Energiehaushaltes der Erde wirkt sich der latitudinale Gradient vom Äquator zu den Polen besonders stark auf die Lebewesen und ihre Umwelt aus. Historisch folgte diesem Gradienten auf der Nordhalbkugel das Vordringen der Gletscher, verbunden mit der Auslöschung der biotischen Information ganzer Landschaften und der Verdrängung von Lebensgemeinschaften und Arten nach Süden. Auf der Südhalbkugel war dieser Prozess weniger stark wirksam, da nur geringe Flächen der Kontinente derart hohe Breitengrade erreichen, wie dies auf der Nordhalbkugel der Fall ist.

Generell zeigt sich ein Muster der Abnahme der Artenvielfalt mit zunehmender Breite (Abb. 4.34). Dies stellt sich unabhängig voneinander bei unterschiedlichen Artengruppen ein. Verschiedene Faktoren spielen zusammen. Der Breitengradgradient ist in mehrfacher Hinsicht ökologisch wirksam. Er geht einher mit der Intensität jahreszeitlicher Variabilität bzw. Kontinuität, mit dem Energieeintrag und mit dem Temperaturhaushalt. Zusätzlich wirkt er in Europa noch nach durch die historischen eiszeitlichen Fluktuationen in Verbindung mit blockierenden Landschaftsstrukturen als Filter der Biodiversität.

Mit abnehmender Ressourcenverfügbarkeit und Versorgungsunsicherheit ist bei Prädatoren innerhalb einer Art mit weiter Verbreitung eine zunehmende Einschränkung der Reproduktion zu bemerken. Hinzu

Abb. 4.36

Mittlere Gelegegröße (a) und Zahl der flüggen Küken (b) des europäischen Trauerschnäppers (*Ficedula hypoleuca*). Es zeigt sich ein Maximum in Mitteleuropa, während die Zahlen sowohl in Skandinavien als auch in Südeuropa geringer sind (nach SANZ 1997).

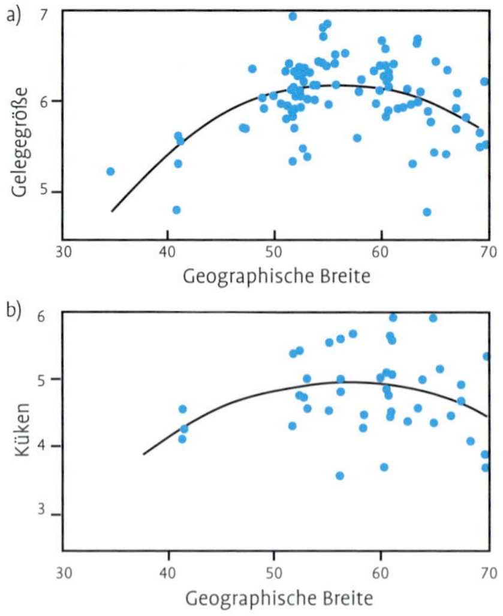

kommt der unter ungünstigen Bedingungen erhöhte Energieaufwand zum Nahrungserwerb (Abb. 4.35).

Da die Ressourcenverfügbarkeit neben thermischen und energetischen Aspekten auch durch andere Faktoren bestimmt wird, überlagern sich die Einflüsse verschiedener Faktoren. Die meisten Arten bilden in ihren biologischen Leistungen eine Art Optimumkurve um ihren Arealkern aus. Da sich Areale über einen bestimmten Bereich geographischer Breite erstrecken, kann bei der Betrachtung eines Ausschnittes dieses Gradienten ein direkter Zusammenhang mit den energetischen Eigenschaften einer Zone vermutet werden. Tatsächlich sind es aber oft die in dieser Zone verorteten spezifischen Habitateigenschaften, welche die optimale Entwicklung gewährleisten und damit indirekte Einflüsse der geographischen Breite (Abb. 4. 36).

Mit Ressourcenverfügbarkeit und der Variabilität von Umweltbedingungen hat auch RAPOPORT's Regel zu tun. Sie besagt, dass aufgrund zunehmender Nischenverfügbarkeit bei abnehmender Artenzahl mit dem Breitengrad, die Arealgröße tendenziell zunehmen sollte (RAPOPORT 1982, STEVENS 1989, 1996, FERNANDEZ & VRBA 2005; aber s. a. ROHDE 1996, KOLASA et al. 1998, ROHDE 1999). Entsprechend werden in den Tropen bei größerer Artenzahl eher kleine Areale erwartet. In der borealen und polaren Zone eher große Areale. Im reliefierten Gebiet der Tropen sollten Arten eher auf einen geringen Höhengradienten konzentriert sein. Im Norden auf einen breiten Höhengradienten. Diese Theorie wurde von tatsächlichen Arealgrößen abgeleitet, verkennt aber den Einfluss der Landmassenverteilung und naturräumlichen Heterogenität. Zwar ist es wahrscheinlich, dass die in nacheiszeitlich floristisch und faunistisch ausgedünnte Ökosysteme vordringenden Arten aufgrund der geringen Nischensättigung ein großes Verbreitungsgebiet entwickeln. Doch ist auch zu beachten, dass die boreale Zone eine riesige homogene Struktur darstellt. Blickt man auf die Tropen und Subtropen, dann ist dort sehr viel stärker eine kleinräumige Vielfalt der Landmassen und ihrer Untergliederung entwickelt, die mit vielfältigen Ausbreitungsgrenzen einhergeht. Ein Beweis dieser Theorie ist daher nicht zu führen. Andererseits kann sie falsifiziert werden. Abbildung 4.37 zeigt, dass die RAPOPORT-Regel im polaren Bereich an ihre Grenzen gerät. Wir finden bei einigen Artengruppen eine Art Optimumkurve der Arealgröße und nicht einen kontinuierlichen Zuwachs. Dies ist auch verständlich, da unter den extremen Bedingungen des hohen Nordens die Existenz nur noch an Gunststandorten und nicht mehr auf

Abb. 4.37

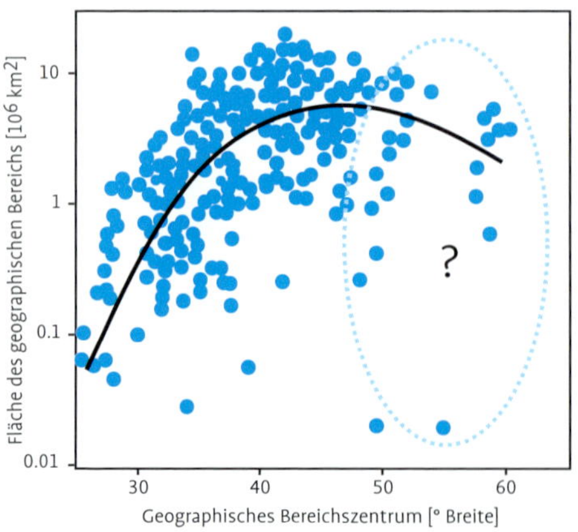

Grenzen von RAPOPORT's Regel durch Ressourcenlimitierung am Beispiel nordamerikanischer Brutvögel (nach BROWN 1995 aus BROWN & LOMOLINO 1998).

der gesamten Fläche möglich ist. Diese Regel wird daher stark hinterfragt und eher als eine Koinzidenz, denn als funktionelle Erklärung angesehen (ROHDE 1997, KOLASA et al. 1998, ROHDE 1998). Arten mit großer ökologischer Valenz sind in der Regel weit verbreitet. Sie müssen aber nicht zum Ausschluss von Spezialisten mit kleinen Arealen führen.

Zahlreiche weitere Trends und Gradienten sind entlang der geographischen Breite zu beobachten, insbesondere bezogen auf die Gestalt von Organismen (GLOGER'sche Regel, BERGMANN'sche Regel, ALLEN'sche Regel etc.). Während longitutinale Gradienten in erster Linie mit Ausbreitungsmechanismen und historischen Effekten in Verbindung gebracht werden und klimatische Vergleichbarkeit unterstellt wird, wird der Nord-Süd-Gradient sozusagen als die ökologische Mastervariable verstanden. Nur finden sich wenige Strukturen, die kontinuierlich über längere Strecken vergleichbare Bedingungen bieten oder Arten, die es erlauben, ihre Reaktion auf die geographische Breite über einen größeren Gradienten hinweg zu studieren (Abb. 4.38).

In den Ozeanen finden wir ebenfalls latitudinale Gradienten. Sie sind allerdings auf eine charakteristische Weise modifiziert. Zunächst existieren auch hier zwar tendenziell mehr Arten in den Tropen als in den Außertropen, doch finden sich in den Tropen auch besonders artenreiche Ökosysteme (Korallenriffe) konzentriert. Die marine Artenzahl der Arktis, und auch ihr Endemismusgrad, ist deutlich geringer als jene der Antarktis, was durch das sehr viel jüngere Alter der nordpolaren Ökosysteme erklärt wird (DAYTON 1994). Die Antarktis ist bereits sehr viel länger von anderen Landmassen isoliert. Generell ist die Artenzahl tendenziell auf der Südhalbkugel höher als auf der Nordhalbkugel. Halten wir uns vor Augen, dass sich die Biodiversität vor allem im Benthos abspielt, dann liegt auf der Hand, dass sich diese großräumigen latitudinalen Tendenzen der Biodiversität auf oberflächennahe Bereiche der Meere konzentrieren (Schelf, Küsten) und deshalb durch die Anordnung und Historie der Kontinente erklärt werden können. In der Tiefsee, die vom thermischen Geschehen der oberen Meeresschichten entkoppelt ist, finden wir keine klar erkenntlichen globalen Gradienten.

Abb. 4.38

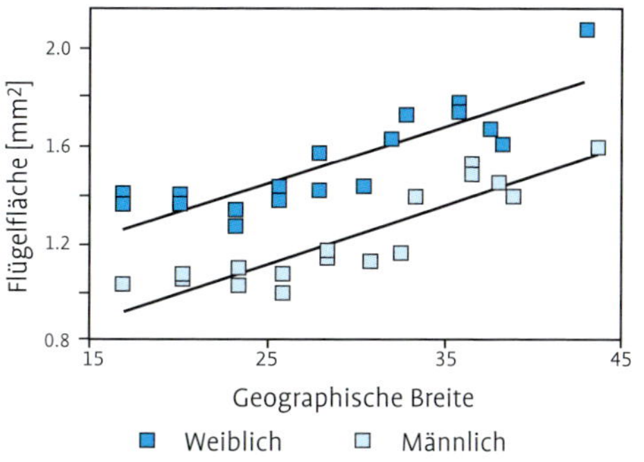

Trend der Größe der Flügelfläche der Schwarzbäuchigen Taufliege (*Drosophila melanogaster*) entlang der australischen Ostküste. Mit zunehmender Breite nimmt auch die Größe der Flügel zu (nach JAMES et al. 1997).

Fragen

1 Diskutieren sie die ökologische Bedeutung des Maßstabs!
2 Was ist der Unterschied zwischen Territorium und Home Range?
3 Was versteht man unter der WILLIS'schen Regel?
4 Welche räumlichen Parameter sind in der Inseltheorie ausschlaggebend für die Beurteilung von Immigrations- und Extinktionsraten?
5 Welche Einschränkungen sind bei der Übertragung der Inseltheorie auf terrestrische Isolate zu bedenken?
6 Wie sind bei Tieren die Abweichungen der Körpergröße auf Inseln im Vergleich mit den kontinentalen Populationen zu erklären?
7 Variabilität, Varianz, Kontrast und Abweichung – Welche Bezüge sehen Sie zur Biodiversität?
8 Diskutieren Sie Homogenität und Heterogenität bezogen auf Landschaften und Ökosysteme!
9 Stellen sie das landschaftsökologische Konzept von Patch und Matrix vor!
10 Erläutern sie die Verwendung der effektiven Maschenweite!

5 Die Bedeutung zeitlicher Variabilität und Entwicklung

Nichts bleibt!

„Natura non facit saltus!"
Aristoteles (384 v. Chr.–322 v. Chr.)

5.1 Raum und Zeit

Räumliche Zusammenhänge können nicht losgelöst von ihrem zeitlichen Kontext verstanden werden. Zeitliche und räumliche Skalen sind aufeinander zu beziehen. Die Aussage, dass Buckelwale (*Megaptera nodosa*) mehr als 5.000 km aktiv zurücklegen, verändert sich durch die Anmerkung, dass dies in 39 Tagen geschieht. Die Palmfarne (*Cycadophyta*) sind in den gesamten Tropen mit 250 Arten und 3 Familien verbreitet. 238 Arten sind nach IUCN gefährdet oder vom Aussterben bedroht. Diesen Umstand sieht man mit anderen Augen, wenn man weiß, dass sich diese Artengruppe im Perm, also vor 300 bis 250 Mio. Jahren entwickelte, und dass ihre taxonomische Vielfalt im Verlauf der Erdgeschichte auf etwa 300.000 Arten geschätzt wird. Der Bezug biogeographischer Angaben zurzeit eröffnet in vielen Fällen eine völlig neue Sicht der Dinge (Hengeveld 1992, Gaston 2003).

Ebenso wie beim Raum sind bei der Betrachtung zeitlicher Fragen Skalenabhängigkeiten zu beachten. Evolutive Entwicklungen der Herausbildung von Taxa mögen über Jahrmillionen hinweg dauern. Die mitteleuropäische Flora und Fauna ist nur vor dem Hintergrund der pleistozänen Verarmung und nacheiszeitlichen Zuwanderung im Verlauf der letzten 10.000 Jahre zu verstehen. Interaktionen in Lebensgemeinschaften oder Ökosystemen haben sich über Jahrtausende entwickelt.

Merksatz

Die Tendenz zur Unähnlichkeit zwischen Datensätzen wächst mit ihrer zeitlichen Entfernung.

Organismen weisen bezüglich ihres potenziellen Alters eine breite Spanne von Stunden (Mikroorganismen), Tagen bis Jahrhunderten und sogar vereinzelt Jahrtausenden auf (Abb. 5.1). Langsamwüchsige Individuen von Bäumen können mehrere tausend Jahre alt werden. Noch älter können klonale Pflanzen werden, doch ist zumeist deren ältester Part abgestorben. Die ältesten Pflanzenklone wurden indirekt bei der hochendemischen triploiden Art *Lomatia tasmanica,* einem Vertreter der *Proteaceae,* auf Tasmanien nachgewiesen und auf ca. 43.000 Jahre datiert (Lynch et al. 1998). Diese Pflanze, von der nur 500 Individuen bekannt sind, vermehrt sich ausschließlich klonal.

Annuelle bzw. ephemere Arten treten dagegen im Jahresverlauf nur kurzzeitig in Erscheinung und schließen teils schon nach Tagen ihren Lebenszyklus ab. Sie nutzen ein kurzes saisonales Zeitfenster für ihr aktives Leben und die Reproduktion. Bis zur Entwicklung bzw. Keimung ihrer Nachkommen können Monate und mitunter Jahre vergehen. Die Lebensfähigkeit von Dauerstadien und Samen ist daher ebenfalls eine wichtige zeitliche Variable.

Perennierende, ausdauernde Pflanzenarten und langlebige Tiere existieren zumindest über einen Jahreszyklus hinweg, können aber sehr unterschiedliche Aktivitätsphasen zeigen. Wenn man Artengruppen wie Pilze oder klonale Pflanzen betrachtet, muss man sich gar die Frage stellen, ob der Organismus ein vorbestimmtes maximales Alter hat, oder ob sein Alter unbestimmt ist.

Die zeitliche Limitation biotischer Objekte zeigt sich auch in artspezifischen Unterschieden der Konservierbarkeit abgestorbener Pflanzen und Tiere. Sie begrenzen unseren Zugang zu den Entwicklungen der Vergangenheit.

Innerhalb der Lebensspanne einer Art ist schließlich eine wichtige Frage, ab wann sie sich reproduziert und ob sie dazu mehrfach in der Lage ist (iteropar) oder nur einmalig (semelpar). Nahezu trivial, aber ökologisch höchst bedeutsam, sind unterschiedliche Anpassungen an den Tagesgang im Verhalten (z. B. Nachtaktivität) oder in der Physiologie der Arten (z. B. CAM-Pflanzen).

Zum Verständnis biogeographischer Muster von Arten und Ökosystemen muss man sich, neben den Eigenschaften der Lebewesen selbst, mit der zeitlichen Entwicklung der Erdoberfläche auseinandersetzen (Kap. 10). Die langfristigen Entwicklungen der Biosphäre stellen sich zunächst als eine mehr oder minder **kontinuierliche Entwicklung** aus Veränderungen, Trends und gerichteten Abläufen dar. Die Abkühlung des Planten und die Differenzierung der Erdkruste, die allmähliche Entwicklung der Atmosphäre, die Evolution der Biosphäre und die graduellen plattentektonischen Bewegungen erwecken den Eindruck eines stetigen Wandels.

Abb. 5.1

Bristlecone-Pine (*Pinus aristata*) im Bryce Canyon (USA). Bei Vertretern dieser Art wurden individuelle Lebensalter von nahezu 5.000 Jahren nachgewiesen.

5.2 Andauer und Begrenzung von Phänomenen

Die Erde hat eine endliche Existenz. Nach einigen Milliarden Jahren wird die Erde wieder ein unbewohnbarer Planet sein. In der Biosphäre wird am Beispiel der Organismen die Vergänglichkeit von Information und Strukturen evident. Jeder Organismus repräsentiert Information in seiner genetischen Ausstattung. Diese kann nur durch die Rekombination von Erbsubstanz während der sexuellen Fortpflanzung verändert werden. Die **Endlichkeit** des Einzelnen bedingt mithin die Veränderung des Ganzen.

Auch wenn die ontogenetische Entwicklung in einem fest vorgegebenen Rahmen erfolgt und nicht wie JEAN-BAPTISTE DE LAMARCK meinte, auf die Nachkommen direkt einwirkt, so bedingt doch der Erfolg bestimmter Baupläne die Selektion spezifischer Eigenschaften. Die zeitliche Begrenztheit des Individuums ist hierzu die Voraussetzung. Mit seinem Ableben werden erneut Ressourcen verfügbar. Die Dauer der Lebenszeit und das Reproduktionsalter wirken sich natürlich auf die Entwicklungsgeschwindigkeit aus.

Unter „**Turnover**" verstehen wir den Umsatz von Information, Stoffen oder Energie in einer Zeiteinheit. Er wird deshalb als Rate angegeben (wie beipielsweise Stoffwechselrate, Artwechselrate). Individuen, Arten, Populationen, Lebensgemeinschaften und Ökosysteme haben einen Turnover. Betrachtet man einzelne Individuen, mag deren Stoffumsatz eine wichtige ökologische Größe sein. Bei Arten ist der Turnover genetischer Information im Verlauf der Zeit von Interesse, bei Populationen ihr Umsatz an Individuen. Lebensgemeinschaften haben einen Umsatz an Arten und sind nicht dauerhaft konstant. In der Inseltheorie ergab sich die Gleichgewichtsartenzahl aus den Immigrations- und Extinktionsraten. Sie ist folglich als Resultat des Artenumsatzes anzusehen.

Da verschiedene Arten unterschiedliche Lebenszyklen und Ausbreitungsmechanismen, Konkurrenzkraft und koevolutive Mutualismen aufweisen, sind die Mechanismen, die zum Artenumsatz beitragen, komplex. Will man realistische Aussagen

Merksatz

Im Verlauf der Erdgeschichte entwickelte sich (unterbrochen von einigen Aussterbeereignissen) ein stetiger Zuwachs der Artenvielfalt auf der Erde.

Abb. 5.2

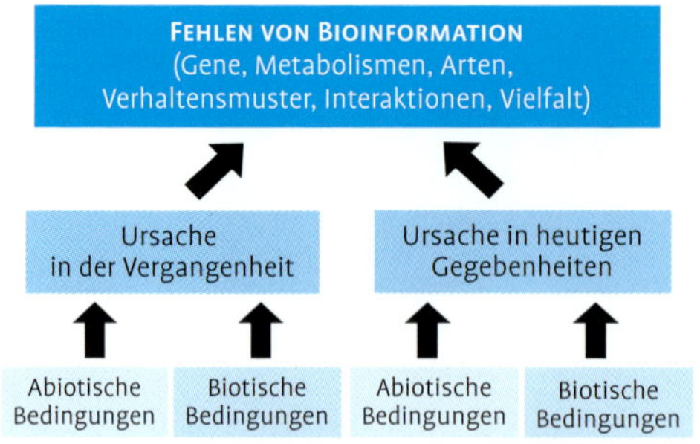

Ursachen für das Vorkommen oder Fehlen von Bioinformation. Nur die gleichzeitige Analyse rezent-ökologischer und historischer Faktoren führt zu tragfähigen Antworten (auf der Grundlage von MÜLLER 1979, verändert).

machen, müssen artspezifische Unterschiede berücksichtigt werden. Insbesondere die menschliche Einwirkung auf Biozönosen bedingt heute, dass diese sich immer wieder neu formieren müssen. Erfolgen Umweltveränderungen unter Umständen auf einer engeren zeitlichen Skala, als es den biologischen Abläufen entspricht, ergeben sich Probleme in der Anpassung an die neuartigen Bedingungen. Dies kann zum Verlust von Biodiversität führen.

Bei Ökosystemen interessiert vor allem deren Umsatz an Stoffen und Energie. Obschon Ökosysteme weitaus komplexer sind als Biozönosen, sind diese Größen dennoch besser messbar. Informationsflüsse lassen sich nur bedingt erfassen.

Das Aufreten von Eigenschaften, Organismen oder Biozönosen kann also über den Umsatz von Information, Stoffen und Energie erklärt werden. Als Folge bestimmter funktioneller Interaktionen erfolgt eine Veränderung und neue Eigenschaften, Organismen oder Biozönosen bilden sich heraus. Da solche Entwicklungen nicht zufällig erfolgen, sondern ihre Ursache in spezifischen Prozessen haben, ist nicht verwunderlich, dass sich als Reaktion immer wieder ähnliche Strukturen herausbilden.

Im Jahr 1923 führt LLOYD MORGAN den Begriff der „**Emergenz**" ein. Emergenz bedeutet spontanes Entstehen von Ordnung, wobei komplexe Formen und Strukturen aus einfachen Regeln hervorgehen können. Areale, Lebensgemeinschaften und Ökosysteme werden emergent, wenn sich über nicht-zufällige Mechanismen, Selbstähnlichkeit bzw. strukturelle Selbstorganisation entwickelt.

Wie PAUL MÜLLER betont, ist aber weniger das Auftreten, sondern auch das **Fehlen von Bioinformation** die zentrale biogeographische und letztlich ökologische Fragestellung (MÜLLER 1979) (Abb. 5.2). Der Mensch tendiert dazu sich auf die vorhandenen Objekte und Eigenschaften zu konzentrieren, dabei ist vielleicht gerade die Abwesenheit eines Objektes oder Merkmals ein Kennzeichen der besonderen Situation. Das Fehlen von Arten unter bestimmten Umweltbedingungen ist hier genauso interessant wie das Fehlen von Aktivität, also die Dauer von Ruhephasen. Auch die Unterdrückung von Informationsübertragung, beispielsweise durch Tarnung, ist biogeographisch interessant. Sie kann situationsbedingt erfolgen (z. B. Farbänderung bei Chamäleons oder Kraken) oder in eine jahreszeitliche Periodik eingebettet sein (Fell- oder Gefiederfärbung beim Schneehasen oder Schneehuhn).

In einem Jahreszeitenklima sind Lebensabläufe oft auf eine **Aktivitätszeit** in einem Ausschnitt des Jahres konzentriert. Für das Wachstum und für die Reproduktion der Organismen sind die Bedingungen in dieser Zeitspanne entscheidend. Wir bezeichnen die Phase in der Pflanzen produktiv, also fotosynthetisch aktiv sind, als Vegetationszeit oder Vegetationsperiode. Die Dauer der Vegetationsperiode wird traditionell mit der Zahl der Tage angegeben, welche einen Schwellenwert im Tagesmittel der Lufttemperatur >10 °C (bei manchen Autoren auch der Wert 5 °C) überschreiten. Da Pflanzen sehr unterschiedliche Temperaturansprüche besitzen, ist diese Definition nur eine sehr grobe Orientierung für die zonale Vegetation. Pflanzengemeinschaften an Quellen sind ganzjährig aktiv, doch erreicht die Wassertemperatur mitteleuropäischer Quellen nur selten Werte über 10 °C.

Wachstum, Blütenentfaltung und Fruchtbildung sind die Taktgeber für herbivore, bestäubende und frugivore Arten. Da Pflanzen über Pollination und Ausbreitung von Tierarten profitieren, bildeten sich optische oder olfaktorische Reize heraus, um die zeitlich eng limitierten Phasen des Blühens und Fruchtens effektiv auszunutzen.

In den Hochgebirgen und im Bereich der hohen Breiten der Arktis und Antarktis reicht die günstige Jahreszeit oft nicht zur vollständigen Durchführung von **Generationszyklen** oder zur Ausbildung oder Reifung von Vermehrungseinheiten aus. Neben den Lufttemperaturen ist die Dauer der Schneebedeckung entscheidend. Aus diesem Grund haben zahlreiche Arten Strategien entwickelt, ihren Energiehaushalt flexibel zu gestalten und reagieren beispielsweise mit mehrjährigen generativen Phasen. Nicht selten taut die Schneebedeckung von den Pflanzen gar nicht komplett ab, so dass sie mehr als ein Jahr in ihrer Entwicklung pausieren müssen (z. B. der arktisch-alpin verbreitete Gletscher-Hahnenfuß, *Ranunculus glacialis*) (Abb. 5.3). Eine andere Möglichkeit das zeitlich und quantitativ limitierte Energieangebot effizient zu nutzen, ist auf generative Vermehrung zu verzichten und beispielsweise vegetative Möglichkeiten zu nutzen. In der Alpenflora finden sich daher einige Arten, die auf Ausläuferbildung, Knospung oder Viviparie setzen (z. B. Alpen-Knöterich, *Polygonum vivipara*). Manchmal handelt es sich aber nur um scheinbare Viviparie. Beim Alpen-Rispengras (*Poa alpina* var. *vivipara*) werden in den Ährchen vegetative Triebe gebildet. Der Effekt ist ähnlich, auch wenn es sich nicht um sexuelle Reproduktion, sondern um vegetative Ausbreitung handelt: es werden in begrenzter Zeit zahlreiche Vermehrungseinheiten abgesondert, die den Fortbestand der Art sichern.

Bei Tieren zeigen sich in extremen Klimaten, in denen nur eine kurze Entwicklungszeit zur Verfügung steht, juvenile Stadien als besonders sensibel. Sie müssen in dieser kurzen, für ihre Entwicklung zur Verfügung stehenden Zeit, die entsprechende Reife und Biomasse erlangen, um entweder frühzeitig zur Reproduktion zu gelangen oder den folgenden Winter mit hoher Wahrscheinlichkeit zu überleben. Eine Möglichkeit diese Entwicklungszeit zu verkürzen haben vivipare (lebendgebärende) Reptilien entwickelt (z. B. Waldeidechse, *Lacerta vivipara*). Da es sich nicht um lebend gebärende Lebewesen im engeren Sinn handelt, sollten wir besser von Ovoviviparie sprechen. Solche Arten legen keine Eier, sondern diese sind bereits im Muttertier zu lebensfähigen Jungtieren gereift, wenn sie freigesetzt werden. Weitere Beispiele für mitteleuropäische Tiere, die in einer relativ

Abb. 5.3

Der Gletscher-Hahnenfuß (*Ranunculus glacialis*) benötigt aufgrund der Kürze der Vegetationsperiode im Hochgebirge für die Entwicklung von Blüten mehrere Vegetationsperioden.

kühlen Umwelt leben und die limitierte Entwicklungszeit durch ovovivipare Freisetzung des Nachwuchses effizient nutzen sind die in Mooren und Mittelgebirgen vorkommende Kreuzotter (*Vipera berus*) und der an kühlen Waldbächen lebende Feuersalamander (*Salamandra salamandra*).

Ebenso signifikant sind in Trockengebieten die Anpassungen an Regenzeiten. Überdauerungsstrategien wurden entwickelt, um die teils lange anhaltende Trockenperiode zu überstehen. Viele Arten schließen in der kurz andauernden feuchten Zeit ihre Entwicklung vollständig ab. Sie überdauern als Samen, Ruhe- oder Dauerstadien. Mobile Arten reagieren oft durch Migrationsbewegungen. Ausdauernde Pflanzen haben Speicherorgane entwickelt oder werfen ihre Blätter in der folgenden Trockenperiode ab.

5.3 Rhythmen, Zyklen und zeitliche Nischen

Räumliche Gegebenheiten ähneln sich in gewissem Umfang immer wieder, sie können typisiert und klassifiziert werden, doch wiederholen sie sich nicht mit systematischer Regelhaftigkeit. Bei zeitlichen Abläufen hingegen beobachten wir neben der stochastischen Variabilität episodischer Ereignisse, eine rhythmische beziehungsweise **periodische Wiederholung** von Erscheinungen. Solche Rhythmen sind auf sehr unterschiedlichen Zeitskalen zu identifizieren. Gehen wir von diurnalen, über annuelle zu langfristigeren Rhythmen wie Eiszeiten, so stellen wir dabei fest, dass mit wachsender Amplitude deren Gleichförmigkeit abnimmt, weil sich zunehmend unterschiedlichste Prozesse und Einflüsse überlagern. Die Lebenszyklen der Lebewesen und ihre Physiologie sind, vom Herzschlag, über diurnale und saisonale Aktivitätszyklen hin zur Reproduktion, in zeitlicher Periodik organisiert. Rhythmen und zyklische Abläufe sind im wahrsten Sinn des Wortes alltäglich.

Die Anpassung an die **diurnale Rhythmik** ist so selbstverständlich, dass sie kaum erwähnenswert erscheint, doch ist die Artenvielfalt mancher Artengruppen nur durch die Nutzung unterschiedlicher zeitlicher Nischen zu verstehen. Bei Schmetterlingen werden traditionell die beiden großen Gruppen der Tagfalter und der Nachtfalter unterschieden. Diese Unterteilung ist allerdings problematisch da beispielsweise nicht alle „Nachtfalter" auch tatsächlich nachtaktiv sind.

Im Tageszeitenklima der Tropen ist die tägliche Rhythmik der absolut vorherrschende Puls der Natur. Im tropischen Hochgebirge müssen Pflanzen und Tiere mit der Tatsache zurechtkommen, dass jeden Tag, aufgrund der intensiven Einstrahlung, sehr hohe Temperaturen erreicht werden und jede Nacht Frost auftreten kann. Sie haben deshalb sehr charakteristische Anpassungen entwickelt, beispielsweise das tägliche Öffnen und Schließen der Rosetten bei *Senecio keniodendron*.

Die zweiten starken Taktgeber sind im außertropischen Bereich die **Jahreszeiten**. Die mitteleuropäischen Wälder zeigen sehr schön die zeitliche Einnischung der krautigen Pflanzen in laubwerfenden Wäldern. Im zeitigen Frühjahr erreichen die bodennahen Lufttemperaturen bereits annehmliche Werte. Bäume riskieren die Blattentfaltung noch nicht. Aufgrund dessen gelangt während dieser Zeit viel Sonnenstrahlung auf den Boden, und die Frühjahrsgeophyten nutzen dieses Fenster. Sie akkumulieren im Vorjahr Nährgewebe (z. B. Zwiebeln, Rhizome, Knollen) und können sich daher sehr rasch entwickeln und zur Blüte gelangen. Wenn die Buche ihre Blätter entfaltet, haben viele der krautigen Pflanzen am Waldboden ihre Reproduktion bereits abgeschlossen.

Zyklen können biotische Ursachen haben, doch ergibt sich dann immer eine gewisse Unschärfe. Oft benötigen Insektenpopulationen mehrere Jahre bis Jahrzehnte bis eine explosionsartige Massenentfaltung (**Gradation**) erfolgt. Ist diese – aus menschlicher Sicht – verbunden mit einer ökonomischen Schädigung, sprechen wir von einer Kalamität. Großflächige Gradationen sind immer wieder in borealen Waldökosystemen zu beobachten, die von wenigen Baumarten dominiert werden. Im nordöstlichen Nordamerika hat sich in den Wäldern der Balsam-Tanne (*Abies balsamea*) beispielsweise der „Eastern Spruce Budworm" (Fichtenwickler, *Choristoneura fumiferana*) verbreitet. Diese Art richtet durch den Fraß der Raupen im Abstand von 40 bis 60 Jahren enormen Schaden an.

Invasionsvögel sind Arten, deren Populationen im Fall von Ressourcenlimitation in ihrem natürlichen Verbreitungsgebiet invasionsartig in benachbarten Räumen auftreten. Bekannt ist der Seidenschwanz (*Bombycilla garrulus*). Stehen in seinem Überwinterungsgebiet in der skandinavischen Taiga nicht genügend Nahrungsressourcen (Früchte der Eberesche, *Sorbus aucuparia*) zur Verfügung, wandert die Art in großen Schwärmen nach Mitteleuropa ein. Früher sah die abergläubische Landbevölkerung in diesem unerklärlichen Phänomen ein Vorzeichen schlimmer Ereignisse.

Zyklische Populationsentwicklungen können sich durch die Wechselwirkung zwischen Räuber- und Beutearten ergeben. Allerdings ist nicht sicher, ob das – aus gehandelten Fellen abgeleitete – Beispiel des amerikanischen Schneeschuh-Hasen (*Lepus americanus*) und der Luchse (*Lynx canadensis*) einen kausalen Zusammenhang zeigt. Die Annahme ist folgende: Ist die Hasenpopulation klein, können nur wenige Prädatoren überleben, ihr Fraßdruck geht zurück, die Hasenpopulation kann sich regenerieren und wächst. Dies führt mit gewisser Verzögerung auch zu einem Anwachsen der Zahl von Räubern (Luchse), bis diese wiederum die Hasenpopulation so stark dezimiert haben, dass ihre Anzahl erneut abnimmt (Abb. 5.4).

Bei Eichen und anderen Bäumen ist im Abstand mehrerer Jahre zu sehen, dass eine besonders üppige Fruchtbildung erfolgt. Weil Eicheln früher an Schweine verfüttert wurden, nennt man solche Jahre „**Mastjahre**". In solchen Jahren ist der Waldboden im darauf folgenden Frühjahr mit Keimlingen übersät. Neben der Vorherrschaft der jeweiligen Art und der damit erhöhten Entwicklungswahrscheinlichkeit in diesem Jahr, ist diese große Individuendichte mit einer intraspezifischen Selektion verbunden. Im Verlauf der Ausdünnung der Kohorte („self-thinning") überleben nur die stärksten Individuen, was der Entwicklung der gesamten Art dienlich ist.

Auch das Weltklima ist keine Konstante. Wir finden allenthalben Zeugnisse für die in früherer Zeit abweichenden Bedingungen. In Mitteleuropa trifft man auf Gesteine, Reliefformen, Böden und Sedimente mit Hinweisen auf Prozesse, die nur unter feuchttropischen oder arktischen Bedingungen ablaufen können. Zu der Zeit des Entstehens solcher Belege müssen folglich entsprechende Klimabedingungen geherrscht haben. Zur Erklärung weiter zurückliegender tropischer Klimaverhältnisse können Plattenverschiebungen herangezogen werden. Die Spuren der Gletscher in der Norddeutschen Tiefebene und im Alpenvorland belegen andererseits eine deutlich kühlere Periode vor nicht sehr langer Zeit, als die Lage Europas der heutigen bereits entsprach.

Es hat offensichtlich **getaktete globale Klimaveränderungen** gegeben. Diese langfristigen Rhythmen des Klimas können wir in „natürlichen Archiven" wie den Eisbohrkernen aus Grönland und der Antarktis (z.B. Vostok), über mehrere hunderttausend Jahre nachverfolgen. Wir erkennen daraus, dass die Erde ein pulsierender Planet ist. Langfristige klimatische Fluktuationen beeinflussten die Biosphäre wohl seit ihrem Entstehen. Eventuell ist diese Rhythmik, also die immer wieder erfolgende Veränderung, sogar eine wichtige Triebfeder für die Herausbildung der Biodiversität. Auch wenn es zum regionalen Erlöschen von Arten kommen mag, so werden durch veränderte Umweltbedingungen generell Artbildungen stimuliert.

Abb. 5.4

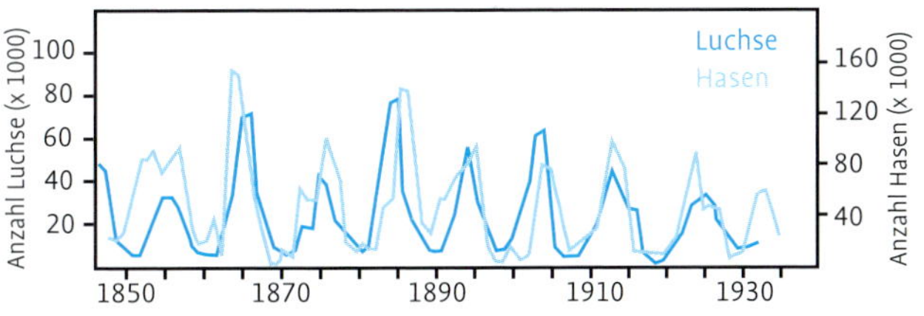

Ableitung einer zyklischen Wechselwirkung zwischen den Populationsgrößen des amerikanischen Schneeschuh-Hasen (*Lepus americanus*) und Kanadischen Luchsen (*Lynx canadensis*) auf der Grundlage gehandelter Felle (nach COLINVEAUX et al. 1993).

Abb. 5.5

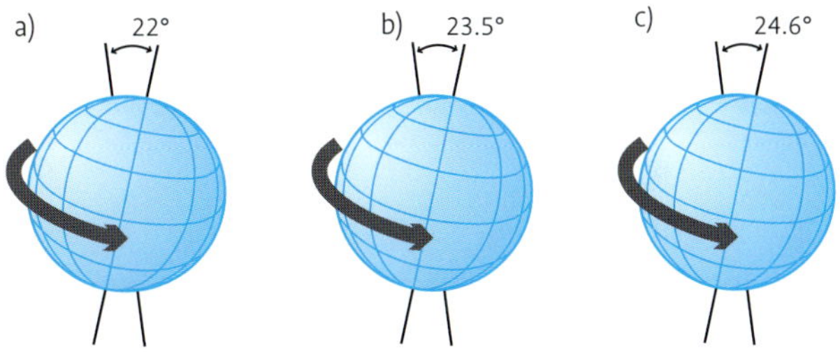

Der rhythmische Wechsel der Erdinklination (MILANKOVIC-Zyklen) ist über die unterschiedliche Exposition der Erdoberfläche und der Kontinente die Ursache der Eiszeiten. Phasen mit geringer Albedo wechseln mit Zeiten hoher Rückstrahlung. a) Minimale Abweichung der Erdachse von der Senkrechten. b) Heutiger Zustand. c) Maximale Abweichung während der Eiszeiten.

Die mehr oder minder regelhaften Wechsel der pleistozänen Kalt- und Warmzeiten sind auf regelmäßige Schwankungen der Erdinklination zurückzuführen (Abb. 5.5). Wir bezeichnen sie als **MILANKOVIC-Zyklen**. Sie beeinflussen die räumliche Verteilung der Einstrahlung auf der Erde und aufgrund der Lage der Kontinente die Reflektion von Strahlungsenergie. Bedingt durch diese Rhythmik bildeten sich subarktische Eisschilde bzw. sie schmolzen wieder ab. In den Subtropen veränderten sich die atmosphärischen Zirkulationssysteme und damit Verlauf und Intensität von Monsunniederschlägen. Letzteres ist die Ursache dafür, dass die Sahara und die Namib zeitweise mit Savannen-Ökosystemen belebt waren und Menschen dort siedeln konnten.

Gegen niedrige Breiten hin nimmt die räumliche Verlagerung von Klimagürteln in der Vergangenheit tendenziell ab. Dies bedeutet jedoch nicht, dass dort andauernd

Abb. 5.6

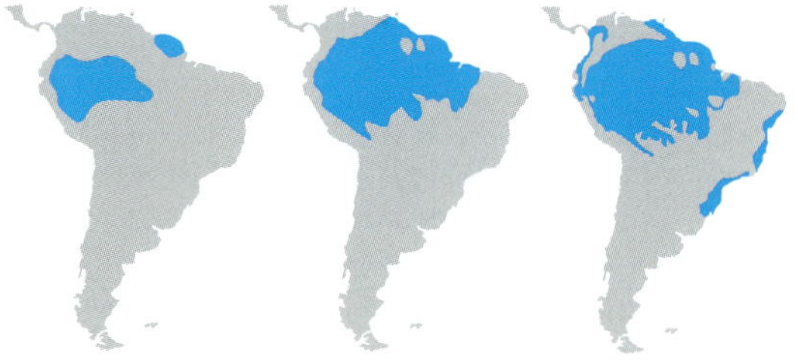

Entwicklung der Fläche des tropischen Regenwaldes Südamerikas seit dem Pleistozän (nach ADAMS & FAURE 1995 sowie weiteren Quellen).

Abb. 5.7

Maximale Vergletscherung Europas während der Eiszeiten.

Abb. 5.8

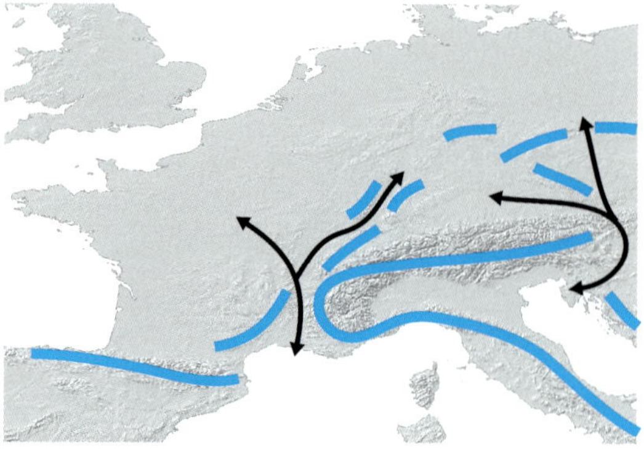

Europäische Ausbreitungsbarrieren und abgeleitete Ausbreitungswege der nacheiszeitlichen Rückwanderung von Arten aus den mediterranen Überdauerungsgebieten (nach KÜSTER 1999).

konstante Verhältnisse geherrscht hätten. Selbst die äquatorialen Feuchttropen unterlagen sehr wahrscheinlich **klimatischen Fluktuationen**. Diese spielten sich jedoch wahrscheinlich über ein pulsierendes An- und Abschwellen der Fläche ab und nicht über eine vollständige Verlagerung der zonalen Einheiten, wie dies in höheren Breiten der Fall war. Zudem waren sie weniger stark. Substanzielle Änderungen fanden nicht statt. Diese räumliche und ökologische Konstanz kann durchaus als eine Ursache für die enorme Vielfalt und Nischensättigung feuchttropischer Systeme angesehen werden. Die langfristige Stabilität oder besser Kontinuität von Umweltbedingungen der Tropen werden von SANDERS (1968) dafür verantwortlich gemacht, dass sich Arten optimal einnischen können und sich somit eine hohe Biodiversität erhalten kann (Abb. 5.6). Diese Argumentation wird vor allem zur Erklärung der Vielfalt des tropischen Regenwaldes ins Feld geführt (Time-Stability-Hypothesis). Ein Problem bezüglich der Rekonstruktion tropischer Klimageschichte ist jedoch der Mangel an quantitativ auswertbaren und datierbaren Indizien. Der hohe stoffliche Turnover und das intensive Verwitterungsgeschehen feuchtwarmer Klimate lassen den Erhalt klimarelevanter Zeugnisse kaum zu.

Mitteleuropa war von den letzten Eiszeiten besonders stark betroffen. Es kam zu einer kompletten räumlichen Verschiebung der zonalen Ökosysteme. Von Norden drangen Gletscher bis in die norddeutsche Tiefebene vor. Wald fand sich fast nur noch im Mittelmeergebiet. In Deutschland erstreckten sich großflächige Tundrengebiete. Arktische Arten, deren heutige Lebensräume im Norden vergletschert waren, drangen bis hierhin vor. Skandinavien war vollständig von Eiskalotten bedeckt (Abb. 5.7). Dieser Prozess wiederholte sich im Verlauf des Pleistozäns mindestens sechsmal.

Da in Europa die Ausrichtung von Gebirgen und Meeren dem Ausweichen und Zurückwandern von Arten entgegensteht (Alpen, Pyrenäen, Karpaten), kam es mit jeder Eiszeit zum Verlust von Arten (Abb. 5.8). Zwar konnten viele Arten in der Mittelmeerregion überdauern, doch bewirkten die Ausbreitungsbarrieren eine Ausdünnung von Flora und Fauna mit jeder Eiszeit. Außerdem bewirkte die relativ gesehen nördliche Lage Europas, dessen Temperaturbedingungen stark durch den Golfstrom begünstigt werden, eine zusätzliche Verschärfung. In den klimatisch vergleichbaren Regionen Ostasiens und des östlichen Nordamerika verlaufen Gebirge und Meere in Nord-Süd-Richtung. Die dortigen Arten konnten daher leichter nach Süden ausweichen und wieder zurückkehren. Findet man in Mitteleuropa drei Eichenarten (*Quercus* spp.), so ist diese Zahl in den beiden anderen Gebieten zehnfach höher. Bei vielen anderen Artengruppen verhält es sich ähnlich.

Die Erwärmung nach der Eiszeit erfolgte sehr schnell. Zwar gab es noch merkliche Auslenkungen (Alleröd, Jüngere Dryas), doch sind im Großen und Ganzen seitdem die Klimaverhältnisse relativ stabil. In den borealen (und teilweise in temperaten) Gebieten, in welchen Moore und konservierende Sedimente auftreten und Baumarten großteils anemogam sind, können wir die nacheiszeitliche Rückwanderung und Verschiebungen der Lebensgemeinschaften über die Pollenanalyse zeitlich zuordenbarer Lagen erkennen. Diese zeigen, dass es 10.000 Jahre benötigte, bis sich die Ökosysteme an die nacheiszeitlichen Klimagegebenheiten anpassen konnten. Wir finden also, bedingt durch die wirksamen Filter und Limitationen der Ausbreitungsmechanismen, eine ganz erhebliche Verzögerung der biotischen Reaktion.

Da **Meeresströmungen** einen erheblichen Beitrag zur Umverteilung der Energie auf der Erde leisten, ist ihre Beeinflussung ebenfalls mit großen, allerdings regionalen Konsequenzen verbunden. Bezüglich des Golfstroms, der für das vergleichsweise milde Klima Europas verantwortlich ist, werden neben stabilen Stadien, Heinrich-Events (Kollaps des Golfstroms) und Dansgaard-Oeschger-Events (besonders warme Phasen) unterschieden. Die zeitlichen Abstände zwischen solchen Ereignissen sind allerdings erheblich.

Ein mit kurzfristiger Rhythmik auftretendes Umschlagen von Meeresströmungen spielt sich mit **El Nino** bzw. La Nina im Pazifik ab (Abb. 5.9). In normalen Jahren ist im Pazifik der kalte Humboldt-Strom wirksam. Dieser ist verbunden mit erheblichen Nährstofftransporten und Fischreichtum. Entlang

Abb. 5.9

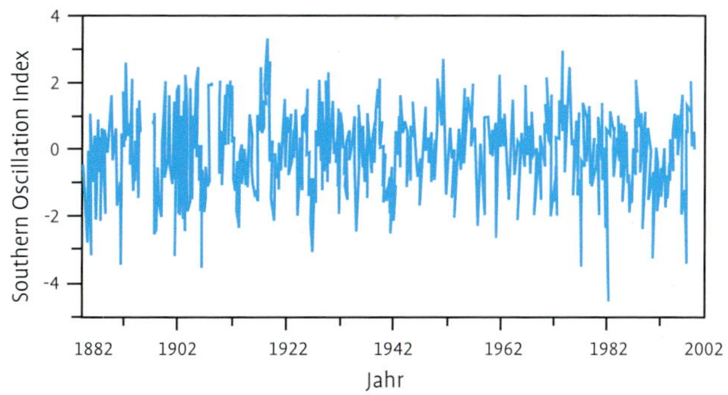

Zeitlicher Verlauf der El Nino Southern Oszillation (ENSO). Diese Klimarhythmik hängt mit Wechseln der pazifischen Meereströmungen zusammen. In den letzten Jahrzehnten häufen sich starke El-Nino-Ereignisse.

des Äquators fließt das Wasser vor allem westwärts. Während eines El-Nino-Ereignisses erfolgt eine starke, ostwärts gerichtete, warme Meeresströmung im äquatorialen Pazifik. Diese hat klimatische Auswirkungen auf den gesamten amerikanischen Kontinent und darüber hinaus. Innerhalb des Pazifiks sind Fluktuationen der marinen Biodiversität eng mit der El Nino Southern Oszillation (ENSO) korreliert (Worm et al. 2005).

Vor allem an der südamerikanischen Pazifikküste wirken sich El-Nino-Jahre stark auf die Ökosysteme aus. Solche Jahre sind außergewöhnlich niederschlagsreich. Da mit ihrem Auftreten mit einer gewissen Wahrscheinlichkeit nach einigen Jahren zu rechnen ist, haben zahlreiche Pflanzen Strategien entwickelt hiervon zu profitieren und die dazwischen liegende Zeit zu überdauern (Abb. 5.10).

Doch nicht alle Artengruppen reagieren auf solche äußeren Taktgeber gleichermaßen. Nordamerikanische Mäuse zeigen sehr starke Populationsschwankungen, doch scheinen hier stochastische Ereignisse wesentlich stärker zu wirken als klimatische Einflüsse. Die Entwicklung der Populationen erfolgt unabhängig voneinander und von äußeren Einflüssen wie El Nino (Abb. 5.11).

Ein weiteres Element klimatischer Rhythmik wird durch die relativ stabilen großräumigen Luftdrucksysteme im Nordatlantik, das Azoren-Hoch und das Island-Tief, gebildet. Es kommt hier immer wieder zu

Abb. 5.10

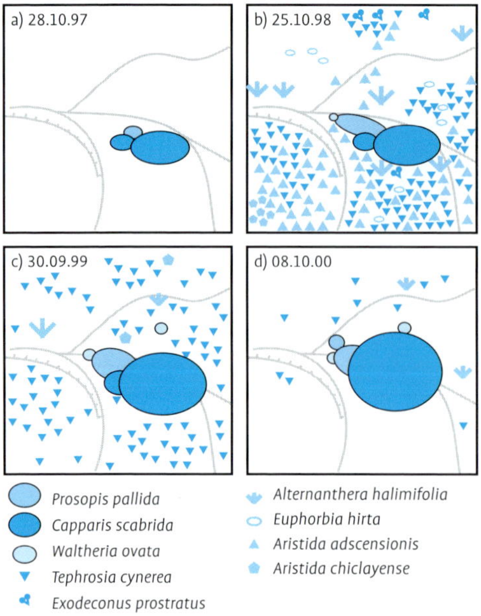

Vegetationsentwicklung an der Küste Perus vor (a), während (b) und nach (c, d) einem starken El-Nino-Jahr. Die Vegetation ist an das Auftreten von besonders feuchten Bedingungen angepasst und reagiert direkt auf die zeitlich befristeten günstigen Bedingungen (nach RICHTER & ISE 2005).

Abb. 5.11

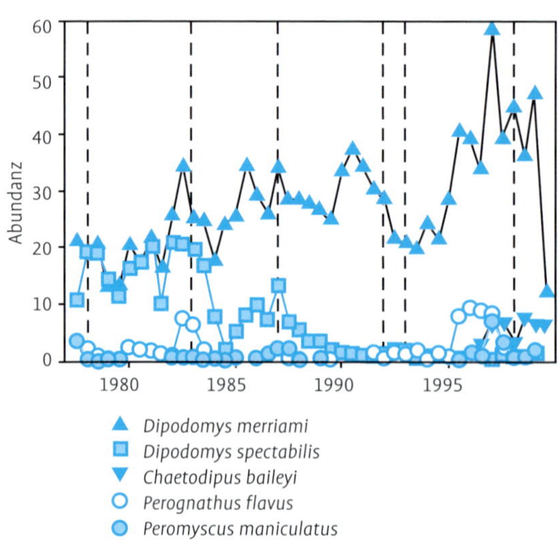

Fluktuationen der Abundanz bei Mausarten in Arizona über 22 Jahre. Die Entwicklung der Populationen erfolgt unabhängig voneinander und von äußeren Einflüssen wie El Nino (gestrichelte Linien) (nach PRESS et al. 2001).

Schwankungen in der Stärke der beiden Systeme. Ist das Island-Tief stark ausgeprägt, ist das Azoren-Hoch relativ schwach und umgekehrt. Winde bewegen sich entlang der Isobaren. Große Luftdruckunterschiede bewirken starke westliche Winde über dem Atlantik, geringe Unterschiede führen zu schwach ausgeprägten Winden. Mithin wird durch diese **Nordatlantische Oszillation** (NAO) das Klima Europas, aber auch des nördlichen Amerikas, vor allem im Winter stark beeinflusst. Ein kalter Winter über dem nördlichen Nordamerika sowie Grönland geht in der Regel mit einem milden Winter in Europa einher.

Allenthalben finden sich mittelalterliche Weinbergsstrukturen in deutschen Landschaften und zwar in Lagen die heute keinen Weinbau mehr erlauben. In der niederländischen Landschaftsmalerei des 17. und 18. Jahrhunderts sind Szenen mit vereisten Seen und Schlittschuhläufern überproportional vertreten. Dies ist ein Hinweis darauf, dass es in den letzten Jahrhunderten durchaus spürbare natürliche Klimaveränderungen gegeben hat. Die sogenannte „Kleine Eiszeit“ etwa vom Beginn der Neuzeit bis ins 19. Jahrhundert hinein, ist auf Veränderungen der Globalstrahlung durch **reduzierte Sonnenaktivität** zurückzuführen (Abb. 5.12). Eine Verringerung der Sonnenfleckenaktivität ist auf der Erde von geringerer Einstrahlung begleitet. Wir können die Sonnenaktivität ebenfalls mit Hilfe von Eisbohrkernen rekonstruieren. Die Konzentration des Beryllium-10-Isotops ist bei niedriger Sonnenaktivität besonders hoch. Beryllium-10 entsteht, wenn energiereiche Teilchen der kosmischen Strahlung in der Erdatmosphäre Sauerstoff- und Stickstoffatome spalten. Bei hoher Sonnenaktivität ist das Magnetfeld der Sonne stärker und schirmt einen Teil der kosmischen Strahlung von der Erde ab. Beryllium-10-Gehalte gehen dann zurück.

Bei diesem Beispiel ist es also das Unterbrechen der Rhythmik, was zu Effekten führt. Bleibt der etwa 10-jährige Wechsel zwischen aktiven und weniger aktiven Phasen der Sonne erhalten, ergeben sich keine spürbaren Klimaeffekte. Nur wenn die Phasen aktiver Sonnentätigkeit aussetzen, wie in der „Kleinen Eiszeit“, wird eine Abkühlung spürbar.

5.4 Zeitpunkt von Ereignissen

Von ganz entscheidender Bedeutung ist nicht nur die Dauer, sondern auch der Zeitpunkt von biotischen Entwicklungen bzw. äußeren Ereignissen. Ist sozusagen das **Timing** zwischen biotischen Abläufen und Umwelteinwirkungen nicht perfekt und abgestimmt, kann es zu schädigenden Einflüssen auch dann kommen, wenn die Stärke der Wirkgröße gering ist. Fröste wurden bereits als ein bedeutsamer Standortfaktor angesprochen. Da sie in einem Jahreszeitenklima regelhaft auftreten, konnten sich beispielsweise die heimischen Arten in ihren phänologischen Abläufen an diese Rhythmik anpassen. Die tiefsten Temperaturen werden von ausdauernden Arten unbeschadet überlebt. Spät- oder Frühfröste am Ende oder zu Beginn des Winters können aber schon bei geringer Intensität Schäden auslösen.

Einige Baumarten, wie die in Mitteleuropa heimische Rot-Buche (*Fagus sylvatica*) werden in ihrem Verbreitungsmuster wesentlich durch derartige Frostereignisse limitiert. Besonders relevant sind niedrige Temperaturen während der Zeit des Austreibens der Frühjahrstriebe. In den Zentralalpen kommt es neben geringerem Lichtgenuss der tieferen Lagen durch Horizontüberhöhung (Beschattung) und sommerlicher Trockenheit aufgrund der kontinentalen Tönung des Klimas durch Temperaturinversion sehr häufig zu Spätfrösten. Die Buche fehlt in dieser Region.

Die Tendenz zu milderen Wintern in den letzten Jahrzehnten, kann dazu führen, dass Lebewesen eine geringere Frosthärte entwickeln und bedingt durch die Verlängerung der Phase mit günstigen Temperaturen, zeitiger im Jahresverlauf in Erscheinung treten oder austreiben. Die Gefahr durch einzelne Frostereignisse geschädigt zu werden nimmt in einem solchen Fall künftig zu.

Die Veränderung saisonaler Rhythmik ist in komplexen Lebensgemeinschaften, in welchen nicht alle Arten auf dieselben Taktgeber reagieren, für Tiere mit Risiken verbunden. Der Kleine Frostspanner (*Operophtera brumata*) ist ein in Europa weit verbreiteter Nachtfalter. Die Art kommt in den verschiedensten Biotopen vor. Sie ist lediglich an das Vorhandensein von Laubgehölzen gebunden. Nun schlüpfen durch die hohen Frühjahrstemperaturen die Falter in den letzten Jahren so früh, dass zu diesem Zeitpunkt noch keine Blüten ausgebildet sind. Die existenzielle Nahrungsquelle der Falter ist somit noch nicht vorhanden (Hauser 2002). Sollte die Entkoppelung der Entwicklungszeiträume von Pflanze und Tier andauern, wären die Falterpopulationen gefährdet, da besonders früh entwickelte Tiere nur vereinzelt überleben könnten.

Viele ausdauernde Arten und insbesondere Bäume zeigen eine Steuerung ihrer Entwicklung durch die Fotoperiode. Sie nutzen die Tageslänge als Taktgeber. Steigen die Frühjahrstemperaturen oder werden sie in tiefere Lagen versetzt, bleiben sie dennoch bei ihrem genetisch festgelegten Verhaltensmuster. Der Zeitpunkt des Austreibens bzw. der Blütenentwicklung bleibt davon unbeeinflusst. Fotoperiodisch gesteuerte Arten profitieren daher nicht unbedingt von Temperaturerhöhungen. Im Gegenteil kann durch die Erhöhung ihrer Atmungsverluste sogar die Gefahr negativer Kohlenstoffbilanzen entstehen. Niedrigwüchsige alpine Pflanzen zeigten im Experiment ein besonders geringes Akklimationspotenzial bei erhöhten Temperaturen (Larigauderie & Körner 1995).

Schließlich ist die zeitliche Variabilität in der Bereitstellung von Ressourcen und mithin die Entwicklung zeitlich begrenzter ökologischer Nischen auch eine wichtige Steuergröße der Biodiversität. Sie erlaubt die

Abb. 5.12

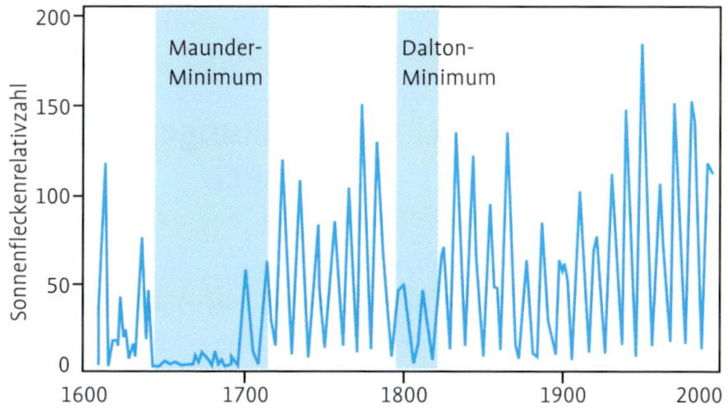

Fluktuationen der Sonnenfleckenaktivität als Ursache von Schwankungen der solaren Einstrahlung. Die Phasen geringer Aktivität drückten sich durch eine globale Abkühlung („kleine Eiszeit") aus.

Koexistenz von Arten mit sonst ähnlichen ökologischen Ansprüchen (CLARK et al. 2003).

5.5 Auslenkungen und Störungen

Zeitlich eng begrenzte Ereignisse werden von der lokalen bis zur globalen Ebene ökologisch effektiv. Erdgeschichtliche Aussterbeereignisse waren, relativ gesehen, auf einen kurzen Zeitraum begrenzt und zeichnen sich durch abrupte biostratigraphische Wechsel ab, doch ihre Effekte sind bis heute in der durch sie beeinflussten Evolution zu spüren. Ein Feuer in einem borealen Nadelwald dauert einige Tage, doch beeinflusst es die Sukzession und Artenzusammensetzung über Jahrzehnte und Jahrhunderte hinweg und wird in der Alterstruktur von Kohorten und in Sukzessionsstadien reflektiert.

Die früher verbreitete Mittelwaldwirtschaft förderte den Stockausschlag bei den für die Brennholznutzung beanspruchten Baumarten. Noch heute spiegelt sie sich durch die Selektion der diesen Eingriff duldenden Arten und die unnatürliche Vorherrschaft der Gruppierung klonaler Stämme, im Waldbild wider. Das Problem bei all diesen Beispielen ist, dass wir keinen direkten Zugang zu den vergangenen Ereignissen haben. Wir schließen deduktiv aus dem heutigen Zustand und aus verschiedenen Indizien, auf die in der Vergangenheit abgelaufenen Prozesse.

Abb. 5.13

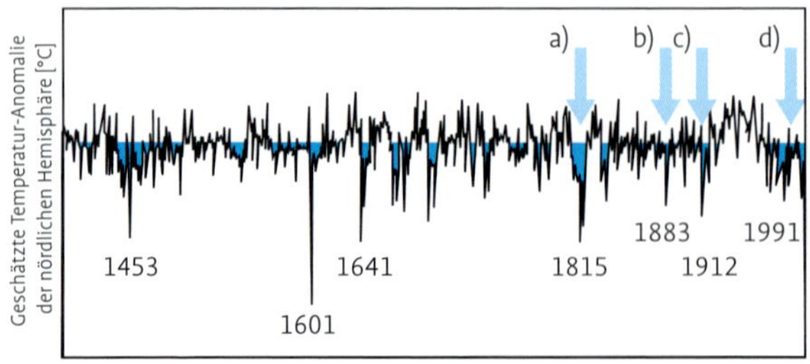

Klimatische Signale von Vulkanausbrüchen. In historischer Zeit kann der abkühlende Effekt großer Eruptionen deutlich aufgezeigt werden. a) Tambora 1815, b) Krakatau 1883, c) Novarupta 1912, d) Pinatubo 1991.

In den genannten Fällen ist der Zusammenhang zwischen Ursache und Effekt aber recht eindeutig. Wir besitzen vielfältige Belege für die stattgefundenen Auslenkungen und die sich anschließenden Entwicklungen. Je weiter die Ereignisse zurückliegen umso unsicherer wird die Zuordnung von Ursache und Effekt. Die Ursachen einzelner Massensterben sind teilweise umstritten, ein sicherer Beweis ist schwer zu führen. Aber auch bei rezenten Auslenkungen kann der zugrunde liegende Mechanismus ein wenig offensichtlicher sein.

Bei den langen Zeitreihen der Dendrochronologie fallen einzelne Jahre mit weltweit deutlich reduziertem Wachstum auf. Recherchiert man für die letzten Jahrhunderte die Zeitpunkte der stärksten Vulkaneruptionen (Tambora 1815, Krakatau 1883, Novarupta 1912, Pinatubo 1991), dann passen diese erstaunlich gut mit diesen Jahren überein. Der Mechanismus dürfte deshalb eine offensichtlich geringe und nur kurz andauernde, aber deutlich bemerkbare Abkühlung durch Vulkanismus gewesen sein (Abb. 5.13). Für mehr als 200 Jahre zurückliegende Ereignisse ist die Lage nicht mehr nachvollziehbar. Für die Jahre 1453, 1601 und 1641 sind Eruptionen von globaler Wirkung allerdings ebenfalls wahrscheinlich.

Ökologie und Biogeographie haben die gestaltende Rolle natürlicher Störungen lange vernachlässigt. Es ist nur zu verständlich, dass man gerne jene Größen für kausalanalytische Erklärungen heranzuziehen möchte, die aktuell wirksam und messbar sind. Die Einschränkungen unserer Wahrnehmung verleiten dazu, das Gewesene zu ignorieren. Nicht selten sind aber die heutigen Muster der Verteilung von Arten in einer Landschaft oder der Anordnung von Ökosystemen auf einzelne zurückliegende Ereignisse („Events") zurückzuführen. Bisweilen ist es der Wegfall solcher Störungen (z. B. stoßweise Beweidung von Kalkmagerrasen durch große Wanderschafherden), der Systemveränderung bewirkt.

Der Begriff **Störung** hat im deutschen Sprachgebrauch eine negative Konnotation. Er liegt nahe an der Bedeutung des Wortes Zerstörung. Im Englischen haben die Begriffe „disturbance" und „destruction" unterschiedliche etymologische Wurzeln. Unter Störungen verstehen wir im biogeogra-

Absolute und relative Parameter zur Analyse von Störungen.

Tab. 5.1

Parameter	Absolut	Relativ
Typ	Physischer Prozess (Feuer, Überflutung, Bodenverletzung, Stoffeintrag etc.)	Anpassungsstrategien vorhanden oder fehlend
Stärke	Magnitude der informationellen, energetischen oder stofflichen Prozesse	Intensität des Effektes auf die Zielgröße (Organismus, Lebensgemeinschaft, Ökosystem)
Zeitpunkt	Datum	Lage im Verlauf der saisonalen oder individuellen Entwicklung
Dauer	Zeitraum	Ausschnitt aus dem Lebenszyklus oder einer Entwicklungsphase
Frequenz (Häufigkeit)	Anzahl/Zeit	Bezogen auf die Lebensspanne eines Organismus oder auf die Entwicklungszeit eines Systems
Räumliche Erstreckung	Flächengröße und Ausdehnung über Höhenstufen	Anteil an der von der Zielgröße beanspruchten Fläche (Habitat, Biotop, Ökotop)
Interaktion	Kombination mit anderen Prozessen	Beeinflussung biotischer Abläufe und ökologischer Komplexität
Selektivität	Anteil der betroffenen Objekte	Anteil der betroffenen Individuen, Altersstadien, Arten, Lebensgemeinschaften

phischen Kontext nicht nur die Störung von Tieren, die zu Verhaltensreaktionen führen kann, sondern jedwedes zeitlich begrenzte Ereignis, welches einen Effekt auf Arten, Lebensgemeinschaften und Ökosysteme ausübt. Solche Effekte können sich durchaus im Verhalten, aber auch in der Biomasse oder in der Artenvielfalt ausdrücken. Sie können grundsätzlich informationeller (z. B. Verhalten), energetischer (z. B. Verlust einer beschattenden Baumschicht) oder stofflicher Natur (z. B. Austrag von Nährstoffen) sein, also die verschiedenen Aspekte ökosystemarer Funktionen betreffen (Tab. 5.1).

Wir begreifen, dass Störungen eine natürliche Erscheinung sind. Es gibt kein Ökosystem, das frei von ihnen ist. Betrachtet man sie ohne normative Wertung, dann ist zunächst festzustellen, dass sie ab einer gewissen Auftretenswahrscheinlichkeit zu Anpassungen führen können (z. B. Fluchtverhalten). Treten sie mit geringer Wahrscheinlichkeit auf, können sie zwar Effekte haben, diese werden jedoch nicht im ökologischen Gedächtnis des Systems gespeichert werden. Eine Trennung in natürliche und künstliche bzw. menschliche Störungen ist wenig hilfreich. Allerdings kann es durch menschliche Aktivität sowohl zur Einführung neuartiger Störungen als auch zu Veränderungen der Intensität, des Zeitpunktes, der Häufigkeit (seltener, häufiger), der Dauer, der räumlichen Erstreckung und der Verteilung von Störungen kommen.

Die flugunfähigen endemischen Vögel der Pazifikinseln zeigten in vielen Fällen keine Scheu vor dem Menschen – was ihr Schicksal besiegelte. Die Ursache für das Nichterfolgen dieser Reaktion auf die Menschen war das Fehlen von Prädatoren, sodass die durch die menschliche Besiedlung ausgelöste Störung nicht auf evolutiv herausgebildete Strategien traf. Sie waren seit der Etablierung ursprünglich kontinentaler Vorläuferarten als nutzlos verloren gegangen. Dies hatte die Ausrottung der Arten zur Folge. Man kann hieraus erkennen, dass die Häufigkeit (Frequenz) von Störungsereignissen bedeutsam ist. Dies gilt im Übrigen sehr viel stärker für den Fall, dass eine evolutive Reaktionsstrategie überbeansprucht wird. Den meisten heimischen Tierarten droht von dem Großteil der Menschen keine Gefahr. Dennoch verbergen sie sich vor unseren Blicken. Wir werden als potenzielle Prädatoren wahrgenommen. Erhöht sich nun die Frequenz des Auftretens dieser potenziellen Feinde in einer Landschaft und geschieht dies zu einer Jahreszeit mit limitierten Ressourcen (z. B. im Winter), können Populationen scheuer Tiere, wie des Auerhuhns (*Tetrao urogallus*), existenziell bedroht wer-

Abb. 5.14

Die Wirkung von Störungen wird durch relative Größen bestimmt. Auf landschaftlicher Ebene liefert die Beziehung zwischen Störungshäufigkeit und Erholungsintervall (die Störungsrate) und das Verhältnis von der Größe der Störung zu der betroffenen Einheit einen Hinweis zu den Effekten der Störung. Ist diese sehr selten aber sehr großflächig, kommt es zum Zusammenbruch des Systems (nach TURNER et al. 1993).

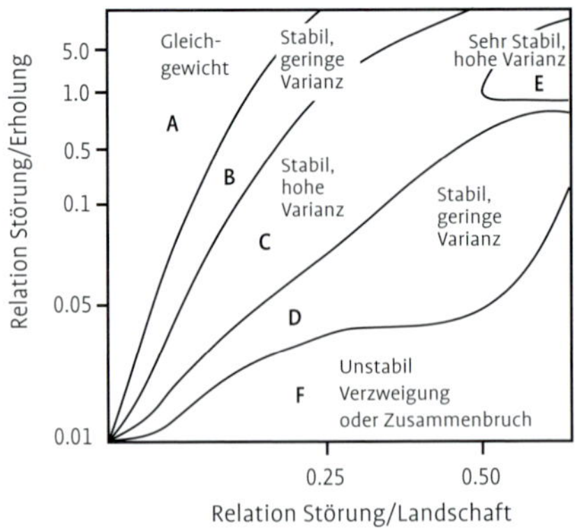

Abb. 5.15

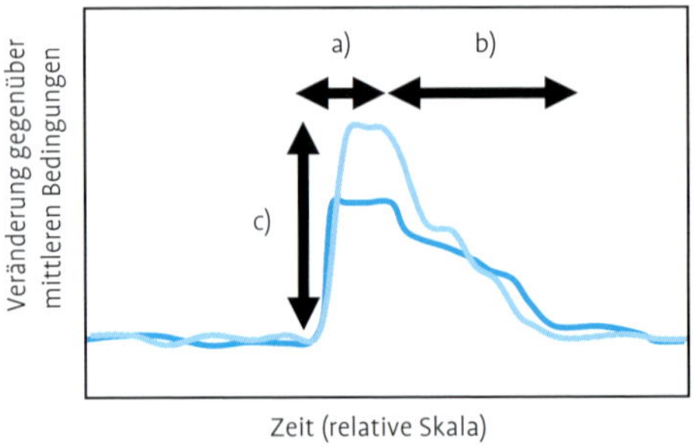

Störungen werden ökologisch nach ihrem Effekt auf ein biotisches Objekt (Individuum, Population, Lebensgemeinschaft) beurteilt. Sowohl die Stärke der Auslenkung als auch die Dauer des Ereignisses beeinflussen seine Wirkung. Die Zeitskala ist auf die jeweils betrachteten Objekte zu relativieren. Sie muss mindestens einen Lebenszyklus umfassen. a) Dauer des Ereignisses; b) Dauer des Effektes; c) Stärke des Effektes.

den. Für Lebensgemeinschaften gelten ähnliche Regeln. Den Zusammenhang zwischen relativer Störungshäufigkeit und relativer Störungsfläche zeigt Abbildung 5.14.

Weitere wichtige Aspekte zur Beurteilung von Störungen sind die Andauer von Ereignissen und ihre Auswirkung (Stärke), beides ist ebenfalls relativ zu verstehen (Abb. 5.15). Der ökologische Störungsbegriff orientiert sich an dem jeweils betroffenen Objekt. Dasselbe physische Ereignis, welches eine massive Störung für einen Organismus ist, muss für andere Lebewesen nicht gleichfalls bedeutsam sein. Der Wanderer, der zum Abbruch des Brutgeschäftes einer sensiblen Vogelart beiträgt, hat keine Wirkung auf die Misteln im selben Baum. Auch innerhalb einer Artengruppe gilt diese Relativität bzw. Selektivität der Wirkung. Zum Beispiel ist der Verlust eines großen Teils der Nachkommen (z.B. Keimlinge) einer kurzlebigen Pflanzenart durch eine Dürreperiode von wenigen Wochen, für eine andere Art, die den Sommer ohnehin mit Dauerstadien (z.B. Zwiebeln) überbrückt, nicht wirksam. Nicht nur Zeitpunkt und Dauer sind relativ zu sehen, zusätzlich ist die Stärke einer Störung zu beachten. Organismen tolerieren Abweichungen von den Erwartungswerten, an welche sie evolutive Anpassungen entwickelt haben, bis zu gewissen Schwellenwerten. Diese Toleranzgrenzen sind artspezifisch sehr unterschiedlich.

Was ist nun unter „zeitlich begrenzt“ zu verstehen? Auch die Dauer von Störungen ist auf die Skalen der betrachteten Objekte bzw. auf die natürlichen Lebensabläufe von Organismen oder Lebensgemeinschaften zu beziehen. Ein in der Erdgeschichte letztlich nahezu punktuell wirkendes Ereignis mag sich über hunderttausende von Jahren erstreckt haben. Auf der Ebene einzelner Organismen war dieses Ereignis zeitlich nicht eng begrenzt, auf der Ebene der Evolution sehr wohl. Zeitlich begrenzt kann ein Ereignis, welches immer eine gewisse Dauer hat, nur im Bezug auf die ökologische Skala des betroffenen Objektes sein. Im Lebenszyklus eines Nadelbaumes ist ein zweitägiges Feuer ein nahezu punktuelles Ereignis.

Wie wir bei der Frequenz von Störungen und der durch sie betroffenen Fläche gesehen haben, sind für Lebensgemeinschaften und Ökosysteme einzelne Ereignisse genauso von Bedeutung wie bei der Betrachtung einzelner Organismen und der zeitlichen Variabilität ihrer Umwelt. Störungen kommen in allen Ökosystemen auf verschiedenen Maßstabsebenen vor. Sie bewirken räumliche Heterogenität (und damit das Nebeneinander ökologischer Nischen) und sind Taktgeber ökologischer Rhythmen (und schaffen damit zeitliche Nischen für phänologisch unterschiedlich eingenischte Arten). Störungen werden deshalb als eine wichtige Triebfeder für die Entwicklung und den Erhalt der Artenvielfalt betrachtet. Die von CONNELL (1978) propagierte und auf HORN (1975) zurückgehende Intermediate Disturbance Hpyothesis (IDH) sagt für mittleren Störungseinfluss die höchste Artenvielfalt voraus. Diese These wurde unter anderem in tropischen Systemen (Regenwald, Korallenriffe) bestätigt gefunden.

Übertragen auf Mitteleuropa wird deutlich, dass die Artenvielfalt der Kulturlandschaft nur durch die Aufrechterhaltung menschlicher Störungen möglich ist. Wird auf die Bewirtschaftung völlig verzichtet, findet Sukzession statt und ein großer Teil der Arten der Feldflur würde verschwinden. Wird die Nutzung aber intensiviert, beispielsweise indem eine zweischürige Wiese nun fünfmal pro Jahr gemäht wird, geht Vielfalt ebenfalls verloren. Die mittlere Störungsintensität ist natürlich eine relative Größe. Sie muss daher auf die Auftretenswahrscheinlichkeit von Ereignissen eines spezifischen Systems bezogen werden.

Betrachten wir Störungen über ein zeitliches Intervall oder integrieren wir verschiedene Störungstypen in die Betrachtung, sprechen wir vom **Störungsregime**. Wiederkehrende Störungen können den Erhalt der Artenvielfalt fördern, indem sie die Koexistenz verschiedener konkurrenzschwacher Arten ermöglichen. Sie werfen Sukzessionsabläufe zurück und schaffen damit Regenerationsmöglichkeiten („safe sites") für ruderale oder kurzlebige Arten (r-Strategen) (Abb. 5.16). Erst wenn Schwellenwerte in der Häufigkeit, der räumlichen Erstreckung oder der Stärke von Störungen überschritten werden, dann stellen sich irreversible Veränderungen und der Verlust von Arten ein.

Möglichkeiten und Grenzen der Formulierung allgemeingültiger Gesetzmäßigkeiten über verschiedene Störungs- und Ökosystemtypen hinweg werden diskutiert (White & Jentsch 2001). Ihre Identifikation bringt Implikationen für das Management von Schutzgebieten mit sich. Für Europa kann man ableiten, dass nicht der museale Erhalt historischer Landnutzungsmuster und auch nicht „Natürlichkeit" sinnvolle Leitbilder des Naturschutzes sind, sondern vielmehr die Orientierung an zeitlichen Prozesseigenschaften und einer bestimmten Vielfalt von Störungen Erfolg verspricht. Dabei können durchaus neuartige Störungsregime etabliert werden. Die größte Gefährdung der mitteleuropäischen Artenvielfalt besteht aber durch den Verlust von Störungen (z. B. Aufgabe der Mahd mit anschließender Brache oder Aufforstung).

Abb. 5.16

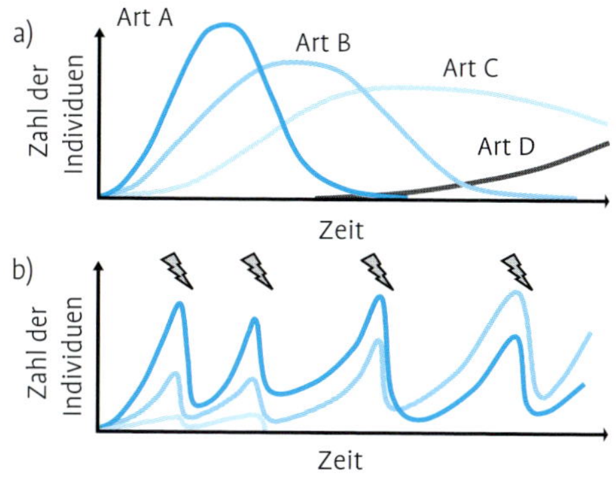

Schematische Darstellung des Beitrags von Störungen zum Erhalt von Populationen. Fehlen Auslenkungen, dann setzen sich konkurrenzstarke Arten durch. Treten Störungen immer wieder auf, werden Sukzessionsabläufe unterbrochen.

Auch in Nordamerika sollte man das Konzept der „Wilderness" überdenken und katastrophale Auslenkungen, beispielsweise große Brände, zulassen. Natürlichkeit bedeutet sicherlich nicht „Ungestörtheit", sondern dass ein natürliches Störungsregime nach wie vor in Funktion ist und die ökosystemaren Abläufe bestimmt.

5.6 Sukzession und zeitliche Abfolge

Sukzession bezieht sich auf die mittelfristige Entwicklung von Lebensgemeinschaften im Verlauf mehrerer Jahre bis Jahrzehnte (Jahrhunderte) bei konstantem Artenpool also gleich bleibender Gamma-Diversität. Das bedeutet, dass evolutive Prozesse aber auch Ausbreitungsprozesse (z. B. Arealverschiebung) als unbedeutend erachtet werden. Veränderungen erfolgen im Verlauf der Sukzession bezüglich der Artenzusammensetzung und der Struktur von Beständen. Dies geschieht von Standort zu Standort unterschiedlich. Die Intensität der Dynamik bzw. des Turnover variiert, was bei geringem Umsatz den Eindruck erwecken kann, die Verhältnisse seien stabil.

Wir können Sukzession nach ihrem Charakter (primär, sekundär), ihrer Ursache (endogen, exogen) und ihrer Richtung (progressiv, regressiv) unterscheiden (Tab. 5.2).

Tab. 5.2 | **Kriterien zur Gliederung von Sukzessionsabläufen.**

Art der Sukzession:	Primär	Sekundär
Ursache der Sukzession:	Endogen	Exogen
Richtung der Sukzession:	Progressiv	Regressiv

Primäre Sukzession verläuft ohne verbleibende Samenbank, beispielsweise nach einem sterilisierenden Feuer, und auf bislang unbesiedeltem Substrat (z.B. nach einem Vulkanausbruch). Von sekundärer Sukzession sprechen wir bei schwächeren Störungen bei denen einzelne Diasporen bzw. Samen erhalten blieben. **Degradation** ist mit Ressourcenverlusten verbunden und endet oft in Ressourcenerschöpfung.

Clements (1916) identifiziert als die wesentlichen Stadien der Sukzession: Freilegung neuen Substrats, Eintrag von Diasporen, Etablierung von Individuen, Konkurrenz, Beeinflussung des Wuchsortes durch biotische Prozesse, Stabilisierung in einem Endzustand (Klimax). Interessanterweise fehlen mutualistische Interaktionen in diesem Konzept, auch wenn biotische Interaktionen als bestimmend für die Abläufe erachtet werden. Clements unterscheidet zwischen der primären Entwicklung auf frischem Substrat (z.B. nach Vulkanausbruch) (Abb. 5.17) und der sekundären Entwicklung nach Störungen (z.B. Kahlschlag). In seinem Konzept ist jedes Stadium mehr oder weniger klar abgegrenzt. Das Endstadium ist prognostizierbar und muss nicht unbedingt besonders artenreich sein. Wenn eine Art das Klimaxstadium dominiert, welche besonders konkurrenzstark ist, kann es geschehen, dass diese die Koexistenz nur weniger anderer Arten zulässt.

Abb. 5.17

Primärsukzession auf einem 150 Jahre alten Lavastrom auf La Palma (Kanarische Inseln). Kanaren-Ampfer (*Rumex lunaria*) als Pionierpflanze.

Bei genauerer Überlegung werden die Grenzen dieses Konzeptes schnell offensichtlich, doch ist die Logik der Abläufe überzeugend und einfach zu vermitteln. Sicherlich ist die Clements'sche Sukzessionstheorie einer der erfolgreichsten Mythen der Ökologie. Man trifft immer noch sehr oft auf die Auffassung, es gäbe überall ein vorbestimmtes Endstadium des Sukzessionsablaufes.

Clements „Monoklimax"-Theorie wird vielfach kritisch eingeschränkt bzw. abgewandelt. Gleason stellte bereits in den 1930er-Jahren heraus, dass lediglich Koinzidenzen beobachtet werden, Endstadien im Raum variieren und abiotische Rahmenbedingungen entscheidend sind. Egler wies 1954 darauf hin, dass die Abläufe oft unprognostizierbar sind, invadierende Arten zu unterschiedlichen Endstadien führen und individuelle Langlebigkeit der Arten sowie der Zufall ihrer Etablierung das Resultat bestimmen.

Ein **Pseudo-Klimax** ist dann zu beobachten, wenn sich besonders konkurrenzstarke und langlebige Arten in einem Sukzessionsstadium etablieren konnten, sie aber nach Ablauf ihres Lebenszyklus oder durch kleinere Störungen in ihrer Vorherrschaft durchbrochen werden können. Spielen Erstbesiedlereffekte oder Zufälle eine Rolle, beispielsweise die Tatsache ob stickstofffixierende Leguminosen auftreten oder nicht, können verschiedene Endzustände erreicht werden (Poly-Klimax).

Connell & Slatyer (1977) gliedern Theorien zur Sukzessionsabfolge nach der Berücksichtigung folgender Mechanismen:

a) **Förderung** („facilitation") – Die Arten eines vorhergehenden Stadiums ermöglichen durch ihren Einfluss auf den Standort (z.B. über Bodenbildung) erst die Etablierung der nachfolgenden (z.B. Flechtenbewuchs auf Felsen).
b) **Toleranz** („tolerance") – Arten unterscheiden sich in ihrer Ressourcennut-

Vergleich der Eigenschaften früher und später Sukzessionsstadien. Tab. 5.3

Eigenschaft	Frühe Sukzessionsstadien	Späte Sukzessionsstadien
Lebenszyklus der Pflanzen	kurz	lang
Vorherrschender Strategietyp	r	K
Keimfähigkeit der Samen	lang	kurz
Rate der Nettoprimärproduktion	hoch	gering
Pflanzliche Biomasse	gering	hoch
Bestandesstruktur	einfach	viele Schichten
Bedeutung der Mikrobiozönose	gering	hoch
Kreislauf der bodenbürtigen Nährstoffe	schnell und offen	langsam und geschlossen

zung. Jene, die in späteren Stadien vorherrschen, können den Stress des Ressourcenverbrauchs besser kompensieren (z. B. Auensukzession).

c) **Hemmung** („inhibition") – Einmal etablierte konkurrenzstarke Arten verhindern bis zu ihrem natürlichen Ableben die Zuwanderung neuer Arten. Diese können sich erst ansiedeln, wenn durch Prädation oder abiotische Störungen Lücken im Bestand entstehen (z. B. in der Hochgebirgsvegetation).

Junge Lebensgemeinschaften werden vorrangig durch äußere Faktoren, also durch den Standort beeinflusst. Reife Systeme sind hingegen vorwiegend durch innere Kontrolle (Interaktionen) bestimmt. Die frühen Arten eines Sukzessionsablaufs sind oft Ruderale, Pioniere, Kolonisierer oder konkurrenzschwache r-Strategen (Tab. 5.3). Sie weisen hohe Fotosyntheseraten auf und sind bei geringem Lichtangebot ineffizient. Solche Arten sind relativ mobil, besitzen effektive Ausbreitungsmechanismen und oft eine ausdauernde Samenbank. Späte Arten ("Klimax-Arten") sind eher K-Strategen mit niedrigen Fotosyntheseraten, also Schattenarten. Sie besitzen geringe Mobilität und wenig leistungsfähige Ausbreitungsmechanismen, sind aber konkurrenzstark. Relevant für Sukzessionsabläufe ist neben dem potenziellen Alter der einzelnen Pflanzen bzw. der demographischen Struktur des Bestandes, die Fähigkeit einzelner Arten einen neuen Standort zu erreichen und zu besiedeln.

Im Mittelmeergebiet ist durch menschliche Einwirkung an vielen Orten die Abfolge zu potenziellen Klimaxstadien kaum noch möglich. Die Degradation, vor allem der Berggebiete, durch die raubbauartige Nutzung seit der Antike, lässt die Entwicklung von der Macchia zum Steineichenwald vielfach nicht mehr zu. Ist der Bodenverlust noch weiter vorangeschritten, können sich nur noch Zwergstrauchgemeinschaften entwickeln (z. B. „Garrigue"). Aus diesem Grund nutzt man das Konzept der bioklimatischen Sukzessionsserie zur Kartierung zonal vergleichbarer Einheiten (Emberger et al. 1963).

Das Nebeneinander verschiedener Sukzessionsphasen im Raum betont das **Mosaik-Zyklus-Konzept** (Remmert 1991). Es geht davon aus, dass nur selten ein Klimaxzustand langfristig stabil ist. Vielmehr sind immer wieder zyklische Wiederholungen von Sukzessionsabläufen zu erwarten (Watt 1947). Vor allem in Waldökosystemen ist oft ein Nebeneinander unterschiedlich alter Stadien zu beobachten. Verantwortlich für dieses Nebeneinander sind Störungen wie Feuer, Schneebruch oder Windwurf. Auch Insektengradationen können Sukzession auslösen. Bei gleichaltrigen monodominanten Beständen ist Kohortensterben eine mögliche Ursache des lokalen Zusammenbruchs. In Japan sind im Gebirge in Nadelwäldern wellenförmige Sukzessionsabläufe zu sehen, sogenannte „Fir-Waves", die dem Konzept stark entsprechen. Ist der Bestand einmal aufgerissen, greifen Winde den Waldrand immer wieder an und führen zum lokalen Zusammenbruch des Bestandes, gefolgt von Regeneration derselben Arten, Jungwuchs und nach vielen Jahrzehnten erneutem Zusammenbruch. In Remmerts Konzept ist es möglich, dass jedes Stadium beliebig zurückgeworfen werden kann. Die zeitliche Variabilität in der Entwicklung führt zur Ausbildung eines Mosaiks unter gleichen abiotischen Rahmenbedingungen. Das Mosaik-Zyklus-Konzept hat

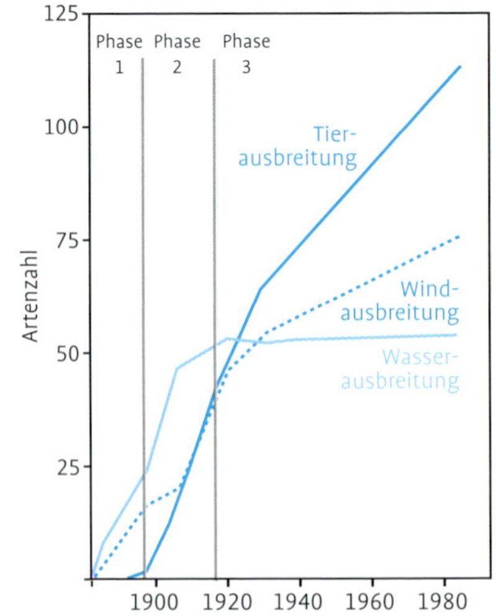

Abb. 5.18 Verlauf des Erreichens von Krakatau durch Samenpflanzen unterschiedlicher Ausbreitungsmechanismen. Nach dem Ausbruch des Vulkans im Jahr 1883 war die verbleibende Insel zunächst steril und musste von den indonesischen Inseln aus erneut besiedelt werden (nach Bush & Whittaker 1991).

sich in der Naturschutzpraxis und in der Forstwirtschaft als Leitbild etabliert. Die deterministische Komponente in diesem Konzept ist allerdings problematisch. Wir haben gesehen, dass Zufälle die Richtung der Sukzession lenken können. Dies wurde nach dem Ausbruch des Mount Saint Helens deutlich, wo die ersten Besiedler den Verlauf der Sukzession bestimmten.

Das Konzept der „**patch-dynamics**" (Pickett & Thompson 1978, White & Pickett 1985) geht ebenfalls von einem Nebeneinander unterschiedlicher Sukzessions- und Altersphasen aus, doch unterliegen diese in ihrer Dynamik nicht einer vorbestimmten Richtung. Grundsätzlich ist es wichtig zu unterscheiden, ob zeitliche Veränderungen auf der Ebene einzelner Patches erfolgen, also auf der Ebene einzelner Biozönosen, oder auf der Ebene von Ökosystemen oder Vegetationskomplexen (Multi-patch).

Bei der Besiedlung von Inseln ist ebenfalls eine Sukzession zu beobachten, doch ist hier ein Sonderfall gegeben. Zunächst sind bei vulkanischen Inseln keine Arten vorhanden, so dass die Annahme einer konstanten Gamma-Diversität nicht zutrifft. Sie kann sich höchstens auf einen benachbarten Kontinent beziehen (vgl. Inseltheorie). Bedingt durch die Entfernung zu einem Quellgebiet der Besiedlung, wird bei Inseln aber eine weitere Variable evident, die sicherlich in terrestrischen Lebensräumen ebenfalls eine Rolle spielt, dort aber selten beachtet wird: Die Abfolge des Etablierens von Arten wird maßgeblich durch Vektoren modifiziert.

Am Beispiel der Insel Krakatau (bzw. Rakata) konnte gezeigt werden, dass die Abfolge der sich etablierenden Arten nicht zufällig war (Abb. 5.18) (Bush & Whittaker 1991). Durch die Eruption des Vulkans im Jahre 1883 wurden zwei Drittel der Insel zerstört, der verbleibende Rest war völlig steril. Die ersten Pflanzen waren hydrochor, gefolgt von anemochoren Arten. Erst nachdem sie sich entwickelt hatten, stellte die Insel ein attraktives Ziel für Vögel dar, so dass die Zahl der einwandernden zoochoren Arten stieg, welche heute die Majorität der Flora stellen. Bodenbildung und biozönotische Strukturen gehen hier also bezüglich der Steuerung von Sukzessionsabläufen Hand in Hand.

Fragen

1. Diskutieren Sie grundlegende Unterschiede in den Aktivitätsmustern von Lebewesen!
2. Welche Strategien haben Arten in ungünstigen Klimaten bezüglich der Kürze der zur Verfügung stehenden Entwicklungszeit entwickelt?
3. Erläutern Sie die Mosaik-Zyklus-Theorie von Remmert!
4. Diskutieren Sie kritisch den Klimax-Begriff!
5. Was ist der Unterschied zwischen semelparen und iteroparen Organismen?
6. Auf welche Weise können Störungen zum Erhalt der Artenvielfalt beitragen?
7. Welche Aussage macht die Time-Stability-Hypothese von Sanders?
8. Der Begriff Emergenz wird in unterschiedlichem Zusammenhang gebraucht – was sagt er im Zusammenhang mit Lebensgemeinschaften aus?
9. Welche zyklischen Abläufe von globaler Bedeutung kennen Sie?
10. Erläutern Sie die Begriffe „facilitation", „tolerance" und „inhibition" im Zusammenhang mit der Sukzession!

6 Methoden der Biogeographie

Wie arbeitet die Biogeographie?

„Using all the frightening little skills that science has made available ..."
Frank Zappa (1940–1993), 1975

6.1 Paradigmen

Wissenschaftliche Forschung ist zunächst an einen gewissen Konsens über grundlegende Forschungsziele der jeweiligen Disziplin gebunden. In der Biogeographie werden im weitesten Sinn räumliche Muster untersucht. Zu deren Bearbeitung wird eine gemeinsame Basis, werden symbolisierende Verallgemeinerungen und Formalisierungen erarbeitet. Zum Beispiel setzt man die Existenz von Arten voraus, auch wenn man den traditionellen Artbegriff biologisch durchaus in Frage stellen kann.

Besteht innerhalb einer „Wissenschaftsgemeinde" ein gewisser Konsens über Modelle und Methoden, hat sich nach Kuhn (1962) ein **Paradigma** entwickelt. Paradigmen wirken sich wiederum auf die Art der zu untersuchenden Fragen aus. Bestimmte Fragen werden bevorzugt angegangen, während andere, zumindest zeitweise, als irrelevant erachtet werden.

Wie kann es nun zu einer Entwicklung bzw. zu einem Wechsel im allgemeinen Konsens einer Wissenschaftsgemeinde kommen, der ja mit einer Veränderung kollektiver Übereinkünfte, der gemeinsamen Sprache, der Methoden, der Forschungsziele und vielem anderen mehr einhergehen muss? Kuhn nimmt zwar an, dass sich der Fortschritt in der Wissenschaft nicht durch kontinuierliche Veränderungen, sondern durch revolutionäre Prozesse vollzieht. Die Erfahrung lehrt, dass fundamentale Änderungen oft zunächst unterdrückt werden, da sie notwendigerweise die Grundpositionen der Wissenschaftsgemeinde erschüttern. Paradigmenwechsel erfolgen in der historischen Entwicklung deshalb erst über die Ablösung einer Wissenschaftlergeneration und damit allmählich.

Oft liegt der Grund für die Unversöhnlichkeit verschiedener Ansätze in methodischen Unzulänglichkeiten. Die auf die griechische Metaphysik zurückzuführende Annahme, alle zu beobachtenden Phänomene seien erklärbar, hätten einen „Sinn", macht es schwer, sich mit Arealsystemen, Ökosystemen, Biozönosen oder Populationen auseinanderzusetzen, deren Zusammensetzung nicht nur, aber auch von stochastischen Prozessen beeinflusst wird. Biogeographische Muster sind zudem bewegliche Ziele, die sich nicht in einem wie auch immer gearteten Gleichgewicht befinden. Zusätzlich sind sie sehr oft das Resultat historischer und mithin nicht mehr beobachtbarer Ereignisse. Jede menschliche Annäherung muss aufgrund der Komplexität unzulänglich bleiben und kann nie beanspruchen, eine vollständige Analyse zu sein. Ziel der Wissenschaft ist Erkenntniszugewinn, nicht Wahrheit.

Es ist nicht zu verkennen, dass sich in der Biogeographie sehr unterschiedliche methodische Ansätze und akademische Schulen herausgebildet haben, und wie wir bereits gesehen haben, liegt es nahe, sich biogeographischen Fragestellungen von verschiedenen Richtungen zu nähern, unterschiedliche Hypothesen und Modelle aufzustellen und mit Methoden zu arbeiten, die jeweils auf die verschiedenen Aspekte hin modifiziert wurden. Nur welcher Zugang ist der Richtige? Diese Frage kann wohl nicht beantwortet werden. Offenheit für jeweils adäquate Methoden sollte aber kultiviert werden, denn die Einengung auf einen einzigen Zugang kann sich als unzulänglich erweisen. Der Streit zweier vegetations-

Merksatz

Es gibt nicht *eine* richtige Methode für die Bearbeitung aller Probleme!

kundlicher Schulen wurde durch FEOLI (1984) herrlich persifliert: „[...] many epigones of the BRAUN-BLANQUET school prefer to believe that the associations are discrete entities, created by God in a particular form, and that the only task of vegetation science is to discover, define and classify these God-given associations. [...] many NEGRI-GLEASON epigones are, more ore less consciously feeling that vegetation is an entity changing in a continuous way along gradients, gradients were created by God in particular form, and that the only task of vegetation science is to discover, define and describe these God-given gradients!'" Und auch in der Biogeographie sollte man sich davor hüten, mit dem Glauben an eine bestimmte Methodik den Ausschluss anderer Zugänge zu begründen.

6.2 Der interdisziplinäre Charakter der Biogeographie

Ausgelöst durch ihr Konzept als synthetische Wissenschaft, fällt der Biogeographie oft die Aufgabe fachübergreifender Koordination zu. Vernetzung und Kommunikation mit anderen Disziplinen gehören zu ihren Grundeigenschaften. Dabei muss auf Identität geachtet werden. Methodische und inhaltliche Überlappungen müssen erkannt werden, um Konflikte zu vermeiden und synergetische Erträge zu optimieren.

Insbesondere im Bereich der Historischen Biogeographie gibt es starke Überschneidung der Biogeographie mit der in der Geologie beheimateten **Paläontologie**. Die Untersuchung von Fossilien und deren stratigraphische und somit zeitliche Einordnung ist zum einen von geologischem Interesse und dient dort primär der Datierung von Sedimentgesteinen. Zum anderen ist sie biogeographisch relevant und erklärt die zeitliche Entwicklung von Taxa und ihrer Verbreitungsmuster im Verlauf der Erdgeschichte. Je nach Fragestellung finden dieselben Befunde und methodischen Ansätze also in verschiedenen Disziplinen Verwendung.

Auch zur **Archäologie** und zur **Umweltgeschichte** gibt es enge Bezüge. In diesen Disziplinen ist man an der Rekonstruktion von Artverbreitungen, Ökosystemen und Landbedeckungen während der letzten Jahrtausende und Jahrhunderte interessiert. Mit Hilfe biogeographischer und biologischer Methoden werden Holzkohlen und Knochenfunde analysiert, Samen und Pflanzenreste bestimmt oder das Alter von Holzkonstruktionen sowie die dazu genutzten Baumarten ermittelt. Die Biogeographie wiederum profitiert von diesen Disziplinen, weil beispielsweise anhand von Grabbeigaben oder Bauweisen Schlüsse über spezifische kulturelle Einflüsse auf die Lebensgemeinschaften gezogen werden können. Darüber hinaus können die Abläufe synanthroper Ausbreitung erkannt werden. Letztlich können über figürliche Darstellungen und Artefakte von Pflanzen und Tieren Erkenntnisse über frühere Artverbreitungsmuster gewonnen werden (Abb. 6.1). Auch das Quellenstudium in Archiven und Sammlungen sowie die Auswertung historischer Texte sind im Zwischenbereich zwischen Geschichte und Biogeographie angesiedelt. Erneut ist die wissenschaftliche Fragestellung entscheidend und nicht die Methode als solche. Ähnlich verhält es sich mit dem Studium historischer Landschaftsgemälde und Stiche, die oft ökologisch sehr informativ sind. Auch wenn derartige Ansätze nicht quantitativ auswertbare Daten produzieren, so vermitteln Aufzeichnungen aber auch die Landschaftsmalerei oder, für die jüngere Vergangenheit, historische Fotografien durchaus wertvolle biogeographische Hinweise.

Enge Beziehungen ergeben sich zwischen biogeographischen und landschaftsökologischen Ansätzen, wobei letztere per definitionem auf die landschaftliche Ebene konzentriert sind. Allerdings werden in der **Landschaftsökologie** neben biotischen Fragestellungen, je nach Schule und Arbeitsrichtung auch, und teilweise ausschließlich, abiotische Stoffflüsse untersucht. CARL TROLL (1899–1975) führte die Landschaftsökologie im Jahr 1939 im Zusammenhang mit der Luftbildinterpretation ein. Der Blick aus der Vogelperspektive ermöglichte damals erstmalig das Erkennen großräumiger Zusammenhänge, welche sich vom Boden aus nicht erschließen. Seine Definition der Landschaftsökologie lässt sich durchaus auf die ökologische Biogeographie anwenden: *„Studium des gesamten, in einem bestimmten Landschaftsausschnitt herrschenden komplexen Wirkungsgefüges zwischen den Lebensgemeinschaften (Biozönosen) und ihren Umweltbedingungen. Dieses äußert sich räumlich in einem bestimmten Verbreitungsmuster* [...]" (Troll 1968). Die International Association for Landscape Ecology (IALE) definiert Landschaftsökologie wie folgt: *„Landscape ecology is the study of spatial variation in landscapes at a variety of scales. It includes the biophysical and societal causes and consequences of landscape heterogeneity. Above all, it is broadly interdisciplinary."* Die zunächst in der mitteleuropäischen Landschaftsökologie vorherrschenden beschreibende Ansätze wurden in den 1970er-Jahren von quantitativen laororientierten Methoden abgelöst.

In den letzten Jahren wurde von biologischer Seite die sogenannte **Makroökologie** entwickelt, um räumliche biologische Aspekte, zumeist globalen Maßstabs, zu adressieren. Erstaunlicherweise geht es dabei nicht, wie es begrifflich nahe gelegt wird, um ökologische Fragen auf einer „Makroebene", also um Biome oder Landschaften, sondern fast ausschließlich um die Verteilungseigenschaften von Organismen und Biodiversitätsmustern, also um klassische Ansätze der Biogeographie. Eine erkennbare Differenzierung gegenüber der Biogeographie gibt es nicht. Blackburn & Gaston (2003) tragen zusätzlich zur begrifflichen Verwirrung bei, indem sie der Biogeographie einen bestimmten Betrachtungsmaßstab zuweisen indem sie lokale, regionale, nationale und biogeographische Skalen unterscheiden und somit die Biogeographie als einen ausschließlich globalen Ansatz deklarieren. Dies ignoriert die etablierten Theorien, Fragen und Methoden der Biogeographie. Die Vermengung geographischer Dimensionen mit politisch-administrativen Einheiten und Wissenschaftsdisziplinen ist unlogisch und nicht nachvollziehbar. Auch wenn die Etablierung einer Makroökologie also nicht unbedingt nötig erscheint, muss zugestanden werden, dass der Begriff eine gewisse Attraktivität hat und mit der Biogeographie von Außenstehenden traditionelle deskriptive Ansätze verbunden werden. Die zunehmende Bedeutung überregionaler

Abb. 6.1

Antike ägyptische Figur eines „Nilstörs" als Grabbeigabe (Vatikanisches Museum, Rom). Heute gibt es keine Störe mehr im Nil. Handelte es sich um den Atlantischen Stör (*Acipenser oxyrinchus*) oder gab es früher eine inzwischen ausgestorbene endemische Art?

ökologischer Probleme fordert geradezu eine Makroökologie, nur sollte sie sich dann eben auch primär mit ökologischen Fragen befassen, also mit dem Wechselspiel aus globalem Stoff- und Energiehaushalt (Biogeochemischen Kreisläufen) und der Rolle der Organismen hierbei. Wenn man ausschließlich die räumlichen Verteilungseigenschaften von Arten oder Populationen behandelt, ist es schlicht unsinnig dies nicht als Biogeographie zu bezeichnen. Selbstkritisch muss die Biogeographie aber erkennen, dass sie sich in den letzten Jahren zu wenig den aktuellen ökologischen Fragen geöffnet hat und es nur bedingt verstand, sich in den wissenschaftspolitischen Diskurs einzubringen. Die Konsequenz kann nicht sein besser zu überzeugen, sondern einfach überzeugender zu sein. Es ist schließlich dem Markt und der Wissenschaftsentwicklung überlassen, welche Termini Erfolg haben werden. Entscheidend ist letztlich welche wissenschaftlichen Fragen bearbeitet werden und ob dies in einer Weise geschieht, die den Erkenntnisgewinn fördert.

Die in einer Wissenschaftsdisziplin eingesetzten Methoden hängen sowohl mit der Entwicklung von **Theorien und Paradigmen** als auch mit der technologischen Entwicklung zusammen. Bezüglich dieser beiden Aspekte muss Einvernehmen, zumindest in einer größeren Gruppe von Wissen-

Abb. 6.2

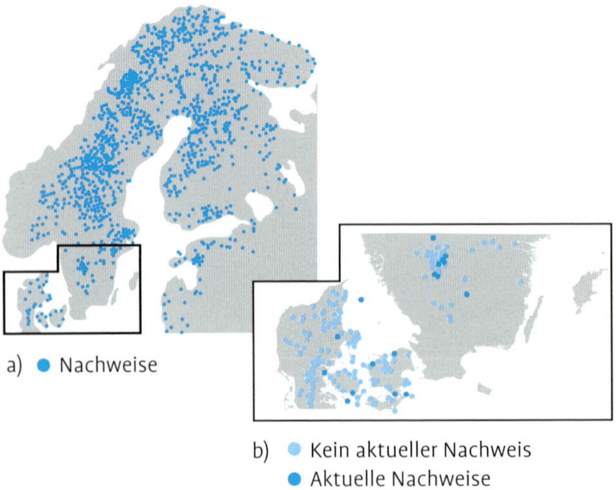

Die Vorkommen des Karlszepters (*Pedicularis sceptrum-carolinum*) in Skandinavien als Beispiel einer Verbreitungskarte aus Punktdaten (a). Im Ausschnitt (b) zeigt sich, dass nur ein kleiner Teil der Nachweise aktuell bestätigt werden kann.

Abb. 6.3

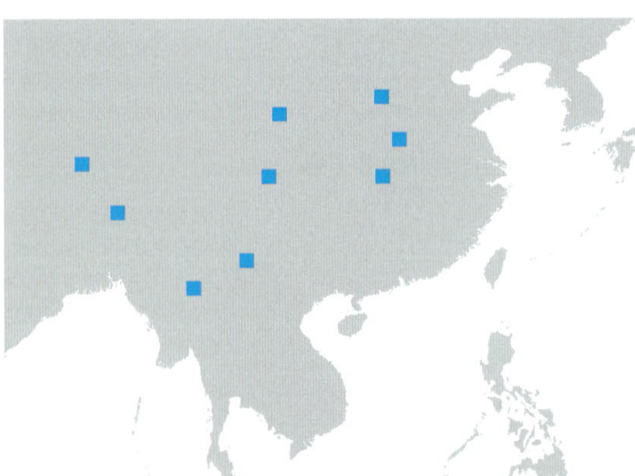

Verbreitung der Silber-Fichte (*Picea brachytyla*) in Asien auf der Grundlage von Herbarbelegen (Quelle: Missouri Botanical Garden). Nur wenige exakt lokalisierte Fundorte sind vermerkt. Es kann angenommen werden, dass zwischen diesen, weitere Vorkommen bestehen.

schaftlern bestehen. Allein die technologische Verfügbarkeit einer Methodik, wie beispielsweise der radioaktiven Markierung von Lebewesen, bewirkt noch nicht, dass diese Methode auch eingesetzt wird. Neben wissenschaftsethischen Fragen spielen die von verschiedenen Schulen und Richtungen innerhalb der Disziplin häufig implizit entwickelten Regeln des Vorgehens eine wichtige Rolle. Sie bestimmen wie Ergebnisse zu erzielen und darzustellen sind. Für ein und dieselbe Thematik können dann durchaus konkurrierende Ansätze eingesetzt werden, nicht selten verbunden mit dem Problem nicht-vergleichbare Ergebnisse zu erzielen.

In diesem Kapitel werden unterschiedliche Methoden nebeneinander gestellt. Manche sind spezifisch für pflanzengeographische, andere für tiergeographische Fragen. Viele der vorgestellten Methoden haben einen biologischen Hintergrund oder wurden von Biologen entwickelt, andere kommen aus der Physik oder der Biochemie. Forstwirtschaftliche und landwirtschaftliche Methoden sind ebenso dabei wie kartographische und geostatistische. Die Biogeographie hat diese Methoden aufgegriffen und teils für ihre Zwecke modifiziert. Die Breite der Objekteigenschaften der Biogeographie macht dies auch zwingend erforderlich. Sie bedeutet aber auch, dass biogeographisches Arbeiten mit einer eingehenden methodologischen Auseinandersetzung beginnen muss. Es gibt nicht „die eine" oder „die richtige" Methodik, sondern höchstens die für die jeweilige Aufgabe angemessene. Da biogeographische Daten räumlichen und zeitlichen Skalen zugeordnet sind, müssen Raumeinheiten, Zeiträume und biotische Parameter zunächst definiert werden. Die Kategorie der Objekte beeinflusst den Untersuchungsmaßstab und die jeweils einzusetzende Methode. Leider können in diesem Buch nicht alle, in der Biogeographie eingesetzten Methoden mit hinreichender Ausführlichkeit vorgestellt und kritisch diskutiert werden. Dieses Kapitel sollte daher als Einstieg und Überblick verstanden werden.

Sowohl bei der Datenerfassung als auch bei der Datendarstellung und -analyse ergibt sich bei der Fülle der Objekte die Frage nach der Selektion bestimmter Eigenschaften oder Parameter. Nach dem Philosophen Wilhelm von Ockham (1285–1349) spricht man von Ockhams Skalpell (engl. „*Occam's Razor*"), wenn es um nominelle Sparsamkeitsprinzipien in der Wissenschaft geht. Wenn verschiedene Erklärungen für einen Sachverhalt konkurrieren, sei die einfachste Antwort oder Theorie auch die beste. Man kann daraus ableiten, dass nicht mehr Einheiten unterschieden werden sollten, als für die Erklärung eines Zusammenhangs unbedingt erforderlich sind.

6.3 Arealkunde

Die **Arealkunde** (Chorologie) ist ein zentraler Arbeitsbereich der Biogeographie. Frühere Überblickswerke betrachten sie sogar als nahezu identisch mit der gesamten Disziplin. Sie befasst sich mit der Lage, Größe, Form und dem Alter von Verbreitungsgebieten von Organismen. Aus der Verknüpfung zahlreicher Verteilungsbilder ergeben sich Arealsysteme und -typen. Sie sind für das Verständnis der rezenten Ökosysteme ebenso bedeutsam wie für die Lösung naturschutzfachlicher Probleme.

Methodisch arbeitet die Arealkunde mit verschiedenen Formen der Verbreitungskartierung und Kartendarstellung. Zunächst strebt sie an, das gesamte Areal von Taxa verschiedener Kategorien zu analysieren. Vor allem konzentriert man sich auf die Areale von Arten. Seltener werden Gattungs- oder Familienareale betrachtet. Daneben werden räumliche Muster innerhalb der Areale bearbeitet, beispielsweise die Verbreitung einer Art in einer Region oder in einem Land.

Die am stärksten detaillierte Vorgehensweise ist die Erstellung von **Punktkarten** auf der Grundlage von Daten aus Einzelnachweisen (Abb. 6.2). Da kartographische Restriktionen eine exakte Darstellung der Lokalität verhindern (der Punkt würde so klein sein, dass er auf der Karte nicht zu erkennen ist), wird die Lage von Fundorten bzw. Nachweisen über Symbole wiedergegeben. Liegt eine hohe Dichte von Fundorten vor, verschmelzen die Symbole eventuell zu einer Fläche.

Sehr exakt und überprüfbar ist die Erstellung von Verbreitungskarten aus punktuellen Informationen zu Exemplaren in Sammlungen und Herbarien. Solche Belege sind in ihrer Artzuordnung auch bei späteren taxonomischen Überarbeitungen überprüfbar und die Lokalität ihres Fundortes muss genau angegeben sein. Zwar ist lediglich ein Bruchteil der existierenden Herbarbelege in Datenbanken verortet und zusammengeführt, doch wird sich die Datengrundlage hier allmählich verbessern (Abb. 6.3, Abb. 6.4). Liegen viele Belege vor, kann aus den einzelnen Nachweisen eine Verbreitungskarte abgeleitet werden.

In **Rasterkarten** wird ein Gitternetz definierter Maschenbreite über einen Raumausschnitt gelegt und innerhalb der jeweiligen Einheiten das Vorkommen bzw. Fehlen von Nachweisen vermerkt (Abb. 6.5). Die standardisierte Maschenweite des Rasters bestimmt die räumliche Auflösung und ökologische Interpretierbarkeit der Karten. Der Vorteil des Vorgehens ist die einfache Aktualisierung sowie das Aufzeigen von Verbreitungslücken innerhalb des Areals.

In manchen Ländern werden politische Einheiten (z. B. Landkreise, Bezirke, Länder) als Grundlage für die Erstellung von Verbreitungskarten herangezogen, was den Vorteil einer besseren Übersicht bezüglich der Umsetzung von Naturschutzaktivitäten bietet (Abb. 6.6). Solche Einheiten dienen gleichzeitig als Planungsgrößen für die Raumordnung und das Management. Ein Problem solcher Karten ist die unterschiedliche Größe und Form der einzelnen Bezugsflächen. Nur bei einer feinen räumlichen

Abb. 6.4

Silber-Fichte (*Picea brachytyla*) im Hochland von Osttibet (Süd-Ganzu).

Abb. 6.5

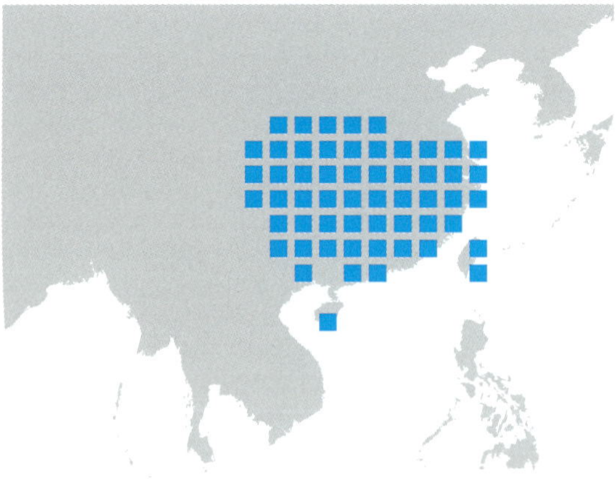

Rasterdarstellung des Areals von Massons Kiefer (*Pinus massoniana*) abgeleitet aus in der Literatur veröffentlichten Fundortangaben und Kartendarstellungen.

Abb. 6.6

Verbreitung des Schneeballblättrigen Ahorn (*Acer opalus*) in der Schweiz auf der Grundlage administrativer Einheiten (nach WSL 2000).

Abb. 6.7

Die globale Verbreitung der Buchengewächse (*Fagaceae*) als Beispiel einer Umrisskarte.

Differenzierung ist ihre Information in andere Kartenformen zu übersetzen.

Stärker generalisiert sind **Arealkarten**, welche den Umriss, also die äußersten Nachweise eines Verbreitungsgebietes zeigen (Abb. 6.7). Man kann dies dann einfach ausfüllen und die Fläche des Areals ermitteln. Allerdings geben solche Karten keine Information über die Dichte der Nachweise innerhalb des Areals. Lücken in der Verbreitung werden weitgehend ignoriert. Eigentlich interessieren hierbei nur die Faktoren, welche die großräumige Verbreitung begrenzen. Wenn versucht wird, die Arealgrenzen mit klimatischen Faktoren zu korrelieren, ist dabei zu bedenken, dass Arealgrenzen nur selten ein stabiles Endstadium im Gleichgewicht mit abiotischen Randbedingungen repräsentieren und dass sehr unterschiedliche Faktoren für die Entwicklung einer Arealgrenze verantwortlich sein können. Selbst wenn gute Übereinstimmungen belegt werden, kann es sich doch um Scheinkorrelationen handeln. Es ist auch wenig wahrscheinlich, dass eine einzelne klimatische Steuergröße den gesamten Umriss eines Areals zu bestimmen vermag.

Schraffurkarten bieten die Möglichkeit unterschiedliche Dichte der Nachweise in der Kartendarstellung zu berücksichtigen (Abb. 6.8). Das charakteristische Ausdünnen von Fundorten in den Randgebieten eines Areals kann auf diese Weise veranschaulicht werden.

Chorologische Karten können sich nur bei kleinen Gebieten oder einzelnen Arten auf Originalarbeiten beziehen. Vielmehr ist man auf das Zusammentragen von Information aus unterschiedlichen Arbeiten angewiesen. Literaturauswertungen sind selbstredend immer mit gesunder Kritik zu betrachten, da sich die hinzugezogenen Quellen in ihrer Qualität unterscheiden. Die Artenkenntnis oder Gebietskenntnis von Autoren variiert sehr. Dennoch ist dieser Ansatz sinnvoll, da sehr viele Informationen vorliegen ohne dass sie synoptisch zusammengefasst wären. Leider gibt es zu wenige Einrichtungen und Ressourcen, die sich dem Zusammentragen biotischer Rauminformation verschrieben haben. Bei populären oder wirtschaftlich interessanten Artengruppen kann angenommen werden, dass die Datengrundlagen gut sind. Kritische Arten weisen eventuell deutlich weniger Nachweise auf als der Realität ihrer Verbreitung entspricht. Durch die Erstellung einer größeren Übersicht werden jedoch Fehler im Detail nivelliert.

Das Überlagern einzelner Artverbreitungskarten ermöglicht dann die Identifikation von Schwerpunkten der Biodiversität. Allerdings setzt dies voraus, dass hinreichend räumlich explizite Information zur Verbreitung einzelner Arten in bestimmten Artengruppen vorliegt. Bei attraktiven Schmetterlingen der Gattung *Papilio* ist dies beispielsweise gegeben, so dass aus den einzelnen Arealen Schwerpunkte der Artenvielfalt abgeleitet werden können (Abb. 6.9).

Sind Geoelemente bzw. Arealtypenzuordnungen bekannt, kann man für einen beliebigen Datensatz oder Ort aus der Artenliste eine **Arealtypenanalyse** ableiten (z. B. Filzer 1963). Dabei werden die vertretenen Arealtypen mit ihrem geographischen Schwerpunkt, ähnlich einer Windrose angeordnet und quantitativ durch die vertretenen Arten gewichtet (s. Abb. 7.37). Man kann hieraus Schlüsse auf die Ausbreitungsgeschichte und auf ökologische Ähnlichkeiten ziehen.

Bei nicht wenigen Artengruppen bestehen bei überregionaler Betrachtung noch erhebliche Wissenslücken. Diese reichen von fehlenden Daten bzw. Nachweisen bis hin zu falschen Artzuweisungen oder unklaren Synonymen. Floren und Faunen benachbarter Länder (z. B. in Zentralasien oder in Afrika) sind oft mit einem virtuellen Turnover von Arten verbunden. Nicht identifizierte Synonyme gaukeln Artenvielfalt vor und verdecken die tatsächliche Erstreckung von Arealen (z. B. Cao & Churchill 1995). Selbst bei den sehr gut bearbeiteten Höheren Pflanzen Deutschlands können Synonyme zur Verwirrung beitragen. Die Goldnessel *Lamium galeobdolon* (L.) Nath. ist auch unter den wissenschaftlichen Bezeichnungen *Lamiastrum galeobdolon* (L.) Ehrend. et Polatsch.; *Galeobdolon luteum* Huds.; *Galeobdolon vulgare* (Pers.) Pers. und *Pollichia vulgaris* Pers. bekannt. Es ist also darauf zu achten, welche Literatur bzw. Flora als Bezug herangezogen wird.

Rein qualitative Daten des Vorkommens und Fehlens von Arten (presence/absence) oder Lebensgemeinschaften können durch

Abb. 6.8

Die Verbreitung der Kornblume (*Centaurea cyanus*) in Skandinavien als Beispiel einer Schraffurkarte, ergänzt durch punktuelle Einzelvorkommen im Randbereich des Areals.

Abb. 6.9

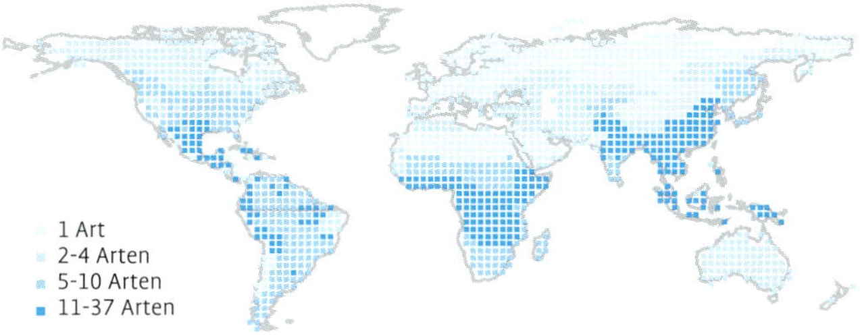

Globale Verbreitung und Schwerpunkte der Artenvielfalt bei den Schwalbenschwanzartigen (Gattung *Papilio*).

quantitative Angaben ergänzt werden. Die Abundanz kennzeichnet die Anzahl der Individuen einer Art auf einer Fläche, zu einem Zeitpunkt oder allgemeiner – in einem Datensatz. Bei Pflanzen kann zusätzlich ihre Deckung ermittelt werden, also die eingenommene Fläche. Werden allgemeine Raumeigenschaften wie das ausgefüllte Volumen oder das Vorherrschen in einem Gebiet adressiert, sprechen wir von der Dominanz.

Abb. 6.10

Schematisches Kladogramm auf der Grundlage morphologischer oder genetischer Eigenschaften und Areal-Kladogramm mit räumlichem Bezug.

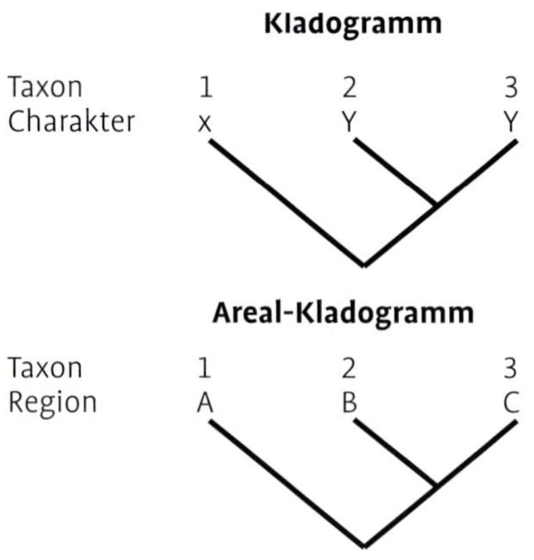

Abb. 6.11

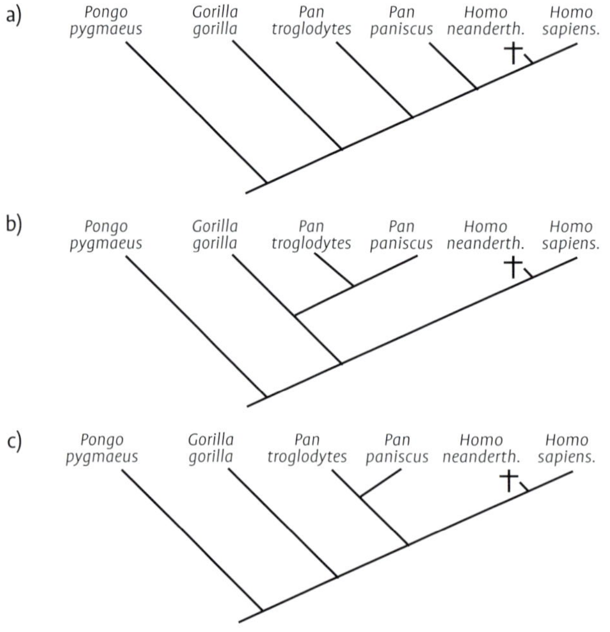

Verschiedene Möglichkeiten eines Kladogramms der Hominiden. c) Gibt die wahrscheinlich erfolgte Entwicklung wieder.

6.4 Kladistische Biogeographie

1950 entwickelte der Entomologe Willi Hennig (1913–1976) die methodische Grundlage der phylogenetischen Systematik bzw. **Kladistik**. Diese strebt die hierarchische Gruppierung von Organismen aufgrund ihrer stammesgeschichtlichen Verwandtschaft an. Sie basiert auf der Annahme, dass die jeweiligen Gruppen (z. B. Familien) einen monophyletischen Ursprung, also eine gemeinsame Stammart besitzen. Die Beurteilung des Verwandtschaftsgrades beruhte lange Zeit vorwiegend auf homologen morphologischen Merkmalen (Synapomorphien), welche als von einem Grundbauplan abgeleitet interpretiert werden und einen gemeinsamen Ursprung besitzen. Da jedoch nicht alle Merkmale vererbt werden, entwickeln sich neben diesen noch weitere. Die Gesamtheit der nicht abgeleiteten Merkmale wird als Plesiomorphien bezeichnet. Diese sind beispielsweise analoge Organformen, die sich bei nicht miteinander verwandten Arten konvergent herausgebildet haben (Homoplasien). Homoplasien können sich auch auf genetischer Ebene ergeben. Dieselbe Sequenz von Basenpaaren muss daher nicht unbedingt eine direkte Verwandtschaft bedeuten.

Die Methode führt zur Entwicklung bzw. Ableitung von **Kladogrammen** (Abb. 6.10), welche sich am Gedanken des Stammbaums orientieren. In Kladogrammen wird schematisch die Kladogenese veranschaulicht, also die Ausbildung von Entwicklungszweigen. Dabei werden in der Regel dichotome Aufteilungen in der Genese der Taxa dargestellt, welche zwar einer zeitlichen Sequenz folgen, aber nicht einer skalierten Zeitachse entsprechen. Allerdings konzentriert sich ein Kladogramm auf die terminalen, also rezenten Taxa. Dies eröffnet verschiedene Interpretationsmöglichkeiten bezüglich der Stellung früherer Lebewesen (Abb. 6.11).

Basierend auf der numerischen Kladistik, welche nicht a priori bestimmte Merkmalskomplexe als diagnostisch bedeutsam definiert, sondern aus einer Fülle von Informationen die differenzierenden herausfiltert, wurde der Ansatz der **Parsimonie** entwickelt. Parsimonie bedeutet Sparsamkeit. Bei dieser Optimierungsmethode geht man davon aus, dass die Entwicklung am besten durch die kürzesten Verzweigungen wiedergegeben wird. Ausgehend von einer ersten kladistischen Verzweigung verändert man diese solange, bis der kürzeste und damit wirtschaftlichste Baum gefunden ist. Da mit der Zahl der untersuchten Arten die Zahl möglicher Verzweigungen stark ansteigt, sollte eine exakte Verfolgung der Verzweigungen auf etwa 10–15 Arten begrenzt sein. Werden mehr Taxa berücksichtigt, dann müssen explorative statistische Verfahren eingesetzt werden. Dabei werden in der Regel verschiedene Annahmen gemacht, wie die Kontinuität der Merkmalsänderung oder der Ausschluss von Rückmutationen.

Distanz-Methoden berechnen die Ähnlichkeit zwischen Organismen bzw. ermitteln deren Verwandtschaft nunmehr vor allem auf der Grundlage von Nukleotidsequenzen (Vergleich von genetischen Sequenzabfolgen und -positionen sowie Anordnung nach dem Grad der jeweiligen Übereinstimmungen). Maximum-Parsimony-Analysen verfolgen einen anderen Ansatz und suchen nach dem Baum mit der geringsten Zahl von Nukleotidveränderungen. Maximum-Likelihood-Verfahren fragen nach der Wahrscheinlichkeit genetischer Veränderungen und sind daher nicht direkt kladistisch. Sie vergleichen die Wahrscheinlichkeit des Entstehens verschiedener möglicher Bäume aufgrund der evolutiven Entwicklung. Bootstrap-Methoden testen die Signifikanz von Verzweigungen.

6.5 Palynologie und Makrorestanalyse

Palynologie und Makrorestanalyse sind wichtige Elemente der Historischen Biogeographie (Kap. 10). Beide arbeiten mit biologischem Material aus sedimentären und sedentären Ablagerungen und werden zu deren Datierung eingesetzt. In der Archäologie ermittelt man damit ehemals genutzte Pflanzen (und Tiere). Auch rekonstruiert man mit ihrer Hilfe das ökologische Umfeld vergangener Kulturen.

Die **Makrorestanalyse**, die neben der Biogeographie in der Geologie und der Archäologie etabliert ist, und neuerdings auch in der Paläoklimatologie Bedeutung erlangt, untersucht mit bloßem Auge erkennbare pflanzliche Großreste (Früchte, Samen, Blätter, Sprossabschnitte) und mitunter auch tierische Reste. Die Bestimmung erfolgt morphologisch (u. a. Oberfläche, Zellstruktur, Aderung). Besonders populäre Großreste stellen die elfenbeinernen Mammutzähne der sibirischen Tundra dar. Bei Resten ausdauernder Pflanzen kann unter anderem anhand der Knospenstruktur die Art ermittelt werden. Der Konservierungsgrad ist artspezifisch sehr unterschiedlich. Nicht immer können aufgrund einzelner Pflanzenteile Arten sicher bestimmt werden. Können die Substrate, in denen Großreste gefunden wurden (z. B. mit Hilfe der Lumineszenzdatierung) altersmäßig bestimmt werden, eröffnen sich unter Umständen neue Perspektiven bezüglich der nacheiszeitlichen oder anthropogenen Ausbreitung von Arten, wie Ziegen oder Ratten. Handelt es sich um ausgestorbene Taxa, kann der Zeitpunkt ihrer Extinktion eingeengt werden.

Die Art der **Konservierung** von Pflanzenteilen und Tierfragmenten ist sehr verschie-

Abb. 6.12

Verkieselte Baumstubben von Sequoien (*Quasisequoia couttsiae*) aus dem ostdeutschen Braunkohletagebau (Alter 35 Mio. Jahre). Vor dem Naturkundemuseum Leipzig.

Abb. 6.13

Erste Dokumentation steinzeitlicher Pflanzengroßreste durch HEER 1865 (aus JACOMET & KREUZ 1999).

Abb. 6.14

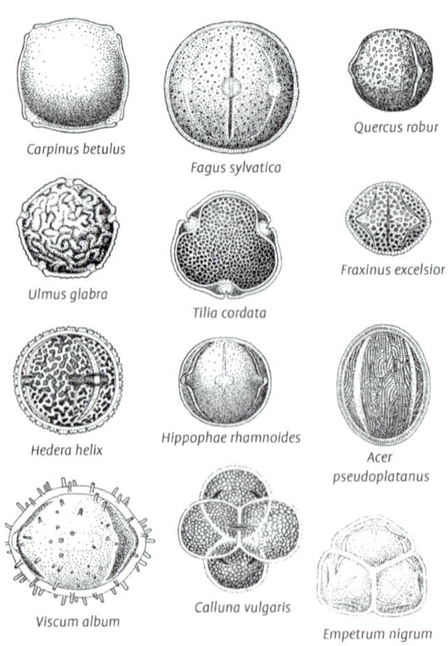

Pollenkörner häufiger Baumarten, Zwergsträucher und Epiphyten (nach GÖTTLICH 1990).

den. Sie können mehr oder weniger unverändert erhalten sein, als Holzkohle vorliegen, in mineralische Komponenten umgewandelt (z.B. verkieselt, kalzifiziert) oder lediglich als Abdruck erhalten sein (Abb. 6.12). Auch die Substrate in denen Makroreste konserviert werden, sind sehr verschieden (Torfe, Auensedimente, Gesteine). Sie besitzen unterschiedliche Dichte, unterschiedliche Zusammensetzung (z.B. Ton, Sand, Kalk, Silikat), unterschiedliches Alter und Genese. Vorteilhaft ist Sauerstoffabschluss für eine möglichst vollständige Konservierung, da damit der Abbau durch Destruenten verhindert wird, doch ist auch die Geschwindigkeit der Einbettung entscheidend.

Bereits 1865 hatte HEER die Pflanzenfunde steinzeitlicher Pfahlbauten dokumentiert (JACOMET & KREUZ 1999). Diese lassen sich oft artgenau bestimmen (Abb. 6.13). Außergewöhnliche Fundorte sind menschliche Latrinen. Sie sind sozusagen Sammelstellen aller möglichen in menschlichem Kontakt gewesenen Arten. Anoxische Bedingungen bewirken eine schnelle Konservierung und fördern den Erhaltungszustand von Makroresten.

Einschränkungen der Interpretation von Daten der Makrorestanalyse ergeben sich aus dem Folgenden. Zunächst wird durch Großreste immer nur ein kleiner Ausschnitt der Arten widergespiegelt. Nur Teile der Lebensgemeinschaft sind dokumentiert, sodass vollständige Artenlisten nicht erstellt werden können. Großreste befinden sich ferner in der Regel in sehr unterschiedlichem Erhaltungszustand. Oft sind nur Teile und Bruchstücke vorhanden, selten die diagnostisch wichtigen Blüten oder Früchte. Manche Nachweise können als Arten bestimmt werden, andere sind nur Gattungen zuzuordnen. Ein besonders zu beachtender Punkt ist, dass der Ablagerungsort (bzw. Fundort) nicht dem Entwicklungsort der Pflanze oder des Tieres entsprechen muss. Fluviatiler Transport und andere Verfrachtungen können eine Ablagerung noch weitab von dessen Lebensraum bewirken. In Auen gefundene Baumstämme sind selten auch dort gewachsen. Schließlich ist mit Hilfe von Großresten nur eine ungefähre Datierung möglich, da ein exaktes Bezugssystem fehlt. Nur wenn diese Objekte wiederum, beispielsweise mit der Radiokarbondatierung analysiert werden können, kann eine direkte Einreihung in eine zeitliche Sequenz erfolgen.

Die **Palynologie** (Pollenanalyse) konzentriert sich ebenfalls auf Pflanzenablagerungen in geschichteten Sedimenten und Substraten (Abb. 6.14). Die Ablagerung und Erhaltung von Pollen in einer nachvollziehbaren Schichtung ermöglicht biostratigraphische Ansätze und die Datierung von Artvorkommen und Ausbreitungsabläufen. Zwar sind Pollen auch in anderen Substraten wie Böden enthalten, doch ist deren biologische Aktivität und damit die Zersetzungsgeschwindigkeit des Pflanzenmaterials höher. Wichtiger noch, sie werden ständig durch Bioturbation durchmischt. Eine zeitliche Zuordnung der Pollen zu bestimmten Ablagerungszeiten ist daher nicht möglich. Die Pollen führenden Substrate (Torfe, Lockergesteine, Auensedimente) unterscheiden sich in ihrer Dichte und ihrer chemischen Zusammensetzung. Innerhalb eines Hochmoorkörpers wechselt das Substrat von unten nach oben, von sedimentären Seemudden über Niedermoortorfe hin zu sedentären Wollgras- (mit *Eriophorum*-Resten) und Torfmoostorfen (vorwiegend aus *Sphagnum*-Arten).

Die Palynologie ist stark laserorientiert und zeit- und materialaufwändiger als die Großrestanalyse. Sie erfordert mikroskopische Arbeitsweisen (Rasterelektronenmikroskop). Für die Bestimmung der Pollenkörner wird deren morphologische Feinstruktur betrachtet. Konserviert ist die stabile Exine der Pollenkörner. Sie besitzt in den meisten Fällen eine artspezifische Oberflächenstruktur. Allerdings liegen Pollenkörner oft nur als Bruchstücke vor.

Verschiedene Faktoren beeinflussen die Qualität palynologischer Befunde und die Quantität der Anteile verschiedener Artengruppen. Zunächst ist die Flächengröße des Ablagerungsbereiches variabel, was von Fall zu Fall zu unterschiedlich starken Randeffekten führt. Arten, die nicht der zonalen Vegetation entsprechen, sind unter Umständen überrepräsentiert (Abb. 6.15). Eine weitere Differenzierung ergibt sich durch die unterschiedliche Transportfähigkeit der Pollen, die Zahl der pro Individuum produzierten Pollen sowie durch die artspezifische Konservierbarkeit bzw. Erhaltung. Wie schon bei der Großrestanalyse ist zu hinterfragen, ob der Ablagerungsort dem Wuchsort entspricht. Es ist sicherzustellen, dass keine Substratumlagerung stattgefunden hat. Aus der Zahl, der in einer Ablagerung gefundenen Pollen auf den Anteil dieser Art an der umgebenden zonalen Vegetation zu schließen, ist daher nicht trivial, allzumal die Ablagerungsorte (z. B. Moore, Auen) deutlich azonalen oder extrazonalen Charakter besitzen (Succow 2001).

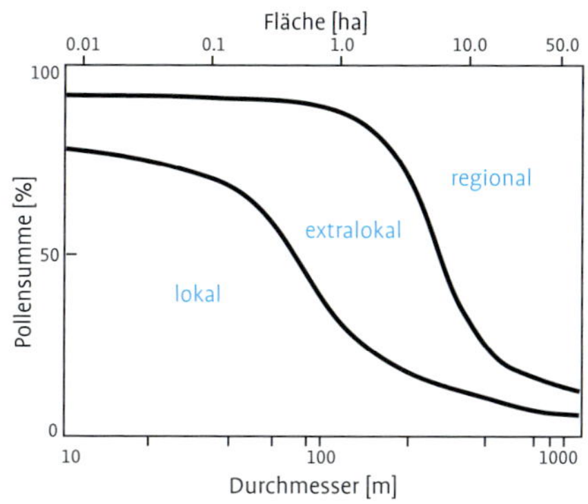

Abb. 6.15

Der Anteil der lokalen, extralokalen und regionalen Komponenten am Pollenniederschlag hängt von der Fläche der Ablagerung und von der umgebenden Vegetation ab (nach Huntley & Webb 1988).

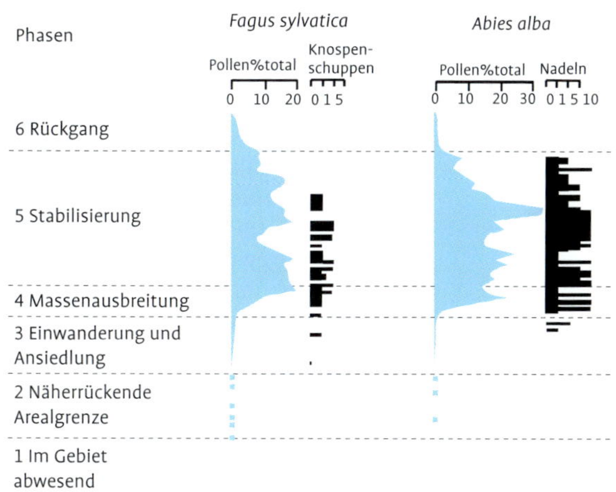

Abb. 6.16

Charakteristischer Ablauf der Darstellung häufiger Arten in Pollendiagrammen. Rot-Buche (***Fagus sylvatica***) und Weiß-Tanne (***Abies alba***) zeigen eine ähnliche relative Pollenverteilung. Zu beachten ist, dass diese Arten nicht zeitgleich einwanderten (nach Jacomet & Kreuz 1999).

Das Auftreten häufiger Arten in Pollenprofilen zeigt immer wieder einen charakteristischen Verlauf. In Abbildung 6.16 ist dieser für die Rot-Buche (*Fagus sylvatica*) und die Weiß-Tanne (*Abies alba*) dargestellt. Die Arten sind zwar nicht gleichzeitig eingewandert, ihre Gegenüberstellung verdeutlicht aber Ähnlichkeiten im Kurvenverlauf der Pollenhäufigkeit: Zunächst sind nur sehr vereinzelt Pollen nachzuweisen. Die Art befindet sich zu diesem Zeitpunkt noch nicht im Gebiet, es werden lediglich einzelne Pollen über Langstreckentransport verdriftet. Dann folgt eine Phase der untergeordneten Bedeutung, wo die Art zwar vorkommt, aber noch keine Dominanz erlangen kann. Nach dieser Etablierungsphase kann eine Massenausbreitung eintreten. Sie wird oft gefolgt von einer stabilen Vorherrschaft einer Art, bis diese erneut durch andere verdrängt wird.

McLachlan & Clark (2004) zeigen Grenzen der Palynologie auf, indem sie auf Grundlage aktueller Oberflächenproben von Pollendepositionen versuchen, die Verbreitung nordamerikanischer Baumarten festzustellen. Obwohl *Fagus grandifolia* und *Betula alleghaniensis* in Proben insgesamt häufig nachgewiesen werden können, gelingt es nicht, ihre rezente Verbreitung hinreichend genau nachzuvollziehen. Großräumige Bereiche, in denen diese Bäume selten sind bis fehlen, konnten nicht identifiziert werden.

6.6 Dendrochronologie

Die Analyse von Baumringen, bzw. die **Baumringdatierung** (**Dendrochronologie**) arbeitet in kulturgeschichtlich relevanten Zeiträumen. Sie nutzt die jahreszeitliche Periodik des Holzwachstums in einem saisonal getönten Klima. Aus dem Vergleich unterschiedlich alter Baumringsequenzen werden Zeitreihen abgeleitet.

Ein ganz wesentlicher Vorteil der Methode ist, dass eine **absolute Datierung** möglich ist. In der mitteleuropäischen Forstwirtschaft hat die Dendrochronologie eine lange Tradition, liegt es doch in einem Jahreszeitenklima mit entsprechender Wachstumsrhythmik nahe, dieses zeitliche Archiv für Vergleichsuntersuchungen zu nutzen. Ertragsstatistiken und Umtriebszeiten wurden auf der Grundlage dendrochronologischer Untersuchungen ermittelt.

Untersuchungsobjekte der Dendrochronologie sind Baumscheiben oder Querschnitte (Bohrkerne). Sie werden an rezent aktiven, wie an abgestorbenen Hölzern gewonnen. Neben forstwissenschaftlichen Fragestellungen werden vegetationskundliche, klimatologische, geomorphologische und archäologische Fragen beantwortet. Wenn beispielsweise Makroreste in Substraten des Holozän bezüglich ihrer relativen Lage eingestuft und taxonomisch bestimmt wurden, kann die Dendrochronologie eventuell ihr exaktes Alter ermitteln. In Ausgrabungen treten sehr oft konservierte Hölzer zutage und man möchte mit ihrer Hilfe die Zeit der Ablagerung ermitteln. In historischen Gebäuden ermöglicht die Dendrochronologie die Altersdatierung.

Ökologische Anwendungsmöglichkeiten ergeben sich im borealen Nadelwald. Dort bleibt Totholz aufgrund der geringen mikrobiellen Aktivität oft über lange Zeiträume erhalten. Die Dendrochronologie liefert einen Zugang zur Ermittlung des ökosystemaren Turnover. Auch an lebenden Stämmen können dendrochronologische bzw. dendroökologische Untersuchungen mit Hilfe eine sogenannten Zuwachsbohrers durchgeführt werden. Die Bohrstelle wird mit Harz wieder verschlossen, um Schäden durch Infektionen zu vermeiden. Die Reaktion von Waldbeständen auf klimatische Auslenkungen oder ihr altersspezifischer Zuwachs in Abhängigkeit von der Nährstoffverfügbarkeit kann so beleuchtet werden.

Nadelbäume eignen sich besonders gut als Untersuchungsobjekte, da sie eine besonders klar erkenntliche **Jahresringstruktur** ausbilden. Das Kambium erzeugt stammwärts Holzgewebe und nach außen hin Rindengewebe. Frühholz mit seinen dünnwandigen und großlamelligen Tracheiden hebt sich deutlich vom Spätholz mit dicken Zellwänden und Harzgängen ab. Zwar besitzen auch die stammesgeschichtlich jüngeren Laubhölzer eine Gliederung in Früh- und Spätholz, doch ist diese weniger deutlich ausgeprägt.

Die Ausbildung von **Zuwachsringen** ist zumeist auf klimatische Jahresperiodik zurückzuführen. In Klimaten mit zwei Regenzeiten kann es vorkommen, dass pro Jahr zwei Zuwachsringe ausgebildet werden. Asymmetrischer Zuwachs ergibt sich bei Bäumen dann, wenn sie, wie es im Gebirge häufiger der Fall ist, vom orthotropen Wuchs abgelenkt werden. Dies kann durch Schneedruck oder durch Bodenfließen geschehen. Es kommt zur Entwicklung von „Druckholz", welches durch seinen ovalen Aufbau die statischen Einschränkungen auszugleichen versucht. Ist im Profil einer Baumscheibe zu erkennen, dass sich asymmetrischer Zuwachs an eine Phase gleichmäßigen radialen Wachstums anschließt, dann können die dafür verantwortlichen Mechanismen (z. B. Hangrutschungen) zeitlich exakt eingeordnet werden.

Bäume dokumentieren also in ihrem Wachstum die Destabilisierung von Hängen im Hochgebirge, eine Thematik, die evtl. in Zukunft noch an Bedeutung gewinnen kann. Wirken sich extreme Fröste an der oberen Waldgrenze stark negativ aus, dann werden sie durch die Ausbildung von **Frostringen** aufgezeigt. Ist eine untere Waldgrenze ausgebildet, wie es in den kontinentalen Trockengebieten der Fall ist, und ist dort das Auftreten von Dürre relevant, dann sind dort sogenannte Pseudoringe (Scheinjahresringe) häufig, die durch sommerliche Trockenheit entstehen. In Jahren mit einem extremen Witterungsverlauf kann es auch in gemäßigten Breiten dazu kommen, dass das sommerliche Wachstum eingestellt wird und Scheinjahresringe entstehen. Dies ist jedoch nur selten der Fall.

Wenn nun für einen aktuell lebenden Baum eine Jahresringsequenz erstellt wird, dann ist der Bezugspunkt klar, da man ja mit dem heutigen Zeitpunkt eine klare Referenz hat. Werden aber ältere Holzproben untersucht, muss eine Vergleichssequenz vorliegen, die durch das Aneinanderreihen und Überlagern zahlreicher Einzelproben erstellt wird (Abb. 6.17). Diese sollte sich auf Proben beziehen, die in nicht zu großer Entfernung voneinander und vom Untersuchungsort gewachsen sind, da regionale Differenzierungen zu einer Abwandlung des Wuchsverlaufes führen können. Auch müssen Vorkenntnisse für die spezifische Baumart vorliegen, da artspezifische Besonderheiten auftreten können. Die archivierte

Abb. 6.17

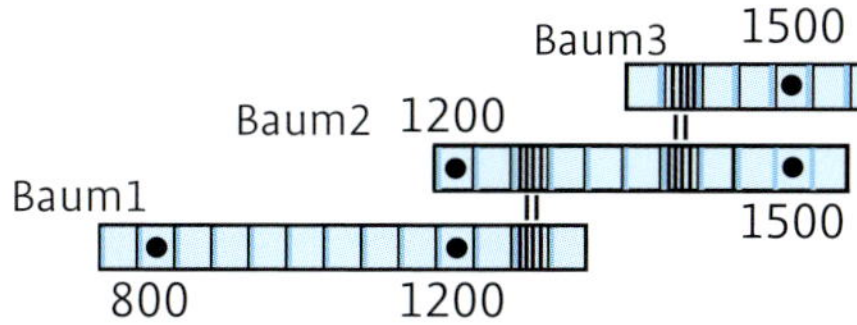

Erstellen einer dendrochronologischen Sequenz durch Überlappen unterschiedlich alter Jahrringsequenzen.

Abb. 6.18

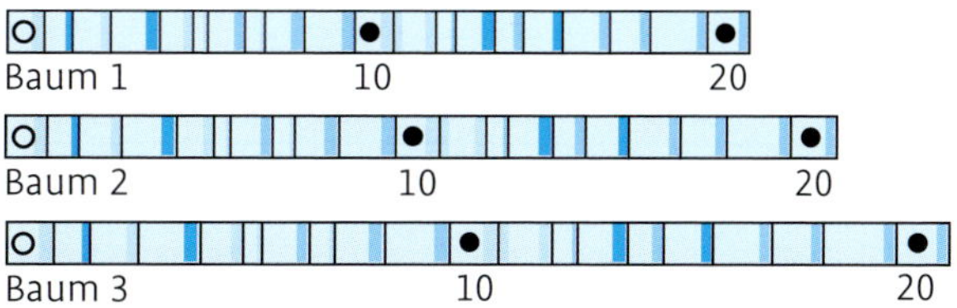

Standardisierung dendrochronologischer Erfassungen durch Ermittlung einer relativen Abfolge auf der Grundlage unterschiedlicher Baumindividuen.

Vergleichsreihe der Universität Stuttgart-Hohenheim reicht bis ins Jahr 10461 v. Chr. zurück, also bis in die Kaltzeit der Jüngeren Dryas kurz nach der letzten Eiszeit. Im östlichen Mittelmeergebiet liegt ein dendrochronologischer Verlauf vor, der bis 1800 v. Chr. reicht. Im Internet gibt es inzwischen allgemein verfügbare Datenbanken für verschiedenste Gebiete.

Einschränkungen der Methodik ergeben sich durch die Tatsache, dass sie auf Räume mit Jahreszeitenklima beschränkt ist. Zu bedenken ist auch, dass nur einzelne Baumarten beachtet werden, nicht die gesamte Vegetation. Schließlich ist die Jahresringausbildung neben klimatischen Einflüssen auch ökophysiologisch beeinflusst. Schon kleinräumige Versorgungsunterschiede bezüglich der Nährstoffverfügbarkeit oder des Wasserangebotes führen zu individuellen Modifikationen des Wachstums einzelner Bäume. Genießen zwei unterschiedlich schnell wachsende Bäume aber dasselbe Klima, dann ist ihre Reaktion auf die jeweilige Witterung sehr wahrscheinlich ähnlich. Die zeitliche Abfolge muss dann entsprechend relativiert werden (Abb. 6.18). Weitere Korrekturen sind bezüglich des Alters der Individuen vonnöten. Verschieden alte

Abb. 6.19

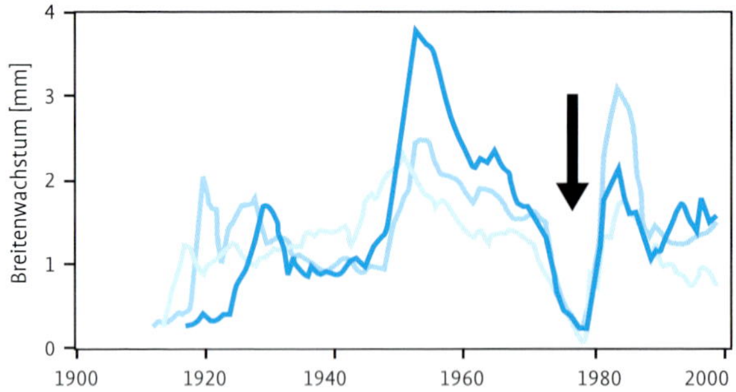

Dokumentation von Insektenkalamitäten durch dendrochronologische Auswertungen (nach TRETER 2001).

Abb. 6.20

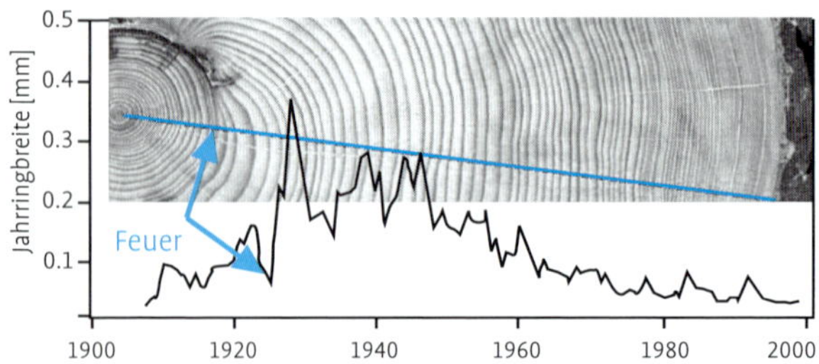

Dokumentation von Feuerereignissen über die dendrochronologische Datierung von „Fire Scars" an einer Kanadischen Weiß-Fichte (*Picea glauca*) (nach TRETER unveröff.).

Individuen zeigen unter denselben Umweltbedingungen Unterschiede in ihrer Wüchsigkeit. Bedingt durch die natürliche klimatische Variabilität im Vergleich aufeinander folgender Jahre zeigen dendrochronologische Zeitreihen oft einen sehr unruhigen Verlauf. Die Berechnung gleitender Mittelwerte nivelliert dieses Rauschen, zeitliche Trends können herausgearbeitet werden.

Dendroökologische Untersuchungen können zur Datierung einzelner ökologischer Ereignisse bzw. ökosystemarer Auslenkungen genutzt werden. Wenn besonders außergewöhnliche Klimaerscheinungen, wie sie durch global wirksam werdende Vulkanausbrüche ausgelöst werden, über größere Flächen hinweg gleichermaßen auftreten, können diese Ereignisse zum Abgleich der Zeitreihen verwendet werden (s. a. Abb. 5.13).

Ähnliche Effekte auf regionalem Maßstab können große Schädlingskalamitäten bewirken, die ebenfalls zu einer allgemeinen Wachstumsreduktion führen (Abb. 6.19). Sie treten oft im Abstand mehrerer Dekaden landschaftlich in Erscheinung. Allerdings geschieht ihr Einfluss auf die Vegetation artspezifisch und wird sich nur bei der betroffenen Spezies zeigen, nicht bei Vertretern anderer Baumarten.

Genutzt wird die dendrochronologische Datierung auch in der Feuerökologie. Stirbt ein Baum nicht völlig ab, sondern überwallt er die durch Hitze bedingten Rindenschädigungen, dann werden Narben, sogenannte „*fire scars*" (Abb. 6.20), ausgebildet, die es erlauben, die Brände zu datieren. Im borealen Nadelwald kann man auf diese Weise die natürlichen Feuerintervalle ermitteln. Dabei stellt sich heraus, dass die Zeit zwischen einzelnen Feuern – von oft mehr als 300 Jahren – die modernen Nutzungsintervalle weit übertrifft. Die Argumentation der Forstwirtschaft, mit Kahlschlägen lediglich natürliche Prozesse der Biomassevernichtung zu simulieren, ist daher nicht stichhaltig.

6.7 Geophysikalische Methoden

Die wichtigste geophysikalische Methode in der Biogeographie ist die **Radiokarbondatierung**, welche zur Altersbestimmung organischer bzw. organogener Proben eingesetzt wird. Für die Ermittlung ihres Alters wird der Zerfall des instabilen Kohlenstoffisotops ^{14}C genutzt. Die Methode ist nur für Ereignisse anwendbar, die etwa 70 bis 70.000 Jahre (mit Massenspektrometrie) zurückliegen, sie ist also auf entsprechend junge Objekte begrenzt. Unter den in der Biosphäre auftretenden Kohlenstoffisotopen sind ^{12}C und ^{13}C stabil. Das in den höheren Schichten der Atmosphäre durch kosmische Strahlung gebildete ^{14}C zerfällt mit einer Halbwertszeit von 5.730 ± 40 Jahren zu ^{14}N. In früheren Arbeiten wurde abweichend eine Halbwertszeit von 5.568 ± 30 Jahren benutzt, so dass bei der Auswertung älterer Literatur darauf zu achten ist, ob und welche Korrekturfaktoren veranschlagt wurden.

In der Atmosphäre stellt sich eine Gleichgewichtsverteilung ein, da sowohl die Prozesse der Neubildung als auch die des Zerfalls ständig gleichermaßen ablaufen und nur den geringen Fluktuationen der Solarkonstanten unterliegen. Pflanzen assimilieren nun neben ^{12}C auch ^{13}C und ^{14}C und spiegeln damit deren Verhältnis auch in ihrer Zusammensetzung wider. Herbivore Tiere nehmen diese Stoffe über ihre pflanzliche Nahrung auf. Eine biochemische Differenzierung erfolgt nicht. Mit der Beendigung des Stoffwechsels der Organismen, also mit ihrem Tod, endet die ständige Angleichung des Isotopenverhältnisse. Die allmählich zerfallenden ^{14}C Atome nehmen nun, relativ zu den anderen Isotopen, quantitativ ab. Diese Abnahme folgt physikalischen Gesetzen und kann daher mit gewisser Streuung quantifiziert werden. Somit kann aus dem Verhältnis der Isotope auf den Zeitpunkt der Beendigung des organischen Metabolismus geschlossen und damit näherungsweise auch der Lebenszeitraum des entsprechenden Lebewesens ermittelt werden.

Das Radiokarbonalter entspricht nur ungefähr dem kalendarischen Alter. Abweichungen können mit Objekten, deren exaktes Alter bekannt ist, ermittelt werden (Abb. 6.21), beispielsweise mit Hilfe dendrochronologischer Zeitreihen. Eine weitere Option der Kalibrierung sind Korallenstöcke, welche über sehr lange Zeiträume zu wachsen vermögen und oft ebenfalls annuelle Wachstumszonen erkennen lassen.

Zu beachten ist, dass die Radiokarbondatierung die Beendigung der biologischen Aktivität anzeigt und nicht die Ablagerung des entsprechenden Objektes. Werden bereits längere Zeit abgelagerte Hölzer erneut verfrachtet und in Sedimente eingebettet, kann dies zu Fehldeutungen führen. Auch ist zu bedenken, dass bei sehr langsamwüchsigen Bäumen in deren Kernbereich ein anderes Radiokarbonalter dokumentiert ist als am Rand. Bei Proben der jüngeren Vergangenheit ergibt sich das Problem, dass das Isotopenverhältnis seit den ersten Atomwaffentests und durch dem Einsatz von Kernwaffen während des 2. Weltkrieges stark modifiziert ist. Das Signal der atmosphärischen Isotope wurde hierdurch so stark verfremdet, dass die Radiokarbondatierung für Proben der letzten Jahrzehnte nicht mehr eingesetzt werden kann.

Abb. 6.21

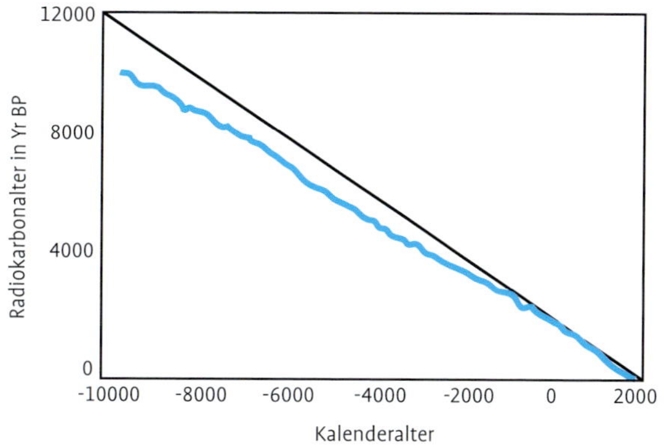

Radiokarbonalter und reales Alter anhand einer Vergleichsgeraden aus dendrochronologisch datierten Objekten über die vergangenen zwölftausend Jahre (nach Stuiver et al. 1998).

Neben instabilen Isotopen können auch **stabile Isotope** als biogeographische Marker genutzt werden (beispielsweise Kohlenstoff- und Wasserstoffisotope). Die Verhältnisse, in denen stabile Isotope auftreten, variieren regional. Über die Nahrung werden auch Isotope in spezifischen Konzentrationen aufgenommen. Sie reflektieren in bestimmten Organen durch ihre relativen Anteile die Region, in welcher die Nahrungsaufnahme und Entwicklung stattfand. Rubenstein et al. (2002) konnten anhand der Zusammensetzung stabiler Isotope der Federn des amerikanischen Blaurückenwaldsängers (*Dendroica caerulescens*) ermitteln, dass diese Zugvogelart zwei getrennte Überwinterungsgebiete in der Karibik besitzt. Da während der winterlichen Mauser neue Federn gebildet werden, spiegeln diese die regionalen Muster der Isotopenhäufigkeiten sehr gut wider. Die im Norden der USA lebenden Tiere überwintern demnach auf Inseln der westlichen Karibik, die im Süden brütenden Arten auf Inseln der östlichen Karibik.

In Europa konnte bei den zwischen Deutschland und der Ukraine stark fragmentierten Vorkommen des global vom Aussterben bedrohten Seggenrohrsängers (*Acrocephalus paludicola*) gezeigt werden, dass sich $\delta^{15}N$, $\delta^{13}C$ und δD Werte im Gefieder deutlich zwischen einzelnen Populationen unterscheiden. Das legt ebenfalls nahe, dass verschiedene Überwinterungsgebiete genutzt werden. Aus den $\delta^{13}C$ Gehalten kann zusätzlich grob auf den Breitengrad der Überwinterungsgebiete geschlossen werden (Pain et al. 2004). In Deutschland sind nur noch 10 bis 20 Brutpaare der Art im Unteren Odertal vorhanden.

Mitunter werden Fundorte bzw. Sedimente mit biotischen Informationen mit Hilfe der Thermolumineszenzdatierung oder der Optisch Stimulierten Lumineszenzdatierung (OSL) eingeordnet. Diese Methoden ermitteln das Alter von Sedimenten auf der Grundlage energetischer Eigenschaften von Mineralen. Auch die Ermittlung des Paläomagnetismus einer Sedimentschicht mit Fossilien kann für deren Altersbestimmung hilfreich sein.

6.8 Vegetationskundliche Kartierungen

Sollen räumliche Verhältnisse wiedergegeben werden, ist deren Dokumentation über kartographische Darstellungen die häufigste Methode der Wahl. Bei jeder flächendeckenden Kartierung stellt sich nun das Problem der Grenzziehung, es ist im Grunde ein Problem von Begrifflichkeiten und Abwägung: Zu welcher Einheit stelle ich diese Fläche? Welchen Namen gebe ich ihr? Und wo grenze ich sie ab? Dann ist weiter zu fragen: Ist eine Grenze vorhanden? Wo befindet sie sich? Wie breit ist sie? In solchen Fällen ist es hilfreich die festgehaltenen Kategorien vorher zu definieren (z. B. Wald-Offenland), doch hat dies keinen Einfluss auf die eigentliche Problematik, sondern erleichtert nur die Entscheidung.

In diesem Sinne wirkt auch der klassifizierende Ansatz der Pflanzensoziologie bei kartenmäßigen Darstellungen. Flächen werden bestimmten Pflanzengesellschaften zugeordnet. Ein Strich trennt das *Luzulo-Fagetum* vom *Stellario-Alnetum*. Doch existieren derart diskrete Verhältnisse tatsächlich? Selbst auf relativ einheitlichen Flächen wie Äckern fällt auf, dass die Ackerwildkräuter sehr viel zahlreicher in den Randbereichen in Erscheinung treten als im Zentrum der Fläche. Manche Autoren befürworten deshalb Vegetationsaufnahmen in Äckern dort anzufertigen. Andere fordern, in das homogenere, wenn auch artenärmere Zentrum von Äckern zu gehen, da dort eher typische Verhältnisse erfasst werden. Zwar ist der ökologische Wert von Grenzen implizit bekannt, die Vegetation von Grenzbereichen wird aber oft erneut klassifiziert und zu einer eigenen Flächeneinheit gemacht (zum Beispiel zur Saumgesellschaft). Damit geht ihr Übergangscharakter verloren.

Vegetationsgrenzen können auf der Basis unterschiedlicher Kriterien und Parameter gezogen werden. Entweder sind Grenzen im Gelände durch Veränderungen der Vegetationsstrukturen erkennbar oder sie ergeben sich aus relativ raschen Veränderungen der Artenzusammensetzung, ohne dass sich die Struktur der Bestände entscheidend verändern muss. Der größte Teil der Abgrenzungen basiert auf der Artenzusammensetzung – das Vorkommen oder Fehlen von Charakterarten und die Ableitung der Gesellschaftszugehörigkeit spielt hier die entscheidende Rolle. Probleme sind bedingt durch den derzeitigen Verlust an Biodiversität, der in erster Linie durch neuartige Nutzungs- und Immissionseinflüsse zu erklären ist. Damit verbunden ist eine Zunahme kennartenarmer Bestände zu beobachten, Zuordnungsprobleme sind die Folge.

Ziel der **Pflanzensoziologie** ist es, homogene Vegetationsbestände aufgrund ihrer floristischen Ausstattung zu klassifizieren und Pflanzengesellschaften zuzuordnen. Diese besitzen eine „charakteristische Artenzusammensetzung“, welche sich im Auftreten von „Charakter- und Differentialarten“ (Kenn- und Trennarten) sowie in der Vergesellschaftung von „Begleitern“ mit >60 % Stetigkeit dokumentiert. Das heißt es interessiert das Vorkommen bestimmter Arten – ihr Fehlen wird weniger stark gewichtet. **Charakterarten** (Kennarten) müssen innerhalb einer Klasse eine deutliche Präferenz für ein bestimmtes Syntaxon aufweisen. **Differentialarten** (Trennarten) treten in verschiedenen Syntaxa auf und können durch ihr Fehlen zur Unterscheidung ähnlicher Syntaxa genutzt werden. Die **Benennung von Syntaxa** erfolgt nach dem „Code der pflanzensoziologischen Nomenklatur“ (Barkman et al. 1986). Danach muss ein Syntaxon gültig veröffentlicht werden, wobei eine Typusaufnahme mit Charakter- und Differentialarten anzugeben ist. Die Nomenklatur bezieht sich i. d. R. auf Gattungsnamen einer Charakterart und einer Dominanten (z. B. *Luzulo-Fagetum*). Das Konzept der diagnostischen Arten und der hierarchischen Gliederung wird nur bis zur Stufe der Klasse umgesetzt. Letztere sind strukturell, d. h. formationskundlich definiert.

Die für eine Vegetationsaufnahme erforderliche **Mindestflächengröße** wird durch Voruntersuchungen ermittelt (Abb. 6.22). Bei homogenen Vegetationseinheiten kann durch sukzessive Vergrößerung von Untersuchungsflächen über Sättigungskurven, ein Plateau der Artenvielfalt ermittelt werden. Unterhalb des grafisch ermittelten Schwellenwertes wäre die Fläche nicht repräsentativ. Die Methode gerät dort an Grenzen, wo sich keine klare Sättigung der Artenzahl ermitteln lässt, wie dies im tropischen Regenwald der Fall ist. In einem inhomogenen Gebiet müssten standardisierte Flächengrößen a priori definiert werden. Zudem berücksichtigt dieser flächenorientierte Ansatz nicht die dreidimensionale Organisation der Artenvielfalt, welche insbesondere in epiphytenreichen Regenwäldern entscheidend ist. Dort ist unter Umständen die untersuchte Höhe des Bestandes wichtiger als die betrachtete Fläche.

In einer pflanzensoziologischen Aufnahme werden den verschiedenen Arten Bedeutungswerte zugewiesen, welche durch Schätzung im Gelände ermittelt werden. Die **Artmächtigkeit** umfasst eine Kombination aus Abundanz und Dominanz bzw. Deckung (Tab. 6.1). Die Soziabilität, welche in historischen Aufnahmen oft als zweiter Wert mit angegeben ist, wird nur noch selten erfasst, da ihre Werte zum Teil durch genetisch festgelegte Pflanzenstrukturen bestimmt sind.

Einschränkungen der Methode ergeben sich durch die Konzentration auf Samenpflanzen. Niedere Pflanzen werden oft ignoriert (Algen) oder nicht immer berücksichtigt (Flechten, Moose). Farne werden jedoch immer erfasst. Des Weiteren werden Diasporen, Samen, Rhizome, Knollen etc., also lebende oder lebensfähige Teile von Pflanzen, die zurzeit oder noch nicht entwickelt sind, nicht berücksichtigt.

Wichtigste Kriterien für pflanzensoziologische Aufnahmen sind **Repräsentativität** und **Homogenität**. Allerdings ergeben sich, nicht nur hier, mit solchen typisierenden Vegetationserfassungen einige methodische Probleme. Zunächst sind Abgrenzungsprobleme bezüglich der Zuordnung von Datensätzen (Aufnahmen, Relevés) zu bestimmten Typen (abstrakten Einheiten, Syntaxa) zu beachten. Die Zusammensetzung von Lebensgemeinschaften variiert innerhalb bestimmter Margen. Einzelne Typen (z. B. Assoziationen) weisen ein unterschiedliches Maß an innerer Variabilität auf. Die Entscheidung der Zuordnung zu einem bestimmten Typus orientiert sich zwar am Auftreten einzelner diagnostischer Arten, doch sind selten alle definierten diagnostischen Arten in einem Datensatz enthalten. Es kann vorkommen, dass weiteren Syntaxa zuzuordnende diagnostische Arten auftreten. Die Zuordnung zu dem einen oder anderen Typus ist dann eine Frage der Erfahrung und Abwägung des Bearbeiters.

Abb. 6.22

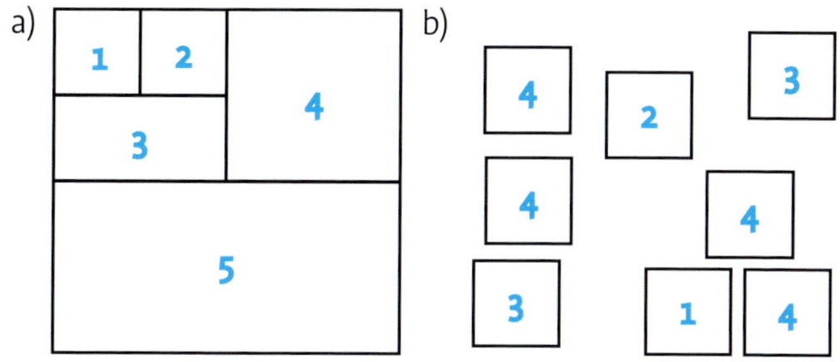

Voruntersuchungen zur Ermittlung von Mindestgrößen vegetationskundlicher Aufnahmen. a) Geschachteltes Vorgehen. b) Unabhängiges Verfahren.

Tab. 6.1

Skala der Artmächtigkeit (nach Braun-Blanquet 1928).

r	Sehr selten, 1 Individuum
+	Spärlich, nur sporadisch auftretend (2–5 Individuen), Deckung <5 %
1	Zahlreiche Individuen (6–50) bei sehr geringer Deckung (<5 %)
2	Deckung 5–25 % oder sehr zahlreich bei geringerem Deckungsgrad
3	Deckung 25–50 % bei beliebiger Individuenzahl
4	Deckung 50–75 % bei beliebiger Individuenzahl
5	Deckung 75–100 % bei beliebiger Individuenzahl

Tab. 6.2 Ausschnitt eines Kartierschlüssels zur Unterscheidung regional vorkommender Vegetationseinheiten im Gelände (hier Wiesengesellschaften im Harz) (nach Dierschke 1994).

Kleinseggen-Sümpfe	Feuchtwiesen
Caricetalia nigrae	Molinietalia
Caricion cansescenti-nigrae	Calthion
	Molinion
Carex canescens, C. echinata, Eriophorum angustifolium, Comarum palustre	
Carex nigra, C. panicea, Viola palustris, Epilobium palustre, Cirsium palustre, Juncus effusus, J. conglomeratus, Lythrum salicaria, Galium palustre, G. uliginosum, Lysimachia vulgaris, Filipendula ulmaria, Valeriana dioica	
	Caltha palustris, Crepis paludosa, Myosotis palustris, Lotus uliginosus, Silene flos-cuculi, Equisetum palustre, Achillea ptarmica, Ajuga reptans

Schließlich führt die Orientierung an historisch definierten Einheiten zu Problemen mit Pflanzengemeinschaften, die sich in den letzten Jahrzehnten entwickelt haben. Die meisten Assoziationen und übergeordneten Syntaxa (Verbände, Ordnungen, Klassen) wurden in der Mitte des 20. Jahrhunderts veröffentlicht und definiert. Seither haben sich mannigfaltige Veränderungen der Vegetation ergeben. Menschliche Einflüsse wie die Veränderungen der Landnutzungstechniken oder der Bewirtschaftungsformen, haben einige, und zum Teil auch diagnostische Arten selten werden lassen. Neophyten konnten sich in verschiedenen Lebensgemeinschaften etablieren und veränderten deren Struktur und Konkurrenzgefüge. Bedingt durch Stickstoffdepositionen, saure Niederschläge oder klimatische Veränderungen ergaben sich schleichende Verschiebungen der Dominanzverhältnisse. Versucht man daher mit diesem Ansatz eine Landschaft konsequent zu kartieren, ist man heute sehr oft gezwungen sogenannte „ranglose" Gesellschaften auszuscheiden, da sich die wissenschaftsgeschichtlich dokumentierten Assoziationen kaum noch antreffen lassen.

Ist erst einmal eine hinreichende Basis von Vegetationsaufnahmen geschaffen, muss deren räumliche Verteilung kartiert werden. **Kartierschlüssel** erleichtern das Vorgehen (Tab. 6.2). Bei einer Kartierung sind vor Ort Abgrenzungsprobleme bezüglich der räumlichen Erstreckung konkreter Einheiten zu lösen. Die angenommene Quasi-Homogenität der Bestände und ihre eindeutige Abgrenzbarkeit sind oft nur bei intensiver menschlicher Nutzung wirklich gegeben. Scharfe Grenzen zwischen Lebensgemeinschaften sind in der Natur selten und auf einen umfassenden Wechsel der Umweltbedingungen (Bsp. Fels/Magerrasen) beschränkt. Der Bearbeiter muss sich nach dem Augenschein entscheiden, wohin er die Grenzen einer Einheit legt, da dies nicht über Felddaten ermittelt bzw. im Nachhinein herausgearbeitet werden kann.

Vorteil der Pflanzensoziologie ist, dass es sich um eine etablierte Methode handelt. Mit der Ausscheidung von Assoziationen wird implizit sehr viel Information transportiert ohne mit Detailwissen zu überfrachten. Die definierten Gesellschaften basieren aufgrund der vielen diesbezüglichen Arbeiten in Mitteleuropa auf einer riesigen Datengrundlage. Und schließlich ist die Methode, entsprechende Erfahrung vorausgesetzt, schnell und wirtschaftlich einsetzbar um komplexe Zusammenhänge darzustellen. Klassifizierende Kartierungen führen aber durch ihre Zuordnung verschiedener Lokalitäten zu einer Einheit, grundsätzlich zur Nivellierung bestehender Vielfalt sowie zur verzögerten bzw. sprunghaften Darstellung von zeitlichen Veränderungen innerhalb der Einheiten. Andererseits erleichtert das Erstellen einer Karte mit klar definierten Typen (die in einer Legende erläutert werden) den räumlichen Zugang. Die Pflanzensoziologie ist daher eine hervorragende Planungsgrundlage. Anwender wünschen sich Karten mit klaren Einheiten und eindeutigen Grenzen.

Neben dem vorgestellten pflanzensoziologischen Ansatz gibt es auch numerische Verfahren zur a posteriori Klassifikation von Lebensgemeinschaften, welche in Verbindung mit Geographischen Informationssystemen auch zur Kartierung eingesetzt werden können. Solche Verfahren könnten theoretisch deutlich besser standardisiert werden, doch besteht hier das Problem konkurrierender Algorithmen und Darstellungsmethoden. Eine Vereinheitlichung des Vorgehens, wie es bei der Pflanzensoziologie erfolgt, ist hier bislang nicht zu erkennen. Dies muss kein Nachteil sein, da durchaus im Einzelfall unterschiedliche Vorgehensweisen adäquat erscheinen mögen, doch erschwert es den Zugang und die Etablierung in der Praxis. In der Grundlagenforschung sind **Clusteranalysen** und ihre Übertragung auf eine kartenmäßige Darstellung aber durchaus üblich.

6.9 Strukturelle Erfassungen

Formationskundliche Ansätze tendieren zu einer allgemeinen Beschreibung von Vegetationsstrukturen, obwohl dies nicht der Fall sein muss, wie Danserogramme oder die Quantifizierungsversuche Rabotnovs zeigen (Abb. 6.23). Das zeichnerische Herausarbeiten charakteristischer Struktureigenschaften ist zwar sehr aufschlussreich und schult den ökologischen Blick, doch setzt es gute zeichnerische Fähigkeiten voraus. Lebensformenorientierte Vorgehensweisen schließen aus bisherigen Kenntnissen über das Wuchsverhalten der Arten auf die strukturellen Eigenschaften der konkreten Vegetation. Dabei kann es sein, dass sich eine Pflanze, die als Art zu verholzendem Wuchs befähigt ist, in der Realität nur als kurzlebiger Keimling präsentiert. Die in einer Art genetisch angelegte potenzielle Lebensform muss nicht zwingend durch die aktuelle Wuchsform ausgefüllt werden.

Will man genauere und quantitativ auswertbare Befunde erzielen, kommt man bei strukturellen Untersuchungen nicht um einen zum Teil erheblichen Datenerfassungsaufwand durch biometrische Erfassungen herum. Mit Hilfe destruktiver Methoden können exakte Strukturdaten gewonnen werden. Nicht-destruktive quantitative Daten zum LAI (besser hier Plant Area Index) können z. B. mit Geräten wie dem LAI-2000 gewonnen werden. Es ist aber abzuwägen, ob die zu erwartenden Aussagen über augenscheinliche Zusammenhänge hinausgehen. Mit dem Ignorieren der artspezifischen Eigenschaften der Pflanzen ist immer ein gewisser Informationsverlust verbunden, doch darf man nicht erwarten, dass in anderen Gebieten ähnlich umfassende Kenntnisse zur Ökologie der Arten wie in Mitteleuropa bestehen.

Abb. 6.23

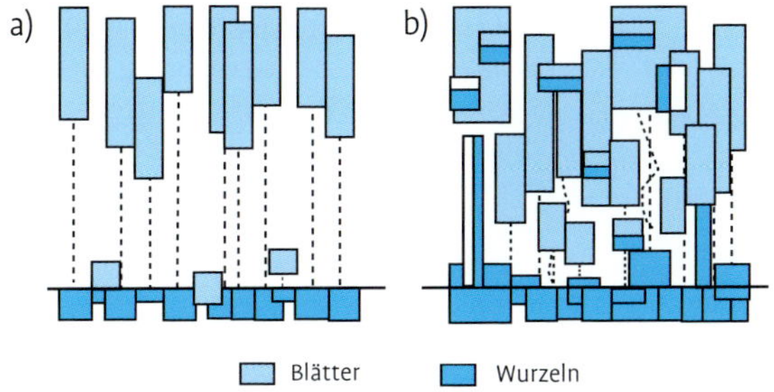

Schematischer Vergleich der vertikalen Verteilung von Blättern und Wurzeln in einem Wald gemäßigten Klimas (a) und in einem tropischen Regenwald (b) (nach Rabotnov 1995).

6.10 Monitoring

Der Bereich des biogeographischen **Monitoring**, also der aktuellen Biogeographie, ist ein sehr weites Feld. Es gibt zwei, sich grundsätzlich unterscheidende Ansätze. Zum einen das Aufzeigen von Eigenschaften in einem als mehr oder weniger konstant betrachtetem Ökosystem (Bioindikation von Schadstoffen oder von Eutrophierung). Zum anderen die Feldbeobachtung von Abläufen im Ökosystem selbst (Sukzessionsforschung). Wir wollen uns zunächst auf die Feldforschung zu rezenten Problemfeldern konzentrieren. Die Bioindikation wird in Kapitel 11 nochmals aufgegriffen.

Bei der direkten Beobachtung von Arten gilt, dass es schwer zu vermeiden ist, durch die Untersuchung selbst keinen Einfluss auszuüben. Man könnte sogar meinen, dass die Heissenberg'sche Unschärfe, also die Beeinflussung einer wissenschaftlichen Messung unter anderem durch den Forschenden selbst, hier in besonderem Maße wirkt. Bei Tieren kann die Störung ihres Verhaltens durch die Untersuchung eine erhebliche Einschränkung des wissenschaftlichen Zugangs bedingen. Dies zu umgehen wurden vielfältigste Techniken entwickelt, von nächtlichen Fotofallen bis hin zur Applikation von Sendern. Überraschenderweise ist auch bei Pflanzen (Cahill et al. 2002) nachgewiesen worden, dass sich mehrfach aufgesuchte Bestände in spezifischen Eigenschaften von selten aufgesuchten Beständen unterscheiden, ohne dass dies über mecha-

Box 5: Verteilung von Untersuchungsflächen

Anforderungen an die räumliche Erfassung von biologischen Daten. Artefakte können sich sowohl durch die Bevorzugung bestimmter Einheiten als auch durch individuelle Fehler ergeben. Abweichungen in der Qualität einzelner Bearbeiter werden nicht zu vermeiden sein. Möglichkeiten der Standardisierung zur Gewährleistung der Repräsentativität bei der Erfassung von Felddaten sollten aber unbedingt genutzt werden. Expertenwissen und Vorurteile mögen zu einem präferentiellen Vorgehen verleiten, und es mag Fälle geben, wo die subjektive Auswahl von Untersuchungsflächen nach Augenschein sinnvoll ist, doch birgt ein solches Vorgehen die Gefahr, bestimmte Aspekte besonders zu betonen und andere zu vernachlässigen. Besonderheiten wie kleine Felskuppen oder Quellbereiche, deren Eigenschaften bekannt sind und die gemeinhin als wertvoll oder artenreich angesehen werden, werden dabei sicherlich gut untersucht. Die flächig bedeutsamsten Einheiten werden allerdings nicht entsprechend gewürdigt. Insbesondere wird der Bearbeiter versucht sein, oder sogar methodisch dazu aufgefordert werden, wie in der Pflanzensoziologie, quasi-homogene Teilflächen zu bearbeiten. Die Eigenschaften von Grenzbereichen (Ökotonen) werden dann ignoriert. Gerade Grenzflächen und Übergangsbereiche zeichnen sich aber beispielsweise oft durch eine hohe Artenzahl aus. Wenn es um Konfliktgutachten geht, muss man beachten, dass ein präferentielles **Sampling Design** nur für die jeweils untersuchten Teilflächen Aussagen zulässt (Abb. 6.24). Eine Übertragung bzw. Interpolation dieser Aussagen auf die gesamte Fläche ist nicht zulässig. Auch sind solche Daten bei Konflikten nicht gerichtsfest. Da zufällige und systematische Verteilungen aber die Gefahr bergen auf Untersuchungspunkte bzw. -flächen zu treffen, die aus welchen Gründen auch immer nicht geeignet sind (z.B. versiegelt, unzugänglich), bergen sie das Risiko des Ausfalls einzelner Datenpunkte, was bei einer systematischen Verteilung die Regelmäßigkeit der Untersuchung korrumpieren würde. Einen Ausweg bietet stratifiziertes Vorgehen. Hier wird innerhalb eines Rasters ein Zufallspunkt gewählt und falls dieser bestimmten Kriterien nicht entspricht ein zweiter Zufallspunkt untersucht usw.

Abb. 6.24

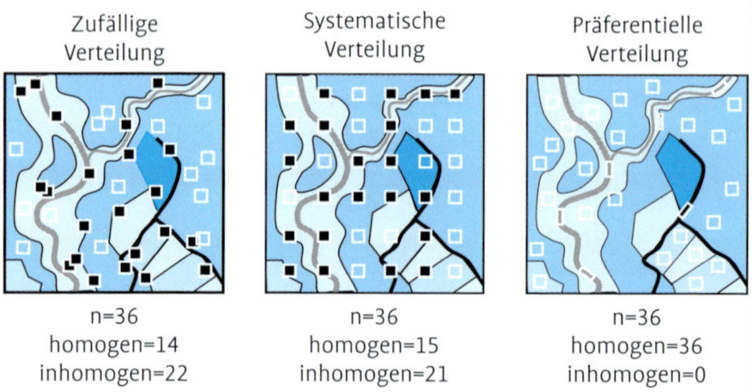

Schematisches Beispiel zu den Auswirkungen unterschiedlichen Sampling Designs bzw. der Verteilung von Untersuchungsflächen. Sowohl zufällige als auch systematische Verteilung führt zur Berücksichtigung von Grenzbereichen (schwarze Quadrate). Die präferentielle Verteilung konzentriert sich auf die subjektive Wahl homogener Flächen.

nische Beeinträchtigungen erklärt werden konnte. Eventuell erfolgt eine Beeinflussung der Herbivoren und Bestäuber durch die Untersuchenden. Die Konsequenz ist, dass der Feldforscher in jedem Fall Sensibilität im Vorgehen entwickeln muss, um Bearbeitereinflüsse zu reduzieren. Ein standardisiertes Vorgehen gewährleistet – wenn schon unvermeidbar – immer wieder denselben Einfluss auszuüben.

Schließlich kommt man nicht umhin, bei Felddaten eine pragmatische Unschärfe zu akzeptieren. Das natürliche statistische Rauschen komplexer Systeme in Verbindung mit den Unzulänglichkeiten der Gewinnung belastbarer Daten in Lebensgemeinschaften zwingt dazu. Der statistischen Auswertbarkeit von Felddaten sind Grenzen gesetzt. Die von Laborversuchen gewohnten Signifikanzen sind in der Natur kaum zu realisieren. Experimente können aber lediglich zur Überprüfung konkreter Einzelhypothesen dienen und niemals Felduntersuchungen ersetzen. Diese sind unverzichtbar, weil einzig sie uns einen Einblick in die realen Ökosysteme und Populationen liefern. Felduntersuchungen wurden einige Zeit als „deskriptiv" diffamiert. Das eigentliche Problem der Ökologie und teilweise auch der Biogeographie ist aber, dass zu wenige Kenntnisse zu Arten und ihren Lebensgemeinschaften in der Natur vermittelt werden. Es mangelt weithin an taxonomischem Wissen. Dies zu erlangen ist zeitaufwändig und erfordert Ausdauer, was im kurzlebigen Wissenschaftsbetrieb nicht hinreichend honoriert wird. Inzwischen sind Experten mit umfassender Artenkenntnis selten geworden. Wenn aber Arten nicht erkannt werden, oder aber einem Bearbeiter ihre Rolle im System nicht bekannt ist, besteht die Gefahr der Irrelevanz erzielter sektoraler Befunde.

Monitoring erfolgt auf sehr unterschiedlichen Zeitskalen, die leider zu oft durch die kurze Laufzeit von Forschungsprojekten limitiert sind. Nicht selten muss die Beobachtung von Entwicklungen zu früh eingestellt werden. Als Konsequenz hiervon wurden, vor allem in Nordamerika, Langzeitbeobachtungsflächen (Long Term Ecological Research Sites, LTER) eingerichtet, die einzig der Grundlagenforschung dienen. Einige Länder haben sich dieser Initiative bereits angeschlossen und man beginnt das Konzept international zu erweitern. Die internationale Etablierung großräumiger Gebiete zum langfristigen Monitoring von Umweltveränderungen verspricht die Möglichkeit durch das Beobachten der Abläufe unter ungestörten Bedingungen auf Tendenzen und Trends zu schließen und diese Kenntnisse auf andere Ökosysteme zu übertragen. In Deutschland wurden von forstlicher Seite sogenannte Naturwaldreservate etabliert. Dabei handelt es sich keineswegs um wirkliche Naturwälder, sondern lediglich um relativ naturnahe Waldgebiete. Ziel ist es hier, die Entwicklung ohne menschliche Nutzung über lange Zeiträume hinweg zu beobachten, um daraus Implikationen für die Waldbewirtschaftung ableiten zu können.

In den Beobachtungszeitfenstern des Monitoring (mehrere Jahre bis Jahrzehnte) sind Veränderungen der Pflanzen- und Tierwelt wahrscheinlich. Insofern keine regulierenden Eingriffe bzw. Pflegemaßnahmen stattfinden, sind Sukzessionsabläufe zu erwarten. Oft ist es gerade das Ziel eines Monitoring, z. B. im Naturschutz, diese Abläufe zu analysieren. Einschränkungen ihrer Analyse ergeben sich durch die Tatsache, dass es aufgrund unterschiedlichen Witterungsverlaufes problematisch sein kann, Daten verschiedener Jahre miteinander zu vergleichen. Auch führt die Langfristigkeit der Untersuchungen nicht selten zu bearbeiterabhängigen Fehlern bzw. Unterschieden. Der Zeitaufwand für ein direktes Sukzessionsmonitoring ist erheblich. Indirekte Methoden hingegen liefern nur Analogieschlüsse und keine Beweise für die Entwicklungen. Besondere Bedeutung hat die Sukzessionsforschung aber, weil sie sich mit ökologischen Prozessen befasst, die sich in Zeitskalen abspielen, welche für die menschliche Gesellschaft und mithin für aktuelle Naturschutz- und Umweltprobleme relevant sind. Sie liefert ein methodisches Inventar zur Beurteilung negativer Entwicklungen und zur Überwachung und Kontrolle gewünschter bzw. beabsichtigter Entwicklungen. Einsatzgebiete sind die Erfolgs- und Effizienzkontrolle von Naturschutzmaßnahmen sowie von Ausgleichs- und Ersatzmaßnahmen für erfolgte Eingriffe in den Naturhaushalt (s. a. TRAXLER 1998).

Ein keineswegs triviales Problem ist die exakte Lokalisierung von Untersuchungsflächen. Obwohl in Mitteleuropa in den vergangenen Jahrhunderten eine unglaubliche Zahl von Felddaten erhoben wurde, sind nur wenige vor Ort überprüfbar. Die ge-

Abb. 6.25

Wiederauffinden eines Untersuchungspunktes in Marokko mit Hilfe von Hochpräzisions-GPS und Magnetsuchgerät. Im Boden vergrabene Magnete sichern die exakte Position der Fläche für Vergleichsuntersuchungen.

Tab. 6.3 | **Räumliche Sequenz benachbarter, unterschiedlich lange freigelegter Standorte im Vorfeld des Morteratsch Gletschers (Schweiz). Verholzende Arten, Gräser und Krautige verhalten sich sehr unterschiedlich (nach Daten in Burga 1999).**

Bäume und Sträucher	**1990**	**1985**	**1980**	**1970**	**1960**	**1950**	**1940**	**1920**	**1900**	**1878**	**1857**
Myricaria germanica		X	X	X	X						
Salix spp.		X	X	X	X	X	X	X	X	X	X
Alnus viridis		X	X	X	X	X	X	X	X	X	X
Larix decidua		X	X	X	X	X	X	X	X	X	X
Rhodod. ferrugineum			X	X	X	X	X	X	X	X	X
Betula pendula				X	X	X	X	X	X		
Juniperus communis				X	X	X	X	X	X	X	X
Vaccinium myrtillus				X	X	X	X	X	X	X	X
Pinus cembra					X	X	X	X	X	X	X
Empetrum nigrum					X	X	X	X	X	X	X
Vaccinium uliginosum						X	X	X	X	X	X
Arctostaphylos uva-ursi									X	X	X
Vaccinium vitis-idaea										X	X
Gräser											
Poa nemoralis		X	X	X	X	X					
Poa alpina			X	X	X	X	X	X	X	X	X
Festuca rubra s.l.				X	X	X	X	X	X	X	X
Phleum alpinum					X				X	X	X
Nardus stricta					X					X	X
Avenella flexuosa							X	X	X	X	X
Anthoxanthum alpinum								X	X	X	X
Calamagrostis villosa								X	X	X	X
Festuca violacea									X	X	X
Krautige											
Linaria alpina	X	X									
Saxifraga aizoides	X	X									
Cerastium uniflorum		X									
Cardamine resedifolia		X	X								
Geum reptans		X	X								
Oxyria digyna		X	X	X							
Cerastium pedunculatum		X	X	X							
Adenostyles leucophylla		X	X	X	X	X					
Trifolium badium		X		X	X	X	X				
Saxifraga bryoides		X	X	X	X	X	X	X			
Achillea moschata		X	X	X	X	X	X	X			
Trifolium pallescens		X	X	X	X	X	X	X	X		
Rumex scutatus		X	X	X	X	X	X	X	X	X	X
Hieracium staticifolium			X	X	X	X	X	X	X	X	X
Lotus alpinus			X	X	X	X	X	X	X	X	X
Potentilla aurea				X	X	X	X	X	X	X	X
Biscutella laevigata				X	X				X	X	X
Alchemilla vulgaris					X				X	X	X
Phyteuma betonicifolium					X				X	X	X
Plantago alpina					X		X	X	X	X	X
Leontodon helveticus						X	X	X	X	X	X
Galium anisophyllum							X	X	X		
Solidago virgaurea							X	X	X	X	X
Homogyne alpina							X	X	X	X	X
Peucedanum ostruthium									X	X	X
Hieracium murorum									X	X	X
Polygonum viviparum									X	X	X

naue, und das bedeutet wirklich genaue, Angabe der Lokalität war von geringem Interesse und unterblieb oft sogar bewusst. Beschreibungen sind wenig hilfreich, weil subjektiv interpretierbar, Kartendarstellungen zu aufwändig, Rechts-Hoch-Werte oft zu ungenau. Mit Hilfe von Hochpräzisions-GPS oder mit anderen neuartigen Orientierungshilfen (Galileo) ergeben sich seit kurzem effiziente Möglichkeiten der Verortung. Doch auch diese Genauigkeit reicht für exakte Wiederholungen oft nicht aus. Aus diesem Grund sind Markierungen von Dauerflächen vorzunehmen. Oberflächlich sichtbare Markierungen bedingen das Risiko der mutwilligen Entfernung. Auch wenn apparativ aufwändiger, sind deshalb unterirdische Markierungen durch Metallbolzen oder Magnete vorzuziehen (Abb. 6.25).

Ein eleganter Weg langjährige Untersuchungen zu umgehen ist der „Space for Time" Ansatz oder auch die „Falsche Zeitreihe", bei der es sich nur bedingt um eine wirkliche Chronosequenz handelt. In enger räumlicher Nachbarschaft befindliche Lokalitäten unterschiedlichen Alters werden unter der Annahme vergleichbarer Umweltbedingungen miteinander verglichen. Aus den jeweiligen Abläufen der Entwicklung wird eine Verallgemeinerung von Sukzessionsabläufen versucht (Tab. 6.3). Der Vorteil des Verfahrens ist natürlich, dass man nicht erst Jahrzehnte abwarten muss, bis Ergebnisse erzielt werden. Nachteilig ist, dass solche Anordnungen selten zu finden sind. Es wurde deshalb schwerpunktmäßig auf Brachflächen eingesetzt. Auch sind individuelle Entwicklungen einzelner Flächen (z. B. durch Erstbesiedlereffekte oder Störungen) nicht auszuschließen.

6.11 Phänologie und Symphänologie

Die Phänologie befasst sich mit der regelhaften Emergenz, vor allem bestimmter Pflanzenmerkmale (z. B. Beblätterung, Blühen, Fruchten, Wachstum) im Jahresverlauf. Betrachtet man die **Phänologie** von Pflanzenmerkmalen auf Bestandesebene spricht man von **Symphänologie**. Im Zusammenhang mit der anthropogenen Klimaänderung erlangen diese Ansätze neue Aktualität, da sie sensibel die Auswirkungen einer Erwärmung aufzuzeigen vermögen (Abb. 6.26). Die Qualität phänologischer und symphänologischer Aussagen wird durch folgende Rahmenbedingungen beeinflusst: exakte Definition von Phänostufen (phänologische Zustände), Messbarkeit und Genauigkeit der ausgewählten biometrischen Parameter, Frequenz der Untersuchungen im Jahresverlauf, Lage der Termine im Jahresverlauf.

Abb. 6.26

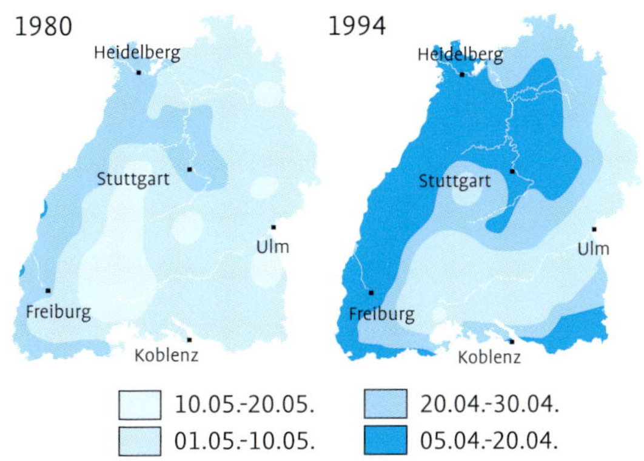

Entwicklung der Phänologie der Apfelblüte in Baden-Württemberg (nach SCHROEDER et al. 2004).

Werden Daten über Jahre hinweg gesammelt, kann der unterschiedliche Witterungsverlauf im Vergleich verschiedener Jahre die Interpretation der Daten erschweren. Die Methode ist daher für Vergleiche nur dann einsetzbar, wenn die Unterschiede zwischen den zu vergleichenden Standorten größer sind, als die klimatischen Unterschiede zwischen den Jahren. Allerdings ist zu beachten, dass Arten unterschiedlich auf Abweichungen vom Klima reagieren, je nachdem ob sie endogen oder exogen gesteuert sind. Ausdauernde Arten verweisen mit ihrer phänologischen Präsentation oft auf Klimabedingungen des Vorjahres (z. B. Orchideen). Für standortbezogene Aussagen müssen daher Untersuchungen über mehrere Jahre angelegt werden. Dann wirken jedoch evtl. Sukzessionsabläufe überprägend. Schließlich ist es arbeitstechnisch kaum möglich, die für einen räumlichen oder ökologischen Vergleich erforderlichen Aufnahmen nahezu zeitgleich an verschiedenen Wuchsorten

Abb. 6.27

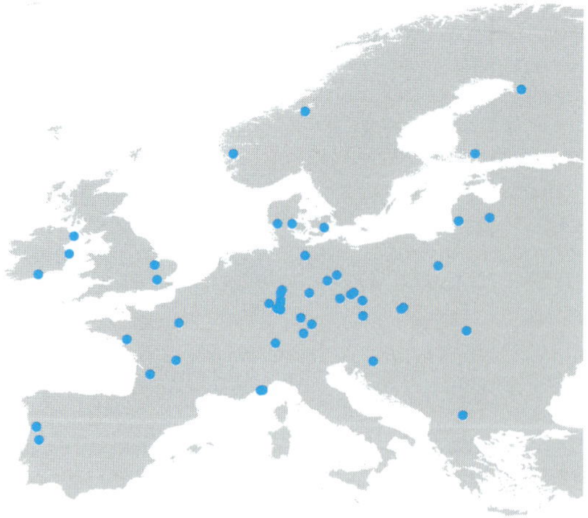

Netzwerk Phänologischer Gärten in Europa.

durchzuführen. Die vom Deutschen Wetterdienst (DWD) mit zahlreichen ehrenamtlichen Helfern erhobenen phänologischen Daten sind sehr hilfreich, konzentrieren sich aber auf wenige ausgewählte Arten.

Die inzwischen in 18 europäischen Ländern etablierten 68 Phänologischen Gärten bieten die Möglichkeit der standardisierten Umweltbeobachtung (Abb. 6.27). Seit 1957 die ersten Gärten angelegt wurden, kamen nach und nach mehr Standorte hinzu. Die Gärten beherbergen einheitliches Pflanzenmaterial (Baumarten und Sträucher), so dass regionale Unterschiede zwischen Ökotypen ausgeschlossen werden. Natürlich können nicht überall in Europa dieselben Arten eingesetzt werden, aber wo dies geschieht, handelt es sich um dieselben Varietäten oder gar um Klone. Es wird aber angestrebt, eine globale Standardisierung der Beobachtungen zu erzielen (Bruns et al. 2003). Ein ähnliches Konzept hatte im 18. Jahrhundert Carl von Linné bereits in Schweden etabliert, doch wurden die Untersuchungen leider nicht kontinuierlich fortgeführt.

Für zahlreiche Untersuchungen, z. B. im Rahmen der Sukzessions- und Dauerflächenforschung bei der Erfolgskontrolle von Naturschutzmaßnahmen, ist es zwingend erforderlich bei unterschiedlichem Witterungsverlauf eine Vergleichbarkeit zwischen den Erhebungen verschiedener Jahre herzustellen, um langfristige Trends von jahreszeitlich bedingten Schwankungen zu trennen. Dies ist ohne symphänologische Einordnung des Untersuchungszeitpunktes kaum möglich.

6.12 Besonderheiten der zoologischen Datenerfassung

Die Erfassung zoologischer Daten hat der grundsätzlichen Problematik der Mobilität der Tiere Rechnung zu tragen. Es werden daher Methoden angewandt, die dazu dienen, Tiere über einen gewissen Zeitraum zu beobachten, um beispielsweise deren Home Range zu ermitteln. Ein anderer Ansatz ist die Markierung einzelner Individuen, um sie bei einem Wiederauffinden identifizieren und auf ihre Bewegungen schließen zu können. Auch hier können nur wenige Ansätze erwähnt werden.

Die **Fang-/Wiederfang-Methode** zielt auf die Ermittlung von Schätzwerten zur Populationsgröße einer Art. Dies ist insbesondere bei individuenstarken Artengruppen sowie bei Arten, die sich einer vollständigen Beobachtung entziehen, relevant. Mit Hilfe von Lebendfallen werden Tiere gefangen, markiert und wieder freigelassen. Das Vorgehen wird nach einer hinreichenden Zeitspanne zur Durchmischung der Individuen (evtl. mehrfach) wiederholt, so dass sich zu den bereits markierten Individuen, auch unmarkierte Tiere in den Fängen einstellen. Man nimmt vereinfachend an, dass der Anteil der markierten Tiere in einem Wiederfang den Anteil der markierten Tiere an der Gesamtpopulation widerspiegelt. Aus dem Verhältnis der beiden Gruppen über den gesamten Untersuchungszeitraum kann dann die Größe der Population abgeleitet werden. Eventuelle Unterschiede zwischen Zu- und Abwanderung müssen dabei unberücksichtigt bleiben und können zu einer Überbewertung der Populationsgröße führen, da nur unmarkierte Tiere zuwandern können. Ist nicht gesichert, dass ausgesetzte Tiere mit derselben Wahrscheinlichkeit wieder gefangen werden wie unmarkierte, kann die Populationsgröße unterschätzt werden.

Die Fangmethoden sind je nach der fokussierten Artengruppe sehr unterschiedlich (Käscher, Barber-Fallen, Eklektoren, Farbschalen, Lichtfallen, Reusen etc.)

Markierungen geschehen ebenfalls auf sehr unterschiedliche Weise, beispielsweise durch eine spezifische Anordnung von farbigen Punkten auf Flügeldecken. Ein Problem ist die Sicherung der Dauerhaftigkeit der Markierung ohne die Tiere dabei zu beeinträchtigen. Gehen Markierungen verloren, führt dies zu einer Überschätzung der Populationsgröße. Bei bestimmten Tiergruppen kann auf Markierung verzichtet werden, wenn sie individuenspezifische Farbmuster (z. B. Musterung bei Unken) oder Organausbildungen (z. B. Schuppenanordnung bei Fischen) aufweisen.

Eine seit langem etablierte ornithologische Methode ist das **Beringen** von Vögeln. Sie liefert uns Hinweise auf die Demographie, Ökologie und auf das Wanderungsverhalten von Vögeln. Die Methode wird aufgrund des hohen Zeit- und Materialaufwandes vorwiegend durch entsprechend ausgebildete ehrenamtliche Ornithologen umgesetzt und durch nationale Vogelwarten koordiniert und protokolliert (z. B. Radolfzell, Hiddensee, Helgoland, Sempach, Neusiedler See). In Europa sind mehr als 10.000 ehrenamtliche Kräfte im Einsatz, weshalb wir über ein ausgezeichnetes Wissen zur Mobilität nahezu aller Arten dieser Artengruppe besitzen. Die Ringe bestehen entweder aus Magnesium-Aluminium-Legierungen, aus Edelstahl (für Seevögel) oder aus Kunststoff. Farbringe bieten die Möglichkeit auch aus der Distanz erkannt zu werden. Auf den Ringen sind Kombinationen aus Buchstaben (2) und Ziffern (6) vermerkt, um die Individuen eindeutig zu identifizieren, darüber hinaus der Ort der zuständigen Vogelwarte. Kleinere Vogelarten werden mit feinen Japan-Netzen gefangen. Größere Vögel mit Schlingen oder am Nest (Jungtiere, Nestlinge). All dies erfordert eine gute Ausbildung um Schädigungen der Tiere zu vermeiden.

Durch die Verfügbarkeit immer kleinerer, leichterer und leistungsfähiger Sender ist die **Telemetrie**, welche ursprünglich nur bei großen Säugetieren und bei einzelnen Vögeln eingesetzt werden konnte, inzwischen eine verbreitete Methode zur Beobachtung

Abb. 6.28

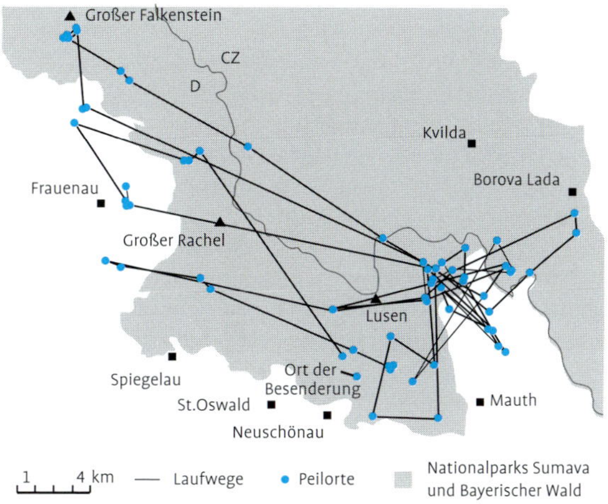

Mit GPS-Telemetrie ermittelte Aufenthaltsorte eines Luchses (*Lynx lynx*) im Bereich des Nationalparks Bayerischer Wald (Frühjahr 2005). Die Linien verdeutlichen die Mobilität des Tieres in seinem Home Range. Zu erkennen ist ein Kernlebensraum mit relativ geringer Fläche (ca. 2.000 ha) und ein extensives Streifgebiet (>20.000 ha) (Nationalpark Bayerischer Wald, unveröff.).

von Tieren geworden. Sie erfordert allerdings den Zugriff auf ein Individuum sowie dessen Ruhigstellung um den Sender anzubringen. Dies kann bei aggressiven oder scheuen Tieren zu Schwierigkeiten führen. Im Vergleich zur traditionellen Telemetrie mittels Peilung eines Radiosenders, die hohen technischen und personellen Aufwand erfordert, ermöglich die moderne GPS-Peilung die Automatisierung und damit die zeitliche Kontinuität der Beobachtung. Sie ist nicht nur kostengünstiger, sondern auch exakter.

Die Gefahr, Tiere aus dem Blick zu verlieren ist ebenfalls nicht mehr relevant (Abb. 6.28). Rose et al. (2005) setzen GPS-Geräte für die Untersuchung des Verhaltens von Haustauben (*Columba livia*) ein.

6.13 Punktuelle Erfassungen und Gradientenanalysen

Neben semiquantitativen Schätzverfahren und Kartierungen wurden verschiedene objektivierte oder besser intersubjektive Erfassungsmethoden entwickelt. Sie streben eine Standardisierung des Vorgehens an, um den

Abb. 6.29

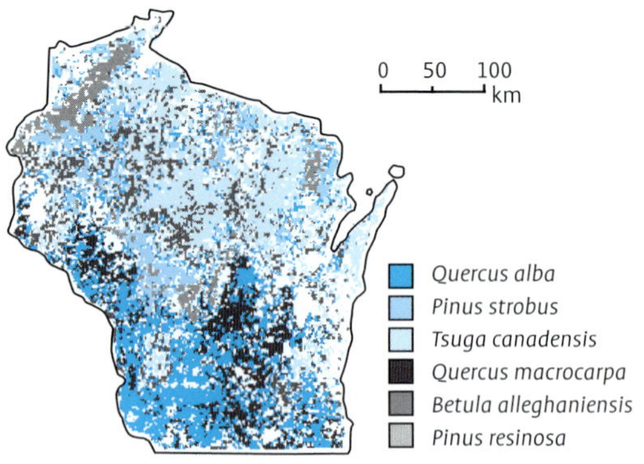

Rekonstruktion der Vegetation Wisconsins vor der europäischen Besiedlung auf der Grundlage von Landvermessungsdaten (BOLLIGER et al. 2004).

Einfluss einzelner Bearbeiter zu minimieren. Solche Methoden, die teilweise sehr aufwändig sein können, werden neben der Grundlagenforschung in der Praxis als gerichtsfeste Dokumentation bei Interessenkonflikten eingesetzt.

Flächenlose Verfahren arbeiten mit punktuellen Messpunkten und übertragen die dort erzielten Ergebnisse auf die Untersuchungsfläche. Die meisten flächenlosen Verfahren wurden für Wälder entwickelt und konzentrieren sich auf Bäume, wie die Ermittlung des Brusthöhendurchmessers oder der Basalfläche. Die „Point Centred Quarter" Methode, welche aus der amerikanischen Landvermessung des 19. Jahrhunderts abgeleitet wurde, ermittelt die Entfernung zu den jeweils nächstgelegenen Bäumen in genordeten Vierteln. Alle anderen Bäume werden ignoriert. Die Wahl des Mittelpunktes erfolgt entweder zufällig oder als Folge eines systematischen Vorgehens in einem Raster. Aus den jeweiligen Werten zur Distanz und zur Artzugehörigkeit der Bäume lässt sich deren quantitative Bedeutung in Waldbeständen ableiten. Ähnlich gehen Methoden wie „Closest Individual", „Nearest Neighbour" oder „Random Pairs" vor.

All diese Methoden haben gemeinsam, dass nur einzelne Bäume betrachtet werden, das Vorgehen aber hochgradig standardisiert werden kann, so dass keine individuellen Schätzfehler und Präferenzen („bias") die Daten beeinträchtigen. Bei der Basalflächenermittlung, für die einige weitere synonyme Bezeichnungen wie Variable Radien-Methode, Winkelzählprobe oder Bitterlich-Methode geprägt wurden, wird ein Stab definierter Länge (in Europa 50 cm, in Nordamerika 33 cm) ans Auge gehalten. Im Verlauf einer Drehung um 360° werden alle Bäume gezählt, die das Sichtfenster (1 cm) ausfüllen.

Im Rahmen der amerikanischen Landvermessung wurden vor der Vergabe an Siedler ein großer Teil Nordamerikas mit einem orthogonalen Gitter von Vermessungspunkten überzogen („Public Land Survey"). An diesen Punkten wurden die vorherrschenden Baumarten protokolliert. Heute ergibt sich die Möglichkeit, aus diesen Daten Karten der amerikanischen Vegetation vor der substanziellen Veränderung durch die Europäer zu rekonstruieren (Abb. 6.29), welche als Grundlage für Naturschutzkonzepte dienen können.

In krautigen Beständen und in niederer Vegetation sind flächenlose Verfahren zwar mit hohem Aufwand verbunden, jedoch sind Schätzfehler hier besonders groß. Es setzt sich daher vor allem bei Untersuchungen, in welchen eine hohe Präzision der Daten erforderlich ist wie beispielsweise bei Experimenten zur Biodiversität oder zum Klimawandel, mehr und mehr durch, auch hier derart genaue Datenerfassungen zu vollziehen. Ein Beispiel ist die Erfassung der „Punkt-Frequenz". Dabei wird in Grünlandbeständen ein Metallbajonett in den Bestand eingesenkt und die Berührungen der verschiedenen Arten ermittelt.

Lineare Ansätze, welche ebenfalls eine gute Standardisierung des Vorgehens ermöglichen sind Linien-Transekte (Berührungen der Arten an einem Maßband) und Band-Transekte (mit einem flächigen Gradienten) (Abb. 6.30). Wir unterscheiden geschlossene Transekte von offenen Transekten. Letztere weisen Lücken auf und erfassen die Daten zumeist in regelmäßigen Abständen. Das ist natürlich effizienter als ein gesamtes Transekt zu betrachten und ermöglicht auch die Bearbeitung größerer Strecken, riskiert jedoch Informationsverlust. Die Identifikation des jeweils akzeptablen Höchstabstandes sollte deshalb in einer Voruntersuchung ermittelt werden.

Abb. 6.30

Bandtransekt auf einer Schotterfläche am Allier (Frankreich).

Abb. 6.31

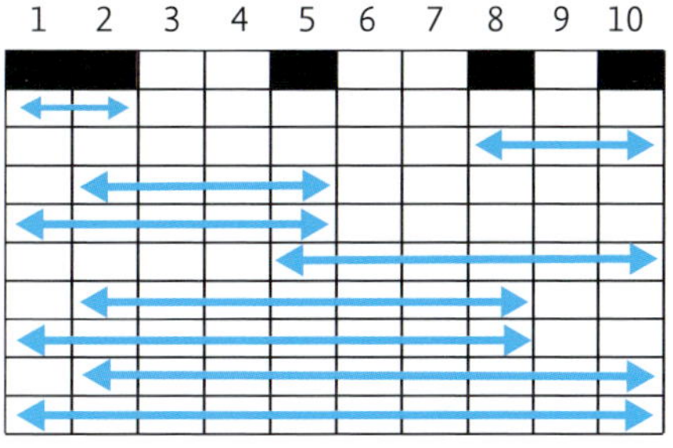

Beim „Cyclic Sampling" werden in einem Datensatz aus einer linearen Anordnung von Untersuchungspunkten verschiedene Entfernungsklassen abgeleitet. Vorausgesetzt, es handelt sich um eine homogene Fläche, kann die optimale Distanz zwischen Untersuchungsflächen ermittelt werden.

Interessiert weniger der Verlauf des Auftretens von Arten entlang eines Gradienten, als die räumliche Körnung der Heterogenität ist das Konzept des Cyclic Sampling interessant. Durch die Anordnung von Flächen in einer spezifischen Art (Abb. 6.31) können effizient sehr unterschiedliche Entfernungsklassen abgeleitet werden. Dies ist natürlich nur sinnvoll, wenn sich hierin kein starker ökologischer Gradient verbirgt. Man muss ferner sicherstellen, dass nicht durch den Beginn des Transektes Einfluss auf die Daten genommen wird. Mindestens eine Wiederholung ist daher ratenswert. Es empfiehlt sich, diese Methodik im Rahmen von Voruntersuchungen zur Ermittlung der räumlichen Körnung von Daten einzusetzen.

Die „Line – Intercept" Methode ermittelt die Strecken, welche entlang eines Transektes von einer Art eingenommen werden und berechnet hieraus Deckungswerte. Auch Punkttransekte, punktuelle Erfassungen in regelhaften Abständen, können hierzu genutzt werden. In diesem Fall wird aus der Zahl der Berührungen einer Art auf ihre quantitative Verteilung und Deckung geschlossen.

Standardisierte **flächenorientierte Verfahren** arbeiten mit definierten Flächen und erheben darin spezifische Vegetationseigenschaften. Der am meisten verbreitete Ansatz ist die Frequenzaufnahme. Hierzu wird ein Frequenz-Rahmen definierter Flächengröße mit definierten Unterteilungen auf die Fläche gelegt. Dann wird ausgezählt, in wie vielen Rastereinheiten eine Art auftritt. Problematisch ist hier, dass die Daten sowohl durch die Größe der untersuchten Fläche als auch durch die Zahl der Einheiten innerhalb derselben, also durch die Dichte des Frequenzrasters beeinflusst werden. Diesbezüglich muss folglich vor Beginn einer Arbeit durch eine Voruntersuchung eine nachvollziehbare Grundlage geschaffen werden.

Eine dreidimensionale Anwendung zur Ermittlung der Volumen-Frequenz wurde ebenfalls entwickelt, doch erweist sich ein solches Vorgehen als wenig praktikabel, da ein Vegetationsvolumen mit einem dreidimensionalen Gitter durchzogen werden muss. Es sollte zwar bedacht werden, dass die charakteristischen Vegetationseigenschaften einiger Ökosysteme, wie z. B. des tropischen Berg-Nebelwaldes, in deren dreidimensionalen Struktur liegen, doch müssen zu deren exakter Erfassung noch quantitative Methoden entwickelt werden.

Großflächig standardisierte Erhebungen erfolgen in sogenannten *„Exploratorien"* oder *„Observatorien"*. Dort wird mit erheblichem Aufwand die organismische Ausstattung exakt definierter Flächen inventarisiert. Selbst in Mitteleuropa bestehen noch erhebliche Wissensdefizite zur konkreten Verbreitung zahlreicher Taxa und vor allem zur zeitlichen Entwicklung lokaler Populationen, wie die alljährlich veranstalteten Tage der Artenvielfalt immer wieder belegen. Es ist aber nicht ausreichend die Fläche selbst (und ihre innere Aufteilung) zu definieren, dies wird, wenn auch auf anderer Skala, auch bei pflanzensoziologischen Erfassungen gemacht (Kap. 6.12). Wichtig ist für die Übertragbarkeit der erhobenen Daten die Sicherstellung einer objektiven Festlegung der Lage bzw. Lokalität der Fläche sowie die Durchführung von Wiederholungen. Werden Untersuchungsflächen subjektiv, z. B. nach augenscheinlicher Natürlichkeit (die in Europa nicht definiert werden kann) oder nach landschaftlicher Vielfalt lokalisiert, sind die Ergebnisse von Beginn an durch Vorlieben der Bearbeiter beeinflusst. Wird auf Wiederholungen verzichtet, sind die Aussagen statistisch nicht belastbar und auch nicht für das Aufzeigen zeitlicher Trends geeignet.

6.14 Diversitätsindizes

Die Biodiversität umfasst alle Eigenschaften der Vielfalt natürlicher Systeme. Am gebräuchlichsten ist es, auf einer begrenzten Fläche oder für einen bestimmten Zeitpunkt die Artenvielfalt einer bestimmten Artengruppe (z. B. Pflanzen, Käfer) zu ermitteln. Wir bezeichnen diesen sehr einfachen Ansatz auch als **Alpha-Diversität**. Häufig wünscht man jedoch vertiefte Information zu den Vielfältigkeitsstrukturen von Lebensgemeinschaften. Aus diesem Grund wurden differenziertere Diversitätsindizes zur quantitativen Kennzeichnung von Diversitätseigenschaften entwickelt (Magurran 1988). Teilweise wurden diese der Informationstheorie entlehnt. Ein häufiges Vorgehen zur quantitativen Kennzeichnung von Diversitätseigenschaften ist die Anwendung von **Shannon's Diversitätsindex** (auch „Shannon's entropy" genannt) (Shannon & Weaver 1949), welcher zusätzlich zur Artenzahl die Abundanz der Arten berücksichtigt (F 6.1).

$$H' = -\sum_{i=1}^{n} p_i \ln p_i \qquad \text{(F 6.1)}$$

H' = Diversität
p_i = relativer Anteil der Art i
n = Bestandesartenzahl

Diese Formel charakterisiert die Eigenschaften einer Biozönose bezüglich ihrer Abundanz- und Dominanzverhältnisse. Es ist allerdings zu beachten, dass die mit diesem Index berechneten Werte direkt durch die Artzahl beeinflusst werden. Folglich ist der Shannon-Index keine hiervon unabhängige Größe und kann daher auch nicht zum Vergleich unterschiedlicher Bestände (mit unterschiedlicher Gesamtartenzahl) eingesetzt werden. Wesentlich ist jedoch, dass durch die Einbeziehung der Abundanz der Arten ein zusätzlicher Aspekt der Diversität zur reinen Artenzahl hinzutritt.

Die durch Pielou (1966) eingeführte „**Evenness**" basiert auf dem Shannon-Index. Sie charakterisiert die Gleichverteilung („*equitability*") und die Dominanzverhältnisse der Arten, also deren Abundanz (F 6.2). Durch die Normierung auf die maximal auftretende Diversität H'max ist es mit diesem Index möglich, Bestände unterschiedlicher Artenzahl miteinander zu vergleichen.

$$E = H' \cdot H'max^{-1} \qquad \text{(F 6.2)}$$

E = Evenness
H' = Diversität
H' max = maximale Diversität

Zur übersichtlichen prozentualen Darstellung wird der Wert mit 100 multipliziert.

Diese Diversitätsindizes erfuhren vielfache Anwendungen. Ihre methodeninherenten Einschränkungen sind bekannt, ihre Vorteile ebenfalls. Kombinationen der Parameter wurden entwickelt. So erlaubt die Darstellung der Evenness gegen die Artzahl in den Vielfältigkeitsdiagrammen Haeuplers (1982) eine graphisch differenzierte Abbildung der Bestandeszusammensetzung. Eine weitere sehr geeignete Methode zur Vergleich der Artenvielfalt bei unterschiedlich großen Datensätzen ist die Ermittlung der Rarefaction (Simberloff 1979). Durch das graphische Auftragen der Zahl der erfassten Arten und Individuen kann eine spezifische Kurve abgeleitet werden. Ist der Kurvenverlauf sehr steil, dann ist zu erwarten, dass nicht alle tatsächlich vorkommenden Arten erfasst wurden.

6.15 Ähnlichkeitsanalysen

Befassen sich die gerade vorgestellten Diversitätsindizes mit den Diversitätseigenschaften einzelner Datensätze, so konzentrieren sich Ähnlichkeitsanalysen auf den Vergleich zwischen Datensätzen (Beprobungsorten, Zeitpunkten, Lebensgemeinschaften). **Ähnlichkeit** bzw. **Unähnlichkeit** sind von Bedeutung für die Beurteilung von Zugehörigkeit, Artenumsatz (Turnover) und räumlicher Vielfalt. Ähnlichkeitsanalysen werden auch in der Kladistik eingesetzt und betrachten dort Übereinstimmungen in der genetischen Nukleotidsequenz. Die Berechnung der Ähnlichkeit bzw. des Kontrastes zwischen zwei einzelnen Objekten stellt die Grundlage für numerische Klassifikations- und Ordinationsverfahren dar, welche die Ähnlichkeitsstruktur größerer Datensätze abbilden.

Bezogen auf die Artenzusammensetzung von Lebensgemeinschaften, Ökosystemen oder Regionen wird die Unterschiedlichkeit zwischen zwei Einheiten auch als **Beta-Diversität** bezeichnet (Whittaker 1972). Wir können diese auch als qualitative Unterschiedlichkeit bzw. Vielfalt verstehen (Beierkuhnlein 2001). Alpha- und Gamma-Diversität sind quantitative Werte. Für ihre Charakterisierung wird die Vielzahl von Einheiten ermittelt. Beispielsweise werden Arten gezählt. Vergleicht man zwei Datensätze, können diese dieselbe Artenzahl aufweisen aber sich aus sehr unterschiedlichen Arten zusammensetzen. Liegen diese im Raum direkt benachbart, würde die reine Darstellung der Alpha-Diversität die räumliche Vielfalt nicht abbilden.

Werden Alpha- und Gamma-Diversität in der Regel gezählt (Ausnahme Diversitätsindizes wie Shannon oder Evenness), so wird die Beta-Diversität hingegen berechnet. Zur Berechnung der Beta-Diversität werden verschiedene Algorithmen benutzt. Wir unterscheiden Methoden, die quantitative Bedeutungswerte einzelner Arten (z. B. Abundanz, Deckung) zulassen, (F 6.3) von solchen, die sich auf qualitative Werte konzentrieren (Vorkommen oder Fehlen) (F 6.4, F 6.5 ff.). Ein Beispiel für ein Maß der Beta-Diversität ist die Euklidische Distanz (s. a. Nentwig et al. 2004).

$$ED_{i,j} = \sqrt{\Sigma\left((x_{i,n} - x_{j,n})^2\right)} \qquad \text{(F 6.3)}$$

ED = Euklidische Distanz für die Beziehung der Aufnahmen i, j
x = Bedeutungswert von x_1 bis x_n
i, j = Bezugsflächen i und j
n = Zahl der Parameter (z. B. Arten)

Der Index von Jaccard (1902) (F 6.4) basiert lediglich auf binären Angaben (1/0) zum Vorkommen oder Fehlen von Arten in einem Datensatz. Er stellt die Grundlage für eine ganze Familie von Ähnlichkeitswerten („coefficients of community") dar (Koleff et al. 2003). Am bekanntesten ist der Soerensen-Index (1948) (F 6.5). Diese einfachen Formeln vergleichen jeweils zwei Proben und ermitteln den Kontrast zwischen diesen auf einer normierten Skala zwischen 0 und 1 bzw. 0 und 100 wobei 0 komplette Unähnlichkeit bedeutet (es gibt keine gemeinsame Art) und 1 bzw. 100 komplette Ähnlichkeit (beide Proben bzw. Datensätze haben exakt die gleichen Arten). Quantitative Gewichtungen (Deckung, Abundanz) gehen in diese Berechnung nicht ein, sondern nur Vorkommen und Fehlen der Art, so dass auch bei einer hohen Ähnlichkeit dennoch Unterschiede bestehen können, die aber nicht dargestellt werden.

$$SI_J = a\,(a + b + c)^{-1} \qquad \text{(F 6.4)}$$
$$SI_S = a\,(2a + b + c)^{-1} \qquad \text{(F 6.5)}$$

SI_J = Jaccard-Index
SI_S = Sörensen-Index
a = Anzahl der Arten in beiden verglichenen Aufnahmen i und j
b = Anzahl der Arten nur in Aufnahme j
c = Anzahl der Arten nur in Aufnahme i

Neben diesen Grundformen bestehen weitere Algorithmen, die zur Analyse von Ähnlichkeitsmustern eingesetzt werden. Hat man einen größeren Gesamtdatensatz, interessiert, welche Arten in den verglichenen Aufnahmen fehlen. Ähnlichkeit zwischen zwei Datensätzen drückt sich auch durch das gemeinsame Fehlen einer Art aus. Arten, die nicht in einem zum direkten Vergleich herangezogenen Datensatz auftreten, aber zur Gamma-Diversität der Gesamtuntersuchung beitragen, sind sogenannte **d-Arten** (F 6.7). Ihre Zahl ist bei wenigen Teildatensätzen (im Extremfall von nur einem Datenpaar 0) gering. Ein Problem ist, dass der d-Term bei großen Datensätzen immer sehr groß ist. Damit wird die Variabilität der Artenzusammensetzung nivelliert. Solche Formeln sollten daher vornehmlich bei kleinen bis mittleren Datensätzen eingesetzt werden. Eine auf dem Jaccard-Index aufbauende Formel, die d-Arten berücksichtigt, ist der Simple-Matching Index.

Neben räumlichen und typisierenden Vergleichen kann Beta-Diversität dazu benutzt werden, Daten verschiedener Zeitpunkte miteinander zu vergleichen, und damit die zeitliche Entwicklung eines Bestandes zu interpretieren. In diesem Fall wird die Ähnlichkeit bzw. Unähnlichkeit der Artenzusammensetzung verschiedener Zeitpunkte berechnet. Beta-Diversität ist dann als turnover-Rate („species turn-over"), also als Artenumsatz in der Zeit, zu verstehen (F 6.6).

$$SI_{WS} \quad |b + c| \; (a + b + c)^{-1} \qquad \text{(F 6.6)}$$

SI_{WS} = zeitliche Beta-Diversität („Beta-turnover" nach Wilson und Shmida 1984, verändert)
a = Anzahl der sowohl zu Zeitpunkt 1, als auch zu Zeitpunkt 2 vorhandenen Arten
b = Anzahl der nur zu Zeitpunkt 1 vorhandenen Arten
c = Anzahl der nur zu Zeitpunkt 2 vorhandenen Arten

In allen Fällen werden die Ähnlichkeitsbeziehungen der Artenzusammensetzung zwischen zwei Datensätzen ermittelt. Wir können eine allgemeine Formel der Berechnung von Ähnlichkeitswerten auf der Grundlage binärer Daten erkennen (F 6.7) (Beierkuhnlein 2003). Die gebräuchlichen Indizes unterscheiden sich durch die Gewichtung einzelner Parameter. Bei $\delta = 0$, $\varepsilon = 1$ und $\lambda = 1$ erhält man z. B. den „Jaccard"-Index, bei $\delta = 1$, $\varepsilon = 1$ und $\lambda = 1$ den „Simple Matching"-Index. Für b, c = 0, wenn keine der beiden Aufnahmen eigene Arten aufweist, die in der jeweils anderen Aufnahme fehlen, wird $S^0_{ij} = 1$. Für a = 0, also wenn keine gemeinsamen Arten auftreten, wird $S^0_{ij} = 0$.

$$S^0_{ij} = \quad (\varepsilon a + \delta d)\;(\varepsilon a + \delta d + \lambda(b+c))^{-1} \qquad \text{(F 6.7)}$$

S^0_{ij} = Ähnlichkeitswert für die Beziehung der Aufnahmen i, j
a = Arten in i und j gemeinsam
b = Arten nur in Aufnahme j
c = Arten nur in Aufnahme i
d = Arten, die weder in i noch in j vorkommen
α, β, λ = Koeffizienten

6.16 Multivariate Statistik und Geostatistik

Die in der Biogeographie untersuchten Objekte sind Systeme, in denen drei Eigenschaften von Bedeutung sind: räumliche Lage, Umweltbedingungen und biotische Eigenschaften (z. B. Artenlisten). Die Prozesse und Interaktionen zwischen diesen Bereichen sind vielfältig. Verschiedene Faktoren beeinflussen die Herausbildung charakteristischer Muster. Ihre jeweilige Bedeutung zu ermitteln ist das Ziel des Vorgehens. Der Einsatz univariater Methoden ist in der Freilandökologie immer problematisch, weil damit subjektiv, nach dem Empfinden des Bearbeiters, was wichtig sein möge, ein einzelner Faktor herausgegriffen würde. Sollen verschiedene Variablen eines komplexen Gefüges aber analysiert und miteinander verglichen werden, sind **multivariate Verfahren** erforderlich. Sie basieren auf Matrizen, die durch Ähnlichkeitsberechnungen zwischen den betrachteten Objekten (Arten, Datensätze) abgeleitet worden sind. Die relativen Lagebeziehungen der Objekte in Dendrogrammen oder Ordinationsdiagrammen spiegeln diese Ähnlichkeitswerte wider.

Biotischen Variablen können für die Berechnung ihrer Beziehungen Attribute wie Abundanz, Artenzahl, Deckungsgrad, Populationsgröße, Inhaltsstoffe und andere mehr zugeordnet werden, welche sie quantitativ charakterisieren. Probleme ergeben sich, wenn die Werte der Variablen unterschiedlichen Skalentypen zuzuordnen sind, was häufig der Fall ist (z. B. ordinal, logarithmisch, metrisch, rational oder nominal). Sie sind dann eventuell nur bedingt aufeinander zu beziehen und müssen standardisiert werden.

Bei der Verarbeitung umfangreicher Datensätze haben wir es formal mit Matrizen zu tun. Ziel bei der Auswertung solcher Matrizen ist das Erkennen von charakteristischen Datenstrukturen. Grundkenntnisse der Wahrscheinlichkeitsrechnung und der Numerik sind zum Verständnis dieser Methoden hilfreich. Auch aufwändige multivariate Methoden sind generell aber nur Hilfsmittel zum besseren Verständnis von Zusammenhängen in der Natur. Sie werden explorativ eingesetzt und bieten prinzipiell keine Möglichkeit einer naturwissenschaftlich exakten Analyse kausaler Beziehungen, die unter vergleichbaren Rahmenbedingungen immer wieder reproduzierbar auftreten würden (Beweis). Neben der Bedeutung des Zufalls und der Vielzahl und unterschiedlichen Qualität der ökologischen Einflussgrößen stellen die mathematischen Rahmenbedingungen, die für die Anwendung mancher statistischer Methoden gelten müssten, kaum zu erfüllende Anforderungen. Eine Normalverteilung, wie sie parametrische Methoden (z. B. t-Test) implizit voraussetzen, ist bei komplexen biologischen Daten selten gegeben.

Weshalb sollte man multivariate **statistische Methoden** kennen bzw. mit ihnen arbeiten?

a) Die Datensätze, mit welchen wir uns in der Ökologie und der Biogeographie beschäftigen, sind komplex. Sie bestehen aus vielen Variablen und sind kaum überschaubar. Die Auswahl einzelner Schlüsselvariablen für univariate bzw. einfaktorielle Auswertungen (z. B. ANOVA) birgt die Gefahr einer subjektiven Überbewertung der gewählten Parameter und kann zur Darstellung von Scheinkorrelationen führen.

b) Die Variablen haben jeweils eine unterschiedliche Varianz. Es kann nicht aus der Breite der Werte auf ihre Wirksamkeit geschlossen werden. Mitunter sind bereits geringfügige Veränderungen eines Parameters (z. B. der Schwermetalllöslichkeit) entscheidend, ohne dass diese offensichtlich erkenntlich sein müssen.

c) Die sich aus a) und b) ergebenden Muster, welche erklärt werden sollen, sind nur selten durch leicht einsichtige wenigdimensionale Darstellungen (x-y-Grafiken) zu charakterisieren. Ferner sind numerische Verfahren als heuristische Verfahren anzusehen, die es erlauben, neuartige Erkenntnisse zu den untersuchten Objekten zu erzielen und nicht Gefahr laufen, bereits bekannte Kenntnisse zu reproduzieren. Multivariate statistische Methoden bieten außerdem, bei entsprechend ausgelegtem „Sampling Design“ und dem Einsatz quantitativer Aufnahmemethoden, die Möglichkeit einer anwenderunabhängigen Objektivierung der Analyse. Der Einsatz multivariater Verfahren bei subjektiv festgelegten Untersuchungsorten ist problematisch, da dann räumliche Autokorrelation und Bearbeitereinflüsse die Ergebnisse verfälschen können.

Bei multivariaten Methoden sind zur exakten Darstellung der Beziehungen von n Objekten n−1-Dimensionen erforderlich. Der sich ergebende „n-dimensionale Überraum“ (Hyperspace) enthält zwar alle Informationen des Datensatzes, entzieht sich aber der menschlichen Vorstellungskraft, die bei fünf Dimensionen versagt. Deshalb beschränkt man sich bei der Darstellung der Ergebnisse auf die nach Gewichtung (z. B. durch erklärte Varianz) bedeutsamsten Dimensionen oder auf Projektionen mit wenigen Dimensionen. Der resultierende Informationsverlust wird durch den Gewinn an Interpretierbarkeit gerechtfertigt.

Wir unterscheiden zwei methodische Bereiche, **Klassifikation** (Clusteranalysen) und **Ordination** (Hauptkomponentenanalyse, Korrespondenzanalyse, Redundanzanalyse, Non-Metric Multidimensional Scaling). Je nach Methode werden abweichende Ergebnisse erzielt. Die Wurzeln vieler Methoden liegen interessanterweise in Disziplinen wie der Psychologie oder der Soziologie. Hauptkomponentenanalysen und Korrespondenzanalysen sollen kurz angesprochen werden. Hauptkomponentenanalysen (Principal Component Analyses) gehen von linearen Beziehungen zwischen Objekten aus (neuerdings ist aber auch non-linear PCA möglich). Sie sind daher vorwiegend für enge Gradienten geeignet. Die Konvention, Ordinationsachsen („Hauptkomponenten“) entlang der Richtung („Eigenvektor“) des größten Anteils erklärbarer Varianz („Eigenwert“) einer Kovarianz- oder Korrelationsmatrix auszurichten, lässt den direkten Zusammenhang zwischen Artin-

Abb. 6.32

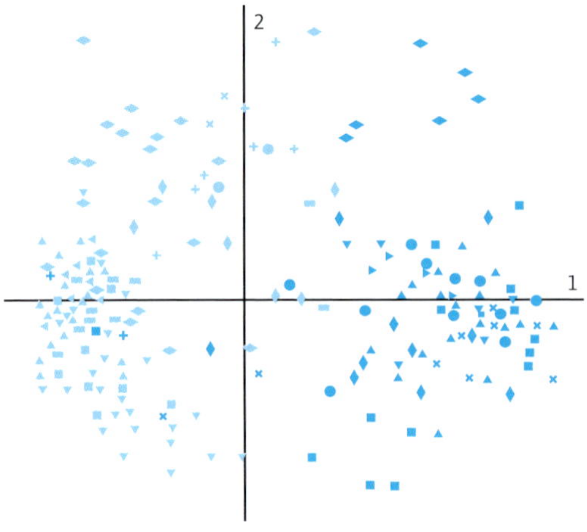

Korrespondenzanalyse mediterraner Waldtypen in Ostmarokko (Gaada de Debdou; hell: *Quercus rotundifolia-Cynosurus elegans*-Gemeinschaften, dunkel: *Tetraclinia articulata-Olea europaea*-Gemeinschaften). Die Ähnlichkeitsbeziehungen der Artenzusammensetzung verschiedener Lebensgemeinschaften werden verdeutlicht. Korrespondenzanalysen sind gut geeignet für die Analyse umfangreicher Datensätze über große ökologische Gradienten hinweg.

ventar und ökologischem Gradienten verloren gehen. Die Ordinationsachsen sind unabhängig voneinander und stehen daher orthogonal aufeinander. Die „Ladung" einzelner Hauptkomponenten durch verschiedene Variablen entspricht dem Korrelationskoeffizienten, d. h. andererseits, dass Variablen (Arten oder Aufnahmen), die eine bestimmte Achse hoch laden, auch miteinander korreliert sind. Je höher die Varianz, umso weiter sind die Objekte bei einer zentrierten Matrix vom Schnittpunkt der Hauptkomponenten entfernt. Indifferente Objekte (Arten oder Aufnahmen) werden im Bereich des Schnittpunktes dargestellt. Oft sind bei ökologischen Datensätzen nicht mehr als drei Achsen interpretierbar. Aufgrund der Komplexität der Lebensgemeinschaften und der sie beeinflussenden Größen werden selten mehr als 50 % der Varianz eines Datensatzes erklärt.

Im Gegensatz zu den lineare Beziehungen unterstellenden Hauptkomponentenanalysen nehmen Korrespondenzanalysen unimodale Verteilungen an (Abb. 6.32). Die Methode fand auch als **Reciprocal Averaging** (RA) Eingang in die Literatur. Sie besteht aus einer reziproken Durchschnittsbildung, d. h. es findet eine Teilung von Einzelwerten durch gewichtete Durchschnittswerte statt. Anders als bei der Hauptkomponentenanalyse sollte möglichst das gesamte Spektrum der (Umwelt-) Eigenschaften der Objekte (Arten) erfasst sein (breite Gradienten). Eine Forderung, die natürlich ebenso kaum erfüllt werden kann. Im Kontrast zu der guten Aufgliederung der Objekte an der ersten Achse, steht die oft schlechte Interpretierbarkeit der zweiten und der folgenden Achsen, welche auf eine Verbiegung linearer Gradienten durch den Rechengang zurückzuführen ist. Man versucht dies durch mathematische Angleichung (Detrending) auszugleichen.

Kanonische Formen dieser Methoden (RDA, CCA) liefern die Möglichkeit biotische Datensätze mit Umweltdaten zu vergleichen und auf diese Weise ökologische Strukturen zu identifizieren (Ter Braak 1996). Neue methodische Ansätze sind Self-Organizing-Maps, Wavelet-Analysen, Partial-Least-Square Regression (PLS) oder Fuzzy-Sets.

Clusteranalysen haben die Gruppenbildung bzw. Klassifikation von Objekten zum Ziel. Wir unterscheiden zwei Arten von Verfahren. Das **divisive Verfahren**, welches sozusagen top-down vorgeht und die Grundgesamtheit zunächst in zwei Gruppen unterteilt, die anschließend weiter aufgetrennt werden und das **agglomerative Verfahren**, welche jedes einzelne Objekt dem nächstähnlichen zuordnet und dies solange betreibt, bis alle Objekte zugeordnet sind. Die Stärke der Unterschiedlichkeit wird durch die Linkage Distance wiedergegeben. Ist diese gering, sind die Objekte oder Gruppen sehr ähnlich. Die Zahl der gebildeten Klassen kann entweder vorgegeben sein oder aus dem Verlauf der Linkage Distance über die Gruppenbildung abgeleitet werden. Gibt es einen erkennbaren Sprung bzw. Knick der Linkage Distance mit zunehmender Gruppenzahl, dann ist dies ein Hinweis auf eine adäquate Klassifikationsebene.

Die **Geostatistik** kann hier nur kurz gestreift werden. Grundlegende Unterschiede bestehen zunächst in den Datenformaten zwischen Vektordaten und Rasterdaten. Diese Unterschiede wirken sich auf die Anwendung von Software und auf die bearbeitbaren Fragestellungen aus. Eine Transformation ist möglich, wenn auch oft mit

Informationsverlust verbunden. Die wichtigsten Werkzeuge sind **Geographische Informationssysteme** (GIS). Die gängigen Produkte liefern sowohl flächenorientierte Algorithmen wie auch Möglichkeiten der räumlichen Interpolation (z. B. Kriging).

Geostatistische Verfahren werden vor allem benötigt, wenn man aus punktueller Information einzelner Objekte flächenbezogene Aussagen ableiten möchte. Die zur Verfügung stehende Grundgesamtheit, also die Zahl der einzelnen Daten, begrenzt, wie in der konventionellen Statistik, die Möglichkeiten der Interpretation. Die einzelnen Datenpunkte (Lokalitäten) unterscheiden sich in den Werten der betrachteten Variablen (z. B. spektrale Reflektion der Vegetation, Artenzahl der Insekten, oberirdische Biomasse). Werte bzw. Eigenschaften weisen spezifische Häufigkeiten, Mittelwerte und Streuung auf (z. B. Varianz). Auch sollten Autokorrelationen zwischen räumlich benachbarten Punkten identifiziert und minimiert werden. In Kombination mit Verfahren der explorativen multivariaten Statistik können Geographische Informationssysteme ein sehr effizientes Werkzeug zur biogeographischen Raumanalyse darstellen. Insbesondere können über diese Kombination auf nachvollziehbare Weise Skalenübergänge bewältigt werden (Upscaling, Downscaling).

6.17 Fotodokumentation

Die **Fotodokumentation** und Bildauswertung steht zwischen kartographischen Ansätzen (aufgrund ihres Maßstabs) und der Fernerkundung (aufgrund ihrer Methodik). Hierbei werden in der Regel aus geringer Entfernung, und mittlerweile primär digital, fotographische Aufnahmen erstellt, deren Flächenanteile anschließend mit Hilfe von Bildbearbeitungssoftware und Geographischen Informationssystemen ausgewertet werden (Abb. 6.33). Einschränkend muss gesagt werden, dass dabei nur die zweidimensional sichtbaren Strukturen der Vegetationsoberfläche dargestellt werden können und die wirklichen, sich überlappenden Deckungsanteile einzelner Arten sich der Abbildung entziehen. Bei niedrigwüchsiger Vegetation ist dies aber für viele Fragestellungen zu akzeptieren. Bedingt durch die zentralperspektivische Aufnahme können Verzerrungen auftreten. Zudem können nur spektral deutlich verschiedene Einheiten (Pflanzen) differenziert werden. Arten die über ähnliche Reflektionseigenschaften und Strukturen verfügen sind nicht zu unterscheiden (z. B. verschiedene Grasarten). Auch wird durch die digitale Bildqualität (Auflösung, Zahl der Pixel) mitunter eine unnötige Genauigkeit vorgegaukelt. Das wesentliche Problem solcher Methoden ist jedoch, dass es keineswegs trivial ist, die durch tageszeitlich und witterungsbedingt wechselnden Lichteinfall bedingten Einflüsse auszugleichen, wenn man vergleichbare Daten erzeugen will. Dies gilt in besonderem Maße für Kronenaufnahmen in Wäldern, die senkrecht nach oben gemacht werden.

Der Einsatz von thermischen Sensoren ermöglicht die ökologische Differenzierung der untersuchten Vegetation. Die Temperatur ist eine zentrale Steuergröße biologischer Abläufe. Ihre flächige Erfassung wäre mit einer Unzahl von Messfühlern verbunden. Wärmebildkameras bieten hier eine gute Möglichkeit der Flächendarstellung thermischer Standorteigenschaften (Abb. 6.34).

Abb. 6.33

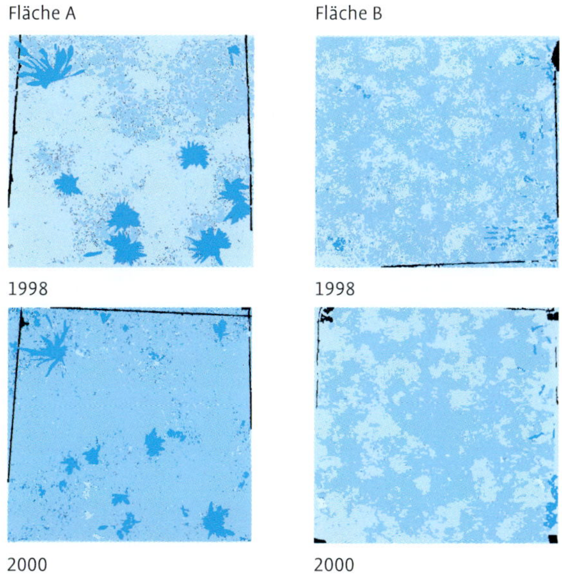

Vergleich der Vegetationsentwicklung zweier Bestände mit Hilfe von Fotodokumentation und Bildauswertung. Links ist eine deutliche Veränderung der Textur, rechts kaum Dynamik zu erkennen. Silbergrasrasen (*Corynephoretum*) bei Tennenlohe (Franken) (JENTSCH 2004).

Abb. 6.34

a) Wärmebild b) SW-Fotografie

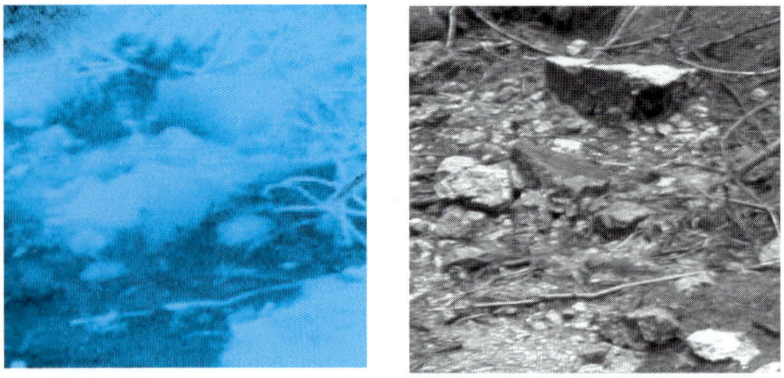

Innere standörtliche Heterogenität einer Quellflur im Mittelgebirge. Mit Hilfe einer Wärmebildkamera (a) sind die thermischen Unterschiede innerhalb der Vegetationseinheit (b) herausgearbeitet (Wärmebild Zang, SW-Foto Audorff).

Abb. 6.35

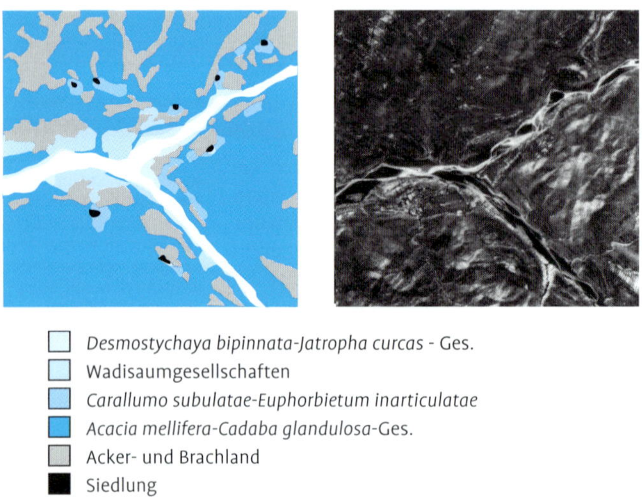

Mit Hilfe eines Luftbildes erstellte Vegetationskarte vom Wadi Mawr, Jemen (nach Deil & Müller-Hohenstein 1985).

In der Tiergeographie wird Fotodokumentation unter anderem zur individuellen **Identifikation** von Meeressäugern eingesetzt. Wale besitzen charakteristische Färbungsmuster oder Verletzungen. Der Abgleich von Fotografien mit Bilddatenbanken ermöglicht das Wiedererkennen einzelner Individuen auch fern von dem Ort der Erstdokumentation und nach längerer Zeit. Die hohe Lebenserwartung und die Weite der zurückgelegten Strecken machen den Einsatz solcher Methoden besonders sinnvoll.

Ein Beispiel für eine Praxisanwendung der Fotodokumentation ist der Handel mit Reptilien. Die Griechische Landschildkröte (*Testudo hermanni*) und die Maurische Landschildkröte (*Testudo graeca*) sind mit ihren zahlreichen mediterranen Unterarten geschützt. Das neue EU-Artenschutzrecht fordert für den Handel einen Herkunftsnachweis. Zusätzlich müssen Fotos von Rückenpanzer (Carapax) und Bauchpanzer (Plastron) vorliegen, um die Tiere zu identifizieren. Dies ist möglich, weil jedes Tier ein individuelles Muster entwickelt.

6.18 Fernerkundung

Im weiteren Sinn verstehen wir unter Fernerkundung jegliche Form der Messung und Darstellung von Objektoberflächen, die aus einer gewissen Distanz heraus sowohl von Flugzeugen oder Fesselballons als auch von Satelliten oder Raumschiffen erfolgt. Im engeren Sinn sind darunter apparative Anwendungen zur spektralen Analyse räumlicher Eigenschaften zu fassen. Als Sensoren können Kameras, Scanner, Empfänger verschiedener thermaler, akustischer oder elektromagnetischer Wellenlängen und andere Gerätschaften eingesetzt werden. Der Methodenkanon ist eng an die technologische Entwicklung gekoppelt und in ständiger Änderung begriffen. Militärische Applikationen erwiesen sich mehrfach als eine Triebfeder der Entwicklung. Carl Troll, der Begründer der Landschaftsökologie, entwickelte die vegetationskundliche Luftbildinterpretation im nördlichen Afrika in den 30er-Jahren des 20. Jahrhunderts unter militärischen Vorgaben und im Rahmen militärisch-strategischer Befliegungen. Auch die Entwicklung der Satellitentechnik war und ist nicht unwesentlich mit militärischen Fragestellungen verbunden (z. B. GPS).

Die **Luftbildauswertung** ist ein Bereich der Fernerkundung und ist besonders zur Analyse aktueller Landschafts- und Vegetationsveränderungen geeignet. In Entwicklungsländern sind Luftbilder oft die einzige vertrauenswürdige Kartierungsgrundlage (Abb. 6.35). Qualitätsunterschiede ergeben sich durch Flughöhe, orthogonale bzw. Schrägaufnahmen und durch die verwendeten Filme (SW, Farbe, Infrarot). Infrarot-Luftbilder können ökologische Informationen, vor allem zum Wasserhaushalt, liefern, die bei einer Geländebegehung und auf konventionellen Filmen nicht ersichtlich werden. Falschfarbenbilderkomposite (Rot 632–698 nm, Gelb 506–595 nm, Blau 632–698 nm) erlauben es, bestimmte Vegetationseigenschaften zu betonen. Sie können Infrarotspektren (z. B. NIR 757–853 nm) integrieren und durch unterschiedliche Kombinationen der Banden spezifische Zusammenhänge herausarbeiten.

Die visuelle Interpretation von Luftbildern erfolgt über die semantische Bewertung von Reflexionswerten (Farbe), Textur (Muster), Flächenformen einheitlicher Eigenschaften und nachbarschaftlichen Beziehungen. Schrägaufnahmen erlauben ein sofortiges intuitives Erkennen von Zusammenhängen, sind aber nicht quantitativ auswertbar. Darüber hinaus stehen sie nur für Einzelfälle zur Verfügung, während orthogonale Aufnahmen in vielen Ländern im Rahmen regelmäßiger Befliegungen flächendeckend erhoben werden.

Der Standard ist eine senkrechte Aufnahme im Bildformat 23 cm × 23 cm mit einem Weitwinkelobjektiv (153 mm). Aber auch bei einer standardisierten Vorgehensweise, wird durch die zentrale Position der Linse eine Verzerrung erfolgen, die sich mit abnehmender Flughöhe verstärkt und fototechnisch ausgeglichen werden muss.

Luftbildaufnahmen müssen also für die Auswertung aufbereitet werden. Zwischen nicht korrigierten und entzerrten Luftbildern bestehen teilweise erhebliche Abweichungen. Die Arbeitsschritte, welche dazu dienen die in Luftbildern enthaltenen Informationen bestmöglich zugänglich zu machen, gehören im Wesentlichen zur **Fotogrammetrie**. Wichtig ist hierbei die Ausmessung und räumliche Abgleichung der Bilder. Die Tatsache, dass die Fotoapparate oder Sensoren, auch wenn sie sich über eine Landschaft bewegen, immer punktförmige Abbildungen machen, führt zur verzerrten Darstellung der räumlichen Geländegegebenheiten bei unaufbereiteten Bildern. Da die Ausrichtung und die Lage der Aufnahme protokolliert werden, lassen sich Luftbilder entzerren und georeferenzieren (exakt lokalisieren). Solchen „**Orthofotos**“ können räumliche Bezüge wie Flächengrößen und Entfernungen direkt entnommen werden. Werden solche Aufnahmen aneinandergereiht, sprechen wir von einem Orthofotomosaik, aus welchem eine Luftbildkarte abgeleitet werden kann. Solche Karten sind eine wertvolle Kartiergrundlage, da sie oft zeitnäher erstellt wurden als topografische Karten. Vor allem aber ist die in ihnen enthaltene Information von direkter ökologischer Relevanz.

Die Entzerrung ist also die Voraussetzung für die Kartenerstellung und Flächenberechnung. Soll aber eine stereoskopische Auswertung erfolgen, die einen dreidimensionalen Eindruck von der überflogenen Landschaft vermittelt, müssen die Aufnahmen sich zu einem gewissen Grad überlappen. Schließen die Aufnahmen direkt aneinander an, ist diese Form der Auswertung nicht möglich. Nachteil dieser Art der Luftbildinterpretation ist ihre Subjektivität und der vergleichsweise hohe Aufwand. Andererseits erkennt man Zusammenhänge, die sich nur bedingt durch Zahlen wiedergeben lassen.

Werden analoge Luftbilder digitalisiert, so werden die Originalbilder in Pixel definierter Größe unterteilt und jedem wird beispielsweise bei SW-Aufnahmen ein Grauwert zugemessen. Hierbei kann es durch das Scannen, durch Einschränkungen der Hard- und Software oder durch das Datenformat zu Informationsverlusten kommen. Seit kurzem werden Luftbilder auch direkt digital aufgenommen.

Ziel der meisten Ansätze der Luftbildauswertung ist eine Klassifikation von Flächen. Sollen große Flächen bearbeitet werden, ist

Abb. 6.36

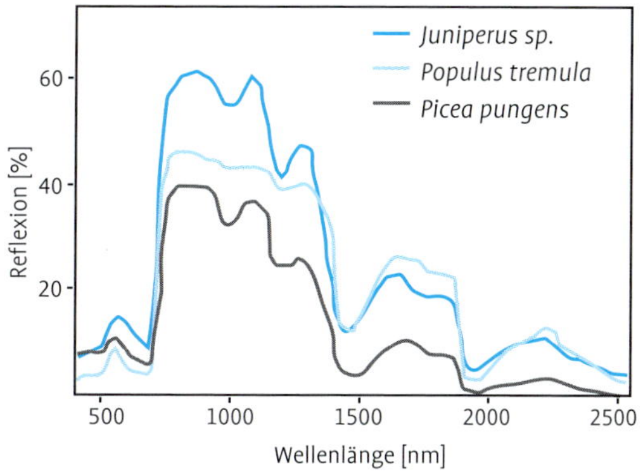

Beispiele des hyperspektralen Signals verschiedener Baumarten, welches bei einer Befliegung detektiert werden kann (nach USGS Spectral Library).

Tab. 6.4.1 **Technische Daten moderner Flugzeugscanner.**

Sensor	Spektralbereich	Kanäle	Spektrale Auflösung
DAIS 7915	40 bis 12.600 nm	79	0,9–30 nm
HyMap	300 bis 2.500 nm	125	16 nm
ROSIS	430 bis 850 nm	84	bis 7,6 nm
AVIRIS	400 bis 2.500 nm	224	10 nm
AVIS	400 bis 875 nm	128	8 nm
CASI	380 bis 890 nm	288	2,9 nm
Daedalus AADS 1268	420 bis 14.000 nm	11	Ab 30 nm

Tab. 6.4.2 **Beispiele für flugzeuggetragene, abbildende Spektrometer, welche häufig bei der Aufnahme von Mustern in der Artenzusammensetzung verwendet wurden.**

Sensor	Räumliche Auflösung	Bänder	seit	Beispiele für floristische Anwendungen
AVIRIS	je nach Flughöhe, ab einige Meter	224 Bänder von 0,4–2,5 μm (10 nm Auflösung)	1987	(Okin et al. 2001) (Dennison und Roberts 2003a) (Underwood et al. 2003) (Hirano et al. 2003) (Kokaly et al. 2003) (Xiao et al. 2004)
CASI	je nach Flughöhe, ab einige Meter	programmierbar: bis 288 Bänder von 0,40–1 μm (ab 2,5 nm Auflösung)	1988	(Jacobsen et al. 2000) (Lucas et al. 2002) (Thomas et al. 2002) (Held et al. 2003) (Schmidt und Skidmore 2003) (Goodwin et al. 2005)

eine Automatisierung anzustreben. Eine überwachte Klassifikation bewirkt die Klassenbildung der spektralen Ähnlichkeit über sogenannte „Trainingsgebiete“, für die ausreichende Basisinformationen vorliegen. Eine unüberwachte Klassifikation strebt zunächst eine mathematische Bearbeitung des Datensatzes (z. B. Clusterung) an und differenziert anschließend die räumliche Verteilung der Klassen.

Moderne objektorientierte Bildanalyse-Software geht von dem Grundgedanken aus, dass die Bildinformation nicht durch einzelne Pixel repräsentiert wird, sondern durch spezifische und charakteristische Bildobjekte und ihren Wechselbeziehungen bestimmt ist.

Seit wenigen Jahren bieten **Hyperspektrale Scanner** eine neue Qualität von Luftbildern. Teilweise mehr als 200 Spektralkanäle vom Blau bis ins nahe Infrarot und räumliche Auflösung im Bereich weniger Meter, abhängig von der Flughöhe, liefern eine völlig neue Dimension an Information, und an Datenmengen (Tab. 6.4.1, 6.4.2) (Abb. 6.36). Solche Befliegungen werden allerdings nicht flächendeckend oder gar regelmäßig durchgeführt, sondern dienen der Bearbeitung von Spezialproblemen. Aufwand und Preis sind für einen technischen Einsatz noch zu hoch. Gerade aber im Monitoring großflächiger Schutzgebiete (z. B. Natura 2000) zeigen sich Perspektiven. Auf Europäischer Ebene werden seit 2003 Befliegungen in Testgebieten mit dem australischen Sensor HyMap organisiert. Ein neuer Sensor (ARES) ist kurz vor der Anwendung.

Satellitengestützte Aufnahmen sind nunmehr seit etwa 30 Jahren verfügbar (Tab. 6.4.3, 6.4.4). Auch wenn die Endprodukte oft den Eindruck einer fotografischen Auf-

Tab. 6.4.3

Einige Beispiele für Satelliten hoher räumlicher Auflösung (unter 10 m), welche bei der Aufnahme von Mustern in der Artenzusammensetzung verwendet wurden. PAN = Panchromatisches Band, VIS = sichtbares Licht, NIR = Nahes Infrarot, SWIR = Kurzwelliges Infrarot.

Sensor	Räumliche Auflösung	Bänder	seit	Beispiele für floristische Anwendungen
IRS-IC	PAN 5,8 m	PAN= 0,5–0,75 µm	1995	(Arzandeh und Wang 2003)
	VIS/NIR 23,5 m	Grün = 0,52–0,59 µm		
	SWIR 70,5 m	Rot = 0,62–0,68 µm		
		NIR = 0,77–0,86 µm		
		SWIR = 1,55–1,70 µm		
IKONOS	PAN 0,82–1 m	PAN = 0,45–0,90 µm	1999	(Mehner et al. 2004)
	VIS/NIR 3,2–4 m	Blau = 0,45–0,52 µm		(Wang et al. 2004)
		Grün = 0,52–0,60 µm		
		Rot = 0,63–0,70 µm		
		NIR = 0,76–0,90 µm		
Quickbird	PAN 0,61 m	PAN = 0,45–0,90 µm	2001	(Wang et al. 2004)
	VIS/NIR 2,44 m	Blau = 0,45–0,52 µm		
		Grün = 0,52–0,60 µm		
		Rot = 0,63–0,69 µm		
		NIR = 0,76–0,90 µm		

nahme erwecken, sollte immer bedacht werden, dass es sich, ähnlich wie bei der digitalen Fotografie, um berechnete und, stärker als dort, um aufbereitete Abbildungen räumlich-spektraler Daten handelt. Der sichtbare Bereich, der unsere Wahrnehmung bestimmt, ist hierbei nur ein Ausschnitt der erfassten Eigenschaften. In der Regel sind Atmosphärenabgleich, Höhenabgleich und Wolkenabgleich etc. erforderlich.

Die Möglichkeiten der Technik sind enorm und noch lange nicht absehbar. Gerade die rapide technologische Entwicklung und die Unzugänglichkeit der einmal auf eine Umlaufbahn gebrachten Sensoren, machen sich immer wieder als ein Problem bemerkbar. Der Anspruch bzw. die Aufgabe der effizienten Bewerkstelligung zeitlich möglichst eng aufgelöster Vergleiche großer Gebiete, ist damit eingeschränkt.

Seit 1972 liefern Fernerkundungssensoren auf Landsat-Satelliten vergleichsweise kostengünstige Daten für die Vegetationskartierung. Die jüngste Generation, der Landsat 7, befindet sich seit 1999 in einer 705 km hohen Erdumlaufbahn und umkreist die Erde mit 7,5 km/sec in ca. 99 Minuten. Die Aufnahmestreifen seines Sensors ETM+ (Enhanced Thematic Mapper Plus) sind 185 km breit. Damit wird die Erde in 16 Tagen einmal komplett abgedeckt. 8 Kanäle vom sichtbaren Licht bis ins thermale Infrarot werden mit einer Bodenauflösung zwischen 15 und 60 m aufgezeichnet. Nach einem Sensordefekt am ETM+ im Mai 2003 wird versucht, die Datenkontinuität durch Kombinationen aus mehreren Aufnahmen und der Aktivierung des älteren TM-Sensors auf Landsat 5, gestartet 1984, beizubehalten. Ebenso ermöglichen die AVHRR-Sensoren (Advanced Very High Resolution Radiometer) auf derzeit 5 NOAA-Satelliten mit

Abb. 6.37

Beispiel einer aus Satellitenbildinformation abgeleiteten Karte der Vegetationsbedeckung Europas (Wochenkomposit vom 29.8.2005–4.9.2005, Dech et al. 1998).

Tab. 6.4.4 **Einige Beispiele für Satelliten mittlerer räumlicher Auflösung (ab 10 m), welche häufig bei der Aufnahme von Mustern in der Artenzusammensetzung verwendet wurden.**
PAN = Panchromatisches Band, VIS = sichtbares Licht, NIR = Nahes Infrarot, SWIR = Kurzwelliges Infrarot, LWIR = Langwelliges Infrarot.

Sensor	Räumliche Auflösung	Bänder	seit	Beispiele für floristische Anwendungen
Landsat 5 TM	VIS–SWIR 30 m	Blau = 0,45–0,53 µm	1984	(Lewis 1998)
	LWIR 120 m	Grün = 0,52–0,60 µm		(Carpenter et al. 1999)
		Rot = 0,63–0,69 µm		(Gould 2000)
		NIR = 0,76–0,90 µm		(Townsend und Walsh 2001)
		SWIR = 1,55–1,75 µm		(Ohman und Gregory 2002)
		SWIR = 2,08–2,35 µm		(Foody und Cutler 2003)
		LWIR = 10,40–12,50 µm		(Thessler et al. 2005)
SPOT 3 HRV	PAN 10 m	PAN = 0,51–0,73 µm	1993	(Arzandeh und Wang 2003)
	VIS/NIR 20 m	Grün = 0,50–0,59 µm		
		Rot = 0,61–0,68 µm		
		NIR = 0,78–0,89 µm		
Landsat7/ETM+	PAN 15 m	PAN = 0,50–0,90 µm	1999	(Poulin et al. 2002)
	VIS–SWIR 30 m	Blau = 0,45–0,52 µm		(Buchanan et al. 2005)
	LWIR 60 m	Grün = 0,52–0,61 µm		
		Rot = 0,63–0,69 µm		
		NIR = 0,75–0,90 µm		
		SWIR = 1,55–1,75 µm		
		SWIR = 2,09–2,35 µm		
		LWIR = 10,40–12,5 µm		
ASTER	VIS/NIR 15 m	Grün = 0,52–0,60 µm	1998	(Saito et al. 2003)
	SWIR 30 m	Rot = 0,63–0,69 µm		
	LWIR 90 m	NIR = 0,76–0,86 µm		
		SWIR = 1,60–1,70 µm		
		SWIR = 2,15–2,18 µm		
		SWIR = 2,18–2,22 µm		
		SWIR = 2,23–2,28 µm		
		SWIR = 2,29–2,36 µm		
		SWIR = 2,36–2,43 µm		
		LWIR = 8,12–8,47 µm		
		LWIR = 8,47–8,82 µm		
		LWIR = 8,92–9,27 µm		
		LWIR = 10,25–10,95 µm		
		LWIR = 10,95–11,65 µm		

(zu Tab. 6.4)

Wellenlängenbereiche

Da es sich um ein Kontinuum handelt, sind die unten angeführten Grenzen nur als Anhaltswerte zu verstehen. 1.000 nm = 1 mµ

VIS (sichtbares Licht) = 380–720 nm
- Violett = 380–440 nm
- Blau = 440–485 nm
- Blau-Grün = 485–500 nm
- Grün = 500–565 nm
- Gelb = 565–590 nm
- Orange = 590–625 nm
- Rot = 625–720 nm

NIR (Nahes Infrarot, IR A) = 720–1.400 nm
SWIR (Kurzwelliges Infrarot, IR-B) = 1.400–3.000 nm
MWIR (Mittleres Infrarot, IR-C) = 3.000–8.000 nm
LWIR (Langwelliges Infrarot, IR-C) = 8.000–15.000
FIR (Fernes Infrarot) = 15.000–1.000.000

Technische Daten von derzeit verfügbaren Fernerkundungssatelliten. Tab. 6.5

Sensor	Auflösung Räumlich	Spektral	Zeitlich
Quickbird 2	0,6 m (PAN) 2,4 m (VIS/NIR)	Sichtbar bis nahes Infrarot (4 Kanäle)	1–3,5 Tage (seit 2001)
IRS-P6 (LISS 4)	5,8 m (VIS)	Sichtbar bis nahes Infrarot (4 Kanäle)	5 Tage (seit 2004)
Orbview 3	1 m (Pan) 4 m	Sichtbar bis nahes Infrarot (4 Kanäle)	3 Tage (seit 2003)
IKONOS 2	1 m (Pan) 4 m (VIS/NIR)	Sichtbar bis nahes Infrarot (4 Kanäle)	3 Tage (seit 1999)
SPOT 5	2,5 m (PAN) 10 m (VIS)	Sichtbar bis mittleres Infrarot (4 Kanäle)	26 Tage (seit 2002)
IRS-1C	5,8 m (PAN) 23,5 m (VIS/NIR)	Sichtbar bis nahes Infrarot (4 Kanäle)	24 Tage (seit 1996)
Landsat 7 ETM+	15 m (PAN) 30 m (VIS-SWIR)	Sichtbar bis mittleres Infrarot (8 Kanäle)	16 Tage (seit 1999)
ASTER	15 m (VIS/NIR) 30 m (SWIR)	Sichtbar bis mittleres Infrarot (14 Kanäle)	16 Tage (seit 1999)
METEOSAT 8 (Wettersatellit)	Bis 1 km (HRV) 3 km (IR)	Sichtbar (3 Kanäle), Wasserdampfabsorptionsband Infraroter Bereich	alle 15 Minuten (seit 2004)
AVHRR (NOAA 17)	ca. 1 km	Rot bis thermisches Infrarot (5 Kanäle)	ca. 6 Stunden (seit 2002)

täglicher globaler Abdeckung seit mehr als 25 Jahren multitemporale Analysen. Insbesondere die Kanäle 1 und 2 im sichtbaren Rot und nahem Infrarot sind auf Vegetationskartierungen ausgerichtet, allerdings bei einer räumlichen Auflösung von etwa 1 km. Wöchentlich wird daraus seit 1989 vom EROS Data Center des US Geological Survey der NDVI (Normalized Difference Vegetation Index), ein Maß für die Grünheit und Dichte der Vegetationsdecke, berechnet (Abb. 6.37).

Im Rahmen des International Geosphere-Biosphere Program (IGBP) und des Earth Observation System (EOS) haben die USA 1999 den TERRA Satelliten gestartet. Er verfügt über fünf Sensoren: MODIS, MOPITT, MISR, ASTER und CERES. Sie liefern unter anderem Informationen zum Auftreten und zur Verbreitung von Feuern. Die European Space Agency (ESA) hat mit ENVISAT 2002 einen modernen, umweltorientierten Satelliten in den Orbit gebracht, der eine Vielzahl von Sensoren mit sich führt (AATSR, LRR, ASAR, MERIS, RA-2, MWR, DORIS, GOMOS, MIPAS, SCIAMACHY). Viele Nationen haben inzwischen Satelliten im All, die biogeographisch relevante Informationen liefern (z. B. Indien: Resourcesat-1, Ukraine: OKEAN; China und Brasilien: CBERS und viele andere mehr) (Tab. 6.5). Oft sind deren Daten für wissenschaftliche Zwecke verfügbar. Einige Systeme haben einen primär kommerziellen Hintergrund (z. B. IKONOS, OrbView3). Nicht wenige Scanner bieten inzwischen eine außerordentlich hohe räumliche und/oder spektrale Auflösung, sodass Pixel mit Informationen im Meterbereich und darunter angeboten werden können. In Deutschland ist das Deutsche Fernerkundungszentrum des Deutschen Zentrums für Luft- und Raumfahrt (DLR) die wichtigste Koordinationsstelle für Fernerkundungsdaten.

Um einen Bezug von Fernerkundungsdaten zu den Oberflächeneigenschaften von Ökosystemen herzustellen, empfiehlt es sich, immer einen möglichst intensiven „Groundcheck" durchzuführen. Dazu gehört nicht nur die genaue Verortung von Lebensgemeinschaften und Strukturen, sondern auch die Ermittlung von deren spektraler Antwort am Boden mittels mobiler Hand-Spektrometer.

6.19 Molekulare Biogeographie

Mit Hilfe molekularbiologischer Analysen gelingt es mehr und mehr, die funktionellen Zusammenhänge zu entschlüsseln, die das Bild bestimmt haben, welches sich heute bietet. Die molekulare Biogeographie ist inzwischen als eigenständiger Zweig etabliert. Molekularbiologische und genetische Arbeitstechniken bieten ein breites und sich rasch weiter entwickelndes Methodenspektrum zur Analyse der Ähnlichkeit oder von Abweichungen in molekularen Eigenschaften von Individuen, Populationen und Arten. Besonders interessant ist die Möglichkeit, auch innerartliche genetische Variabilität zu analysieren (Ab. 6.38). Mutationen bewirken immer wieder geringfügige Abweichungen der Nukleotidanordnung im Genom. Diese können direkt oder indirekt detektiert werden.

Eine Methode mit bereits langer Tradition in der Populationsgenetik, ist die **Allozym-Elektrophorese**. Die genetische Information für die Synthese von Enzymen kann mehrfach vorhanden sein. Ist dies der Fall, kommt es durch geringfügige Mutationen zur Bildung von Allozymen bzw. Isoenzymen. Dies sind Enzyme mit unterschiedlicher Aminosäurenabfolge aber ähnlicher Wirkung. Da diese Enzyme Ladungsunterschiede aufweisen, wandern sie in elektrischen Feldern unterschiedlich schnell und können dann gelelektrophoretisch getrennt werden. Auch wenn inzwischen molekulargenetische Sequenzierungsmethoden zur Verfügung stehen, welche die DNA (DNS) direkt betrachten, ist diese Arbeitstechnik immer noch als schneller und kostengünstiger Zugang zur molekularen Variabilität der Organismen im Gebrauch. Sie wird deshalb auch in der Naturschutzpraxis eingesetzt.

DNA-basierte Methoden, welche einen interspezifischen Vergleich anstreben, greifen sich einzelne, besonders informative Teile der DNA heraus. Bei Tieren kann man die ringförmige **mitochondriale Erbsubstanz** (mtDNA) zur Differenzierung der Individuen verwenden. Die Zellorganellen der Mitochondrien besitzen eine eigene DNA, bei Pflanzen findet man ähnliches in den Chloroplasten. Bei vielen Organismen wird die mitochondriale Erbinformation nur oder fast ausschließlich über die maternale Linie weitergegeben. Die Mutationsraten sind relativ konstant. Daraus kann man Verwandtschaftsverhältnisse sehr gut ableiten, was unter anderem in der Anthropologie genutzt wird, aber auch zur Beurteilung der Aufspaltung der Taxa allgemein dient. Mit Hilfe dieser molekularen Uhr kann man rekonstruieren, wann sich verschiedene Linien abgezweigt haben. Bei Pflanzen wird sowohl ribosomale Kern-DNA (rDNA) als auch Chloroplasten-DNA sequenziert.

Ein sehr aufwändiges aber bereits lange etabliertes Verfahren zur Beurteilung intraspezifischer Variabilität, ist die Analyse von **Restricted Fragment Length Polymorphisms** (RFLP). Sie arbeitet mit radioaktiv markierter DNA und kann nur zur Differenzierung von Individuen eingesetzt werden, wenn in den ausgewählten Fragmenten des Genoms hinreichend Polymorphismen auftreten. Polymorphismen sind Abweichungen in der Anordnung von Basenpaaren.

Auch die Methode der „**Randomly Amplified Polymorphic DNA**" (RAPD) zielt vor allem auf intraspezifische Unterschiede zwischen Individuen. Sie beruht auf einer Polymerase-Kettenreaktion (Polymerase Chain Reaction, PCR), wie sie zur Vervielfältigung spezifischer Gene eingesetzt wird, nur ist hier die zu vervielfältigende genetische Sequenz nicht bekannt. Das bedeutet aber auch, dass Vorkenntnisse zur genetischen Struktur nicht erforderlich sind. Primer mit einer zufälligen Sequenz werden synthetisiert. Sie reagieren mit der DNA und schneiden einzelne Bruchstücke aus. In Gelen werden diese DNA-Bruchstücke mit Markern bekannten Molekulargewichtes verglichen, indem sie über Elektrophorese aufgetrennt werden. Unterschiede in der genetischen Struktur verschiedener Organismen können auf diese Weise dokumentiert werden. Über die Funktion der genetischen Unterschiede wird jedoch nichts ausgesagt.

Mikrosatelliten (auch „Simple Sequence Repeats" (SSRs), „Short Tandem Repeats" (STRs) oder „Simple Sequence Length Polymorphisms" (SSLPs) sind kurze, nicht kodierende Wiederholungen von Teilen genetischer DNA-Sequenzen. Das bedeutet, dass diese Bereiche keine Information zum Aufbau von Proteinen enthalten. Die Zahl der Wiederholungen der Motive (z.B. GATA) variiert zwischen den Individuen einer Art. Mikrosatelliten sind aufgrund ihrer Häufigkeit und Variabilität ideal für populationsgenetische Studien. Aus diesem Grund hat sich die Mikrosatellitenanalyse, bei der diese spezifischen Bausteine mit PCR vielfach vermehrt und elektrophoretisch dargestellt werden, zu einer der am stärksten eingesetzten genetischen Anwendungen zur Beurteilung von Abstammung und genetischer Zugehörigkeit entwickelt.

Erst seit 1995 steht die DNA-Fingerprinting Methode der „**Amplified Fragment Length Polymorphisms**“ (AFLP) zur Verfügung. Sie beruht ebenfalls auf PCR-Techniken, liefert aber im Gegensatz zur RAPD eine bessere Reproduzierbarkeit der Ergebnisse und kann auch eingesetzt werden, wenn Mikrosatelliten nicht genutzt werden können. Man kann mit ihrer Hilfe die genetische Variabilität von Arten kartieren und Bereiche mit hoher bzw. geringer Vielfalt identifizieren. Die Methode ist weniger aufwändig als RFLP oder Mikrosatelliten. Der Ablauf ist folgender: Mit Hilfe von Restriktionsenzymen wird die genomische DNA zersetzt. Es kommen dabei zwei Enzyme mit spezifischen Eigenschaften zum Einsatz, welche bestimmte Fragmente isolieren. Diese werden mit speziellen Primern über verschiedene Schritte der Amplifikation vervielfältigt. Nach der Markierung mit fluoreszierenden Farbstoffen werden die Fragmente in der Gel-Elektrophorese dargestellt.

Die Grundannahme der **Phylogeographie** ist, dass die Muster der genetischen Ähnlichkeit Aussagen zur Entwicklungsgeschichte der Arten ermöglichen. Dies gilt sowohl innerartlich als auch im Vergleich nahe verwandter Taxa. Bei heute isolierten Populationen einer Art können Hinweise auf frühere Zusammenhänge und Ausbreitungswege gewonnen werden. Ist trotz räumlicher Isolation nur eine geringe genetische Differenzierung zu finden, dann liegt nahe, dass die räumliche Auftrennung funktionell wenig wirksam wird und Panmixie (zufällige Durchmischung und Genfluss) ermöglicht. Es liegt dann ein Hardy-Weinberg-Gleichgewicht vor.

Phylogeographie zielt auf eine möglichst feine genetische und räumliche Differenzierung von Individuen, auch innerhalb einer Art, bzw. zwischen gesamten Taxa (Avise 2000). Damit ist es möglich Differenzierungsprozesse zu beleuchten, die sich noch nicht morphologisch oder taxonomisch niedergeschlagen haben. Die Vorkommen der Mauereidechse (*Podarcis muralis*) sind in Trier auf die römischen Ruinen konzentriert. Mit RAPD kann man zeigen, dass die einzelnen Populationen durch Bebauung und Verkehr so stark isoliert sind, dass sich eigene genetische Muster herausgebildet haben (Müller, mündl. Mitt.).

Die europäischen Populationen des Bartgeiers (*Gypaetus barbatus*) waren im 20. Jahrhundert stark geschrumpft bzw. regional erloschen (s.a. Kap. 12). Die Untersuchung von Sequenzen der mtDNA an lebenden und ausgestopften Tieren zeigen, dass zwei Entwicklungslinien bestehen, eine westeuropäische und eine osteuropäisch-afrikanisch-zentralasiatische. In einem Bereich, der von den Alpen auf den Balkan reicht, überlappten sich die Linien. Aus diesem Muster kann auf eine **allopatrische Differenzierung** in glazialzeitlichen Refugien geschlossen werden. Das Erlöschen der

Abb. 6.38

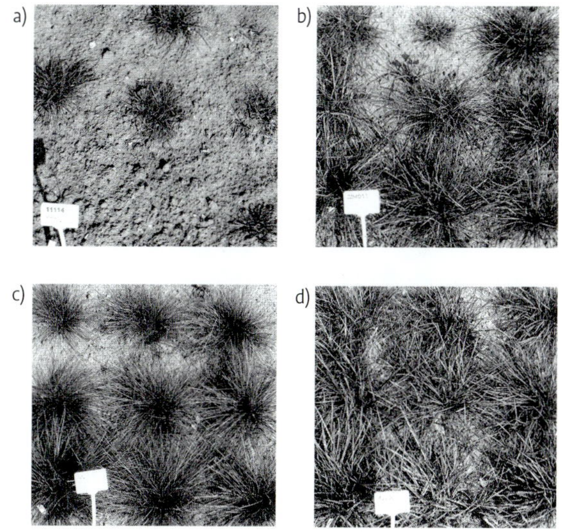

Innerartliche Variabilität der Wiesenrispe (*Poa pratensis*) entlang eines europäischen Gradienten. Die Herkünfte aus Norwegen (a), der Schweiz (b), der Slowakei (c) und aus Ungarn (d) unterscheiden sich deutlich, wenn sie unter den gleichen Klimabedingungen angebaut werden (hier in der Außenstelle des Leibniz-Instituts für Pflanzengenetik und Kulturpflanzenforschung auf der Insel Poel, Ostsee).

Abb. 6.39

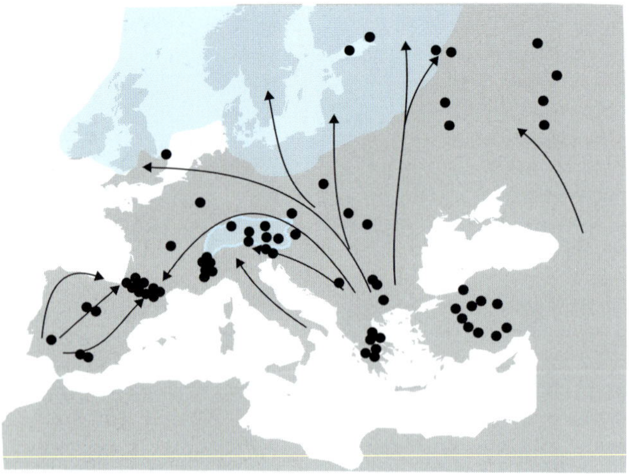

Rekonstruktion der postglazialen Ausbreitung aufgrund molekulargenetischer Ähnlichkeit am Beispiel des Gewöhnlichen Grashüpfers (*Chorthippus parallelus*) (nach HEWITT 1996).

zentraleuropäischen Populationen führte zu einem Verlust eines großen Teils der genetischen Vielfalt der Art. Auch kann gezeigt werden, dass nach dem Durchlaufen von Populationszusammenbrüchen, z. B. in den Pyrenäen, der Effekt des demographischen Flaschenhalses („*Bottleneck*" s. a. Kap. 3) anschließende genetische Drift förderte (GODOY et al. 2004).

Da in phylogeographischen Arbeiten die Entwicklungen in der jüngeren Vergangenheit beleuchtet werden können, konzentrieren sich viele Untersuchungen auf die Auswirkungen der Arealverschiebungen während der letzten Eiszeit und die darauf folgende erneute Ausbreitung über verschiedene Wege nach Norden. Die nacheiszeitlichen Einwanderungswege von Arten nach Europa können damit entschlüsselt werden. SCHMITT & KRAUSS (2004) gelingt dies am Beispiel des Ochsenauges (*Maniola jurtinia*), einer Schmetterlingsart. HEWITT (1996) rekonstruiert die Einwanderungswege des Gewöhnlichen Grashüpfers (*Chorthippus parallelus*) in Europa nach der Eiszeit mit molekularen Methoden (Abb. 6.39). Die Kolonisation erfolgte wahrscheinlich relativ schnell und in mehreren Schüben. HEWITT sieht in diesem Schema ein typisches Muster der nacheiszeitlichen Rückwanderung. Um zu überprüfen, ob glazialzeitliche Refugien auch heute noch einen großen Teil der innerartlichen genetischen Vielfalt beherbergen, untersuchten PETIT et al. (2003) die Chloroplasten-DNA von 22 verbreiteten europäischen Baumarten und Sträuchern. Tatsächlich fanden sich bei den meisten Arten im Mittelmeerraum genetisch abweichende Populationen, vor allem bei Arten mit geringer Ausbreitungsfähigkeit. Die höchste genetische Vielfalt zeigte sich in submediterranen Gebieten. Dies wird auf die dort erfolgende Durchmischung der Linien aus unterschiedlichen Refugien zurückgeführt.

6.20 Experimentelle Biogeographie

Bereits ANDREWARTHA & BIRCH (1954) hatten starkes Gewicht auf experimentelle Ansätze in der Tiergeographie gelegt. Da Hypothesen zu biogeographischen Prozessen aufgrund der Komplexität der Ökosysteme und Lebensräume in freier Natur nur bedingt überprüft werden können, muss versucht werden, sie mit kontrollierten Experimenten zu falsifizieren (SCHEINER & GUREVITCH 2001). Dies ist nur bedingt möglich, da Experimente immer eine Reduktion der natürlichen Rahmenbedingungen mit sich bringen. Ihr Vorteil ist die Konzentration auf einzelne Variable und, wenn hinreichend Wiederholungen durchgeführt werden, die Möglichkeit statistischer Tests. Kontrollen mit unveränderten Variablen werden Behandlungen („*Treatments*") unterschiedlicher Stärke gegenübergestellt. Grundsätzlich sind zwei Arten von Experimenten zu unterscheiden. Die einen betrachten und modifizieren Einflussgrößen auf biotische Parameter (Arten, Lebensgemeinschaften), die anderen verändern die Eigenschaften der biotischen Parameter (z. B. Populationsdichte, Artenvielfalt, Konkurrenzgefüge). Weiterhin sind Experimente, die Lebensgemeinschaften vor Ort manipulieren von jenen zu unterscheiden, die Lebensgemeinschaften künstlich etablieren.

Der Beweidungseinfluss auf die Vegetation ist ein nahe liegendes Beispiel für experimentelles Arbeiten. Vielfach wurden Zäunungsexperimente („Exclosures") durchgeführt, welche mit einfachen Mitteln Herbivore von der umzäunten Fläche ausschließen und die Entwicklung der Vegetation beobachten (MILCHUNAS & LAUENROTH 1993). Erwartungsgemäß erhöht sich in den gezäunten Flächen die Biomasse. Schwieriger ist es, abiotische Umweltvariablen zu manipulieren. V. a. die Folgen der globalen Erwärmung sind dabei eine oft verfolgte Fragestellung. Experimentelle Arbeiten wurden mit verschiedenen Hilfsmitteln (z. B. Infrarotlampen, Heizschlaufen) durchgeführt. Im International Tundra Experiment (ITEX) wird das Mikroklima im Gelände mit einfachen „Open-Top-Chambers" (OTCs) erwärmt (Abb. 6.40). Derselbe Ansatz wird in arktischen Ökosystemen, unter Berücksichtigung der biogeographischen Vielfalt der Tundra, gleichzeitig von zahlreichen Forscherteams verfolgt (ARFT et al. 1999).

Die klassische experimentelle Manipulation zu Wiederbesiedlungsprozessen und zur Inseltheorie wurde durch SIMBERLOFF & WILSON (1970) auf kleinen Mangroveninseln in den Florida Keys durchgeführt (Abb. 6.41). Dort hat man, nachdem ein Inventar der Artenvielfalt erstellt worden war, mit dem Gift Methylbromid die gesamte Arthropodenfauna abgetötet. Anschließend wurde die natürliche Besiedlung der Inseln protokolliert. Auf den meisten Inseln stellte sich über Einwanderungs- und Aussterbeprozesse eine ihrer Größe entsprechende Gleichgewichtsartenzahl ein, welche nur unwesentlich von den vorherigen Werten abwich. Solche destruktiven Experimente haben, so wertvoll ihre Erkenntnisse auch sein mögen, eine kritische Auseinandersetzung mit den ethischen Grundlagen ökologischer Experimente ausgelöst (z. B. FARNSWORTH & ROSOVSKY 1993).

Selbst einzelne Arten können experimentell eingesetzt werden, beispielsweise um ihre Rolle als Ausbreitungsvektor zu überprüfen. Mit Hilfe zahmer Einzeltiere konnte die Rolle von Schafen für die Ausbreitung von Pflanzen der Kalkmagerrasen beleuchtet werden (s. Kap. 3.10). Das Verhalten der Tiere (Wälzen am Boden) und die fette, strukturreiche Wolle bewirken, dass eine Vielzahl von Diasporen und Kleintieren aufgenommen wird. Die historische Wanderschäferei, bei welcher unter Umständen große Distanzen überbrückt wurden, stellte sehr wahrscheinlich ein funktionelles Biotopverbundsystem zwischen den süddeutschen Magerrasen dar. Die heutige Biotoppflege imitiert zwar die Vegetationsstrukturen, kann aber den genetischen Austausch zwischen den einzelnen Restpopulationen seltener Arten nicht bewerkstelligen.

Eine Zwischenstellung nehmen Versetzungs- und Verpflanzungsexperimente ein. Mit diesem Ansatz kann man beispielsweise die phänotypische Plastizität einer Art überprüfen, indem man Individuen verschiedener Populationen entlang eines Umwelt-

Abb. 6.40

Open-Top-Chambers des International Tundra Experiment (ITEX) in Abisko, Schweden. Durch die Plexiglasscheiben wird eine Erwärmung der oberflächennahen Temperatur bewirkt. Die Öffnung gewährleistet ungestörten Gasaustausch und verhindert Überhitzung.

Abb. 6.41

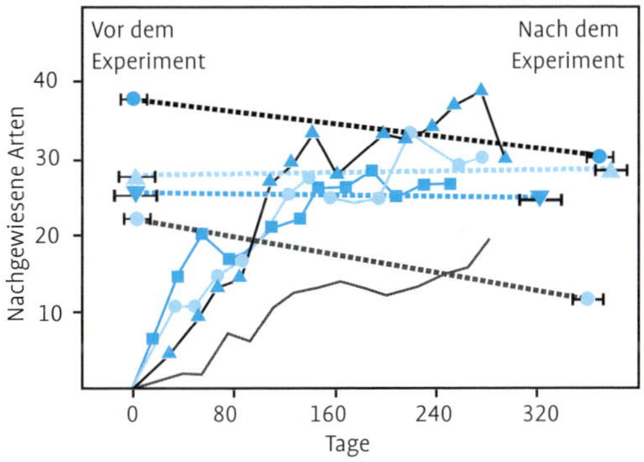

Verlauf der erneuten Besiedlung künstlich sterilisierter Inseln vor den Florida Keys (nach SIMBERLOFF & WILSON 1970).

Abb. 6.42

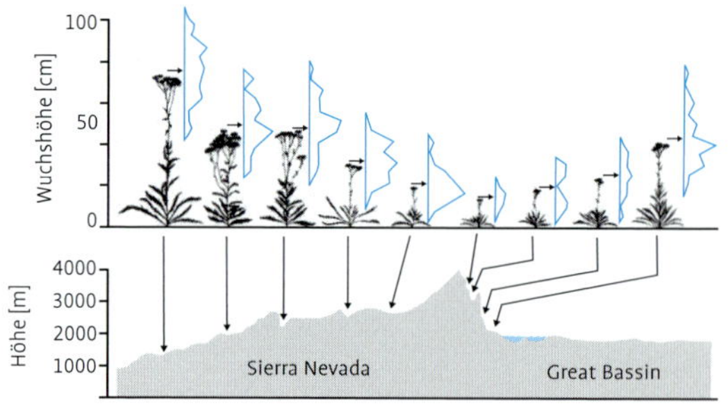

Phänotypische Plastizität der Herkunft der Schafgarbe *Achillea lanulosa* entlang eines Gradienten durch die Sierra Nevada Kaliforniens. Die blauen Kurven zeigen die Verteilung der Wuchshöhe bei unter gleichen Umweltbedingungen aus Samen kultivierten Pflanzen (nach CLAUSEN et al. 1948).

Abb. 6.43

Experiment zur Simulation der Auswirkungen prognostizierter klimatischer Extremereignisse im Ökologisch-Botanischen Garten der Universität Bayreuth.

gradienten verpflanzt. Ein klassisches Experiment ist die Verpflanzung der eng mit unserer heimischen Schafgarbe verwandten *Achillea lanulosa* in Kalifornien durch CLAUSEN et al. (1948) (Abb. 6.42). Diese Autoren konnten durch das Gewinnen und Verpflanzen von Populationen spezifischer Herkünfte experimentell zeigen, dass sich die Genotypen der Pflanzenart jeweils am besten in ihrem natürlichen Gebiet entwickelten. Die Anpassungen an den jeweiligen Standort variieren kontinuierlich.

Verpflanzungsexperimente werden auch unter Naturschutzgesichtspunkten durchgeführt (BRUELHEIDE & FLINTROP 1999). Mitunter ist es nicht möglich einen Eingriff in den Naturhaushalt, z. B. im Straßenbau, zu verhindern. Sind sensible Lebensgemeinschaften oder besonders seltene Arten betroffen, muss bekannt sein, ob die Verpflanzung oder Versetzung Erfolg verspricht.

Im letzten Jahrzehnt wurden zahlreiche Experimente unter der Fragestellung der Auswirkungen von Biodiversitätsverlusten durchgeführt (BEIERKUHNLEIN & NESSHÖVER 2006). Das europäische BIODEPTH-Projekt etablierte in diesem Zusammenhang an acht Standorten jeweils das gleiche experimentelle Design. Durch Ansaat wurden kleinflächig und vielfach wiederholt, Grünlandgemeinschaften unterschiedlicher Pflanzenartenvielfalt begründet. Die Ergebnisse (HECTOR et al. 1999) stimulierten die Biodiversitätsforschung weltweit.

Vor der sich abzeichnenden globalen Erwärmung werden seit kurzem Experimente durchgeführt, welche veränderte Klimabedingungen simulieren (Abb. 6.43). Künstlich etablierte Lebensgemeinschaften definierter Zusammensetzung können in mehrfachen Wiederholungen entsprechenden Klimaextremen ausgesetzt werden. Dies sichert den Ausschluss anderer Einflüsse und die Reproduzierbarkeit von Resultaten. Von derartigen Versuchen sind künftig wertvolle Hinweise auf die Reaktion verschiedener Lebensformen und Strategietypen im natürlichen Konkurrenzgefüge auf wachsende Klimavariabilität und sich verstärkende Extreme zu erwarten. Solche Reaktionen können nicht aus Modellen abgeleitet werden.

Den höchsten Anspruch an die artifizielle Konstruktion von Lebensgemeinschaften und Ökosystemen stellte das amerikanische Projekt „Biosphere II“. Man versuchte in geschlossenen Glashäusern verschiedene Ökosysteme der Erde zu etablieren, mit dem Ziel, ein solches System künftig als Lebensgrundlage zur Besiedlung des Mars einsetzen zu können. Das Experiment schlug fehl. Schon nach relativ kurzer Zeit ließen sich die Kohlendioxidgehalte der Luft nicht mehr kontrollieren. Die Grenzen der Konstruktion komplexer Ökosysteme wurden evident. Heute ist Biosphere II ein Museum.

6.21 Biogeographische Modellierung

Das weite Feld der Modellierungen kann hier ebenfalls nur kurz angeschnitten werden. Die Entwicklungen sind sehr rapide und die Methodenvielfalt immens. Ein Vorteil von Modellen ist, ähnlich wie bei Experimenten, die Möglichkeit der Konzentration auf einzelne Schlüsselfragen. Mit **heuristischen Modellen** können einzelne Hypothesen zu ökologischen und biogeographischen Prozessen überprüft werden. Eine zweite Kategorie sind Modelle, welche die Simulation von Abläufen zum Inhalt haben. Sie streben an, möglichst realistische und mithin komplexe Verhältnisse nachzubilden. Damit können räumliche und zeitliche Muster besser verstanden werden. Schließlich ist die Zielsetzung einer letzten Kategorie von Modellen das Erstellen von Prognosen künftiger Entwicklungen. Hier werden auf der Grundlage bisheriger Kenntnisse Variablen so modifiziert, dass sich zu erwartende, aber bislang nicht aufgetretene Bedingungen abbilden lassen. Solche Modelle sind dort vonnöten, wo die zeitliche Dimension der Entwicklung das Sammeln empirischer Daten als wenig sinnvoll erscheinen lässt. Im Zusammenhang mit den globalen Entwicklungen werden derartige Prognosemodelle zunehmend für erforderlich gehalten (Clark et al. 2001).

In der Ökologie sehr verbreitet, aber biogeographisch weniger relevant, sind **Modellierungen von Stoff- und Energieflüssen**. Ihr Problem ist die notwendige Beschränkung auf wenige Schlüsselgrößen, da zu komplexe Abläufe nicht modelliert werden können. Solche Modelle können deshalb ökologische Prozesse nur exemplarisch und nicht vollständig abbilden.

Modelle zeigen ihre eigenen Grenzen deutlich nachvollziehbar auf. Sie haben nicht den Anspruch die Natur vollständig zu erklären, sondern zielen auf ein besseres Verständnis natürlicher Abläufe und geographischer Muster. Die Komplexität ökologischer Systeme, die im Übrigen auch messend und erfassend nicht vollständig erklärt werden kann, bedingt ihre substantielle Limitierung. Sind Gültigkeit und Aussagen auch begrenzt, so ist dies keineswegs ein

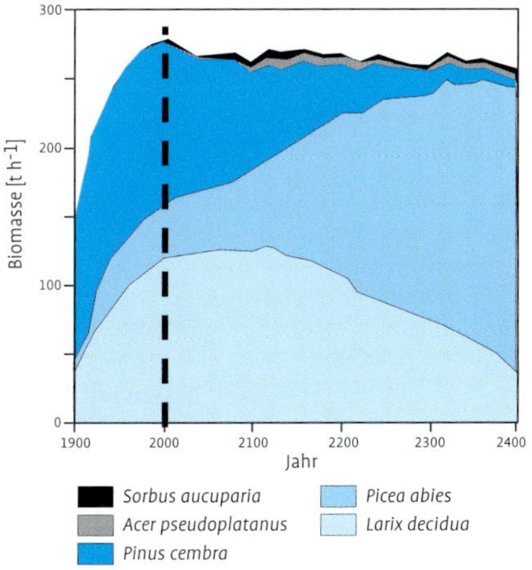

Abb. 6.44

Simulation der Entwicklung dominanter Arten für die subalpine Stufe der Alpen bei konstantem Gehalt an CO_2 und ohne Temperaturanstieg. Langfristig würde die Fichte (*Picea abies*) die Arve (*Pinus cembra*) in dieser Stufe wahrscheinlich verdrängen (nach Kräuchi & Kienast 1993).

Argument für den Verzicht auf Modellierungen. Bei der Wettervorhersage sind die Grenzen der Modelle spätestens übermorgen erreicht, dennoch wird niemand auf den Wetterbericht verzichten wollen.

Biogeographische Modelle müssen sowohl räumliche, zeitliche als auch biologische Kenngrößen integrieren. Große Bedeutung hat die **Modellierung von Ausbreitungsprozessen**, aber auch andere biotische Mechanismen wie Konkurrenz oder ökologische Einnischung spielen bei biogeographischen Fragestellungen eine Rolle. Bei potenziell invasiven Arten müssen Kontrollmechanismen identifiziert werden, deren Fehlen oder Einschränkung zur Populationsexplosion außerhalb des natürlichen Areals führen kann.

Räumlich-explizite Modelle sind bislang auf einzelne Zielarten begrenzt. In derartig regelbasierten Modellen, die oft auf der Grundlage von Rastern arbeiten, können bekannte Kenngrößen zu Interaktionen mit anderen Arten (Beutetiere, Prädatoren) berücksichtigt werden. Besonders wertvoll sind solche Modelle für die Prognose von Großtieren mit komplexen Lebensraumansprüchen. Wiegand et al. (2004) modellieren die Ausbreitung des Braunbären (*Ursus arctos*) in den Ostalpen unter Einbeziehung demographischer Daten, populationsbiologischer Kenngrößen, Freisetzungen und Jagdopfern sowie von Ausbreitungsbarrieren. Aus den Modellergebnissen können

Abb. 6.45

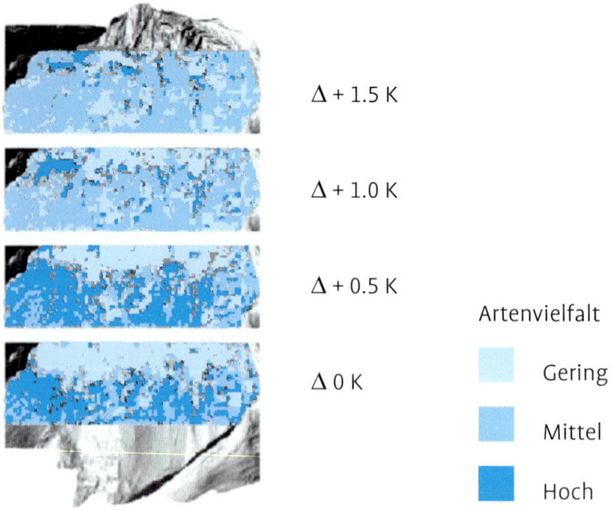

Simulation der Reaktion der alpinen Pflanzenartenvielfalt auf Temperaturerhöhung am Beispiel des Schrankogel, Österreich (Methode nach GOTTFRIED et al. 1999, Grafik unveröff.).

geschlechtsspezifische Prognosen für Ausbreitungsmuster abgeleitet werden, welche als Grundlage für Biotopverbundvorhaben und Schutzgebietsplanungen dienen können, beispielsweise um Mittel und Instrumente gezielter einzusetzen. Metapopulationsmodelle ermöglichen die Bewertung von Aussterbewahrscheinlichkeiten in einer fragmentierten Landschaft.

Auf **zeitliche Abläufe** konzentrierte Modelle erlauben die Simulation langfristiger Entwicklungen, doch sollten solche Ansätze auf wenige Parameter begrenzt sein, um noch interpretierbare Resultate zu erzielen. Die Waldentwicklung Europas ist in der Nacheiszeit noch nicht zu einem wie auch immer vorstellbaren Endzustand gekommen. Aus Modellrechnungen ist zu entnehmen, wie sich die Gewichtung einzelner Arten in der Zukunft verschieben kann (Abb. 6.44).

Räumlich explizite **Modellierungen von Lebensgemeinschaften oder Artenvielfalt** sind selten. Dies liegt an der Komplexität der Beziehungen und Abläufe. Gerade derartige Modelle werden aber künftig dringend benötigt. GOTTFRIED et al. (1999) modellieren auf der Grundlage eigener Erhebungen im Gelände die temperaturinduzierte Aufwärtswanderung alpiner Pflanzenpopulationen am Schrankogel (Österreich) auf der Grundlage eines digitalen Geländemodells. Neben der aktuellen Verbreitung der Arten und Informationen zu ihrem Lebenszyklus wurden die edaphischen Standortverhältnisse berücksichtigt (z. B. Bodenmächtigkeit). Das Model produzierte bereits bei geringfügiger Erwärmung erhebliche Biodiversitätsverluste aufgrund limitierten Habitatangebotes (Abb. 6.45).

Fragen

1 Schildern Sie die Methoden der Arealkartierung! Wie ist das Vorgehen einer Arealtypenanalyse?
2 Was versteht man in der Pflanzensoziologie unter der charakteristischen Artenkombination? Was sind diagnostische Arten?
3 Erläutern Sie das Vorgehen bei der Fang-/Wiederfangmethode!
4 Wozu verwendet man ein Stereoskop? Welche Voraussetzungen müssen gegeben sein?
5 Welche ökologischen Aussagen können mit Hilfe der Dendrochronologie gemacht werden?
6 Was ist eine „Falsche Zeitreihe"?
7 Wie müssen Untersuchungsflächen verteilt sein, um repräsentative Ergebnisse zu erzielen?
8 Welche Typen biogeographischer Modelle kennen Sie?
9 Von welchen Verteilungseigenschaften gehen Hauptkomponentenanalyse und Korrespondenzanalyse aus?
10 Welche Faktoren beeinflussen die Häufigkeit von Pollen einzelner Arten in Moorprofilen?

7 Organismische Biogeographie

Knock, Knock, Who is there?

„... So sendet Kleinasien duftenden Safran,
Indien Elfenbein,
der verwöhnte Sabäer schlickt Weihrauch“
VERGIL (70 v. Chr. – 19 v. Chr.), Georgica Liber 1
(Verse 56–57)

7.1 Lebe-Wesen

Organismen sind die zentrale Einheit der Biogeographie. Sie bauen Lebensgemeinschaften und Ökosysteme auf. Wir interessieren uns für globale Verbreitungsmuster von Verwandtschaftsgruppen, weil sie uns erdgeschichtliche Abläufe erkennen lassen, genauso aber für kleinräumige Verteilungen, weil wir daraus Schlüsse auf Standortunterschiede ziehen können. Arealsysteme von Arten helfen dabei, regionale Besonderheiten zu erkennen. Ökologische Eigenschaften der Organismen begrenzen die Nutzbarkeit von Landschaften.

Die Verschiebung der systematischen Ebenen im Verlauf des letzten Jahrhunderts ist bemerkenswert. Waren im 19. Jahrhundert Pflanzen und Tiere noch die übergeordneten Gliederungskategorien, welchen Pilze, Algen, Bakterien, Protisten und alle anderen Organismen in irgendeiner Weise zugeordnet wurden, so werden heute die Domänen der **Archäen**, **Bakterien** und **Eukaryoten** unterschieden. Pflanzen und Tiere verkörpern bei der letztgenannten Kategorie lediglich einzelne Untergruppen. Bei den meisten Pflanzen- und Tierarten besteht ein weitgehender Konsens bezüglich ihrer Klassifikation und Stellung. Bei einigen Artengruppen gibt es aber durchaus unterschiedliche Auffassungen bezüglich Nomenklatur und Systematik.

Die verschiedenen Organismengruppen sind wissenschaftlich sehr unterschiedlich gut erforscht. Bei den Pflanzen ist wahrscheinlich der größte Teil der Arten bekannt (ca. 70 %). Ähnlich gute Kenntnisse besitzen wir nur für die größeren Tierarten. Insbesondere bei den ungemein artenreichen Insekten ist dagegen nur ein Bruchteil der Arten bekannt (Tab. 7.1). Vor allem in den Tropen werden noch unzählige Arten vermutet.

Bei den Mikroorganismen ist gar nur ein verschwindend kleiner Teil der Arten wissenschaftlich beschrieben. Das bei Pflanzen und Tieren gebräuchliche biologische Artkonzept ist auf Mikroorganismen nur bedingt anwendbar. Sexuelle Reproduktion findet bei Bakterien und Archäen nicht statt. Die Generationszeiten sind teils sehr kurz (mitunter im Bereich von Minuten), so dass die Entwicklung neuer Formen schnell erfolgen kann. Am besten dürfte der Kenntnisstand noch bei den Pilzen sein, doch stellt sich bei ihnen das Problem, dass makroskopisch bestimmbare Fruchtkörper nur sehr kursorisch auftreten. Dies ist nur ein Beispiel für die Vielzahl spezifischer Einschränkungen des Zugangs bei Archäen, Bakterien, Pilzen und Protisten. Morphologisch eindeutige Merkmale fehlen sehr oft oder sie sind mikroskopisch klein. In der Gruppe der Protisten gibt es, bedingt durch die verbesserte Technik der Visualisierung, einen kontinuierlichen Zuwachs der Taxa. Analysiert man die Organismen aber genetisch, werden morphologisch sehr ähnlich wirkende Taxa unter Umständen unterschiedlichen Phyla zugeordnet.

Mikroorganismen sollten nach der **BAAS BECKING-Hypothese** (1934) nicht räumlich, sondern nur ökologisch differenziert auftreten. Diese Hypothese sagt: Alles ist

Box 6: Organismen

Organismen sind durch bestimmte Eigenschaften und Fähigkeiten gekennzeichnet. Wachstum, Bewegung, Fortpflanzung, Vermehrung oder Reizreaktion werden als Beispiele angeführt, doch können wir allgemeiner formulieren, dass sie Mechanismen zur Regulation ihres Stoff-, Energie- und Informationshaushalt besitzen.

Organismen werden unter dem Gesichtspunkt ihrer verwandtschaftlichen Nähe und der damit zusammenhängenden morphologischen Ähnlichkeit spezifischen **Taxa** zugeordnet (Arten, Gattungen, Familien oder übergeordnete Taxa). Diese sind in ein **hierarchisches System** eingebettet. Die **Nomenklatur** ist binär und besteht in der Regel aus Gattungs- und Artbezeichnung. Um Verwechslungen mit Synonymen zu vermeiden, wird noch der Autor, also der Erstbeschreibende, hinzugefügt (oft L. für Linné). Dies spiegelt die Sicht wider, dass die phylogenetische Ähnlichkeit als das wesentliche organismische Klassifikationskriterium anzusehen ist.

Grundsätzlich ist es nicht nur für die wissenschaftliche Kommunikation unabdingbar, konkrete Objekte abstrakten Typen zuzuordnen. Dabei geht Information verloren. Die Zuordnung zu diskreten Einheiten verwischt beispielsweise den unterschiedlichen Grad der Unähnlichkeit zwischen Arten. Das Artkonzept ist eine Typisierung unter dem Kriterium der **Verwandtschaft**, also letztlich unter evolutiven Gesichtspunkten. Für die sich sexuell fortpflanzenden Organismen erscheint es durchaus nahe liegend, dass sich verwandtschaftliche Nähe zum Beispiel in ähnlichen Reproduktionsorganen ausdrückt und damit genetische Ähnlichkeit auch physiognomisch sichtbar wird. Allerdings existieren zahlreiche Organismen, die diese Form der Vermehrung nicht entwickelt haben und selbst bei Pflanzen (Apomixis) und Tieren (Parthenogenese) gibt es Beispiele für asexuelle Vermehrung. Für ökologische Fragestellungen ist ferner zu hinterfragen ob nicht andere, also biometrische oder funktionelle, Klassifikationen bessere Aussagen ermöglichen.

überall – es ist die Umwelt, die selektiert (De Wit & Bouvier 2006). Wenn dem so ist, dann kann eine räumliche Trennung (allopatrische Entwicklung) nicht zur Artbildung der Protisten beigetragen haben. Es gibt aber einige Hinweise, dass diese Hypothese nur eingeschränkt zutrifft. Antarktische Stämme von Flagellaten unterscheiden sich zwar nicht morphologisch, aber genetisch und bezüglich ihrer Temperaturresistenz von anderen. Der Transport von Flagellaten in die Antarktis ist stark limitiert. Ihr Genfluss ist niedrig genug, um Anpassungen an niedrige Temperaturen zu erhalten.

Der nur bedingte Zugang und die schwierige Identifikation von Taxa oder Artengruppen sind die Ursache räumlich wenig aufgelöster Information zur Verbreitung von Mikroorganismen. In Kombination mit der großen Zahl wissenschaftlich nicht klassifizierter Organismen erklärt dies die Konzentration der Biogeographie auf Pflanzen und Tiere. Für Archäen, Bakterien, Pilze und Protisten liegen schlicht zu wenige biogeographisch verwertbare Daten vor.

Tab. 7.1 **Bekannte Artenzahlen für verschiedene Artengruppen.**

Artengruppe	Artenzahl
Insekten	950.000
Pflanzen	270.000
Spinnentiere	75.000
Pilze	72.000
Weichtiere	70.000
Krebstiere	40.000
Fische	25.000
Vögel	10.100
Bakterien	10.000
Reptilien	7.500
Amphibien	5.000
Säugetiere	4.700
Archäen	200
gesamt	1.539.300

7.2 Arten, Sippen, Namen und Listen

Zentrale Einheit der Biogeographie ist die **Art**. Dieser Begriff ist jedoch keineswegs so eindeutig, wie es die allgemeine Verwendung des Artbegriffes assoziiert. Eine allgemeingültige Auffassung für alle Taxa zu der Frage, was eine Art ist, existiert nämlich nicht. Natürlich hat der Artbegriff im Lauf der Zeit inhaltliche Veränderungen und Erweiterungen erfahren, doch stehen verschiedene Artkonzepte nebeneinander. Hält man sich die Gesamtheit der Lebewesen vor Augen, also von den Archäen über die Bakterien bis zu den Eukaryoten mit den Pflanzen und Tieren, erscheint das fast zwingend. Schnell wird klar, dass ein zunächst nahe liegendes und beispielsweise bei Tieren oder höheren Pflanzen durchaus überprüfbares Kriterium wie Kreuzbarkeit der Individuen keine Allgemeingültigkeit haben kann, da es sich auf sexuelle Reproduktion und somit nur auf einen Ausschnitt der zur Artbildung beitragenden Prozesse bezieht. Die Art als potenzielle Fortpflanzungsgemeinschaft anzusehen ist daher ein durchaus richtiges, aber nicht vollständiges Konzept, selbst wenn wir die Definition von Mayr (1967) *„Arten sind Gruppen von wirklich oder potenziell sich fortpflanzenden natürlichen Populationen, die reproduktiv von anderen Gruppen isoliert sind"*, auf bestimmte Artengruppen einschränken.

Wir müssen also klären, was unter einer Art zu verstehen ist. Zunächst ist eine Art eine abstrakte begriffliche Einheit, welche auf der Grundlage bestimmter Kriterien ausgeschieden wird. Nüchtern und kritisch betrachtet sind Arten menschliche Konstrukte, Label, die bestimmten Regeln folgend definiert werden. Schon allein die Veränderungen in Nomenklatur und Systematik deuten an, dass eine Annäherung an bestimmte konkrete Muster erfolgt, aber gleichzeitig, dass diese Annäherung ihre Grenzen hat.

Die Kriterien bzw. die Regeln, die angewandt werden, sind vielfältig. Arten umfassen Gruppen von Organismen, die sich bezüglich ihrer informationellen Eigenschaften (genetische Ausstattung, Verhalten) und ihrer äußeren Gestalt oder Teilen davon (**Morphospezies**) oder ihres Stoffwechsels oder molekularen Eigenschaften (**Chemospezies**) von anderen Gruppen abheben, also deutlich unterscheiden lassen. Die hypothetische Annahme, dass es sich hierbei um eine enge Verwandtschaftsgruppe von Organismen, also um eine Abstammungsgemeinschaft handelt (**Biospezies**) wird induktiv aus Ähnlichkeiten in der genetischen Ausstattung geschlossen.

Erbliche morphologische oder ethologische Merkmale, die sich aufgrund reproduktiver Isolation immer wieder ausbilden, werden als Hinweis auf die genetische Ähnlichkeit angesehen. Es liegt nahe, letzteres zu überprüfen, doch ist die experimentelle Überprüfung dieser Annahme eingeschränkt bis schlicht unmöglich. Ursachen können wirksame zeitliche Skalen sein (Reproduktionsalter, Mutationsraten), Grenzen technischer Zugänglichkeit (z. B. wenn die erforderlichen Umweltbedingungen für eine Fortpflanzung noch nicht bekannt sind oder nicht künstlich hergestellt werden können) oder ethologische Restriktionen (komplexes Verhalten). Nur bei kurzlebigen Arten mit einem raschen Umsatz der Individuen, also mit kurzen Generationszeiten ist ein Zugang zur Prüfung dieser Annahme gegeben.

Die Bestimmung von Arten in den Schlüsseln von Floren und Faunen, aber durchaus auch ihre Klassifikation zu bestimmten Taxa, erfolgt vor allem auf der Grundlage ähnlicher Physiognomie, insbesondere der Reproduktionsorgane. Nicht immer ist aber am äußeren Erscheinungsbild, am **Habitus**, zu erkennen, ob wir es mit Individuen einer Art oder mit mehreren ähnlichen Arten zu tun haben. Können Arten nicht durch äußere Merkmale unterschieden werden, dann handelt es sich um sogenannte **„kryptische Arten"**. Sie existieren in ihrer Unterschiedlichkeit und lassen sich nicht kreuzen, tragen aber den selben wissenschaftlichen Namen. Solche Fälle sind selten. In der Regel bestehen bei morphologisch ähnlichen Tierarten deutliche Unterschiede im Verhalten oder in den Lautäußerungen. Die heimischen Laubsängerarten Zilpzalp (*Phylloscopus collybita*) und Fitis (*Phylloscopus trochilus*) sind äußerlich kaum zu unterscheiden, doch ihr Gesang kennzeichnet sie ganz eindeutig. Aber selbst wenn ähnliche

Arten bekannt bzw. beschrieben sind, kann die geographische Dokumentation ihrer Verbreitung Probleme bereiten, denn nicht immer erschließen sich artspezifische Signale so einfach dem menschlichen Zugang wie der Gesang der Vögel.

Ein Beispiel für eine Pflanzenart, deren Existenz uns erst vor kurzem bewusst wurde, ist die Hohlzahnblättrige Brennnessel (*Urtica galeopsifolia*). Diese in mitteleuropäischen Auen auftretende Brennnessel, deren Areal noch ungenügend bekannt ist, wurde in der Vergangenheit einfach für besonders grazile Vertreter der Gewöhnlichen Brennnessel (*Urtica dioica*) gehalten. Zwar unterscheidet sich *Urtica galeopsifolia* neben ihren schmalen, längeren Blättern und der etwas späteren Blüte auch durch das Fehlen von Brennhaaren, doch wer hat schon Lust, dies immer wieder zu testen! Solche Arten sind nur schwer zu identifizieren. Es ist völlig unmöglich, für alle Populationen die Kreuzbarkeit der Individuen experimentell zu testen. Wenn sich Arten aufgrund ihrer physiologischen oder sonstigen Anpassungen differenziert haben, muss sich dies ja nicht in deutlich sichtbaren Bestimmungsmerkmalen niederschlagen. Nur wenn beispielsweise saisonale Diskontinuitäten zwischen Populationen offensichtlich werden, wird die Aufmerksamkeit auf einen genauen Vergleich der Populationen gelenkt.

Der Gesang verschiedener Heuschreckenarten ist für uns Menschen nicht zu hören, da die Wellenlängen mit 15 bis 40 kHz außerhalb unserer Wahrnehmung liegen. Die Nadelholz-Säbelschrecke (*Barbitistes constrictus*; 15–30 kHz) und die Laubholz-Säbelschrecke (*B. serricauda*; 20–35 kHz) galten vor dem Einsatz von, eigentlich zur Untersuchung von Fledermäusen entwickelten, Bat-Detektoren zu ihrer Kartierung in Bayern als selten bis sehr selten. *Barbitistes serricauda* wurde sogar als gefährdet eingestuft. Nun konnte nachgewiesen werden, dass beide Arten in Bayern weit verbreitet und sicher nicht gefährdet sind. *Barbitistes constrictus* ist in den ostbayerischen Mittelgebirgen sogar eine Massenart der Fichtenwälder (Strätz & Waeber 2003). *Barbitistes serricauda* ist in den Alpen und im Voralpengebiet fast flächendeckend in Wäldern vorhanden. Frühere Fehleinschätzungen zu Verhalten und Biotopbindung mussten revidiert werden. So sind die beiden *Barbitistes*-Arten keineswegs nachtaktiv. Die als Laubholzbewohnerin geltende Laubholz-Säbelschrecke erreicht in Laubwäldern nur mittlere Dichten. Die höchsten Dichten und die weiteste Verbreitung werden in Fichten-Monokulturen erreicht. Dieses Beispiel zeigt, wie sich technische Entwicklungen direkt auf die Kenntnisse zur Biogeographie von Arten auswirken.

Bei Bakterien ist – neben der äußeren Gestalt und dem zellulären Aufbau – traditionell der Stoffwechsel oder die Reaktion auf chemische Substanzen (z. B. Gram-Färbung) taxonomisch bedeutsam. Diese Kriterien werden als stellvertretend für die verwandtschaftliche Nähe bzw. die genetische Ähnlichkeit und die systematische Stellung angesehen. Heute wird dieser Zugang durch molekularbiologische Techniken verdrängt.

Die **Systematik** versucht, ähnlich einem Stammbaum, die phylogenetischen Bezüge zwischen Organismengruppen zu rekonstruieren und die Taxa in dieses hierarchische System einzufügen. Wie die enormen Veränderungen in der biologischen Taxonomie und Systematik der vergangenen Jahrzehnte zeigen, nähert sich die Wissenschaft in ihrem Verständnis den tatsächlichen Gegebenheiten mehr und mehr an, ohne diese schon eindeutig klären zu können. Die Verfügbarkeit molekularbiologischer Methoden und ihre rasante Weiterentwicklung tragen ganz wesentlich zum Erkenntnisgewinn bei. Es sollte aber nicht verkannt werden, dass diese Ansätze im Kern ebenfalls deskriptiv sind, also zunächst Ähnlichkeitsstrukturen identifizieren und charakterisieren. Für die Gesamtheit der Lebewesen ist die Molekulargenetik noch weit von kausalen Erklärungsansätzen entfernt.

In funktioneller Sicht können molekulare Methoden durchaus einen Beitrag dazu leisten, die Geschwindigkeit der **adaptiven Radiation** zu ermitteln. Am Beispiel des Artenschwarms der Buntbarsche („Maulbrüter", *Cichlidae*) der großen ostafrikanischen Seen stellt sich die Frage, wann und wie sich diese immense Artenvielfalt herausgebildet hat. Der Viktoriasee ist relativ flach und fiel vor 14.700 Jahren vollkommen trocken, so dass sich der reiche Endemismus entweder durch Zuwanderung oder durch Artbildung seit dieser Zeit entwickelt haben muss. Die Analyse der mitochondrialen DNA der endemischen Buntbarsche des Viktoriasees ergab, dass sich die Artenvielfalt großteils monophyletisch aus einer Gründerpopulation des älteren und tieferen Kivusee heraus entwickelt haben muss (Verheyen et al. 2003).

Die Existenz von Arten und höheren Taxa, also von Gruppen von Arten mit auffallender Ähnlichkeit, muss durch Prozesse bewirkt werden, die die Herausbildung von Diskontinuitäten fördern. Im Fall der sexuellen Reproduktion ist dies zumindest potenziell gegeben, denn sie kann ja nicht für alle Individuen einer Art und nicht einmal einer Population überprüft werden. Unter günstigen Lebensbedingungen wirkt sexuelle Reproduktion für die Art konservativ, denn die Selektion der am besten angepassten Individuen führt dazu, dass sich ein bereits entwickelter erfolgreicher Bauplan stabilisiert.

In gewissem Umfang unterliegen Arten ständigen Veränderungen, welche sich durch geringfügige Modifikationen im Rahmen der Rekombination des Erbgutes ergeben. Geringfügige **Aberrationen**, also gehäuft auftretende Abweichungen von der Norm, können dazu beitragen, die ökologische Valenz zu vergrößern. Das heißt, das Spektrum der Standortbedingungen, unter welchen Individuen der Art auftreten, wird erweitert. Vereinzelte zufällige und starke Abweichungen von diesem Bauplan (Mutationen) können zur Bildung neuer Arten führen, wenn sie sich in den Populationen etablieren und reproduzieren können. Innerhalb einer Art finden wir also immer eine gewisse genetische und morphologische Variabilität. Diese spiegelt sich im Auftreten bestimmter Allele wider. Allele sind alternative Ausbildungen eines Gens an einer bestimmten Stelle des Chromosoms. Jene geographische Region, in welcher im intraspezifischen Vergleich aller Populationen die größte Vielfalt an Allelen festgestellt werden kann, nennen wir **Allelzentrum**.

7.3 Populationen und Metapopulationen

Unitare Organismen, also **Individuen**, können funktionell oder bezüglich ihrer morphologischen oder zeitlichen Eigenschaften typisiert werden. Traditionell ist die taxonomische Klassifikation die gebräuchliche. Diese sieht Lebewesen als Teil einer phylogenetischen Entwicklung und ordnet die Individuen jeweils einer Art zu. Eine Gruppe von Vertretern einer Art ist als **Population** aufzufassen, wenn angenommen werden kann, dass sich deren Individuen in genetischem Austausch befinden. Dies bedeutet nicht, dass der Austausch kontinuierlich und zwischen allen Individuen erfolgt, sondern vielmehr, dass die Möglichkeit dazu besteht und immer wieder ein genetischer Austausch zwischen verschiedenen Vertretern der Gemeinschaft stattfindet. Populationen unterliegen einer zeitlichen und räumlichen Organisation.

Die **Populationsbiologie** befasst sich mit der Entwicklung von Populationen. Dies hat auch für den Naturschutz einen hohen Praxisbezug. Im Wesentlichen interessiert sie sich für die Veränderung der Populationsgröße, also für die Zu- oder Abnahme der Individuenzahl einer Art. Diese ergibt sich zunächst trivial aus den Geburten und Sterbefällen.

$$N(t + \Delta t) = N(t) + G + S \qquad \text{(F 7.1)}$$

N = Populationsgröße
G = Geburten
S = Sterbefälle

Über die Zeit stellen sich auf der Ebene von Populationen Reproduktion und Mortalität von Individuen als Geburten- und Sterberaten dar. Die Geburtenrate kennzeichnet die Zahl der Geburten in einer Population während einer Zeiteinheit. Entsprechend ist die Sterberate die Zahl der Sterbefälle in einer Population in einer Zeiteinheit. Hieraus lässt sich über die Differenz zwischen Geburtenrate (F 7.2) und Sterberate (F 7.3) die Netto-Wachstumsrate des **Populationswachstums** (F 7.4) ermitteln.

$$g = G\,N^{-1}\,t^{-1} \qquad \text{(F 7.2)}$$
$$s = S\,N^{-1}\,t^{-1} \qquad \text{(F 7.3)}$$
$$rN = g - s \qquad \text{(F 7.4)}$$

g = Geburtenrate
G = Geburten
s = Sterberate
S = Sterbefälle
N = Populationsgröße
rN = Netto-Wachstumsrate

Im einfachsten Fall nimmt man nun an, dass Ressourcen nicht limitierend wirken. **Geometrisches Wachstum** mit einer konstanten Netto-Wachstumsrate würde dann bei positiven Werten zum ständigen Anwachsen von Populationen und bei negativen Werten zum Aussterben führen. Beides ist nicht realistisch.

Auch ist offensichtlich, dass Ressourcenlimitierung für viele Populationen einen kontrollierenden Faktor darstellt. Bei **logistischem Wachstum** wird nun angenommen, dass sich die Netto-Wachstumsrate mit der Populationsgröße verändert. Das bedeutet, dass bei einer bestimmten Populationsgröße eine Kapazitätsgrenze (K) erreicht wird, die nicht überschritten werden kann. Aus der Viehzucht abgeleitet, bezeichnet man dies auch als „carrying capacity". Je größer K ist, umso größer kann die Population werden. Je größer die Wachstumsrate der Population, umso schneller wird K erreicht. Neben einem oberem K kann ein unteres K vorliegen, nämlich dann, wenn die Mindestanzahl einer überlebensfähigen Population unterschritten würde („**Minimum Viable Population**", MVP). Dies kann der Fall sein, wenn die Individuen sich zur Nahrungssuche so stark im Raum verteilen müssen, dass eine Reproduktion unwahrscheinlich wird.

Arten bilden Strategien aus, um ihre zur Verfügung stehenden Ressourcen möglichst umfassend zu nutzen (K-Strategen) oder ihre Wachstumsrate so stark zu erhöhen, dass sie die verfügbaren Ressourcen zwar nicht ausschöpfen, aber ihre Entwicklung und Vermehrung abgeschlossen haben, bevor sich konkurrenzstärkere K-Strategen durchsetzen (r-Strategen). In der Natur sind solche Schwarz-Weiß-Unterschiede nicht zu finden. Wir treffen vielmehr ein **r-K-Kontinuum** an, mit Arten, die eher die eine oder eher die andere Strategie verfolgen. Die als konstant angenommenen Raten ändern sich mit dem Alter und den Lebensumständen. So steigen die Mortalitätsraten oft mit dem Alter. Auch ist mit Reproduktionsinvestitionen ein verminderter Zuwachs verbunden (Nentwig et al. 2004). Beim Rothirsch (*Cervus elephas*) geht beispielsweise die Reproduktion mit einem höheren Mortalitätrisiko der Hirschkühe einher. Alttiere, die Kälber mit sich führen, sind auch selbst einem erhöhten Prädationsdruck ausgesetzt.

Ab einer bestimmten Dichte bleibt bei Pflanzen die Biomasse der Vegetation konstant, wenn K erreicht wird. Die sogenannte „**Standing Crop**", ein aus der Landwirtschaft entlehnter Begriff, ist bei ausreichender Nährstoff- und Wasserverfügbarkeit energetisch limitiert, natürlich auch wenn weitere Individuen hinzukommen. Die Folge ist, dass die einzelnen Individuen dann kleiner werden.

Die Populationsentwicklung wird neben populationsinhärenten (intrinsischen) Faktoren von Nachbarpopulationen bestimmt. Blieben Populationen über sehr lange Zeiträume isoliert, würden sich hieraus zunächst Unterarten und schließlich Arten gebildet haben, es sei denn, die Mutationsraten wären vernachlässigbar und die genetische Variabilität bliebe konstant. Da dies nur selten der Fall ist, kann geschlossen werden, dass zwischen Populationen ein gewisser genetischer Austausch erfolgen muss. Formel 7.1 muss folglich durch weitere Parameter ergänzt werden:

$$N(t + \Delta t) = N(t) + G + S + Z + A \qquad \text{(F 7.5)}$$

N = Populationsgröße
G = Geburten
S = Sterbefälle
Z = Zuwanderung
A = Abwanderung

Es sei an dieser Stelle betont, dass Kenntnisse zur Populationsbiologie eine Voraussetzung zum Verständnis biogeographischer Muster darstellen, aber keineswegs die alleinige. Ignoriert man naiv zönologische, ökologische und historische Zusammenhänge, wie dies über weite Strecken bei MacArthur (1972) erfolgt, und glaubt über die simple Berechnung von Populationsparametern biogeographische Prozesse abbilden zu können, dann muss dies zwangsläufig scheitern.

Eine Gruppe von Populationen einer Art, mit kursorischem genetischen Austausch nennen wir **Metapopulation**. Metapopulationen sind durch (Zu- und Ab-)Wanderungsbewegungen von Individuen und durch die Ausbreitung von Diasporen verknüpft. Im Rahmen der Metapopulationsdynamik können immer wieder (Teil-)Populationen erlöschen. Einzelne Subpopulationen zeigen unabhängige Dynamik und sind durch kursorisch oder episodisch erfolgende Ausbreitungsvorgänge miteinander verbunden. Allerdings können Migrationsbewegungen zwischen Habitaten (Patches) und Populationen Unterschiede ihrer intrinsischen Populationsdynamik überlagern! Räumlich benachbarte Populationen können aber auch ohne eine Verbindung durch Ausbreitungsprozesse bestehen bleiben.

Für die Erklärung der Dynamik von Metapopulationen wurden verschiedene Konzepte entwickelt. Die **Klassische Theorie** von R. Levins (1969) besagt, dass die jeweiligen Patches mehr oder minder gleichberechtigt zu sehen sind (Abb. 7.1). Es findet mit einer gewissen Rate ein Austausch zwischen Populationen statt und ein gewisser Anteil der besiedelbaren Habitate wird temporär nicht genutzt.

$$dp/dt = cp\,(1 - p) - ep \qquad \text{(F 7.6)}$$

p = Anteil der besiedelten Habitate (Patches)
1 − p = Anteil der unbesiedelten Habitate (Patches)
c = Kolonisierungsrate (Wahrscheinlichkeit der Besiedlung)
e = Aussterberate (Wahrscheinlichkeit des Verlustes der Besiedlung)

Im Gleichgewicht gilt:

$$dp/dt = 0 \qquad \text{(F 7.7)}$$
$$p = 1 - e/c \qquad \text{(F 7.8)}$$

Die Metapopulation überdauert, wenn die Aussterberate kleiner als die Kolonisierungsrate ist oder ihr gleicht. Temporär nicht besetzte, aber als Habitat geeignete Patches

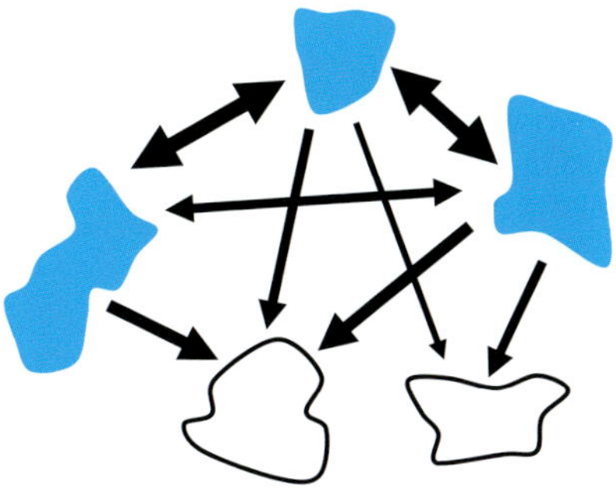

Abb. 7.1

Klassisches Metapopulationskonzept nach Levins (1969). Die blauen Habitate sind aktuell besiedelt, die weißen Habitate potenziell geeignet.

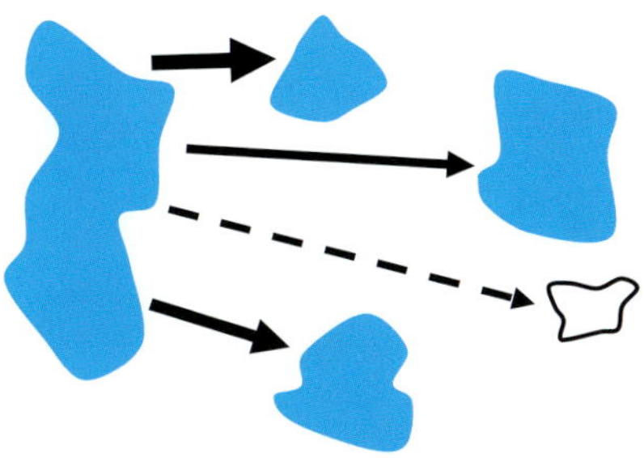

Abb. 7.2

Das Mainland-Island-Konzept der Metapopulationstheorie lehnt sich eng an die Inseltheorie an und überträgt diese auf Habitate und Populationen.

fördern in diesem Fall die Persistenz einer Metapopulation, da diese freien Habitate durch Zuwanderung wieder in die Metapopulation integriert werden können. Werden zurückgehende Subpopulationen durch Zuwanderung gestützt, wird dies, in Anlehnung an die Inseltheorie, als **Rescue Effect** bezeichnet. In der Inseltheorie bezieht sich dieser Effekt etwas expliziter auf den Zusammenhang zwischen der Entfernung und der Zuwanderung (s. Kap. 4).

Die Theorie der Inselbiogeographie von MacArthur & Wilson (1967) spielte bei der Entwicklung eines weiteren Konzeptes, der „Metapopulationstheorie", eine Rolle. Überträgt man die Inseltheorie, die sich auf Artenvielfalt bezieht, auf die Vielfalt der Individuen einzelner Arten in Habitaten, dann kann man die Annahme formulieren, dass standörtliche Abweichungen der Habitatqualität bewirken können, dass stabile und Individuenüberschuss produzierende Kernpopulationen Satellitenpopulationen immer wieder mit Individuen oder Ausbrei-

Abb. 7.3

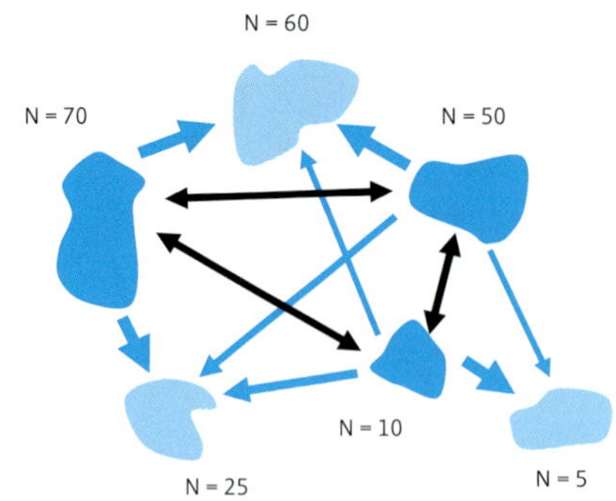

Source-Sink-Konzept (nach Pulliam 1988). Sources, R > 1; Sinks, R < 1; Sinks überdauern, da sie immer wieder durch Quellen versorgt werden. Hohe Populationsdichten sagen nicht zwangsläufig etwas über die intrinsischen Wachstumsraten bzw. über den Selbsterhalt einer Population aus!

Abb. 7.4

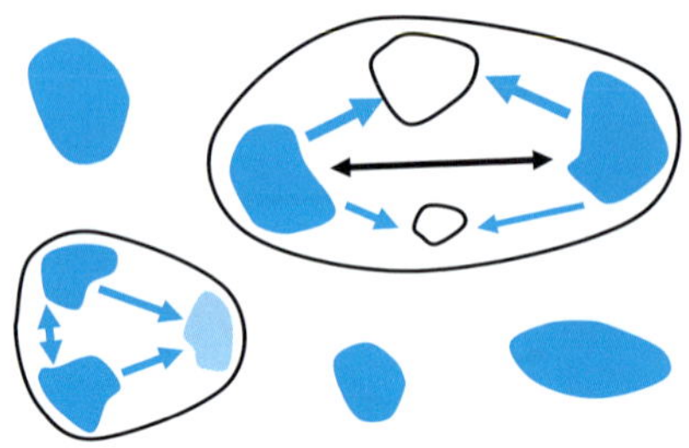

In der Realität liegt eine Mischung verschiedener Mechanismen vor. Eine realistische Darstellung von Metapopulationen inklusive Non-Equilibrium-Metapopulationen zeigt daher ein Nebeneinander verschiedener Mechanismen.

Merksatz

Die Ausbreitungskapazität der Arten unterscheidet sich deutlich!

tungseinheiten versorgen. Man spricht vom **Mainland-Island-Konzept** der Metapopulationstheorie, wenn angenommen wird, dass eine Population („Kontinent") innerhalb relevanter Zeitskalen unbegrenzt besteht und als permanente Quelle zur Besiedlung einzelner Patches („Inseln") dient (Abb. 7.2).

Das Konzept der **Source-Sink-Metapopulationen** geht schließlich davon aus, dass die Populationen der einzelnen Patches aufgrund abweichender Ressourcenverfügbarkeit und spezifischer Konkurrenzgefüge über unterschiedliche Reproduktionsraten verfügen (Pulliam 1988) (Abb. 7.3). Es bilden sich dann Populationen aus, die stete Quellen darstellen und Individuen abgeben (mit R > 1), und Populationen, die auf eine stete Zuwanderung von Individuen angewiesen sind, ohne welche sie vergehen würden (mit R < 1). Diese Senken überdauern ebenfalls, da sie immer wieder durch Quellen versorgt werden. Hohe Populationsdichten sagen in einem solchen Fall nicht direkt etwas über die intrinsischen Wachstumsraten bzw. über den Selbsterhalt einer Population aus!

In der Realität liegt sehr oft eine Mischung verschiedener Abläufe vor. Zusätzlich gibt es den Fall der sogenannten **Non-Equilibrium-Metapopulation**, in welcher räumlich benachbarte Populationen auch ohne die Verbindung durch Ausbreitung bestehen bleiben können. Eine räumliche Konstellation sagt nicht zwingend etwas über die funktionelle Verknüpfung zwischen Habitaten aus. Dennoch sind vereinfachte theoretische Annahmen sehr hilfreich für die Entwicklung von Simulationsmodellen, die es erlauben, die wesentlich wirkenden Mechanismen zu erkennen (Abb. 7.4).

Eine entscheidende Einschränkung der Übertragung der Metapopulationstheorien auf die Realität ergibt sich durch die individuell sehr unterschiedlichen Abundanzen und Ausbreitungskapazitäten verschiedener Arten. Ein und dieselbe Fläche erfüllt für verschiedene Arten sehr unterschiedliche Funktionen und auch ähnliche räumliche Distanzen zwischen Habitaten bedeuten keineswegs, dass diese für verschiedene Arten ähnlich wirksam werden.

7.4 Strategien, Reaktionen und Funktionen

Unter ökologischen und biogeographischen Gesichtspunkten ist es oft sinnvoll, neben dem Artkonzept weitere Sichtweisen zu verfolgen, wenn die Verteilung von Organismen bzw. von deren Eigenschaften gefragt ist. Schon frühzeitig wurden funktionelle Konzepte entwickelt. In frühen europäischen Kräuterbüchern wie jenem von Leonhart Fuchs von 1543 (s. Abb. 11.10), interessiert im Grunde nur, ob und wie eine Pflanze wirkt („krafft und würckung"), wenn auch auf den Menschen. Aber dennoch ist dies eine funktionelle Sichtweise.

Auch wenn Humboldt zusammen mit Bonpland zahlreiche Arten beschrieb, muss man sich doch vergegenwärtigen, dass dies erst nach seiner Rückkehr in Paris geschah. Während seiner Reise war er gezwungen, die vielen unbekannten Gewächse allgemeinen **Gestalttypen** zuzuordnen, mit welchen er die ökologischen Gegebenheiten und höhenzonalen Verteilungsmuster charakterisieren konnte. Auch das spätere Konzept der pflanzlichen **Lebensformen** von RAUNKIAER ist keineswegs ausschließlich physiognomisch zu verstehen. Mit den Bezugspunkten der Bodenoberfläche und der Höhe der Schneedecke sind ökologisch wirksame Bereiche gekennzeichnet. Da dieses Konzept aber an ein Jahreszeitenklima mit entsprechender Dynamik gebunden ist, verallgemeinern ELLENBERG & MUELLER-DOMBOIS (1967a) den Lebensformenansatz und stellen ihn auf eine primär physiognomische Grundlage. Für die Tierwelt hat REMANE Lebensformtypen entworfen. Morphologische Ähnlichkeiten (Körperform, Schnabelform, Behaarung etc.) sind im Tierreich als Anpassung an die jeweiligen Umweltbedingungen offensichtlich.

Die analoge Morphologie nennen wir, korrespondierend zu einer divergierenden morphologischen Spezifizierung, **Konvergenz**. Sie bildet sich evolutiv unter spezifischen Lebensumständen bei nicht verwandten Arten, also unabhängig voneinander, heraus. Konvergente Lebensformen bei Pflanzen sind beispielsweise Laubbäume, welche zu unterschiedlichen Verwandtschaftsgruppen gehören, oder die sukkulenten Arten der *Cactaceae* und *Euphorbiaceae*, die sich auf verschiedenen Kontinenten zu teils verblüffend ähnlichen Formen entwickelt haben. Gebräuchlicher ist der Begriff der Konvergenz jedoch bei Tieren. Auch hier entwickeln sich konvergente Formen als Reaktion bzw. Adaption an bestimmte Umweltbedingungen, also durch abiotischen Selektionsdruck auf die Evolution. Teils drückt sich die äußerliche Ähnlichkeit nicht verwandter Arten, wenn schon nicht in ihren wissenschaftlichen, so doch in ihren umgangssprachlichen Bezeichnungen aus, wie dies bei Wolf (*Canis lupus*) und Beutelwolf (*Thylacinus cynocephalus*) der Fall ist. Diese beiden Arten sind auch anhand ihres Schädelskeletts kaum voneinander zu unterscheiden (Abb. 7.5).

Verständlicherweise wirken die Medien (über ihren Widerstand) und die Art der Fortbewegung auf die Ausbildung konvergenter Körperformen ein. Vögel, Schmetterlinge und Fledermäuse besitzen gleichermaßen paarige Flügel, um sich in der Luft fortzubewegen. Besonders deutlich wird Konvergenz aber bei den im Wasser lebenden Tieren. Pinguine, Delfine, Haie und viele Fische zeigen ähnliche gedrungene Körperform und die Entwicklung von Flossen aus unterschiedlichen ursprünglichen Extremitäten heraus (Abb. 7.6).

Die **Bionik** macht sich das Wissen um diese nicht zufälligen Entwicklungen zu nutze. Ein Unterschied besteht allerdings bezüglich der aktiven Fortbewegung und dem passiven Ausgleich von Strömungswiderständen, wie dies bei den in Fließgewässern lebenden Arten der Fall ist. Auch die sonstigen Umweltbedingungen wie die Wassertemperatur und der Prädationsdruck sind relevant für die Ausbildung von Körperformen. Die Kofferfische (*Ostraciidae*) besitzen einen schützenden Knochenpanzer, der Stabilität und Schutz vor Fressfeinden gewährleistet. Sie ernähren sich von Kleintieren und müssen daher nicht sonderlich schnell sein (s. a. Abb. 7.6). In tropischen Gewässern bewegen sie sich mit möglichst geringem Energieeinsatz.

Abb. 7.5

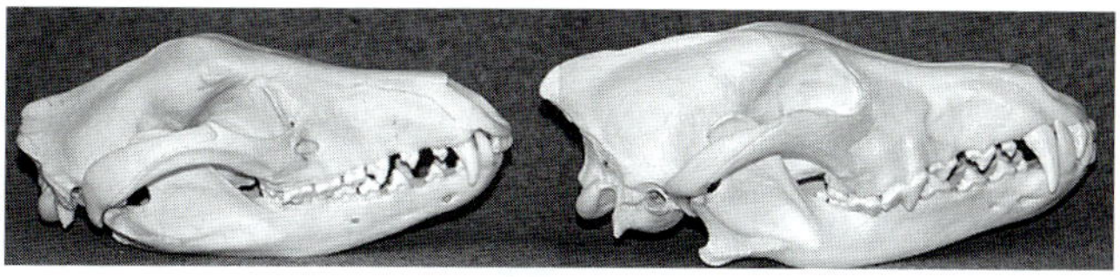

Konvergente Schädelentwicklung bei Beutelwolf (links) und Wolf (rechts) (Foto Naturhistorische Landessammlung Museum Wiesbaden).

Abb. 7.6

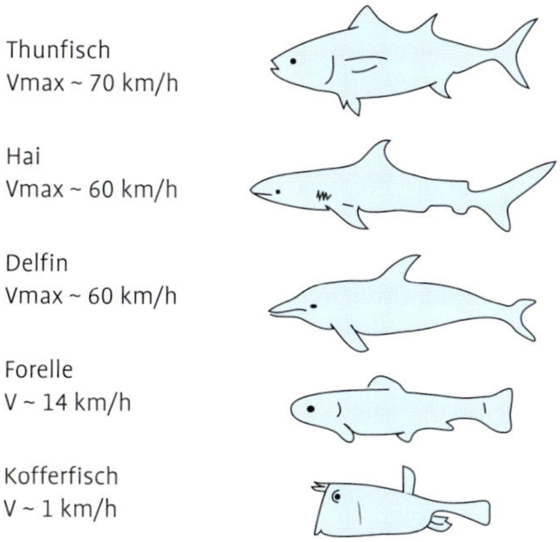

Konvergente Formen bei Wassertieren mit stromlinienförmigen Körpern.

Abb. 7.7

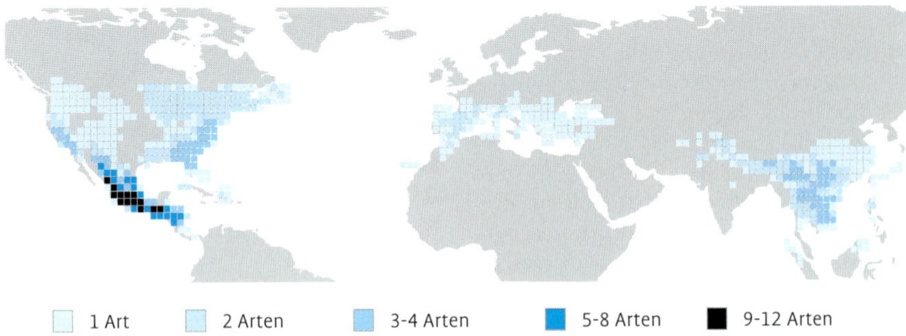

Vielfalt der Arten mit langen Nadeln (>15 cm) innerhalb der Gattung ***Pinus***. Im Vergleich zur Gesamtverbreitung der Kiefern sind langnadelige Kiefern eher wärmeliebend und in Gebieten mit häufigen Feuern konzentriert.

Auch bei Landtieren finden sich zahlreiche Beispiele, wie flugunfähige große Laufvögel oder erdbewohnende Wühler, die aber oft, wenn schon nicht direkt, dann doch entfernt miteinander verwandt sind. Die springende Fortbewegung auf zwei Beinen ist vor allem in weiten, offenen Ökosystemen vorteilhaft, so dass es nicht verwundert, dass wir auf verschiedenen Kontinenten Vertreter dieser Art der Bewegung finden. Bei den mausartig kleinen Tieren sind dies die Gattungen *Notomys* spec. (Australien), *Jaculus* spec. (Nordafrika), *Pedetes* spec. (Südafrika), *Dipodomys* spec. (Nordamerika), *Argyrolagus* spec. (ausgestorben, Südamerika). Sie besitzen lange, zum Springen geeignete Hinterbeine und lange, behaarte Schwänze für Ausgleichsbewegungen.

In sehr allgemeinem Sinn können auch die in der ALLEN'schen und der BERGMANN'schen Regel formulierten Zusammenhänge zwischen der Länge von Extremitäten bzw. dem Körpervolumen und den Außentemperaturen als konvergente Entwicklungen verstanden werden, da sie sich in unterschiedlichen Artengruppen ausdrücken. Auch die Tatsache, dass Bäume eine gewisse Wuchshöhe nicht überschreiten, ist als konvergente bzw. parallele Adaption zu verstehen.

Ähnliche Formen und Farbmuster müssen nicht unbedingt ein Hinweis auf das Leben unter vergleichbaren abiotischen Umweltbedingungen sein. Sie können neben anderen Faktoren auch durch biotische Vorteile begünstigt werden, die sich aus der Ähnlichkeit ergeben. In Mittelamerika finden sich zahlreiche Schlangenarten, bei welchen **Mimikry** zu beobachten ist. Es handelt sich um ungiftige Arten (z. B. der Gattung *Pliocercus*), die die Farbmuster giftiger Korallenschlangen (*Micrurus* spec.) nachbilden. Ihr Vorteil ist ein geringerer Prädationsdruck.

Auch wenn der Begriff **Strategie** anthropozentrisch anmuten mag, in der Militärsprache wie auch in der Spieltheorie verankert ist und zielgerichtetes Verhalten impliziert, so hat es sich doch eingebürgert auch bei Pflanzen und Tieren von Überlebensstrategien zu sprechen. Dies bezeichnet genetisch determinierte Reaktionsmuster oder einen Komplex von Verhaltensweisen bezüglich einschränkender Lebensumstände. Eine Strategie kann ein Verhaltensmuster bzw. Reaktionsmuster sein, mit welchem

Tab. 7.2 **Eigenschaften von r-Strategen.**

Umwelt	Merkmale
stabile Umweltbedingungen	biomassereiche Organismen
Populationen können K erreichen	langlebige Individuen
Konkurrenz wird wirksam	geringe Reproduktion
	Brutpflege

Tab. 7.3 **Eigenschaften von K-Strategen.**

Umwelt	Merkmale
instabile Umweltbedingungen	biomassearme Organismen
Populationen fluktuieren	kurzlebige Individuen
ständige Neubesiedlung	hohe Reproduktion
	keine Brutpflege

Organismen auf Umwelteinflüsse reagieren. Erfolgreiche Strategien werden selektiv gefördert, wie es Charles Darwins „survival of the fittest" herausstellt.

Bezüglich der Reaktion auf bestimmte Umweltbedingungen, die mit einer gewissen Wahrscheinlichkeit auftreten, werden unterschiedliche Taxa ähnliche Strategien entwickeln. Beispielsweise finden sich weltweit am Ufer von Flüssen extrem biegsame Holzgewächse als Reaktion auf Hochwässer, die zwar selten, aber häufig genug auftreten, um andere Wuchsformen zu eliminieren. Bemerkenswert ist nun, dass diese Gehölze sehr unterschiedlichen Familien angehören. Strategien bezeichnen folglich charakteristische Anpassungen und spezifische Verhaltensweisen sowohl zur optimierten Ressourcennutzung (Beispiel Epiphyten) wie auch als Reaktion auf Störungen und Stress (Abb. 7.7).

Wenn die ökologische Valenz bzw. das ökologische Potenzial lediglich die Reaktionsbreite von Organismen bezüglich bestimmter Umweltbedingungen absteckt, so integriert eine ökologische Strategie zusätzlich informationelle und regulatorische Aspekte des aktiven Verhaltens in einer Biozönose. Im Konzept der **r- und K-Strategen** wird Strategien zur Anpassung an Ressourcenverfügbarkeit und zur effizienten Ressourcennutzung Rechnung getragen (Tab. 7.2, Tab. 7.3).

Eine weitere Kategorie von Strategien bezieht sich auf die Reaktionen auf außergewöhnliche Störungen und auf Stress, d. h. auf zeitlich terminierte Beeinträchtigungen von Lebensabläufen. Solche Strategien sind in ephemeren Lebensräumen und bei Eintreten unvorhersehbarer Ereignisse bedeutsam. Das Vorhandensein derartiger genetisch fixierter Reaktionsmuster mag daher lange Zeit unbedeutend sein bzw. nicht zum Tragen kommen, in Extremsituationen aber das Überleben sichern.

Für die Pflanzen versucht Grimes (1974) **C-R-S-Konzept der Strategietypen** die Synthese von ressourcen- und prozessorientiertem Vorgehen. Neben dem Wettbewerb wird dem Stress als limitierendem Faktor Bedeutung beigemessen. Die drei Pole in den Dreiecksdiagrammen dieses Ansatzes werden durch den wettbewerbsstarken („competitors"), den ruderalen („ruderals") und den stress-ertragenden („stress-tolerators") Typ definiert.

Abb. 7.8

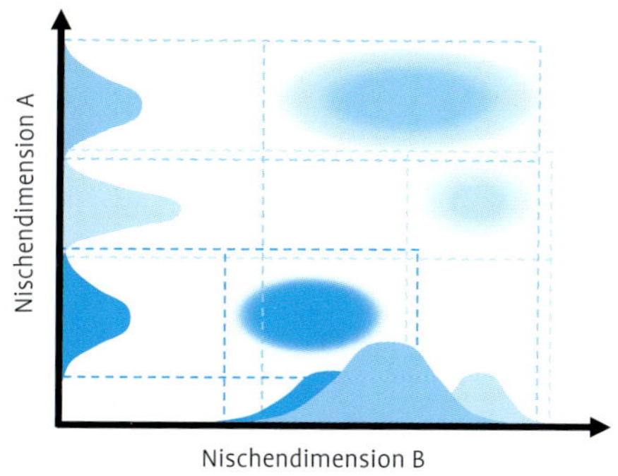

Die ökologische Nische dreier Arten bezogen auf zwei Parameter bzw. Nischendimensionen. In der Natur leisten weit mehr Faktoren einen Beitrag zur funktionellen Differenzierung der Arten.

Als Form der sozialen Strategie kann das Konkurrenzverhalten („competitive ability") angesehen werden. Auch bei ausreichender Ressourcenverfügbarkeit und bei Fehlen von mechanischen Störungen kann das Überleben von Organismen durch konkurrierende Individuen gefährdet sein. Die auf die Fortpflanzung bezogenen Verhaltensmuster sind als Reproduktionsstrategie aufzufassen. Sie zählen nur bedingt zu den Überlebensstrategien, gewährleisten jedoch z. B. über die Brutpflege das Fortbestehen des Genpools. Die koevolutive Ausbildung bestimmter Blütenformen mit voraussichtlichem Bestäubungserfolg durch bestimmte Vektororganismen gehört ebenfalls hierhin.

Das tatsächliche Auftreten von Arten, also das Ausfüllen ihrer fundamentalen **ökologischen Nische**, wird über die zwischenartliche Konkurrenz bestimmt (s. a. Kap. 3)! Ist eine andere Art in einem Bereich der Nische konkurrenzstärker, kann die realisierte Nische der bedrängten Art eingeschränkt sein. Nischenbreite und Nischenüberlappung zwischen Organismen kann sich sehr unterschiedlich gestalten. Da sich die ökologische Nische auf die Gesamtheit der Umweltfaktoren bezieht, kann das Überlappen bezüglich eines Faktors durch Differenzierung bezüglich eines anderen ermöglicht werden (Abb. 7.8).

Seit einigen Jahren steht neben der Biodiversität die **Biokomplexität** mehr und mehr im Interesse der Forschung. Es handelt sich dabei um die funktionelle Vielfalt der Ökosysteme. Es wird angenommen, dass vor

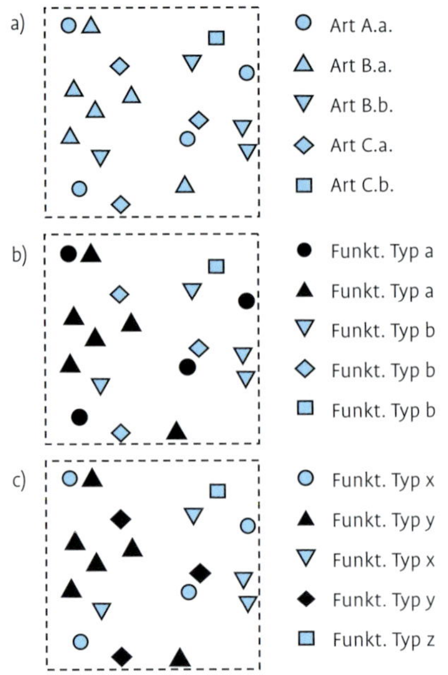

Abb. 7.9

Zuordnung von Individuen zu Arten und funktionellen Gruppen. Je nach Kriterium werden die selben Individuen unterschiedlichen Typen zugeordnet. a) Phylogenetische Klassifikation (3 Gattungen, 5 Arten); b) funktionelle Klassifikation in zwei Kategorien (a, b) auf der Grundlage einer spezifischen Ökosystemfunktion (z.B. Stickstoffhaushalt); c) funktionelle Klassifikation in drei Kategorien (x, y, z) auf der Grundlage einer anderen Ökosystemfunktion (z.B. Wasserhaushalt). Konkrete Individuen werden in den jeweiligen Bezugssystemen unterschiedlich gruppiert. (aus Beierkuhnlein & Schulte 2001).

allem diese einen Zusammenhang mit der Stabilität bzw. mit der Resilienz (Selbstregeneration) der Systeme besitzt und weniger rein quantitative Parameter wie die Artenzahl. Um nun Biokomplexität zu kennzeichnen, muss man auch die Vielfalt der funktionellen Interaktionen in einer Lebensgemeinschaft erfassen und hierzu sind **funktionelle Typen** ein gutes Werkzeug.

Jede funktionelle Typisierung basiert auf der Ausscheidung von Gruppen von Organismen auf der Grundlage ausgewählter funktioneller Attribute (Eigenschaften). Alle Organismen besitzen eine jeweils spezifische Kombination von Attributen. Konzentriert man sich auf einzelne Funktionen, wie beispielsweise auf den Beitrag zur Fixierung von Stickstoff oder auf die Lebensdauer, dann wird verständlich, dass einzelne Arten jeweils mit anderen zusammen in unterschiedliche und von der Fragestellung abhängige Gruppen eingeordnet werden. Ein bestimmtes Individuum kann daher zu verschiedenen funktionellen Gruppen gehören (Abb. 7.9). Wir unterscheiden grundsätzlich funktionelle **Aktions-Typen** (Schlüsselarten, „key-species“, „ecosystem engineers“) (Mills et al. 1993), mit analoger Funktionalität von funktionellen **Reaktions-Typen** mit analogen Anpassungen, die als Indikatoren für bestimmte abiotische Eigenschaften dienen können (z.B. Steele 1991). Gilden gehören eher in die erstgenannte Kategorie, ökologische Gruppen eher in die zweite.

Das zeitlich begrenzte Auftreten bzw. die Ausbildung bestimmter Eigenschaften oder Verhaltensweisen im Jahresverlauf ist unter funktionellen Gesichtspunkten als eine Reaktion auf zeitlich limitiertes Ressourcenangebot zu sehen. Ähnlich wie bei den morphologischen Anpassungen, die zu analoger bzw. konvergenter Physiognomie unter vergleichbaren Umweltbedingungen und der Ausbildung bestimmter Lebensformen oder Morphotypen führen, können wir bezüglich des zeitlichen In-Erscheinung-Tretens von Arten Ähnlichkeiten erkennen. Zeitlich ähnlich getaktete, saisonal konvergente Arten müsste man als Phänotypus bezeichnen, doch wird dieser Begriff bereits für die individuelle Ausprägung eines Bauplans verwendet, also für das Erscheinungsbild eines Individuums. Wir sprechen daher besser von phänologischen Typen, wenn wir Arten mit einer analogen Saisonalität kennzeichnen wollen. Zeiträume mit charakteristischem Auftreten von bestimmten phänologischen Erscheinungen (Blüte bestimmter Arten) bezeichnen wir als Phänophasen.

7.5 Areale und Arealtypen

Die Arealkunde (**Chorologie**) ist sozusagen die Kerndisziplin der Biogeographie. Sie befasst sich mit den Arealen, den Siedlungs- bzw. Verbreitungsgebieten von Taxa. Man kann Areale von Arten, von Gattungen und von Familien darstellen. Allerdings sind Artareale die wichtigste Grundlage der Chorologie. Ein Areal wird über die Sammlung von Fundorten und Nachweisen nachvollzogen. Aufgrund der Fülle der Vorkommen und ihrer zeitlichen Variabilität kann eine Erfassung jedoch niemals vollständig sein oder gar gezielt erfolgen. Verschiedene Kartierungs- und Darstellungsmethoden wurden in Kapitel 6 erläutert. Die Verbreitungsgebiete von Pflanzen und Tieren können nach ihrer Form, Größe, Lage und Besiedlungsdichte differenziert und analysiert werden.

Areale unterliegen immer einer gewissen **Dynamik**. Sie können sich in Ausweitung befinden oder im Rückzug. Die heutigen Muster sollten daher nicht statisch betrachtet werden. Vor allem an den Arealrändern ist zu beobachten, ob wir es mit einer regressiven oder progressiven Arealentwicklung zu tun haben. Wir unterscheiden ferner das realisierte und das potenzielle Areal einer Art. Sehr stark beeinflussen klimatische Faktoren die Ausbildung von Arealen. Dennoch können Arten ganz offensichtlich nicht alle Standorte mit weltweit vergleichbaren Klimabedingungen besiedeln. Sie realisieren jeweils nur jenen Teil des potenziellen Areals, der nicht durch Ausbreitungseinschränkungen ausgeschlossen wird. Zusätzlich wirken frühere Artverteilungsmuster noch heute in den rezenten Mustern nach.

Besonders gut veranschaulicht das Areal der Pflanzenfamilie *Gesneriaceae* das Zusammenwirken klimatischer und historischer Faktoren. Die Familie ist in den Tropen verbreitet. In NO-Spanien sowie im NW-Balkan bestehen allerdings isolierte Vorkommen (z. B. *Ramonda pyrenaica* und *R. serbica*), die nicht durch episodische Ausbreitungsereignisse erklärt werden können, da die dort lebenden Arten endemisch sind. Die Außenposten zeigen vielmehr reliktisch die ehemalige Verbreitung der Familie an. Neben aktuellen Ausbreitungshindernissen sind es also die historischen Verbreitungsmuster in Verbindung mit Kontinentanordnungen und Meeresspiegelschwankungen, welche die globalen Muster der Taxa maßgeblich bestimmen. Bei wirtschaftlich interessanten Arten ist es der Mensch, der dazu beiträgt, die standörtliche Kapazität einer Art auszuschöpfen und durch Verpflanzen implizit deren potenzielle Arealgrenzen zu erkunden (Abb. 7.10).

Alle Arten besitzen **Grenzen** ihrer Verbreitung. Die Ursachen sind entweder das Fehlen geeigneter Habitate (z. B. terrestrische bzw. aquatische Lebensräume) bzw. Auftreten physischer Hindernisse (z. B. Meeresküsten, große Seen) (**Raum**) oder die Tatsache, dass geeignete Lebensräume noch nicht (wieder) erreicht werden konnten (**Zeit**). An Land sind die Ursachen von Arealgrenzen oft verbunden mit engen Gradienten bzw. starken Kontrasten physikalischer (Temperatur, Einstrahlung, Windeinwirkung) oder chemischer Faktoren (Wasserangebot, Nährstoffverfügbarkeit, Auftreten toxischer Konzentrationen z. B. bei Salzen). Dem Relief und dem unter anderem hierdurch beeinflussten Klima sowie dem anstehenden Gestein sind folglich große Bedeutung beizumessen. Wie Abbildung 7.10 andeutet, ist es selten ein einziger spezifischer Faktor, der die Verbreitung in allen Bereichen der Arealgrenze limitiert.

Grenzen von Verbreitungen sind, mit Ausnahme von scharfen topographischen Gradienten oder Land-Wasser-Grenzen, nur sehr selten diskret. Vielmehr findet an den Arealrändern oft eine Ausdünnung der Häufigkeit des Auftretens einer Art statt. Graduelle Änderungen, also ein allmählicher Wechsel der Standortbedingungen, führen dazu, dass die Ansprüche einer Art immer seltener erfüllt werden. Es kann sein, dass sie sich noch etablieren und ihren individuellen Lebensablauf vollziehen kann, aber beispielsweise keine erfolgreiche Fortpflanzung mehr zu leisten vermag.

Der Umriss eines Artareals assoziiert die Vergleichbarkeit der Bedingungen innerhalb des Verbreitungsgebietes, doch ist dies selten tatsächlich gegeben. Die **Besiedlungsdichte** kann deutlich variieren. Wir müssen unterscheiden, ob Arten innerhalb ihres Lebensraumes dominant werden oder ob sie innerhalb ihres Areals zwar häufig auftreten, aber eine geklumpte Verteilung aufweisen. Auch sind häufige Arten teilweise in ihren Vorkommen auf jeweils wenige Individuen begrenzt, die im Raum mit hoher Wahrscheinlichkeit immer wieder auftreten (Abb. 7.11).

Merksatz

Arten können durch einzelne Ereignisse in neue Lebensräume gelangen und auf diese Weise ihr Areal erweitern.

Abb. 7.10

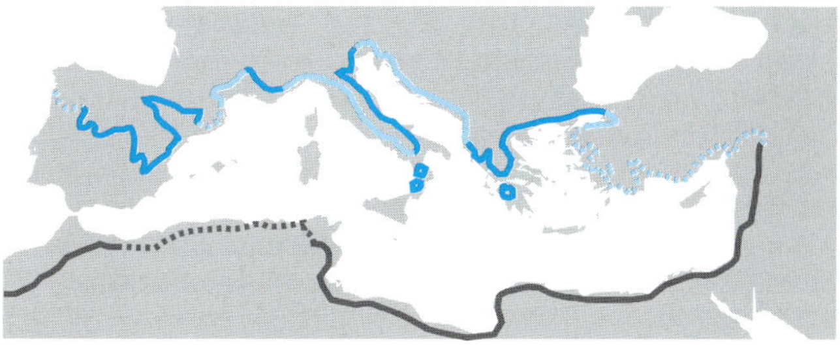

Klimagesteuerte Verbreitungsgrenzen des Europäischen Ölbaumes (*Olea europaea*) (verändert nach Müller-Hohenstein 1991).

Abb. 7.11

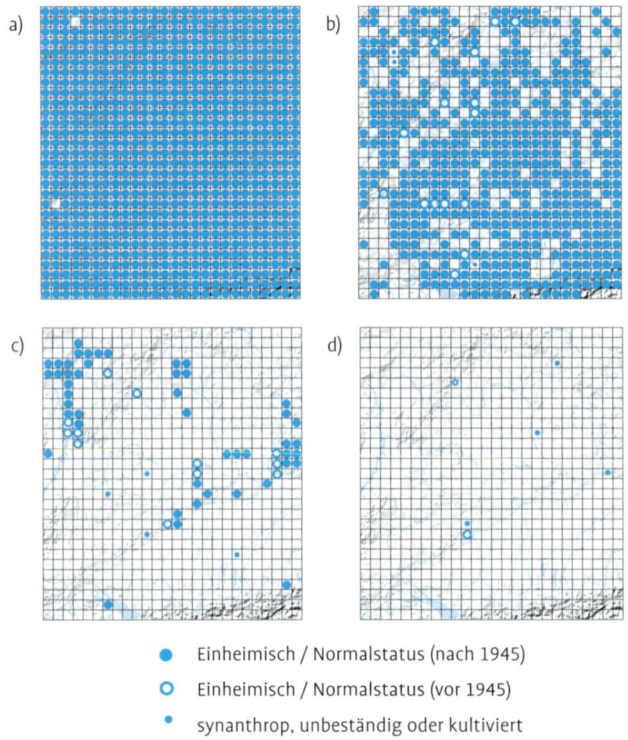

Beispiele unterschiedlicher Häufigkeit von Arten in Süddeutschland.
a) *Daucus carota*, sehr häufig b) *Juncus compressus*, häufig; c) *Veronica longifolia*, zerstreut; d) *Linaria repens*, selten (Ausschnitte aus Karten in HAEUPLER et al. 1988).

Abb. 7.12

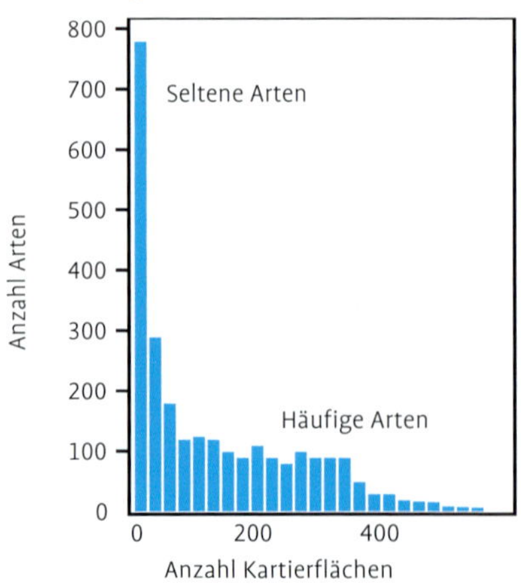

Häufigkeitsverteilung der Flora der Schweiz. Der größte Teil der Arten kommt nur auf wenigen Kartierflächen vor (Quelle WSL).

Seltene Arten können andererseits durch einzelne individuenstarke Populationen vertreten sein. Populationsökologische Prozesse bewirken bei bestimmten Arten eine hohe Vermehrungsrate. Sind die Lebensräume der Art natürlicherweise selten, dann kann aus der Anzahl der Individuen an einem Standort nicht auf eine größere Fläche hochgerechnet werden. Arten mit einer sehr engen Konzentration auf bestimmte Standortbedingungen, wie der sehr seltene, an Serpentingestein gebundene Braungrüne Streifenfarn (*Asplenium adulterinum*), sind aber durch vielfältige Einflussgrößen gefährdet. Da oft kein Austausch zwischen den Populationen erfolgt, wir also nicht von Metapopulationen ausgehen können, ist der Erhalt jedes einzelnen Vorkommens von Bedeutung. Ist das Vorkommen insgesamt nur auf einen Lebensraum begrenzt, wie dies bei der Baikalrobbe (*Pusa sibirica*) der Fall ist, die nur im Baikalsee vorkommt, dann besteht dort eine besondere Verantwortung für den Erhalt der Art. Neben zwei Unterarten der arktischen Ringelrobbe (*Phoca hispida ladogensis* im russischen Ladogasee und *P. h. saimensis* im finnischen Saimaasee), ist die Baikalrobbe die einzige Robbenart, die ihr gesamtes Leben im Süßwasser verbringt.

Eine andere Möglichkeit der Entstehung eines solchen Musters mit individuenstarken Populationen bei seltenen Arten sind äußere Einflüsse. Menschliches Einwirken wie Landnutzungsveränderungen, invasive Arten oder Umweltveränderungen können den Rückgang einer Art bewirken, wobei einzelne, eventuell überalterte Vorkommen ebenfalls die flächigen Verhältnisse nicht (mehr) repräsentieren. Der Beitrag seltener Arten zur Biodiversität eines größeren Gebietes ist nicht zu vernachlässigen. Abbildung 7.12 zeigt die Verteilung der Häufigkeit der Pflanzenarten in der Schweiz. Daraus ist zu ersehen, dass die allgemein verbreiteten Arten in der Minderzahl sind.

Ändern sich die Umweltbedingungen graduell, kann es zu einer relativen Verschiebung der ökologischen Ansprüche einer Art kommen, so dass sie fernab von ihrem Verbreitungsschwerpunkt unter Bedingungen angetroffen wird, die sie sonst meidet. WALTER (1953) beschreibt dieses Phänomen als „Gesetz des Biotopwechsels und der **relativen Standortkonstanz**", doch sollten wir dies eher als „Regel" denn als „Gesetz" verstehen. Diese Regel sagt aus, dass wenn sich innerhalb des Areals einer Art eine standörtliche Veränderung ergibt, was vor allem in Richtung der Verbreitungsgrenze zu erwarten ist, dann wird die Art dies durch einen Biotopwechsel zu kompensieren versuchen. Vor allem ist dies bei klimatischen Gradienten relevant. Arten, die im Norden Trockenstandorte bevorzugen, wechseln mit zunehmender Einstrahlung im Süden oft auf feuchtere Standorte. Die für die Art eigentlich bedeutsamen abiotischen Umweltbedingungen bezüglich der Wasserverfügbarkeit bleiben hierdurch ähnlich.

Ein wichtiger Aspekt ist die Geschlossenheit bzw. **Kontinuität von Arealen**. Das Wiesen-Schaumkraut (*Cardamine pratensis*) besitzt beispielsweise ein die gesamte nördliche Hemisphäre umfassendes geschlossenes Areal. Die Verbreitung ist nicht durch größere Lücken unterbrochen (Abb. 7.13).

Weltweit verbreitete Arten nennt man **Kosmopoliten**, doch sollte dies nicht wörtlich aufgefasst werden. Zwar gibt es durchaus einige Arten mit sehr weiter Verbreitung, wie den Adlerfarn (*Pteridium aquilinum*) (Abb. 7.14) oder den Breit-Wegerich (*Plantago major*), doch zeigen selbst diese Arten deutliche Verbreitungslücken. Sie fehlen in den Trockengebieten der Erde und in Polnähe. Einen echten Kosmopoliten gibt es daher nicht. Sehr weit verbreitet sind in der globalen Perspektive die Pflanzenfamilien der Lippenblütler (*Lamiaceae*) sowie die Süßgräser (*Poaceae*).

Endemismen sind relativ. Endemische Arten haben eine enge Verbreitung und treten sehr spezifisch in einem bestimmten Raum in Erscheinung. Dort müssen sie keineswegs selten sein. Doch ist mit dem Begriff **Endemismus** nichts über die Größe dieses Raumes ausgesagt. Arten können in Europa oder am Monte Baldo endemisch sein. Es ist aber durchaus sinnvoll, Grenzwerte für die Entscheidung, ob eine Art endemisch ist oder nicht (Ausscheidung) festzulegen und aus der Analyse ihrer Verteilung Schlüsse zu ziehen.

Nicht nur Arten und Gattungen, auch Familien können in ihrer Verbreitung eng begrenzt sein, wie Abbildung 7.15 demonstriert. Es handelt sich dann zumeist um sehr alte Taxa, die sich auf dem Rückzug befinden oder auf bestimmte Verbreitungsgebiete begrenzt blieben. Das Florenreich der Holarktis, das große zusammenhängende Flächen umfasst und während des Pleistozän einer maßgeblichen Ausdünnung der Biodiversität unterlag, besitzt kaum endemische Pflanzenfamilien. In der Neotropis und der Paläotropis, die über sehr lange Zeiträume konstante Lebensbedingungen boten, finden sich hingegen zahlreiche Beispiele. Betrachtet man die globale Verteilung endemischer

Abb. 7.13

Geschlossenes zirkumpolares Areal des Wiesen-Schaumkrautes (*Cardamine pratensis*) (nach Richter 1997).

Abb. 7.14

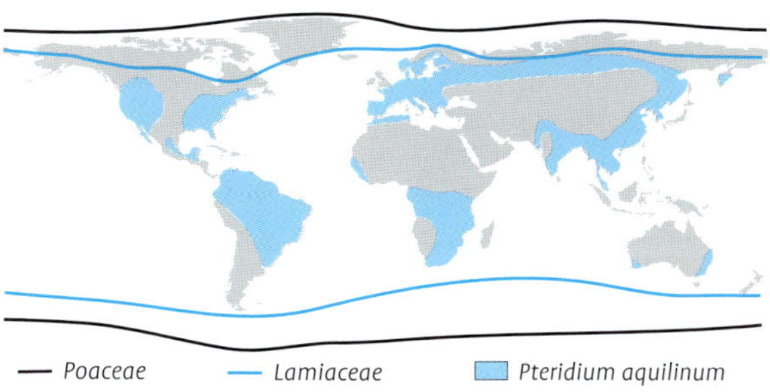

Kosmopolitische Elemente. Die Familien der Süßgräser (*Poaceae*) und der Lippenblütler (*Lamiaceae*) sind nahezu weltweit verbreitet. Der Adlerfarn (*Pteridium aquilinum*) besitzt ebenfalls eine nahezu kosmopolitische Verbreitung, fehlt jedoch in den Trockengebieten (nach Meusel et al. 1965 und Schroeder 1998).

Merksatz

Auch wenn Arten ein geschlossenes Areal besitzen, können sie in dieses aus einem anderen Gebiet zugewandert sein!

Abb. 7.15

Beispiele endemischer Pflanzenfamilien mit sehr begrenztem Areal (nach HUGGETT 2002).

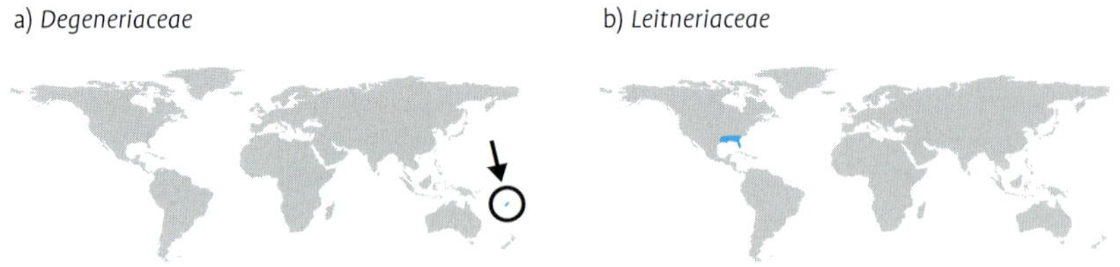

Abb. 7.16

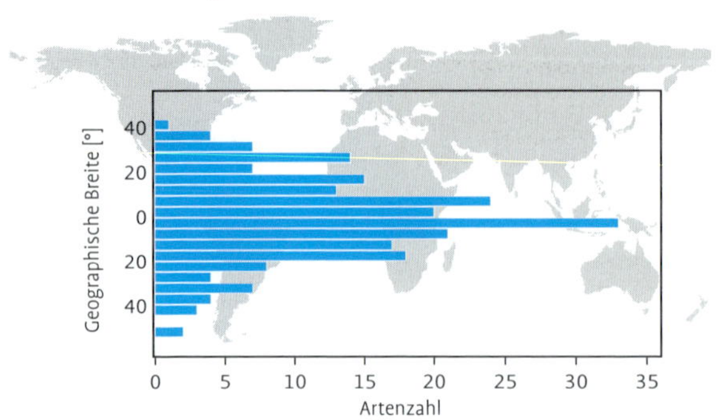

Verbreitung endemischer Vogelarten entlang der Breitengrade (nach BIBBY et al. 1992 aus BROWN & LOMOLINO 1998).

Abb. 7.17

Aeonium nobile (*Crassulaceae*), auf La Palma endemisch.

Vogelarten entlang der Breitengrade, dann erkennt man, dass die Tropen die höchste Zahl endemischer Vogelarten beherbergen (BIBBY et al. 1992) (Abb. 7.16). Dieses globale Muster des Endemismus ist auch bei anderen Artengruppen zu beobachten. Den Zusammenhang zwischen Breitengraden und Artenvielfalt hatten wir bereits herausgestellt und kritisch beleuchtet. Auch hier ist zu fragen, ob in erster Linie energetische Faktoren, zeitliche Faktoren (Stabilität der Umweltbedingungen im Pleistozän) oder räumliche Faktoren (natürliche Habitatfragmentierung durch Inseln) entscheidend sind. Diese Einflussgrößen überlagern sich zusätzlich mit biotischen Faktoren. Ist beispielsweise aufgrund eines der eben angesprochenen Faktoren die Pflanzenartenvielfalt erhöht bzw. kommen aufgrund dieses Faktors (Ressourcenverfügbarkeit, Stabilität, Isolation) viele endemische Pflanzenarten vor, dann ist auch zu erwarten, dass damit die Zahl der ökologischen Nischen wächst bzw. dass sich spezifische koevolutive Interaktionen entwickeln, die die Artbildung auch bei anderen Artengruppen fördern.

Es fällt auf, dass auch bei den Vogelarten ein großer Teil der tropischen Endemiten an Inseln gebunden ist. Inseln machen weniger als 10 % der Landoberfläche aus, beherbergen aber nahezu 50 % der endemischen Vogelarten. Und, Inseln sind durch die Karibik und das Indomalayische Archipel gerade in den Tropen besonders stark vertreten. Die Konzentration des Endemismus auf die Tropen ist daher nicht zwingend thermisch bedingt. Zusätzlich häufen sich endemische Arten in den Gebirgsregionen und auch hier ist zu bemerken, dass alle tropischen Zonen über sehr eigenständige Gebirgsformationen verfügen. Wir können folglich konstatieren, dass die Muster des Endemismus auf ein komplexes Gefüge von Faktoren zurückzuführen sind. Dass sich dennoch eindeutige globale Muster zeigen, steht dazu nicht im Widerspruch.

Ein besonders beeindruckendes Beispiel für die Rolle von Inseln für die Entwicklung endemischer Arten sind die Kanarischen Inseln. Die Gattung *Aeonium* (*Crassulaceae*), die neben den Kanaren noch auf Madeira, in Marokko, Äthiopien und dem Jemen vorkommt, hat dort eine intensive adaptive Radiation durchlebt und besitzt auf den Kanaren ihr Sippenzentrum mit zahlreichen nur auf einer Kanareninsel vertretenen Arten (Abb. 7.17, Abb. 7.18).

In Europa sind die Muster des Endemismus durch die pleistozänen Abläufe geprägt. Die Häufung endemischer Arten in den Randbereichen der Alpen (Abb. 7.19) ist die Folge der eiszeitlichen Vergletscherung der Zentralalpen. Dort verblieb kaum terrestrischer Lebensraum. Die sich ins Vorland ergießenden Talgletscher ließen aber in den Randalpen einzelne Gebirgsstöcke (**Nunatakker**) eisfrei. Diese boten besonders in den Südalpen durchaus günstige Mikrostandorte, so dass hier isolierte Rückzugsräume von Felspflanzen verblieben. Die lange Zeit andauernde Isolation der Populationen förderte deren genetische Isolation und die Herausbildung eigener Arten (z. B. am Monte Baldo in Norditalien).

Der Endemitenreichtum im Bereich der ehemaligen Nunatakker an den Randalpen bringt im Zusammenhang mit den aktuellen Klimaveränderungen neue Gefährdungen mit sich. Da die Gipfelhöhen in den Randalpen vergleichsweise niedrig sind, können diese Bergregionen besonders stark von der Erwärmung betroffen werden. Im Laufe einer eventuellen Klimaerwärmung stehen keine Ausweichräume nach oben zur Verfügung (Tab. 7.4).

Die historischen Abläufe führten nicht nur zur Isolation und Artbildung. Bei vielen Arten kam es schlicht zu einer Zurückdrängung auf einzelne Reliktvorkommen, wie gerade bei den *Gesneriaceae* diskutiert. Die Verbreitungslücken vieler Gattungen und Familien in Europa, die in Kapitel 10 nochmals aufgegriffen werden, sind das Resultat der besonderen Beanspruchung der europäischen Ökosysteme durch die Eiszeiten. Die,

Abb. 7.18

Aeonium tabuliforme (*Crassulaceae*), auf Teneriffa endemisch.

Abb. 7.19

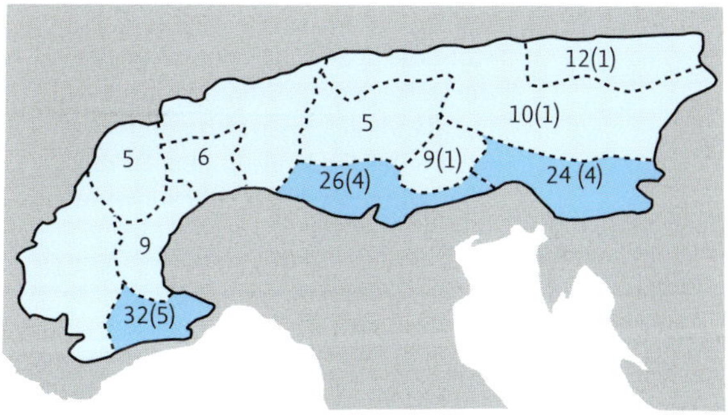

Die Verteilung der endemischen Pflanzenarten und -gattungen (in Klammern) der Alpen zeigt eine Häufung in den Randalpen (nach PAWLOWSKI 1970).

relativ zu ähnlichen Lebensräumen des gemäßigten Bioms betrachtet, nördliche Lage und die mannigfaltigen Barrieren bewirkten hier eine besondere Verarmung von Flora und Fauna.

Analysiert man in Europa den Endemismusgrad der Gebirge, dann zeigt sich ebenfalls ein Muster, das in engem Zusammenhang mit den Eiszeiten und mit Rückzugsräumen steht. Sind in den nordeuropäischen Gebirgen kaum Endemiten zu finden und in

Tab. 7.4 **Höhenverteilung endemischer Gefäßpflanzen in den Nordalpen (nach Grabherr et al. 1995, verändert).**

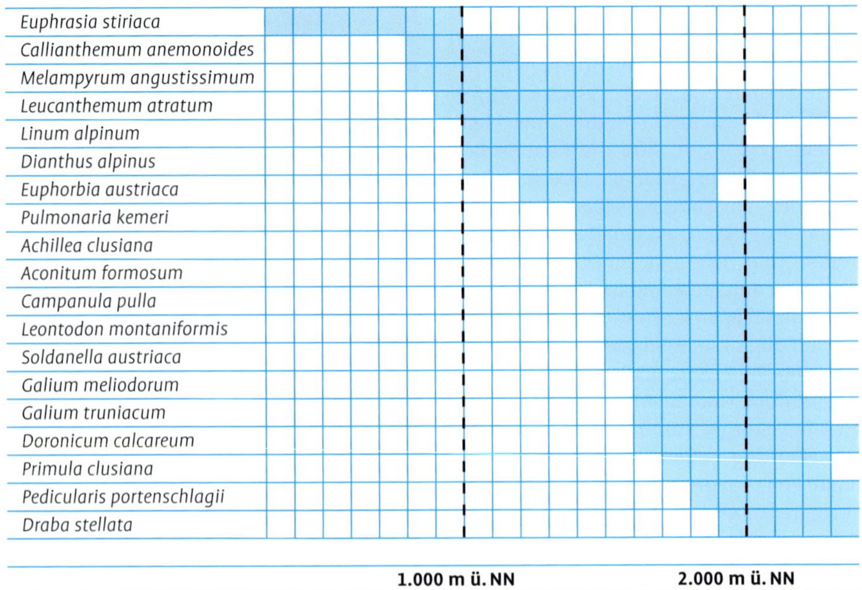

den Alpen und Karpaten nur relativ wenige, so ändert sich dieses Bild sehr stark, wenn wir in den Mittelmeerraum kommen. Sowohl die spanische Sierra Nevada als auch die Gebirge der Mittelmeerinseln und Griechenlands zeichnen sich durch eine Vielfalt regionaler Endemiten aus. In diesen Räumen können während des letzten Glazials durchaus günstige Lebensbedingungen angenommen werden.

Neoendemismus ist hingegen an die aktuell wirkenden biotischen Mechanismen gebunden. In kontinentalen Lebensräumen ist Neoendemismus besonders bei apomiktischen Sippen sowie bei Taxa häufig, die zu hybridogener Artbildung befähigt sind. Bei solchen Artengruppen spielen sexuelle Reproduktion und räumliche Isolation nur eine untergeordnete Rolle. Bei den Pflanzen zeichnen sich in Mitteleuropa bestimmte Gattungen durch eine besonders hohe Artenvielfalt aus (*Taraxacum* und *Hieracium* (*Asteraceae*) sowie *Rubus* und *Rosa* (*Rosaceae*)). Oft sind morphologische Unterscheidungsmerkmale nur gering ausgeprägt. Und tatsächlich ist bei diesen Gattungen Apomixis und Hybridisierung besonders häufig. Ein Beispiel einer hochendemischen und seltenen Art ist das Fränkische Habichtskraut (*Hieracium franconicum*), das an wenigen Standorten der Nördlichen Frankenalb und der Schwäbischen Alb zu finden ist (Abb. 7.20).

Allopatrische Artdifferenzierung in terrestrischen Systemen kann durch kursorische Ausbreitungsereignisse oder durch klimainduzierte Schwankungen von Höhen-

Abb. 7.20

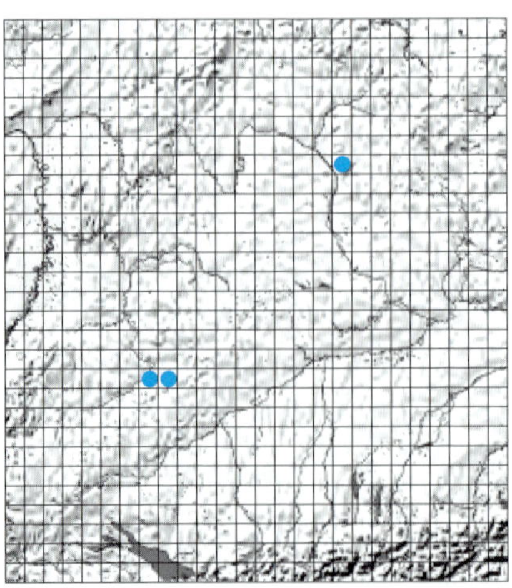

Die Vorkommen des Fränkischen Habichtskrautes (*Hieracium franconicum*) (Ausschnitt der Karte aus Haeupler et al. 1988).

stufen ausgelöst werden, was die Häufung von Endemiten in Gebirgsräumen erklärt. In den tropischen Hochgebirgen Afrikas findet sich eine Vielzahl nahe verwandter endemischer Arten (Tab. 7.5), bei welchen derartige Mechanismen unterstellt werden können. Die afro-alpine Stufe zeichnet sich zusätzlich durch extreme Umweltbedingungen aus, welche die Herausbildung eigener Arten durch Anpassungsvorgänge fördern. Die Lage in den Tropen bewirkt ein Tageszeitenklima. Tagsüber ist oberhalb der Nebelstufe eine starke Einstrahlung wirksam. Die Höhenlage geht gleichzeitig mit einer allnächtlichen Abkühlung bis auf Werte unter den Gefrierpunkt einher. Um den mit diesem diurnalen Rhythmus verbundenen Stress zu reduzieren, haben sich charakteristische Anpassungen herausgebildet, die sich in den Lebensformen der Pflanzen niederschlagen (Abb. 7.21).

Trennt sich ein Areal in verschiedene Teilareale auf, zwischen welchen keine Migrationsbewegungen stattfinden und bei welchen nicht zu erwarten ist, dass ein genetischer Austausch zwischen den Populationen erfolgt, sprechen wir von einem diskontinuierlichen oder disjunkten Areal. **Disjunktion** ist entweder eine Folge von Habitatverschlechterung im Bereich zwischen den noch besetzten Arealen, des Einwanderns einer konkurrenzstarken Art in diesen Raum oder der früheren Überwindung von heute wirksam gewordenen Ausbreitungsschranken.

In Europa ist die arktisch-alpine Disjunktion ein häufiges Verbreitungsmuster, da sich mit dem Abschmelzen der Gletscher die Arten der pleistozänen Tundrenökosysteme sowohl in das Hochgebirge der Alpen als auch in die arktischen Bereiche Skandinaviens und Sibiriens verlagern konnten. Aus datierbaren Funden von Großresten und Pollen kann abgeleitet werden, dass Arten mit dieser Verbreitung ehemals zonal in Mitteleuropa vorkamen. Neben der Silberwurz (*Dryas octopetala*) (Abb. 7.22) gibt es zahlreiche Pflanzenarten, die dieses Verbreitungsmuster zeigen (z. B. *Ranunculus glacialis*, *Viola biflora*, *Silene acaulis*). In der europäischen Tierwelt besitzen die Ringdrossel (*Turdus torquatus*) und der Schneehase (*Lepus timidus*) ebenfalls ein arktisch-alpines Areal. Der Letztere ist darüber hinaus noch in weiten Teilen Asiens verbreitet.

Beispiele afro-alpiner Endemismen bei den Gattungen *Lobelia* und *Senecio*. Tab. 7.5

Gebirge	Riesen-Lobelien	Riesen-Senecien
Mount Kenya	*Lobelia keniensis*	*Senecio keniodendron*
Kilimanjaro	*Lobelia deckerii*	*Senecio kilimanjari*
Ruwenzori	*Lobelia bequaerti*	*Senecio adnivalis* (mit je einer Varietät)

Abb. 7.21

Afro-alpine Endemiten aus dem Ökologisch-Botanischen Garten der Universität Bayreuth.

Disjunktionen bilden sich dann bei Arten aus, die auf mehreren Kontinenten beheimatet sind, wenn zwischen den Populationen kein Austausch mehr stattfindet (Abb. 7.23). Insbesondere bei mobilen Arten wie Vögeln und bei Arten mit effizienten Ausbreitungsstrategien ist dabei zu prüfen, ob die räumliche Trennung tatsächlich mit einer Unterbrechung des Genflusses verbunden ist. Mit Hilfe molekularbiologischer Methoden kann detektiert werden, ob eine genetische Unterschiedlichkeit der Populationen besteht, die bei einer länger andauernden Trennung zu erwarten ist.

Die Gattung *Podocarpus* (Steineibe) zeigt ein tropisch disjunktes Areal. Die Vertreter der Steineiben sind kennzeichnend für die immergrüne Bergwaldstufe der Tropen. Da Gebirge nicht flächendeckend vorhanden sind, erklärt sich die Tatsache, dass das

Merksatz

Endemismus kann auf aktuelle evolutive Entwicklungen oder auf historische Arealdezimierung zurückgeführt werden!

Abb. 7.22

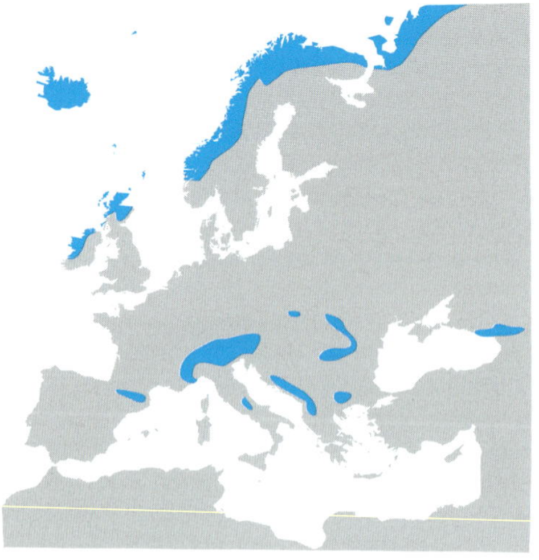

Arktisch-alpin disjunktes Areal der Silberwurz (*Dryas octopetala*).

Abb. 7.23

Disjunktes Areal der Brandungsbarsche (*Embiotocidae*) an den Pazifikküsten (nach DE LATTIN 1967).

Abb. 7.24

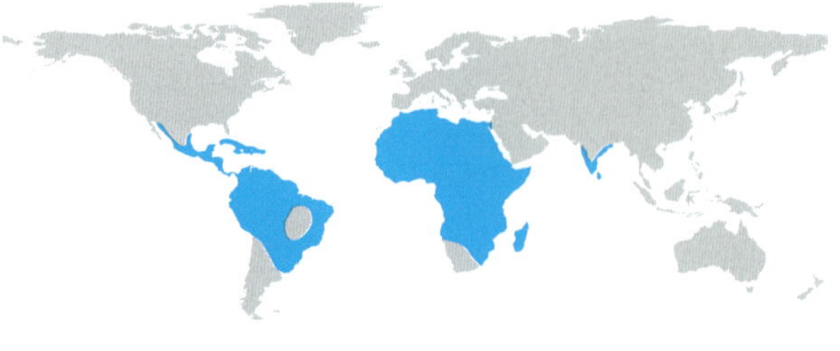

Neotropisch/paläotropische Arealdisjunktion der *Cichlidae* (Buntbarsche).

Areal innerhalb der Kontinente noch in mehrere Teilflächen zerfällt. Diese Gruppe ursprünglicher Nadelbäume ist aufgrund ihres Bezuges zum ehemaligen Kontinent Gondwana von Interesse. Besonders interessant sind kontinentale Disjunktionen bei Süßwasserfischen wie den Buntbarschen (*Cichlidae*) (Abb. 7.24), da diese keine Möglichkeit haben, die Distanzen zwischen ihren heutigen isolierten Vorkommen zu überbrücken. Ein Transport wäre, wie bei Wasserpflanzen (Abb. 7.25), nur im Gefieder von Wasservögeln denkbar, so könnten aber kaum größere Strecken überbrückt werden.

Sehr selten sind Disjunktionen, welche durch größere Distanzen zwischen Nord- und Südhemisphäre getrennt sind. In Kapitel 6 hatten wir für die Buchengewächse (*Fagaceae*) gesehen, dass neben dem Schwerpunkt der Verbreitung auf der Nordhemisphäre und deutlich von diesem Kernareal abgesetzt, weitere Vorkommen auf der Südhalbkugel im südlichen Südamerika und auf Neuseeland bestehen. Beispiele bipolarer Verbreitungen auf der Nord- und Südhemisphäre mit markanten Lücken im tropischen Bereich sind im limnischen Bereich die Neunaugen (*Petromyzontidae*) (Abb. 7.26). Aufgrund der Nährstoff- und Temperaturgradienten ist es nahe liegend, dass auch in marinen Lebensräumen derartige Disjunktionen zu beobachten sind. Die Walfamilie der Glattwale (*Balaenidae*) tritt vorwiegend in Polnähe in Erscheinung und fehlt in den subtropischen und tropischen Ozeanen weitestgehend (Abb. 7.27). Zu dieser Familie gehören nur vier Arten: Grönlandwal (*Balaena mysticetus*), Atlantischer Nordkaper (*Eubalaena glacialis*), Pazifischer Nordkaper (*Eubalaena japonica*), Südkaper (*Eubalaena australis*).

Werden auf der Ebene höherer Taxa (Gattungen) disjunkte Areale festgestellt, kann auf der Ebene von Arten **Vikarianz** vorliegen. Dies ist der Fall, wenn sich nahe verwandte Arten mit sympatrischen Areal gegenseitig vertreten. Ein Beispiel für die immer wieder ähnliche Zusammensetzung von Gesellschaften bei wechselnden, aber nahe verwandten Taxa sind die Meerfenchel-Gesellschaften der atlantischen und mediterranen Küsten mit durchgehend vorhandenem *Crithmum maritimum* und verschiedenen apomiktischen, jeweils endemischen *Limonium*-Arten. Des Weiteren zeigen die Sukkulenten-Gesellschaften Makaronesiens und des südlichen Arabiens Beispiele vikariierender Arten. Die Gattung *Aeonium* hat sich auf den Kanaren stark differenziert, *Caralluma* in Arabien (Deil 1999).

Zonale Verbreitung von Arten in einer gesamten klimatisch einheitlichen Zone ist aufgrund der erdgeschichtlichen Lageveränderungen von Kontinenten und den begrenzten rezenten Migrations- bzw. Ausbreitungsmöglichkeiten eher selten. Abbildung 7.28 zeigt drei Beispiele. Doch allgemein ist eher zu erwarten, dass Arten mit einer derart weiten Verbreitung auf Bereiche mit lange andauernder Stabilität der Umweltbedingungen konzentriert sind, oder dass es sich um sehr mobile Sippen handelt. Häufig trägt der Mensch jedoch direkt dazu bei, insbesondere im Falle von nutzbaren Pflanzen und Tieren, das Areal der Arten maßgeblich zu erweitern.

Arealgrenzen sind nicht gleichmäßig über die Erdoberfläche verteilt. In bestimmten Regionen häufen sich die Artverteilungsgrenzen. Dies gilt ebenso für die Arealgrenzen übergeordneter Taxa. Solche Grenzen fallen sehr oft mit engen orographischen (Gebirge), hygrischen (z. B. Seen) oder klimatischen (z. B. Wüsten) Gradienten zusammen. Der Floren- und Faunenkontrast ist umso stärker, je älter und je ausgeprägter die funktionellen Ausbreitungsgrenzen sind. In der Regel können Regionen mit relativ einheitlicher Flora und Fauna identifiziert werden. Dann kann eine floristische bzw. faunistische Gliederung abgeleitet werden. Allerdings sind solche Grenzen und Einheiten niemals diskret. Auf der mitteleuropäischen Betrachtungsebene überlappen sich die Areale von Arten mit Verbreitungsschwerpunkt in benachbarten Gebieten („Einstrahlungen").

Unter einem **Areal-Typen** verstehen wir ein charakteristisches Verbreitungsmuster, das immer wieder ähnlich auftritt (s. a. Walter 1973). Ein Begriff mit vergleichbarer Bedeutung ist **Geoelement** (Meusel et al. 1965b). Aus dem Vergleich vieler Artverbreitungskarten werden immer wieder ähnliche Muster ersichtlich. Durch Überlagern der einzelnen Areale können Gebiete mit ähnlicher Artenausstattung herausgear-

Abb. 7.25

Das aufgeteilte Areal der Wasserlinse ***Lemna gibba*** ist sehr wahrscheinlich durch den Transport mit Wasservögeln entstanden. Die Pflanzen sind sehr klein und können als Ganzes in deren Gefieder transportiert werden. Neben den hier dargestellten Vorkommen ist die Pflanze auch in Mexiko, Südamerika, Australien und Neuseeland zu finden.

Abb. 7.26

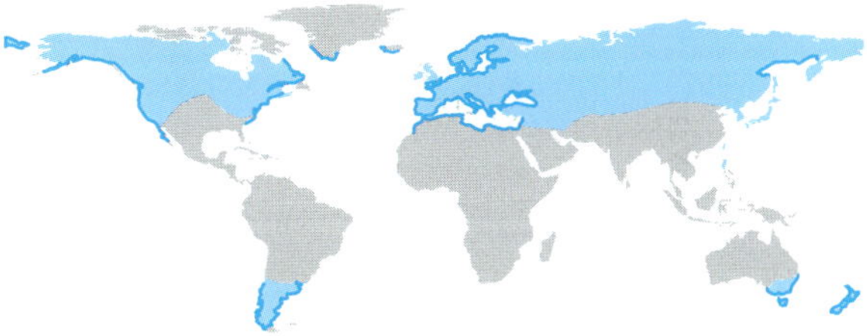

Bipolare Verbreitung der Neunaugen (*Petromyzontidae*).

Abb. 7.27

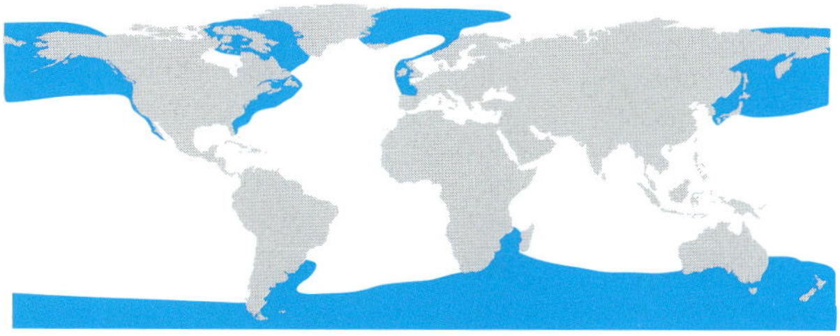

Bipolare Verbreitung der Glattwale (*Balaenidae*) (nach Rice 1967).

Abb. 7.28

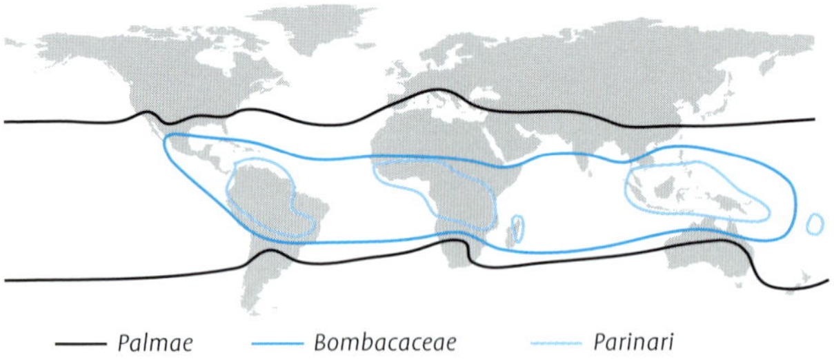

Pantropisch zonale Florenelemente mit unterschiedlichem Grad der Bindung an die eigentlichen Tropen (nach SCHROEDER 1998).

Abb. 7.29

Das subatlantisch-mitteleuropäische Areal der Rot-Buche (*Fagus sylvatica, Fagaceae*) strahlt bis in die südeuropäischen Gebirge aus.

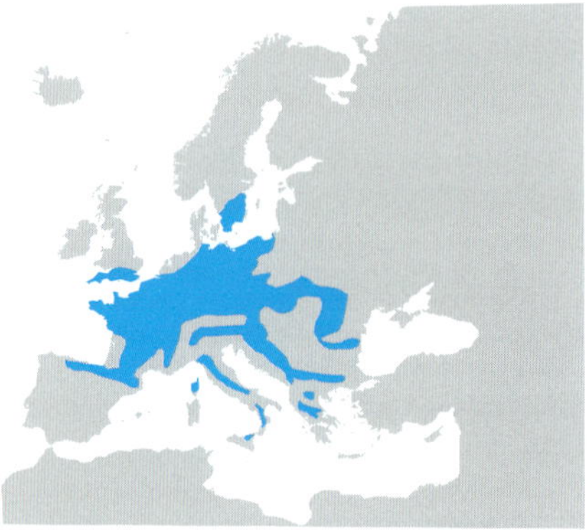

Abb. 7.30

Das Areal der Moltebeere (*Rubus chamaemorus, Rosaceae*) ist subarktisch bis arktisch.

beitet werden. Solche Gebiete zeichnen sich in der Regel durch bestimmte Klimabedingungen aus.

Im Sinne von Walters Gesetz der Relativen Standortskonstanz kann angenommen werden, dass beispielsweise Arten mit einer insgesamt eher nördlichen Verbreitung in Mitteleuropa eher kühl-feuchte Bedingungen indizieren. Südliche Arten kennzeichnen in Mitteleuropa eher warmes Klima, da sie sich sonst kaum erhalten könnten. Arten mit atlantischem Schwerpunkt werden in Mitteleuropa eher in ausgeglichenem, gemäßigt feuchtem Klima zu finden sein und Arten mit kontinentalen Arealen eher in den Bereichen mit scharfen Wintern und heißen Sommern. Aufgrund des engen Bezuges zum Standort wird dieses Konzept vorwiegend auf Pflanzenarten angewandt. Wichtige Areal-Typen bzw. Geoelemente für die mitteleuropäische Flora sind: subatlantisch, atlantisch, arktisch, subarktisch, boreal, subboreal, sarmatisch, pontisch, submediterran, mediterran, alpin (Abb. 7.29 bis 7.36).

Mitunter wird die Ausbreitung von Arten über ihre natürlichen Arealränder hinaus indirekt durch den Menschen gefördert. Insbesondere wärmeliebende Arten aus dem Süden und kontinentale Arten aus dem Osten profitieren von den anthropogenen Standorten in Siedlungen, die sich durch deutlich höhere Temperaturen und durch edaphische Trockenheit von den natürlich vorherrschenden Ökosystemen unterscheiden. Das submediterrane Zymbelkraut (*Cymbalaria muralis*) hat in Deutschland nur wenige natürliche Vorkommen, beispielsweise entlang der Mosel und im Rheintal. An alten Gebäuden (Burgen, Stadtmauern) ist diese Art aber weit verbreitet. Sie findet an diesen künstlichen Standorten durch die Kombination von konkurrenzfreien Standorten mit thermisch begünstigten Situationen vergleichbare Umweltbedingungen wie an ihren natürlichen Habitaten. Hat sich die Pflanze einmal etabliert, dann kommt ihre Strategie zum Tragen, die Früchte vom Licht abgewandt zu entwickeln (Dunkelkeimer). Sie deponiert damit die Samen in benachbarte Ritzen, so dass Mauern flächig besiedelt werden können.

An außergewöhnlichen, also nicht-zonalen Standorten strahlen natürlicherweise Arten mit einem weit entfernten Verbreitungsschwerpunkt ein. Dies ist der Fall entlang der Küste, wo irano-turanische Elemente wie das Kali-Salzkraut (*Salsola kali*) vorkommen. Die Pflanze dringt entlang des Rheintals ins Binnenland vor.

Auf der Grundlage ihrer Verbreitungsschwerpunkte kann man nun eine regionale Artenliste auswerten und über Arealtypenspektren die sich in der Flora widerspiegelnden Umweltbedingungen analysieren. Die **Arealtypenspektren** (Abb. 7.37), die man zur Darstellung nutzt, werden sinnvollerweise in Anlehnung an eine Windrose genordet, so dass der geographische Bezug herausgestellt werden kann.

Ein anderes Vorgehen verbirgt sich hinter der Analyse von Floren- und Faunenregionen. Hier interessieren nicht die ähnliche geographische Verbreitung, sondern die Verwandtschaftsverhältnisse der Arten. Wir haben es also mit einem eher an der Systematik orientierten Vorgehen zu tun. Ausgehend von einer globalen Gliederung, welche Florenreiche identifiziert, werden innerhalb dieser zunächst Florenregionen und schließlich Florenprovinzen ausgeschieden.

Wir unterscheiden die folgenden **Florenreiche** (Abb. 7.38):

Holarktis: Sie ist das größte und das einzige erdumspannende Florenreich. Allerdings besitzt sie kaum endemische Familien. Artenreiche Gebiete findet man in Ostasien, im südwestlichen Nordamerika sowie im Mittelmeergebiet und in Kalifornien. Diese Schwerpunkte der Artenvielfalt weisen auf den starken Einfluss der Eiszeiten in der Holarktis hin. Erklärung findet die große floristische Ähnlichkeit innerhalb der Nordhemisphäre durch Landmassenverteilung und Kontinentaldrift. Noch im Pleistozän verbanden zeitweise Landbrücken (Beringstraße) die heute durch Ozeane getrennten Kontinente. Nordamerikanische Arten unterscheiden sich daher oft nur auf dem Artniveau in einer Gattung von den eurasischen. Zahlreiche Arten sind über die gesamte Holarktis verbreitet (Abb. 7.39). Charakteristische Familien sind Kohlgewächse (*Brassicaceae*), Glockenblumengewächse (*Campanulaceae*), Nelkengewächse (*Caryophyllaceae*), Doldenblütler (*Apiaceae*) und Rosengewächse (*Rosaceae*).

Paläotropis: Dies sind die altweltlichen Tropen mit weiten Teilen Afrikas, Indiens

Abb. 7.31

Der Sumpf-Porst (*Ledum palustre, Ericaceae*) gehört zum borealen Areal-Typ.

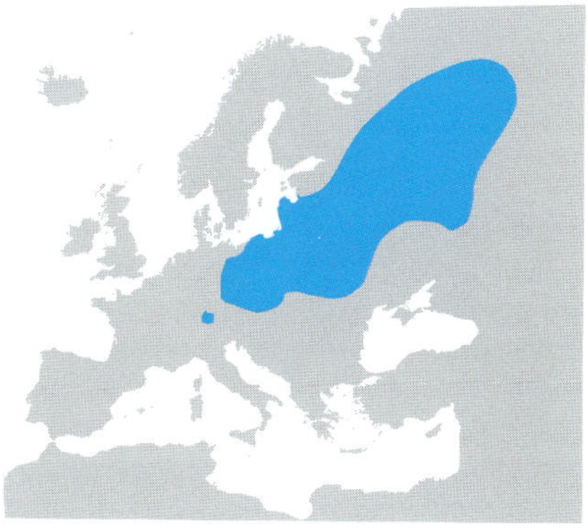

Abb. 7.32

Das Areal des Sand-Tragantes (*Astragalus arenarius, Fabaceae*) ist ein Beispiel einer kontinentalen sarmatischen Verbreitung.

Abb. 7.33

Areal der Zwergkirsche (*Prunus fruticosa, Rosaceae*) als Beispiel einer pontisch-südsibirischen Verbreitung.

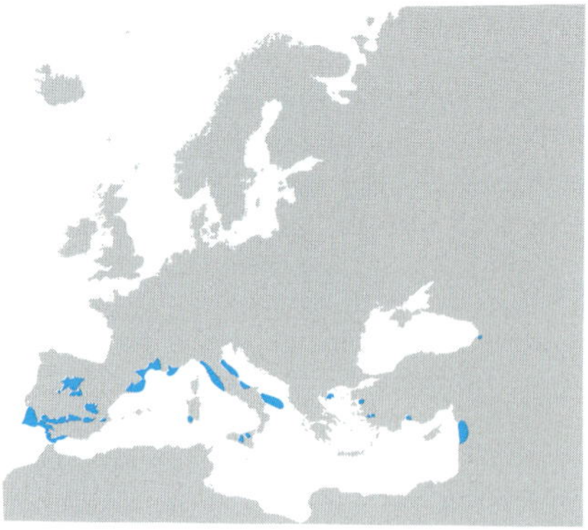

Abb. 7.34

Areal der Pinie (*Pinus pinea, Pinaceae*) als Beispiel des mediterranen Areal-Typs.

Abb. 7.35

Areal der Stechpalme (*Ilex aquifolium, Aquifoliaceae*) mit atlantisch-submediterraner Prägung.

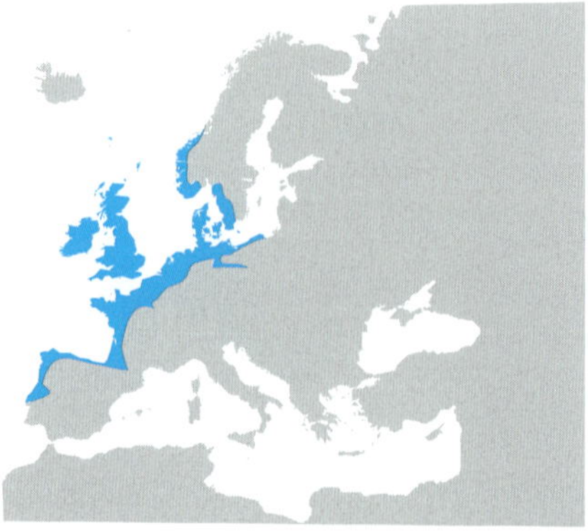

Abb. 7.36

Das atlantische Areal der Moor-Glockenheide (*Erica tetralix, Ericaceae*).

und des indo-malayischen Archipels mit seinen benachbarten Kontinenträndern. Die Region zeichnet sich durch außerordentliche Artenvielfalt aus und besitzt viele endemische Familien (ca. 40) und Gattungen. Charakteristische Familien sind die Wolfsmilchgewächse (*Euphorbiaceae*), Schraubenpalmengewächse (*Pandanaceae*), Maulbeerbaumgewächse (*Moraceae*), Flügelfruchtgewächse (*Dipterocarpaceae*) und die Kannenpflanzengewächse (*Nepenthaceae*).

Neotropis: Sie umfasst Teile Süd- und Mittelamerikas und stellt im Gegensatz zur Paläotropis eine zusammenhängende Einheit dar. Dieses Florenreich ist ebenfalls sehr artenreich und besitzt viele endemische Arten, Gattungen (ca. 3.000) und Familien (ca. 25). Neben den Tieflandregenwäldern am Amazonas (z. B. Tuomisto et al. 1995) und in Mittelamerika tragen dazu die Gebirgsregionen der Anden mit ihren Nebelwäldern und die Inselwelt der Karibik bei. Charakteristische Familien sind Ananasgewächse bzw. Bromeliengewächse (*Bromeliaceae*), Kaktusgewächse (*Cactaceae*), Blumennesselgewächse (*Loasaceae*) sowie die wenig artenreiche Familie der Kapuzinerkressengewächse (*Trapaeolaceae*).

Australis: Zur Australis gehören neben Australien und Neuguinea auch einige pazifische Inseln. Dieses Florenreich ist sehr deutlich von anderen differenziert. Die Gattung *Eucalyptus* mit ca. 620 Arten hat hier ihr natürliches Areal. Häufig sind Akazienarten (*Acacia* spec.) mit Phyllokladien. Überraschend ist bei der hohen Zahl endemischer Arten, dass nur 25 Familien in der Australis endemisch sind. Bei der isolierten Lage und der hohen Zahl endemischer Arten auch auf höheren taxonomischen Niveaus würde man mehr Eigenständigkeit erwarten. Dies ist ein Hinweis auf das erdgeschichtlich geringe Alter der Abkopplung von der Entwicklung auf anderen Kontinenten (z. B. in Südamerika). Charakteristische Familien sind Goodeniengewächse (*Goodeniaceae*), Kasuarinengewächse (*Casuarinaceae*), Grasbaumgewächse (*Xanthorrhoeaceae*).

Capensis: Die Eigenständigkeit der Capensis wird immer wieder hinterfragt (z. B. Cox 2001), handelt es sich doch um eine sehr kleine, von der Paläotropis nur durch

Trockengebiete (Karroo, Namib) getrennte Region. Allerdings konzentriert sich hier eine Vielzahl endemischer Arten (ca. 7.000). Endemische Gattungen (ca. 200) oder gar Familien (8, z.B. *Grubbiaceae*) sind jedoch verständlicherweise von relativ geringer Zahl. Die Heidekrautgewächse (*Ericaceae*) besitzen hier einen Entfaltungsschwerpunkt (520 Arten). Auch die Mittagsblumengewächse (*Aizoaceae* syn. *Mesembryanthemaceae*), zu welchen die sogenannten „Lebenden Steine" gehören, sind außergewöhnlich artenreich. Die Silberbaumgewächse (*Proteaceae*), die ansonsten noch in Australien stark zur Entfaltung kommen, tragen ebenfalls zur Artenvielfalt der Capensis bei.

Antarktis: Dieses Florenreich konzentriert sich nicht nur auf die kontinentale Antarktis, wo nur wenige höhere Pflanzen und daneben Moose, Flechten und Algen existieren, sondern integriert zusätzlich die Südspitze Chiles und Neuseeland. Eigene Familien fehlen, weshalb die Ausgliederung in Frage zu stellen ist, auch wenn beispielsweise die *Araucariaceae* eine Familie mit einem antarktischen Verbreitungsmuster sind. Die Gattung *Nothofagus* (Südbuche) zeigt ebenfalls ein Areal mit Vorkommen sowohl im südlichen Südamerika wie auch in Neuseeland. Doch sind diese Familien keineswegs auf das Florenreich begrenzt. Der Kerguelen-Kohl (*Pringlea antiscorbutica, Brassicaceae*) ist auf einigen Inseln endemisch und diente den Seefahrern – wie der Name andeutet – als Nahrungsergänzung und Vitaminquelle.

Für die Tierwelt können vergleichbare geographische Ordnungssysteme entwickelt werden. Es ist verständlich, dass sich Karten der Florenreiche von jenen der **Faunenreiche** unterscheiden, da sich ihre Ausbreitungsgeschichte und Verwandtschaftsverhältnisse nicht konvergent entwickelten. Ausbreitungsbarrieren wie die südafrikanischen Wüsten, die für Pflanzen relevant sind, spielen für die meisten Tiere keine entscheidende Rolle. Andererseits können marine Barrieren wie Meeresarme über kurze Distanzen von Pflanzen leichter überwunden werden als von bodenlebenden Tieren. Kennzeichnend für die Fauna ist, dass Grenzziehungen schon aufgrund der Mobilität vieler Arten noch bedeutend schwerer fallen. Zusätzlich bestehen innerhalb der

Abb. 7.37

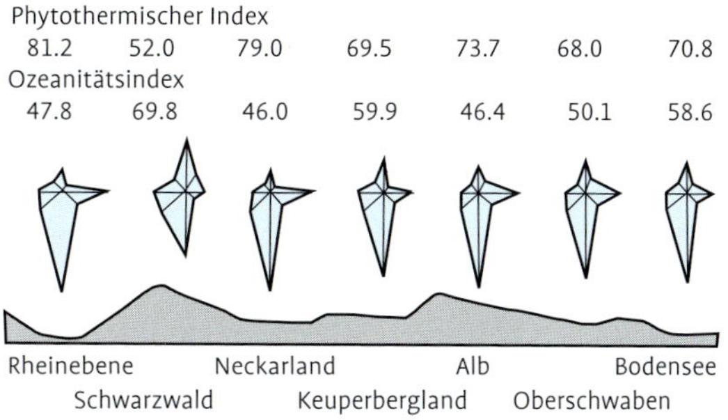

Arealtypenspektrum entlang eines Transektes durch Süddeutschland (nach FILZER 1963).

Abb. 7.38

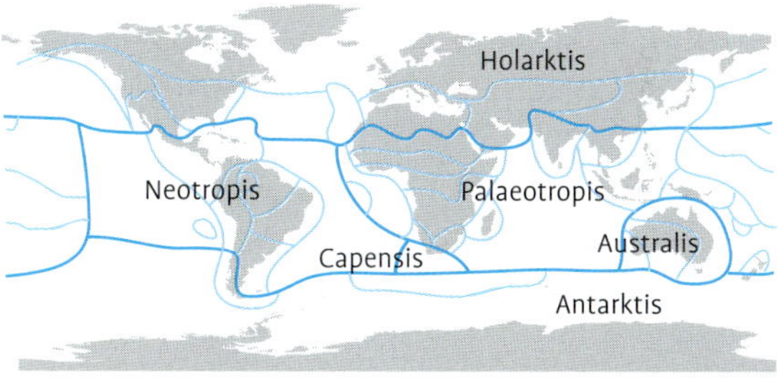

Die Florenreiche der Erde und ihre weitere Untergliederung (nach RICHTER 1997).

Abb. 7.39

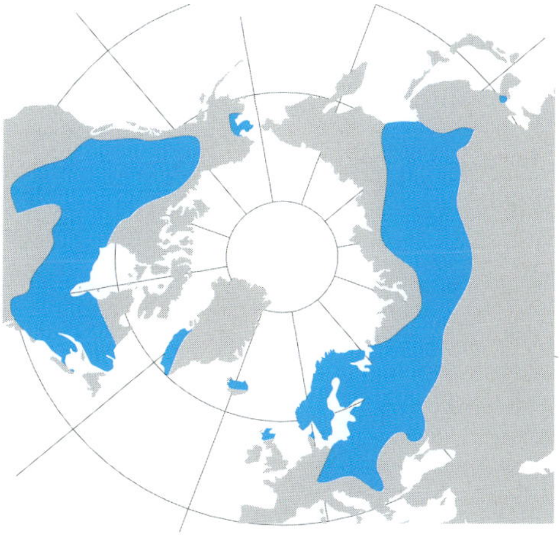

Die unscheinbare und seltene Korallenwurz (*Corallorhiza trifida, Orchidaceae*) hat ein umfassend holarktisches Areal (nach SCHROEDER 1998).

Abb. 7.40

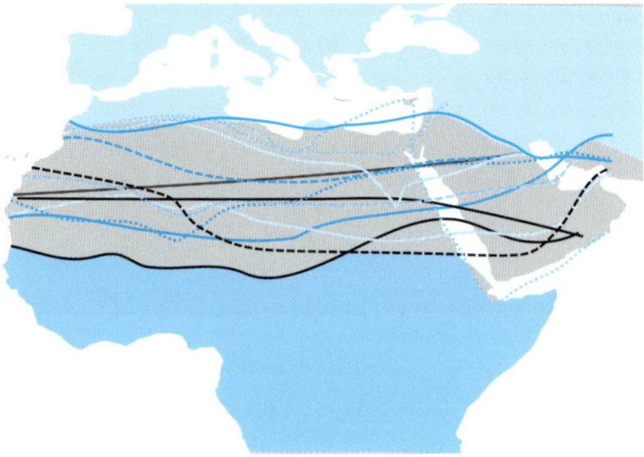

Verschiedene Grenzziehungen zwischen Äthiopis und Paläarktis in der Tiergeographie (nach MÜLLER 1974).

Abb. 7.41

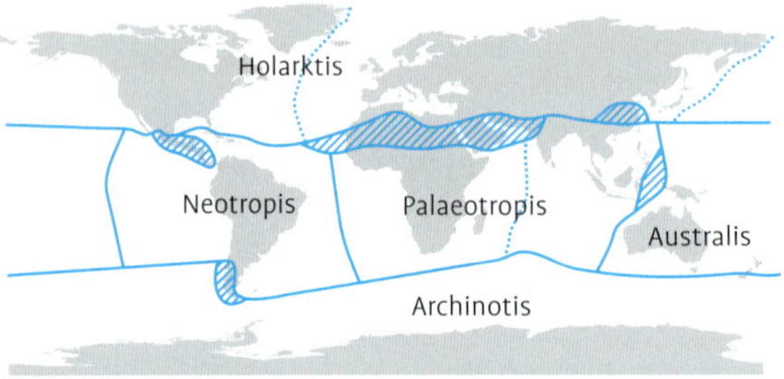

Die Faunenreiche der Erde (nach MÜLLER 1977). Übergangszonen sind durch Schraffur hervorgehoben.

Abb. 7.42

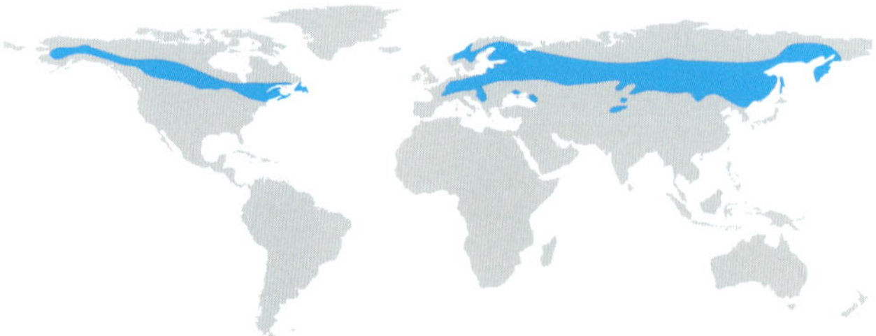

Boreo-montane Verbreitung des Raufußkauzes (*Aegolius funereus*).

Tiere, also im Vergleich verschiedener Artengruppen, ganz erhebliche Unterschiede in den Verteilungsmustern. Vögel können sich verständlicherweise leichter aktiv von Insel zu Insel bewegen als Amphibien, flugfähige Insekten werden weiter verdriftet als bodenlebende Springschwänze.

Die Auffassungen verschiedener Autoren zur Abgrenzung größerer Einheiten divergieren denn auch erheblich, weil sie jeweils – bewusst oder unbewusst – unterschiedliche Artengruppen fokussieren. Besonders unterschiedlich sind die Vorstellungen zur Abgrenzung der Paläarktis von der Äthiopis (Paläotropis) (Abb. 7.40). Dies verdeutlicht, dass solche Grenzen nur als Orientierung und Denkhilfe zu verstehen sind und nicht konkret als Trennung zwischen ansonsten einheitlichen Räumen zu verstehen sind.

MÜLLER (u. a. 1977) schlägt daher vor, bei einer globalen Gliederung der Tierreiche Übergangszonen zu berücksichtigen (Abb. 7.41). Der bekannteste Übergangsbereich verbindet die Paläotropis mit der Australis. Nach der dort angesiedelten „WALLACE-Linie", die keineswegs als eine scharfe Grenze zu verstehen ist und unterschiedlich interpretiert und verortet wird, wird dieser Bereich „**Wallacea**" genannt. Bemerkenswert ist weiter, dass eine eigenständige Fauna der Kapprovinz nicht existiert.

Wir unterscheiden die folgenden **Faunenreiche**:

Holarktis: Dieses Faunenreich umspannt die gesamte Nordhemisphäre und ist ähnlich wie das korrespondierende Florenreich durch Gebirge und Trockengebiete gegenüber den tropischen Reichen abgegrenzt. Es ist das flächengrößte, aber keineswegs das artenreichste Faunenreich. Die Fauna ist relativ einheitlich und zeigt mit Ausnahme der Mediterrangebiete nur wenige Besonderheiten. Die meisten Tiere gehören Familien und Ordnungen an, die außerhalb der Holarktis ebenso in Erscheinung treten (Abb. 7.42). Dennoch können charakteristische Tiergruppen identifiziert werden: Biberartige (*Castoridae*), Hechte (*Esocidae*), Maulwürfe (*Talpidae*), Riesensalamander (*Cryptobranchidae*), Salamander (*Salamandridae*), Olme (*Proteidae*) und Alkenvögel (*Alcidae*). Die Tierwelt der Holarktis wurde ebenso wie die Flora durch die pleistozänen Klimaschwankungen und Vergletscherungen stark beeinflusst. Tertiärrelikte finden sich lediglich in alten Seen (z. B. auf dem Balkan im Ochrid-See), in der Grundwasserfauna und an Thermalquellen. Die in Nordafrika an warmen Quellen endemische Krebsart (*Thermosbaena mirabilis*) (ILLIES 1971) vertritt beispielsweise ein sehr altes

Phylum (*Thermosbaenacea*), das auch sehr weit entfernt davon in West-Australien beheimatet ist (*Halosbaena tulki*). Häufig sind es wenig mobile Mollusken, die an Thermalquellen oft extrem eng begrenzte Verbreitung zeigen (*Melanopus pereysii* in Großwardein, Ungarn, und *Physella johnsoni* im Banff Nationalpark, Kanada). In Nordamerika sind warme Ästuare und Sümpfe ein weiteres Habitat reliktischer Artengruppen.

Paläotropis: Dieses Faunenreich wird häufig in den afrikanischen Teil (Äthiopis) und in den indo-malayischen Teil (Orientalis) geteilt. Eine differenzierte Betrachtung kann in dieser Übersicht jedoch nicht erfolgen. Kennzeichnend für die Tropen insgesamt sind Arten mit teils sehr lange zurückreichenden Wurzeln. Die besonders anpassungsfähigen Geckos (*Gekkonidae*) bevölkerten schon vor etwa 50 Mio. Jahren subtropische und tropische Ökosysteme. Die meisten Vertreter dieser possierlichen Echsen sind nachtaktiv. Weitere sehr alte Artengruppen der tropischen Wälder sind Blindwühlen bzw. Schleichenlurche (*Gymnophiona*), Riesenschlangen (*Boidae*), Krokodile (*Crocodilia*), Taucherhühnchen (*Helornithidae*) und Papageienvögel (*Psittaciformes*). Die Äthiopis ist unter anderem durch Mambas (*Dendroaspinae*), verschiedene Vogelfamilien (*Struthionidae, Sagittaridae, Scopidae, Musophagidae, Coliidae*) und vor allem durch Säugetierfamilien (*Potamogalidae, Chrysochloridae, Macroscelididae, Pedetidae, Hyenidae, Hippopotamidae, Giraffidae*) geprägt (Müller 1977). Eine besondere Stellung nimmt innerhalb der Paläotropis die **Madagassis** ein. Auf Madagaskar hat sich aufgrund der Isolation und der Größe der Insel in Verbindung mit einem ozeanisch getönten tropisch konstantem Klima eine außergewöhnliche Tierwelt entwickelt und teils bis heute erhalten. An dieser Stelle soll nur an die Lemurenartigen Primaten (*Lemuriformes*) erinnert werden, die mit Lemuren (*Lemuridae*, 13 Arten aus fünf Gattungen), Katzenmakis (*Cheirogaleidae*, 23 Arten aus fünf Gattungen), Wieselmakis (*Lepilemuridae*, 7 Arten, eine Gattungen), Indriartigen (*Indriidae*, 11 Arten aus drei Gattungen) und dem Fingertier (*Daubentoniidae, Daubentonia madagascariensis*) nur auf Madagaskar vorkommen. Die bis heute verbliebenen naturnahen Ökosysteme und damit eine einzigartige Tierwelt – sind in besonderem Maße durch Landnutzungsdruck bedroht. Der weitaus größte Teil der natürlichen Ökosysteme Madagaskars ist bereits irreversibel verloren.

Neotropis: Das sich auf Südamerika konzentrierende Faunenreich reicht bis in das südliche Mexiko. Endemische Tierartengruppen sind Ameisenbären (*Myrmecophagidae*), Faultiere (*Bradypodidae*), Gürteltiere (*Dasypodidae*), Breitnasenaffen (*Ceboidea*), Nabelschweine (*Tayassuidae*), einige Nagerfamilien (*Caviidae, Hydrochoeridae, Dinomyidae, Dasyproctidae, Chinchillidae, Capromyidae, Octodontidae, Ctenomyidae, Abrocomidae* und *Echimyidae*), Fledermausfamilien (*Desmodontidae, Natalidae, Furipteridae, Thyropteridae, Phyllostomatidae*) sowie die Beuteltierfamilien *Didelphidae* und *Caenolestidae* (Müller 1977). In diesem Faunenreich ist selbst in der Wirbeltierfauna noch mit einer großen Zahl unbekannter Arten zu rechnen.

Australis: Dieses Faunenreich (syn. Notogaea) ist auf Australien und Neuseeland inklusive einiger benachbarter Eilande (v. a. Tasmanien) begrenzt. Es ist selbst dem Laien durch seine zoologischen Besonderheiten bekannt. Dazu gehören natürlich die mit elf Gattungen und 54 Arten vertretenen Kängurus (*Macropodidae*), die neben Australien auf Neuguinea und einigen vorgelagerten Inseln teils mit sehr kleinen endemischen Arealen vorkommen. Hinzu kommen noch einige seit der menschlichen Besiedlung, zum Teil aber erst im 20. Jahrhundert ausgestorbene Arten. Zwar ist die Australis keineswegs die artenreichste Region, sicherlich aber die eigentümlichste. In der Vogelwelt sind die Familien der Laubenvögel (*Ptilornorhynchidae*), Emus (*Dromicidae*), Kasuare (*Casuaridae*), Leierschwänze (*Menuridae*) Großfußhühner (*Megapodiidae*), Honigfresser (*Meliphaginae*), Dickichtvögel (*Atrichornithidae*), Paradiesvögel (*Paradisaeidae*) und einige weitere endemisch. Eine Sonderstellung nimmt Neuseeland ein. Viele der ehemals endemischen Tierarten – wie die gesamte Gruppe der Moas – sind ausgestorben, doch besitzt die Fauna auch ohne diese noch eine starke Eigenständigkeit, die allerdings durch vor allem aus Europa eingeschleppte oder bewusst eingeführte Arten bedroht ist.

Abb. 7.43

Rekonstruktion verschiedener Wege der phylogenetischen Entwicklung und Ausbreitung archinotischer Zuckmücken (*Chironomidae*) (nach BRUNDIN 1972).

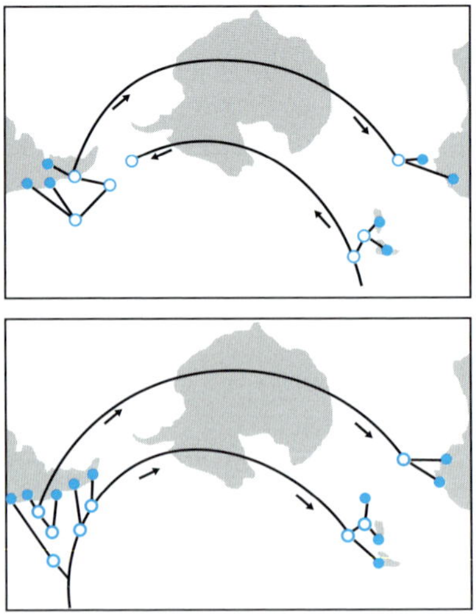

Abb. 7.44

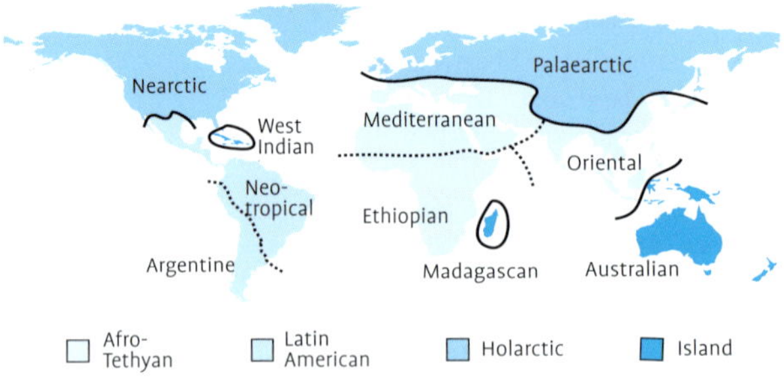

Numerische Klassifikation von Säugetierverbreitungen (nach HUGGETT 2002).

Abb. 7.45

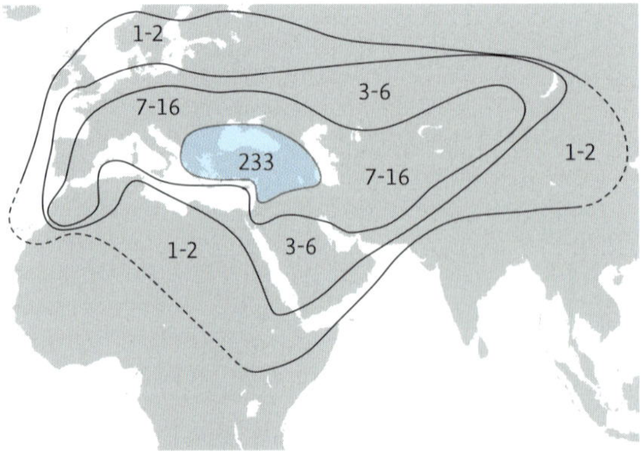

Sippenzentrum der Königskerzen (*Verbascum, Scrophulariaceae*) (nach WALTER 1973).

Archinotis: Korrespondierend zur Antarktis der Pflanzenwelt ist dieses Faunenreich ebenfalls relativ artenarm. Die zur Verfügung stehende Fläche ist gering, da der größte Teil der Landmassen vergletschert ist. Relevant sind vornehmlich Vertreter der Kleintierfauna (Milben, flugunfähige Insekten). Eine eigenständige Entwicklung stellen die flugunfähigen Pinguine (*Spheniscidae*) dar, deren umgangssprachliche Bezeichnung sich auf den ausgestorbenen nordhemisphärischen Riesenalk bezieht (*Pinguinus impennis*), mit dem sie nicht verwandt sind. Es handelt sich lediglich um eine konvergente Entwicklung. Neben der Antarktis selbst leben die meisten Pinguinarten auf Inseln zwischen dem 45. und dem 60. Breitengrad, auf Neuseeland sowie an den Küsten des südlichen Südamerika. Das Vorkommen auf den Galapagos-Inseln ist durch den kalten Humboldtstrom zu erklären.

Die Archinotis ist aufgrund der engen biogeographischen Bezüge weit entfernter Kontinente biogeographisch interessant. Die Landmasse der Antarktis spielt hier, teils über frühere Konstellationen, eine wichtige Rolle für die Interpretation von Verbreitungsmustern (Abb. 7.43).

Neben der bislang hauptsächlich betriebenen induktiven Analyse von Verbreitungsmustern können diese mit multivariaten Methoden analysiert werden. Dies empfiehlt sich umso mehr, als es die wachsenden Kenntnisse zum Vorkommen von Arten es nahe legen, Methoden der Bioinformatik einzusetzen (BERENDSON et al. 1999a, BERENDSON et al. 1999b). Soll eine große Zahl von Arten Berücksichtigung finden, kann auf statistische Methoden kaum verzichtet werden (Abb. 7.44).

Abschließend soll in diesem Kapitel noch auf geographische Muster eingegangen werden, die sich innerhalb übergeordneter Taxa (Gattungen, Familien) abzeichnen, sich also auf die räumlichen Schwerpunkte innerhalb enger Verwandtschaftsgruppen beziehen. Hierbei ist das **Sippenzentrum** bzw. Mannigfaltigkeitszentrum, der Schwerpunkt der Artenvielfalt innerhalb einer Gattung oder Familie (Abb. 7.45), nicht zwingend identisch mit dem **Genzentrum**, also dem Herkunftsgebiet der Sippe mit ihren ursprünglichsten Vertretern. Sippenzentren können durch adaptive Radiation entstehen und müssen dann nicht zwingend mit den Herkunftsgebieten eines Phylum identisch sein. Neben der Artenvielfalt kann die Häufigkeit von Gattungen oder anderen Taxa betrachtet werden. Nicht immer ist die Situation allerdings so eindeutig wie in Abbildung 7.45. Die Gattung Ahorn (*Acer*) hat beispielsweise zwei Sippenzentren mit Schwerpunkten der Artenvielfalt in Neuengland und Südostasien (Walter 1973).

Die mit den Lilien verwandten blattsukkulenten Aloen sind auf die afrikanischen Gebirgsräume konzentriert und aufgrund dieses inselartigen Lebensraumes auf verschiedene Teilareale aufgespalten. Die hohe Vielfalt von mehreren hundert Arten erklärt sich aus der eng begrenzten Verbreitung der zahlreichen Endemiten innerhalb der Gattung. Ein Schwerpunkt der Artenvielfalt liegt im südöstlichen Afrika und ein weiterer auf Madagaskar. Nur wenige Arten kommen in mehreren Teilarealen vor und können die dazwischen gelegenen ungeeigneten Standorte überbrücken (Abb. 7.46).

Abb. 7.46

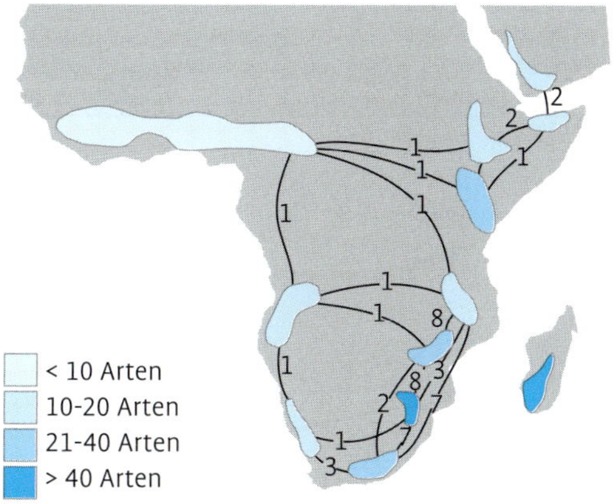

Räumliches Muster der Artenvielfalt in der Gattung *Aloe* (*Asphodelaceae*) (nach Holland 1978 aus Stott 1981).

7.6 Eigenschaften und Ursachen der Vielfalt

Die Frage nach der Ergründung der Vielfalt der Natur hat Wissenschaftler seit der Antike beschäftigt. Das Streben nach der Beschreibung und Erklärung dieser Vielfalt kann als Grundlage der Naturwissenschaften angesehen werden. Unter **Diversität** vereinen wir die folgenden Aspekte der natürlichen Vielfalt: Variabilität, Vielzahl und Komplexität. Der Begriff **Biodiversität** wurde erst Ende der 1980er-Jahre gebräuchlich (Wilson & Peter 1988).

Da die Bezeichnung einerseits inflationär verwendet sowie holistisch als Synonym für die Natur als Solche genommen wird (s. a. Heywood & Watson 1995, Wilson 1997) und andererseits trivial auf die Artenzahl eines Gebietes reduziert wird, ist es nötig zu klären, was wir unter Biodiversität zu verstehen haben.

Die Biodiversitätskonvention von Rio de Janeiro definiert: „*‚Biological Diversity‘ means the variability among living organisms from all sources, including, inter alia, terrestrial, marine and other aquatic ecosystems and the ecological complexes of which they are part; this includes diversity within species, between species and of ecosystems.*“

Hieraus lässt sich Folgendes ableiten: Die Variabilität von Organismen kann natürlich durchaus auch als Artenvielfalt verstanden werden, ist jedoch ganz klar allgemeiner formuliert. Sie umfasst darüber hinaus die genetische Vielfalt innerhalb von Populationen, wie auch die morphologische Variabilität bzw. die Vielfalt an Lebensformen. Völlig neu war in dieser Formulierung nun, dass sie mit der Einbeziehung der ökologischen Komplexität als Teil der Biodiversität eine funktionelle Sichtweise integriert. Ferner kann „*Diversity between species*“ als implizite Formulierung der Beta-Diversität verstanden werden. Die Unähnlichkeit zwischen Arten ist eine Form der Beta-Diversität auf der Ebene der Organismen. Letztlich wird mit der Rio-Konvention der Geltungsbereich der biologischen Vielfalt auf die ökosystemare Ebene ausgedehnt. Damit sind ausdrücklich auch Einheiten höherer Organisationsstufen als Elemente der Biodiversität definiert. Dennoch bleibt manches unklar und bedarf der Interpretation. Die Definition ist nicht konsistent und in ihren Formulierungen nicht eindeutig. Eine Konsequenz hiervon sind Unsicherheiten, die sich in der Folge ergaben, und dazu führten, dass Biodiversität sehr unterschiedlich auf-

Abb. 7.47

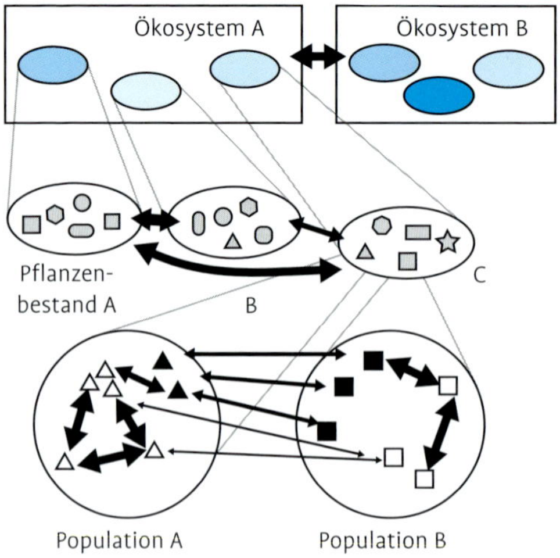

Schematisierte Darstellung der Ähnlichkeitsbeziehungen zwischen Naturelementen (Individuen, Arten, Zönosen) unterschiedlicher Organisationsstufen. Die Stärke der Pfeile deutet Beziehung und Ähnlichkeit an. Die Objekte sind abstrakten Typen zugeordnet (nach Beierkuhnlein 2001).

gefasst wird. Aufgrund dieser Begriffsverwirrung nennt van der Maarel (1997) den Untertitel seines Buches: „from babel to biosphere management", trägt dann aber, durch seine eigenwillige Interpretation der Alpha-, Beta- und Gamma-Diversität, eher noch zur weiteren Verwirrung bei.

Wir können das Spektrum der Biodiversität wie folgt klären: „Biodiversität ist ein Ausdruck für die **qualitative, quantitative oder funktionelle Vielfalt** biotischer Objekte **verschiedener Organisationsebenen** in einem **konkreten oder abstrakten, räumlichen oder zeitlichen** Bezugsraum" (Beierkuhnlein 2001). Damit ist definiert, dass neben quantitativen Eigenschaften wie der Artenzahl (z.B. drei Arten), auch qualitative, wie die Unterschiedlichkeit von Arten (z.B. Vertreter einer Familie oder dreier Familien) zu beachten ist und zusätzlich deren funktionelle Unterschiedlichkeit zur Biodiversität beiträgt (z.B. 3 Gräser oder 1 Baum, 1 Strauch, 1 Gras). Zusätzlich ist festzuhalten, dass sich Biodiversität nicht nur auf der Ebene der Organismen bzw. Arten abspielt (Abb. 7.47). Die Zahl von Lebensgemeinschaften in einem Gebiet oder die Unterschiedlichkeit von Ökosystemen leistet einen markanten Beitrag. Und schließlich ist wichtig, dass Biodiversität immer einen Bezug benötigt. Im allgemeinen Zusammenhang, wenn wir von Biodiversitätsverlusten sprechen, ist dies zumeist ein globaler (z.B. Heywood & Watson 1995, Sala et al. 2000). Sollen aber spezifische Fragestellungen beantwortet werden, dann müssen wir zunächst klären, ob wir von der Biodiversität (also beispielsweise allen Arten) eines konkreten Gebietes (zum Beispiel eines Talraumes) sprechen, oder ob uns die Biodiversität in einer abstrakten Einheit (z.B. innerhalb eines Taxons) interessiert. Hierbei wollen wir beispielsweise in der Grundlagenforschung ergründen, wie viele Vertreter einer Familie noch unbekannt sind. Bei allem ist eine Aussage nicht möglich, wenn nicht eine zeitliche und räumliche Skala angegeben wird.

Abstrakte Einheiten sind Typen, die aufgrund bestimmter Kriterien (z.B. morphologische Ähnlichkeit, Ähnlichkeit der Artenzusammensetzung etc.) erstellt werden oder sich begriffshistorisch herausgeschält haben. Konkrete Objekte können bestimmten abstrakten Einheiten (z.B. Individuen zu Arten oder zu Lebensformen) zugeordnet werden. Individuen können höheren Taxa, wie Familien, zugeordnet werden. Dann wird nicht die Zahl der Arten, sondern der Familien ermittelt. Fragt man in der Systematik nach der Zahl der Arten in einer Gattung oder Familie, dann werden abstrakte Objekte bearbeitet, denn sowohl Arten als auch höhere Taxa sind auf der Grundlage bestimmter Kriterien konstruiert – und entsprechend den Veränderungen des Erkenntnisfortschrittes unterworfen. Werden Synonyme erkannt, sinkt die Artenvielfalt in einer Familie, werden kryptische Arten identifiziert, wächst sie, ohne dass sich in der Natur das geringste geändert hätte. Kritisch ist die unterschiedliche Schärfe der Abgrenzung und die innere Variabilität (z.B. genetische Vielfalt) der Taxa zu sehen. Zählt man Arten, dann werden Objekte von teils sehr unterschiedlicher Variabilität gleichgesetzt und damit Biodiversität nivelliert. Je nach betrachteten Kompartimenten kann Biodiversität in Phytodiversität, Zoodiversität und Mikrobiodiversität untergliedert werden.

Konkrete Diversität ist immer in einem zeitlichen und räumlichen Bezug zu sehen. Als eine erfass- und messbare Größe beschreibt Biodiversität die Vielfalt biotischer

Box 7: Biodiversität

Heute ist der Begriff Biodiversität in die allgemeine Sprache integriert, doch fand man dieses Wort noch vor 10 Jahren in kaum einem Lexikon oder Wörterbuch. Dies mag als Anzeichen für den Bedarf nach einem neuen Ausdruck für etwas gelten, was mit herkömmlichen Begriffen nur unzureichend charakterisiert werden konnte. Vor allem aber steht der Begriff der Biodiversität im direkten Zusammenhang mit der Wahrnehmung einer kritischen und als bedrohlich empfundenen Entwicklung. Damit wurde der Vielfalt der Natur und insbesondere der biotischen Vielfalt in der Natur, die bis dato vor allem als naturwissenschaftliche Größe verstanden worden war, eine normative Qualität beigemessen und ihre prognostizierte Verringerung mit einer Bedrohung menschlicher Interessen verknüpft.

Zwar sind bei weitem noch nicht alle auf der Erde vorkommenden Arten wissenschaftlich erfasst, doch zeichnete sich bereits in den 1980er-Jahren ab, dass weltweit bedenkliche Entwicklungen stattfinden, die auf das Wirken des Menschen zurückgeführt werden können. Wilson (1985) kreiert das Schlagwort der **Krise der biologischen Diversität**, um das sich abzeichnende globale Artensterben zu verdeutlichen. Ein Jahr später wird bei einer Tagung in Washington D. C., die sich mit den Problemen globaler Artenverluste befasst, erstmals „biologische Diversität" zu „BioDiversität" zusammengezogen. Durch ungenaues Zitieren verschwindet der Hybridcharakter und das Wort „BioDiversität" mutiert rasch zu „Biodiversität".

Die UNCED-Konferenz von Rio vermeidet 1992 den Begriff „Biodiversität" noch und definiert: „‚Biological Diversity' means the variability among living organisms from all sources, including, inter alia, terrestrial, marine and other aquatic ecosystems and the ecological complexes of which they are part; this includes diversity within species, between species and of ecosystems." Hieraus lässt sich ableiten, dass die Vielfalt mehr ist, als allein durch die Artenvielfalt ausgedrückt werden kann und die genetische Vielfalt innerhalb von Populationen, wie auch die morphologische Variabilität mit umfasst. Die biologische Vielfalt wird ferner auf die ökosystemare Ebene erweitert. Mit der ökologischen Komplexität sind funktionelle Gesichtspunkte integriert.

Als Ergebnis ist in den 1990er-Jahren eine zunehmende Unklarheit zum Begriffsgehalt festzustellen, die durch weitere Definitionsversuche eher gefördert als vermindert wurde. Wilson resümiert im Jahr 1997: „Biologists are inclined to agree that it is, in one sense, everything". Es entsteht der Eindruck, dass eine ausgesprochene Diversität der Ansichten zur Diversität besteht. Zwar findet der Begriff Biodiversität einerseits in kurzer Zeit weltweite Verbreitung und dringt in verschiedenste gesellschaftliche Bereiche vor, andererseits verliert er an Profil. „Biodiversität" ist heute neben seiner Bedeutung als naturwissenschaftliche Messgröße und als Wissenschaftskonzept ein unkonkretes umweltpolitisches Schlagwort geworden.

Einheiten zu einem bestimmten Zeitpunkt (bzw. Zeitraum) in einem bestimmten Raum. Das bedeutet, sie ist auf zeitliche und räumliche Maßstäbe zu beziehen. Räumliche Diversität wird vorwiegend flächenbezogen dargestellt.

In konkreten Flächen kann die Vielfalt von Verteilungseigenschaften von Organen, Organismen, Zönosen oder Ökosystemen erfasst werden. Derartige Naturelemente können darüber hinaus musterbildend auftreten und auch die Vielfalt solcher räumlichen Muster stellt einen Diversitätsaspekt dar („pattern diversity"). Ein zusätzlicher Aspekt der räumlichen Vielfalt ist die dreidimensionale physiognomische Organisation bzw. die Strukturvielfalt. Wir sehen, dass der Begriff Biodiversität zwar sehr viel beinhaltet, aber dennoch die Grundlage für ein praktikables Vorgehen liefert. Wesentlich ist die eindeutige Definition des Aspektes der Biodiversität, mit dem man sich beschäftigt. Begriffliche Klarheit wird leider zu selten kultiviert. So ist schon zwischen **biotischer Diversität** und der **Diversität der Biota** ein Unterschied. Die biotische Diversität bezeichnet die Vielfalt biotischer Objekte – und dazu gehören höhere Organisationsebenen wie Ökosysteme und tiefere wie Zellen oder Organe. Die Vielfalt der Biota ist hingegen die Vielfalt der Lebewesen, also der Organismen.

In diesem Kapitel werden wir uns auf die **Diversität der Organismen** konzentrieren, was der verbreiteten Auffassung von Biodiversität entspricht. Artenvielfalt auf der

Abb. 7.48

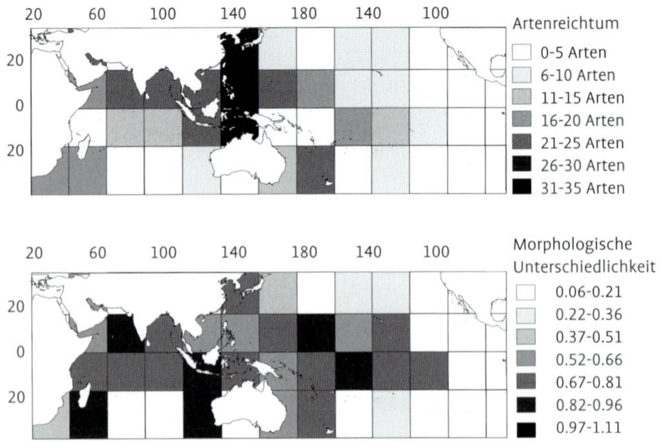

Vergleich von Artenvielfalt und morphologischer Unterschiedlichkeit bei marinen Gastropoden (nach Blackwell & Gaston 2003).

Abb. 7.49

Drachenbaum (*Dracaena drago*) auf La Palma, Kanarische Inseln. Vor kurzem erst wurde auf Gran Canaria entdeckt, dass dort noch eine zweite Art existiert (*Dracaena tamaranae*).

Grundlage einer taxonomischen Klassifikation mit phylogenetischem Hintergrund ist ein Aspekt. Funktionelle, morphologische und zeitliche Kriterien können ebenfalls zur Ergründung der organismischen Vielfalt herangezogen werden (Abb. 7.48).

Die **Artenvielfalt** der Erde ist nicht annähernd bekannt (May 1988, Heywood & Watson 1995, Reaka Kudla et al. 1997) (Abb. 7.49). Lediglich für einzelne Artengruppen und einzelne Regionen bestehen befriedigende Kenntnisse. So ist beispielsweise die Flora der Gefäßpflanzen Deutschlands weitgehend bekannt. Dies trifft in geringerem Maße auf die Flora der Gefäßpflanzen Neuguineas zu. In der Insektenfauna erfolgen selbst in Deutschland immer wieder Neufunde oder gar Neubeschreibungen (z. B. Doczkal & Dziock 2004). Allein zwischen 1990 und 1999 wurden weltweit etwa 900 neue Reptilientaxa entdeckt und beschrieben (Schmitz et al. 2000). Die Wege der Entdeckung auch bei großen Arten sind dabei oft kurios. *Varanus melinus* wurde in Deutschland in einem Schaufenster entdeckt, *Varanus juxtindicus* in einem Museum als konserviertes Exemplar (Böhme mdl.).

Selbst bei den Säugetieren, einer Gruppe, die sich aufgrund ihrer Körpergröße und Nähe zum Menschen einer intensiven Bearbeitung erfreut, gelingen in jüngster Zeit noch Neufunde. Forscher des deutschen Primatenzentrums in Göttingen konnten 2005 zwei neue Affenarten auf Madagaskar nachweisen. Das nachtaktive Riesenmausmaki (*Mirza zaza*) lebt in Nordwest-Madagaskar und ist ungefähr so groß wie ein Eichhörnchen (Kappeler et al. 2005). Deutlich kleiner ist das ebenfalls nachtaktive Goodman Mausmaki (*Microcebus lehilahytsara*), welches in den Resten der Regenwälder Ost-Madagaskars lebt. Die Definition dieser Arten ergab sich durch den Einsatz molekulargenetischer Methoden. Die morphologischen Eigenschaften hatten eine Einstufung als eigene Art nicht hinreichend gestützt.

Entdeckungen neuer Säugetiere konzentrieren sich auf die Tropen und Subtropen. Die Unzugänglichkeit dieser Ökosysteme spiegelt sich in der Tatsache wider, dass das südamerikanische Chaco Pekari (*Catagonus wagneri*) erst 100 Jahre, nachdem es als Fossil beschrieben worden war, in der Natur zum ersten Mal lebend gefunden wurde. Kürzlich wurde durch Marc von Rossmalen ein Riesenpekari am Amazonas gefunden. Und auch eine neue Seekuh-Art (Zwerg-Seekuh) wurde im Amazonas-Gebiet entdeckt. Beide Arten sind noch nicht gültig beschrieben. Selbst bei den Afrikanischen Elefanten ist unklar, mit wie vielen Arten sie existieren. Fotografien belegen die Existenz von Zwerg-Elefanten. Ein weiterer Hinweis ist die Tatsache, dass die indigene

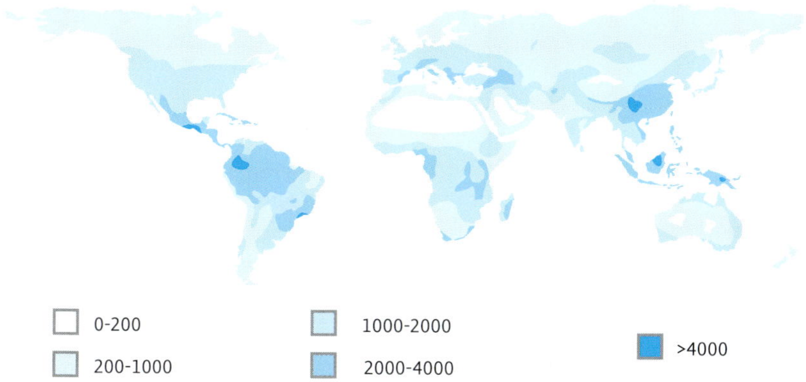

Abb. 7.50

Globales Muster der Phytodiversität. Artenzahl der Gefäßpflanzen gemittelt auf 10.000 km² (vereinfacht nach BARTHLOTT et al. 2005).

Pygmäen-Bevölkerung zwei verschiedene Namen für die in ihrem Siedlungsgebiet vorkommenden Elefanten benutzt (BÖHME mdl.).

Wir hatten bereits bemerkt, dass kryptische Arten eine Quelle der Unterschätzung von Artenvielfalt sind, doch gibt es neben diesen von der Wissenschaft schlicht übersehenen Arten sozusagen virtuelle Arten: unentdeckte **Synonyme**. Es kommt vor, dass für eine grundsätzlich als Art aufzufassende Gruppe von Organismen, aufgrund des Zufalls oder ungenügender Sorgfalt, mehrere Artbezeichnungen vergeben wurden. Synonyme kommen in vielen Regionalfloren vor und beziehen sich oft auf Artbeschreibungen regionaler oder nationaler Forscher. Wird eine synonyme Artbezeichnung bemerkt, muss diese durch eine Publikation bereinigt werden. Es gilt das Gesetz der Erstbenennung und es wird folglich diejenige Artbezeichnung konserviert, welche zuerst publiziert wurde. Der Holotypus der Art wird dann zum Holotypus der ehemals weiteren Art, die es künftig nicht mehr gibt.

Die Belege für Artbeschreibungen sind in Herbarien und Sammlungen dokumentiert. Will man herausfinden, ob eine Art eines Gebietes mit einer anders bezeichneten Art in einem Nachbargebiet identisch ist, müssen diese Belege überprüft und verglichen werden. Dies ist in artenreichen Regionen (wie Südostasien) oder bei vielfältigen Gattungen oder Artengruppen (wie bei den Insekten) nicht einfach. So bestehen manche Arten im Grunde nur in der Literatur. Der Anteil solcher Arten kann nur geschätzt werden, doch dürfte er sich auf jeden Fall im Prozentbereich bewegen.

Eine globale Betrachtung belegt, dass die Biodiversität nach bestimmten Gesetzmäßigkeiten verteilt ist. Es zeigt sich tendenziell ein Gradient von den Polen zum Äquator (s. a. Abb. 7.16), ein weiterer von den niederschlagsreichen zu den niederschlagsarmen Regionen und schließlich ein dritter von den gering relieferten Landschaften hin zu den Hochgebirgen mit ausgeprägter Höhenstufung. Bereiche hoher Artenvielfalt bei den Pflanzen sind in den Tropen und Subtropen sowie in Gebirgsregionen konzentriert (Abb. 7.50).

MYERS übernahm 1988 den geologischen Begriff der „**Hot Spots**“ in die Biodiversitätsforschung. In der Biogeographie sind Hot Spots Gebiete mit außergewöhnlich hoher Artenvielfalt. Eine andere ebenfalls politisch sehr wirksame Kategorisierung sind die sogenannten „*Megadiversity Countries*“ (MITTERMEIER et al. 1997). Nur vier Länder (Brasilien, Madagaskar, Indonesien und die Demokratische Republik Kongo) vereinen auf sich zwei Drittel aller Primatenarten. Diese Länder zeigen zusätzlich einen hohen Endemismusgrad. Alle ca. 50 Lemurenarten (*Lemuridae*), Katzenmakis (*Cheirogaleidae*) und Wieselmakis (*Lepilemuridae*) sind ausschließlich auf Madagaskar beheimatet. Insgesamt wurden 17 Länder identifiziert, die quer über alle Artengruppen hinweg eine besondere Verantwortung für den Er-

Merksatz

Biodiversität ist mehr als Artenvielfalt!

Abb. 7.51

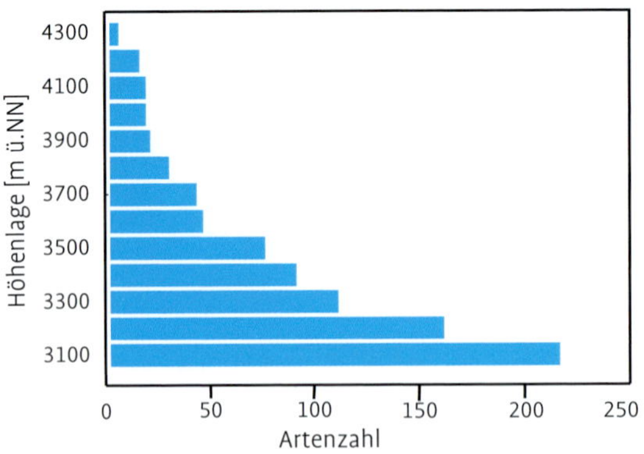

Abnahme der Artenzahl der Pflanzen mit der Höhenlage in den Alpen (nach unveröff. Daten von PAULI).

halt der globalen Biodiversität haben (z. B. Brasilien, Indonesien, Kolumbien, Australien, Peru, Mexiko, Madagaskar, China).

Relativ betrachtet bestehen für spezifische Artengruppen deutliche Unterschiede der Artenvielfalt. Biodiversität ist auch in Deutschland nicht gleichmäßig verteilt. Städte, der Oberrheingraben oder die Nördliche Frankenalb sind relativ artenreich. Die Faktoren, die das bewirken, sind eine Kombination aus Umweltbedingungen und Vektoren. Und selbst bei lokalen und regionalen Betrachtungen lassen sich Bereiche hoher Vielfalt erkennen. Im Gebirge findet man oft einen Gradienten von den Tieflagen zu den Gipfeln, da die Hochlagen immer weniger Arten die Existenz ermöglichen (Abb. 7.51).

Neben der Inselbiogeographie geht von der Diversitätsforschung, selbst wenn sich ihr theoretischer Unterbau nicht so einheitlich und klar darstellt, sicherlich der Reiz eines an mathematisch-physikalischen Maßstäben ausgerichteten, naturwissenschaftlichen Arbeitens aus, das ansonsten in der eher deskriptiv verhafteten Ökologie kaum etabliert war. Insbesondere aber bietet dieser Ansatz die Möglichkeit eines hypothesenorientierten Vorgehens und legt damit eine Grundlage für die Bearbeitung wesentlicher ökologischer Fragestellungen, wie eben zum Beispiel jener der Stabilität von Ökosystemen.

Der wichtigste Vorstoß zur Entwicklung einer Biodiversitätstheorie war die Etablierung der **Alpha-**, **Beta-** und **Gamma-Diversität** durch WHITTAKER (1972). Dieses Konzept vereint erstmals verschiedene Formen der Diversität unter einem Dach. Der Raumbezug beziehungsweise der Bezug zu Umweltgradienten wird explizit eingeführt und die bis dato schlicht, aber missverständlich als Diversität bezeichnete Artenvielfalt als Alpha-Diversität in das Konzept integriert. Alpha- und Gamma-Diversität besitzen bei WHITTAKER (1972) dieselbe Qualität der Daten, nämlich eine diskrete Zahl (z. B. Artzahl), welche lediglich durch relative Bedeutungswerte (z. B. Artmächtigkeiten) modifiziert werden kann, wobei sich die Gamma-Diversität (Gesamtartenzahl) aus der Alpha-Diversität ergibt. WHITTAKER (1972) schreibt: „Gamma samples are usually alpha samples combined from several communities, or lists of species for geographic units, or non-areal samples drawing species from a number of communities".

Alpha-Diversität beschreibt also die Zahl von Objekten (z. B. Arten) einer einzelnen Aufnahme bzw. eines Plots oder Datums und Gamma-Diversität die Anzahl von Objekten (z. B. Arten) im gesamten Datensatz. Die Alpha-Diversität hängt in erster Linie von der Größe der untersuchten Einzelfläche oder von der Dauer der Erfassungsphase ab, die Gamma-Diversität wird durch die Zahl der Einzelerfassungen (Plots) und ihrer Unterschiedlichkeit sowie durch die Größe des Datensatzes beeinflusst. Je größer das gesamte Untersuchungsgebiet, umso größer wird wahrscheinlich die Gamma-Diversität sein. Sind jedoch in einem sehr großen Gebiet nur wenige kleine Flächen bearbeitet, wird die Gamma-Diversität des Datensatzes eher klein sein und von der tatsächlichen, aber nicht erfassten, Artenvielfalt abweichen.

Der räumliche Bezug ist jeweils zu definieren, eine direkte Bindung von Alpha- und Gamma-Diversität an einen bestimmten festgelegten Maßstab besteht nicht. Es kann auch die Alpha-Diversität von Ökosystemen zur Ermittlung der Gamma-Diversität einer Landschaft genutzt werden. Gamma-Diversität und Alpha-Diversität sind einfach jeweils auf einen bestimmten Gesamtdatensatz bezogen, der sich aus Teildatensätzen zusammensetzt.

Bei räumlicher Betrachtung werden Alpha- und Gamma-Diversität auf konkrete

Flächen bezogen und als Artenzahl pro Fläche ausgedrückt. Für nicht flächenbezogene Daten sind als Diversitätsmaße zur Kennzeichnung der Alpha- und Gamma-Diversität auch der **Shannon**- oder der **Simpson-Index** bzw. die **Evenness** möglich (s. a. Kap. 6). Allgemeiner können Alpha- und Gamma-Diversität als Vielfalt eines bestimmten biotischen Parameters *innerhalb* einer räumlichen, zeitlichen oder funktionellen Einheit bezeichnet werden, sind also für bestimmte Raum- oder Zeitkompartimente absolut. Beta-Diversität hingegen kennzeichnet die Veränderung der Artenzusammensetzung im Vergleich verschiedener Ökotope, z. B. entlang eines Gradienten, und wird dimensionslos zum Beispiel über Ähnlichkeitswerte ausgedrückt. Es ist also nicht zulässig, wie es die „alphabetische" Folge assoziiert, Beta-Diversität als zwischen Alpha- und Gamma-Diversität angesiedelt aufzufassen und einer bestimmten räumlichen Maßstabsebene zuzuordnen. Vielmehr ist sie als Variabilität *im Vergleich* einzelner Einheiten zu verstehen. Beta-Diversität besitzt eine völlig neue Qualität der Aussage (Abb. 7.52). Wir werden diese noch im Zusammenhang von Lebensgemeinschaften und Ökosystemen ansprechen.

Betrachtet man statt Arten Lebensgemeinschaften oder Ökosystemtypen, so wird deutlich, dass ihre Zahl ebenfalls, eine vorhergehende Typisierung vorausgesetzt, sowohl im Rahmen einzelner Teilflächen als auch eines gesamten Untersuchungsgebietes, ermittelt werden kann (Kap. 8). Die häufig zu findende Gleichsetzung zwischen Gamma-Diversität und Landschaftsdiversität ist deshalb nicht zulässig, da Alpha- und Gamma-Diversität nicht an konkrete Maßstabsebenen oder spezifische Objekteigenschaften gebunden sind.

Abb. 7.52

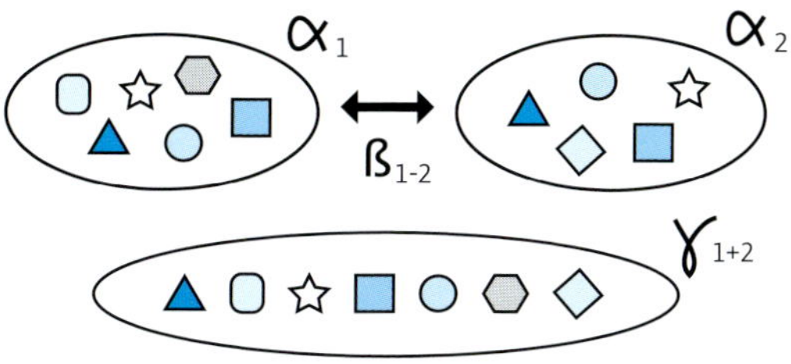

Schematisierte Darstellung der Alpha-, Beta- und Gamma-Diversität. Die verschiedenen Symbole repräsentieren die Zuordnung von Individuen verschiedener Arten (nach BEIERKUHNLEIN 2001).

Aus der Vielfalt der funktionellen Beziehungen zwischen den Objekten bzw. aus ihren Interaktionen ergibt sich eine weitere Form der Biodiversität, die wir **Biokomplexität**, ökologische Komplexität oder funktionelle Vielfalt nennen. Komplexität, die sich aus der funktionellen Vielfalt ergibt, kann, muss aber nicht mit Artenvielfalt einhergehen. Sie kennzeichnet die Vielfalt ökologischer Prozesse (z. B. Assimilation, Transpiration, Wasseraufnahme, Nährstoffspeicherung) und Flüsse (Transport und Speicherung von Stoffen, Energie und Information) sowie deren quantitative Bedeutung.

In der Praxis ist es allerdings kaum vorstellbar, die Vielfalt der Wechselbeziehungen zwischen den Organismen oder zwischen Gesellschaften tatsächlich vollständig zu ermitteln, zu typisieren und zu katalogisieren.

Fragen

1 Was versteht man unter der BAAS BECKING-Hypothese?
2 Welche Ziele verfolgt die Systematik?
3 Erläutern Sie verschiedene Ansätze zur Erklärung organismischer Strategien!
4 Erläutern Sie die verschiedenen Metapopulationskonzepte!
5 Welche Mechanismen beeinflussen die Entwicklung endemischer Areale? Wo finden sich deshalb die meisten Endemiten?
6 Was verstehen wir unter einem disjunkten Areal? Nennen Sie Beispiele und diskutieren Sie die Genese!
7 Erläutern Sie den Unterschied zwischen Sippenzentrum und Genzentrum!
8 Schildern Sie die wichtigsten nach Mitteleuropa einstrahlenden Arealtypen!
9 Wo liegen die globalen Hot Spots der Biodiversität?
10 Was verstehen wir unter synanthropen Arten?

8 Zönologische und Ökologische Biogeographie

Wohn- oder Lebensgemeinschaften?

„Nothing in the world is single."
PERCY BYSSHE SHELLEY (1792–1822)

8.1 Holismus und Reduktionismus in der Betrachtung der biologischen Organisation

Organismen leben niemals isoliert. Sie sind angewiesen auf die Anwesenheit oder Aktivität anderer, beispielsweise als Nahrungsgrundlage, Bestäuber, Schutz vor Einstrahlung. Die funktionellen Beziehungen sind vielfältig. Da die biotischen Interaktionen immer wieder von ähnlichen Prozessen und Mechanismen getrieben werden (z.B. orthotropes Wachstum, Stickstofffixierung, Beschattung, Wasseraufnahme) und sich deshalb in den direkten zwischenartlichen Beziehungen Regelhaftigkeiten herausbilden, ist es nahe liegend, daraus Regeln für den Aufbau von Lebensgemeinschaften abzuleiten.

Basierend auf Ideen der Sozialphilosophie HERBERT SPENCERS (1820–1903) und der Entomologie von WILLIAM MORTON WHEELER (1865–1937), die eng mit der Soziobiologie verbunden ist, bildete sich zu Beginn des 20. Jahrhunderts die Sichtweise heraus, die Lebensgemeinschaft als eine Art *„Superorganismus"* zu begreifen. Diese Vorstellung entwickelte eine starke paradigmatische Kraft und war insbesondere für holistisch orientierte Wissenschaftler von großer Attraktivität. Und tatsächlich scheinen sich in der Natur unter bestimmten Umweltbedingungen immer wieder ähnliche Lebensgemeinschaften herauszubilden. In Deutschland wurde diese Richtung stark durch einen der Wegbereiter der Limnologie und der Ökologie, durch AUGUST FRIEDRICH THIENEMANN (1882–1960), gefördert: *„Jede Lebensgemeinschaft bildet mit dem Lebensraum, den sie erfüllt, eine Einheit, und zwar eine in sich oft so geschlossene Einheit, daß man sie gleichsam als einen Organismus höherer Ordnung bezeichnen kann"* (THIENEMANN 1916).

Eine noch umfassendere Sichtweise vertrat der Rostocker Entomologe KARL FRIEDERICHS (1878–1969). Er fordert die *„Gesamtheit der physiographischen und biocönotischen Bedingungen als Einheitsfaktor"* zu betrachten (FRIEDERICHS 1927) und postuliert ebenfalls 1927, noch bevor TANSLEY den Begriff *„Ecosystem"* einführte (1935), das „Holocön" für die Gesamtheit eines ökologischen Systems. Zwar sah später Friederich selbst sein Holocön als weitgehend vergleichbar mit dem **Ökosystem** TANSLEYS (JAX 1998), doch sind grundsätzliche Unterschiede in der Sichtweise der beiden offensichtlich. FRIEDERICHS ist, wie aus dem Begriff Holocön schon klar hervorgeht, ein typischer Holist, der in der *„Gestalt"* der betrachteten Systeme mehr sieht als die Summe ihrer Einzelteile. Für FRIEDERICHS war die Ganzheitlichkeit der Organisation der Natur offensichtlich: *„... und wir müssten blind sein, um nicht zu erkennen, dass alles aufeinander geordnet und aufeinander angewiesen ist"* (FRIEDERICHS 1927). Der Holocön-Begriff entstand in einer Zeit, in der nach einer Vereinheitlichung der Betrachtung der Natur und der Wissenschaft getrachtet wurde (JAX 1998). Hierzu waren terminologische Konzepte erforderlich sowie ein theoretischer Überbau, welcher biotische mit abiotischen und organische mit räumlichen Aspekten verbinden half.

Box 8: Holismus

Holistische Gedanken finden sich in zahlreichen modernen ökologischen Ansätzen. Wenn wir „vom Punkt zur Fläche“ wollen, von „downscaling“ oder „top down approaches“ sprechen, dann beschäftigt uns nichts anderes, als die Frage, ob wir von einem Teil auf das Ganze schließen können. Auch die Frage, ob es so etwas wie Pflanzen- oder Tiergesellschaften gibt, also immer wieder ähnlich auftretende Gebilde, deren Existenz durch einzelne Teile (z. B. Charakterarten) belegt werden kann, ist ein Thema mit Bezug zu holistischen Sichtweisen. Selbst in der deutschen Ökosystemforschung hatte sich holistisches Denken etabliert. Heinz Ellenberg (1913–1997): *„Die [...] Aufgabe der Ökosystemforschung ist aber nicht die Analyse von [...] Teilvorgängen, wie sie seit langem isoliert untersucht wurden und im Prinzip von einem einzigen Fachmann ohne Kontakt zu anderen bewältigt werden können, sondern die interdisziplinäre Analyse von Vorgängen, die alle oder doch mehrere Komponenten miteinander verbinden. Solche Vorgänge könnte man als ‚ganzheitsschaffende‘ oder ‚systemeigene‘ bezeichnen“* (1973).

Der Begriff „**Holismus**“ wurde 1926 durch den durchaus umstrittenen Südafrikaner Jan Christiaan Smuts (1870–1950) eingeführt („*Holism and Evolution*“). Die Wurzeln dieser Weltanschauung liegen aber in der mitteleuropäischen Philosophie und Naturforschung. Besonders Johann Wolfgang von Goethe (1749–1832) fordert und fördert die Entwicklung ganzheitlicher Sichtweisen in Deutschland. Doch auch die Naturphilosphie von Friedrich Schelling (1775–1854) trägt zur Vertiefung ganzheitlichen Denkens maßgeblich bei. Goethe schwankt zwischen analytischer Naturforschung und der Akzeptanz ihrer Einschränkungen: „*Natur! Wir sind von ihr umgeben und umschlungen – unvermögend, tiefer in sie hineinzukommen ... Sie ist ganz, und doch immer unvollendet ...*“ (‚Fragment über die Natur‘). Dieses Zitat zeigt bereits das Dilemma des Holismus: Wenn man „alles“ verstehen will, dann kann man dies nicht über das Detail ergründen. In der Physischen Geographie war die Wirkung solch ganzheitlichen Denkens, vielleicht auf Alexander von Humboldt (1769–1859) am stärksten. Zwar etabliert er physikalische Messungen zur Ergründung ökologischer Zusammenhänge, doch zeigt seine Auffassung vom landschaftlichen „*Totalcharakter einer Erdgegend*“, dass er den Blick auf das Ganze gerichtet hat. Es waren auch naturwissenschaftliche Erkenntnisse, wie die Entdeckung von Zellen als Grundbausteine der Organismen im Jahr 1838 durch Matthias Schleiden (1804–1881), welche die Grundlagen einer holistischen Sicht der Natur lieferten.

Friedrich Alverdes, ein Vertreter der Gestalttheorie hat ebenfalls Einfluss auf die Entwicklung biologischen und ökologischen Verständnisses. Er sagt, dass die Eigenschaften einer Gestalt (eines Ganzen) nicht aus der Summe ihrer Teile erklärt werden können, und die Teile besitzen im Ganzen Eigenschaften, die sie verlieren, wenn sie isoliert werden (Alverdes 1932). Für John Scott Haldane (1860–1936) sind Organismen und ihre Umwelt als Einheit aufzufassen : *„The parts of an organism and its surroundings thus form a system, any one of the parts of which constantly acts on the rest, but does only so, qua part of the system, in so far as they at the same time act on it“* (1884) und Karl Friederichs (1878–1969): *„Es ist alles nicht nur durch sich selbst, sondern durch alles Übrige da, durch dieses bedingt und selbst wieder Bedingung für anderes [...]. Die Welt ist organisiert: das Einzelne [...] ist nicht bloß unwesentlicher Teil, der hinweggenommen oder hinweggedacht werden könnte, ohne daß das Ganze davon wesentlich berührt würde, sondern Glied, das für das Ganze notwendig ist.“* (1937).

In der deutschsprachigen Ökologie waren zahlreiche Vertreter mit holistischem Denken eng verbunden. Es macht aber einen Unterschied, ob man dieses verinnerlicht hat oder ob man, wie Sir Arthur Tansley (1882–1960) pragmatische Konsequenzen daraus zieht: *„Actually the systems we isolate mentally are not only included as parts of larger ones, but they also overlap, interlock and interact with one another. The isolation is partly artificial, but it is the only possible way we can proceed“* (1935).

Der gewählte Weg ist sicherlich in seinem Anspruch sympathisch, doch wenig pragmatisch. „Alles“ kann ganz einfach nicht erfasst werden. Das „Ganze“, die „Gesamtheit“ mit ihrer „Gestalt“ ist nicht messbar. Und zieht man die Aussage Thienemanns heran: *„Nur wer noch ganz im dogmatischen Mechanismus steckt, kann erwarten, daß ein natürliches Geschehen, in das Lebendiges eingeht, restlos nach Maß und Gewicht bestimmbar sein soll!*“ (1955), dann wird schnell einsichtig, dass man sich zwischen der nicht wider-

Abb. 8.1

Organisationsebenen biotischer Systeme.

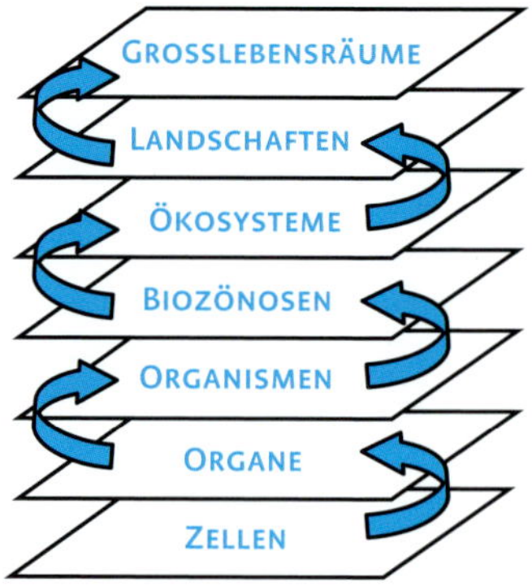

legbaren beschreibenden Darstellung des Ganzen und der erkenntnisorientierten funktionellen Analyse der Details entscheiden muss.

Holistisches Denken war in der Mitte des 20. Jahrhunderts in der deutschsprachigen Ökologie weit verbreitet. Die sich hieraus ergebenden Einschränkungen für eine naturwissenschaftlich ausgerichtete Ökosystemforschung, wie sie seit der Mitte des 20. Jahrhunderts die Szene beherrschte, erklärt vielleicht einen Teil der verzögerten Entwicklung der Ökologie in Deutschland. Probleme mit der allmählich dominierenden englischen Sprache mögen noch hinzugekommen sein und vielleicht das Gefühl, dass die aus der eigenen Wissenschaftsgemeinde entsprungenen Gedanken international nicht oder kaum aufgegriffen wurden.

Seit den 40er-Jahren des 20. Jahrhunderts setzte sich der Ökosystembegriff Tansleys mehr und mehr durch. Ein wesentlicher Protagonist der Entwicklung war RAYMOND LINDEMAN (1915–1942), der in einem posthum veröffentlichten Artikel („*The Trophic-Dynamic Aspect of Limnology*", 1942) das moderne Ökosystemverständnis maßgeblich beeinflusste. Anhand eines limnischen Stillgewässersystems, also eines relativ abgeschlossenen Ökosystems, in welchem sich die funktionellen Bezüge der Lebensgemeinschaft relativ gut erkennen lassen, führt LINDEMAN zwei neue Aspekte in den Ökosystembegriff ein, welche bei TANSLEY noch fehlten: a) legt er Gewicht auf die funktionelle Bedeutung bestimmter Artengruppen, zum anderen untersucht er b) die Flüsse von Stoffen und Energie und definiert „**Trophische Ebenen**".

Merksatz

Trophische Ebenen sind die Grundlage für das Verständnis stofflicher Kreisläufe in Ökosystemen.

Das als Theorie formulierte Konzept TANSLEYS in seiner pragmatischen Erweiterung durch LINDEMAN war eher der Entwicklung ökologischer Forschung dienlich, als der ganzheitliche Ansatz bei FRIEDERICHS Holozön. Ein holistisches Konzept, in dem alles etwas beiträgt, mag der Wahrheit zwar nahe liegen, doch ist es eben auch mit Unkonkretheit verbunden. Im Gegensatz zu der sektoralen Herangehensweise wie sie sich in der angloamerikanischen Ökologie entwickelte, kann ein solch diffuses Konzept eben nicht zu einer Quantifizierung von Eigenschaften und Prozessen genutzt werden. Mithin verschließt es sich dem sukzessiven empirischen Zugang und bleibt zwangsläufig bloße Theorie.

Davon unbenommen kann die Vielfalt der Eigenschaften ökologischer Objekte auf verschiedenen Integrationsebenen (NOVIKOFF 1945) (bzw. **Organisationsebenen**) untersucht und einer Analyse unterzogen werden. Die Einheiten jeder Ebene sind durch ihre Zusammensetzung aus Kompartimenten untergeordneter Stufen gekennzeichnet (Abb. 8.1). Hinzu kommen Eigenschaften, die eine eigenständige Qualität des jeweiligen Organisationsniveaus ausmachen (z. B. genetische, zönotische, ökologische) (WIEGERT 1988). Diese Ebenen mit ihren jeweiligen Qualitäten und Skalen sind zu beachten, wenn die Biodiversität insgesamt erhalten werden soll (FRANKLIN 1993).

Die **Hierarchie-Theorie** (ALLEN & STARR 1982) stellt die verschiedenen Niveaus, die ein unterschiedliches Maß an Komplexität verkörpern, in einen pragmatischen konzeptionellen Zusammenhang. Sie betrachtet die Organisationsstufen als hierarchisch aufgebaut. Sie ergeben sich aus den Wechselwirkungen der Objekte untergeordneter Ebenen durch Selbstorganisation (Autopoiese) (s. a. FISCHER 1990). Die spezifischen Interaktionen zwischen einzelnen biotischen Objekten lassen immer wieder ähnliche Strukturen emergent werden. Die sich herausbildenden Lebensgemeinschaften oder Ökosysteme sind als ein Produkt charakteristischer Mechanismen anzusehen.

Mit steigender Organisationsstufe ergibt sich das Problem der mit zunehmender

Komplexität wachsenden Unschärfe in der Abgrenzung abstrakter Einheiten (Namen, Begriffe, Typen), jedoch auch von Objekten im konkreten räumlichen und zeitlichen Zusammenhang (Tab. 8.1). Zwar existieren offensichtliche mehr oder minder homogene Bereiche in Ökosystemen und Landschaften, die eine klassifizierende Zuordnung sinnvoll erscheinen lassen und geradezu fordern, doch sind daneben mehr oder minder fließende Übergänge zwischen Einheiten zu beobachten.

Diamond etabliert 1975 am Beispiel der Vögel des Bismarck-Archipels den Begriff **Assembly Rules** und damit ein regelbasiertes Verständnis von Lebensgemeinschaften (Wettbewerb um Ressourcen). Dieser Ansatz ist weniger anthropozentrisch als das Konzept der Lebensgemeinschaft oder der „Gesellschaft". Auch kann er gegen Null-Hypothesen getestet und damit hinterfragt werden und wirkte sich daher sehr stimulierend aus. Assembly Rules werden neuerdings auch im Naturschutz eingesetzt (Temperton et al. 2003).

Einige Organismen haben in diesem Zusammenspiel mehr Einfluss als andere, weil sie die Strukturen und Schlüsselfunktionen der Ökosysteme bestimmen. Wir können solche Arten in Anlehnung an „ecosystem engineers" als „ökosystemare Ingenieure" bezeichnen (Jones et al. 1994). Besser wäre es, von **Schlüsselarten** zu sprechen. Sie gestalten, wie der Schwarzspecht (*Dryocopus martius*), Bruthöhlen oder andere wichtige Habitatstrukturen für andere, dazu nicht fähige Arten oder sie sind verantwortlich für essentielle Aspekte des Stoffumsatzes, wie es bei den Termiten in afrikanischen Savannen der Fall ist (Abb. 8.2).

Die Entwicklung von Lebensgemeinschaften hängt direkt mit dem Auftreten derartiger Schlüsselarten zusammen. Zotz & Vollrath (2003) zeigen am Beispiel tropischer Palmen, dass die Vielfalt ihrer epiphytischen Biozönosen neben dem Alter von der Größe und vom Strukturangebot der Bäume bestimmt wird. Solche Lebensgemeinschaften hängen direkt von der Existenz und Ausprägung („Performance") einzelner Arten ab.

Wohl das bekannteste Beispiel einer ökosystemaren Schlüsselart ist der heimische Biber (*Castor fiber*). Er steuert die Entwicklung der von ihm bewohnten Fließgewässer durch seine Bauten weit stärker, als allein durch seinen stofflichen und energetischen Bedarf zu erklären wäre. Auch modulare Steinkorallen (*Madreporaria*), auf die wir nochmals zurückkommen werden, sind über die Ausbildung ihres kollektiven Kalkskeletts ursächlich für die Entwicklung ihres Lebensraumes verantwortlich.

Die Interaktionen zwischen den Organismen folgen also bestimmten genetisch festgelegten Regeln und einzelne Arten sind bedeutsamer für die Kontrolle der Systeme als andere. Zusätzlich sind noch Rückkopelungsmechanismen eingebaut und Anpassungspotenziale an Umweltveränderungen. Wir können daher Lebensgemeinschaften

Konkrete und abstrakte Einheiten auf verschiedenen Organisationsstufen. Tab. 8.1

Organisationsstufe	konkrete Einheit	abstrakte Einheit
Organismische Ebene	Individuum	Taxon
Zönotische Ebene	Bestand	Syntaxon
Systemische Ebene	Ökosystem	Geosyntaxon

Abb. 8.2

Termiten sind als „ökosystemare Ingenieure" Schlüsselarten der Savanne, Namibia.

sowie Ökosysteme im Sinne von Gell-Mann (1994) als **komplexe adaptive Systeme** verstehen („*Complex Adaptive Systems*"). Die Komplexität der Systeme bringt es mit sich, dass einzelne Spezialisten für ihr Studium ungeeignet oder zumindest nicht hinreichend sind. Solche Systeme erfordern die Zusammenarbeit verschiedener Disziplinen unter dem Dach eines gemeinsamen systemtheoretischen Konzeptes.

8.2 Lebensräume und Lebensgemeinschaften

Merksatz

Floren und Faunen sind auf bestimmte Gebiete bezogene Artenlisten.

Die Betrachtung von **Lebensgemeinschaften** als eine Einheit von biologischem Interesse geht auf den Zoologen Karl August Möbius (1825–1908) zurück, welcher anhand der Austernbänke in der Nordsee den Begriff der „**Biozönose**" (1877) einführte. Wir verstehen darunter eine Lebensgemeinschaft, die aus Individuen unterschiedlicher Arten aufgebaut ist. Die ehemaligen Austernbänke der Nordsee sind allerdings inzwischen durch Eutrophierung und Pilzkrankheiten stark verarmt (Abb. 8.3). Heute bestimmen Dominanzbestände der Miesmuschel (*Mytilus edulis*) das Bild.

Die Biozönose setzt sich aus Phytozönose und Zoozönose zusammen. Eigentlich gehört die Mikrobiozönose ebenfalls dazu, doch ist diese nur schwierig zu erfassen. Der **Bestand** ist ein konkretes Individuum einer Phytozönose oder Zoozönose. Wir verstehen den Begriff **Lebensgemeinschaft** in einem sehr allgemeinen Sinn, ähnlich unspezifisch

Merksatz

Die Vegetation integriert alle Eigenschaften der Pflanzendecke.

Abb. 8.3

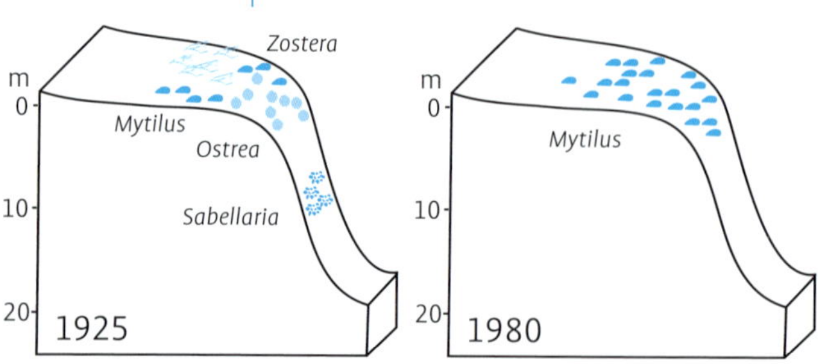

Veränderung der Biozönose der Austernbänke vor Sylt zwischen 1925 und 1980 (nach Kratochwil & Schwabe 2001).

wie die englische Bezeichnung „community" als eine real existierende zusammen vorkommende Gesamtheit von Pflanzen, ohne deren funktionelles oder genetisches Gefüge zu bewerten. Dies muss schon deshalb betont werden, weil sich zahlreiche Klassifikationssysteme etabliert haben, die den konkreten Bestand implizit als identisch mit den im jeweiligen System ausgeschiedenen Typen betrachten.

Das **Biotop** bezeichnet den Lebensraum einer Biozönose und ist deshalb im Gegensatz zum Habitat ein synökologischer Begriff. Ein **Habitat** bezieht sich immer nur auf eine einzelne Art bzw. auf Populationen einer einzelnen Art. Der Terminus Technicus der europäischen „Flora – Fauna – Habitat" Richtlinie ist daher in sich nicht konsistent. Richtiger müsste es heißen „Flora – Fauna – Biotop", doch ist die englische Sprachgebung an dieser Stelle wenig differenziert. Eine Klassifikation vergleichbarer Biotope führt zu **Biotoptypen** (z. B. Hecken). Sie sind die Folge immer wieder ähnlich auftretender landschaftlicher Prozesse und äußern sich in der Regel durch spezifische Pflanzenformationen. Hecken sind beispielsweise in Süddeutschland zumeist das Resultat (teils ehemaliger) benachbarter Ackernutzung. Die zutage tretenden Lesesteine wurden auf den Feldrainen abgelegt, welche daraufhin eine Gehölzsukzession durchliefen (Abb. 8.4 und 8.5). In einigen Bundesländern werden Biotoptypen als Planungsgrundlage kartiert (s. a. Kap. 6). Artenlisten müssen in einem solchen Fall nicht zwingend erstellt werden. Anders liegt der Fall, wenn man sich auf einzelne konkrete „Schützenswerte Biotope" konzentriert, wie in Bayern. Die räumlichen Bezüge können weiter differenziert werden, indem man bei der Betrachtung einer Pflanzengemeinschaft (Phytozönose) von einem Phytotop spricht oder bei der Untersuchung der Zoozönose von einem Zootop. Diese Begriffe sind aber selbst im akademischen Bereich nur wenig gebräuchlich.

Als **Flora** bezeichnet man die Gesamtheit der in einem Gebiet vorkommenden Pflanzenarten. Entsprechend ist die **Fauna** die Gesamtheit der Tierarten eines Gebietes. Flora und Fauna sind zunächst reine Auflistungen von Arten. Ihr Umfang hängt vom definierten Gebiet ab. Es gibt eine Flora von Europa, von Deutschland, von Bayern, von Oberfranken, des Fichtelgebirges, des Schneeberges etc. Oft sind es politische oder administrative Grenzen, die den Rahmen einer Flora oder Fauna bestimmen. Nur selten richten sich veröffentlichte Listen nach naturräumlichen Gegebenheiten, wie es bei der Flora des Regnitzbeckens der Fall ist (GATTERER et al. 2003). In intensiv bearbeiteten Gebieten sind Floren und Faunen durch Verbreitungskarten ergänzt. Sie lassen erkennen, welche Arten weit verbreitet sind und welche selten auftreten. Des Weiteren sind vor allem überregionale Floren und Faunen oft mit dichotomen Bestimmungsschlüsseln ausgestattet. Auch wenn in manchen Werken Angaben zur Gesellschaftsanbindung gemacht werden (z. B. OBERDORFER 2001) kann man aus Floren und Faunen die Zusammensetzung von Lebensgemeinschaften oder Ökosystemen nicht ablesen.

Unter **Vegetation** verstehen wir im Vergleich dazu die Gesamtheit der in einem Raum verbreiteten Pflanzenarten, Lebensformen, Pflanzengemeinschaften, also alle Aspekte der Pflanzendecke, nicht nur eine Artenliste. Vegetationskundliche Methoden adressieren daher sowohl strukturelle, kompositorische als auch ökologische Kriterien. Je nachdem, welche Kriterien zur Anwendung gelangen, kommt man zu spezifischen Klassifikationsergebnissen für einen konkreten Raum. Die Vegetationsgeographie befasst sich im Vergleich mit der Pflanzengeographie eben mit diesen allgemeinen räumlichen Eigenschaften und nicht mit der Verbreitung einzelner Pflanzenarten.

Die Betrachtung von vollständigen Lebensgemeinschaften ist nicht zuletzt aus Gründen der Praktikabilität und des Zugangs eher im pflanzlichen Bereich etabliert (s. a. KRATOCHWIL & SCHWABE 2001). Die vollständige Erfassung von Tierlebensgemeinschaften ist durch artspezifisch sehr unterschiedliche Faktoren wie Mobilität, Größe, Zugang, Anzahl oder Fluchtverhalten nahezu unmöglich und würde das intensive Zusammenwirken vieler Spezialisten erfordern. Beim von der Zeitschrift GEO veranstalteten alljährlichen Tag der Artenvielfalt versucht man, dies punktuell zu erzielen, doch sind die Grenzen dieses Versuches offensichtlich. Zwangsläufig reduziert sich eine derart umfassende Ermittlung der Biodiversität einer Lebensgemeinschaft auf außergewöhnliche Anlässe und auf die Grundlagenforschung. Eine praktikable Methodik kann hieraus nicht abgeleitet werden. Bei Pflanzen ist es einem einzelnen Experten sehr gut möglich, eine vollständige Artenliste zu erstellen, deren Bindung an den jeweiligen Standort durch die Ortstreue

Abb. 8.4

Heckengebiet in Nordbayern. Die Hecken entstanden auf den skelettreichen Böden des Muschelkalkes vorwiegend aus Lesesteinwällen an den Grenzen der Ackerparzellen.

Abb. 8.5

Lesesteinwall mit Kalksteinscherben aus einem Acker in Nordbayern.

Abb. 8.6

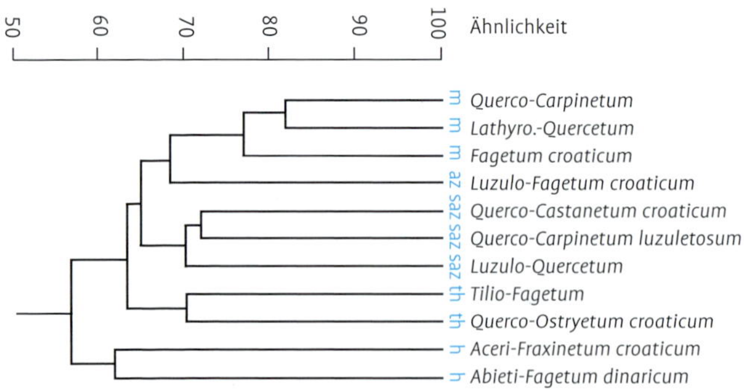

Die Ähnlichkeitsverhältnisse verschiedener Molluskengemeinschaften spiegeln direkt die Waldgesellschaften Nordwest-Kroatiens wider. Diese wiederum gehen mit mikroklimatischen Habitatbedingungen einher (m = mittlere Bedingungen, basenreich; az = saure Bodenreaktion; saz = sehr saure Verhältnisse; th = warm und basenreich; h = humid und basenreich) (nach Kratochwil & Schwabe 2001).

Abb. 8.7

Knochenfunde in der Teufelshöhle bei Pottenstein, Nördliche Frankenalb.

der Arten leicht nachvollziehbar ist. Deshalb ist in der Geobotanik das Herstellen von Bezügen zwischen Phytozönose und Standort nahe liegend (Frey & Lösch 1998, Pott 2005). Allerdings zeigen sich enge Bezüge zwischen bestimmten Tierartengruppen und Pflanzengesellschaften (Abb. 8.6).

In der Paläontologie und der Historischen Biogeographie nennt man die in Ablagerungen oft nur bruchstückhaft erhaltende fossilierte Lebensgemeinschaft eine **Thanatocönose**. Man unterscheidet autochthone Thanatocönosen, die vor Ort entstanden sind (z. B. in Moorwäldern, die zu Braunkohle wurden), von allochthonen Thanatocönosen, die durch Zusammenschwemmen entstanden. In den Karsthöhlen des süddeutschen Jura sind spezielle Thanatocönosen enthalten, häufig mit Knochen des Höhlenbären (*Ursus spelaeus*), da diese Räume im Pleistozän als Rückzugs- und Überwinterungsort für Großtiere dienten (Abb. 8.7).

Das Konzept der zönologischen **Gilden** (Root 1967) ist vornehmlich in der Zoologie verankert und orientiert sich am funktionellen Konzept der ökologischen Nische. Hier geht es um die Gruppierung von Tierarten, welche in ähnlicher Weise Ressourcen nutzen, also nur um einen kleinen Ausschnitt der gesamten Zoozönose. Die betrachtete Teil-Lebensgemeinschaft ist durch die Kategorie der Ressourcen (z. B. pflanzliche Biomasse, Bruthöhlen oder Insektenlarven) bestimmt. Die Gesetzmäßigkeiten von Gilden werden durch die abiotische Umwelt vorgegeben (Nentwig et al. 2004).

Funktionelle Beziehungen ergeben sich natürlich auch über die Grenzen einzelner Artengruppen hinweg, wie am Beispiel der trophischen Stufen bereits diskutiert. Die koevolutive Entwicklung enger biozönotischer Konnexe, also artspezifischer funktioneller Zusammenhänge und Abhängigkeiten innerhalb von Lebensgemeinschaften, spiegelt sich verständlicherweise in den Verbreitungsmustern von Arten wider. Die Beziehung zwischen Arve (*Pinus cembra*) und Tannenhäher (*Nucifraga caryocatactes*) wurde bereits in Kapitel 3 behandelt. Bei diesem Beispiel hat sich die von der angebotenen Ressource der Samen abhängige Tierart inzwischen über das Areal der Arve hinaus ausgebreitet, indem sie sich andere Nahrungsquellen erschlossen hat. Dies ist kein großer Schritt, da die Vogelart auch in den Alpen nur im Winter auf Arvensamen in größerem Umfang zugreift und sich ansonsten vornehmlich von Insekten ernährt.

Beim mediterranen Erdbeerbaum (*Arbutus unedo, Ericaceae*) und den Erdbeerbaum-Zipfelfalter (*Charaxes jasius, Nymphalidae*) liegt das Areal der abhängigen Tierart, deren Raupe sich von der Pflanze ernährt, vollständig innerhalb des Areals der Pflanzenart (Abb. 8.8).

Wir sehen damit, dass sich neben den externen Beeinflussungen von Lebensgemeinschaften die Interaktionen zwischen den Organismen prägend auf die Ausbildung spezifischer Artenzusammensetzung und Organisation auswirken. Solche organismischen Interaktionen können ebenso wie die Einflüsse der Umwelt zu immer wieder ähnlichen Gruppierungen beitragen. Innerhalb einer Artengruppe, zum Beispiel bei den Pflanzen, ist komplementäre Ressourcennutzung sicherlich entscheidend, doch haben sich zusätzlich mutualistische Interaktionen herausgebildet. Treten Pflanzengemeinschaften als **regelhafte Artenkombinationen** in Erscheinung, die sich unter vergleichbaren Umweltbedingungen (Standortverhältnissen) immer wieder in ähnlicher Weise darstellen, werden sie als **Pflanzengesellschaft** bezeichnet. Solche real existierende Gesellschaften können in hierarchisch strukturierten Kategorien abstrakten Typen zugeordnet werden. Die allgemeine Bezeichnung solcher Einheiten ist Syntaxon (pl. Syntaxa). Die zentrale Einheit ist die „Assoziation" (FLAHAULT & SCHRÖTER 1910). Alle definierten Assoziationen werden auf der Grundlage ihrer Ähnlichkeit in ein synoptisches System eingegliedert und zu übergeordneten Verbänden, Ordnungen und Klassen gestellt.

Die **Pflanzensoziologie** konzentriert sich auf die Charakterisierung von in sich relativ einheitlichen Vegetationsbeständen. Der Vater dieses hierarchischen Wissenschaftskonzeptes ist JOSIAS BRAUN-BLANQUET (1884–1988). Seine bereits in den 1920er-Jahren erschienenen Arbeiten beeinflussten über Dekaden hinweg die mitteleuropäische Vegetationskunde. Bedingt durch die große Popularität der Methode in Mitteleuropa wurde eine umfangreiche Datengrundlage zur Verbreitung von Vegetationseinheiten erarbeitet (Abb. 8.9). Probleme ergeben sich durch das nicht standardisierte Vorgehen der Datenerhebung (historische Aufnahmen sind oft nicht exakt dokumentiert) und durch die Tatsache, dass einige Pflanzengesellschaften in den letzten Jahrzehnten substanzielle Änderungen erfahren haben. Pflanzengesellschaften wird inzwischen ein eigener Schutzstatus zugebilligt. Auf verschiedenen administrativen Ebenen (Bund, Länder, Regionen) existieren Rote Listen

Abb. 8.8

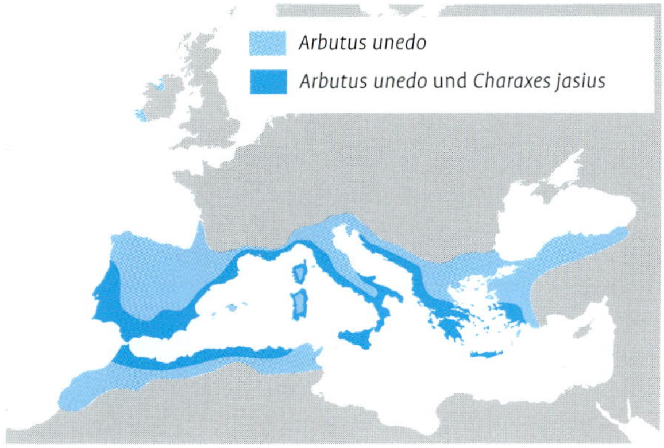

Verbreitung des Mediterranen Erdbeerbaums (***Arbutus unedo***) und des Erdbeerbaum-Zipfelfalters (***Charaxes jasius***).

Abb. 8.9

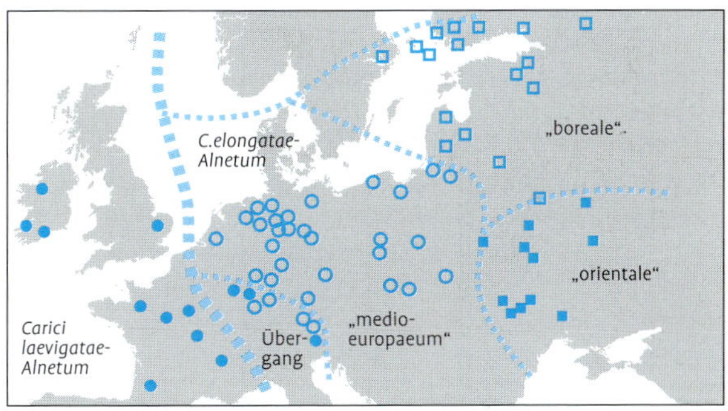

Verbreitung der regionalen Gesellschaftsausbildungen von Erlenwäldern in Europa.

Abb. 8.10

Europäische Verbreitung der wärmeliebenden, wechselgrünen Eichenmischwälder (*Quercetalia pubescentis-petraeae*) (nach JAKUCS 1961).

Abb. 8.11

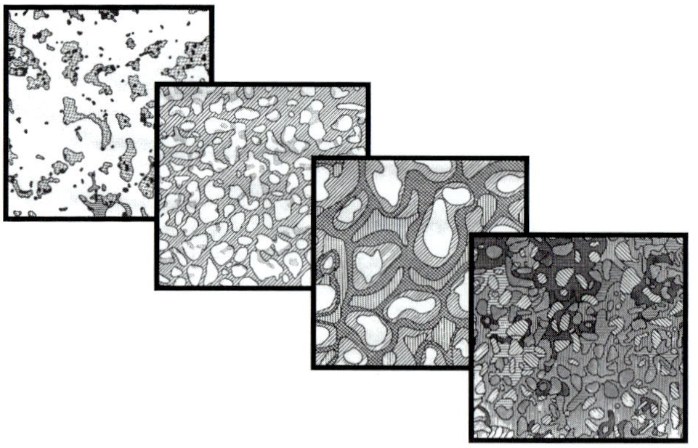

Beispiele kleinräumig verzahnter Vegetationskomplexe aus der arktischen Tundra (nach MATVEYEVA 1988).

bedrohter Gesellschaften. Damit ist das zönotische Konzept, neben dem Artkonzept, in die Naturschutzpraxis integriert.

Können typische Artenzusammensetzungen identifiziert werden und liegen hinreichende Kenntnisse zur geographischen Verbreitung der ausgeschiedenen Syntaxa vor, dann kann, ganz ähnlich wie in der Chorologie, ein **Gesellschaftsareal** (Synareal) ermittelt werden (Abb. 8.10). Dieses ist natürlich sehr eng an die Verbreitung diagnostischer Arten gebunden. Aber natürlich ist nicht deren individuelle Verbreitung das charakterisierende Merkmal, sondern die Artenzusammensetzung der gesamten Phytozönose. Können keine eigenen Charakterarten gefunden werden, aber sind

Abb. 8.12

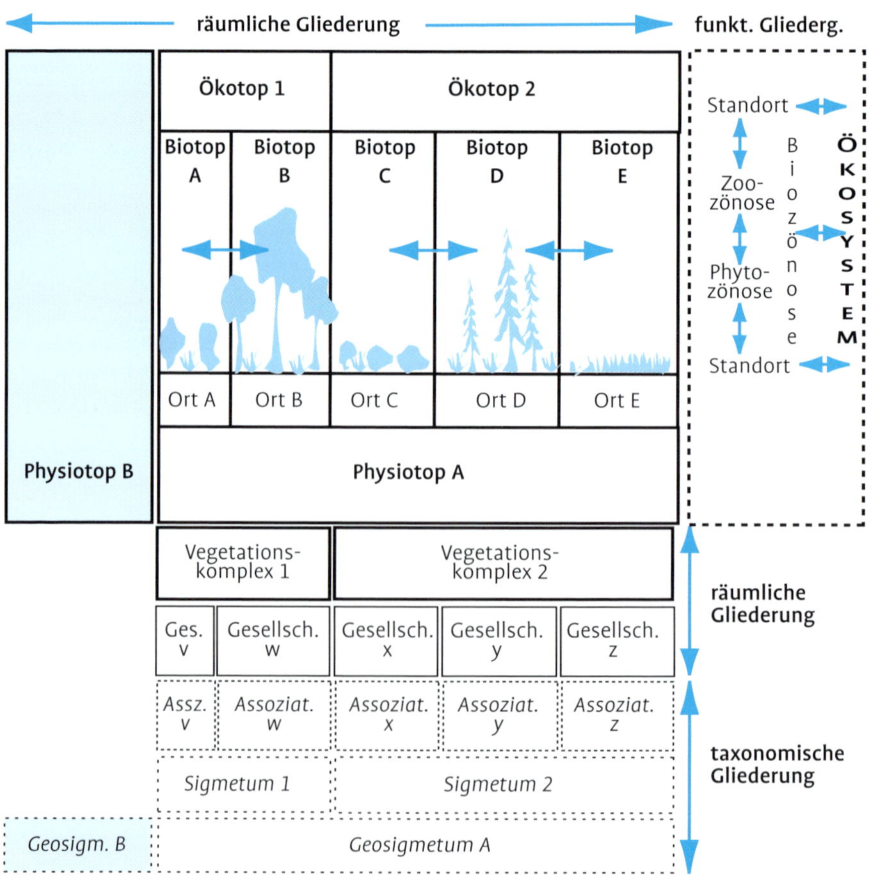

Gliederung natürlicher Biozönosen und ökologischer Komplexe auf räumlicher, taxonomischer und funktioneller Grundlage.

dennoch eindeutige geographische Spezifika zu erkennen, spricht man von **geographischen Rassen**.

Sehr oft sind Lebensgemeinschaften regelmäßig engräumig mit benachbarten Zönosen verzahnt. Eine einzelne Biozönose dann herauszugreifen, ist mitunter weder praktikabel (wenn die einzelnen Flächen unter die Dimension eines Quadratmeters fallen), noch sinnvoll (wenn die Verzahnung die kennzeichnende Eigenschaft darstellt). Dies ist beispielsweise der Fall in den Hochmooren, wo floristisch stark voneinander differenzierte Bulten- und Schlenkengemeinschaften, die sogar zu unterschiedlichen systematischen Klassen gestellt werden, in einem regelmäßigen Muster sich im Dezimeterbereich immer wieder ablösen. Sie unterscheiden sich markant in ihrer jeweiligen Artenzusammensetzung, doch kann eine Karte eines Naturschutzgebietes, in dem ein Hochmoor auftritt, unmöglich dieses kleinräumige Muster einzelner Gesellschaften abbilden.

Auch in der arktischen Tundra trifft man auf ähnliche Vegetationskomplexe. Sie werden dort durch die **Kryoturbation** bewirkt, die dazu führt, dass eine Sortierung der Skelettgröße an der Oberfläche erfolgt. Mithin ist bei der Ausbildung von Frostmusterböden eine systematische Verteilung der Vegetationseinheiten an der Bodenoberfläche zu finden (Abb. 8.11).

Um **Vegetationskomplexe**, als eine den pflanzensoziologischen Assoziationen übergeordnete räumliche und funktionelle Kategorie, in einem System zu verankern, hat die **Sigmasoziologie** eine Methodologie entwickelt, die sich eng an der Pflanzensoziologie orientiert. Sie bietet die Möglichkeit, komplexe räumliche Zusammenhänge darzustellen und zu analysieren, die bei der Bearbeitung einzelner Gesellschaften verloren gingen (SCHWABE 1987). Allerdings setzt die Sigmasoziologie eingehende Kenntnisse der Pflanzengesellschaften voraus. Die Methode ist daher nur wenigen Spezialisten zugänglich. Aus diesem Grund gibt es nur eine sehr überschaubare Fachliteratur. Bedingt durch den Einsatz von Schätzmethoden und durch die teils nicht exakte Dokumentation der Arten sind Ergebnisse der Sigmasoziologie in hohem Maße von der Qualifikation der Bearbeiter abhängig.

Abb. 8.13

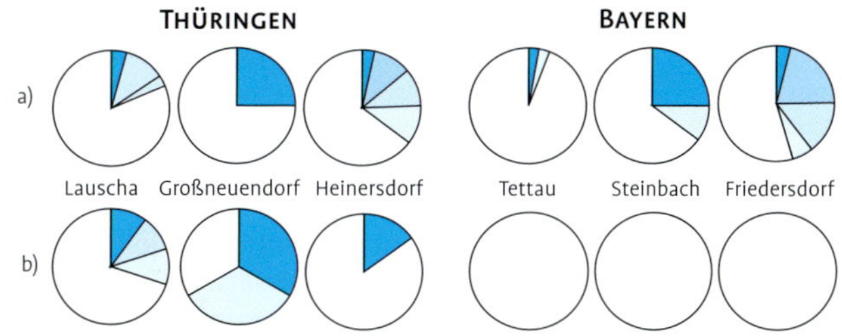

	Thüringen	Bayern
Ohne Spontanvegetation oder extrem gesellschaftsarm	67%	85%
Verarmte Vegetationskomplexe ohne nitrophile Säumen	9%	2%
Verarmte Vegetationskomplexe mit nitrophilen Säumen	7%	4%
Wildkrautarme Vegetation der Ziergärten, Sportanlagen etc.	3%	8%
Staudenreiche Vegetationskomplexe auf Ruderalstandorten	14%	2%

Vergleich der Vegetationskomplexe direkt benachbarter grenznaher Dörfer in der ehemaligen BRD und der ehemaligen DDR in Thüringen und Bayern kurz nach der Wiedervereinigung. a) Wohnparzellen, b) Straßen (WITTKAMP et al. 1995).

Abb. 8.14

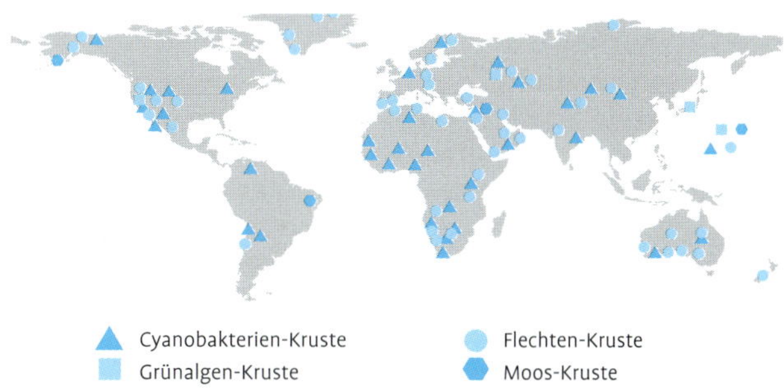

Weltweite Verbreitung biologischer Bodenkrusten (nach Angaben von BURKHARD BÜDEL).

Durch menschliches Einwirken wird die direkte Widerspiegelung standörtlicher Bedingungen durch die Vegetation vielfach durchbrochen. Unter ansonsten vergleichbaren Umweltbedingungen eines Physiotopes trifft man auf sehr unterschiedliche Lebensgemeinschaften, die durch die menschliche Einflussnahme bewirkt wurden (Abb. 8.12). Es ist nahe liegend, Vegetationskomplexe als übergeordnete Einheiten zur Standortcharakterisierung einzusetzen. Unterscheiden sich die menschlichen Einflüsse unter sonst vergleichbaren Umweltbedingungen und vor dem Hintergrund einer ähnlichen Landschaftsgenese, dann sind Vegetationskomplexe ein geeignetes Mittel, um die

Auswirkungen unterschiedlicher Nutzungseinflüsse zu dokumentieren (Abb. 8.13).

Insbesondere wenn Mikroorganismen beteiligt sind und sich die betrachteten Lebensgemeinschaften auf einer Mikroskala organisieren, betrachtet man eher die Gesamtheit der biologischen Organisation als einzelne Arten. Am Beispiel **biologischer Bodenkrusten** („Biological Soil Crusts"), die in ariden und semiariden Regionen der Erde – aber nicht nur dort – eine hervorragende Rolle in der Kontrolle des landschaftlichen Prozessgeschehens einnehmen, ist man geneigt, diese Lebensgemeinschaft zunächst als Einheit zu betrachten. Es handelt sich zumeist um eine an die wechselfeuchten und sowohl thermisch wie hygrisch extrem variablen Verhältnisse angepasste Gemeinschaft aus Cyanobakterien, Grünalgen, Braunalgen, Moosen und Flechten (Abb. 8.14).

In den USA treten solche Krusten unter anderem im Great Basin sowie auf dem Colorado Plateau auf und können in den Nationalparks (z. B. Arches), wo keine Störung durch Viehherden erfolgt, gut beobachtet werden. Die namensgebende verfestigte Kruste entsteht durch die Integration der Organismen selbst (teils im ausgetrockneten Zustand) und ihrer Stoffwechselprodukte. Durch Frosthub und Austrocknungsprozesse kommt es zur Ausbildung einer Mikrotopographie mit entsprechenden ökologischen Nischen. Saure Böden favorisieren die Vorherrschaft von Grünalgen, neutrale Böden die Dominanz von Cyanobakterien als fotosynthetisch aktive Organismen. In jedem Fall liegt eine enge Verzahnung organismischer und abiotischer Komponenten an der Bodenoberfläche vor. Diese Lebensgemeinschaften sind also so etwas wie Mikroökosysteme (Büdel et al. 2004).

Abb. 8.15

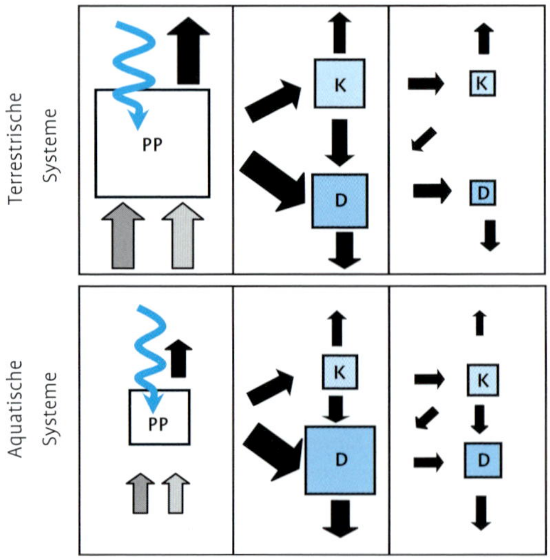

Stoff und Energieflüsse in terrestrischen und marinen Nahrungsketten.
PP = Primärproduzenten; K = Konsumenten; D = detritivore Zersetzer.

8.3 Ökologische Systeme

Natürlich ist keine Lebensgemeinschaft nur aus sich heraus und ohne ihre Umweltbedingungen zu verstehen. Begon et al. (1990) schreiben *„No ecological system [...] can be studied in isolation from the environment in which it exists"*. Nur wenn wir uns vollständig auf Lebensgemeinschaften konzentrieren und die abiotischen Interaktionen außer acht lassen, ist es aber zu vertreten, Lebensgemeinschaften und Ökosysteme gleichzusetzen. Oft werden in der biologischen Literatur daher diese beiden Ebenen mehr oder weniger nivelliert (z. B. Begon et al. 1990, Huston 1994). Es ist aber ein substanzieller Unterschied, ob wir die Umwelt als Teil des Systems auffassen oder sie lediglich als äußere Wirkgröße begreifen.

Auch ist der Fokus, sind die Kriterien und Methoden andere, wenn Ökosysteme und nicht Biozönosen betrachtet werden. Konzentriert man sich bei letzteren mehr auf die Artenzusammensetzung und biotischen Strukturen, so treten bei einer ökosystemaren Betrachtung stoffliche und energetische Aspekte in der Vordergrund. Man untersucht nunmehr stärker die funktionellen Interaktionen und die ökosystemaren Prozessabläufe.

Wenn wir marine und terrestrische Systeme vergleichen, dann sehen wir, dass sich ihre Nahrungsketten grundlegend unterscheiden (Abb. 8.15). Während in terrestrischen Lebensgemeinschaften die Primärproduzenten vorherrschen, ist deren Beitrag zur Biomasse in marinen Ökosystemen ge-

Box 9: Ökosystem

Systeme sind Aggregationen von Kompartimenten, welche untereinander, über bestimmte Faktoren, in einer funktionellen Beeinflussung stehen. Ökosysteme sind **Systeme aus biotischen** (Organismen, Detritus) **und abiotischen Kompartimenten** (Mineralboden, Wasser, Luft). Sie besitzen **stoffliche, energetische und informationelle Eigenschaften**, eine objektbezogene (**Inventar**) und eine funktionelle Qualität (**Mechanismen**). Geosysteme sind rein abiotische Systeme. Sie können in tieferen Erdschichten untersucht werden, doch auch an der Erdoberfläche ist eine isolierte Betrachtung aufgrund der energetischen, zeitlichen und räumlichen Dimensionen möglich. Biosysteme können jedoch nur bedingt isoliert betrachtet werden, da sie sich immer in Abhängigkeit von stofflichem und energetischem Input befinden.
Der Ökosystembegriff wurde 1935 durch Tansley eingeführt. Ellenberg (1973) versteht das Ökosystem als ein *„Wirkungsgefüge zwischen Organismen und ihrer abiotischen Umwelt"*. Damit wird unterstrichen, dass es sich über gegenseitige Einwirkungen definiert. Ökologische Systeme verhalten sich nicht stochastisch. Sie werden mittels biologischer Information über Verhaltensmuster oder genetisch fixierte physiologische Abläufe reguliert. Ihre internen Wechselwirkungen erfolgen über ökologische **Speicherungs-, Transport- und Umwandlungsprozesse**.
Ökosysteme sind **offene Systeme**, d. h. sie besitzen Bezüge zu benachbarten Systemen sowie zu den sich an die Biosphäre anschließenden oder sie durchdringenden Sphären (Atmosphäre, Pedosphäre, Lithosphäre, Hydrosphäre). Ökologische Systeme interagieren auch mit benachbarten Systemen. Darüber hinaus wird Ökosystemen ein gewisses Maß an Selbstregulation unterstellt. Auslenkungen können bis zu einem gewissen Grad toleriert oder kompensiert werden. Da sich Ökosysteme aus verschiedenen Biozönosen aufbauen, verfügen sie über ein höheres Maß an Resilienz als diese. Der räumliche Bereich eines funktional verbundenen Ökosystems wird als **Ökotop** bezeichnet.

ring. Dort herrschen detritivore Arten, also Zersetzer, vor. Zu erklären ist dies mit dem unterschiedlich schnellen stofflichen Turnover innerhalb der verschiedenen trophischen Gilden an Land und im Meer.

Das Verständnis der stofflichen Flüsse ist also unabdingbar, um das Funktionieren von ökologischen Systemen zu verstehen. Die Auflistung von Arten ist hierzu nur bedingt dienlich. Ein **Ökosystem** zeichnet sich dadurch aus, dass neben der Biozönose und ihrer Umwelt vor allem das funktionelle Beziehungsgefüge zwischen biotischen und abiotischen Kompartimenten betrachtet wird.

Ein Ökosystem kann mehrere Biozönosen umfassen. Beispielsweise tragen Quellen, Quellbäche, Lichtungen, verschiedene Altersstadien von Forsten und anmoorige Flächen zu einem Waldökosystem bei. Deshalb ist es vertretbar, neben dem **Biotop** auf dieser übergeordneten Organisationsebene das **Ökotop** zu unterscheiden. Betrachtet man ausschließlich die räumlich abgrenzbare Ähnlichkeit der abiotischen Rahmenbedingungen, beispielsweise des Reliefs, der Wasserversorgung, des Klimas und der Böden, spricht man von einem **Physiotop**. Dies ist vor allem dann sinnvoll, wenn die natürlichen Ökosysteme durch menschliche Einflüsse entfernt oder stark verändert wurden.

Bei der Typisierung von Ökosystemen (z. B. Ellenberg 1973) zur Charakterisierung ihrer Verteilungseigenschaften und Vielfalt, um Aussagen zur landschaftlichen

Abb. 8.16

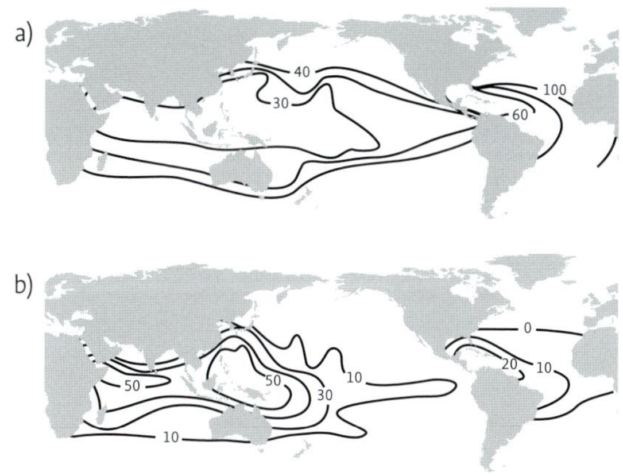

Entwicklung und Vielfalt riffbildender Korallengattungen. a) Geschätztes mittleres phylogenetisches Alter der Gattungen (Mio. Jahre); b) Gattungsvielfalt. Die Regionen mit hoher Biodiversität zeigen gleichzeitig eher junge Gattungen (nach Stehli & Wells 1971 und Hengeveld 1992).

Merksatz

Komplexität kennzeichnet die Vielfalt von Wechselwirkungen zwischen Objekten (z. B. Arten).

Abb. 8.17

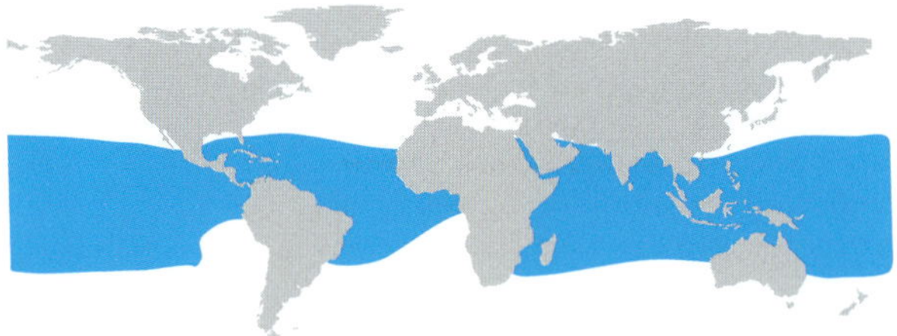

Ozeane mit mittleren Wassertemperaturen über 20 °C. Nur in diesem Bereich können sich tropische Korallenriffe entwickeln. Ihr optimales Wachstum entfalten sie zwischen 23 und 29 °C.

Abb. 8.18

Mangrove am Rande der Everglades in Süd-Florida.

Homogenität bzw. Heterogenität abzuleiten, stellt sich die Frage, inwiefern eine Klassifikation derart komplexer Gebilde überhaupt gelingen mag. Andererseits ist die Existenz mehr oder minder einheitlicher Ökosysteme (z. B. geschlossener Laubwälder) offensichtlich. Akzeptiert man eine gewisse Unschärfe der Objekteigenschaften, dann sind charakteristische Systemeigenschaften leicht herauszuarbeiten.

Die außerordentlich artenreichen tropischen **Korallenriffe** (z. B. Jackson 1991, Sebens 1994) konzentrieren sich auf den indopazifischen Übergangsbereich und auf die Karibik (Abb. 8.16). Sehr artenreiche Riffe finden sich auch vor Ostaustralien im Großen Barriere Riff. Über 2.300 km verläuft dieses gigantische Ökosystem in 30 bis 250 km Entfernung entlang der australischen Küste. Über 1.500 Fischarten und mehr als 400 Korallenarten sind dort bekannt. Die Artenvielfalt der Mollusken ist noch größer. Das Zentrum der Artenvielfalt der Korallenriffe – ebenso wie der Mangroven – liegt jedoch im indo-malayischen Archipel (Stehli & Wells 1971). Für viele Artengruppen finden wir hier auch ihr Genzentrum, also den Entwicklungbereich (Palumbi 1997). Die hohe Artenvielfalt wird durch die räumliche Konstellation (unterschiedlich stark isolierte Inseln, unterschiedlicher Größe) und die zeitliche Dynamik (Meeresspiegelschwankungen, Atollbildung, Vulkanausbrüche) erklärt. Die Kombination aus der Stabilität der thermischen Bedingungen und ökologischen Fluktuationen bewirkte den Erhalt von Phyla bei immer wieder neu erfolgenden Impulsen für die Evolution. Besonders artenarm sind bei einem weltweiten Vergleich, unter heute durchaus vergleichbaren Klimabedingungen, die Lebensgemeinschaften dieser Ökosysteme (Korallenriffe, Mangroven) in der Karibik. Als Ursache hierfür ist deren relativ junges Alter und die Isolation vom südostasiatischen Entwicklungszentrum zu vermuten.

Korallenriffe sind das Produkt einer komplexen Lebensgemeinschaft aus Steinkorallen und anderen Lebewesen in ihrer engen Interaktion mit der Umwelt, die sich aus dem Zuwachs an biotischen Strukturen (biogener Kalk) selbst gestaltet. Die Wechselwirkungen zwischen der Lebensgemeinschaft und den abiotischen Rahmenbedingungen sind sehr eng. Das Korallenwachstum bewirkt einen selbstverstärkenden Effekt bezüglich der Lebensraumqualität. Allerdings sind tropische Korallenriffe an einen engen thermischen Bereich gebunden (Abb. 8.17). Sie benötigen einerseits dauerhaft warme Wassertemperaturen, tolerieren aber nicht, wenn diese um wenige Grad überschritten werden. Tropische Korallenriffe sind besonders stark durch menschliche Beeinträchtigungen gefährdet. Im Zentrum der Biodiversität der Korallenriffe, in Südost-Asien, sind bereits mehr als die Hälfte der Korallenriffe zerstört. Eine von vielen Ursachen dafür ist das Dynamit-Fischen (Lundin & Lindén 1993). In jüngster Zeit wurden auch weit außerhalb der Tropen riffbildende Korallen gefunden, allerdings sind die von diesen gebildeten Ökosysteme nicht mit der Vielfalt der tropischen Meere vergleichbar. Sie sind aber noch weitgehend unbekannt.

Die Ausbildung von Rifffazies in den heimischen Jurakalken vor etwa 200 Mio. Jahren lässt uns deshalb auf innertropische Klimabedingungen zu Zeiten ihrer Bildung schließen. Charles Darwin hat sich eingehend mit der Entstehung von Riffen und Atollen befasst und die letzteren als ein Relikt ehemaliger Saumriffe an Vulkaninseln, welche selbst erodiert wurden, interpretiert. Korallenriffe können heute mit überschaubarem Aufwand mit Hilfe der Fernerkundung kartiert werden, da sie aus größerer Entfernung aufgrund spezifischer spektraler Eigenschaften sehr gut zu erkennen sind.

Eine weitere charakteristische Lebensgemeinschaft der Tropen sind die Gezeitenwälder der Mangrove (Abb. 8.18). Der Begriff **Mangrove** ist mehrdeutig, da hierunter sowohl die Formation bzw. die Vegetationseinheit als auch viele bestandesbildende Baumarten verstanden werden. Sie werden umgangssprachlich noch durch farbliche Attribute differenziert (z. B. Red Mangrove), doch sind diese nicht eindeutig. In dem Tidenhub ausgesetzten Schlick leben Würmer, Garnelen, Krabben und Mollusken. Die Stelzwurzeln der Mangrovenbäume bieten eine ausgeprägte dreidimensionale Struktur, welche gleichermaßen Schutz wie Halt bietet. Im Geäst finden Reiher, Greifvögel und Ibisse sichere Nistmöglichkeiten. Die funktionellen Beziehungen zwischen den Organismen sind vielfältig und ausgeprägt. Und dennoch sind Mangroven zum Teil relativ artenarm. Es ist weniger ihre Biodiversität als der Beitrag zum Stoffumsatz sowie die Funktion als Schutzzone für die Fortpflanzung, welche den ökologischen Wert von Mangroven ausmachen. Durch Aquakultur (Shrimps) sind Mangroven im Indischen Ozean flächenmäßig stark zurückgedrängt (Primavera 1991, 1995). In der Nähe von Flussmündungen machen sich stoffliche Belastungen bemerkbar.

Die höchste Vielfalt an Baumarten ist, ähnlich wie bei den riffbildenden Korallen, im indo-malayischen Bereich anzutreffen (Abb. 8.19). Eine Ursache dafür liegt in der Vielfalt der Küstengebiete und der damit zusammenhängenden Küstenlänge. Trotz der hohen tektonischen Aktivität in der Region ist diese aber doch über längere Zeiträume hinweg tropischen Klimaverhältnissen ausgesetzt gewesen. Auch ist zu bedenken, dass, ebenfalls in Anlehnung an die Korallenriffe, ein Austausch zwischen den beiden Zentren der Verbreitung, der Karibik und dem Indischen Ozean, auszuschließen ist. Innerhalb des Mangrovengürtels zeichnet sich in der Vegetation und der Tierwelt ein Salinitätsgradient ab. Dieser ist umso mehr ausgeprägt, je höher die Artenvielfalt

Abb. 8.19

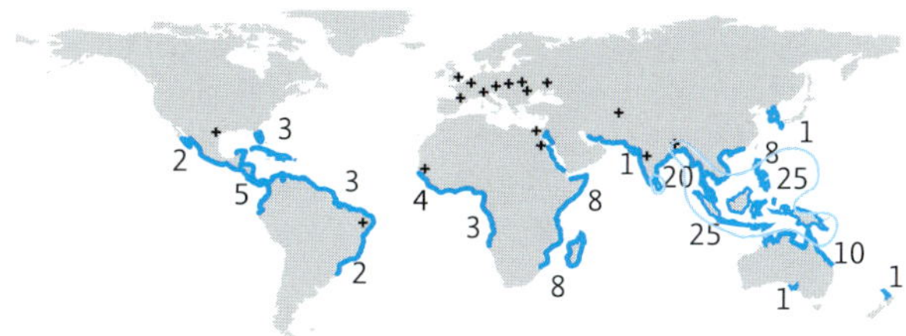

Globale Verbreitung von Mangroven mit Hinweisen zur Baumartenvielfalt (nach Vareschi 1980).

Abb. 8.20

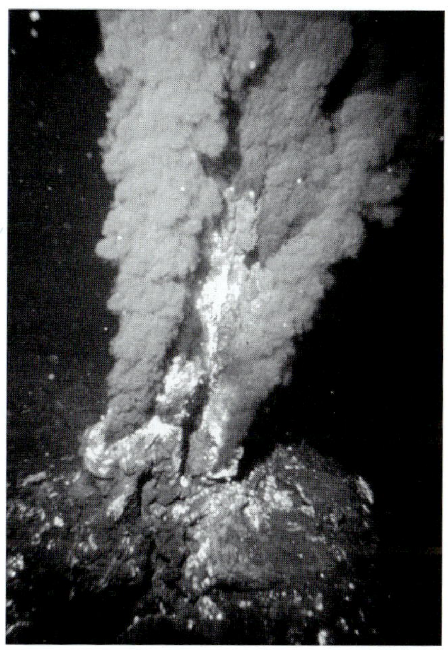

Schwarzer Raucher im Atlantik (U.S. National Oceanic and Atmospheric Administration).

Abb. 8.21

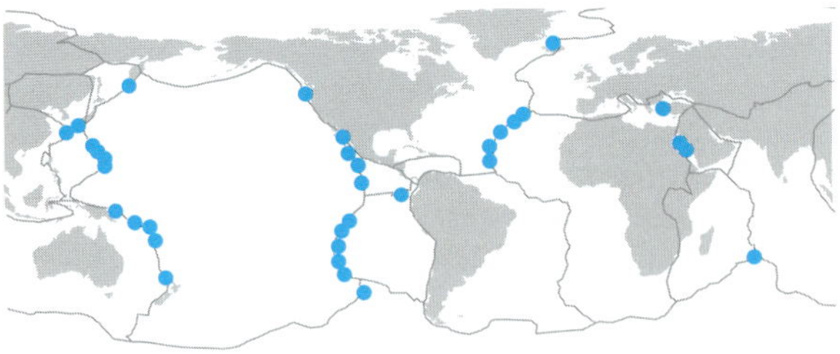

Verbreitung hydrothermaler submariner Quellökosysteme an mittelozeanischen Rücken.

ist, bzw. kann der ökochemische Gradient dann differenzierter beantwortet werden.

Besonders interessante Ökosysteme wurden erst vor wenigen Jahren in der Tiefsee in der Nähe des mittelozeanischen Rücken entdeckt. Dort bilden sich an hydrothermalen Quellen („Schwarze Raucher“ (Abb. 8.20), „Weiße Raucher“), die sowohl warmes wie mineralreiches, vorwiegend sulfidisches Wasser freisetzen, komplexe Lebensgemeinschaften aus, ohne dass fotosynthetisch aktive Organismen als primäre Produzenten von Biomasse bereit stünden (Grassle 1991, Van Dover 2000). Die Primärproduktion wird durch Chemosynthese bewerkstelligt. Autotrophe Archäen und Bakterien nutzen die energetisch hochwertigen Sulfide. Indem sie diese oxidieren, wird Energie für die Assimilation von Kohlenstoffverbindungen verfügbar. In der lichtlosen Umwelt haben sich für unser Empfinden skurrile Biozönosen herausgebildet, mit langbeinigen Spinnenkrabben und verschiedenen Muscheln und Seesternen. Die Röhrenwürmer (*Riftia pachyptila*) haben mutualistische Beziehungen mit Mikroorganismen entwickelt. Sie werden bis zu 1,5 m lang, aber auch andere Tiere (Muscheln, Krabben) erreichen eine erhebliche Körpergröße.

Diese hydrothermalen Lebensräume sind zwar stark isoliert, bilden aber entlang der mittelozeanischen Rücken einen natürlichen Biotopverbund (Abb. 8.21), was erklärt, dass die punktuell verfügbaren Ressourcen, die teilweise nur einige Jahre bis Jahrzehnte aktiv bereitgestellt werden, genutzt werden können. Direkt am Quellaustritt können die Temperaturen vereinzelt über 400 °C liegen. Derartige Temperaturen können von Organismen nicht toleriert werden. Man findet dann mit zunehmender Entfernung vom heißen Bereich eine enge Abfolge unterschiedlich temperaturempfindlicher Arten bis hin zu den kältetoleranten Arten der Tiefsee. Aufgrund der hohen tektonischen Aktivität der mittelozeanischen Rücken verlagern sich die Austritte warmer mineralhaltiger Wässer oft schon nach relativ kurzer Zeit. Diese Thermalquellen besitzen also nicht die Konstanz terrestrischer Thermalquellen, an welchen wir oft stammesgeschichtlich sehr alte Taxa antreffen können. Zwar ähneln die thermisch und chemisch extremen Verhältnisse der Tiefseequellen den Gegebenheiten in der frühen Entwicklung der Erde. Weiterhin ist anzunehmen, dass über die gesamte Erdgeschichte hinweg solche Biotope zur Verfügung standen. Grassle (1991) vermutet aus diesem Grund, dass in der Tiefsee ein beträchtlicher Teil des globalen Spektrums der genetischen Diversität finden lässt. Im Zusammenhang mit dem Wissen zur lange andauernden Lebensfeindlichkeit der hohen UV-Einstrahlung bis zur Ausbildung einer schützenden Ozonschicht wäre es sogar denkbar, dass an derartigen Lebensräumen eine Wiege der Evolution zu suchen wäre. Dabei muss aber bedacht werden, dass – mit Ausnahme der Archäen – die dort zu findenden Tierarten spezialisierte Anpassungen und Abwandlungen von Taxa sind, die unter anderen, weniger extremen Bedingungen ebenfalls vorkommen. Wir können deshalb eher vermuten, dass diese punktuellen Biotope für die dort vorkommenden Entwicklungslinien einen sekundären Standort darstellen.

8.4 Strukturen und Formationen

Die quantitative Verteilung und Organisation pflanzlicher Biomasse steht im Vordergrund des Interesses formationskundlicher Gliederungen. Unter einer Pflanzenformation verstehen wir eine aufgrund physiognomischer Merkmale ausgeschiedene Vegetationseinheit. **Formationen** sind durch die Dominanz bestimmter pflanzlicher Gestalttypen, Wuchs- oder Lebensformen charakterisiert. Bei Savannen ist es die Kombination von Grasland mit vereinzelten Baumgewächsen, die das strukturbestimmende Merkmal darstellt. Die Artenzusammensetzung ist unerheblich. Pflanzen werden bei der morphologischen Charakterisierung als Grundlage symmorphologischer Arbeiten unabhängig von ihrem taxonomischen Rang behandelt. Neben den aktuellen morphologischen Eigenschaften interessiert lediglich ein eventuell genetisch fixiertes morphologisches Potenzial. Man nutzt die Tatsache, dass vergleichbare Bauelemente der Pflanzen bei unterschiedlichen Arten, bedingt durch ökologische Anpassung, ähnliche morphologische Ausbildungen aufweisen.

Probleme mit nicht-bestimmbaren oder unbekannten Arten können bei formationskundlichen Ansätzen umgangen werden. Durch den Verzicht auf die Ermittlung der Artzugehörigkeit erfolgt die Erfassung vegetationskundlicher Daten schnell und effizient. Auf einfache Weise werden umfangreiche Datensätze gewonnen. Und dabei ist zu beachten, dass Vegetationsstrukturen ökologisch höchst bedeutsam sind. Sie bestimmten das Habitatangebot und die Rauigkeit der Vegetation, welche wiederum entscheidend ist für Mikroklima und Depositionsgeschehen. Vor allem aber können die Ergebnisse leicht übertragen werden und erleichtern damit überregionale Vergleiche.

Die vegetationskundliche Teildisziplin, welche sich mit derartigen großräumigen Vegetationsstrukturen befasst, heißt **Formationskunde** oder **Symmorphologie**. Allerdings ist die Bezeichnung mehrdeutig: Auch in der Geologie gibt es eine Formationskunde. Im vegetationskundlichen Kontext geht der Begriff der Formation auf HEINRICH AUGUST RUDOLF GRISEBACH (1814–1879) zurück, doch sind seine strukturellen Ideen stark durch die „Physiognomik der Gewächse" von ALEXANDER VON HUMBOLDT (1769–1859) beeinflusst. Dieser war – aufgrund der rudimentären Kenntnisse seiner Zeit zur Flora Südamerikas – während seiner Reise geradezu gezwungen, ein System

Strukturelle, texturelle, zeitliche und funktionelle Kriterien zur formationskundlichen Analyse von Pflanzen. Tab. 8.2

	Struktur	Textur	Lebensdauer	Funktion
Unterirdische Pflanzenteile	Form, Ausrichtung, Verzweigung, Tiefe, Oberfläche, Länge, Durchmesser etc.	Zwiebel, Wurzel, Rhizom, Inhaltsstoffe, obligate Mykorrhizierung, Aerenchym etc.	< 1 Jahr, zweijährig, mehrjährig	Wasseraufnahme, Nährstoffaufnahme, Wasserspeicher, Nährstoffspeicher, Ausbreitung
Sprossachsen	Länge, Durchmesser, Ausrichtung, Verzweigung	verholzend, Leitbündelanordnung, milchsaftführend, sukkulent etc.	< 1 Jahr, zweijährig, mehrjährig	Konkurrenzvorteil, Wassertransport, Nährstofftransport, Isolation, Halt, Wasserspeicher, Ausbreitung etc.
Blätter	Form, flächig, nadelig, zusammengesetzt, Dicke, Größe, Ausrichtung etc.	malakophyll, sklerophyll, sukkulent, Farbe, Anordnung der Stomata, Behaarung etc.	< 1 Jahr, zweijährig, mehrjährig	Kohlenstoffhaushalt (C3, C4, CAM), Transpiration, Gasaustausch, Lichthaushalt, Wärmeregulation
Knospen	Form, Größe, Anordnung, Zahl	Inhaltsstoffe (z.B. Zucker), K. von Blüten, K. von Blättern	1 Winter, mehrjährig	Frostschutz, Transpirationsschutz, Reserveorgane
Blüten	Form, Anordnung, Größe, Zahl, Einzelblüten, Blütenstände	Nektar, Pollen, Farbe	kurze Blüte, lange Blüte, mehrere Blüten im Jahr	Bestäubung, Befruchtung, sexuelle Vermehrung
Früchte und Samen	Form, Oberfläche, Größe, Samenzahl etc.	Inhaltsstoffe, Nährwert, Gewicht, hart, fleischig etc.	reif in < 1 Jahr, mehrjährige Reife	Ausbreitung

Abb. 8.22

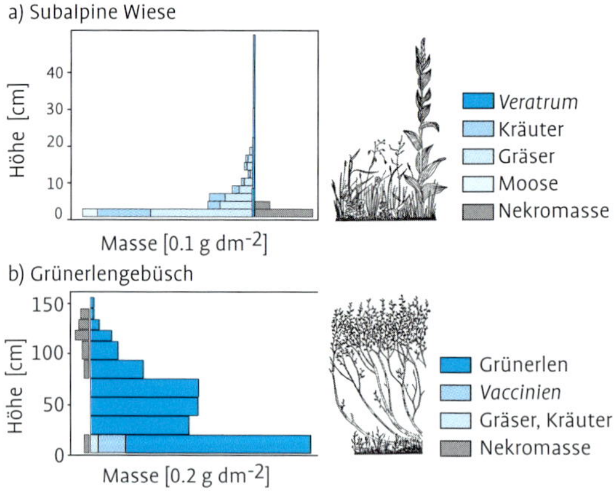

Vergleich der Vegetationsstrukturen einer subalpinen Wiese (a) und eines Grünerlengebüsches (b) (nach CERNUSCA 1978 aus DIERSCHKE 1994).

Abb. 8.23

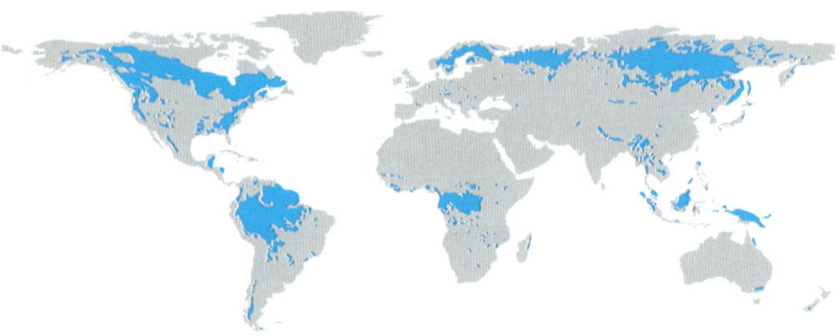

Die aktuelle Verbreitung der geschlossenen Wälder der Erde (nach WCMC 1997).

der morphologischen Kategorisierung zu entwickeln, wenn er die großräumigen Charakteristika und Zusammenhänge beschreiben wollte. Er brachte die von ihm beobachteten Vegetationsformen schon mit physikalischen Messungen in Bezug und stellte damit den Zusammenhang zwischen Umwelt und Struktur heraus. Der Österreicher ANTON KERNER VON MARILAUN (1831–1898) definierte Formation schließlich in unserem heutigen Verständnis als *„Bestände gleicher Wuchsform“*. Die Schriften von KERNER VON MARILAUN zeichnen sich nicht nur durch ihren geschliffenen Stil aus. Sie sind von tiefem ökologischem Durchdringen geprägt. Detailliert setzt er sich mit dem geschichteten Aufbau von Wäldern auseinander und stellt den Bezug der Formationen zu Klima und Boden heraus.

BARKMAN (1979) unterscheidet in der Vegetationskunde erstmals explizit **Struktur** und **Textur**. Struktur ist die räumlich-dreidimensionale Anordnung der Vegetationsbestandteile bzw. Strukturelemente (also zum Beispiel die Schichtung oder die Bestandeshöhe). Textur ist ihre qualitative und quantitative Beschaffenheit (also beispielsweise Blatt- oder Rindeneigenschaften). Struktur und Textur sind ganz wesentliche Aspekte der Vegetation. Bestände ähnlicher Artenzusammensetzung können strukturell sehr unterschiedlich sein. Bestände ähnlicher Struktur können eine unterschiedliche Artenzusammensetzung aufweisen. Strukturelle Vielfalt kann sich in Beständen auf verschiedenen Maßstabsniveaus, bezüglich verschiedener Kriterien und bezogen auf drei Dimensionen darstellen (Tab. 8.2).

In der Ökosystemforschung sind Strukturen aufgrund ihrer engen Beziehung zu ökologischen Funktionen sowohl als Reaktion auf äußere Einflüsse als auch als originäre Wirkgrößen von Bedeutung. Funktionelle Aspekte im Zusammenhang mit Vegetationsstrukturen betreffen die Ressourcen- und Lichtnutzung, aber auch Nährstoff- und Wasserspeicherung, Ausbreitung sowie den Schutz vor Herbivoren. Die ausgebildeten Strukturen müssen natürlich vor dem Hintergrund einer evolutiven Anpassung an abiotische Umweltbedingungen gesehen werden, doch sind diese in ihrer morphologischen Antwort nur selten von den Reaktionen auf biotische Interaktion (z. B. Prädation) zu differenzieren. Ist der orthotrope Wuchs mehr ein Streben nach Licht oder der Fraßschutz der Regenerationsknospe?

Ökologische Fragestellungen im globalen Zusammenhang geben der Formationskunde neuerlich Auftrieb. Bei Fragen des Globalen Umweltwandels ist die Übertragbarkeit formationskundlicher Angaben über Kontinente hinweg unabdingbar. Vegetationsstrukturen können quantitativ erfasst werden (Abb. 8.22). Eine eventuelle saisonale Variabilität von Merkmalen muss bedacht werden. Die **Global Change Forschung** bezieht daher in ihre Modellberechnungen pflanzliche Formationen mit ein, aber aufgrund der lückigen Kenntnisse und des indirekten Bezuges zu klimatischen Faktoren keine Pflanzengesellschaften (CRAMER et al. 2001).

Wir unterscheiden die terrestrischen Formationsklassen Wälder (Abb. 8.23), Offene Gehölze, Strauchformationen, Zwergstrauchformationen, Offenes Grasland, Stauden- und Kräuterfluren, vegetationsarme bis vegetationsfreie Wüsten. Wälder werden weiter unterteilt in Immergrüne und Wechselgrüne Wälder. Letztere werden unterschieden in Sommergrüne und Regenzeitgesteuerte Laubwälder. Neben der Wuchsform ist also der saisonale Verlauf der Belaubung ein wichtiges Kriterium zur Klassifikation von Formationen. Es existieren verschiedene Klassifikationen mit dem Anspruch einer allgemeinen Kompatibilität und Übertragbarkeit. Das Konzept von Ellenberg & Mueller-Dombois (1967a) ist besonders hervorzuheben. Es basiert rein physiognomisch auf einer differenzierten Lebensformenklassifikation (Ellenberg & Mueller-Dombois 1967b).

Auf die Möglichkeiten der darstellerischen Abstraktion struktureller Vegetationseigenschaften, wie dies von Dansereau (1958) oder Rabotnov (1995) betrieben wurde, sind wir bereits in Kapitel 6 eingegangen. Die hierzu verwandten Ansätze unterscheiden sich sehr deutlich bezüglich der Vereinfachung und Konzentration auf ausgewählte Eigenschaften oder Kriterien. Dansereau eröffnet neben der zeichnerischen Darstellung die Möglichkeit der Erstellung von Formeln für die sechs hauptsächlichen strukturbestimmenden Aspekte (Blattform, Blattgröße, Blatttextur, Blattlebensdauer („Function"), Größe der Pflanze, Deckung der Pflanze). Auf die in Kapitel 6 vorgestellten flächenlosen Verfahren der Strukturerfassung sei ebenfalls verwiesen. Die meisten flächenlosen Verfahren wurden für Wälder entwickelt und konzentrieren sich auf die Bäume.

Neben der rein räumlichen Anordnung der Elemente der Vegetation spielt die zeitliche Präsenz bestimmter Strukturelemente in der Rhythmik der Jahreszeiten oder die Lage von Überdauerungsknospen während der ungünstigen Jahreszeit eine entscheidende Rolle (Abb. 8.24). Dieser Zeitfaktor spiegelt sich gleichermaßen in der Definition der Raunkiaerschen Lebensformen (z. B. Therophyten/Annuelle) wie auch in der Bezeichnung einiger Formationen (Falllaubwälder) wider.

Abb. 8.24

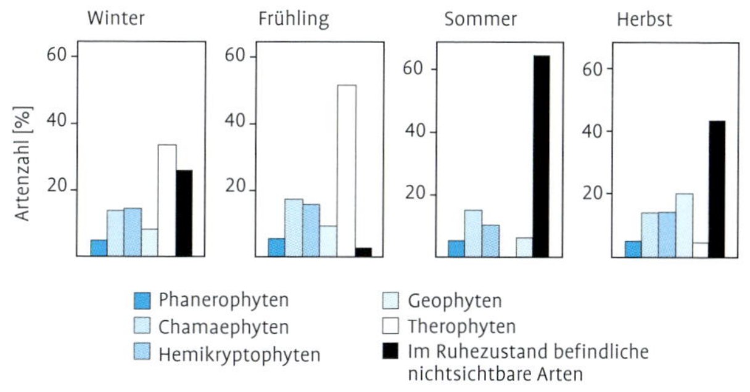

Jahreszeitliche Aspekte des Lebensformenspektrums mediterraner Pflanzengemeinschaften (nach Braun-Blanquet 1964).

Eine Einschränkung bei der Interpretation oberirdischer Strukturen sollte man bedenken: In zahlreichen Ökosystemen ist die unterirdische Vegetationsstruktur relevanter als die oberirdische. Dies gilt insbesondere für Systeme mit limitierten Wasser- und Nährstoffressourcen. Die horizontale unterirdische Struktur kann aber nur destruktiv erfasst werden. In der Regel schließt man aus oberirdischen Eigenschaften auf die unterirdische Vegetationsstruktur (z. B. bei disperser Vegetation, Walter 1973). In störungslimitierten bzw. -gesteuerten Systemen ist die oberirdische Vegetationsstruktur als Reaktion auf diese Einwirkungen oft differenzierter ausgebildet.

8.5 Räumliche Grenzen

Abgrenzungsprobleme existieren auf allen Maßstabsebenen. Auf Satellitenbildern erkennt man scheinbar scharfe Grenzen zwischen Land und Meer. Ein Vergleich der Küstenstreifen zu verschiedenen Aufnahmezeitpunkten zeigt, dass diese zunächst ganz offensichtliche Grenze, zeitliche Fluktuationen zeigt. Das Wattenmeer ist teils Land und teils Meer, je nach Beobachtungszeitpunkt. Auf Luftbildern sind sehr viel kleinere diskrete Einheiten wie Ackerflächen klar zu erkennen. Aber es wird ebenfalls schnell klar, dass auch diese scheinbar scharfen Grenzen vom Betrachtungsmaßstab und vom Betrachtungszeitpunkt abhängen (Delcourt & Delcourt 1992).

Abb. 8.25

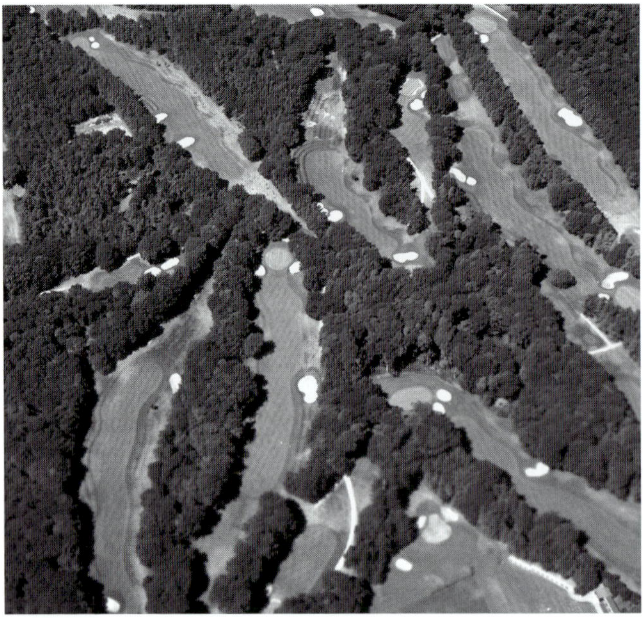

Zerschneidung eines Waldgebietes durch einen Golfplatz in Hessen.

Abb. 8.26

Uferzonierung eines mittelschwedischen Binnensees.

Scharfe Grenzbereiche sind in der Natur selten. Wenn wir uns in Mitteleuropa durch eine Landschaft bewegen, dann sehen wir allerdings kaum etwas anderes. Der Acker hat eine wie mit dem Lineal gezogene Kante, der Waldrand stößt ohne Übergang an die benachbarte Wiese, eventuell ist noch ein Feldrain erhalten, doch wird er genauso wie eine Hecke zu beiden Seiten eng begrenzt sein. Derartig scharfe Grenzen gehen allesamt auf menschliche Einflüsse zurück. In einer parzellenorientierten Landbewirtschaftung, die sich auf bestimmte Besitzverhältnisse gründet und maschinell arbeitet, ist die Entstehung scharfer Grenzen nahezu zwangsläufige Konsequenz. Viele Grenzen werden durch die menschliche Bewirtschaftung akzentuiert oder erst geschaffen (Abb. 8.25). Dies war in der Vergangenheit übrigens kaum anders. Es ist vielmehr zu vermuten, dass in Mitteleuropa die historische Landnutzung, in der noch keine Agrochemikalien eingesetzt wurden, unter Einsatz günstiger menschlicher Arbeitskraft durchaus mechanisch sehr intensiv erfolgte.

Unter natürlichen Verhältnissen sind allmähliche Übergänge zwischen den Einheiten eher wahrscheinlich (Abb. 8.26). Nur sehr abrupte Veränderungen der abiotischen Standortverhältnisse wie der Grenzbereich zwischen anstehendem Fels und Waldboden oder das erodierte Ufer eines Fließgewässers bewirken ein übergangsloses Aneinanderstoßen unterschiedlicher Lebensgemeinschaften und Ökosysteme. Ein anderer Faktor, der sich durchaus strukturell bestimmend auswirken kann, sind Störungen wie großflächige Brände.

Generell können wir aber annehmen, dass in Landschaften und Ökosystemen mit geringen menschlichen Einflüssen allmähliche Übergänge vorherrschen. Solche Übergangsbereiche zeichnen sich durch ihren Struktur- und Artenreichtum aus. Manche Organismen sind sogar an Grenzstrukturen gebunden. Sie profitieren von dem besonderen Mikroklima, zum Beispiel am Waldrand, oder benötigen unterschiedliche Teillebensräume in enger räumlicher Nachbarschaft.

Prinzipiell werden zwei Arten von Grenzen unterschieden (Zonneveld 1974, Westhoff 1974): **Konkrete räumliche Grenzen** und **abstrakte Grenzen**. Konkrete Grenzen existieren in der Fläche. van Leeuwen (1970) definiert für konkrete Grenzen die Begriffe „limes divergens“ (Dispersions-Grenzbereich) und „limes convergens“ (Konzentrations-Grenzbereich). Limes divergens steht für einen allmählichen Übergang und limes convergens für eine scharfe räumliche Grenze.

Abstrakte Grenzen bestimmen die inhaltliche Differenzierung von Einheiten (Typen) im organismischen Ähnlichkeitsraum. Es geht hier um die Zuordnung von Beständen zu definierten Einheiten. Auch abstrakte Einheiten können scharf getrennt sein, wie die Serpentinvegetation von anderen Grünlandgesellschaften, oder sich unscharf überlappen, wie die verschiedenen Buchenwaldgemeinschaften, die sich oft nur durch eine oder wenige Charakterarten unterscheiden. Beim Vergleich sehr unterschiedlicher Vegetationseinheiten sind abstrakte Grenzen scharf. Werden unter ähnlichen Standortbedingungen beobachtete Sukzessionsstadien in Beziehung zueinander gesetzt, dann ist kaum zu erwarten, dass große Unterschiede identifiziert werden können.

Übergänge werden als „Kline" bezeichnet (Westhoff 1974). Dabei ist eine **Ökokline** („ecocline") ein konkreter, örtlich lokalisierter Vegetationsübergang, sei er edaphisch oder mikroklimatisch bedingt, und **Zönokline** („coenocline") ein abstrakter Übergang im Vergleich verschiedener Einheiten. Der Begriff Ökokline entspricht somit dem „limes divergens" van Leeuwens (1970), dem für scharfe, konkrete Grenzen der Begriff **Ökoton** (ecotone) entsprechend dem „limes convergens" gegenübergestellt werden kann. Da in der anglo-amerikanischen Literatur, aufgrund der Maßstabsabhängigkeit der Schärfe von Grenzbereichen, der Begriff „ecocline" kaum benutzt wurde, bekam der Begriff „ecotone" inzwischen jedoch allgemeinere Bedeutung.

Der Verlust gradueller Übergänge ist als Tendenz der Landschaftsentwicklung erkannt worden. Sukopp et al. verweisen schon 1978 bei der Auswertung der Roten Listen auf die zunehmende Entfernung von Übergangsbereichen als eine Hauptursache für den Artenrückgang. Die Entwicklung „weicher" Grenzen ist daher ein Ziel des Naturschutzes. Aktivitäten wie die Wiedereinführung der Beweidung unter Naturschutzgesichtspunkten oder die Förderung extensiver Formen der Waldbewirtschaftung im Rahmen einer naturnäheren Waldgestaltung dienen dem Ziel, fließende Übergänge zu entwickeln. Allerdings wird in den deutschen Mittelgebirgen der durch die intensive Landbeanspruchung der Nachkriegszeit erfolgte Verlust an weichen Grenzen teilweise durch Nutzungsaufgabe kompensiert. Die Zusammenlegung verschiedener Flurstücke zu großen Schlägen in Ostdeutschland bewirkt, dass Standortunterschiede zum Beispiel innerhalb von Ackerflächen groß werden und sich in der Vegetation Übergänge abzeichnen. Selbst innerhalb konkret umrissener Nutzungstypen können sich durch edaphische Unterschiede allmähliche Übergänge ausbilden.

Abb. 8.27

Der ehemalige Grenzstreifen zwischen der BRD und der DDR ist heute als „Grünes Band" ein wertvolles Element des Biotopverbundes.

Grenzbereiche wurden lange Zeit als etwas Unerwünschtes angesehen. Sie wurden möglichst flächenmäßig begrenzt, da sie durch Beschattung und Diasporeneintrag als mechanische Hindernisse die Nutzung beeinträchtigten. Ihre Bedeutung für das Gleichgewicht der Natur wurde nur selten erkannt, eigens gefördert wurden Schilfgürtel oder Hecken kaum, bestenfalls geduldet. Inzwischen ist erkannt, dass Grenz- und Übergangsbereiche eine wichtige ökologische Funktion für die biotische Diversität und für ökosystemare Stoff- und Energieflüsse besitzen.

Das negative Image von Grenzen hängt nicht zuletzt damit zusammen, dass sie in erster Linie als trennende Elemente verstanden werden. Betrachtet man die durch lineare Trennlinien erfolgte Zerschneidung

Abb. 8.28

Durch Femelschlag kann die innere Strukturvielfalt, Artenvielfalt und Stabilität von Nadelholzforsten erhöht werden. Es entsteht ein Mosaik schattiger und lichter Waldbereiche.

Abb. 8.29

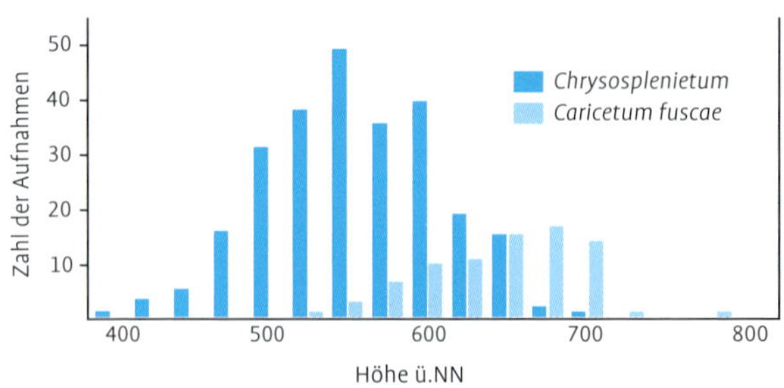

Ablösung zweier Quellflurgesellschaften (***Chrysosplenietum oppositifolii*** und ***Caricetum fuscae polytrichetosum***) mit der Höhenlage im Frankenwald (nach Beierkuhnlein 1994).

Abb. 8.30

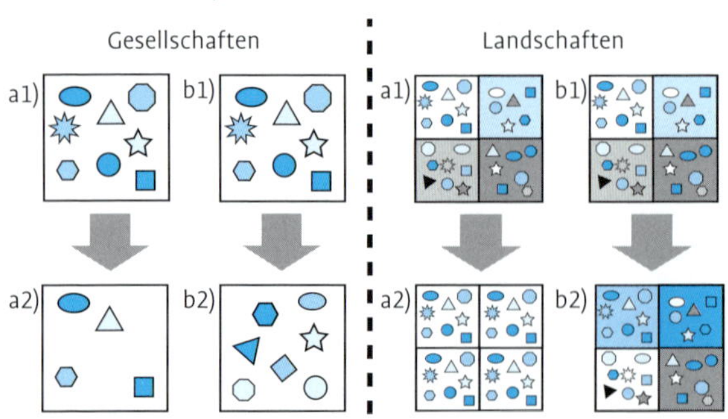

Auf der Ebene der Zönosen wird der Verlust oder Erhalt der Vielfalt von Arten oder funktionellen Gruppen analysiert (links). Auf landschaftlicher Ebene (rechts) interessiert die Entwicklung der Vielfalt an Lebensgemeinschaften.

unserer Landschaft, so ist dies gut nachzuvollziehen. Technotope wie Straßen, Kanäle und Bahntrassen zerteilen natürliche Lebensräume. Andererseits besitzen Grenzbereiche eine Funktion als lineares Vernetzungselement zwischen verschiedenen Räumen (Jedicke 1994). Besonders an der Bedeutung des Grenzstreifens zwischen der BRD und der ehemaligen DDR, der heute als „Grünes Band" bezeichnet wird, konnte in den letzten Jahren gezeigt werden, welche Wertigkeit Grenzen – hier im wahrsten Sinn des Wortes – für den Biotopverbund besitzen (Schlumprecht et al. 2002) (Abb. 8.27).

In der Forstwirtschaft, die bislang in Kahlschlagwirtschaft relativ klar zu differenzierende Bestände schuf, zeichnet sich ebenfalls ein Umdenken ab. Die offensichtlichen Nachteile dieser Wirtschaftsform führten zu einer Abkehr von gleichförmigen und gleichartigen Beständen und zu einer Förderung von plenterartigem Betrieb, Femelschlag (Abb. 8.28) und Mischwaldkulturen mit reichhaltigen inneren Grenzen. Der mehrschichtige Bestandesaufbau ist als vertikale Zonierung zu sehen. Es zeigt sich, dass derartig bewirtschafteter Wald nicht nur robuster ist, sondern einen vielfältigeren Lebensraum darstellt. Lichtflecken und kleine Lichtungen oder die Nährstofffreisetzung in Schlagfluren modifizieren zum Beispiel in natürlicher Weise die Artenzusammensetzung der Krautschicht.

Kriterien zur Bewertung eines Raumes auf der Grundlage seiner Grenzbereiche können sein: Dichte der Grenzlinien (Bedeutung für Strukturreichtum), Länge der Grenzlinien (Bedeutung für Biotopverbund), räumliche Entfernung zwischen den Grenzbereichen (maximal oder minimal, Verinselungseffekte), Form der Grenzlinien (geradlinig, ausgebuchtet etc.), Verbindungsgrad bzw. Isoliertheit der Grenzbereiche (funktionelle Eignung als Vernetzungselement), flächenmäßige Erstreckung der Grenzbereiche (breite Übergangsbereiche oder schmale, scharfe Grenzen, Flächenbedeutsamkeit), innere Strukturierung der Grenzbereiche (Schichtung, vertikale Gliederung), Unterschiedlichkeit der Grenztypen (Formenvielfalt, z. B. dichtes Netz, aber nur Feldraine), für den Naturraum charakteristische Grenztypen (Standortentsprechung), natürlich oder anthropogen induziert.

Betrachten wir einzelne, nicht in direkter Nachbarschaft befindliche Einheiten entlang von Höhengradienten, dann ist zwar eine Zonierung zu finden, aber kaum ein gegenseitiger Ausschluss (Abb. 8.29). Dies gibt uns einen Hinweis auf das denkbare und vom Menschen oft verhinderte Durchdringen verschiedener Einheiten.

Unterschiede in der Artenzusammensetzung benachbarter Lebensgemeinschaften oder innerhalb eines bestimmten Types von Ökosystemen sind eine essentielle Information zur Beurteilung der Biodiversität auf der Ebene der Zönosen und Ökosysteme (Abb. 8.30). Diese Unterschiede können auch dann groß sein, wenn sich die Artenzahl kaum unterscheidet. Das Mittel, solche Unterschiedlichkeit bzw. Ähnlichkeit zu charakterisieren und zu analysieren ist die „**Beta-Diversität**" (s. a. Kap. 6, Kap. 7). Sie quantifiziert die Unterschiede der Artenzusammensetzung im Vergleich verschiedener Lebensgemeinschaften oder Ökosysteme (Datensätze). Ihr Verlauf kann entlang eines konkreten Umweltgradienten betrachtet werden oder in einem abstrakten Bezug in einem Datensatz zwischen Teildatensätzen. Sie wird dimensionslos über Ähnlichkeitswerte ausgedrückt. Beta-Diversität ist nicht einer bestimmten räumlichen Maßstabsebene zuzuordnen. Vielmehr ist sie als Unterschiedlichkeit im Vergleich einzelner Einheiten zu verstehen.

Im Rahmen des Naturschutzes werden Grenzziehungen bei Kartierungen und Zustandserfassungen benötigt. Beispielsweise müssen Verbreitungen von Populationen (Zielarten) dargestellt, Vegetationskarten oder Biotoptypenkarten angefertigt werden. Abgrenzungsvorschläge für Naturschutzgebiete, Pflegemaßnahmen- und Nutzungspläne, Entwicklungspläne für Naturschutzgebiete und Zonierungen für Nationalparks sind zu erstellen. Wir sehen, dass Abgrenzungen sehr stark mit Fragen der Praxisorientierung und Anwendung räumlicher Analysen zusammenhängen. Man muss daher ökologische Karten immer kritisch hinterfragen, denn bei den dargestellten Grenzen könnte es sich um ein menschliches Konstrukt handeln.

8.6 Stabilität, Resilienz und Invasibilität

Die Funktionalität von Lebensgemeinschaften und Ökosystemen wird durch biogeographisch gesteuerte Einflussgrößen wie Artenvielfalt und Invasion beeinflusst. Ein artenreiches Ökosystem wird vielfach mit einem stabilen Ökosystem gleich gesetzt. Hier ist zunächst einmal zu klären, was wir unter Stabilität verstehen. Grimm & Wissel (1997) setzen sich kritisch mit der Verwendung des Begriffes der **Stabilität** in ökologischen Zusammenhängen auseinander. Zunächst kann Stabilität auf einen Referenzzustand bezogen werden. Also beispielsweise auf eine bestimmte Artenzusammensetzung einer Lebensgemeinschaft oder auf eine bestimmte Biomasse. Versteht man unter Stabilität deren Unverändertheit, dann sollte man besser von **Konstanz** sprechen. Wird die Rückkehr in diesen Zustand nach einer temporären Auslenkung (Störung) gemeint, dann ist **Resilienz** ein adäquater Begriff. Ist kein Effekt zu beobachten, sollte man **Persistenz** verwenden. Zeitliche und räumliche Skalen sind von entscheidender Bedeutung zur Einstufung dieser Prozesse (Abb. 8.31).

Schon 1964 entwickelten Connell & Orias Hypothesen zur **Rückkoppelung zwischen der Artenvielfalt und der Stabilität**. May (1972) vermeidet im Zusammenhang mit Stabilität den Begriff Diversität und setzt vielmehr die Komplexität von Systemen zur Stabilität in Beziehung, welche wir heute in unserem erweiterten Verständnis als Teil der Diversität auffassen (funktionelle Diversität, Biokomplexität). In marinen Ökosystemen wird die Rolle der funktionellen Diversität besonders offensichtlich (Steele 1991). Bestimmte Funktionen (Planktonfiltrierer, Algenbeweider etc.) werden von Arten sehr unterschiedlicher Phyla übernommen. Sicherlich ist das funktionelle Wirkungsgefüge und dessen Komplexität die eigentliche Steuergröße der Reaktion eines Systems auf äußere Einflüsse. Allerdings stellt sich die Frage nach der Rolle einzelner Schlüsselarten, deren Wahrscheinlichkeit des Auftretens mit der Artenvielfalt wächst. In keinem Fall kann die Identität der Arten einer Lebensgemein-

Abb. 8.31

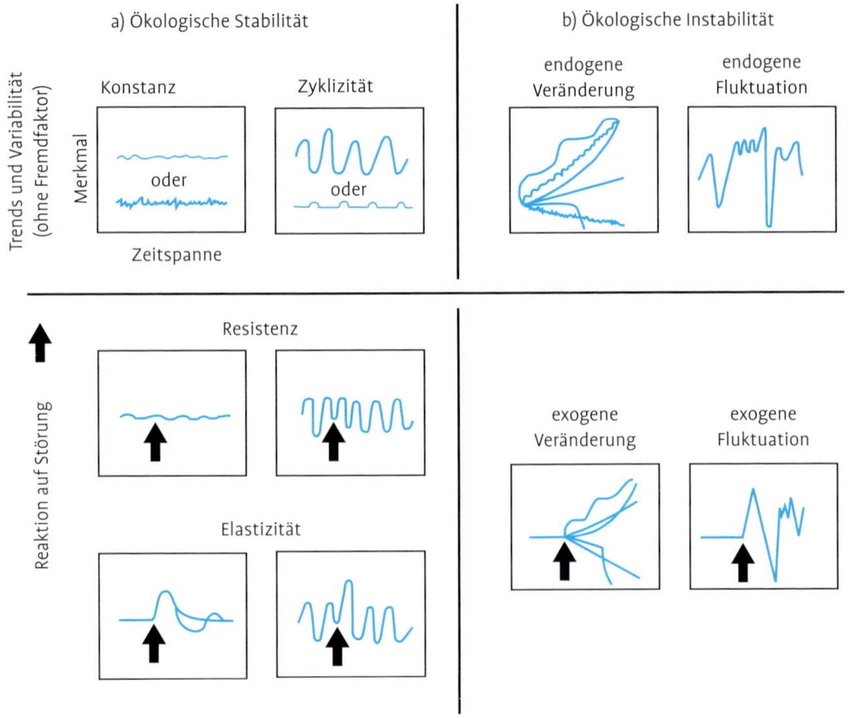

Verschiedene Aspekte der Stabilität (nach Schulze et al. 2002).

schaft ignoriert werden, wenn deren Belastbarkeit beurteilt werden soll.

Seit der Arbeit Eltons (1958) wird diskutiert, ob ein Zusammenhang zwischen der Vielfalt einer Lebensgemeinschaft bzw. eines Ökosystems und seiner **Resistenz gegenüber der Invasion** neuer Arten besteht. Die ursprüngliche Hypothese der wachsenden Stabilität der Artenzusammensetzung mit zunehmender Artenvielfalt war eng mit der Theorie der Ökologischen Nische verknüpft. Sind die zur Verfügung stehenden Ökologischen Nischen besetzt, dann gibt es keine Ressourcen und Habitate für weitere Arten mehr. Allerdings gehen diese Annahmen von stabilen Umweltbedingungen aus. Nahezu alle Ökosysteme sind durch Störungen in irgendeiner Weise beeinflusst (z.B. Tritt, Fraß, Sturm, Erosion). Zusätzlich eröffnet die saisonale Variabilität Möglichkeiten des Konkurrenzausschlusses für bestimmte Zeit.

In neuerer Zeit wird diese Diskussion sowohl im Zusammenhang mit der wachsenden Bedeutung von Vektoren als auch im Zusammenhang mit Biodiversitätsverlusten wieder belebt (u.a. Sala et al. 2000). Die Ergebnisse von Experimenten und Modellen sind allerdings nicht einheitlich. Einige Autoren finden eine negative Korrelation zwischen Artenvielfalt und Invasibilität (z.B. Tilman 1997, Pfisterer et al. 2004), andere können diese nicht bestätigen (z.B. Robinson et al. 1995, Palmer & Maurer 1997). Es hängt ganz offensichtlich von Faktoren wie Störungsfrequenz, Reife bzw. ökologischer Komplexität und Dauer der Beobachtung ab, welche Ergebnisse erzielt werden. Und es ist zu beachten, um welche Arten es letztlich geht. Das betrifft sowohl die potenziell invasiven Arten als auch die zur natürlichen Lebensgemeinschaft beitragenden. Nicht nur deren Artenvielfalt, sondern auch die Artenzusammensetzung ist eine Steuergröße ihrer Invasibilität. Meiners et al. (2004) konnten bei einer Langzeitbeobachtung zeigen, dass invasive Arten sehr spezifisch auf Bestände unterschiedlicher Zusammensetzung reagierten, was sich natürlich durch die unterschiedliche Konkurrenzkraft einzelner bereits vorhandener Arten erklärt.

8.7 Ökosystemare Konsequenzen des Verlusts der Artenvielfalt

Artenvielfalt ist ein Indiz für die Funktionsfähigkeit von Ökosystemen. Es ist allerdings umstritten, ob jedweder Verlust Konsequenzen für das ökosystemare Gefüge mit sich bringt (Chapin et al. 1998). Geht man davon aus, dass die Entwicklung koexistierender Arten über Selektion und Einnischung erfolgt, dann ist eine enge Beziehung zwischen der taxonomischen Vielfalt und der funktionellen Spezialisierung von Organismen wahrscheinlich.

Es besteht eine wachsende Sorge um ökonomische Konsequenzen des in der Tendenz bekannten Biodiversitätsverlusts (Perrings et al. 1992, Perrings 1995, Costanza et al. 1997). Neben dem Verlust potenzieller Ressourcen für künftige Generationen – 40 % der globalen Wirtschaft basieren auf biologischen Produkten und Funktionen – wird die Zunahme von biotisch induzierten schädlichen Naturereignissen und der Verlust von Schutzfunktionen vor abiotischen Schadereignissen befürchtet (Daily 1997) (s. a. Kap. 11).

Ein wissenschaftliches Problem sind die Skalen der Mechanismen. Die globale Wirtschaft, ihre (Über-)Beanspruchung biotischer Ressourcen und Serviceleistungen und die hierdurch verursachten Kollateralschäden, entwickeln sich rascher und in ihren Effekten über größere Distanzen hinweg, als es durch biotische Mechanismen ausgeglichen werden könnte (z. B. Ausbreitung, Artbildung) (Kap. 12). Um die Konsequenzen der Entwicklung beurteilen zu können, wurden deshalb in den vergangenen Jahren intensive theoretische, experimentelle und modellierende Untersuchungen durchgeführt. Besonders das BIODEPTH-Experiment hatte stimulierenden Einfluss auf die Diskussion (Hector et al. 1999).

Die meisten Experimente arbeiten mit einfachen Systemen kurzlebiger Pflanzenarten (Gräser, Kräuter) oder sie sind auf künstlichen Substraten angelegt, um standörtliche Variabilität als Rauschen zu eliminieren. Trotz dieses artifiziellen Charakters sind solche Versuche sehr wertvoll. Die Ergebnisse sind überprüfbar. Sie leisten einen Beitrag zur Identifikation kausaler Wirkungen. In der Natur sind zu viele Faktoren gleichzeitig wirksam. Es ist dort unmöglich, einzelne Faktoren zu trennen. In einem Experiment ist dies durch Wiederholungen und Varianten machbar. Die Grenzen der kontrollierten und naturnahen Gestaltung von Ökosystemen sind aber evident und wurden beim Scheitern von BIOSPHERE 2 in Arizona deutlich. Es wird immer nur möglich und sinnvoll sein, einzelne Ökosystemkompartimente herauszugreifen und damit Detailfragen zu behandeln.

Bezüglich der Übertragbarkeit auf die Natur ist zu bedenken, dass sich ein in einem Experiment gefundener Zusammenhang zwischen Biodiversität und Biomasseproduktion mit der Veränderung des Betrachtungsmaßstabes ändern kann. Was für das mitteleuropäische Grünland gilt, muss noch keineswegs für mitteleuropäische Wälder oder mediterrane Therophytenfluren gelten.

Eine nahe liegende Hypothese ist es, mit der Artenvielfalt (bzw. abstrakter mit der Vielfalt von Objekten) funktionelle Eigenschaften zu verbinden und aus der Koexistenz auf eine **Komplementarität** des Wirkens der verschiedenen Arten zu schließen (Abb. 8.32a). Diese Theorie hat offensichtliche Grenzen. Ein artenarmer Maisacker oder ein Fichtenforst besitzen durchaus eine hohe Ökosystemleistung. Die meisten artenreichen Ökosysteme der Erde sind relativ wenig produktiv (z. B. der südafrikanische Fynbos).

Ein nächster Gedanke ist, die funktionelle Vielfalt direkt zu betrachten und bezüglich einer Kenngröße, wie der Produktivität, verschiedene sich funktionell unterscheidende Gruppen von Organismen zu bilden. Hier kommt die funktionelle **Redundanz** ins Spiel (Walker 1991). Insbesondere für we-

Abb. 8.32

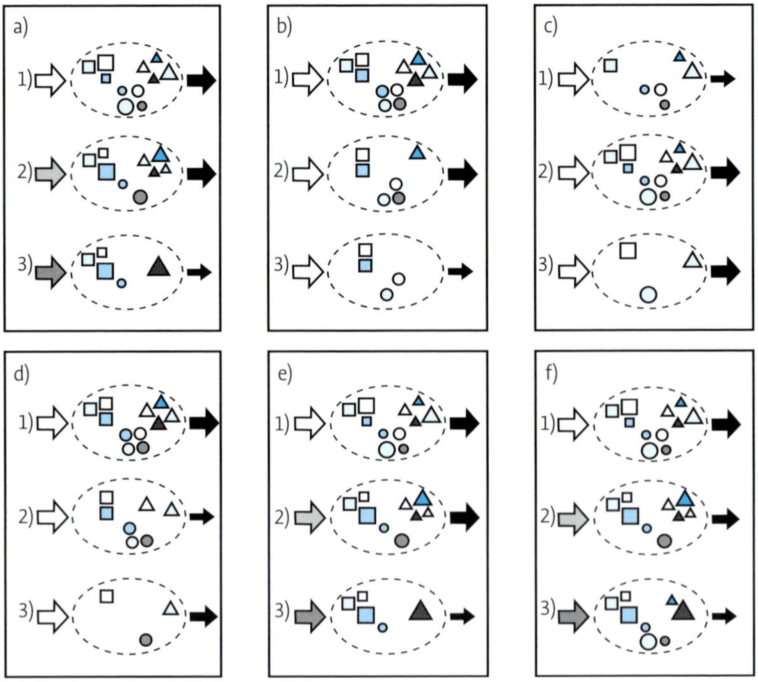

Schematisierte Hypothesen zu den funktionellen Auswirkungen von Biodiversitätsverlusten. Die Lebensgemeinschaft ist mit einer gestrichelten Linie umrissen. Die dargestellten Theorien zeigen vermutete Effekte. a) Komplementarität; b) Redundanz; c) Sampling; d) Idiosynkrasie; e) Versicherung; f) Unabhängigkeit (nach BEIERKUHNLEIN & JENTSCH 2004).

nig häufige, kurzlebige oder kleine Arten ist die Koexistenz verschiedener Arten ohne funktionelle Ergänzung denkbar (Abb. 8.32b). Nicht alle in einer Lebensgemeinschaft auftretenden Arten werden dann für den Systemerhalt benötigt. Die Zugehörigkeit zu bestimmten funktionellen Typen kann über unterschiedliche Phyla hinwegreichen, allerdings treten manche Funktionen in bestimmten Verwandtschaftsgruppen stark konzentriert auf (z. B. Stickstofffixierung bei den *Fabaceae*).

Auch wenn eine positive Korrelation für einzelne Systeme gefunden wird, so ist doch wenig wahrscheinlich, dass der Zusammenhang zwischen Biodiversität (Artenzahl) und Ökosystemfunktionen ein genereller sein kann. Einzelne Arten sind ganz offensichtlich unterschiedlich stark an den ökosystemaren Abläufen beteiligt. Mit der Artenzahl wächst schlicht die Wahrscheinlichkeit des Auftretens einzelner leistungsfähiger Arten. Dies wird als „**Sampling Effekt**" bezeichnet (HUSTON 1997) (Abb. 8.32c).

Weiterhin ist nichtlineares Verhalten von Lebensgemeinschaften wahrscheinlich. Da Arten an sehr unterschiedlichen Interaktionen beteiligt sind, ist der Verlust einer bestimmten Art in seiner Auswirkung vom spezifischen Gefüge der Organismen abhängig. Ein verallgemeinerbarer Zusammenhang zwischen Vielfalt und Funktion kann dann nicht hergestellt werden. In einem solchen Fall sprechen wir von einem **idiosynkratischen Verhalten** (Abb. 8.32d).

Schließlich ist es vorstellbar, dass Arten, die heute noch eine untergeordnete Rolle im Ökosystem spielen, unter veränderten Umweltbedingungen der Zukunft stärker zum Tragen kommen. Biodiversität kann als eine Art „Versicherung" für den Fall von Systemauslenkungen sein. Diese These wird als „**Insurance Hypothese**" bezeichnet (YACHI & LOREAU 1999) (Abb. 8.32e). Je größer die Zahl der Arten in einer funktionellen Einheit (z. B. Bestäuber), umso größer ist die Wahrscheinlichkeit, dass die von dieser Einheit wahrgenommene Funktion bei Artenverlusten erhalten bleibt. Und natürlich kann es sein, dass ganz einfach andere Faktoren das Verhalten ökologischer Systeme kontrollieren und die Biodiversität für bestimmte Schlüsselfunktionen bedeutungslos ist (Abb. 8.32f).

8.8 Anthropogene Gestaltung und Belastung von Ökosystemen

Lebensgemeinschaften und Ökosysteme können weder in ihrer intrinsischen Substanz noch in ihrer räumlichen Organisation losgelöst von der menschlichen Aktivität betrachtet werden. Nicht nur die stoffliche Belastung oder die Gefährdung von Artpopulationen oder die Fragen von Nutzung und Management haben einen anthropozentrischen Charakter, der Mensch hat weit darüber hinaus ganz maßgeblich zur heutigen Gestalt und Zusammensetzung von Lebensgemeinschaften und Ökosystemen beigetragen (z. B. Tenhunen et al. 2001). Biozönosen und Ökosysteme sind Teil einer umfassenderen Matrix, die sowohl großräumige Einflüsse als auch menschliches Wirken einbezieht, die wir „**Landschaft**" nennen.

Der Landschaftsbegriff ist deswegen nicht unproblematisch, weil er nicht nur vergleichsweise unscharf ist, sondern geradezu zwangsläufig so sein muss. Bei Landschaften verbietet sich geradezu der Versuch, Grenzen exakt festzulegen. Inhaltlich entstehen Kommunikationsprobleme durch die umgangssprachliche Verwendung des Wortes und der Auffassung von so unterschiedlichen Feldern wie Planung, Naturschutz, Malerei, Landwirtschaft, Literatur, Philosophie oder Tourismus. Ein allgemein akzeptierter und übereinstimmender Sinngehalt dieses Begriffes erscheint kaum vorstellbar. Es ist aber sicherlich kein Zufall, dass der Begriff Landschaft gerade in der deutschen Sprache so stark verwurzelt, vielfach gebraucht und doch so wenig exakt definiert ist. Die Ursachen liegen in meinen Augen darin, dass in diesem alten Siedlungsraum mit seiner wechselvollen Geschichte das Umfeld des Menschen von diesem selbst schon lange geprägt wurde. Diese Umgebung als „Natur" zu bezeichnen wäre alles andere als treffend.

Abb. 8.33

Im Frankenwald trifft man immer wieder auf die landschaftliche Kombination von extensiv genutzten Talwiesen und bewaldeten Hängen. Der Feldbau findet auf den Hochflächen statt, weil die Täler dafür zu feucht und zu schattig und die Hänge zu steil sind. Menschlicher Einfluss hat auf der Grundlage der Standortverhältnisse ein charakteristisches Landschaftsmosaik entstehen lassen.

Landschaften sind durch einen spezifischen Grad räumlicher Heterogenität oder durch regelhaft auftretende Mosaike von Ökosystemen gekennzeichnet (Abb. 8.33). Damit stellen sich Probleme der Quantifizierung landschaftlicher Muster. Es müssen Indizes entwickelt werden, um landschaftliche Eigenschaften zu charakterisieren. Hierbei sind Maßstabseffekte zu beachten (O'Neill et al. 1986). Eine weitere Eigenschaft komplexer biotischer Systeme ist ihre Dynamik. Ökosysteme, Lebensgemeinschaften und Organismen unterliegen ständigen Veränderungen.

Der Mentor der „**Landschaftsökologie**" Carl Troll (1899–1975) führte 1939 diese Disziplin im Zusammenhang mit der Luftbildinterpretation ein. Der durch den technischen Fortschritt ermöglichte Blick aus der Vogelperspektive erlaubte erstmalig das Erkennen großräumiger Zusammenhänge, die sich vom Boden aus nicht erschließen.

Box 10: Landschaft und Naturraum

In einer althochdeutschen Übersetzung der Tatianischen Evangelienharmonie von 830 wird das lateinische Wort *„regio“* mehrfach mit *„landscaf“* wiedergegeben (Troll 1968). Im Mittelhochdeutschen bezeichnet *„lantschaft“* die Einwohnerschaft des Landes. Im Wort Landsmannschaft ist dieser Wortstamm noch fortgeführt. Mit der Neuzeit wandelt sich der Gehalt. Die Beschäftigung mit der Natur zeigt sich in der beginnenden **Landschaftsmalerei**. In der Frührenaissance wird, initiiert durch Masaccio (1401–1428), der monochrome Goldhintergrund von Heiligenbildern und mythologischen Szenen durch landschaftliche Darstellungen ersetzt. In der Hochrenaissance ist es vor allem Leonardo da Vinci (1452–1519), in dessen Bildern die romantisierten Landschaften mehr als einen Hintergrund ausmachen und wesentlich zur Bildqualität beitragen. Albrecht Dürer bezeichnet im Niederländischen Tagebuch vom 5. Mai 1521 einen Kollegen als *„meister Joachim, der gut landschafft mahler“*. Die europäische Landschaftsmalerei unterscheidet sich substanziell von der ebenfalls weit entwickelten fernöstlichen. Ihr Gegenstand ist ein mehr oder weniger alltäglicher Zustand eines Landes, in dem Menschen leben. Dagegen zeigen die meditativen Motive der ostasiatischen Landschaftsmalerei oft steile Berge oder stille Täler, in welche sich bestenfalls Eremiten zurückziehen.

Eine weitere Quelle des Landschaftsbegriffes sind die **Kartographie** und die **Kartenbeschriftung**. Das Bedürfnis, bestimmte in Karten dargestellte Landesteile mit einem Namen zu versehen und damit ihre Zusammengehörigkeit und Vergleichbarkeit herauszustellen ist verständlich, doch ist bei Varenius, einem bedeutenden Geografen des 17. Jahrhunderts („Geographia Generalis“), noch kein Hinweis auf einen etabliertes Landschaftsverständnis zu finden (Schmithüsen 1970). Erst zu Beginn des 19. Jahrhunderts spüren Geografen aufgrund der politischen Umwälzungen zunehmend das Bedürfnis, die Beschreibungen von räumlichen (landschaftlichen) Eigenschaften nicht mehr auf politisch-territoriale Gebiete zu beziehen, sondern auf dauerhaft abzugrenzende Regionen. Humboldts prägendes Wort vom *„Totalcharakter einer Erdgegend“* war diesbezüglich sicherlich von Einfluss.

In der zweiten Hälfte des 19. Jahrhunderts gewinnt naturwissenschaftlich-analytisch ausgerichtetes Denken an Bedeutung. Man konzentriert sich, wie z. B. Richthofen, stärker auf die einzelnen Bestandteile der Natur und versucht diese zu verstehen, zu messen und zu analysieren. Vollständige Landschaften werden zunehmend uninteressant. Lediglich der Begriff **„Landschaftsbild“** für den äußeren Eindruck einer Landschaft bleibt gewahr. Dies ändert sich erst wieder mit der Verfügbarkeit von

Später definiert Troll Landschaftsökologie als *„das Studium des gesamten, in einem bestimmten Landschaftsausschnitt herrschenden komplexen Wirkungsgefüges zwischen den Lebensgemeinschaften (Biozönosen) und ihren Umweltbedingungen. Dieses äußert sich räumlich in einem bestimmten Verbreitungsmuster oder in einer naturräumlichen Gliederung (oder auch Ordnung) verschiedener Größenordnungen“* (Troll 1968).

1961 ergeht eine Anfrage der Kultusminister der BRD an die Hochschulen über die Einrichtung von Lehrstühlen für Landschaftsökologie nachzudenken und noch in den 1960er-Jahren werden die weltweit ersten Professuren etabliert. In den USA wurden landschaftsökologische Lehrstühle erst seit Mitte der 1980er-Jahre eingerichtet. Ein Problem der deutschen Landschaftsökologie ist aber bis heute, dass man unter dem holistischen Bemühen, komplexe Sachverhalte zu charakterisieren, eigene abstrakte Begrifflichkeiten entwickelte, die weder umgangssprachlichen Eingang fanden noch sich international etablieren konnten.

Die Entwicklung der amerikanischen Landschaftsökologie ist stärker durch die Biologie geprägt und deutlicher mit naturwissenschaftlichen Ansätzen verknüpft. Sie folgt einem eher mechanistischen Ökosystemverständnis, verbunden mit sektoralem Betrachten von Teilkompartimenten. Man baut auf Tansleys Ökosystemkonzept auf und führt die Odum'sche Ökologie mit der Betrachtung von Stoff- und Energieflüssen in schematisierten Systemen fort. Teil-Objekte und ihre Eigenschaften sowie die einzelnen Beziehungen zwischen ihnen sind verständlicherweise naturwissenschaftlich besser zu fassen, zu untersuchen, zu messen

Technologien, die eine quantitative und qualitative Analyse von Landschaften ermöglichen, wie der **Luftbildauswertung**.

Heute ist das Wort „Landschaft" in der deutschen Sprache fest verankert. Allerdings hat es einen recht allgemeinen Gehalt, der wissenschaftliche Verständigung erschwert. Selbst in der Landschaftsökologie bestehen uneinheitliche bis unklare Auffassungen vom Objekt. Sie reichen von theoretisch-funktionellen Konzepten der verschiedenen deutschen Schulen (Troll 1950, Schmithüsen 1976, Neef 1967, Bastian & Schreiber 1999) hin zu den pragmatischen Auffassungen der amerikanischen Kollegen (*„Landscape is what you see through the window of an airplane"* Dean Urban mündl.) oder organismenzentrierten Ansätzen (Turner et al. 2001).

Wir wollen in diesem Buch Landschaft als einen räumlich nicht exakt begrenzten Ausschnitt der Erdoberfläche verstehen, welcher sich durch eine charakteristische ökosystemare Ausstattung auszeichnet. Zur Entstehung und Entwicklung von Landschaften tragen sowohl natürliche als auch menschliche Faktoren bei. **Kulturlandschaften** sind solche Landschaften, die in ihren Eigenschaften maßgeblich durch menschliches Wirken gestaltet worden sind. Sie unterscheiden sich durch die Dauer menschlicher Einflüsse. Während nordamerikanische Kulturlandschaften erst seit Jahrzehnten maßgeblich vom Menschen gestaltet wurden, sind europäische Kulturlandschaften seit Jahrhunderten vom Menschen geprägt. Chinesische Kulturlandschaften stehen seit Jahrtausenden unter menschlichem Einfluss, mit der Konsequenz, dass dort die Rekonstruktion potenziell natürlicher Zustände nahezu unmöglich geworden ist. **Naturlandschaften** sind jene Gebiete, in welchen menschliches Wirken nicht zu einer substantiellen Veränderung der Landschaftseigenschaften geführt hat. Sie sind in den letzten Jahrhunderten selten geworden.

Ein **Landschaftsraum** ist der abgegrenzte Bereich, welcher von einer bestimmten Landschaft eingenommen wird. Er wird im Rahmen der **Landschaftsgliederung** ausgeschieden. Eine Region, welche im Gesamtcharakter der **Landesnatur**, also in ihrem natürlichen abiotischen und biotischen Inventar, große Ähnlichkeit aufweist, wird als **Naturraum** bezeichnet. Diese Sicht verkörpert folglich eine Konzentration auf die nicht-anthropogenen regionalen Wirkgrößen. Die Unterscheidung von der Naturlandschaft ist eine grundlegende. Ein Naturraum muss nicht in einem natürlichen Zustand sein! Naturräume sind als theoretische bzw. ein Potenzial widerspiegelnde Raumeinheiten zu verstehen. In der **naturräumlichen Gliederung** werden Naturräume abgegrenzt und kartiert. Sie werden darüber hinaus in ein hierarchisches System eingegliedert.

und zu vermitteln, als dies den stärker in übergreifenden Zusammenhängen denkenden mitteleuropäischen Kollegen mit ihren umfassenden Einheiten möglich war (z. B. Schmithüsen 1942, 1976, Neef 1961).

Die Standortkunde und die Landschaftsökologie waren zudem in der Vergangenheit eng mit den nutzungsorientierten Arbeitsbereichen der Land- und Forstwirtschaft verbunden. Die Landschaftsökologie wurde als mehr oder weniger dienende Disziplin verstanden, welche die Grundlagen für eine bessere Nutzung von Standorten liefern sollte. Auch dies erschwerte ganz offensichtlich eine Auseinandersetzung mit den modernen Umweltproblemen, welche nicht unwesentlich durch die Landwirtschaft selbst verursacht worden waren.

Setzt man sich mit den menschlichen Einflüssen auseinander, dann möchte man diese von den natürlichen Vorgaben unterscheiden. Das ist keineswegs trivial, weil im Laufe der Geschichte vielfältige Einwirkungen erfolgten, die heute noch nachwirken. Im süddeutschen Hügelland hat vielerorten die historische Streunutzung zur Anreicherung des Viehdungs für den Ackerbau die Humusgehalte von Waldböden nachhaltig reduziert. Diese ehemalige Nutzung ist noch heute an der schlechten Nährstoffversorgung und Wüchsigkeit ortsnaher Waldbestände erkennbar. In Norddeutschland war es der Plaggenhieb, also die Entfernung des humosen Oberbodens, der zur dauerhaften Degradation von Standorten führte. Beides waren Bemühungen, die Fruchtbarkeit der bewirtschafteten Ackerflächen zu erhöhen – auf Kosten des Nährstoffhaushaltes in Heiden und Wäldern. Direkte Spuren dieser raubbauartigen Wirtschaftsweisen sind

Abb. 8.34

Ausschnitt einer südbayerischen Karte der potenziell natürlichen Vegetation (pnV) (nach Glavac 1996).

Abb. 8.35

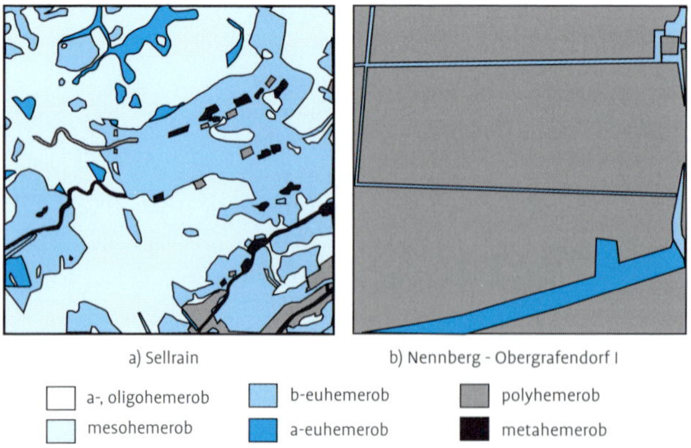

Die Hemerobie drückt den Grad der Entfernung von einem natürlichen Zustand aus. Die beiden Vergleichsgebiete in Österreich unterscheiden sich deutlich in ihrer Naturferne (nach Grabherr et al. 1998).

nicht mehr zu erkennen, aber die indirekten Folgen können noch nach Jahrhunderten identifiziert werden.

Für den Bereich der Vegetation ist die **potenziell natürliche Vegetation** (pnV) die für ein Gebiet projektierte natürliche Vegetation, die sich unter den heutigen Standortverhältnissen einstellen würde, wenn die Sukzession innerhalb kürzester Zeit ablaufen könnte und menschliche Störungen fehlten (potenzielle Klimaxvegetation) (s. a. Dierschke 1994, Frey & Lösch 1998, Pott 2005) (Abb. 8.34). Zeitliche Abläufe, wie die Bodenbildung während der Sukzession, werden bei diesem Konzept ignoriert. Selbst wenn die pnV seit den 1970er-Jahren ein wichtiges Planungsinstrument geworden ist, so ist doch zu betonen, dass es sich um eine hypothetische Kategorie handelt. Sie ist aus standörtlichen Grundlagen abgeleitet. Ändern sich diese dauerhaft (beispielsweise durch Versauerung oder Erwärmung), muss sich die pnV ebenfalls ändern. Die pnV geht bei der Ermittlung des potenziellen standortgemäßen Klimaxstadiums nun davon aus, dass sich die Verhältnisse in einem gewissen Gleichgewicht befinden, und einzelne Indikatorarten die potenzielle Vegetation anzeigen würden. Sind diese aufgrund ihrer individuellen Langlebigkeit noch anzutreffen, aber keineswegs mehr repräsentativ für die rezenten Verhältnisse, gerät das Konzept an Grenzen. Ferner setzt die pnV sowohl das Paradigma des „Gleichgewichts in der Natur" als auch die Annahme der Entwicklung einer Monoklimax voraus.

Ein anderer Ansatz beurteilt nicht die natürlichen Gegebenheiten, sondern die Naturferne. Unter **Hemerobie** verstehen wir die „Naturfremdheit" einer Lebensgemeinschaft bzw. besser eines Biotopes (Abb. 8.35), also dessen Abweichung von einem wie auch immer gearteten natürlichen Zustand durch menschlichen Einfluss (Bornkamm 1980, Kowarik 1988, Grabherr et al. 1998). Eine massive Auslenkung durch natürliche Faktoren, wie einem Vulkanausbruch, wird nicht als Hemerobie bezeichnet. Hemerobie kann auf der Grundlage charakteristischer Eigenschaften typisiert und klassifiziert werden. Daraus lassen sich die folgenden **Hemerobiestufen** ableiten:

- a-hemerob (natürlich bzw. menschlich unbeeinflusst)

- meso-hemerob (geringe menschliche Beeinflussung)
- oligo-hemerob (stark bis mittel beeinflusst)
- eu-hemerob (sehr stark beeinflusst)
- meta-hemerob (vollständig durch menschliche Maßnahmen ersetzt)

Völlige Natürlichkeit ist in Europa kaum noch zu finden. Eventuell sind einige arktische Inseln noch in einem natürlichen Zustand. Geringe menschliche Einflüsse finden sich beispielsweise in Hochgebirgen oder in Buchenwäldern. Alte Kulturlandschaften sind im Vergleich mit Siedlungen deutlich, aber nicht stark modifiziert. Als meta-hemerob werden Regionen mit komplett anthropogenen Lebensräumen, wie flächenversiegelte Industrieanlagen, angesehen.

Die von der NGO „Conservation International" 2002 hervorgehobenen 37 „*Wilderness Areas*" auf globaler Ebene assoziieren zwar, dass auf der Erde noch genügend unberührte Landschaften existierten (Abb. 8.36). „Wilderness" bedeutet in diesem Kontext aber keineswegs menschlich unbeeinflusst. Das Kriterium für die Ausscheidung ist, dass 70 % der ursprünglichen Vegetation intakt sein sollten. Nach diesem Kriterium sind heute noch 46 % der terrestrischen Erdoberfläche so zu klassifizieren, doch sollte nicht verkannt werden, dass die großen Wüstengebiete hierzu maßgeblich beitragen.

Abb. 8.36

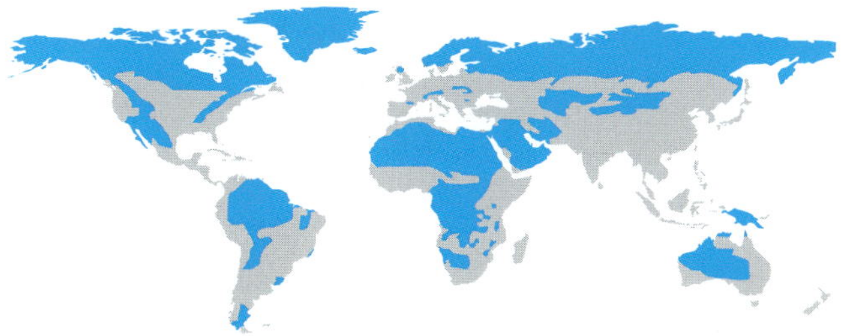

„Wilderness Areas" – Gebiete mit mehr als 70 % der Fläche ohne menschlichen Einfluss (nach Conservation International 2002).

Auch entlegene Gegenden sind menschlich verändert. In der Barentssee tummeln sich pazifische Königskrabben (*Paralithodes camtschaticus*), die Sattelrobben-Populationen (*Phoca groenlandica*) der kanadischen Arktis werden nach wie vor aus wirtschaftlichem Interesse dezimiert, Öltanker havarieren vor Alaska, Straßen ziehen sich durch den tropischen Regenwald und Wilderer verfolgen die auf wenige Rückzugsgebiete geschrumpften Primatenpopulationen Afrikas. Die sich abzeichnenden Klimaveränderungen wirken diffus, aber, wie am Polarkreis heute schon zu erkennen, zunehmend intensiv und bewirken die Abwandlung eines wie auch immer gearteten „natürlichen" Zustandes. Es klingt daher leicht euphemistisch, diese Natur als „wild" zu bezeichnen.

Fragen

1 Wie unterscheiden sich die Konzepte der „trophischen Ebenen" und der „Organisationsebenen"?
2 Was verstehen wir unter „ecosystem engineers", „assembly rules" und „complex adaptive systems"?
3 Definieren Sie die Begriffe Biozönose und Ökosystem!
4 Was ist eine Thanatozönose und welche Mechanismen sind bei ihrer Interpretation zu beachten?
5 In welchen Ökosystemen sind kleinräumig verzahnte Vegetationskomplexe anzutreffen und welche Faktoren beeinflussen ihre Ausbildung?
6 Welche Ausprägungen zönotischer Grenzen kennen Sie?
7 Diskutieren Sie Kriterien zur Bewertung eines Raumes auf der Grundlage seiner Grenzbereiche!
8 Was ist eine Formation und wie ist sie charakterisiert?
9 Erläutern Sie die wichtigsten Theorien zu den ökosystemaren Auswirkungen von Biodiversitätsverlusten!
10 Welche Probleme können sich durch holistische Sichtweisen in der Ökologie ergeben?

9 Globale biogeographische Muster

Der große Plan

„Pattern, like beauty, is to some extent in the eye of the beholder"
PETER R. GRANT (* ca. 1928), 1977

9.1 Großlebensräume

Die globale Organisation der Lebensräume zu überblicken ist ein jahrhundertealter Antrieb der Naturforschung. Das Erstellen von Karten musste sich hierbei lange auf Schätzungen und Interpolationen aus punktuellen Kenntnissen heraus beschränken. Erst seit wenigen Jahren verfügen wir durch die sich rapide entwickelnde Qualität von Fernerkundungsdaten über quantitative Kenntnisse zur globalen Verteilung von Biomasse und zu deren saisonale Muster. Derartige Daten sind von enormer Bedeutung für die Beurteilung des globalen Stoffhaushaltes (z. B. Abb. 9.1), erfordern doch die globalen Entwicklungen eine möglichst umfassende Kenntnis der biotischen Gegebenheiten auf einer überregionalen Skala. Zusätzlich sind die Befunde für die einzelnen Großlebensräume und Pflanzenformationen differenziert zu betrachten (Tab. 9.1). Die neuen, hoch auflösenden und im detektierten Spektrum differenzierten Scanner lassen erwarten, dass bezüglich der räumlichen Verteilung von Ökosystemen und Lebensgemeinschaften bald flächendeckende und gleichzeitig befriedigende räumliche Daten vorliegen. Allerdings hat sich in der zweiten Hälfte des 20. Jahrhunderts auch das Wissen um die konkreten Eigenschaften terrestrischer Ökosysteme verdichtet, so dass hieraus gute Aussagen zur großräumigen biotischen Organisation abgeleitet werden können. Aus der quantitativen Ausstattung eines Gebietes (z. B. mit oberirdischer Biomasse) können dessen qualitative Eigenschaften nicht abgeleitet werden. Diese sind bestenfalls miteinander korreliert, doch um dies festzustellen, müssen beide Größen bekannt sein. Wir benötigen folglich neben den aus der Fernerkundung zu gewinnenden Angaben zur fotosynthetischen Aktivität der Vegetation und deren saisonalem Verlauf vor Ort zu ermittelnde Daten zur Ausstattung, Struktur und Zusammensetzung von Lebensgemeinschaften sowie zur Qualität der Standortbedingungen.

Wir hatten bereits im Zusammenhang mit der Verteilung von Organismen überregionale Ähnlichkeiten herausgearbeitet (Arealtypen, Geoelemente). Auch im Zusammenhang mit der phylogenetischen Entwicklung wurden globale Muster besprochen (Faunenreiche, Florenreiche). Und schließlich war bei der Behandlung der Biodiversität von globalen Hot Spots die Rede. Doch diese Informationen beziehen sich nur auf einzelne Teilaspekte der Organismen bzw. der Ökosysteme. Um die globale Organisation des Lebens zu verstehen, muss man sich mit komplexeren Systemen befassen,

Abb. 9.1

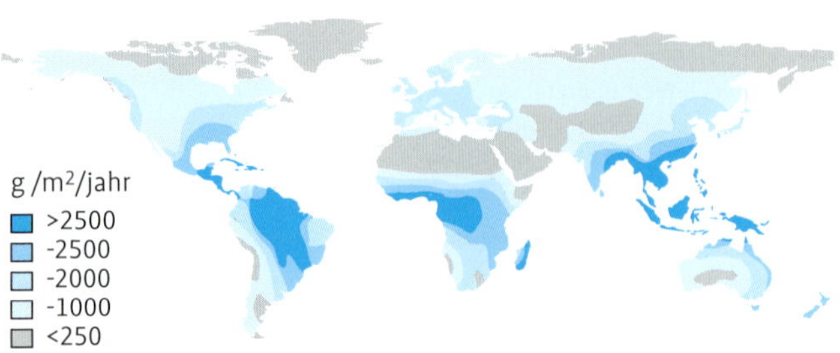

Globale Verteilung der terrestrischen Primärproduktion (nach HUGGETT 2002).

Tab. 9.1

Schätzungen zu den globalen Kohlenstoffvorräten in Vegetation und Böden (Gt C) sowie zur Nettoprimärproduktion (NPP) (nach WBGU 1998; IPCC 2001).

Biome	Fläche (10^6 km²)	Vegetation	Böden	Globaler Kohlenstoffvorrat gesamt	NPP (t C ha^{-1} $Jahr^{-1}$)
Tropische Wälder	17,6	212	216	428	11,0 (5,0–17,5)
Gemäßigte Wälder	10,4	59	100	159	6,3(2,0–12,5)
Boreale Wälder	13,7	88	471	559	4,0 (1,0–7,5)
Tropische Savannen	22,5	66	264	330	4,5(1,0–10,0)
Gemäßigte Grünländer	12,5	9	295	304	3,0 (1,0–7,5)
Wüsten & Halbwüsten	30,0	8	191	199	0,05 (0,0–0,1)
Tundra	9,5	6	121	127	0,1 (0,0–0,4)
Feuchtgebiete	3,5	15	225	240	0,9 (0,1–3,9)
Kulturflächen	16,0	3	128	131	1,6 (0,2–3,9)
gesamt	135,6	466	2011	2477	

welche dann gleichzeitig in gewissem Sinne diffuser oder zumindest weniger exakt zu quantifizieren sein mögen. Keinesfalls soll dies aber bedeuten, dass es unmöglich wäre, quantitative Angaben zu ihren Eigenschaften zu machen. Nur muss man sich der Einschränkungen der Erfassbarkeit der Gesamtheit der Phänomene bewusst sein, um relevante und vergleichbare Zielgrößen herausgreifen zu können und sich von einer rein deskriptiven Charakterisierung zu lösen.

Wir wollen hier terrestrische **Großlebensräume** als eine Kategorie verstehen, die nicht nur verschiedene Lebensgemeinschaften und Ökosysteme, sondern auch verschiedene Landschaften integriert. Großlebensräume zeichnen sich durch Ähnlichkeiten in ihren Vegetationsformationen (z.B. Wald, Savanne, Steppe) aus, welche die Grundlage für die Entwicklung ebenfalls vergleichbarer Nahrungsnetze und Ökosysteme darstellen. In Abbildung 2.10 sind ausgewählte Klimadiagramme der Klimazonen dargestellt, welche die jeweiligen Spezifika des Temperaturverlaufs und der Niederschlagsverhältnisse verdeutlichen. Aufgrund der Ähnlichkeiten im Klima und in den Bodeneigenschaften sowie in der ökosystemaren Ausstattung finden wir in den Großlebensräumen jeweils spezifische Strategien der Landnutzung (beispielsweise Transhumanz oder Bewässerungslandbau).

Die Verteilung der Großlebensräume auf der Erde wird in starkem Maße durch den Energiehaushalt (also indirekt über die Breitengrade reflektiert) und den Wasserhaushalt (also über eine Kombination von Kontinentalität und Windsystemen) gesteuert. Ihre Zusammensetzung, die sich aus der Verbreitung von Taxa ergibt, ist zusätzlich durch historische Abläufe, also die ehemalige Konnektivität terrestrischer Gebiete im Verlauf der Erdgeschichte geprägt.

Unter einem **Biom** verstehen WALTER & BRECKLE (1982) eine ökologisch einheitliche terrestrische Region, die sich sowohl durch ähnliche Vegetationsstrukturen bzw. Formationen als auch durch eine ähnliche Tierwelt auszeichnet. Zusätzlich bzw. als steuernde Faktoren besitzen sie ein mehr oder weniger einheitliches Klima und vergleichbare Bodenbedingungen. Sind Biome – was zumeist der Fall ist – zonal zusammenhängend, dann sprechen wir von einem **Zonobiom** (Abb. 9.2). Konzentrieren sie sich auf azonale Reliefeinheiten, wie die Gebirge, dann bezeichnen wir diese als **Orobiome**. Es ist verständlich, dass solche Einheiten im Gelände nicht scharf abgegrenzt werden können. Dennoch ist es sinnvoll, sie zu betrachten, weil nur so die allgemeinen Zusammenhänge auf der globalen Skala deutlich werden, die bei einer feinkörnigen Sicht im Rauschen der Information verschwimmen. Um jedoch die Spezifika großräumiger Übergangsgebiete zwischen den Zonobiomen zu beachten, werden **Zonökotone** ausgeschieden. Der Begriff orientiert sich am Ökoton, welches zumeist auf kleinräumige Übergangssituationen angewandt wird. Im Rahmen dieses kurzen Überblicks kann aber

Merksatz

Großlebensräume werden hauptsächlich durch Klimaeigenschaften bestimmt!

Abb. 9.2

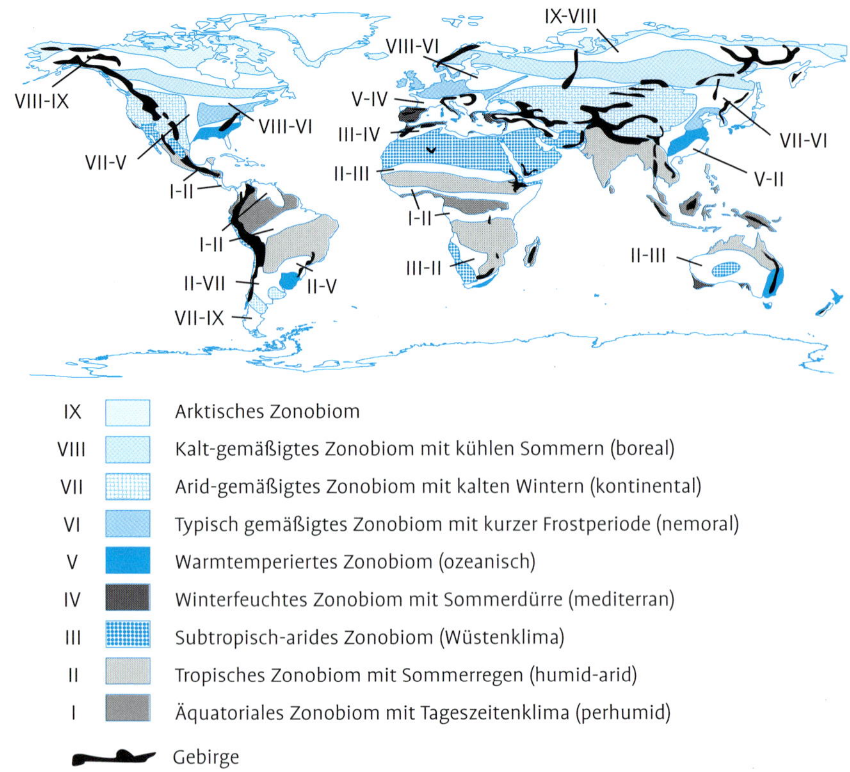

Zonobiome der Erde (nach WALTER & BRECKLE 1982–1991). Übergangsgebiete (Zonoökotone) sind weiß dargestellt.

nur auf die zonalen Lebensräume eingegangen werden.

Aufbauend auf dem Konzept der landschaftsökologischen Raumeinheiten entwickelt SCHULTZ (1988, 2000, 2002) das Konzept der **Ökozonen** (Abb. 9.3). Er argumentiert begrifflich, dass das Grundelement der ökologischen Raumgliederung das Ökotop sei. Diese Einheit konzentriert sich nicht einseitig auf die Lebewesen, oder gar einzelne Gruppen hiervon wie die Pflanzen, sondern integriert die gesamten ökosystemaren Eigenschaften. Konsequenterweise müsse bei einer ökologischen Betrachtung nicht von der Biosphäre gesprochen werden, sondern von der Ökosphäre. Die zonalen Raumeinheiten werden von ihm entsprechend Ökozonen genannt. Sie entsprechen jedoch weitgehend den Einheiten der Biome, auch wenn diese einseitig biotisch ausgerichtet sein mögen, da die Gesamtheit der Organismen und ihrer Lebensgemeinschaften als Indikator einheitlicher Klima- und Bodenverhältnisse verstanden werden muss.

Weil das Wirken des Menschen nicht unabhängig von der Entwicklung der Ökosysteme betrachtet werden kann und diese selbst stark beeinflusste, spricht MÜLLER-HOHENSTEIN (1981) in Anlehnung an PASSARGE (1929), von den **Landschaftsgürteln** der Erde. PASSARGE hatte schon früh Wert auf die Darstellung des *„landschaftlichen Gesamteindrucks"* gelegt. Die vorherrschende Nutzung wird als eine nahezu zwangsläufige Konsequenz der naturräumlichen Voraussetzungen aufgefasst. Mithin geht dieser Ansatz, vielleicht optimistisch, davon aus, dass die historisch entwickelten nachhaltigen Landnutzungsformen erhalten bleiben und nicht dem kurzfristigen ökonomischen Denken global agierender Kon-

Merksatz

Zwischen den Großlebensräumen befinden sich breite Übergangszonen!

Abb. 9.3

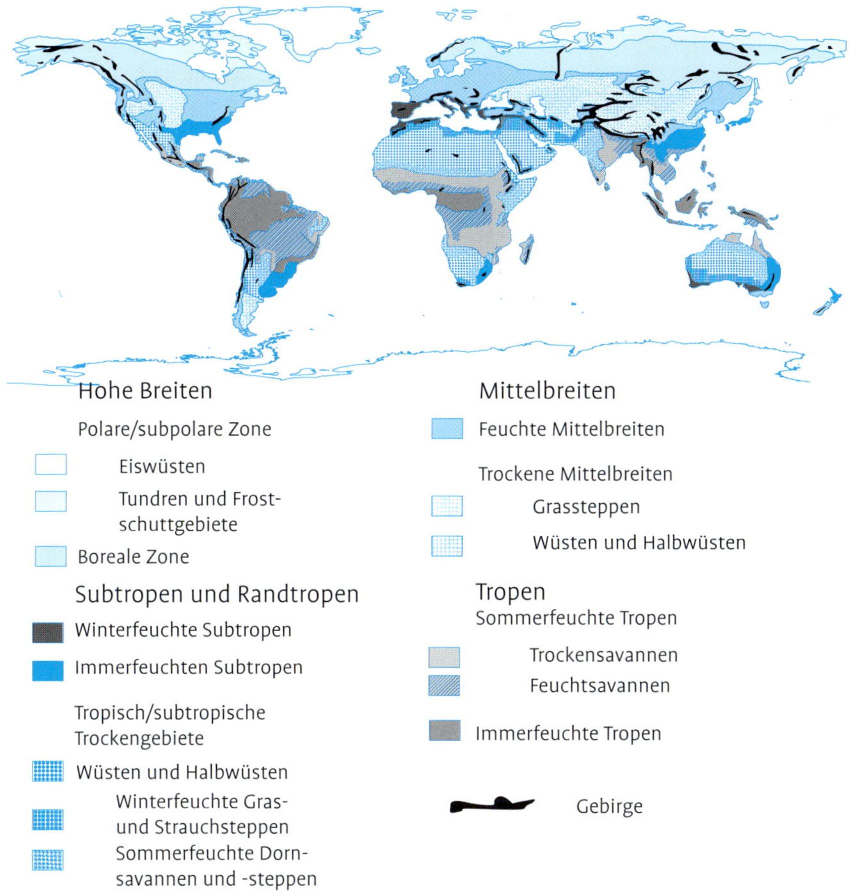

Ökozonen der Erde (nach SCHULTZ 2000, 2002).

zerne zum Opfer fallen. Diese Gliederung orientiert sich an klimatischen Vorgaben und an den Pflanzenformationen. Die umfassende landschaftsorientierte Blickweise berücksichtigt sowohl geoökologische Aspekte als auch die Landnutzung der regionalen Raumeinheiten.

Bei all diesen Ansätzen sind Gemeinsamkeiten in der räumlichen Anordnung der Einheiten augenfällig. Es lassen sich neun terrestrische Großlebensräume identifizieren, die großräumig zonal und vorwiegend durch das Klima gesteuert sind, sowie die nicht in erster Linie vom Großklima geprägten intrazonalen bis multizonalen Gebirgslebensräume. Da die drei vorgestellten Konzepte jeweils als in gewissem Umfang paradigmatisch verhaftet betrachtet werden können, wollen wir bei dem neutralen Begriff Großlebensraum bleiben. Die starke Betonung der Vegetation ergibt sich durch deren enge Interaktion mit dem Klima und ihre quantitative Vorherrschaft in der Biomasse. Auch bestimmt sie weitestgehend die Nutzungsmöglichkeiten durch den Menschen. Wir können die Großlebensräume der Erde wie folgt gliedern:

I. Immerfeuchte (perhumide) zonale Regenwaldgebiete der äquatorialen Tropen mit Tageszeitenklima
II. Sommerfeuchte Savannengebiete der Tropen
III. Subtropische Trockengebiete und Wüsten

IV. Immerfeuchte subtropische Zone mit immergrüner Vegetation
V. Winterfeuchte Subtropen mit Hartlaubvegetation
VI. Kontinentale sommertrockene Zone der mittleren Breiten mit Steppenvegetation
VII. Nemorale Mittelbreiten mit wechselgrünen Wäldern
VIII. Waldgebiete der kalt-gemäßigten borealen Zone
IX. Polare und subpolare Zone mit Tundrenvegetation
X. Gebirgslebensräume
XI. Azonale Anthropobiome
XII. Ozeane

9.2 Die äquatorialen Regenwälder

In der äquatorialen Zone (Großlebensraum I) herrscht ein immerfeuchtes (perhumides) und warmes bis heißes tropisches **Tageszeitenklima**. Die mittleren Temperaturen liegen das ganze Jahr über bei 25 bis 27 °C. Die thermischen Unterschiede zwischen den ganzjährig etwa 12 Stunden langen Tag- und Nachtphasen sind größer als im Vergleich der teils leicht ausgeprägten saisonalen Extreme und bewegen sich bei 6 bis 11 °C. Fröste fehlen. Die Niederschläge von 2.000 bis 4.000 mm p.a. fallen gleichmäßig über das Jahr verteilt. In Randzonen kann der Bereich des tropischen Regenwaldes ausgeweitet werden, wenn ein Sommerregenklima mit Zenitalregen durch Monsunniederschläge ergänzt wird, so dass nahezu ganzjährig perhumide Verhältnisse entstehen (Abb. 9.4).

Abb. 9.4

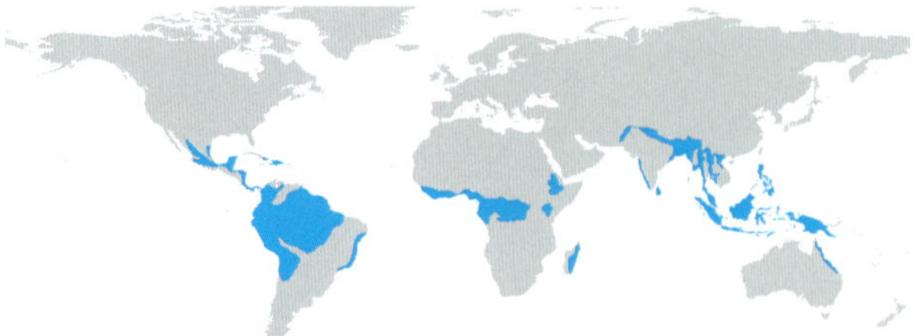

Der Großlebensraum des tropischen Regenwaldes konzentriert sich auf die äquatornahen Tieflagen mit ozeanisch getöntem Klima.

Der Zusammenhang immerfeuchter Klimate ist durch Nord-Süd verlaufende Gebirgszüge (z. B. Anden) und Kontinentalitätseffekte (tropisches Ostafrika) unterbrochen. Ferner ist zu beachten, dass das große Gebiet des indo-malayischen Archipels in sich durch die Inselnatur und durch die tektonisch bedingten linearen Strukturen stark zerklüftet ist und hierdurch mesoklimatisch differenziert wird.

Die atmosphärischen Zirkulationselemente der Hadley Zellen, angetrieben durch das Aufsteigen von erwärmten Luftmassen in der Nähe des Äquators (Abb. 9.5), bewirken bodennah die Entwicklung des Nordostpassat nördlich des Äquators und des Südostpassat südlich davon, zum Ausgleich von Luftmassendefiziten. Das Zusammentreffen dieser beiden Luftströmungen im Bereich des Äquators führte zum Begriff der **Innertropischen Konvergenzzone** (engl. ITC).

Die hohen Temperaturen und die konstante Feuchte bewirken eine intensive **chemische Verwitterung**. Das Relief wird hierbei eingeebnet und nur wenige Inselberge ragen aus dem Waldmeer, so dass die Reliefvielfalt nicht für die biotische Vielfalt verantwortlich gemacht werden kann. Die **Böden** zeigen eine hohe biologische Aktivität. Abgestorbene organische Substanz wird rasch mineralisiert (Abb. 9.6). Humus ist kaum vorhanden. Eisenoxide (deshalb die Rotfärbung) und Zweischicht-Tonminerale (z. B. Kaolinit) bestimmen den Bodenaufbau. Sie besitzen nur eine geringe Fähigkeit zur Speicherung von Nährstoffen (Kationenaustauschkapazität, KAK), was wiederum zu Problemen mit der Nährstoffverfügbarkeit führen kann, insbesondere dann, wenn der biotische Kreislauf durch Rodung unterbrochen wird. In diesem Fall stehen die durch die Zersetzung bereitgestellten Nährstoffe nur zeitlich befristet zur Verfügung. Unter natürlichen Umständen ist ein rascher Turnover abgestorbener organischer Substanz, verbunden mit geringen Humusgehalten zu beobachten. Eine Ausnahme stellen die so genannten Indianer-Schwarzerden (Terra Preta do Indio) Brasiliens dar, die von Menschen gestaltet wurden (Glaser et al. 2001). Ihre exakte Herstellung ist aber noch nicht endgültig entschlüsselt.

Auch wenn in der innertropischen Zone Jahreszeiten keine Schlüsselrolle für die ökosystemaren Abläufe einnehmen, kann es vorkommen, dass, wie am Amazonas, saisonale Niederschlagsereignisse in benachbarten Regionen zu Schwankungen des Überflutungsregimes der Tieflandregenwälder führen. Aufgrund der einebnenden Wirkung der intensiven chemischen Verwitterung und der damit verbundenen geringen Reliefunterschiede wirken sich Wasserstandsschwankungen der großen Flüsse über sehr weite Flächen hinweg aus (Wittmann et al. 2004).

Landwirtschaft kann oft nur wenige Jahre betrieben werden, da mit der Rodung des Waldes die Kationenpumpe der Baumwurzeln außer Betrieb gesetzt wird. Es kommt zum Wanderfeldbau („*Shifting Cultivation*") und damit zu einem sehr viel größeren Flächenverbrauch als zur Ernährung derselben Bevölkerung in Ländern mit gemäßigtem Klima erforderlich. Die tropischen Wälder sind jedoch durch vielfache weitere Nutzungen bedroht und verlieren derzeit massiv an Fläche, was mit erheblichen Artenverlusten verbunden ist (Brooks et al. 1997, Whitmore 1997). Da die Besitzverhältnisse oft unklar sind und lokalen Ethnien von Zentralregierungen nur selten Rechte eingeräumt werden, können, solange hinreichende Nachfrage aus den Industrienationen besteht, noch immer Holzkonzerne die zerstreut wachsenden wertvollen Baumarten nutzen. Um dies technisch zu erleichtern werden großflächig Wälder gerodet. Und auch die Plantagenwirtschaft kann eine Bedrohung darstellen. Entlang der Elfenbeinküste sind inzwischen Regenwälder weitgehend durch Plantagen der Ölpalme (*Elaeis guineensis*) ersetzt. Eine sinnvolle Strategie ist es jedoch, Restbestände von Naturwäldern mit Plantagen zur Gewinnung von Werthölzern zu umgeben, um den Nutzungsdruck auf die wenigen verbliebenen Waldökosysteme zu reduzieren (Nagel et al. 2004). Dies glückt aber nur, wenn die lokale Bevölkerung integriert ist und keine Lebensmittelknappheit herrscht. Der Ersatz von landwirtschaftlichen Nutzflächen durch Plantagen beeinflusst auch das Mesoklima des Umlandes von Restwäldern positiv.

Zwar zeichneten sich die Tropen als klimatische Zone nicht in den Floren- und Faunenreichen ab (wir erinnern uns daran, dass die Neotropis und die Paläotropis weit über die eigentlichen Tropen hinaus reichten), so ist es doch möglich, Familien oder Gattungen mit pantropischem Schwerpunkt zu identifizieren (Abb. 9.7). Neben den an

Abb. 9.5

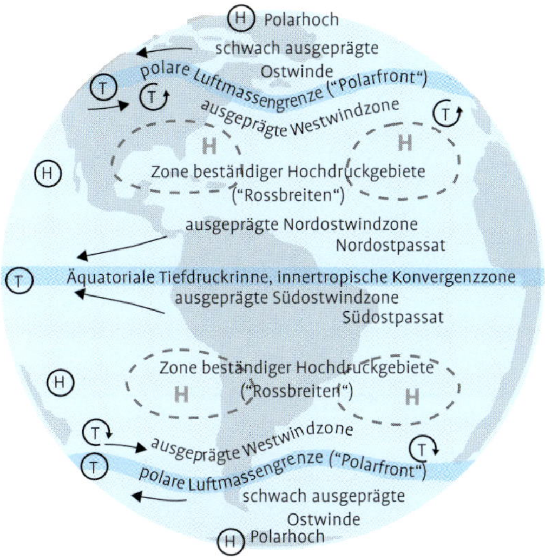

Schema der planetarischen Zirkulation mit charakteristischen Klimazonen und Windsystemen (nach Schönwiese 2003).

Abb. 9.6

Abgestorbene Biomasse wird im tropischen Regenwald rasch zersetzt. Pilze auf Totholz, Brasilien.

Abb. 9.7

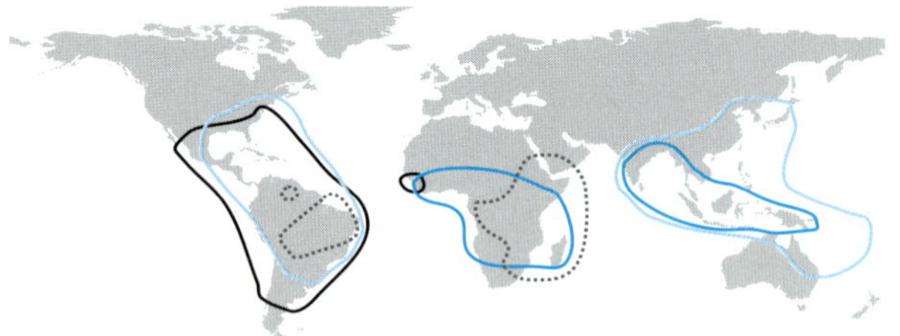

Pflanzenfamilien mit tropischem Verbreitungsschwerpunkt (nach SCHROEDER 1998).

Abb. 98

Epiphytenbehangener tropischer Küstenregenwald der Mata Atlantica in Brasilien.

tropische Formationen gebundenen Arten der Mangrove, die aber im semiterrestrischen Grenzbereich der Küsten angesiedelt sind, sind dies bei den Pflanzen beispielsweise die zumeist baumförmigen *Gesneriaceae*.

Die natürlichen Ökosysteme sind durch den „tropischen **Regenwald**" geprägt (SCHIMPER 1898). Dieser wird, die Bezeichnung ALEXANDER VON HUMBOLDTS für den amazonischen Regenwald übernehmend, teils „*Hylaea*" genannt. Der Pflanzenwuchs ist durch abiotische Faktoren wie Lichtverfügbarkeit in den unteren Vegetationsschichten und durch eingeschränkte Nährstoffverfügbarkeit partiell limitiert. Thermische und hygrische Einschränkungen bestehen nicht. Herbivorie und Epiphyllie reduziert die für die Fotosynthese zur Verfügung stehende Blattfläche. Der Bewuchs der Blätter mit Algen, Pilzen und Moosen begrenzt deren Lebensdauer, da die pflanzliche Struktur nach einer gewissen Zeit kaum noch effektiv funktioniert. Diese Einflüsse bedingen Phänomene wie die Blattschüttung, die pseudosaisonale Variabilität suggeriert, aber nur dazu dient, größere Mengen an Biomasse in kurzer Zeit zu entwickeln und nicht ein kontinuierliches Nahrungsangebot an frischer Biomasse anzubieten (VARESCHI 1980). Biotische Einschränkungen sind die Lichtkonkurrenz mit anderen Arten in den dichten Beständen und die Verfügbarkeit von Nahrung für die bodenlebende Tierwelt (eine Ursache für die geringe Bedeutung großer Wirbeltiere). Lichtkonkurrenz fördert in Kombination mit der hohen Luftfeuchte und dem Fehlen von Frösten die Entwicklung einer reichhaltigen **Epiphytenvegetation** (Abb. 9.8) sowie die besonders charakteristischen **Lianen**, welche die Phanerophyten als physische Stütze benutzen, um nicht selbst zu viele Stoffwechselprodukte in Strukturen investieren zu müssen. Auch die Bäume, die Höhen über 40 m erreichen können zeigen oft die Ausbildung von **Stützstrukturen** wie Brettwurzeln. Zur Untersuchung der tropischen Ökosysteme werden heute an verschiedenen Orten Kräne installiert, um auch den besonders artenreichen Kronenraum erreichen zu können. Sehr artenreich sind die epiphytischen Orchideen (*Orchidaceae*) und in Süd- und Mittelamerika die Ananasgewächse (*Bromeliaceae*).

Der Artenreichtum der Vegetation beschränkt sich keineswegs nur auf Epiphyten und Lianen. Auch die Baumarten sind außerordentlich vielfältig. Mit Hilfe der Fernerkundung kann erkannt werden, dass innerhalb des tropischen Regenwaldes eine ausgeprägte kleinräumige Vielfalt besteht (hohe Beta-Diversität) (TUOMINEN et al. 1995). Teils haben sie, wie *Ficus bengalensis*, polykormale Strukturen entwickelt, um nicht auf geschlechtliche Vermehrung angewiesen zu sein. Kauliflorie, das Ausbilden von Blüten direkt aus dem Stamm, ist häufig zu beobachten. Ein prominentes Beispiel ist der Kakaobaum (*Theobroma cacao*). Dominanzbestände einzelner Arten konzentrieren sich auf kleinräumige Sondersituationen. Im Unterwuchs jedoch, dem Bereich des Waldes, der uns Menschen am einfachsten zugänglich ist, wird man enttäuscht sein, denn krautige und grasartige Pflanzen sind aufgrund des Lichtmangels selten.

Die **Tierwelt** ist besonders bei den Kleintieren reich entwickelt, wenn auch ihre Biomasse gering ist. Die teils in den Wassertrichtern der Epiphyten der Baumkronen lebenden Amphibien, die Vögel und die Fledermäuse sind artenreich (Abb. 9.9). Der Versuch von ERWIN (1982), in Panama einen Baum zu verpacken und seine gesamte Lebewelt mit Methylbromid abzutöten, war zwar umstritten, doch zeigte sich, dass ein großer Teil der anschließend gesammelten Insekten unbekannt war. Wurde das Vorgehen bei einer anderen Art wiederholt, fand man das selbe Ergebnis, nur mit jeweils neuen unbekannten Arten. Die hieraus abgeleitete Annahme der engen Wirtsbindung und der aus der Zahl tropischer Baumarten zu erwartenden unbekannten Tierarten mag deutlich überhöht sein. ERWIN selbst erwartete weltweit etwa 30 Mio. Arten, aber sogar Hochrechnungen von 100 Mio. Arten wurden formuliert. Doch selbst wenn die Zahl bei 10 oder 20 Mio. Arten liegen sollte (bei ca. 1,7 Mio. heute beschriebenen Arten) ist sie doch mit der Erkenntnis verbunden, dass die große Dunkelziffer an unbekannten Arten bei den Insekten des tropischen Regenwaldes liegt. Und damit besteht die konkrete Gefahr, dass wir viele dieser Arten irreversibel verlieren könnten, bevor sie der Menschheit bekannt wurden.

Dies betrifft ebenso die in der Fläche sehr viel selteneren Wirbeltiere, unter welchen uns die Primaten besonders nahe stehen (Abb. 9.10). Interessant ist, und sicherlich in der langen Kontinuität der Umweltbedingungen am Äquator begründet (s. a. ROHDE 1992), dass im tropischen Regenwald Vertreter von phylogenetisch sehr frühen Entwicklungslinien der Säugetiere zu finden sind wie Tapire (Flachlandtapir (*Tapirus terrestris*), Bergtapir (*Tapirus pinchaque*), Mittelamerikanischer Tapir (*Tapirus bairdii*), Schabrackentapir (*Tapirus indicus*)) oder das Okapi (*Okapia johnstoni*). Bei den Tapirarten ist bemerkenswert, dass neben drei mittel- bis südamerikanischen Arten der offensichtlich nahe verwandte Schabrackentapir in Myanmar, Thailand und Malaysia beheimatet ist, die Gattung also ein disjunktes Areal besitzt. In Afrika fehlen Vertreter dieser Tiergattung, obwohl eine zusammenhängende Landmasse besteht. Klimatische Faktoren wirken hier offensichtlich als biogeographische Barriere.

Abb. 9.9

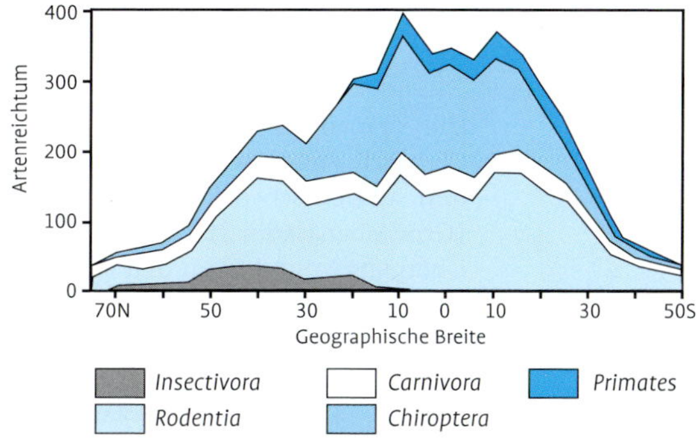

Die globalen Muster der Artenvielfalt zeigen einen eindeutigen Schwerpunkt in den Tropen (nach HUGGETT 2002).

Abb. 9.10

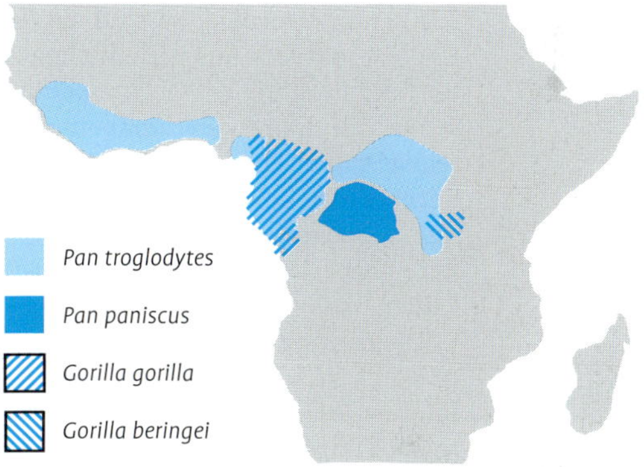

Natürliche Areale von Tiefland-Gorilla (***Gorilla gorilla***), Berg-Gorilla (***Gorilla beringei***), Schimpanse (***Pan troglodytes***) und Bonobo (***Pan paniscus***). Aufgrund extensiver Lebensraumzerstörung sind diese Primatenarten des tropischen Regenwaldes heute auf kleine Restvorkommen zurückgedrängt.

9.3 Die sommerfeuchten Savannengebiete der Tropen

Die sich an den tropischen Regenwald räumlich eng anschließenden tropischen und subtropischen **Sommerregengebiete** (Großlebensraum II) bilden häufig eine Übergangszone hin zu den subtropischen Trockengebieten und Wüsten (Großlebensraum III) (Abb. 9.11). Die von Savannen beherrschten Landschaften weisen eine ausgeprägte saisonale Niederschlagsperiodik auf, die zumeist mit Monsunniederschlägen bzw. Passatwinden einhergeht. Der Schwerpunkt der Niederschläge liegt in der Zeit, in der die Sonne ihren höchsten Stand erreicht (Zenitalregen). Das bedeutet, dass die Regen während der wärmsten Jahreszeit fallen. Auch wenn die Jahresniederschläge 1.600 mm erreichen, so sind sie doch im Kontext mit dem nur periodischen Auftreten bei ganzjährig heißen Temperaturen zu sehen. Die Jahresmitteltemperaturen sind teilweise sehr hoch und können über 25 °C liegen. Fröste spielen keine Rolle. Sie treten nur in hochgelegenen Savannen während der Ruheperiode des Winters auf und haben keinen ökologischen Einfluss.

Die **Landnutzung** der Savannen ist heute durch Weidewirtschaft – zum Teil verbunden mit Transhumanz – geprägt. Die temporäre Ressourcenverfügbarkeit macht flexible Nutzungsstrategien erforderlich. Nur in der Feuchtsavanne ist Regenfeldbau verbreitet. Bedingt durch den Bevölkerungsdruck greift dieser mehr und mehr um sich und reduziert die den Savannenarten zur Verfügung stehende Fläche. Der Einsatz von Feuer zur Förderung der Grasregeneration entspricht zwar dem natürlichen Störungsregime und viele Arten zeigen Anpassungserscheinungen, ist aber die Frequenz der Feuer zu dicht, dann führt dies zu mitunter irreversiblen Artenverschiebungen weil die notwendigen Regenerationsphasen langlebiger Arten unterschritten werden.

Die **Vegetation** ist durch einen lichten Baumbestand gekennzeichnet, zwischen dem sich eine dichte Grasvegetation etabliert. Die beiden Wuchsformen wirken in anderen Ökosystemen antagonistisch. Unter den spezifischen Bedingungen der Savanne scheinen sie zur komplementären Ressourcennutzung prädestiniert. Das Gras kann mit seinem feinen und dichten sekundär homorhizen Wurzelgeflecht die in der Regenzeit fallenden Niederschläge effizient aufnehmen. Andererseits sind Gräser kaum dazu in der Lage, die Transpiration zu kontrollieren. Einzelne Starkregenereignisse bewirken temporär einen nach unten gerichteten Sickerwasserstrom, der die Versorgung der Bäume gewährleistet, aber bei den hohen Temperaturen nicht ausreicht, um einen geschlossenen Waldbestand zu bewirken. In der Trockenzeit stirbt die Grasdecke oberirdisch ab. Die zumeist klonalen Gräser überdauern mit Hilfe von Rhizomen.

Die sommergrünen Bäume sind aufgrund der Klimavariabilität oft sehr langsamwüchsig. Sie zeigen neben dem Laubabwurf in der Trockenzeit verschiedene weitere Anpassungen an die Trockenheit. Der beeindruckende afrikanische Baobab (*Adansonia digiata*) ist stammsukkulent und vermag in seinem Gewebe größere Wassermengen zu speichern (Abb. 9.12). Auch im unbelaubten Zustand muss, wenn auch sehr viel weniger, Wasser aufgenommen werden. Bäume profitieren damit von episodischen Niederschlagsereignissen außerhalb der eigentlichen Vegetationsperiode. Häufig sind baumartige Leguminosen anzutreffen, die ihren Stickstoffhaushalt mit Hilfe symbiotischer Mikroorganismen verbessern können (Abb. 9.13).

Je nach Niederschlagsmenge und damit zusammenhängender Feuerhäufigkeit sind verschiedene Formen von **Savannen** ausgebildet. Wir unterscheiden, einem klima-

Abb. 9.11

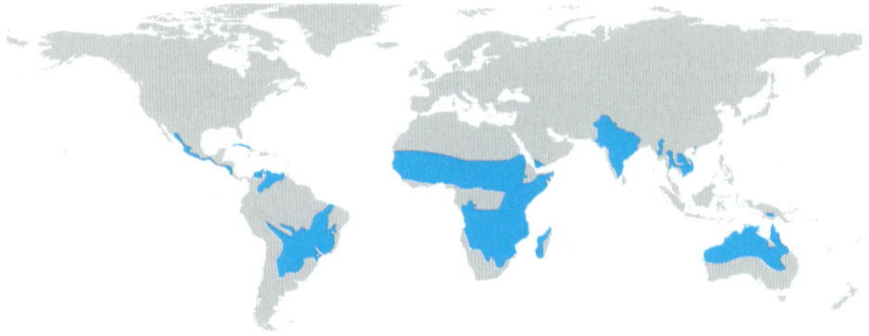

Die Savannengebiete der Erde schließen sich größtenteils direkt an die tropischen Regenwälder an. Sie zeigen ein saisonales Niederschlagsregime mit ausgeprägter Trockenzeit (nach NENTWIG et al. 2004).

tischen Gradienten folgend, die Feuchtsavanne (7 bis 8 humide Monate bei 1.000 bis 1.600 mm Jahresniederschlag), die Trockensavanne (4 bis 7 humide Monate bei 500 bis 1.000 mm Jahresniederschlag) und die Dornstrauchsavanne (2 bis 4 humide Monate bei 250 bis 500 mm Jahresniederschlag und Jahresmitteltemperaturen über 25 °C). Mitunter sind an den nur zeitweise Wasser führenden Flussläufen dichtere Galeriewälder ausgebildet. Die südamerikanische Savanne der Caatinga entspricht mit ihrem Mosaik aus Mimosen und Kaktusgewächsen (*Cactaceae*) der Dornstrauchsavanne. In Australien lösen Leguminosen (*Acacia* spec.) mit zunehmender Trockenheit den von *Eucalyptus*-Arten geformten offenen Trockenwald ab.

Nicht nur die Vegetation sorgt für ein mosaikartiges Muster von Habitaten und Strukturen, die von den Raubtieren als Ansitz oder Schattenspender genutzt werden. Termiten (*Isoptera*) bewirken stoffliche Umverteilung und punktuelle Aufkonzentration der organischen Substanz und der Nährstoffe. Ihre nach einer gewissen Zeit wieder aufgegebenen und zerfallenden Bauten sind sozusagen Hot Spots der Nährstoffverfügbarkeit und besonders gut für die Regeneration von Bäumen geeignet.

Savannen zeigen eine besonders auffallende, weil aus Großtierherden und Prädatoren zusammengesetzte **Tierwelt**. Charakteristische Herbivore sind in Afrika die Herdentiere Gnu (Streifengnu (*Connochaetes taurinus*) und Weißschwanzgnu (*Connochaetes gnou*)) sowie Zebras (Steppenzebra (*Equus quagga,* Südostafrika, mit sechs rezenten Unterarten sowie dem ausgestorbenen südafrikanischen *Equus quagga* ssp. *quagga*), Bergzebra (*Equus zebra,* Südafrika), Grevyzebra (*Equus grevyi,* Ostafrika)). Auffallende Faunenelemente sind die solitär oder in kleinen Gruppen lebenden Giraffen (*Giraffa camelopardalis*) (Abb. 9.14). Diese Arten teilen sich einen Lebensraum, sind aber, schon physiognomisch leicht erkennbar, sehr unterschiedlich eingenischt. Während die Gnus und Zebras die Biomasse der Grasschicht konsumieren, kann die Giraffe die nährstoffreichen Blätter der Akazien und anderer Bäume erreichen. Daneben finden sich zahlreiche Gazellen- und Antilopenarten. An Großtieren sind noch die größten Landsäugetiere der Erde, die Afrikanischen Elefanten (*Loxodonta africana*), herauszustellen.

In der Tiergruppe der Vögel sind die großen Laufvögel Afrikanischer Strauß (*Struthio camelus*), Australischer Großer

Abb. 9.12

Stammsukkulenter Affenbrotbaum oder Baobab (*Adansonia digitata*) mit Nestern von Webervögeln (*Ploceidae*), Namibia.

Abb. 9.13

Das Areal des Seringa-Baumes, auch Sandsyringe (*Burkea africana*), zeichnet in Afrika die Verbreitung von Savannen frappierend genau nach. Nur im ostafrikanischen Hochland fehlt die Art. Wie bei zahlreichen anderen Baumarten der Savanne handelt es sich um eine stickstofffixierende Leguminose.

Abb. 9.14

Die Savannen Afrikas sind berühmt für ihre Großtierwelt: Giraffe (*Giraffa camelopardalis*) in Namibia.

Abb. 9.15

Rezentes Areal des afrikanischen Löwen (*Panthera leo*).

Emu (*Dromaius novaehollandiae*, zwei weitere Inselarten sind ausgestorben) und Südamerikanischer Nandu (*Rhea americana*) auf die Savannen konzentriert. Die offenen Grasflächen kommen ihrer Art der Fortbewegung entgegen. Nicht zuletzt wird der aufrechte Gang des Menschen als eine Anpassung an das Savannenregime verstanden, in welchem die meisten fossilen Funde angesiedelt sind. Die ausgestorbenen Riesenvögel Madagaskars der Gattung *Aepyornis* waren ebenfalls in diesem Lebensraum aktiv (s. a. Kap. 12).

Diese Vielfalt und vor allem Biomasse an Primärkonsumenten bleibt natürlich nicht unbeantwortet. Die großen Raubtiere (vor allem sind es Raubkatzen) sind ein weiteres Merkmal der Savanne. Auch sie haben sich funktionell differenziert und in ökologische Nischen hinein entwickelt. Löwen (*Panthera leo*) sind die stillen Herrscher der afrikanischen Savanne. Als einzige Großkatze leben sie in Rudeln. Deren Größe orientiert sich an den zur Verfügung stehenden Ressourcen. Die Reviergröße eines Rudels kann mehrere hundert Quadratkilometer betragen (Abb. 9.15). Vornehmlich die Weibchen jagen organisiert in Gruppen bei Dunkelheit oder in der Dämmerung. Die in der Rangordnung über ihnen stehenden Männchen tragen nur selten aktiv zur Ernährung bei. Der schnelle Gepard (*Acinonyx jubatus*) ist hingegen tagaktiv. Er stellt seine Jagdopfer durch überfallartige Angriffe und kurze Jagden. Die nachtaktive Tüpfelhyäne (*Crocuta crocuta*), nach dem Löwen das nächst größere Raubtier der afrikanischen Savanne, lebt und jagt ebenfalls in Gruppen. Einen kleinen Teil ihrer Nahrung bestreitet sie aus Aas oder indem sie anderen Tieren, z. B. Geparden, die Beute abspenstig macht. Die beeindruckenden Raubtiere der Savanne sind heute zwar nicht mehr primär ein Jagdziel, aber doch ein Touristenmagnet.

Weniger augenfällig ist die reiche Insekten- und Spinnenfauna der Savannen. Käfer (*Coleoptera*), Dipteren (*Diptera*), Hautflügler (*Hymenoptera*) und Heuschrecken (*Orthoptera*) können durch saisonale Aktivität die ungünstige Jahreszeit umgehen und die zeitweilig üppig zur Verfügung stehenden Ressourcen nutzen.

9.4 Die subtropischen Trockengebiete und Wüsten

Die auf die Subtropen konzentrierte **Trockengebietszone** (Großlebensraum III) reicht zum Teil noch in die Tropen hinein (die Sahara überbrückt beide Klimazonen). Mit zunehmender Breite wächst die jahreszeitliche Amplitude der Temperaturen, wenn auch in den Trockengebieten insgesamt die tageszeitlichen Temperaturschwankungen noch bestimmend für das **Klima** sind (Abb. 9.16). Ein markanter Unterschied ist am Beispiel der Sahara zwischen dem Sommerregenregime der südlich angrenzenden Savannen und dem Winterregenregime der nördlich angrenzenden trockenen Zwergstrauchsteppen mit mediterranen Einstrahlungen gegeben. So reichen natürlicherweise in der Dornstrauchsavanne Bäume bis an den Rand der Trockengebiete, was im Norden weniger gegeben ist. Mitunter werden die in den Mittelbreiten gelegenen kontinentalen Kältewüsten eigens behandelt, was im Rahmen dieses Überblicks nicht geschehen kann.

Insgesamt ist zu bemerken, dass sich die Trockengebiete im weltweiten Vergleich stark voneinander unterscheiden, wobei die hauptsächliche Differenzierung durch das Temperaturregime und seine Saisonalität bewirkt wird. Nimmt man die Namib und die Arabische Wüste als Beispiel, wird deutlich, dass Trockengebiete eine sehr unterschiedliche klimatische Genese besitzen. Wir unterscheiden die heißen küstennahen bzw. **Küstenwüsten** (Namib, Atacama, Sonora), die heißen **Binnenwüsten** (Sahara, Australische Wüste) und die **Kältewüsten** (Gobi, Taklamakan, Great Plains).

Die Küstenwüsten beziehen einen Großteil der Feuchtigkeit aus Nebelniederschlag. Unterschiede in der Aridität der Trockengebiete sind natürlich ebenfalls bedeutsam. Insbesondere die jährliche Niederschlagsmenge variiert stark. Die Niederschläge liegen unter 250 mm (**Halbwüsten**) und in den Vollwüsten unter 100 mm (**Wüsten**). Im Kern der Trockengebiete fallen weder die zenitalen Regen des Sommerregengebietes noch die zyklonalen Winterregen. Die Trockengebiete konzentrieren sich auf den subtropischen Hochdruckzellengürtel. Dort sinken Luftmassen kontinuierlich ab, weshalb es nicht zur Wolken- und Niederschlagsbildung kommen kann. Mit der Wolkenarmut geht eine starke Einstrahlung einher.

Die **Verwitterung** ist durch physikalische Prozesse beherrscht. Aufgrund der geringen Vegetationsbedeckung bestimmen offener Boden und Felsformationen das Landschaftsbild. Wind kann ungehindert angreifen und Feinsand transportieren. In den **Sandwüsten** („*erg*"), die flächenmäßig eher in den Hintergrund treten, häuft sich der Sand zu verschiedenen Dünenformen an. Größere Bedeutung haben die Fels- **und Steinwüsten** („*hamada*") sowie die **Kieswüsten** („*serir*"). Die Bodenbildung ist zumeist nicht sehr weit fortgeschritten. Aufgrund der geringen Biomasse fehlt Humus nahezu vollkommen. Rohböden herrschen vor. Teils sind verhärtete Krusten aus Natriumsalzen, Gips oder Kalk entwickelt. Einige Krusten werden allerdings nicht durch kapillaren Aufstieg gelöster anorganischer Substanzen, sondern biogen geformt. Da die Niederschläge episodisch und stark sind, kommt es zu Oberflächenabfluss. Durch Kurzstreckentransport von Substrat sind Berge und Felsen von sanft abfallenden Fußflächen (Pedimenten) umgeben. Bei stärkeren Niederschlägen formen sich Trockentäler („*wadi*", „*oued*", „*rivier*"), die oft einen auf wenige Tage begrenzten Abfluss zeigen. Aufgrund der insgesamt geringen Niederschläge und ihrer kurzen Andauer erreichen selbst größere Flüsse nicht das Meer. Sie entladen ihre Fracht in abflusslose Senken, wo es zur Verdunstung und Salzanreicherung und schließlich zur Entwicklung einer extrem lebensfeindlichen **Salzwüste** kommt. Bei seltenen Starkregen sind sandige Substrate für das Pflanzenleben von Vorteil, weil sie größere Sickerwassermengen aufnehmen können.

Die **Landnutzung** der Gebiete jenseits der agronomischen Trockengrenze erlaubt nur einer sehr dünnen menschlichen Po-

Abb. 9.16

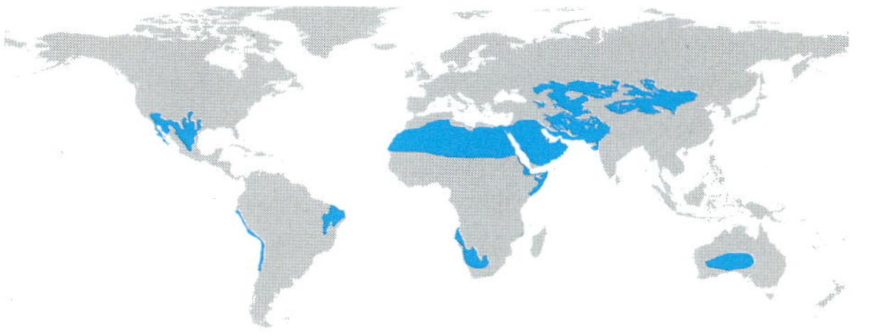

Die globale Verbreitung von Wüsten und Halbwüsten. Trockengebiete können klimatisch sehr unterschiedliche Genese aufweisen. Die zentralasiatischen Kältewüsten unterscheiden sich thermisch sehr gravierend von den heißen Wüsten der Randtropen (nach NENTWIG et al. 2004).

Abb. 9.17

Vereinzelte Vegetation auf einer Binnensanddüne in der Taklamakan, China.

Abb. 9.18

Mohave Mount Cactus (*Echinocereus triglochidiatus*) im kalifornischen Trockengebiet, USA.

pulation ein Auskommen. In der Nähe von Gewässern, so bei Oasen, wird Bewässerungslandwirtschaft betrieben. Eine typische Oasenpflanze ist die Dattelpalme (*Phoenix dactylifera*). Verbreitet findet selbst bei geringem Angebot an oberirdischer Biomasse („standing crop") Weidewirtschaft statt. Regenfeldbau riskiert die Erosion der ohnehin dünnen Bodenschicht. Insgesamt ist die oft als „Desertifikation" bezeichnete Degradierung der Ökosysteme (Mensching 1990) eine häufig zu beobachtende Erscheinung (s.a. Kap. 12). Handel (Karawanen) und die Gewinnung von Bodenschätzen (Salz) sind weitere Möglichkeiten menschlicher Aktivitäten.

Auch wenn es so aussieht: Wüsten sind nicht frei von Leben. Die Vegetation ist jedoch nicht mehr länger eine kontinuierliche oder diffuse Pflanzendecke, sondern in einzelne Individuen oder – begünstigt durch das Mikrorelief in einzelne Cluster kontrahiert. Verständlicherweise ist die Primärproduktion gering (Abb. 9.17).

Die **Pflanzen** zeigen verschiedene Anpassungen an die extremen Bedingungen. Einerseits sind Strategien für einen effizienten Wasserhaushalt entwickelt (CAM) sowie zur Wasserspeicherung (verschiedene Formen der Sukkulenz). Besonders beeindruckend ist die Kakteenvegetation der amerikanischen Trockengebiete (Abb. 9.18). Die Säulenkakteen (*Carnegia gigantea*) können Wuchshöhen von über 10 m erreichen.

Andererseits müssen sie vor allem in Senken mit hohen Salzgehalten zurecht kommen. Halophyten sind daher ebenfalls häufig. Einige Pflanzen sind sowohl sukkulent wie halophytisch. Sehr verbreitet sind ephemere Pflanzen, die ihren Lebenszyklus in kurzer Zeit bei temporär günstigen Verhältnissen abschließen (Pluviotherophyten). Zwergsträucher sind ebenfalls häufig. Zusätzlich sind poikilohydre Arten zu finden, die weitgehendes Austrocknen tolerieren.

Großräumig eingestreut sind an Grundwasseraustritten und entlang von temporären Flüssen natürliche Habitatinseln mit üppiger Vegetation: **Oasen**. Dort trifft man in der Sahara punktuell auf eine reichhaltige **Tierwelt** und isolierte Populationen ehemals weiter verbreiteter Arten wie dem Nilkrokodil (*Crocodylus niloticus*). Die Tiere der Oasen sind aufgrund der limitierten Ressourcen deutlich kleiner als ihre in afrikanischen Flüssen verbreiteten Artgenossen – ein den evolutiven Tendenzen auf Inseln entsprechender Vorgang (Kap. 4). Die Populationen sind seit mindestens 5.000 Jahren, als sich die Klimaverschärfung in der Sahara vollzog, auf einzelne Restseen und Oasen beschränkt. Der Status dieser Populationen bezüglich eigenständiger Unterarten ist noch ungeklärt.

Insbesondere bei Käfern ist Melanismus (Schwarzfärbung) häufig. Dies scheint zunächst widersprüchlich, da die dunkle Farbe eine Überhitzung fördern müsste. Die

Schwarzkäfer (*Tenebrionidae*) nutzen diese Form der Sonnenkollektoren aber, um morgens, wenn durch Tau noch Feuchtigkeit zur Verfügung steht, schnell auf Betriebstemperatur zu kommen. Tagsüber schützen sie sich unter Steinen vor der Strahlung. Zusätzlich besitzen sie sehr lange Beine, die gewährleisten, mit dem Körper nicht zu sehr in Kontakt mit der aufgeheizten Bodenoberfläche zu geraten. Selbst Reptilien versuchen möglichst wenig Bodenberührung zu haben. Unter den Schlangen sind sogenannte Seitenwinder wie die dämmerungsaktive Wüstenhornviper (*Cerastes cerastes*) verbreitet, die einen minimalen Kontakt mit dem Boden erreichen. Sie vergräbt sich zusätzlich tagsüber an geschützten Stellen im Sand. In Dünengebieten findet man insgesamt häufig im Sand lebende Tiere. Die Skinke (*Scincus scincus*) heißen aufgrund dieser Lebensweise auf französisch „poisson de sable" (MÜLLER-HOHENSTEIN 1981).

9.5 Immerfeuchte und immergrüne Subtropen

Ein Bereich der Subtropen umfasst **warmtemperierte, nahezu immerfeuchte Gebiete** mit immergrüner Vegetation (Großlebensraum IV). Fröste können gelegentlich auftreten, sind aber ohne größere Wirkung. Im Gegensatz zum folgenden Großlebensraum der mediterran getönten Klimate fehlt die sommerliche Dürre.

Das **Klima** in den immerfeuchten Subtropen ist bestimmt durch ein ausgeglichenes Niederschlagsregime. Auch wenn in jedem Monat mit Regen zu rechnen ist, findet man durchaus eine gewisse jahreszeitliche Variabilität. Aride Monate kommen aber nicht vor. Der mittlere Niederschlag bewegt sich zwischen 1.000 und 2.000 mm. Wir unterscheiden Regionen mit einem Maximum im Sommer an den durch feuchte Passatwinde beeinflussten Ostseiten der Kontinente oder Inseln von solchen mit den hauptsächlichen Niederschlägen in der kühlen Jahreszeit an der Westseite der Kontinente.

Nicht nur in den konkreten Klimaeigenschaften unterscheiden sich die Gebiete dieses Großlebensraums (Abb. 9.19). Mit Ausnahme der größeren zusammenhängenden Bereiche in Südost-China, in Südost-USA und in Süd-Brasilien sind die Gebiete sehr stark verinselt und differieren in ihrer Entwicklungsgeschichte und biotischen Ausstattung sehr. Der Lebensraum integriert die Lorbeerwälder und strahlt aus in die ozeanischen Regenwälder der mittleren Breiten. Die Zuordnung mancher Gebiete ist umstritten (z. B. südkaspische Region, pazifische Regenwälder Nordkaliforniens).

Abb. 9.19

Globale Verbreitung der immerfeuchten subtropischen Zone (nach NENTWIG et al. 2004).

Die **Böden** sind aufgrund der häufigen Niederschläge oft versauert und Nährstoffe sind ausgewaschen. Solange beispielsweise auf vulkanischem Substrat die Versauerung noch nicht zu stark fortgeschritten ist, ist mit dem Sickerwassertransport eine Tonverlagerung (Lessivierung) wahrscheinlich. Einige der Gebiete zeigen schon seit sehr langer Zeit klimatische Stabilität, da sie nicht oder nur kaum von den pleistozänen Klimaschwankungen betroffen waren. In Senken bilden sich Moore und Seen (z. B. auf Tasmanien). Andererseits sind die Regionen an der Ostseite der Kontinente (Florida, Südost-China) regelmäßig einem intensiven Störungsregime ausgesetzt, da sie im Einflussbereich tropischer Wirbelstürme liegen. Feuer sind jedoch aufgrund der ständigen Durchfeuchtung nicht sehr relevant.

Aufgrund der Tatsache, dass einige Gebiete schon sehr lange menschlich besiedelt sind (Südost-China) oder heute intensiv genutzt werden (Südost-USA), ist eine ehemals natürliche Vegetation oft nur inselartig erhalten. In China findet man solche Relikte vor allem an heiligen Bergen, wo sie aus religiösen Gründen geschützt sind. Die für den Regenfeldbau ausreichenden Niederschläge in Verbindung mit den hohen Temperaturen ermöglichen eine **intensive Land-**

Abb. 9.20

Amerikanischer Alligator (***Alligator mississippiensis***) und Echte Sumpfzypresse (***Taxodium distichum***) im Big Cypress National Preserve, Süd-Florida.

Abb. 9.21

— *Griselinia, Curtisia (Cornaceae)*
— *Pseudopanax (Araliaceae)*
— *Osmanthus, Picconia (Oleaceae)*

Globale Verbreitung einiger Florenelemente der Lorbeerwälder (nach SCHROEDER 1998).

Abb. 9.22

Die Wuchsform Baumfarn (***Dicksonia sellowiana, Dicksoniaceae***) ist in den immerfeuchten Subtropen verbreitet, z. B. in Südbrasilien.

bewirtschaftung. Soja, Reis, Erdnüsse, Sorghum und Sonderkulturen wie Lotus, Sesam oder Tabak gedeihen prächtig und liefern mehrere Ernten pro Jahr. In den Bergregionen wird häufig Tee angebaut.

Auf der Nordhalbkugel sind in den immerfeuchten Subtropen zahlreiche **Pflanzengattungen** heute nur noch in Fernost und in Amerika vorhanden, die im Tertiär auch in Europa heimisch waren (z. B. *Sequoia, Magnolia, Taxodium, Nyssa*) (Abb. 9.20). Als Konsequenz der pleistozänen Klimaschwankungen, in Verbindung mit fehlenden geeigneten Rückzugsräumen im Süden, sind sie regional ausgestorben. Auf der Südhalbkugel sind Araukarienarten in den warm-temperierten Regionen sowohl im südlichen Brasilien als auch in Australien zu finden. Sie zeigen als Tertiärrelikte ebenfalls eine sehr weit gespannte Disjunktion.

Die Lorbeerwälder (Abb. 9.21) beherbergen einige besonders ursprüngliche Florenelemente. Vor allem zahlreiche Farnarten und -gattungen sind hier heimisch, die eine weite Verbreitung zeigen. Ihr besonderes Merkmal sind die ganzrandig-großen, stabilen, immergrünen Blätter, eine Investition, die verrät, dass Frosteinwirkungen unbedeutend sind. Die Arten der Lorbeerwälder sind zumeist baumförmig und in den jeweiligen Gebieten endemisch. Allerdings ist die Artenvielfalt gering aufgrund des dichten Krondaches und der schwach entwickelten Krautschicht. Der strauchige Unterwuchs ist ebenfalls immergrün.

Baumfarne (Abb. 9.22) tolerieren keine anhaltende Trockenheit. Sie sind deshalb sehr eng an die immerfeuchten Subtropen und gemäßigte, wintermilde Zonen gebunden. Eine Gefährdung dieser Artengruppe besteht durch Rodungen von Wäldern sowie durch das Sammeln von Strünken als Substrat für Zierpflanzen (vornehmlich Orchideen). Epiphyten und Lianen kommen ebenfalls häufig vor.

Die **Tierwelt** dieses Großlebensraums ist, ähnlich wie in der folgenden Zone, nicht sonderlich differenziert. Als Ursache wird die Kleinflächigkeit und Isoliertheit sowie das Eingebundensein in Lebensräume, die sich nicht grundlegend unterscheiden, angeführt. Lediglich auf Inseln findet man einige Endemiten wie die Kanarische Lorbeertaube (*Columba junoniae*). Der Restbestand dieser stark gefährdeten Art wird auf 1.000 bis 2.000 Individuen geschätzt.

9.6 Winterfeuchte Subtropen mit Hartlaubvegetation

Zum **Winterregengebiet** (Großlebensraum V), das durch ausgeprägte Jahreszeiten charakterisiert ist, zählen das Mittelmeergebiet sowie weitere zwischen dem 30. und 45. Breitengrad liegende Regionen in Chile, Kalifornien, SW-Australien sowie in der Kapregion (Abb. 9.23). Die mediterranen **Klimate** treten inselartig an den Westseiten der Kontinente in Erscheinung und reichen auf der Südhalbkugel aufgrund der Land-Meer-Verteilung nur bis etwa zum 38. Breitengrad. Bedingt durch die Lage des Mittelmeeres ist das europäische Teilgebiet, das aus diesem Grund als namensgebend für die anderen herangezogen wird, besonders ausgedehnt.

Wir verlassen mit den winterfeuchten Subtropen die ganzjährig von der subtropischen Hochdruckzone beeinflussten Trockengebiete nach Norden bzw. Süden. Durch die Verschiebung der ITC im Jahresverlauf gelangt zwar im Sommer Hochdruckeinfluss zur Vorherrschaft, doch ist dessen Regentschaft begrenzt. Die Sommer sind entsprechend heiß und trocken, die Winter kühl und feucht. Frost und Schneefall sind noch unbedeutend, wenn auch nicht ausgeschlossen. Die Lage in der Nachbarschaft der Ozeane verhindert extreme Niedrigtemperaturen. Die Monatsmittel der Temperatur fallen im Winter nicht unter 5 °C.

Die typischen mediterranen **Böden** sind die Terra Rossa und die Terra Fusca. Ihre Entwicklung hängt vom Eisengehalt und von der Reaktion der anstehenden Gesteine ab. Die Feuchte reicht für eine intensive, aber nicht ganzjährig aktive, chemische Verwitterung. Es kommt zur Kalklösung und zur Bildung von Tonmineralien.

Landnutzung wird im Mittelmeergebiet schon sehr lange betrieben. Die Rodungen der klassischen Antike wirken teils bis heute fort (Abb. 9.24). Etwa 2/3 der ehemaligen Wälder sind im Mittelmeergebiet durch menschliches Einwirken verloren gegangen (Müller-Hohenstein 1981). Doch die verbliebenen Wälder sind stark menschlich überprägt. Insbesondere die Plantagen mit *Eucalyptus*-Hybriden sind sehr naturfern und artenarm.

Abb. 9.23

Die Winterregengebiete der Erde verteilen sich auf fünf Kontinente. Sie liegen jeweils an der Westseite der Kontinente (nach Nentwig et al. 2004).

Abb. 9.24

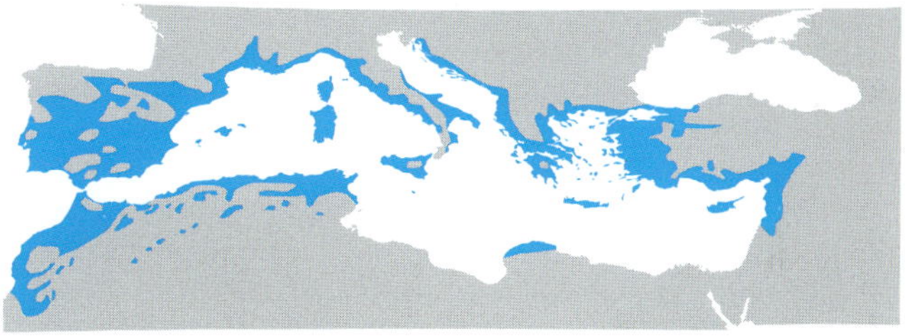

Die Verbreitung der Degradationsstadien Garrigue und Macchia im Mittelmeergebiet zeigt die intensive menschliche Beeinflussung der Ökosysteme der Winterregengebiete (nach Schultz 2000).

Im eigentlichen Mittelmeergebiet zeichnet der Anbau des Olivenbaums oder Echten Ölbaums (*Olea europaea*) das mediterrane Klima ausgezeichnet nach (s. Abb. 7.10). Zwar ist die Wildpflanze (*Olea oleaster*) keineswegs selten, doch ist die Kultivierung der teils sehr alten Sorten in diesem Klima überall möglich. Der Mensch wirkt damit über seine Kulturpflanze indirekt als Indikator von Klimaeigenschaften. Eine Kulturpflanze, die heute weltweit erfolgreich gerade in den winterfeuchten Subtropen angebaut wird, ist der Wein (*Vitis vinifera*). Die Anbaugebiete gehen etwas über die eigentlich mediterranen Gebiete hinaus, konzentrieren sich jedoch stark in diesem Großlebensraum.

Die zonalen **immergrünen, sklerophyllen Laubwälder** sind zumeist durch Degradationsstadien ersetzt, deren historische

Abb. 9.25

In Kalifornien nennt man die buschartige Degradationsformation des Hartlaubwaldes „*Chaparall*".

Abb. 9.26

Degradierter Steineichenwald in Ostmarokko. Die sklerophylle Stein-Eiche (*Quercus ilex*) ist der Charakterbaum der westlichen Mittelmeerregion.

Abb. 9.27

Blütenpracht eines mediterranen marokkanischen Ackerrandes im Frühjahr.

Tradition sich über regionale Wortschöpfungen dokumentiert (z. B. Fynbos, Macchia, Matorall, Chaparall, Garrigue, Phrygana) (Abb. 9.25). Diese Gebüsche zeichnen sich durch zahlreiche endemische Arten aus, was die Möglichkeit der natürlichen Walddegradierung durch Feuer belegt. Gebüschformationen wie der südafrikanische Fynbos sind sogar außerordentlich artenreich.

Anpassungen an **Feuer** finden sich in dieser Zone auf allen Kontinenten. Feuer ist ein wichtiger natürlicher Faktor zum Verständnis der Mediterraneis. Heute bestimmt allerdings der Mensch das Feuerregime und hat die ökosystemare Ausstattung der Landschaften modifiziert (Meurer & Nutz 2003). Wir sprechen von **Pyrophyten**, wenn Feuer für die Entwicklung von Pflanzenarten förderlich ist oder von diesen ohne Probleme toleriert werden kann. Diese Arten haben in durch Feuerregime geprägten Lebensräumen Konkurrenzvorteile. Die sommerliche Dürre fördert das Austrocknen der Vegetation und erhöht damit die Brandgefahr.

Besonders eng an Feuer angepasst sind die australischen Grasbäume (Gattung *Xantorrhoea* mit 30 Arten). Die grasartigen Blätter der Lilienverwandten fackeln bei Feuer vollständig ab und schützen die Vegetationsknospe. Andere Arten, beispielsweise Vertreter der australischen Banksien (*Banksia* spec.), benötigen Feuer zur Öffnung der hartschaligen Früchte.

Das wichtigste Merkmal der mediterran getönten **Vegetation** sind jedoch die immergrünen hartlaubigen Blätter der Bäume und Sträucher. Ein besonders typischer Vertreter der physiognomischen Gruppe der Hartlaubgewächse ist die mediterrane Stein-Eiche (*Quercus ilex*) (Abb. 9.26). Neben ihr kommen aber noch weitere sklerophylle Eichenarten im Mittelmeergebiet vor, die teils untereinander hybridisieren. Besonders bekannt ist die auf Silikatgebirge konzentrierte Kork-Eiche (*Quercus suber*).

Die isolierte Lage der einzelnen Regionen bewirkt die Entwicklung einer jeweils äußerst eigenständigen und artenreichen Vegetation. Ähnlichkeiten bestehen dennoch zwischen der Kapflora und der mediterranen Vegetation Australiens (*Proteaceae*). Die Flora des Mittelmeerraumes und Kaliforniens hat zumindest auf Gattungsebenen enge Bezüge (*Quercus*, *Arbutus*). Die größte Ähnlichkeit findet man bei den Wildkräutern entlang von Wegen und Äckern. Hier hat sich inzwischen weltweit eine europäische Therophytenflora etabliert. Die krautigen Pflanzen, zu welchen viele Geophyten zählen (v.a. *Liliaceae*, *Iridaceae*, *Orchidaceae*), sind im Frühjahr nur für eine kurze Zeit üppig entwickelt (Abb. 9.27). Die dann ansteigenden Temperaturen in Verbindung mit der noch vorhandenen Bodenfeuchte des Winters sind für sie förderlich. Im Hochsommer ist diese Pracht dann nur noch zu erahnen.

Die **Tierwelt** ist aufgrund der Habitatvielfalt und der Pflanzenartenvielfalt (auffallend sind die zahlreichen Arten mit intensiv duftenden Blüten) ebenfalls sehr vielgestaltig, besonders im Bereich der Insekten, aber stark durch Einstrahlungen aus den benachbarten Regionen beeinflusst. Hier macht sich bemerkbar, dass die eigentliche Fläche der Lebensräume relativ betrachtet gering ist. Einige Arten wie die Griechische Landschildkröte (*Testudo hermanni*), haben hier ihren Verbreitungsschwerpunkt. Insgesamt ist die Reptilienfauna reich entwickelt. Allerdings wird der Mittelmeerfauna kein eigenständiger Charakter eingeräumt. Ähnlich verhält es sich auf anderen Kontinenten.

9.7 Kontinentale Steppengebiete

Die **kontinentale sommertrockene Zone** der mittleren Breiten (Großlebensraum VI) wird durch Steppenvegetation gekennzeichnet (Abb. 9.28). Das bedeutet, dass sich eine, mit Ausnahme hygrisch begünstigter Sonderstandorte, weitgehend baumfreie Pflanzenformation entwickelt. **Steppen** sind neben den klimatischen Einflüssen der geographischen Breite insbesondere durch Kontinentalität bestimmt. Die Niederschläge reichen für die Ausbildung von Wäldern nicht aus. Dies war schon CHARLES DARWIN als einem im atlantischen waldfähigen Klima lebenden Naturforscher bei seinem Ritt durch die südamerikanische Pampa aufgefallen. Die Waldfreiheit insbesondere der Pampa war wissenschaftlich lange umstritten und ein akademisches Problem. MÜLLER (1977) konnte zeigen, dass wir hier ein eigenständiges Ausbreitungszentrum vorfinden, also den Kern einer phylogenetischen Entwicklung mit autochthoner Fauna, weshalb ein sekundärer Charakter kaum denkbar ist. Eine weitere regionale Bezeichnung von Steppen ist neben der Pampa die nordamerikanische „Prairie".

Das **Klima** ist relativ extrem. Sommerliche Einstrahlung und Erhitzung sowie die winterliche Abstrahlung und Abkühlung sind aufgrund der geringen Wolkenbedeckung hoch. Diese extremen saisonalen Unterschiede führen zu einer ausgeprägten Jahresdynamik der Lebewesen. Zwar können die Jahresniederschläge 1.000 mm erreichen, doch ist gleichzeitig die Evapo-

Abb. 9.28

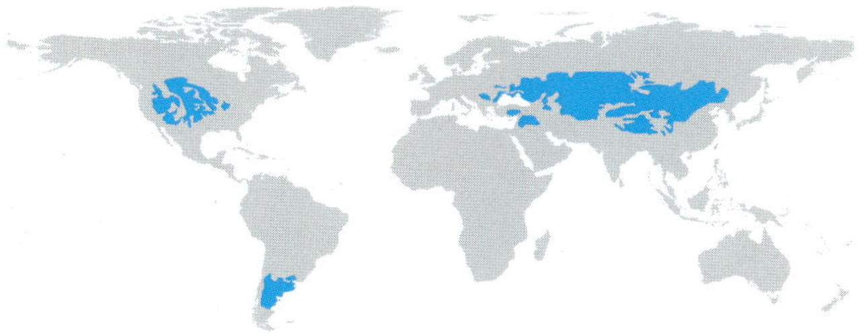

Verbreitung der Steppengebiete (nach NENTWIG et al. 2004).

Abb. 9.29

Artenreiche Zwergstrauchsteppe am Jadepass, mit *Artemisia* spec., Jujiujan, Nord-China.

Abb. 9.30

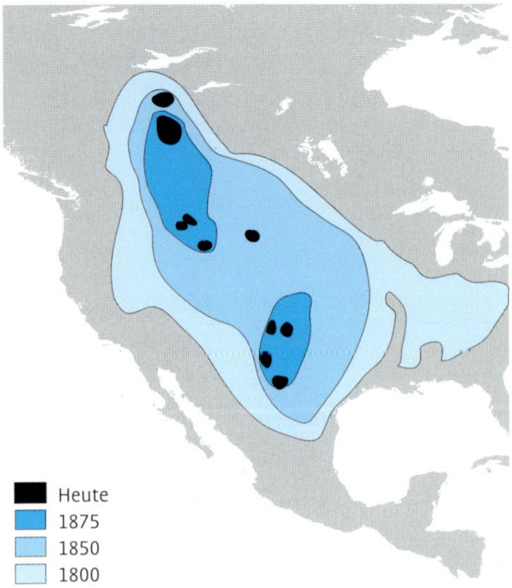

Arealschrumpfung beim Amerikanischen Bison (*Bison bison*).

Abb. 9.31

Krotowinen als Zeichen ehemaliger Aktivität von Steppenwühlern, China.

transpiration sehr hoch. Die Untergrenze der Niederschläge hin zur Halbwüste liegt in etwa, abhängig von der jahreszeitlichen Verteilung, bei 250 mm. In den nördlichen Subtropen strahlen Steppen in die Trockengebiete mit Winterregenklima ein.

Der typische **Bodentyp** der kontinentalen Steppe ist die Schwarzerde. Diese Böden finden sich bis nach Mitteleuropa hineinreichend (z. B. bei Halle), was uns zeigt, dass dort einmal Steppenklimate geherrscht haben müssen und entsprechende Ökosysteme ausgebildet waren. Schwarzerden sind sehr reich an organischer Substanz, weil die abgestorbene Biomasse immer wieder durch biologische Aktivität integriert wird. Auch ihre sonstigen Eigenschaften der Bodenfruchtbarkeit prädestinieren sie als Ackerböden (siehe Ukraine). Die menschliche **Nutzung** von Steppen erfolgt entsprechend hauptsächlich durch Sommerfeldbau, wenn nicht Weidewirtschaft betrieben wird. Steppen sind alte Siedlungsgebiete. Die asiatischen Reitervölker entwickelten sich in diesem Lebensraum (Abb. 9.29).

Besonders auffallende Elemente der **Vegetation** der Grassteppen sind die Federgräser (*Stipa* spec.). Sie besitzen mit ihrer langen federartigen Granne eine besonders enge Anpassung an die Anemochorie, was auf den weiten windexponierten Steppenflächen eine sinnvolle Ausbreitungsstrategie ist. Zusätzlich kommen Horstgräser („Tussocks“) aus verschiedenen Poaceen-Gattungen vor. In Nordafrika, Asien und Nordamerika trifft man auf Trockensteppen mit vorherrschenden Zwergsträuchern der Gattung Wermuth (*Artemisia*).

Bedingt durch menschliche Einflüsse, die mit dem Bau der Ost-West-Verbindungen der Eisenbahnen begannen und bis zur Entwicklung von weitläufigen „Agrarsteppen“ reichten, hat der Mensch die natürlichen Lebensräume der Steppen in Nordamerika besonders stark dezimiert und beeinträchtigt. Die ehemals enorm individuenreichen Bisonherden (*Bison bison*), die die Steppen der Prairie bewohnten, gehören der Geschichte an. Zwar ist die Art nicht ausgestorben, doch sind die Bestände auf wenige Restpopulationen geschrumpft, die aus verständlichen Gründen keine überregionalen Wanderungen mehr vollziehen können (Abb. 9.30).

Charakteristisch für die **Fauna** der Steppen sind bodenlebende Wühler. Verlassen sie ihre Bauten, werden diese durch die biologische Aktivität der Böden zwar wieder verfüllt, sind aber in Profilanschnitten gut kenntlich (Krotowinen) (Abb. 9.31), so dass frühere Steppenzönosen anhand von Bodenstrukturen gut zu rekonstruieren sind.

In Eurasien sind Tiere wie das Ziesel (*Citellus citellus*) oder die Springmäuse (*Ochotona* spec.) häufig. Unter den Greifen ist Steppenadler (*Aquila nipalensis*) oder Steppenweihe (*Circus macrourus*) zu nennen. Die Saiga-Antilope (*Saiga tatarica*) war im Pleistozän auch in den europäischen Kältesteppen etabliert. Aufgrund des abgesenkten Meeresspiegels gelang ihr sogar die Ausbreitung über die Schelfgebiete der Beringstraße ins nördliche Nordamerika, was durch Fossilien belegt ist. Der im Holozän vordringende Wald schränkte ihren Lebensraum mehr und mehr ein. Ihr heutiges Areal liegt in den Trockensteppen und semi-ariden Halbwüsten Zentralasiens. Die Saiga-Antilope erlebte zu Beginn des 20. Jahrhunderts einen rapiden Populationszusammenbruch von 1 Mio. Individuen auf weniger als 50.000 Tiere und stand kurz vor der Ausrottung. Ihr Horn hat in der fernöstlichen Medizin eine große Bedeutung. Inzwischen haben strikte Schutzmaßnahmen eine Erholung der Populationen bewirkt. Wir sehen, dass die Fauna der Steppen sehr spezifisch entwickelt ist, obwohl die Vegetation zumeist keinen üppigen Eindruck erweckt. Der wesentliche Grund dafür ist die Großflächigkeit dieses Lebensraumes in Verbindung mit temporär verfügbarer Pflanzenbiomasse.

9.8 Nemorale Laubwälder der Mittelbreiten

Die nemoralen Mittelbreiten mit ihren sommergrünen Wäldern (Großlebensraum VII) sind uns Mitteleuropäern natürlich am Besten vertraut (Abb. 9.32). Gerade dann ist es aber nicht einfach, die Besonderheiten zu erkennen, die sich nur im Vergleich mit anderen Lebensräumen herausschälen. Die **temperierten Gebiete** der mittleren Breiten besitzen ein Jahreszeitenklima mit prägnanten Wintern. Der Jahresniederschlag bewegt sich zwischen 500 und 1.500 mm bei ausgeglichenen Temperaturen. Die Niederschläge sind an die zyklonale Zirkulation gebunden. Die winterlichen Temperaturen können im Extremfall bis auf −30 °C sinken. Während der etwa 6-monatigen Vegetationsperiode sinken die Temperaturen aber im Allgemeinen nicht unter 5 °C.

Abb. 9.32

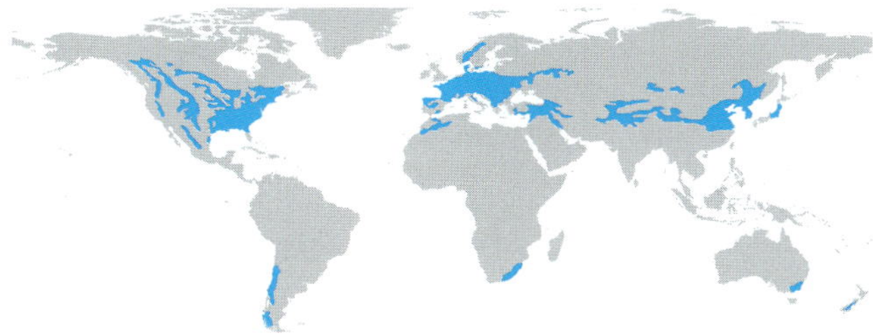

Die nemoralen Gebiete (nach NENTWIG et al. 2004).

Bis auf kleinflächige Ausnahmen konzentriert sich dieser Großlebensraum auf die Nordhalbkugel mit Lücken in den kontinentalen Bereichen. Ein geschlossener Gürtel ist nicht ausgebildet. Innerhalb des Großlebensraumes sind starke Kontinentalitätsgradienten spürbar. Im Süden erreicht nur ein Teil Chiles und Neuseelands diese Klimazone.

Die verschiedenen verstreut auftretenden Lebensräume dieser Einheit sind – bedingt durch ihre unterschiedliche pleistozäne Geschichte – sehr spezifisch entwickelt. Das europäische Teilgebiet ist floristisch und faunistisch stark verarmt. Die, relativ betrachtet, nördliche Lage ist durch den Wärmetransport des Golfstromes bedingt. Zu den Eiszeiten war Nordeuropa großflächig vergletschert und die heute hier dominante Formation war auf kleinflächige Rückzugsgebiete im Mittelmeerraum beschränkt. Die Einbindung in das globale System der Groß-

Abb. 9.33

Areal der Esche (*Fraxinus excelsior*), einer typischen Baumart der nemoralen Wälder Europas (nach SCHROEDER 1998).

Abb. 9.34

Die Weiße Pestwurz (*Petasites albus*) ist ein feuchteliebender Vertreter der Frühjahrsgeophyten. Die Art blüht noch vor der Blattentfaltung der Laubbäume und ist während des Sommers nur vegetativ entwickelt.

Abb. 9.35

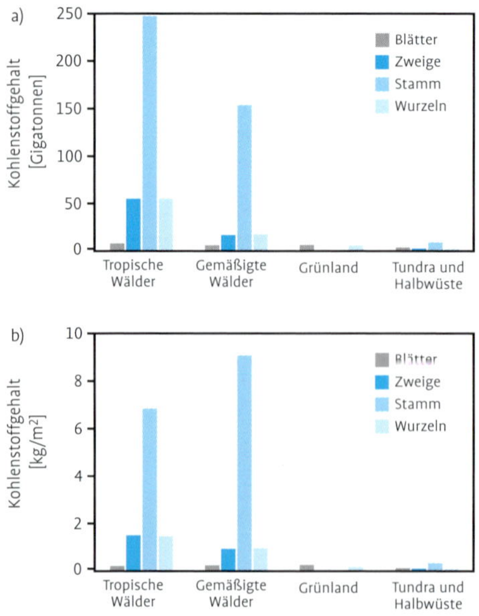

Die absolute (a) und auf die Fläche bezogene (b) Biomasseverteilung in verschiedenen Pflanzenformationen zeigt die Bedeutung der gemäßigten Wälder für den Kohlenstoffhaushalt (nach HUGGETT 2002).

lebensräume unterscheidet sich zwischen den einzelnen Großlebensräumen dieser Zone ebenfalls. Nur der europäische Bereich grenzt direkt an die mediterran getönten Klimate. Diese Unterschiede sind auf den sich stark auswirkenden Einfluss der Kontinentalität und damit auf die relative Lage der jeweiligen Region im Bezug zum Ozean zurückzuführen.

Die **Böden** sind vorwiegend Braunerden und Parabraunerden (Cambisols, Luvisols), die aus Dreischicht-Tonmineralen aufgebaut sind und deren Nährstoffverfügbarkeit zusätzlich durch Humus verbessert wird. Sie bieten günstige Voraussetzungen für die Pflanzenernährung. In den niederschlagsreichen Hochlagen sowie in atlantischen Bereichen treten saure Podsole mit Auswaschungserscheinungen auf. Verschiedene Formen der **Landnutzung** sind möglich (Ackerbau, Grünlandwirtschaft, Forstwirtschaft), wobei die Dauer der Vegetationsperiode der einschränkende Faktor ist. Die ehemaligen großflächigen Moorgebiete Norddeutschlands wurden trockengelegt und der landwirtschaftlichen Nutzung zugeführt.

Diese Klimate sind zonal durch **sommergrüne Laubwälder** gekennzeichnet (Abb. 9.33). Die Verbindung von hygrisch und thermisch günstigen Witterungsbedingungen mit hinreichender, aber nicht zu starker Verwitterung und damit zusammenhängender Bodenbildung, prädestinierten für landwirtschaftliche Aktivitäten, weshalb natürliche Ökosysteme nur kleinflächig erhalten sind.

In Mitteleuropa gibt es praktisch keine natürlichen Wälder mehr. Die Forstwirtschaft hat schon frühzeitig begonnen, unter wirtschaftlichen Gesichtspunkten die natürlichen Laubwälder mit Rot-Buche (*Fagus sylvatica*) oder Eichen (*Quercus robur*, *Quercus petraea*) durch Nadelwälder mit Arten aus den montanen Lagen wie der Rot-Fichte (*Picea abies*) zu ersetzen. Zusätzlich wurde mit der Wald-Kiefer (*Pinus sylvestris*) eine Art gefördert, die unter mittleren Verhältnissen optimale Entwicklung zeigt, aber natürlicherweise durch die konkurrenzstärkeren Laubbäume verdrängt werden würde. Das Resultat dieser naturfernen Bewirtschaftung sind oft einförmige Monokulturen mit geringer Artenvielfalt.

Bedingt durch den im Frühjahr verzögerten Blattaustrieb der vorherrschenden Baumarten können **Geophyten** eine zeitliche Nische ausfüllen. Einstrahlung und Wärme sind bereits ausreichend und ein geschlossenes Kronendach, welches ihre Aktivität begrenzen würde, ist noch nicht entwickelt. Insbesondere nährstoffreiche Wälder entwickeln in dieser Zeit ein explodierendes Blütenmeer. Der ökologische Hintergrund ist die **Spätfrostgefahr**. Spätfröste, also vereinzelt in Strahlungsnächten nach dem Ende des eigentlichen Winters auftretende Frostereignisse, gefährden die Laubbäume ganz besonders. Bei einem zu frühen Blattaustrieb riskieren sie, die gesamte Investition in Blattbiomasse innerhalb einer Nacht zu verlieren. Zwar besitzen einige Arten als Sicherheit die Möglichkeit sogenannter Johannistriebe (z. B. Eichen), doch würde sie einen erheblichen Konkurrenznachteil erleiden, wenn sie sich diesem Verlust häufiger aussetzen würden. Evolutiv selektiert wurden deshalb Individuen, die hier kein unnötiges Risiko eingehen. Somit öffnet sich für die bodenlebenden Arten, die dem Mesoklima weniger stark ausgesetzt sind und weniger in die Entwicklung großer Strukturen investiert haben, ein Fenster der Möglichkeiten. Sie müssen allerdings bereits im Vorjahr Reservestoffe einlagern, die eine schnelle Entwicklung gewährleisten. Die meisten dieser Arten sind Rhizom- und Zwiebelgeophyten, die über die Vegetationsperiode hinweg Ressourcen speichern, um diese Option zu haben (Abb. 9.34).

Bedingt durch ihre großflächige Erstreckung und ihre während der Sommermonate hohe Produktivität tragen die gemäßigten Laubwälder ganz wesentlich zum globalen Stoffhaushalt bei. Zwar sind ihre Fotosyntheseraten im Vergleich mit tropischen Ökosystemen deutlich geringer, doch sind durch die niedrigeren Temperaturen auch Abbauprozesse und Atmung weniger intensiv (Abb. 9.35).

In der **Tierwelt** spiegelt sich die Saisonalität des Klimas besonders augenfällig im Zugverhalten der Vögel wider. Einige Säugetiere, die keine weiten Strecken migrieren können, halten einen Winterschlaf, um wirtschaftlich mit ihren Ressourcen umzugehen. Amphibien verfallen in eine Winterstarre. Natürlicherweise kommen, im Vergleich mit der borealen und arktischen Zone, nur wenige Großtiere vor (Reh (*Capreolus capreolus*), Rothirsch (*Cervus elaphus*)). Die großen Raubtiere und Allesfresser, die in Nahrungskonkurrenz mit dem Menschen treten, wie der Wolf (*Canis lupus*) oder der Braunbär (*Ursus arctos*) wurden bereits vor Jahrhunderten großflächig ausgerottet. Heute dringen diese Arten entweder von Osten (Wolf) oder im Gebirge (Braunbär) allmählich wieder nach Mitteleuropa vor. Einige der vom Menschen verdrängten Arten konnten inzwischen wieder angesiedelt werden oder zeigen eine eigene Ausbreitungsdynamik aufgrund der reduzierten Verfolgung (Luchs (*Lynx lynx*), Fischotter (*Lutra lutra*), Biber (*Castor fiber*)).

Die stark isolierten Südbuchen-Wälder (*Nothofagus* spec.) der Südhalbkugel bieten monotypischen Amphibiengattungen (*Telmatobufo, Batrachyla, Hylorina, Calyptocephalella, Rhinoderma*) einen Lebensraum (Müller 1977). Endemische Vogelgattungen sind dort ebenfalls zu finden. Die Ursache dieser im Vergleich mit den großflächigen Wäldern der Nordhalbkugel auffallende Besonderheit ist sicherlich in der abgetrennten Entwicklung zu suchen.

9.9 Boreale Wälder der kaltgemäßigten Gebiete

Die ausschließlich nordhemisphärische kaltgemäßigte **boreale Zone** (Großlebensraum VIII) umfasst die größten geschlossenen Waldgebiete der Erde. Der Großlebensraum zieht sich als breiter geschlossener Gürtel zwischen 50. und 70. Breitengrad um die gesamte Nordhalbkugel (Abb. 9.36). Das gesamte Gebiet stellt sich, verglichen mit anderen Großlebensräumen als relativ homogen dar.

Die borealen Wälder schließen mit der polaren Waldgrenze und grenzen dann auf Meeresniveau an die arktische Tundra. Nach Süden steigt die Waldgrenze mehr oder minder kontinuierlich an, so dass zunehmend höhere Lagen besiedelt werden (Abb. 9.37). Schließlich stellt sich eine untere Grenze der borealen Wälder ein. Laubbäume treten hinzu und bilden eine untere Höhenstufe.

Abb. 9.36

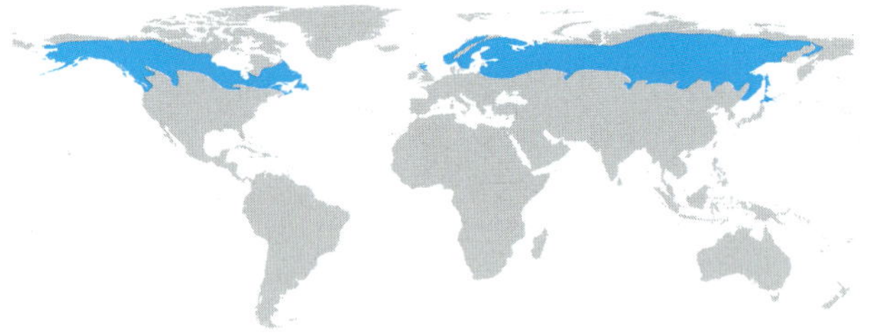

Das boreale Biom der Nordhalbkugel.

Abb. 9.37

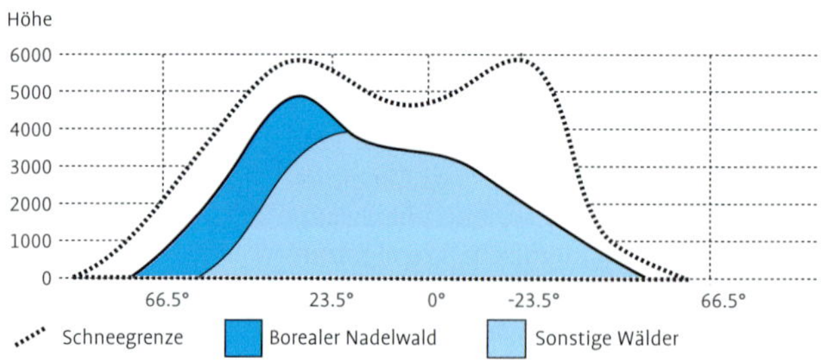

Die Verteilung des borealen Nadelwaldes konzentriert sich ausschließlich auf die Nord-Hemisphäre.

Abb. 9.38

Borealer Nadelwald im Banff National Park, Kanada.

Das **Klima** dieser Zone ist von langen Wintern geprägt. In kontinentalen Bereichen können sehr niedrige Temperaturen bis unter −60 °C erreicht werden. Die Sommer sind relativ kühl, allerdings bei einer bereits deutlich ausgedehnten Tageslänge. Aufgrund der großteils kontinentalen Lage fallen nicht sehr viele Niederschläge (ca. 500 mm), doch ist die Evapotranspiration gering. Ein erheblicher Teil fällt als Schnee.

Der zonal bedeutsame **Boden** ist der nährstoffarme Podsol. Die Zersetzung pflanzlicher Biomasse erfolgt aufgrund der geringen biotischen Aktivität sehr langsam. Unterhalb der biologisch aktiven Bodenhorizonte kann Dauerfrost (**Permafrost**) herrschen (s. Abb. 2.5), dessen oberflächennaher Auftaubereich die Durchwurzelbarkeit und die Verfügbarkeit von Nährstoffen begrenzt. Der behinderte vertikale Abfluss zum Grundwasser fördert dann die Entwicklung von Mooren, die sehr großflächig ausgebildet sind. Steigt der Grundwasserpegel bis in Oberflächennähe, wird Baumwuchs verhindert bzw. sterben Bäume ab. Die reduzierte Transpiration fördert als Rückkoppelung das Ansteigen des Wasserspiegels, Moose sowie Sauergräser bewirken beginnenden Mooraufbau. Abgestorbene organische Substanz wird aufgrund anoxischer Verhältnisse im Boden nicht mehr zersetzt und akkumuliert sedentär. In der südlichen borealen Zone trifft man aufgrund der relativen Trockenheit auf Waldhochmoore.

Die bedeutsamste **Landnutzung** ist der Holzeinschlag. Allerdings sind noch immer weite Bereiche der borealen Zone unberührt. Ackerbau (Kartoffeln, Roggen, Hafer, Sommergerste) ist nur sehr begrenzt möglich und dient lediglich der lokalen Subsistenz. Die Pelzjagd, zum Beispiel auf den eng mit dem heimischen Baummarder verwandten sibirischen Zobel (*Martes zibellina*), hat an Bedeutung verloren, war aber lange Zeit eine wichtige Einkommensquelle. In Skandinavien ist der Zobel bereits seit langem durch Nachstellung ausgerottet. Durch intensive Schutzbemühungen ist es gelungen, die sibirischen Bestände zu stabilisieren. Der größte Teil der Pelze wird heute kostengünstiger in Farmen produziert.

In der borealen Zone wird der überwiegende Teil der Vegetation von Nadelbäumen eingenommen (**Taiga**), welche in den zentralen Bereichen laubwerfend sind, da die dort extrem tiefen Wintertemperaturen ausdauernde Blätter schädigen würden. Ozeanisch getönte Regionen sind von Laubbäumen beherrscht. In Eurasien finden wir in Bezug auf zyklonale Niederschläge einen West-Ost-Gradienten von sommergrünen

Laubbäumen (*Betula* spec.) über immergrüne Nadelbäume (*Picea* spec., *Pinus* spec.) hin zu laubwerfenden Nadelbäumen (*Larix* spec.) im östlichen Sibirien. Die Wälder Kanadas (Abb. 9.38) sind etwas reicher an Nadelbaumgattungen (*Picea*, *Pinus*, *Thuja*, *Pseudotsuga*, *Abies*, *Larix*).

Insgesamt sind die Wälder aber relativ arm an höheren Pflanzen. Neben den Koniferen der Baumschicht sind einige laubwerfende Bäume und Sträucher in der unteren Baumschicht und Strauchschicht zu finden (*Betula* spec., *Sorbus* spec., *Lonicera* spec.). In der ausgeprägten Zwergstrauchschicht herrschen Heidekrautgewächse (*Ericaceae*) vor. Kryptogamen hingegen, also Moose und Flechten, sind reichhaltig zu finden. Sie profitieren als poikilohydre Arten von der kurzen Vegetationsperiode und von der eingeschränkten Konkurrenzkraft der höheren Pflanzen.

In der **Tierwelt** ist der Elch (*Alces alces*), als größter Vertreter der Hirsche (*Cervidae*) eine beeindruckende Erscheinung. Er ist circumpolar verbreitet und von Skandinavien über Sibirien bis Kanada anzutreffen. Allerdings werden mehrere Unterarten unterschieden. Auch der Rothirsch (*Cervus elaphus*) ist in der gesamten borealen Zone (und weiter nach Süden) verbreitet (Abb. 9.39). Darüber hinaus reichen einzelne Populationen bzw. Unterarten bis in den Mittleren Atlas, auf die Insel Korsika, in den Kaukasus, nach Afghanistan, in den Himalaya und in die südlichen Rocky Mountains. Bei ihm unterscheiden sich die Unterarten so deutlich, dass sich umgangssprachlich verschiedene Bezeichnungen etabliert haben (z. B. Elk, Wapiti, Maral, Hangul).

Ein Charaktervogel der Taiga ist der Seidenschwanz (*Bombycilla garrulus*), der bei Populationsschwankungen und Ressourcenknappheit in seinem Brutgebiet nach Süden abwandert und in Europa zum Invasionsvogel werden kann. In der Vergangenheit wurden solche Erscheinungen als schlechtes Omen angesehen. Ganz ähnlich verhält es sich mit dem Unglückshäher (*Perissoreus infaustus*), der daher seinen deutschen und wissenschaftlichen Namen hat (für die Samen ist er hingegen ein Glücksvogel). Er lebt in Nordskandinavien und Sibirien in den dichten Wäldern der Taiga. Der Tannenhäher (*Nucifraga caryocatactes*) wurde im Zusammenhang mit der Sibirischen Kiefer (*Pinus sibirica*) als Vektor bereits angesprochen. Er ist in borealen Wäldern Sibiriens häufig. Beide Arten, Tannenhäher und Unglückshäher werden in den nordamerikanischen borealen Wäldern durch nahe verwandte Schwesterarten vertreten (*Nucifraga columbina*, *Perissoreus canadensis*). Schließlich sei noch der Auerhahn (*Tetrao urogallus*) angesprochen, der zwar bis nach Mitteleuropa hinein vorkommt, aber eher für die borealen Wälder charakteristisch ist. Seine komplexen Lebensraumansprüche werden in Wäldern erfüllt, die verschiedene Sukzessions- und Zerfallsphasen vereinen. Gepflegte mitteleuropäische Forste sind daher kein geeignetes Habitat für diese Tierart.

Abb. 9.39

Rocky-Mountain-Wapiti (*Cervus elaphus nelsoni*) im Banff National Park, Kanada. Dies ist eine der nordamerikanischen Unterarten des Rothirschs. „Wapiti“ kommt aus der Sprache der Shawnee Indianer und bedeutet „Weißer Hintern“.

Aufgrund der natürlichen Einförmigkeit der teils monospezifisch aufgebauten Wälder liegt es nahe, dass in gewissen Abständen Gradationen von Schadinsekten auftreten. Man nimmt an, dass im atlantischen Bereich die nördliche Waldgrenze, die von einer Unterart der Moorbirke (*Betula pubescens* ssp. *czerepanovii*) gebildet wird, durch die Massenausbrüche der Birken-Moorwald-Herbstspanner (*Epirrita autumnata*) kontrolliert wird. Solche Ereignisse treten jedoch natürlicherweise nur im Abstand von mehreren Jahrzehnten auf. Im Jahr 2003 war eine solche Kalamität in Nordschweden zu beobachten. Ein sehr unangenehmer Aspekt der borealen Tierwelt sind die Stechmücken, die im Sommer zu einer großen Plage werden.

9.10 Polare und subpolare Zone

In der **polaren und subpolaren Zone** der arktischen und antarktischen Regionen fassen wir hier sowohl die Tundra als auch die polaren Kältewüsten zusammen (Großlebensraum IX). Bei einer eingehenderen Betrachtung sollte man aber die Unterschiede zwischen diesen Lebensräumen würdigen. Aufgrund der kontinentalen Lage und der großflächigen Eisbedeckung der Antarktis ist diese Zone schwerpunktmäßig auf der Nordhalbkugel entwickelt. Allerdings ist die Zone im Gegensatz zur borealen durchaus bipolar, wenn auch in der Antarktis und einigen vorgelagerten Inseln nur sehr geringe Flächen eingenommen werden. Im Norden schließt sie sich polwärts an die borealen Wälder an (Abb. 9.40).

Abb. 9.40

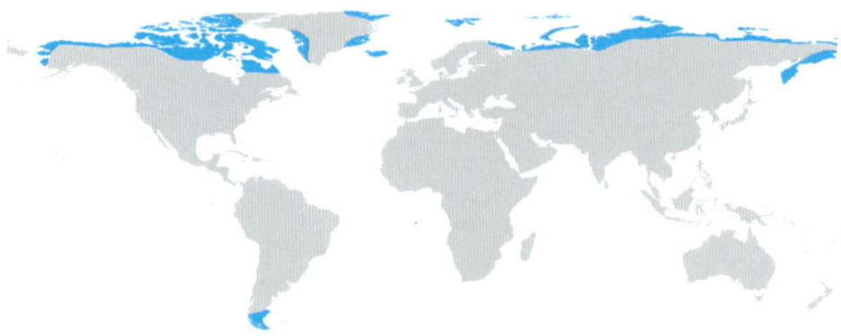

Die polare und subpolare Zone (nach NENTWIG et al. 2004).

Abb. 9.41

Tundra mit Pingos in der Nähe von Abisko, Nordschweden.

Das **Klima** dieser Zone hat nur eine sehr kurze frostfreie Periode, während der allerdings beinahe ganztags die Sonne scheint. Wir haben hier also nicht nur ein thermisches oder hygrisches, sondern zusätzlich ein solares Jahreszeitenklima (SCHULTZ 2002). Die Vegetationszeit umfasst ein bis drei Monate mit Monatsmittelwerten über 5 °C. Nach KÖPPEN liegt die Mitteltemperatur des wärmsten Monats unter 10 °C. Doch die Jahresmittel innerhalb der Zone weichen erheblich voneinander ab (z. B. −12,2 °C in Point Barrow, Alaska, −28,1 °C auf dem grönländischen Eis – jeweils in der gleichen geographischen Breite bei 71°). Da die Evapotranspiration gering ist, fällt es weniger ins Gewicht, dass die Niederschlagsmenge gering ist. Mit etwa 250 mm sind die Niederschläge im globalen Vergleich sehr gering und können bei den polaren Wüsten sogar unter 50 mm sinken, im atlantisch getönten Klima Nordnorwegens aber mehr als 1.000 mm erreichen. Entscheidend ist nicht die Niederschlagsmenge, sondern die ökologische Verfügbarkeit des Wassers bzw. die biologische Aktivität. Die Böden bleiben über die gesamte Vegetationszeit hinweg feucht. Auch die Luftfeuchte ist generell recht hoch. Der Schnee wirkt einerseits als Abdeckung und verhindert Fotosynthese, bietet andererseits aber eine isolierende Wirkung bei tiefen Frösten.

Von ganz entscheidender Bedeutung für die **Bodenbildung und Reliefentwicklung** sind frostdynamische Prozesse. Zunächst bewirkt in Gesteinsspalten eindringendes Eis Frostsprengung und physikalische Verwitterung. Im Boden bilden sich Eiskeile (die manchmal fossil in mitteleuropäischen Böden erhalten und verfüllt sind und die Bedeutung der pleistozänen periglazialen Dynamik anzeigen). Sie werden durch die Kontraktion des Bodenkörpers bei tiefen Temperaturen initiiert. An der Oberfläche bildet sich eine polygone Struktur heraus. Weitere Prozesse können zur Entwicklung von Frostmusterböden beitragen. **Kryoturbationsprozesse** führen zur Herausbildung eines Mikroreliefs mit unterschiedlicher Aperzeit und damit kleinräumig differenzierten Lebensräumen. Die Antwort der Lebensgemeinschaft ist direkt in einem kleinräumigen Vegetationsmosaik zu erkennen (s. Abb. 8.11). Daneben sind weitere kryogene Strukturen typisch für die Tundra. Die durch das allmähliche Bilden eines Eiskerns geformten Hügelstrukturen der Pingos können Höhen von 100 m erreichen (Abb. 9.41). Der Permafrost verhindert ein Versickern des Bodenwassers, was die Genese gleyartiger Böden fördert (Gleysols). An vielen Orten sind aber lediglich Rohböden entwickelt. Geht der Permafrost durch eine klimatische Erwärmung zurück, hat dies direkte Auswirkungen auf die Vegetation (Eberle & Thannheiser 1995).

Eine **Landnutzung** findet nur sehr eingeschränkt statt. Siedlungen sind sehr spärlich und auf Küstenregionen konzentriert. Die geringe Siedlungsdynamik unterstützte den Erhalt indigener Ethnien (Inuit, Samen, Tschuktschen) mit ihren traditionellen Lebensweisen. Sie leben vom Fischfang und von der Jagd. Die Samen Skandinaviens haben sich auf die Haltung von teildomestizierten Rentierherden spezialisiert.

Die Ökosysteme der arktischen **Tundra** sind baumfrei. Ihre Vegetation wird von Zwergsträuchern und Kryptogamen bestimmt. Die **Zwergsträucher** (Chamaephyten) haben den Vorteil, im Winter durch die Schneedecke geschützt und damit den scharfen Frösten nicht ausgeliefert zu sein. Gleichzeitig haben Sie aber beim Abtauen des Schnees bereits Vegetationsstrukturen ausgebildet, die Konkurrenzvorteile versprechen. Die meisten Vertreter dieser Wuchsform gehören zur Familien der Heidekrautgewächse (*Ericaceae*) (s. Abb. 4.1). Zu nennen sind die Gattungen Krähenbeere (*Empetrum*), Bärentraube (*Arctostaphylos*), Glockenheide (*Cassiope*), Gämsheide (*Loiseleuria*). Daneben treffen wir auf den arktisch-alpin disjunkten Silberwurz (*Dryas octopetala, Rosaceae*), der den nacheiszeitlichen Kältephasen Mitteleuropas ihren Namen gab. Auch kommen **Hemikryptophyten** und **Geophyten** vor, die ihre Metabolite in Wurzeln oder Knollen speichern und im Winter den Vegetationspunkt an die Erdoberfläche oder darunter verlagern. Aufgrund der kurzen Vegetationszeit verlegen viele Arten die Entwicklung selbst einzelner Blüten auf mehrere Jahre (z. B. Gletscherhahnenfuß, *Ranunculus glacialis*, s. Abb. 5.3).

Die hohe Frostdynamik bewirkt ständige Störungen an der Bodenoberfläche, die langlebige höhere Pflanzen nicht tolerieren. Außerdem finden sich Mikrostandorte, die weniger als 1 Monat schneefrei sind. Windexponierte Stellen sind oft frei von höheren Pflanzen. Dies sind Standorte, an welchen die Moos- und Flechtenflora reichhaltig vertreten ist.

In der **Fauna** sind zunächst die großen Herden von Rentieren (*Rangifer tarandus*) bemerkenswert, die circumpolar verbreitet sind und in Nordamerika *Caribou* genannt werden. Als weitere herbivore Arten sind die sich hauptsächlich von Weidengebüschen ernährenden Moschusochsen (*Ovibos moschatus*) zu nennen. Beide Arten kamen während der Eiszeiten des Pleistozän in den damaligen mitteleuropäischen Tundren vor. Einige Kleintiere wie das Schneehuhn (*Lagopus muta*) zeichnen sich durch auffallende saisonale Farbwechsel aus.

Abb. 9.42

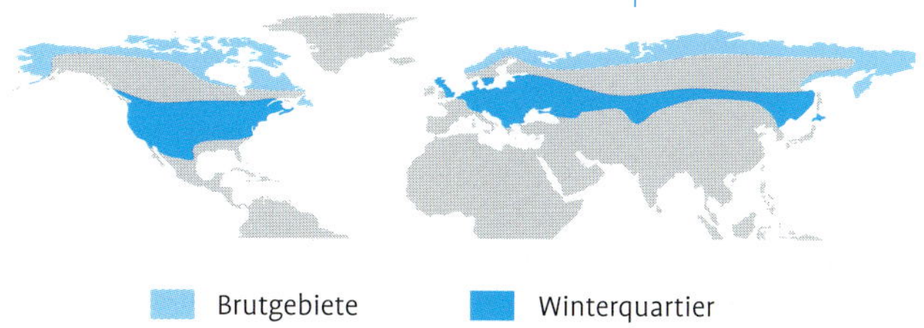

Verbreitung des Raufußbussards (*Buteo lagopus*) mit arktischen Brutgebieten und gemäßigten Winterquartieren.

Abb. 9.43

Circumpolar arktische Verbreitung des Eis- bzw. Polarbären (*Ursus maritimus*) mit vereinzelten vorgelagerten Nachweisen (nach Sedlag & Weinert 1987).

Diese dienen der Tarnung vor Prädatoren wie dem Raufussbussard (*Buteo lagopus*) (Abb. 9.42) oder Polarfüchsen (*Alopex lagopus*), die sich ansonsten vorwiegend von Lemmingen (*Lemmus* spec.) und Mäusen ernähren. Während des schneereichen Winters sind sie weiß gefärbt, im Sommer graubraun. Der Schneehase (*Lepus timidus*) zeigt in der Arktis im Gegensatz zu seiner alpinen Unterart (*Lepus timidus varronis*) oft sehr lange bis ganzjährig ein helles Fell. Unter den bodenlebenden Raubtieren soll noch der Vielfraß bzw. Järv (*Gulo gulo*) genannt werden, ein Großmarder, der in den polaren und borealen Lebensräumen Skandinaviens, Sibiriens und Kanadas beheimatet ist.

Einige Tierarten haben ihre Lebensabläufe zu einem großen Teil auf das arktische Packeis verlegt, wie der Eisbär (*Ursus maritimus*). Besonders im Winter wandern einige Tiere, beispielsweise in der Hudsonbai, weit nach Süden (Abb. 9.43).

9.11 Gebirgslebensräume

Die Besonderheit von **Hochgebirgen** (Großlebensraum X) zeigt sich bei einem Vergleich ihrer botanischen Biodiversität mit der arktischen Flora, welche ähnlich extreme Klimaverhältnisse besitzt und einige Arten mit den nordhemisphärischen Gebirgen teilt (Abb. 9.44). Arktische Gebiete nehmen etwa 5 % der terrestrischen Erdoberfläche ein, besitzen aber mit 1.500 Pflanzenarten gerade 0,5 % der globalen Flora. Die Dunkelziffer noch unentdeckter Arten ist gering. Die alpine Flora der Hochgebirge besitzt hingegen auf weniger als 3 % der terrestrischen Erdoberfläche mehr als 10.000 Pflanzenarten und damit etwa 3,7 % der globalen Flora, bei einer hohen Dunkelziffer aufgrund des gerade in Gebirgen zu beachtenden Endemismus (Körner 2003, Burga et al. 2004).

Abb. 9.44

Die Hochgebirgsregionen der Erde.

Hochgebirge sind weltweit verbreitet und zum großen Teil als Kettengebirge durch Kollision kontinentaler Erdkrusten (Alpen, Himalaya, Kaukasus, Atlas, Appalchen, Ural) oder durch Subduktion und damit verbundene Vulkanaktivität entstanden (Anden, Kaskadengebirge, Japan). Einzelne vulkanische Hot Spots bewirkten die Bildung von isolierten Berggebieten, wie bei der Inselkette von Hawaii (Mauna Kea). Auch das Auseinanderdriften von Platten kann Vulkanismus auslösen und zur Gebirgsbildung führen. Die ostafrikanischen Hochgebirge sind im Zusammenhang mit der Entwicklung eines Grabenbruchs (Rift Valley) zu sehen. In Mitteleuropa sind die Vogesen und der Schwarzwald, wenn auch nicht wirkliche Hochgebirge, so doch ein regionales Beispiel für die Reliefdynamik eines Grabenbruchs.

Die spezifische **Genese** der Gebirge bedingt ihre heterogene petrographische Beschaffenheit. Innerhalb der Gebirge treffen wir auf sehr unterschiedliche Gesteine. Die Alpen zeigen beispielsweise im Norden wie im Süden karbonatische Gesteine (Kalk, Dolomit) und im Zentrum Metamorphite und Granit. Die Ursache dieser Verteilung ist die im Rahmen ihrer Entstehung erfolgte Deckenüberschiebung, verbunden mit Ausgleichsbewegungen in der oberen Kruste, die mit dem Aufdringen von sich langsam abkühlenden Magmatiten verbunden waren. Die Karbonatgesteine sind Teile der übergeschobenen Decke, die Granite stehen für aufgedrungene Magma. Solche Muster haben Wirkung auf die Verteilung von Arten, da sie **Bodenbildung**, Nährstoffverfügbarkeit und Bodenleben vorgeben. Insgesamt sind in den Gebirgen zumeist eher junge Böden zu finden. Eine Ausnahme bilden Senken der Hochlagen mit geringer Reliefdynamik.

Auch ist die geographische Anordnung von Gebirgen biogeographisch relevant. Die Organisation von Gebirgsketten bewirkt ein natürliches Biotopverbundsystem, welches sich, wie am Beispiel der Anden und Rocky

Mountains zu sehen ist, über verschiedene zonale Großlebensräume hinweg erstrecken kann. Die isolierte Bildung von Hochgebirgen fördert über Einwanderung und adaptive Radiation die Bildung endemischer Arten. Die biogeographischen Zusammenhänge zwischen Gebirgen und den polaren Zonen im Rahmen von Arealdisjunktionen wurden bereits angesprochen. Auf die Rolle der während der Vergletscherung eisfreien **Nunatakker** für den Endemismus in den Randalpen sei nochmals verwiesen. Ähnliche Prozesse sind in anderen Gebirgsstöcken der höheren Breiten genauso relevant.

Hochgebirge sind auf unterschiedliche Weise definiert worden. Neben dem Kriterium der Ausbildung einer **oberen Waldgrenze** (das in Trockengebieten ohne Waldformationen nicht zur Anwendung gelangen kann und in der Arktis schon bei gering aufsteigendem Hügelland erreicht wird), ist das Kriterium des Durchstoßens mindestens einer Vegetationszone genannt worden. Man könnte abstrakter formulieren, dass **Formationswechsel** erfolgen sollten. Diese können sich am oberen Rand einer geschlossenen Waldstufe abspielen und Folge von klimatischem Stress durch Wind, Frost und niedrige Temperaturen – und damit zeitlich begrenzter Vegetationsperiode – sein oder bedingt durch einen Mangel an geeignetem Substrat herausgebildet werden (wenn Felsflächen anstehen). In tropischen Gebirgen kann die Waldgrenze bis über 4.000 m ü. NN hinaufreichen (Miehe & Miehe 1996). Waldgrenzen können ebenso eine untere Grenze des Waldes bilden und sind dann zumeist auf Trockenheit, mitunter auch auf Kaltluftsenken zurückzuführen (s. Abb. 2.12).

In kontinentalen Räumen fällt die asymmetrische Höhenstufung der Gebirge besonders auf. Mitunter sind Wälder nur in einer Exposition ausgebildet und formen keine durchgehenden Höhenstufen (Mongolei, kontinentale Rocky Mountains). Auf der Nordhalbkugel kann man erwarten, dass die Waldgrenze auf südexponierten Hängen aufgrund des höheren Energie- und Wärmeeintrages höher liegt. Dennoch kann es in schneereichen Lagen zu einer Umkehr dieser Verhältnisse kommen, wenn die auf der Nordseite mächtigere und länger liegen bleibende Schneedecke eine geringere Spätfrostgefahr für juvenile Gehölze mit sich bringt.

Abb. 9.45

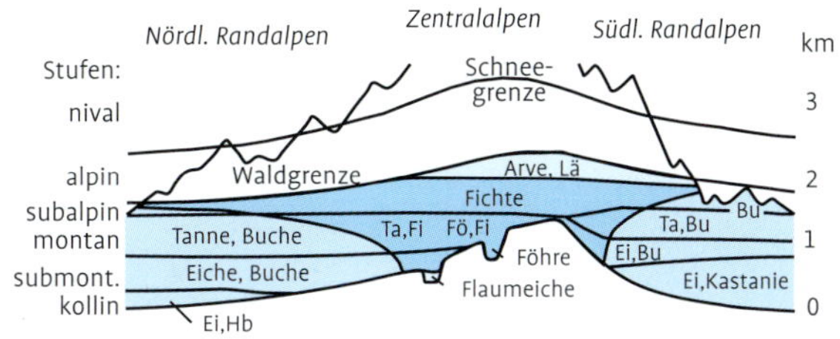

Vegetationsprofil durch die Alpen von Nord nach Süd (nach Müller-Hohenstein 1981).

Abb. 9.46

Glaziale Überprägung des Reliefs in der nivalen und subnivalen Stufe. Taschach-Ferner, Tirol, Österreich.

Die für Gebirge charakteristische Höhenstufung kann selbst innerhalb eines Gebirgsraumes divergieren, wie an einem Nord-Süd-Profil durch die Alpen zu sehen ist (Abb. 9.45). Zunächst macht sich ein zonaler Gradient bemerkbar, der dazu führt, dass die Waldgrenze im Süden höher liegt als im Norden. Zusätzlich wirken sich submediterrane Ausstrahlungen auf die Vegetationsbilder der Südalpen aus (*Quercus pubescens*-Stufe, *Castanea*-Stufe). Durch Masseneffekte kommt es im Zentrum eines Gebirgsstockes zu einer verstärkten Kontinentalität, verbunden mit erhöhter sommerlicher Einstrahlung, was das Ansteigen der

Abb. 9.47

Abnahme der Artenzahl mit der Höhenlage in Gebirgen verschiedener zonaler Klimate.

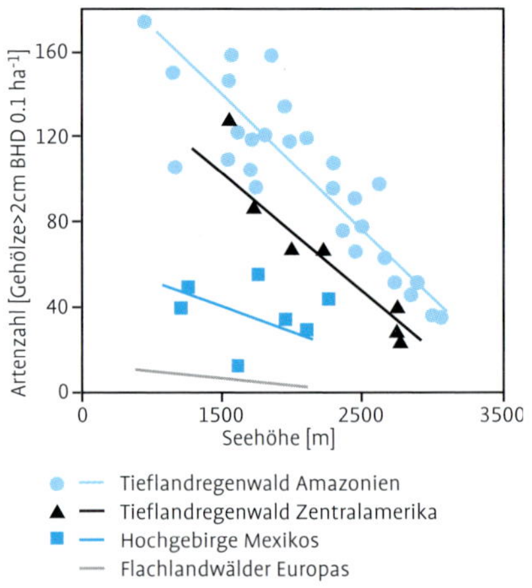

Höhenstufen im Vergleich mit den Gebirgsrändern bewirkt. Wir sehen hier, dass verschiedene Skalen der klimatischen Einflussgrößen zusätzlich zu lokalen Expositionseffekten wirksam werden.

Strukturvielfalt und das **enge Nebeneinander verschiedener Höhenstufen** sind maßgeblich für die hohe Biodiversität der Gebirge verantwortlich (u. a. LÖFFLER et al. 2006). Ein zusätzlicher und sehr wichtiger Faktor ist die **Störungsdynamik**. Nur selten sind wirklich eindeutige und klare Höhenstufen ausgebildet. Aufgrund der hohen Reliefdynamik schaffen fluviatile Erosion, Lawinen und Murenabgänge vertikale Strukturen unterschiedlichen Alters und mit abweichender Substratbeschaffenheit (s. Abb. 2.1). Zusätzlich führen Gletscher (Abb. 9.46) zu einer Verzahnung der nivalen und alpinen Lebensräume. Gebirge sind also nicht als statische Gebilde zu verstehen, sondern verdanken ihre spezifischen Eigenschaften besonders ihrer Dynamik.

Mit der Höhenlage ist tendenziell eine Abnahme der Artenvielfalt verbunden. Nur wenige spezialisierte Arten können die extremen Standortverhältnisse auf mit der Höhe immer flachgründiger werdendem Substrat und kürzer werdender Vegetationsperiode tolerieren. Hinzu kommen die Einwirkungen starker Winde und eine lange andauernde Schneedecke. Allerdings ist dieser Trend global zu beobachten (Abb. 9.47). Die mit der Höhe zunehmende Habitatisolation kann ebenfalls eine Einflussgröße der abnehmenden Artenvielfalt sein. Weitere limitierend wirkende Faktoren sind die mit der Höhe zunehmende UV-Strahlung und der abnehmende CO_2-Partialdruck. Andererseits müssen wir bedenken, dass viele Hochgebirgsarten gerade an diesen Lebensraum angepasst sind und in tieferen Lagen unter weniger „extremen“ Bedingungen nicht existieren könnten (KÖRNER 2003).

Die **Nutzung** der Hochgebirge ist insbesondere im Jahreszeitenklima der mittleren Breiten durch Transhumanz bestimmt. Die saisonale Almwirtschaft ermöglicht die Nutzung der alpinen Matten während des Sommers, erfordert aber die Verlagerung von Lebensort und Infrastruktur sowie die Konservierung der landwirtschaftlichen Produkte (z. B. als Käse). Bei einer Überbeanspruchung der Vegetation sind die negativen Auswirkungen in Hochgebirgen besonders gravierend (SCHICKHOFF 2000).

9.12 Das azonale Anthropobiom

Die Lebensräume der Erde in der heutigen Zeit alleine aufgrund der natürlichen Grundlagen zu behandeln, wäre mehr als naiv. Der Mensch hat die terrestrischen Lebensräume im letzten Jahrhundert grundlegend umgestaltet und eigenen Gesetzmäßigkeiten unterworfen. Diese können in einem Überblick lediglich bewusst gemacht, aber keinesfalls ausreichend besprochen werden. **Agroökosysteme** und **Urbane Ökosysteme** sind inzwischen eigene Forschungsfelder. Sie werden hier zusammengefasst, weil sie nicht durch natürliche ökologische Mechanismen kontrolliert werden, doch unterscheiden sie sich substanziell bezüglich ihrer Flächenbedeutsamkeit und der Intensität menschlicher Einflussnahme. Sie überlagern bzw. verzahnen sich engräumig mit den Großlebensräumen. Die Ökologie und die Biogeographie blendeten diese Lebensräume mit wenigen Ausnahmen (MÜLLER 1977) lange aus. Der Auslöser, sich intensiver mit den menschlich gestalteten Lebensräumen zu befassen, ist das Anwachsen von Problemen bei gleichzeitig nicht ausreichendem Wissen.

Landwirtschaftliche Aktivitäten sind eine unabdingbare Grundlage der menschlichen Existenz. In alten Kulturlandschaften haben sie vielfach zur Entwicklung der heutigen Biodiversität beigetragen (Abb. 9.48). Sowohl die quantitative als auch die qualitative Entwicklung der landwirtschaftlicher Aktivitäten bedingt aber heutzutage, dass Landschaftsräume weltweit rapide an Biotopen verarmen und wir gesamte Ökosysteme verlieren. Die wachsende Vereinheitlichung von Nutzungstechniken beschleunigt die Uniformierung ganzer Regionen. **Landnutzungsänderungen** werden als der derzeit wichtigste Faktor für globale Biodiversitätsverluste angesehen (Sala et al. 2000). Die Landwirtschaft ist für Klimaveränderungen und Stickstofffreisetzung in die Atmosphäre und ins Grundwasser mit verantwortlich, was immense gesellschaftlich zu tragende Kosten verursacht. Auch die urbanen, industriellen und den Verkehr betreffenden Aktivitäten tragen zu den Umweltbelastungen erheblich bei (s. Abb. 9.48).

Die Degradierung von subtropischen und ariden Ökosystemen, verbunden mit Vegetationsverlust und Deflation, führt über Staubstürme zum Export großer Stoffmengen, die in den Ozean gelangen und dort ökosystemare Effekte (Düngung) auslösen. Beispielsweise kann die Planktonproduktivität im Ozean angeregt und damit Kohlenstoff in Meeressedimenten festgelegt werden (Nentwig et al. 2004).

Wenn argumentiert wird, dass die Landnutzung in Europa maßgeblich für die Entwicklung der heutigen Biodiversität verantwortlich ist, dann stimmt dies zwar, doch muss man sich vor Augen halten, dass die Landnutzungsgeschichte hier über Jahrhunderte die Etablierung und Anpassung von Arten erlaubte. Probleme mit den aktuellen Landnutzungsveränderungen in den Tropen und Subtropen ergeben sich durch deren Geschwindigkeit und flächige Erstreckung. Derartig gravierende Veränderungen in so kurzer Zeit sind in der Geschichte Europas nicht bekannt. Doch es sind nicht nur die von den menschlichen Nutzungsformen ausgelösten Probleme. Es sind auch – und dies ist vielleicht weniger nahe liegend – Probleme innerhalb der Systeme (Städte, Landwirtschaft), die für eine Lösung ökologische und biogeographische Ansätze erfordern.

Abb. 9.48

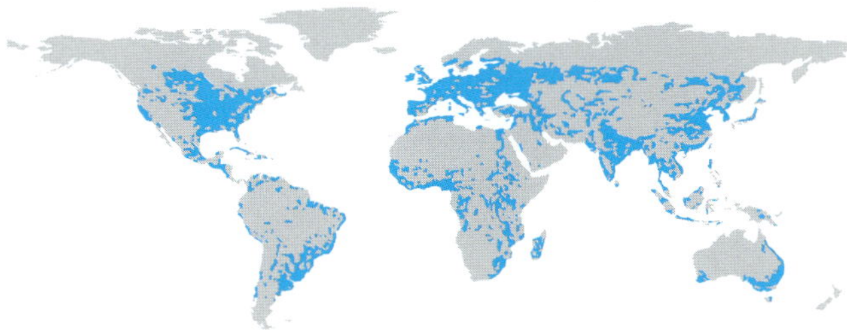

Globale Verteilung der landwirtschaftlichen Landnutzung (nach Schultz 2002).

Abb. 9.49

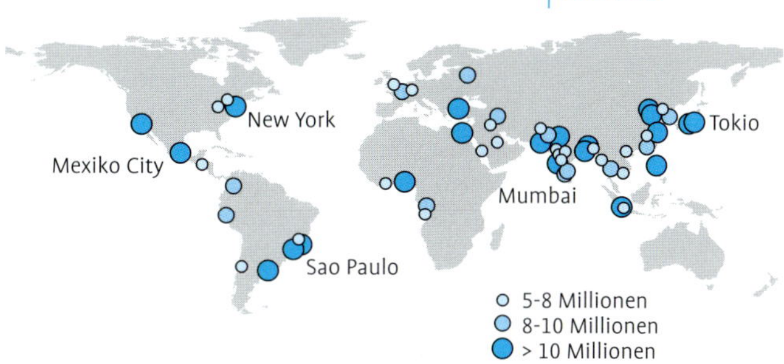

Megacities und Agglomerationen.

Zu Beginn des 21. Jahrhunderts lebten bereits etwa 45 % der Weltbevölkerung in Städten mit der Tendenz zu weiterer Umverteilung. Insbesondere die **Megacities** (Abb. 9.49) wachsen rapide. Auffallend viele von diesen liegen direkt am Meer oder in Küstennähe an Flussmündungen (z. B. Sao Paulo, Shanghai, Manila, Djakarta, Mumbai, New York, London, Tokio). Dies ist insofern biogeographisch relevant, als es sich dabei um besonders artenreiche und empfindliche natürliche Lebensräume handelt. Die Entwicklung der Agglomerationen und vor allem die damit verbundenen Beanspruchungen und Belastungen bedrohen damit die besonders artenreichen Küstenökosysteme der Ozeane (Lundin & Lindén 1993). Teils wird die Entwicklung durch landesplanerische Maßnahmen kontrolliert wie in Deutschland, teils ist die Entwicklung schlicht unkontrollierbar, wie in afrikanischen, südamerikanischen oder vielen asiatischen Agglomerationen. Und selbst in den USA fallen dem „Urban Sprawl“ große Flächen anheim, weil das hoch stehende

Recht des privaten Landeigentümers, selbst zu entscheiden, was auf der Fläche entsteht, kaum hinterfragt werden kann.

Urbane Lebensräume sind ein Mosaik aus vollkommen künstlichen (bebaute Flächen), halbnatürlichen (Industriebrachen) bis naturnahen Lebensräumen (große Parks und Grüngürtel). Selbst die dicht bevölkerte Stadt Singapur hat einen bemerkenswerten Anteil an Vegetation aufzuweisen. Allerdings weichen die städtischen Umweltbedingungen bezüglich der Nährstoffe, Temperaturen und Trockenheit deutlich von den Verhältnissen des Umlandes ab (Wittig 1998). Städte sind gekennzeichnet durch eine hohe Dynamik und intensives Störungsregime. Zusätzlich vereinen größere Siedlungen eine Vielzahl effizienter menschlicher Vektoren (Straßen, Eisenbahnlinien, Kanäle, Flughäfen), weshalb sie die Eintrittspforte für **Neobiota** sind. Dies wird zusätzlich durch die vielen Hausgärten mit Zierpflanzen gefördert, die nicht alle dort bleiben, wo man sie gerne hätte. Haustiere entkommen und tragen eine Weile zur Erhöhung der Artenvielfalt bei. Nimmt man daher die gesamte Artenzahl einer Stadt, beispielsweise der Pflanzen, dann ist es wahrscheinlich, dass diese über der Zahl des Umlandes liegt. Nur sind viele dieser Arten aber nicht heimisch und sogar potenziell invasiv.

Zunächst ist mit den wuchernden Städten ein Verlust von Habitaten und Biotopen verbunden. Noch naturnahe Lebensräume werden fragmentiert. Die menschlichen Störungen nehmen zu. Die Flächenversiegelung belässt selbst für ruderale Arten nur wenig Platz. Einigen Arten gelingt dennoch die „Sozialisation" mit den neuartigen Bedingungen in direkter Nähe zum Menschen. Die Amsel (*Turdus merula*), vor einigen Jahrzehnten noch ein scheuer Waldvogel, ist inzwischen in den Siedlungen Mitteleuropas allgegenwärtig. War sie früher ein obligatorischer Zugvogel, so hat sie sich zum Teilzieher entwickelt und nicht wenige Individuen bleiben aufgrund der guten Versorgung mit Vogelfutter und Abfällen in Verbindung mit dem günstigeren Stadtklima und den milden Wintern gleich den gesamten Winter bei uns.

Haus- bzw. Straßentauben (*Columba livia*) sind in manchen Städten eine Plage. Sie verursachen mit ihrem Kot gesundheitliche und technische Probleme. Sie haben sich perfekt in das vom Menschen geschaffene Habitat eingenischt (Rose et al. 2005), nutzen die dort bereitgestellten Ressourcen sowie den Schutz vor Prädatoren und zeigen keinerlei Scheu. Es fällt schwer sich vorzustellen, dass es sich um domestizierte Formen der im Mittelmeerraum beheimateten Felsentaube handelt, die dort an Felsklippen brütet.

Wildschweine (*Sus scrofa*) und Rotfüchse (*Vulpes vulpes*) sind in mitteleuropäischen Städten keine seltenen Tiere mehr. Sie haben sich im urbanen Raum etabliert und in ihren Verhaltensweisen in die menschlichen Aktivitäten so eingenischt, dass dieser kaum davon Notiz bekommt. Im Stadtgebiet von Berlin wird der Bestand auf 4.000 Wildschweine geschätzt. Im Mai 2003 mussten zwei Wildschweine erschossen werden, die sich auf den Alexanderplatz verirrt hatten. Füchse ernähren sich in urbanen Systemen vorwiegend von Ratten und Kaninchen und dienen so indirekt menschlichen Interessen. Allerdings verschmähen sie potenzielle Beutetiere nicht, an welchen der Mensch Interesse hegt. Dem Basler Zoo gingen zahlreiche Flamingos durch Füchse verloren, bis man das Gelände Fuchs-sicher gemacht hatte.

Einige Arten haben sich bereits vor längerer Zeit in Siedlungen eingeschlichen, ohne in direkten Kontakt mit dem Menschen zu kommen. Das Große Mausohr (*Myotis myotis*), eine Fledermausart, jagt zwar in naturnahen Buchenwäldern, die individuenstarken Wochenstuben der Weibchen werden jedoch mit Vorliebe in großen Dachstühlen (Kirchen, Schlösser) eingerichtet. Da dort keine expliziten Nutzungsinteressen bestehen, lässt man die Tiere gewähren und die meisten Dorfbewohner werden kaum etwas von dem Gewimmel der nachtaktiven Tiere über ihren Köpfen erfahren. Der Mauersegler (*Apus apus*) ist in seinem natürlichen Lebensraum auf Felshänge angewiesen. In menschlichen Siedlungen profitiert er von steilen Gebäudewänden. Zwar ist es unwahr, dass Mauersegler, die zu Boden gefallen sind, nicht mehr vom Boden weg kommen. Doch deutet der Name an (apous = ohne Beine), dass sich die Art sehr viel leichter tut, wenn sie sich von einer steilen Felsfläche fallen lassen kann.

Sind Siedlungen in natürliche Lebensräume eingebunden, wie dies in Kanada der Fall ist, dann kann ihr Nahrungsgebot für Großtiere anlockend wirken. Eisbären (*Ursus maritimus*) und Grizzlys (*Ursus arctos horribilis*) werden regelmäßig von Mülltonnen angelockt und bei Zufallsbegegnungen zur Gefahr für die Einwohner.

Das Problem der großen Agglomerationen in Entwicklungsländern ist ihre nicht voll funktionsfähige Infrastruktur. Müllberge sind unkontrollierbare Habitate für unerwünschte Arten, die potenzielle Vektoren von Krankheiten sein können. Die meisten Großstädte in Asien und Afrika verfügen nicht über Kläranlagen. Die stofflichen Belastungen der Flüsse sind immens. Der traditionellen Vorliebe für möglichst lokalen Fisch tut das keinen Abbruch. Die Bedeutung der Nahrungskette, beispielsweise für die Anreicherung von Schwermetallen, ist zu komplex, um direkt spürbar zu sein. Und schließlich ist noch der Ressourcenbedarf von Städten herauszustellen. Er muss zum großen Teil aus dem Umland bereitgestellt werden, so dass dort die Nachfrage nach natürlichen Ressourcen (Fisch, Holzkohle, Früchte etc.) steigt und die Lebensgemeinschaften über eine nachhaltige Nutzung hinaus beansprucht werden.

Über die Vektoren der Transportwege können Arten Kontinente überbrücken und sich in Städten in einer für sie eigentlich ungeeigneten Klimazone etablieren. Mit Schiffen eingeschleppte Termiten konnten sich in Heizungssystemen Hamburgs festsetzen (Müller 1977). Einige Geckoarten (*Gekkonidae*) sind von Afrika inzwischen in die verschiedensten Städte Südamerikas und Indiens eingeschleppt und dort als Kulturfolger in die Häuser der Menschen mit eingezogen.

Wie im Kinderlied *„da oben leuchten die Sterne, hier unten ...“* hat der Mensch mit Hilfe der elektrischen Leuchtmittel, und zunächst nicht im mindesten als kritisch empfunden, seine nächtliche Umwelt in den Siedlungen ganz erheblich verändert (Abb. 9.50). Die evolutiv fixierten Verhaltensmuster nachtaktiver Insekten bewirken, dass viele Leuchtquellen geradezu als Falle wirken. Künstliche Lichter locken beispielsweise Nachtfalter an und irritieren diese solange, bis ihre Kräfte erschöpft sind (oder sie sich an der Hitze der Lampe verletzen). Unter jeder Straßenlaterne findet man im Sommer tote Nachtfalter. Das ist besonders für seltene Arten, die nur eine kurze Aktivitätszeit haben, ein Problem. Der Effekt ist in den Tropen und Subtropen aufgrund der höheren Artenvielfalt noch stärker als in Mitteleuropa. Städte haben auf diese Weise einen Sogeffekt auf das Umland und tragen sehr schleichend zum Biodiversitätsverlust bei. Weniger problematisch, weil nur auf kurze Distanzen wirkend, ist die Beeinflussung des pflanzlichen Wachstums in der direkten Nähe künstlicher Lichtquellen.

Abb. 9.50

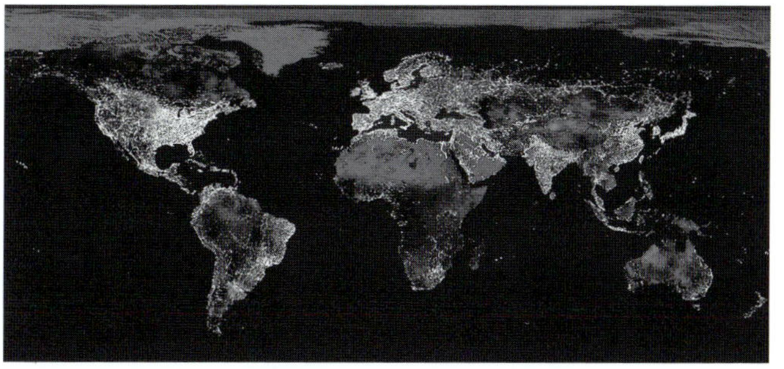

„Lichtverschmutzung“.

9.13 Die Ozeane

Das Leben der Ozeane ist ein spannendes und ungelöstes Rätsel der Biologie und der Geographie (s. a. Schätzing 2006). Die marine Artenvielfalt kann nur grob geschätzt werden (Grassle 1991, Poore & Wilson 1993, Sommer 1998). Ständig werden neue Arten beschrieben. Teils werden auch in der jüngeren Vergangenheit in marinen Systemen sogar völlig neue Phyla entdeckt, wie die *Cycliophora* (Funch & Kristensen 1995). Das mikroskopisch kleine, nach seiner symbiotischen Lebensweise benannte Tier *Symbion pandoras* (lebt im Mundbereich von Hummern) wurde zunächst auf Norwegischen Hummern (*Nephrops norvegicus*) beschrieben. Inzwischen wurden andere *Symbium*-Arten auch bei Europäischen und Amerikanischen Hummern (*Symbion americanus* auf *Homarus americanus*) und

Abb. 9.51

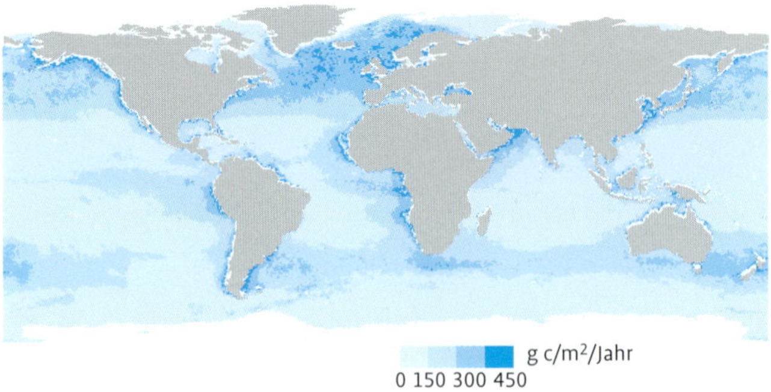

Globale Verteilung der jährlichen marinen Primärproduktion in g C/m² Jahr (http://marine.rutgers.edu/opp/Production/Production1.html).

(*Symbium* spec. auf *Homarus gammarus*) nachgewiesen.

Selbst Walarten, wie der erst im November 2003 entdeckte Furchenwal *Balaenoptera omurai*, sind immer wieder neu für die Wissenschaft. Auch in Lebensräumen, in welchen man nur eine geringe Artenvielfalt vermutete, wie unter dem Schelfeis der Antarktis, finden sich entwickelte Ökosysteme, die lediglich in der Geschwindigkeit ihrer Lebensabläufe reduziert sind. Natürlich ist aber die Tiefsee das große Fragezeichen, da sie sich dem menschlichen Zugang weitestgehend entzieht. Nur punktuell können mit hohem Aufwand Tauchexpeditionen und Roboter in Tiefen von mehreren tausend Metern vordringen, so dass der Zauber der Geschichten eines Jules Verne bis heute seine mythische Kraft behalten hat. Bemerkenswert ist die Biodiversität des Meeres auf höherem taxonomischen Niveau. Von 35 Tierstämmen kommen 14 nur marinen Lebensraum vor, während sie in limnischen Habitaten fehlen. Andererseits fehlt bis auf die Küstenregionen, die große Gruppe der Insekten, die die Vielfalt der terrestrischen und limnischen Lebensräume bestimmt, fast völlig.

Die Fläche der Ozeane (71 % der Erdoberfläche) in Verbindung mit ihrer Tiefe (mehr als 30 % der Meeresfläche erreicht eine Wassertiefe von über 4.000 m, in den Tiefseerinnen werden im Marianengraben 11.034 m erreicht) verdeutlicht die Dimension des **größten Lebensraumes** der Erde, der im Gegensatz zu den terrestrischen Lebensbereichen dreidimensional strukturiert ist und in seinem gesamten Volumen durch Organismen mehr oder weniger dicht besiedelt wird.

Der Beitrag des Meeres zum globalen Kohlenstoffhaushalt ist beträchtlich (Abb. 9.51). Sehr wahrscheinlich ist im Plankton der Meere mehr Kohlendioxid gebunden als im tropischen Regenwald. Auch für den globalen Sauerstoffhaushalt ist der Anteil der marinen Produktion des Planktons nicht unerheblich. Er entspricht in etwa der Leistung der terrestrischen Wälder.

Der Lebensraum des Meeres ist differenziert durch chemische und physikalische Eigenschaften, als da sind: Salzgehalt, Sauerstoffgehalt, Nährstoffgehalt, Temperatur, Druck und Licht. Das zunächst homogen wirkende Meereswasser zeigt im globalen Vergleich diesbezüglich erhebliche Unterschiede. Allerdings sind die Übergänge zwischen den jeweiligen Zuständen in der Regel eher graduell (Ausnahme Sprungschichten).

Im Durchschnitt beträgt die **Salinität** der Meere 3,47 %, doch unterscheiden sich einzelne Bereiche erheblich. In der Ostsee, die nur eine schmale und flache Verbindung mit der Nordsee besitzt, ist der Zustrom von Süßwasser so stark und der Austausch mit dem Atlantik so schwach, dass der Salzgehalt unter 3 % und im Bottnischen Meerbusen sogar unter 1 % fällt. Im ebenfalls nahezu abgetrennten Roten Meer steigt der Salzgehalt im Golf von Aquaba durch die starke Einstrahlung und Verdunstung bei kaum relevantem Zufluss von Süßwasser auf über 4 %.

Die Tiefe des Meeres wird von der **aphotischen Zone** eingenommen, in welcher vorwiegend Konsumenten und Destruenten existieren. Licht steht aufgrund der Trübung des Meerwassers nicht mehr zur Verfügung. Primärproduktion findet nur in der Nähe heißer und mineralstoffreicher Quellaustritte durch Chemosynthese statt. Oberflächennah sprechen wir von der **euphotischen Zone**, das ist jener Bereich, der vom Licht durchdrungen auf verschiedenste Weise zur fotosynthetischen Primärproduktion beiträgt. Diese konzentriert sich vorwiegend auf das Plankton. Seegraswiesen oder Kelpwälder tragen quantitativ nur wenig bei. In der Tiefsee kann es, bedingt durch die konsumierenden Prozesse, zu Sauerstoffmangel kommen. Methanogene Mikroorganismen erzeugen hier als Stoffwechselprodukt Methanverbindungen wie das nur in der Tiefsee stabile Methanhydrat. In Tiefseebecken sorgen **anoxische Verhältnisse** für eine nahezu leblose Tiefenzone. Auch im Schwarzen Meer ist ähnliches zu beobachten. Zwar gibt es verschiedene etymologische Deutungen des Schwarzen Meeres, doch ist wahrscheinlich, dass der Name auf die reduzierenden Verhältnisse und die mit den Schwefelbakterien einhergehende dunkle Färbung des Wassers zurückzuführen ist. Es besitzt über Bosporus und Dardanellen nur einen geringen Austausch mit dem Mittelmeer, erhält aber über die Sedimentfrachten der Zuflüsse erhebliche Mengen organischer Substanz, deren Zersetzung zu den außergewöhnlich oberflächennah bereits bemerkbaren anoxischen Verhältnissen beiträgt.

Sauerstoffarmut stellt sich auch im Schlick der Wattbereiche und der tropischen Mangrove ein. Die Mangrovengattung *Avicennia* besitzt deshalb sogenannte Luftwurzeln (Pneumatophore). Sie wachsen aus dem Boden senkrecht heraus und sorgen über ein luftdurchlässiges Porensystem über ein **Aerenchym** für den diffusiven Sauerstofftransport in die unterirdischen Wurzeln, die sonst keine Wurzelatmung betreiben könnten und absterben würden (Abb. 9.52).

Im Großlebensraum der Ozeane unterscheiden wir **räumliche Einheiten** (Zonen, Regionen) und **funktionelle Einheiten** (Lebensgemeinschaften). Zunächst können wir die litoralen Küsten, dann die küstennahe neritische Region und schließlich die küstenferne ozeanische unterscheiden. Das **Litoral** reicht von der höchstgelegenen, vom Salzspritzwasser beeinflussten, Zone bis zur unteren Grenze des Pflanzenwachstums (Abb. 9.53, Abb. 9.54). Die **neritische Flachsee** schließt sich an bis zu einer Tiefe von etwa 200 m. Außerhalb dieser Zone ist eine Beeinflussung durch den kontinentalen Sockel in der **ozeanischen Zone** nicht mehr relevant.

Durch seine **dreidimensionale Organisation** unterscheidet sich das marine Biom grundlegend von den terrestrischen Biomen, deren Organismen im Wesentlichen an die Grenzfläche Boden/Luft gebunden sind. Wir unterscheiden den Lebensraum des freien Wassers (**Pelagial**), mit einem enormen Volumen, von jenem des Meeresgrundes (**Benthal**). Das Pelagial können wir weiter untergliedern in das lichtlose **Abyssal** der Tiefsee mit hohen Drücken und Wassertemperaturen um 2 °C (ab 4.000 m Tiefe), das **Bathyal** (200 bis 4.000 m) und das **Litoral** (0 bis 200 m). Diese Zahlen dienen nur einer groben Orientierung. Eindeutige Gren-

Abb. 9.52

Luftwurzeln der Schwarzen Mangrove (*Avicennia germinans*), Everglades, Florida.

Abb. 9.53

Küstenlebensgemeinschaft der Gezeitenzone am Atlantik mit Seeigeln und Seeanemonen, Marokko.

Abb. 9.54

Artenreiche eulitorale Gemeinschaft einer Felsküste im Gezeitenbereich, Südbrasilien.

Abb. 9.55

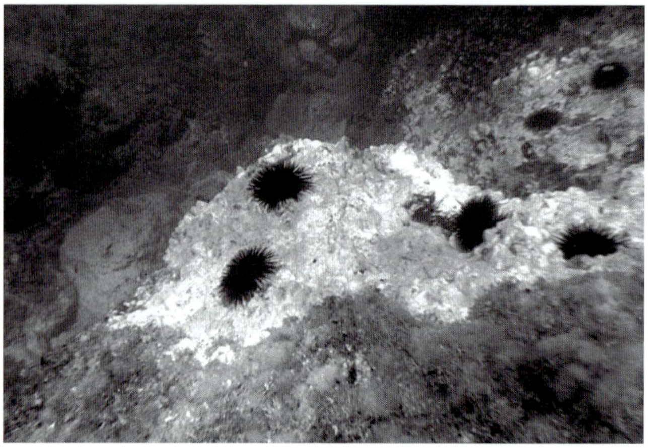

Beweidung von Algenrasen durch Seeigel (*Echinoidea*) in der Ägäis, Samos.

zen und Eigenschaften sind diesen Lebensräumen nicht zuzuordnen.

Die Biodiversität der Ozeane konzentriert sich weniger auf das Pelagial und mehr auf das Benthal, welches als der archätypische Lebensraum angesehen wird. Die Zahl der in der freien See lebenden Fischarten bewegt sich bei etwa 10 % der im Küstenbereich auftretenden Arten (1.200 zu 13.000; ANGEL 1993). Wir sehen hieraus aber auch die Wertigkeit und Empfindlichkeit von Küstenräumen. Auch finden wir nicht mehr als 4.500 Arten des Phytoplanktons, während etwa 250.000 terrestrische Pflanzenarten existieren. Das Pelagial zeichnet sich insgesamt also eher durch seinen funktionellen Beitrag zur Biosphäre als durch seine Biodiversität aus.

Endemismus findet sich vorwiegend bei Fischarten, die einen engen Bezug zu kleinräumigen Strukturen wie Korallenatollen aufweisen. Im Indischen Ozean sind 27 % der an Korallenriffen lebenden Fischarten (n = 482) endemisch (SHEPPARD 1994).

Das **Benthos**, die am Meeresgrund lebenden Organismen, umfasst viele sehr unterschiedliche Artengruppen (GRASSLE 1991, LAMBSHEAD 1993). Hierzu gehören Rotalgen (*Rhodoplantae*), Braunalgen (*Phaeophyta*), Grünalgen (*Chlorophyta*), Samenpflanzen (*Spermatophyta*) (z. B. Neptungras (*Posidonia oceanica*) und Seegras (*Zostera maritima*)), Schwämme (*Porifera*), Korallen (*Anthozoa*), Seesterne (*Asteroidea*), Fische (*Pisces*), Muscheln (*Conchifera*), Seeanemonen (*Actiniaria*), Krebstiere (*Crustacea*) und vieles mehr (Abb. 9.55). Teils ist der Meeresgrund sehr dicht besiedelt, teils sind kaum Spuren von Leben zu bemerken. Entscheidend sind die Temperatur, Wasserchemie, Substrateigenschaften und Nährstoffverfügbarkeit.

Selbst im Schelfbereich unter den polaren Eisschilden sind artenreiche Lebensgemeinschaften ausgebildet. Dort ist die zeitliche Variabilität des Lebensraumes, die sich durch über den Meeresboden schrammende Eisberge ergibt entscheidend. Diese Störungen lösen Sukzession aus, die zwar im kalten Medium nur langsam erfolgt, aber ein vielfältiges Nebeneinander von benthischen Lebensgemeinschaften produziert (GUTT & STARMANS 2001).

Im **Nekton** der Ozeane finden wir sowohl die größten als auch die schwersten Tiere der Erde. Sie profitieren vom Auftrieb und würden an Land, was bei gestrandeten Walen immer wieder eintritt, von ihrem eigenen Körpergewicht erdrückt werden. Das größte lebende Tier, der Blauwal (*Balaenoptera musculus*) kann eine Länge von 33 m und ein Gewicht von 190 t erreichen. Er ist weltweit verbreitet, allerdings werden die Exemplare der Südhalbkugel offensichtlich größer als die Vertreter der Art im Norden.

Bei den Fischen, die in ihrer Artenvielfalt das Nekton dominieren, finden sich ebenfalls gigantische Lebewesen. Die sich ebenfalls von Plankton ernährenden Walhaie (*Rhincodon typus*) erreichen 14 m Länge und 36 t Gewicht. Sie bevorzugen tropisch warme Gewässer und sind in diesen weltweit verbreitet. Eine Begegnung mit einem Walhai ist wohl der Traum eines jeden Tauchers. Eine charakteristische Besonderheit des Nekton ist jedoch die soziobiologische Organisation der Fischschwärme.

Beim passiv treibenden **Plankton** unterscheiden wir das Phytoplankton und das Zooplankton. Zum **Phytoplankton** zählen keineswegs nur Pflanzen im engeren Sinne, sondern zusätzlich viele verschiedene Kleinalgen. Kieselalgen bzw. Diatomeen (*Bacillariophyta*) sind vorherrschend. Das Phytoplankton ist an die lichterfüllte obere Zone der Ozeane gebunden. Das **Zooplankton** ist taxonomisch sehr heterogen. Diese erranten Organismen treiben ebenfalls weitgehend passiv im Wasser. Einige Arten vermögen über kurze Distanzen Bewegungen zu vollziehen, um ihre Beute zu erreichen. Die quantitativ bedeutsamste Gruppe sind die Krebstiere (Crustacea) die insbesondere mit den Ruderfußkrebsen (*Copepoda*) vertreten sind. Daneben sind millimetergroße Rädertierchen (*Rotifera*) und Rippenquallen (*Ctenophora*) häufig. Viele Tiere des Zooplanktons haben einen diurnalen Aktivitätsrhythmus. Sie vollziehen vertikale Bewegungen. Am Tag lassen sie sich in die Tiefe sinken und steigen in der Nacht, bei geringerem Prädationsdruck, in oberflächennähere Bereiche auf. Einige Tiere sind nur in einer frühen Lebensphase (z. B. als Eier oder Larven) Teil des Planktons. Das Plankton bietet die quantitativ bedeutsame Nahrungsgrundlage für die marine Nahrungskette. Zum Teil ist diese sehr kurz, wie die großen Planktonfiltrierer Blauwal und Walhai zeigen. Allgemein ist die Lebensdauer der Planktonorganismen, bedingt durch den schnell abgeschlossenen Lebenszyklus der Arten, begrenzt.

Vom Plankton differenziert werden die Organismen des **Pleuston**. Sie treiben an der Meeresoberfläche und haben zum Teil, wie das Papierboot (*Argonauta argo*), segelähnliche Strukturen entwickelt. Werden die Organismen des Planktons durch den Vektor der Meeresströmungen transportiert, so ist beim Pleuston der Wind stärker wirksam. Die in den Tropen und Subtropen lebende violette Meeresschnecke *Janthina janthina* sondert ein schleimiges Sekret ab, welches vermengt mit Luftblasen an der Meeresoberfläche treibt. Sie nutzt dieses selbst produzierte Floß als Fortbewegungsmittel, um damit verdriftet zu werden.

Abb. 9.56

Die Rote Klippenkrabbe oder Rennkrabbe (*Grapsus grapsus*) besiedelt weltweit Felsenküsten. La Palma, Kanaren.

Dem **Neuston** werden Organismen zugerechnet, die knapp unter der Wasseroberfläche existieren (Abb. 9.56). Sie sind einer hohen UV-Strahlung ausgesetzt und Prädatoren (Vögeln) gegenüber besonders exponiert. Solche Tiere zeigen oft das Phänomen des „Countershading“: ihre Oberseite ist dunkel gefärbt, um sich der Färbung des Wassers anzupassen, ihre Unterseite zeigt helle Farben, um sich den farblichen Eigenschaften des Himmels anzunähern. Tiere mit solchen Eigenschaften wurden offensichtlich weniger das Opfer von Prädatoren als andere und auf diese Weise selektiert.

Mit der vertikalen Stratifizierung, die sich über die Trübung des Wassers im Lichthaushalt bemerkbar macht, erfolgt mit zunehmender Tiefe eine Abnahme der Bedeutung eines diurnalen Aktivitätsrhythmus. Da zahlreiche Räuber, optischen Signalen folgend, tagaktiv sind, haben viele Arten ihre Lebensabläufe in die Nacht verlegt oder steigen in der Nacht in obere planktonreiche Regionen auf. Zusätzlich sind **Tarnmecha-**

Abb. 9.57

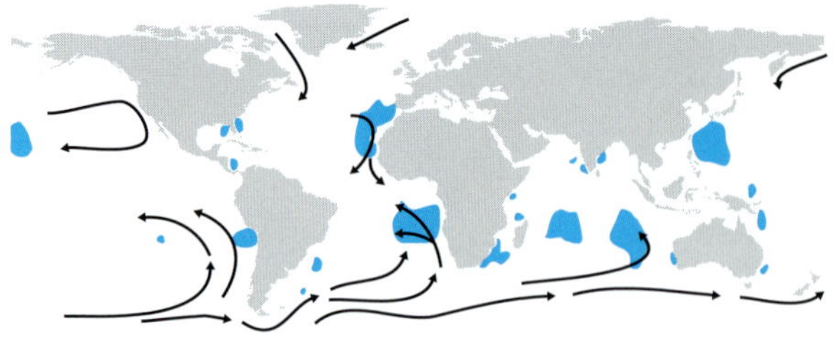

Regionen mit hoher Biodiversität der marinen Foraminiferen. Die Bindung an die kalten Meeresströmungen mit nährstoffreichem Tiefenwasser (Pfeile) ist gut zu erkennen (nach BEIERKUHNLEIN 2005).

nismen, wie die Fähigkeit der farblichen Anpassung an den Untergrund bei den Kraken (Octopoda) sehr ausgeprägt. Der „Mimic Octopus" (*Thaumoctopus mimicus*) kann sogar in seiner Körperform andere, nicht als Nahrung attraktive Arten (z. B. Rotfeuerfisch (*Pterois volitans*) oder Stachelrochen (*Dasyatis* spec.) und Gegenstände (Kokosnuss) imitieren (NORMAN & HOCHBERG 2005).

Abweichungen von **latitudinalen Verbreitungsmustern** ergeben sich durch die thermohalinen Meeresströmungen der Ozeane. Sie entstehen durch ungleiche Verteilung der solaren Erwärmung der Oberflächenwässer, die Erdumdrehung (Coriolis-Kraft) in Verbindung mit der ungleichen Land-Meer-Verteilung, Einwirkungen von Windsystemen und Unterschiede im Salzgehalt. Temperaturen und Salzgehalt bewirken eine unterschiedliche Dichte des Wassers, die zu physikalischen Ausgleichsbewegungen führen. Ökologisch bedeutsam ist, dass durch die aus den Meerestiefen aufsteigenden Strömungen („Upwelling") nährstoffreiches Wasser an die Oberfläche gelangt, wo es die planktische Fotosynthese antreibt und Nahrungsketten in Gang setzt. Entlang der Westküsten Südamerikas und Afrikas sorgen **kalte Meeresströmungen** (Humboldtstrom, Benguelastrom) für eine hohe Artenvielfalt im Meer und bewirken gleichzeitig aufgrund ihres meteorologischen Einflusses das Entstehen von Küstenwüsten. Die große Gruppe der Foraminiferen (ca. 10.000 Arten), amöbioide Protisten, zeigt in ihrer Vielfalt eine enge Bindung an die kalten, nährstoffreichen Meeresströmungen (Abb. 9.57). Abgestorbene Organismen sinken nach Abschluss ihres Lebenszyklus, wenn sie nicht konsumiert werden, als Detritus in die Tiefe. Das Meer befindet sich also nicht nur oberflächlich in ständiger Bewegung, sondern ist in kontinuierlichem Austausch und Kreislauf befindlich, selbst wenn dieser nicht als ein vollständiger Umsatz zu verstehen ist. Die Tiefsee ist aber auch stofflich betrachtet eine Senke.

Auch die Artenvielfalt der Galápagos-Inseln ist nicht zuletzt aufgrund ihrer Lage im Bezug zu den Meeresströmungen zu verstehen. Als Beispiel sei lediglich der Galápagos-Pinguin (*Spheniscus mendiculus*) genannt. Er ist der am weitesten nördlich (Galápagos liegt in direkter Nähe zum Äquator) vorkommende Vertreter der Pinguine (*Spheniscidae*). Vermutlich hat sich dieses Taxon aus einer nach Norden verdrifteten Gruppe von Humboldt-Pinguinen (*Spheniscus humboldti*) entwickelt.

Im Atlantik sorgt der **warme Golfstrom**, ebenso wie im Pazifik der Kuro-Schio-Strom, für den Transport enormer Energiemengen und damit für klimatische Gunst und temperierte Winter in Breitengraden mit vergleichsweise geringer Einstrahlung. Am Beispiel der katadromen Europäischen Aale (*Anguilla anguilla*) hatten wir die Rolle von Meeresströmungen und insbesondere des Golfstroms als Vektor im Generationszyklus von Arten bereits angesprochen.

Einige Meeresströmungen unterliegen jahreszeitlicher Rhythmik, wie die monsungesteuerten Strömungen im Indischen Ozean. Weit über den Pazifik hinaus ist das Phänomen des **El Nino** bedeutsam, einer im Abstand mehrerer Jahre im Winter (daher der vom Christkind abgeleitete Name) auftretenden Anomalie der innertropischen Strömungen im Stillen Ozean. Es kommt dann zu einem Umschlagen der Strömungsrichtung, verbunden mit dem Transport warmen Oberflächenwassers in Richtung Südamerika und dort dem Zusammenbruch des nährstoffreichen Humboldtstroms. Die Konsequenzen sind im Meer ein Rückgang des Fischreichtums und klimatische Extreme an Land.

Die Nutzung der Meere durch die **Hochseefischerei** kann an dieser Stelle nur kurz angerissen werden. Im Gegensatz zur Landwirtschaft nutzt die marine Fischwirtschaft

Tab. 9.2

Beanspruchung und Überfischung der globalen marinen Fischbestände (nach FAO 2000).

Status	Fischarten	Perspektiven
wenig genutzt	25 %	noch wirtschaftliches Potenzial gegeben
maximal genutzt	47 %	maximale Fangmenge erreicht, keine weitere Steigerung möglich
ausgebeutet	18 %	Fänge gehen stark zurück
stark gefährdet	10 %	bereits zusammengebrochene Populationen, keine Fänge mehr sinnvoll, Schutzbestimmungen und Fangverbot

in nennenswertem Umfang die natürliche Biodiversität. Der Verbrauch von Seefischen hat sich seit den 1960er-Jahren mehr als vervierfacht. Was heute in den Ozeanen geschieht, ist aber eher als Raubbau, denn als nachhaltige Nutzung zu beschreiben. Die Überfischung vieler Zielarten hat inzwischen ein Ausmaß angenommen, welche die Regeneration der Populationen in überschaubaren Zeiträumen in Frage stellt. Zwar ist nicht mit dem globalen Aussterben von Fischarten durch die Fischerei zu rechnen, doch hat der massive derzeitige Entzug bestimmter Arten aus den marinen Ökosystemen langfristige Folgen. Die Festlegung von Quoten im Rahmen multinationaler Abkommen versucht dem zwar entgegenzusteuern, doch unterliegt die Fischerei erheblichen wirtschaftlichen Zwängen und kann nur bedingt kontrolliert werden. Kaum noch ein Bereich der Ozeane bietet Fischen ungestörte Gelegenheit zur Regeneration und zum Aufbau großer Populationen. Ein Weg, die zurückgehenden Erträge (Tab. 9.2) zu kompensieren, ist die zunehmende Befischung der Tiefsee, welche erst in den letzten 20 Jahren wirtschaftliche Bedeutung erlangte. Die Problematik dieses Vorgehens liegt auf der Hand, da die Tiefsee noch weitestgehend unerforscht ist.

Ein zentrales biogeographisches und ökologisches Problem der Hochseefischerei stellt der sogenannte „Beifang" dar. Da die Netze nicht zwischen wirtschaftlich relevanten und unerwünschten Arten wie Haien, Schildkröten, Robben oder Delphinen unterscheiden, werden sie für solche Arten zur Todesfalle. Selbst für extrem seltene Arten wie den Quastenflosser (*Latimeria chalumnae*), dessen Bestand auf 500 Tiere geschätzt wird, stellt die Fischerei eine Bedrohung dar. Da solche Arten in der Regel nicht vermarktet werden können, werden sie im Grunde als Abfall behandelt. Besonders schädlich ist die Fischerei mit Schleppnetzen, weil sie die gesamte Lebensgemeinschaft beeinträchtigt. Die Schätzungen zum Umfang solchen Beifangs gehen bis in die Größenordnung von mehreren Millionen Tonnen jährlich. Viele betroffene Tiere besitzen einen relativ langen Lebenszyklus und geringe Reproduktionsraten, was in den ausgeglichenen und ressourcenlimitierten marinen Systemen durchaus sinnvoll ist. Sie sind aufgrund dieser Spezifika durch die Hochseefischerei besonders bedroht.

Fragen

1. Welche Konzepte zur globalen Gliederung von Großlebensräumen kennen Sie? Schildern Sie die Eigenheiten!
2. Nennen Sie die zonalen Großlebensräume der Erde!
3. Charakterisieren Sie die klimatischen Eigenschaften des tropischen Regenwaldes!
4. Erläutern Sie die Ursachen geschlossener und fragmentierter Großlebensräume!
5. An welche benachbarten Großlebensräume grenzen die nemoralen Laubwälder in Nordamerika, Europa und Asien?
6. Was sind die charakteristischen Eigenschaften von Hochgebirgen?
7. Auf welche Bereiche der Erde konzentriert sich landwirtschaftliche Aktivität und warum?
8. Wodurch sind urbane Lebensräume biogeographisch ausgezeichnet?
9. Was sind die hauptsächlichen ökologischen Faktoren zur Differenzierung der marinen Lebensräume?
10. Entwickeln Sie die räumliche und funktionelle Gliederung der ozeanischen Lebensräume!

10 Die Rolle der Vergangenheit

Suche nach Erklärungen

„So auch hat gar oft sich gewendet der Gegenden Schicksal.
Ich sah selber als Meer, was fester und trockener Boden vormals war;
ich sah aus Wogen gewordene Länder.
Fernab lagen vom Meer in der See einheimische Muscheln …“
Ovid (43 v. Chr.–17 n. Chr.), Metamorphosen XV

10.1 Rekonstruktion vergangener Lebensbedingungen

Die Historische Biogeographie befasst sich mit zurückliegenden Entwicklungen nicht nur im dokumentierten geschichtlichen Zeitrahmen, sondern weit darüber hinaus im Verlauf der gesamten Erdgeschichte. Sie versucht Muster und Artverteilungen der Vergangenheit auf der Basis rekonstruierter Umweltbedingungen und räumlicher Lagebeziehungen zu erklären sowie Aussagen zu zeitlichen Abläufen zu machen. Die Phylogeographie, die sich auf die Entwicklung der Taxa konzentriert (z. B. Newton 2003), ist ein zentraler, aber nicht der alleinige Aspekt der Historischen Biogeographie. Auch die Entwicklung von Lebensformen, Lebensgemeinschaften und Ökosystemen sind relevante Themen. Vor allem aber befasst sich die Historische Biogeographie auch mit der Rekonstruktion von Ausbreitungsphänomenen, die nicht zwingend auch mit der Entwicklung neuer Taxa einhergehen müssen.

Auf verschiedenen zeitlichen Skalen ablaufende biologische Prozesse werden analysiert und in Bezug zu räumlichen und ökologischen Rahmenbedingungen gebracht. Phylogenetische Artbildung, Reliefgenese, Meeresspiegelschwankungen, Gesteinsbildung und Kontinentaldrift müssen herangezogen werden, um historische Entwicklungen zu erklären.

Die speziellen Abläufe sowohl in geologischen, postglazialen als auch historischen Zeiträumen können hier nicht erschöpfend dargelegt werden, doch vermitteln die Kapitel 2 bis 5 einen Eindruck zu den relevanten Prozessen und Skalen.

Auch wenn uns bezüglich der Rekonstruktion früherer Gegebenheiten und Entwicklungen mannigfaltige Einschränkungen den direkten Zugang verwehren, so ist die Klärung der historischen Abläufe doch eine Herausforderung. Ihre Bewältigung durch die **Historische Biogeographie** ist Voraussetzung für ein profundes Verständnis aktueller Ökosysteme. Werden diejenigen Vorgänge, welche die heutige Flora und Fauna in ihrer zeitlichen und räumlichen Differenzierung geprägt haben, nicht verstanden, dann sind Fehlinterpretationen räumlicher Muster die Folge. Es sind nicht nur die derzeit wirkenden und zu erfassenden Standorteigenschaften, die die heutige Verteilung von Arten und ihrer Vielfalt bestimmen. Hot Spots der Biodiversität, Paläoendemismus, Entwicklungszentren und die Fragen der phylogenetischen Biogeographie sind direkt mit historischen Abläufen verknüpft.

Fragestellungen der Historischen Biogeographie sind:

- Wo hat sich eine Art entwickelt?
- Welche ökologische Nische nahm sie ein?
- Wie verlief ihre Ausbreitung?
- Warum fehlte eine Art in einem Gebiet?
- Ist ihr Fundort mit ihrem damaligen Lebensort identisch?
- Wie setzten sich frühere Lebensgemeinschaften zusammen?

Die traditionelle Unterscheidung zwischen Historischer und Ökologischer Biogeographie, die sich deshalb ergeben hat, weil man, fokussiert auf die rezenten Artverteilungsmuster zwischen aktuellen und vergangenen Einflüssen unterscheiden wollte, ist aber eine künstliche. Die räumlichen Muster früherer Artverteilungen sind ebenso durch ökologische (z. B. Klima) und räumliche Faktoren (z. B. Isolation von Kontinenten) beeinflusst. Und sie sind abhängig von den zeitlich jeweils davor abgelaufenen Prozessen, beispielsweise der Ausbreitung und der Evolution. Die Tatsache, dass die in der Vergangenheit wirksam gewesenen Standorteigenschaften und biologischen Prozesse nicht oder nur indirekt über petrographische Indikatoren, ermittelt werden können, rechtfertigt nicht die grundlegende Aufsplittung in „historische" und „ökologische" Ansätze, denn schließlich gibt es immer und überall ein Vorher (Abb. 10.1).

Es liegt in der Natur der Dinge, dass historische Entwicklungen nur sehr bedingt aktualistisch analysiert und nachvollzogen werden können (Crisci et al. 2003). Selbst aufwändige molekulargenetische Analysen der Ähnlichkeit zwischen Organismen liefern lediglich Hinweise auf ihre Verwandtschaft. Sie können uns nur begrenzt über die Geschwindigkeit von Artentwicklungen (über Mutationsraten und genetische Unähnlichkeit zwischen Proben unterschiedlichen Alters) oder Ausbreitungen (durch geographische Muster der Allelfrequenz) informieren. Es liegt in der Natur der Dinge, dass Quellen mit Informationen zur Vergangenheit unvollständig sind und nicht experimentell überprüft werden können. Eine historische Perspektive mit dem Anspruch naturwissenschaftlicher Exaktheit ist daher, in gewisser Paradoxie, sowohl unabdingbar wie unmöglich.

Wie bereits angesprochen, interessiert sich die Historische Biogeographie sowohl für zeitliche Muster als auch für deren Ursachen. Deshalb ist, um bestmögliche Aussagen zu machen, der Austausch von Wissen mit benachbarten Disziplinen vonnöten. Die Geologie (bzw. Paläontologie) für sehr lange zurückliegende Zeiträume, die Geomorphologie für mittlere zeitliche Distanzen, die Archäologie für die letzten Tausende von Jahren und die Geschichtsforschung für die letzten Jahrhunderte sind substanzielle Partner der Historischen Biogeographie.

Abb. 10.1

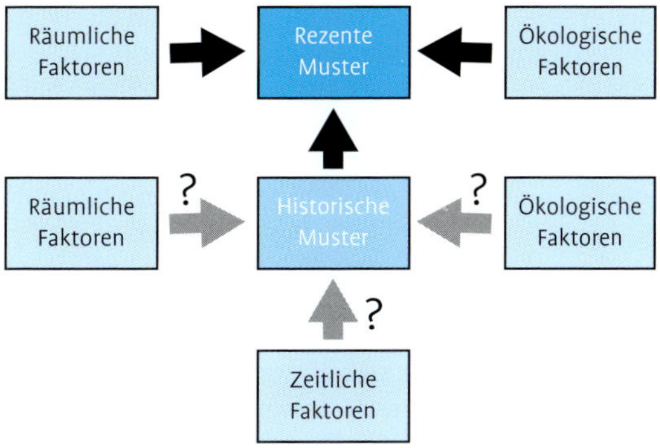

Erklärung heutiger und historischer geographischer Muster durch räumliche, ökologische und historische Faktoren.

Um Rückschlüsse auf die Rahmenbedingungen des Lebens der zu einer bestimmten Zeit existierenden Organismen zu ziehen, ist es hilfreich, geophysikalische Methoden und Kenntnisse hinzuzuziehen. Mit Hilfe von **Isotopenverhältnissen** kann das Alter von Substraten und Objekten ermittelt werden (s. a. Kap. 6 zur Radiokarbonmethode). Allerdings ist aufgrund der Halbwertszeit des Zerfalls solcher Isotope jede Methodik auf ein bestimmtes Zeitfenster begrenzt. Vorher und nachher sind Unschärfen zu groß. Zu beachten ist, dass ermittelte Isotopenalter nur in etwa die tatsächlich vergangene Zeit widerspiegeln. Bei sehr lange zurückliegenden Ereignissen und entsprechend alten Objekten fehlt natürlich ein exakter Standard.

Aus der petrographischen Zusammensetzung von Gesteinen kann man die frühere Umweltchemie ableiten. Die in Gesteinen dokumentierte Reliefentwicklung gibt Hinweise auf das Klima und die Vegetation vergangener Zeitläufe. Einzelne Beispiele sollen dies beleuchten. Die kleinräumig wechselnde Schrägschichtung, welche häufig in mitteleuropäischen Sandsteinen der Trias zu beobachten ist, kann nur an Land und unter ariden, vegetationsfreien Verhältnissen entstanden sein, da es sich um ehemalige Sanddünen handelt. Sedimentgesteine, die eine unsortierte Mischung aus gerundeten und kantigen Steinen unterschiedlichs-

Merksatz

In ungestörten Sedimentgesteinen liegen die jüngeren Ablagerungen von Fossilien immer oben und die älteren unten.

ter Größe beinhalten, weisen auf Moränenmaterial und damit auf Gletschertätigkeit hin. Schließlich kann man aus dem Auftreten von Pflanzenteilen und Tierknochen in archäologischen Ausgrabungen auf Einflüsse des Menschen schließen. Und endlich eröffnen die Archive von Klöstern und Forstämtern dem geduldigen Quellenforscher detaillierte Informationen zur Waldentwicklung und Waldnutzung. Noch viele weitere Beispiele für die verschiedenen Zeitschnitte ließen sich hinzufügen, doch soll nicht Vollständigkeit, sondern das Prinzip vermittelt werden, dass nur der fachliche Austausch über die Grenzen einzelner Disziplinen hinweg die Beantwortung von Fragen zur historischen Entwicklung ermöglicht. Ökologische Methoden alleine sind bezüglich der Rekonstruktion früherer Gegebenheiten nicht befriedigend.

Sind die Ansprüche von Arten bekannt, kann über ihre historischen Nachweise das frühere Klima rekonstruiert werden. Dazu dürfen sie natürlich nicht oder nur geringfügig von den heutigen Arten abweichen. Bezüglich der postglazialen Vegetationsentwicklung ist dies gegeben, da das Artenspektrum großteils mehr oder weniger unverändert heute noch vorhanden ist. Einzelnachweise sind jedoch wenig tragfähig. Die Aussagen zu früheren Klimabedingungen sind umso besser, je vollständiger Lebensgemeinschaften und ihre dominanten und ausdauernden Arten charakterisiert werden können.

Liegen die betrachteten Zeiträume weiter zurück (z. B. Tertiär), so kann man nur über die Analogie zu heutigen Lebens- und Wuchsformen Rückschlüsse auf die ökologischen Bedingungen früherer Zeiten ziehen. Die Blattmorphologie von Pflanzen und die Anordnung von Stomata weißt auf klimatische Merkmale hin. Die Körpergröße von Arthropoden hängt mit dem Sauerstoffgehalt der Atmosphäre zusammen. Aussagen direkt aus der taxonomischen Zugehörigkeit zu entnehmen ist allerdings kaum möglich, da innerhalb eines Taxons (z. B. Familie, Gattung) unter Umständen sehr unterschiedliche ökologische Bedingungen toleriert werden können.

10.2 Biotische Erdgeschichte

Voraussetzungen für die Etablierung von Leben auf den Kontinenten ist die Verfügbarkeit von Wasser und Kohlenstoff sowie die Reduktion der schädlichen UV-Strahlung. Leben war also erst möglich, nachdem genügend Sauerstoff freigesetzt worden war, welcher zum Teil zum im UV-Bereich absorbierenden Ozon reagierten konnte. Verschiedene Hinweise belegen, dass die primäre Atmosphäre reduzierend war. In sehr alten Gesteinen des Proterozoikum findet man beispielsweise gerundete Pyritkiesel. Diese können nur in einer extrem sauerstoffarmen bis sauerstofffreien – und damit lebensfeindlichen – Atmosphäre entstanden sein.

Auch aus den Eigenschaften von Lebewesen selbst kann man auf frühere Umwelteigenschaften schließen. Während der Karbonzeit traten riesenhafte Libellen auf. *Meganeura monyi* (70 cm Flügellänge) und *Meganeuropsis permiana* (72 cm Flügellänge) gehören der inzwischen ausgestorbenen Gruppe der Protodonata an (Abb. 10.2). Da sie über Tracheen atmen, und einen erheblichen Gasumsatz gehabt haben müssen, kann man allein aus ihrer Größe ableiten, dass der Sauerstoffgehalt der Atmosphäre etwa 30 % über den heutigen Werten gelegen haben muss.

Abb. 10.2

Modell der Riesenlibelle *Meganeuropsis permiana* mit Präparatorin Susanne Leidenroth, Staatliches Museum für Naturkunde Stuttgart.

Zeittafel der erdgeschichtlichen Entwicklung. Stratigraphische Gliederung und evolutionäre Abläufe. Tab. 10.1

Dauer Mio. Jahre	Ära/Äon	System	Abteilung	Entwicklungen
0–0,01	Känozoikum	Quartär	Holozän	Warmzeit, der Mensch beeinflusst mehr und mehr die Ökosysteme
0,01–2			Pleistozän	Wechsel von Warm- und Eiszeiten, Neandertaler und moderne Menschen koexistieren
2–5		Tertiär	Pliozän	Entwicklung und Aufspaltung der Australopitheciden
5–25			Miozän	Ausbreitung von modernen Säugetieren
25–38			Oligozän	Entwicklung der modernen Säugetiere und Menschenaffen
38–55			Eozän	Vorherrschaft der Angiospermen Pflanzen
55–65			Paläozän	Vögel treten stärker in Erscheinung, pollenübertragende Insekten treten auf, Säugetiere werden größer
65–150	Mesozoikum	Kreide		Erste Bedecktsamer treten auf, Ende der Kreide weltweites Aussterbeereignis (Verlust der Dinosaurier)
150–210		Jura		Erste Vögel treten auf, Säugetiere noch bedeutungslos, Blüte der Dinosaurier
210–245		Trias		Nacktsamer dominant, Palmfarne und echte Farne sind häufig, erste Dinosaurier, erste Säugetiere
245–286	Paläozooikum	Perm		Übergang Kühlhaus- in Treibhaussystem, Entwicklung vieler Insektenartengruppen, Reptilien und Amphibien entwickeln sich stürmisch, Eiszeiten, Ende des Perm – größtes globales Aussterbeereignis
286–360		Karbon		Bildung großer Kohlelagerstätten auf Grund von Meeresspiegelschwankungen, CO_2-Gehalt sehr niedrig, Riesenlibellen
360–410		Devon		Entfaltung der Panzerfische, erste Insekten, erste Amphibien gehen an Land
410–438		Silur		Besiedlung des Landes durch die Gefäßpflanzen, Gliederfüßler
438–550		Ordovizium		erste Wirbeltiere, erste Fische, Entfaltung der Meeresalgen
550–590		Kambrium		Wirbellose Tiere und Algen herrschen vor. Im Kambrium können dann schlagartig annähernd alle Grundbaupläne der Tierstämme nachgewiesen werden. Diese kambrische Radiation wird auch als „Kambrische Explosion" bezeicnnet
590–2500	Proterozoikum	Proterozoikum		älteste Eukaryoten (1,5–0,75 Mrd.) bedeutende Entwicklung der Atmosphäre. Durch Zunahme der biologischen Aktivität (*Photosynthese, Methan*) änderte sich die Zusammensetzung der Luft: (O_2)
2500–4000	Archaikum	Archaikum		älteste Prokaryoten (3 Mrd.) Cyanobakterien

Quellen des Sauerstoffs waren zunächst das Wassermolekül und vulkanisch freigesetzte Gase (CO_2, H_2SO_4), dann fotosynthetisch aktives Plankton und schließlich treten die Landpflanzen als effiziente Sauerstoffproduzenten hinzu. Die Entfaltung der Biosphäre verlief also in enger Interaktion mit der Atmosphäre. Die Entwicklung war aber keine kontinuierliche. Immer wieder ergaben sich gravierende Veränderungen der Atmosphäre und des globalen Klimas.

Erste Organismen sind schon vor mehr als 3 Mrd. Jahren nachweisbar (Cyanobakterien in marinen Stomatolithen) (Tab. 10.1). Mit dem Beginn des Kambrium vor etwa 540 Mio. Jahren erfolgt eine enorme Entfaltung der Vielfalt des Lebens, vor allem der Tiere. Innerhalb sehr kurzer Zeit entwickeln sich alle wesentlichen Grundbaupläne der Tiergruppen. Wenn sich dieser Prozess auch über etwa 40 Millionen Jahre erstreckt, so verdichtet er sich in den geologischen

Merksatz

Die Evolution ist keine Theorie, sondern ein Fakt. Nur die genauen Abläufe sind in ihrer Komplexität noch nicht vollständig bekannt.

Substraten doch so stark, dass wir von der „Kambrischen Explosion“ oder besser von der „**Kambrischen Radiation**“ sprechen. Die bereits vorher existente *Ediacara*-Fauna bestand vorwiegend aus schalenlosen Ein- und Mehrzellern (Kaufman 2005). Belege der präkambrischen Fauna sind deshalb nur sehr bedingt erhalten. Eine Ursache des scheinbar plötzlichen Auftretens von Organismen kann auch darin zu suchen sein, dass der Chemismus der frühen Ozeane einer Konservierung karbonatischer Fossilien entgegenwirkte.

Aus der genetischen Ähnlichkeit verschiedener Phyla kann, bei Annahme mehr oder weniger konstanter Mutationsraten, ihre Verzweigung abgeleitet werden („Molecular Clock“). Daraus wird geschlossen, dass viele Tierstämme schon deutlich vor ihrem ersten Nachweis als Fossil existiert haben müssten.

Bei den Landpflanzen ist die vor etwa 125 Mio. Jahren beginnende **Radiation der Bedecktsamer** (Angiospermen) herauszustellen. Angiospermen stellen heute die überwältigende Mehrzahl der Pflanzenarten. Ihr entscheidender Selektionsvorteil ist die Entwicklung einer schützenden Samenhülle, verbunden mit der Ausbildung von Früchten, die für Tiere ein Nahrungsangebot verkörpern und mithin durch diese als Vektor ausgebreitet werden können. Samen konnten nun gezielt in geeignete Habitate gelangen. Bei der Bestäubung ergab sich über Nahrungsangebot (Nektar) und Morphologie der Blüten eine enge Koevolution mit den Bestäubergruppen, insbesondere mit den Insekten. Pollen mussten nicht länger dem Wind anvertraut werden. Der Bestäubungserfolg war besser gewährleistet.

10.3 Aussterbeereignisse

Hatten wir eingangs erwähnt, die erdgeschichtliche und evolutive Entwicklung stelle sich im Großen und Ganzen als ein Kontinuum dar, so ist bei genauerer Betrachtung zu erkennen, dass einzelne global wirksame Ereignisse diese Entwicklung immer wieder unterbrachen. Die durch geologische oder kosmische Prozesse ausgelösten **Aussterbeereignisse** werden im Rahmen der Biostratigraphie zur Trennung geologischer Zeitphasen verwendet, da sich übereinander liegende Sedimentschichten in ihrer fossilen Artenzusammensetzung maßgeblich unterscheiden.

Im Phanerozoikum sind zahlreiche Diskontinuitäten der Entwicklung zu bemerken, doch **fünf große Massensterben** stechen hervor (Leakey & Lewin 1995): Am Ende des Ordoviz sterben zahlreiche Brachiopoden und Trilobiten aus. Kurz nach diesem Ereignis setzt die Radiation der Fische ein. Ende des Devon folgt ein weiteres starkes Ereignis. 50 % der vorher nachzuweisenden Fossilien fehlen plötzlich. Vor allem Korallen waren betroffen. Anschließend setzt die Radiation der Amphibien ein. Am Ende des Perm erfolgt wohl das stärkste Auslöschungsereignis in der gesamten Erdgeschichte (Raup 1979). Über 95 % der marinen Organismen und mehr als 75 % der landbewohnenden Lebewesen sterben aus. Weitere Aussterbeereignisse folgen am Ende der Trias und der Kreide. Nun sind terrestrische Tiere und Pflanzen stärker betroffen, da die Evolution und die Entwicklung der Atmosphäre und des Klimas inzwischen die flächige Besiedlung der Kontinente ermöglicht hatte. Beim letztgenannten Ereignis sterben vor 65 Mio. Jahren unter anderem die Dinosaurier aus (Abb. 10.3).

Die Ursachen dieser gigantischen Massensterben sind noch nicht endgültig geklärt, doch liegen bestimmte Mechanismen nahe. Zunächst lässt die zeitliche Synchronisation über die gesamte Erde hinweg globale Klimaveränderungen als Ursache solcher Ereignisse vermuten. Diese Klimaveränderungen müssen nicht nur eine maßgebliche Stärke erreicht haben, sie müssen zusätzlich über eine gewisse Zeit hinweg wirksam gewesen sein. Erhöhung oder Erniedrigung der Temperaturen sind gleichermaßen möglich. Beides wirkt sich negativ auf eine an bestimmte Klimabedingungen angepasste Lebewelt aus. Die möglichen Mechanismen lassen aber vermuten, dass Abkühlungsereignisse bedeutsamer waren.

Globale Abkühlung kann durch eine **Veränderung der Albedo** (Reflektion) der Atmosphäre ausgelöst werden. So etwas geschieht bei großflächigen vulkanischen Aktivitäten und bei Asteroideneinschlägen. Bei derartig massiven Ereignissen gelangen große Mengen an Staub und Gasen in die Atmosphäre. Die Sonnenstrahlung wird stärker reflektiert, weniger Strahlung erreicht die Erdoberfläche. Allerdings müssen solche Ereignisse, um weltweit klimatisch wirksam zu werden, eine unglaubliche Stärke besitzen.

Auffallend ist die Übereinstimmung der Zeitpunkte der großen Deckenbasaltenstehungen, die man mittlerweile mit geophysikalischen Methoden sehr gut datieren kann, mit den globalen Aussterbeereignissen (COURTILLOT 1995) (Abb. 10.4). Es wird kaum noch bezweifelt, dass die am Ende des Perm entstandenen Deckenbasalte (Trappbasalte) Nordsibiriens für die einschneidenden Artenverluste verantwortlich zeichnen, die Paläozoikum und Mesozoikum trennen. Viele dieser großflächig wirksamen Vulkanaktivitäten passen zeitlich fast exakt zu den stratigraphischen Grenzen. Beim Entstehen von Deckenbasalten werden über längere Zeiträume hinweg sehr große Mengen von Gasen freigesetzt (z.B. H_2SO_4). Schwefelsäure gelangt in die Stratosphäre. Dort verbleibt sie längere Zeit als feiner Dunst und bewirkt über die Erhöhung der planetaren Albedo eine Abkühlung der Atmosphäre.

Besonders umstritten ist die Ursache der Abkühlung globalen Ausmaßes beim Wechsel von der Kreidezeit ins Tertiär (vor 65 Mio. Jahren). In dieser Zeit erfolgte auf der Halbinsel Yucatan bei Chicxulub (Mexiko) ein starker Asteroideneinschlag (auch Kreide-Tertiär-Impact bzw. KT-Impact). Der Krater ist an der Erdoberfläche heute nicht mehr sichtbar, kann aber über Dichteanomalien in der MOHOROVICIC-Diskontinuität der Erdkruste aufgezeigt werden. Er wurde seit den 1990er-Jahren sozusagen als „*rauchender Colt*" des Auslöschungsereignisses angesehen (ALVAREZ et al. 1990). Nun häufen sich die Hinweise, dass der Einschlag dem Massensterben um etwa 300.000 Jahre vorausging und folglich nicht direkt dafür verantwortlich gemacht werden kann (KELLER et al. 2004). Die Deckenbasalte des indischen Dekkan-Plateaus ergossen sich nahezu zeitgleich mit dem Chicxulub-Impact und könnten ebenfalls über längere Zeit klimawirksam geworden sein. Sollte also nicht ein einzelner Impact verantwortlich gewesen sein, würden diese Deckenbasalte

Abb. 10.3

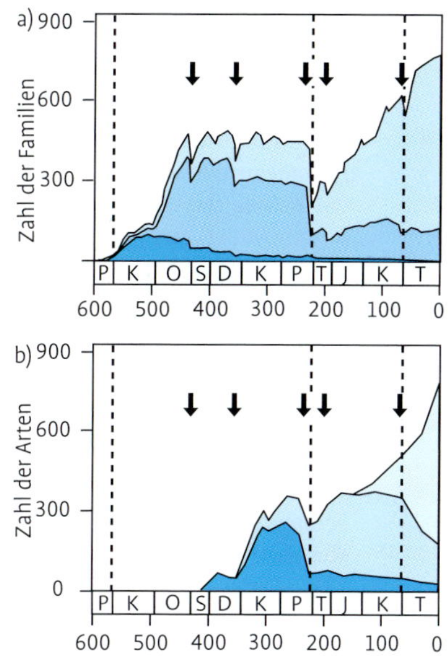

Entwicklung der Artenvielfalt und globale Aussterbeereignisse. Verschiedene Farben kennzeichnen ursprüngliche und abgeleitete Artengruppen. a) Fossile Dokumentation der Entwicklung mariner Artengruppen. b) Fossile Dokumentation der Entwicklung der Pflanzen (unten Farnpflanzen, Mitte Nacktsamer, oben Bedecktsamer). Pfeile kennzeichnen die fünf stärksten global wirksamen Massensterben. Die Buchstaben geben die geologischen Systeme an (vgl. Tab. 10.1). Zeit in Millionen Jahren.

Abb. 10.4

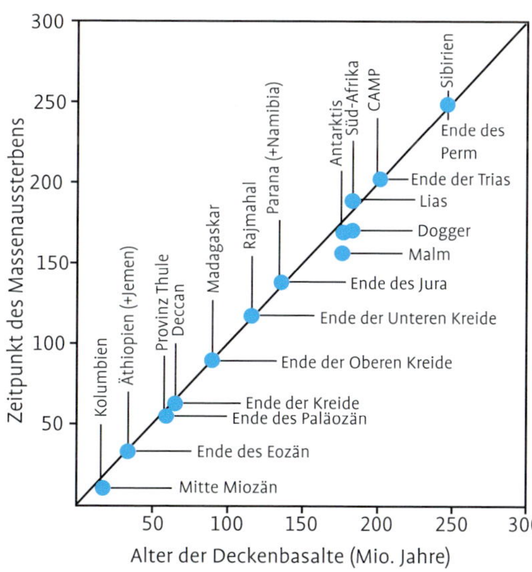

Korrelation des Alters von Deckenbasalten (Trappbasalte) mit globalen Aussterbeereignissen bzw. geologischen Schichtwechseln. CAMP = Central Atlantic Magmatic Province (COURTILLOT 1995).

eine mögliche Ursache der Massensterben darstellen.

Die Auswirkungen von sehr viel schwächeren Vulkanausbrüchen können anhand dendroökologischer Untersuchungen an Baumscheiben aufgezeigt werden. In den letzten Jahrhunderten zeigen einzelne Jahre nahezu weltweit ein reduziertes Baumwachstum, das durch ungünstige Klimabedingungen erklärt werden kann. Die kältesten einzelnen Jahre der letzten sechs Jhdte. korrelieren eng mit den größten bekannten Vulkanausbrüchen (s.a. Abb. 5.13).

Eine Veränderung der Treibhausgaskonzentration und damit verbunden der Transmissivität der Atmosphäre wird für die Zeit vor ca. 54 Mio. Jahren (Grenze Paläozän/Eozän) angenommen. Es erfolgte eine schlagartige Freisetzung ozeanischer **Methanhydrate** und damit des Treibhausgases CH_4 (Dickens et al. 1995). Die Freisetzung von 2.000 Mrd. t hatte eine globale Erwärmung um 7 °C zur Folge. Diese relativ abrupte Klimaveränderung ist ebenfalls im Aussterben zahlreicher Tier- und Pflanzenarten dokumentiert. Es benötigte 120.000 Jahre, bis sich wieder der vorherige klimatische Zustand eingestellt hatte, die Lebewelt der Erde blieb aber eine andere.

Insgesamt nahm die Biodiversität im Verlauf der Erdgeschichte mehr oder weniger kontinuierlich zu. Die verschiedenen Aussterbeereignisse bzw. -phasen wurden immer gefolgt durch eine Stimulation der Artbildungsrate (Abb. 10.5). Die nach einem Auslöschungsereignis unbesetzten ökologischen Nischen förderten die Radiation und die Evolution neuer Lebensformen, da ihre Entwicklung auf einer anderen Grundlage erfolgte als die ihrer Vorgänger. Doch ist zu bedenken, dass dies mit einer Verzögerung von bis zu 10 Millionen Jahren geschah.

Frühere natürliche Aussterberaten werden auf der Grundlage fossiler Artenlisten geschätzt. Sie bewegen sich zwischen 0,12 und 0,36 10^{-6} a^{-1} (Rosenzweig 1995). Hierbei werden allerdings häufige und weit verbreitete Arten, die die Flora oder Fauna dominierten, hoch gewichtet, so dass höhere tatsächliche Aussterberaten anzunehmen sind. Heute tragen vorwiegend seltene und nur kleinräumig vorkommende Arten zum Artenverlust bei. Die Wahrscheinlichkeit, solche Arten in paläontologischen Fundstätten anzutreffen, ist gering.

Abb. 10.5

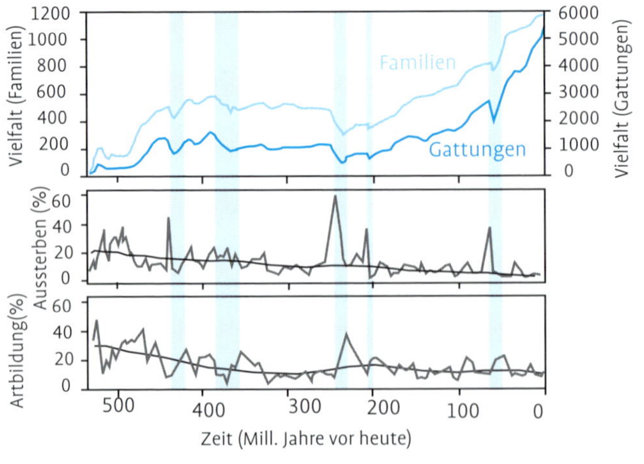

Entwicklung der pflanzlichen Biodiversität in Bezug zu den Aussterbeereignissen und Artbildungsraten. Als dunkles Band hervorgehoben sind (von links) die Massensterben in Ordoviz, Devon, Perm, Trias und Kreidezeit (nach Kirchner & Weill 2000).

10.4 Historische Biogeographie der Hominiden

Die **Entwicklung des modernen Menschen** (*Homo sapiens*) blickt auf eine Zeit von wenigen Millionen Jahren zurück. Die Befunde für die stattgefunden Abläufe sind zwar lückenhaft, da nur etwa 3.000 Fundstücke vorliegen, aber eindeutig. Die Abspaltung des Schimpansenzweiges (*Pan*) vor 5 bis 7 Mio. Jahren lässt sich durch molekulargenetische Vergleiche der DNA ableiten. Unterschiede in der Basenabfolge der Gensequenz erlauben Schlüsse auf die stattgefundenen Mutationen. Ist die Mutationsrate in der Zeit bekannt, kann hieraus auf den Zeitraum der Aufspaltung geschlossen werden. Dennoch versuchen zunehmend fundamentalreligiöse Sekten dies vor allem im Internet mit pseudowissenschaftlichen Argumenten anzuzweifeln. Eine Qualitätskontrolle erfolgt dort im Gegensatz zu renommierten wissenschaftlichen Veröffentlichungsorganen nicht. Unfassbar für aufgeklärte Europäer, zeigen aktuelle Umfragen, dass die Mehrheit der amerikanischen Bürger davon über-

Box 11: Kreationismus

Eine durchaus ernst zu nehmende Aufgabe ist die Auseinandersetzung mit religiös motivierter Verblendung, die die Evolution in Frage stellt. Zwar glaubt man die Ignoranz der dunklen Zeiten eines Giordano Bruno, Galileo Galilei oder Johannes Keppler für überwunden, doch werden erneut, vor allem in den USA, naturwissenschaftliche Fakten durch religiöse Thesen ersetzt. Dies geschieht auf eine pseudowissenschaftliche Weise unter anderem durch die Etablierung scheinbarer Fachtermini („Intelligent Design", „Microevolution"). Man mag dies für lächerlich halten, doch wird diese „Theorie" in einigen Bundesstaaten der USA als Schulwissen vermittelt!

Das Problem des Kreationismus ist das **Vermengen religiösen Glaubens mit wissenschaftlicher Argumentation**. Fundamentalistische christliche Sekten versuchen eine wörtliche Interpretation von Schöpfungstexten durch Daten und Forschungsergebnisse zu belegen oder vielmehr, da dies nicht möglich ist, die Erkenntnisse der Evolutionsforschung zu widerlegen. Als besonders störend wird die gemeinsame Abstammungslinie der Primaten empfunden, die mit der herausragenden Stellung des Menschen nicht zu vereinbaren sei. Der wissenschaftliche Anspruch hat in den USA auch mit dem Verbot religiöser Lehre an öffentlichen Schulen zu tun. Über den Umweg einer pseudowissenschaftlichen „Theorie" als scheinbare Alternative zur Evolutionstheorie versucht man, dem Ansehen und der Funktion von Religion schadend, Einfluss auf die Erziehung zu nehmen.

zeugt ist, der Mensch sei vor wenigen tausend Jahren von Gott geschaffen worden.

Die ältesten Nachweise von Hominiden-ähnlichen Primaten (ca. 7 Mio. Jahre) gelangen französischen Paläoanthropologen im Jahr 2002 im Tschad. Die Zuordnung von *Sahelanthropus tschadensis* ist allerdings noch strittig. Klarer ist die Stellung der Australopitheciden, welche sich schon definitiv auf zwei Beinen fortbewegten. Aus ihnen entwickelten sich mehrere Zweige von Hominiden. Diese existierten teils zeitgleich, aber nicht unbedingt mit überlappenden Arealen. Die Gattung *Paranthropus* wurde letztendlich verdrängt. Die Abbildung 10.6 zeigt den Verlauf der Entwicklung der verschiedenen Linien, wobei die verbindenden Pfeile lediglich Möglichkeiten, aber keinen belegten Ablauf andeuten sollen. Nicht alle beschriebenen Hominiden sind dargestellt, weil einige Taxa nicht allgemein akzeptiert oder nur durch wenige Knochenbruchstücke belegt sind (z. B. *Australopithecus bahrelghazali, Australopithecus garhi, Kenyanthropus platyops, Homo antecessor*).

Die Linie der späten Vertreter der Gattung *Homo* ist umstritten. Neben der Ableitung des *Homo sapiens* von *Homo heidelbergensis* (der sich in Europa aus *Homo antecessor* entwickelt hatte und die Stammform zu *Homo neanderthalensis* darstellt), ist die **„Out-of-Africa"-Hypothese** wahrscheinlich (Templeton 2002). Sie sagt, dass sich *Homo sapiens* im Entstehungszentrum der Hominiden ebenfalls aus *Homo erectus* herausgebildet habe. Dies wird durch die Analyse der Ähnlichkeit maternaler mitochondrischer DNA gestützt (mtDNA). Auch heute noch ist die genetische Vielfalt von *Homo sapiens* in Ost-Afrika besonders hoch (z. B. Forster & Matsumura 2005).

Die Einstufung mancher Hominiden (z. B. *Homo rudolfensis*) ist aufgrund der wenigen Belege, ihrer physiognomischen Unterschiede und der immensen zeitlichen Lücken fraglich, was die Ableitung einzelner Linien erschwert. Zwar ist *Homo erectus* bis nach Ostasien gelangt, wie die im Zweiten Weltkrieg verloren gegangenen Skelette des „Peking-Menschen" beweisen, doch muss daraus nicht geschlossen werden, dass die Weiterentwicklung über Mechanismen einer allopatrischen Artbildung auf anderen Kontinenten verlaufen sei.

Die Funde des kleinwüchsigen Flores-Menschen (*Homo floresiensis*) im September 2003 waren eine Sensation (Brown et al. 2004). Sie belegen eine sehr viel größere Vielfalt menschlicher Entwicklungen als bislang angenommen. Man vermutet, dass diese Population durch einen Vulkanausbruch auf der Insel erst vor 12.000 Jahren ausgelöscht wurde. Zwar war *Homo sapiens* bereits seit etwa 50.000 Jahren in der Region aktiv, auf Flores selbst sind jedoch erst nach dem Erlöschen des Flores-Menschen, Skelettfunde von *Homo sapiens* datierbar. Ob sich diese beiden Menschenarten begeg-

Abb. 10.6

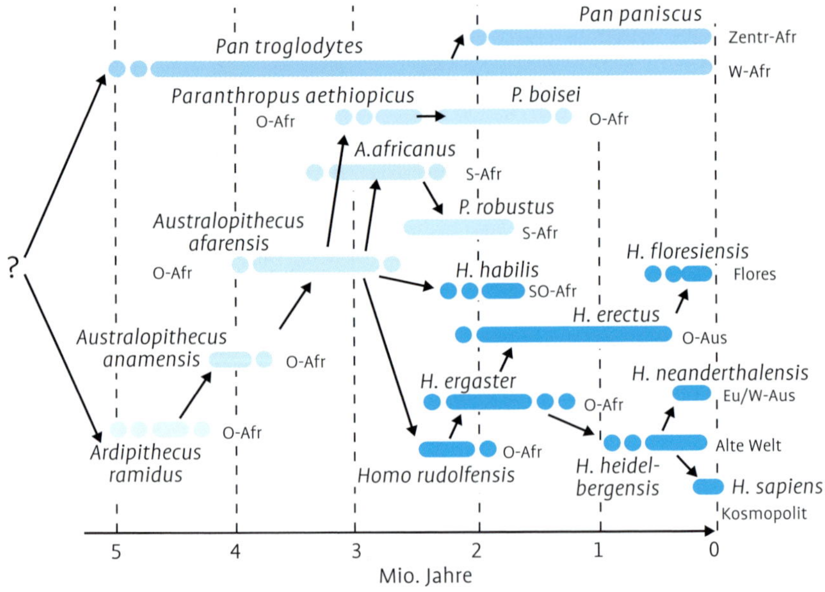

Evolution und Biogeographie der Hominiden auf der Grundlage fossiler Nachweise. Ausgehend von Ostafrika wurde zunächst Asien, dann Europa besiedelt. Erst durch ***Homo sapiens*** wurden Australien und die neue Welt erreicht. Es kann angenommen werden, dass über lange Zeiträume mehrere Hominidenarten parallel zueinander existierten.

neten, ist daher ungewiss. Die Schädelmerkmale (z. B. Überaugenwülste) legen eine direkt aus *Homo erectus* abgeleitete Art nahe. Er wäre dann nicht mit *Homo sapiens* direkt verwandt. Bereits bei 90.000 Jahre älteren Vertretern von *Homo sapiens* finden sich deutlich modernere Skelettformen. Erwachsene Individuen des Flores-Menschen erreichten eine Körpergröße von gerade einem Meter Die Kleinwüchsigkeit dieser isolierten Art ist Hinweis auf die für Inseln typische Ressourcenlimitierung. Sie wirkt sich stärker bei Arten aus, die nicht an der Spitze eines Nahrungsnetzes stehen, aber aufgrund der Körpergröße der Gründerpopulation viel Nahrung benötigen, also bei Groß-Herbivoren (z. B. fossile mediterrane Elefanten, Kap. 4). Top-Prädatoren tendieren hingegen zu Gigantismus.

Sicher ist, dass sich *Homo sapiens*, der seit etwa 190.000 Jahren nachzuweisen ist, über Zehntausende von Jahren geographisch mit den europäischen Neandertalern überlappte. Die ältesten *Homo-sapiens*-Funde in Israel stammen aus einer Zeit, die etwa 100.000 Jahre zurückliegt. Zu dieser Zeit war der Neandertaler, der über 170.000 Jahre ein Areal von Westeuropa bis nach Vorderasien einnahm, sicherlich in der Region ebenfalls aktiv. Die Ursachen für das Aussterben der Neandertaler vor etwa 27.000 Jahren werden kontrovers diskutiert. Hypothesen gehen vorwiegend in Richtung einer Verdrängung durch den konkurrenzstärkeren *Homo sapiens*. Worin jedoch dessen Vorteile gelegen haben, ist umstritten (z. B. Sprache als differenziertes Kommunikationsmittel). Neandertaler hatten einen sehr robusten Körperbau, an individueller Kraft wird es kaum gemangelt haben.

Moderne Menschen und Neandertaler konnten sich sehr wahrscheinlich nicht kreuzen. Knochenproben belegen, dass sich ihre Gene dafür zu stark unterschieden (Krings et al. 1997).

10.5 Fossilien und Erdgeschichte

Die Hauptquelle unserer Kenntnisse vergangener Lebenswelten sind **Fossilien**. Als solche bezeichnen wir alle Dokumente des Lebens, die in Gesteinen erhalten sind. Dies können direkte Körperfossilien (oder ihre Abdrücke) sein und Spurenfossilien, die lediglich die Aktivität bestimmter Organismen anzeigen. Fossilien fungierten von den Anfängen der Geologie bzw. Geognostik bis zum Ende des 20. Jahrhunderts als wichtigstes Hilfsmittel zur Alterseinordnung von Gesteinen. Die Namensgebung vieler Zeitalter und Fazies (z. B. Muschelkalk, Schilfsandstein) zeigt dieses enge Verhältnis. Die Geologie hat damit schon sehr frühzeitig und mehr oder weniger implizit die evolutive Differenzierung der Organismen erkannt, wenn auch die Mechanismen nicht ergründet wurden.

Der am Hof der Medici in Florenz tätige Nicolaus Steno (Niels Stensen) erkannte schon 1667 die Ähnlichkeit zwischen rezenten Haifischzähnen und den in maltesischen Mergeln gefundenen Zungensteinen (Glossopetren). Er stellte sich damit gegen die in seiner Zeit vorherrschende Meinung, dergestaltige organische Formen in Gesteinen seien nur Spiele der Natur („*ludi naturae*").

Der Universalgelehrte und Naturphilosoph Gottfried Wilhelm Leibniz (1646–1716) sah fossile Fischskelette, die er noch nicht zu datieren vermochte, eindeutig als Verwandte der lebenden Fischarten. Formen, die ihm nicht aktuell bekannt waren (Ammoniten), erklärte er mit der Unzugänglichkeit des Ozeans und vermutete, dass sie dort lebten. Noch sehr vorsichtig formulierte er in seiner posthum herausgegebenen „Protogaea" eine evolutive Entwicklung in der dritten Person: „*Manche gehen in der Willkür des Mutmaßens so weit, daß sie glauben, es seien einstmals, als der Ozean alles bedeckte, die Tiere, die heute das Land bewohnen, Wassertiere gewesen und hätten sich schließlich ihrer Nachkommenschaft ihrer ursprünglichen Heimat entwöhnt. Doch solches widerspricht den heiligen Schriftstellern, von denen abzuweichen sündhaft ist.*"

Abb. 10.7

Beispiele eines Lügensteins des Johann Bartholomäus Adam Beringer aus dem Naturkundemuseum Bamberg.

Traurige Berühmtheit erlangte der Würzburger Professor Johann Bartholomäus Adam Beringer (ca. 1667–1738). In den Muschelkalksteinbrüchen des Umlandes fand er, beispielsweise bei Eibelstadt, immer wieder versteinerte Tiere. Beringer sammelte und beschrieb die Funde. Mit der Zeit wurden seine Handstücke immer skurriler. Mehr und mehr handelte es sich um Fälschungen, um künstlich hergestellte Skulpturen: „Versteinerte" Spinnen mit ihrem Netz (Abb. 10.7), Schnecken mit allen Weichteilen, Frösche bei der Kopulation. Zeichnungen wurden von den Belegen angefertigt und Stiche gedruckt. 1726 erscheinen diese in seinem Werk „*Lithographiae Wirceburgensis*". Insgesamt sind etwa 2.000 solcher „**Lügensteine**" dokumentiert, ca. 450 sind in verschiedenen Sammlungen erhalten. Die Geschichte hinter den Vorgängen ist ungewiss. Gemeinhin nimmt man an, dass drei Studenten im Auftrage wissenschaftlicher Widersacher die Artefakte für ihn auslegten oder ihm zuspielten. Eine Ver-

Abb. 10.8

Verschiedene Ammoniten sind Leitfossilien des mesozoischen Jurameeres, Naturkundemuseum Bamberg.

sion der Geschichte ist, dass Beringer den Betrug erst erkannte, als er, auf hebräisch, seinen eigenen Namen auf einem Stein fand. Es ist aber nicht völlig auszuschließen, dass BERINGER selbst diese künstlichen Fossilien anfertigen lies. Im Jahr 1726 wird er im Beisein des Fürstbischofs mit den Fälschungen konfrontiert. Daraufhin zieht er sich aus der Wissenschaft zurück und versucht alle kursierenden Exemplare seines Buches aufzukaufen und zu vernichten, was ihm jedoch nicht gelingt. Betrachtet man die Stücke mit dem heutigen Wissen, dann erscheinen sie lächerlich und unglaublich naiv. Der gesamte Vorgang ist nur zu verstehen, wenn man bedenkt, dass zu BERINGERS Zeit die Genese von Fossilien völlig unklar war.

Auch wenn sich die Befunde für eine marine Genese der Fossilien und für ihr hohes Alter häuften, so ist doch das gesamte 18. Jahrhundert durch die Vorherrschaft der theologisch geprägten und prominent durch JOHN WOODWARD (1665–1722) vertretenen **Sintflutlehre** bestimmt. Damit war das maximale Alter der Gesteine mit organischen Ablagerungen sehr eingegrenzt. Man ging lange davon aus, dass alle fossilen Tierarten noch heute irgendwo zu finden sein müssten. Zwar hatte ROBERT HOOKE (1635–1703) schon vermutet, dass im Lauf der Erdgeschichte Arten auch ausgestorben sein müssten, doch setzte sich diese Erkenntnis erst nach vielen Jahrzehnten durch. Das von CARL VON LINNÉ (1707–1778) in der Mitte des 18. Jahrhunderts etablierte System der Lebewesen assoziiert im Grunde verwandtschaftliche Zusammenhänge. Aus heutiger Sicht überrascht, dass LINNÉ selbst davon überzeugt war, alle Lebewesen seien durch *„das unendliche Wesen von Anfang an hervorgebracht“* worden.

Gedanken zu einer evolutiven Entwicklung der Lebewesen sind bei IMMANUEL KANT (1724–1804) und speziell bei LOUIS AGASSIZ (1807–1873) angedeutet bis formuliert. Doch sollte es CHARLES DARWIN (1809–1882) vorbehalten bleiben, 1859 mit seinem Buch *„Origin of Species“* eine kohärente Theorie bereit zu stellen. Vier Jahre vor dessen Veröffentlichung hatte ALFRED RUSSEL WALLACE (1823–1913) in einem wenig beachteten und nur wenige Seiten umfassenden Artikel die Entstehung der Arten mit ähnlichen Mechanismen erklärt. WALLACE lebte in dieser Zeit auf Sarawak im indo-malayischen Archipel, wo er auf der Suche nach attraktiven Tieren war. Er war damit fern vom wissenschaftlichen Tagesgeschäft, was die geringe Wirkung seines Artikels erklärt. Bemerkenswert ist, dass WALLACE anhand von Fossilien die Entwicklung der Artenvielfalt über die geologischen Zeitalter hinweg herausstellt und in Verbindung mit der Evolution bringt: *„The first appearance of animals now existing can in many cases be traced, their numbers gradually increasing in the more recent formations, while other species continually die out and disappear, so that the present condition of the organic world is clearly derived by a natural process of gradual extinction and creation of species from that of the latest geological periods.“* Ausgehend von den Gedanken zur Evolution, die er aufgrund der Unterschiede zwischen den Inseln des Archipels entwickelt, stellt er mit diesen Gedanken einen Bezug zur zeitlichen Skala der Entwicklung der Lebewelt her.

Besonders gute Indikatoren eines gewissen Alters nennen wir **Leitfossilien** (Abb. 10.8). Ein Leitfossil sollte weit verbreitet und häufig sein, in verschiedenen Sedimenten auftreten sowie leicht und eindeutig zu bestimmen sein. **Trilobiten** (frühes Paläozoikum) und **Ammoniten** (v. a. Mesozoikum) sind Beispiele, doch handelt es sich um Artengruppen mit vielen Vertretern, die sicherlich differenzierte Lebensraumansprüche besaßen.

Entscheidend für den Erhalt von Fossilien sind neben den Struktureigenschaften des Lebewesens die Konservierungsbedingungen in seiner Umwelt. Aus rezenten Beobachtungen können wir schließen, dass das Unterbinden der Zersetzung (also Sauerstoffarmut) sowie die Deposition in sich ablagernde Sedimente vorteilhaft sind. Zwangsläufig bringt dies mit sich, dass marine und limnische Organismen bevorzugt erhalten werden. Doch sind vielfältige Zufallsprozesse wirksam, so dass niemals ein vollständiges Spektrum einer Lebensgemeinschaft dokumentiert wird. Terrestrische Lebewesen können nur zu Fossilien werden, wenn sie in solche Ablagerungsstätten eingeschwemmt oder in Mooren in sich bildende Torfe eingebettet werden (Abb. 10.9).

In erster Linie sind es hartschalige Tiergruppen, welche die zeitliche Zuordnung von Gesteinen bestimmen. Bis heute orientiert sich die stratigraphische Grobgliederung des Gesteinsalters (Protero-, Paläo-, Meso- und Känozoikum) an der Entfaltung der Tiere. Solcherartige **Bio-Stratigraphie** ist natürlich nur in Sedimentgesteinen durchführbar. Magmatische und hochmetamorphe Gesteine können keine Fossilien führen, doch wird durch die relativen Lagebeziehungen von Magmatiten und Metamorphiten zu paläontologisch einordenbaren Gesteinen deren zeitliche Entstehung ebenfalls ersichtlich. Organogene Gesteine sind sehr eng bis ausschließlich auf organische Tätigkeit zurückzuführen (z. B. Riffkalke, Kohlen).

Zur Interpretation von Fossilienbefunden ist die Tatsache zu berücksichtigen, dass die Lagebeziehungen und Erstreckungen der Kontinente im Verlauf der für diese Fragestellungen relevanten Zeitskala von 10^7 oder 10^8 Jahren nicht konstant blieben, sondern durch Kontinentaldrift erhebliche Veränderungen erfahren haben.

Die Konzentration der Stratigraphie auf Tiergruppen liegt nicht daran, dass sie früher an Land in Erscheinung getreten wären

Abb. 10.9

Tertiäre Fossilien der Sumpfzypresse (*Taxodium* spec.) aus der Grube Garzweiler bei Jülich (links Blätter, rechts Blüten). Rezent ist die Sumpfzypresse (*Taxodium distichum*) in den südöstlichen USA verbreitet, kann als Parkbaum aber in Mitteleuropa ohne weiteres gedeihen.

als pflanzliche Organismen, sondern in erster Linie daran, dass Tiere Vertreter mit gut konservierbaren Organen besitzen (Schalen, Außenskelette, Innenskelette) und durch ihre Mobilität Spuren und Abdrücke hinterlassen. Zunächst in weichen Sedimenten und Schlämmen und schließlich in verdichteten und verfestigten Gesteinen bleiben diese erhalten und liefern auf diese Weise die Grundlage einer vergleichenden Einordnung. Die frühen Pflanzen verfügten als Plankton oder einfache Algen nur über geringe Stabilisierungsstrukturen. Diese waren erst an Land vonnöten. Dort aber führt die rasche Zersetzung an den meisten Standorten zum Verlust von Zeugnissen der Existenz einer Art.

Die sukzessive Ableitung der verschiedenen Lebensformen und Taxa ist noch nicht lückenlos geklärt. Beispielsweise sind die Wurzeln der Vögel umstritten. Der Fund des *Archaeopterix* in den Plattenkalken bei Solnhofen erregte aus diesem Grund weltweites Aufsehen. Doch liegt dies weniger an Entwicklungssprüngen als daran, dass einfach nicht alle Zeitphasen geschlossen in Gesteinen dokumentiert sind. Insgesamt bietet sich aber das Bild einer kontinuierlichen Entwicklung hin zu immer differenzierter strukturierten Organismen.

10.6 Kontinentalverschiebung und Arealsysteme

Die Erkenntnis, dass sich Kontinente auf der Erdoberfläche bewegen ist relativ jung. Es war der deutsche Meteorologe Alfred Wegener (1880–1930), der als erster darauf hinwies. Zwar hatte er die ablaufenden Mechanismen der **Plattentektonik** noch nicht durchdrungen, doch bewirkten seine Arbeiten und Gedanken die Auseinandersetzung mit dem Phänomen und die Entschlüsselung der Abläufe.

Für die Biogeographie bieten Kontinentalverschiebungen die Möglichkeit, Verbreitungsmuster nahe verwandter Taxa über kontinentale Grenzen und Ozeane hinweg zu erklären. Verbindungen und Trennungen von Kontinenten sind gleichzeitig Verbindungen und Trennungen von Arealsystemen. Wenn wir die Lage der Kontinente in früherer Zeit rekonstruieren können, dann eröffnet sich die Möglichkeit, den Zusammenhang der Areale von verwandtschaftlich nahe stehenden Taxa auf verschiedenen Kontinenten zu erkennen (Abb. 10.10).

Die Bewegung der Kontinente hilft zu verstehen, dass wir über abiotische oder biotische Zeugnisse Belege für frühere tropische oder arktische Klimate in Regionen finden, die heute gemäßigtes Klima aufweisen. Um derartige klimatische Verhältnisse zu bewirken, muss nicht unbedingt eine globale Veränderung erfolgt sein, auch die Veränderung der Lage der Kontinente ist eine mögliche Ursache.

Am Ende des Perm und zu Beginn der Trias vereinte der Superkontinent **Pangaea** die gesamte kontinentale Kruste zu einer gigantischen Landmasse. Relikte der aus dem Zusammenstoß einzelner Platten hervorgegangenen Reliefbildung (variszische **Orogenese**) sind das Rheinische und Thüringische Schiefergebirge sowie der Harz. Das **Tethys-Meer** als Teil des globalen Ozeans (Panthalassa) reichte buchtartig von Osten zwischen das heutige Europa und Afrika. Die sich im fossilen Gedächtnis und in der Petrographie reflektierende Hitze und Trockenheit ist eventuell nur ein Zeichen der enormen Kontinentalität. Große Wüstengebiete erstreckten sich fast zwangsläufig über diesen Riesenkontinent.

Das sich daran anschließende Auseinanderbrechen und -driften der Kontinente über das gesamte Mesozoikum hinweg, war mit dramatischen Konsequenzen für die Verbreitung der Arten verbunden. Zunächst trennte sich Pangaea in das südliche **Gondwana** (benannt nach einem indischen Volksstamm) und das nördliche **Laurasia**. Aus Laurasia gingen Nordamerika und Eurasien hervor, aus Gondwana Südamerika, Afrika, Indien, Australien und die Antarktis. In der Verbreitung von Fossilien spiegelt sich der ehemalige Zusammenhang wider (Abb. 10.11). Die Vertreter der baumartig wachsenden Samenfarn-Gattung *Glossopteris* sind kennzeichnend für die Gondwana-Flora.

Diese Konstellation und insbesondere die lange Zeit währende Verbindung Australiens über die Antarktis mit Südamerika trägt zur Erklärung südhemisphärischer Verbreitungsmuster bei. Bei den Pflanzen können

Abb. 10.10

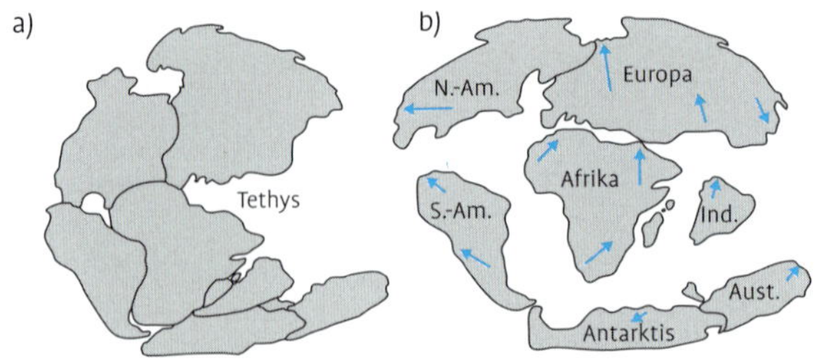

Entwicklung der Lage der Kontinente im Verlauf der Erdgeschichte.
a) Trias (ca. 200–250 Mio. Jahre); b) Kreide (65–145 Mio. Jahre).

Abb. 10.11

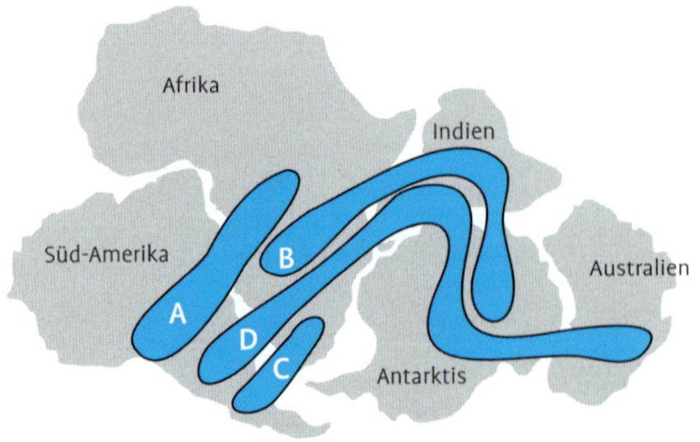

Verbreitung von Funden fossiler Arten belegen die ehemalige Konstellation der Landflächen im Südkontinent Gondwana.
a) *Cynognathus* (Trias); b) *Lystrosaurus* (Trias); c) *Mesosaurus* (Perm); d) *Glossopteris* (Perm bis Trias) (nach U.S. Geological Survey).

die Familien der *Proteaceae*, der *Podocarpaceae* und der *Araucariaceae* genannt werden. Bei den Tieren die Lungenfische (*Dipnoi*) und die ebenfalls sehr urtümlichen Stummelfüßer (*Onychophora*).

Auf der Nordhalbkugel sind ähnliche Verbindungen zu sehen. Die Ginkgo-Bäume (heutiger Vertreter *Ginkgo biloba*) waren über Millionen von Jahren auf der gesamten Nordhalbkugel verbreitet (Abb. 10.12). Im mittleren Jura ist in Europa vor ca. 175 Millionen Jahren *Ginkgo huttonii* nachgewiesen. *Ginkgo adiantoides* ist aus dem nordamerikanischen Alt-Tertiär vor ca. 50 Mio. Jahren beschrieben und aus dem Jung-Tertiär vor ca. 10 Mio. Jahren bei Freising. Heute findet man Ginkgo-Bäume nur noch in einem sehr kleinen Reliktrareal in Südost-Asien. Sowohl in Nordamerika als auch in Europa blieben keine natürlichen Populationen erhalten. Am heutigen Klima kann dies nicht liegen, wie Pflanzungen offensichtlich zeigen.

Abb. 10.12

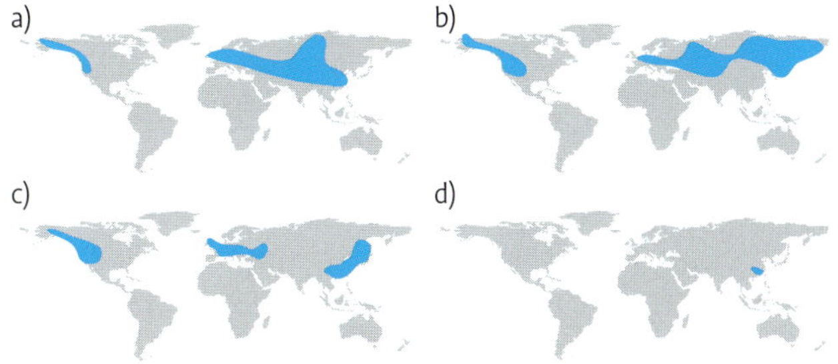

Entwicklung der Verbreitung der Gattung *Ginkgo* seit der Jurazeit.
a) Jura; b) Kreide; c) Tertiär; d) Holozän.

Abb. 10.13

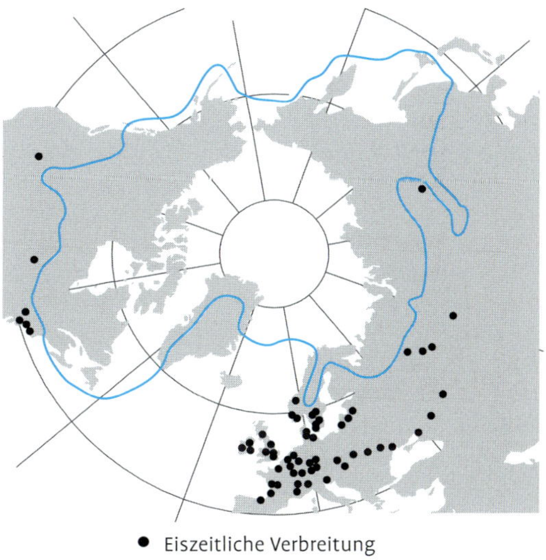

Pleistozäne Fundorte des Rentiers (*Rangifer tarandus*) (Punkte). Diese Art ist heute zirkumpolar in der Tundra verbreitet (blaue Linie).

10.7 Glazialzeiten und nacheiszeitliche Entwicklungen

Während des Pleistozän werden Schwankungen der Erdinklination und der Erdumlaufbahn von Bedeutung für die Entwicklung regionaler Muster der Biodiversität. Sie verursachen zyklische Phasen der Abkühlung und Erwärmung (Milankovic-Zyken) (s. Abb. 5.5). Zwar werden die Effekte polwärts stärker, doch sind selbst in den Tropen Auswirkungen der Milankovic-Zyklen zu bemerken. Dort kommt es zwar nicht zu einer völligen Verlagerung von Biomen, wie dies aufgrund der Landmassenverteilung auf der Nordhalbkugel geschah, sondern zu einem Schrumpfen bzw. Anwachsen der Fläche von Großlebensräumen (s. Abb. 5.6).

In den nicht vergletscherten Bereichen Europas stellte sich während der letzten Eiszeiten eine tundrenartige Vegetation mit entsprechender Fauna ein. Die Landschaften waren offen und ohne Baumwuchs. Arktische Arten drangen bis nach Mitteleuropa vor. Ihre heutigen Lebensräume lagen teils unter mächtigen Gletschern. Besonders gut gelang dies den Großsäugern, welche in ihren natürlichen Lebensabläufen Wanderungen über große Strecken vollziehen. Zur periglazialen Fauna Mitteleuropas zählten Rentiere (*Rangifer tarandus*) (Abb. 10.13), Moschusochsen (*Ovibos moschatus*) (Abb. 10.14) und Mammuts (*Mammuthus primigenus*). Letztere starben erst vor ca. 10.000 Jahren aus, wahrscheinlich durch eine Kombination von Stress, natürlichem Populationszusammenbruch und menschlichem Jagddruck. Noch heute werden gut erhaltene Kadaver im sibirischen Permafrost ge-

Box 12: Relikarten und „lebende Fossilien“

Lebende Fossilien weisen Merkmale auf, die schon vor sehr langer Zeit ähnlich auftraten und in Fossilien dokumentiert sind. Sie unterlagen folglich nur einer sehr geringen Veränderung. Oft ist ihr Vorkommen auf sehr kleine Bereiche begrenzt, wo sie über lange Zeit keiner Konkurrenz ausgesetzt waren. Sie treten daher an und auf Inseln gehäuft auf. Australien weist deshalb besonders viele solcher Arten auf, weil der Kontinent wie eine riesige Insel zu verstehen ist. Tiergruppen, die auf anderen Kontinenten ganz oder nahezu ganz verdrängt wurden konnten sich hier lange erhalten und weiter differenzieren. Beispiele für lebende Fossilien Australiens sind das Schnabeltier (*Ornithorhynchus anatinus*) und die Ameisenigel (*Tachyglossidae*, drei Arten). Diese eierlegende Tiergruppe (*Monotremata*) verkörpert einen sehr ursprünglichen Zweig der Säugetiere. Auch der Australische Lungenfisch (*Neoceratodus forsteri*) nimmt eine Sonderstellung ein. Lungenfische sind **Relikte** des Entwicklungszweiges der Fische, der vom Wasser- zum Landleben überging. Sie besitzen neben Kiemen auch lungenähnliche Organe. Neben den australischen Vertretern kommen auch in Afrika (*Protopterus*) und Südamerika (*Lepidosiren*) noch Lungenfische vor.
Die Ursachen des Vorkommens lebender Fossilien in der Tiefsee oder im tropischen Regenwald sind in deren ständig **gleich bleibenden Umweltbedingungen** zu suchen. Eine besonders populär gewordene Reliktart ist der Quastenflosser (*Latimeria chalumnae*), der bemerkenswerterweise zusammen mit den Lungenfischen in eine Unterklasse der Knochenfische, zu den Muskel- und Fleischflossern (*Sarcopterygii*) gestellt wird (siehe Abbildung unten). Er galt als ausgestorben, Vertreter dieser Artengruppe waren nur als Fossilien bekannt, bis man 1938 einen 1,50 m langen und 52 kg schweren unbekannten Fisch im Indischen Ozean in der Gegend östlich von East London (Südafrika) in knapp 70 m Tiefe gefangen hatte. Der Fischkundler Prof. Smith identifizierte den Fisch als Nachfahre der schon vor 70 Millionen Jahren lebenden Quastenflosser. Es sollte aber noch Jahre dauern, bis der Lebensraum von *Latimeria* gefunden werden konnte. Im Jahr 1987 gelang es, vor den Komoren mit dem Tauchboot „Geo“ in 198 m Tiefe Quastenflosser in ihrem natürlichen Lebensraum mit ganzjährig ausgeglichenen Bedingungen zu beobachten. 1997 wurden Quastenflosser auch in Indonesien (Sulawesi) gefunden. Der Artstatus der Manado-Quastenflosser (*Latimeria menadoensis*) ist zwar noch nicht abgesichert, doch deutet sich damit an, dass die Quastenflosser nicht nur vor den Komoren überdauern konnten, sondern offenbar auch in anderen innertropischen Gewässern Refugien fanden.

Quastenflosser (*Latimeria chalumnae*) aus dem Museum for Natural History in London.

Bei den Pflanzen finden sich ebenfalls einige Vertreter so genannter lebender Fossilien. Besonders prominent ist der Fächerblattbaum oder Ginkgo (*Ginkgo biloba*). Sein rezentes Areal umfasst nur ein sehr begrenztes Gebiet in Südost-China. Die frühere Verbreitung der Gattung zeigt Abb. 10.12. Der Ginkgo ist durch seine Mittlerstellung zwischen Laub- und Nadelbäumen entwicklungsgeschichtlich interessant. Heute ist dieser Baum aufgrund seiner Toleranz gegenüber Umweltbelastungen zu einem der beliebtesten Straßenbäume in Städten geworden. In New York dürfte der Ginkgo die häufigste Baumart sein.
Wie das Beispiel des erst 1994 in Australien, und zwar nur 150 km von Sydney entfernt, entdeckten Wollemi Pine (*Wollemia nobilis*) zeigt, gelingen auch in unserer Zeit noch sensationelle Entdeckungen lebender Fossilien. Es handelt sich nicht um eine Kiefer, wie der englische Name assoziiert, sondern um ein Araukariengewächs. Von der Pflanzenart lebten bei ihrer Entdeckung nur noch 40 Individuen, deren enges genetisches Spektrum auf die Abstammung von einer einzigen Pflanze hinwies. Die Fähigkeit zur vegetativen Vermehrung hat offensichtlich das klonale Überdauern der Art gewährleistet. Ähnliche Pflanzen haben schon vor 90 Mio. Jahren existiert.

funden. Die Vegetation Mitteleuropas war von Zwergsträuchern (*Dryas octopetala*, *Empetrum* spec., *Arctostaphylos* spec., *Betula nana*) geprägt. Bäume fehlten – mit Ausnahme einiger Weiden (*Salix* spec.) – an mikroklimatisch und edaphisch begünstigten Sonderstandorten.

Die massive Veränderung des Klimas zwang die Arten jeweils während einer Kühlphase (Eiszeit) nach Süden auszuweichen. In der folgenden Warmzeit war erneut ihre Rückwanderung nach Norden vonnöten. Sowohl in Nordamerika als auch in Eurasien kam es mehrfach zur völligen Verlagerung von Großlebensräumen. Im Gegensatz zu Nordamerika und Ostasien stellten sich der Verschiebung der Arten in Europa aber zahlreiche **Barrieren** entgegen.

Zunächst wirkten die sich wieder bildende Nord- und Ostsee wie ein Filter, doch war dieser aufgrund der nördlichen Lage relativ unbedeutend. Starke Barrierewirkung hatten die Gebirge (Pyrenäen, Alpen, Karpaten). Sie waren teils selbst vergletschert. Eine Überquerung durch Diasporen war insbesondere bei den vorherrschenden Windrichtungen kaum möglich. Wahrscheinlicher sind Wanderungsbewegungen entlang der großen Talsysteme (Rhône, Rhein, Donau, Moldau, Elbe). Wir sprechen von der **Burgundischen Pforte** (Rhône, Rhein) und der **Mährischen Pforte** (Donau, Moldau, Elbe), welche die Alpen seitlich umgehen. Barrieren, die durch klimatische Faktoren entstehen, müssen allerdings nicht unbedingt mit Gebirgen zusammenhängen. Auch pleistozäne Trockengebiete in Osteuropa können eine Barrierewirkung entfaltet haben. Von entscheidender Bedeutung für die Erklärung heutiger biogeographischer Muster in Europa ist zusätzlich die Lage der Rückzugsgebiete, also ob Populationen auf der Iberischen Halbinsel, in Italien, auf dem Balkan oder auf mediterranen Inseln die Eiszeiten überdauerten. Mit Hilfe molekulargenetischer Methoden kann heute das Rückwanderungsverhalten von Arten rekonstruiert werden (Hewitt 2000).

Als Rückzugsräume dienten die küstennahen Gebiete der mediterranen Gebirge, da eine weitere Wanderung nach Süden durch das Mittelmeer blockiert wurde. In diesen Gebirgen (z. B. auf der Iberischen Halbinsel, im Apennin, auf dem Balkan oder in Kleinasien) bot die Heterogenität der Standortverhältnisse der verschiedenen Höhenstufen zahlreichen Arten die Möglichkeit, die Kaltphasen zu überstehen. Da die Klimaveränderungen teils sehr rasch erfolgten, konnten allerdings nicht alle Arten die Entwicklung mit vollziehen.

Wie wir heute wissen, verlief die nacheiszeitliche Erwärmung sehr rasch. Allerdings sehen wir aus der Vegetationsentwicklung Mitteleuropas, dass die Vegetation einige tausend Jahre benötigte, um sich an diesen

Abb. 10.14

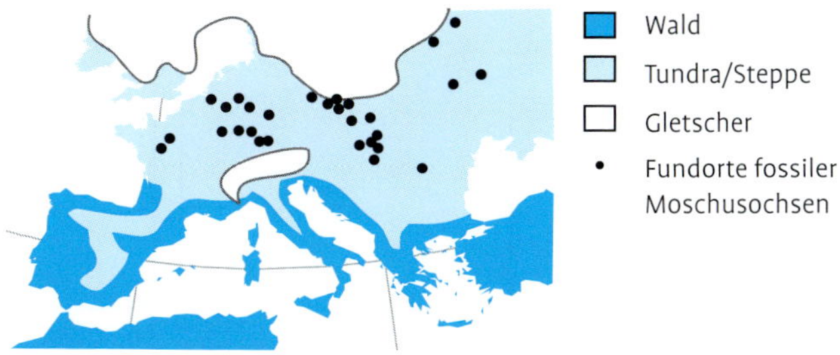

Historische Fundorte des arktisch verbreiteten Moschusochsen (***Ovibos moschatus***) in pleistozänen Offenlandgebieten Mitteleuropas während der Weichsel-Eiszeit. Heute kommt die Art in Sibirien, Grönland, Kanada und Alaska vor.

Abb. 10.15

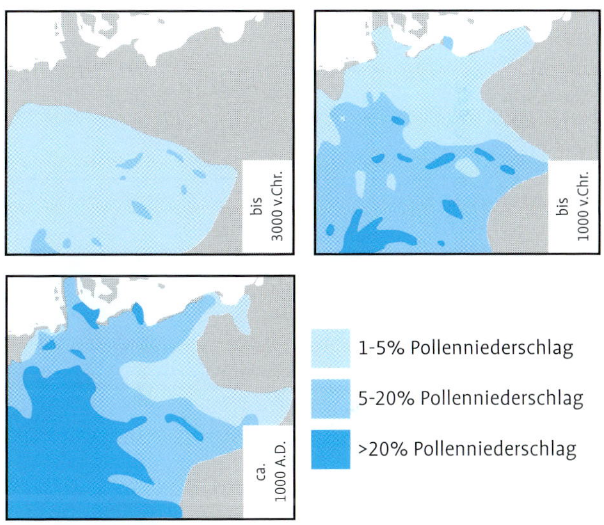

Nacheiszeitliche Ausbreitung der Rot-Buche (***Fagus sylvatica***) in Mitteleuropa (auf der Grundlage von Firbas 1949).

Abb. 10.16

Nacheiszeitliche Ausbreitung der Hemlocktannen (*Tsuga heterophylla* und *Tsuga canadensis*) in Nordamerika (nach Pollen Viewer; www.geo.brown.edu).

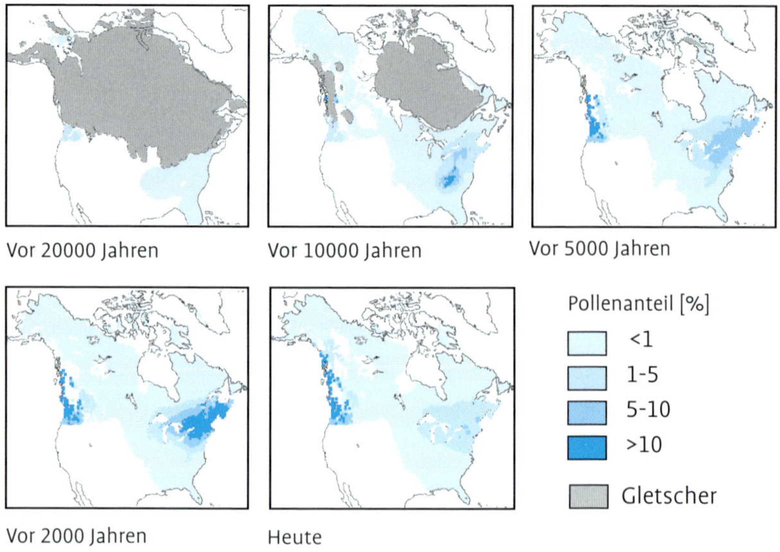

Abb. 10.17

Ausdünnung der mitteleuropäischen Flora über die Eiszeiten hinweg am Beispiel ausgewählter Baumarten (nach POTT 2000).

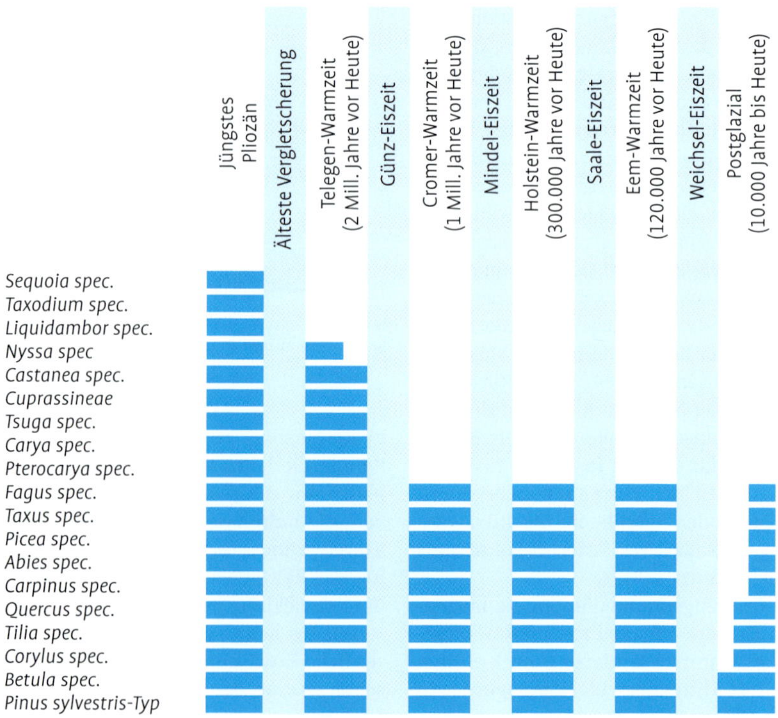

Zustand anzupassen (Abb. 10.15, Abb. 10.16). Als mitteleuropäische Grundsukzession wird die seit dem Ende der letzten Eiszeit erfolgende Entwicklung bezeichnet, welche ohne Einwirken des Menschen über die letzten etwa 10.000 Jahre hinweg zur Etablierung bestimmter Ökosysteme geführt hätte. Je nach Region hat der Mensch im Verlauf der letzten 1.000 bis 3.000 Jahre diese Entwicklung stark abgewandelt (Küster 1998, Küster 1999). Die Rekonstruktion der Entwicklung geschieht vorrangig mit Hilfe der **Palynologie** (Kap. 6). Moore und Seeablagerungen, in welchen eine chronologische Schichtung konservierender Substrate erfolgte, dienen uns als Archive der Vegetations- und Florengeschichte.

Diese Trägheit („inertia") in der Reaktion auf veränderte Klimabedingungen macht in Verbindung mit den effizienten Barrieren verständlich, warum es in Europa mit jeder Eiszeit zum regionalen und teilweise globalen Erlöschen von Arten kam und folglich zu einer im Vergleich mit Asien und Nordamerika sehr deutlichen floristischen Verarmung. Eiszeiten wirkten hier offensichtlich besonders stark als Filter auf die Artenvielfalt ein. Mit jedem Zyklus erfolgte eine Ausdünnung des frühpleistozänen Inventars (Abb. 10.17).

Diese Entwicklung ist durchaus spezifisch für Europa. In Nordamerika und in Ostasien sind die Gebirge longitudinal orientiert. Sie wirken daher nicht als Barriere den ausgleichenden Wanderungsbewegungen entgegen. Die meisten Arten konnten daher bei einer Klimaverschlechterung nach Süden ausweichen bzw. unter günstiger werdenden Bedingungen wieder nach Norden vordringen. Dies erklärt die bei den Holzgewächsen in verschiedenen Gattungen (z.B. *Quercus*, *Pinus*) etwa um den Faktor 10 höhere Artenzahl unter klimatisch vergleichbaren Bedingungen in China oder Neuengland sowie die dort größere Zahl heute endemischer Gattungen (z.B. *Ginkgo*, *Metasequoia*) mit historisch weiterer Verbreitung.

Bei einer globalen Betrachtung macht das Spezifikum der in Europa verstärkt aufgetretenen Aussterbeprozesse die bei zahlreichen Gattungen heute zu bemerkende amerikanisch-asiatische Disjunktion verständlich.

Abb. 10.18

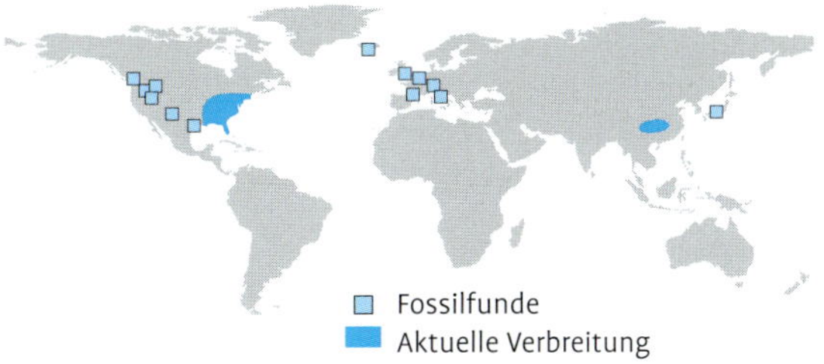

Aktuelles Areal und fossile Funde der Tulpenbäume (*Liriodendron* spp.).

Abb. 10.19

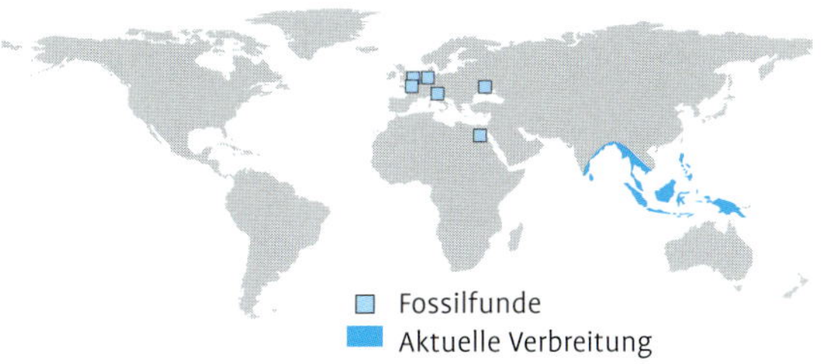

Aktuelles Areal und fossile Funde der Nipa-Palme (*Nipa* spp.).

Abb. 10.20

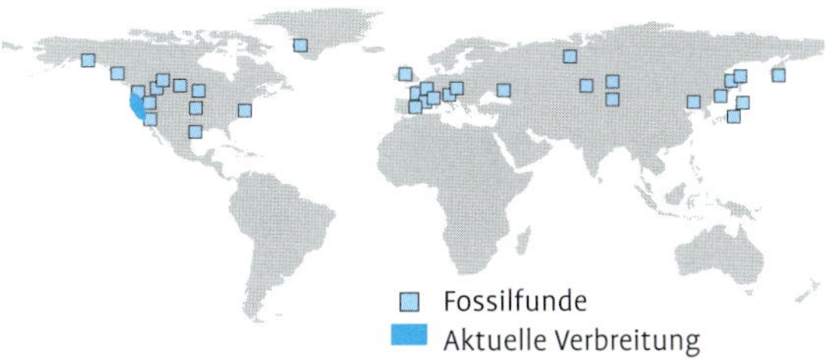

Aktuelles Areal und fossile Funde der Mammutbäume bzw. Redwoods (*Sequoia* spp.).

Zahlreiche Baumarten wie die Tulpenbäume (*Liriodendron* spp.) (Abb. 10.18), die Nipa-Palmen (*Nipa* spp.) (Abb. 10.19) oder die Mammutbäume (*Sequoia* spp.) (Abb. 10.20) wurden mit den Klimaschwankungen des Pleistozän entweder auf wenige Gunsträume zurückgedrängt oder unterlagen einer disjunkten Arealaufspaltung. Eine frühere Verbindung dieser Areale bestand nicht über die Beringstraße, sondern über Europa und die Verbindung mit dem nordamerikanischen Kontinent. Europa musste

Abb. 10.21

Entwicklung der Ostsee und ihrer Fauna im Verlauf des Rückzugs der Gletscher. Die in den jeweiligen Schichten charakteristischen Arten zeigen die damaligen hydrochemischen Bedingungen an.

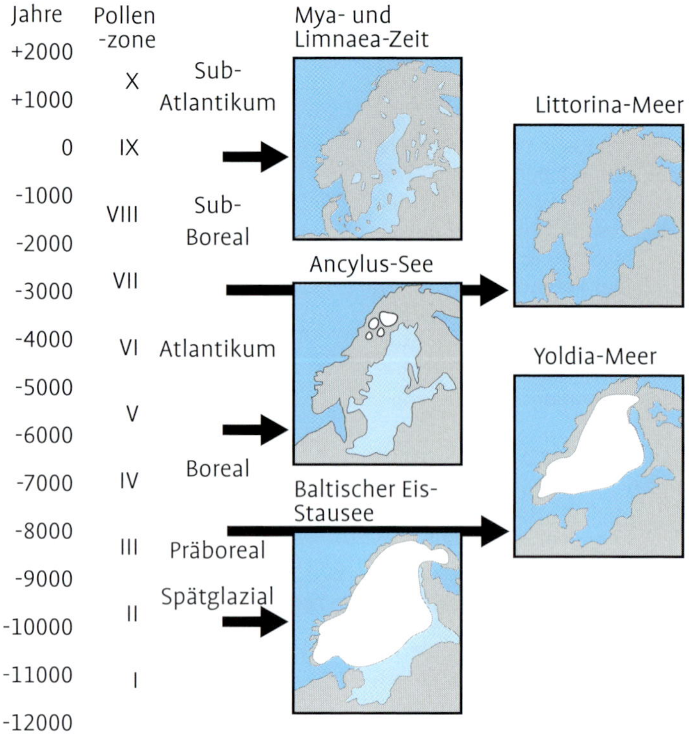

Abb. 10.22

Archaische Felszeichnungen in Namibia. Einige der dargestellten Tierarten sind heute in dem Gebiet nicht mehr anzutreffen. Sie weisen auf ein feuchteres Klima hin.

hierbei aufgrund seiner, relativ gesehen, nördlichen Lage besonders starke Verluste in der Biodiversität hinnehmen.

Im ostdeutschen Braunkohletagebau wurden verkieselte Baumstubben von Sequoien gefunden (z. B. *Quasisequoia couttsiae,* Alter 35 Mio. Jahre) (s. Abb. 6.12). Auch in den westdeutschen Braunkohlegruben finden sich Vertreter dieser Artengruppe. Mammutbäume wachsen in Mitteleuropa in zahlreichen Botanischen Gärten und Parks, woraus geschlossen werden kann, dass die Lebensbedingungen dieser Arten in Europa durchaus noch erfüllt sind, historische Entwicklungen aber die erneute Besiedlung dieses Lebensraumes verhinderten.

In Europa führten das Zurückweichen der Gletscher und das Vordringen von Tieflandarten ebenfalls zur Aufspaltung von Arealen bei Arten mit geringeren Wärmebedürfnissen in einen nördlichen Bereich und in Vorkommen im Gebirge. Da diese Entwicklung erst nach der letzten Eiszeit erfolgte, liegen die Disjunktionen mit diesem Muster verständlicherweise auf der Artebene. Beispiele einer arktisch-alpinen Disjunktion sind die Silberwurz (*Dryas octopetala*) und der Gletscher-Hahnenfuß (*Ranunculus glacialis*, s. Abb. 5.3), welche sowohl in den Hochlagen der Alpen als auch in den Tieflagen der nördlichen Skanden nicht selten sind. Manche Arten dieses Verbreitungsmusters konnten mit einzelnen Populationen in Mittelgebirgen überdauern (z. B. *Viola biflora*, *Betula nana*).

Neben den direkten Klimaeffekten sind die durch die Festlegung von Wasser in kontinentalen Eisschilden bzw. durch deren Schmelzen ausgelösten Meeresspiegelschwankungen biogeographisch relevant. Sie bewirkten eine Absenkung des Meeresspiegels während der Kaltzeiten um bis zu 160 m. Große Bereiche des kontinentalen Schelfs fielen trocken und Landbrücken zwischen heute durch Meeresarme getrennten terrestrischen Bereichen bildeten sich heraus. Solche Landbrücken auf dem kontinentalen Schelf erlaubten während der letzten Eiszeit im Übrigen *Homo sapiens* das Vordringen von Ostasien nach Nordamerika.

Eine besonders komplexe Geschichte weist die Ostsee auf (Abb. 10.21). Dort kam es durch den skandischen Eisschild und durch Meeresspiegelschwankungen immer wieder zur Abtrennung vom Ozean und mithin zu limnischen Verhältnissen. Da sich die Fauna des Süßwassers von der marinen maßgeblich unterscheidet (auch wenn der Salzgehalt der Ostsee heute deutlich geringer ist als in anderen Ozeanen), hatte dies eine Verschiebung der Artenzusammensetzung der sedimentierten Mollusken zur Folge. Die Molluskenfauna der Ostseesedimente erlaubt über Leitfossilien die Rekonstruktion der jeweiligen Zustände.

Wie bereits erwähnt, kam es während des Holozän in anderen Erdgegenden ebenfalls zu klimatischen Veränderungen (Abb. 10.22). Besonders diskutiert wird die Entwicklung der Sahara, welche die Trägheit des Klima-Vegetations-Systems verdeutlicht. Noch bis vor ca. 5.000 Jahren, also merklich nach dem Ende der letzten Eiszeit, waren weite Bereiche Nordafrikas von Savannensystemen eingenommen.

10.8 Entwicklungen in historischer Zeit

Die Entwicklungen in den letzten Jahrhunderten unterscheiden sich in zweierlei Hinsicht maßgeblich von der vorherigen Zeit. Zum einen nahm der Einfluss des Menschen rapide zu, zum anderen hat der Mensch die Entwicklung, wenn auch bruchstückhaft, in verschiedener Weise archiviert und dokumentiert. Beispielsweise ist vielerorten die Ausrottung von Großtieren oder Raubtieren genau festgehalten (s. Abb. 10.22). Die klimatische Entwicklung der letzten Jahrhunderte ist durch indirekte Belege (Hochwassermarken, Anbau thermisch anspruchsvoller Kulturpflanzen, Landschaftsmalerei) historisch nachvollziehbar (Abb. 10.23) und zusätzlich dendrochronologisch analysiert. Wir können das Klima der letzten Jahrhunderte relativ gut rekonstruieren. Die Auswertung solcher Hinweise und Daten ergibt, dass es im Mittelalter ein relatives Temperaturoptimum gab, welches von einer kühlen Phase, der „Kleinen Eiszeit", gefolgt wurde.

Die Entwicklung der menschlichen Gesellschaft hatte direkte Konsequenzen für einzelne Arten, die als Unkräuter eingeschleppt oder als schädlich ausgerottet wur-

Abb. 10.23

„Weinleite" bei Köditz (Oberfranken). Die Vegetationsstrukturen am Hang zeigen noch die frühere Nutzung als Weinberg an.

Abb. 10.24

Kalenderblatt der „Brüder von Limburg“ aus dem Stundenbuch des Herzogs von Berry (um 1400). Die dargestellte Szene verdeutlicht die intensive Landschaftsnutzung während des Mittelalters. Die Bäume des Waldes sind geschneitelt, Eicheln werden zur Schweinemast genutzt und im Hintergrund sind am Hang Erosionserscheinungen zu sehen.

den. Besondere ökosystemare Auswirkungen hatte der menschliche Einfluss auf die Waldfläche. In Europa ist dieser Einfluss seit wenigen tausend Jahren (in Südeuropa) bis zu Jahrhunderten (in Nordeuropa) nachweisbar. In Nordamerika erfolgte die Entwicklung in sehr viel kürzerer Zeit, im Wesentlichen während der letzten 150 Jahre. In China hingegen sind intensive Einwirkungen des Menschen seit Jahrtausenden spürbar.

Außerhalb des römischen Einflussbereichs machten sich in Mitteleuropa drei mittelalterliche Rodungsperioden bemerkbar, denn regional unterschiedlich waren weite Bereiche noch bis etwa 500 und in den Mittelgebirgen bis ca. 1200 n. Chr. vollständig bewaldet. Technische Innovation (Werkzeuge, Geräte) und Bevölkerungswachstum waren die Triebfedern der Rodungen. Unterbrechungen der Rodungsentwicklung ergaben sich immer wieder aus ethnischen (Völkerwanderung) und politischen Verwerfungen. Die Namensgebung (z. B. Merowingisch-Karolingische Rodungsperiode, ca. 600–900 n. Chr.) verweist auf den gelenkten Charakter der Entwicklung im Rahmen konstanter Herrschaftsverhältnisse. Zu Beginn des 14. Jahrhunderts war eine Ausweitung der landwirtschaftlichen Nutzflächen, die vornehmlich ackerbaulich genutzt wurden, kaum mehr möglich. Auch steile Hanglagen wurden bestellt. Die Konsequenz war im Zusammenhang mit Extremereignissen (1342) die größte soziale, ökonomische, ökologische, gesundheitliche und demographische Krise der Geschichte (s. Kap.12, Abb. 12.3).

Doch sollte bedacht sein, dass die verbliebenen Wälder ebenfalls sehr intensiv genutzt wurden (Abb. 10.24). Aus späterer Sicht als „Nebennutzungen“ charakterisierte Einwirkungen wie Pechgewinnung, Kohlascheproduktion, Köhlerei etc. bewirkten eine starke Degradierung der Wälder. Bis zur Entwicklung der Flößerei, die an den Aufbau überregionaler Handelsbeziehungen geknüpft war, spielte die Holzproduktion nur eine lokale Rolle. Der Wald wurde in Dorfnähe sehr intensiv als **Weidefläche** genutzt. Vornehmlich weichlaubige Baumarten wie die Esche (*Fraxinus excelsior*) wurden geschneitelt, um die grüne Biomasse als Futter zu verwerten. Unter Schneiteln versteht man das Schneiden junger Triebe mit Blättern im Spätsommer, die getrocknet und im Winter für die Winterfütterung verwendet wurden.

Als forstliche Nutzung war die am Brennholzertrag orientierte **Niederwald-** und **Mittelwaldnutzung** besonders in den wärmebegünstigten Regionen vorherrschend. Sie führte über Jahrhunderte zur Ausbildung charakteristischer Waldbilder und Biozönosen.

In den höheren Lagen der Mittelgebirge verblieben in Mitteleuropa geschlossene Waldflächen bis zum Beginn der Neuzeit. Diese Ressourcen wurden dann besonders durch die Glashütten, die sich von Tschechien kommend vornehmlich in den Gebirgsregionen ansiedelten, genutzt. In der Nähe traditioneller Glashütten sind ehemalige Meilerstätten an Bachläufen aufgrund der runden Reliefeinebnung noch heute häufig zu finden. Ein großer Teil des beanspruchten Holzes wurde aber für die Herstellung von Pottasche (Kaliumkarbonat) benötigt. Diese frühe Industrieform hat ganz beträchtlich zur Zerstörung der letzten abgelegenen Naturwälder Mitteleuropas beigetragen. Die Salzproduktion in Salinen beanspruchte ebenfalls große Mengen an Holz, insbesondere für die Erhitzung der Sole, um diese einzudampfen.

Bedingt durch die anthropogene Schaffung vielfältiger Lebensräume und die bewusste oder ungewollte Einführung von Arten zeigt die **Entwicklung der Artenvielfalt** in Europa einen mehr oder minder kontinuierlichen Anstieg (Scherer-Lorenzen et al. 2000). Bei den Pflanzen kann dies besonders gut nachvollzogen werden. Selbst wenn inzwischen einige wenige Arten in Mitteleuropa ausgestorben sind und nicht wenige in ihrem Bestand bedroht erscheinen, wurde dieser Verlust bisher durch die Zuwanderung neuer Arten mehr als ausgeglichen. Allerdings hat sich die Artenzusammensetzung langlebiger Biozönosen zum Teil massiv verändert (Abb. 10.25). Die meisten heutigen Forste haben mit den ehemaligen Naturwäldern wenig gemein.

Abb. 10.25

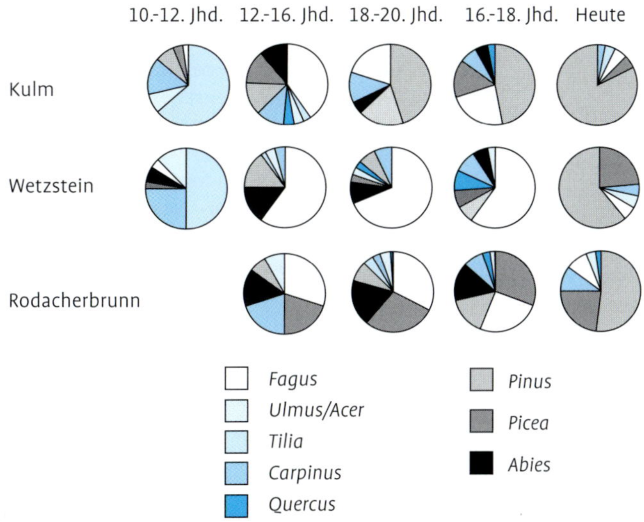

Verschiebung der Baumartenzusammensetzung in Wäldern des Frankenwaldes. In Archiven ist das Spektrum der genutzten Holzarten von Forstämtern dokumentiert (nach Lange et al. 1978).

Im 19. Jahrhundert machen sich die Einflüsse des Menschen in der Biosphäre immer stärker schädigend in der Natur bemerkbar. Der Einsatz der Dampfmaschine ermöglichte die Durchführung großer Baumaßnahmen, Infrastruktur wurde entwickelt (Eisenbahn) und neue Gebiete erschlossen. Schließlich bewirkte die Freisetzung von Schadstoffen **Schädigungen der Vegetation**. Rauchschäden durch Fluorimmissionen in der Nähe von Fabriken (z. B. Glasproduktion) sind schon vor mehr als 100 Jahren dokumentiert (Wislicenius 1985). Auch in der Umgebung von Metall verarbeitenden Betrieben waren ökologische Schäden schon während früher Phasen der Industrialisierung bemerkt worden (z. B. Wille 1922).

Waren durch menschliche Tätigkeit stofflich belastete Standorte bislang auf wenige Schwerpunkte konzentriert (z. B. Bergbaugebiete) und hatten dort spezifische Lebensgemeinschaften gefördert (Galmei-Flora auf Schwermetallstandorten), so erlebte das 20. Jahrhundert eine enorme Ausweitung der Umweltschäden. In Europa gipfelte die Entwicklung in den 1980er-Jahren im „Waldsterben“ der silikatischen Mittelgebirge. Besonders stark machte es sich im Erzgebirge und im Riesengebirge bemerkbar, aber auch im Fichtelgebirge und im Bayerischen Wald zeigten sich beängstigende Entwicklungen. Der Terminus „Waldsterben“ sollte aber schon bald zu „neuartigen Waldschäden“ abgeschwächt werden. Aus heutiger Sicht ist die entscheidende Erkenntnis aus diesen Abläufen, dass die ökosystemare Reaktion von gestressten Lebensgemeinschaften auf eine Hintergrundbelastung in Kombination mit seltenen Extremen zu komplexen Schad-Syndromen führt (Ellenberg 1996b).

Neben stofflichen sind es ganz entscheidend strukturelle Landschaftsveränderungen, welche zu lokalen Artenverlusten beitragen bzw. Populationen in ihrem Verbund beeinträchtigen. Die Bautätigkeit und die zunehmende Verstädterung bewirkte eine zunehmende Flächenversiegelung. Verkehrswege wie Autobahnen, Kanäle und Eisenbahnen führten zur Fragmentierung naturnaher Lebensräume. Doch gerade diese Eingriffe in den Naturhaushalt erwiesen sich als Vektoren für eine ungewollte Bereicherung der Artenvielfalt.

10.9 Einheimisch, neu oder gar invasiv?

Einheimisch sind Arten, die in ein Gebiet ohne Zutun des Menschen eingewandert sind. Hierunter sind Arten zu verstehen, die den heutigen zonalen Klimabedingungen entsprechen (z. B. in Mitteleuropa die Vertreter der Wald-, Ufer-, Moor-, Dünenvegetation sowie die Hochgebirgsvegetation). Ferner sind dies jene Arten, die nur mit Hilfe des Menschen (z. B. durch das Offenhalten von Standorten und die Vermeidung von Waldentwicklung) hier existieren können. Daneben gibt es an Sonderstandorten Relikte einer früheren Vegetation. Einzelne Floren und Faunen unterscheiden sich mitunter erheblich in der Einstufung von Arten bezüglich ihrer Natürlichkeit.

Einheimische Arten können durch Jagd oder Nutzung dezimiert und im schlimmsten Fall lokal oder regional ausgerottet werden. Gefährdungen der in den Organismen gespeicherten biologischen Information ergeben sich zusätzlich durch die gezielte Förderung von Arten. Die anthropogene Ausbreitung von Populationen kann zur Vermischung genetisch fixierter Eigenschaften führen. Lokale Bestände der Fichte (*Picea abies*) wurden vielfach mit Pflanzungen nicht heimischer „*Herkünfte*" vermischt, die sich dann jedoch als weniger gut an die jeweiligen Klimabedingungen angepasst erwiesen.

Der Einfluss des Menschen dokumentiert sich unter anderem in **synanthropen Arten**, die durch Menschen gefördert werden oder mit dem Menschen auftreten (Abb. 10.26). **Adventiv** sind dabei jene Arten, die mit Zutun des Menschen (absichtlich oder unabsichtlich) eingewandert sind. **Anthropochor** im engeren Sinne sind jene Arten, die direkt vom Menschen ausgebreitet wurden. Kulturpflanzen werden als **Ergasiophyten** bezeichnet. **Apophyten** sind jene einheimischen Pflanzenarten, die sich auf anthropogenen Habitaten besonders erfolgreich etablieren können. Der Giersch (*Aegopodium podagraria*) oder die Große Brennnessel (*Urtica dioica*) sind solche Arten.

Bezüglich der menschlichen Einschleppung in ein Gebiet wird danach unterschieden, ob dies in der Neuzeit oder vorher geschah. Diese Unterscheidung gründet sich im Wesentlichen auf die eurozentrische Sichtweise, dass seit dem Jahr 1492 über den Schiffshandel eine Verbindung zu dem bis dato isolierten Nordamerika hergestellt wurde. Seit dieser Zeit werden nordamerikanische Arten aus ähnlichen Klimaregionen nach Europa eingeschleppt. Diese Klassifikation ist insofern tendenziös, als die meisten Probleme mit neu eingeschleppten Arten beispielsweise in Australien oder Neuseeland bestehen, wo man folglich **Neobiota** nach anderen Zeitmarken klassifizieren müsste. Bei Pflanzen werden die **Neophyten** von den vor 1492 unabsichtlich eingewanderten oder eingeführten **Archäophyten** unterschieden.

Abb. 10.26

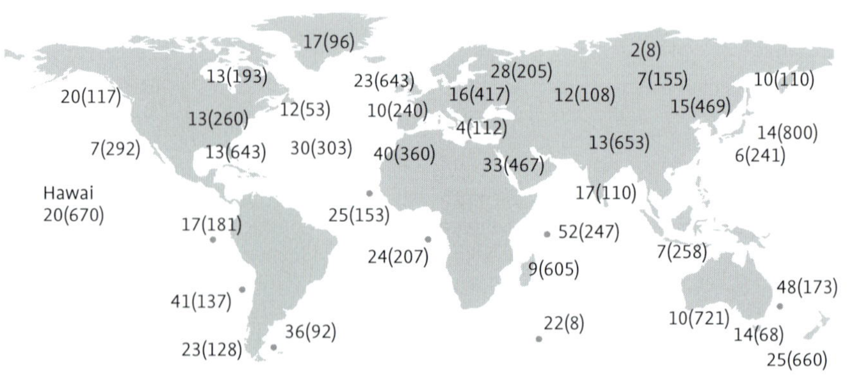

Prozentanteile und absolute Zahl (in Klammern) der konstant synanthropen Gefäßpflanzen (nach SEDLAG & WEINERT 1987).

Bei Tieren ist es unüblich, neben **Neozooen** von Archäozooen zu sprechen.

Neben den langfristig etablierten Arten treten immer wieder ephemere Arten auf, die lediglich während günstiger Klimabedingungen existieren, aber die Winter nicht überleben. Solche Gäste der Flora und Fauna sind oft in der Nähe von Häfen und Bahnhöfen zu finden. Mitunter gelingt es ihnen, vom günstigen Mikroklima von Sonderstandorten zu profitieren. Im Stadtgebiet von Leipzig sind an Mauern seit längerem mediterrane Feigenbäume (*Ficus carica*) etabliert, welchen in der freien Landschaft kaum ein dauerhaftes Überleben möglich wäre. Eventuell dienen solche Vorkommen aber als Vorposten einer künftigen Ausbreitung bei einer stattfindenden Klimaerwärmung. In mitteleuropäischen Großstädten ist seit einigen Jahren der in China und Korea beheimatete Götterbaum (*Ailanthus altissima*) auf dem Vormarsch (Abb. 10.27). Seine Ausbreitung wird durch die sich in Städten bündelnden Vektoren (v. a. Bahnverkehr) gefördert. Zusätzlich erleichtert das günstige Mikroklima urbaner Ökosysteme die Etablierung.

Durchaus ähnlich sind die Kolonien von Halsbandsittichen (*Psittacula krameri*) in manchen deutschen Städten zu interpretieren. Zunächst handelte es sich um flüchtige Haustiere, die im günstigen Stadtklima ein geeignetes Habitat fanden. Von dort gelang in manchen Gunsträumen (Oberrheintal) die Besiedlung benachbarter Lebensräume. Doch sind nicht alle eingeschleppten Arten so erfolgreich. Bedingt durch den Handel und die sich im privaten Bereich dann doch ergebenden Probleme mit exotischen Arten, gelangen immer wieder Arten in die Natur, die sich dort nur kurze Zeit halten können und schließlich eingehen. Immer wieder ist in den Medien von entwischten Kängurus oder Krokodilen die Rede. Manche der freigesetzten Arten sind jedoch weniger auffällig und groß. Und einige leben zumindest einige Zeit im Verborgenen, bevor die kalten Wintertemperaturen sie wieder verschwinden lassen, wie dies immer wieder mit Piranhas (*Pygocentrus* spec.) geschieht. Mehrfach wurden Fänge aus europäischen Gewässern dokumentiert.

In verschiedene Flusssysteme Europas ist seit den 1960er-Jahren der amerikanische

Abb. 10.27

Götterbaum (*Ailanthus altissima*) in der Leipziger Innenstadt.

Abb. 10.28

Die Verhinderung der Ausbreitung des Signalkrebses (*Pacifastacus leniusculus*) durch menschliche Prädation ist eine interessante, aber wenig Erfolg versprechende Naturschutzstrategie.

Signalkrebs (*Pacifastacus leniusculus*) eingeschleppt worden. Die Art ist aggressiver als der Europäische Fluss- bzw. Edelkrebs (*Astacus astacus*) und verdrängt diesen aus seinem Lebensraum. Auch kann der Signalkrebs einen Pilz, *Aphanomyces astaci*, über-

Abb. 10.29

Im Mittelmeergebiet ist der Grau-Tabak (*Nicotiana glauca*) eine neophytische Art mit hohem invasivem Potenzial.

Abb. 10.30

Die am Amazonas natürliche Wasserhyazinthe (*Eichhornia crassipes*) stellt eine erhebliche Bedrohung vieler Lebensgemeinschaften der Tropen und Subtropen dar. Sie bildet dichte Teppiche aus, welche Krokodilen und Alligatoren Sichtschutz gewähren. Florida, USA.

tragen, der ebenfalls aus Nordamerika eingeschleppt wurde und dessen Infektion für den Edelkrebs in der Regel tödlich verläuft (Krebspest). Der Signalkrebs reagiert zusätzlich weniger sensibel auf Gewässerbelastung. Diese Art kann kaum kontrolliert werden und es besteht Anlass zur Sorge, dass sie die mitteleuropäischen Krebse langfristig regional verdrängen wird (Abb. 10.28).

Invasive Arten sind adventive, nicht-heimische Arten (Pflanzen, Tiere oder Mikroorganismen), die sich sehr schnell ausbreiten und in natürliche Ökosysteme eindringen (s. a. Simberloff 1997) (Abb. 10.29). Dabei verursachen solche Arten Effekte bezüglich deren Artenzusammensetzung oder Ökosystemfunktionen. Es ist daher eventuell sinnvoll, zwischen Neobiota bzw. gebietsfremden Arten und invasiven Arten zu unterscheiden (Pysek et al. 2005). Allerdings zeigen manche Arten erst nach einer deutlichen Verzögerung nach ihrer Etablierung aggressives invasives Verhalten. Kowarik (2003) definiert eine **biologische Invasion** als einen „durch den Menschen ermöglichten Prozess der Vermehrung und Ausbreitung von Organismen in Gebiete, die sie auf natürliche Weise nicht erreicht haben“. Er bezieht in diese Definition Unterarten, Varietäten, Sorten und gentechnisch veränderte Organismen mit ein. Die Zehnerregel, dass nur eine von 10 Arten sich etablieren kann, und wiederum nur eine von 10 etablierten Arten ein invasives Potenzial besitzt, ist nur eine grobe Orientierung. Insbesondere ist unklar, wie sich eingeschleppte und bisher noch nicht invasive Arten im Verlaufe einer Klimaerwärmung verhalten werden.

In den USA sind invasive Arten ein Thema mit großer Bedeutung in der gesellschaftlichen Diskussion. Die ökonomischen Schäden, welche von solchen Arten verursacht werden können, sind hier besonders deutlich geworden (Pimentel 2002). Da Inseln mit ihrem hohen Anteil an endemischen Arten mit geringer Konkurrenzkraft sehr sensibel auf eingeschleppte Arten reagieren, ist bei der Einreise nach Hawaii oder ähnlich isolierten Lebensräumen besondere Vorsicht am Platze.

Auch andere isolierte Systeme – wie Seen – sind aufgrund geringer Nischensättigung und auf eventuelle Prädatoren wirkender Besiedlungsfilter unter Umständen ebenfalls besonders empfänglich für invasive Arten. Die südamerikanische Wasserhyazinthe (*Eichhornia crassipes*) (Abb. 10.30) hat mehr oder weniger Besitz vom Viktoriasee ergriffen. Die bei der Zersetzung der Biomasse erfolgende Sauerstoffzehrung bewirkt dort große ökologische Probleme.

Auch hier war der Mensch der entscheidende Vektor. Die initiale Ausbreitung geschah aufgrund der attraktiven Blüten. Die Pflanze wurde schon Ende des 19. Jahrhunderts als Zierpflanze vom Amazonasgebiet nach Florida und nach Südostasien gebracht. Die weitere regionale Verbreitung übernahmen dann andere Vektoren (Organismen, Strömungen). Inzwischen bevölkert *Eichhornia* nahezu alle warmen Gewässer der Erde. Da nicht nur ökologische Probleme entstehen, sondern auch Schwierigkeiten im Schiffsverkehr ausgelöst werden können, wird die Art mit teilweise großem Aufwand bekämpft. Seit kurzem versucht man mit der Einführung monophager Rüsselkäfer (*Neochetina eichhorniae*), die Pflanze biologisch zu kontrollieren.

Die Motive, Arten freizusetzen, sind vielfältig. Auch zur biologischen Schädlingsbekämpfung eingesetzte Arten können sich unter Umständen als neobiotische Arten etablieren. Die tropischen Moskitofische (*Gambusia affinis* und *G. holbrooki*) werden schon seit über 100 Jahren gezielt in Gewässern freigesetzt, um die Vermehrung von Krankheiten übertragenden Stechmücken zu begrenzen. Diese Fische etablieren und reproduzieren sich und gliedern sich auf diese Weise in die lokale Fauna ein (Müller 1977) (s. Abb. 12.30). Dies ist *Gambusia affinis* sogar in Mitteleuropa gelungen (Abb. 10.31; Kinzelbach & Krupp 1982). In diesem Fall sind die Auswirkungen auf die betroffenen Zönosen zwar nachhaltig, aber wenig katastrophal.

Abb. 10.31

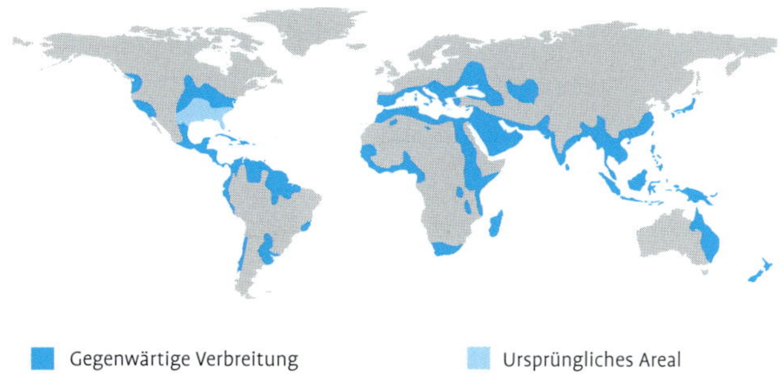

Globale Arealausweitung des Moskitofisches (*Gambusia affinis*) als Folge der gezielten menschlichen Verschleppung zur Eindämmung der Malaria, da dieser Fisch sehr effizient die für die Ausbreitung der Malaria relevanten Mücken vertilgt (nach Müller 1979).

Fragen

1 Warum sind vor allem marine Tiere als Fossilien erhalten geblieben?
2 Welche Einwirkungen können für die globalen Massensterben verantwortlich gemacht werden? Nennen Sie die fünf wichtigsten Aussterbeereignisse!
3 Welche Eigenschaften zeichnen „Lebende Fossilien" aus?
4 Was verstehen wir unter der Angiospermenrevolution?
5 Erläutern Sie die holozäne Vegetationsentwicklung!
6 Erläutern Sie die Entwicklung der menschlichen Spezies in einem geographischen Zusammenhang!
7 Wie wirkten sich die Klimaschwankungen des Pleistozän auf globale Muster von Arealen aus?
8 Welche Einflüsse übte der Mensch in geschichtlicher Zeit auf die Entwicklung der Artenvielfalt aus?
9 Wo finden wir vor allem Neophyten und welche Eigenschaften besitzen sie?
10 Was verstehen wir unter invasiven Arten?

11 Angewandte Biogeographie

Ökologische Serviceleistungen und natürliche Bedrohungen

„Cui bono?"
CICERO (106–43 v. Chr.)

11.1 Der Wert der Dinge

Die Angewandte Biogeographie befasst sich mit dem Umstand, dass Organismen und ökosystemare Funktionen ganz wesentlich zur **Bereitstellung günstiger Lebensumstände für den Menschen** beitragen. Ausreichende und qualitativ hochwertige Nahrung, reines Trinkwasser, saubere Luft, Rohstoffe für Textilien oder für bauliche Zwecke, Arzneien und Genussmittel sind Beispiele für Leistungen der Natur, von denen der Mensch direkt existenziell profitiert. Darüber hinaus nutzen wir die Kenntnisse über das Vorkommen oder Fehlen von Arten als indirekte **Indikation für Nutzungsmöglichkeiten oder Belastungen von Ökosystemen**.

Ausgelöst durch die zunehmende Effizienz und allgemeine Verfügbarkeit moderner Landnutzungstechniken, durch die Nutzung fossiler Energie- und Nährstoffquellen sowie synthetischer Agrochemikalien, durch die Uniformierung der Landnutzungsweisen sowie nicht zuletzt durch die infrastrukturelle und informationstechnische Verknüpfung der Märkte manifestierte sich das menschliche Wirken – neben Veränderungen der globalen biogeochemischen Kreisläufe und des Klimas – auch in einem anthropogen induzierten Artensterben (LEAKEY & LEVIN 1995). Dies ist auch deswegen beunruhigend, weil noch bei weitem nicht alle potenziellen Möglichkeiten der Nutzung von Arten ausgeschöpft sind.

Im Zusammenhang mit der Beurteilung der Auswirkungen globaler Artenverluste bei gleichzeitig stattfindenden Umweltveränderungen werden Auswirkungen auf die Funktionsfähigkeit von Ökosystemen erwartet (Abb. 11.1). Damit verbunden besteht eine zunehmende Sorge um sozioökonomische Konsequenzen (BARBIER et al. 1994, PERRINGS 1995). Neben dem Verlust potenzieller Ressourcen für Nutzungen durch künftige Generationen, wird die Zunahme von biotisch induzierten schädlichen Naturereignissen befürchtet. Weitere Sorge gilt dem Verlust von Schutzfunktionen vor abiotischen Schadereignissen. Hinzu kommen mögliche Einschränkungen ökosystemarer Serviceleistungen wie Nahrungsmittel- und Rohstoffproduktion, Trinkwasserbereitstellung oder Luftreinhaltung (DAILY 1997). In Europa werden vor allem Gebirge und die Mittelmeerregion als sensibel für derartige Veränderungen ökologischer Serviceleistungen angesehen (SCHRÖTER et al. 2005).

Die **Ansprüche des Menschen** an die natürlichen Ressourcen wachsen mit dem Wohlstand und der Population. Gleichzeitig

Abb. 11.1

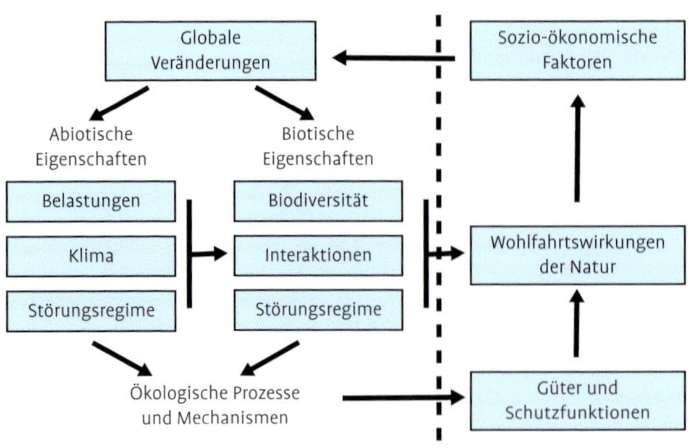

Zusammenhang zwischen dem Einwirken des Menschen auf die globalen ökologischen Prozesse und Mechanismen und deren Feedback auf die menschliche Gesellschaft.

beeinträchtigt der Mensch das Funktionieren natürlicher Systeme, ebenfalls durch steigenden Wohlstand und Populationswachstum. Die Abläufe sind nicht direkt miteinander verkoppelt, wie dies in früheren subsistenzorientierten Gesellschafts- und Wirtschaftsformen der Fall war. Konsequenzen sind deshalb nicht direkt ersichtlich. Seit langem schon und immer stärker erfolgt über Arbeitsteilung und Transport eine Trennung zwischen der Bereitstellung ökologischer Serviceleistungen und ihrer Beanspruchung. Und weil sowohl die zeitliche als auch die räumliche Dimension der Auswirkungen für einzelne Individuen nicht mehr überschaubar, geschweige denn kontrollierbar ist, scheint das Erkennen von Problemen und das Reagieren darauf kaum noch zu bewältigen.

Die Biodiversitätskonvention von Rio, die Flora-Fauna-Habitat-Richtlinie der EU sowie die nationalen Bemühungen zum Erhalt der Biodiversität sind neben ethisch-moralischen Motiven nicht unwesentlich durch die **Sorge um den Verlust ökologischer Leistungen** getrieben. Es besteht Grund zu der Annahme, dass ein Verlust von Vielfalt (sei es die Vielfalt von Organismen, Lebensgemeinschaften oder eine Verringerung ihrer Heterogenität und Komplexität) über Systemreaktionen beantwortet wird. Ohne das Verständnis des heutigen Beitrags der Arten und der Artenvielfalt zum Funktionieren von Ökosystemen und Landschaften ist eine Prognose künftiger Entwicklungen kaum möglich. Handlungsstrategien können nur aus einer hinreichend aussagekräftigen wissenschaftlichen Erkenntnislage heraus entwickelt werden. Es zeigt sich gleichermaßen, dass die Wissenschaft gehalten ist, sich nicht nur am selbst motivierten Erkenntnisstreben zu orientieren, sondern Probleme von gesellschaftlicher Relevanz aufzugreifen, hinsichtlich ihres epistemologischen Gehaltes zu prüfen und entweder Forschungsbedarf zu identifizieren oder technologische Lösungsmöglichkeiten anzubieten.

Beide Seiten, **Wissenschaft und sozioökonomische Interessensgruppen der Gesellschaft**, müssen, um erfolgreich zu sein, die Ziele und Einschränkungen der jeweils anderen Interessensgruppe anerkennen (Abb. 11.2). Gesellschaftliche Ambitionen sind auf konkrete, zweckorientierte Handlungen ausgerichtet. Die Wissenschaft strebt, oft ohne konkreten Zweck im Auge zu haben, nach neuer Erkenntnis. Der Erfolg beider Seiten hängt nun davon ab, inwiefern es gelingt, von gesellschaftlicher Seite die erkannten Probleme zu konkretisieren und von wissenschaftlicher Seite den Erkenntnisstand zu vermitteln. Für beide Seiten ergibt sich das Problem der begrenzten Gültigkeit ihrer Aussagen. Politische Schwerpunkte verändern sich unter Umständen genauso schnell wie der Stand der Forschung. Es gibt also weder absolute Fragen noch absolute Antworten. Erschwerend kommt hinzu, dass auf beiden Seiten uneinheitliche Interessen bestehen. Naturschutz, Landwirtschaft und Tourismus sind mitnichten an denselben Lösungen interessiert. Ein Entomologe, ein Herpetologe und ein Botaniker werden unter Umständen zu sehr unterschiedlichen Aussagen zur Biodiversität von Räumen kommen.

Dennoch, oder gerade deshalb, müssen normative und analytische Bereiche klar differenziert werden. Werden sie vermischt bzw. verschwimmen ihre Grenzen, dann werden Aussagen unzuordenbar, unglaubwürdig und gezogene Schlussfolgerungen angreifbar. Zu Recht kann einem Naturwissenschaftler dann unterstellt werden, seine

Abb. 11.2

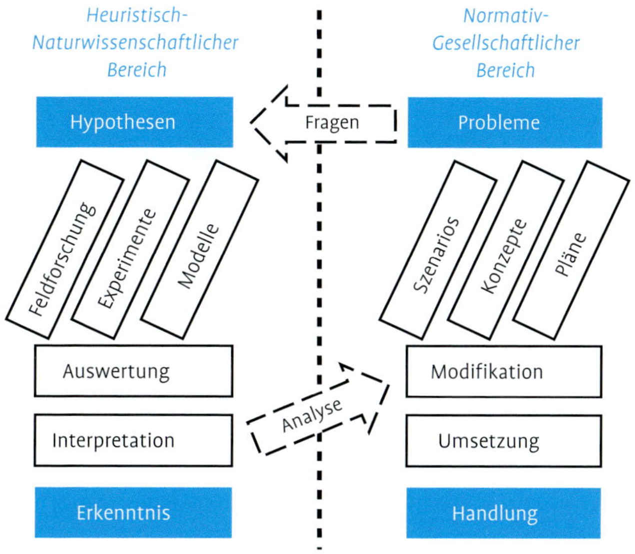

Zielsetzungen und Abläufe des wissenschaftlichen und gesellschaftlichen Bereiches. Nur die Kommunikation zwischen den Bereichen und die Anerkennung der jeweiligen Ziele verspricht beiden Seiten Erfolg.

Abb. 11.3

Tafel historischer Apfelsorten (Gartenkunst-Museum Schloss Fantaisie, Donndorf).

Ergebnisse wären von persönlichen Wertvorstellungen geprägt und die gezogenen Schlüsse damit eine einseitige Interpretation. Biogeographen sollten folglich Aussagen wie „gut" oder „schlecht" meiden, die Politik sich der funktionellen Beurteilung natürlicher Phänomene enthalten. Allerdings ist das Ziel nicht aus den Augen zu verlieren, die beiden Interessenssphären miteinander in Bezug zu bringen. Nur müssen dazu die jeweiligen Kompetenzen klar definiert sein.

Neben den bereits angesprochenen Nutz- und Schutzfunktionen ist die **ästhetische Bedeutung** von Lebewesen und ihren Lebensgemeinschaften nicht zu vernachlässigen. In der Historie zeichneten sich vorwiegend feudale Kreise durch die Befriedigung ästhetischer Bedürfnisses aus. Parkanlagen und Schlossgärten sind Relikte ihrer luxuriösen Lebenseinstellung, die Schönheit als Lebensqualität begriff. Doch durften auch in keinem Bauerngarten Zierpflanzen fehlen. Edward O. Wilson bezeichnet das menschliche Wohlbefinden, das wir in der Natur empfinden, und im Alltag durch die Gegenwart von Haustieren und Topfpflanzen kompensieren, als „Biophilie" (1984). Er sieht dieses Verhalten, welches keinem erkenntlichen Zweck dient, sozusagen als evolutive Erinnerung an das Leben in der Natur und vermutet, dass die Erfüllung dieses Bedürfnisses sogar Einfluss auf die menschliche Gesundheit hat.

Gerade in einer weitgehend von der Natur entfremdeten Zeit wächst das Bedürfnis, in der Schönheit der Natur Ablenkung, Entspannung und Erholung zu finden. Zusätzlich werden entlegene attraktive Räume und Ökosysteme wie Hochgebirge oder tropische Korallenriffe zugänglich. Der Genuss derart exotischer Naturelemente kann als Luxus oder als touristisches Kapital angesehen werden – und damit ihr Erhalt sogar monetär sinnvoll erscheinen. Der Naturschutz engagiert sich allerdings über utilitaristische Argumente hinaus aus einer ethisch-moralischen Motivation für den Erhalt von Arten und Lebensgemeinschaften. Die sich hieraus ergebenden Flächenansprüche konkurrieren unter Umständen mit denen anderer gesellschaftlicher Gruppen. Für solche Fälle sind **Planungs- und Lenkungsinstrumente** vonnöten. Es müssen Abwägungen getroffen und Entscheidungen gefällt werden, welche Gruppe im gesamtgesellschaftlichen Interesse Vorrang erhält. Diesbezügliche Bewertungsabläufe sind in besonderem Maß auf die Analyse des biogeographischen Konnexes der entsprechenden Objekte angewiesen.

Wir haben bereits erfahren, dass sich biogeographische Entwicklungen im 20. Jahrhundert, bezüglich des regionalen und in einzelnen Fällen auch globalen Verlusts von Biodiversität beschleunigt haben. Dies betrifft nicht nur die indirekte Nutzbarkeit, sondern auch die vom Menschen gezüchteten Sorten und Varietäten. Unter den heutigen technischen und ökonomischen Verhältnissen nicht mehr wirtschaftliche Nutztierrassen sind vom Aussterben bedroht. Alte Apfelsorten sind kaum noch zu finden (Abb. 11.3) und selbst historische Zierpflanzenvarietäten, die in „Kräuterbüchern" dokumentiert sind, existieren nicht mehr.

Andererseits erleben wir einen wachsenden regionalen **Zuwachs von Arten**. Einige davon verursachen, wie bereits mehrfach angesprochen, als aggressive invasive Arten erheblichen Schaden. Derartige Abläufe sind in ungesättigten Lebensräumen wie ozeanischen Inseln besonders augenfällig. Auf Kontinenten gehen biotische Invasionen oft von Agglomerationen und Verkehrswegen bzw. von deren Nahtstellen wie Bahnhöfen oder Häfen aus. Nicht selten sind es als Zierpflanzen gehandelte Gartenpflanzen, die sich verselbständigen und in einem neuen Lebensumfeld etablieren. Alle diese Arten profitieren von menschlichen Aktivitäten.

Trotz des immensen medizinischen Fortschritts breiten sich von Mikroorganismen verursachte **Krankheiten** erneut aus. Effiziente Vektoren sorgen für den Transport der Erreger über große Strecken hinweg und das veränderte Großstadtklima, welches kältesensiblen Überträgern die Existenz ermöglicht, tut ein Übriges zu ihrer zumindest temporären Etablierung beitragen. Neue Stämme entstehen durch den Kontakt mit Organismen außerhalb ihrer natürlichen Verbreitung. Auch dies sind biogeographische Probleme.

Abb. 11.4

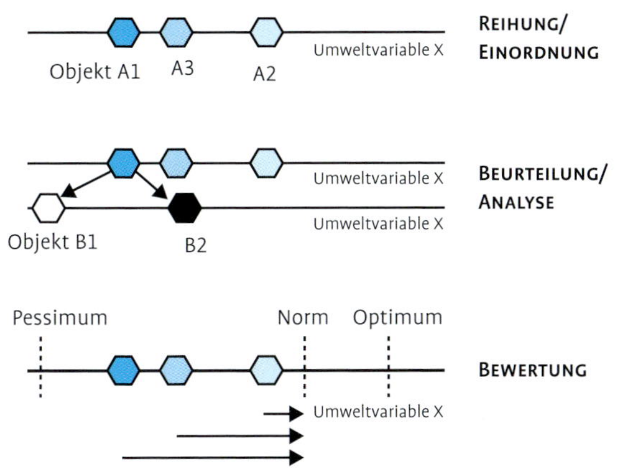

Sichtweise einer normativen Analyse. Der gegenwärtig analysierte Zustand wird zu einem anzustrebenden oder abzulehnenden Zustand in Bezug gesetzt. Normative Aussagen vergleichen Objekte bezüglich des Grades, inwiefern sie den gesellschaftlich formulierten Zielvorstellungen nahe kommen.

11.2 Die Bewertung der Dinge

Der Wert der Natur schlägt sich teils im Sinne von Mittelstrass in intersubjektiven Konventionen nieder und ist dann naturwissenschaftlich fassbar. Teils ist er mit individuellen Vorstellungen belegt und entzieht sich dann einem naturwissenschaftlichen Zugang. In jedem Fall ist die menschliche Auseinandersetzung mit der Natur ein komplexer Prozess, in dem es aufgrund der verschiedenartigen gesellschaftlichen Anforderungen und Probleme kein eindeutiges Urteil geben kann. Selbst wenn Normen formuliert werden, sich in der Rechtssprechung niederschlagen und weitgehend akzeptiert werden (z.B. Rote Listen, Geschützte Arten, Artenschutzabkommen), unterliegen sie doch dem Zeitgeist und somit Veränderungen, die nicht nur mit dem wissenschaftlichen Erkenntnisgewinn zusammenhängen. Wertesysteme unterliegen einem steten Wandel. Am Beispiel kryptischer Heuschrecken haben wir in Kap. 7 gesehen, dass neue Daten, z.B. zur Verbreitung einer Art, die Werteigenschaften der Objekte beeinflussen können. Neue soziale Konflikte können die Bemühungen um Naturschutz in den Hintergrund drängen. Zwar werden teilweise generellen Leitbildern folgende Maßnahmen ohne Berücksichtigung der lokalen Verhältnisse umgesetzt, dies erweist sich jedoch selten als tragfähig (Abb. 11.4).

Sich abzeichnende **Interessenskonflikte** erfordern folglich immer wieder erneute Bewertungen von Sachverhalten. Bewertungsvorgänge haben allgemein zum Ziel, eine bestimmte Frage zu beantworten, ein Problem zu lösen oder zumindest anzugehen, eine Entscheidung zu treffen, eine Handlung vorzubereiten. Ohne potenziellen Handlungsbedarf sind Bewertungen überflüssig. Wenn verschiedene gesellschaftliche Gruppen mit ihren Ansprüchen konkurrieren (z.B. Naturschutz, Jagd und Forstwirtschaft) und ein tragfähiger Konsens hergestellt werden sollte, muss geklärt werden, welches die spezifischen Zielvorstellungen konkurrierender Gruppen sind. Anschließend muss abgewogen werden, welcher Gruppe Vorrang eingeräumt wird. Naturwissenschaften können dabei nur Hilfestellung leisten.

Bewertungsprobleme treten bei allen Planungsvorgängen auf, sowohl für das Abwägen von Nutzungsinteressen (beispielsweise bezüglich der Baumartenzusammensetzung in der forstlichen Planung) als auch bei Schutzbemühungen (z.B. Seltenheit oder Vorkommen einer Art an der Arealgrenze). In der Praxis des Natur- oder Um-

Merksatz

Analysen und Bewertungen unterscheiden sich grundlegend!

weltschutzes sind täglich Bewertungen vorzunehmen und Entscheidungen zu treffen. Bewertungen sind die Grundlagen der Biotopkartierung und -pflege, von Artenschutzaktivitäten oder der Eingriffsplanung. Prioritäten müssen gesetzt werden (Nagel 2000). Die Abwägung, welche Biotope schützenswerter sind als andere, welche Flächen gepflegt werden sollen, welche Arten besonders zu fördern sind, ist keine einfache. Im Einzelfall stellt sich die Frage: Welche Maßnahmen wie, wo und wann durchzuführen sind. Solche Entscheidungen sind mit Konsequenzen verbunden, da Kosten entstehen können oder Konflikte ausgelöst werden. Daher müssen die Grundlagen, welche zu einer Handlung geführt haben, vermittelbar sein.

Diese Grundlagen von Bewertungen sind nur teilweise objektiv erfassbar oder messbar. Neben naturwissenschaftlichen Aspekten werden bei normativen Abläufen intersubjektive Interessenslagen integriert. Listen von „geschützten Arten" enthalten beispielsweise neben tatsächlich seltenen oder im Rückgang befindlichen Arten viele attraktive Arten, die diesen Status allein dem menschlichen Empfinden und der Sorge, dass sie besonderen Nachstellungen ausgesetzt seien, verdanken. Sie sind also insofern bedroht, als sie für den Menschen interessant sind. Ändern sich die Interessen der Menschen (beispielsweise durch soziologische oder ökonomische Prozesse), dann modifiziert sich die Bedrohungssituation von Arten. Das Sammeln von Wildkräutern oder Früchten in der Natur hat beispielsweise heute einen sehr viel geringeren Stellenwert als in der Nachkriegszeit.

Ein inhärentes Problem aller Bewertungen ist, dass jeder Beteiligte eine unterschiedliche Entwicklung hinter sich hat. Die Diskussionspartner haben unterschiedliche Ausbildungen genossen, unterschiedliche Kenntnisse angesammelt und auf unterschiedlichen Gebieten Spezialisierungen erfahren. Diese individuellen Eigenschaften machen sich in fachlichen Diskussionen bemerkbar. Schwerpunkte werden von verschiedenen Personen anders gelegt, Flächen, Funktionen oder Arten teils unterschiedlich bewertet. In verstärktem Maß gilt diese Diskrepanz und Unschärfe bezüglich der formulierten Wertaussagen für konkrete Objekte in der Diskussion zwischen den Disziplinen, mit Vertretern anderer Interessensgebiete. Vor allem treten Konflikte in der Auseinandersetzung mit den an der Nutzung von Flächen interessierten Gesellschaftsgruppen zutage (Land-, Forstwirtschaft, Straßenbau). Dann müssen der Gegenpartei die eigenen Wertaussagen verständlich gemacht werden.

Manche Wertungen erfolgen implizit, sozusagen mit dem Brustton der Überzeugung oder qua Amtes. Persönliche Wertvorstellungen fließen ein. Man weiß in solchen Fällen schon, was gut oder schlecht ist, oder glaubt es zu wissen. Untersuchungen oder Daten werden nicht mehr benötigt. Solche lediglich auf individuellem Expertenwissen, oder besser -meinungen, basierende Aussagen sind kaum geeignet, in Konfliktsituationen kommuniziert zu werden und Gegner zu überzeugen. Erst wenn für einzelne Bereiche eine spezifische Wertung vorgenommen und diese transparent gemacht werden kann, ist es möglich, über Einzelinteressen hinweg Entscheidungen herbeizuführen. Jene Interessensgruppe, der es am besten gelingt, ihre Bewertung für andere **nachvollziehbar** zu machen, wird entsprechende Vorteile genießen. Dazu ist es unter Umständen erforderlich, Formalisierungen von Bewertungsverfahren vorzunehmen.

Wir müssen abwägen, was aus menschlicher Perspektive für die Umwelt des Menschen und für die für ihn interessanten Aspekte der Natur besser, wertvoller ist und andererseits, was dem entgegensteht. Solche Bewertungen bauen auf naturwissenschaftlichen Erkenntnissen auf, gehen aber aufgrund ihres normativen Charakters deutlich über diese hinaus. Sie unterliegen dem Zeitgeist und temporären Interessensschwerpunkten. Dies ist keineswegs zu kritisieren, ein Fehler wäre nur, es zu ignorieren. Die unterschiedliche Philosophie nordamerikanischer und europäischer Nationalparke hat neben den naturräumlichen Gegebenheiten wesentlich mit der Zeit ihrer Entstehung zu tun.

Die Bewertungsansätze innerhalb der Umweltdisziplinen sind sehr uneinheitlich. Formalisierungen mit dem Ziel der **Standardisierung von Bewertungsabläufen** wurden erst in der jüngeren Vergangenheit entwickelt. Das erscheint bemerkenswert, da sich der Natur- und Umweltschutz ja keineswegs in einer Gründungsphase befindet und allenthalben die Übertragung des Wissens über Prozesse und Flüsse, über Verbreitungseigenschaften und zeitliche Dynamik in bewertende Aussagen vorgenommen wird. Es zeigt aber auch, dass die Aussagen des Naturschutzes lange Zeit einfach als Expertenmeinung akzeptiert wurden, was nicht unbedingt so noch der Fall ist. Vielmehr muss vermehrt Rechenschaft über die eingesetzten finanziellen Mittel und für juristisch wirksame Einschränkungen (beispielsweise Nutzungsauflagen, Betretungsverbot) gegeben werden.

Im Naturschutz lassen sich fünf Felder beschreiben, in deren Zusammenhang **Daten für Bewertungsaussagen** erhoben werden:

- Schaffung von **Planungsgrundlagen** durch Erhebungen ausgewählter Naturelemente (Kompartimente): Zeigerarten, Schlüsselarten, funktionelle Artengruppen, Biotoptypen, etc.
- Erhebungen als Grundlage gezielter Maßnahmen zur **Förderung von Naturelementen** (Arten, Biotoptypen, Ökosystemtypen, Landschaften).
- Erhebungen im Rahmen der **Kontrolle der Effizienz** bzw. des Erfolges von Naturschutzmaßnahmen.
- Erhebungen im Vorgriff auf **beabsichtigte Eingriffe** in den Naturhaushalt.
- Erhebungen zur **Kontrolle der Auswirkungen** von stattgefundenen Eingriffen in den Naturhaushalt.

Ein besonders effizientes, weil mit anderen Bewertungen gut vergleichbares Vorgehen ist die **Monetarisierung** von Naturgütern. Man kann diese selbst für nicht nutzbare Güter durchführen, beispielsweise indem die sogenannte „Willingness to Pay" ermittelt wird (Tab. 11.1). Eine repräsentative Grundgesamtheit von Probanten wird hierbei gefragt, was ihr der Erhalt einer bestimmten Art oder eines Lebensraumes pro Jahr sozusagen als Eintrittsgeld wert wäre, also wie viel sie bereit wären, zu bezahlen. Es zeigt sich hierbei, dass die Wertschätzung von Objekten mit dem Wissen über dieselben zunimmt. Liefert man zusätzlich Informationen zu den Arten, Lebensgemeinschaften oder Ökosystemen, dann sind die Befragten bereit, einen höheren virtuellen Beitrag zu zahlen.

Der monetäre Wert der Natur lässt sich, zumindest partiell, über verschiedene Methoden erfassen. Sowohl die Nutzfunktionen, die also zu einem direkten Ertrag führen, als auch indirekte Serviceleistungen wie die Bereitstellung ausreichenden und sauberen Trinkwassers durch ökosystemare Aktivität oder die Bestäubung von Fruchtpflanzen durch wildlebende Insekten lassen sich monetarisieren. Bei Letzterem kann man dies über den Vergleich mit technischen Lösungen tun, welche im Fall des Verlustes natürlicher Ökosysteme benötigt würden.

Tab. 11.1 **Monetäre Bewertungen sind starken Schwankungen bezüglich der Inwertstellung von Sachverhalten unterworfen. Ihr Vorteil ist jedoch die Übertragbarkeit von Ergebnissen über disziplinäre Grenzen hinweg. Ein etabliertes Vorgehen ist die Ermittlung der „Willingness to Pay" in repräsentativen Stichproben der Bevölkerung.**

Arten	Monetäre Bewertung (US $/Jahr und Person, 1990)
Weißkopfseeadler	12,4
Grizzlybär	18,5
Amerikan. Dickhornschaf	8,6
Schreikranich	1,2
Blauwal	9,3
Großer Tümmler	7,0
Kalifornischer Seeotter	8,1
Buckelwal	40–48 (ohne Information)
	49–64 (mit Information)
Landschaften	
Grand Canyon	27,0
Landschaften in Colorado	9,3–21,2

Tab. 11.2 **Weltweiter monetärer Wert natürlicher Ökosystemleistungen. Ermittelt sind Mindestwerte, für die nationale Angaben vorlagen. Die realen Werte liegen deutlich über diesen Angaben, da viele Staaten über keine Daten verfügten (nach Costanza et al. 1997).**

	10^9 US $ a^{-1}
Ernährung	19.739
Wasserversorgung	3.969
Pharmazie	79
Rohstoffe	721
Regulierung von Klima und Luft	2.025
Schutz vor Katastrophen	1.779
Ästhetik, Erholung, Tourismus	3.830

Merksatz

Das ökonomische Potenzial der Biodiversität ist noch bei weitem nicht genutzt!

Natürlich liegen solche Zahlen und Schätzwerte nicht für alle Länder oder gar weltweit vor. Dennoch zeigen konservative Erfassungen, die nur die zur Verfügung stehenden Daten berücksichtigen und daher stark untertreiben, dass durch die natürliche Tätigkeit der Lebewesen und Ökosysteme alljährlich ein höherer finanziell relevanter Betrag bereitgestellt wird als durch die gesamte industrielle globale Aktivität (Tab. 11.2). Sollte also die Funktionalität der natürlichen Ökosysteme weiterhin durch den Menschen beeinträchtigt werden, wird dies zu wirtschaftlichen Verlusten führen und eine Beeinträchtigung des Wohlstandes mit sich bringen.

11.3 Biodiversität der Nahrungsmittel

20.000 **Pflanzenarten** werden vom Menschen in irgendeiner Weise genutzt. Sie dienen als Nahrungsmittel, Gewürz oder Genussmittel, als Baumaterial oder zur Papierproduktion, stellen Fasern für Textilien bereit oder können als Heilmittel oder Duftstoff eingesetzt werden. Allerdings decken die Sorten von allein drei Arten und zwar von Reis, von Weizen und von Mais etwa 60 % des globalen Nahrungsbedarfes ab. Alle drei Arten sind in der Familie der Süßgräser (*Poaceae*) angesiedelt.

Die für die menschliche Ernährung genutzten **Tierarten** können hier nur kurz angesprochen werden. Tiere zeigen insgesamt eine sehr viel größere Artenvielfalt auf der Erde als Pflanzen, sind aber quantitativ für die Ernährung des Menschen weniger bedeutsam. Auch hier konzentrieren sich Nutzung und Verbrauch auf wenige Arten. Es sind vor allem Vertreter der Säugetiere (Rind, Schaf, Ziege, Schwein, Ren, Hase) und Vögel (Hühner, Enten, Gänse, Truthahn, Wachtel), die domestiziert und aus welchen durch Zucht und Auslese leistungsfähige Haustierrassen hervorgegangen sind. Die zahlreichen gezüchteten regionalen Rassen nutzen die innerartliche genetische Vielfalt für eine optimale Anpassung an den jeweiligen Standort. Sie werden sowohl für den direkten Konsum als auch für die Gewinnung ihrer Produkte (Milch, Eier) gehalten. In geringerem Umfang, aber nicht vernachlässigbar tragen andere Tierartengruppen wie Amphibien, Reptilien und sogar Insekten (z. B. Honigbiene) oder Mollusken (Weinbergschnecke) zur Ernährung in verschiedenen Kulturkreisen bei. Sie stellen einen Übergang zur Jagd auf Wildtiere dar, die jedoch in den entwickelten Kulturen nur einen marginalen Beitrag zur Ernährung leistet. Nur von einigen indigenen Völkern wird noch heute ein großer Anteil des Spektrums der natürlichen Zoodiversität für die Nahrung genutzt.

Pilze spielen als Nahrungsmittel beispielsweise bei der Käseproduktion eine Rolle. Die Vielfalt der Käsesorten und ihrer Aromen ist nur durch die regionalen Stämme von Bakterien und Pilzen zu erklären. Bei der Herstellung von Genussmitteln wie Bier oder Wein sind **Mikroorganismen** substanziell beteiligt. Das Sammeln der Fruchtkörper von genießbaren Pilzarten ist in Deutschland eingeschränkt, weil die an der Bodenoberfläche sichtbar werdenden Pilze der Fortpflanzung dienen. Es dürfte aber nur wenige Waldflächen, vor allem in der Nähe von Ballungsräumen, geben, wo dies eine reale Bedrohung darstellt.

Die weltweit bedeutsamste Feldfrucht ist der **Mais** (*Zea mays*), der sich aus mexikanischen Wildgräsern ableitet, die als Teosinte bezeichnet werden. Die C4-Pflanze profitiert besonders von starker Einstrahlung und erzielt dann hohen Ertrag. Kälteertragende Sorten, die in den Mittelgebirgen Mitteleuropas angebaut werden können, wurden erst in den letzten Jahrzehnten entwickelt. Dennoch zeigt sich bei kühlen Frühsommern nach wie vor (wie im Jahr 2006), dass bis in den Juni hinein kaum Biomasse gebildet wird. Die ältesten Mais-Kultursorten sind auf etwa 6.500 Jahre vor heute zu datieren. Keine dreißig Jahre nach der Entdeckung Amerikas durch Christopher Columbus wurde Mais bereits in Europa angebaut. Heute findet man Tausende von Sorten, was den starken züchterischen Einfluss belegt. In der jüngsten Zeit werden vermehrt gentechnisch veränderte Maissorten kultiviert (GMOs, Genetically Modified Organisms), was zu Konflikten zwischen benachbarten Landwirten führt. Die Kennzeichnungspflicht (ab 0,9 % GMO-Anteil) von Lebensmitteln, die aus GMOs hervorgegangen sind, erlaubt dem Konsumenten zwar das Erkennen direkt modifizierter Lebensmittel. Den zu erwartenden Genfluss zwischen benachbarten Parzellen kann man damit natürlich nicht kenntlich machen. Bedenklicher ist vielleicht sogar die Möglichkeit, dass die die Schädlingsresistenz beeinflussenden Gene auf andere Pflanzenarten übertragen werden könnten. Die Konsequenzen einer solchen Hybridisierung sind völlig unklar. Die häufigste gentechnisch veränderte Sorte ist der Bt-Mais, der Name steht für *Bacillus thuringiensis*. Dieser Mikroorganismus metabolisiert Stoffe, die auf den wichtigsten Mais-Schädling, den Mais-Zünsler (*Ostrinia nubilalis*), giftig wirken. Diese Stoffe werden nun in den gentechnisch veränderten Sorten von der Pflanze selbst produziert. Der Anbau von genetisch verändertem Mais rangiert heute weltweit bereits bei über 10 %, wobei sich der Anbau noch stark auf Nordamerika konzentriert.

Als **Weizen** werden verschiedene Arten der Gattung *Triticum* bezeichnet. Am wirtschaftlich bedeutsamsten ist der hexaploide Saatweizen (*Triticum aestivum*), der in vielen Sorten kultiviert wird. Er ist durch Züchtung entstanden und leitet sich von Hybriden aus der tetraploiden Artengruppe von Emmer (*Triticum dicoccum*) und Hartweizen (*Triticum durum*) mit Wildarten (*Aegilops* spec.) ab. Emmer und Hartweizen gehen schließlich auf noch ursprünglichere Kulturarten wie das diploide Kultur-Einkorn (*Triticum monococcum*) zurück, das dem in der Natur noch anzutreffenden *Triticum boeticum* nahe steht. Der Spelz oder Dinkel (*Triticum spelta*) ist eine Vorstufe zu *T. aestivum* und mit diesem nahe verwandt. Das Ursprungsgebiet der Wildformen liegt im sogenannten „**Fruchtbaren Halbmond**“, der von Mesopotamien über dessen nördlichen Gebirge bis an die Mittelmeerküste reicht. Dort erfolgten die ersten Züchtungsschritte (vor ca. 9.000 Jahren) und der landwirtschaftliche Anbau (auch in Ägypten), bevor der relativ wärmebedürfte Weizen zunächst als Emmer und Einkorn nach Europa gelangte. In einigen Gebirgstälern und Bergoasen des Oman und Persiens werden, oft nur auf wenige Dörfer begrenzt, noch sehr ursprüngliche Sorten angebaut, die eine genetische Vielfalt umfassen, die unbedingt erhalten bleiben sollte (ALKHANJARI 2005) (Abb. 11.5). Es ist allerdings zu befürchten, dass diese genetischen Ressourcen durch zunehmenden Handel und die Einführung moderner Sorten schon in wenigen Jahren verloren sein werden.

Abb. 11.5

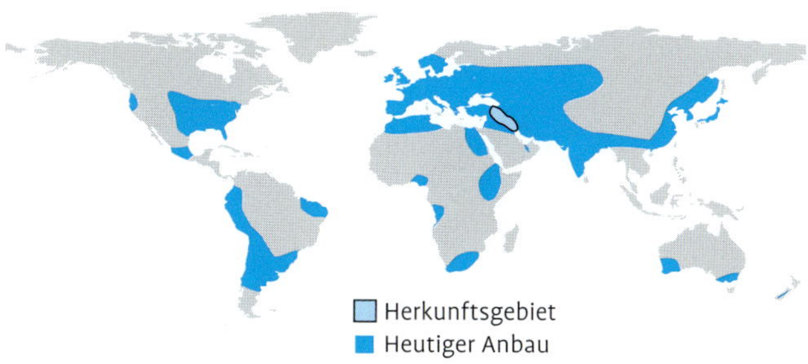

Herkunftsgebiet und heutige Anbauregionen von Weizen (*Triticum* spec.).

Der Anbau von **Reis** (*Oryza sativa*) ist aus China bereits für etwa 7.000 Jahre vor heute durch ^{14}C Datierung dokumentiert, doch gibt es zahlreiche Hinweise, z. B. durch erhaltene Abdrücke von Reiskörnern in Keramik, die schon vor 9.000 Jahren in China Reisanbau erwarten lassen. In Indien wird Reis erst seit 4.300 Jahren angebaut. Beide Länder sind bis heute die Hauptproduzenten. Im Lauf der Zeit entwickelten sich im ostasiatischen Raum, welcher durch seine reiche Inselwelt und die Gebirgsketten stark fragmentiert ist, zahlreiche lokale und regionale Sorten. Die heutigen Kulturformen gehen auf zwei Wildformen zurück, den annuellen Wildreis (*Oryza rufipogon*) und den perennen Wildreis (*Oryza nivara*), welche sich leicht wieder einkreuzen lassen. Die Herkunftsgebiete dieser Wildarten liegen in Hinterindien und Südostchina. Der gleichfalls als „Wildreis“ bezeichnete amerikanische Wasserreis (*Zizania aquatica*) ist nicht mit dem Reis verwandt, lediglich ebenfalls ein Vertreter der Süßgräser (*Poaceae*). Der Reisanbau konzentriert sich aufgrund des hohen Wasserbedarfes der Pflanze auf niederschlagsreiche Berggebiete und feuchte Senken. Dies erklärt sein Vorherrschen in den durch Monsun geprägten Landschaften Ostasiens. Bemerkenswert ist, dass bis heute nahezu 90 % der globalen Reisproduktion mit einfachsten landbautechnischen Vorgehensweisen in Handarbeit erfolgt.

Abb. 11.6

Wilder Kohl (*Brassica* spec.) am natürlichen Standort auf Küstenfelsen im östlichen Mittelmeer.

Vielfach wird im Nassreisanbau die Symbiose zwischen Algenfarnen der Gattung *Azolla* und stickstofffixierenden Blaualgen (z. B. *Nostoc azollae*) genutzt, um auf natürliche Weise über die Kompostierung der gebildeten Biomasse die Nährstoffversorgung der Böden zu verbessern. Die Überstauung ist ein natürliches Mittel der Kontrolle von Unkräutern und Schädlingen. Bedingt durch die temporär anoxischen Bedingungen der Böden werden aber in Reisböden erhebliche Mengen an Methan als Zersetzungsprodukt gebildet. Da Methan ein sehr effizientes Treibhausgas ist, ist die vornehmlich durch Populationswachstum begründete Ausweitung des Nassreisanbaus im 20. Jahrhundert als Beitrag zu globalen Klimaveränderungen nicht zu negieren.

Die vielfältigen Aspekte der Nutzung von Pflanzen als Nahrungsmittel können hier nur angerissen werden. Hervorzuheben ist, dass viele Kulturpflanzen heute weit außerhalb ihrer natürlichen Verbreitung bzw. der Verbreitung ihrer ursprünglichen Wildformen gedeihen. In einigen Fällen ist es sogar fraglich, wo die Wildformen zu suchen sind, da sich die Kulturformen so stark von ehemals auftretenden Arten entfernt haben, dass wir sie als eigene Arten betrachten. Neben den Süßgräsern (*Poaceae*), zu welchen auch die anderen Getreidearten und das Zuckerrohr gehören, sollen einige andere **Pflanzenfamilien** zumindest angesprochen werden. Landwirtschaftliche Nutzpflanzen finden wir unter anderem bei den *Solanaceae* (Kartoffeln, Paprika, Tomaten), *Brassicaceae* (Kohlsorten, Raps, Senf, Rauke, Kresse, Meerrettich, Wasabi, Radieschen), *Asteraceae* (Kopfsalat, Topinambur, Sonnenblumen), *Chenopodiaceae* (Rüben, Spinat, Quinoa, Mangold, Rote Bete), *Amaranthaceae* (Amarant), *Polygonaceae* (Buchweizen, Sauerampfer, Rhabarber), *Fabaceae* (Soja, Bohnen, Erbsen, Linsen, Lupinen), *Apiaceae* (Karotte, Sellerie, Fenchel, Pastinak).

Die ersten Kohlsorten sind im antiken Griechenland nachgewiesen. Es liegt nahe, die Wildform des Kohls ebenfalls dort zu suchen. Allerdings findet man zahlreiche miteinander verwandte endemische Arten, so dass durchaus eine Kreuzung bzw. Hybridisierung zwischen diesen der Grundstock der Zucht der so vielfältigen Kohlsorten gewesen sein kann. Potenzielle Kandidaten gedeihen an unzugänglichen Felsküsten (Abb. 11.6). Die dort wachsenden Pflanzen benötigen keinen Fraßschutz, also weder Bewehrung noch Bitterstoffe. Deshalb verwundert es nicht, an einem solchen Standort für den Menschen nutzbare Arten zu finden.

In den Tropen werden in großem Umfang Nutzpflanzen kultiviert, welche Giftstoffe enthalten und daher nicht roh verzehrt werden können. Beispiele sind Vertreter der *Euphorbiaceae* (Maniok) oder *Dioscoreaceae* (Yams). Auch Palmen dienen der Ernährung, wie vor allem von der Kokos-Palme (*Cocos nucifera*) bekannt ist. Palmherzen (gewonnen von *Euterpa oleracea*, *Cocos nucifera*, *Bactris gasipaes*, *Bactris daemonorops*, *Bactris schmidtiana*) sind allerdings ein ökologisch nicht unbedenkliches Nahrungsmittel, da es sich um die Sprossspitze von Palmen handelt. Der Baum muss durch diese Form der Nutzung zwangsläufig absterben. Zumeist werden Palmherzen nicht in Plantagen gewonnen, sondern aus Naturwäldern entnommen. Von großer Bedeutung in den Tropen sind weiterhin die *Convolucaeae* mit der aus Südamerika stammenden Süßkartoffel (*Ipomoea batatas*).

Unter den Ölfrüchten ist die **Ölpalme** (*Elaeis guineensis*) die wirtschaftlich wichtigste Art. Aus ihrem Fruchtfleisch wird

Palmöl, aus den Samen Palmkernöl gewonnen. Diese Fette sind in zahlreichen Nahrungsmitteln des täglichen Bedarfs allgegenwärtig. Das natürliche Areal der Pflanze konzentriert sich auf die küstennahen Sumpfökosysteme zwischen Liberia und Angola. Heute wird die Art nahezu überall in den Tropen kultiviert, zum Beispiel am Indischen und Pazifischen Ozean. Selbst in Süd-Florida findet man sie, allerdings hauptsächlich als Zierpflanze. Der Anbau verspricht hohen Ertrag auf Böden, die sich der landwirtschaftlichen Nutzung eher entziehen. Als Konsequenz trägt der um sich greifende Plantagenanbau zur Zerstörung bislang noch kaum genutzter Ökosysteme bei.

Der russische Pflanzengenetiker Nikolai Vavilov (1887–1943) erkannte die Tatsache, dass die Ursprungsgebiete der Kulturpflanzen nicht zufällig verteilt sind. Vielmehr konzentrieren sie sich auf wenige Kerngebiete („**Vavilov-Zentren**") (s. Abb. 11.7). Es handelt sich im Wesentlichen um Gebiete mit gemäßigt tropischem bzw. subtropischem Klima sowie um topografisch äußerst heterogene Regionen (Gebirge, Küstenräume). Diese klimatische Gunst in Verbindung mit der Habitatvielfalt bedingt in diesen Räumen die Ausbildung einer enormen Artenvielfalt der Pflanzen (siehe Barthlott et al. 2005). Das wiederum bringt die Möglichkeit der Auswahl aus zahlreichen potenziell nutzbaren Arten mit sich, denn die Wahrscheinlichkeit des Auftretens essbarer Arten ist natürlich hoch. Vavilov gründete in den 1920er-Jahren in Moskau das Institut für Angewandte Botanik. Im Rahmen von mehr als 100 Expeditionen sammelte er weltweit Samen von Arten und Sorten, die als Nutzpflanzen potenziell geeignet erschienen. Er legte als Erster umfassende Sammlungen mit Samen und Früchten an, welche regelmäßig zur Keimung gebracht und vermehrt werden, um ihren Genpool zu erhalten.

Als herausragende interdisziplinäre Forscherpersönlichkeit war Vavilov Direktor des Instituts für Genetik und Vorsitzender der Russischen Geographischen Gesellschaft. Der Neid eines Konkurrenten, der ein dem kommunistischen Regime politisch konformes pseudo-wissenschaftliches Konzept vertrat, brachte ihn 1940 ins Gefängnis, wo er 1943 verhungerte.

Bei der Verteilung der Vavilov-Zentren mag überraschen, dass die tropischen Tieflandregenwälder Amerikas und Afrikas, die sich ebenfalls durch eine hohe Artenvielfalt auszeichnen, bei den Vavilov-Zentren nicht vertreten sind. Die Ursachen liegen einerseits in der eingeschränkten Nutzbarkeit feucht-tropischer, tiefgründig zersetzter Böden. Hinzu kommt aber noch eine weitere wesentliche Einschränkung, die eigentlich trivial ist: Die Phytodiversität der tropischen Regenwälder bezieht sich fast ausschließlich auf Bäume, Lianen und vor allem Epiphyten. Selbst wenn die eine oder andere Frucht essbar sein mag, so sind doch die Pflanzen des tropischen Regenwaldes ganz einfach außerhalb der Reichweite des Menschen und landwirtschaftlich nicht kultivierbar.

Ein weiterer Fakt ist bemerkenswert. Betrachtet man die Verbreitung der antiken **Hochkulturen**, dann ist diese nahezu deckungsgleich mit den Vavilov-Zentren (Abb. 11.8). Man kann sich natürlich die Frage stellen, welches Phänomen das jeweils andere bedingt. Ist die Entwicklung der Hochkulturen eine Folge des Reichtums an Pflanzenarten? Oder ist die Selektion und Zucht der Nutzpflanzen eine Folge der Hochkulturen? Vielleicht sind einfach die Entwicklung von Hochkulturen und die Entwicklung von Artenvielfalt durch ähnliche abiotische Faktoren gesteuert. Allein die Tatsache, dass ein gewisses biologisches Potenzial gegeben ist, führt offensichtlich nicht zur Ausbildung hoher Kulturstufen des Menschen. Die Beispiele der Kapregion Südafrikas, Madagaskars und Neuguineas zeigen, dass nicht alle Regionen mit einer außergewöhnlich hohen Vielfalt an Pflanzenarten sich auch tatsächlich zu Hochkulturen entwickeln müssen. Diese Gebiete besitzen ebenfalls subtropische bis tropische Verhältnisse und ein ausgeprägtes Relief. Es müssen folglich noch weitere Faktoren hinzutreten, um kulturelle Entwicklung zu fördern.

Der Mittelmeerraum erweist sich sowohl als ein Hot Spot der Biodiversität, ist ein Vavilov-Zentrum und die Wiege verschiedener Hochkulturen. Die Bedeutung, die in der Antike die Römer ihren wichtigsten genutzten Holzgewächsen beimaßen, zeigt sich daran, dass an zentraler Stelle des Forum Romanum ein Rebstock, ein Oliven- und ein Feigenbaum gepflanzt waren. Heu-

Abb. 11.7

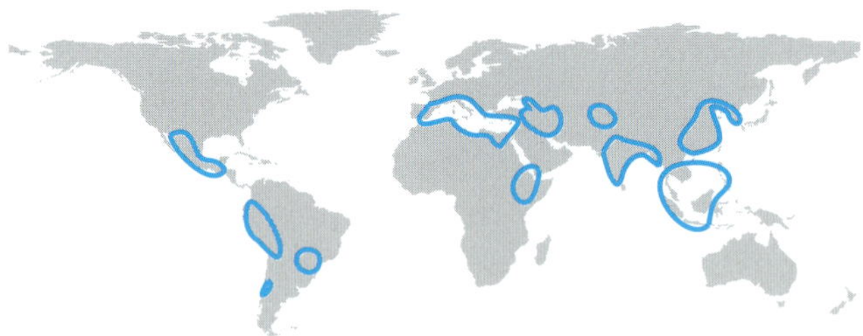

Die Vavilov-Zentren kennzeichnen die Herkunftsgebiete der wichtigsten Nutzpflanzen. Sie haben ihren Schwerpunkt in subtropischen Gebieten mit ausgeprägtem Relief (nach BEIERKUHNLEIN 2005).

Abb. 11.8

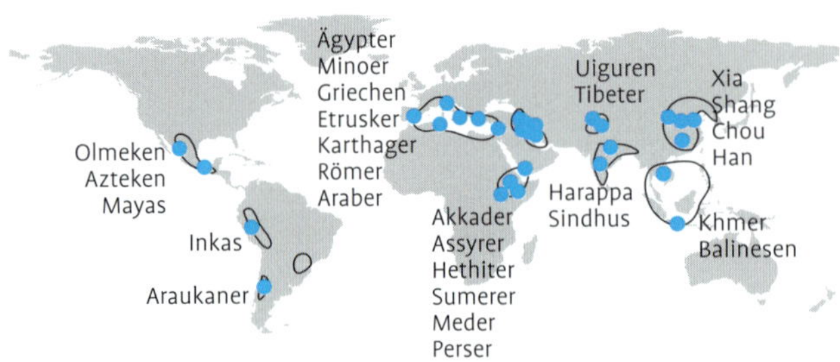

Geographische Verteilung bedeutender historischer Hochkulturen. Die Übereinstimmung mit den VAVILOV-Zentren (durch Linien umrissen) ist augenfällig (nach BEIERKUHNLEIN 2005).

te noch finden sich diese Pflanzen am historischen Ort (Abb. 11.9). Die utilitaristische Sicht der Römer wird bei PLINIUS DEM ÄLTEREN (23–79) deutlich, wenn er sich in seiner Naturgeschichte auf Pflanzen und Tiere konzentriert, die in irgendeiner Weise vom Menschen genutzt werden können.

Ebenso wie die Entwicklung von Hochkulturen unter anderem an die Verfügbarkeit biotischer Ressourcen gebunden war, ist ihr Verfall in vielen Fällen eine Konsequenz der fehlenden Nachhaltigkeit der Nutzung von Ressourcen. Historisch dokumentiert sind zwar in erster Linie kriegerische Auseinandersetzungen, welche dann zum **gesellschaftlichen Zusammenbruch** führten, wir können aber davon ausgehen, dass solche Konflikte und ihr Ausgang einerseits auf den Wettbewerb zwischen Völkern um knappe Ressourcen (Wasser, Nahrungsmittel) und andererseits auf innere Schwächephasen von Gesellschaften zurückzuführen sind (DIAMOND 2006). Unter Umständen bewirken veränderte politische, ökonomische oder soziale Rahmenbedingungen einen Verlust tradierten Wissens, beispielsweise beim Bewässerungslandbau. Dieser Verlust an Wissen ist wahrscheinlich für den Verfall einiger mesopotamischer Kulturen verantwortlich, da eine unsachgemäße Bewässerung ohne ausreichende Entwässerung an grundwassernahen Standorten mit hoher Verdunstung die Ausbildung eines nach oben gerichteten Bodenwasserstromes bedingt. Die irreversible Versalzung der Böden und der Verlust der Bodenfruchtbarkeit sind die Folge. Wir haben bereits anhand der *Silphium*-Pflanze in Kapitel 3 ein weiteres Beispiel kennen gelernt, wo die Übernutzung und schließliche Ausrottung einer Art den ökonomischen und gesellschaftlichen Verfall eines Staates auslöste.

Wenn man realisiert, dass Organismen und die jeweiligen ökosystemaren Rahmenbedingungen eine Grundlage des Aufstiegs und Falls antiker Hochkulturen sind, fördert dies die Sensibilisierung bezüglich unserer heutigen Lebensumstände. Auch in modernen Gesellschaften hängt vieles mehr als die Ernährung von biotischen Ressourcen und den Funktionen von Lebewesen ab. Das Leben in Großstädten mag uns eine Realität vorgaukeln, welche sich weitgehend von natürlichen Zusammenhängen emanzipiert hat. Die Globalisierung schafft die Illusion, dass der Verlust lokaler Ressourcen durch den Import aus entfernten Gebieten kompensiert werden kann. Die Überfischung der Ozeane ist eines der Resultate. Sie zeigt uns die globale Begrenztheit der organismischen Lebensgrundlagen des Menschen.

Für einige Tierartengruppen werden **Bedenken ethisch-moralischer Art** geäußert. Der Walfang ist inzwischen international geächtet. Zwischenstaatliche Abkommen wurden geschlossen. Auslöser waren der Zusammenbruch von Populationen. Auch die vergleichsweise hohe Intelligenz der Tiere wurde als Grund für ihren besonderen Schutz ins Feld geführt. Ein Argument, welches seltsamerweise bei Schweinen selten genannt wird. Die Abkommen werden aber immer wieder unterlaufen. Dennoch haben sie zu einer gewissen Erholung der Bestände beigetragen.

In nahezu allen **Entwicklungs- und Schwellenländern** stellt, neben der Wasserversorgung, die Bereitstellung hinreichender Mengen an Nahrungsmitteln eine große Herausforderung für Politik und Gesellschaft dar. Ethnische Konflikte wurden und werden durch Ressourcenknappheit ausgelöst. Ökologie und Biogeographie können hier sicherlich einen Beitrag zur Identifikation von Lösungswegen leisten. Die Zusammenhänge sind aber äußerst schwer zu durchschauen. Es sind keinesfalls das Bevölkerungswachstum oder Dürreperioden für sich, die zu Problemen in der Versorgung führen. Vielmehr verstärken sich ökologische, soziale und politische Mechanismen oft gegenseitig, so dass komplexe Notsituationen mit eigener Dynamik entstehen („Complex Emergencies", MÜLLER-MAHN 2005). Die Knappheit oder Überbeanspruchung von Ressourcen, beispielsweise die Gefährdung der Biodiversität von Flüssen durch Übernutzung oder die Verschmutzung der Gewässer und damit die Gefährdung der Versorgung mit einer wichtigen Eiweißquelle, kann natürlich dem Bevölkerungswachstum zugeschrieben werden. Doch sind Korruption, Unkoordiniertheit, Eigeninteressen der herrschenden Clique und viele andere Faktoren ebenfalls wirksam. Die Gefährdung einzelner, aus unserer europäischen Sicht besonders schutzwürdiger Arten (z. B. Primaten) durch die ungeregelte Jagd zur Nahrungsbeschaffung ist sicherlich insgesamt ein Randproblem.

In den **Industrienationen** führt der relativ hohe Konsum tierischer Nahrung zu Problemen. Sie reichen von der Gewährleistung einer artgerechten Haltung in der Massenproduktion bis hin zu den Auswirkungen auf die Umwelt über die Eutrophierung von Gewässern und das Ausgasen von Kohlenstoff- und Stickstoffverbindungen aus kultivierten Böden. In Zeiten globaler Wirtschaftsbeziehungen sind Konsequenzen nicht-nachhaltigen Wirtschaftens nicht mehr direkt erkenntlich. Sie können sicherlich eine Weile kompensiert werden, doch sind die grundsätzlichen Zusammenhänge keineswegs außer Kraft gesetzt. Der wachsende Bedarf an Nahrungsmitteln führt zu einer rasanten und auf globalem Maßstab ungekannten Veränderung der Landnutzung bzw. zu deren Ausweitung.

Abb. 11.9

Die wichtigsten für die Ernährung genutzten Holzgewächse der römischen Antike (Wein, Olive und Feigenbaum) sind, wie bereits zu historischer Zeit, an zentraler Stelle des Forum Romanum in Rom gepflanzt.

Der gestiegene Bedarf ist aber für einige Produkte nur bedingt auf das Bevölkerungswachstum zurückzuführen. Nicht unwesentlichen Anteil an der Ausweitung nichtnachhaltiger Landnutzung hat die zunehmende Nachfrage nach Luxusgütern (zum Beispiel Aquakultur von Lachsen oder Shrimps).

11.4 Pharmazeutika, Duftstoffe und Gewürze

Die Inhaltsstoffe vieler Pflanzen bedingen eine **pharmazeutische Wirkung**. Oft sind dies gleichzeitig Giftpflanzen, deren Konsum zu gesundheitlichen Schäden oder dem Tod führen kann. Werden aber nur kleine Dosen aufgenommen, wirken die enthaltenen Substanzen positiv auf die Gesundheit. Dieses Phänomen ist schon lange bekannt. PHILIPPUS VON HOHENHEIM, gen. „PARACELSUS" (1493–1541), hielt es in seinem Leitspruch *„Sola dosis facit venerum"* fest („nur die Dosis macht das Gift"). Manche Heilpflanzen dienen zusätzlich als Essenz für Düfte oder als Gewürz. Eine klare Trennung dieser Gruppen erscheint deshalb an dieser Stelle wenig sinnvoll. Schon Jahr-

Abb. 11.10

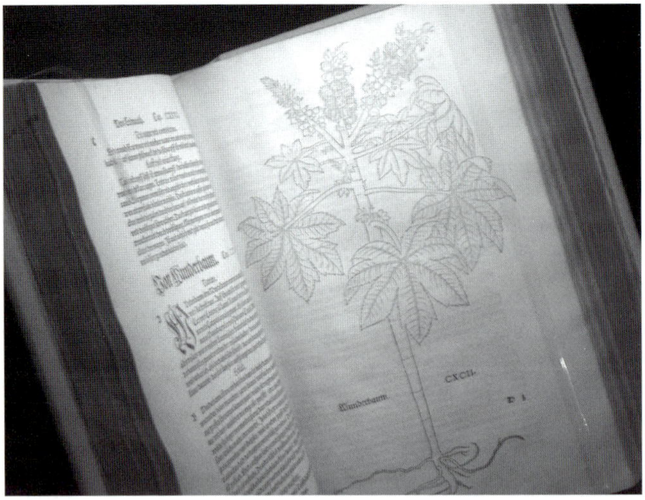

„New Kreuterbuch" von LEONHART FUCHS aus dem Jahr 1543, Gartenkunst-Museum Schloss Fantaisie in Donndorf bei Bayreuth.

hunderte vor der Erstellung botanischer Artenlisten oder eines Systems der Pflanzen, liefern uns die Werke von LEONHART FUCHS (1501–1566) aus dem Jahr 1543 („New Kreuterbuch") (Abb. 11.10) oder von JOHN GERARD (1545–1612) aus dem Jahr 1596 („The Herball") Einblick in die traditionellen Kenntnisse der Pflanzenwelt. Mit der Erfindung des Buchdruckes konnten solche Werke relativ große Verbreitung erzielen, doch gibt es durchaus noch ältere Kompendien, die das Wissen der mittelalterlichen Pharmazeuten und Mediziner zusammentragen.

Sicherlich ist der Erhalt der menschlichen Gesundheit unser wichtigstes Grundbedürfnis. Und schon lange hat die Erfahrung bewiesen, dass Naturstoffe hierzu einen Beitrag leisten können. Nur einzelne Beispiele können hier angeführt werden, die jedoch die allgemeine Bedeutung von Naturstoffen für die Pharmazie beleuchten sollen. Seit Jahrhunderten ist beispielsweise in der Volksmedizin die schmerzlindernde Wirkung von **Weidenrinde** (*Salix* spec.) und vom **Echten Mädesüß** (*Filipendula ulmaria*, syn. *Spiraea ulmaria*) bekannt. Diese Arten sind nicht miteinander verwandt, besitzen aber teilweise ähnliche Inhaltstoffe (Salycylsäure). Diese sind die Grundlage der Entwicklung des weltweit gebräuchlichsten Schmerzmittels. Sein Name Aspirin® bezieht sich auf die alte botanische Bezeichnung des Echten Mädesüß (*Spiraea ulmaria*).

Kommen Pflanzen, die für Medikamente genutzt werden, nur in einem begrenzten Gebiet vor, dann kann im Konfliktfall ein Monopol politisch und eventuell militärisch ausgenutzt werden. Während des Zweiten Weltkrieges hatte Japan alle bekannten Anbaugebiete des Gelben Chinarindenbaumes (*Cinchona officinalis*) in Südostasien besetzt. Die von diesem Baum entnommene „Chinarinde" ist der Grundstoff für die Gewinnung von Chinin, dem einzigen damals bekannten Mittel zur Linderung der Malaria. Diese Baumart stammt ursprünglich aus Südamerika, doch tritt die Art dort in zahlreichen Unterarten und Varietäten auf, die nur zum Teil nennenswerte Gehalte von Chinin aufweisen, und einzeln im Wald verstreut wachsen. Zusätzlich enthalten die unter dem günstigen Klima Indonesiens wachsenden Pflanzen deutlich höhere Alkaloidgehalte als jene im natürlichen Habitat Südamerikas. Da sich im Kriegsverlauf hunderttausende von amerikanischen Soldaten mit Malaria infizierten, musste eine Erkundung der natürlichen Vorkommen erfolgen. In kurzer Zeit versuchte man unter diesen militärischen Vorzeichen möglichst viele Wildpflanzen zu ernten. Das Vorgehen hatte bei der Einnahme der gewonnenen Medikamente, aufgrund der hohen genetischen Vielfalt der natürlichen Populationen, allerdings eine Vielzahl von Nebenwirkungen zur Folge.

Sicherlich ist bislang nur ein kleiner **Teil des natürlichen Potenzials** an Heilmitteln bekannt. Da die Artenvielfalt in den Gebirgen der Tropen und Subtropen am höchsten ist, können wir dort auch noch zahlreiche heilend wirkende Arten vermuten. Die im Himalaya beheimatete **Schlangenwurzel** (*Rauvolfia serpentina*) wird beispielsweise von der dortigen Bevölkerung nur dann genutzt, wenn ein Mensch von einer Schlange gebissen wird. Daher der botanische Name. Das Wissen um eine pharmakologische Wirkung der Art beschränkte sich aber seit der Beschreibung im 18. Jahrhundert auf die wenigen europäischen Botaniker, die vor Ort gewesen waren. Zwar hatte man in Indien bereits in den 1930er-Jahren Inhaltsstoffe der Pflanze isoliert, doch interessierte man sich in Europa und den USA nicht für die Forschung in der Dritten Welt. Erst 1949 bekam ein schweizerischer Forscher durch Zufall diesen Bericht in die Hände und untersuchte erneut die Pflanze. Dabei fand sich ein Stoff (Reserpin), der eine bis dahin ungekannte blutdrucksenkende Wirkung entfaltet.

Die pharmakologische Wirkung einer Pflanze, kann durchaus auch negative Folgen haben, und zwar für das Ökosystem, in dem sie vorkommt. Von der tibetischen **Rosenwurz** (*Rhodiola rosea, Crassulaceae*) (Abb. 11.11) werden jährlich ca. 10.000 t aus Wildbeständen geerntet, da diese Pflanze in ihrem Wurzelstock Stoffe enthält, welche die Symptome der Höhenkrankheit mildern. Da die Art im Hochgebirge zwischen 3.500 und 5.000 m ü. NN ihren Verbreitungsschwerpunkt hat und unter der dort sehr kurzen Vegetationsperiode nur sehr langsam gedeiht, ist damit zu rechnen, dass damit eine nachhaltige Nutzung kaum erfolgt. Auch andere langsamwüchsige Hochgebirgsvertreter der *Crassulaceae*, z. B. *Sedum* Arten, werden so genutzt und ihre Bestände damit gefährdet. Da diese Pflanzen die Wirtspflanzen der Raupen von teils endemischen Apollo-Faltern (*Parnassius* spec.) sind, sind wiederum diese Tiere durch den Rückgang ihrer Nahrungsgrundlage bedroht.

Manchmal erweisen sich sogar Neophyten als nutzbar. Die in Chile von den Europäern im 17. Jahrhundert zur Einfriedung von Weiden eingeschleppte und verwilderte **Wein-Rose** (*Rosa rubiginosa*) ist dort inzwischen so weit verbreitet, dass das Sammeln wilder Früchte ein interessantes Zusatzeinkommen für Kleinbauern darstellt. Aus den vitaminreichen Fruchtschalen wird Tee gemacht, das Öl der Samen dient der Herstellung von Kosmetikprodukten.

Die Grenzen zwischen Heilmittel, Genussmittel und Gewürz sind fließend. **Ingwer** (*Zingiber officinale*) hat eine heilende Wirkung, kann als Tee getrunken werden, dient dem Würzen und gilt darüber hinaus noch als Aphrodisiakum.

Die Rolle natürlicher Duftstoffe für die Parfumherstellung soll nur als weiteres Beispiel für die ökonomische Bedeutung biotischer Eigenschaften angesprochen werden. Nicht nur Duftstoffe und Heilmittel, auch Gewürze wirken bereits in kleinen Mengen. Ihr Beitrag zur Ernährung ist energetisch vernachlässigbar, doch geschmacklich enorm.

Abb. 11.11

Am Straßenrand in Tibet bei 4.500 m ü.NN feilgebotene Heilpflanzen gegen die Höhenkrankheit (*Rhodiola rosea, Crassulaceae*).

Wahrscheinlich sind **Gewürze** die Gruppe von Organismen, welche am stärksten Einfluss auf die Geschichte und Politik der letzten Jahrhunderte genommen hat. Ihre Wertschätzung und ihre Seltenheit in Europa waren die entscheidende Triebfeder, mit hohem finanziellem Aufwand Seefahrer zu entsenden, um die Herkunftsgebiete der Gewürze zu erkunden. Sozusagen als Nebeneffekt wurde Amerika entdeckt. Das Ansinnen war primär ein biogeographisches und zwar, das natürliche Areal spezifischer Arten heraus zu finden. Allerdings natürlich mit dem Hintergedanken, es zu okkupieren und den Handel mit den begehrten Waren zu beherrschen.

Der Handel mit Gewürzen und Duftstoffen reicht bis in die **Antike** zurück, wie den Grabbeigaben ägyptischer Könige zu entnehmen ist. Wir wissen von Herodot, dass exotische Kassiarinde (*Cinnamomum aromaticum*), Myrrhe (*Commiphora myrrha*) und zahlreiche weitere aromatische Pflanzen zum Einbalsamieren der toten Könige genutzt wurden. Bei griechischen Ausgra-

Abb. 11.12

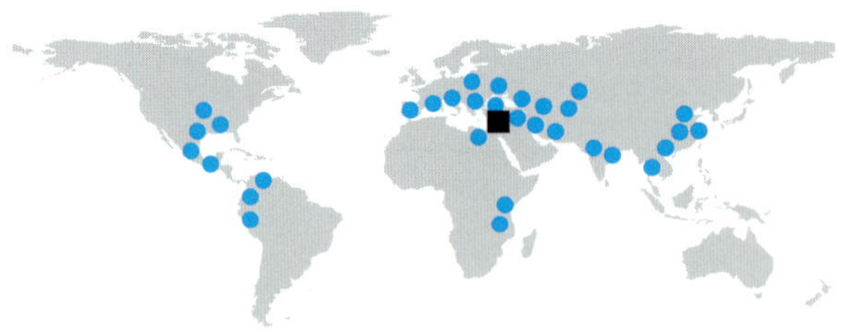

Natürliche Verbreitung und heutiger Anbau von Anis (*Pimpinella anisum*).

Abb. 11.13

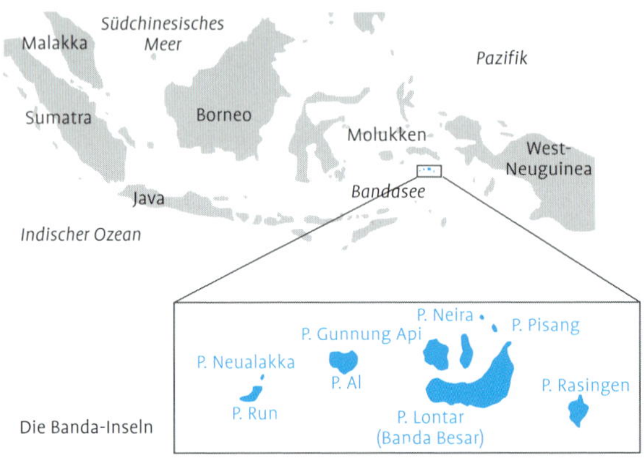

Natürliches Vorkommen des Muskatbaumes (*Myristica fragrans*) im Banda-Archipel.

bungen fand man des Öfteren Gewürze, die in der näheren Umgebung nicht gedeihen können. Am Hera-Heiligtum auf Samos wurde beispielsweise Zimtrinde (*Cinnamomum verum*) gefunden. Die auf Lesbos lebende Poetin Sappho schildert Dämpfe von Weihrauch (Harz von *Bosswellia sacra*) und Myrrhe, Arten, deren nächste natürliche Vorkommen hunderte Kilometer von ihrer Insel entfernt in Arabien und Ostafrika liegen (Dalby 2002). Und schließlich werden diese Pflanzen in der Bibel an zentraler Stelle genannt, sicher nicht zufällig im Zusammenhang mit arabischen Reisenden.

Heute entspricht das Vorkommen der gehandelten Gewürze, die fast allesamt aus Kulturen stammen, keineswegs mehr dem natürlichen Verbreitungsgebiet (Abb. 11.12). Die **Vanille** (*Vanilla planifolia*), ein Orchideengewächs, kommt ursprünglich aus Mittelamerika. Der Hauptanbau erfolgt aber auf Réunion im Indischen Ozean. Eine der wenigen Ausnahmen ist das griechische Mastix, welches bis heute traditionell nur in 12 Dörfern auf der griechischen Insel Chios produziert wird. Das aus einer Varietät von *Pistacia lentiscus* gewonnene Harz wird als Aroma für lokale Süßigkeiten, Kaugummi und Ouzo benutzt. Es wird des Weiteren in der Ölmalerei eingesetzt.

Die Gewinnung von Gewürzen konzentriert sich auf die Höheren Pflanzen, was verständlich ist, da diese relativ modernen Taxa eine stärkere koevolutive Anpassung an Herbivorie entwickelt haben. Bei den von uns Menschen geschätzten Duft- und Aromastoffen handelt es sich zumeist um Inhaltstoffe, welche auf potenzielle Fraßfeinde abschreckend wirkten. Unter den Nadelbäumen ist es nur der Wacholder (*Juniperus communis*), dessen Beeren als Gewürz dienen. Allerdings verströmen die Harze vieler Koniferen einen intensiven Duft. Manche Gewürze haben eine äußerst **eng begrenzte Verbreitung** und stehen taxonomisch relativ isoliert, wie Sternanis (*Illicium verum*, *Illiciaceae*), Muskat (*Myristica fragrans*, *Myristicaceae*) (Abb. 11.13) oder Annatto (*Bixa orellana*, *Bixaceae*).

Andere wiederum sind neben zahlreichen weiteren Vertretern in einer Familie konzentriert, was auf das genetische Potenzial nahe verwandter Arten verweist. Ein Beispiel hierfür ist die Familie der Doldenblütler (Apiaceae) mit folgenden Vertretern: Anis (*Pimpinella anisum*), Ajowan (*Trachyspermum ammi*), Asant (*Ferula asafoetida*), Bergkümmel (*Laserpitium siler*), Dill (*Anethum graveolens*), Fenchel (*Foeniculum vulgare*), Kerbel (*Anthriscus cerefolium*), Koriander (*Coriandrum sativum*), Kreuzkümmel (*Cuminum cymium*), Kümmel (*Carum carvi*), Liebstöckel (*Levisticum officinale*), Sellerie (*Apium graveolens*), Süßdolde (*Myrrhis odorata*), Petersilie (*Petroselinum crispum*). Auch bei den Lippenblütlern (Lamiaceae) häufen sich Gewürzpflanzen (und Duftpflanzen): Basilikum (*Ocimum basilicum*), Bohnenkraut (*Satureja hortensis*), Lavendel (*Lavandula angustifolia*), Majoran (*Origanum majorana*), Melisse (*Melissa officinalis*), Minzen (z. B. *Mentha × piperita*), Oregano (*Origanum vulgare*), Rosmarin (*Rosmarinus officinalis*), Salbei (*Salvia officinalis*), Thymian (*Thymus vulgaris*). Beim Thymian ist bemerkenswert, dass in der Natur verschiedene morphologisch nicht zu unterscheidende **Chemotypen** existieren, welche den Pflanzen ein stark voneinander abweichendes Aroma verleihen (z. B. Zitronenduft). Während bei den Apiaceen neben dem Kraut die Samen genutzt werden, ist dies bei den Lamiaceen nicht der Fall. Die Häufung von Gewürzpflanzen in diesen beiden Familien hängt mit dem ausgeprägten Auftreten ätherischer Öle zusammen.

Bei der Bierproduktion wird erst seit wenigen Jahrhunderten **Hopfen** (*Humulus lupulus*) eingesetzt. Vor der Einführung des deutschen Reinheitsgebotes waren noch weitere Würzpflanzen, teils mit nicht erwünschten Nebenwirkungen gebräuchlich, wie das in höheren Dosen stark giftige Bilsenkraut (*Hyoscyamus niger*). Im Übrigen waren solche Praktiken auch bei der Weinherstellung üblich. Heute kennen wir das Würzen von Wein fast nur noch im Zusammenhang mit Bowlen. Die Maibowle wird mit Waldmeister (*Galium odoratum*) gewürzt, einer Pflanze, die in nährstoffreichen Buchenwäldern häufig ist. Einige gewürzte Weine sind erhalten geblieben, ohne dass sie als Wein bezeichnet werden, sondern, wie der Wermuth, nach dem Gewürz (*Artemisia absinthum*) benannt sind. Doch in früherer Zeit hatte das Würzen vom Wein den Zweck, diesen besser haltbar zu machen. Wein wurde in Griechenland und Rom mit Honig, Pfefferkörnern (*Piper nigrum*, *Piper longum*), Myrrhe (*Commiphora myrrha*), Kostuswurzel (*Saussurea lappa*), Kalmus (*Acorus calamus*), Ingwer (*Zingiber officinale*) und vielen weiteren, teils exotischen Kräutern, Samen und Wurzeln versetzt. Einen bitteren, gewürzten Aperitiv vor dem Essen zu sich zu nehmen war schon in der Antike als „Mulsum" etabliert.

Am Beispiel des **Kaffees** (*Coffea* spec.), dessen Anbau sich bis heute auf ein sehr enges genetisches Spektrum konzentriert, zeigt sich die Bedeutung des Erhalts natürlicher Ökosysteme und natürlicher genetischer Vielfalt. Zwar werden neben *Coffea arabica* (Arabica-Kaffee) noch *Coffea canephora* (Robusta-Kaffee) und *Coffea liberica* (Liberia-Kaffee) kultiviert, doch bestreitet *Coffea arabica* mehr als 80 % des Anbaus. Im

Abb. 11.14

Kräuter und Rinden auf einem Markt in Seoul, Korea.

äthiopischen Bergland konnte man vor einigen Jahren nun Wälder finden, die noch eine Vielzahl unterschiedlicher Kaffee-Varietäten aufweisen, die nicht wirtschaftlich genutzt werden. Der Erhalt solcher Hot Spots der genetischen Vielfalt innerhalb eines Taxons ist von großer Bedeutung für die künftige Entwicklung neuer Sorten. Man sollte keinesfalls glauben, dass alle nutzbaren Gewürze und Heilmittel bekannt und erschlossen seien (Abb. 11.14).

Die **Ethnobotanik**, die Lehre von der Nutzung von Pflanzen durch indigene Ethnien, liefert immer wieder neue Hinweise auf das noch schlummernde bzw. nur lokalem Wissen erschlossene Potenzial der Natur.

11.5 Nutztiere und Nutzpflanzen

Seit Jahrtausenden werden Tiere nicht nur für die menschliche Ernährung genutzt, sondern dienen dem Menschen als **Zug-, Reit- oder Lasttiere** (Pferd, Kamel, Dromedar, Indischer Elefant, Lama, Ren, Rind, Wasserbüffel, Yak). Ihre kulturelle Verwurzelung zeigt sich in der sprachlichen Resistenz der „Pferdestärke" in unserem Sprachgebrauch als prägnante Maßgröße für Kraft.

Abb. 11.15

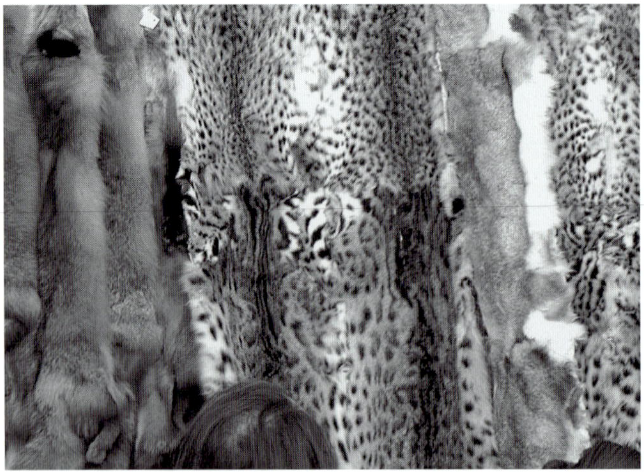

In einem Laden in Ost-Tibet angebotene Felle von Wildkatzen.

Abb. 11.16

Areal des Schneeleoparden (*Uncia uncia*)

Hunde sind durch die Domestikation so stark von ihrem Ursprungstier, dem Wolf (*Canis lupus*), entfernt, dass man eine Verwandtschaft kaum vermuten würde. Die enge Beziehung zwischen Mensch und Tier wird bei Haustieren besonders evident.

Durch Auswahl und Züchtung entwickelten sich zahlreiche **regionale Rassen**. So sind bei Schafen mehr als 300 Rassen gezüchtet worden, teils mit guten Fleischeigenschaften, teils mit besonderer Wolle. Für Mitteleuropa sollen lediglich einige in Erinnerung gerufen werden, da sie in unseren Landschaften kaum noch zu sehen sind und die ehemalige regionale Vielfalt verdeutlichen: „Steinschaf", „Waldschaf", „Brillenschaf", „Leineschaf", „Weiße gehörnte Heidschnucke", „Braunes Bergschaf", „Bentheimer Landschaf", „Rauwolliges Pommersches Landschaf", „Moorschnucke", „Coburger Fuchsschaf", „Rhönschaf". Rassen vom Hausschwein, vom Rind oder vom Pferd drohen ebenfalls zu verschwinden. Schon vor vielen Jahren zeichnete sich bei Pferden durch zurückgegangenen Einsatz als Zugtier eine nachlassende Nachfrage nach alten Rassen ab. Viele davon sind zu Beginn des 21. Jahrhunderts nahezu ausgestorben. In Deutschland gelten „Rottaler", „Alt-Württemberger", „Leutstettener Pferd", „Senner", „Dülmener", „Arenberg-Nordkirchner" und das „Lehmkuhlener Pony" als extrem gefährdet. Weitere Rassen werden als stark gefährdet und gefährdet angesehen, darunter „Schleswiger Kaltblut", „Schwarzwälder Kaltblut" und „Rheinisch Deutsches Kaltblut". Sollten diese Rassen tatsächlich aussterben, wäre damit das züchterische Bemühen von Generationen wieder verloren.

Für Charles Darwin war die Beobachtung der Effekte der menschlichen Sortenwahl und Kreuzung von entscheidender Bedeutung für das Erkennen der Evolutionsmechanismen. Der Unterschied ist natürlich, dass der Mensch gezielt nach seinen Bedürfnissen auswählt, und die Natur die im Ökosystem und in ihren Populationen erfolgreichsten Individuen selektiert.

Sehr vielfältig ist die Nutzung von Tieren für die **Kleidung** des Menschen. Die Jagd nach wildlebenden Pelztieren kann dabei zu kritischen Entwicklungen führen. Da der Handel nach Marktprinzipien erfolgt, steigt mit der Seltenheit eines Felles oder von Haaren auch deren Preis. Die Tibetische Chiru- oder Tschiru-Antilope (*Pantholops hodgsonii*) zählt aufgrund ihres feinen Fells zu den am stärksten verfolgten Tierarten. Sie ist inzwischen so rar geworden, dass für die aus ihren Haaren (Shatoosh-Wolle) gewonnenen Schals horrende Preise gezahlt werden. Für einen Schal, der einen Preis von mehr als 10.000 € erzielen kann, werden etwa 3 Antilopen benötigt. Zwar ist die Art geschützt, doch treibt der in Aussicht stehende Profit nach wie vor Wilderer an, die Tiere zu verfolgen. In den 1950er-Jahren bevölkerten noch etwa 1 Mio. Tiere das tibetische Hochplateau. Im Jahr 2000, als noch 20.000 Tiere jährlich getötet wurden, wurde die Ausrottung für 2004 prognostiziert, was aber nicht eintrat. Der IUCN stufte 2004 die Art als gefährdet mit immer noch abnehmender Population ein. Innerhalb der letzten 10 Jahre sind erneut mehr als 50 % der Tiere verloren gegangen. Neben den geschrumpften Populationen Tibets leben noch 200 Tiere in Ladakh. Die Wahl des in Tibet beheimateten Tieres zu einem der Maskottchen für die Olympischen Spiele in Peking 2008 hat sogar politische Verwerfungen ausgelöst, da unterstellt wurde, damit die Besetzung Tibets zu legitimieren. Biogeographie und Geopolitik stehen hier in enger Beziehung. Andererseits ist zu hoffen, dass die mit der Werbung für die Olympischen Spiele verbundene Popularität zum Erhalt der Art beiträgt.

Die Jagd von Pelztieren wird vielfach als Luxus betrachtet, doch ist zu unterscheiden, ob sie, wie bei den Inuit, kulturellen Traditionen folgt und zum Lebensunterhalt nötig ist, oder ob die gewonnenen Produkte nicht wirklich durch andere Rohstoffe substituiert werden können. Robbenjagd kann nicht pauschal verdammt werden, sollte aber nicht aus reinen Profitinteressen erfolgen. Eine Gefährdung von Arten geht allerdings durchaus auch von traditionellen Nutzungen aus. Die Scheide des jemenitischen Jamba Dolchs, einem wichtigen Männlichkeits- und Wohlstandssymbol, wird aus Nashorn-Horn gefertigt. Die Nachfrage übersteigt das Angebot bei weitem, was hohen Wilderungsdruck bewirkt und die afrikanischen Nashörner an den Rand des Aussterbens gebracht hat.

In Tibet trägt man traditionell Felle des Schneeleoparden (*Uncia uncia*, syn. *Panthera uncia*) (Abb. 11.15). Zwar werden diese teils durch Imitate ersetzt, doch ist der Jagddruck auf die in allen Ländern seines Areals geschützte Art immens (Abb. 11.16).

Auch hier halten die hohen Profite die Wilderei am Leben. Für einen Mantel werden Beträge im fünfstelligen Bereich gezahlt. Dennoch scheinen die Schutzbemühungen Wirkung zu zeigen. In den letzten Jahrzehnten konnten sich die Bestände leicht erholen.

Pelztiere werden heute in großem Umfang in Gefangenschaft gezüchtet. Da es sich häufig um Wildtiere handelt, ist dies unter den Gesichtspunkten der Tierhaltung keineswegs unbedenklich. Außerdem erfolgt die Haltung oft außerhalb der natürlichen Verbreitung, teilweise sogar auf anderen Kontinenten. Diese Form der Tiernutzung ist deshalb eine permanente Gefahr der Freisetzung nicht-indigener Arten. Amerikanischer Nerz und Nutria sind nur einige Beispiele von Pelztieren, die auf diese Weise zu **Neobiota** wurden.

Vielfältig sind die Nutzungsmöglichkeiten **pflanzlicher Naturprodukte** als Faser, Baustoff, Farbe, Gefäß, Isolationsmaterial, Papier, Brennstoff, Schmiermittel, etc. Auch aus diesem Bereich können nur einige Beispiele mit biogeographischem Bezug genannt werden. So ist die traditionelle Korknutzung im westlichen Mittelmeer auf die

Abb. 11.17

Korknutzung an der Kork-Eiche (*Quercus suber*) im Mittleren Atlas in Nord-Marokko.

Abb. 11.18

Kahlschlagwirtschaft in British Columbia, Kanada.

Abb. 11.19

Das natürliche Habitat der weltweit intensiv forstlich genutzten Monterey-Kiefer (*Pinus radiata*) konzentriert sich auf drei überschaubare Gebiete entlang der kalifornischen Küste südlich von San Francisco (Big Sur).

Silikatgebirge konzentriert, da die genutzte Kork-Eiche (*Quercus suber*) dort ihren Verbreitungsschwerpunkt aufweist (Abb. 11.17). Die Art bevorzugt im Gegensatz zu ihrer Schwesterart *Quercus ilex* saure Böden. Hier ist zu beachten, dass sich aus dem zunehmenden Einsatz von Korksubstituten eine Gefährdung dieser landschaftstypischen Nutzung und damit einer artenreichen Kulturlandschaft ergeben kann (s. a. Seng & Deil 1999). Sollte die Korknutzung zurückgehen, dann sind die parkähnlichen Landschaften der Korkeichenwälder durch Aufforstungen mit nicht indigenen Bäumen wie Eukalypten bedroht.

Zwar ist der Nachhaltigkeitsbegriff aus der **Forstwirtschaft** entlehnt, wo man schon im 19. Jahrhundert die Bedeutung vorausschauenden Handelns und der Berücksichtigung limitierter Ressourcen erkannte, doch ist die Forstwirtschaft weltweit betrachtet oft alles andere als langfristig planend. Die Globalisierung des Handels entfaltet ihre Wirkung. Dies trifft weniger die tropischen Regenwälder, die sich aus ökologischen und teils politischen Gründen einer großflächigen Forstwirtschaft verschließen, sondern in erster Linie die riesigen borealen Wälder Kanadas und Sibiriens. Teils „ernten" Holzkonzerne dort Wald wie man einen Acker bearbeitet und dies, obschon die betroffenen Wälder bis dato noch großflächig vom Menschen unverändert waren (Abb. 11.18). Zurück bleibt entweder blanke Erde oder die Aufforstung einer Monokultur mit rasch wachsenden Arten. Die ehemalige Vielfalt geht verloren. Die Rechtfertigung dieses Tuns mit Feuerzyklen, welche ebenfalls Biomasse vernichten, ist insofern verfehlt, als solche Zyklen in der Regel Rhythmen von mehreren hundert Jahren umfassen (Treter 1995).

Die natürlicherweise hoch endemische Monterey-Kiefer (*Pinus radiata*), die nur an drei eng begrenzten Küstenbereichen zwischen San Francisco und Santa Barbara auf wenigen Quadratkilometern heimisch ist (Abb. 11.19), ist durch menschliche Förderung heute die am weitesten verbreitete Kiefer der Welt. Ihr hohes Wachstumspotenzial und günstige Holzeigenschaften für die Zelluloseproduktion förderten die Einführung der Art für ihre forstliche Nutzung in Australien, in Neuseeland, in Südafrika, im ostafrikanischen Hügelland, in Chile, in Argentinien und im Mittelmeerraum. Unterstützende Argumente für dieses Vorgehen sind die Produktion von Exportgütern und die Entlastung des Nutzungsdruckes auf einheimische Wälder. Insbesondere Letzteres ist jedoch kaum gegeben, da die Nutzung der Kiefernforste in der Regel durch multinationale Konzerne erfolgt. Ökologisch sind Kiefernplantagen nicht nur wegen ihrer Monotonie und der damit verbundenen geringen Habitatvielfalt problematisch, sondern auch weil ihre Streu oft nur schlecht abbaubar ist und das Bodenleben durch sie beeinträchtigt wird. Ein spezifisches Problem dieser nicht heimischen Forste ist die große Dimension, in welcher der Anbau erfolgt. Die Kiefer kann an Standorten eingesetzt werden, wo mit heimischen Arten nur geringer Ertrag erwirtschaftet wird. Dies führt unter anderem dazu, dass *Pinus-radiata*-Forste in Südafrika den natürlichen, artenreichen Fynbos gefährden.

Die Globalisierung trägt dazu bei, dass Märkte entkoppelt und Umweltschäden verlagert werden. Im mittleren Osten hat der bewässerungsintensive exportorientierte **Baumwollanbau** (*Gossypium herbaceum, Malvaceae*) über den Entzug großer Wassermengen aus den Flüssen Amu-Darja und Syr-Darja einen großen Anteil am derzeitigen Austrocknen des Aralsees (s. a. Kap. 12). Auf der anderen Seite ist in Mitteleuropa die Nutzung traditioneller Faserpflanzen wie Hanf oder Flachs stark zurückgegangen. Aus der mitteleuropäischen Kulturlandschaft sind diese Arten nahezu völlig verschwunden.

Vor dem Menetekel einer ressourcenbedingten Energiekrise spielen **nachwachsende Rohstoffe** eine zunehmende Rolle (Meurer 2000). Sie werden schon in naher Zukunft die europäische Kulturlandschaft verändern. Der um sich greifende Rapsanbau ist bereits eine erste Konsequenz des steigenden Bedarfs. Diese Entwicklung muss keineswegs negativ verlaufen, doch ist zu bedenken, dass sich völlig neuartige Landschaftsstrukturen ergeben werden.

11.6 Touristische Bedeutung von Arten und Lebensräumen

Wachsende Aufmerksamkeit wird der Funktion der Natur, besonders den attraktiven Arten und Ökosystemen, für den Tourismus gewidmet. Die Attraktivität einer Region wird wesentlich durch die Natürlichkeit und Integrität ihrer Lebensräume bestimmt. Kriterien wie ästhetische Formen, Besonderheit und Erholungswert sind zwar ohne direkte ökologische Bedeutung, doch ergeben sich diese aus einem funktionierenden und vielfältigen ökosystemaren Gefüge.

Abb. 11.20

Joshua Tree (*Yucca brevifolia*) im gleichnamigen Nationalpark in Kalifornien.

Der „Joshua-Tree-Nationalpark" in Süd-Kalifornien ist sogar nach einer einzelnen **landschaftsprägenden Art** benannt (*Yucca brevifolia*) (Abb. 11.20), welche zu den Agavengewächsen (*Agavaceae*) gehört. Ihren Namen erhielt die Art von Mormonen, die sich durch die Gestalt des Baumes mit seinen nach oben gereckten Armen an die Gestalt ihres Predigers erinnert fühlten. Auch der „*Podocarpus*-Nationalpark" in Süd-Ecuador ist nach einer charakteristischen Baumart, der Steineibe (*Podocarpus* spec.), benannt. Bemerkenswert ist, dass hier sogar der wissenschaftliche Gattungsname in die Nationalpark-Bezeichnung Eingang fand. Bei den afrikanischen Nationalparks hat man sehr frühzeitig das ökonomische Potenzial von Großherbivoren und Raubtieren erkannt, also Artengruppen, welchen der Wohlstandsbürger in seiner Heimat kaum begegnen wird.

In Deutschland ist, sozusagen als Gegenkonzept, der **Nationalpark Hainich** bemerkenswert, welcher die zwar wenig spektakulären, aber eben zonal **natürlichen Buchenwälder** zum Thema hat. Bedauerlich ist nur, dass in Mitteleuropa nur noch kleine zusammenhängende Flächen solcher Wälder zu finden sind. Naturnahe Ökosysteme

Abb. 11.21

Weltweite Verbreitung tropischer Korallenriffe. Nur ein kleiner Teil wird touristisch genutzt. Pfeile weisen auf kühle Strömungen hin.

Abb. 11.22

Pericallis echinata, ein attraktives Asterngewächs der Kanaren.

können in weiteren europäischen Nationalparks beobachtet werden, wie im Wattenmeer, bei den Hochlagenwäldern des Bayerischen Waldes, wo die Fichte natürlicherweise vorherrscht, oder bei den alpinen Höhenstufen des Nationalparks Berchtesgaden oder des Schweizerischen Nationalparks im Engadin.

Eine besondere Verbindung zwischen Biodiversität und Ästhetik bieten die **tropischen Korallenriffe** (Abb. 11.21). An diesen fragilen Ökosystemen kann selbst dem Laien die Bedeutung eines sorgsamen Umgangs verdeutlicht werden. Ihre vielfältige und bunte Unterwasserwelt ist die Grundlage des Tourismus auf den Malediven, im Roten Meer oder in Ost-Australien. Ihre Gefährdung durch Meeresspiegelanstieg und Ozeanerwärmung und damit die perspektivische Beeinträchtigung des Tauchtourismus ist eine eher randliche mögliche ökonomische Konsequenz globaler Umweltveränderungen.

Schließlich wollen wir nicht vergessen, dass **Zierpflanzen** (z. B. *Cactaceae*, *Bromeliaceae*) und **Zierfische** (z. B. *Cichlidae*) ein ästhetisches Kapital verkörpern. Zahlreiche Liebhaber dieser Lebewesen sorgen für einen schwunghaften Handel, der nicht kritiklos als positiv betrachtet werden kann. Vielmehr ist die Gefährdung seltener Arten, wie sich beispielsweise bei Aras gezeigt hat, manchmal eine Folge ihrer Attraktivität. Allerdings kann diese Nachfrage verwendet werden, um auf das ökonomische Potenzial natürlicher Lebensgemeinschaften aufmerksam zu machen.

Dies ist beispielsweise bei Orchideen gelungen. Natürlich sind logistische Gründe (Erreichbarkeit, Gefahren) dafür verantwortlich, dass der Handel mit natürlich gewachsenen Individuen vernachlässigbar ist, weil die gärtnerische Zucht sehr viel einfacher und kostengünstiger ist. Doch zeigt sich deutlich, dass das enorme Potenzial der Arten- und Formenvielfalt für züchterische Weiterentwicklung die Sensibilität für den Erhalt des Genpools gefördert hat.

Die endemischen *Pericallis*-Arten der Kanarischen Inseln sind lediglich ein Beispiel aus dem Pflanzenreich, das für viele weitere steht (Abb. 11.22). Bedingt durch die adaptive Radiation der Gattung auf den Inseln bildeten sich zahlreiche Endemiten (FERNANDEZ-PALACIOS & ESQUIVEL 2001, HÜPPE et al. 2003) mit attraktiven Blütenapparaten heraus, welche züchterisch weiterentwickelt wurden.

Auch bei Fischen und bedingt bei Reptilien kann deren Haltung die Bevölkerung für den Erhalt dieser Tiere in der Natur förderlich sein, solange nicht briefmarkensammlerisches Streben nach besonders seltenen Arten Ausschau halten lässt.

11.7 Biotische Beeinträchtigungen menschlicher Interessen

Mit vielen Arten, die den Menschen begleiten, haben wir uns mehr oder weniger arrangiert. Nicht, dass wir die Hausmaus (*Mus musculus*) akzeptieren würden, doch bieten unsere Siedlungen hinreichend Lebensraum für diese Art, welche im Verlauf des Holozän mit dem Menschen aus Südostasien kommend von Europa Besitz ergriffen hat (Kowarik 2003). Bereits in der Jungsteinzeit erreichte die Hausmaus Mitteleuropa (Abb. 11.23). Ohne menschliches Zutun wäre dies nicht möglich gewesen. Und doch gelingt es, Schäden überschaubar zu halten und die Tiere weitestgehend aus dem direkten Lebensfeld auszugrenzen.

Die stärksten Bedrohungen menschlicher Interessen gehen von Arten aus, die, aus ihrem natürlichen Kontext gerissen, plötzlich ein nicht bekanntes Verhalten zeigen, sich massiv ausbreiten und zur Veränderung von Ökosystemfunktionen und deren Nutzbarkeit führen. Der Mensch konnte für den Umgang mit rezent einwandernden Arten genauso wenig Strategien entwickeln, wie dies den anderen, nun durch diese bedrängten, Arten möglich war. So kann die **Ausbreitung invasiver Arten** erhebliche ökonomische Folgen haben. Invasive Arten verursachen weltweit immense wirtschaftliche Schäden. Pimentel (2002) schätzt die Kosten durch Schäden und erforderliche Kontrolle invasiver Arten auf jährlich mehr als 300 Mrd. US-$. In den USA, aber auch in Australien, Neuseeland und zahlreichen weiteren Staaten, wurden als Konsequenz Gesetze und Verordnungen erlassen, welche ihre Ausbreitung eindämmen sollen. Vor allem an Flugplätzen erfolgt eine intensive Kontrolle des Gepäcks auf ungewollte Mitreisende. Man wird gezwungen, alle organischen Objekte (Obst etc.) wegzuwerfen, um die Verschleppung von Krankheitserregern zu verhindern. Plakate warnen mit einem martialischen „*Wanted – Dead or Alive*" vor potenziell invasiven Arten. Häufig erfolgt die Ausbreitung solcher Arten wenig spektakulär. Manchmal sind es naiv gesäte oder gepflanzte Zierpflanzen, welche das Potenzial in sich tragen, in einer fremden Umgebung alles zu überwuchern. Die Schönheit des Blütenstandes des mittelamerikanischen Wandelröschens (*Lantana camara*) (Abb. 11.24), das heute in subtropischen Gebieten weltweit anzutreffen ist, lässt kaum vermuten, dass man es mit einer aggressiven invasiven Art zu tun hat. Neuerdings wird das Wandelröschen auch in heimischen Gartenmärkten gehandelt. Sollte die zunehmende Erwärmung auch bei uns für diese Art eine günstige Umwelt schaffen, dann ist zu erwarten, dass sie sich hier ebenfalls bald ausbreiten wird.

Abb. 11.23

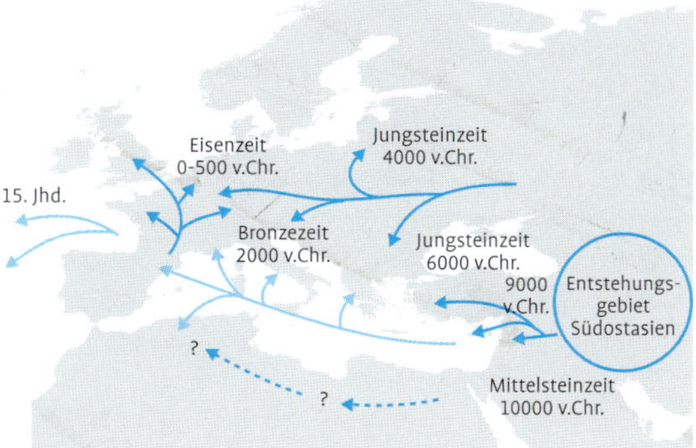

Ausbreitungswege der Hausmaus (*Mus musculus*) von ihrem Herkunftsgebiet in Südostasien nach Europa (nach Kowarik 2003).

Abb. 11.24

Wandelröschen (*Lantana camara, Verbenaceae*) auf Hawaii.

Abb. 11.25

Regeneration des Riesenbärenklaus (*Heracleum mantegazzianum*) nach Mahd an einem Straßenrand. Fernpass, Bayern.

Von invasiven Arten können **gesundheitliche Gefahren** ausgehen. Die bereits im 19. Jahrhundert aus dem Kaukasus nach Mitteleuropa ebenfalls als Zierpflanze eingeschleppte Herkulesstaude (*Heracleum mantegazzianum*) breitet sich in den letzten Jahren mehr und mehr aus (s. Abb. 1.8, Abb. 11.25). Sie verursacht durch die fotosensibilisierende Wirkung der in ihren Drüsenhaaren enthaltenen Inhaltsstoffe schwere Hautverbrennungen. Diese Art vereint Eigenschaften, die viele invasive Arten auszeichnen. Zunächst wird *Heracleum* von den heimischen Herbivoren verschmäht und dadurch kaum natürlich kontrolliert. Ferner ist er ausdauernd und hat eine große Samenproduktion und schließlich profitiert die Art von nährstoffreichen anthropogenen Standorten. Ein nicht zu unterschätzender Faktor ist auch hier die ästhetische Attraktivität der Pflanze, die aus diesem Grund als Gartenpflanze weite Verbreitung erlangte.

Unter den invasiven Arten ist die Allergie auslösende Aufrechte Ambrosie (*Ambrosia artemisiifolia*) besonders problematisch. Die Wirkung dieser einjährigen Art mit nordamerikanischer Herkunft ist nicht auf den direkten Hautkontakt beschränkt, sondern auch auf die mit dem Wind verdrifteten Pollen zurückzuführen. Starke allergische Reaktionen können ausgelöst werden. Bedingt durch die späte Blütezeit wird die Belastung von Allergikern über die Grasblüte hinaus deutlich verlängert. In Frankreich konnte nachgewiesen werden, dass im Hochsommer der Antihistaminverbrauch mit der Menge von Ambrosiapollen in der Luft korreliert ist. In Mailand ist die Pflanze besonders stark verbreitet. Allergische Reaktionen sind häufig. Die jährlichen Behandlungskosten im Krankenhaus „Milano 1" werden auf über 1,3 Mio € geschätzt, so dass davon auszugehen ist, dass der tatsächliche Schaden allein in dieser Stadt mindestens um den Faktor 10 höher liegt. Aufgrund ihrer Kurzlebigkeit und großen Samenproduktion ist die Eindämmung dieser sich zurzeit stark ausbreitenden Art erschwert. Pro Pflanze werden viele tausend Samen gebildet, die im Boden bis zu 40 Jahre keimfähig bleiben können. Ein entscheidender Vektor für die initiale Fernausbreitung war in Nordamerika produziertes Vogelfutter.

In Mitteleuropa sind weitere problematische invasive Arten die Kanadische und die Späte Goldrute (*Solidago canadensis* und *S. gigantea*). Diese Arten sind inzwischen von den ehemals besiedelten Ruderalstandorten (z. B. Bahndämme) auf unterschiedlichste **Sekundärstandorte** übergewechselt und bedrohen unter anderem die Artenvielfalt von Magerrasen (Kowarik 2003). Eine effiziente Kombination von Fernausbreitung durch anemochore Samen und vegetativer Vermehrung vor Ort durch unterirdische Ausläuferbildung machen eine Bekämpfung dieser Arten fast unmöglich.

Australien und Neuseeland erwiesen sich mit ihren Ökosystemen als nahezu wehrlos gegenüber eingeschleppten Tier- und Pflanzenarten. Die australische Wildkaninchenplage (durch das eingeführte europäische Kaninchen *Oryctolagus cuniculus*), die man mit endlosen Zäunen, Giften und Parasiten in den Griff bekommen wollte, ist ein beredtes Exempel. Schließlich gelang es mit Hilfe eines pathogenen Virus, der Myxomatose, die Population zu dezimieren. Weil diese Krankheit aber nur bei einem Teil der Individuen tödlich verläuft, werden Kaninchen auch künftig zur Fauna Australiens gehören.

Aus Mittelamerika eingeschleppte Opuntien (*Opuntia inermis*, *Opuntia stricta*, *Cactaceae*), die wir aus vielen Mittelmeerländern kennen („Feigenkakteen"), machten sich um die Wende vom 19. zum 20. Jahrhundert auf den australischen Weiden breit und verschlechterten deren Nutzungspotenzial erheblich. Opuntien wurden ursprünglich für die Zucht von Cochenille-Läusen (*Dactylopius coccus*) und deren Nutzung für die Gewinnung natürlicher tiefroter Farbstoffe benötigt (z. B. für Lippenstifte) und weit verbreitet. Im Jahr 1925 bedeckten Opuntien in Australien bereits 24 Millionen Hektar (Kowarik 2003). Zur Bekämpfung wurde eine weitere exotische Art, eine Opuntienmotte (*Cactoblastis cactorum*), eingeführt, welche die sukkulente Pflanze effizient zurückdrängen konnte. Heute stellen Opuntien kein wirtschaftliches Problem mehr dar. Aber nicht immer verlaufen biologische Bekämpfungsmaßnahmen derart erfolgreich.

In Neuseeland macht das im 19. Jahrhundert von Australien eingeschleppte Fuchskusu (*Trichosurus vulpecula*) große Probleme. Die nachtaktive Art hat sich dort so stark vermehrt (die Population wird auf 70 Millionen Tiere geschätzt), dass der Population allnächtlich zehntausende von Tonnen Biomasse zum Opfer fallen, fatalerweise in erster Linie endemische Baumarten wie Pohutukawa (*Metrosideros excelsa*) oder Rata (*Metrosideros robusta, Metrosideros umbellata*), deren Bestände deshalb in den letzten Jahren eingebrochen sind. Und auch vor Nestern einheimischer Vogelarten macht das Kusu nicht halt. In diese Wälder drangen inzwischen europäische Wespen ein (*Vespula germanica, Vespula vulgaris*), welche mit den heimischen Vögeln effizient um den Honigtau der Schildläuse (*Ultracoelostoma assimile*) konkurrieren. Die Folge ist ein verstummter Wald. Viele einheimische Vogelarten sind an den Honigtau als Nahrungsquelle gebunden. Da ihnen die Nahrungsgrundlage entzogen wird, gehen ihre Bestände stark zurück (Kegel 1999).

Von **Neozooen** ausgehende Schäden können mechanischer Art sein, wenn beispielsweise durch Grab- und Wühltätigkeit Uferbereiche von Flüssen und Seen unterminiert werden und an Stabilität verlieren, wie dies durch Bisam (*Ondatra zibethicus*) und Nutria (*Myocastor coypus*) geschieht. Der nordamerikanische Bisam wurde 1905 in der Nähe von Prag ausgesetzt und konnte sich, dank seiner Anpassung an strenge

Abb. 11.26

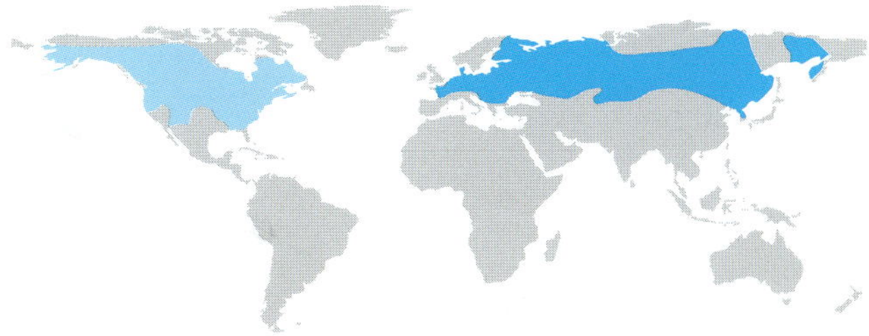

Natürliche (hell, Amerika) und invasive Verbreitung (dunkel) des Bisam (*Ondatra zibethicus*) in Eurasien im Verlauf des 20. Jhdt.

Winter nicht nur behaupten, sondern über die gesamte eurasische Holarktis ausbreiten (Abb. 11.26). Der südamerikanische Nutria wurde in den 1940er-Jahren in der Camargue ausgesetzt und trat von dort aus seinen Weg durch Europa an. Inzwischen ist die Tierart darüber hinaus in Nordamerika, Teilen Afrikas, Australiens und Japans eingebürgert.

Heute, wo man wieder versucht, den heimischen Europäischen Biber (*Castor fiber*) einzubürgern, trifft dieser paradoxerweise auf die Neozooen Bisam und Nutria als Konkurrenten in seinem angestammten Lebensraum. Allerdings sind die amerikanischen Verwandten deutlich kleiner und teils enger an das Gewässer gebunden, sie nehmen also eine leicht unterschiedliche ökologische Nische ein, so dass nicht zu fürchten ist, dass die heimische Art letztlich unterliegt. Hinzu kommt aber das Problem, dass einige seiner Habitate inzwischen von ausgesetzten Kanadischen Bibern (*Castor canadensis*) eingenommen werden.

Eingeschleppte Arten können als **Schädlinge bzw. Krankheiten an Nutzpflanzen** enorme wirtschaftliche Einbußen bewirken. Die Einschleppung der amerikanischen Reblaus (*Dactylosphaera vitifolii*) nach Europa ist ein markantes Beispiel. Sie wird nach einer früheren wissenschaftlichen Bezeichnung ebenso „*Phylloxera*" genannt. Dieses Neozoon führte Ende des 19. Jahrhunderts in Frankreich und zu Beginn des 20. Jahrhunderts in Süddeutschland zum fast völligen Zusammenbruch des Weinanbaus. Vor allem in den Regionen, die sich traditionell stark auf den Weinbau konzentriert hatten (z. B. in Burgund), hatte diese ökonomische

Abb. 11.27

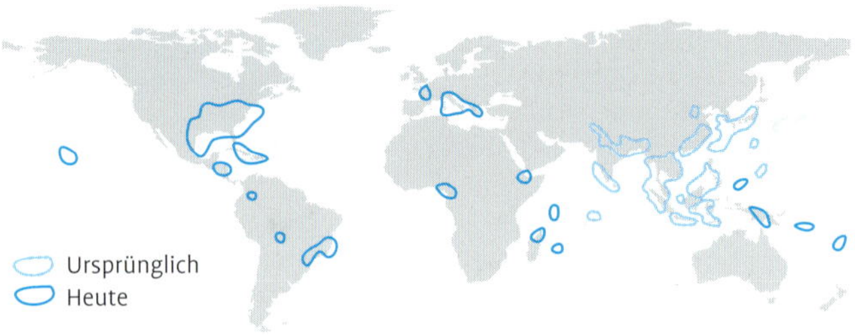

Natürliche Verbreitung (hellblauer Bereich) und Arealausweitung (dunkelblauer Bereich) der Tigermücke (*Stegomyia albopictus*) Ende des 20. Jahrhunderts. In Australien wurde eine Invasion durch Bekämpfung verhindert.

Katastrophe Landflucht und Auswanderung zur Folge. Die europäischen Reben (*Vitis vinifera*) besitzen keine Schutzmechanismen gegenüber dem Schädling. Sie gingen kurz nach dem Befall ein. Nur auf wenigen Sandstandorten, auf welchen die Reblaus sich nicht entwickeln kann, blieb der traditionelle Weinbau erhalten. Der komplexe Lebenszyklus der Art, mit im Boden lebenden Zwischenstadien, erschwerte die Bekämpfung. Erst die Einführung amerikanischer Weinarten (*Vitis riparia*, *Vitis berlandieri*), die gegen die Reblaus zwar nicht resistent sind, aber den Befall tolerieren ohne abzusterben, brachte die Wende. Sie wurden und werden bis heute als Pfropfgrundlage für die europäischen Sorten eingesetzt. Somit konnte der Weinbau in Europa erhalten werden und sich erneut als Wirtschaftszweig etablieren. Dieses Beispiel zeigt, das das selektive Überwinden von Ausbreitungsgrenzen durch einzelne Arten verheerende wirtschaftliche Auswirkungen haben kann.

Besonders beschäftigen uns natürlich die Vektoren und Mechanismen zur **Übertragung von Krankheiten beim Menschen**. Jeder Mensch beherbergt Kolonien von Bakterien, Pilzen und anderen Mikroorganismen. Diese wirken keineswegs pathologisch, sondern unterstützen das Funktionieren des menschlichen Organismus, beispielsweise bei der Verdauung, oder werden schlicht toleriert bzw. ignoriert. Einige dieser Organismen vermögen es allerdings, die Immunabwehr zu überlisten und den menschlichen Organismus zu schädigen. Dazu gehören Einzeller wie der Malaria-Erreger (*Plasmodium* spec.), Bakterien und Viren. In der Biogeographie interessieren solche Krankheiten – es handelt sich ja um biotische Objekte – im Zusammenhang mit ihrer natürlichen Verbreitung und ihrer, teils menschlich induzierten Ausbreitung.

Häufig sind Stechmücken die **Ausbreitungsvektoren** von Krankheiten, aber auch Zecken (z. B. *Ixodes ricinus*) können relevante Vektoren sein, wie in Deutschland für die Lyme-Krankheit (andere Bezeichnung: Borreliose, weil durch das Bakterium *Borrelia burgdorferi* ausgelöst) und die Frühsommer-Meningoencephalitis (FSME, Virose). *Anopheles*-Mücken übertragen den Einzeller *Plasmodium falciparum*, Erreger der Malaria. Tsetse-Fliegen (*Glossina* spec.) sind der Vektor der Schlafkrankheit (einzellige Geißeltierchen der Gattung *Trypanosoma*).

In neuerer Zeit trägt der Flugverkehr unbeabsichtigt dazu bei, infizierte Tiere über große Strecken hinweg zu transportieren. Malaria und Dengue-Fieber treten immer häufiger in der Nähe von Flughäfen auf. Die kurzen Zeiträume eines Fluges von den Tropen oder Subtropen in eine europäische oder amerikanische Metropole ermöglichen das Überleben der Tiere. Treffen sie dann in Sommermonaten ein oder sind sie in der Lage, das aufgeheizte Stadtklima zu tolerieren, können sie eventuell eine Weile außerhalb ihres Areals aktiv sein und lokale Populationen aufbauen.

Der ursprünglich tropisch verbreiteten **Asiatischen Tigermücke** (*Stegomyia albopictus* syn. *Aedes albopictus*) (Abb. 11.27), die in ihrer Heimat als Überträgerin des Dengue-Fiebers – einer Virose – fungiert, ist es durch die unbeabsichtigte Ausbreitung mittels menschlicher Vektoren inzwischen gelungen ihr Areal massiv auszuweiten. Welche Rolle das in den letzten Jahrzehnten insgesamt deutlich mildere Klima für die Ausbreitung der Art spielt ist unklar, doch ist nicht auszuschließen, dass eine Kombination von menschlichem Transport und günstigeren Lebensbedingungen die Ausbreitung fördert.

Diese Mückenart wird in den Medien etwas reißerisch als „tickende Zeitbombe" bezeichnet, da nicht auszuschließen ist, dass sie in den Außertropen bislang typische Tropenkrankheiten verbreiten kann. Auf der Insel Réunion ist *Stegomyia albopictus* verantwortlich für die Verbreitung des Chikungunya-Virus, das inzwischen 30.000 Menschen befallen hat und bei alten Menschen und Kleinkindern tödlich sein kann. Es besteht Sorge, dass dieser Virus durch den Flugverkehr in andere Erdgegenden verschleppt wird. Die nahe verwandte Gelbfiebermücke (*Stegomyia aegypti*) ist für die Übertragung des Gelbfieber-Virus (aus der Gruppe der Flaviviren) verantwortlich.

Der Tigermücke reichen bereits kleine Wassermengen wie temporäre Pfützen oder Wasseransammlungen in Blechdosen für ihre Vermehrung. Sie ist deshalb besonders schwer zu bekämpfen. Im Mittelmeergebiet haben sich inzwischen dauerhaft Populationen einer kälteresistenten Form der Tigermücke etabliert (Abb. 11.28). In Frankreich, Belgien, Holland und selbst in der Schweiz wurde die Art schon nachgewiesen. Für Deutschland gibt es bis zum Frühjahr 2006 noch keine Funde. Auch im Südosten der USA breitet sich *Stegomyia* seit den 1980er-Jahren kontinuierlich aus.

Das **Hanta**-Virus (gehört zur Gruppe der *Bunyaviridae*), das in verschiedenen Formen auftritt, die oft nach den Ort des ersten medizinisch dokumentierten Auftretens benannt sind (Hantaan, Dobrava, Puumala, Korea, Sin-Nombre), wird durch Nagetiere ausgebreitet. Zwischen den Nagern erfolgt die Übertragung durch aggressives, mit Bissen verbundenes Verhalten. Der Kot dieser Säuger, die selbst oft nur latent erkranken, enthält das Virus, so dass eine Infektion überall dort erfolgen kann, wo Nager aktiv sind. Die menschliche Aufnahme erfolgt vorwiegend über Aerosole (Staub) aus Kot und Urin und kann daher kaum kontrolliert werden. Diese Viren konzentrierten sich ehemals auf abgegrenzte Regionen in Südostasien, doch sind sie inzwischen sehr weit verbreitet. Selbst in Deutschland kann eine Infektion, wenn auch mit einer weniger aggressiven Form des Virus, nicht ausgeschlossen werden. Infektionen konzentrieren sich bislang auf Nordwest-Deutschland, doch scheint sich das Virus auszubreiten. In den USA sind weite Teile des Landes mit dem Virus verseucht. Stehen Häuser längere Zeit leer und siedeln sich dann zeitweise Nagetiere dort an, kann der Abbruch des Hauses drohen.

Die rasante Ausbreitung des „**Vogelgrippe**“-Virus H5N1 im Herbst und Winter 2005 über Eurasien zeigt, dass das Verhalten und die Vektoren von Krankheitserregern teilweise kaum bekannt sind. Eventuell wirkt der Krankheitserreger in manchen Organismen, die als Vektoren dienen, nicht pathologisch. Da verständlicherweise kaum Wildtiere auf den bloßen Verdacht hin einer aufwändigen Untersuchung unterzogen werden, kann das Virus bereits einige Zeit vor dem Ausbruch der Krankheit vor Ort sein, ohne das sich dies bemerkbar macht. Die Rolle, die Zugvögel spielen, ist zwar sicher nicht zu ignorieren, doch ist die Ausbreitung von Ost nach West, allzumal während der Wintermonate, besser über den internationalen Geflügel-Handel zu erklären.

Eine Besonderheit ist die überaus schnelle Veränderung der genetischen Ausstattung von Viren. Sie begrenzt im Fall humanmedizinisch wirksamer Viren ihre Bekämpfung beispielsweise über Impfstoffe. Bei der derzeit grassierenden Geflügelpest („Vogelgrippe“), wird befürchtet, dass bei einer gleichzeitig erfolgenden Infektion mit menschlichen Grippeviren eine Übertragung von Genen zu einer Pandemie führen könnte.

Über ähnliche Mechanismen hat sich in den letzten 25 Jahren die Immunschwäche-

Abb. 11.28

Plakat zur Bekämpfung der Tigermücke (*Stegomyia albopictus*) in Rom (2003).

krankheit **AIDS** (Acquired Immune Deficiency Virus) entwickelt. Sie ist inzwischen in verschiedenen Varianten bekannt. Dies unterstreicht die Dynamik von Viren. Sehr wahrscheinlich entstand diese Krankheit durch eine Übertragung und Weiterentwicklung eines bei Affen auftretenden Virus über den Verzehr des Fleisches wildlebender Tiere auf den phylogenetisch sehr ähnlichen Menschen. Das ehemals räumlich eng begrenzte Gebiet des Auftretens des Virus wurde in kürzester Zeit auf die gesamte Erde ausgedehnt. Auch wenn bis heute keine Heilung möglich ist, sorgen medizinische und kommunikatorische Maßnahmen für eine Eindämmung der Seuche. Der Beitrag von Viren zum Aussterben von Arten ist kaum nachvollziehbar und bislang vermutlich unterschätzt worden.

Bei den in diesem Kapitel angesprochenen Punkten gibt es eine enge Überlagerung zwischen Biogeographie und Medizin. Zwar sind Viren, oder gar Prionen, keine eigenständigen Organismen, sondern organismische Funktionselemente, doch unterliegt auch ihre Ausbreitungsdynamik biogeographischen Gesetzen und Mechanismen. Die Rolle höherer Organismen als Vektoren für den Transport von Krankheitserregern muss analysiert werden, um Bekämpfungsstrategien zu entwickeln.

Abb. 11.29

Strandhafer (*Ammophila arenaria*) durchflicht mit seinem Wurzelwerk Küstendünen an der Ostseeküste.

11.8 Schutzfunktionen von Lebewesen

Neben den direkten Nutzwirkungen von Lebewesen bieten sie uns, oft gratis, eine Reihe von Wohlfahrtswirkungen. Die vielfältige indirekte Funktion von sogenannten „**Grünen Lungen**" in Großstädten oder von „Grüngürteln" um städtische Siedlungen ist seit langem bekannt und wird entsprechend gefördert. Da vor allem letztere aber teils als Entwicklungshindernis für wachsende Agglomerationen gesehen werden, ist ihr Erhalt nicht immer einfach, wie der „Lorenzer" und „Sebalder Reichswald" in der Umgebung Nürnbergs zeigen. Dieser Stadtwald ist zwar durch das Bayerische Waldgesetz als „Bannwald" geschützt, doch konnte das die Fragmentierung durch zahlreiche Verkehrswege nicht verhindern. Die Bereitstellung von Sauerstoff, die durch den Begriff „Grüne Lunge" assoziiert wird, ist im Vergleich zu den positiven Wirkungen auf Luftfeuchte, Aerosolgehalte und Wind weniger bedeutsam.

In stark reliefiertem Gelände, also vorwiegend im Gebirge, soll „**Schutzwald**" Siedlungen und Verkehrswege vor Schäden durch Lawinen, Muren, Erdrutsche und Steinschlag bewahren. Die Auswirkungen der rezenten Klimaveränderung auf die Stabilität solcher Bergwälder gibt besonders im Alpenraum Anlass zur Sorge. Auch an diesem Beispiel zeigt sich, dass nicht die Globale Erwärmung als solche die menschliche Gesellschaft bedroht, sondern ihre Effekte auf Ökosysteme und deren Funktionalität (Jentsch & Beierkuhnlein 2003).

An den norddeutschen Küsten werden Pflanzen direkt biotechnisch zur **Dünenbefestigung** eingesetzt. Der Strandhafer (*Ammophila arenaria*) ist dazu gut geeignet, da er bei Übersandung mit seinen Rhizomen nach oben wachsen kann und nicht abstirbt (Abb. 11.29). Er durchzieht mit seinem Wurzel- und Rhizomgeflecht die Dünensande und trägt sehr effektiv zu deren Stabilisierung bei. Damit wird die Schutzwirkung der Dünen, als natürliche oder künstliche Wälle, gegenüber Sturmfluten gewahrt. Im Landschaftsbau werden für den Lebendverbau und zur Stabilisierung offener Bodenflächen Kenntnisse zu standortgemäßen

Pflanzengesellschaften genutzt. Dies lässt Sukzessionsabläufe besser nachempfinden und daraus kann mit größerer Erfolgswahrscheinlichkeit eine stabile Vegetation erzielt werden.

Die weltweit wichtigste Schutzfunktion natürlicher Systeme ist ihr Beitrag zum **Erhalt sauberen Trinkwassers**. Alle Ökosysteme wirken mehr oder weniger stark als Filter auf stoffliche Belastungen. Neben der mechanischen Filterfunktion ist die Tätigkeit von Mikroorganismen für die natürliche Selbstreinigung von Sicker- und Grundwässern („natural attenuation“) verantwortlich.

Biodiversität kann einen Beitrag zur **Reduzierung gesundheitlicher Risiken** leisten. Dies soll an einem Beispiel veranschaulicht werden: Nach Schätzung der World Health Organisation (WHO) sind derzeit mehr als 200 Millionen Menschen an verschiedenen Formen der Bilharziose erkrankt (*Schistosoma mansoni*, *S. intercalatum*, *S. japonicum* und *S. haematobium*). Die Tropenkrankheit führt bei Nichtbehandlung zu lebenslangem Siechtum oder zum Tod. Jährlich sind weltweit etwa 600.000 Todesfälle zu beklagen. Die Krankheit wird durch Kontakt mit Zerkarien-haltigem Wasser übertragen. Zerkarien heißen die Schwanzlarven der endoparasitischen Saugwürmer (Trematoden), welche die Krankheit bewirken. Sie bohren sich durch die Hautoberfläche in den Körper oder werden mit Fischgerichten aufgenommen. Ökologisch interessant ist, dass diese Trematoden einen Wirtswechsel zwischen Mollusken und Säugetieren vollziehen. Als Zwischenwirt werden nur bestimmte Schneckenarten akzeptiert. In ostafrikanischen Seen ist das Auftreten der Bilharziose nun negativ korreliert mit der Vielfalt von Schneckenarten. In artenreichen Molluskengemeinschaften können die für den Lebenszyklus der Parasiten ausschließlich geeigneten Schnecken nicht dominant in Erscheinung treten. Die Erregerpopulationen werden limitiert und die Wahrscheinlichkeit einer Krankheitsübertragung reduziert. Sind wiederum nur wenige Menschen erkrankt, geraten über deren Fäkalien nur wenige Eier in die Gewässer. Die Vielfalt der Lebensgemeinschaft wirkt nicht nur in diesem Fall als effizientes Regulativ zur Prävention von Krankheiten.

Eine gewisse Problematik bei der Bilharziose steckt lediglich in der Tatsache, dass die Abläufe sehr komplex sind und die Inkubationszeit beim Menschen mehrere Monate betragen kann. Das erschwert das Erkennen der Krankheit und die Vermittlung der Zusammenhänge an die betroffene Bevölkerung.

11.9 Organismen und Lebensgemeinschaften als Indikatoren

Die **Bioindikation** verfolgt das Ziel, mit der Hilfe von Organismen oder Lebensgemeinschaften auf ökosystemare Eigenschaften zu schließen. Während sich das Monitoring allgemein auf die Beobachtung und Analyse von Sachverhalten und Entwicklungen als solche konzentriert, versucht die Bioindikation auf gesellschaftlich relevante Eigenschaften zu schließen. Dies kann das Erkennen von Beeinträchtigungen sein, die sich aus Umweltveränderungen ergeben, aber auch einfach die Identifikation eines Nutzungspotenzials betreffen.

Ihr Einsatz ist dort sinnvoll, wo die Problemstellung einen umfangreichen apparativen oder technischen Aufwand bedeuten würde. Eine hohe zeitliche Variabilität von Schadstoffeinträgen in ein Gewässer würde beispielsweise eine mehr oder minder kontinuierliche und entsprechend teure Beprobung erfordern. Integrativ wirkende Bioindikatoren können, auch wenn stofflich nicht so exakt, über einen längeren Zeitraum kumulativ die Effekte problematischer Substanzen anzeigen.

Bioindikation erfolgt über auf verschiedenen Organisationsebenen. Manche Organe von Tieren, wie Haare oder die Leber, eigenen sich besonders gut für die akkumulative Bioindikation. Deutschlandweit werden in einer **Umweltprobenbank** solche spezifischen Proben gesammelt und veränderungsfrei eingelagert (Müller et al. 1997) (Abb. 11.30). Damit sollen repräsentative Umweltproben in späteren Jahren für retrospektive Analysen zur Verfügung stehen.

Akkumulative Bioindikation betrachtet die Einlagerung von Substanzen in Organe.

Box 13: Bioindiktoren

Wir unterscheiden **aktive und passive Bioindikation**. Aktiv ist Bioindikation, wenn Monitoringorganismen gezielt ausgebracht werden. Passiv bedeutet, dass aus den Eigenschaften von in der Natur angetroffenen Objekten eine qualitative Aussage abgeleitet wird. Ferner ist die Trennung in reaktive und akkumulative Indikation eine Grundsätzliche. **Reaktive Indikation** erfolgt, wenn die Effekte von Umwelteigenschaften auf Organismen oder Lebensgemeinschaften betrachtet werden. Also wenn ihr Vorkommen bzw. Fehlen oder visuell erkenntliche Schädigungen oder Vitalitätskennzeichen erfasst werden. Reaktionsindikatoren müssen in ihrem Stoffwechsel oder Wuchs sensibel auf die interessierenden Stoffe oder Umweltbedingungen reagieren. Die ausgewählten Arten sollten ein enges Spektrum bezüglich der Zielgröße besitzen, also diesbezüglich stenök sein. Reaktive Indikation kann aktiv und passiv erfolgen. Ein Aspekt ist noch, dass die Arten, auch im geschädigten Zustand, eindeutig erkannt werden müssen.

Die **akkumulative Indikation** verfolgt das Ziel, die Anreicherung von Substanzen in Organismen zu erfassen und diese sozusagen als Kollektoren der Zielsubstanzen einzusetzen. Bezüglich dieser Parameter sollten keine nennenswerten physiologischen oder morphologischen Reaktionen erfolgen, denn diese würden das Akkumulationsverhalten beeinträchtigen. Akkumulative Bioindikation kann ebenfalls aktiv und passiv durchgeführt werden. Für die passive Anwendung ist ein breites Standortspektrum bzw. ein großes Verbreitungsgebiet hilfreich. Es kommen daher eher euryöke Arten dafür in Frage. Auch sollten die Arten sicher und einwandfrei identifiziert werden können, um technische Zuordnungsfehler zu vermeiden.

Der akkumulative Ansatz ist mit dem Einsatz von Laboruntersuchungen verbunden. Sein Vorteil ist, dass interessierende Substanzen über einen längeren Zeitraum integral akkumuliert werden und Aussagen nicht wie bei einer Wasserprobe nur für begrenzte Zeitauflösung Gültigkeit besitzen. Die eingesetzten Organismen in den teils hoch standardisierten Verfahren werden als **Testorganismen** bezeichnet. Die reaktive Indikation ist hingegen deutlich weniger aufwändig, aber weniger spezifisch. Ihr Vorteil ist es, Effekte von Umwelteigenschaften und Substanzen aufzuzeigen. Die Arten, welche sich hierfür eignen, nennen wir **Zeigerorganismen**.

Abb. 11.30

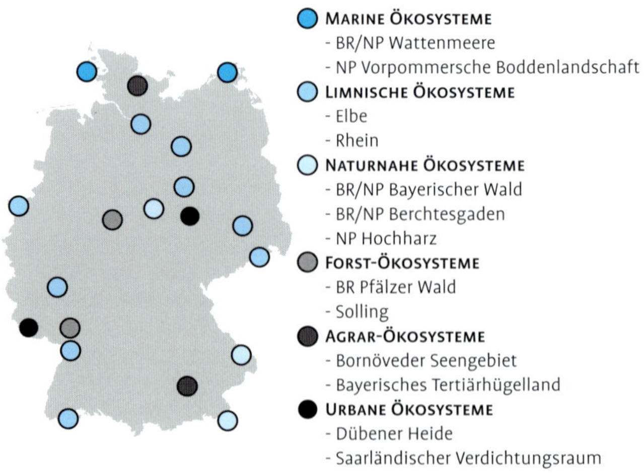

Probenahmeorte der Umweltprobenbank.

Beispielsweise wird in der „Standardisierten Graskultur" die Einlagerung von **Schwermetallen** in die Blätter des Weidelgrases (*Lolium multiflorum*) untersucht. Die Fruchtkörper einiger Pilze eignen sich zur Indikation der Belastung mit **radioaktiven Stoffen**.

Allerdings sind Pilze sogar zur Aufkonzentration fähig. Maronenröhrlinge bzw. Braunkappen (*Xerocomus badius*) weisen in manchen Gebieten noch heute als Folge des Tschernobyldesasters erhöhte Caesium-Werte auf. Ein weiteres Problem ist die Beeinflussung ihres Myzels durch verschiedene Randbedingungen.

In Großstädten wie Berlin wird der Grünkohl (*Brassica oleracea* convar. *acephala* var. *sabellica*) gezielt zur aktiven akkumulativen Indikation xenobiotischer **Kohlenwasserstoffe** eingesetzt bzw. ausgebracht. In seinen Blättern reichern sich PAK, PCB, PCDD/PCDF und Benzo(a)pyren an, ohne bei den auftretenden Konzentrationen Schädigungen auszulösen.

Spezielle Varietäten von Tabak (*Nicotiana tabacum* var. BelW3) und Buschbohne (*Phaseolus vulgaris* var. Pinto) werden im aktiven Monitoring als reaktive Indikatoren für **Fotooxidantien** eingesetzt. Diese Stoffe entstehen durch chemische Reaktionen aus Auto- und Industrieabgasen. Als mengenmäßig wichtigstes und gleichzeitig stabilstes Produkt ist Ozon zu nennen. Da die Reaktionen Zeit benötigen, können die Produkte weit von ihrem Ursprungsort verdriftet werden. Deshalb entwickeln sich spezifische räumliche Verbreitungsmuster und es ist wichtig, diese zu kennen. Da *Nicotiana tabacum* var. BelW3 bereits bei relativ geringen Ozon-Konzentrationen Blattschäden zeigt, kann bei auftretenden höheren oder länger anhaltenden Ozonkonzentrationen keine weitere Differenzierung vorgenommen werden. Aus diesem Grund wird oft gleichzeitig die etwas weniger empfindliche Pintobohne ausgebracht, die dann bei höheren Konzentrationen differenzierend wirkt.

Ein klassisches Feld der Bioindikation ist die Gewässerbelastung. Bereits seit Jahrzehnten ist ein Indikationsverfahren etabliert, welches technisch eingesetzt wird. Das **Saprobiensystem** beurteilt in Fließgewässern deren Qualität bezüglich der Nährstoffbelastung mittels Indikatororganismen (Leitsaprobien). Es ist die Grundlage der **Gewässergütekartierung**, die auf diese Weise sehr effizient und flächendeckend durchgeführt werden kann, ohne mit hohen Laborkosten einherzugehen. Die folgenden Zonen werden unterschieden:

- oligosaprobe Zone (Gewässergüteklasse I: unbelastet bis sehr gering belastet),
- beta-mesosaprobe Zone (Gewässergüteklasse II: mäßig belastet),
- alpha-mesosaprobe Zone (Gewässergüteklasse III: stark verschmutzt),
- polysaprobe Zone (Gewässergüteklasse IV: übermäßig verschmutzt).

Die Erfassung der Fließgewässerorganismen geschieht nach einem standardisierten Vorgehen. Es wird eine definierte Zeit vorgegeben und spezifische Lebensräume (z. B. Unterseiten von Steinen) werden bearbeitet. Die Berechnung der Gewässergüte erfolgt über die Gewichtung von 48 Zeigerorganismen bzw. Organismengruppen, welchen jeweils ein Saprobiewert zugeordnet ist, durch deren Abundanz und die anschließende Ermittlung eines Mittelwertes.

Abb. 11.31

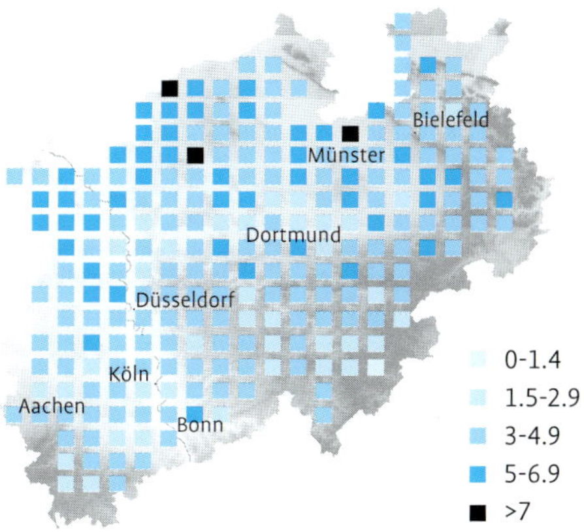

Passive Biodindikation mit epiphytischen Flechten zur Kennzeichnung von Stickstoffeinträgen in Nordrhein-Wesfalen (nach bryologie.uni-bonn.de).

Zur Indikation von Gewässerzuständen werden vorwiegend Mikroorganismen und Tiere eingesetzt (s. a. Hellawell 1997). Pflanzen sind aber hierzu ebenfalls gut geeignet, denn sie sind ortstreu, zeigen eine überschaubare Artenzahl und können gut bestimmt werden. Von besonderer Bedeutung sind submers lebende **Makrophyten**. Sie erlauben Aussagen über Wasserführung und Strömungsverhältnisse, Trophiegrad und Temperatur, die Morphologie des Gewässers, den Einfluss von Beschattung und teils zum Auftreten von Schadstoffen. Kohler et al. (1974) verglichen am Beispiel der Friedberger Au die Verbreitung der wichtigsten Arten mit wasserchemischen Belastungen (z. B. Nitrat). Als Ergebnis konnten Flussabschnitte ausgewiesen und nach den dominierenden Pflanzen benannt werden, z. B. von quellnahen, unbelasteten Bereichen, einer *Potamogeton-coloratus*-Zone bis zu stark belasteten Abschnitten, einer artenarmen *Elodea-canadensis*-Zone. Auch gelang es, nach den Mittelwerten bestimmter Schadstoffe, z. B. für Ammonium und Phosphate, ökologische Reihen unter den Freilandbedingungen der Fließgewässer zu erarbeiten. *Potamogeton coloratus*, *Mentha aquatica* und *Chara* div. spec. sind als Reinwasserzeiger, *Elodea canadensis*, *Fontinalis antipyretica*

Abb. 11.32

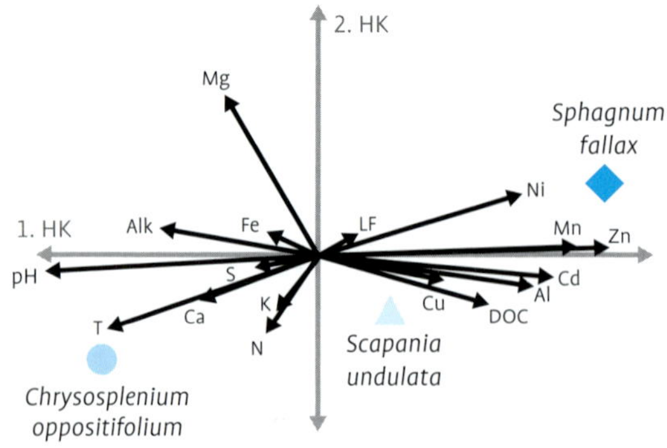

Korrelation zwischen Umweltvariablen und Arten in unterschiedlich versauerten Weichwasserquellfluren des Frankenwaldes.

und *Ranunculus fluitans* als Zeiger von Eutrophierung inzwischen in vielen Fließgewässern und Seen bestätigt. Einflüsse wie Strömungsgeschwindigkeit, Bodensubstrate, Beschattungsgrad der bachbegleitenden Baum- und Gebüschvegetation differenzieren allerdings die submerse Vegetation und können chemische Einflüsse überlagern.

Die bioindikatorische Kartierung der **Luftqualität** nutzt eine besonders sensibel auf Schadstoffbelastung reagierende Artengruppe: Flechten (*Lichenes*). Flechten werden sowohl zur passiven als auch zur aktiven Indikation der Luftqualität genutzt (Abb. 11.31). Zunächst verfügen sie über effiziente Ausbreitungsstrategien und sind dazu in der Lage, auf Verbesserung der Umweltbedingungen rasch zu reagieren. Im Herzen des Ruhrgebietes, wo vor etwa 50 Jahren eine „Flechtenwüste" zu beobachten war, hat sich Willy Brandts Wahlkampfparole vom „blauen Himmel über der Ruhr" inzwischen in der Flechtenvegetation deutlich bemerkbar gemacht. Die Flechtenkartierung zur Ermittlung eines Luftgütewertes ist sogar in einer VDI-Richtlinie (3799-1) zur *„Ermittlung und Beurteilung phytotoxischer Wirkungen von Immissionen mit Flechten"* festgelegt. Doch ist festzuhalten, dass sie keine unmittelbaren Rückschlüsse auf phyto- oder humantoxische Einflüsse zulässt, sondern nur orientierende Hinweise über die allgemeine Immissionsbelastung geben kann. Diese Methode kann durch die aktive Exposition bestimmter Flechten ergänzt werden. Hierzu liegt ebenfalls eine technische Anleitung des VDI vor. Gebräuchlich ist die Blattflechte *Hypogymnia physodes*.

Ein etabliertes Indikationssystem von Standorteigenschaften wie mittlere Feuchte, Temperatur, Kontinentalität, Bodenreaktion, Nährstoffversorgung etc. sind die **Ellenberg'schen Zeigerwerte** (Ellenberg et al. 1992). Das methodische Problem des Vorgehens ist, dass die Skalierung der Werte nicht kardinal, sondern ordinal ist. Das heißt, dass der Abstand zwischen den Skaleneinheiten nicht gleich ist bzw. sein muss. Die Berechnung von Mittelwerten ist daher statistisch nicht zulässig. Bezieht man sich jedoch auf einzelne Arten eines Standorts, dann stellt man teils starke Abweichungen der Zeigerwerte fest. Zur groben Orientierung ist das Verfahren aber geeignet. Vorteil ist, dass nicht eine einzelne Art, sondern die gesamte Phytozönose betrachtet wird.

Ähnlich wie Flechten sind Moose besonders gut als Bioindikatoren geeignet (Frahm 1998). Es handelt sich um wechselfeuchte (poikilohydre) Organismen, die direkt mit ihren Lebensabläufen auf die äußeren Bedingungen reagieren. Ihre Wasser- und damit Stoffaufnahme erfolgt direkt über die Pflanzenoberfläche. Sie wird nicht gefiltert durch ein Substrat mit eigener Prozessdynamik und indirekten Einflüssen. Moose sind deshalb Schadstoffen nicht nur direkt ausgesetzt, sie nehmen sie auch direkt auf. Des Weiteren sind sie nicht mit schützenden Gewebeschichten ausgestattet, die bei höheren Pflanzen die Einwirkungen xenobiotischer Stoffe reduzieren. Moose werden sowohl zur Indikation von Luftqualität als auch, und stärker noch, von Wasserqualität eingesetzt (z. B. Frahm 1974, Benson-Evans & Williams 1976, Burton & Peterson 1979).

Vorrangig Nutzungsinteressen verfolgt die **Forstliche Standortkartierung**. Sie dient der ökologischen Absicherung waldbaulicher Entscheidungen. Zeigerarten, welche für bestimmte Waldgesellschaften und mithin für bestimmte Standorteigenschaften stehen (z. B. *Luzula luzuloides* für das *Luzulo-Fagetum*), werden genutzt, um standörtlich einheitliche Flächen zu erkennen. Solche Arten können, auch unter anderen dominanten Baumarten (z. B. in Nadelforsten), auf die natürlicherweise zu erwartende Waldgesellschaft hinweisen. Das ökologische Potenzial eines Standorts wird durch Verschneidung von klimatischen Gegebenheiten, topographischer Lage, Zusammensetzung und Struktur der Bodenvegetation sowie der mineralischen Zusammensetzung, dem Gefüge und dem Wasserhaushalt des Bodens ermittelt. Anschließend werden Standorte mit ähnlichen Bedingungen zu **Standortstypen** zusammengefasst. Die biogeographische Stellung definierter Zeigerarten leistet hier einen Beitrag zur Identifikation des abiotischen Umweltpotenzials.

Mit Hilfe numerischer multivariater Methoden kann auch für eine neuartige Problemstellung die Reaktion von Arten ermittelt werden (Ter Braak 1996). Das Problem ist in einem solchen Fall, dass man nicht auf Erfahrungswerte zurückgreifen kann. Der Einsatz **kanonischer Statistik** erlaubt aber die Verknüpfung von Umweltdaten mit organismischen Informationen, so dass Arten sozusagen auf bestimmte Zustände bzw. deren Tolerierung „geeicht" werden können (Abb. 11.32).

Vorteile von Bioindikatoren sind: Sie zeigen ökologisch relevante Wirkungen, integrieren Umwelteigenschaften über einen längeren Zeitraum und sie sind schnell einsetzbar, d. h. es können große Flächen oder Datensätze in kurzer Zeit bearbeitet werden. Ferner sind sie relativ kostengünstig. Für bestimmte Fragen liegen gute Erfahrungswerte vor. Auch wenn wir nicht von exakten Eichwerten sprechen können, so sind die eingesetzten Organismen und vor allem die Vorgehensweisen in gewissen Grenzen doch standardisierbar.

Ein **Nachteil von Indikationsverfahren** ist, dass kausale Zusammenhänge angenommen werden, aber nur bedingt zu beweisen sind. Es werden Analogieschlüsse gezogen, die teils nicht zwingend funktionell verknüpft sein müssen. Oft sind keine quantitativen Angaben zu Belastungen möglich, sondern nur relative Werte. Kurzzeitige Belastungen werden nivelliert. Interaktionen zwischen Standortfaktoren können die Ergebnisse beeinträchtigen. Biotische Prozesse (Ausbreitung von Arten etc.) und Interaktionen können die Ergebnisse überprägen. Schließlich ist zu bedenken, dass für viele aktuelle Fragen keine Erfahrungswerte vorliegen. Generell ist der Einsatz solcher Methoden aber dort sinnvoll, wo man schon auf entsprechende Vorkenntnisse zurückgreifen kann.

Merksatz

Gute Indikatorarten sind schlecht als Akkumulationsorganismen geeignet und gute Akkumulationsorganismen sind schlechte Indikatorarten!

11.10 Erhalt von Arten und Lebensgemeinschaften

Stellers Seekuh (*Hydrodamalis gigas*) könnte für sich beanspruchen, sicherlich eines der ersten dokumentierten Beispiele für gezielten **Artenschutz** zu sein. Allerdings war den Bemühungen kein Erfolg beschieden, die Art ist ausgestorben. Der deutsche Naturforscher Georg Wilhelm Steller (eigentlich Stoeller) (1709–1746), welcher die Bering-Expedition im Auftrag des russischen Zaren begleitete, entdeckte die zahmen Tiere auf einer Insel vor Kamtschatka. Er beschreibt sie wie folgt: *„Diese Tiere leben wie das Rindvieh herdenweise in der See. Sie sind mit nichts anderem als ihrer Nahrung beschäftigt. Der Rücken und die Hälfte des Leibes ist beständig über dem Wasser zu sehen. Sie fressen wie die Landtiere unter langsamer Bewegung vor sich hin. Sie scheuen sich vor dem Menschen im geringsten nicht."* Diese fehlende Scheu war ihr Schicksal. Seefahrern dienten die riesigen Tiere, die eine Länge von acht Metern erreichten, als einfach zu erlangender Proviant. Steller wendet sich direkt an den Zaren und bittet um Unterschutzstellung, die auch tatsächlich gewährt wird, doch dauert es Jahre bis das von Steller initiierte Schutzdekret wirksam wird. Die Tiere sind zu dieser Zeit bereits ausgerottet. Skelette dieser Seekühe sind im Naturhistorischen Museum Wien und im Tierkundemuseum Dresden ausgestellt.

Der moderne Artenschutz ist eingebunden in ein übergreifendes Konzept verschiedener Schutzstrategien und hat durchaus ganz bemerkenswerte Erfolge vorzuweisen. Neben dem Schutz einzelner Arten strebt der **Naturschutz** den Erhalt und die Förderung bestimmter Biotope und ihrer räumlichen Anordnung an. Die Instrumente sind vielfältig und reichen vom gesetzlichen Schutz einzelner Arten bis zur Ausweisung von Schutzgebieten (Plachter 1991). Der

Abb. 11.33

Gefährdung von Arten durch den Handel mit Touristen, Süd-Brasilien.

Abb. 11.34

Naturschutz-Flagschiffart Großer Panda (*Ailuropoda melanoleuca*) im Woolong Reservat, Sizchuan, China.

moderne Naturschutz versteht sich oft als Mediator verschiedener gesellschaftlicher Interessen. Da Flächen in den Industrienationen knapp sind und der Erhalt von Lebensgemeinschaften in Kulturlandschaften selten aus sich heraus funktioniert, ist das Zusammenwirken mit der Land- und Forstwirtschaft, aber auch mit dem Tourismus unabdingbar. Die Ex-situ-Erhaltung in Zoologischen Gärten und der Aufbau von Genbanken und Sammlungen sind Notmaßnahmen, aber in manchen Fällen unabdingbar. Sie können jedoch nur für wenige herausragende Beispiele Relevanz haben.

Argumente ohne direkte rechtliche Wirkung für den Erhalt bestimmter Arten, Biotope und Lebensgemeinschaften ergeben sich aus sogenannten „Roten Listen" (international: Red Data Books). Sie enthalten Arten, die als gefährdet eingestuft werden. Eine Aussage zum Endemismusgrad einer Art erfolgt zumeist nicht, doch wäre gerade die Konzentration einer Art auf ein enges Verbreitungsgebiet ein gewichtiges Argument für lokale Bemühungen.

Vermehrt werden in **internationalen Abkommen** Gefährdungsursachen identifiziert und Gegenmaßnahmen beschlossen. Beispiele sind die im persischen Ramsar unterzeichnete Feuchtgebietskonvention (RAMSAR, 1971), die „Convention on International Trade in Endangered Species of Wild Fauna and Flora" (CITES, 1973), geläufiger als Washingtoner Artenschutzabkommen, die „Biodiversitätskonvention" von Rio (UNCED, 1992) und die „Flora-Fauna-Habitat Richtlinie" der EU (FFH, 1992). Sie werden in nationalen Gesetzen, wie dem Bundesnaturschutzgesetz (BNatSchG, 2002) umgesetzt. Touristen kommen häufig mit derartigen Abkommen, die in nationale Gesetze und Verordnungen münden, in Konflikt, wenn sie im Urlaub botanische oder zoologische Produkte erstehen und diese dann einführen wollen (Abb. 11.33).

Artenschutzbemühungen konzentrieren sich vorwiegend einerseits auf Arten mit komplexen Lebensansprüchen (z. B. Auerhuhn, *Tetrao urogallix*) und andererseits auf Arten mit einer wichtigen Funktion im Ökosystem für andere Organismen (z. B. Schwarzspecht, *Dryocopus martius*). Dies erklärt, warum hauptsächlich Artenschutzprogramme für Tiere entwickelt werden. Sehr oft sind diese aber ganz einfach groß und attraktiv, um in der Bevölkerung Unterstützung für die Bemühungen zu erzielen. Sie dienen dann als sogenannte „**Flagschiffarten**", die quasi instrumentalisiert werden, um mit ihrer Hilfe den Lebensraum zahlreicher weiterer Arten zu erhalten. Allerdings sind solche Bemühungen nicht immer von Erfolg gekrönt, wie das Woolong-Reservat zu Erhalt des Großen Panda (*Ailuropoda melanoleuca*) zeigt (Liu et al. 2001) (Abb. 11.34). Dort haben die Habitatverluste seit der Unterschutzstellung noch deutlich zugenommen.

Erste Erfolge sind natürlich zu begrüßen. Der Bestand des ehemals in allen afrikanischen Savannen verbreiteten Spitzmaulnashorns (*Diceros bicornis*) hat sich seit 1995 stabilisiert, wenn auch auf niedrigem Niveau. Heute leben ca. 3.000 Tiere vor allem in Schutzgebieten, nachdem die Gesamtpopulation von 65.000 Tieren im Jahr 1970 auf 2.500 Tiere zusammengebrochen war. In diesem Fall ist die Kontrolle der direkten Verfolgung durch Wilderei entscheidend.

Die Ursachen von Artenverlusten sind vielfältiger Natur. Die direkte Verfolgung ist nur in Einzelfällen entscheidend. Global sind es Habitatveränderungen und Habitatverluste, die sich aus Landnutzungsänderungen ergeben, welche den hauptsächlichen Anteil auf sich vereinen (Abb. 11.35). Handelt es sich um **Schlüsselbiotope**, beispielsweise zur Regeneration, dann kann relativ leicht Abhilfe geschaffen werden. Manchmal kommen die Bemühungen aber zu spät oder andere Interessen überwiegen. Die Balzplätze des Birkhuhns (*Tetrao tetrix*) in den Mittelgebirgen Nordbayerns und Thüringens konzentrierten sich bis zur Vereinigung der beiden deutschen Staaten auf die großen Offenlandflächen des Grenzstreifens. Mit der Beseitigung der Grenze wuchsen natürlich die Begehrlichkeiten für diese Flächen für Umgehungsstraßen und landwirtschaftliche Nutzung, so dass schon kurz nach der Wiedervereinigung durch Straßenbau dieser letzte Zufluchtsort für die Art entwertet war und die Vögel regional verschwanden.

Ein Beispiel für erfolgreichen Artenschutz ist die Regeneration der Populationen des pazifischen Nördlichen See-Elefanten (*Mirounga angustirostris*). Ehemals an der gesamten Westküste Nordamerikas verbreitet, wurde die Art durch Jagd so stark dezimiert, dass sie bereits als ausgestorben galt. Einige hundert Tiere überlebten die Verfolgung auf einer mexikanischen Insel. Der Schutz dieser Insel und weiterer kalifornischer Eilande ermöglichten den See-Elefanten dann eine Phase ungestörter Reproduktion, so dass die Tiere inzwischen auf vielen Inseln wieder vorkommen (Abb. 11.36). Die Population wächst heute jährlich um 15 %.

Ausbringungsstrategien werden bereits seit langem praktiziert, doch war ihre Wirkung aufgrund des mangelnden Grundlagenwissens oft nicht unproblematisch. Von Apothekern, Medizinern, Förstern und Lehrern wurde in der Vergangenheit die Flora in einigen Fällen dauerhaft „bereichert“. Das als „Ansalbung“ bezeichnete Ausbringen gebietsfremder, aber im weiteren Umkreis vorkommender, seltener oder attraktiver Arten wurde mit der Motivation vorgenommen, einerseits verloren geglaubtes wieder anzusiedeln und andererseits zu testen, ob die jeweiligen Arten vor Ort eine Population aufbauen könnten. Dies bewirkt unerklärliche Verbreitungsmuster, da nur in wenigen Fällen die verantwortliche Person (die zumeist hierüber Stillschweigen bewahrte)

Abb. 11.35

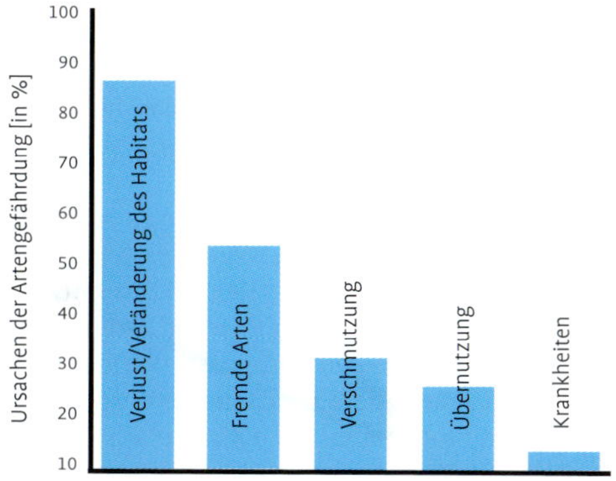

Ursachen der Gefährdung von Arten weltweit. In der Regel wirken mehrere Faktoren gleichzeitig, aber bei fast allen gefährdeten Arten ist Habitatveränderung beteiligt (nach Wilcove et al. 1998).

Abb. 11.36

Nördliche See-Elefanten (*Mirounga angustirostris*) an der Pazifikküste „Big Sur“, Kalifornien, USA.

oder der Hergang rekonstruiert werden kann (Walter 2003). Kommt es jedoch zur mehr oder minder punktuellen Häufung seltener Arten, ohne dass es durch standörtliche oder geographische Umstände erklärt werden kann, liegt nahe, dass Menschen am Werke waren.

Auf die Auswilderung von Hochgebirgstieren wird im folgenden Kapitel nochmals eingegangen. Hier sei lediglich erwähnt, dass sich bei zahlreichen Arten mit teils komplexen Lebensraumansprüchen gezeigt hat, dass diese durchaus im europäischen Siedlungsraum noch ihren Platz finden können. Werden lokale Populationen initiiert, dann können Arten wie der Braunbär, Bartgeier oder der Alpensteinbock sogar nach vielen Jahrzehnten der Abwesenheit wieder ihren ehemaligen Lebensraum zurückerobern.

Der **Flächenschutz** verfolgt das Ziel, nicht einzelne Arten zu erhalten oder zu fördern, sondern gesamte Lebensgemeinschaften. Hierzu gibt es unterschiedlichste Konzepte von Großschutzgebieten bis zu einzelnen Stadtbiotopen. Neben Gedanken zum Schutzgebietsdesign – also dazu wie groß ein Schutzgebiet sein soll und wie viele man benötigt (Single Large or Several Small – SLOSS, s. a. Kap. 4) – ist eine Entscheidung zum Schutzstatus zu treffen. Hierzu sind natürlich eingehende Erfassungen vorzuschalten.

Ein effizientes neues Vorgehen zur Identifikation von Präferenzflächen ist die aus der Betriebswirtschaft entlehnte **Gap-Analyse**. Hier geht man davon aus, dass zum Erhalt der Biodiversität das Abdecken eines breiten Spektrums von Habitaten erforderlich ist. Häufig konzentriert sich der Naturschutz auf herausragende und bekannte Beispiele oder besondere Biotope. Die gesamte Vielzahl der Arten kann damit nicht abgedeckt werden. Es kann zu Verlusten in Bereichen kommen, die bislang als uninteressant angesehen wurden. Mit Hilfe der Geostatistik Geographischer Informationssysteme analysiert man nun das Spektrum der Lebensräume und deren Abdeckung in Schutzgebieten, um den Bedarf an schützender Fläche zu ermitteln. Um den Nutzungsdruck auf verbliebene naturnahe Bereiche zu reduzieren, können **Pufferzonen** eingerichtet werden.

Auf der landschaftlichen Ebene ist in der mitteleuropäischen Kulturlandschaft der Schutz spezifischer Biotope oder von Biotoptypen praxisrelevant. **Biotop- und Biotoptypenkartierungen** werden je nach Bundesland unterschiedlich gewichtet eingesetzt. Der Unterschied besteht in der Genauigkeit der Dokumentation. Eine Biotopkartierung bedeutet in der Regel eine Erfassung einzelner, konkreter Biotope. Diese werden individuell eingehend charakterisiert und möglichst umfassende Artenlisten werden erstellt. Die Kartierung kann dabei nicht flächendeckend sein. Beispiele sind die Biotopkartierungen in Niedersachsen oder Bayern. Es handelt sich um Flächen mit einer regionalen Bedeutung für den Arten- und Ökosystemschutz, die zum Zeitpunkt der Kartierung aus der Sicht der Fachbehörde für Naturschutz grundsätzlich schutzwürdig sind.

Spezifische Biotopkartierungen für den landwirtschaftlich geprägten Raum, für den städtischen Raum sowie für den Wald (z. B. Baden-Württemberg) wurden entwickelt. Biotop*typen*kartierungen erfolgen hingegen zumeist flächendeckend. Hier wird jeder Punkt einer Karte einem bestimmten Biotoptypus zugeordnet, wobei die jeweiligen Biotoptypen aus vorgegebenen Listen entnommen werden. Die Typen werden in der Regel lediglich pauschal charakterisiert.

Die Schaffung von **Biotopverbundsystemen** (Jedicke 1994), welche, aufbauend auf dem Metapopulationskonzept, einzelne Biotope in ein übergreifendes Konzept integrieren, versucht der zunehmenden Fragmentierung von Habitaten und Biotopen entgegenzuwirken. Hinter diesem Vorgehen verbirgt sich im Naturschutz der Schritt von der statischen objektorientierten Sichtweise zu einer funktionellen Betrachtung, welche die Populationsdynamik von Arten und den Genfluss zwischen Populationen berücksichtigt. Beispiele für Biotopverbundkonzepte sind die „Sandachse Franken", bei der Trockenstandorte vernetzt werden sollen, und das „Grüne Band" entlang der ehemaligen innerdeutschen Grenze.

Im aktuellen Naturschutzgesetz der Bundesrepublik Deutschland ist die normative Forderung enthalten, dass 10 % der Fläche Deutschlands für ein Biotopverbundsystem bereitzustellen seien (Burkhardt et al. 2003). Naturschutz ist somit inzwischen in Mitteleuropa bereits zu einer relevanten

Flächennutzung geworden. Bedingt durch die Auflagen, Eingriffe in den Naturhaushalt auszugleichen, und aus den Initiativen von Naturschutzverbänden heraus, wurden zusätzlich zu Schutzgebieten beachtenswerte Flächen für Naturschutzzwecke durch Ankauf oder Auflagen gesichert.

Eine besondere Rolle nehmen als ein Element des Naturschutzes auf europäischer Ebene die Ausweisung von **FFH-Gebieten** (Flora-Fauna-Habitat-Richtlinie) ein. Die Ausweisung dieser als hochwertig erachteten Lebensräume folgt internationalen Vorgaben. Sie soll auch als Instrument zum Aufhalten des Biotopverlustes bis zum Jahr 2010 fungieren. Problematisch ist in diesem Zusammenhang, dass keine standardisierten und großflächig einsetzbaren Verfahren zur konkreten Überprüfung dieses Vorhabens etabliert sind.

Internationalen Vorgaben folgt auch die Einrichtung von **Nationalparks** (Abb. 11.37) und **Biosphärenreservaten**. Auf Nationalparks werden von der IUCN (International Union for the Conservation of Nature) formulierte Kriterien angewandt. Nationalparks sollten weitgehend vom Menschen unberührte Landschaften verkörpern oder durch ihre Ausweisung künftig vor menschlichen Einflüssen geschützt sein. Die ersten Nationalparks wurden allerdings vorwiegend unter dem Gesichtspunkt einer beeindruckenden Naturkulisse erklärt und sollten aufgrund ihrer ästhetischen Qualitäten vorrangig touristische Zwecke erfüllen. Nationalparks bieten heute typischen Arten oder Ökosystemen, einer hohen Biodiversität oder außergewöhnlichen geologischen Naturerscheinungen eine Heimstatt. Wie unterschiedlich diese Vorgaben national interpretiert werden, zeigt sich an der Zahl der Nationalparks in der Schweiz (1) und in Deutschland (15 und 1 geplant). Die kleine Fläche einiger deutscher Nationalparks zeigt zusätzlich, dass in Mitteleuropa nur sehr kleinen Gebieten das Potenzial einer mehr oder weniger ungestörten Entwicklung zuerkannt wird. In dieser Größenordnung wären durchaus auch andere Schutzkategorien denkbar, doch verspricht man sich von einem Nationalpark eine höhere gesellschaftliche Akzeptanz. Biosphärenreservate werden im Rahmen des UNESCO Programms „Man and Biosphere" ausgewiesen. Sie integrieren im Gegensatz zu Nationalparks das Wirken des Menschen in der Kulturlandschaft als elementaren Bestandteil des Schutzzweckes. Weltweit sind heute in 102 Ländern insgesamt 482 Biosphärenreservate etabliert.

Abb. 11.37

Emeishan Nationalpark in Sichuan, China. Der Erhalt von naturnahen Landschaften in Ostasien hängt oft mit der religiösen Bedeutung von Bergen und dort gelegenen Klöstern und Tempeln zusammen.

Fragen

1 Diskutieren Sie die Unterschiede zwischen normativen und analytischen Ansätzen!
2 Bei welchen Fragestellungen werden im Naturschutz Bewertungen vorgenommen?
3 Weshalb sind Gewürze von biogeographischem Interesse?
4 Welche Ausrichtungen der Bioindikation können wir unterscheiden?
5 Wo befinden sich die VAVILOV-Zentren und welche Eigenschaften zeichnen sie aus?
6 Welche menschlichen Interessensgebiete werden durch den Verlust von Biodiversität tangiert?
7 Erläutern Sie die Rolle tierischer Vektoren für die Ausbreitung von Viren!
8 Mit welchem theoretischen Ansatz lässt sich die erforderliche Flächengröße von Schutzgebieten ermitteln?
9 Welches Konzept ist für die Planung eines Biotopverbundes adäquat?
10 Welche Pflanzen können als Bioindikatoren für Kohlenwasserstoffe und Ozon eingesetzt werden?

12 Biogeographie heute und in der Zukunft

Was ist Plan B?

„Die Zukunft war früher auch besser“
KARL VALENTIN (1882–1948)

12.1 Auswirkungen menschlichen Handelns

Die äußeren Faktoren, welche ein Überdenken der Ausrichtung der Biogeographie sowie der betrachteten Maßstabsebenen und der Methoden erforderlich machen, sind die sich mit zunehmender Geschwindigkeit verändernden Umweltbedingungen, die sich neben der lokalen und regionalen Skala auch auf globaler Ebene abspielen. Die hierzu beitragenden überregionalen Prozesse werden durch verschiedenste menschliche Eingriffe in die biogeochemischen Kreisläufe (Abb. 12.1) und in die Zusammensetzung und Struktur von Ökosystemen bewirkt. Teils kommt es zur Verstärkung der Auswirkungen durch Missachtung ökologischer Gesetzmäßigkeiten beispielsweise wenn in Wäldern anthropogene Stoffeinträge auf vom Menschen geschaffene Monokulturen treffen. Diese können leichter destabilisiert werden als Mischbestände.

Beispiele für weitreichende menschliche Beeinflussungen der Biosphäre sind vielfältig und können in diesem Lehrbuch nicht umfassend dargestellt werden. Stichpunktartig sollen die Erhöhung des CO_2-Gehaltes der Atmosphäre durch die Verbrennung fossiler Energieträger, die ebenfalls damit und mit landwirtschaftlichen Aktivitäten zusammenhängende Freisetzung von Stickstoffverbindungen, der Ausstoß xenobiotischer und persistenter Kohlenwasserstoffe und die Reduktion der schützenden Ozonschicht genannt werden.

Nicht nur die indirekte Beeinflussung der Biosphäre erfolgt mit wachsender Intensität. Direkte Eingriffe in das ökologische Gefüge, beispielsweise durch die Landnutzung, haben sich massiv gewandelt und intensiviert. Überbevölkerung, technische Entwicklungen, Transport und Handel führten in Ökosystemen mit geringer Tragfähigkeit, beispielsweise in den feuchttropischen Wäldern oder in den semiariden subtropischen Savannen, zu teils dramatischen Degradierungserscheinungen. In den letzten Jahren kommt im Bereich der Forstwirtschaft und der Fischerei mehr und mehr der Einsatz großtechnischer Wirtschaftsweisen durch multinationale Konzerne hinzu. Eine entwurzelte raubbauartige Nutzung findet sowohl in borealen Nadelwäldern als auch im

Abb. 12.1

Bei der Freisetzung von Stoffen in die Atmosphäre wird deutlich, dass sich menschlich ausgelöste Umweltbelastungen auch weit ab von den Quellen der freigesetzten Stoffe auswirken können.

tropischen Regenwald statt. Lokale und regionale Effekte werden mehr und mehr entkoppelt. Gewinn und Verantwortung stehen oft nicht mehr im Zusammenhang. Die Konsequenzen tragen die Lebensgemeinschaften und Ökosysteme.

Weitsicht und Umsicht waren sicher auch in der Vergangenheit keineswegs die ersten Attribute menschlichen Handelns, doch waren die ausgelösten Schäden zumeist regional begrenzt. Eingriffe des Menschen in seine Umwelt lösten allerdings schon früher irreversible Veränderungen aus. Ein Beispiel ist die nachhaltige Degradation der mediterranen Bergregionen, welche sich als Folge der antiken Entwaldung und Übernutzung ergab. Ehemalige Waldländer wandelten sich zur fast nutzlosen, jedoch artenreichen Macchie (Abb. 12.2).

Die in historischen Quellen beschriebenen Wälder des Libanon, der türkischen und griechischen Gebirge, Italiens, Spaniens und Nordafrikas sind auf kümmerliche Restbestände geschrumpft. Oft ging dies einher mit dem Habitatverlust für endemische Baumarten, welche heute nur auf winzige Teilareale zurückgezogen überdauern, oder, wie auf den Osterinseln geschehen, vollständig ausgerottet sind. Die geschlossenen hochwüchsigen Wälder der jemenitischen Gebirge sind ebenso verloren, wie jene in vielen anderen Ländern mit lange andauernder menschlicher Einflussnahme.

Selbst unter mitteleuropäischen Verhältnissen waren gezielte menschliche Eingriffe mit teils nicht erwarteten Folgeerscheinungen verbunden, die mit Ressourcenverlusten einhergingen. Mitte des 14. Jahrhunderts bewirkte eine Kombination von Übernutzung und klimatischen Extremereignissen eine, allerdings nur fragmentarisch, dokumentierte Katastrophe. Die wachsende Bevölkerung war aufgrund der fehlenden technologischen Entwicklung gezwungen, ihren steigenden Nahrungsbedarf durch vermehrten Ackerbau, auch in Hanglagen, zu kompensieren (Abb. 12.3). Der außergewöhnlich regenreiche Winter des Jahres 1342 (schon Anfang Februar traten Hochwässer ungekannten Ausmaßes auf) in Verbindung mit sommerlichen Starkregenereignissen führten nicht nur zu der größten Flutkatastrophe des Mittelalters. Diese war begleitet von immensem Bodenabtrag, der nacheiszeitlich quantitativ mit Abstand bedeutsamsten Bodenerosion. Allerorten bildeten sich Runsen von mehreren Metern Tiefe (Bork et al. 1998). Der lebensnotwendige Ackerboden der Hänge wurde abgespült und in den Auen akkumuliert, welche jedoch für den Feldbau zu feucht waren.

Abb. 12.2

Mediterrane Macchie auf der Insel Samos (Griechenland) als Folge der seit der Antike erfolgenden menschlichen Übernutzung.

Der Verlust kultivierbarer Fläche bewirkte in den folgenden Jahren eine weitere Verschärfung der Ernährungssituation. Als 1348 die Pest von Asien über Italien eingeschleppt wurde, traf die Seuche auf unterernährte Menschen und eine aus dem Gleichgewicht geratene, verunsicherte Gesellschaft, wie die Flagellantenzüge und Judenpogrome dieser Tage anzeigen. Die Zahlenangaben historischer Quellen mögen überhöht sein, selten ist von mehr als der Hälfte Überlebender die Rede, doch kann man sicher sein, dass die Pest in wenigen Jahren mindestens ein Drittel der Bevölkerung Mitteleuropas dahinraffte. Ursache und Effekt sind über eine komplexe Kette von Ereignissen verbunden und in der zeitlichen Distanz heute nicht mehr eindeutig zu rekonstruieren. So ist es gut zu verstehen, dass für die Menschen des Mittelalters

Abb. 12.3

Entwicklung der Landnutzungsanteile in Mitteleuropa. Im Mittelalter war die Rodung der Wälder und der Ackerbau soweit fortgeschritten, dass ein Jahr mit extremen Niederschlägen viele Böden an Hängen erodierte. Die Folge war Unterernährung, die die größte Pestepidemie Europas förderte, die zum Verlust großer Bevölkerungsteile führte (nach BORK et al. 1998, Statist. Bundesamt 2003, und anderen Quellen.

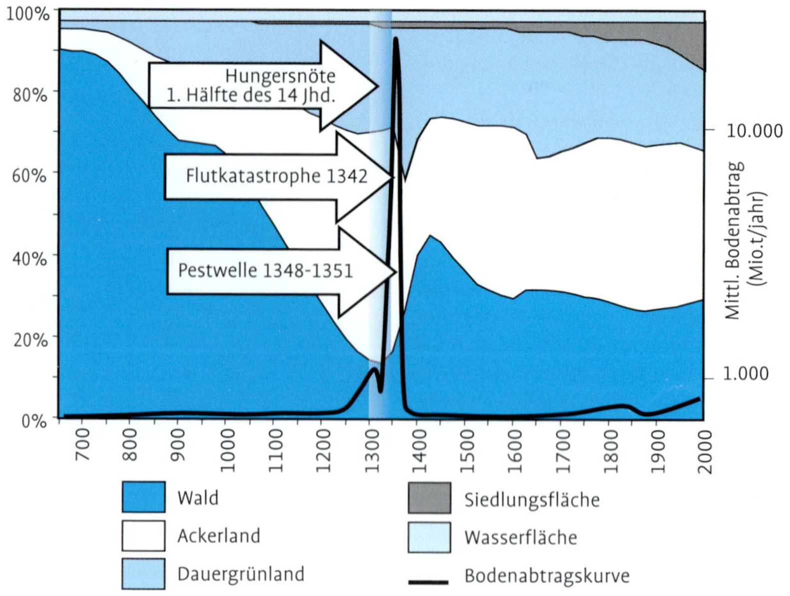

die Seuche in ihrem Ausmaß eher auf göttliche Fügung, als auf die Überbeanspruchung landschaftlicher Ressourcen zurückzuführen war.

Die Besonderheit des 20. Jahrhunderts ist, dass die Auswirkungen menschlicher Aktivitäten nun eine **globale Dimensionen** erreichen und nicht mehr nur lokal oder regional verstanden werden können. Ein Zusammenhang zwischen Einwirkung und Auswirkung ist bei solchen räumlichen Skalen kaum noch zu erkennen. Einschränkungen bezüglich der Prognostizierbarkeit gelten umso mehr für die zu erwartenden Rückkoppelungen über ökosystemare Reaktionen.

Hinzu kommt, dass die Komplexität der Interaktionen zwischen den Sphären kaum verstanden ist. Über viele Jahre herrschte Unglauben bezüglich der Auswirkungen von Spurengasen auf die Ozonschicht, die Effekte des anthropogen induzierten Anstiegs des Kohlendioxids auf das Klima wurden bis vor kurzem angezweifelt.

Der Mensch beeinflusst inzwischen durch seine Aktivitäten Räume und Kompartimente weit ab vom Entstehungsort der freigesetzten Substanzen. „Learning by Doing" ist in diesem Zusammenhang kein realistisches Konzept, selbst wenn einzelne Zusammenhänge entschlüsselt sind. Eine Modifikation des bisherigen Handelns müsste die Konsequenz sein, wenn sich dessen Auswirkungen als bedrohlich und letztlich ökonomisch belastend erweisen.

Die Reduktion der globalen Emissionen von Kohlendioxid ist zwar eine unabdingbare Konsequenz der heutigen Erkenntnisse, sie scheitert allein an der politischen Umsetzbarkeit, da die prosperierenden Hauptverursacher sich kurzsichtig weigern, ökonomische Vorteile aus der Hand zu geben. Aus diesen Entwicklungen folgen für die Biogeographie völlig neuartige Anforderungen. Will man die Auswirkungen derzeitiger Belastungstrends und globaler Tendenzen beurteilen und möglichst frühzeitig Strategien zum optimalen Umgang, wenn schon nicht zu ihrer Lösung entwickeln, muss man das Wissen um die möglichen Auswirkungen auf Arten und Lebensgemeinschaften erheblich verbessern.

12.2 Atmosphärische und klimatische Veränderungen

Allmähliche Veränderungen der Luft und des Klimas entziehen sich weitgehend der direkten menschlichen Wahrnehmung. Dies liegt an ihrer zeitlichen Trägheit und an der Überlagerung mit vielfachen, teils zufälligen Einzelereignissen im Rahmen des Wetters und der Witterung.

In der **Ozonschicht** wird ein großer Teil der kurzwelligen elektromagnetischen Sonnenstrahlung ausgefiltert. Bedingt durch die menschliche Freisetzung z. B. von Fluor-Chlor-Kohlenwasserstoffen wurde die Ozonschicht reduziert und damit ihre schützende Wirkung gemindert. Bei Tieren und beim Menschen kann ultraviolette Strahlung Hautschädigungen auslösen. UV-B-Strahlung (280–320 nm) ist kanzerogen (krebsauslösend). Zellen, Bakterien und Viren können durch UV-Strahlung inaktiv werden. Erhöhte UV-B-Einstrahlung führt bei Pflanzen zu einer Reduktion des Wachstums (Höhe, Blattfläche, Biomasse), der fotosynthetischen Aktivität und der Blütenbildung. Bedingt durch die artspezifisch unterschiedliche Reaktion kann es zur Verschiebung von Konkurrenzgleichgewichten kommen. Einige Pflanzen vermögen durch induzierte Enzymaktivität Pigmente zum Schutz vor UV-B-Strahlung zu entwickeln. Zudem spielen die Standortverhältnisse eine Rolle. Bei Trockenheit und Nährstoffdefiziten reagieren Pflanzen oft weniger sensibel. In Gewässern ist das Plankton betroffen. Eine Erhöhung der ultravioletten Strahlung kann eine maßgebliche Reduktion der Phytoplanktonaktivität und damit der fotosynthetischen Leistung der Ozeane bewirken.

Bei Amphibien werden in den letzten Jahren vermehrt **Missbildungen**, wie die Ausbildung zu vieler Gliedmaßen, beobachtet (Abb. 12.4). Neben Umweltchemikalien ist die Einwirkung erhöhter UV-B-Strahlung auf die larvale Entwicklung eine mögliche Ursache. Eier und Larven von Amphibien sind der UV-Strahlung im Flachwasser schutzlos ausgesetzt. Zwar ist die wissenschaftliche Diskussion zu diesem Thema kontrovers, doch konnte in Experimenten die mutagene Wirkung nachgewiesen werden. An amerikanischen Langzehen-Salamandern (*Ambystoma macrodactylum*) bewirkt künstliche Exposition erhöhter UV-B-Strahlung die Verringerung des Entwicklungserfolgs der Eier von 95 auf 14,5 %. Der Anteil von Deformationen steigt von 0,5 auf 92 % (Blaustein et al. 1998).

Abb. 12.4

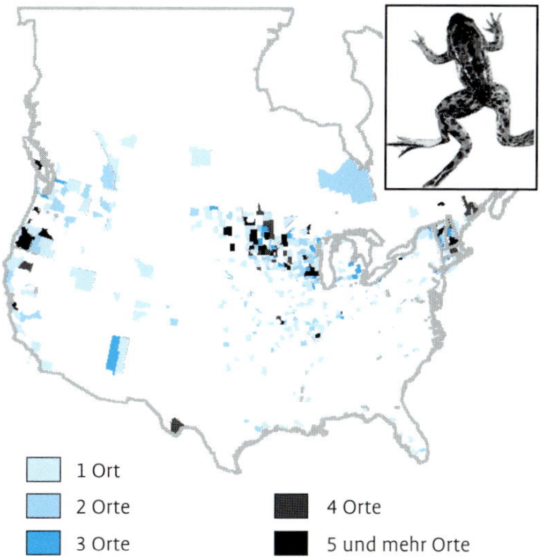

Auftreten von Missbildungen bei amerikanischen Amphibien in den 1990er-Jahren (nach US Geological Survey).

Besonders starke Wirkungen erhöhter UV-Einstrahlung sind in Hochgebirgen zu erwarten, da mit der Höhenlage die Mächtigkeit und damit die schützende Wirkung der Atmosphäre abnimmt. Besitzen Arten ein über größere Höhengradienten reichendes Areal, sind oft die Populationen der Tieflagen nicht an erhöhte UV-Strahlung angepasst. Werden solche Arten forstlich eingesetzt, wie dies beispielsweise mit dem Sanddorn (*Hippophae rhamnoides*) in China geschieht, muss auf die Herkunft der Pflanzen geachtet werden.

Bei sommerlichen Wetterlagen können über komplexe atmosphärenchemische Abläufe oberflächennah und fern von verursachenden Emittenten so stark erhöhte Ozonwerte auftreten, dass Organismen temporäre Einschränkungen ihrer Lebensabläufe erfahren.

Seit etwa 15 Jahren zeichnet sich eine vom Menschen ausgelöste globale **Klimaer-**

Abb. 12.5

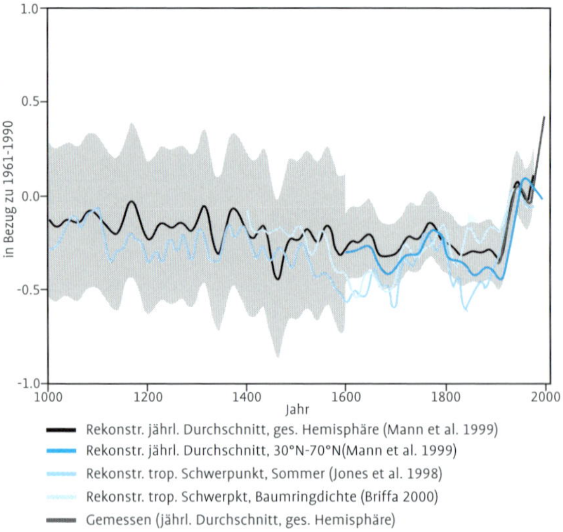

Klimaverlauf in der nördlichen Hemisphäre. Grau hinterlegt ist der Bereich 99,9 % Wahrscheinlichkeit. Seit Mitte der 1990er-Jahre befinden wir uns außerhalb dieses Bereiches, was bedeutet, dass eine vergleichbar warme Phase bislang mit dendroökologischen Methoden nicht dokumentiert werden konnte (nach IPCC 2001).

wärmung immer deutlicher ab. Die konkrete Entwicklung der Erwärmung in der Zukunft ist zwar nicht eindeutig zu prognostizieren, doch stimmen die meisten Klimamodelle inzwischen darin überein, dass mit einem globalen Temperaturanstieg gerechnet werden muss. Klimaveränderungen können sehr unterschiedliche ökologische Konsequenzen mit sich bringen: eine Verlängerung der Vegetationsperiode (z. B. Aperzeit), eine Veränderung von Temperatursummen während der Vegetationsperiode, eine Veränderung der Niederschlagssummen, eine Veränderung der jährlichen und jahreszeitlichen Verteilung von Temperaturen und Niederschlägen.

Die Dendrochronologie hat maßgeblich dazu beigetragen, den Klimaverlauf der letzten Jahrhunderte zu rekonstruieren. Wir können über solche Proxis (Näherungswerte) inzwischen mit guter Genauigkeit die klimatischen Schwankungen der jüngeren Vergangenheit nachvollziehen (Abb. 12.5). Derartige Befunde waren verantwortlich für das Erkennen der Bedeutung und der Problematik aktueller Klimatrends. Seit wenigen Jahren befinden wir uns global außerhalb des Bereiches historisch dokumentierter Klimawerte – und zwar deutlich darüber (IPCC 2001).

Bei einer Erwärmung können die Pflanzen und Tiere entweder von der **Verlängerung der Aktivitätszeit oder von der Zunahme der Temperatursummen** oder von einer Kombination aus beidem eventuell profitieren. Unter der Vegetationsperiode versteht man im eigentlichen Sinn jene Zeit, in welcher die ausdauernde zonale Vegetation aktiv ist, doch wird sie konventionell über Tagesmittelwerte > 10 °C standardisiert. Die Zahl dieser Tage hat sich in Europa seit den 1960er-Jahren ca. um 3,6 Tage pro Dekade verlängert (Menzel & Fabian 1999).

Das Frühjahr tritt tendenziell früher ein. Dies kann durch phänologische Beobachtungen gezeigt werden. Für die auffallend gelb blühenden Forsythien, die in verschiedenen Arten und Hybriden in vielen Gärten kultiviert werden, ist ein deutlicher Trend zu einem früheren Blühbeginn dokumentiert. Bei einer Analyse von 385 britischen Pflanzenarten zeigt sich in der letzten Dekade im Mittel ein früheres Blühen um 4,5 Tage im Vergleich mit den vier Dekaden davor (Fitter & Fitter 2002).

Nicht alle phänologischen Beobachtungen zeigen allerdings diese klare Tendenz, da die jeweilige Entwicklung von Blättern und Blüten teils durch vorherige Frosteinwirkung sowie durch das Niederschlagsregime beeinflusst bzw. modifiziert wird. An mitteleuropäischen Waldbäumen wie der Hänge-Birke (*Betula pendula*) oder der Stiel-Eiche (*Quercus robur*) zeigt sich jedoch die Verlängerung der Vegetationsperiode, mit einem früher einsetzenden Frühling und einem späteren Herbst, sehr deutlich (Abb. 12.6). Diese Verlängerung wird durch Satellitendaten zum NDVI (Normalized Digital Vegetation Index) gestützt (vgl. Kap. 9). Aus dem Verlauf atmosphärischer CO_2-Gehalte kann man die insgesamt erhöhte pflanzliche Aktivität während der Vegetationsperiode ableiten (Keeling et al. 1996).

Frühjahr und Herbst werden in Mitteleuropa tendenziell wärmer. Dies fördert eine längere Aktivitätszeit der Ökosysteme. Ihre klimatische Variabilität haben sie aber nicht verloren. Besonders in der sensiblen Entwicklungsphase im Frühjahr kann dies zu einem erhöhten Spätfrostrisiko und zu Schä-

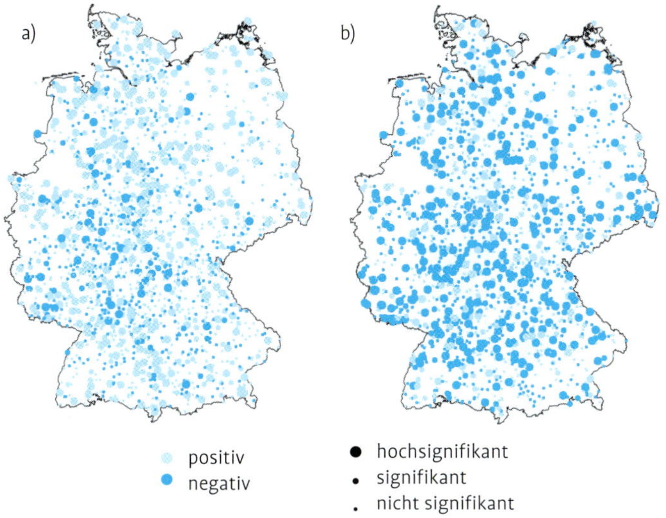

Abb. 12.6

Trend zu einer früheren Blattenfaltung (a) und einem späteren Blattwurf (b) bei der Stiel-Eiche (*Quercus robur*) in Deutschland. Die Verlängerung der Vegetationszeit beeinflusst die Konkurrenzkraft von Arten (nach MENZEL et al. 2001).

den führen, wenn die Entwicklung zu früh stimuliert wurde.

Bei Tieren werden ebenfalls **Verschiebungen der jahreszeitlichen Rhythmik** festgestellt. Bei verschiedenen Schmetterlingsarten Großbritanniens ist eine Verfrühung der Aktivität um etwa eine Woche eingetreten. Amphibien laichen zu einem früheren Zeitpunkt, Brutvögel beginnen ihr Brutgeschäft in Mitteleuropa inzwischen im Schnitt eine bis zwei Wochen früher als noch vor 50 Jahren.

Die Auswirkungen von Klimaveränderungen auf das **Zugverhalten von Vögeln** werden kontrovers diskutiert. Zugvögel zeigen, vor allem wenn es sich um Langstreckenzieher handelt, ein komplexes und nicht einheitliches Verhalten. Natürlich können sie in ihren Überwinterungsgebieten die klimatischen Verhältnisse der Brutgebiete nicht antizipieren. Genetisch fixierte Anpassungen, wie die Steuerung der Vagilität über die Tageslänge, sind vorherrschend. Die Auswertung schweizerischer Vogelbeobachtungen zwischen 1958 und 1999 belegte allerdings, dass europäische Langstreckenzieher wie die Gartengrasmücke (*Sylvia borin*) oder der Trauerschnäpper (*Ficedula hypoleuca*) ihre Rückwanderung nach Süden im Vergleich zu den 1960er-Jahren inzwischen etwa eine Woche früher antreten.

Kurzstreckenzieher, die in Gebieten überwintern, die ähnlichen Entwicklungen ausgesetzt sind, wie sie im Brutgebiet wirksam werden, zeigen eine sehr deutliche Tendenz zu einem früheren Eintreffen in den Brutgebieten. Beispiele wie der heimische Star (*Sturnus vulgaris*) belegen, dass Arten später in ihre Winterquartiere aufbrechen (1 bis 2 Wochen) und somit länger in ihren Brutgebieten verweilen. Erhöhte Reproduktionsraten und vermehrte Nachkommen reflektieren dies zusätzlich. Zudem werden zur Überwinterung immer kürzere Strecken zurückgelegt und manche Arten entwickeln sich zu Standvögeln. Kurzstreckenzieher scheinen daher von der Erwärmung eher zu profitieren, während Langstreckenzieher vermehrten Risiken ausgesetzt sind und Konkurrenznachteile in den Brutgebieten hinnehmen müssen.

Aufgrund der Mobilität von Tieren ist bei ihnen eher mit **Arealverschiebungen** zu rechnen als bei Pflanzen. Bereits heute zeigen sich in Mitteleuropa mediterrane Libellen wie die Feuerlibelle (*Crocothemis erythraea*). Diese wechselwarmen Tiere sind direkt von ihrer Umgebungstemperatur abhängig. Ihre Ausbreitung kann daher durchaus eine direkte Reaktion auf die thermisch günstiger werdenden Umweltbedingungen sein (HAUSER 2002).

Abb. 12.7

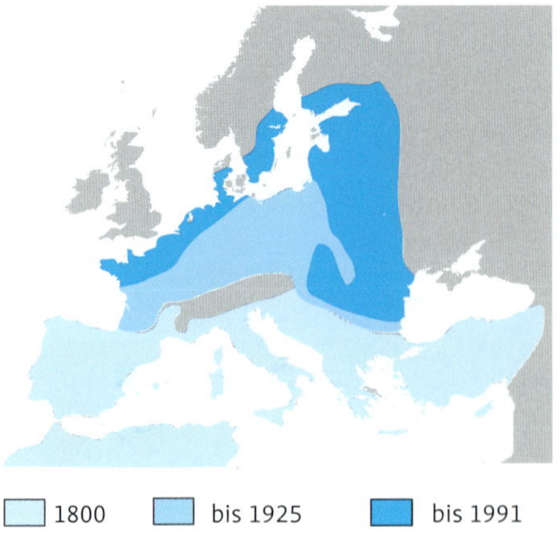

Europäische Arealausweitung des Girlitz (*Serinus serinus*) im 19. und 20. Jahrhundert.

Die Interpretation nordwärts gerichteter Arealdynamik hat jedoch mit einer gewissen Vorsicht zu erfolgen. Bedingt durch die glazialzeitliche Verarmung der europäischen Flora und Fauna ist noch immer mit Ausgleichsbewegungen zu rechnen. Ökologische Nischen sind teils noch unbesetzt, was man schon aus dem Vergleich der Artenzahlen mit dem klimatisch ähnlichen Nordamerika ableiten kann, wo sich die Eiszeiten aufgrund der Lage der Gebirge und des Kontinents weit weniger stark ausgewirkt haben. Können nun also Ausbreitungsbarrieren überwunden werden, muss dies nicht mit veränderten klimatischen Rahmenbedingungen zu tun haben. Allerdings ist aufgrund des geringen Angebotes glazialzeitlicher Rückzugsräume in Südeuropa das Potenzial solcher Arten gering.

Und schließlich können sich Arten auf natürliche Weise an neue Lebensraumbedingungen anpassen. Das Brutareal des Girlitz (*Serinus serinus*) hat sich in der Vergangenheit deutlich nach Norden verlagert (Abb. 12.7). Dieser Prozess dauert bereits seit dem Beginn einer exakten wissenschaftlichen Beobachtung vor ca. 200 Jahren an. Nicht überall ist die Datenlage aber so gut wie bei Singvögeln. Aktuelle Entwicklungen von längerfristigen Trends zu trennen scheitert oft am Fehlen längerer Zeitreihen.

Prognosen für die nächsten 100 Jahre lassen eine globale **Erwärmung** um mindestens 3 K (max. 6 K) erwarten. Beim heutigen latitudinalen Temperaturgradienten der Mittelwerte (0,5 K auf 100 km) entspricht dies hypothetisch einer horizontalen Verschiebung um ca. 600 Kilometer von Süden nach Norden! Die derzeitige Ausbreitungsgeschwindigkeit der meisten verholzenden Pflanzen liegt im Bereich <100 km/100 a! Konsequenzen für Artenzusammensetzung, Artenvielfalt, Strukturen und Funktionalität von Ökosystemen sind völlig unklar!

Im Vergleich verschiedener Ökosysteme und Landschaften ist zu erwarten, dass die **Hochgebirge** besonders sensibel auf eine Klimaerwärmung reagieren werden. Zahlreiche Pflanzenarten zeichnen sich dort durch eine hohe Lebensdauer aus. Sie besitzen oft keine geeigneten Ausbreitungsstrategien, um auf kurzzeitige Auslenkungen des Klimas zu reagieren. Ihre Strategie ist eher das Überdauern als das Reagieren.

Pflanzenindividuen von subalpinen Baumarten erreichen zum Teil extrem hohes Alter. Die kalifornische Grannen-Kiefer (*Pinus aristata*) sowie die Langlebige Kiefer (*Pinus longaeava*) der Hochlagen der Great Plains können Alter von nahezu 5.000 Jahren erreichen (Brown 1996). Klonale Sträucher wie die Rostrote Alpenrose (*Rhododendron ferrugineum*) sind ebenfalls vergleichsweise langlebig und konkurrenzstark. Sie formen stabile Dominanzbestände und besitzen eine hohe Deckung und Biomasse. Ihre Humusakkumulation behindert zusätzlich die Etablierung anderer Arten. Und selbst klonale Gräser wie die Krumm-Segge (*Carex curvula*) können ein hohes individuelles Alter erreichen (bis zu 2.000 Jahre sind nachgewiesen). Rasenbildende Arten wie die Krumm-Segge erzielen zwar eine dichte Vegetationsdecke, doch weisen sie nur ein sehr langsames seitliches Wachstum auf (0,5–1 mm/a). Ihre vegetativen Ausbreitungsmöglichkeiten sind limitiert.

Allerdings ist es denkbar, dass Anpassungen an extreme Verhältnisse vielen Arten auch unter für sie neuartigen Umweltbedingungen ein Überleben ermöglichen. Damit würde Trägheit im System auftreten und eine Anpassung an neuartige Bedingungen, also das Vordringen von besser an die neuartigen Bedingungen angepassten Arten, verzögert.

Die **Dauer der Vegetationsperiode** ist von entscheidender Bedeutung für die Ausprägung der alpinen Vegetation. Ihre Wirkung wird modifiziert durch die genetisch fixierten Lebensrhythmen und durch die reproduktiven Strategien der Arten. Alpine Pflanzen weisen im Vergleich zu Pflanzen vergleichbarer Biomasse aus tieferen Lagen einen höheren Anteil unterirdischer Biomasse auf. Mit zunehmender Höhe nimmt andererseits der Anteil oberirdischer fotosynthetisch aktiver Biomasse im Vergleich zu fotosynthetisch inaktiver Biomasse zu.

Die Prognose einer Erwärmung um 3 K in 100 Jahren würde beim Temperaturgradienten im Gebirge (ca. 0,5 K pro 100 m) hypothetisch einer Verschiebung von Höhenstufen um ca. 600 Höhenmeter in 100 Jahren entsprechen. Die heutige Ausbreitungsgeschwindigkeit alpiner Arten liegt im Bereich <50 Höhenmeter pro 100 Jahre.

Die Ausbreitungsgeschwindigkeiten alpiner Pflanzenarten mögen gering sein. Dennoch ist ein nach oben gerichteter Trend zu erwarten. Grabherr et al. (1994) stellten bei Vergleichsuntersuchungen an 25 Gipfelfluren aus der Schweiz, Italien und Österreich einen deutlichen Trend fest (Abb. 12.8). Sie fanden eine Tendenz der Zunahme der Artenzahl, was als Indiz einer aufwärts gerichteten Zuwanderung interpretiert wird.

Gipfelfluren sind in verschiedener Hinsicht günstige Monitoringsysteme. Die Rahmenbedingungen sind zwar trivial, aber entscheidend: Sie sind eindeutig lokalisiert und Artenzuwachs kann nur aus tieferen Lagen kommen. Ein Problem stellt jedoch der wachsende Bergtourismus dar, denn mit den Sohlen von Bergschuhen können natürlich Arten gezielt in Gipfellagen verschleppt werden, ohne dass hierfür klimatische Faktoren relevant werden.

Der Zuwachs der Artenzahl von Gipfelfluren ist tendenziell in tieferen Lagen stärker ausgeprägt als in höheren Lagen. Dies kann damit zusammenhängen, dass in den höchsten Gipfellagen der Pool von Arten in den direkt darunter liegenden Regionen geringer ist. Allerdings zeigen sowohl artenarme als auch die artenreichen Gipfelfluren einen vergleichbaren Artenzuwachs. Die Ursache dürfte daher eher in den nach wie vor extremen Klimaverhältnissen höchster Gipfel liegen, die selbst bei einer Erwärmung, nur von wenigen Arten toleriert werden.

Abb. 12.8

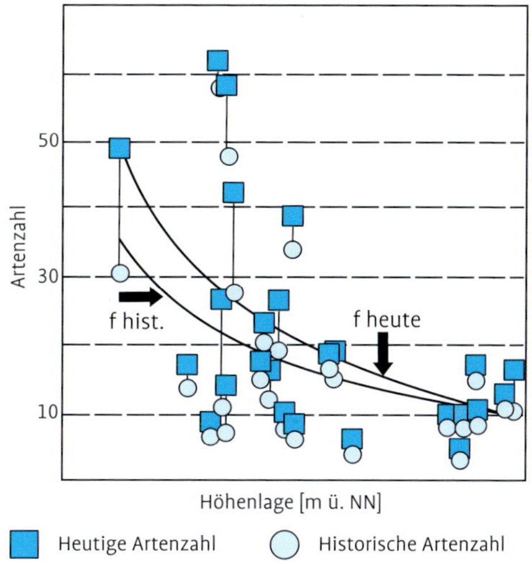

Vergleich historischer und aktueller Vegetationsaufnahmen für 25 Gipfelfluren der Alpen. Es zeigt sich insgesamt ein Zuwachs der Artenzahl im Verlauf des 20. Jahrhunderts. Dieser Trend ist besonders ausgeprägt bei den weniger hohen Gipfellagen. Geringe Veränderungen sind bei den höheren Gipfeln zu bemerken (nach Grabherr et al. 1994, verändert).

Wenn man historische Untersuchungen für Vergleiche heranzieht, ergeben sich Probleme aus der Tatsache, dass diese zu unterschiedlichen Zeitpunkten durchgeführt wurden. Zusätzlich ist nicht auszuschließen, dass die Bezugsfläche und die Bearbeitungsgenauigkeit variieren. Um diese Probleme einzugrenzen, entwickelten Gottfried et al. (1994) einen gewichteten Anstiegsindex, welcher den prozentualen Artenzahlzuwachs in 10 Jahren angibt (F. 12.1). Wendet man diesen Anstiegsindex an, dann wird der Trend eher noch deutlicher. Bei 25 von der Arbeitsgruppe in Wien untersuchten Berggipfeln zeigten fast alle einen deutlichen, auf 10 Jahre standardisierten Artenzuwachs (Abb. 12.9).

$$gAI = (gNA - gVA)/(GA + gVA) 100/(ND - HD) 10 \quad \text{(F 12.1)}$$

gAI = Gewichteter Anstiegsindex
GA = Zahl der Arten in beiden Vergleichsaufnahmen
VA = Zahl der nicht wiedergefundenen Arten
(g = gewichtet nach Deckung)
NA = Zahl der neu gefundenen Arten
(g = gewichtet nach Deckung)
ND = Jahr der Neuaufnahme
HD = Jahr der historischen Aufnahme

Abb. 12.9

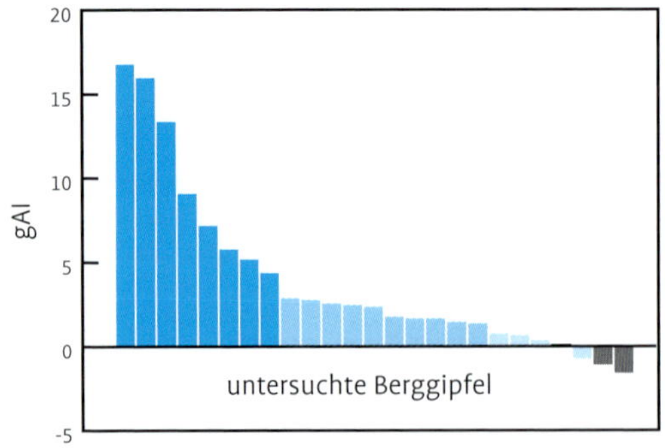

Gewichteter Anstiegsindex gAI (prozentualer Artenzahlzuwachs pro 10 Jahre) bei 25 Gipfelfluren der Alpen (nach Daten aus GOTTFRIED et al. 1994).

Abb. 12.10

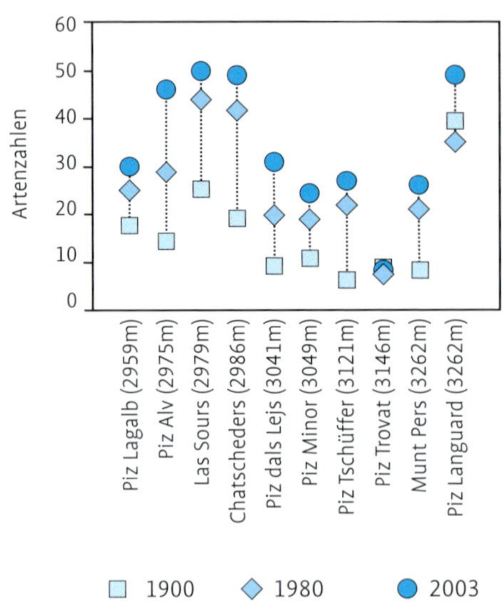

Entwicklung der Artenzahl an ausgewählten Berggipfeln der Schweiz. Die Zunahme im Vergleich zu den Ersterfassungen setzt sich auch in der jüngsten Zeit fort. Lediglich ein Gipfel zeigt keine Veränderung der Artenzahl (nach WALTHER et al. 2005)

Die aktuellen Arbeiten von WALTHER et al. (2005) zeigen für ausgewählte Berggipfel der Schweiz eine ähnliche Tendenz. Dort ist ebenfalls ein stetiger Anstieg der Pflanzenartenzahl im Gipfelbereich zu finden (Abb. 12.10). Die sich bereits Anfang der 1990er-Jahre abzeichnenden Tendenzen haben sich bis heute fortgesetzt. Bei nahezu allen betrachteten Gipfeln ist eine kontinuierliche Zunahme zu beobachten. Doch auch hier muss sich das Monitoring auf einzelne, historisch untersuchte Berggipfel beschränken. Diese sind unter Umständen nicht repräsentativ für die Entwicklung und es könnte sein, dass die Tatsache ihrer früheren Bearbeitung in ihrer Attraktivität begründet ist. Dann wäre die Zunahme der Artenzahl eventuell mit der erhöhten Besucherfrequenz im 20. Jahrhundert zu erklären.

Da sich durch Bergtourismus an exponierten Gipfeln unterschiedlichste Einflüsse überlagern können, wurde weltweit ein Monitoring-Netzwerk von abgelegenen Gipfellagen etabliert. GLORIA (GLobal Observation Research Initiative in Alpine Environments) folgt dabei einer standardisierten Agenda von Vegetationsuntersuchungen, um zu vermeiden, dass unterschiedlich große Flächen unterschiedlich genau analysiert werden. Die Ergebnisse dieser Beobachtungen werden es in der Zukunft ermöglichen, wirklich fundierte Aussagen zur Entwicklung der Artenvielfalt der Hochgebirge treffen zu können.

Ein anderer Ansatz der Klimaforschung ist die experimentelle Manipulation von Beständen. Untersuchungen von HARTE & SHAW (1994), die Infrarotlampen in der Vegetation der Rocky Mountains installiert hatten, lassen individuell unterschiedliche Reaktion von heute gemeinsam auftretenden Arten bei stattfindenden Klimaveränderungen erwarten. Gräser reagierten vor allem auf Trockenheit, krautige Arten auf Feuchte und nur die verholzenden Arten profitierten in ihrer Biomasse von höheren Temperaturen. Die Wahrscheinlichkeit, dass sich heute anzutreffende Gesellschaften substanziell verändern werden, ist daher groß.

Bei Waldbäumen kann sich eine Beibehaltung ihrer Entwicklungsrhythmen bei Verpflanzung in tiefere und damit wärmere Lagen einstellen. Dies ist dann der Fall, wenn eine Modifikation der genetisch fixierten fotoperiodischen Steuerung von Lebensabläufen bei einzelnen Individuen nicht möglich ist.

Bezüglich der Entwicklung gesamter Lebensgemeinschaften und Ökosysteme können folglich nur Vermutungen angestellt werden. Theoretische Erwägungen lassen allerdings erwarten, dass sich eher die Zusammensetzung und Vielfalt von Biozönosen verändern wird, als dass sich diese im Ganzen nach oben verschieben würden. Nimmt man dies jedoch vereinfachend an, so zeichnen sich gewichtige Konsequenzen ab, die sich im Fall des Auflösens von Lebensgemeinschaften noch verstärken würden. Wie wir in Kapitel 4 gesehen haben, ist die Artenvielfalt eine Funktion der zur Verfügung stehenden Fläche. Zusätzlich beeinflusst die ökologische Heterogenität, also das Angebot verschiedener Lebensräume die Vielfalt innerhalb einer Fläche.

$$\alpha_x = f\,(c\,A_x)\,(d\,H) \qquad \text{(F 12.2)}$$

α = Artenvielfalt
x = Untersuchungsfläche
A = Flächengröße
H = Habitatangebot (räumliche Heterogenität)
c, d = Konstante

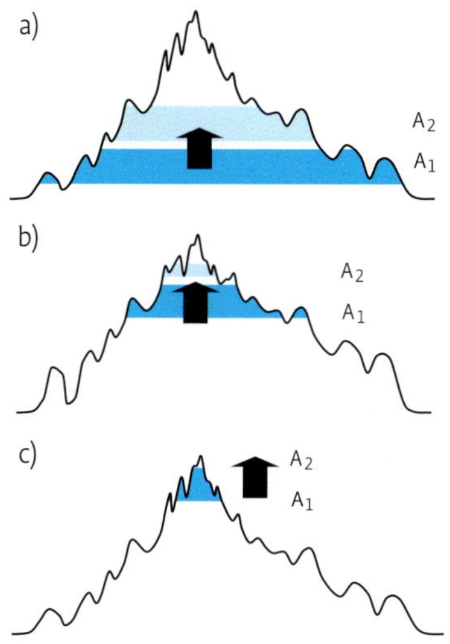

Abb. 12.11

Schematisiertes Modell der Aufwärtsbewegung von Höhenstufen im Gebirge, einhergehend mit einer Klimaerwärmung. Dargestellt sind drei Phasen, A1 und A2 ist der jeweilige Ausgangs- und Endzustand. Die einer jeweiligen Stufe zur Verfügung stehende Fläche reduziert sich immer mehr (a, b). Den höchsten Zonen steht kein Ausweg zur Verfügung (c), es ist mit Aussterbeprozessen und dem Verlust von Biodiversität zu rechnen (nach Jentsch & Beierkuhnlein 2003).

Stellt man sich einen Berg als idealisierten Kegel vor, wird schnell deutlich, dass eine Verschiebung von Höhenzonen nach oben mit einem Verlust an zur Verfügung stehender Fläche einhergehen muss. Dies würde bedeuten, dass zu erwarten ist, dass die jeweiligen Ökosysteme an Arten verlieren werden, selbst wenn das Habitatangebot in den höheren Lagen gewährleistet wäre (Abb. 12.11 a bis c) (Jentsch & Beierkuhnlein 2003). Zusätzlich stehen die höchstgelegenen Lebensgemeinschaften sozusagen in einer Sackgasse. Dies sind aber gerade oft die Lebensräume mit einem hohen Anteil an Endemiten. Im planaren Bereich würde hingegen sozusagen ein Vakuum entstehen, neuartige ökologische Nischen, deren Besetzung unklar ist.

Nun ist zu bedenken, dass die Höhenstufen der Gebirge eng mit der höhenzonalen Entwicklung von Böden verknüpft sind. Damit ergibt sich zusätzlich das Problem, dass selbst unter der Voraussetzung, die Arten würden es in der relativ kurzen Zeit schaffen aufzusteigen und mit dem geringeren Flächenangebot auskommen, sie in den höheren Lagen schlicht keinen adäquaten Lebensraum vorfänden! Schon bevor die Gipfellagen erreicht sind, werden daher zahlreiche Arten an Ausbreitungsgrenzen stoßen. Bodenbildung und Reliefentwicklung würden sehr viel längere Zeiträume beanspruchen als sie bei den derzeitigen Trends zur Verfügung stehen. Ein weiterer Faktor, welcher diese Annahmen modifiziert ist die Tatsache, dass Höhenstufen oft asymmetrisch ausgeprägt sind. Es ist wahrscheinlich, dass sich eine Klimaveränderung expositionsabhängig unterschiedlich stark auswirken wird.

Schließlich sollen bezüglich der Gedankenmodelle zur Verschiebung von Höhenstufen noch großräumige Zusammenhänge angesprochen werden. Bezüglich der Lebensgemeinschaften tieferer Lagen kann sich der Fall ergeben, dass bislang großräumig zusammenhängende zonale Ökosysteme durch eine Aufwärtsverlagerung in zahlreiche Einzelflächen fragmentiert werden (Abb. 12.12). Derartige Verinselungseffekte sind in der Vergangenheit vielfach erfolgt und würden bei künftigen Entwicklungen ebenfalls eine gewichtige Rolle spielen. Sie sind eine Bedrohung für Populationen mit großen Raumansprüchen, können aber unter Umständen langfristig die Artbildung fördern (vgl. Kap. 3).

Massenvermehrung von Insekten (Gradationen) mit erheblichen wirtschaftlichen Schäden (Kalamitäten) kann sich häufen,

Abb. 12.12

Aufteilung einer ehemals zusammenhängenden Höhenstufe in mehrere Einzelflächen als Folge einer Aufwärtsbewegung.

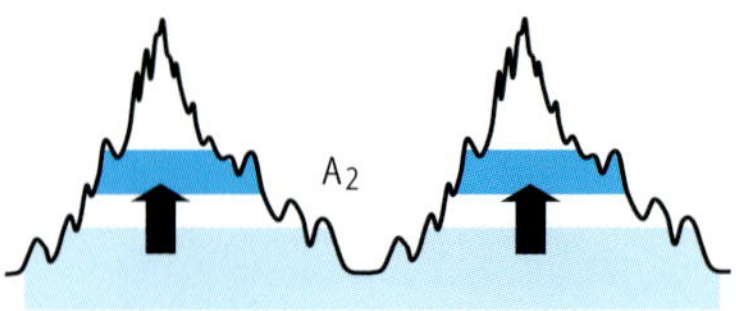

Abb. 12.13

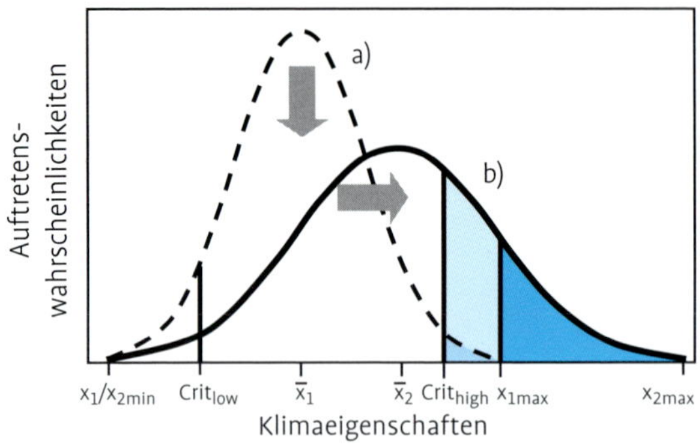

Erwartete Verschiebungen in der Auftretenswahrscheinlichkeit von Klimaeigenschaften (z. B. Temperatur) von einem bisherigen Zustand (a) zu zukünftig erwarteten Verhältnissen (b). Neben einer Erhöhung von Mittelwerten (von x_1 nach x_2) ist einerseits mit einer Verringerung der Auftretenswahrscheinlichkeit mittlerer Verhältnisse zu rechnen und, damit verbunden, mit einer erhöhten Wahrscheinlichkeit bislang äußerst seltener oder nicht auftretender kritischer Extreme (> $Crit_{high}$). Selbst wenn sich die Minima nicht verändern sollten, so ist doch ebenfalls mit einer Reduzierung des Auftretens geringer Werte zu rechnen (auf der Grundlage von MEEHL et al. 2000).

wenn kontrollierende klimatische Umweltrestriktionen wegfallen. Derartiges Massenauftreten kann in ökosystemaren Randbereichen zu einer Verschiebung von Grenzen führen. Für die nördlichen Waldgrenzbereiche des borealen skandinavischen Fjell-Birken-Waldes wird dies diskutiert. Das Ökosystem wird aufgrund seiner extremen Umweltbedingungen, vor allen durch die sehr kurze Vegetationsperiode, bedingt durch die Lage nördlich des Polarkreises, nur von einer Baumart, der Fjell-Birke (*Betula pubescens* ssp. *czerepanovii*) aufgebaut. Diese natürliche Monokultur liefert die Grundlage für die Entwicklung von Gradationen des Birken-Moorwald-Herbstspanners (*Epirrita autumnata*). Solche Massenvermehrungen treten natürlicherweise im Abstand von etwa einem Jahrzehnt auf und scheinen mit der Sonnenfleckenaktivität, also der Intensität der Einstrahlung getaktet zu sein (RUOHOMÄKI 2000). Die Birken können das oberirdische Absterben durch Stockausschlag kompensieren, benötigen aber verständlicherweise danach einige Jahre um erneut über ausreichende Vitalität zu verfügen, um den völligen Verlust der Blätter zu überleben. Häufen sich nun aufgrund günstiger werdenden Klimas Situationen, die den Aufbau individuenreicher herbivorer Insektenpopulationen fördern, könnte die damit einhergehende Prädation eine Verlagerung der Waldgrenze entgegen dem klimatischen Trend bewirken.

Es ist zu erwarten, dass durch eine Zunahme der Bedeutung meteorologischer Sondersituationen in der Zukunft eine Verschiebung des Auftretens, der Frequenz und der Intensität abiotischer und biotischer Störungsereignisse stattfinden wird. Diese werden sich ökosystemar stärker bemerkbar machen als ein Trend der mittleren Verhältnisse (allgemeine Erwärmung). Schon aus rein theoretischen Betrachtungen lässt sich ableiten, dass mit einer Verschiebung der Mittelwerte, auch eine Zunahme von bislang selten oder gar nicht auftretenden Extrembedingungen einhergehen muss (MEEHL et al. 2000, IPCC 2001) (Abb. 12.13). Auswirkungen auf die Vegetation und die Ökosysteme sowie auf Arealsysteme sind nur bedingt aus den bisher vorliegenden Daten abzuleiten, da die Arten bislang keinen vergleichbaren Einflüssen ausgesetzt waren. Hier müssen Experimente und Modellierungen eingesetzt werden, um Hinweise auf zu erwartende Reaktionen ableiten zu können.

Extreme Klimaereignisse und klimainduzierte Ereignisse haben einen größeren Einfluss auf die reale Ausprägung der Waldgrenze als durchschnittliche Klimabedingungen. Mit der Zunahme von Lawinen und Murenabgängen wird gerechnet. Vegetationsveränderungen können diese Dynamik zusätzlich fördern. Wenn klimatischen Trends aufgrund geringer Ausbreitungsmöglichkeiten nicht gefolgt werden kann, ist eine Destabilisierung der Vegetation denkbar.

Bei wärmeren Wintern und zeitiger einsetzendem Frühjahr ist mit einer Zunahme der Spätfrostereignisse zu rechnen. Dies könnte eine Aufwärtsbewegung von Arten bremsen. In einigen Gebirgen, vor allem in der Mittelmeerregion, ist die Erhöhung der Wahrscheinlichkeit von Waldbränden denkbar, welche sich bislang stärker auf tiefere Lagen konzentrieren. In solchen Gebirgen finden sich zahlreiche endemische Baumarten (z. B. Tannen, Zedern oder Unterarten der Waldkiefer), welche damit existenziell bedroht sein könnten.

Im Verlauf der Jahre 2004 und 2005 zeichnete sich mehr und mehr ab, dass die Erwärmung der Ozeane sehr wahrscheinlich mit einer Zunahme der Häufigkeit und der Stärke tropischer Wirbelstürme (Hurricanes, Taifune) einhergehen wird. Solche Extremereignisse gehören zwar zum natürlichen Klimageschehen, doch ist ihre Auftretenswahrscheinlichkeit bislang so gering und ihre Kraft so stark, dass nennenswerte evolutive Anpassungen nicht erfolgten. Es ist fraglich, ob sich bei einer Verkürzung der Regenerationsphasen zwischen solchen Stürmen noch stabile Ökosysteme ausbilden werden.

Der Treibhauseffekt der klimawirksamen Gase wird sich nicht nur in terrestrischen Ökosystemen bemerkbar machen. Zwar stellen die **Ozeane** einen immensen energetischen Speicher dar, der im Ganzen nur geringfügig beeinflusst werden wird, doch werden Lebensräume in Flachwasserbereichen sensibel auf die Erwärmung reagieren. Eine Häufung des Auftretens toxischer Mikroalgen und von Quallen wird an Mittelmeerküsten heute schon beobachtet.

Mehrfach häuften sich in den vergangenen Jahren sogenannte Korallensterben bzw. Korallenbleichen, welche auf das Überschreiten des von den stenöken tropischen Korallen tolerierten Temperaturbereiches zurückgeführt werden. Allerdings werden auch Schädigungen durch zunehmende UV-Strahlung diskutiert (Gleason & Wellington 1993). Ausgelöst wird das Absterben der Korallen aber sehr wahrscheinlich durch Hitzeschäden bei den symbiotisch mit den Polypen zusammenlebenden einzelligen Algen („Zooxanthellen"), die ähnlich auch bei höheren Pflanzen beobachtet wurden und die Carboxylierung im Calvin-Zyklus betreffen. Anschließend treten sekundäre Schädigungen der Metabolismen auf, die schließlich zum Absterben der Algen führen (Jones et al. 1998). Am Great Barrier Reef in Australien wurde im Jahr 1998 das stärkste jemals beobachtete Korallensterben dokumentiert. Bereits vier Jahre später – im Jahr 2002 – wurde dies aber noch übertroffen. Etwa 60 % der Korallen wiesen starke Schädigungen auf. Da die Pigmente der Zooxanthellen die Färbung vieler Korallen verursachen, ist neben der Funktionalität der Lebensgemeinschaft auch die Attraktivität der Korallenriffe beeinträchtigt.

Abb. 12.14

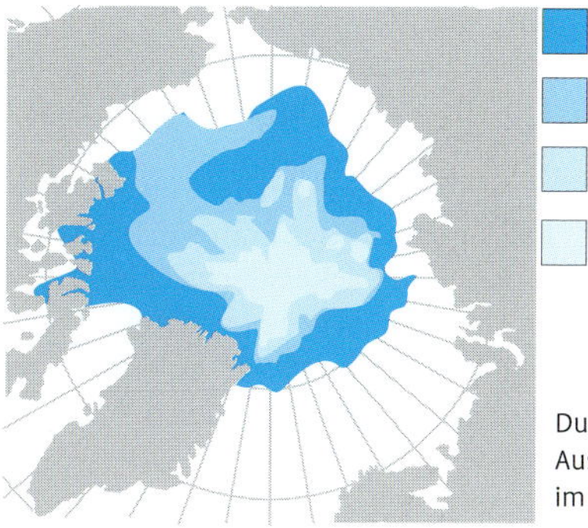

Aktuelle und prognostizierte Entwicklung der nordpolaren Eiskappe. Neben energetischen Konsequenzen (Verringerung der Albedo) ist vor allem ein Verlust von Konnektivität zwischen arktischen Inseln sowie ein direkter Habitatverlust, beispielsweise für den Polarbären (*Ursus maritimus*), zu erwarten.

Der Ausfall von Einkommensmöglichkeiten aus dem Tourismus ist die Folge. Andererseits ist nicht zu erwarten, dass sich der prognostizierte Anstieg des Meeresspiegels negativ auf Korallenriffe auswirken wird, da seine Geschwindigkeit (0,5 m /100 a) im Bereich natürlichen Korallenwachstums liegt, wobei zu beachten ist, dass verschiedene Arten sehr unterschiedliche Wachstumsraten in Abhängigkeit von der Nährstoffversorgung und der Temperatur zeigen.

Im Vergleich mit den eiszeitlichen Fluktuationen, welche im Bereich von deutlich über 100 m lagen (bis 160 m), wird sich der prognostizierte **Meeresspiegelanstieg** im Verlauf des 21. Jahrhunderts nur geringfügig bemerkbar machen. Dass allerdings schon ein Anstieg um wenige Dezimeter bis Meter für die Bevölkerung von Küstenstädten eine existenzielle Bedrohung darzustellen vermag, war im Sommer 2005 in New Orleans zu erahnen. Zahlreiche, sich kaum über das rezente Meeresniveau erhebende

Ökosysteme würden verändert. Deltasysteme, mit einzigartigen Lebensgemeinschaften, wie das Donau- oder Nestos-Delta, wären bedroht. Ein Ersatz kann in den kurzen zur Verfügung stehenden Zeiträumen kaum entstehen.

Das Abschmelzen der Polkappen führt im Fall des Nordpols zum **Verlust einer verbindenden Packeisdecke** (Abb. 12.14). Das nordpolare Eis ist ein wichtiges Element im Habitat des Eis- oder Polarbären (*Ursus maritimus*). Diese Tiere legen weite Wanderungen über geschlossene Eisflächen zurück. Sie sind auf den Aufenthalt auf dem Packeis angewiesen, da sie dort besonders gut nach Robben jagen und ihre Fettreserven anlegen können. Reduziert sich die Eiskappe des Nordpols fällt diese Nahrungsgrundlage weg. Terrestrische Insellebensräume werden nicht mehr im Winter durch eine Eisschicht miteinander verbunden und die Populationen werden den negativen Wirkungen der Inzucht und den Gefahren zu geringer Populationsgrößen ausgesetzt.

Abb. 12.15

Die Schaffung von Retentionsräumen bietet eine Chance für die Etablierung neuartiger Lebensräume, welche sowohl naturschützerischen als auch wasserbaulichen Erwägungen Rechnung tragen.

12.3 Einwirkungen auf den Wasserhaushalt

Bezüglich des Wasserhaushaltes ist von entscheidender Bedeutung, dass, auf ein Jahr gerechnet, der mit einer erhöhten Temperatur einhergehende schnellere Umsatz des Wassers zwangsläufig global zu einer **Zunahme der Niederschläge** führen wird. Da die genetisch bestimmten Lebenszyklen und -abläufe der Organismen nach wie vor saisonal getaktet ablaufen, wird sich diese Veränderung vielfach bemerkbar machen. Sie kann ebenso zum Verlust von Individuen oder zur Beeinträchtigung des Brutgeschäftes führen, wie die Ausbreitung von Arten an ihrer Trockengrenze fördern.

Eine Zunahme der Niederschläge in Verbindung mit zunehmend extremen Klimaverhältnissen macht vermehrte Starkregenereignisse wie im Jahr 2002 (Philipp & Jacobeit 2003) wahrscheinlich. Diese können sich, wie am Beispiel des katastrophalen Jahres 1342 gezeigt, über den Oberflächenabfluss auf die Erosion von Böden auswirken. Die aus langjährigen Pegelzeitreihen abgeleiteten Auftretenswahrscheinlichkeiten von Hochwässern entsprechen inzwischen kaum noch der Realität. Aufgrund der massiven Eingriffe in die Landnutzungs- und Bebauungsstruktur der Einzugsgebiete, ist die Zunahme der Frequenz und Intensität von **Hochwässern** in Talauen nur bedingt der Häufung klimatischer Extremereignisse zuzurechnen. Naturschutzorientierte Maßnahmen zur Regeneration der natürlichen Auenvegetation und zum Erhalt bzw. zur erneuten Etablierung von Überflutungsräumen, schaffen nicht nur Lebensräume für eine Vielzahl von Arten. Zusätzlich entstehen Retentionsräume, die der Verlangsamung des Spitzenabflusses dienen (Abb. 12.15).

Niederschlag zeichnet sich nicht nur zeitlich, sondern auch räumlich durch eine ausgesprochene Variabilität aus, was dazu führen wird, dass neben Gebieten mit einem Zuwachs an Niederschlägen (wie dem süddeutschen Voralpengebiet) andere Regionen eher trockener werden (wie das nordostdeutsche Flachland). Neuartige Effekte menschlicher Einflussnahme sind zu erwarten. War bislang der Ersatz der ehemaligen, vorwiegend aus Eichen (*Quercus robur, Quercus petraea*) aufgebauten Laubmischwälder in Ostdeutschland durch Kiefernforste unter utilitaristischen und naturschützerischen Gesichtspunkten diskutiert worden, so kommen nunmehr **stofflich-ökosystemare Aspekte** ins Spiel. Die immergrünen Kiefernwälder (*Pinus sylvestris*) werden von den weniger strengen Wintern profitieren und auch dann fotosynthetisch aktiv sein (und damit Zuwachs produzieren), wenn Laubwälder Ruhephasen haben. Diese biologische Aktivität wird zu einer Fortdauer der Transpiration während des Winters führen (Abb. 12.16). Die Auswirkungen auf den Gebietswasserhaushalt in einer Region mit sich bereits jetzt abzeichnenden Wasserversorgungsproblemen sind absehbar.

Wir sehen, dass eine enge Beziehung zwischen der erwarteten globalen Erwärmung und dem Wasserhaushalt besteht. Menschliche Beeinflussungen des Wasserkreislaufes erfolgen jedoch auf eine vielfältige Weise und betreffen sowohl quantitative als auch zeitliche Aspekte, darüber hinaus auch die räumliche Verteilung und die zeitliche Verfügbarkeit von Wasser.

Bei globaler Betrachtung sind einige außergewöhnlich artenreiche Ökosysteme sehr eng an die Gewährleistung eines konstanten Wasserhaushaltes gebunden. Dies trifft neben den Lorbeerwäldern insbesondere auf den tropischen Berg-Regenwald zu. Es wird erwartet, dass eine Reduktion der Bewölkungsdauer und der **Nebeltage**, verbunden mit erhöhter Evapotranspiration, diese Ökosysteme mit einer hohen Zahl endemischer Arten besonders stark schädigen wird. Der Abfluss aus Einzugsgebieten tropischer Bergwälder ist negativ mit den ozeanischen Wassertemperaturen korreliert und diese nehmen seit 1975 kontinuierlich zu. Die Zahl der Nebeltage in tropischen Bergwäldern Costa Ricas nimmt entsprechend seit 1975 tendenziell ab (Pounds et al. 1999).

Abb. 12.16

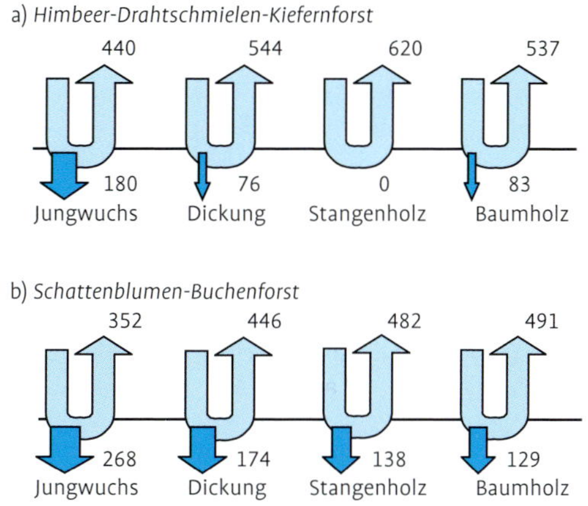

Vergleich der Transpirationsleistung von Kiefern- und Laubmischwald auf sandigen Standorten in Ostdeutschland bei 620 mm Jahresniederschlag (nach Anders et al. 2003).

12.4 Veränderungen der Landnutzung und der Böden

Seit der Mensch diese Erde nutzt, haben sich die Nutzungsformen ständig geändert. Die technische Entwicklung war jedoch eine relativ langsame. Umweltkatastrophen waren selten. Entscheidend bezüglich der modernen Landnutzungsveränderungen sind deren Geschwindigkeit und Erstreckung. Die Tatsache, dass inzwischen Räume genutzt werden, die aus guten Gründen bisher von menschlicher Nutzung verschont blieben, trägt zusätzlich zu den gegenwärtigen Problemen bei.

Oft hängen quantitative und qualitative Umweltveränderungen zusammen. Das **Aralsee-Syndrom** zeigt zusätzlich, wie natürliche Abläufe wie die Versalzung und Austrocknung abflussloser Binnenseen durch menschliche Einflüsse verschärft werden können. Der zentralasiatische Aralsee ist ein Beispiel für den rapiden und nahezu vollständigen Verlust eines ehemals artenreichen Binnengewässers.

Schon unter natürlichen Bedingungen konnten die beiden Zuflüsse die starke Verdunstung dieses Sees kaum ausgleichen, die auf die geringe Bewölkung und die damit einhergehend hohe Globalstrahlung

Abb. 12.17

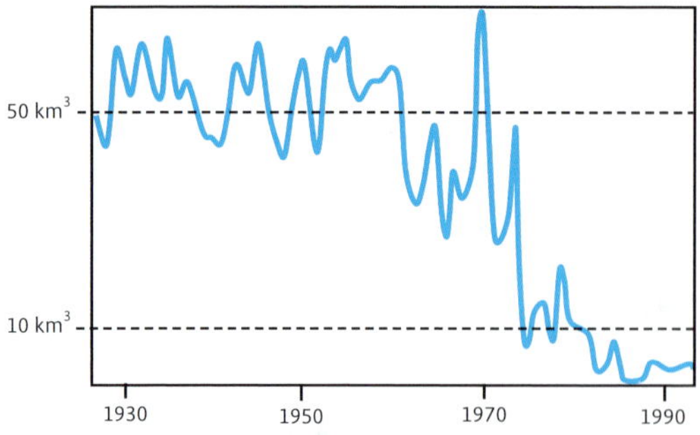

Entwicklung des Zuflusses zum Aralsee. Bedingt durch Bewässerungslandwirtschaft in den Einzugsgebieten gelangt nur noch ein geringer Teil des früher verfügbaren Wassers in den See, der zunehmend trocken fällt.

zurückgeht. Die jährliche Verdunstung auf der ehemaligen Seefläche betrug etwa 60 km^3/a. Bedingt durch die Nutzung der zufließenden Ströme Amu-Darja und Syr-Darja für die nicht nachhaltige Bewässerungslandwirtschaft von Exportgütern (Baumwolle), ging der Zufluss durch den Syr-Darja von 1900, wo er bei noch 17 km^3/a lag, stark zurück, um 1980 völlig zu versiegen. Insgesamt sank der Zufluss der beiden Flüsse um 90 % (Abb. 12.17). Inzwischen ist der Salzgehalt der verbleibenden, inzwischen auf zwei getrennte Seen geschrumpften Wasserflächen stark angestiegen (Orlovsky et al. 2001, Nentwig et al. 2004). Im Bereich der ehemaligen Flachwasserbereiche im Osten hat sich eine Halbwüste entwickelt („Aral-Kum“). Da der Aralsee ein seit sehr langer Zeit isolierter Lebensraum ohne Verbindung zu anderen Gewässern ist, ist irreversibler Verlust von Biodiversität zu erwarten. Aufgrund seiner isolierten Lage beherbergt dieser See zahlreiche Endemiten, welche durch die ansteigenden Salzgehalte des verbleibenden Seewassers vom Aussterben bedroht sind.

Das **Everglades-Syndrom** kann hingegen eher als eine Luxuserscheinung interpretiert werden. Die rasant wachsende Bevölkerung des bei Ruheständlern beliebten Ost-Florida, benötigt mehr und mehr Trinkwasser. Ausgehend von der Etablierung großflächiger Bewässerungs-Landwirtschaft wurde seit den 1950er-Jahren der Zustrom von Süßwasser aus dem Norden in die Everglades mehr und mehr reduziert. Es sind jedoch die Urbanisierungseffekte der mittlerweile zu einer Megastadt zusammengewachsenen Siedlungen an der Ostküste, die mit ihrem hohen Wasserbedarf das Feuchtgebiet am stärksten beeinträchtigen (Abb. 12.18).

Die begrifflich umstrittene „**Desertifikation**“ als Variante ökosystemarer Degradation in Trockengebieten verdeutlicht ebenfalls den Zusammenhang zwischen Wasserhaushalt und Landnutzung (Mensching 1990). Die aus der Not heraus erfolgende Überbeanspruchung der spärlichen Vegetation und das damit erfolgende Überschreiten der Tragfähigkeit, führt unter semiariden bis ariden Bedingungen zum mittelfristig irreversiblen Verlust der Pflanzendecke. Trockenpflanzen verfügen zumeist über Strategien, die ihnen das Überleben sichern – entweder nutzen sie das Wasser aus größerer Tiefe, bilden Speicherorgane aus oder sind kurzlebig, d. h. sie schließen ihren Lebenszyklus in der kurzen Zeit nach episodischen Niederschlägen ab. Langlebige Pflanzen erlauben es der indigenen Bevöl-

Abb. 12.18

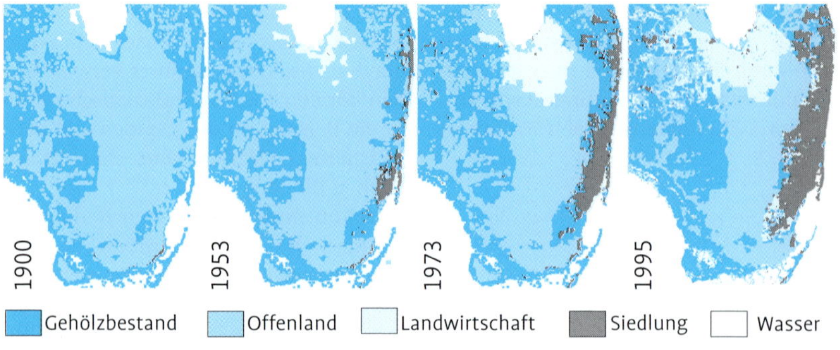

Veränderung der Fläche der wichtigsten Ökosysteme in Zentralflorida im Verlauf des 20. Jahrhunderts. Die Fläche semiterrestrischer Feuchtgebiete (Offenland) hat sich dramatisch verringert, die Waldfläche blieb andererseits größtenteils erhalten, was auch mit gesunkenem Grundwasserstand und damit ermöglichten Aufforstungen zusammenhängt.

kerung, innerhalb ihrer räumlichen Aktivitätsbereiche Strategien zur nachhaltigen Landnutzung zu entwickeln. Werden diese über ihre Regenerationsfähigkeit hinaus beansprucht und sterben ab, kann es zum Verlust einer tragenden Säule der Subsistenz kommen. Allerdings ist das Zusammenwirken klimatischer Fluktuationen und menschlicher Überbevölkerung komplex. Die menschliche Induktion der Desertifikation ist zwar mitunter offensichtlich, ihre Irreversibilität und klimatische Steuerung jedoch umstritten. Sollten sich Veränderungen des Niederschlagsregimes regional negativ bemerkbar machen, kann dies durchaus dazu führen, dass sich bislang nutzbare Ökosysteme künftig der menschlichen Landnutzung entziehen. Bedingt durch großflächige agrarische Landnutzung in von natürlichen Ökosystemen geprägten Landschaften wächst deren Fragmentierung. Die Rodung natürlicher Wälder, nicht nur in den Tropen, sondern auch in den weiten borealen Wäldern Kanadas und Sibiriens, ist eine der größten Bedrohungen der Biodiversität (Abb. 12.19).

Die Zerstörung der natürlichen Vegetationsdecke durch temporären Ackerbau führt zum Verlust von deren Schutzwirkung auf die Bodenoberfläche. In ariden und semiariden Gebieten ist Deflation ist die Folge (Abb. 12.20). Der Wind kann ungehindert angreifen und feine Bodenpartikel, die für die Bodenfruchtbarkeit von entscheidender Bedeutung sind, davontragen. Die sich im Anschluss einstellende Vegetation kann nur selten in überschaubarer Zeit wieder die Serviceleistungen und Funktionalität der zerstörten Lebensgemeinschaft herstellen.

Augenfälliger ist die Erosion durch Niederschläge und Oberflächenabfluss. Ist die schützende Vegetationsdecke entfernt, durch den Verlust der Durchwurzelung die Stabilität des Bodens reduziert und zudem die Bodenoberfläche durch Evaporationsvorgänge verkrustet, kann der fallende Niederschlag nicht mehr auf der Fläche festgehalten und letztlich genutzt werden. Vor allem in hängigem Gelände kommt es zu Oberflächenabfluss, der rasch zur Bildung von sich tief einschneidenden Runsen führt.

Im Zusammenhang mit negativen Effekten der **Landnutzung** denkt man in erster Linie an die Intensivierung der Landwirtschaft. Hoher Nährstoffeintrag oder gar Überdüngung können zum Verlust von Arten führen. Von den Konsequenzen für die Grundwasserqualität ganz zu schweigen. Man muss allerdings bedenken, dass zu allen Zeiten eine Weiterentwicklung von Landnutzungstechniken erfolgte. Traditionelle Arbeitsweisen waren zumeist mit deutlich mehr manueller Arbeit verbunden. Solches Vorgehen ist keineswegs ineffizient beispielsweise bezüglich der Entfernung

Abb. 12.19

In Kanada existieren noch immer große Flächen unberührter Naturwälder. Diese im Staatseigentum befindlichen Flächen werden von Holzkonzernen geleast und gerodet. Dem im Anschluss entstehenden Sekundärwald bzw. Forst fehlen zahlreiche Arten, die auf sehr lange Entwicklungszeiträume angewiesen sind.

Abb. 12.20

Deflation von Boden in Ostmarokko als Folge temporären Feldbaus in einem traditionellen Weidegebiet. Die Populationen der natürlicherweise vorherrschenden langlebigen Zwergsträucher mit hohem Weidewert wie *Artemisia herba-alba*, werden hierdurch zerstört und in der folgenden Sukzession durch nutzlose Arten wie *Anabasis* spec. ersetzt.

Abb. 12.21

Wacholderheide in der Nördlichen Frankenalb. Solche Vegetationsstrukturen sind das Resultat der Landnutzung und keinesfalls natürlich, doch beherbergen diese Kalkmagerrasen eine immense Artenvielfalt.

Abb. 12.22

Das in Deutschland stark gefährdete Holunder-Knabenkraut (*Dactylorrhiza sambucina*). Diese Orchidee der Silikat-Magerrasen ist ein Relikt vergangener Landnutzungstechniken. In den Alpen und in Skandinavien finden sich allerdings noch vitale Populationen der Art.

von Wildkräutern aus Äckern. In Nordafrika werden Wildkräuter in Getreidefeldern manuell gesammelt und als Viehfutter genutzt. Ist dies eine extensive oder eine intensive Nutzungsform? Entscheidend ist die Geschwindigkeit, in welcher **Landnutzungsänderungen** stattfinden. Und hier hat sich in den letzten Dekaden vieles so rapide geändert, dass den Pflanzen und Tieren der Agrarlandschaft keine Möglichkeit gegeben wurde, sich an die jeweils neuen Verhältnisse anzupassen.

Als besonders problematisch können sich synthetische Chemikalien, die als Herbizide, Fungizide oder Pestizide konzipiert sind, erweisen. Ihre Nebenwirkungen in den komplexen Nahrungsketten natürlicher Ökosysteme sind weithin unbekannt. Toxikologische Tests erfolgen mit sehr einfachen Laborsystemen. Die Wirkungen auf das gesamte Spektrum der Lebewesen einer Agrarlandschaft kann damit nicht beurteilt werden.

Agrarische Landnutzungsveränderungen können langfristige Modifikationen von Bodeneigenschaften bewirken. Der Einsatz großer und entsprechend schwerer Landmaschinen kann bei sensiblen, tonreichen Böden zu Verdichtung und damit zu veränderter Durchwurzelbarkeit und Infiltrierbarkeit führen. Der modifizierte Wasserhaushalt und das veränderte Porengefüge beeinflussen die Bodenlebewesen und es kann Jahre dauern, bis sich die ursprüngliche Lebensgemeinschaft wieder einfinden kann.

In der modernen Landschaft finden wir ein Nebeneinander von in unterschiedlichem Ausmaß historisch begründeten Artverteilungsmustern. Wir haben bereits gesehen, dass frühere Landnutzungstechniken keineswegs nur aufgrund der technischen Beschränkungen vorteilhafter gewesen sein müssen. Nicht immer ist das historisch Geschehene auch gut gewesen. Landnutzungsformen, wie die norddeutsche Plaggenwirtschaft oder das Streurechen in süddeutschen Wäldern, welche zu einer langfristig wirksamen Verlagerung von Nährstoffen geführt haben und damit sowohl nährstoffreichere als auch nährstoffärmere Standorte schufen, hatten ganz erheblichen Einfluss auf die Lebensgemeinschaften. Die von Herrman Löns verklärte Lüneburger Heide, mit ihrem attraktiven Landschaftsbild, ist das Resultat eines nicht-nachhaltigen Wirtschaftens und sich daraus ergebender Degradation. Die pittoresken Wacholderheiden, welche den Reiz der süddeutschen Juralandschaften bestimmen, sind das Ergebnis von Rodungen, landschaftlichem Funktionsverlust und der Selektion verbissresistenter Arten (Abb. 12.21).

Arten können auch durch Extensivierung oder Nutzungsaufgabe bedroht sein. Das Holunder-Knabenkraut (*Dactylorhiza sambucina*), eine Orchidee mit disjunktem Areal und einer Verbreitungslücke in Norddeutschland, war im Frankenwald noch im 19. Jahrhundert so häufig, dass seine frühzeitige Blüte im April mit der Pracht der elsässischen Narzissenwiesen verglichen wurde (Abb. 12.22). Heute findet man die Pflanze nur noch sehr selten und in zumeist überalterten, sich kaum reproduzierenden Populationen. In aufgedüngten Fettwiesen ist die Pflanze völlig verschwunden, doch auch auf ungedüngten Naturschutzflächen und in Brachflächen kann sich die Art nicht halten. Sie war ganz offensichtlich durch die extensive Wiesennutzung früherer Zeit, welche auch eine geringe Festmistdüngung oder temporäre Standweide umfasste, gefördert worden. Allein der Verzicht auf Kunstdünger oder das Offenhalten durch Mahd ist nicht ausreichend, um die gefährdete Art vor dem regionalen Aussterben zu bewahren.

Die Aufgabe der landwirtschaftlichen Nutzung und das Brachfallen oder die Aufforstungen in den mitteleuropäischen Mittelgebirgen, stellen für viele Arten eine Bedrohung dar. Sogenannte Grenzertragsböden, also Standorte, deren Umweltbedingungen agrarische Nutzung unter den heutigen ökonomischen Rahmenbedingungen kaum tragfähig erscheinen lassen, werden aufgegeben. Dies wiederum sind aber die Biotope mit der größten Artenvielfalt. Der Verlust von Verbindungen zwischen offenen Landschaftsbereichen durch Aufforstung, ist ein weiteres strukturelles Problem. Auf diese Weise geht ein über Jahrhunderte entwickelter Biotopverbund verloren. Zwar entsteht für die Waldgebiete ein neuer Verbund, doch sind diese Systeme, weil auf schnellwüchsige standortfremde Nadelhölzer konzentriert, sehr viel artenärmer. Auch der Naturschutz trägt zu Landnutzungsveränderungen bei. Aus dem berechtigten Bestreben und der Einsicht, Historisches nicht funktionell rekonstruieren zu können, entstehen neuartige Biotope in der Landschaft. Da oft nicht hinreichende Hintergrundinformationen zu den Auswirkungen von Auflagen und Pflegemaßnahmen vorliegen, kommt es aber durchaus vor, dass dem eigentlichen Schutzzweck einer Fläche nicht entsprochen werden kann.

Um funktionsfähig zu sein, müssen neu geschaffene Mäander in Gewässern den hydraulischen und sedimentären Gegebenheiten des Einzugsgebietes Rechnung tragen und nicht allein schöne Formen aufweisen. Feuchtbiotope in Landschaften die keine natürlichen Stillgewässer kennen, werden natürlich auch dort hydrophile und amphibische Arten anlocken, doch ist hier die Grenze zwischen Naturschutz und Landschaftsgärtnerei überschritten.

12.5 Stoffliche Veränderungen

In den 1980er-Jahren löste die Veränderung der stofflichen **Qualität der Niederschläge** in Mitteleuropa Besorgnis aus. Das von einer bemerkenswerten öffentlichen Wahrnehmung begeleitete Syndrom der Sauren Niederschläge und des „Waldsterbens", führte letztendlich zu spürbaren politischen und technologischen Entwicklungen. Nicht zu-

Abb. 12.23

Schädigungen des Waldes durch Schadstoffdeposition. Abgestorbene Fichten am Hauptkamm des Fichtelgebirges.

Abb. 12.24

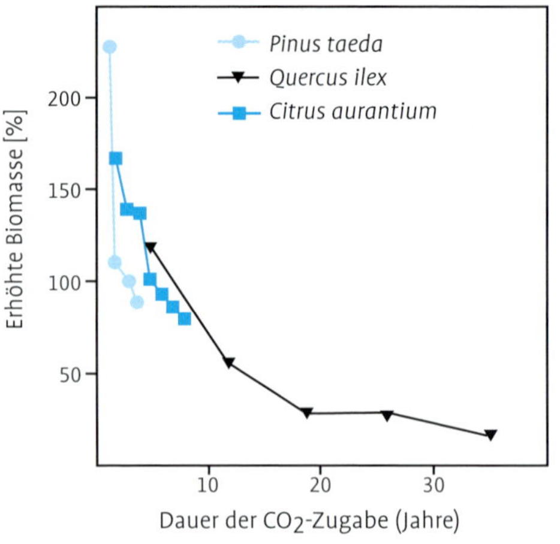

Abnahme der Kohlenstoffbindung unter erhöhtem CO_2-Gehalt der Atmosphäre mit der Dauer von Versuchen (aus PRESS et al. 2001).

Abb. 12.25

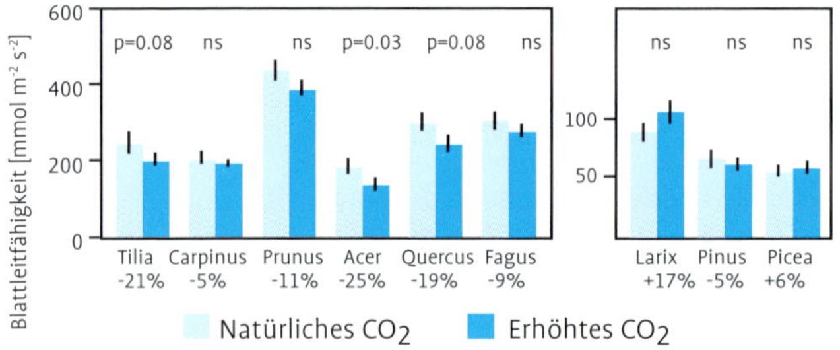

Artspezifische Reaktionen verschiedener Baumarten auf erhöhte CO_2-Werte. Nur ein geringer Teil der Arten, die immergrünen Nadelbäume, zeigt eine erhöhte Biomasse (PRESS et al. 2001).

letzt bewirkte die gesellschaftliche Diskussion die Förderung der Waldökosystemforschung mit dem Resultat eines verbesserten ökologischen Verständnisses. Das vergleichsweise schnelle Reagieren wie die Entwicklung von Katalysatoren und Filtern für Großemittenten sowie das Schließen von Altanlagen haben dazu beigetragen, die Schwefeldepositionen im Verlauf der letzten 15 Jahre um mehr als 90 % zu reduzieren. Das „Waldsterben" setzte sich nicht fort, doch zeigen die Mittelgebirgswälder noch immer erkennbare Schadsymptome (Abb. 12.23).

Die Problematik der Freisetzung ökochemisch wirksamer Substanzen ist jedoch keineswegs vom Tisch. Heute sind es vorwiegend Stickstoffverbindungen, die in Waldökosystemen deponiert werden und dort zu ökologischen Effekten führen. Die natürlicherweise auf nährstoffreiche Auenstandorte und auf gedüngte Ersatzstandorte beschränkte Große Brennnessel (*Urtica dioica*) wird seit einigen Jahren beim Vordringen in Waldökosysteme beobachtet. Im Fichtelgebirge ist diese nitrophile Art bereits in zahlreichen Fichtenforsten zu finden.

Die deutschen Waldbäume haben mit ihrem Wachstum die auf langjährigen Erfahrungswerten beruhenden Zuwachstafeln der Förster seit einiger Zeit verlassen. Ihre vermehrte Produktivität und ihr verstärktes Wachstum sind keinesfalls nur ökonomisch relevant, sondern bewirken eine Verschiebung ökologischer Abläufe.

In den Industrienationen ist die menschliche Beeinflussung der Wasserqualität schon länger ein öffentliches Thema. In Deutschland war es der Zustand des symbolkräftigen „*Vaters Rhein*", welcher zum Handeln bewegte. Heute sind die meisten mitteleuropäischen Binnengewässer in einem deutlich besseren, weil nährstoffärmeren Zustand, als noch vor 20 oder 30 Jahren. Den Luxus effizienter Kläranlagen kennt man allerdings in vielen Entwicklungs- und Schwellenländern kaum. Dort, wo noch immer viele Menschen in direkten Kontakt mit belastetem Flusswasser kommen, oder wo man auf die Eiweißquelle von Flussfischen nicht verzichten kann, stellt **Eutrophierung** und die damit einhergehenden Belastungen (Krankheitserreger, Schadstoffe) und verbundene Konsequenzen wie Sauerstoffarmut und Fischsterben ein noch wachsendes Problem dar. Biogeographische Auswirkungen der Erhöhung der Nährstofffracht ergeben sich nicht nur über den Artenverlust, sondern auch über die Ausbreitung nitrophiler Arten.

Eine Fragestellung von globaler Dimension ist der **Anstieg des Kohlendioxids** in der Atmosphäre, das über die Fotosynthese der Pflanzen zum Aufbau von Biomasse genutzt wird. CO_2 zeigt sich in Laborversuchen als das Pflanzenwachstum beeinflussender Faktor und wird aus diesem Grund in Gewächshäusern erhöht, um das Pflanzenwachstum von Kulturpflanzen zu fördern. Bei Langzeitexperimenten an Bäumen, die den Stoffhaushalt von vielen Ökosystemen bestimmen, zeigen sich jedoch uneinheitliche Ergebnisse (Press et al. 2001). Kurzzeitig wird deren Wachstum deutlich stimuliert (Abb. 12.24), dieser Effekt lässt jedoch im Verlauf der Zeit nach, so dass nicht mit einer dauerhaften Kompensation bzw. Festlegung des Kohlenstoffs in Wäldern gerechnet werden kann. Auch ist zu bedenken, dass die Reaktion auf erhöhtes CO_2 durch das individuelle Alter von Bäumen beeinflusst ist. Eine juvenile Fichte wird daher anders reagieren als ein Altbaum. Es erscheint deshalb unabdingbar, langfristig angelegte Experimente in gewachsenen Waldbeständen durchzuführen, wie dies beispielsweise im schweizerischen Kranprojekt in einem kollinen Laubmischwald gemacht wird (Körner et al. 2005).

Auch sind die Ergebnisse vielfach für verschiede Baumarten uneinheitlich (Abb. 12.25) und sie hängen zudem von weiteren Umweltfaktoren, wie der Intensität der Einstrahlung, ab (Abb. 12.26). Aufgrund der Komplexität der Interaktionen und der zu beachtenden biologischen Zeitskalen ist bezüglich der ökosystemaren Effekte der ablaufenden Biodiversitätsverluste und Umweltveränderungen nur eines gewiss: *„Überraschungen sind sicher"* (Körner 2005).

Selbst wenn erhöhte CO_2 Gehalte der Atmosphäre zu einer Anregung der pflanzlichen Biomasseproduktion führten, was insgesamt durchaus zu erwarten ist, ist zu bedenken, dass eine kurzfristige Bindung von Kohlenstoff in der Biomasse nur eine temporäre Entlastung darstellen kann, da diese Biomasse nach einer gewissen Zeit wieder mineralisiert und somit der Kohlenstoff wieder freigesetzt werden wird. Der Kohlenstoff wird deshalb den Ökosystemen nicht entzogen, sondern nur für befristete Zeit, also für die Lebensdauer eines Organismus, zwischengelagert. Lediglich Moorgebiete unterscheiden sich hier: Da in ihnen der Kohlenstoff zum Aufbau von Torf verwandt wird, können sie langfristige Kohlenstoffsenken aufweisen.

Aus Fernerkundungsdaten (AVHRR, NDVI) kann geschlossen werden, dass sich auf der Nordhalbkugel zwischen 45° und 70° N ein verstärkter Pflanzenaufwuchs entwickelt (z. B. Myneni et al. 1997). Als Ursache wird allerdings weniger die Erhöhung des CO_2-Gehaltes der Atmosphäre als die Verlängerung des Frühjahrs durch verfrühtes Schmelzen der Schneedecke angeführt.

Abb. 12.26

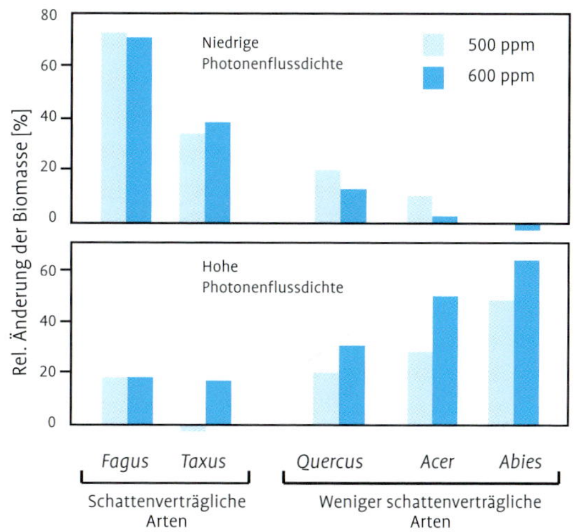

Abhängigkeit der Kohlenstofffixierung bzw. der relativen Wachstumsänderung bei erhöhten CO_2-Werten von der Photonenflussdichte. Bei zunehmender Einstrahlung zeigen Lichtarten einen deutlicheren Effekt (Press et al. 2001).

12.6 Beeinflussung und Schaffung von Vektoren

Die Auswirkungen von menschlichen Veränderungen von Vektoren erscheinen zunächst abstrakt und bezüglich deren Bedeutung im Vergleich mit natürlich wirkenden Vektoren (Wind, Meeresströmungen) als gering. Die Entwicklung eines feinmaschigen Verkehrsnetzes aus Straßen, Kanälen und Eisenbahnen sowie des Schiffs- und Luftverkehrs über kontinentale Grenzen hinweg, hat jedoch inzwischen ein großes Potenzial bezüglich der ungewollten Verschleppung von Arten entfaltet. Verbindungen zwischen klimatisch ähnlichen Lebensräumen werden hergestellt, Barrieren, die über evolutive Zeiträume hinweg gewirkt haben, werden überwunden.

Als besonders kritisch erweist es sich, wenn eine Art durch menschliches Zutun kontinentale Barrieren überwinden kann

Abb. 12.27

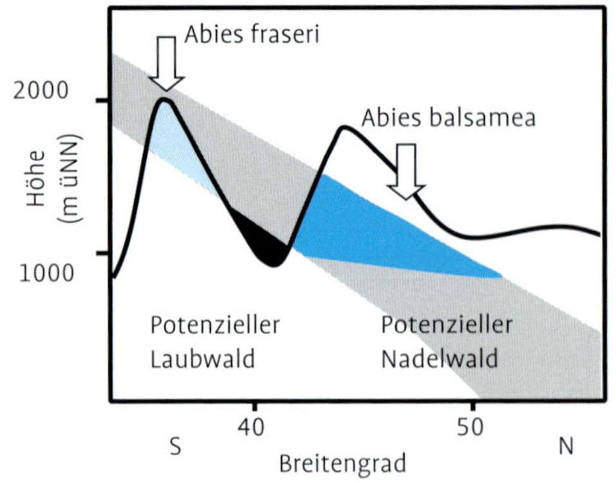

Schematisches Profil zur Verbreitung der Tannen in den amerikanischen Appalachen. Die Areale der Fraser-Tanne (*Abies fraseri*) und der Balsam-Tanne (*Abies balsamea*) sind durch einen Bereich mit geringen Höhenlagen, in denen Nadelwälder nicht vorherrschen können, deutlich voneinander getrennt.

und auf ein Ökosystem trifft, welches große Ähnlichkeit mit dem Lebensumfeld des natürlichen Areals aufweist. Werden dann die koevolutiv erworbenen Anpassungen beispielsweise an einen Wirt und an Ausbreitungsvektoren wirksam, kann es zum raschen Zusammenbruch des Systems kommen, da die im neuen Gebiet betroffenen Arten keine evolutiven Zeiträume zur Verfügung haben, um sich ihrerseits bezüglich der neu auftretenden Art zu selektieren. Betrifft dies langlebige Individuen wie Bäume, sind die Abläufe kaum zu kontrollieren. Auch hier ist am besten anhand eines Beispiels zu verstehen, welche unvorhergesehenen und irreversiblen Schäden durch die Verschleppung allein einer Insektenart ausgelöst werden können.

In den Great Smoky Mountains im Osten der USA begann vor einigen Jahren ein großflächiges Absterben der Bestände der Fraser-Tanne (*Abies fraseri*). *Abies fraseri* ist endemisch in den südlichen Appalachen und kommt dort nur in sieben Berggebieten vor. Sie bildete dort nahezu monospezifische Bestände und beherrschte mit teils gigantischen Individuen das Waldbild. Die Ursache des rapiden Rückgangs war die Infektion mit der eingeschleppten Tannenwolllaus (*Adelges piceae*). Diese, in Amerika „*Balsam wooly adelgid*" genannte Art, ist eine ursprünglich europäische Insektenart. Sie lebt in Europa auf der Weiß-Tanne (*Abies alba*), ohne diese Art stark zu beeinträchtigen.

Da *Adelges* zur Parthenogenese fähig ist, können zwar sehr schnell viele Nachkommen enstehen, doch sind diese genetisch identisch, so dass Anpassungen an veränderte Umweltbedingungen über Kreuzung und Mutation unbedeutend sind. *Adelges* breitet sich lokal über die Ausbildung langer Spinnfäden, die durch den Wind transportiert werden, aus. Die Art hat keine weiteren Wirtspflanzen, so dass sie außerhalb der betroffenen Bäume nicht überleben kann. Man fragte sich folglich, wie sie die endemische Fraser-Tanne erreichen konnte.

Adelges wurde um 1900 nach New England eingeschleppt und lebte dort auf der weit verbreiteten Balsam-Tanne (*Abies balsamea*), ebenfalls ohne größeren wirtschaftlichen Schaden anzurichten. Da zwischen den Nadelholzwäldern des nördlichen New England und jenen der südlichen Appalachen nur Falllaubwälder vorkommen und durch die orographischen Bedingungen die Höhenstufe der Nadelwälder über größere Strecken nicht erreicht wird (Abb. 12.27), hätte sich *Adelges* nicht in die südlichen Appalachen ausbreiten können. Es kommen zwischen den Tannenarealen nur vereinzelt Koniferen an edaphischen Sonderstandorten vor, aber keine Tannen.

In den südlichen Appalachen wurde Ende des 19. Jahrhunderts eine nicht gerade nachhaltige Waldnutzung mit riesigen Kahlschlägen betrieben, die zu erheblichen Erosionsproblemen an den steilen Hängen führte. Schon 1926 bildete sich eine Umweltbewegung zum Schutz der Bergwälder vor dem Raubbau („*Save our mountains*"). Um die großflächigen Waldzerstörungen wieder auszugleichen, experimentierten wohlmeinende Förster aus Europa mit der Etablierung raschwachsender Arten zur Erosionsbekämpfung, zu welchen *Abies balsamea* gehörte. Diese wurde in der ersten Hälfte des 20. Jahrhunderts angepflanzt und damit das Insekt *Adelges piceae* eingeschleppt. Der Vektor war also die Forstwirtschaft. Das Insekt ging nun jedoch auch auf die natürlicherweise im Gebiet vorkommende Fraser-Tanne über, welche keinerlei Anpassung an derartige Schädlinge besitzt. Die Wollläuse bewirkten Wucherungen, die zu einem Verstopfen der Leitbahnen und schließlich zum Absterben der Bäume führten.

Eine klimatische Regulation der Wolllaus findet in den südlichen Appalachen nicht statt. Zwar nehmen die Jahresmitteltemperaturen selbstredend mit der Höhe ab, doch sind die Winter in den Hochlagen der südlichen Appalachen nicht streng genug. Vor allem die Januartemperaturen sind deutlich höher als jene in New England, strenge Fröste fehlen. In den südlichen Appalachen entwickelt *Adelges* deshalb drei Generationen pro Jahr, im Norden maximal zwei.

Die Fraser-Tanne stirbt bereits 5 bis 7 Jahre nach der Infektion ab. Betroffen sind jedoch nicht junge, sondern nur ältere Bäume, die aufgrund der natürlichen Rissbildung der Borke bevorzugt befallen werden. *Abies* ist eine monokarpe Gattung, die Samen nur im adulten Stadium produziert. Zwar assoziieren die vielen Jungpflanzen noch eine gesunde Population, doch ist zu befürchten, dass in Zukunft keine Regeneration mehr möglich sein wird. Inzwischen sind mehr als 90 % dieser einzigartigen Ökosysteme zerstört. Als sekundärer Effekt der Auflichtung breiten sich Brombeeren (*Rubus spec.*) aus. Sie beschatten und verdrängen die krautigen Arten. Bedenklich ist, dass die Gipfellagen der südlichen Appalachen zahlreiche Eiszeitrelikte beherbergen, die durch die trockeneren mikroklimatischen Bedingungen nun in ihrer Existenz gefährdet sind (z. B. Wellers Salamander, *Plethodon welleri*).

Am Beispiel der europäischen Ulmen (*Ulmus glabra, U. laevis, U. minor*) kann der komplexe Zusammenhang von Vektoren, organismischen Lebenszyklen, Skalen und menschlicher Beeinflussung ebenfalls gut veranschaulicht werden. Sicherlich ist das Ulmensterben deshalb so gut untersucht, weil Ulmenarten in ozeanisch beeinflussten Teilen Europas als Zier- und Alleebäume eine wichtige Rolle spielten. Bereits im Jahr 1920 wurde die Krankheit in Holland beobachtet und der Erreger bestimmt. Es handelte sich um den Schlauchpilz (*Ascomyceta*) *Ophiostoma ulmi* (syn.: *Ceratocystis ulmi*) der von Ulmensplintkäfern (*Scolytus scolytus* und *S. multistriatus*) von Ulme zu Ulme übertragen wird. Der Pilz war mit Holztransporten aus Ostasien eingeschleppt worden. Er bewirkte bei europäischen Ulmen das Verstopfen der Leitgewebe und führte vielfach zu deren Absterben. Durch Resistenzzüchtung gelang es in Holland aber schon in den 1930er-Jahren, mehr oder minder unsensible Klone zu entwickeln. In den 1960er-Jahren verlor das Krankheitsbild allmählich an Bedeutung. Inzwischen war der Pilz mit Holztransporten nach Nordamerika gelangt. Von dort erreichte in den 1970er-Jahren eine zweite Infektionswelle Europa. Nun war es der nahe verwandte aber nicht völlig identische Pilz *Ophiostoma novi-ulmi*, der sich als wesentlich aggressiver erwies. In England starben binnen eines Jahrzehnts nun 70 % aller Ulmen ab (ca. 20 Mio. Bäume). Ein völliges Aussterben der Ulmen ist nicht zu erwarten, ihre ehemalige Bedeutung in Großbritannien wird sich jedoch nicht wieder einstellen. Als Parkbäume wird man Klone von, wenn schon nicht immunen, doch mehr oder minder resistenten Ulmen anpflanzen und damit die Arten zumindest für die menschliche Wahrnehmung erhalten.

Im östlichen Nordamerika gab es eine ähnliche Entwicklung. Dort fielen die ehemals landschaftsprägenden Wälder der Amerikanischen Edelkastanie (*Castanea dentata*) einem aus Asien eingeschleppten Pilz zum Opfer, der zuerst im Jahr 1904 in New York auftrat. Der Kastanienkrebs („*Chestnut Blight Disease*") (*Cryphonectria parasitica* syn.: *Endothia parasitica*) war ursprünglich an japanische Kastanienbäume der Art *Castanea crenata* gebunden. Der Mensch durchschlug ebenfalls die natürlich wirksamen Ausbreitungsbarrieren und ermöglichte damit dem Pilz den Sprung auf nahe verwandte, aber schutzlose Arten in anderen Kontinenten. Dort erfolgt die Ausbreitung des Pilzes durch von Wind verdriftete Sporen. Schon Mitte der 1920er-Jahre war nahezu das gesamte Areal der amerikanischen Kastanie befallen. Die mächtigen Stämme starben ab. Da die Baumart jedoch zum Stockausschlag befähigt ist, bildeten sich aus den noch lebensfähigen Wurzeln immer wieder Kastaniengebüsche, die aber erneut befallen wurden. Das Waldbild erfuhr eine völlige Veränderung (Abb. 12.28). Die wirtschaftlichen Schäden waren immens. Heute versucht man die Resistenz asiatischer Arten in den amerikanischen Genpool einzukreuzen, der Erfolg ist jedoch ungewiss.

In Europa wurde der Kastanienkrebs erstmals 1938 in der Nähe von Genua an der Europäischen Ess-Kastanie (*Castanea sativa*) beobachtet. Ob der Pilz aus Asien (Japan)

Abb. 12.28

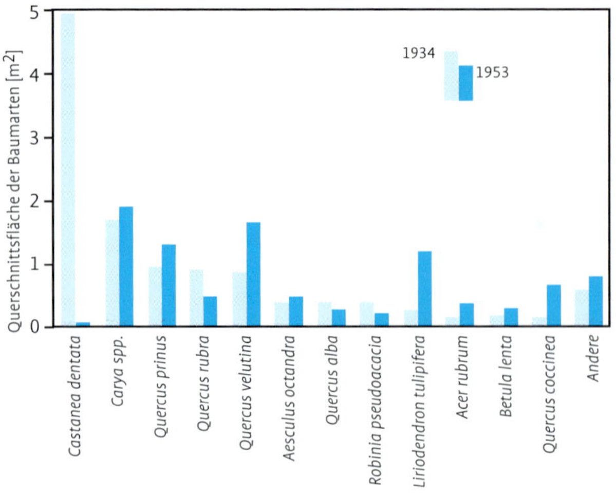

Auswirkungen des Rückgangs der Amerikanischen Edelkastanie (*Castanea dentata*) auf die quantitative Beteiligung andere Baumarten in nordamerikanischen Mischwäldern. Die Edelkastanienpopulation war als Konsequenz der Pilzinfektion mit dem eingeschleppten Kastanienkrebs (*Cryphonectria parasitica*) zusammengebrochen (Nelson 1955).

oder Amerika eingeschleppt wurde ist unklar, doch ist der Weg über die amerikanische Ostküste wahrscheinlicher. Heute ist *Cryphonectria parasitica* nahezu in allen Kastanienwäldern der Südalpen zu finden. Auch die schweizerischen Kastanienwälder auf der Alpennordseite sowie die Kastanien Frankreichs im Elsass und in der Bretagne sind befallen. In Österreich und in Griechenland ist der Pilz ebenfalls verbreitet. Viele Bestände wurden durch das Entfernen der Altbäume und das Pflanzen nicht infizierter Jungbäume für eine Weile saniert. Ein erneuter Befall ist aber wahrscheinlich. Diese Beispiele lassen vielleicht besser verstehen, weshalb in den USA eine für Europäer kaum verständliche Angst bezüglich der Ausbreitung von Schadorganismen besteht. Insgesamt erscheinen die getroffenen Maßnahmen aber anhand des globalen Warenverkehrs recht aussichtslos.

Im marinen Bereich geht die größte Gefährdung bezüglich der Verschleppung von potenziell gefährlichen Organismen vom **Ballastwasser** aus. Seit 1880 werden in Schiffen flutbare Tanks eingesetzt, um diese bei gelöschter Ladung zu stabilisieren. Das Umweltbundesamt konnte zeigen, dass allein in deutschen Häfen pro Jahr 2,2 Mio. Tonnen außereuropäisches Ballastwasser abgelassen werden. Mit diesem Vektor gelangten die verschiedensten marinen Lebensformen (Algen, Quallen, Fische) über große Distanzen hinweg in neue Lebensräume und richteten dort mitunter erheblichen ökonomischen Schaden an. Mit dem Ballastwasser haben sich ökonomisch schädliche Organismen wie die Wander- bzw. Zebramuschel (*Dreissena polymorpha*) oder die Chinesische Wollhandkrabbe (*Eriocheir sinensis*) ausgebreitet. Toxische Algen gelangten mit dem Ballastwasser von Japan an den Kattegat und sorgten dort für eine giftige Algenblüte.

Die amerikanische Rippenqualle *Mnemiopsis leydii* erlebte im Schwarzen Meer eine explosionsartige Vermehrung, die dazu führte, dass von dieser Art zeitweise 95 % der gesamten Biomasse des Schwarzen Meeres gestellt wurden. Inzwischen ist der Bestand wieder zurückgegangen. Da es sich um eine räuberische Qualle handelt, die Fischeier und Fischbrut vertilgt, sind die Auswirkungen auf die Fischereiwirtschaft verheerend (Kegel 1999).

Im Juli 2005 beschloss die Internationale Seeschiffahrtsorganisation eine Richtlinie, die ab 2009 Mindeststandards für das Ballastwasser-Management festlegt, um die Verschleppung mariner Lebewesen zu reduzieren. Die Richtlinie gibt technische Hinweise und definiert Grenzwerte für die Zahl lebender Organismen pro Kubikmeter. Allerdings ist erst über einen Zertifizierungsprozess beim Neubau von Schiffen zu erwarten, dass diese Maßnahmen tatsächlich greifen werden. Da Menschen kaum mit marinen Organismen in Kontakt kommen, ist die Sensibilität für dieses Thema in der Öffentlichkeit noch relativ gering.

12.7 Der menschliche Einfluss auf die Biodiversität

Vielfältig sind die menschlichen Einflüsse, die zu Veränderungen von Lebensgemeinschaften führen. Neben lokalen und regionalen Artenverlusten, können hinzukommende Arten, als invasive Neobiota, heimische Arten verdrängen. Dokumentationen von Arealverschiebungen belegen sowohl Flächenverluste (Abb. 12.29) als auch Arealausweitung (Abb. 12.30). Zahlreiche Arten sind betroffen. Eine maßgebliche Veränderung regionaler Floren und Faunen findet mit Hilfe des Menschen statt.

Mehr oder weniger starke Verschiebungen der Artenzusammensetzung von Biozönosen sind in allen Räumen der Erde zu beobachten. Sehr oft begleitet von einem Verlust der lokalen Artenvielfalt, in Einzelfällen mit einem positiven Saldo. Exakte räumliche Bilanzierungen der Entwicklung der Artenvielfalt sind aber kaum möglich oder müssen sehr grob bleiben, da sie flächenmäßig und zeitlich hoch aufgelöste Daten über eine Vielzahl von Taxa erfordern. Die konkreten Tendenzen einzelner Gebiete sind daher oft unklar.

Bei der Betrachtung von Artenverlusten ist zu unterscheiden, ob Arten global aussterben oder Populationen lokal erlöschen. Auch ohne dass eines von Beidem der Fall sein muss, kann es über die Veränderung von Verteilungseigenschaften zu einer Erhöhung oder Verringerung der lokalen Artenvielfalt in Lebensgemeinschaften kommen. Auf lokaler Ebene können neben dem Erlöschen von Populationen mobile Arten mit Hilfe von Vektoren ein Gebiet verlassen oder Ausbreitungseinheiten freigesetzt werden, die die genetische Information der Population erhalten. Jegliche Veränderung der Artenzusammensetzung und der Dominanzverhältnisse kann eine substanzielle Veränderung zönotischer Interaktionen auslösen.

Rasche Entwicklungen auf globaler bis regionaler Ebene evozieren die Frage, ob Lebensgemeinschaften dazu in der Lage sind, auf diese schnell erfolgenden Prozesse rasch genug zu reagieren. Das globale Aussterben von Arten ist ein normaler Vorgang, der seit dem Auftreten der ersten Organismen immer wieder erfolgte. Die Entwicklung neuer, besser angepasster Taxa und deren Ausbreitung führten wieder und wieder zu Verschiebungen in regionalen Konkurrenzgefügen und teils zum Aussterben von Arten. Frühere natürliche Aussterberaten, die auf der Grundlage fossiler Artenlisten geschätzt wurden, bewegen sich im Bereich zwischen 0,12 und 0,36 $\times 10^{-6}$ a^{-1} (Rosenzweig 1995). Dabei werden allerdings häufige und weit verbreitete Arten der

Abb. 12.29

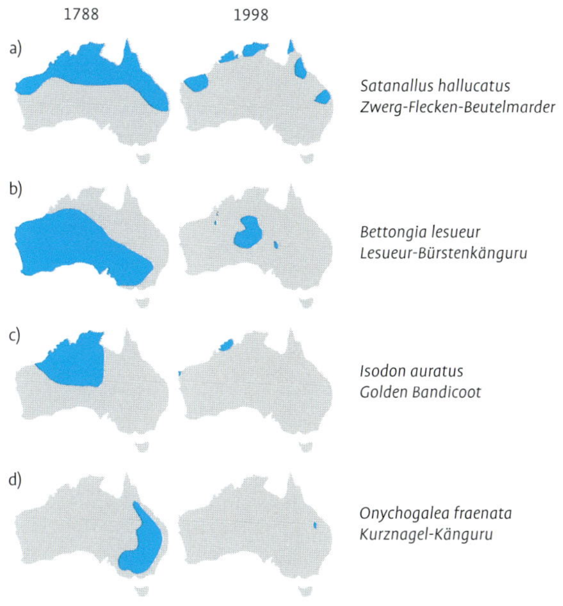

Arealschrumpfung endemischer australischer Säugetiere im Verlauf des 20. Jahrhunderts als Folge direkter Verfolgung, der Prädation durch eingeschleppte Raubtiere sowie von Habitatverlusten (nach Burgman & Lindenmayer 1998).

Vegetation und der Tierwelt überrepräsentiert, so dass die tatsächlichen Aussterberaten eher höher angesetzt werden müssen. Seltene und kleinräumig vorkommende Arten sind durch den Zusammenbruch einzelner Populationen stärker gefährdet. Es ist wenig wahrscheinlich, solche Arten in fossilen Fundstätten anzutreffen.

Ein massenhaftes Aussterben von Arten war in der geologischen Zeitskala an global wirkende Umweltkatastrophen gekoppelt, welche sich z. B. über Klimaveränderungen auf die Lebewesen auswirkten (s. Kap. 10.3). Während des kreidezeitlich/tertiären Ereignisses wurden 60 bis 80 % der Lebewesen vernichtet. Dennoch kann man davon ausgehen, dass nur 2 % der bislang im Verlauf der Erdgeschichte ausgestorbenen Arten durch die großen Massensterben (Ende Kreide, Späte Trias, Spätes Perm, Spätes Devon, Spätes Ordovizium) verloren gingen. Einschränkungen ergeben sich schon allein durch die Tatsache, dass es aufgrund der fragmentarischen fossilen Einblicke in die phylogenetische Entwicklung oft kaum

Abb. 12.30

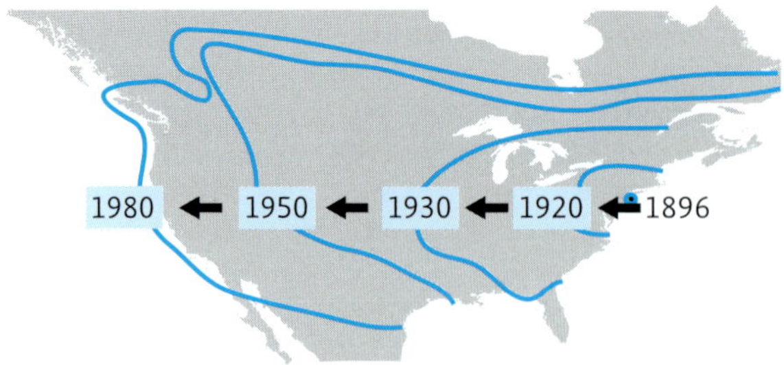

Die Ausbreitung des europäischen Stars (*Sturnus vulgaris*) in Nord-Amerika ist ein Beispiel für die rasche Besiedlung eines Kontinents durch eine neu dort ankommende Art.

möglich ist, zwischen einer evolutiven Abwandlung eines Bauplans und dem Aussterben eines Taxon zu unterscheiden.

Zwar konnte sich nach den historischen Aussterbeereignissen die Artenvielfalt der Erde nicht nur regenerieren, sondern im Verlauf der Zeit sogar erhöhen, doch müssen wir bedenken, dass hierzu sehr lange Zeiträume erforderlich waren.

Seit dem Auftreten des Menschen hat dieser sehr wahrscheinlich, zunächst als Jäger und Sammler, zum Aussterben von Arten beigetragen. Konkrete Fälle sind verständlicherweise kaum zu dokumentieren, wenn auch anzunehmen ist, dass der Mensch, beispielsweise bei attraktiven Jagdzielen, zur Unterschreitung der überlebensfähigen Mindestpopulationsgröße (Minimum Viable Population Size) von Arten beigetragen hat. Befunde, die einen Zusammenhang zwischen historischen Einflüssen des Menschen und dem Aussterben von Arten herstellen, liegen lediglich für die letzten Jahrhunderte bis Jahrtausende vor.

Allgemein erweisen sich Inseln als besonders empfindlich, wie sich durch die hohen Verluste von Vögeln, Reptilien und Landschnecken auf Hawaii, Mauritius, Rodrigues, Réunion, St. Helena und Madeira zeigen lässt. Dies liegt bei vielen Arten an den fehlenden Adaptionen an Räuber. Manchen Pflanzen wurde ihre fehlende Anpassung an Herbivorie zum Schicksal.

Da Inseln aufgrund ihrer Isolation und der damit verbundenen Artbildung einen hohen Anteil an Endemiten besitzen (z. B. waren 90 % der Pflanzen und 100 % der Landvögel Hawaiis dort endemisch), bedeutet die lokale Auslöschung einer Population gleichzeitig den totalen Verlust der Art. Ein hoher Endemitenanteil ist auch in lange isolierten Landmassen wie Australien (74 % der Säugetiere) und Madagaskar sowie in klimatisch isolierten Regionen wie Südafrika (70 % der Pflanzen des „Fynbos") gegeben. Solche Gebiete sind potenzielle Auslöschungszentren. Die Wälder Indonesiens und der Philippinen besitzen – selbst ohne Irian Jaya – 545 endemische Vogelarten. Ihre exzessive und vergleichsweise schnelle und großflächige Abholzung muss zwangsläufig mit hohen totalen Artenverlusten verbunden sein.

Menschen erreichten geographisch isolierte Gebiete teilweise erst vor relativ kurzer Zeit. Madagaskar entwickelte sich mit seiner sehr eigenen Flora und Fauna ohne menschlichen Einfluss bis in die jüngste Vergangenheit. Es gibt keinerlei frühgeschichtliche Hinweise auf die Existenz von Menschen, obwohl die Insel unweit der afrikanischen Siedlungsgebiete der ersten Menschen liegt – der Ozean wirkte als eine effektive Barriere. Erste Hinweise auf menschliche Aktivitäten finden sich erst um das 8. Jahrhundert unserer Zeitrechnung. Die in der Folge stattgefundene enorme Degradierung der madegassischen Ökosysteme und der Verlust zahlreicher, vor allem großer Tierarten, spiegeln erneut die fehlenden Strategien der Lebewesen dieser Inselökosysteme zur Koexistenz mit dem Menschen wider. Unklar ist, ob die großen Lemuren und der Elefantenvogel (*Aepyornis maximus*) durch direkte Verfolgung oder durch Habitatverluste ausstarben. Oft überlagern sich diese Einflüsse. Einzelne Individuen des 3,5 m hohen und bis zu 500 kg schweren *Aepyornis* überlebten noch bis um 1700.

In Australien führte die Besiedlung durch den Menschen vor ca. 55.000 Jahren zu einem Massensterben großer Säuger. Alle 19 Säugetiere die größer als Menschen waren und etwa 75 % der Säuger mit einem Gewicht von mehr als 10 kg, wurden ebenso ausgelöscht wie große Reptilien und Vögel. Über die Datierung von Eischalen des endemischen Riesenvogels (*Genyornis newtoni*) konnte gezeigt werden, dass dieser Vogel vor ca. 50.000 Jahren plötzlich verschwand. In dieser Zeit sind keine starken Klimaschwankungen bekannt. Menschliche

Verfolgung und Lebensraumveränderung (z. B. mittels Feuer in semiariden Regionen) sind die einzige plausible Erklärung für das Aussterben dieser Tiere.

Es sind also nicht zwangsläufig die artenreichsten Gebiete, die am stärksten zum globalen Artensterben beigetragen haben oder beitragen werden, sondern jene, die sich durch eine besonders **eigenständige Flora und Fauna** auszeichnen und Räume, in welchen der **Mensch erst relativ spät in Erscheinung** trat. War es früher die direkte Verfolgung attraktiver Jagdziele, die zu einem Aussterben führte, so sind heute lokale Habitatverluste als Folge der Ausweitung oder Intensivierung menschlicher Landnutzung als wichtigste Ursache anzusehen (Abb. 12.31). Auch in Mitteleuropa sind es Landnutzungsveränderungen, die entscheidend für den aktuellen Artenverlust sind, der sich jedoch in einer anderen Größenordnung abspielt als jener der Tropen.

Der menschliche Einfluss auf die Biodiversität erreicht zunehmend eine neue und bislang ungekannte Dimension (Huston 1994, Heywood & Watson 1995, Perrings 1995, Reaka-Kudla et al. 1997). Die Rodung des tropischen Regenwalds liegt jährlich im Bereich von 20 Mio. ha. Für die relativ gut bearbeiteten Artengruppen der Vögel, Säugetiere und Gefäßpflanzen wird im Zusammenhang mit den gegenwärtigen Verlusten an tropischem Regenwald täglich mit dem Aussterben einer Art gerechnet. Generell müssen solche Schätzungen kritisch hinterfragt werden, aber selbst bei einer Reduzierung der Eingriffe ist es wohl realistisch zu erwarten, dass innerhalb der nächsten 30 Jahre, allein in der Hylaea (Amazonischer Regenwald), 5 bis 10 % der Arten aussterben werden. Bis zu 5 % der weltweit existierenden Taxa können in den nächsten Jahren im Regenwald verloren gehen.

Der **Verlust traditioneller Landnutzungsformen** – wie der Streuwiesennutzung in Feuchtgebieten, der Niederwaldwirtschaft oder der Wanderschäferei – ist bereits seit Jahrzehnten im Gange oder mehr oder weniger erfolgt. Einige Landnutzungsformen, die in früherer Zeit Landschaften geprägt haben, sind heute völlig verschwunden. Ein Beispiel ist der Flachsanbau (Saat-Lein, *Linum usitatissimum*) im Mittelgebirge, der dort noch im 19. Jhdt. vielfach mehr als die Hälfte der Agrarfläche einnahm und noch immer durch allerorts zu findende, für die Flachsbeize benutzte Tümpel dokumentiert ist (sowie indirekt durch die Standorte der Textilindustrie widergespiegelt wird).

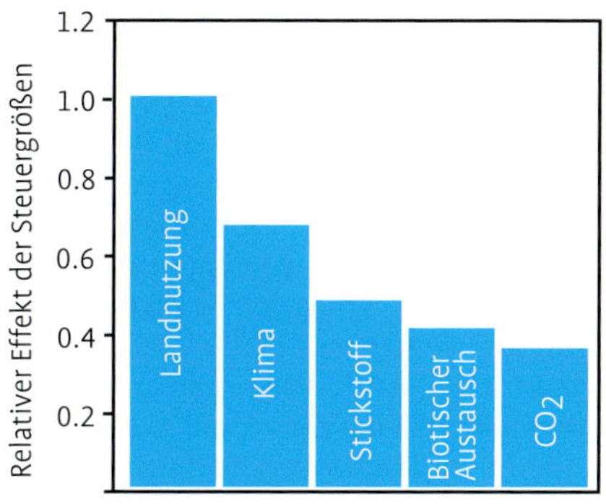

Abb. 12.31

Wichtigste Faktorengruppen und Steuergrößen bezüglich der rezenten und künftigen Biodiversitätsverluste (nach Sala et al. 2000 aus Jentsch & Beierkuhnlein 2004).

Aufgrund seiner besonders feinen Samen wurden mit dem Saatgut des Leins ganz spezifische Unkräuter mit ausgebracht. Die Flora der Leinäcker war etwas ganz besonderes und unterschied sich deutlich von Hackfruchtäckern und Halmfruchtäckern.

Zahlreiche Arten mit begrifflicher Andeutung wie Saat-Leindotter (*Camelina sativa*) geben einen Hinweis auf ihren früheren Schwerpunkt in den Feldern dieser Nutzungsform. Manche Arten, wie das Flachs-Leimkraut (*Silene linicola*), stehen kurz vor dem Aussterben (Haeupler et al. 1988), weil ihr anthropogener Lebensraum nicht mehr existiert. Dies sollte man beachten, wenn man über durchaus ähnliche Vorgänge in anderen Teilen der Erde urteilt. Das Problem ist weniger die Tatsache der menschlichen Beeinflussung, sondern die Geschwindigkeit und die räumliche Erstreckung auf der die modernen Entwicklungen stattfinden. Die technische und wirtschaftliche Entwicklung, die infrastrukturelle Verknüpfung der Märkte und das Bevölkerungswachstum sind die Triebfedern.

Die globale Vernetzung der Märkte und die elektronischen Kommunikationsstrukturen erlauben den Einsatz einer technologischen Entwicklung innerhalb kürzester Zeit auch in entlegenen Gebieten. Uniformierung der Landnutzung erfolgt daher nicht mehr nur auf regionaler Ebene, sondern global. Neu entwickelte Agrochemikalien sind binnen kurzer Frist weltweit verfügbar, das Saatgut neuer Züchtungen und Sorten wird per Kurier in isolierte Räume mit regionalen Sorten gebracht. Der Verlust regionaler Sorten und Züchtungen, die teils über Jahrhunderte den spezifischen Gegebenheiten angepasst wurden, ist die Folge.

Der globale Verlust von Biodiversität betrifft also keineswegs nur wildlebende Organismen. Das World Resources Institute hat zusammen mit der World Conservation Union und dem United Nations Environment Programm festgestellt, dass zunehmend Varietäten, Sorten und Arten von Feldfrüchten gefährdet sind. Ursache hierfür ist der zunehmende globale Wirtschaftsaustausch. Indonesien verlor allein im Verlauf der letzten Jahre 1.500 lokale Reis-Sorten und bei den sieben weltweit wichtigsten Haustierarten sind etwa 700 Rassen vom Aussterben bedroht (Bisby 1995).

Die atmosphärischen Einträge von Schad-, aber auch Nährstoffen bewirken eine zunehmende Uniformierung der Standortbedingungen. Bislang extrem nährstoffarme Flächen wie Moore oder Binnendünen, werden durch atmosphärische Deposition aufgedüngt. Solche Biotope weisen bisher seltene Spezialisten auf, welche nun durch konkurrenzstarke Ubiquisten bedroht sind.

Und schließlich geht, wie bereits mehrfach angesprochen, von bewusst eingeführten oder unbeabsichtigt eingeschleppten Arten eine Gefährdung der Biodiversität aus. Sind solche Arten sehr konkurrenzstark, können sie die etablierten Arten verdrängen. In der Australis ist das Aussterben endemischer Beuteltiere auf die Einführung mitteleuropäischer jagdbarer Säugetiere zurückzuführen. Eine eingeführte Landschneckenart, die zur biologischen Kontrolle einer anderen anthropogen verschleppten Art gezielt auf den Pazifischen Inseln ausgesetzt wurde, führte zur Auslöschung von hunderten lokaler Landschneckenarten und -varietäten. In vielen Staaten der USA ist die Haltung von Achatschnecken (*Achatina* spec.), die zunehmende Attraktivität als Terrariumtier und als kulinarische Spezialität geniesen, wegen der Gefahr der Freisetzung nur unter strengen Auflagen erlaubt oder gänzlich verboten.

Schließlich ist zu erwarten, dass das Erlöschen einer Art als Folge eines eingeführten Organismus, die von dieser Art abhängigen Organismen ebenfalls betreffen wird. Der Verlust einer Wirtspflanzenart kann für spezialisierte Tierarten das Aus bedeuten.

Wir beobachten weltweit einen gravierenden Anstieg der Artenverluste. Die heutigen Aussterberaten liegen 20- bis 200fach über den natürlichen Werten. Allerdings ist ihre Ermittlung mit zahlreichen Problemen behaftet. Die Aussterberate (X) ist durch die Verknüpfung des Endemitenanteils (E) und der Gesamtartenzahl (S) mit deren Veränderung (S') zu schätzen und eine Funktion der Fläche (A), Habitatvielfalt (HD), Landnutzungsvielfalt (LUD), von Vektoren (V), der Gesamtartenzahl (S) und des Endemitenanteils (E) (F 12.3).

$$X = S'_{(t)} \times E \times S^{-1} = f'_{(A,\ HD,\ LUD,\ V,\ S;\ E)} \quad \text{(F 12.3)}$$

Die neue Dimension der Biodiversitätsveränderungen wurde bereits angesprochen. Diese betrifft neben räumlichen auch zeitliche Aspekte. Beziehen wir dies auf die biologischen Skalen, dann sehen wir eine wachsende Lösung der modernen Prozesse von den biologischen Reaktionsmechanismen. Wanderungsbewegungen können in

Abb. 12.32

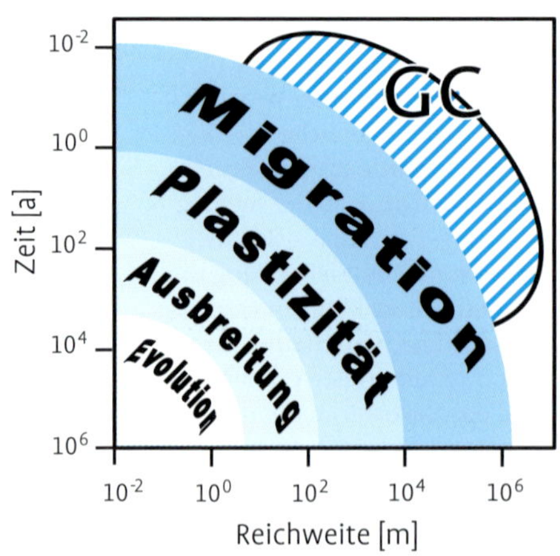

Skalen des Reaktions- und Entwicklungspotenzials von Lebewesen in Bezug zu globalen Veränderungen. Der Bereich, der sich wahrscheinlich außerhalb des biotischen Reaktionspotenzials befindet, ist durch Schraffur hervorgehoben.

kurzer Zeit große Entfernungen überbrücken, Anpassungen des Wuchses an die Umweltbedingungen erfolgen über Tage bis Jahre, Arealveränderungen der Art verlaufen über Jahrzehnte bis Jahrhunderte und evolutive Prozesse schließlich beanspruchen zum Teil tausende von Jahren. Die Skalen des Globalen Wandels überschreiten nun die biologischen Skalen und das Reaktions- und Entwicklungspotenzial von Lebewesen (Abb. 12.32). Lediglich Wanderungsbewegungen und phänotypische Plastizität können teilweise in adäquater Geschwindigkeit und über die erforderlichen Entfernungen hinweg wirken, werden aber sehr wahrscheinlich nur bei wenigen Arten in dieser Kombination umgesetzt werden. Einige Umwelt-Entwicklungen werden sogar wissenschaftlich nicht erklärt werden können, weil sie zu schnell erfolgen oder zu weit wirken, oder weil sie bereits im Verborgenen einige Zeit erfolgt sind.

12.8 Licht am Ende des Tunnels?

Eine positive Perspektive scheint sich zu eröffnen, wenn man die Populationsentwicklungen einzelner „Flagschiffarten" in den europäischen Landschaften betrachtet. Europa hat seit mehr als 2.000 Jahren enorme Veränderungen seiner Ökosysteme erfahren. Weite Bereiche sind Kulturlandschaften. Tiere die den menschlichen Interessen entgegenstanden weil sie eine direkte Bedrohung darstellten oder Feldfrüchte oder Haustiere bedrohten, wurden weitgehend ausgerottet.

Gegen Ende des 20. Jahrhunderts setzte sich nun aber mehr und mehr die Auffassung durch, dass die tatsächlich von solchen Tiere ausgehenden Schäden vernachlässigbar gering sind. Naturwissenschaftliche Untersuchungen konnten vielfach belegen, dass Ängste und Befürchtungen nicht rational zu begründen sind, sondern eher eine emotionale Basis haben. Zahlreiche Beispiele gezielter Wiedereinbürgerungen, wie auch der erneuten natürlichen Ausbreitung ehemals verschollener Arten, waren die Folge.

Seit 1970 haben sich in Deutschland nahezu 30 Vogelarten als Brutvogelarten (erneut) etabliert. Darunter sind jedoch drei Papageienarten, die aus Gefangenschaft entwichen sind und inzwischen in den wärmeren Regionen des Rheingrabens und in Städten stabile Brutpopulationen aufweisen. An der Küste sind es, neben anderen Arten, beispielsweise der Steinwälzer (*Arenaria interpres*) und die Mantelmöwe (*Larus marinus*), die eigenständig neuen Lebensraum hinzugewonnen haben. Allerdings sind die Küsten- und Watvögel wenig stet, so dass Bruten nicht in allen Jahren in Deutschland erfolgen.

Einige Arten, die früher in Mitteleuropa verfolgt und ausgerottet wurden, zeigen heute eine nicht erwartete Arealdynamik. Von osteuropäischen Refugialhabitaten ausgehend, breitet sich seit einigen Jahren die auf Bäumen brütende Form des Kolkraben (*Corvus corax*) und der Schwarzstorch (*Ciconia nigra*) wieder nach Westen aus (FEULNER 1991). Sie besiedeln erneut Gebiete, in welchen sie vor 100 Jahren ausgestorben waren. Ein direktes menschliches Zutun ist nicht erkennbar, nimmt man das Wegfallen der gezielten Verfolgung und Bejagung der Vögel aus.

Ähnliches gilt für den extrem menschenscheuen Luchs (*Lynx lynx*), der inzwischen im Fichtelgebirge und auch in anderen Mittelgebirgen wieder Fuß gefasst hat. Es sind zwar kleine Populationen und teilweise herumstreifende Einzeltiere, aber doch ist festzustellen, dass der Luchs wieder zur heimischen Fauna gehört, was noch vor 20 Jahren kaum zu hoffen war. Auch der Fischotter (*Lutra lutra*) entzieht sich durch seine zurückgezogene Lebensweise der Beobachtung durch breite Bevölkerungskreise, doch ist auch er wieder vereinzelt an deutschen Mittelgebirgsbächen zu finden.

Geringere Störungen in deren Lebensraum oder Effekte von Umweltschutzmaßnahmen sind kaum alleine für derartige positive Entwicklungen verantwortlich zu machen. Vielmehr ist zu erwarten, dass in einer Wohlstandsgesellschaft die geringeren wirtschaftlichen Interessen an der Nutzung natürlicher Ressourcen eher ausschlaggebend sind als der vergleichsweise hohe Erlebniswert, der mit diesen seltenen Tieren verbunden ist. Wurden diese Prädatoren in der Vergangenheit als Nahrungskonkurrenten wahrgenommen oder unter sport-

Abb. 12.33

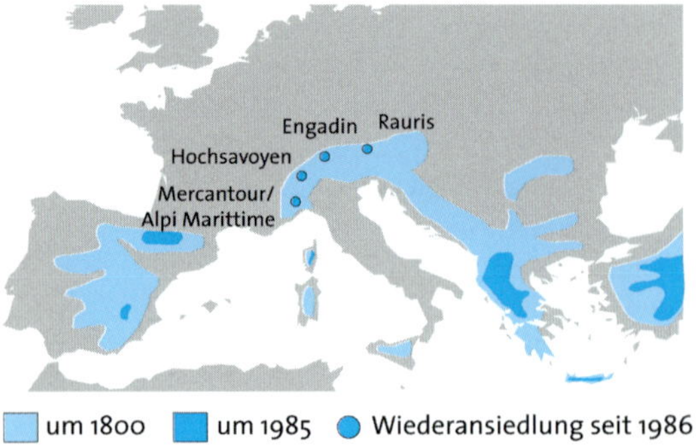

Historische Verbreitung und Reliktvorkommen des Bartgeiers (*Gypaetus barbatus*) in Europa. In den Alpen wurden Individuen der Art seit 1986 in vier Gebieten wieder ausgesetzt.

Abb. 12.34

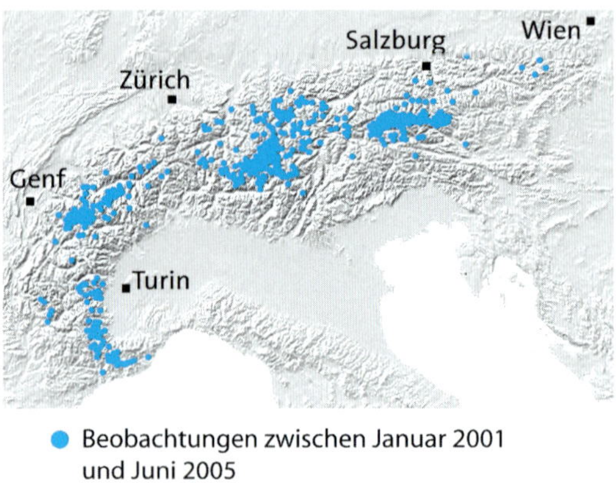

Aktuelle Verbreitung des Bartgeiers (*Gypaetus barbatus*) in den Alpen. Man erkennt noch deutlich die vier Regionen, in welchen Tiere ausgesetzt wurden. Inzwischen hat diese Art den Alpenraum nahezu vollständig wieder zurückerobert.

lichen Gesichtspunkten gejagt, so wird ihnen heute eine Existenzberechtigung zugesprochen und darüber hinaus ihr Auftreten sogar noch als Auszeichnung der Lebensraumqualität einer Landschaft empfunden.

Besonders diskutiert wird inzwischen der Erfolg von Wiedereinbürgerungen mit gezüchteten und ausgesiedelten Tieren am Beispiel des Bibers (*Castor fiber*). Die angewachsenen Populationen verursachen mancherorts durch das Untergraben von Uferbereichen nicht zu vernachlässigende wirtschaftliche Schäden. Andererseits ist der Biber als „ecosystem engineer" wirksam. Die von ihm errichteten Staue bewirken das Entstehen ausgedehnter Feuchtbereiche, von denen zahlreiche Arten profitieren. Eine Kompensation wirtschaftlicher Interessen kann erforderlich werden. Da aber die betroffenen feuchten Talsenken ohnehin nur geringen Ertrag abwerfen und schwierig zu bewirtschaften sind, ist die Tätigkeit des Bibers, nicht zuletzt im Zusammenhang mit der Schaffung von Retentionsräumen für Hochwässer, gut zu vertreten.

Besonders beeindruckend ist der Erfolg von Wiedereinbürgerungen im Gebirge. Die Tatsache, dass in den höheren Lagen Naturlandschaften noch weitgehend erhalten sind, in denen sich die Lebensbedingungen für die ehemals vorkommenden Großtiere kaum verändert haben, erleichtert offensichtlich die erneute Etablierung lokal ausgestorbener Arten. Selbst Auswilderungen von Einzeltieren mit großem Aktivitätsbereich (Home Range) verlaufen erfolgreich.

Der Kalifornische Kondor (*Gymnogyps californianus*) wurde, unter anderem im Grand Canyon, wieder ausgewildert. Die Populationen werden aber durch kontinuierliche weitere Aussetzungen gestützt. Die Populationsdynamik der Art kann daher noch nicht als stabil betrachtet werden. Anders verhält es sich beim europäischen Bartgeier (*Gypaetus barbatus*). Der imposante Greifvogel war vor ca. 100 Jahren in den Alpen ausgestorben. Aussetzungen von Zootieren in den 1990er-Jahren bewirkten aber, zusammen mit der wachsenden Steinwilddichte, die ebenfalls auf Auswilderung zurückgeht und eine Hauptbeute darstellt, dass der Bartgeier inzwischen die Alpen weitgehend wieder zurückerobert hat (Abb. 12.33, Abb. 12.34).

Der Wegfall der Bejagung wirkt sich insbesondere auf jene Tiere aus, die in früherer Zeit als Bedrohung menschlicher Interessen wahrgenommen wurden, wie den Wolf (*Canis lupus*) oder den Braunbären (*Ursus arctos*). Ein Vertreter der letzteren Art hat, von Osten kommend, im Sommer 2005 die Schweiz erreicht. Dass dies im Gebiet des Schweizerischen Nationalparks im Engadin geschah, erweckt die Hoffnung, dass sich der Braunbär wieder langfristig in den naturnahen Hochgebirgslebensräumen ansiedeln wird. Ein anderer Braunbär sorgte im Sommer 2006 im deutschen Alpenraum für Furore. Da es sich um einen Nachkommen freigesetzter Tiere handelte, konnte durch Gen-Analysen aus gefundenen Haaren sogar geklärt werden, um welches Individuum es sich handelte („JJ1"). Sein Abschuss als Folge eines problematischen Verhaltens löste einen Sturm der Entrüstung aus.

Weitere Arten, die fast, und regional völlig, ausgerottet worden waren, wie der Alpensteinbock (*Capra ibex*) und der Steinadler (*Aquila chrysaetos*), sind heute im Alpenraum wieder zahlreicher vertreten als während der gesamten letzten 200 Jahre. Ihre Ansiedlung war aufgrund ihrer Lebensweise, im Vergleich zum Braunbären, eher unproblematisch.

Das erneute Auftreten von Lachsen (*Salmo salar*) in mitteleuropäischen Flüssen wie der Elbe oder dem Rhein ist zwar ebenfalls durch ausgesetzte Tiere gefördert, jedoch im Wesentlichen auf Umweltverbesserungen zurückzuführen. Bei dieser Tierart zeigen sich sehr erfreuliche Perspektiven und selbst wenn die vielen Querverbaue der Flüsse, welche der Schifffahrt oder der Energiegewinnung dienen, das Erreichen früherer Verhältnisse nicht mehr zulassen werden, so ist doch für viele Gewässer zu hoffen, dass diese schönen Großfische wieder zurückkehren.

Ein besonders aufwändiges Beispiel des Artenschutzes stellen die Bemühungen um den Erhalt des neuseeländischen Kakapo (*Strigops habroptilus*), einer flugunfähigen Papageienart, dar. Dieses drollige Tier berührt die Menschen besonders durch sein unbeholfenes Verhalten. In der freien Natur gingen die Bestände ständig zurück, was an der langen Lebensspanne, der späten und unregelmäßigen Reproduktion und den geringen Reproduktionsraten lag. Die Art ist zudem als Bodenbrüter, der kaum Scheu zeigt, eine leichte Beute für Katzen und Hunde. Vor der Küste Neuseelands wurden auf einzelnen kleinen Inseln Ratten, Katzen und Hunde entfernt und die verbliebenen Kakapos dorthin gebracht. Nur etwa 40 Tiere lebten zu Beginn dieser Schutzbemühungen noch, und diese machten sich keineswegs direkt an die Fortpflanzung. Im Gegenteil bestand einige Jahre Anlass zur Sorge, da die Tiere komplexe Verhaltens-

Abb. 12.35

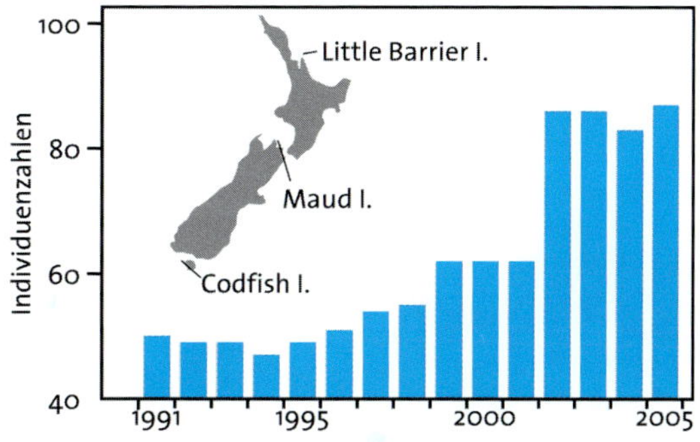

Entwicklung der Gesamtpopulation des flugunfähigen Kakapo (***Strigops habroptilus***) in Neuseeland. Durch die Übersiedlung der letzten überlebenden Individuen auf die isolierten, rattenfreien Inseln Codfish Island, Maud Island und Little Barrier Island gelang es in den letzten Jahren, die Art vor dem Aussterben zu bewahren.

muster aufweisen und beispielsweise erst balzen, wenn hinreichend Nahrungsressourcen (Früchte) vorhanden sind. Inzwischen hat sich der Bestand etwas erholt und der Erhalt der Art scheint wahrscheinlich (Abb. 12.35). Allerdings ist ein großer Teil der ehemaligen genetischen Vielfalt unwiederbringlich verloren.

Schließlich soll noch die Rolle Zoologischer Gärten für den Erhalt bedrohter Tierarten angesprochen werden (Tudge 1992). Zoologische Gärten führen heute für besonders gefährdete Arten Zuchtbücher, um Inzucht zu vermeiden und gleichzeitig den Erhalt möglichst reiner regional zuordenbarer Populationen zu gewährleisten. Waren im 19. Jahrhundert diese Einrichtungen noch eine potenzielle Ursache von Artenverlusten (auch wenn keine konkreten Beispiele bekannt sind), so hat sich ihre Rolle und ihr Selbstverständnis doch grundlegend gewandelt. Heute sind sie für zahlreiche vor dem Aussterben stehende Großtiere eine letzte Hoffnung. Das asiatische Przewalski-Pferd (*Equus przewalskii przewalskii*) ist eines der Beispiele von Arten, die in der Natur bereits ausgestorben waren (1967), aber auf der Grundlage von Zoopopulationen (die sich auf 12 reine Przewalski-Pferde und auf 27 mit mongolischen Hauspferden gekreuzte Tiere beziehen) nachgezüchtet und letztlich erfolgreich in ihrem angestammten Lebensraum wieder etabliert werden konnten.

Abb. 12.36

Ungarisches Steppenrind am Neusiedler See in Südost-Österreich: eine ursprüngliche Rinderrasse.

Bei dem in der Neuzeit ausgestorbenen Auerochsen (Ur, Reem, Tur) (*Bos primigenius*), 1627 wurde das letzte Tier erlegt, gibt es seit langem Ambitionen, über die Rückzüchtung aus relativ ursprünglichen Hausrindrassen (z. B. ungarisches und ukrainisches Steppenrind, spanische und italienische Rassen wie Chianina, Maremmana oder Sayageza) das Wildtier wieder aus deren Genpool zu filtern. Die Gebrüder Heck, Zoodirektoren in Berlin und München, haben sich schon vor 80 Jahren daran versucht und das sogenannte Heck-Rind gezüchtet. Vorbild ist ein erhaltenes Auerochsen-Skelett im Phyletischen Museum in Jena, doch sind die Rückzüchtungen deutlich kleiner. Aber selbst wenn ein Tier einmal dessen Morphologie entsprechen würde, wird man sich mit diesen züchterischen Bemühungen dem ursprünglichen Tier nur annähern, es aber niemals wieder erreichen können (Abb. 12.36). Aussterben ist für immer!

Fragen

1 Welche Wechselwirkungen können bewirken, dass eine thermisch induzierte, vorgezogene Entwicklung im Frühjahr zu einer Gefährdung von Organismen führt?
2 Nennen Sie einige Beispiele ausgewilderter Tierarten und schildern Sie die Ursachen von Erfolg und Konflikten!
3 Gesetzt den Fall, die Ökosysteme hätten genügend Zeit oder könnten sich schnell genug verlagern, um welchen Betrag müssten sie sich bei einer Erwärmung um 3 °C im Gebirge nach oben verschieben und entlang der Breitengrade nach Norden?
4 Was sind die maßgeblichen Einflussgrößen bezüglich der aktuellen Biodiversitätsverluste?
5 Welche Vektoren können zur Ausbreitung von Pilzkrankheiten bei Pflanzen beitragen?
6 Welche negativen Auswirkungen gehen mit einer Erhöhung der UV-Strahlung einher?
7 Welche Gebiete waren in den 1980er- und 1990er-Jahren besonders stark von neuartigen Waldschäden betroffen und warum?
8 Welche Auswirkungen können Klimaveränderungen auf das Zugverhalten von Vögeln haben?
9 Inwiefern kann der Mensch zur Förderung der Artbildung beitragen? Nennen Sie ein Beispiel!
10 Diskutieren Sie den Zusammenhang zwischen Aussterbeereignissen und Artbildungsraten!

Literaturverzeichnis

ADAMS, J.M., FAURE, H. (1995) Review and Atlas of Palaeovegetation. http://www.soton.ac.uk/~tjms/adams 4.html

AHNERT, F. (1996) Einführung in die Geomorphologie. Stuttgart.

ALBERTZ, J. (2001) Einführung in die Fernerkundung. Grundlagen der Interpretation von Luft- und Satellitenbildern. Wissenschaftliche Buchgesellschaft, Darmstadt, 250 S.

ALKHANJARI, S., HAMMER, K., BUERKERT, A., KHAN, I., AL-MASKRI, A. (2005) A survey of Wheat landraces in Oman. Plant Genetic Resources Newsletter 141: 7–10.

ALLEN, T.F.H., STARR, T.B. (1982) Hierarchy: Perspectives for Ecological Complexity. University of Chicago Press, Chicago, 310 S.

ALVAREZ, L.W., ALVAREZ, W., ASARO, F., MICHEL, H.V. (1980) Extraterrestrial cause for the Cretaceous-Tertiary extinction. Science 208: 1095–1108.

ALVERDES, F. (1932) Die Ganzheitsbetrachtung in der Biologie. Sitzungsbericht der Gesellschaft zur Förderung des ges. Naturwiss. zu Marburg, 67.

ANDERS, S., BECK, W., HORNSCHUCH, F., MÜLLER, J., STEINER, A. (2003) Ökologische Voraussetzungen und Wirkungen des Waldumbaus im Nordostdeutschen Tiefland. Untersuchungen zur Ökologie von Kiefern-Buchen-Mischbeständen im nordostdeutschen Tiefland und Ableitung von Empfehlungen zur Durchführung des Buchen-Unterbaus in Kiefernbeständen. Abschlussbericht, Eberswalde.

ANDERSON, J.B., BROWER, L.P. (1996) Freeze-protection of overwintering monarch butterflies in Mexico: critical role of the forest as a blanket and an umbrella. Ecological Entomology 21, 107–116.

ANDREWARTHA, H.G., BIRCH, L.C. (1954) The Distribution and Abundance of Animals. University of Chicago Press, Chicago, 782 S.

ANGEL, M.V. (1993) Biodiversity of the pelagic ocean. Conserv. Biol. 7: 760–772.

ARCHIBOLD, O.W. (1995) Ecology of World Vegetation. Chapman & Hall, London, 510 S.

ARFT, A.M., WALKER, M.D., GUREVITCH, J., ALATALO, J.M., BRET-HARTE, M.S., DALE, E. M., DIEMER, M. F., GUGERLI, F., HENRY, G.H.R., JONES, M.H., HOLLISTER, R.D., JÓNSDÓTTIR, I.S., LAINE, K., LÉVESQUE, E., MARION, G.M., MOLAU, U., MØLGAARD, P., NORDENHÄLL, U., RASZHIVIN, V., ROBINSON, C.H., STARR, G., STENSTRÖM, A., STENSTRÖM, M., TOTLAND, Ø., TURNER, P.L., WALKER, L. J., WEBBER, P. J., WELKER, J.M., WOOKEY, P.A. (1999) Responses of tundra plants to experimental warming: meta-analysis of the International Tundra Experiment. Ecological Monographs 69: 491–511.

ARRHENIUS, O. (1921) Species and area. J. Ecol. 9: 95–99.

ARZANDEH, S. and J. WANG. 2003. Monitoring the change of Phragmites distribution using satellite data. Can. J. Remote Sensing. (29(1):224–35.

AVISE, J.C. (2000) Phylogeography: The History and Formation of Species. Harvard University Press.

BAAS BECKING, L.G.M. (1934) Geobiologie, of inleiding tot de milieukunde. Diligentia Wetensch. Serie 18/19, van Stockum & Zoon, Gravenhange, 263 S.

BARBIER, E.B., BURGESS, J.C., FOLKE, C. (1994) Paradise Lost? The Ecological Economics of Biodiversity. Earthscan 267 S.

BARKMAN, J. J. (1979) The investigation of vegetation texture and structure. In WERGER, M. J.A. (ed) The Study of Vegetation. Junk, The Hague: 125–160.

BARLUENGA, M., STÖLTING, K.N., SALZBURGER, W., MUSCHIK, M., MEYER, A. (2006) Sympatric speciation in Nicaraguan crater lake cichlid fish. Nature 439: 719–723.

BARTHLOTT, W., MUTKE, J., RAFIQPOOR, M.D., KIER, G., KREFT, H. (2005) Global centres of vascular plant diversity. Nova Acta Leopoldina 342: 61–83.

BASTIAN, O., SCHREIBER, K.-F. (Hrsg.) (1994) Analyse und ökologische Bewertung der Landschaft. G. Fischer Verlag, Jena, 502 S.

BECKAGE, B., CLARK, J.S. (2003) Seedling survival and growth of three forest tree species: the role of spatial heterogeneity. Ecology 84: 1849–1861.

Begon, M., Harper, J.L., Townsend, C.R. (1990) Ecology: Individuals, populations and communities. Blackwell Scientific Publications, Oxford.

Beierkuhnlein, C. (1994) Waldquellfluren im Frankenwald. Untersuchungen zur reaktiven Bioindikation. Bayreuther Forum Ökologie 10: 1–253.

Beierkuhnlein, C. (1998) Biodiversität und Raum. Die Erde 128: 81–101.

Beierkuhnlein, C. (2001) Die Vielfalt der Vielfalt – Ein Vorschlag zur konzeptionellen Klärung der Biodiversität. Berichte der Reinhold-Tüxen-Gesellschaft 13: 103–118.

Beierkuhnlein, C. (2003) Der Begriff Biodiversität. Nova Acta Leopoldina N.F. 87: 51–72.

Beierkuhnlein, C. (2005) Biodiversität und ökologische Serviceleistung. Tagungsband ZUFO Umweltsymposium Münster 15: 25–53.

Beierkuhnlein, C., Jentsch, A. (2004) Ecological importance of species diversity. A review on the ecological implications of species diversity in plant communities. In: Henry R (ed) Diversity and Evolution of Plants. CAB International, Wallingford: 249–285.

Beierkuhnlein, C., Nesshöver, C. (2006) Biodiversity experiments – artificial constructions or heuristic tools? Progress in Botany 67: 486–535.

Beierkuhnlein, C., Schulte, A. (2001) Plant Functional Types – Einschränkungen und Möglichkeiten funktionaler Klassifikationsansätze in der Vegetationsökologie. In: Jax, K. (Hrsg) Funktionsbegriff und Unsicherheit in der Ökologie: 45–64.

Benson-Evans, K., Williams P.F. (1976) Transplanting aquatic bryophytes to assess river pollution. J. Bryol. 9, 81–91.

Berendsohn, W.G., Häuser, C., Lampe, K.-H. (1999b) Biodiversitätsinformatik in Deutschland: Bestandsaufnahme und Perspektiven. Bonner Zoologische Monographien 45. Zool. Forschungsinstitut und Museum Alexander Koenig, Bonn.

Berendsohn, W.G., Anagnostopoulos, A., Hagedorn, G., Jakupovic, J., Nimis, P.L., Valdés, B., Güntsch, A., Pankhurst, R. J., White, R. J. (1999a): A comprehensive reference model for biological collections and surveys. Taxon 48: 511–562.

Berthold, P. (2000) Vogelzug – eine aktuelle Gesamtübersicht. 4. Aufl. Wissenschaftliche Buchgesellschaft, Darmstadt, 280 S.

BfN Bundesamt für Naturschutz (2006) Pressemitteilung zum Wanderverhalten von Fledermäusen. 1.3.2006.

Bibby, C. J., Collar, N. J., Crosby, M. J., Heath, M.F., Imboden, C., Johnson, T.H., Long, A. J., Stattersfield, A. J., Thirgood, S. J. (1992) Putting Biodiversity on the Map: Priority Areas for Global Conservation. International Council for Bird Preservation, Cambridge.

Bisby, F.A. (1995) Characterization of biodiversity. In: UNEP: Global Biodiversity Assessment. Cambridge Univ. Press, Cambridge: 21–106.

Blackburn, T.M., Gaston, K. J. (eds) (2003) Macroecology: concepts and consequences. Blackwell Publishing, Oxford, 442 S.

Blaustein, A.R., Kiesecker, J.M., Chivers, D.P., Hokit, D.G., Marco, A., Belden, L.K., Hatch, A. (1998) Effects of ultraviolet radiation on amphibians: field experiments. American Zoologist 38: 799–812.

Blume, H.-P., Brümmer, G., Schwertmann, U., Horn, R. (2002) Scheffer/Schachtschabel: Lehrbuch der Bodenkunde. Spektrum Akademischer Verlag, Heidelberg, 15. Aufl., 607 S.

Blume, P., Sukopp, H. (1976) Ökologische Bedeutung anthropogener Bodenveränderungen. Schriftenreihe Vegetationskunde 10: 7–89.

Blümel, W.D. (1999) Physische Geographie der Polargebiete. Teubner Studienbücher, Leipzig, 239 S.

Bolliger, J., Schulte, L.A., Burrows, S.N., Sickley, T.A., Mladenoff, D. J. (2004) Assessing ecological restoration potentials of Wisconsin (USA) using historical landscape reconstructions. Restoration Ecology 12: 124–142.

Bonn, S., Poschlod, P. (1998) Ausbreitungsbiologie der Pflanzen Mitteleuropas. Grundlagen und kulturhistorische Aspekte. Quelle & Meyer, Wiesbaden, 404 S.

Bork, H.-R., Bork, H., Dalchow, C., Faust, B., Piorr, H.-P., Schatz, T. (1998) Landschaftsentwicklung in Mitteleuropa. Justus Perthes Verlag, Gotha, 328 S.

Bornkamm, R. (1980) Hemerobie und Landschaftsplanung. Landschaft und Stadt 12: 49–55.

Braun-Blanquet, J. (1964) Pflanzensoziologie. 3. Aufl. Springer, Wien, 865 S.

Briand, F., Cohen, J.E. (1984) Community food webs have scale-invariant structure. Nature 307: 264–266.

Britten, H.B., Graneau, Y.A., Murphy, D.D., Ehrlich, P.R. (1995) A test for isolation-by-distance in Central Rocky Mountain and Great Basin populations of Edith's Cherspot Butterfly (*Euphydryas editha*). Journal of Heredity 86: 204–210.

Brooks, T.M., Pimm, S.L., Collar, N. J. (1997) The extent of deforestation predicts the number of birds threatened with extinction in insular South-east Asia.

Conservation Biology 11: 382–394.
Brown, J.H. (1995) Macroecology. University of Chicago Press, Chicago, 296 S.
Brown, J.H., Lomolino, M.V. (1998) Biogeography. 2. Aufl., Sinauer Associates, Sunderland, 691 S.
Brown, P., Sutkina, T., Morwood, M. J., Soejono, R.P., Jatmiko, Wayhu Saptomo, E., Due, R.A. (2004) A new small-bodied hominin from the Late Pleistocene of Flores, Indonesia. Nature 431: 1055–1061.
Brown, P.M. (1996) OLDLIST: A database of maximum tree ages. In: Dean, J.S., Meko, D. M., Swetnam, T.W. (eds.) Tree Rings, Environment, and Humanity. Tucson: 727–731.
Bruelheide, H., Flintrop, T. (1999) Die Verpflanzung von Bergwiesen im Harz. Eine Erfolgskontrolle über 5 Jahre. Naturschutz und Landschaftsplanung 31: 5–12.
Brundin, L. (1966) Transantarctic relationships and their significance, as evidenced by chironomid midges. Kungliga Svenska Vetenskapsakademiens Handlingar 2 series 4, 11: 437–472.
Brundin, L. (1972) Phylogenetics and biogeography. Systematic Zoology 21: 69–79.
Bruns, E., Chmielewski, F.-M., Van Vliet, A. J.H. (2003) The global phenological monitoring concept – towards international standardisation of phenological networks. In: Schwartz, M. D. (ed) Phenology: An Integrative Environmental Science, Kluwer Academic Publishers, Dordrecht, 93–104.
Buchanan, G., J. Pearce-Higgins et al. (2005). „Characterization of moorland vegetation and the prediction of bird abundance using remote sensing." Journal of Biogeography 32: 697–707.
Buckley, R.C., Knedlhans, S.B. (1986) Beachcomber biogeography: interception of dispersing propagules by islands. Journal of Biogeography, 13: 69–70.
Büdel, B., Deutschewitz, K., Dojani, S., Hörsch, B., Loris, K., Rambold, G., Reisser, W., Salisch, M., Schultz, C., Weber, B., Wirth, V., Zedda, L. (2004) Biodiversity and ecology of biological soil crusts (BSCs): from the micro-scale to the ecosystem scale. In: Beck, E., Berendsohn, W.G., Boutros, M., Denich, M., Henle, K., Jürgens, N., Kirk, M., Wolters, V. (eds) Sustainable use and conservation of biological diversity. A challenge for society. Proceedings of the International Symposium Berlin, 1–4 December 2003, Berlin, 142–144.
Burga, A.C., Klötzli, F., Grabherr, G. (Hrsg.) (2004) Gebirge der Erde. Verlag Eugen Ulmer, Stuttgart, 504 S.
Burga, C.A. (1999) Vegetation development on the glacier forefield Morteratsch (Switzerland). Applied Vegetation Science 2: 17–24.
Burgman, M.A., Lindenmayer, D.B. (1998) Conservation Biology for the Australian Environment. Surrey Beatty & Sons, Sydney, 380 S.
Burkhardt, R., Baier, H., Bendzko, U., Bierhals, E., Finck, P., Jenemann, K., Liegel, A., Mast, R., Mirbach, E., Nagler, A., Pardey, A., Riecken, U., Sachteleben, J., Schneider, A., Szekely, S., Ullrich, K., Van Hengel, U., Zeltner, U. (2003) Naturschutzfachliche Kriterien zur Umsetzung des § 3 BNatSchG „Biotopverbund". Natur und Landschaft 78: 418–426.
Burrough, P.A. (1981) Fractal dimensions of landscapes and other environmental data. Nature 294: 240–242.
Burton, M.A.S., Peterson, P. J. (1979) Metal accumulation by aquatic bryophytes from polluted mine streams. Environ. Pollut. 19, 39–46.
Bush, M.B., Whittaker, R. J. (1994) Krakatau: colonization patterns and hierarchies. Journal of Biogeography 18: 341–356.
Cahill, J.F., Castelli, J., Casper, B. (2002) Separate effects of human visitation and touch on plant growth and herbivory in an old field community. Am. J. Bot. 89: 1401–1409.
Cao, T., Churchill, S.P. (1995) New synonyms in *Grimmia* and *Schistidium* (Bryopsida: Grimmiaceae). Nova Hedwigia 60: 505–513.
Carpenter, G., S. Gopal et al. (1999). „A neural network method for efficient vegetation mapping." Remote Sensing of Environment 70: 326–338.
Cernusca, A. (1978) Ökologische Analysen von Almflächen im Gasteiner Tal. Wagner, Innsbruck, 390 S.
Chapin, F.S. III, Sala, O.E., Burke, I.C., Grime, J.P., Hooper, D.U., Lauenroth, W.K., Lombard, A., Mooney, H.A., Mosier, A.R., Naeem, S., Pacala, S.W., Roy, J., Steffen, W.L., Tilman, D. (1998) Ecosystem consequences of changing biodiversity. BioScience 48: 45–52.
Carlquist, S. (1965) Island life: a natural history of the islands of the world. Natural History Press, Garden City, New York, 451 S.
Carlquist, S. (1974) Island Biology. Columbia University Press, New York, 660 S.
Chilès, J.-P., Delfiner, P. (1999) Geostatistics. Modeling Spatial Uncertainty. Wiley & Sons, New York, 720 S.
Clark, J.S., Carpenter, S.R., Barber, M., Collins, S., Dobson, A., Foley, J.A., Lodge, D.M., Pacual, M., Pielke, R., Pizer, W., Pringle, C., Reid, W.V., Rose,

K.A., Sala, O., Schlesinger, W.H., Wall, D.H., Wear, D. (2001) Ecological forecasts: an emerging imperative. Science 293: 657–660.

Clark, J.S., Fastie, C., Hurtt, G., Jackson, S.T., Johnson, C., King, G.A., Lewis, M., Lynch, J., Pacala, S., Prentice, C., Schupp, E.W., Webb, T., Wyckoff, P. (1998) Reid's paradox of rapid plant migration. BioScience 48: 13–24.

Clark, J.S., Mohan, J., Dietze, M., Ibanez, I. (2003) Coexistence: how to identify trophic trade-offs. Ecology 84: 17–31.

Clausen, J., Keck, D.D., Hiesey, W.M. (1948) Experimental studies on the nature of species. III. Environmental responses of climactic races of *Achillea*. Carnegie Institution of Washington Publications 581: 1–129.

Clements, F.E. (1916) Plant Succession: An Analysis of the Development of Vegetation. Carnegie Institution of Washington, Washington, D.C., 242 S.

Colinveaux, P. (1993) Ecology. Wiley & Sons, New York.

Connell, J.H. (1978) Diversity in tropical rain forests and coral reefs. Science 199: 1302–1310.

Connell, J.H., Orias, E. (1964) The ecological regulation of species diversity. American Naturalist 98: 399–414.

Connell, J.H., Slatyer, R.O. (1977) Mechanisms of succession in natural communities and their role in community stability and organization. American Naturalist 111: 1119–1144.

Connor, E.F., Simberloff, D. (1979) The assembly of species communities: chance or competition? Ecology 60: 1132–40.

Conservation International (2002) Wilderness: Earth's Last Wild Places. Cemex, Mexico City, 576 S.

Costanza, R., d'Arge, R., de Groot, R., Farber, S., Grasso, M., Hannon, B., Limburg, K., Naeem, S., O'Neill, R.V., Paruelo, J., Raskin, R.G., Sutton, P., van den Belt, M. (1997) The value of the world's ecosystem services and natural capital. Nature 387: 253–260.

Courtillot, V. (1995) La vie en catastrophes : du hasard dans l'évolution des espèces Ed. Fayard, Paris. 288 S.

Cox, C. (2001) The biogeographic regions reconsidered. Journal of Biogeography 28: 511–528.

Cramer, W., Bondeau, A., Woodward, F.I., Prentice, I.C., Betts, R.A., Brovkin, V., Cox, P.M., Fisher, V., Foley, J., Friend, A.D., Kucharik, C., Lomas, M.R., Ramankutty, N., Sitch, S., Smith, B., White, A., Young-Molling, C. (2001) Global response of terrestrial ecosystem structure and function to CO_2 and climate change: results from six dynamic global vegetation models. Global Change Biology 7: 357–373

Crisci, J.V., Katinas, L., Posadas, P. (2003) Historical Biogeography. Harvard University Press, Cambridge.

Daily, G.C. (ed) (1997) Nature's Services. Island Press, Washington, DC, 392 S.

Dalby, A. (2002) Dangerous Tastes – The Story of Spices. The British Museum Press, London, 184 S.

Dale, V., Swanson, F. J., Crisafulli, C.M. (eds) (2005) Ecological Responses to the 1980 Eruption of Mount St. Helens. Springer, New York, 342 S.

Dansereau, P. (1958) A universal system for recording vegetation. Contrib. Inst. Bot. Univ. de Montréal 72: 1–58.

Darlington, P. J. (1957) Zoogeography – The Geographical Distribution of Animals. John Wiley & Sons. New York, 675 S.

Dayton, P.K. (1994) Polar marine communities. Amer. Zool. 34: 90–99.

de Lattin, G. (1967) Grundriss der Zoogeographie. Gustav Fischer, Stuttgart 602 S.

De Wit, R., Bouvier, T. (2006) „Everything is everywhere, but, the environment selects" – what did Baas Becking and Beijerinck really say? Environmental Microbiology 8: 755–758.

Dech, S. W., Tungalagsaikhan, P., Preusser, C., Meisner, R. E. (1998) Operational value-adding to AVHRR data over Europe: methods, results and prospects. Aerospace Science and Technology 5: 335-346.

Deil, U. (1999) Synvikarianz und Symphylogenie – zur Evolution von Pflanzengesellschaften. Ber. d. Reinh.-Tüxen Ges. 11: 223–244.

Deil, U., Müller-Hohenstein, K. (1985) Beiträge zur Vegetationsgeographie des Yemen I. Pflanzengesellschaften und Ökotopgefüge der Gebirgstihama am Beispiel des Beckens von At Tur (J.A.R.). Phytocoenologia 13: 1–102.

Delcourt, P.A., Delcourt, H.R. (1992) Ecotone dynamics in space and time. In: Hansen, A. J., DiCastri, F. (eds) Landscape boundaries. Ecological Studies 92. Springer, Berlin: 19–54.

Dennison, P. E., Roberts, D. A. (2003). „The effects of vegetation phenology on endmember selection and species mapping in southern California chaparral." Remote Sensing of Environment 87(2–3): 295-309.

Despres, L., Loriot, S., Gaudeul, M. (2002) Geographic pattern of genetic variation in the European Globeflower *Trollius europaeus* L. (Ranunculaceae) inferred from amplified fragment length polymorphism markers. Molecular Ecology 11: 2337–2347.

DIAMOND, J.M. (1975) Assembly of Species Communities. In CODY, M.L., DIAMOND, J.M. (eds) Ecology and Evolution of Communities. Belknap, Harvard: 342–444.

DIAMOND, J.M. (2006) Collapse: How Societies Choose to Fail or Succeed. Penguin, New York, 576 S.

DICKENS, G.R., O'NEILL, J.R., REA, D.K., OWEN, R.M. (1995) Dissociation of oceanic methane hydrate as a cause of the carbon isotope excursion at the end of the Paleocene. Paleoceanography 10: 965–71.

DICKORÉ, W. B. (1991) Zonation of flora and vegetation of the northern declivity of the Karakoram/Kunlun Mountains (SW Xinjiang China). GeoJournal 25: 265–284.

DIERSCHKE, H. (1994) Pflanzensoziologie. Grundlagen und Methoden. Eugen Ulmer Verlag, Stuttgart, 682 S.

DOCZKAL, D., DZIOCK, F. (2004) Two new species of *Brachyopa* Meigen from Germany, with notes on *B. grunewaldensis* Kassebeer (*Diptera, Syrphidae*). Volucella 7: 35–59.

DREES, C. (2003) Ausbreitung flugunfähiger Arthropoden anhand linearer Vernetzungsstrukturen in einer fragmentierten Kulturlandschaft: Untersuchungen an einer Metapopulation von *Carabus auronitens* im Münsterland. Schüling, Münster, 324 S.

DYCK, S., PESCHKE, G. (1995) Grundlagen der Hydrologie. Verlag für Bauwesen, Berlin. 3. Auflage, 536 S.

EBERLE, J., THANNHEISER, D. (1995) Rezente Permafrostdegradierung: Auswirkungen auf Böden und Vegetation in Nordwestspitzbergen. Die Erde 126: 19–33.

EGLER, F.E. (1954) Vegetation science concepts I. Initial floristic composition, a factor in oldfield vegetation development. Vegetatio 4: 412–417.

ELLENBERG, H. (1973) Die Ökosysteme der Erde. Versuch einer Klassifikation der Ökosysteme auf funktionaler Grundlage. In: ELLENBERG, H. (Hrsg.) Ökosystemforschung. Springer, Berlin: 235–265.

ELLENBERG, H. (1996) Vegetation Mitteleuropas mit den Alpen. 5. Aufl. Verlag Eugen Ulmer, Stuttgart, 1096 S.

ELLENBERG, H. (Hrsg.) (1973) Ökosystemforschung. Springer, Berlin, 280 S.

ELLENBERG, H., MUELLER-DOMBOIS, D. (1967a) A key to Raunkiaer plant life forms with revised subdivisions. Ber. Geobot. Inst. ETH Stiftg. Rübel, Zürich 37: 56–73.

ELLENBERG, H., MUELLER-DOMBOIS, D. (1967b) Tentative physiognomic-ecological classification of plant formations of the Earth. Ber. Geobot. Inst. ETH Stiftg. Rübel, Zürich 37: 21–55.

ELLENBERG, H., WEBER, H.E., DÜLL, R., WIRTH, V., WERNER, W., PAULISSEN, D. (1992) Zeigerwerte von Pflanzen in Mitteleuropa. Scripta Geobotanica 18, 258 S.

ELTON, C. (1927) Animal Ecology. Sidgwick and Jackson, London, 209 S.

EMBERGER, L., GAUSSEN, H., KASSAS, M., DE PHILIPPIS, A. (1963) Carte bioclimatique de la zone Méditerranéenne, 1:5.000.000. UNESCO, Paris und FAO, Rom.

ENGELHARDT, W. (1997) Das Ende der Artenvielfalt – Aussterben und Ausrottung von Tieren. Wissenschaftliche Buchgesellschaft, Darmstadt, 130 S.

ERICKSON, M.M. (1938) Territory, annual cycle, and numbers in a population of wren-tits (*Chamaea fasciata*). Univ. California Publ. Zool. 42: 247–334.

ERWIN, T.L. (1982) Tropical forests: their richness in Coleoptera and other arthropod species. Coleopt. Bull. 35: 74–75.

FAO (1991) Environment and the sustainability of fisheries. FAO, Rome.

FARNSWORTH, E. J., ROSOVSKY, J. (1993) The ethics of ecological field experimentation. Conservation Biology 7: 463–472.

FENNER, M. (1985) Seed Biology. Chapman & Hall, London.

FEOLI, E. (1984) Some aspects of classification and ordination of vegetation datain perspective. Stud. Geobot. 4: 7–21.

FERNANDEZ, M.H., VRBA, E.S. (2005) Rapoport effect and biomic specialization in African mammals: revisiting the climatic variability hypothesis. Journal of Biogeography 32: 903–918.

FERNANDEZ-PALACIOS, J.M., ESQUIVEL, J.L.M. (2001) Naturaleza de las Islas Canarias. 2. Aufl. Turquesa, Santa Cruz, 474 S.

FEULNER, J. (1991) Der Kolkrabe *Corvus corax* brütet im Frankenwald. Ornithologischer Anzeiger 30: 86–87.

FILZER, P. (1963) Ein botanischer Beitrag zur Charakterisierung natürlicher Landschaften Süddeutschlands. Berichte zur deutschen Landeskunde 31: 69–83.

FIRBAS, F. (1949) Spät- und nacheiszeitliche Waldgeschichte von Mitteleuropa nördlich der Alpen, Band 1. Allgemeine Waldgeschichte. Gustav Fischer, Jena, 480 S.

FISCHER, A. (1995) Forstliche Vegetationskunde. Blackwell, Berlin, 315 S.

FISCHER, H.R. (1990) Selbstorganisation. Kritische Bemerkungen zur Begriffslogik eines neuen Paradigmas. In: KRATKY, K.W., WALLNER, F. (Hrsg.) Grundprinzipien der Selbstorganisation. Wissenschaftliche Buchgesellschaft, Darmstadt: 156–181.

FISCHER, S., POSCHLOD, P., BEINLICH, B. (1996) Experimental studies on the dispersal of plants and animals on sheep in calcareous grasslands. Journal of Applied Ecology 33: 1206–1221.

Fitter, A.H., Fitter, R.S.R. (2002) Rapid changes in flowering time in British plants. Science 296: 1689–1691.

Flahault, C., Schröter, C. (1910) Phytogeographische Nomenklatur. Berichte und Anträge 3. Third International Congress of Botany, Brüssel: 14–22.

Foody, G., M. Cutler (2003). „Tree biodiversity in protected and logged Bornean tropical rain forests and its measurement by satellite remote sensing." Journal of Biogeography 30: 1053–1066.

Forster, P., Matsumura, S. (2005) Did early humans go north or south? Science 308: 965–966.

Frahm, J.P. (1974) Wassermoose als Indikatoren für die Gewässerverschmutzung am Beispiel des Niederrheins. Gewässer und Abwässer 53/54: 91–106.

Frahm, J.-P. (1998) Moose als Bioindikatoren. Quelle & Meyer, Wiesbaden, 187 S.

Franklin, J. (1993) Preserving biodiversity: species, ecosystems or landscapes? Ecol. Applic. 3: 202–205.

Frey, W., Lösch, R. (1998) Lehrbuch der Geobotanik. G. Fischer Verlag, Stuttgart, 358 S.

Friederichs, K. (1927) Grundsätzliches über die Lebenseinheiten höherer Ordnung und den ökologischen Einheitsfaktor. Naturwissenschaften 8: 153–157, 182–186.

Frisch, W., Meschede, M. (2005) Plattentektonik – Kontinentverschiebung und Gebirgsbildung. Wissenschaftliche Buchgesellschaft, Darmstadt, 196 S.

Funch, P., Krsitensen, R.M. (1995) Cycliophora is a new phylum with affinities to Entoprocta and Ectoprocta. Nature 378: 711–714.

Gass, C.L., Angehr, G., Centa, J. (1976) Regulation of food supply by feeding territoriality in the rufous hummingbird. Can. J. Zool. 54: 2046–2054.

Gaston, K. J. (2003) The Structure and Dynamics of Geographic Ranger. Oxford University Press, Oxford, 266 S.

Gaston, K. J. (ed) (1996) Biodiversity: a biology of numbers and difference. Blackwell, Oxford.

Gatterer, K., Nezadal, W., Fürnrohr, F., Wagenknecht, J., Welss, W. (2003) Flora des Regnitzgebietes. 2 Bd. IHW-Verlag, Eching, 1058 S.

Gell-Mann, M. (1994) The Quark and the Jaguar. Adventures in the Simple and the Complex. WH Freeman and Co., New York, 392 S.

Gieskes, W.W.C., Buma, A.G. J. (1997) UV damage to plant life in a fotobiologically dynamic environment: the case of marine phytoplankton. Plant Ecology 128, 16–25.

Gittleman, J.L., Gompper, M.E. (2001) The risk of extinction – what you don't know will hurt you. Science 291: 997-999.

Glaser, B., Haumaier, L., Guggenberger, G., Zech, W. (2001) The Terra Preta Phenomenon – a model for sustainable agriculture in the humid tropics. Naturwissenschaften 88: 37–41.

Glaser, R. (2001) Klimageschichte Mitteleuropas. Wissenschaftliche Buchgesellschaft, Darmstadt, 227 S.

Glavac, V. (1996) Vegetationsökologie. Gustav Fischer Verlag, Jena.

Gleason, D.F., Wellington, G.M. (1993) UV radiation and coral bleaching. Nature 366: 836–838.

Gleason, H.A. (1922) On the relation between species and area. Ecology, 3, 158–162.

Godoy, J.A., Negro, J. J., Hiraldo, F., Donazar, J.A. (2004) Phylogeography, genetic structure and diversity in the endangered bearded vulture (*Gypaetus barbatus* L) as revealed by mitochondrial DNA. Mol. Ecol. 13: 371–90.

Gohlke, M. (1999) Artensterben – Von der ökologischen Theorie zum Eigenwert der Natur. Klett-Cotta, Stuttgart, 376 S.

Goodwin, N., R. N. Merton, R. Turner (2005). Mapping individual tree species in Eucalyptus forests with CASI-2 hyperspectral imagery. International Journal of Tree Physiology.

Gould, W. (2000) Remote sensing of vegetation, plant species richness, and regional biodiversity hotspots, Ecological Applications, 10(6): 1861–1870.

Götte, J., Götte, M. (1977) Vergil Landleben. Heimeran Verlag, München.

Gottfried, M., Pauli, H., Grabherr, G. (1994) Die Alpen im „Treibhaus": Nachweise für das erwärmungsbedingte Höhersteigen der alpinen und nivalen Vegetation. Jahrbuch des Vereins zum Schutz der Bergwelt 59: 13–27.

Gottfried, M., Pauli, H., Reiter, K., Grabherr, G. (1999) A fine-scaled predictive model for changes in species distribution patterns of high mountain plants induced by climate warming. Diversity and Distributions 5: 241–251.

Göttlich, K. (1990) Moor- und Torfkunde. 3. Aufl. E. Schweitzerbart'sche Verlagsbuchhandlung, Stuttgart, 529 S.

Grabherr, G., Gottfried, M., Pauli, H. (1994) Climate effects on mountain plants. Nature 369: 448.

Grabherr, G., Koch, G., Kirchmeir, H., Reiter, K. (1998) Hemerobie österreichischer Waldökosysteme. Veröffentlichungen des Österreichischen MaB-Programms 17, Universitätsverlag Wagner, Innsbruck, 493 S.

Grassle, J.F. (1991) Deep-sea benthic biodiversity. Bioscience 41: 464–469.

Greenway, J.C. (1967) Extinct and vanishing Birds of the World. Dover Publications, New York, 191 S.

Grime, J.P. (1974) Vegetation classification by reference to strategies. Nature 250: 26–31.

Grime, J.P. (1979) Plant Strategies and Vegetation Processes. Wiley & Sons, Chichester, 222 S.

Grimm, V., Wissel, C. (1997) Babel, or the ecological stability discussions: An inventory and analysis of terminology and a guide for avoiding confusion. Oecologia 109: 323–334.

Grope, M. J. (2005) Rat DNA and human migration in the Pacific. Current Anthropology 46: 159.

Gutt, J., Starmans, A. (2001) Quantification of iceberg impact and benthic recolonisation patterns in the Weddell Sea (Antarctica). Polar Biology 24: 615–619.

Habel, J.C., Schmitt, T., Müller, P. (2005) The fourth paradigm pattern of postglacial range expansion of European terrestrial species: the phylogeography of the Marbled White Butterfly (Satyrinae, Lepidoptera). Journal of Biogeography 32: 1489–1487.

Haber, W. (2001) Kulturlandschaft zwischen Bild und Wirklichkeit. Forschungs- u. Sitzungsberichte d. Akademie für Raumforschung u. Landesplanung (Hannover) 215: 6–29.

Haeupler, H. (1982) Evenness als Ausdruck der Vielfalt in der Vegetation. Dissertationes Botanicae 65: 268 S.

Haeupler, H., Schönfelder, P., Schuhwerk, F. (eds) (1988) Atlas der Farn- und Blütenpflanzen der Bundesrepublik Deutschland. Eugen Ulmer Verlag, Stuttgart. 786 S.

Hahn, I. (2006) Biogeographie und Ökologie der Landvögel des Juan Ferández Archipels, Chile. Habilitationsschrift, Münster.

Harper, J.L. (1977) Population Biology of Plants. Academic Press, London, 892 S.

Harte, J., Shaw, R. (1995) Shifting dominance within a montane vegetation community. Results from a climate-warming experiment. Science 267: 876–880.

Hauser, W. (Hrsg.) (2002) Klima – Das Experiment mit dem Planeten Erde. Wissenschaftliche Buchgesellschaft, Darmstadt, 400 S.

Hector, A., Schmid, B., Beierkuhnlein, C., Caldeira, M.C., Diemer, M., Dimitrakopoulos, P.G., Finn, J., Freitas, H., Giller, P.S., Good, J., Harris, R., Högberg, P., Huss-Danell, K., Joshi, J., Jumpponen, A., Körner, C., Leadley, P.W., Loreau, M., Minns, A., Mulder, C.P.H., O'Donovan, G., Otway, S. J., Pereira, J.S., Prinz, A., Read, D. J., Scherer-Lorenzen, M., Schulze, E.-D., Siamantziouras, A.-S.D., Spehn, E., Terry, A.C., Troumbis, A.Y., Woodward, F.I., Yachi, S., Lawton, J. H. (1999) Plant diversity and productivity of European grasslands. Science 286: 1123–1127.

Held, A., C. Ticehurst, et al. (2003). „High resolution mapping of tropical mangrove ecosystems using hyperspectral and radar remote sensing." International Journal of Remote Sensing 24(13): 2739–2759.

Hellawell, J.M. (1997) Biological Indicators of Freshwater Pollution and Environmental Management. Chapman & Hall, London, 546 S.

Hengeveld, R. (1992) Dynamic Biogeography. Cambridge University Press, Cambridge, 263 S.

Hessberg, A. von, Beierkuhnlein, C. (2000) Habitatansprüche und Vegetationsstrukturen in den Auerhuhngebieten des Fichtelgebirges. Ornithologischer Anzeiger 39: 159–174.

Hewitt, G.M. (1996) Some genetic consequences of ice ages, and their role in divergence and speciation. Biol. J. Linn. Soc. 58: 247–276.

Hewitt, G.M. (2000) The genetic legacy of the Quaternary ice ages. Nature 405: 907–913.

Heywood, V.H., Watson, R.T. (eds) (1995) Global Biodiversity Assessment. Cambridge University Press, Cambridge, 1140 S.

Higgins, S.I., Clark, J.S., Nathan, R., Hovestadt, T., Schurr, F., Fragoso, J.M.V., Aguiar, M.R., Ribbens, E., Lavorel, S. (2003) Forecasting plant migration rates: managing uncertainty for risk assessment. Journal of Ecology 91: 341–347.

Hirano, A., M. Madden, et al. (2003). „Hyperspectral image data for mapping wetland vegetation." Wetlands 23(2): 436–448.

Holland, G. (1978) An evolutionary biogeography of the genus Aloe. Journal of Biogeography 5: 213–226.

Horn, H.S. (1975) Markovian properties of forest succession. In Cody ML, Diamond JM (eds) Ecology and Evolution of Communities. Belknap Press, Cambridge: 196–211.

Horn, K. (1997) Verbreitung, Ökologie und Gefährdung der Flachbärlappe (*Diphasiastrum ssp., Lycopodiaceae, Pteridophyta*) in Niedersachsen und Bremen. Naturschutz und Landschaftspflege in Niedersachsen 38, 85 S.

Hubbel, P.S. (2001) The Unified Neutral Theory of Biodiversity and Biogeography. Princeton Univ. Press, Princeton.

Hudson, Q. J., Wilkins, R. J., Waas, J.R., Hogg, I.D. (2000) Low genetic variability in small populations of the New Zealand

Kokako *Callaeas cinerea wilsoni*. Biological Conservation 96: 105–112.

Huggett, R. J. (2002) Fundamentals of Biogeography. Routledge, London, 261 S.

Huntley, B., Webb, T. (eds) (1988) Vegetation History. Handbook of Vegetation Science, Vol. 7, 828 S.

Hüppe, J., Pott, R., Wildpret de la Torre, W. (2003) Die Kanarischen Inseln. Eugen Ulmer Verlag, Stuttgart, 320 S.

Huston, M. (1994) Biological Diversity: The coexistence of species in changing landscapes. Cambridge University Press, Cambridge, 681 S.

Hutchinson, G.E. (1944) Nitrogen in the biogeochemistry of the atmosphere. Am. Scientist 32: 178–195.

Intergovernmental Panel on Climate Change (IPCC) (2001) Climate Change 2001: The Scientific Basis. Cambridge University Press, Cambridge.

Jablonski, D. (1999) The future of the fossil record. Science 284: 2114–2116.

Jackson, J.B.C. (1991) Adaptation and diversity of reef corals. Bioscience 41: 475–482.

Jacobsen, A., A. A. Nielsen, et al. (2000). „Spectral Identification of Plant Communities for Mapping of Semi-Natural Grasslands." Canadian Journal of Remote Sensing 26(5): 370–383.

Jacomet, S., Kreuz, A. (1999) Archäobotanik. Aufgaben, Methoden und Ergebnisse vegetations- und agrargeschichtlicher Forschung. Verlag Eugen Ulmer, Stuttgart, 368 S.

Jaeger, J. (2001) Beschränkung der Landschaftszerschneidung durch die Einführung von Grenz- oder Richtwerten. Natur und Landschaft 76: 26–34.

Jäger, H. (1994) Einführung in die Umweltgeschichte. Wissenschaftliche Buchgesellschaft, Darmstadt, 245 S.

Jakucs, P. (1961) Die phytozönologischen Verhältnisse der Flaumeichen-Buschwälder Südostmitteleuropas. Akadémiai Kiadó, Budapest. 314 S.

James, A.C., Azevedo, R.B.R., Partridge, L. (1997) Genetic and environmental responses to temperature of *Drosophila melanogaster* from a latitudinal cline. Genetics 146: 881–890.

Jax, K. (1998) Holocoen and ecosystem – on the origin and historical consequences of two concepts. Journal of the History of Biology 31: 113–142.

Jedicke, E. (1994) Biotopverbund. Grundlagen und Maßnahmen einer neuen Naturschutzstrategie. 2. Aufl. Verlag Eugen Ulmer, Stuttgart, 287 S.

Jenkins, A.R., Hockey, A.R. (2001) Prey availability influences habitat tolerance: an explanation for the rarity of peregrine falcons in the tropics. Ecography 24: 359–367.

Jentsch, A. (2004) Disturbance driven vegetation dynamics. Concepts from biogeography to community ecology, and experimental evidence from dry acidic grasslands in central Europe. Dissertationes Botanicae 384: 218 S.

Jentsch, A., Beierkuhnlein, C. (2003) Global climate change and local disturbance regimes as interacting drivers for shifting altitudinal vegetation patterns in high mountains. Erdkunde 57: 218–233.

Jessel, B. (1995) Ist künftige Landschaft planbar? Laufener Seminarbeiträge 4/95: 91–100.

Jones, C.G., Lawton, J.H., Shachak, M. (1994) Organisms as ecosystem engineers. Oikos 69: 373–386.

Jones, R. J., Hoegh-Guldberg, O., Larkum, A.W.D., Schreiber, U. (1998) Temperature-induced bleaching of corals begins with impairment of the CO_2 fixation mechanism in zooxanthellae. Plant, Cell and Environment 21: 1219–1230.

Jongman, R.H.G., Ter Braak, C. J. F., Van Tongeren, O.F.R. (1987) Data Analysis in Community and Landscape Ecology. Pudoc, Wageningen, 299 S.

Kappeler, P.M., Rasoloarison, R.M., Razafimanantsoia, L., Walter, L., Roos, C. (2005) Morphology, behaviour and molecular evolution of Giant Mouse Lemurs (*Mirza* spp.) Gray, 1870, with description of a new species. Primate Report 71: 3–26.

Kaufman, A. J. (2005) The calibration of Ediacaran time. Science 308: 59–60.

Keeling, C.D., Chin, J.F.S., Whorf, T.P. (1996) Increased activity of northern vegetation inferred from atmospheric CO_2 measurements. Nature 382: 146–149.

Kegel, B. (1999) Die Ameise als Tramp. Ammann Verlag, Zürich, 417 S.

Keller, G., Adatte, T., Stinnesbeck, W., Rebolledo-Vieyra, M., Fucugauchi, J.U., Kramar, U., Stüben, D. (2004) Chicxulub impact predates the K-T boundary mass extinction. Proceedings of the National Academy of Science of the USA (PNAS) 101: 3753–3758.

Kiehl, J., Trenberth, K.E. (1997) Earth annual global mean energy budget. Bulletin of the American Meteorological Society, 78: 197–208.

Kinzelbach, R., Krupp, F. (1982) Zur Einbürgerung des Moskitofisches *Gambusia affinis* in Mitteleuropa. Mainzer Naturwiss. Archiv 20: 67–77.

Kirchner, J.W., Weil, A. (2000) Delayed biological recovery from extinctions throughout the fossil record. Nature 404: 177–180.

KIRSCHBAUM, U., WIRTH, V. (1997) Flechten erkennen – Luftgüte bestimmen. Eugen Ulmer Verlag, Stuttgart, 128 S.

KLINK, H.-J. (1996) Vegetationsgeographie. 2. Aufl. Westermann, Braunschweig, 240 S.

KLOPATEK, J.M., GARDNER, R.H. (1999) Landscape Ecological Analysis – Issues and Applications. Springer, New York, 400 S.

KNAPP, R. (1984) Sampling methods and taxon analysis in vegetation science. Handb. Veg. Sci. 4: 1–370. Junk, The Hague.

KNEVEL, I.C., BEKKER, R.M., BAKKER, J.P., KLEYER, M. (2003) Life-history traits of the Northwest European flora: A data-base (LEDA). Journal of Vegetation Science 14: 611–614.

KNOLL, A.H. (2005) Life on a Young Planet – The First Three Billion Years of Evolution on Earth. Princeton University Press, Princeton, 304 S.

KOHLER, A., BRINKMEIER, R., VOLLRATH, G. (1974) Verbreitung und Indikatorwert der submersen Makrophyten in den Fließgewässern der Friedberger Au. Berichte der Bayerischen Botanischen Gesellschaft 45: 5–36.

KOHN, D.D., WALSH, D.M. (1994) Plant species richness – the effect of island size and habitat diversity. J. Ecol. 82: 367–377.

KOKALY, R. F., D. G. DESPAIN, et al. (2003). „Mapping vegetation in Yellowstone National Park using spectral feature analysis of AVIRIS data.“ Remote Sensing of Environment(84): 437–456.

KOLASA, J., HEWITT, C.L., DRAKE, J.A. (1998) Rapoport's rule: an explanation or a byproduct of the latitudinal gradient in species richness? Biodiversity and Conservation 7: 1447–1455.

KOLEFF, P., GASTON, K. J., LENNON, J. J. (2003) Measuring beta diversity for presence-absence data. Journal of Animal Ecology 72, 367–382.

KÖRNER, C. (2003) Alpine Plant Life – Functional Plant Ecology of High Mountain Ecosystems. 2. Aufl., Springer, Berlin, 350 S.

KÖRNER, C. (2005) Wald, Biodiversität und CO_2 – Überraschungen sind sicher. Naturwissenschaftliche Rundschau 58: 61–69.

KÖRNER, C., ASSHOFF, R., BIGNUCOLO, O., HÄTTENSCHWILER, S., KEEL, S.G., PELÁEZ-RIEDL, S., PEPIN, S., SIEGWOLF, R.T.W., ZOTZ, G. (2005) Carbon flux and growth in mature deciduous forest trees exposed to elevated CO2. Science 309: 1360–1362.

KÖRNER, C., PAULSEN, J. (2004) A world-wide study of high altitude treeline temperatures. Journal of Biogeography 31: 713–732.

KOWARIK, I. (1988) Zum menschlichen Einfluß auf Flora und Vegetation. Theoretische Konzepte und ein Quantifizierungsansatz am Beispiel von Berlin (West). Landschaftsentwicklung und Umweltforschung 56: 1–280.

KOWARIK, I. (2003) Biologische Invasionen: Neophyten und Neozoen in Mitteleuropa. Verlag Eugen Ulmer, Stuttgart, 380 S.

KRATOCHWIL, A., SCHWABE, A. (2001) Ökologie der Lebensgemeinschaften. Verlag Eugen Ulmer, Stuttgart, 756 S.

KRÄUCHI, N., KIENAST, F. (1993) Modelling subalpine forest dynamics as influenced by a changing environment. Water, Air and Soil Pollution 68: 185–197.

KRINGS, M., STONE, A., SCHMITZ, R.W., KRAINITZKI, H., STONEKIN, M., PÄÄBO, S. (1997) Neandertal DNA sequences and the origin of modern humans. Cell 90: 19–30.

KÜHN, I., BIERMAN, S.M., DURKA, W., KLOTZ, S. (2006): Relating geographical variation in pollination types to environmental and spatial factors using novel statistical methods. New Phytologist.

KUHN, T. (1962) The Structure of Scientific Revolutions. University of Chicago Press, Chicago, 210 S.

KÜSTER, H. (1998) Geschichte des Waldes. CH Beck, München, 267 S.

KÜSTER, H. (1999) Geschichte der Landschaft in Mitteleuropa. CH Beck, München, 423 S.

LAMBSHEAD, J. (1993) Recent developments in marine benthic biodiversity research. Océanis 19: 5–24.

LANG, G. (1994) Quartäre Vegetationsgeschichte Europas. G. Fischer, Jena, Stuttgart, 462 S.

LANGE, E., SCHLÜTER, H., GRINGMUTH-DALLMER, E. (1978) Zur Vegetations- und Siedlungsgeschichte des Frankenwaldes. Flora 167: 81–102.

LANGER, W. (1997) Endemische Pflanzen der Alpen und angrenzender Gebiete. IHW-Verlag, Eching, 159 S.

LARCHER, W. (2001) Ökophysiologie der Pflanzen, 6. Aufl. Verlag Eugen Ulmer, Stuttgart, 408 S.

LARIGAUDERIE, A., KÖRNER, C.H. (1995) Acclimation of leaf dark respiration to temperature in alpine and lowland plant species. Ann. Bot. 76: 245–252.

LATIF, M. (2004) Klima. Fischer Verlag, Frankfurt, 127 S.

LAUER, W., RAFIQPOOR, M.D. (2002) Die Klimate der Erde – Eine Klassifikation auf der Grundlage der ökophysiologischen Merkmale der realen Vegetation. Erdwissenschaftliche Forschung, Bd. 40. Franz Steiner Verlag, Stuttgart.

LEAKEY, R., LEWIN, R. (1995) The Sixth Extinction. Patterns of Life and the Future of Mankind. Doubleday, New York, 271 S.

Levenson, J.B. (1981) Woodlots as biogeographic islands in southeastern Wisconsin. in eds. Forest Island Dynamics in Man-dominated landscapes. Springer-Verlag, New York.

Levin, S.A. (1992) The problem of pattern and scale in ecology. Ecology 73: 1943–1967

Levin, S.A., Muller-Landau, H.C., nathan, R., Chave, J. (2003) The ecology and evolution of seed dispersal: a theoretical perspective. Annu. Rev. Ecol. Syst. 34: 575–604.

Levins, R. (1969) Some demographic and genetic consequences of environmental heterogeneity for biological control. Bulletin of the Entomological Society of America 15: 237–240.

Lewis, M. M. (1998). „Numeric Classification as an Aid to Spectral Mapping of Vegetation Communities.“ Plant Ecology 136: 133–149.

Lindeman, R. (1942) The trophic-dynamic aspect of ecology. Ecology 23: 399–418.

Liu, J., Linderman, M., Ouyang, Z., An, L., Yang, J., Zhang, H. (2001) Ecological degradation in protected areas: The case of Woolong Nature Reserve for giant pandas. Science 292: 98–101.

Löffler, J., Pape, R., Wundram, D. (2006): The climatologic significance of topography, altitude and region in high mountains. A survey of Oceanic-Continental differentiations of the Scandes. Erdkunde 60: 15–24.

Lomolino, M.V. (1985) Body size of mammals on islands: The island rule re-examined. American Naturalist 125: 310–316.

Lucas, N. L., S. Shanmugam et al. (2002). „Sub-pixel habitat mapping of a costal dune ecosystem.“ Applied Geography 22: 253–270.

Lundin, C.G., Lindén, O. (1993) Coastal ecosystem: Attempts to manage a threatened resource. Ambio 22: 468–473.

Lynch, A. J. J., Barnes, R.W., Cambecedes, J., Vaillancourt, R.E. (1998) Genetic evidence that *Lomatia tasmanica* (*Proteaceae*) is an ancient clone. Australian Journal of Botany 46: 25–33.

MacArthur, R.H. (1972) Geographical Ecology: Patterns in the Distribution of Species. Harper & Row, New York, 288 S.

MacArthur, R.H., Wilson, E.O. (1967) The theory of island biogeography. Princeton University Press, Princeton, 203 S.

Magurran, A.E. (1988) Ecological diversity and its measurement. Croom Helm, London, 179 S.

Mai, D.H. (1995) Tertiäre Vegetationsgeschichte Europas. G. Fischer, Jena, 691 S.

Mandelbrot, B. (1987) Die fraktale Geometrie der Natur. Birkhäuser, Basel, 491 S.

Martensen, H.O., Probst, W. (1990) Farn- und Samenpflanzen in Europa. Urban & Fischer, Stuttgart, 525 S.

Martin, K. (2002) Ökologie der Biozönosen. Springer, Berlin, 325 S.

Matveyeva, N.V. (1988) The horizontal structure of tundra communities. In: During, H. J., Werger, M. J.A., Willems, J.H. (eds.) Diversity and Pattern in Plant Communities, SPB Academic Publishing, The Hague: 59–65.

May, R.M. (1972) Will a large complex system be stable? Nature 238: 413–414.

May, R.M. (1988) How many species are there on earth? Science 247: 1441–49.

Mayr, E. (1942) Systematics and the Origin of Species. New York. Columbia University Press. Reprint with an New Introduction by the Author. Harvard University Press, Cambridge, Mass., 1999.

Mayr, E. (1967) Artbegriff und Evolution. Parey Verlag, Hamburg, 617 S.

McLachlan, J.S., Clark, J.S. (2004) Reconstructing historical ranges with fossil data at continental scales. Forest Ecology and Management 197: 139–147.

McLachlan, J.S., Clark, J.S., Manos, P.S. (2005) Molecular indicators of tree migration capacity under rapid climate change. Ecology 86: 2088–2098.

Meehl, G.A., Karl, T., Easterling, D.R., Chagnon, S., Pielke, R., Changnon, D., Evans, J., Groisman, P.Y., Knutson, T.R., Kunkel, K.E., Mearns, L.O., Parmesan, C., Pulwarty, R., Root, T., Sylves, R.T., Whetton, O., Zwiers, F. (2000) An introduction to trends in climate and extreme weather events: Observations, socio-economic impacts, terrestrial ecological impacts, and model projections. Bull. Am. Meteorol. Soc. 81: 413–416.

Mehner, H., M. Cutler, et al. (2004). „Remote sensing of upland vegetation: the potential of high spatial resolution satellite sensors.“ Global Ecology and Biogeography 13(4): 359–369.

Meiners, S. J., Cadenasso, M. L.,Pickett, S.T.A. (2004): Beyond biodiversity: individualistic controls of invasion in a self-assembled community. Ecology Letters 7: 121–126.

Mensching, H.G. (1990) Desertifikation – Eine weltweites Problem der ökologischen Verwüstung in den Trockengebieten der Erde. Wissenschaftliche Buchgemeinschaft, Darmstadt, 170 S.

Menzel, A., Estrella, N., Fabian, P. (2001) Spatial and temporal variability of the phenological seasons in Germany from 1951–1996. Global Change Biology 7: 657–666.

Menzel, A., Fabian, P. (1999) Growing season extended in Europe. Nature 397–659.

MEURER, M. (2000) Nachwachsende Energiepflanzen und biogene Reststoffe. Ökologische und ökonomische Alternative oder Sackgasse? Geographische Rundschau, Heft 6: 16–21.

MEURER, M., NUTZ, L. (2003) Brand und Beweidung als landschaftsmodifizierende Ökofaktoren im östlichen Mediterranraum. Bochumer Geogr. Arb. Sonderheft 14 (Festschrift Klink): 110–116

MEUSEL, H., JÄGER, E., RAUSCHERT, S., WEINERT, E. (Hrsg.) (1965a) Vergleichende Chorologie der zentraleuropäischen Flora. Band I, Karten. G. Fischer, Jena, 258 S.

MEUSEL, H., JÄGER, E., RAUSCHERT, S., WEINERT, E. (Hrsg.) (1965b) Vergleichende Chorologie der zentraleuropäischen Flora. Band I, Text. G. Fischer, Jena, 583 S.

MEUSEL, H., JÄGER, E., RAUSCHERT, S., WEINERT, E. (Hrsg.) (1978a) Vergleichende Chorologie der zentraleuropäischen Flora. Band II, Karten. G. Fischer, Jena, 259–451 S.

MEUSEL, H., JÄGER, E., RAUSCHERT, S., WEINERT, E. (Hrsg.) (1978b) Vergleichende Chorologie der zentraleuropäischen Flora. Band II, Text. G. Fischer, Jena, 418 S.

MEUSEL, H., JÄGER, E., RAUSCHERT, S., WEINERT, E. (Hrsg.) (1992a) Vergleichende Chorologie der zentraleuropäischen Flora. Band III, Karten. G. Fischer, Jena, 452–688 S.

MEUSEL, H., JÄGER, E., RAUSCHERT, S., WEINERT, E. (Hrsg.) (1992b) Vergleichende Chorologie der zentraleuropäischen Flora. Band III, Text. G. Fischer, Jena, 333 S.

MEUSEL, H., KÄSTNER, A. (1990) Lebensgeschichte der Gold- und Silberdisteln. Monographie der mediterran-mitteleuropäischen Compositen-Gattung *Carlina*. Springer, Wien, 294 S.

MIEHE, G., MIEHE, S. (1996) Die obere Waldgrenze in tropischen Gebirgen. Geographische Rundschau 48: 670–676.

MILCHUNAS, D. G., LAUENROTH, W. K. (1993) Quantitative Effects of Grazing on Vegetation and Soils over a Global Range of Environments. Ecological Monographs, 63(4): 327–366.

MILLS, L.S., SOULÉ, M.E., DOAK, D. F. (1993) The keystone-species concept in ecology and conservation. Bioscience 43: 219–224.

MITTERMEIER, R.A., ROBLES GIL, P., MITTERMEIER, C.G. (1997) Megadiversity: Earth's Biologically Richest Nations. Cemex, Mexico City.

MLADENHOFF, D. J., SICKLEY, T.A., WYDEVEN, A.P. (1999) Predicting grey wolf landscape recolonization: logistic regression models vs. new field data. Ecological Applications 9: 37–44.

MOEBIUS, K.A. (1877) Die Auster und die Austernwirthschaft. Wiegandt, Hempel & Parey, Berlin, 126 S.

MORGAN, C.L. (1923) Emergent Evolution. Williams & Norgate, London, 313 S.

MUELLER-DOMBOIS, D., ELLENBERG, H. (1974) Aims and Methods of Vegetation Ecology. John Wiley and Sons, New York.

MÜHLENBERG, M. (1989) Freilandökologie. 2. Aufl. Quelle & Meyer, Heidelberg, 430 S.

MÜLLER, M. J. (1996) Handbuch ausgewählter Klimastationen der Erde. Forschungsstelle Bodenerosion, Univ. Trier, 400.

MÜLLER, P. (1974) Aspects of Zoogeography. W. Junk, Den Hague, 208 S.

MÜLLER, P. (1977) Tiergeographie. Teubner Verlag, Stuttgart, 268 S.

MÜLLER, P. (1979) Biogeographie. Verlag Eugen Ulmer, Stuttgart, 414 S.

MÜLLER, P., WAGNER, G., KLEIN, B., KLEIN, R., PAULUS, M. (1997) Umweltprobenbank. Handbuch der Umweltwissenschaften 4: 1–17.

MÜLLER-HOHENSTEIN, K. (1979) Die Landschaftsgürtel der Erde. Teubner, Stuttgart, 204 S.

MÜLLER-HOHENSTEIN K (1981) Die Landschaftsgürtel der Erde. 2. Aufl. Teubner, Stuttgart, 204 S.

MÜLLER-MAHN, D. (2005) Von „Naturkatastrophen" zu „Complex Emergencies" – Die Entwicklung integrativer Forschungsansätze im Dialog mit der Praxis. IN: MÜLLER-MAHN, D., WARDENGA, U. (eds) Möglichkeiten und Grenzen integrativer Forschungsansätze in Physischer Geographie und Humangeographie. (Leibniz-Institut für Länderkunde, Leipzig, 69–78.

MYERS, N. (1988) Threatened biotas: hot spots in tropical forests. The Environmentalist 8: 187–208.

MYNENI, R.B., KEELING, C.D., TUCKER, C. J., ASRAR, G., NEMANI, R.R. (1997) Increased plant growth in the northern high latitudes from 1981 to 1991. Nature 386: 698–702.

NAGEL, P. (2000) Welche Insektenvielfalt wollen wir? Arten- und Naturschutzstrategien auf dem Prüfstand. Mitteilungen der Deutschen Gesellschaft für allgemeine und angewandte Entomologie 12: 629–636.

NAGEL, P., SINSIN, B., PEVELING, R. (2004) Conservation of biodiversity in a relic forest in Benin – an overview. Regio Basiliensis 45: 125–137.

NEEF, E. (1961) Landschaftsökologische Untersuchungen als Grundlage standortsgerechter Landnutzung. Die Naturwissenschaften 48, 348–354.

NEEF, E. (1967) Die theoretischen Grundlagen der Landschaftslehre. VEB Herrmann Haack, Gotha, 152 S.

NEEF, E. (eds) (1989) Das Gesicht der Erde. Harri Deutsch, Frankfurt.

NEI, M. (1978) Estimation of average heterozygosity and genetic distance from a small number of individuals. Genetics 89: 583–590.

Nekola, J.C., White, P.S. (1999) The distance decay of similarity in biogeography and ecology. Journal of Biogeography 26: 867–878.

Nelson, T. C. (1955) Chestnut replacement in the southern highlands. Ecology 36: 352–353.

Nentwig, W., Bacher, S., Beierkuhnlein, C., Brandl, Grabherr, G. (2003) Ökologie. Elsevier, Heidelberg, 500 S.

Newton, I. (2005) The Speciation and Biogeography of Birds. Academic Press, Amsterdam, 668 S.

Niering, W.A. (1963) Terrestrial Ecology of Kapingamarangi Atoll, Caroline Islands. Ecology Monographs 33: 131–160.

Norman, M.D., Hochberg, F.G. (2005) The „Mimic Octopus" (*Thaumoctopus mimicus* n. gen. et sp.), a new octopus from the tropical Indo-West Pacific (*Cephalopoda: Octopodidae*). Molluscan Research 25: 57–70.

Novikoff, A.B. (1945) The concept of integrative levels and biology. Science 101: 209–215.

O'Neill, R.V., DeAngelis, D.L., Waide, J.B., Allen, T.F.H. (1986) A Hierarchical Concept of Ecosystems. Princeton University Press, Princeton, 253 S.

Oberdorfer, E. (2001) Pflanzensoziologische Exkursionsflora für Deutschland und angrenzende Gebiete. 8. Aufl. Verlag Eugen Ulmer, Stuttgart, 1051 S.

Ohman, J. L. and M. J. Gregory (2002). „Predictive mapping of forest composition and structure with direct gradient analysis and nearest-neighbor imputation in coastal Oregon, U.S.A." Can. J. For. Res. 32: 725–741.

Okin, G. S., D. A. Roberts, et al. (2001). „Practical limits on hyperspectral vegetation discrimination in arid and semiarid environments." Remote Sensing of Environment 77(2): 212–225.

Orlovsky, N., Glantz, M., Orlovsky, L. (2001) Irrigation and land degradation in the Aral Sea Basin. In: Breckle, S.-W., Veste, M., Wucherer, W. (eds) Sustainable Land Use in Deserts. Springer-Verlag, Berlin: 115–125.

Ott, J. (1996) Meereskunde. 2. Aufl. Verlag Eugen Ulmer, Stuttgart, 424 S.

Ozenda, P. (1988) Die Vegetation der Alpen im europäischen Gebirgsraum. G. Fischer, Stuttgart, 353 S.

Pain, D. J., Green, R.E., Giessing, B., Kozulin, A., Polda, A., Ottoson, U., Flade, M., Hilton, G.E. (2004) Using stable isotopes to investigate migratory connectivity of the globally threatened aquatic warbler *Acrocephalus paludicola*. Oecologia 138: 168–174.

Paine, R.T. (1966) Food web complexity and species diversity. Am. Nat. 100: 65–75.

Palmer, M.W. (2005) Distance decay in an old-growth neotropical forest. Journal of Vegetation Science 16: 161–166.

Palmer, M.W., Maurer, T. (1997) Does diversity beget diversity? A case study of crops and weeds. Journal of Vegetation Science 8: 235–240.

Palumbi, S.R. (1997) Molecular biogeography of the Pacific. Coral Reefs 16: 547–552.

Passarge, S. (1929) Die Landschaftsgürtel der Erde. Natur und Kultur, F. Hirt, Breslau, 144 S.

Pawlowski, B. (1970) Remarques sur l'endémisme dans la flora des Alpes et des Carpates. Vegetatio 21: 181–243.

Perrings, C. (ed) (1995) Biodiversity Loss – Economic and Ecological Issues. Cambridge University Press, Cambridge, 332 S.

Perrings, C., Folke, C., Mäler, K.-G. (1992) The ecology and economics of biodiversity loss: The research agenda. Ambio 21: 201–211.

Petit, J.R., Raynauld, D., Barkov, N.I., Barnola, J.-M., Basile, I., Bender, M., Chappelaz, J., Davis, M., Delaygue, G., Delmotte, M., Kotlyakov, V. M., Legrand, M., Lipenkov, V. Y., Lorius, C., Pepin, L., Ritz, C., Saltzman, E., Stievenard, M. (1999) Climate and atmospheric history of the past 420.000 years from the Vostoc ice core, Antarctica. Nature 399: 429–436.

Petit, R. J., Aguinagalde, I., de Beaulieu, J.-L., Bittkau, C., Brewer, S., Cheddadi, R., Ennos, R., Fineschi, S., Grivet, D., Lascoux, M., Mohanty, A., Müller-Starck, G., Demesure-Musch, B., Palmé, A., Martín, J.P., Rendell, S., Vendramin, G.G. (2003) Glacial refugia: hotspots but not melting pots of genetic diversity. Science 300: 1563–1565.

Pfisterer, A.B., Joshi, J., Schmid, B., Fischer, M. (2004) Rapid decay of diversity-productivity relationships after invasion of experimental plant communities. Basic and Applied Ecology 5: 5–14.

Philipp, A., Jacobeit, J. (2003) Das Hochwasserereignis in Mitteleuropa im August 2002 aus klimatologischer Perspektive. Petermanns Geographische Mitteilungen 147: 50–52.

Pianka, E.R. (1970) On r- and K-selection. American Naturalist 104: 592–597.

Pickett, S.T.A., Thompson, J.N. (1978) Patch dynamics and the design of nature reserves. Biological Conservation 13: 27–37.

Pickett, S.T.A., White, P.S. (eds) (1985) The ecology of natural disturbance and patch dynamics. Academic Press, London.

Pielou, E.C. (1979) Biogeography. John Wiley and Sons, New York, 351 S.

PIMENTEL, D. (2002) Biological Invasions. Economic and Environmental Costs of Alien Plant, Animal and Microbe Species. CRC Press, Ithaca, New York, 369 S.

PINCEEL, J., JORDAENS, K., PFENNINGER, M., BACKELJAU, T. (2005) Rangewide phylogeography of a terrestrial slug in Europe: evidence for Alpine refugia and rapid colonization after the Pleistocene glaciations. Molecular Ecology 14: 1133–1150.

PITMAN, N.A., JORGENSEN, P.M. (2002) Estimating the size of the world's threatened flora. Science 298: 989.

PLACHTER, H. (1991) Naturschutz. Gustav Fischer, Stuttgart, 463 S.

POORE, G.C., WILSON, G.D.F. (1993) Marine species richness. Nature 361: 597–598.

POTT, R. (1992) Die Pflanzengesellschaften Deutschlands. Verlag Eugen Ulmer, Stuttgart, 437 S.

POTT, R. (2000) Die Entwicklung der europäischen Buchenwälder in der Nacheiszeit. Bayerische Akademie der Wissenschaften, München. Rundgespräche der Kommission für Ökologie 18: 49–75.

POTT, R. (2005) Allgemeine Geobotanik – Biogeosysteme und Biodiversität. Springer Verlag, Berlin, 652 S.

POULIN, M., D. CAREAU et al. (2002): „From Satellite Imagery to Peatland Vegetation Diversity: How Reliable Are Habitat Maps?." Ecology and Society 6.

POUNDS, J.A., FOGDEN, M.P.L., CAMPBELL, J.H. (1999) Biological response to climate change on a tropical mountain. Nature 398: 611–615.

PRESS, F., SIEVER, R. (2003) Allgemeine Geologie. Spektrum Akademischer Verlag, Heidelberg, 1522 S.

PRESS, M.C., HUNTLY, N. J., LEVIN, S. (2001) Ecology: Achievment and Challenge. Blackwell Science, Oxford, 406 S.

PRIMAVERA, J.H. (1991) Intensive prawn farming in the Phillipines: Ecological, social and economic implications. Ambio 20: 28–33.

PRIMAVERA, J.H. (1995) Mangroves and brackishwater pond culture in the Philippines. Hydrobiologia 295: 303–309.

PROSPERO, J.M. (2004) Interhemispheric transport of viable fungi and bacteria from Africa to the Caribbean with soil dust. In: WERNER D (ed) Biological Resources and Migration, Springer, Berlin: 127–133.

PULLIAM, H.R. (1988) Sources, sinks and population regulation. American Naturalist 132: 652–661.

PYSEK, P.D., RICHARDSON, M., REJMÁNEK, M., WEBSTER, G., WILLIAMSON, M., KIRSCHNER, J. (2005) Alien plants in checklists and floras: towards better communication between taxonomists and ecologists. Taxon 53: 131–143.

QUAMMEN, D. (1997) The song of the Dodo. Island Biogeography in an Age of Extinction. Simon & Schuster, New York, 702 S.

RABOTNOV, T.A. (1995) Phytozönologie. Verlag Eugen Ulmer, Stuttgart, 243 S.

RAPOPORT, E.H. (1982) Areography. Geographical strategies of species. Pergamon Press, New York, 269 S.

RAUP, D.M. (1979) Size of the Permo-Triassic bottleneck and its evolutionary implications. Science 206: 217–218.

RAUP, D.M. (1991) Extinction Bad Genes or Bad Luck? W. W Norton & Company, New York, 210 S.

RAUP, D.M. (1992) Large-body impact and extinction in the Phanerozoic. Paleobiology 18: 80–88.

REAKA-KUDLA, M.L., WILSON, D.E., WILSON, E.O. (eds) (1997) Biodiversity II. Joseph Henry Press, Washington, D.C.

REID, C. (1899) The Origin of the British Flora. London, Dulau.

REMMERT, H. (1991) Das Mosaik-Zyklus-Konzept und seine Bedeutung für den Naturschutz. Laufener Seminarbeiträge, ANL 5: 5–15.

RICE, D.W. (1967) Cetaceans. In ANDERSON S, JONES JK (eds) Recent mammals of the world. Ronald Press, New York, 291–324.

RICHTER, M. (1997) Allgemeine Pflanzengeographie. Teubner Verlag, Stuttgart, 256 S.

RICHTER, M. (2001) Vegetationszonen der Erde. Klett-Perthes, Gotha, 448 S.

RICHTER, M., ISE, M. (2005) Monitoring plant development after el Niño 1997/98 in northwestern Peru. Erdkunde 59: 136–155.

ROBINSON, G.R., QUINN, J.F., STANTON, M.L. (1995) Invasibility of experimental habitat islands in a California winter annual grassland. Ecology 76: 786–794.

ROHDE, K. (1992) Latitudinal gradients in species diversity: the search for the primary cause. Oikos 65: 514–527.

ROHDE, K. (1996) Rapoport's Rule is local phenomenon and cannot explain latitudinal gradients in species diversity. Biodiv. Lett. 3: 10–13.

ROHDE, K. (1997) The larger area of the tropics does not explain latitudinal gradients in species diversity. Oikos 79: 169–172.

ROHDE, K. (1998) Latitudinal gradients in species diversity. Area matters, but how much? Oikos 82: 184–190.

ROHDE, K. (1999) Latitudinal gradients in species diversity and Rapoport's rule revisited: a review of recent work, and what can parasites teach us about the causes of the gradients? Ecography 22: 593–613.

ROHDE, K. (2005) Non-equilibrium Ecology. Cambridge University Press, Cambridge, 223 S.

Root, R.B. (1967) The niche exploitation pattern of the blue-grey gnatcatcher. Ecological Monographs 37: 317–350.

Rose, E., Nagel, P., Haag-Wackernagel, D. (2005) Suitability of using the global positioning system (GPS) for studying Feral Pigeons *Columba livia* in the urban habitat. Bird Study 52: 145–152.

Rosenzweig, M.L. (1995) Species Diversity in Space and Time. Cambridge University Press, New York, 436 S.

Rosenzweig, M.L., Sandlin, E.A. (1997) Species diversity and latitudes: listening to area's signal. Oikos 80: 172–175.

Rowe, K.C., Heske, E. J., Brown, P.W., Paige, K.N. (2004) Surviving the ice: Northern refugia and postglacial colonization. PNAS 101: 10355–10359.

Rubenstein, D.R., Chamberlain, C.P., Holmes, R.T., Ayres, M.P., Waldbauer, J.R., Graves, G.R., Tuross, N.C. (2002) Linking breeding and wintering ranges of a migratory songbird using stable isotopes. Science 295: 1062–1065.

Ruohomäki, K., Tanhuanpää, M., Ayres, M.P., Kaitaniemi, P., Tammaru, T., Haukioja, E. (2000) Causes of cyclicity of *Epirrita autumnata (Lepidoptera, Geometridae)* – grandiose theory and tedious practice. Population Ecology 42: 211–223.

Saito, H., M. F. Bellan et al. (2003): „Mangrove research and coastal ecosystem studies with SPOT-4 HRVIR and TERRA ASTER in the Arabian Gulf." International Journal of Remote Sensing 24: 4073–4092.

Sala, O.E., Chapin, F.S. III, Armesto, J. J., Berlow, R., Bloomfield, J., Dirzo, R., Huber-Sanwald, E., Huenneke, L.F., Jackson, R.B., Kinzig, A., Leemans, R., Lodge, D., Mooney, H.A., Oesterheld, M., Poff, N.L., Sykes, M.T., Walker, B. H., Walker, M., Wall, D.H. (2000) Global biodiversity scenarios for the year 2100. Science 287:1770–1774.

Sanders, H.L. (1968) Marine benthic diversity: A comparative study. American Naturalist 102: 243–282.

Sanz, J. J. (1997) Geographic variation in breeding parameters of the pied flycatcher *Ficedula hypoleuca*. Ibis 139: 107–114.

Schaefer, M. (2003) Wörterbuch der Ökologie. 4. Aufl. G. Fischer Verlag, Jena, 433 S.

Scheffer, F., Schachtschabel, P. (Hrsg.)(2002) Lehrbuch der Bodenkunde: Scheffer; Schachtschabel. 15. Aufl. Spektrum, Heidelberg, 593 S.

Schätzing, F. (2006) Nachrichten aus einem unbekannten Universum. Eine Zeitreise durch die Meere. Kiepenheuer & Witsch, Köln, 522 S.

Scheiner, S.M., Gurevitch, J. (eds) (2001) Design and Analysis of Ecological Experiments. Oxford University Press, Oxford, 2. Aufl., 415 S.

Scherer-Lorenzen, M., Elend, A., Nöllert, S., Schulze, E.-D. (2000) Plant invasions in Germany – General aspects and impact of nitrogen deposition. In: Mooney, HA., Hobbs, R. J. (eds.) Invasive Species in a Changing World. Island Press, Covelo: 351–368.

Schickhoff, U. (2000) Umweltdegradierung und Biodiversitätsverluste in Hochgebirgsräumen Südasiens. Berichte der Reinhold-Tüxen-Gesellschaft 12: 153–172.

Schimper, A.F.W. (1898) Pflanzengeographie auf physiologischer Grundlage. Fischer Verlag, Jena, 876 S.

Schlumprecht, H., Ludwig, F., Geidezis, L., Frobel, K. (2002) E + E-Vorhaben „Bestandsaufnahme Grünes Band" Naturschutzfachliche Bedeutung des längsten Biotopverbundsystems Deutschlands. Natur und Landschaft 77: 407–414.

Schmidt, K. S. and A. K. Skidmore (2003). „Spectral discrimination of vegetation types in a coastal wetland." Remote Sensing of Environment 85: 92–108.

Schmithüsen, J. (1942) Vegetationsforschung und ökologische Standortslehre in ihrer Bedeutung für die Geographie der Kulturlandschaft. Z. Ges. Erdkunde, 113–157.

Schmithüsen, J. (1970) Die Geschichte der geographischen Wissenschaft. Von den ersten Anfängen bis zum Ende des 18. Jahrhunderts. Bibliographisches Institut, Mannheim, 190 S.

Schmithüsen, J. (1976) Allgemeine Geosynergetik: Grundlagen der Landschaftskunde. de Gruyter, Berlin, 349 S.

Schmitt, T., Krauss, J. (2004) Reconstruction of the colonization route from glacial refugium to the northern distribution range of the European butterfly *Polyommatus coridon (Lepidoptera: Lycaenidae)*. Diversity and Distributions 10: 271–274.

Schmitt, T., Varga, Z., Seitz, A. (2005) Are *Polyommatus hispana* and *Polyommatus slovacus* bivoltine *Polyommatus coridon (Lepidoptera: Lycaenidae)*? Organisms, Diversity and Evolution 5: 297–307.

Schmitz, A., Böhme, W., Bischoff, W., Hallermann, J., Dirksen, L. (2000) Fast tausend in nur zehn Jahren: Neubeschriebene Reptilientaxa der Jahre 1990–1999. Tier und Museum 7: 35–45.

Schönborn, W. (2003) Lehrbuch der Limnologie. Schweizerbart'sche Verlagsbuchhandlung, Stuttgart, 588 S.

Schönswetter, P., Tribsch, A., Schneeweiss, G.M., Niklfeld, H. (2004) Glacial history of high alpine *Ranunculus glacialis (Ranunculaceae)* in the European Alps in a comparative phylogeographical context. Biological Journal of the Linnean Society 141: 183–195.

Schönwiese, C-D. (2003) Klimatologie. 2. Aufl. Verlag Eugen Ulmer, Stuttgart, 440 S.

Schröder, F-G. (1998) Lehrbuch der Pflanzengeographie. Quelle & Meyer, Wiesbaden, 457 S.

Schroeder, W., Schmidt, G., Hasenclever, J. (2004) Korrelation meteorologischer und pflanzenphänologischer Indikatoren des Klimawandels. Statistische Analyse am Beispiel Baden-Württemberg. Umweltwissenschaften und Schadstoffforschung 17: 94–105.

Schröter, D., Cramer, W., Leemans, R., Prentice, I.C., Araújo, M.B., Arnell, N.W., Bondeau, A., Bugmann, H., Carter, T.R., Garcia, C.A., de la Vega-Leinert, A.C., Erhard, M., Ewert, F., Glendining, M., House, J.I., Kankaanpää, S., Klein, R. J.T., Lavorel, S., Lindner, M., Metzger, M., Meyer, J., Mitchell, T.D., Reginster, I., Rounsevell, M., Sabaté, S., Sitch, S., Smith, B., Smith, J., Smith, P., Sykes, M. T., Thonicke, K., Thuiller, W., Tuck, G., Zaehle, S., Zierl, B. (2005) Ecosystem service supply and vulnerability to global change in Europe. Science 310: 1333–1337.

Schultz, J. (1988) Die Ökozonen der Erde. 1. Aufl. Verlag Eugen Ulmer, Stuttgart, 488 S.

Schultz, J. (2000) Handbuch der Ökozonen. Verlag Eugen Ulmer, Stuttgart, 577 S.

Schultz, J. (2002) Die Ökozonen der Erde. 3. Aufl. Verlag Eugen Ulmer, Stuttgart, 320 S.

Schulze, E.D., Beck, E., Müller-Hohenstein, K. (2002) Pflanzenökologie. Spektrum, Heidelberg, 846 S.

Schwabe, A. (1987) Fluß- und bachbegleitende Pflanzengesellschaften und Vegetationskomplexe im Schwarzwald. Dissertationes Botanicae 102: 400 S.

Sebens, K.P. (1994) Biodiversity of coral reefs: What are we losing and why? Am. Zool. 34: 115–133.

Sedlag, U., Weinert, E. (Hrsg.) (1987) Biogeographie, Artbildung, Evolution. G. Fischer, Jena, 333 S.

Seng, M., Deil, U. (1999) Forest Vegetation Types in the Serra de Monchique (Portugal): Anthropogenic Changes of Oak Forests. Silva Lusitana 7: 71–92.

Shelford, V.E. (1913) Animal Communities in Temperate America, as illustrated in the Chicago Region. University of Chicago Press. 368 S.

Sheppard, C.R.C. (1994) Marine biodiversity: meaning and measurement. In: Earll R (ed) Marine Environmental Management. Review of Events in 1997 and Future Trends. Candle Cottage, Kempley, Gloucester: 23–26.

Simberloff, D. (1979) Rarefaction as a distribution-free method of expressing and estimating diversity. In: Grassle, J.F., Patil, G.P., Smith, W., Taillie, C. (eds) Ecological Diversity in Theory and Practice. International Publishing House, Fairland, 159–176.

Simberloff, D. (1997) The biology of invasions. In: Simberloff, D., Schmitz, D.C., Brown, T.C. (eds) Strangers in Paradise. Island Press, Washington, D.C., 3–17.

Simberloff, D.S., Wilson, E.O. (1970) Experimental zoogeography of islands. A two-year record of colonization. Ecology 51: 934–937.

Smith, R.L., Smith, T.M. (1999) Elements of Ecology. 5. Auflage. Benjamin, Cummings, 682 S.

Sommer, U. (1998) Biologische Meereskunde. Springer, Berlin, 475 S.

Southwood, T.R.E. (1977) Habitat, the templet for ecological strategies? J. Anim. Ecol. 30: 1–8.

Steadman, D.W. (1995) Prehistoric extinctions of pacific island birds: biodiversity meets zooarchaeology. Science 267: 1123–1131.

Steele, J.H. (1991) Marine functional diversity. Bioscience 41: 470–474.

Stehli, F.G., Wells, J.W. (1971) Diversity and age patterns in hermatypic corals. Systematic Zoology 20: 115–126.

Stevens, G.C. (1989) The latitudinal gradients in geographical range: how so many species coexist in the tropics. American Naturalist 133: 240–256.

Stevens, G.C. (1996) Extending Rapoport's rule to Pacific marine fishes. Journal of Biogeography 23: 149–154.

Stoll, P., Prati, D. (2001) Intraspecific aggregation alters competitive interactions in experimental plant communities. Ecology 82: 319–327.

Stott, P., (1981) Historical plant geography: an introduction. Allen & Unwin, London, 151 S.

Strahler, A.H., Strahler, A.N. (2005) Physische Geographie. Eugen Ulmer Verlag, Stuttgart, 686 S.

Strätz, C., Waeber, G. (2003) Nadelholz-Säbelschrecke (*Barbitistes constrictus*). In: Schlumprecht, H., Waeber, G. (Hrsg.) Heuschrecken in Bayern. Verlag Eugen Ulmer, Stuttgart: 82–85.

Stuiver, M., Reimer, P., Bard, E., Beck, J., Burr, G., Hughen, H., Kromer, B., McCormac, G., van der Plicht, J., Spurk, M. (1998) INTCAL98 radiocarbon age calibration, 24,000-0 cal BP. Radiocarbon 40: 1041–1083.

Succow, M. (Hrsg.) (2001) Landschaftsökologische Moorkunde.

E.Schweitzerbart'sche Verlagsbuchhandlung Stuttgart, 2. Aufl., 622 S.
Tansley, A.G. (1935) The use and the abuse of vegetational concepts and terms. Ecology 16, 284–307.
Temperton, V.M., Hobbs, R., Fattorini, M., Halle, S. (eds.) (2004) Assembly Rules in Restoration Ecology. Island Press, Washington DC, 439 S.
Templeton, A. (2002) Out of Africa again and again. Nature 416: 45–51.
Tenhunen, J.D., Lenz, R., Hantschel, R. (eds) (2001) Ecosystem approaches to landscape management in Central Europe. Ecological studies 147, Springer Verlag Berlin, Heidelberg, New York.
Ter Braak, C. J.F. (1996) Unimodal models to relate species to environment. DLO Agricultural Mathematics Group, Wageningen, 266 S.
Thessler, S., K. Ruokolainen et al. (2005): „Mapping gradual landscape-scale floristic changes in Amazonian primary rain forests by combining ordination and remote sensing." Global Ecology and Biogeography 14: 315–325
Thienemann, A. (1955) Die Binnengewässer in Natur und Kultur, Springer, Berlin, 70 S.
Thomas, V., P. Treitz, et al. (2002). „Image classification of a northern peatland complex using spectral and plant community data." Remote Sensing of Environment 84(1): 83–99.
Tilman, D. (1997) Community invasibility, recruitment limitation and grassland biodiversity. Ecology 78: 81–92.
Tobler, W. (1969) Geographical filters and their inverses. Geographical Analysis 1: 234–253.
Tobler, W. (1970) A computer movie simulating urban growth in the Detroit region. Economic Geography 46: 234–240.
Townsend, P., S. Walsh (2001). „Remote sensing of forested wetlands: application of multitemporal and multispectral satellite imagery to determine plant community composition and structure in southeastern USA." Plant ecology 157: 129–149.
Tranquillini, W. (1979) Physiological ecology of the Alpine timberline: tree existence at high altitudes with special references to the European Alps. Springer Verlag Berlin, 137 S.
Traxler, A. (1998) Handbuch des vegetationsökologischen Monitorings. Teil A Methoden. Umweltbundesamt, Wien. 397 S.
Treter, U. (1995) Fire-induced succession of lichen-spruce woodland in Central Labrador – Ungava, Canada. Phytocoenologia, 25: 161–183.
Treter, U. (2001) Natürliche Regenerationsprozesse und Bestandsentwicklung der Tannenwälder (*Abies balsamea*) in Neufundland, Kanada. Bremer Beiträge zur Geographie und Raumplanung 7: 31–45.
Troll, C. (1939) Luftbildplan und ökologische Bodenforschung. Zeitschrift der Gesellschaft für Erdkunde Berlin 7/8: 297–311.
Troll, C. (1950) Die geografische Landschaft und ihre Erforschung. Studium Generale 3, Springer, Heidelberg: 163–181.
Troll, C. (1968) Jahreszeitenklimate der Erde. Geographische Verl.-Ges. Velhagen Klasing & Schroedel, Berlin.
Troll, C. (1968) Pflanzensoziologie und Landschaftsökologie. In: Tüxen, R. (Hrsg.) Ber. Int. Symp. Ver. Vegetationskunde: 1–21.
Tudge, C. (1992) Last Animals at the Zoo: How Mass Extinction Can Be Stopped. Island Press, Washington, D.C., 266 S.
Tuomisto, H., Ruokolainen, K., Kalliola, R., Liina, A., Danjoy, W., Rodriguez, Z. (1995) Dissecting Amazonian biodiversity. Science 269: 63–66.
Turner, G.M., Romme, R.H., Gardner, R.H., O'Neill, R.V., Kratz, T.K. (1993) A revised concept of landscape equilibrium: disturbance and stability on scaled landscapes. Landscape Ecology 8: 213–227.
Turner, M.G., Gardner, R.H., O'Neill, R.V. (2001) Landscape Ecology in Theory and Practice. Springer Verlag, New York, 352 S.
Underwood, E., S. Ustin, et al. (2003). „Mapping nonnative plants using hyperspectral imagery." Remote Sensing of Environment 86(2): 150–161.
UNEP (1994) Global Biodiversity Assessment. Cambridge Univ. Press, Cambridge, 1140 S.
van der Maarel, E. (1997) Biodiversity: From Babel to Biosphere Management. Opulus Press, Uppsala, 60 S.
Van Dover, C.L. (2000) The Ecology of Deep-Sea Hydrothermal Vents. Princeton University Press, Princeton, 352 S.
van Leeuwen, C.G. (1970) Raumzeitliche Beziehungen in der Vegetation. In: Tüxen, R. (Hrsg.) Gesellschaftsmorphologie. Berichte des Symposiums der Internationalen Vereinigung für Vegetationskunde, Rinteln 1966: 63–68. Den Haag.
Vareschi, V. (1980) Vegetationsökologie der Tropen. Verlag Eugen Ulmer, Stuttgart, 293 S.
Verheyen, E., Salzburger, W., Snoeks, J., Meyer, A. (2003) Origin of the superflock of Cichlid fishes from Lake Victoria, East Africa. Science 300: 325–329.
Wackernagel, H. (1995) Multivariate Geostatistics. An Introduction with Applications. Berlin, Springer, 387 S.
Waeber, G., Strätz, C. (2003) Laubholz-Säbelschrecke (*Barbitistes serricauda*). In: Schlum-

precht, H., Waeber, G. (Hrsg.) Heuschrecken in Bayern. Verlag Eugen Ulmer, Stuttgart: 78–81.
Walker, B.H. (1991) Biodiversity and ecological redundancy. Conserv. Biol. 6: 18–23.
Wallace, A.R. (1855) On the law which has regulated the introduction of new species. Annals and Magazine of Natural History 16: 184–196.
Walter, E. (2003) Florenverfälschung durch Ansalbung am Beispiel des Naturschutzgebietes „Rabensteiner Höhe und Zeyerner Wand" in Oberfranken. Ber. Naturforsch. Ges. Bamberg 77.
Walter, H. (1973) Allgemeine Geobotanik. Verlag Eugen Ulmer, Stuttgart, 260 S.
Walter, H. (1979) Vegetation und Klimazonen. Verlag Eugen Ulmer, Stuttgart, 342 S.
Walter, H., Breckle, S.-W. (1982) Ökologie der Erde. Ökologische Grundlagen in globaler Sicht. Bd. 1. G. Fischer, Stuttgart, New York, 238 S.
Walter, H., Breckle, S.-W. (1984) Ökologie der Erde. Spezielle Ökologie der Tropischen und Subtropischen Zonen. Bd. 2. G. Fischer, Stuttgart, New York, 461 S.
Walter, H., Breckle, S.-W. (1986) Ökologie der Erde. Spezielle Ökologie der Gemäßigten und Arktischen Zonen Eurasiens. Bd. 3. G. Fischer, Stuttgart, New York, 573 S.
Walter, H., Breckle, S.-W. (1991) Ökologie der Erde. Spezielle Ökologie der Gemäßigten und Arktischen Zonen außerhalb Eurasiens. Bd. 4. G. Fischer, Stuttgart, New York, 586 S.
Walter, H., Breckle, S.-W. (1999) Vegetation und Klimazonen. Verlag Eugen Ulmer, Stuttgart, 544 S.
Walter, H., Lieth, H. (1967) Klimadiagramm-Weltatlas. G. Fischer, Jena.
Walther, G.R., Beissner, S., Burga, C.A. (2005) Trends in the upward shift of alpine plants. Journal of Vegetation Science 16: 541–548.
Walther, G.R., Post, E., Convey, P., Menzel, A., Parmesan, C., Beebee, T. J.C., Fromentin, J.-M., Hoegh-Guldberg, O., Bairlein, F. (2002) Ecological responses to recent climate change. Nature 416: 389–395.
Wang, L., W. Sousa et al. (2004). „Comparison of IKONOS and QuickBird images for mapping mangrove species on the Caribbean coast of Panama." Remote Sensing of Environment 91 (2004) 432–440.
Watt, A.S. (1947) Pattern and process in the plant community. Journal of Ecology 35: 1–22.
Weischet, W. (1991) Einführung in die Allgemeine Klimatologie. 6. Aufl. Teubner, Stuttgart, 275 S.
White, P.S., Jentsch, A. (2001): The search for generality in studies of disturbance and ecosystem dynamics. Progress in Botany 63: 399–449.
White, P.S., Pickett, S.T.A. (1985) Natural disturbance and patch dynamics: An introduction. In: Pickett, S.T.A. White, P.S. (eds.) The Ecology of Natural Disturbance and Patch Dynamics. Orlando, FL: Academic Press: 3–13.
Whitmore, T.C. (1997) Tropical forest disturbance, disappearance, and species loss. In: Laurance, W.L., Bierregaard, R.O. (eds) Tropical Forest Remnants. University of Chicago Press, Chicago: 3–13.
Whittaker, R.H. (1967) Gradient analysis of vegetation. Biol. Rev. 42: 207–264.
Whittaker, R.H. (1970) Communities and ecosystems. The Macmillan Company, New York.
Whittaker, R.H. (1972) Evolution and measurement of species diversity. Taxon 12: 213–251.
Whittaker, R.H., Fernández-Palacios, J. M. (2006) Island Biogeography. Oxford Univ. Press, Oxford.
Wiegand, T., Knauer, F., Kaczensky, P., Naves, J. (2004) Expansion of brown bears (*Ursus arctos*) into the eastern Alps: a spatially explicit population model. Biodiversity and Conservation 13: 79–114.
Wiegert, R.G. (1988) Holism and reductionsm in ecology: hypotheses, scale and systems. Oikos 53: 267–269.
Wilcove, D.S. (2005) Rediscovery of the Ivory-billed Woodpecker. Science 308: 1422-1423.
Wilcove, D.S., Rothstein, D., Dubow, J., Phillips, A., Losos, E. (1998) Quantifying threats to imperiled species in the United States. BioScience 48: 607–615.
Wille, F. (1922) Die Rauchschadenfrage der Aluminiumfabriken mit besonderer Berücksichtigung der Aluminiumfabrik Chippis. Verlagsbuchhandlung Paul Parey, Berlin.
Willis, J.C. (1922) Age and Area. A Study in Geographical Distribution and Origin of Species. Cambridge Univ. Press, Cambridge, 259 S.
Willis, K. J., Whittaker, R. J. (2002) Species diversity – scale matters. Science 295: 1245–1248.
Wilson, E.O. (1984) Biophilia. Harvard University Press, Cambridge, Mass.
Wilson, E.O. (1985) The biological diversity crisis. BioScience 35: 700–706.
Wilson, E.O. (1997) Introduction. In: Reaka-Kudla ML, Wilson DE, Wilson EO (eds) Biodiversity II. Joseph Henry Press, Washington, D.C.: 1–3.
Wilson, E.O., Peter, F.M. (eds) (1988) Biodiversity. National Academy Press, Washington, D.C., 521 S.
Wilson, M.V., Shmida, A. (1984) Measuring beta diversity with

presence-absence data. Journal of Ecology 72: 1055–1064.
WINKLHOFER, M. (2005) Biogenic magnetite and magnetic sensitivity in organisms – from magnetic bacteria to homing pigeons. Magnetohydrodynamics 41: 295–304.
WISLICENIUS, H. (Hrsg.) (1985) Waldsterben im 19. Jahrhundert. Sammlungen von Abhandlungen über Abgase und Rauchschäden, VDI Verlag, Düsseldorf.
WITTIG, R. (1998) Stadtökologie. G. Fischer, Stuttgart, 402 S.
WITTKAMP, J., DEIL, U., BEIERKUHNLEIN, C. (1995) Sozialstruktur und Dorfvegetation – ein Vergleich von Dörfern beiderseits der ehemaligen innerdeutschen Grenze. Die Erde 126: 107–126.
WITTMANN, F., JUNK, W. J., PIEDADE, M.T.F. (2004) The várzea forests in Amazonia: flooding and the highly dynamic geomorphology interact with natural forest succession. Forest Ecology and Management 196: 199–212.
WOODWARD, F.I. (1987) Climate and plant distribution. Cambridge Studies in Ecology, Cambridge University Press, Cambridge, 174.
WORLD CONSERVATION MONITORING CENTER WCMC (1997) Status of the earth's living resources.
WORM, B., SANDOW, M., OSCHLIES, A., LOTZE, H.K., MYERS, R.A. (2005) Global patterns of predator diversity in the open oceans. Science 309: 1365–1369.
WULFF, E.V. (1943) An Introduction to historical plant geography. Chronica Botanica, Waltham, MA.
WÜTHRICH, C., THANNHEISER, D. (2002) Die Polargebiete. Westermann, Braunschweig, 299 S.
XIAO, Q., S. L. USTIN et al. (2004). „Using AVIRIS data and multiple-masking techniques to map urban forest tree species.“ International Journal of Remote Sensing 25: 5637–5654.
ZECH, W., HINTERMAIER-ERHARD, G. (2002) Böden der Welt – Ein Bildatlas. Spektrum Akad. Verlag, Heidelberg, 120 S.
ZEPP, H. (2002) Grundriss Allgemeine Geographie: Geomorphologie. Schöningh, Paderborn, 354 S.
ZOTZ, G., VOLLRATH, B. (2003) The epiphyte vegetation of the palm *Socratea exorrhiza* – correlations with tree size, tree age and bryophyte cover. Journal of Tropical Ecology 19: 81–90.

Glossar

Diese Erläuterungen sollen Anfängern den Einstieg in die wissenschaftliche Sprache erleichtern. Es wird hier aus Platzgründen ein Gewicht auf allgemeine Fachtermini aus der Biogeographie gelegt. Spezielle regionale und zeitliche Bezeichnungen werden nur in wichtigen Einzelfällen erläutert. Erklärungen zu Begriffen anderer Disziplinen (z. B. Geologie, Paläontologie, Klimatologie, Botanik, Zoologie) müssen in einschlägigen Lexika recherchiert werden. Besonders wichtige Fachbegriffe finden sich hier nur in einer Kurzfassung und werden zusätzlich im Text ausführlich erläutert.

Aberation: lat. aberratio = Abweichung, Abirrung. Gehäuft auftretende Abweichung von der Normalform eines Organismus.

abiotisch: gr. a = ohne; bios = Leben. Unbelebt (vgl. → biotisch).

Abundanz: lat. abundantia = Reichtum, Überfluss. Anzahl der Individuen einer Art in einem Datensatz (i. d. R. auf einer definierten Fläche bzw. in einem Zeitraum). Bei Tieren auch Populationsdichte.

Abyssal: gr. abyssos = Abgrund. Lebensraum der Tiefsee.

adaptive Radiation: lat. adaptare = anpassen; lat. radiatio = das Strahlen. Evolutionärer Prozess der Artbildung. Zufällige → Mutation und gerichtete → Selektion bewirken immer wieder verbesserte Anpassungen. Wenn → ökologische Nischen unbesetzt sind, kann es zur Entwicklung neuer, spezialisierter Arten aus einer Stammform kommen. Letzteres ist oft auf Inseln der Fall, so dass dort a.R. offensichtlich wird.

adventiv: lat. advenire = ankommen. Ursprünglich nicht heimische, aber eingebürgerte Art.

Aeroplankton: gr. aer = Luft; gr. plankton = das Umhergetriebene. In der Atmosphäre zu findende und zumindest zeitweise verweilende Pollen sowie aktiv oder als Dauerstadien auftretende Mikroorganismen. Auch passiv verfrachtete kleine Insekten und Spinnentiere einbeziehend.

Agamospecies: gr. a = ohne; gametes = Gatte; lat. species = äußere Erscheinung, Art. Gruppe apomiktischer Pflanzen oder Tiere, die eine bestimmte Nische besetzt und sich gegenüber anderen Organismen abgrenzen lässt.

Aggregation: lat. aggregare = beigesellen. Ansammlung, Klumpung von Objekten (z. B. Biotopen) mit dem Effekt der Erhöhung der Überlebenswahrscheinlichkeit einzelner Populationen (→ Metapopulation).

Akklimatisation: lat. ad = an; gr. klima = Gegend, Land. Anpassung an das Lokalklima.

Akkumulation: lat. accumulare = anhäufen. Ansammlung eines bestimmten Stoffes.

akkumulative Bioindikation: Einsatz von Organismen zur Anreicherung von Stoffen. Hierbei dürfen die Organismen nicht sensibel auf den Stoff reagieren (→ Bioindikation).

Akzessibilität: lat. accedere = hinzukommen. Zugänglichkeit eines Raumes für eine bestimmte Art.

Allel: gr. allelos = gegenseitig, einander gegenüber. Eine von mehreren möglichen Formen eines Gens an einer bestimmten Stelle eines Chromosoms.

Allelareal: gr. allelos = gegenseitig, einander gegenüber; lat. areal = Fläche, begrenzter Raum. Teil- → Areal in dem ein bestimmtes → Allel anzutreffen ist.

Allelzentrum: gr. allelos = gegenseitig, einander gegenüber; gr. kentron = Mittelpunkt eines Kreises. Innerhalb des → Areals eines → Taxons gelegene Region mit besonders hoher Vielfalt an → Allelen (→ genetische Variabilität).

Allochorie: gr. allos = fremd; gr. chora = Raum. Ausbreitung von Diasporen durch äußere Kräfte. Gegensätzlich zu → Autochorie.

allochthon: gr. allos = fremd; gr. chthonos = Erde. An einem anderen Ort entstanden, bzw. aus einem anderen Gebiet kommend (vgl. → autochthon).

Allogenese: gr. allos = fremd; gr. genesis = Geburt, Ursprung. Abwandlung eines bestehenden Bauplans (→ adaptive Radiation).

Allopatrie: gr. allos = fremd; gr. patria = väterliche Abstammung. Auftreten verschiedener Arten in sich nicht überschneidenden Gebieten. Gegensätzlich zu → Sympatrie.

allopatrische Artbildung: gr. allos = fremd; gr. patria = väterliche Abstammung. Speziation durch Ausbreitung einer Population in ein neues Gebiet und Abspaltung von der Ursprungsart.

Alpha-Diversität: gr. alpha = Buchstabe a; lat. diversus = verschieden. Anzahl biotischer Einheiten (z. B. Arten) in einem einzelnen (Teil-) Datensatz (z. B. Plot, Einzelprobe) (vgl. → Gamma-Diversität).

alpid: Die Alpen betreffend.

alpin: Höhenstufe der Hochgebirge oberhalb der → montanen und unterhalb der → nivalen Zone. Zwischen → Baumgrenze und → Schneegrenze. In kontinentalen Räumen ohne Baumwuchs oberhalb der → Steppe.

anadrome Migration: gr. ana = hinauf; gr. drom = laufen; lat. migrare = wandern. Der Fortpflanzung dienende → Migration überwiegend → mariner Tierarten in → limnische Bereiche.

Anadromie: gr. ana = hinauf; gr. dramein = laufen. Festgelegtes Verhalten. Migration zur Fortpflanzung vorwiegend → mariner Tiere in den → limnischen Bereich (z. B. Lachse) (vgl. → Katadromie). → anadrome Migration.

Anemogamie (syn.: Anemophilie): gr. anemos = Wind; gr. gamein = heiraten. Bestäubung von Pflanzen mit Hilfe des → Vektors Wind.

Anemochorie: gr. anemos = Wind; gr. chora = Raum. Ausbreitung von Diasporen (z. B. Samen) durch den Wind. Bei Tieren und Mikroorganismen teils für Verdriftung benutzt.

Angiosperme: gr. angeion = Gefäß, Hülle; gr. sperma = Samen. Bedecktsamer (Magnoliophytina). Moderne Form der Pflanzen, welche z. B. mit fleischigen Früchten attraktive Angebote für die → Zoochorie bietet und mit vielen als → Vektoren fungierenden Tierarten → koevolutive Entwicklungen vollzogen hat (vgl. → Gymnospermen).

Annuelle: lat. annuus = einjährig. Kurzlebige, „einjährige" Arten, die ihren Lebenszyklus rasch abschließen und erst im folgenden Jahr erneut in Erscheinung treten (bei Pflanzen → Therophyten).

anoxisch: gr. a = ohne; gr. Oxys = sauer. Sauerstofffrei.

Antarktis: gr. anti = gegen; gr. arcticos = arktisch. Florenreich, das neben dem antarktischen Kontinent auch Teile Südamerikas, Neuseelands sowie südliche Inseln integriert.

anthropogen: gr. anthropos = Mensch; gr. genesis = Geburt. Von Menschen geschaffen.

Apomixis: gr. apo = von ... weg; gr. mixis = Mischung. Fortpflanzung ohne sexuelle Befruchtung (→ Parthenogenese).

Apophyt: gr. apo = von ... weg; gr. phyton = Gewächs, Pflanze. Einheimische Pflanzenarten, die sich auf → anthropogenen → Habitaten erfolgreich etablieren konnten.

aquatisch: lat. aqua = Wasser. Ganz oder teilweise im Wasser lebend, wobei diferenziert wird zwischen dem Süßwasserbereich (→ limnisch) und dem ozeanischen Salzwasserbereich (→ marin). Im Gegensatz zu → terrestrischen Lebensräumen stehend.

Archaeophyt: gr. archaios = alt; gr. phyton = Gewächs, Pflanze. Nicht heimische, aber bereits vor 1492 in einem Gebiet eingebürgerte Art (vgl. → Neophyt).

Areal: lat. areal = Fläche, begrenzter Raum. Verbreitungs- bzw. Siedlungsgebiet eines → Taxon (z. B. einer Art, einer Gattung, einer Familie).

Arealdiagnose: lat. areal = Fläche, begrenzter Raum; gr. diagnosis = Beurteilung. Vor allem in der Pflanzengeographie gebräuchliche, über formelartige Kurzformen erfolgende Charakterisierung eines Verbreitungsgebietes.

Arealkunde: lat. areal = Fläche, begrenzter Raum. Wissenschaft von der → Verbreitung der → Taxa.

Arealtyp: lat. areal = Fläche, begrenzter Raum; gr. typos = Gepräge, Urbild. Über komparative Analyse ermittelte Gruppe von Arealen mit ähnlicher räumlicher Erstreckung (→ Geoelement).

arid: lat. aridus = trocken. Trockenes Klima, in dem die potenzielle Verdunstung die Niederschläge übertrifft (vgl. → humid).

Art: (syn.: → Spezies) Enge Verwandtschaftsgruppe von Organismen mit ähnlicher genetischer Ausstattung. Zentrale systematische Kategorie und wichtigste Einheit biogeographischer Konzepte. Arten werden aufgrund ähnlicher molekularer Eigenschaften (→ Chemospezies) oder ähnlicher Physiognomie, vor allem der Reproduktionsorgane (→ Morphospezies) ausgeschieden. Die Grundannahme, dass die Individuen einer Art eine hypothetische potenzielle Fortpflanzungsgemeinschaft bilden (→ Biospezies), ist nicht immer gegeben (s. → Apomixis und → Parthenogenese).

Ausbreitung: Prozess des passiven Transports von Diasporen (→ Anemochorie, → Autochorie, → Barochorie, → Hydrochorie, → Zoochorie) oder aktiver Bewegungen von Organismen innerhalb ihres → Areals sowie in den Randbereichen mit dem Effekt der Ausweitung der → Verbreitung (→ Progression).

Australis: lat. australis = südlich. Florenreich und Ökozone, welche neben dem Kontinent Australien auch nördliche Inseln (z. B. Neuguinea) mit umfasst (→ Wallace-Linie).

Autochorie: gr. autos = selbst; gr. chorizein = ausbreiten. Selbstausbreitung ohne Vektoren nur durch eigene Mechanismen (z. B. Springfrüchte).

autochthon: gr. autos = selbst; gr. chthonos = Erde. Vor Ort entstanden bzw. entwickelt.

Autökologie: gr. autos = selbst; gr. oikos = Haus; gr. logos = Wort. Ökologie einzelner Arten.

Autogamie: gr. autos = selbst; gr. gamein = heiraten. Selbstbefruchtung.

Autopoiese: gr. autos = selbst; gr. poiesis = das Hervorbringen. Prozess der → Selbstorganisation komplexer biotischer Strukturen (z. B. von → Zönosen oder → Ökosytemen) mit dem Effekt der regelhaften → Emergenz ähnlicher Eigenschaften.

autotroph: gr. autos = selbst; trophein = ernähren. Organismus, der sich von → abiotischen Stoffen ernährt (→ Produzent).

azonal: gr. a = ohne; gr. zone = Gürtel. Unabhängig von großräumigen Klimabedingungen (Flussauen, Dünen, Felsen).

Barochorie: gr. barys = schwer; gr. chorizein = ausbreiten. Form der → Autochorie, bei der nur die Schwerkraft also das Eigengewicht der Früchte oder Samen wirkt.

Baumgrenze: Höchstgelegenes Auftreten einzelner baumförmiger Individuen einer Pflanzenart in einem Gebirge (s. a. → Waldgrenze).

Benthal: gr. benthos = Tiefe. Lebensraum des Gewässer- und Meeresgrundes. → Limnisch untergliedert in → Litoral und → Profundal, → marin in → Litoral und → Abyssal.

Benthos: gr. benthos = Tiefe. Gesamtheit der im → Benthal lebenden Organismen.

Bestand: Konkrete Vegetationseinheit.

Beta-Diversität: gr. beta = Buchstabe b; lat. diversus = verschieden. Variabilität zwischen biotischen Datensätzen. Im zeitlichen Zusammenhang als Turnover (Artenumsatz) bezeichnet. Aspekt der → Biodiversität.

binäre Nomenklatur: Auf Linné zurückgehende wissenschaftliche Benennung der Arten mit einem Gattungsnamen (vorne, groß) und einem Artnamen (klein). Fälschlicherweise teilweise als lateinischer Name bezeichnet. Es werden jedoch in der wissenschaftlichen Nomenklatur neben lateinischen auch griechische, vernakuläre und onomatopoetische Wortstämme sowie Ableitungen von Familiennamen von Forscherpersönlichkeiten einbezogen. Ergänzt werden Gattungs- und Artbezeichnung durch die abgekürzte Angabe des Erstautoren (oft L. für Linné).

Biodiversität: gr. bios = Leben; lat. diversus = verschieden. Vielfalt der Lebewesen und der biotischen Kompartimente von → Biozönosen, → Ökosystemen, → Landschaften, → Biomen und der → Biosphäre. Gliedert sich in → Phytodiversität, → Zoodiversität und → Mikrobiodiversität. Konkrete Biodiversität ist auf räumliche oder zeitliche Skalen bzw. Einheiten bezogen. Abstrakte Biodiversität bezeichnet die taxonomische Vielfalt definierter Typen in einer übergeordneten Klasse (z. B. → Arten in einer Familie). → Alpha-Diversität und → Gamma-Diversität kennzeichnen die Vielzahl von Objekten. Die → Beta-Diversität beschreibt die Variabilität zwischen biotischen Objekten. Funktionelle Vielfalt wird auch → Ökologische Komplexität genannt.

biogen: gr. bios = Leben; gr. genesis = Geburt. Von Organismen produziert.

Bioindikation: gr. bios = Leben; lat. indicare = anzeigen. Methoden zur Charakterisierung von Umweltbedingungen mit Hilfe von Organismen. Wir unterscheiden → reaktive Biodindikation und → akkumulative Bioindikation.

Bioindikator: Organismus, der als Zeigerart oder als Akkumulationsart für die → Bioindikation geeignet ist.

Biokomplexität: gr. bios = Leben; lat. complectari = umfassen. Vielfalt der Wechselwirkungen in einem belebten System. syn. → Biologische Komplexität, vgl. → Ökologische Komplexität.

Biologische Diversität: gr. bios = Leben. Die Wortbedeutung ist „Vielfalt der Biologie", gemeint ist jedoch → biotische Diversität bzw. → Biodiversität.

Biologische Komplexität: Vielfalt der Wechselwirkungen in einem belebten System. syn. → Biokomplexität, vgl. → Ökologische Komplexität.

Biom: gr. bios = Leben; Großlebensraum (s. a. → Ökozone). Wir unterscheiden primär klimabedingte → Zonobiome und primär reliefbedingte → Orobiome.

Biospezies: gr. bios = Leben; lat. species = äußere Erscheinung, Art. Artkonzept, das auf biologischen Mechanismen (z. B. Fortpflanzung, ökologische Einnischung, → Selektion) fußt, „biologische Art".

Biosphäre: gr. bios = Leben; gr. sphaira = Kugel. Dreidimensionaler Raum, in welchem Leben stattfindet. Integriert Teile der Hydrosphäre, der Atmosphäre, der Lithosphäre und oft vollständig die Pedosphäre.

Biota: gr. bios = Leben. Lebewesen.

biotisch: gr. bios = Leben. Belebt. Gegenteil von → abiotisch.

biotische Diversität: → Biodiversität.

Biotop: gr. bios = Leben; gr. topos = Ort. Lebensraum einer → Biozönose. vgl. → Habitat.

Biotopverbund: Konzept zur Vernetzung verschiedener Lebensräume. → Biotop.

Biozönose: gr. bios = Leben; gr. koinos = gemeinsam. Lebensgemeinschaft eines Lebensraums (→ Biotop).

bizentrisch: lat. bi = zwei; gr. kentros = Mittelpunkt. Taxa, die zwei Entwicklungszentren aufweisen.

boreal: lat. boreas = Nordwind. Kaltgemäßigter, kontinentaler Bereich. Ausschließlich auf der Nordhalbkugel auftretend (borealer Nadelwald, boreales → Biom).

Capensis: Kleinstes Florenreich. Auf die Südspitze Afrikas konzentriert (Cape Region).

Catena: lat. catena = Kette, Band. Eindimensionaler, gradueller Verlauf der Veränderung ökologischer Eigenschaften. Oft in der Bodenkunde benutzt, teils auch in der Vegetationskunde üblich.

Chamaephyt: gr. chamai = auf der Erde; gr. phyton = Gewächs, Pflanze. → Lebensform der → perennen Pflanzen mit oberirdischen, jedoch durch eine Schneedecke im Winter vor Frost geschützten Trieben. Zwergstrauch.

Chemospezies: arab. al-kimiya = Wissenschaft von den Stoffen; lat. species = äußere Erscheinung, Art. Chemisches Artkonzept, das sich an der Ähnlichkeit von Metabolismen und Inhaltsstoffen orientiert. Vor allem bei Mikroorganismen ist dies aussagekräftiger als die äußere Form.

Chorologie: gr. chora = Raum; gr. logos = Wort, Lehre. → Arealkunde. Teilbereich der Biogeographie, der sich mit der Analyse und dem Vergleich von → Arealen befasst.

Chromosom: gr. chroma = Farbe; soma = Körper. Träger der Gene im Zellkern. Die Bezeichnung geht auf das Anfärben der DNA zurück.

Chronologie: chronos = Zeit; gr. logos = Wort, Lehre. Lehre von zeitlichen Abläufen.

Dendrochronologie: gr. dendron = Baum; chronos = Zeit; gr. logos = Wort, Lehre. Wissenschaft von der Ermittlung zeitlicher Sequenzen auf der Grundlage von Jahresringen an Bäumen. Kann zur exakten Datierung pflanzlichen Materials (z. B. Balken in Gebäuden) genutzt werden.

Destruent: lat. destruere = niederreißen, zerstören. Zersetzer von toter → organischer Substanz.

Diaspore: gr. dia = auseinander; gr. spora = Saat, Same. Ausbreitungseinheit von Pflanzen. Es kann sich hierbei um einen Samen, eine Frucht oder um ein Pflanzenbruchstück zur vegetativen Ausbreitung handeln.

Dimorphismus: gr. di = zwei; gr. morphe = Gestalt. Nebeneinander von zwei äußerlich unterschiedlichen Formen einer Art. Offensichtlich ist bei vielen Arten ein Sexualdimorphismus mit unterschiedlich großen oder gefärbten Männchen und Weibchen.

diploid: gr. diploos = zweifach. Zellkern mit im Vergleich zur haploiden Grundzahl verdoppelten homologen Chromosomenpaaren.

Disjunktion: lat. disjunctus = getrennt. Unterteilung eines Areals in Bereiche zwischen welchen kein Genaustausch und keine Migrationsbewegung mehr stattfinden kann.

Dispersion: lat. dispersio = Zerstreuung. Verteilungseigenschaft von Objekten (z. B. Organismen). Der Dispersionsgrad zeigt an, ob die Objekte geklumpt, zufällig oder regelhaft verteilt sind.

disruptive Selektion: lat. disrumpere = auseinanderbrechen; lat. selectio = das Auslesen, Auswahl. Aufspaltung der → Populationen einer Art aufgrund sich verändernder Umweltbedingungen oder → Konkurrenzverhältnisse. Schälen sich für die neuen Teilpopulationen morphologische und genetische Eigenschaften heraus, kann das Resultat die Entwicklung zweier neuer Taxa sein (→ Selektion).

diurnal: lat. dies = Tag. Täglicher Rhythmus.

Diversität: lat. diversus = verschieden. → Biodiversität.

Dominanz: lat. dominare = beherrschen. Vorherrschen einer Art in einer Lebensgemeinschaft bezüglich der dreidimensionalen Raumausnutzung bzw. -ausfüllung. In der Ethologie beschreibt D. die Vorherrschaft einzelner Individuen.

Dormanz: lat. dormire = schlafen. Ruhezustand.

edaphisch: gr. edaphos = Grund, Boden. Vom Boden ausgehend.

Emergenz: lat. emergere = auftauchen. hier: Entwicklung charakteristischer Eigenschaften als Folge spezifischer funktioneller Reaktionen. Bei Lebensgemeinschaften im Zusammenhang mit der → Autopoiese stehend.

endemisch: gr. endemos = einheimisch. Auf ein betreffendes Gebiet begrenzt.

Endemismus: gr. endemos = einheimisch. Beschränkung von Arealen auf ein bestimmtes Gebiet. Dies kann eine Folge einer Regression sein (→ Relikt- oder Paläoendemismus) oder sich bei jungen Artbildungen durch Ausbreitungsschranken ergeben (→ Neoendemismus z. B. bei Inseln). Häufig verfügen endemische Arten über geringe Ausbreitungsdynamik.

Endozoochorie: gr. endon = innen; gr. zoos = lebendig; gr. chorizein = ausbreiten. Ausbreitung von → Diasporen in Tieren (inkorporiert). → Zoochorie.

ephemer: gr. ephemeiros = nur einen Tag dauernd. Kurzlebig.

Ephemerophyt: gr. ephemeiros = nur einen Tag dauernd; gr. phyton = Gewächs, Pflanze. Passant. Nur kurzzeitig in einem Gebiet auftretende Pflanze.

epigäisch: gr. epi = über; ge = ga = Erde. Überirdisch lebend bzw. wachsend.

Epiphyt: gr. epi = über, auf; gr. phyton = Gewächs, Pflanze. Auf anderen Pflanzen wachsende Pflanze ohne Bodenkontakt.
Epistemologie: gr. episteme = Wissen; gr. logos = Wort, Lehre. Erkenntnistheorie.
Epizoochorie: gr. epi = über, auf; gr. zoos = lebendig; gr. chorizein = ausbreiten. Ausbreitung von → Diasporen auf Tieren (z. B. anhaftend). → Zoochorie.
Ergasiophyt: gr. ergasia = das Geschaffene; gr. phyton = Gewächs, Pflanze. Kultur- oder Zierpflanze, die nur durch das dauernde Zutun des Menschen in einem Lebensraum existieren kann.
errant: lat. errare = irren. In einem Medium aktiv oder passiv frei beweglicher Organismus.
Eukaryont (syn. Eucaryota)**:** gr. eu = gut, echt; gr. karyon = Kern. Bezeichnung für Organismen mit echtem Zellkern.
euryök: gr. eury- = weit, breit; gr. oikos = Haus. Vielfältige Standortbedingungen tolerierend (vgl. → stenök).
exotisch: lat. exoticus = ausländisch. Allgemein nicht einheimisch, jedoch oft auf auffallende tropische Arten bezogen.
Expansion: lat. expansus = ausgedehnt. Arealausweitung, → Progression einer Art.
Exposition: lat. expositio = Darlegung. Orientierung eines Hanges zur Himmelsrichtung.
Extinktion: lat. extinctio = Auslöschung. Lokales oder globales Aussterben einer Art.
extrazonal: gr. extra = außerhalb; gr. zone = Gürtel. Außerhalb der eigentlichen → zonalen Verhältnisse auftretend.
Fauna: lat. Frau des Gottes Faunus. Gesamtheit der Tierarten eines Gebietes.
Faunenanalyse: Untersuchung der Zusammensetzung einer → Fauna bezüglich der geographischen Arealschwerpunkte der beteiligten Arten.
Faunenelement: Teil einer charakteristischen Gruppe von Tierarten mit ähnlicher Verbreitung, z. B. atlantisches F.
Faunenkontrast: Unterschiedlichkeit der Tierartzusammensetzung bzw. -ausstattung zweier Gebiete oder Datensätze.
Faunenreich: Überregionale pflanzengeographische Einheit von kontinentaler Erstreckung.
Faunistik: Im biologischen Zusammenhang die deskriptive Wissenschaft von der Erfassung von Tierarten. Faunenkunde.
Flora: lat. flos = Blume; lat. Flora = Göttin. Gesamtheit der Pflanzenarten eines Gebietes.
Florenanalyse: Untersuchung der Zusammensetzung einer → Flora bezüglich der geographischen Arealschwerpunkte der beteiligten Arten.
Florenelement: Teil einer charakteristischen Gruppe von Pflanzenarten mit ähnlicher Verbreitung, z. B. submediterranes F. → Geoelement, → Arealtyp.
Florengefälle: Graduelle Abnahme der Zahl pflanzlicher Taxa im Raum.
Florenkontrast: Unterschiedlichkeit der Pflanzenartzusammensetzung bzw. -ausstattung zweier Gebiete oder Datensätze.
Florenreich: Überregionale tiergeographische Einheit von kontinentaler Erstreckung.
Floristik: Im biologischen Zusammenhang die deskriptive Wissenschaft von der Erfassung von Pflanzenarten. Florenkunde.
Fluktuation: lat. fluctuare = schwanken. Mit gewisser Regelhaftigkeit auftretende, aber zeitlich begrenzte Arealexpansion.
fluviatil: lat. fluvius = Fluss. In Flüssen lebend oder Flüsse betreffend.
Formation: a) Pflanzengeographische Einheit, welche durch die → Dominanz und Zusammensetzung von → Lebensformen bestimmt wird (z. B. → Steppe, → Savanne, → Wald). b) Geologische Bezeichnung für einen bestimmten Zeitabschnitt bzw. für eine bestimmte Gesteinsfolge. Bei paläontologischen Arbeiten auch biogeographisch relevant.
Fossilien: lat. fossilis = ausgegraben. Abdruck oder Umwandlung (Versteinerung) von Tier- oder Pflanzenarten vergangener Erdzeitalter. → Paläontologie, → Historische Biogeographie.
Fragmentierung: lat. fragmentum = Bruchstück. Prozess der Zerschneidung vormals zusammenhängender → Habitate. Mit einem → Biotopverbund versucht man dies, beispielsweise über → Korridore, rückgängig zu machen und die → Konnektivität wieder zu erhöhen.
Frequenz: lat. frequentia = Häufigkeit, Menge. Prozentuale Dichte der Vorkommen von Individuen einer Art in einem Bezugsraum. Kann auch auf die Häufigkeit des Auftretens bestimmter Allele bezogen werden.
Fundort: Konkrete Lokalität (vgl. → Standort). Grundlage der Überprüfbarkeit von → Herbarbelegen sowie der Erstellung von Punktverbreitungskarten.
Gamma-Diversität: gr. gamma = Buchstabe g; lat. diversus = verschieden. Anzahl biotischer Einheiten (z. B. Arten) in einem gesamten Datensatz (z. B. Untersuchungsgebiet, Untersuchungsperiode). Beispiele sind → Floren und → Faunen.
Gen: gr. genos = Geschlecht, Gattung. Erbgut, Erbanlage bzw. erbliche Einheit. Bei Pflanzen und Tieren Funktionseinheit der DNA in den → Chromosomen.
Genet: gr. genea = Abstammung. Bei Pflanzen die Gesamtheit der genetisch identischen Sprosse und Triebe eines → Klons bzw. → modularen Organismus.
genetische Drift: Zufällige und nicht durch Selektion gesteuerte

genetische Veränderung von Populationen.

genetische Variabilität: Unterschiedlichkeit der genetischen Eigenschaften in einer Population (→ Populationsgenetik).

Genfluss: Genetischer Austausch zwischen Populationen.

Genotyp: gr. genos = Geschlecht, Gattung; gr. typos = Gepräge, Urbild. Gruppe von Individuen einer Art mit charakteristischen genetischen Eigenschaften. Muss sich nicht physiognomisch bemerkbar machen, kann aber mit bestimmten Anpassungen einhergehen (→ Herkunft).

Genzentrum: gr. genos = Geschlecht, Gattung; gr. kentron = Mittelpunkt. Ursprungsgebiet eines → Taxons. Region mit den ursprünglichsten Vertretern (z. B. Arten einer Gattung). Oft, aber nicht zwingend, ähnlich dem → Sippenzentrum mit der stärksten rezenten Entfaltung.

Geobiologie: gr. geos = Erde; gr. bios = Leben; gr. logos = Wort, Lehre. Teilbereich der Biologie, welcher sich mit Bezügen zur terrestrischen Umwelt befasst (Bsp. → Geobotanik, vgl. aber Hydrobiologie).

Geobotanik: gr. geos = Erde; gr. botanikos = Kräuter betreffend. Am → Standort orientierte ökologische Botanik. Teilgebiet der → Pflanzenökologie, welche sich darüber hinaus auch mit der → Autökologie einzelner Pflanzen befasst.

Geoelement: gr. geos = Erde; lat. elementum = Grundstoff. syn. → Arealtyp.

Geoökologie: gr. geos = Erde; gr. oikos = Haus; gr. logos = Wort, Lehre. Wissenschaft von den räumlichen Aspekten der Ökologie sowie von den → abiotischen Bezügen der → Ökosysteme.

Gigantismus: lat. giganteus = riesenhaft. Auftreten von Großformen auf Inseln (Bsp. Moas auf Neuseeland) aber auch in früheren Erdzeitaltern (→ Paläontologie). Die Mechanismen zur Ausbildung des G. sind entsprechend vielfältig.

Glazial: lat. glacialis = gefroren, eisig. Phase der eiszeitlichen Vergletscherung (Kaltzeit) (vgl. → Interglazial aber beachte: → Periglazial).

Glazialrelikt: Art, welche sich in den Glazialzeiten ins damalige → Periglazial ausbreiten konnte, und an einzelnen Sonderstandorten bis heute Populationen erhalten hat.

Gondwana: Im Paläozooikum bestehende, ausgedehnte Landmasse auf der Südhalbkugel, die neben Teilen des südamerikanischen, afrikanischen und australischen Kontinents auch das heutige Indien und die Antarktis umfasste. Diese ehemalige Konstellation trägt zur Erklärung südhemisphärischer Verbreitungsmuster bei.

Gradient: engl. grade = Stufe, Gefälle. Allmähliche Veränderung von Umweltfaktoren oder von biotischen Eigenschaften. Erlaubt keine diskrete Zuordnung oder Grenzziehung.

Gymnosperme: gr. gymnos = nackt; gr. sperma = Samen. Nacktsamer (Coniferophytina). Ursprüngliche Form der Pflanzen, heute durch die → Angiospermen (Magnoliophytina) aus vielen Lebensräumen verdrängt.

Habitat: lat. habitare = wohnen. Lebensraum einer Art. Kann bei migrierenden oder mobilen Arten aus verschiedenen Teilräumen bestehen. Jede Art hat ihre spezifischen Habitatansprüche.

halophil: gr. halos = Salz; gr. philos = Freund. „Salzliebend", eigentlich salztolerierend.

Halophyt: gr. halos = Salz; gr. phyton = Gewächs, Pflanze. Salzpflanze.

haploid: gr. haploos = einfach. Zelle oder Organismus mit einfachem Chromosomensatz.

Helophyt: gr. helos = feuchte Niederung, Sumpf; gr. phyton = Gewächs, Pflanze. Sumpfpflanze.

Hemikryptophyt: gr. hemi = halb; gr. kryptos = verborgen; gr. phyton = Gewächs, Pflanze. Erdschürfepflanzen. Lebensform mit Überdauerungsknospen an der Erdoberfläche.

Herbarium: lat. herba = Kraut. Sammlung von Pflanzenbelegen zur Dokumentation und für die vergleichende Determination.

Herkunft: In der Forstwirtschaft die Bezeichnung für die Zuordnung von Bäumen zu regionalen → Populationen mit bestimmten → Genotypen, was mit deren Anpassung an bestimmte → Standortbedingungen einhergeht. Wird die H. ignoriert, können in der späteren → Bestandesentwicklung Probleme auftreten.

Heterogenität: gr. heteros = andersartig; gr. gennan = entstehen. Grad der Unähnlichkeit (→ Beta-Diversität) in einem Datensatz oder Gebiet (→ Homogenität).

heterozygot: gr. heteros = andersartig; gr. zygon = Paar. Zellen, in deren diploiden Chromosomensätzen mindestens ein Allelenpaar aus verschiedenen Allelen besteht.

Historische Biogeographie: Teil der B., Wissenschaft, die sich mit der Rekonstruktion von geographischen biotischen Mustern für vergangene Phasen der erdgeschichtlichen Entwicklung befasst. Hierbei werden Zeiträume unterschiedlicher Skalen betrachtet. Methoden sind z. B. die → Dendrochronologie, die → Makrorestanalyse oder die → Palynologie.

Höhenstufen: Im Gebirge auftretende vertikale Differenzierung der Vegetation, verbunden mit der Herausbildung spezifischer Eigenschaften (→ kollin, → montan, → alpin, → nival).

Holarktis: gr. holos = ganz, vollständig; gr. arcticos = arktisch. → Florenreich der nördlichen Hemisphäre. Als einziges Florenreich weltumspannend.

Holotypus: gr. holos = ganz, vollständig; gr. typos = Gepräge, Urbild. Konserviertes Individuum, welches der Erstbeschreibung einer Art diente. Wichtig für den Vergleich mit eventuellen → synonymen Arten.

Home Range: engl. home = Heim; engl. range = Bereich. Räumlicher Aktivitätsbereich eines Tieres (vgl. → Territorium).

Homogenität: gr. homoios = gleichartig; gr. gennan = entstehen. Grad der Ähnlichkeit (→ Beta-Diversität) in einem Datensatz oder Gebiet (→ Heterogenität).

homozygot: gr. homoios = gleichartig; gr. zygon = Paar. Zellen in deren diploiden Chromosomensätzen alle Allelenpaare aus gleichartigen Allelen bestehen.

Hormon: gr. hormao = ich treibe an. Botenstoff, dessen Übertragung eine Reiz-Reaktion auslöst.

Hot Spot: engl. hot = heiß; engl. spot = Punkt. In biogeographischem Zusammenhang: Schwerpunkt der → Biodiversität.

humid: lat. humidus = feucht. Feuchtes Klima, in welchem die Niederschläge die potenzielle Verdunstung übertreffen. In solchen Regionen findet letztlich Oberflächenabfluss und Gewässerbildung statt, was sich wiederum auf die Reliefentwicklung auswirkt (vgl. → arid).

Hybride: gr. hybris = unehelich, zügellos. Kreuzung aus genetisch sehr unterschiedlichen Individuen, oft zweier Arten. H. sind oft steril, zeigen jedoch bei Pflanzen oft eine starke vegetative Entwicklung. Sind sie fruchtbar, kann es zur Entwicklung neuer Arten kommen.

Hybridisierung: Prozess der Bildung von → Hybriden. Erfolgreiches Verschmelzen der Gameten genetisch verschiedener Organismen.

hybridogen: gr. hybris = unehelich, zügellos; gr. gennan = entstehen. Aus einer → Hybridisierung hervorgegangen.

Hydrochorie: gr. hydor = Wasser; gr. chorizein = ausbreiten. Ausbreitung von Diasporen mit Hilfe des Vektors Wasser.

Hydrogamie: gr. hydor = Wasser; gr. gamein = heiraten. Bestäubung von Pflanzen mit Hilfe des Vektors Wasser.

Hydrophyt: gr. hydor = Wasser; gr. phyton = Gewächs, Pflanze. Wasserpflanze.

Hygrophyt: gr. phyton = Gewächs, Pflanze. Pflanze mit hohem Anspruch an Boden- oder Luftfeuchte.

Hylaea: gr. hyleis = waldreich. Immergrüner tropischer Regenwald.

hypogäisch: gr. hypo = unter; gr. ge = ga = Erde. Unterirdisch.

Immigration: lat. immigratio = Einwanderung. Ein- bzw. Zuwanderung von Individuen und Arten.

indigen: frz. indigén = eingeboren. Einheimisch, aber im Gegensatz zu → endemischen Taxa nicht auf dieses Gebiet beschränkt.

Individuum: lat. in- = Verneinung; lat. dividere = teilen; also = Unteilbares. Einzelner → Organismus (z. B. einer → Art), oft in → Populationen organisiert.

Interglazial: gr. inter = zwischen; lat. glacialis = gefroren, eisig. Phase der zwischeneiszeitlichen Erwärmung (Warmzeit) (vgl. → Glazial).

interspezifisch: lat. inter = zwischen; lat. species = äußere Erscheinung, Art. Zwischenartlich.

intraspezifisch: lat. intra = innen; lat. species = äußere Erscheinung, Art. Innerartlich.

invasiv: lat. invadere = eindringen. Sich aggressiv ausbreitende, konkurrenzstarke Art, die dazu in der Lage ist, heimische Arten zu verdrängen.

Isolat: frz. isoler = absondern. Isolierter → terrestrischer Lebensraum (z. B. Berggipfel, Waldstück).

Katadromie: gr. kata = hinab; gr. dramein = laufen. Festgelegtes Verhalten. Migration zur Fortpflanzung vorwiegend → limnischer Tiere in den → marinen Bereich (z. B. Aale) (vgl. → Anadromie).

Kladistik: gr. klados = Ast. Phylogenetische Systematik auf Grundlage einer sich verzweigenden Entwicklung von Organismen.

Klimax: gr. klimax = Stufe, Leiter. Hypothetisches Endstadium einer → Sukzessionsserie.

Klon: gr. klon = Zweig. Organismus, der genetisch identisch zu einem anderen Organismus ist.

Körnung: Räumliche Auflösung eines Datensatzes. In der Fernerkundung entspricht dies der Pixelgröße.

Koevolution: lat. co = gemeinsam; lat. evolvere = entwickeln. Gemeinsame Evolution verschiedener Arten verbunden mit gegenseitigen Anpassungen. Oft aus → mutualistischen Beziehungen erwachsend (z. B. Blüten und Bestäuber).

kollin: lat. collinus = hügelig. Im Hügelland auftretend. In der Höhenzonierung begrenzt durch → montane und → planare Stufe.

Komplementarität: lat. complementum = Ergänzung. Funktionelle Ergänzung in artenreichen → Biozönosen durch die Einnahme verschiedener → ökologischer Nischen.

Komplexität: lat. complexus = Umgebung. Funktioneller Begriff. Vielfalt der Wechselwirkungen in einem System. In → Ökosystemen sprechen wir von → ökologischer Komplexität.

Konkurrenz: lat. concurrere = zusammenlaufen. Zusammenleben von Organismen verschiedener Arten zum gegenseitigem Nachteil (vgl. → Mutualismus). Oft setzt sich die weniger beeinträchtigte Art durch, → Konkurrenzausschluss.

Konkurrenzausschluss: lat. concurrere = zusammenlaufen. Durchsetzen von konkurrenzstarken Arten, wenn mehrere Arten um dieselbe → ökologische Nische konkurrieren.

Konnektivität: lat. conectere = verbinden. Funktioneller Verbindungsgrad zwischen → Isolaten (→ Fragmentierung, → Korridor).

Konsument: lat. consumere = verbrauchen. Organismus, welcher lebende biotische Stoffe für seine Ernährung benötigt (s. a. → Prädator).

Kontinuität: lat. continuus = zusammenhängend. Geschlossenheit von Arealen.

Kontrast: lat. contrastare = entgegenstellen. Unterschiedlichkeit in der Ausstattung beim Vergleich zweier Datensätze oder Flächen. → Beta-Diversität.

Konvergenz: lat. convergere = zu etwas hinneigen. Entwicklung ähnlicher Physiognomie als Anpassung an ähnliche Umweltbedingungen bei nicht-verwandten Organismen.

Korridor: lat. currere = laufen. Räumliches Verbindungselement im → Biotopverbund.

Kosmopolit: gr. cosmos = Weltall, Ordnung; gr. polis = Stadt. Art mit einem weltweiten → Areal. Nicht gleichbedeutend mit generellem Vorkommen.

kryptische Art: gr. kryptein = verbergen. Nicht als → Morphospezies offensichtliche, jedoch genetisch distinkte → Populationen, die sich nicht mit anderen Organismen einer physiognomisch ähnlichen Art kreuzen lassen. In diesem Fall verbergen sich unter einer wissenschaftlichen Artbezeichnung zwei verschiedene Arten.

Kulturlandschaft: → Landschaft, die maßgeblich durch rezente oder historische → anthropogene Aktivitäten geprägt ist (vgl. Naturlandschaft).

Landesnatur: Gesamtheit dessen, was nicht vom Menschen gestaltet ist.

Landschaft: Räumlich nicht exakt abgrenzbares Gebiet mit einer charakteristischen ökosystemaren Ausstattung. L. sind das Resultat sowohl natürlicher als auch → anthropogener Prozesse.

Landschaftsgürtel: Zone ähnlicher Landschaften. Bezieht im Gegensatz zu → Biom oder → Ökozone das menschliche Wirken explizit mit ein.

Lebensform: Charakteristische und typisierbare Physiognomie von Organismen. Bei Pflanzen orientiert sich das Lebensformenkonzept an der Lage der Überdauerungsknospen in der ungünstigen Jahreszeit.

limnisch: gr. limne = Sumpf. Die Binnengewässer betreffend.

Limnologie: gr. limne = Sumpf. Lehre von den Binnengewässern.

Makroökologie: gr. makros = groß; oikos = Haus; logos = Wort. Lehre von großräumigen ökologischen Zusammenhängen.

Makroreste: Vorwiegend pflanzliche Großreste, deren Konservierung in bestimmten Substraten die Bestimmung und Rekonstruktion früherer Verhältnisse erlaubt (→ Historische Biogeographie).

Mannigfaltigkeitszentrum: Gebiet größten Formenreichtums einer Sippe. syn. → Sippenzentrum.

marin: lat. marinus = das Meer bewohnend. Die Ozeane betreffender Teil der → aquatischen Lebensräume.

Matrix: lat. matrix = Muttertier. Die einen → Patch umgebende, mehr oder minder einheitliche Fläche, welche sich von diesem durch einen bestimmten → Kontrast abhebt.

meridional: lat. meridies = Mittag. Aus europäischer Sicht südlich gelegenes, außertropisches Gebiet in der nördlichen Hemisphäre.

Metapopulation: gr. meta = über; lat. populus = Volk, Menge. Aus verschiedenen einzelnen → Populationen aufgebaut, welche zu kursorischem, aber nicht regelhaftem Austausch befähigt sind.

Migration: lat. migrare = wandern. Gerichtete Ortsverlagerung von Populationen.

Mikrobiodiversität: gr. mikros = klein; gr. bios = Leben; lat. diversus = verschieden. → Biodiversität von Mikroorganismen.

Mikrobiozönose: gr. mikros = klein; gr. bios = Leben; gr. koinos = gemeinsam. Lebensgemeinschaft aus Mikroorganismen mit ähnlichen Umweltansprüchen.

Mikroorganismus: gr. mikros = klein; gr. organon = Werkzeug. Mikroskopisch kleine Organismen sehr unterschiedlicher taxonomischer Zuordnung (Archäen, Bakterien, Protisten, Pilze).

Mobilität: lat. mobilis = beweglich. Fähigkeit zur Ortsverlagerung von Organismen.

modularer Organismus: lat. modulus = Maß. Aus immer wieder selbstähnlichen und für sich nicht lebensfähigen Modulen aufgebaute Organismen.

Molekulare Biogeographie: Modernes Teilgebiet der B., das mit molekularbiologischen Methoden arbeitet und vor allem → populationsgenetische Ähnlichkeit im Raum analysiert.

Monitoring: engl. to monitor = überwachen. Methoden zur Beobachtung von Organismen, Biozönosen und Ökosystemen.

montan: lat. mons = Berg. Höhenstufe im Gebirge oberhalb der kollinen und unterhalb der alpinen Stufe. Im Vergleich zu ersterem durch höhere Reliefenergie, zu letzterem durch Waldwachstum gekennzeichnet.

Morphospezies: gr. morphe = Gestalt; lat. species = äußere Erscheinung, Art. Art, deren Eigenschaften im Wesentlichen über äußere Merkmale bestimmt sind und nicht über chemische (→ Chemospezies) oder genetische Merkmale bzw. Kreuzungsexperimente (→ Biospezies).

Mosaikzyklus: ital. mosaico = Mosaik; gr. kyklos = Kreis. Räumliche Kombination verschiedener Sukzessionsphasen.

Muster: Nicht-zufällige räumliche oder zeitliche Anordnung von Objekten. Voraussetzung zur Ausbildung von M. ist ein gewisses Maß an → Heterogenität.

Mutation: lat. mutatio = Änderung. Spontane Veränderung einzelner Gene.

Mutualismus: lat. mutuus = gegenseitig. Zusammenleben von Organismen verschiedener Arten zum gegenseitigem Vorteil (vgl. → Konkurrenz).

Myrmekochorie: gr. myrmex = Ameise; gr. chorizein = ausbreiten. Ausbreitung durch Ameisen. Spezifische Form der → Zoochorie.

Natur: lat. natura = Geburt. Kontrovers verstandener Begriff. Eigentlich die natürliche Umgebung des Menschen bezeichnend, also ohne menschliche Einflüsse. Beinhaltet eine gewisse Paradoxie, da nur für menschliche oder gesellschaftliche Fragen relevant.

Naturlandschaft: → Landschaft mit geringem menschlichem Einfluss (vgl. Kulturlandschaft).

Naturraum: Gebiet mit ähnlicher → Landesnatur.

Neobiota: gr. neo = neu; gr. bios = Leben. Neubürger. Durch direktes oder indirektes Zutun des Menschen seit 1492 ausgebreitete Art.

Neoendemismus: gr. neo = neu; gr. endemos = einheimisch. Progression junger Arten, wobei ihr → Areal bedingt durch → Ausbreitungsschranken oder limitierte Ausbreitungsdynamik begrenzt bleibt. Oft ein Effekt der → adaptiven Radiation.

Neophyt: gr. neo = neu; gr. phyton = Gewächs, Pflanze. Seit 1492 in einem neuartigen Lebensraum etablierte Pflanzenart.

Neotropis: gr. neo = neu; gr. tropos = Richtung. Florenreich, das sich auf den größten Teil Südamerikas und den südlichen Teil Mittelamerikas begrenzt.

Neozoon: gr. neo = neu; gr. zoos = lebendig. Seit 1492 in einem Lebensraum neu etablierte Tierart.

nival: lat. nix, nivis = Schnee. Höhenstufe im Hochgebirge oberhalb der → alpinen Stufe. Abgegrenzt nach unten durch die Schneegrenze.

Ökologische Biogeographie: Teilgebiet der Biogeographie, welches sich mit räumlichen Mustern der Bezüge der Lebewesen zur Umwelt befasst. Nahe zur → Geoökologie.

ökologische Komplexität: Vielfalt funktioneller Beziehungen. Aspekt der → Biodiversität. → Ökosysteme zeichnen sich je nach der Intensität der Wechselbeziehung ihrer Organismen durch ein unterschiedliches Maß an ö.K. aus.

ökologische Nische: Funktioneller Begriff, welcher potenzielle Lebens- und Aktivitätsbereiche in einem Ökosystem beschreibt. Ö. N. müssen dabei nicht besetzt sein.

ökologische Selektion: gr. oikos = Haus; lat. selectio = das Auslesen, Auswahl. Das Einwirken von Umweltbedingungen beeinflusst das Überleben von Individuen und damit den Fortpflanzungserfolg einer Art. Über die Auswahl der erfolgreichen Individuen wird die Anpassung an die jeweiligen Umwelteigenschaften gefördert.

Ökosystem: gr. oikos = Haus; gr. systema = Vereinigung. Wirkungsgefüge aus belebter und unbelebter Natur. Durch spezifische Prozesse von benachbarten Ö. differenziert, aber nicht gegen diese abgeschlossen. Interaktionen zwischen → Produzenten, → Konsumenten und → Destruenten regulieren über Transport-, Speicher- und Transformationsprozesse einen offenen Kreislauf von Stoffen, Energie und Information.

Ökoton: gr. oikos = Haus; gr. tonos = Spannung. Räumlicher Übergangsbereich zwischen → Ökosystemen (→ Gradient).

Ökotop: gr. oikos = Haus; gr. topos = Ort. Räumlicher Bereich und → Standort eines → Ökosystems.

Ökotyp: gr. oikos = Haus; gr. typos = Gepräge, Urbild. An bestimmte Umweltbedingungen genetisch besonders gut angepasster Teil der Populationen einer Art. Muss sich nicht morphologisch von anderen Individuen unterscheiden (vgl. → Phänotyp)

Ökozone: gr. oikos = Haus; gr. zone = Gürtel. Großräumiges Gebiet kontinentaler Erstreckung mit ähnlicher ökosystemarer Ausstattung (→ Biom).

Ontogenese: gr. ontos = Ei; gr. genesis = Geburt. Individualentwicklung (vgl. (→ Phylogenese).

Organ: gr. organon = Werkzeug. Teil eines Lebewesens mit bestimmter Funktion.

Organisationsebene: Komplexitätsniveau mit spezifischen Objekteigenschaften und Prozessen (z. B. Zelle, → Organ, → Organismus, → Population, → Biozönose, → Ökosystem, → Biom).

organisch: Von Lebewesen synthetisiert.

Organismus: gr. organon = Werkzeug. Lebewesen.

Orobiom: gr. oros = Berg; gr. bios = Leben. Großlebensraum in

Hochgebirgsregionen (z. B. Anden). vgl. → Zonobiom.

Paläoendemismus: gr. palaios = alt, gr. endemos = einheimisch. → Reliktendemismus.

Paläontologie: gr. palaios = alt; gr. ontos = seiend; gr. logos = Wort, Lehre. Lehre von den in Gesteinen konservierten Lebewesen vergangener erdgeschichtlicher Zeitalter. War bis zur Entwicklung geophysikalischer Datierungen der wichtigste Ansatz zur Altersbestimmung von Gesteinen.

Paläotropis: gr. palaios = alt; gr. tropos = Richtung. Florenreich der Altwelttropen, wird in Afrika im Süden durch die Capensis abgegrenzt. In Asien grenzt die P. an der Wallace-Linie an die Australis.

Palynologie: gr. palynein = streuen; gr. logos = Wort, Lehre. Pollenanalyse. Wird vor allem zur Untersuchung der nacheiszeitlichen Vegetationsanalyse eingesetzt. Pollen werden in verschiedenen sedimentären und sedentären Substraten konserviert. Diese können datiert werden und ermöglichen der → Historischen Biogeographie damit, die Vegetation einer vergangenen Zeit zu rekonstruieren.

Parasit: gr. parasitein = mit jemandem essen. Schmarotzer.

Parsimonie: lat. parsimonia = Sparsamkeit. Methode zur Identifikation der einfachsten Lösung zur Erklärung biogeographischer Muster und der Ausbreitung von Arten.

Parthenogenese: gr. parthenos = Jungfrau; gr. genesis = Geburt. Jungfernzeugung. Vermehrung ohne sexuelle Reproduktion (z. B. bei Blattläusen).

Patch: engl. patch = Fleck. Raumeinheit mit ähnlichen Bedingungen bezüglich der Umweltbedingungen oder der Vegetationsausstattung.

Pelagial: gr. pelagos = Meer. Lebensraum des freien Wassers. Neben dem passiv treibenden Plankton von aktiv schwimmenden Organismen (Nekton) belebt.

perenn: lat. parennis = dauernd, beständig. Ausdauernd. → (vgl. annuell).

Periglazial: gr. peri = um ... herum; lat. glacialis = gefroren, eisig. Bereich zwischen den eiszeitlichen Gletscherschilden (z. B. in Mitteleuropa). Keine zeitliche Phase!

Pflanzengeographie: Teilgebiet der Biogeographie. Wissenschaft von der Verbreitung der Pflanzenarten (vgl. → Vegetationsgeographie).

Pflanzenökologie: Wissenschaft von der Ökologie der Pflanzen. Arbeitet von der Ebene der → Organe, über einzelne → Individuen (→ Autökologie) bis zu → Beständen.

Phänologie: gr. phainein = zeigen; logos = Wort. Wissenschaft von der saisonalen Entwicklung der Lebenserscheinungen vor allem äußerer Merkmale.

Phänophase: gr. phainein = zeigen; gr. phasis = Abschnitt. Zeitraum mit ähnlichen phänologischen Merkmalen.

Phänotyp: gr. phainein = zeigen; gr. typos = Gepräge, Bild. Erscheinungsbild eines Organismus (vgl. → Ökotyp).

Phanerophyt: gr. phaneros = sichtbar; gr. phyton = Gewächs, Pflanze. → Lebensform hochwüchsiger Pflanzen, die auch während einer ungünstigen Jahreszeit nicht vergehen (Bäume, Sträucher).

Pheromon: gr. pherein = tragen, übertragen; gr. hormao = ich treibe an. Ein Botenstoff (→ Hormon), dessen Übertragung auf Organismen der gleichen Art bei diesen eine Reiz-Reaktion auslöst.

phyletisch: gr. phylon = das von Natur aus zusammengehörige. Die Abstammung betreffend.

Phylogenese: gr. phylon = das von Natur zusammengehörige; gr. genesis = Geburt. Stammesgeschichtliche Entwicklung (Evolution) (vgl. → Ontogenese).

Phylogeographie: gr. phylon = das von Natur zusammengehörige; gr. geos = Erde; gr. graphein = schreiben. Die Wissenschaft von der räumlichen Verbreitung von Verwandtschaftsgruppen. → Phylum.

Phylum (pl. Phyla)**:** gr. phylon = das von Natur Zusammengehörige. Zweig von Organismen einer Verwandtschaftsgruppe.

Physiologie: gr. physis = Natur, Wuchs; gr. logos = Wort. Lehre von den Lebensvorgängen.

Phytodiversität: gr. phyton = Gewächs, Pflanze; lat. diversus = verschieden. Vielfalt der Pflanzen und der durch sie gebildeten → Phytozönosen. Teil der → Biodiversität.

Phytozönose: gr. phyton = Gewächs, Pflanze; gr. koinos = gemeinsam. Lebensgemeinschaft aus Pflanzen.

Plankton: gr. planktos = das Umherirrende. Die sich passiv im Wasser bewegenden Lebewesen. → Nekton.

planar: lat. planum = Ebene, Fläche. Im Flachland auftretend. In der Höhenstufung begrenzt durch die → kolline Stufe.

Pleuston: gr. pleustikos = schwimmend. Die an der Oberfläche des Wassers treibenden Lebewesen. → Neuston.

Polymorphismus: gr. polys = viel; gr. morphosis = Gestalt. Entwicklung abweichender Formen (z. B. als Vorstufe der Artdifferenzierung).

Population: lat. populus = Volk. Im potenziellen Genaustausch befindliche Gruppe von → Individuen einer → Art, mit benachbarten Populationen eine → Metapopulation bildend.

Populationsgenetik: lat. populus = Volk; gr. genos = Geschlecht, Gattung. Wissenschaft von den genetischen Ähnlichkeitsbeziehungen in Populationen.

Populationsökologie: lat. populus = Volk; gr. oikos = Haus. Wissenschaft von den ökologischen Beziehungen in Populationen.

Postglazial: lat. postum = nach; lat. glacialis = gefroren, eisig. Nacheiszeit, heutige Wärmezeit.

Potamal: gr. potamos = Fluss. Lebensraum des Unterlaufs von Fließgewässern, Flussregion (→ Rhithral).

Prädation: lat. praedatio = Plünderung, Beutemachen. Biotischer Prozess der Kontrolle von Organismen in der Nahrungskette z. B. durch Fraß.

Produzent: lat. producere = hervorbringen. Organismus, der zum Aufbau von Biomasse aus abiotischen Stoffen befähigt ist (vgl. → Konsument und → Destruent).

Progression: lat. progressus = fortschreiten. Ausweitung der Verbreitung eines Taxons (vgl. → Regression).

Ramet: lat. ramus = Ast, Zweig. Die einzelnen modular abgetrennten Sprosse eines gesamten → Genet einer klonalen Pflanze.

Regression: lat. regressus = zurückkommen. Prozess des Rückzugs einer Art aus einem vormals größeren → Areal.

Reliktendemismus: lat. relictum = zurücklassen; gr. endemos = einheimisch. Ergebnis des Rückzugs von Taxa von einem ehemals deutlich größeren → Areal auf ein oder mehrere kleine Teilareale (→ Paläoendemismus).

Rhitral: gr. rheithron = Bach. Lebensraum des Oberlaufs von Fließgewässern, Bachregion (→ Potamal).

Selbstorganisation: → Autopoiese.

Selektion: lat. selectio = das Auslesen, Auswahl. Auswahl besonders angepasster Organismen. Die S. wirkt über äußere Einflüsse und → intra- sowie → interspezifische Interaktionen. Die endogene S. steuert noch vor der Individualentwicklung beispielsweise den Keimerfolg oder den Abbruch der Embryonalentwicklung und somit die Auswahl ungeeigneter Mutationen. Die exogene S. wirkt über → ökologische Selektion oder → sexuelle Selektion.

sexuelle Selektion: lat. sexus = Geschlecht; lat. selectio = das Auslesen, Auswahl. Bezeichnet die Auswahl bevorzugter Paarungspartner mit bestimmten Eigenschaften (Stärke, komplementäres Immunsystem, Brutpflege).

Sippenzentrum: → Mannigfaltigkeitszentrum. Region mit den meisten genetisch verschiedenen Vertretern eines Taxons (z. B. Arten einer Gattung). Oft aber nicht zwingend identisch mit dem → Genzentrum.

Spermatophyta: gr. sperma = Same; gr. phyton = Gewächs, Pflanze. Samenpflanzen.

Speziation: lat. species = äußere Erscheinung, Art. Entwicklung von → Arten beispielsweise über → Mutation oder → Hybridisierung und folgender → Selektion.

Spezies: lat. species = äußere Erscheinung, Art. → Art (s. a. → Biospezies, → Chemospezies, → Morphospezies)

Spore: gr. spora = Saat, Same. Sammelbegriff für z. B. bei den Grünalgen, Moosen und Pilzen auftretende, der ungeschlechtlichen Vermehrung dienende Organe.

Standort: → Abiotische Umwelt an einem → Wuchsort. In Biogeographie und Ökologie keine Lokalität!

stenök: gr. stenos = schmal; gr. oikos = Haus. Nur bestimmte Standortbedingungen tolerierend. Arten mit enger ökologischer Amplitude (vgl. → euryök).

Steppe: russ. stepj = Grasland. Baumlose Vegetationseinheit in welcher Gräser oder Zwergsträucher (→ Chamaephyten) vorherrschen. An kontinentale → Klimabedingungen gebunden.

Störung: Ökologisch-dynamischer Prozess. Nicht regelhafte, zeitlich limitierte Auslenkung ökologischer Funktionen. In vielen → Ökosystemen unabdingbar für ihren langfristigen Erhalt.

Stratigraphie: gr. stratum = Decke; gr. graphein = schreiben. Wissenschaft von der Anordnung von Gesteinen in Schichten (Strata). Oft werden → Fossilien zur Identifikation der Schichten eingesetzt. Über die Rekonstruktion der geographischen Verbreitung von Organismen in vergangenen Erdzeitaltern erhält die → Historische Biogeographie Hinweise zur Entwicklung und Ausbreitung von Taxa.

Struktur: lat. structura = Ordnung. Allgemeiner Begriff für Anordnung. In der Biogeographie für dreidimensionale räumliche Anordnung (z. B. der Vegetation) (vgl. → Textur).

Subspezies: lat. sub = unter; lat. species = Art. Unterart. Taxonomische Stufe unterhalb der Art. Oft durch geographische Isolation herausgebildet. Subspezies können sich morphologisch unterscheiden, aber dennoch miteinander noch kreuzbar sein.

Sukzession: lat. succedere = nachrücken, folgen. Zeitliche Abfolge von Lebensgemeinschaften (→ Biozönosen) nach einer → Störung. In einfachen Fällen ohne weitere Auslenkung einem → Klimaxzustand zustrebend.

Symbiose: gr. syn, sym = zusammen; gr. bios = Leben. Oft durch → Koevolution herausgebildetes Zusammenleben verschiedener Arten. Wenn es zu beiderseitigem Vorteil erfolgt, sprechen wir von → Mutualismus.

synanthrop: gr. syn, sym = zusammen; gr. anthropos = Mensch. Mit dem Menschen einhergehend.

Syndynamik: gr. syn, sym = zusammen; gr. dynamis = Kraft. Im Gegensatz zur gerichteten → Sukzession allgemeiner Begriff für die zeitliche Variabilität von Lebensgemeinschaften.

synonym: gr. syn, sym = zusammen; onoma, onyma = Name. Bezeichnung mit derselben Bedeutung wie eine andere. Bezogen auf Organismen kommt es vor, dass für ein Taxon verschiedene Namen vergeben wurden. Es gilt dann das Gesetz der Erstbenennung. Allerdings wird dies nicht in allen Fällen erkannt. Synonyme tragen dann zur virtuellen Erhöhung der abstrakten → Biodiversität bei.

Taxon (pl. Taxa)**:** gr. taxis = Ordnung. Sippe, Einheit im biologischen System.

Taxonomie: gr. taxis = Ordnung, lat. nomen = Name. Lehre von den Einheiten des biologischen Systems.

terrestrisch: lat. terra = Erde. Auf der festen Erde angesiedelt (vgl. → aquatisch).

Territorium: lat. territorium = Gebiet. Von einzelnen Individuen oder von Fortpflanzungsgemeinschaften aktiv verteidigte Raumausschnitte.

Textur: lat. textura = Gewebe. Zweidimensionale Anordnung, Gefüge der Objekte (vgl. → Struktur).

Tiergeographie: Gebräuchlicher Begriff für die Geographie der Tiere (→ Zoogeographie). Teilbereich der Biogeographie.

Transfer: lat. transferre = übertragen. Übertragung, Transport ohne Veränderung der Eigenschaften.

Transformation: lat. transformatio = Übertragung. Ökologischer Prozess in dessen Verlauf qualitative Veränderungen erfolgen (z. B. Umwandlung von CO_2 in Biomasse).

troglobiont: gr. trogle = Höhle; gr. bios = Leben. In Höhlen lebend. Teils aufgrund der Konstanz der Umweltbedingungen oft reliktische, stammesgeschichtlich alte Arten.

trophisch: gr. trophe = Nahrung. Die Ernährung betreffend.

Trophie-Ebene: gr. trophe = Nahrung. Organisation von Lebensgemeinschaften nach ihrer Ernährungsart. Eine hohe trophische Ebene steht am Ende einer Nahrungskette (z. B. → Prädation).

Tropismus: gr. tropos = Wendung. Bei Pflanzen durch einen Reiz (z. B. Licht) ausgelöste Bewegung einzelner Organe.

Tundra: fin. tunduri = unbewaldeter Hügel. Baumfreie zonale Ökosysteme der arktischen Region.

Turnover: Umsatz an Stoffen, Energie und Information. Im Falle von Lebensgemeinschaften oder Regionen kann auch der Artumsatz in der Zeit ermittelt werden.

unitarer Organismus: lat. unitas = Einheit. Einzeln lebender und nicht aus ähnlichen Modulen aufgebauter Organismus (→ modularer O.).

Vegetation: lat. vegetatio = Pflanzenwuchs. Gesamtheit der Aspekte der Pflanzendecke eines Gebietes.

Vegetationsgeographie: Teil der Biogeographie, welcher sich mit der Verbreitung von Vegetationseinheiten befasst.

Verbreitung: Umgrenzung des Gebiets in welchem ein Taxon auftritt (Verbreitungsgebiet bzw. → Areal). Ergebnis von → Ausbreitung oder von → Regression.

Vektor: lat. vector = Träger, Fahrer. Ausbreitungs-, Migrations- oder Bestäubungsmedium. Auch Organismen und der Mensch wirken als V. Moderne Verkehrsmittel wie Flugzeuge oder Schiffe sind besonders effiziente V. bezüglich der Überwindung kontinentaler Barrieren.

Vikarianz: lat. vicarius = stellvertretend. Verwandte und sich in verschiedenen Gebieten in ähnlichen → ökologischen Nischen vertretende Arten.

Virus: lat. virus = Schleim, Gift. Vor allem als Krankheitserreger relevant. Klassifiziert nach dem Typ der Nukleinsäure (DNA, RNA). Viren verfügen nicht wie → Organismen über einen eigenen Stoffwechsel. Sie zählen deshalb auch nicht zu den → Mikroorganismen.

Wald: → Formation. Je nach Fachrichtung (Forst, Ökologie) bestehen sehr unterschiedliche Definitionen. Hier: geschlossener Bestand aus Bäumen (→ Phanerophyten). W. besitzt ein mehr oder minder geschlossenes Kronendach und erreicht eine Höhe von mehr als 2 m.

Waldgrenze: Höchstgelegenes Auftreten eines geschlossenen Baumbestandes.

Wallace-Linie: Ein Tiefseebereich im indo-malayischen Archipel, welcher die Schelfbereiche Australiens und Südost-Asiens trennt. An dieser Stelle zeigt sich zwischen ähnlich weit entfernten Inseln ein plötzlicher Anstieg der Beta-Diversität. Die W-L wird zur Abgrenzung der → Australis und der → Paläotropis verwandt.

Wuchsform: Allgemeine Bezeichnung für morphologische Typen von Pflanzen → Lebensform.

Wuchsort: Konkrete Lokalität eines → Bestandes, vgl. → Fundort. Die Umweltbedingungen des Wuchsortes bezeichnen wir als → Standort.

Zönologische Biogeographie: Teilgebiet der Biogeographie, welches sich mit der Verbreitung von Lebensgemeinschaften befasst (→ Biozönose).

zonal: gr. zone = Gürtel. In enger Beziehung zu großräumigen Klimabedingungen stehend.

Zonation: gr. zone = Gürtel. Anordnung von Ökosystemen oder der Vegetation in Gürteln.

Zonobiom: gr. zone = Gürtel; gr. bios = Leben. Großflächiges → Biom, dessen Flächenerstreckung im Wesentlichen durch großklimatische Eigenschaften bestimmt wird.

Zoochorie: gr. zoos = lebendig; gr. chorizein = ausbreiten. Ausbreitung durch Tiere als → Vektoren. → Epizoochorie, → Endozoochorie.

Zoodiversität: gr. zoos = lebendig; lat. diversus = verschieden. → Biodiversität der Tierarten.

Zoogamie (syn.: Zoophilie)**:** gr. zoos = lebendig; gr. gamein = heiraten. Bestäubung von Pflanzen mit Hilfe von Tieren.

Zoogeographie: → Tiergeographie.

Zoozönose: gr. zoos = lebendig; gr. koinos = gemeinsam. Lebensgemeinschaft aus Tieren.

Register

Foto: pixelquelle

Conradin A. Burga / Frank Klötzli
Georg Grabherr (Hrsg.)
Gebirge der Erde
Landschaft, Klima, Pflanzenwelt
ULMER

Heinz Veit
Die Alpen –
Geoökologie und
Landschafts-
entwicklung
Ulmer
UTB